改訂新版　序文◎ファビアン・クストー／日本語版総監修◎内田 至
海洋大図鑑
OCEAN | THE DEFINITIVE VISUAL GUIDE

改訂新版

序文◉ファビアン・クストー ／ 日本語版総監修◉内田 至

海洋大図鑑

OCEAN | THE DEFINITIVE VISUAL GUIDE

ORIGINAL TITLE: OCEAN: THE DEFINITIVE VISUAL GUIDE
COPYRIGHT © 2006, 2014 DORLING KINDERSLEY LIMITED
A PENGUIN RANDOM HOUSE COMPANY

JAPANESE TRANSLATION RIGHTS ARRANGED WITH
DORLING KINDERSLEY LIMITED, LONDON
THROUGH FORTUNA CO., LTD. TOKYO.

SENIOR EDITORS Peter Frances, Angeles Gavira Guerrero
SENIOR ART EDITOR Ina Stradins
PROJECT EDITOR Rob Houston
PROJECT ART EDITORS Peter Laws, Kenny Grant, Maxine Lea, Mark Lloyd
EDITORS Rebecca Warren, Miezan van Zyl, Ruth O'Rourke, Amber Tokeley
DESIGNERS Francis Wong, Matt Schofield, Steve Knowlden
CARTOGRAPHERS Roger Bullen, Paul Eames, David Roberts, Iowerth Watkins
INDEXERS Sue Butterworth, John Dear
DTP DESIGNERS Julian Dams, Laragh Kedwell
PROOF-READERS Polly Boyd, Ben Hoare

SCHERMULY DESIGN COMPANY
SENIOR EDITOR Cathy Meeus
DESIGNERS Dave Ball, Lee Riches, Steve Woosnam-Savage
ART EDITOR Hugh Schermuly
CARTOGRAPHER Sally Geeve
EDITORS Gill Pitts, Paul Docherty
DESIGN ASSISTANT Tom Callingham

PICTURE RESEARCHER Louise Thomas
ILLUSTRATORS Mick Posen (the Art Agency), John Woodcock, John Plumer, Barry Croucher (the Art Agency), Planetary Visions
PRODUCTION CONTROLLER Joanna Bull
MANAGING EDITORS Sarah Larter, Liz Wheeler
MANAGING ART EDITOR Philip Ormerod
PUBLISHING DIRECTOR Jonathan Metcalf
ART DIRECTOR Bryn Walls
CONSULTANT John Sparks

For sale in Japanese territory only.
Printed and bound in Malaysia
A WORLD OF IDEAS: SEE ALL THERE IS TO KNOW
www.dk.com

お断り

1. 生物の種名について
本書にはたくさんの生物が紹介されていますが、和名がついていないか不明のものも多く、その場合は便宜的に英名をカタカナ表記にして英名を併記しました。したがいまして標準和名として認められていないものも含まれていますので御了承ください。
　また、和名が表示されている種においても比較的近縁な種を便宜的に出している場合があります。それは正確には「○○の仲間(あるいは一種)」といった表記をすべきですが、煩瑣(はんさ)になるのを避けるためその種名だけを表示しています。

2. 魚名について
魚名には差別的表現を含みながら、過去に標準和名として認知されているものがいくつかあり、本書にも出てきます。現在日本魚類学会ではそれらを改めるべく検討中ですが、本書では従来の和名を踏襲しておりますので、合わせて御了承ください。

目次

本書の使い方	6
序文	8
ファビアン・クストー	

はじめに

海水	**28**
水の特性	30
海水の化学的性質	32
温度と塩分	34
光と音	36
海洋地質学	**38**
地球の成り立ち	40
海と陸の起源	42
海洋の進化	44
テクトニクス(構造地質学)と海洋底	48
循環と気候	**52**
海上風	54
表層海流	58
海中の循環	60
地球規模の水循環	64
海と気候	66
エルニーニョとラニーニャ	68
ハリケーンと台風	70
波と潮汐	**74**
海の波	76
潮汐	78

海洋環境

海岸と海辺	**86**
海岸と海水位の変化	88
海岸の地形	92
浜と砂丘	106

河口域と潟湖	114
塩性湿地と干潟	124
マングローブ湿地	130

浅海 138
大陸棚	140
岩の多い海底	142
砂地の海底	144
海草藻場とケルプの森	146
サンゴ礁	152
漂泳区分帯	164

外洋と海洋底 166
外洋のゾーン	168
海山とギョー	174
大陸斜面とコンチネンタルライズ	176
海洋底の堆積物	180
深海平原、海溝、大洋中央海嶺	182
噴出孔と湧出域	188

極地の海 190
棚氷	192
氷山	194
海氷	198
極地の海洋循環	200

海洋生物

海洋生物概論 204
分類	206
生命とエネルギーの循環	212
遊泳と浮遊	214
底生動物	216
海洋生物の分布帯	218
回遊	220
深海での生活	222
生物発光	224
海洋生物の歴史	226

海洋生物界 230
真正細菌と古細菌	232
原生生物	234
植物	242
紅藻と褐藻	244
緑藻	246
緑藻類（微細藻類）	248
コケ類	249
顕花植物	250
菌界	254
動物	256
海綿	258
刺胞動物	260
扁形動物	271
紐形動物	273
環形動物	274
軟体動物	276
節足動物	290

コケムシ類	305
棘皮動物	306
小型の底生動物類	313
動物プランクトン類	317
被嚢類とナメクジウオ類	318
無顎類	320
サメ類、エイ類、ギンザメ類	322
硬骨魚	336
爬虫類	368
鳥類	378
哺乳動物	400

海洋地図

世界の海洋	**422**
北極海	**424**
大西洋	**428**
インド洋	**446**
太平洋	**456**
南大洋	**482**

用語集	488
索引	494
学名索引	503
地図索引	505
写真提供者一覧	510

本書の使い方

この本は4部構成になっている。海洋の物理・化学的特徴全般を概論的に述べた「はじめに」、海洋を構成する主な要素を紹介する「海洋環境」、海洋に生息する生物について解説する「海洋生物」、そして詳細な海洋の図を多数掲載した「海洋地図」である。

はじめに

4つの節に分かれている。海水そのものの特性を紹介する「海水」、海底を構成する物質と、それが時間の経過に従って変質していく過程とを解説している「海洋地質学」、海洋と大気の相互作用ならびに海水の大きな流れを取り上げた「循環と気候」、そして海水の小さな流れや動きに関する「波と潮汐」である。

◀ **海水**
水の分子、海水の化学的性質、および気温、気圧、光透過率といった属性の深度に伴う変化について解説する。

海洋地質学▶
海底の組成について解説するとともに、海底の形成過程を考察し、海洋の起源と、地質年代ごとの海洋の大きさや形状の変化をたどる。

◀ **循環と気候**
海洋の大きな流れについて深海と海面付近の両面から解説するとともに、海洋の気候と、海洋と大気の様々な相関関係について考察する。

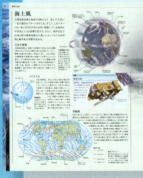

波と潮汐▶
海面の周期的な昇降と、海面の動揺が波という形をとって海面上を拡散していく過程を解説する。

海洋環境

海洋を構成する主な要素について解説する。海域別に「海岸と海辺」に始まり、これ以降は水深に従って「浅海」、「外洋と海洋底」と進み、最後の「極地の海」では、北極と南極の周辺の氷海を取り上げる。どの節でも解説ページで典型的な特徴と形成過程を説明し、続くページで実例をあげその特色を紹介する。実例紹介は北から南へ向かって、北極海、大西洋、太平洋、インド洋、南大洋(南極海)の順になっている。

▲ **解説ページ**
海洋環境の類型を紹介、解説しているページ。上の例は「浅海」のセクションの解説ページ。

海洋生物

2つの節から成る。最初の「海洋生物概論」では、海洋生物の生態と歴史、ならびに海洋生物の分類について解説している。次は「海洋生物界」で、これは「超界」もしくは「界」に分け、植物界と動物界の場合はさらに小さなグループに分けた。各グループのページでは、そのグループを構成する生物の概説と、それぞれの種を代表する生物の例と概略を掲載する。グループの掲載順序は、最小の生命体である「真正細菌と古細菌」のグループから始まり、動物界で終わる。

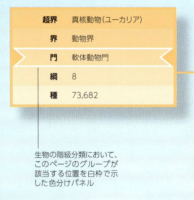

超界	真核動物(ユーカリア)
界	動物界
門	軟体動物門
綱	8
種	73,682

生物の階級分類において、このページのグループが該当する位置を白枠で示した色分けパネル

グループの紹介▶
右に例示したようなページでは、グループ全体の紹介をしている。具体的には、そのグループの定義ともなる身体的特徴についての解説のあと、行動、生息海域、分類に関する詳しい情報を掲載してある。

海洋地図

世界の海洋の「地図」であり、五大海洋が掲載されている。各海洋全図のすぐ後に、その海洋からいくつかの海域を選んで詳細な部分海洋地図を掲載してある。地図はいずれも、衛星や船舶に搭載した機器によって収集したデータをもとに作成した。海洋地図では海の名前、海底の地物(海嶺、海溝、海山など)、海岸の顕著な地物を文字で表した。また、海洋の深度と構造プレート間の境界線も示した。巻末に海洋地図専用の索引がある。

部分海洋地図

海図以外にも下のようなページで、個々の海や海底の地物についても解説した。下の例は太平洋の部分海図の1つである。

総編集人

ジョン・スパークス John Sparks
ニューヨーク市アメリカ自然史博物館、魚類学部門 部長、コロンビア大学非常勤講師

執筆者

リチャード・ビーティ Richard Beatty
用語集

キム・ブライアン Kim Bryan
海洋生物概論、真正細菌と古細菌、原生生物、菌界、軟体動物、節足動物、アカガニの移動

デイビッド・バーニー David Burnie
動物、爬虫類、鳥類、哺乳動物

ロバート・ディンウィディ Robert Dinwiddie
海水、循環と気候、波と潮汐、海岸と海辺、浅海、極地の海、海洋ヨットレース、大西洋循環の遮断、ハリケーン「カトリーナ」、地球温暖化と海面上昇、海岸の防御、タイタニック号の海難事故

フランシス・ディッパー Frances Dipper
海洋生物概論、海綿、刺胞動物、環形動物、扁形動物、紐形動物、コケムシ類、棘皮動物、小型の底生生物、動物プランクトン類、被嚢類とナメクジウオ類、無顎類、軟骨魚、硬骨魚

フィリップ・イールズ Philip Eales
海洋地質学、海洋地図、宇宙からの海洋学、2004年インド洋津波、氷棚の崩壊

モンティ・ホールズ Monty Halls
観光ダイビング

スー・スコット Sue Scott
浅海、紅藻と褐藻、植物、緑藻類、緑藻類、コケ植物、顕花植物、漁業

マイク・スコット Mike Scott
外洋と海洋底、潜水艇での探査、冷水サンゴ礁、生物多様性ホットスポット、クジラの回遊、バルト海における風力発電

日本版協力者

岡英夫 オカヒデオ
東京大学農学修士。ウナギの養殖、疾病、生殖。名古屋港水族館飼育部勤務

栗田正徳 クリタマサノリ
金沢大学理学修士。ペンギン類の生態、分子生物学。名古屋港水族館飼育部勤務。

斉藤知己 サイトウトモミ
東京大学理学博士。深海生物の生態と分類。名古屋港水族館飼育部勤務。

序文

群れで泳ぐ
機敏かつ組織的な魚群の動きは、海の壮観の一つである。写真は、ソロモン諸島付近で螺旋を描いて泳ぐオオカマスの群れ。このような群れが同じ場所で見られるのは、数ヶ月に一度、場合によっては数年に一度のことである。

我々はこの惑星を「地球(アース)」ではなく「海球(オーシャン)」と呼ぶべきである。無限の暗闇に浮かぶ小さな球。これなしでは恐るべき超低温の空間にすぎない広大無辺な宇宙を照らす、生命のかがり火。我々の知るすべての生物が生まれ出るシャーレ。

水がなければ、地球もまた広漠たる暗黒の真空を際限なく漂いつづける無数の不毛な岩の一つにすぎない。豊かな生命の宝庫である地球の存在そのものが、そしてその表面で人類が生き延びてきたという事実が、まさに驚異なのである。我々人間は、そうした不可能の迷路をくぐり抜け、今日に至った。人は、古代ギリシャの詩人ホメロスが大海原を舞台に、一大冒険叙事詩『オデュッセイア』を書く以前から、海に魅せられていた。だからこそ、人類は答えを求めてこの未知の領域に分け入ってきたのだが、海はその秘密を容易には明かしてくれない。探検家や科学者、海洋学者が数々の偉業を成し遂げてきたが、それでも謎の表面にかろうじて手をつけた程度にすぎない。

推定によれば、地球上の多様な生物の9割以上が大洋に生息しているという。心臓の鼓動を思わせるクラゲの脈動から、タコとシャコの死闘まで、発見がいたる所で我々を待ちかまえている。また、謎を一つ解明するたびに、新たな謎が続々と姿を現す。それは地球最後のフロンティアに身を投じた我々が手にする、まぎれもない魅惑の時なのだ。過去の世代が探査し得たのは全大洋の2％程度だが、我々現代人は最新技術の力を借りて、さらにその先の世界を目の当たりにすることができる。とはいえ、最新技術をもってしても、我々が陸地についてすでに獲得したほどの知識を手にするためには、さらに数世代を要することだろう。

いかに大洋を遠い存在に感じていようと、我々一人一人の日々の行い一つ一つが地球の水の循環に影響を及ぼし、またその影響が結局は自分自身に跳ね返ってくる。世界の最高峰から、なだらかな平原へと陸地を流れ下る水は、いずれも最後は大洋へとそそぐ。これは何億年も前から繰り返されてきたことだが、人類がこのサイクルに与える影響は過去1世紀の間に増大の一途をたどり、深刻さの度合いを増している。化学肥料の乱用が、何千キロも離れた所で生態系の息の根を止める藻類の大量発生の原因となり、身の回りのプラスチック製品が、はるかかなたの浜辺にも流れ着くといったように、人間の活動が、唯一の生命維持系であるこの地球に影響を及ぼしているのである。

こうしたことを述べるのは、なにも人間は自らの活動が災いして滅びる運命にあるなどと説くためではない。海洋系とそこに生息する生物についての知識を深めれば、日々悪化しつつある地球の健康をなんとかして回復したいという熱い思いが生まれてくることを知っていただきたいのだ。わずかずつでもいい、日々の暮らしに注意を払うといったちょっとした努力が、地球の未来に、我々の子供たちが住む世界の未来に、大きな効果をもたらす。つまり、自然の奏でるワルツにあわせて踊ることを覚える方が、あえて音楽を変えようとするより、はるかに健全なのである。

ファビアン・クストー

ゴールデンジェリーフィッシュ
光に引き寄せられたクラゲの仲間ゴールデンジェリーフィッシュが、陽光を追ってパラオの塩湖を回遊している。体内組織に藻類を棲まわせて黄金色に染まった彼らは、光合成のためにもっとも明るい場所に体内の藻類を運んでいく。返礼に藻類は合成された食物を提供する。海から隔離されたこれらのクラゲは、ほかには世界のどこの場所でも見つからない。

▲北の海の嵐
世界の海岸の中には、生息地としてはあまりにも過酷な環境の場所がある。ウミガラスは断崖絶壁を好んで集団繁殖地を作る。写真は岩場にしがみついて暴風に耐えるスコットランド沿岸のウミガラス。この嵐で、何羽も岩から吹き飛ばされ、波にさらわれた卵もあった。

▶子を守る母
ミナミイセエビはオーストラリア・ニュージーランド沖の大陸棚に生息する。写真は、メスのミナミイセエビで、腹の下に卵を抱えている。卵は一度に最高200万個抱えられる。これほど膨大な数の卵を産むにもかかわらず、ミナミイセエビは乱獲で絶滅が危惧されており、現在、漁獲量が制限されている。

羽による濾過摂食
海洋動物の中には、海底に固着し漂ってくる食物を集めて食べながら一生を送るものが多い。写真の羽のように見える濾過器官は、実はケヤリムシ類の一種の体の一部である。微細な毛のような組織を激しく動かして濾過器官を通過する水流を起こし、これに乗って漂ってきた食物を捕らえる。

▲新たな海岸線
海岸線の形状は複数の力の均衡によって決まる。東太平洋にあるガラパゴス諸島の海岸線は比較的新しく、諸島が火山爆発で誕生した折に形成された。写真の溶岩は約100年前に固まったものだが、諸島の中でも年代の新しい島々の中には、その後さらに火山爆発が起きた所もある。

◀十二使徒の没落
南オーストラリアのこの海岸では海食が激しく進んでいる。長く連なる石灰岩の崖がじわじわと海に侵食され、あとには小さな岩山が点々と残っている。かつて、9つしかないにもかかわらず「十二使徒」と名付けられたその岩山も、現在では8つしか残っていない。

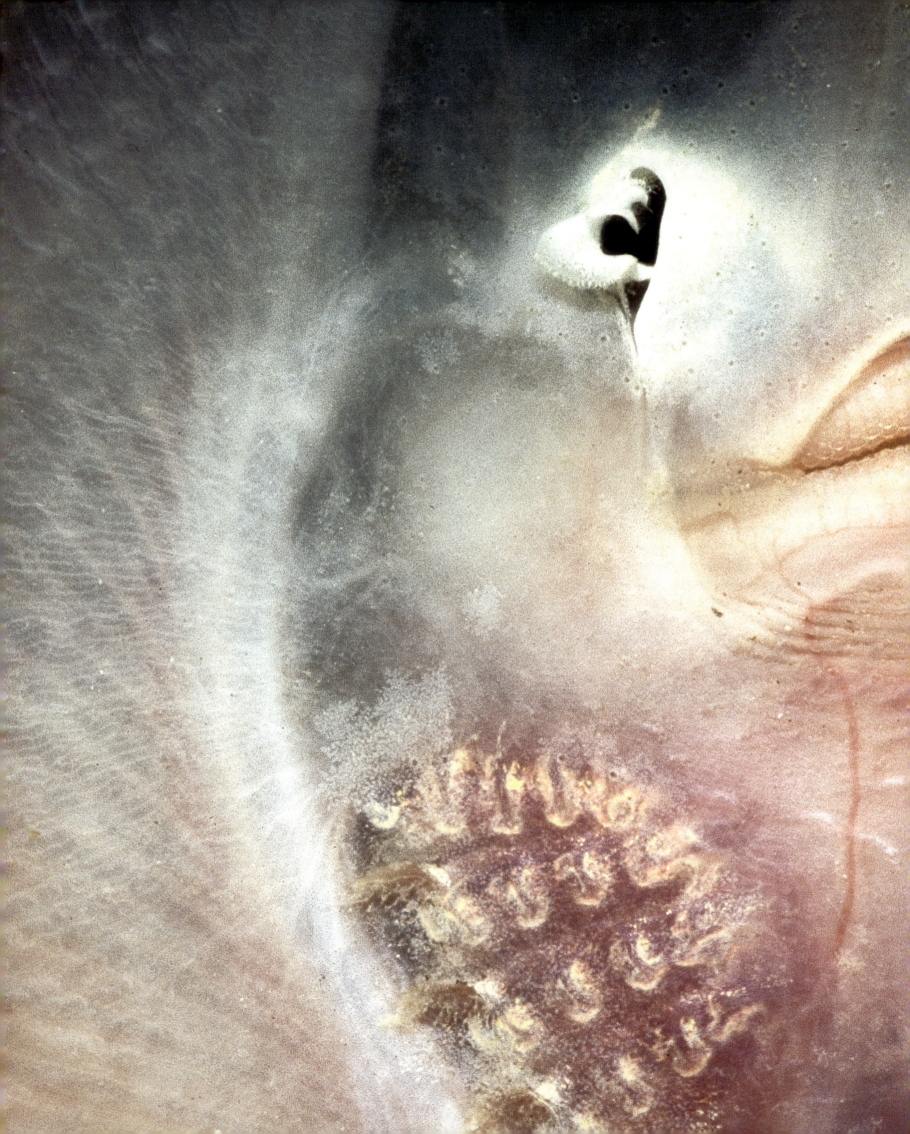

海底で生きる
エイの扁平な体は、海底での生活に適応した進化の結果である。大半のエイが底生生物を食べるため、口が体の下面にある。歯も扁平で、この歯を使って獲物を捕らえ粉砕する。目のように見える部分は、実は鼻孔である。

▲毒針から身を守る
カクレクマノミは、一部のイソギンチャクと驚くべき共生関係にあり、イソギンチャクの間で捕食したり眠ったりする。イソギンチャクの触手には毒針を発射する「刺胞」という細胞があって、ほかの魚はどれもこれで撃退されてしまうが、カクレクマノミはうねるような泳ぎ方をするとともに、刺胞の発動を抑える化学物質を体表から分泌することによって、毒針の発射を防いでいる。

▶泳ぎの練習
ホッキョクグマにとって、泳ぎは有用な能力である。季節になると、北極海を漂流する海氷の上で獲物を追うほか、陸地から何キロも離れた沖合いで目撃されることもある。ホッキョクグマは海中では目を開けているが、鼻孔は閉じている。最高2分間は潜水できる。

裸鰓類
インドネシアのコモド国立公園にある鮮やかな赤いサンゴの仲間ウミウチワの上を、目立つ明るい色のウミウシ(裸鰓類)が這っている。このコイボウミウシ Phyllidiella pustulosa の背中にはイボ状の突起が散在している。この黄色い標識は、毒で食べられないという魚への警告である。

グリーンランドの沿岸
夏の雪解け時に撮影されたグリーンランドの東海岸の衛星画像。茶色の領域が岩の多い土地で、それを貫通するいくつもの長いフィヨルドには、部分的に氷河と大型の平らな氷山が満ちている。砕氷棚から形成された様々なサイズの氷山が、膨大な数で沖合に浮いている。

はじめに

地球の海には約13億4000万km³の海水がある。この中には、約4京8000兆tの塩や気体、その他の物質が溶解している。海水の主成分である水は、表面張力の強さや熱容量の大きさなど、多数の特異な性質をもっており、この水の特性が、生物の生命維持、世界の気候の安定化、波の伝播といった、海の持つさまざまな「力」の源泉となっている。海水の可変性もまた重要な意味をもつ。海は均一ではなく、温度や圧力、溶解酸素量、照度のレベルと質などの特性が、場所によって、ときには季節によっても変化する。このような特性が海のもつさまざまな「顔」を形作る要因となっている。

海水

砕ける寄せ波
ハワイ・オアフ島北部の海岸に押し寄せる「バレル波」。このような豪快な光景が見られるのも、水の特異な性質があればこそである。

水の特性

海水の主成分はもちろん水である。地球の歴史の大半にわたり、その表面に液体の水が大量に存在したのは、複数の要因が偶然に組み合わさった結果である。その要因として、分子サイズの割に異常に高い氷点と沸点や、相対的な化学的安定性がある。水はこの他にも驚くべき性質をもっており、生命維持能力、気候への影響など、海のもつパワーの主因となっている。このような特性の基礎をなしているのが、水の分子構造である。

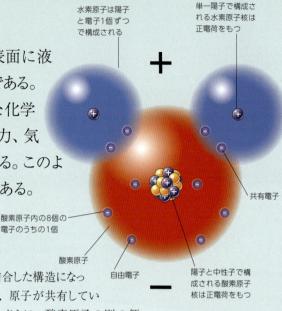

水素原子は陽子と電子1個ずつで構成される

単一陽子で構成される水素原子核は正電荷をもつ

共有電子

酸素原子内の8個の電子のうちの1個

酸素原子

自由電子

陽子と中性子で構成される酸素原子核は正電荷をもつ

電荷の不均衡
水分子内には負電荷(電子)の分布と正電荷の領域があるため、一方の側はわずかな正電荷、もう一方はわずかな負電荷をもつことになる。

水分子
水素結合
わずかに正に帯電した領域
水素結合
わずかに負に帯電した領域

水分子
水分子(H_2O)は、酸素原子(O)1個に水素原子(H)2個が結合した構造になっている。酸素原子と水素原子の結合形成に不可欠なのが、原子が共有している電子と呼ばれる負に荷電した四つの小さな粒子である。さらに、酸素原子の別の領域内を他の電子6個が動き回っている。この電子配列により水分子は化学的に安定するが、特異な形状をもつことになる。また、この電子配列が、分子内の電荷分布に若干の不均衡を生む。その結果として、隣接する水分子が水素結合という力によって互いに引っ張り合うという、水のもつ極めて重要な性質が形成されることとなる。

水素結合
水素結合とは、隣接する水分子上のわずかに正と負に電荷した領域間が引っ張り合う静電引力である。ここではいくつかの結合がみられる。

表面張力
液体の水分子同士が互いに引き合う直接的な要因と考えられるのが表面張力である。いかなる水分子の集合でも、表面の分子は集合の中心に向かって互いに引き合う傾向にあり、分裂に対して抵抗力のある「スキン層」を形成する。表面張力は、このスキン層を打ち破ろうと働く力、もしくはそれに対抗する力と考えることができる。水の表面張力の強さは多数の重要な作用・効果をもたらす。その中でももっとも重要といえるのが、植物内の水輸送や動物内の血液輸送などの生体内で行われているプロセスに表面張力が果たす役割であろう。表面張力はまた、ウミアメンボなどの小さな昆虫が水面を歩いて餌をとることを可能にしているほか、波の形成にも一役買っている(76ページ参照)。

水上歩行
ウミアメンボやアメンボ(下の写真)など一部の昆虫は、表面張力を利用して海や湖、池などの表面を歩行し、餌を食べ、交尾する。

表面上の水分子
水素結合
表面より下の水分子

表面張力の原因
分子は、水滴の内部では、水素結合によって周囲の分子とすべての方向に引っ張り合っている。しかし表面では、内向きもしくは(他の表面分子方向への)横向きにのみ力が働く。

水滴
表面張力が小滴のこの形状をもたらす。表面の分子を引っ張る力が、平らにしようと働く重力より強い。

水の特性

陸と海

水の熱容量が高いということは、太陽による海の暖まり方が陸より遅いことを意味する。熱波の際に衛星が作成した南カリフォルニアの温度地図では、陸地のほとんどが50℃以上（赤）でも、海（左側）は涼しく10℃である。

比熱容量

比熱容量（SHC, specific heat capacity）は、物質1gの温度を1℃上昇させるのに必要なエネルギーをジュール単位で表したもの。以下の一覧は、13種類の液体の比熱容量である。特に言及のない限り、室温で測定した。

物質	ジュール／グラム ℃
−40℃の液体アンモニア	4.7
真水	4.19
2℃の海水	3.93
グリセリン	2.43
エタノール（エチルアルコール）	2.4
アセトン	2.15
灯油	2.01
オリーブオイル	1.97
ベンゼン	1.8
テレピン油	1.72
−40℃のFreon12（フロン）冷却剤	0.88
臭素	0.47
水銀	0.14

熱容量

水素結合に起因する水の第2の特性は熱容量が非常に高いことで、ほとんどの既知の液体を上回るほどである（左の表参照）。水に熱が加えられると、熱の大部分が分子をつないでいる水素結合の切断に使われる。熱エネルギーの一部のみが水分子の振動を増加させ、それが温度上昇として検知される。つまり、海は、温度の変化をほとんど伴わずに大量の熱エネルギーの吸収と放出が可能なのだ。このことはまた、水の移動、つまり海流により、膨大な量の熱エネルギーが地球上を移動していることも意味する。海流が果たすこの役割は、地球の気候にきわめて重要な影響を与えている（66ページ参照）。

熱の移動

この地図は大西洋北西部の温度を表している。海面には5℃（青）から25℃（赤）までの幅がある。赤い部分が暖流のメキシコ湾流である。

水の「ねじれ」

表面張力の影響で、水の薄い広がりや噴出、流れに動きが生じ、この写真にみられるらせん状の噴射水のように、予想外の形状を呈したり、まとまって予期せぬ形状となることがある。

水の三態

水がその三態間で変化する温度 — 融点（氷から液体の水）と沸点（液体の水から水蒸気）— は両方とも、水と同様の分子サイズをもつ物質と比較して高い。氷が溶けたり水が蒸発するには、水素結合のすべてを切断する高いレベルのエネルギーが必要となる。水はまた、固体形が液体形よりわずかに密度が低いという点でも特異であり、そのため、氷は液体の水に浮く。氷の中の分子が隙間の多いかたまりであるのに対し、液体の水の中の分子はピッタリしたかたまりの集団で動き回るのである。氷が液体の水に浮くという事実は重要である。なぜなら、広い面積をもった極地の海氷の存在が可能になるからである（66ページ参照）。海氷は海と大気の間の熱流に作用し、海洋温度と地球気候の安定化に役立つ。

氷
六方晶の格子

液体の水
結合した分子が小さく凝集する

水蒸気
分子同士は結合していない

固体、液体、気体
氷では、水素結合が水分子を硬直した構造に固定する。液体の水では、水素結合が分子を小さな、動くかたまりに固定する。水蒸気には水素結合は存在しない。

共存
水は、地球表面で三態のすべてが見られる唯一の天然物質である。時には、このスピッツベルゲン諸島のフィヨルドのように、氷、水、凝結する水蒸気のすべてを同時に見られることもある。

海水の化学的性質

海は、溶解した化学物質を無数に含有している。大部分の物質の濃度はきわめて低い。相当の濃度で存在しているものには海塩があるが、単一物質ではなく、「イオン」と呼ばれる荷電粒子の混合物である。海水の構成物質にはこの他に、酸素や二酸化炭素などの気体も含まれる。海がこのように多数の溶解物質を含む理由の一つとして、水が優れた溶媒であることがあげられる。

塩辛い海

海の中の塩はイオンと呼ばれる荷電粒子として存在し、正荷電のものも負荷電のものもある。もっとも一般的なイオンはナトリウムイオンと塩化物イオンで、普通の食卓塩（塩化ナトリウム）の成分である。この二つが海の全塩類の85%を構成している。残りのほとんどは、硫酸塩、マグネシウム、カルシウム、カリウムの、いずれも一般的な四つのイオンで構成されている。少量で存在する数種のイオンも含めてすべてのイオンが、地球上の海洋全域にわたって一定の比率で存在する。それぞれがきわめて均一に分布しており、塩以外の海水の溶解物の割合が場所によって異なるのと大きな対照をなしている。

塩の成分
10lの海水を蒸発させると、約354gの塩ができる。その種類は以下のとおりである。

- 海水10l
- 他の塩 7.5g
- カルシウム硫酸塩（石膏）17.7g
- マグネシウム塩 54.8g
- 塩化ナトリウム（岩塩）274g
- ナトリウムイオン（正帯電）
- 塩化ナトリウムの結晶
- 水分子
- 塩化物イオン（負帯電）

溶剤としての水
水分子の電荷が不安定なため、水はすぐれた溶媒となる。塩化ナトリウムを溶解して溶液中に保持すると、水分子の正帯電側が塩化物イオンに面し、負の側はナトリウムイオンに面する。

- 火山灰が漂って海に落ちる
- 岩石から塩が河川に侵入し、海へ流入する
- 塩が陸地にしぶき飛ぶ
- 土壌の栄養分が河川に流れ、海へ流入する
- 堆積岩が大陸縁辺でゆっくり隆起し、表面に塩や鉱物、イオンを露出する
- 植物プランクトンが栄養分を摂取する
- 栄養分の湧昇
- 植物プランクトンと海水の間で気体の交換が行われる
- 死んだ生物が沈降し、分解される

供給源と沈降

海の中の塩を構成するイオンは、様々な過程を経て海に到達する。雨水の作用で陸地の岩石から溶け出し、川によって海まで運ばれたものもある。その他は、熱水噴出孔（188ページ参照）の放射物や陸地から吹き飛ばされた砂ぼこりの形で入り込んだり、火山灰を源とする。また、あらゆる種類のイオンに、イオンを海水から除去する「沈降」というプロセスがある。たとえば、陸にしぶき飛ばされる塩、海底に鉱床として沈殿する様々なイオンなどである。それぞれのイオンには、特徴的な海水における滞留時間 ─ 除去されるまで海水に残存する時間 ─ がある。海水中の一般的なイオンの滞留時間は長く、数百年から数億年の幅がある。

河水流出
河水流出は、海塩や栄養分のイオンが海に入る仕組みである。写真はオーストラリア・クイーンズランド州の海岸で、ヌーサ川が海に注ぐところ。

人
アレキサンダー・マーセット (Alexander Marcet)

スイス人の化学者兼医者のアレキサンダー・マーセット (1770-1822) は、初期の海洋化学研究者である。マーセットは1819年に、海水の主な化学イオン（ナトリウムイオンや塩化物イオン、マグネシウムイオンなど）のすべてが、世界中の海でまったく同じ割合で存在するという発見をしたことで有名である。イオン間の比率は塩分濃度が異なっていても同一で、今日では「比率一定の法則 (principle of constant proportions)」として知られている。

海水の化学的性質　33

供給源、沈降、交換
ここに示したのは、海水中のイオンや塩、鉱物(黄色の矢印)、気体(ピンクの矢印)、植物栄養分(青緑色の矢印)の様々な供給源や沈降、交換のプロセスである。

- 気体
- イオン、塩、鉱物
- 植物栄養分

火山灰と火山ガスが雨雲に広がる

火山塵と火山ガスからイオンが洗浄され、雨に溶けて海へ入る

陸地からほこりが吹き飛ばされる

動物と海水の間で気体交換が行われる

海と大気の間で気体交換が行われる

熱水噴出孔から鉱物が放出される

海底から鉱物が溶解する

海底へ鉱物が沈殿する

動物の殻から海底の堆積物に炭酸塩が結合する

ケイ酸含有の珪藻類
これらのきわめて小さな形状のプランクトン様生物は、ケイ酸塩でできた細胞壁をもっている。水中に十分な量のシリカ(二酸化ケイ素)が存在する場合にのみ成長する。

海水中の気体
海水に溶解している主な気体には、窒素(N_2)、酸素(O_2)、二酸化炭素(CO_2)がある。酸素と二酸化炭素の濃度は、光合成する微生物(植物プランクトン)や動物の活動に応じて変化する。海面付近では、酸素が大気から吸収されたり、光合成を行う生物によっても酸素が生成されるため、酸素濃度が通常最高になる。濃度は深度約200～1000mの範囲で最低になり、死んだ有機物の細菌による酸化作用やその有機物を摂食する動物により酸素が消費される。さらに深くなると酸素濃度は再び上昇する。二酸化炭素濃度は、やはり光合成を行う生物の消費の働きで、海面で最低となる。

炭素吸収源
オウムガイ(写真下)など多数の海生動物は、海水中の炭酸塩(炭素と酸素の化合物)を利用して殻を作る。死んだ後は、堆積物となり、最終的には岩石を形成することもある。

酸素の生産者と消費者
海の上層部の酸素濃度は、褐藻など光合成を行う生物による酸素生成と、魚などの動物による酸素消費のバランスによって決定される。

栄養分
海水中に微量に存在する多数の物質は、海洋生物の成長に不可欠である。海の食物連鎖の底辺には植物プランクトンが位置する。植物プランクトンは顕微鏡でしか見ることのできない浮遊生命体で、光合成によってエネルギーを得る。植物プランクトンが成長して増えるためには、硝酸塩や鉄、リン酸塩などの物質を必要とする。この栄養分の供給がなくなると、植物プランクトンの成長は止まる。反対に、供給が増えると大増殖が起こる。海は、川などからも栄養分の供給を受けるが、大部分の栄養分は海洋内の絶え間ない循環によって供給されている。有機体が死ぬと海底に沈み、そこで組織が分解して栄養分を放出する。海底からの海水の湧昇(60ページ参照)は、植物プランクトンが消費した生命活動に必要な物質を再補給し食物連鎖を維持する。

プランクトンの大増殖
北海とバルト海を結ぶスカゲラック海峡の衛星画像。水が青緑色に変色して見え、植物プランクトンの大増殖を示している。

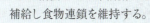

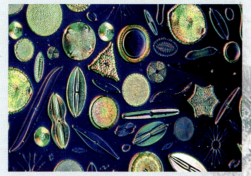

はじめに

温度と塩分

海水は一様ではなく、温度や塩分、水圧、密度などの物理的特性が異なる。これらの特性は垂直方向（上層↔下層）にも、水平方向（たとえば熱帯と温帯）にも、そして季節的にも変化する。温度と塩分の違いによって、密度が変化し、これが深海をも含めた海洋循環の駆動要因となる。

温度

海洋の上層部の水温は、地域によって温度に相当のばらつきがある。熱帯地方と亜熱帯地方では、太陽の放射熱により海面が一年中暖かい。海面より下になると、温度は急降下して深度1000mでおよそ8～10℃になる。この温度が急降下する領域を水温躍層という。さらに深くなると、緩やかに温度が低下し、海底ではほどの海域でも氷結温度に近い約2℃となる。深海では、大体どの地域でもこの温度となる。中緯度地方では、海面温度に顕著な季節的変化がみられる。高緯度地方や極地の海では、水は常に冷たく、時には0℃を下回る。

太平洋のラニーニャ気温偏差
エルニーニョとラニーニャと呼ばれる気候変動によって、太平洋の海面温度は長期的な変動をする。この衛星データに基づいた画像は、2010年後半の強いラニーニャ型の表面温度パターンを示し、通常よりも低い東太平洋の気温が青く示されている。

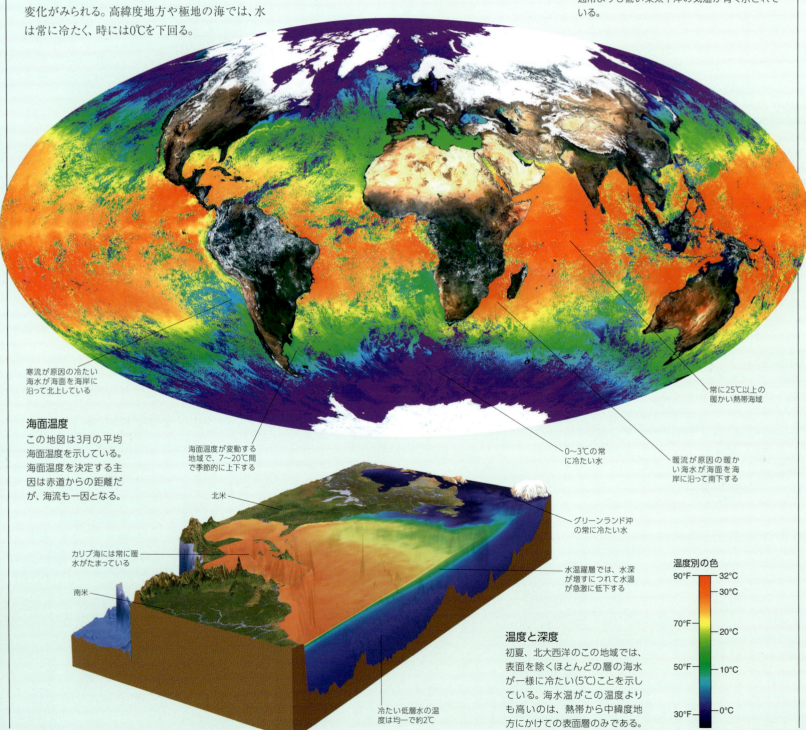

海面温度
この地図は3月の平均海面温度を示している。海面温度を決定する主因は赤道からの距離だが、海流も一因となる。

温度と深度
初夏、北大西洋のこの地域では、表面を除くほとんどの層の海水が一様に冷たい（5℃）ことを示している。海水温がこの温度よりも高いのは、熱帯から中緯度地方にかけての表面層のみである。

塩分

塩分とは、一定量の海水中に含まれる塩の量を意味する。塩分は海水標本の電気伝導率によって測定し、平均すると海水1kg当たり塩35gとなっている。海面の塩分には相当のばらつきがあり、特定地点での塩分は、その地点における水の追加・除去要因によって決まる。低塩分をもたらすことになる水の追加要因としては、大量の降雨や河川からの流入、海氷の溶解などがある。高塩分をもたらす水の除去要因には、大量の蒸発や海氷形成がある。深海の塩分は海洋中どこでもほぼ一定である。海面と深海の間には塩分躍層と呼ばれる、深度に伴い塩分が徐々に増加あるいは減少する領域がある。塩分は海水の氷点に影響を与える。塩分が高いほど氷点は低くなる。

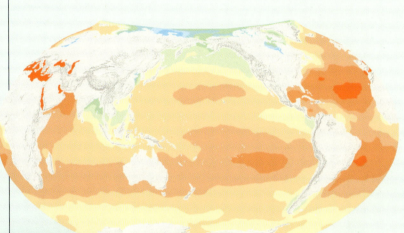

高塩分の閉鎖性海域
水の蒸発による減少の度合いが大きく、降雨や川からの流入が少ない閉鎖性海域の中には、人間が簡単に水に浮かぶほど塩分の濃度が高くなる所がある。写真は死海での撮影。

地球全体の塩分
海面塩分がもっとも高いのは、蒸発の度合いが大きい亜熱帯や、閉鎖性もしくは半閉鎖性内湾(地中海など)である。塩分が低いのは、寒い地域や河川水の流入域である。

塩分濃度
37
36
35
34
33
32
31
30
29
29未満
1000分の1 (‰)

密度

海水の密度は、主にその温度と塩分によって決まる。温度の低下や塩分の増加により海水の密度は高くなるが、4℃未満の場合は例外で、これよりも低い温度では密度は低くなる。海のどこでも、密度の高い水は、下に密度の低い水があれば沈むため、水の密度は深度にともなって増加する。海水密度に変化をもたらすプロセスは海水を上昇もしくは下降させ、海面と深海の間で大規模な海洋循環を引き起こす(60ページ参照)。もっとも重要なのは、南極大陸と北極海周辺へ向けて運ばれる水である。この水は冷えるにつれて、また海氷形成がもたらす塩分増加によって、密度が高くなる。こうした地域では、冷たく、高密度で塩気の多い水が大量に絶え間なく形成され、海底に向かって下降する。

大西洋の密度層
大洋には、それぞれ独自の名称をもつ水塊があり、海面から下に向かって密度を増す。より高密度で冷たい塊は沈み、赤道に向かってゆっくり移動する。冷たく、高密度の深・底層水が、海全体の80%を構成する。

圧力

圧力はバールという単位を用いて表す。海面では、大気の重量がおよそ1バールの圧力を与える。水中では水の重さで、10m深くなるごとに約1バールずつ圧力が増加する。たとえば、深度70mでは、圧力は8バール、すなわち海面圧力の8倍となる。深海の水圧は、人間が海洋を踏査する際の障害となる。ダイバーが水中で肺をふくらませるには、加圧した空気や混合ガスを吸わなければならないが、これにより体内組織への気体の過剰溶解を起こす危険性が生じる。こうした問題により到達可能深度が制限される。

減圧停止
急速すぎる減圧から生じる「減圧症」を避けるために、スキューバダイバーは海面までの浮上の途中で1回以上、一定時間の停止を行い、過剰ガスを放出をしなければならない。

自然適応
ゾウアザラシは深度1550mまで潜水できる。高圧に対処するため、折りたたみ可能な胸郭など、様々な適応能力を進化させた。

発見
減圧

プロのダイバーは一度に何時間も水中作業をするが、作業後、必ず専用の減圧室に入る必要がある。このような施設は潜水病の治療や潜水生理学の研究にも使われる。

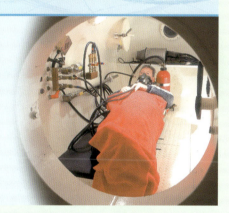

圧力室
減圧を受けている人間は、周囲の圧力がゆっくり下がっていく間、特殊な混合ガスを吸わなければならないこともある。

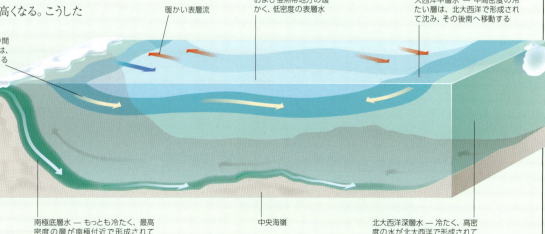

暖かい表層流

大西洋中央水 — 熱帯および亜熱帯地方の暖かく、低密度の表層水

大西洋中層水 — 中間密度の冷たい層は、北大西洋で形成されて沈み、その後南へ移動する

南極中層水 — 中間密度の冷たい層は、沈んで北へ移動する

南極底層水 — もっとも冷たく、最高密度の層が南極付近で形成され沈み、その後北へ移動する

中央海嶺

北大西洋深層水 — 冷たく、高密度の水が北大西洋で形成されて沈み、その後南へ移動する

光と音

水中における光と音の挙動は、空気中とはまったく異なる。光は水に吸収されやすく、その大部分は海面に比較的近いところで吸収されてしまう。穏やかな海が青い色なのはこれが原因である。また、海洋食物連鎖のほとんどが光エネルギーによる植物の成長に依存しているため、海面付近に海洋生物が集中することになる。対照的に、音は光に比べて水中で伝わりやすく、イルカなどの動物がこの性質を利用している。

海中の光

太陽光などの白色光には、長い波長(赤)から短い波長(紫)までの光が混在している。赤、オレンジ、黄色の光は海水に非常に吸収されやすいので、およそ40mを超える深さに到達するのは、いくらかの青と、これよりもさらに少ない緑と紫の光のみである。90m付近になると、最大の透過性をもつ青い光でさえもほとんど吸収されてしまい、一方、深度200m以上になると、自ら光を放つ生物発光有機体(224ページ参照)が唯一の光源となる。植物プランクトンは光合成を行うのに光に依存しているため、海の上層に制限され、これが他の海洋生物の分布に順繰りに影響を与える。おもしろいことに、赤い光のない深度に多数の赤色動物が生息している。周囲からは黒に見えるため、その色が効果的なカムフラージュになるのである。

光の透過
太陽光の赤とオレンジの成分は、海の上部15mで吸収される。その他の光のほとんどが、次の40mで吸収される。波長の単位はナノメートル(nm)で表す。

色の復元
深度20mでは、周囲の光による影響で大部分の動物や植物が青緑に見える(写真上)。フラッシュやトーチでこの場を照らすと、海洋生物の真の色が明らかになる(写真下)。

ホタルイカ
ホタルイカは、照り輝く斑点(発光器)をみせる。下を泳いでいる捕食動物から見ると、月夜に照らされた上方の水と区別が付きにくく、カムフラージュとなる。

魚の視力

魚はすばらしい視力をもっており、エサを探したり、捕食動物を避けるのに役立っている。多数の魚が色を判別できる。魚眼の水晶体はほぼ球状で、屈折率の高い物質でできている。前後に移動させて、網膜に光の焦点を合わせることができる。

魚眼
魚眼の水晶体は虹彩(中央の暗い部分)を通り、角膜(外側部分)に触れそうなほど突き出している。これにより最大限の光量を集め、広い視野を得られる。

海の色

海水に固有の色はなく、コップに入れた海水は透明である。ところが、澄み切った晴れの日、海は青または青緑に見えるのが普通である。海面が空を映しているというのもその理由だが、主な原因は、海面からの光の大部分が、海面を透過して水中の粒子か海底に反射しているためである。水中を進む過程で光の大部分は吸収されるが、青と緑の光の一部は吸収されず、それが目に見える色となる。他の要因で海の色が変わることもある。強風時、海面が白くまだらになるが、原因は逃げ場を失った空気の泡で、光のほとんどがそこで反射される。雨は海水中の光の伝搬を妨げるので、雨降りのどんよりした天気では、暗く、灰色がかった緑の海になる。時には、大増殖したプランクトンなどの生命体により、海に鮮やかな色の部分が形成されることもある。

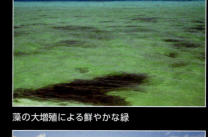
藻の大増殖による鮮やかな緑

熱帯の青緑

灰色に泡立った温帯の海

海中から見上げる
海中から見上げると、海面は部分的に明るいだけで、残りは暗く見える。これは、大気から海に光波が入る際の屈折によるものである。

海の色相
藻類により緑色になった海（写真上）。熱帯の澄み切った海域では青緑がよくみられる。白い泡がまだら状になった灰色の海は、強風のどんよりした日の典型である。

水中の音

海は多くの人が想像するよりも騒がしい。音源としては船舶や潜水艦、地震、水中地すべり、氷河や棚氷から氷山が分離する音などがある。さらに、クジラやイルカは音波を発信し水中の物体に反射させる（反響定位）ことで、ナビゲーションや捕食、コミュニケーションを行っている。音波は、空気中よりも水中の方が速くしかも遠くまで伝わる。音の水中速度は約1,500m/秒で、圧力（深度）の増加とともに速くなり、温度の低下とともに遅くなる。この2つの効果が組み合わせにより、ほとんどの海域には深度約1000m付近に音速が最低になる層がある。この層をSOFARチャネル（Sound Fixing and Ranging channel、深部音響チャネル）とよび、この特性を音響監視システムなどが利用している。また、クジラやイルカなどにおける利用も理論的に解明されている。

人
ウォルター・ムンク（Walter Munk）

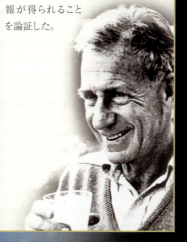

オーストリア系米国人科学者のウォルター・ムンク（1917年生）は、海洋学に音波を取り入れた先駆者である。ムンクは、カリフォルニア州サンディエゴのスクリップス海洋研究所の教授で、水中の音響伝播パターンと速度を研究することで、海洋盆の大規模構造に関する情報が得られることを論証した。

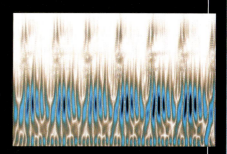

ザトウクジラの歌
この図のスペクトログラムの山と谷は、ザトウクジラが繰り返し発する数秒間の音に周波数の変化があることを示している。

SOFARチャネル
SOFARチャネル内で生成された低周波音は、チャネルの縁で内向きに屈折するため、チャネル内に「閉じ込められる」。その結果、チャネル内を伝搬する音は海中を非常に遠くまで伝わる。

海には地球そのものとほぼ同じくらいの歴史がある。最古の岩石が形成される約40億年前に、海水の下には堆積物がたまりつつあった。しかし、海洋底の歴史は非常に浅い。海洋底が生まれてその一生を終え、すみやかに再生するプロセスが明らかになるにつれて、現在のプレートテクトニクスの理解が形成された。このようなプロセスの存在により、地球表面は近隣の惑星とはまったく異なり、深い海盆と高く連なる大陸をもつこととなった。海と大陸の位置は固定されたものではなく地球内部の熱流によって移動してゆく。海洋地質学によって、地球の内部を知る機会が得られるだけでなく、地球全体の気候や地球上の生命の進化を理解する手掛かりが得られるのだ。

海洋地質学

海洋にそそぐ溶岩流
溶岩がキラウエア山の噴火口からハワイ島の南海岸にまで達し、打ち寄せる波と混ざり合う。地殻の海洋部分はこのような玄武岩質溶岩によって形成されている。

海洋地質学

地球の成り立ち

45億年以上前、生まれて間もない太陽の周りに円盤状に存在していたガス、塵、氷によって地球の形成が始まった。この「原始惑星系円盤」は知られているように、太陽の重力場によって軌道を保たれていた。円盤の中では、塵片同士の引力によって小さな岩が形成され、衝突を繰り返していくつかの輪(リング)に凝縮された。もっとも岩が密集した輪のいくつかが太陽の周りを回る惑星となった。

初期の太陽系
初期の太陽系には、塵、氷、ガスからなる円盤があり、そこから岩のような内惑星とガスを含む外惑星が誕生した。

地球の誕生
最初、コールドアクリーション(冷降着)という過程において、各リングの中の岩石は相互引力によって、まとまって漂流していた。それぞれのリングの中で、もっとも大きな塊がもっとも多くの物質を引き寄せ、1kmを超えるほどの小規模な惑星体、すなわち微惑星へと成長していった。微惑星は岩石や氷の緩やかな集合体で、均一な構造をしていた。微惑星の質量が増えるほどその重力は強まり、もっとしっかりとした塊へと変化し、さらに強い力で近隣の岩石を引き付けていった。

衝突によって、微惑星はばらばらに壊れたり、微惑星同士が一つにまとまったりした。太陽系の内惑星では、それぞれの軌道リングの中で微惑星が一体化し、より大きな原始惑星となり、それらが衝突して岩石惑星を形成した。このようにして、地球は約45億6千万年前に誕生したのである。

岩石や氷の小片は重力によってお互いに引き付け合った

微惑星は太陽の周りを囲む「原始惑星系円盤」から生まれ始めた

1 コールドアクリーション
重力によって、岩石や氷の破片が一つにまとまった。太陽の周りで同じ軌道を通る物質同士が集結した。

2 原始惑星
岩石と氷の大規模な集合体だった微惑星は、多くの衝突を通じて原始惑星に発達した。質量が大きいほど重力場が強く、表面のでこぼこが少ない。

岩石が原始地球へと成長する

3 激しい衝突
成長を続けるそれぞれの原始惑星は、高速で激しい衝突を起こす多くの微惑星を強く引き寄せた。最後に、原始惑星自体が地球を含む岩石惑星を形成するために一連の衝突を受けた。

火星サイズの物体の衝突によってすべてが融解する

衝突により地表熱が発生し、局所的に融解が起こる

内部の熱

初期の地球は熱かったが大部分は固く、地表は部分的に溶融していたが内部構造は均一的であった。現在、それは液体の鉄とニッケルの部分的なコアが密集した異なった組成の層になっている。このような変遷には、いくつかのエネルギー源の違いが関係しているかもしれない。引き寄せられた岩石の運動エネルギーは衝突時に熱へと変わり、局部的な地表の融解が起こった。

さらに、内部の岩石における放射性元素の崩壊と、自らの重力が引き起こす地球の収縮によって放出された熱が重要な熱源になっていたであろう。これがアイアンカタストロフィ(下記参照)と呼ばれる過程である。巨大な物体が衝突して、地球の内部を溶かしてしまうほどの熱を放ったかもしれない。そして、このようなことが複数回、発生した可能性がある。

月の成り立ち
地球がまだ幼いころ、巨大な微惑星が地球に衝突して月が誕生した。また、この衝突によって地球の自転軸は傾き、軌道はわずかに離心するようになった。

アイアンカタストロフィ

❶ 地球が大きくなるほどその重力場は強力になり、多くの物質を次々と引き寄せた。

❷ 最終的に重力場は地球自身を収縮するまで強まり、重力位置エネルギーが熱に変わった。

❸ 地球の岩石の中に含まれる鉄を融解するほどの熱が放出され、溶けた鉄は地球の中心へと流れ込んだ。

❹ 大量の鉄が沈むことによって、さらに多くの熱が放出され、地球の内部がすべて融解したアイアンカタストロフィと呼ばれる事象。

衝突中に吹き飛ばされた物質がその後、冷えて一つにまとまり月を形成した

対流と分化

地球の内部が融解すると、もっとも重い成分が地球の中心に沈み、軽い成分は地表に向かって浮かび上がった。地球の質量の3分の1が中心部にたまり、高密度な核を形成した。その主成分は鉄で、鉄は地球を構成している一般的な元素の中でもっとも重い。核は地球の中でもっとも高温部分となり、最高で6500℃に達し、上にある溶岩の熱源となった。ほとんどの物質は熱せられると膨張するため、密度が低くなり浮力が増す。これが対流の原理である。対流によって、熱や物質は地球の内部から地表に向かって移動するようになった。活発な対流セルは熱い物質、つまり浮力のある物質を上へと運んだ。上昇した物質は再び沈み込む前、地表付近で伝導により熱を失う。アルミニウムのような軽い物質が地表に残り、薄い地殻を形成した。このようにして地球は、金属性の核、岩石質のマントル、そして、浮揚性のある地殻というように、さまざまな化学成分からなる層に分化した。これは45億年ほど前のできごとである。

現在の地球

地球の内部は現在、化学的に異なる3つの層に分かれている。そして、深さによる温度や圧力の違いから生じる物理的特性の変化によって、その層は細分化される。核は、多少の不純物が混じった鉄とニッケルの合金からなり、その温度は4000-6500℃である。核の内側の方は非常に大きな圧力によって固められた鉄の塊であるが、外側の方は浮遊性のある液体のままである。

　核を取り囲んでいるケイ酸塩岩のマントルも固体であるが、下部マントルの物質が年に数cmずつ移動し、ソリッドステートクリープと呼ばれる一種の対流が今でも起きている。地表から約410km以内が上部マントルで、簡単に変形するプラスチックのような領域である。その上には、軽い元素からなる薄い地殻が浮いている。この地殻の厚さはもっとも薄い海の下で8km、もっとも厚い大陸の下では45kmほどである。

地球の内部構造

マントルは地表の岩石を溶かすほどの熱をもっているが、それを覆う岩からの高圧によって固体を維持している。極めて温度が高い部分が圧力低下を起こす場所でのみマントルは融解する。

地球構造の階層化

早期の地球は均一的な構造であったが、融解によって化学的な「区分」が進んだ。

対流によって内部の熱が地表に運ばれる

軽い物質ほど半流動性マントルの中を抜けて上昇する

重い物質は沈み、高密度な核を形成する

二酸化炭素

水蒸気

窒素

大気と海

地球が生まれて間もないころ、物質の中でももっとも軽いガスと水が地球の内部から放出され、大気と海の層を作った。

大気

上部マントルよりもわずかに密度が高く、上部と下部のマントルの間にはっきりした層を形成する遷移帯

北アメリカプレートのイエローストーン国立公園の下にある「マグマ（高温・溶融状態の岩石物質）だまり」

おそらくマントルの深いところから上昇するホットプルームによって引き起こされるハワイ・ホットスポット

液状の外コア

固体の内コア

下部マントル

上部マントル

マントルの最上層の硬質の岩盤と上層の地殻から構成された岩石圏が、構造プレートをつくっている

海洋地殻

大陸地殻

チリ・ライズは、上部マントルから噴出する熱い物質と結合した2つの構造プレートの分岐を示す尾根である

海と陸の起源

40億年以上前、原始大気が凝縮した水蒸気が主となり、宇宙から彗星によってもたらされた水がさらに加わって、地球の海になった。初めに層状の内部構造を得た後、高密度な物質でできた上部マントルと、その上に軽い元素が浮かんで大半を占める均一的構造の地殻ができた。その後、陸の形成が始まると地殻は、海の底とは化学的に異なる岩石ごとに分かれていった。

大陸地殻

大陸は花崗岩質の火成岩や堆積岩、またこの二つが変化した変成岩など、さまざまな岩石から構成される。大陸の岩石には海洋地殻には見られない鉱物である石英が多く含まれている。海洋地殻がマントルの対流セルの上方の火山活動によって引き起こされた、融解、冷却によって混ざり合い、それが繰り返されて初期の大陸岩石となった。当時の火山活動は、現在よりも、はるかに回数も多く、また激しいものであった。対流が起こるたびに、上部マントルには重い成分がいっそう多く残り、地殻には軽い成分が集中するようになった。最初の微小大陸は、地殻の小さな破片が衝突し、融合し続けることによって成長していった。地殻が厚みを増すと、底面では融解が起こり、花崗岩質の火成岩によるアンダープレーティング（底付け作用）が発生した。風化作用によって大陸岩の形成が加速され、石英のように耐久性のある成分が残り、水溶性成分は海に流出した。

最古の岩石

世界最古の岩石はバフィン島の堆積岩で、これはカナダ楯状地に位置している。安定大陸の楯状地には世界でもとりわけ古い岩石が含まれていて、38億年前の花崗岩が存在する。

海洋地殻

海洋地殻は大陸地殻よりも密度が高いので、その分浮力が少ない。どちらの地殻もプラスチックのような上部マントルに浮かんでいると考えられ、浮力が少ないことから海洋地殻の方が下にある。大陸地殻が25-70kmあるのに対して、海洋地殻は比較的に薄く11km程度である。海洋地殻は主に玄武岩や大陸地殻よりも二酸化ケイ素の少ない火成岩からできており、マントルよりもカルシウムを豊富に含んでいる。上部マントルの中の高温な物質が減圧されると玄武岩質溶岩が形成され、それが溶けて液体マグマになる。減圧は中央海嶺にあるような地殻の亀裂の下で起こり、このような亀裂から溶岩が地表に押し出されることによって、新しい海洋地殻が形成される。

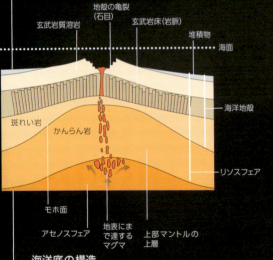

海洋底の構造

玄武岩の3層構造（玄武岩質溶岩、岩脈、および斑れい岩）からなる海洋地殻は、モホロビッチ不連続面（モホ面）によってマントルと分離される。上部マントルは地殻の底面と融合し、硬いリソスフェアを形成する。アセノスフェアは柔らかく、リソスフェアのプレートがこの上に載って動いている。

マントル岩

かんらん岩はマントルを構成する主要な岩石で、ケイ酸マグネシウム、鉄、その他の金属からなる。カナダのニューファンドランド（右写真）のように大洋底が隆起する際、あるいは火山活動の際に、かんらん岩が地表に運ばれることがある。

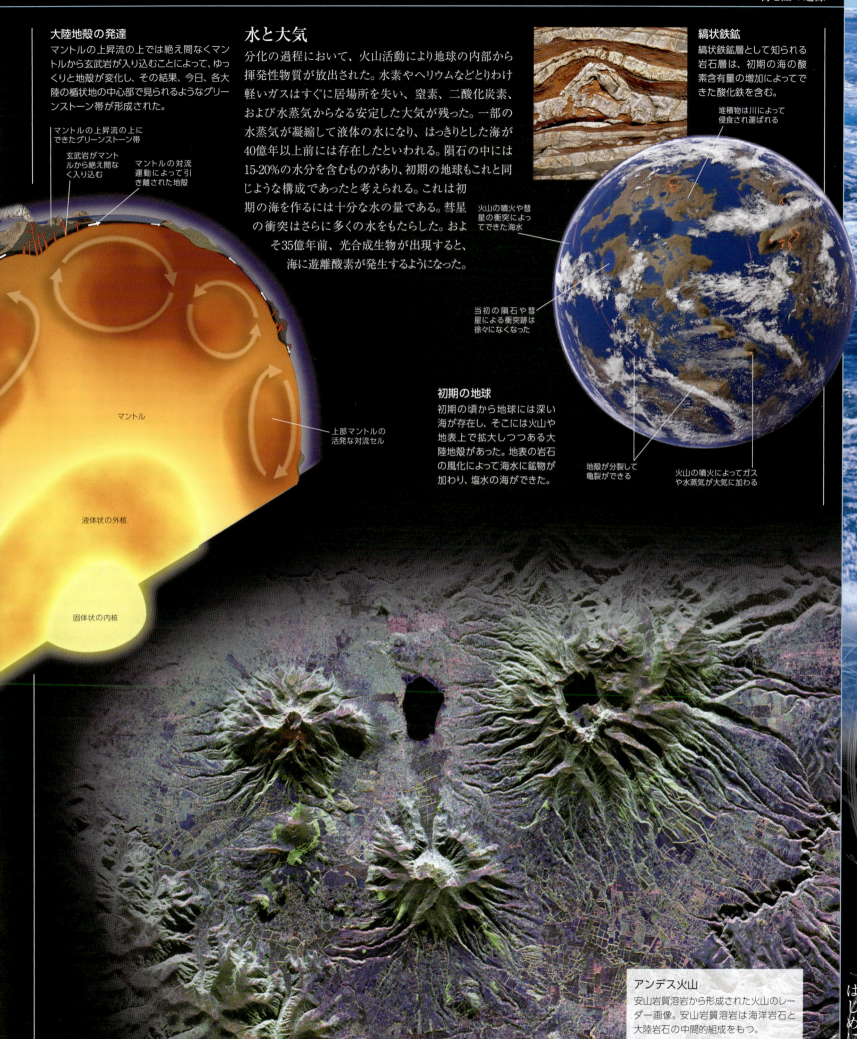

大陸地殻の発達
マントルの上昇流の上では絶え間なくマントルから玄武岩が入り込むことによって、ゆっくりと地殻が変化し、その結果、今日、各大陸の楯状地の中心部で見られるようなグリーンストーン帯が形成された。

マントルの上昇流の上にできたグリーンストーン帯

玄武岩がマントルから絶え間なく入り込む

マントルの対流運動によって引き離された地殻

マントル

液体状の外核

固体状の内核

上部マントルの活発な対流セル

水と大気
分化の過程において、火山活動により地球の内部から揮発性物質が放出された。水素やヘリウムなどとりわけ軽いガスはすぐに居場所を失い、窒素、二酸化炭素、および水蒸気からなる安定した大気が残った。一部の水蒸気が凝縮して液体の水になり、はっきりとした海が40億年以上前には存在したといわれる。隕石の中には15-20%の水分を含むものがあり、初期の地球もこれと同じような構成であったと考えられる。これは初期の海を作るには十分な水の量である。彗星の衝突はさらに多くの水をもたらした。およそ35億年前、光合成生物が出現すると、海に遊離酸素が発生するようになった。

縞状鉄鉱
縞状鉄鉱鉱層として知られる岩石層は、初期の海の酸素含有量の増加によってできた酸化鉄を含む。

堆積物は川によって侵食され運ばれる

火山の噴火や彗星の衝突によってできた海水

当初の隕石や彗星による衝突跡は徐々になくなった

初期の地球
初期の頃から地球には深い海が存在し、そこには火山や地表上で拡大しつつある大陸地殻があった。地表の岩石の風化によって海水に鉱物が加わり、塩水の海ができた。

地殻が分裂して亀裂ができる

火山の噴火によってガスや水蒸気が大気に加わる

アンデス火山
安山岩質溶岩から形成された火山のレーダー画像。安山岩質溶岩は海洋岩石と大陸岩石の中間的組成をもつ。

海洋の進化

大西洋をはさむ南米大陸とアフリカ大陸の両岸を精密な地図にしてみると、海岸線がジグソーパズルのピースのようにぴたりと合致することがわかる。大陸が移動することや、以前は一体であったこと、また現在の海が大陸の分裂により出現したことなどは今や周知の事実である。海洋の進化は地球の気象を変化させ、海水準は気象の変化や地質現象に応じて変動してきたのである。

拡大する海嶺

プレートに連動する大陸

沈み込み帯

プレート移動を誘発する対流セル

プレートの移動

地殻プレートは、おそらく外核とマントルの境界付近まで下降する対流セルの影響を受け移動する。

プレートテクトニクス

大陸地殻初期の断片を形成した無数の対流セル（43ページを参照）もマントルが冷却されるに従い数を減らし、より大きなものになっていった。大陸地殻の断片は結合して面積を広げ、海洋地殻ではもっとも薄い部分に亀裂が生じ大きなプレートに分かれていった。海洋プレートと大陸プレートの比重に十分な差が生じてくると、海洋地殻は浮力のある大陸地殻と衝突した地点で下に潜り、沈込み帯を形成した。以来海洋と大陸の進化はプレートテクトニクスに支配されてきたのである。（50-51ページを参照）プレートが動けば大陸も移動し、大陸間で海洋が誕生し消滅するのである。

1. カンブリア紀（5億年前）

最初の超大陸であるロディニアからゴンドワナ大陸が分断され南に位置した。イアペタス海はバルティカ（北ヨーロッパ）からローレンシア（北米）を隔て、パンタラッサ海は北半球をほぼ占めている。

パンタラッサ海

ローレンシア

シベリア

イアペタス海

バルティカ

ゴンドワナ大陸

北米とヨーロッパの間に位置する「先祖」北大西洋

分断されたロディニア大陸の名残

2. デボン紀（4億年前）

ゴンドワナ大陸から、後の西ヨーロッパ、南ヨーロッパとなる一連の島々が分裂し、ローレンシアとバルティカ方向に移動する過程でイアペタス海が消滅しライク海が誕生した。

シベリア

パンタラッサ海

ユーラメリカ

オーストラリア

ライク海

ゴンドワナ大陸

イアペタス海が消滅した時点では、ヨーロッパ南部はユーラメリカ（ローレンシアとバルティカ）と結合している

最初の植物が上陸し根付いた地域

年代を通じて

地球のプレートが移動するのは、拡大海嶺や沈み込み帯で起こる海洋地殻（50ページ参照）の高速循環によって引き起こされる現象であり、大陸は結合と分裂をくり返しながら周期的に「超大陸」を形成してきた。ドイツ人の科学者アルフレッド・ウェゲナーは、2億5000万年前にパンゲアという超大陸が赤道直下に存在し、周囲を海に囲まれていたという説を提唱した。10億年前にはロディニアというまた別の超大陸があり、おそらくそれ以前にも初期の超大陸が存在したようである。大陸の陸塊が結合しては内陸に生じた亀裂により結局は分断され、現在の紅海やアフリカ大陸東部の大地溝帯のような地形を形成した。地殻の断片や、拡大と沈み込み現象が起こっている地点をコンピューターモデル化することにより5億年以前の時代に遡り過去の地理がかなり確実に復元できるようになってきた。

浅い大陸棚

ウラル山脈

パンタラッサ海

古テチス海

パンゲア

南米　アフリカ　オーストラリア

ゴンドワナ大陸

広大な砂漠地帯

南米、アフリカ、オーストラリアの大部分を覆う南の氷冠

3. 石炭紀（3億年前）

大陸塊は超大陸のパンゲアに統合されると両極間を南北に拡がり東方へも拡がって、古テチス海をほぼ取り囲んだ。現在の石炭層は赤道直下の沿岸に存在した湿原地帯で堆積した。ゴンドワナ大陸が南極方向へ移動すると広大な氷冠が積み重なっていった。

凡例

沈込み帯

拡大海嶺

現在の陸の輪郭

内陸海

過去の時代においては海水準が現在より高かったのが普通である。このため大陸内部の広範囲に海進し、浅瀬で潮の干満のない内陸海という水域を生じた。こうした海は今日私たちがよく知る深い海洋盆とも大陸棚ともまったく異なるものであった。内陸海は通常塩分が多く、酸素濃度が低かったため生物は存在し得なかった。内陸海が大陸を分断したことで、生物の個体群はそれぞれ別の進化をとげることとなった。内陸海はまた気象にも影響を与えた。塩分濃度が高いため比重が重くなった水は沈降現象（60ページ参照）を起こし赤道海域付近へと流れたが、これは現在の深海の循環を支配している極における沈降現象とは異なるものだ。

人
アルフレッド・ウェゲナー（Alfred Wegener）

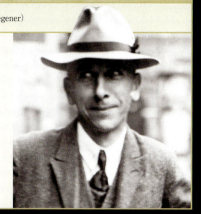

アルフレッド・ウェゲナー（1880-1930）はドイツ人科学者であり、天文学、気象学、地質学を探求した。1915年、大陸移動説を提唱し、この説によって大西洋をはさむ両側の大陸に同一の岩石が存在することや、北極圏に熱帯植物の化石が存在することを説明した。ウェゲナーの説は、海洋底拡大が発見され、この説を証明するしくみが解明されて初めて受け入れられたのである。

浅瀬

1億年前、北米に存在したウェスタンインテリアシーウェイといわれる浅水域は今日のバハマ諸島（右写真）の浅い礁湖の状態に類似していたかもしれない。

4. ジュラ紀（1億5千年前）

後の中央アジアとなる陸塊がゴンドワナ大陸から分裂し北へ移動した際に古テチス海が消滅し、その後にテチス海が誕生した。中大西洋が誕生したことでパンゲアを北部と南部に分断した。

5. 白亜紀（1億年前）

ゴンドワナ大陸の分裂により、インド、アフリカ、南極大陸が誕生した。これにともないテチス海が消滅し始めた。次いでまもなく南大西洋が誕生した。ヨーロッパが北米から分断され、さらに北極海が北極一帯に誕生した。

6. 始新世（5千万年前）

インドは急速な北進を続けた結果、アジアと衝突しヒマラヤ山脈の隆起が形成された。アフリカがヨーロッパに接近し西テチス海が消滅した。オーストラリアと南米の両方が南極大陸から分裂したため周極海流が発生し、赤道付近からの暖流が南極へ流れなくなった。

海流、大陸、気象

海洋も大気とともに地球上に熱を再分配する媒体である。太陽エネルギーの大部分は赤道付近で熱として吸収され、その後寒冷な地域に伝播していくのである。赤道から極へ到達する熱のおよそ40%は海流により運ばれる。そのため海流の循環パターンが地球上の気象(66-67ページ参照)に多大な影響を及ぼすことになる。大陸、海洋、海流が地質年代を通じて変化するに従い、気象も大きく変わってきた。逆に気候の寒暖の期間によって海水準や海の面積に影響が及ぼされた。7億7500万年前〜6億3500万年前に一連の「全球凍結」現象が起きた間に、各所の海で水深2000mのところまで凍結したという憶測があり、最長で1500万年続いた。

全地球凍結
全球凍結現象が起こっている間、地球は氷河で覆われ高い山の山頂のみが氷から一角をのぞかせており、現在の南極大陸のような状態であった。

中生代の海流
1億年前の海流は東側のテチス海から、内陸を貫通していた海路を通り、現在の地中海にあたる北米と南米間の中大西洋を通って、西側の太平洋へと流れていた。

現在の海流循環
現在では赤道の海流は陸に阻まれているため、周極海流がもっとも強い流れとなっており、南極への熱の流れを阻止している。そのため極一帯は以前より寒冷になっている。

温室から氷貯蔵庫へ

中生代(2億5200万年前から6500万年前)の気候は現在より温暖で、地域による気温差が少なく、極には氷冠が存在しなかった。海流は自由に流れ、赤道付近でエネルギーを吸収し高緯度地帯へと熱を運んでいた。この「温室」気候から現在の寒冷な「氷貯蔵庫」気候に移行したのは、ゴンドワナ大陸の分裂で引き起こされた海流の変化が原因である。分裂した大陸が北へ移動し、南極大陸が周極海流に囲まれたため、赤道からの熱の流れが遮断されてしまったのである。海洋の間を往来していた赤道の流れは500万年から300万年前にパナマ地峡が出来て堰き止められてしまった。こうして南極大陸では南極の周りに雪が堆積し厚い氷冠となり、エネルギーを吸収ではなく反射しているのである。

最終氷期(2万1500年前)
地球の気候は、10万年以上のサイクルにわたって、氷河期と温暖な時期の間で変化している。氷河期には、氷期と呼ばれる寒冷な時期と、間氷期と呼ばれる温暖な時期がある。氷期の間(最後の2万1500年前にピークを迎えた)に世界の氷床は拡大し、海水準が低下して陸橋が出現する。

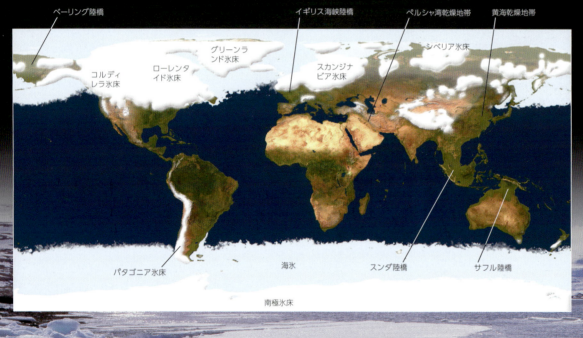

海洋の進化

海水準の変動

海水準は地球の歴史上常に変動しており、過去最高で現在より400mの高さにまで上昇した。要因の1つは地球全体の気候で、海水の熱膨張が地球の海水準を上昇させ、温度が1℃上昇するごとにおよそ7.5cm高くなる。さらに重要なのは氷河サイクルにともなって氷冠と海洋の間で起こる海水の氷結と融解で、数万年以上にわたる100～200mの海水準の変動の主な原因になっている。海底拡大のスピードも地球全体の海水準に影響を与える。海嶺の高速拡大が起こる地点では海洋盆に新しく高温の地殻が高く堆積し容積を減らすため、結果的に海水準が上昇する(88ページを参照)。局所的な変化は、地殻変動の結果としても起こる。

気温と海水準
ここ1億年ほどは気象要因により海水準が変動しており、気候(黄色の線)が寒冷になるにつれ、海水準(青い線)も下降してきている。それ以前の年代では海底拡大の速度が落ちることで海水準も低くなっていった。

地中海海盆の変遷

① 500万年前、ジブラルタル海峡が閉じているため地中海は大西洋から隔てられ、水分が蒸発し塩分の高い砂地となった。

② 2万1000年前、最終氷期の最盛期に海水が氷冠となって陸に閉じ込められたため、海水準は現在より120m低かった。

③ 10万年前、氷河期の融解水が氷河の間に露出した大陸棚に流れ始めたことで、現在見られるような海岸線を形成した。

堆積盆

世界中の堆積岩はたいてい大陸棚上の内海に存在する。大陸移動や海水準の変動が、堆積の場所と年代を特定しているが、以前海だった地域の堆積盆の多くは現在ではかなり内陸に位置している。石油やガスの鉱床は海中の堆積岩の中から発見されるが、これは動物の遺骸や植物が腐敗分解され埋没し、圧縮されてできたものである。石油とガスの世界産出量の約30%は沖合い海域で採掘されるが、沖の堆積盆の多くは未調査のままである。

堆積盆と油田
堆積盆は大陸棚や海底付近で見られるものだが、以前海水に覆われていた内陸地域でもよく見られる。

凡例
- 陸上の堆積物
- 沖の堆積物
- △△△ 石油とガスの鉱床

氷河期の海岸
氷河期の海氷は現在より低い位置に形成されていた。これは2万1000年前の西ヨーロッパの典型的な海岸の景色である。

はじめに

テクトニクス(構造地質学)と海洋底

プレートテクトニクス理論は、過去半世紀にわたって地質学に革命をもたらし多くの地球上の物理現象を説明づけた。プレートテクトニクスとは、地球のリソスフェア(岩石圏)の莫大な破片で、半流動的で可塑性のあるアセノスフェアというマントル層の上を移動する。プレート運動は山脈の形成にも係わるが、プレートテクトニクスの作用が一番よく分かるのは、多くのプレート境界が見られる海洋底においてであろう。

玄武岩
海洋底の大部分は玄武岩でできており、これはマントル上部から流出した火成岩の粒子が細かく結晶したものである。鉄とマグネシウムの含有率が高いため密度が高い。

海洋地殻の循環
海洋底における最古の岩石は1億8000万年ほど経ったものである。38億年前に遡る陸地の最古の岩石に比べると若い。大陸地殻は地球の歴史とともに徐々に堆積されていったが、海洋地殻の場合は比較的速く生成され消滅していったようである。海洋地殻は中央海嶺でマントルから高温の物質が湧き上がって生成され海嶺から外側に拡がり、最終的に沈み込み帯で再びマントルの中へ戻っていく循環の過程をたどる。大陸地殻は海洋地殻より常に比重が軽く浮力があるため、両方が衝突する場所では海洋地殻の方が沈みマントルへと再び潜っていく(沈み込み現象)。

海洋底の年代
海嶺で新しい地殻が形成され、拡がり始めるところから海洋底の年代は積み重なっていく。下の地図は両側面を一番新しい岩石(赤とオレンジの部分)で広く縁取られた東太平洋大海嶺がもっとも速いスピードで拡大する海嶺であることを表している。

マントル対流
地球内部のマントル対流がプレートテクトニクス現象の原動力である。高熱のマントル物質が上昇し冷やされ、拡張して沈む循環運動をして、各所で地殻プレートを押して、周囲を引っ張るのだ。

プレート境界
構造プレートの境界には発散型、収束型、トランスフォーム型がある。発散型境界では、地殻が拡がり薄くなり高温のマントル物質の上昇流に砕かれる。地殻が盛り上がり中央海嶺を形成し、中央部の裂谷から溶岩が押し出され海洋地殻が誕生する。海底火山の出現の可能性もある(174ページ参照)。
　収束型境界とは、プレートが衝突する場所である。海洋地殻と大陸地殻が衝突するところでは、大陸地殻が圧縮され厚くなり褶曲山脈が形成される。比重の重い海洋プレートが軽い大陸プレートの下側に沈み込んで海溝(183ページ参照)を形成し、地殻がマントルへ下降して火山活動が起こる。海洋プレート同士の衝突では、古く比重が重い方が沈み、片方は海溝と並行に弧状列島を形成する。トランスフォーム型境界は、プレート相互にずれが生じる場所に現れ、地殻の誕生や消滅も火山活動もない。発散型境界の区分が外れた場所で発生したり、広範な破砕ゾーンが生じる可能性がある。

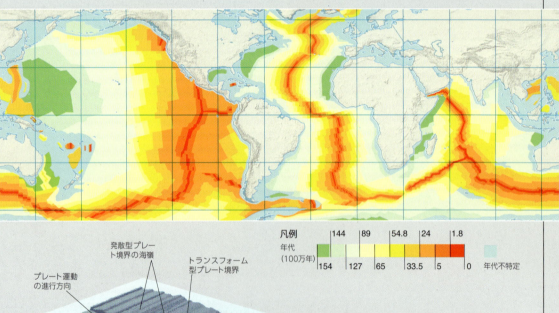

発散型境界とトランスフォーム型境界
発散型境界では、新しい海洋底が海嶺の両脇に拡がるにつれて海嶺と平行した複数の隆起ができる。トランスフォーム型境界ができるのは、拡がりのスピードに差が生じ、隆起した部分がずれるためである。

収束型境界
収束型境界では沈み込み現象によって海洋地殻が破壊される。プレートが沈み込む際に海水を伴うため、マントル表面が溶解し地上に火山爆発をもたらす。

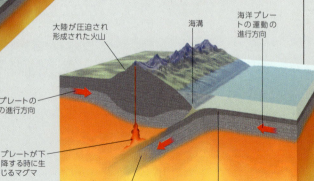

地震と津波

地震はすべてのプレート境界で発生しうるが、沈み込み帯がある収束型境界では特に頻繁に発生する。地殻の断層地帯に圧力がかかり、岩石や断層のずれの強度を上回ってしまうのである。このような状態になると巨大なエネルギーが短時間に放出される。2011年に東北地方太平洋津波(462-463ページ参照)をもたらした地震のエネルギーは、広島に投下された原爆より6億倍以上であった。

津波は地震によって海底の一部が隆起したり沈降したりすることで引き起こされる。震源上部の海水面が急激に上下するので、水平に戻そうとする流れが生じるのである。表面波は毎時500〜800kmの速さで放射状に拡がり海洋盆全域を横断する。

発見
津波警報

津波は甚大な被害をもたらす可能性があるため、予兆を監視し津波の接近を知らせる警報システムが整えられている。このシステムは地震を感知する地震観測網を使用し、また海底水圧感知器を搭載したブイを深海に設置することで津波の発生を自動的に感知するしくみである。下の写真のブイはプロトタイプで、グレナダのカリブ海沖で地震感知用に設置されているものである。

波は反対方向に広がる

高速で拡がる表面波

深海での波の高さは中程度

断層上部へ急上昇する海水

衝撃波は地震から全方位に広がる

断層周辺の運動で海底が隆起する

津波の波動
津波は海岸付近の浅瀬に到達すると高くなる。海洋では数メートルの高さでも海岸では極端な場合30mに達することもある。

浅瀬では破壊力の大きな高波となる

大規模な津波の襲来を切り抜けられる建物はほとんどない

海水が通過するごとに波の下で円運動が起こる

ホットスポットと列島

プレート境界から遠く離れたところに火山列島がある場合があり、これはマントルのホットスポット(深部に位置する寿命の長い火山活動地帯)の存在に起因する。ホットスポットの中にはアイスランドの地下にあるもののように発散型境界に関連づけられるものもあるが、海洋プレートや大陸プレートの中ほどに位置しているものもある。年代を経て、死火山となった火山列島は通常大洋の中ほどのホットスポットから軌跡を描くような配列になっており、今ではホットスポットから遠く離れてしまっているものも多い。このホットスポットの軌跡はプレート運動の進行方向に沿って一直線に並んでいる。プレート運動の方向が変われば軌跡の向きも変わり、新しい拡大海嶺ができるとその軌跡も妨げられる。インドとレユニオン島のホットスポットの間の海域ではこうした現象が見られる。

火山島
モロキニ島は死火山のクレーターの一角であるが、この島はハワイー天皇海山列に属し、太平洋北部を横断し連なる海山群の一つである。

ホットスポット
ホットスポットの軌跡と、大昔にホットスポットから地表に大量流出した玄武岩地帯とがつながっていることがある。トリスタン・ダ・クーニャのホットスポットは大西洋南部をはさむ両大陸の台地玄武岩とつながっている。

凡例

- 台地玄武岩
- ホットスポットの軌跡
- ホットスポット

プレート境界
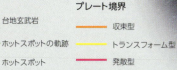
- 収束型
- トランスフォーム型
- 発散型
- 未確認

海底火山の爆発
世界の火山活動の多くは、海面下で発生する。時折、何千年にもわたって成長している海底火山が海面に達し、2009年3月に南西太平洋のハンガ・ハアパイトンガ付近で発生したような劇的な噴火を引き起こすことがある。

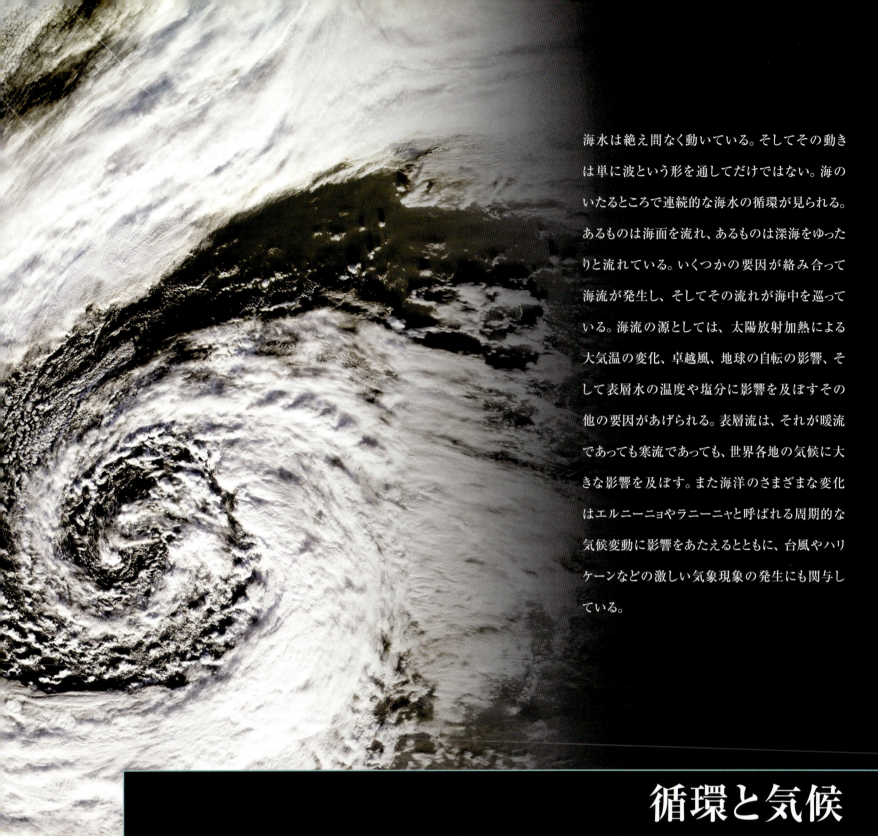

海水は絶え間なく動いている。そしてその動きは単に波という形を通してだけではない。海のいたるところで連続的な海水の循環が見られる。あるものは海面を流れ、あるものは深海をゆったりと流れている。いくつかの要因が絡み合って海流が発生し、そしてその流れが海中を巡っている。海流の源としては、太陽放射加熱による大気温の変化、卓越風、地球の自転の影響、そして表層水の温度や塩分に影響を及ぼすその他の要因があげられる。表層流は、それが暖流であっても寒流であっても、世界各地の気候に大きな影響を及ぼす。また海洋のさまざまな変化はエルニーニョやラニーニャと呼ばれる周期的な気候変動に影響をあたえるとともに、台風やハリケーンなどの激しい気象現象の発生にも関与している。

循環と気候

渦巻き雲
2006年後半に北大西洋の一部で撮影された衛星画像に2つのサイクロン(雲を伴った低気圧のらせん状の領域)が見える。サイクロンは、アイスランドの南に向かって東へ移動している。アイスランドは、画像の上部中央に見えている。

海上風

太陽放射加熱と地球の自転により、海上の大気に一定の動きのパターンが生じる。そして、このパターンは、海上をさまざまな方向に移動している低気圧や高気圧による影響も受ける。さらに、海岸付近では海と陸の熱吸収能力の違いによって生じる向岸風と離岸風の影響が加わる。

大気大循環

太陽放射加熱は、地球の大気圏内の空気に大気大循環と呼ばれる3つの巨大な環状の流れを引き起こす。ハドレー循環は赤道付近の暖かい空気が上昇し、上空で冷却され亜熱帯地方（緯度30度）の地表へと下降することにより発生し、その後空気は赤道へ戻る。フェレル循環は空気が極付近（緯度60度）で上昇し、冷却され亜熱帯地方へ下降した後、極方向へと移動することにより発生する。極循環は、極の空気が下降し赤道方向へ移動することにより発生する。

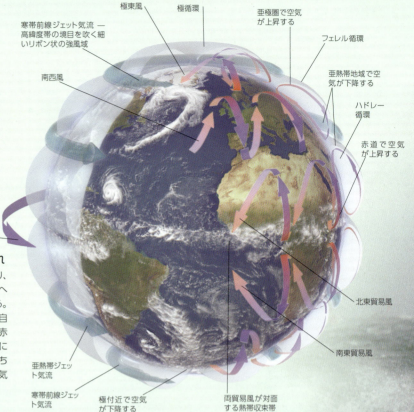

大気循環の流れ
大気大循環により、北および南方向への気流が生じる。これらは地球の自転により変化し赤道に対して斜めに吹く風、すなわち寒帯前線ジェット気流が発生する。

コリオリ力

大気大循環は、南および北の空気の動きを引き起こす。これらは地球の自転の影響で起きるコリオリ力によって変化する。大気中の異なった緯度での空気塊は、西から東への速度が異なる（赤道で最も速く移動）。南北に移動して緯度を変えるときには、移動する緯度の空気とは異なった西から東への速度を保持する。赤道から離れるときには地球の自転方向の東に、それに向かって移動するときには西に移動する。

空気転向
北半球ではコリオリ力により空気は進行方向から右方向に、南半球では左方向に曲がる。

衛星写真

海洋風は、気象衛星METOP-A（右）に搭載されたASCATというスキャタロメーターで観測されている。スキャタロメーターは風速および風向を測定するレーダーである。

卓越風

気圧の差によって発生し、コリオリ力によって変化する風は卓越風と呼ばれる。熱帯および亜熱帯地方では、ハドレー循環内で赤道に向かう気流は西へ湾曲する。この気流は貿易風と呼ばれる。貿易風には、北半球の北東貿易風と南半球の南東貿易風がある。高緯度地域におけるフェレル循環内の地上風は、東へ湾曲し偏西風を発生させる。南半球では、偏西風は陸地に遭遇することなしに西から東へと吹く。こうした現象の起こる南緯40度付近は「吹える40度」と呼ばれている。極地方では風は極から遠ざかる際、西へと湾曲する。この風は極偏北東風および極偏南東風と呼ばれる。

図版の凡例
- → 広域で暖かい
- → 広域で冷たい
- → 局地的に暖かい
- → 局地的に冷たい

風のパターン
海上を吹く風のほとんどは、年間を通して貿易風または偏西風であるが、北インド洋は例外で、モンスーン気候であるこの地域では季節毎に風向きが変化する。

長距離航海

海上広域で一定の方向と強さで吹き続く風がある。長距離の航海で、このような風に乗った場合は、帆の基本設定を何日間も変えないことがある。

気圧差によって生じる風

空気が下降するすべての海上(とくに亜熱帯地域)で、気圧の高い領域 — 高気圧圏 — が発達する。暖気が上昇する場所では、気圧の低い領域 — 低気圧圏 — が発生する。こうした領域は、通常赤道付近や極付近で発達する。低気圧と高気圧は相互に作用しながら、常に変化する大気循環のパターンを生み出す。北半球では、空気は高気圧の周りを時計回りに流れ、低気圧の周りでは反時計回りに流れる。南半球ではこのパターンは逆になる。特定地域の気圧変化が卓越風の一般的なパターンに変化を及ぼすケースがある。特に低気圧は海上を高速で移動し、風速および風向きに急速な変化をもたらす場合がある。

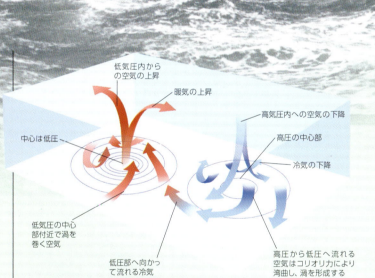

低気圧と高気圧
空気は高圧地域から低圧地域へと流れるが、この流れはコリオリ力により変化し循環風が発生する。

沿岸風

向岸風と離岸風と呼ばれる局地風は、特に日当たりのよい地域の海岸付近で発生する。向岸風は海風あるいは海軟風と呼ばれることもあり、日中に発達する。この風は、太陽放射を吸収する際、地表が海面よりも速く暖められることにより発生する。このような現象が起こるのは、海面では熱エネルギーを大量に吸収しても温度上昇は小幅であるのに対し、地表では同量の熱エネルギーで温度が急上昇することが多いためである(33ページ参照)。

地表が暖められると地上の空気も暖められ、空気が上昇する。そして、上昇した空気の後を埋めるように海から冷気が流れ込む。夕方および夜間には逆の現象が起こる。地表の冷えた空気が海へと吸い寄せられ離岸風を生み出す。この風は陸風あるいは陸軟風と呼ばれることもある。

そよ風の吹く海岸
暖かい海岸では、正午を過ぎると海から海風が吹き、涼しさを感じることがよくある。通常、夕方および夜間は風向きが逆になる。

昼と夜
日中、地表は海面より速く温められる。地上の暖気が上昇し、海上の冷気を引き込む。夜間は地表の冷える速度が速くなり、気流の方向は逆になる。

向岸風

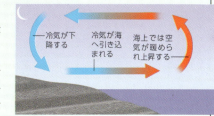

離岸風

帆の調整
シドニー・ホバート・ヨットレースの出発前に、帆をセットする乗組員。本レースではオーストラリアとタスマニアの間の嵐が頻発するバス海峡を横断する。

海洋ヨットレース

海洋ヨットレースは航行技術を競うスポーツで、外洋の遠距離を走る。イングランド南西沖のファストネットレースや毎年恒例のシドニー・ホバート・ヨットレースなど2、3日間のものから、世界を半年間かけて1周するような長期間に及ぶものもある。レースには、最高20人の乗組員で構成されるチームによるものと単独航海のものがある。参加者は熟練者であるのが一般的で、チームレースでは、スキッパー／タクティシャン、ナビゲーター、それに帆の設定変更や調整などを行う一般乗組員がいる。単独航海レースではすべてを1人で行わなくてはならない。ヨットレースの一つであるクリッパー・ラウンド・ザ・ワールド・ヨットレースは異例で、航海の前歴がほとんどない一般人乗組員が参加料を払い、熟練スキッパー主導の下に参加する。

可能なかぎりレースを平等にするために、通常参加するヨットは同じクラスのものであり、そうでない場合はボートのクラスの違いにより生じるタイム差を調整するために、ハンディキャップシステムが採用される。コンピューター技術の利用は、現代レースにおいては非常に重要な要素である。電子機器の助けを受けて航海し、コンピュータによりヨットの最高性能を引き出している。大量の気象データがレース中インターネットを通じて送られてくるが、このデータを解釈する技術が重要となる。むしろ、前方水域のどこで最適な風が吹く可能性があるか、といったことを知ることができるのである。

こうした技術のほか、戦術や操船術も重要である。たとえば、強風や微風を最大限に利用する方法や、上手回し（風上に向かって帆走する際の針路変更）の最善のタイミングの判断などである。

地球一周のレース

著名な3つの海洋ヨットレースは地球規模で航海をする。南西洋で西から東、卓越風の流れと同じ「正しい方向」へ進む。3年ごとに開催されるボルボ・オーシャンは集団レースで、途中寄港していく。4年ごとに開催されるベレックス5オーシャンズとヴァンデ・グローブは単独のレースで、前者は段階的に無寄港で行われ、後者はノンストップの無寄港無補給で行われる。

勝つための装備

三胴船 ほとんどのヨットレースは単胴船で競い合うものであるが、多胴船（双胴船および三胴船）が参加できるレースもいくつかあり、中には多胴船のみで競い合うレースもある。多胴船は単胴船よりも速く転覆しやすいが、ひどく破損した場合でも沈まずに浮かんでいることがある。上は2005年に開催されたレース「グラン・プリ・ドゥ・フェカン」の最中に、フランスのノルマンディー沖で三胴船のフォンシア号が1艇体のみで帆走している写真である。

総員集合 レースによっては多数の乗組員が参加する。クリッパー・ラウンド・ザ・ワールドでは各艇に18名が乗り込む。このレースでは直前に訓練を受けた未経験者が参加し、帆の調整、ナビゲーション、舵取り、料理などすべての作業に参加した。

コントロールセンター 電子海図やGPSなどの利用技術は、現代レースにおいて非常に重要である。右はフランス人のマーク・ティエルスランがヴァンデ・グローブ2005-06参加に向け、自身のプロ・フォーム号のコントロールセンター内で準備をしている写真である。

転覆 1997年英国人ヨットマンのトニー・バリモアが単独航海中、南洋で転覆し、救助が到着するまでの5日間転覆したヨットの中で身動きが取れなかった。

しっかりとつかまる 下はアストラ号の乗組員が船外へ投げ出されそうになっている写真で、海に落下すれば乗組員にとって最悪の事態となる。この最悪の事態を回避するために、乗組員は通常ラジオビーコン（無線標識）を身につけている。また、ラジオビーコンは穏やかな日中に行われるレースを除いて安全装具と一緒に船体にも取り付けられる。

表層海流

海の表層には、様々な吹送流が非常に広い範囲を流れている。多くの海流は合流し、主要海洋盆の海面付近で巨大な循環流 — 渦 — を生み出す。表層海流が影響を与えるのは海水全体の10%に対してのみだが、それは世界の気候に重要な影響を与える(66ページ参照)。表層海流が、膨大な熱エネルギーを熱帯地方から他の地域へと運ぶ役割を担っているからである。表層海流は海運業や世界の水産業にも影響を及ぼしている。

海上の風

海上を風が吹く時、海の表層を動かして流れを生み出す。しかし海水は風と同じ方向へは流れず、北半球では右に、南半球では左に湾曲して流れる。この現象は1902年にスウェーデンの科学者ヴァルフリート・エクマンにより、現在ではエクマン螺旋と呼ばれる海上風のモデルを用いて初めて説明された。このモデルは、海面付近の各層の流れは、その層の上の層(最上層の場合は海面付近の風)からの摩擦力とコリオリ力(54ページ参照)の組合せによって作り出されるという仮説に基づいている。このモデルでは、全体としては海水は風と直角方向に押し流されると予測しており、エクマン輸送と呼ばれている。

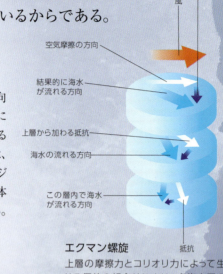

エクマン螺旋
上層の摩擦力とコリオリ力によって生じる偏差の組合せにより、各海水層の流れる方向が定まる。上の図は、北半球のエクマン螺旋を示している。南半球では、海流は風の流れる方向から左へそれる。

主要な海流
左の地図は、世界の主要な表層海流の全体図で、暖流と寒流それぞれを示している。

循環流

卓越風(54ページ参照)とエクマン輸送が組み合わさり、大規模な渦流である「循環流」を作り出す。「循環流」は全部で5つあり、大西洋と太平洋にそれぞれ2つ、もう1つはインド洋にある。それぞれの渦は数種類の海流によって構成される。たとえば北太平洋の渦は、西の黒潮、東のカリフォルニア海流、そしてあと2種類の海流から構成されている。海水は渦の中心に集まる傾向があり、表層に若干の「盛り上がり(マウンド)」を作り出す。

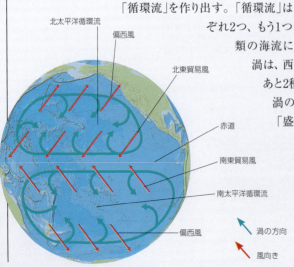

循環流の発生
北太平洋では、西風と貿易風の組合せが(エクマン輸送により)常に海水を右方向に押し流し、時計回りの渦を作り出す。風が海水を左方向に押し流す南太平洋では、反時計回りの渦が発生する。

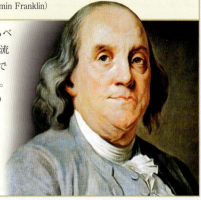

人
ベンジャミン・フランクリン(Benjamin Franklin)

アメリカの政治家であり、発明家であるベンジャミン・フランクリン(1706-90)は、海流に関する研究を手がけた先駆者の1人であり、メキシコ湾流の進路図を出版した。彼が海流に興味を持ったのは、英国の郵政当局者から米国の郵便船が英国の郵便船よりも速く大西洋を横断する理由を尋ねられたことによる。その答えは「米国船は東へ流れるメキシコ湾流を利用しているため」であった。

境界流

循環流の縁の海水の流れを境界流という。循環流の西側の境界流は強く狭く暖かい。この流れは赤道から熱エネルギーを運び出す。メキシコ湾流や大西洋南西部のブラジル海流がその例である。東側の境界流はこれより弱く、熱帯地方へと戻るより大きな寒流である。例としては、アフリカ南西沖のベンゲラ海流やカリフォルニア海流がある。赤道付近の循環流の境界流は暖かく、西へ流れる赤道海流である。その他に主要な循環流へ流れ込むものと流れ出すものがある。メキシコ湾流の支流である温暖な北大西洋海流や、北極地域の海水を運ぶ親潮、東グリーンランド海流等の寒流がその例である。

暖流
衛星機器の利用により、水温と関わりを持つ植物プランクトンも検知可能である。上の写真では、黄色と赤はプランクトンの量が多い、暖流を示している。

寒流
左の衛星写真では、寒冷な親潮内に位置するカムチャッカ半島付近を海氷が流れているのがわかる。海流内の渦により、海氷による渦巻きパターンが形成されている。

海流の合流

暖流と寒流が合流し、互いに影響を及ぼす場所(潮境)がある。例としては、温暖なメキシコ湾流と米国・カナダ東沿岸沖の寒冷なラブラドル海流が合流する潮境、また寒冷な親潮と日本の北へ流れる温暖な黒潮が合流する潮境などがある。これらの合流点ではより密度の高い寒流が暖流の下へと潜り込み、通常、乱流が発生する。この乱流により海底の栄養分に富んだ水が上昇し、プランクトンを増殖させ、また魚、海鳥、哺乳類にとって格好の餌場が作り出されるのである。

対立する流れ
左側の温暖なブラジル海流と右側の寒冷なフォークランド海流がそれぞれ異なる色のプランクトンを運ぶ。

蒸気霧
右はイルカが高い波に囲まれて飛び跳ねている写真。寒流と暖流の境界線を漂う冷気に水蒸気が加わると、蒸気霧が発生する。

海中の循環

地球の海を形成する水は、海面下の深い部分で循環している。水面下のやや深めのところを流れる「潜流」の流れは複雑である。海面から垂直方向に、海水を上あるいは下に移動させるものがあり、この動きを湧昇および沈降流と呼ぶ。表層海流と潜流は、深層大循環という全地球的な視点から見ると、すべて互いに関連をもっている。

沈降流

沈降流が起こる最大の原因は、海水の温度または塩分に変化を与える熱塩の作用である。たとえば塩度の高い海水が、表層海流によって北極海へと運ばれ極付近の冷たく塩度の低い海水と合流した場合、前者は急速に冷やされる。海水が冷えると密度が上昇し、海水は下降する。沈降流は海岸で起きることもある。たとえば海の西側領域で赤道に向かって吹く風はエクマン輸送(58ページ参照)により海水を陸方向へ押し流す。この海水は海岸に到達すると沈降する。また、沈降流は高気圧(55ページ参照)や渦(58ページ参照)の中心に溜まってできる水の盛り上がりの下でも起こる。

北大西洋の下降流域
この地域では、寒冷な北極地域の海水と合流した温暖な表層海水が、熱を失い密度を増して沈んでいく。この下降流は気象にとって重要な意味を持つ。

凡例
- ➡️（青破線）沈降流
- ➡️（赤）温暖な表層海流
- ➡️（オレンジ）熱エネルギーの喪失
- ➡️（青緑）寒冷な表層海流
- ■ 沈降流域

海岸での沈降流
大洋の西側で赤道方向に吹く風は、海水を海岸へ押し流し、そこで海水は沈み込む。

- 風は赤道方向へ吹く
- 海水は海岸付近で沈む
- エクマン輸送により海水は海岸方向へ押し流される
- 東向きの海岸(北半球)

- 風は北半球では時計回りに吹く(南半球では反時計回り)
- 中心で水が溜まる
- エクマン輸送により海水は高気圧の中心へ押し流される
- 水位は高気圧の中心で上昇する
- 海水は重力の影響で沈む

高気圧内での沈降流
高気圧では、風の循環により海水は中心の盛り上がりまで押し流され、そこで下方に動く。

湧昇

湧昇はさまざまな状況で起こりうるが、沈降流のまったく逆の力が働くことが原因となる場合もある。たとえば、海の東側で赤道方向に吹く風が、エクマン輸送により海水を沖へ押し流すと、入れ替わりに深層水が海岸近くで湧き上がる必要がある。海水は、低気圧の中心でも海面へと上昇する(55ページ参照)。さらに太平洋や大西洋の赤道付近など、2つの循環流の間の境界領域など表層水が分離される方向の力が働く場所でも海水の上昇が起こる。沈降する密度の高い海水と入れ替わるために上昇する海水もある。たとえば南極周辺では、成長する海氷の下で超高密度の冷たく塩度の高い海水が形成され沈んでいき、入れ替わりに湧昇水が発生する。

- 西向きの海岸(北半球)
- 風は赤道方向に吹く
- エクマン輸送により海水は沖方向へ押し流される

海岸での湧昇
海の東側で赤道方向に吹く風が海水を沖方向へ押し戻し、海岸付近で湧昇が発生する。

- 水面で沖方向へ流れる海水と入れ替わる形で海水が上昇する

プランクトンを餌にする動物
湧昇が起こる場所では、海底から大量の栄養素がもたらされる。そのためプランクトンが繁殖し、これを捕食するイトマキエイ、小魚、クジラなどの海洋生物が集まってくる。

深海大循環

北大西洋などの主要な沈降流域に沈む海水に押し流され、深層水はゆっくりと循環する。深層水の塊は、すべてこうした沈降流域のいずれかで以前に沈んだものである。海水が沈むと、塩分などの海水のもつ性質は長期間変化しない。そのため深層水の塊は、沈んだ際の場所の「記憶」を内包している。深海の様々な部分から採った海水のサンプルを分析することにより、深海の流れの一般的なパターンを明らかにすることができる。下に示すのは、海洋大循環と呼ばれる、全海洋をつなぐ大規模循環である。それぞれの海水の塊がこの循環を1周するには1000年程度の年月を要する。

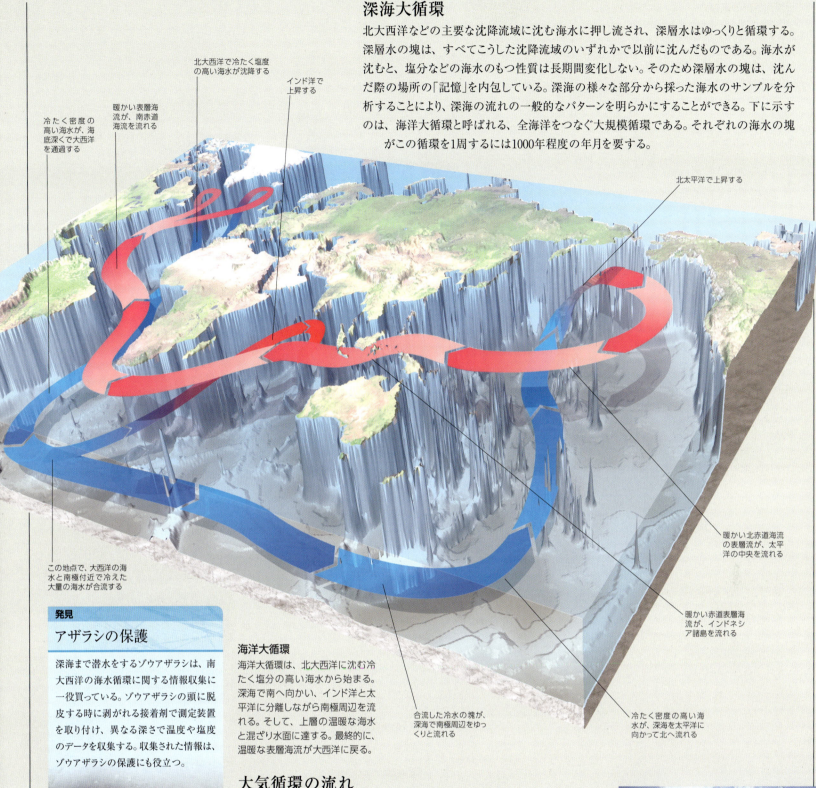

冷たく密度の高い海水が、海底深くで大西洋を通過する

暖かい表層海流が、南赤道海流を流れる

北大西洋で冷たく塩度の高い海水が沈降する

インド洋で上昇する

北太平洋で上昇する

暖かい北赤道海流の表層流が、太平洋の中央を流れる

暖かい赤道表層海流が、インドネシア諸島を流れる

冷たく密度の高い海水が、深海を太平洋に向かって北へ流れる

合流した冷水の塊が、深海で南極周辺をゆっくりと流れる

この地点で、大西洋の海水と南極付近で冷えた大量の海水が合流する

発見
アザラシの保護

深海まで潜水をするゾウアザラシは、南大西洋の海水循環に関する情報収集に一役買っている。ゾウアザラシの頭に脱皮する時に剝がれる接着剤で測定装置を取り付け、異なる深さで温度や塩度のデータを収集する。収集された情報は、ゾウアザラシの保護にも役立つ。

海洋大循環

海洋大循環は、北大西洋に沈む冷たく塩分の高い海水から始まる。深海で南へ向かい、インド洋と太平洋に分離しながら南極周辺を流れる。そして、上層の温暖な海水と混ざり水面に達する。最終的に、温暖な表層海流が大西洋に戻る。

大気循環の流れ

単なる水平方向または垂直方向の循環よりも複雑で、海の上層部20mの範囲に限られる流れとしてラングミュア循環がある。この循環は風によって生じ、円筒状の長い水から形成される「列」ができる。この列は風の吹く方向に流れ、各列はそれぞれ隣の列と逆方向に回転している。つまり時計回り、反時計回りの渦ができることになる。循環の幅はそれぞれ10mから50mで、数百メートルに及ぶこともある。海水は循環の境界に集まり、うね(畝)と呼ばれる長く白い泡の筋または海草の集まりが海面上に現れる。このパターンの理論的説明がなされたのは、米国人化学者アービング・ラングミュアが大洋航路船で大西洋を横断したのちの1938年のことで、ラングミュア循環の名が付けられた。

ラングミュアの畝(うね)
右の海面上に見える長い泡の筋は、ラングミュア循環の畝である。畝間の距離は風の強さに伴って広くなる。

大西洋循環の原動力
大西洋と北極地域の境界で生成される海氷は、大西洋循環の原動力となる。海氷は淡水成分のみで生成され、残された高密度塩分の海水は海底に沈む。

大西洋循環の遮断

逆説的な話だが、地球温暖化は将来、ヨーロッパの気温を低下させるという長期的影響をもたらす可能性が示唆されている。大西洋循環は現在西ヨーロッパを温暖な状態に保っており、それが遮断されてしまうとこのような事態に陥ってしまう。

　大西洋循環は、世界的に連結する海流パターンの一部を成しており、2つの主要な構成要素を持っている。1つ目の要素は、北大西洋海流の大西洋北東部への温暖な表層水の流れであり、湾岸の流れの延長線上にある。2つ目の要素は、北部の寒冷で塩度の高い海水の沈降であり、深海を赤道へ戻る流れである。地球温暖化により北極海の海氷の融解や河川から水の流入が増えた場合、北部の海での循環が停止することがある。

　淡水は塩水よりも密度が低いため、こうした地域の表層水は沈みにくくなり、大西洋循環全体を遮断する危険性をはらんでいる。このような事態に陥った場合、ヨーロッパの平均気温は数度下がり、北米東部の一部の気温も低下する可能性がでてくる。

　温暖化による気温の低下が起こる可能性はどれくらいあるのだろうか。これはどのように発生する可能性があるのだろうか？ コンピュータモデルは、現在の北極における淡水の流れの増加が、大西洋循環を停止するのに十分ではないことを示している。また、少なくとも一世紀にわたって流れが十分に高いレベルに達しないという。循環の弱化は中期的には起こりうるが、この期間の全体的な見通しが、ヨーロッパを上回って冷却するのではなく、依然として温暖化する可能性があることを示唆しているのだ。

大西洋循環内での変化

現在、赤道から北へと流れる暖かい表層海水は、北大西洋で沈む冷たい水と入れ替わる。温暖な海の上を吹く風は熱を吸収し、この熱を西ヨーロッパへと運ぶ。高緯度北大西洋の淡水が増加すれば、冷たい海水がその場所では沈まなくなり、循環システムを遮断しヨーロッパの気温は低下してしまうのである。

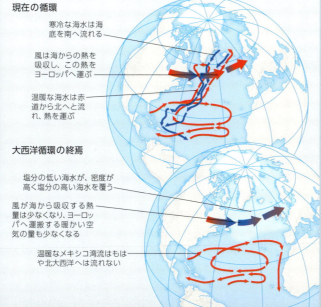

現在の循環
- 寒冷な海水は海底を南へ流れる
- 風は海からの熱を吸収し、この熱をヨーロッパへ運ぶ
- 温暖な海水は赤道から北へと流れ、熱を運ぶ

大西洋循環の終焉
- 塩分の低い海水が、密度が高く塩分の高い海水を覆う
- 風が海から吸収する熱量は少なくなり、ヨーロッパへ運搬する暖かい空気の量も少なくなる
- 温暖なメキシコ湾流はもはや北大西洋へは流れない

遮断の原因と影響

北極地域の海氷量の変化　衛星調査により、夏季の北極海における海氷の範囲が、10年で14%という急激な速度で減少していることが明らかとなっている。しかし、大西洋循環が遮断されると、たとえばグリーンランド海やバレンツ海などの大西洋側の北極海は、1年中氷で覆われるようになるなど、逆の現象が起こりうる。

北極地域の海氷

北極地域の海洋生物　北大西洋海流はヨーロッパ北西部へ温暖な海水を運ぶメキシコ湾流の延長であり、この海流が遮断されると大西洋に隣接した北極地方の生物に大きな影響を与える可能性がある。海流の変化はプランクトンの繁殖を妨げ、食物連鎖全体に影響を及ぼす。気温の低下が起これば魚、カニ、ヒトデ、ウニなどの無脊椎動物の種の一部を絶滅させる恐れがある。

海底に住む生命の保護

マッケンジー川の三角州　マッケンジー川など、北極地方の川における流量の増加は氷河や永久凍土層が溶けたことにより生じたが、この流量の増加により北極海の淡水の量が増え、大西洋循環を遮断する要因となることがある。

流入

シリー諸島　英国南西端の50km沖に位置するシリー諸島は、北大西洋海流上にある。そのため人々は亜熱帯気候を享受し、世界中の植物の安息地となっている。大西洋循環が止まってしまった場合、平均気温が5℃前後まで下がってしまうため、下のような庭園は枯れ果ててしまう。

北大西洋海流

地球規模の水循環

世界の海は、海単独で完結する体系を形成しているわけではなく、蒸発、雲の形成、降水、風による輸送、川の流れによって、ひっきりなしに水を大気や陸地とやり取りしている。この相互に関連している過程が複雑に組み合わさってできたものは、突き詰めれば太陽熱によって引き起こされており、地球の水循環あるいは水文的循環と呼ばれる。水循環は、たとえば海氷の形成と融解といった小さな循環が数多く集まって構成されている。

水の貯蔵庫の比較
地球の海水（上のイラストの一番ろの円柱の容積）は淡水の貯蔵庫とは比べ物にならないくらい多く、地表の淡水の相対的な比率はほんの少しである。

- 上昇する空気が冷えると水蒸気が凝縮して雲になる
- 太陽に暖められ、海から水が蒸発する
- 風は水分を含んだ雲を内陸に吹き飛ばす
- 水分が雲を冷やすと雨となって陸地に戻る
- 冷たい空気中の湿気が高所で凍結すると雪が降る
- 雪が降って高い山に積もる
- 蒸散により植物から水が失われる
- 夏には雪と氷が溶けて、淡水が放出される
- 太陽熱によって地面の水分が蒸発する
- 川は着実に海へ水を運んでいく
- 最終的に、水は下って流れて河川や小川から海へ放出される
- 海水は溶解された栄養分を含むので塩辛い
- 地下水面として知られている流れの下の岩は水で飽和している
- 水は地面の空洞に集まり、淡水湖を作る
- 水は地上と同様に、地下でも下って流れていく
- 岩の亀裂や穴が水で満たされる

水循環の担い手
海、氷、山、雲のどれもが地球水循環の役割を別々に果たしている。南極のポートロックロイ付近の海岸の風景。

地球上の水の貯蔵庫
地球上には14億km3を超える水が存在する。その水のうち約97%の量が海水の成分として海に貯蔵されている。残りが淡水である。淡水の3分の2以上が氷の状態で、南極大陸全域およびグリーンランドの大半を覆っている巨大な氷床、そして氷山や海氷に閉じ込められている。残りの多くは地下水として地下の岩盤に含まれ、ごく少量（2000分の1未満）が大気中の水蒸気となっている。地表に液体の状態で存在する淡水、すなわち湖、湿地、河川の水は、世界の淡水の0.3%を占めるに過ぎず、水全体の0.02%に過ぎない。地球の水の各貯蔵庫の大きさの割合はいつの時代も現在と同じだったわけはない。たとえば、氷河期には現在よりも氷の中に閉じ込められている割合が高く、海の中の水は少なかったのだ。

- 海水 97%
- 淡水 3.5%
- 大気 0.09%
- 地表の淡水 0.3%
- 地下水 30.1%
- 河川 2%
- 湿地 11%
- 氷 69.5%
- 湖 87%
- 地球の水
- 淡水
- 地表の淡水

水の貯蔵庫の比較
地球の海水（上のイラストの一番ろの円柱の容積）は淡水の貯蔵庫とは比べ物にならないくらい多く、地表の淡水の相対的な比率はほんの少しである。

海からの蒸発と降水

年間、総計43万4000km³の水が海から蒸発する。このうち39万8000km³が降水(雨、雪、みぞれ、雹)として海に戻る。残りは雲や湿気となって陸地の上に運ばれていく。蒸発と降水は海面のどこでも均一に起こるはずだが、蒸発量は熱帯地方がもっとも多く、極地付近がもっとも少ない。降水量が多いのは赤道付近と、両半球の緯度45°から70°の間の地帯である。乾燥した地域は、緯度がおおよそ15°から40°の間にある、海の東側に位置する地域である。

人
小セネカ (Seneca The Younger)

古代ローマの政治家、劇作家、哲学者であった小セネカ(紀元前4年〜紀元65年)は、自身の著作『自然研究』の中で、川や雨によって絶え間なく水が流入しているにもかかわらず海面が安定している理由を考察した。小セネカは海から空気中や陸地に水が戻っていく仕組みがあるに違いないと主張し、これを説明するための水循環説の原型となるものを提示した。

淡水の流入

蒸発して陸地上を運ばれることによって海から失われる年間4万km³の水は、地表流となって陸地から戻って来る等量の水と釣り合いがとれている。アマゾン川とシベリアを流れる何本かの大河を含むたった20の河川が、海への全流入量の40%を超える量を占めている。その他の水系からの流入量は、人的活動や気候変動の影響を受けて時間の経過とともに変化する。たとえば、地球温暖化が原因でツンドラの永久凍土が溶け、シベリアの河川から北極海に注ぐ水量が増えたと考えられている。この流入により北極海の塩分濃度が下がるため、海洋循環の地球規模のパターンに影響を与えかねない(63ページ参照)。

シベリアのアムール川の洪水

気候変動は近年、北東アジアのアムール川に深刻な影響を与えた(下の写真)。着色処理された衛星画像(左)は、増水した川を黒く映す。緑の区域は植物で覆われた土地。

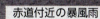

赤道付近の暴風雨
熱帯太平洋地域の赤道付近には年間降水量が3000mmを超える区域があり、100mm未満のもっとも乾燥した区域と対照的である。

海氷循環

総合的な地球水循環に加えて、海氷に閉じ込められる水の循環という局地的・季節的な循環がある。極地の海では、海氷は冬には大きくなり、夏には小さくなる。このことは気候に対して重要な関わりがある。海氷を形成する際に大気中に潜熱を放出し、海氷が融解する際には大気中から潜熱を吸収し、また、海氷の有無が海と大気の間の熱交換を加減するからである。冬には、海氷が比較的暖かな極地の海を上空のはるかに冷たい空気から断熱し、熱の損失を少なくする。一方、海氷は雪に覆われている時には特に反射率(アルベド)も高く、海面での太陽光の吸収を減らす。総合的に見て、海氷循環は極地における気温と海水温を安定させるのに役立っていると考えられる。また、海氷の形成は海面の塩分に影響を与えるため、世界の海の大規模な水循環を引き起こすのに一役買っている(61ページ参照)。

海氷の形成

海氷は形成される際、熱を大気中に放出し、(塩分を排出するため)まわりの海の塩度を上げる。こうした過程が気候と海水循環に影響を与える。

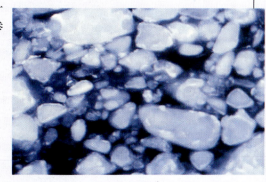

海と気候

海は世界の気候に大いなる影響を及ぼしているが、もっとも特筆すべきは、吸収した太陽エネルギーを暖流に乗せて世界中に再分配するその過程である。寒流もまた地域の気候に影響を与えており、海流の変化はエルニーニョのような気候変動に関連している(68ページ参照)。海は温室効果ガスの代表的なものである二酸化炭素の重要な貯蔵庫であるため、今後の海の動向が将来の気候変動の鍵を握っているのである。

太陽放射加熱
地球に届く太陽エネルギーの約半分以上が海の表層に吸収される。エネルギーは海流により数10億メガワットの割合で赤道から極地に移動する。

暖流

5つあるいは6つの主要な表層海流(58ページ参照)が、熱帯や亜熱帯地方から南北極へ向かって熱を運んで行き、温帯の各地域にも本来の気候よりも温暖な気候をもたらしている。一番にあげられる例は、暖かいメキシコ湾流とその支流の北大西洋海流がヨーロッパに与える効果である。元々北大西洋海流は、大西洋を隔てたカリブ海とメキシコ湾で吸収された熱を運び、フランス、イギリス諸島、ノルウェー、アイスランドなど、北西ヨーロッパ各地の岸近くの大気中に熱を放出する。西からの卓越風がこの暖められた空気を陸地に吹き付けるので、これらの国々は、大西洋の西側の同緯度の地域よりも、あるいはもっと低緯度の地域に比べてさえ、温暖な気候に恵まれているのである。たとえば、アイスランドの首都レイキャビクの冬の温度は、通常はニューヨークよりも高い。同様に太平洋北西海域では黒潮が日本南部を暖め、太平洋極南西海域では、東オーストラリア海流がタスマニアを比較的温暖な気候にしている。

うららかな浜辺
英国南西部のペンザンスは気候が温暖で亜熱帯の植生が見られる。北大西洋海流の効果で当地の気温は5℃引き上げられる。

寒流

寒流が気候に与える効果が、単に本来の気候よりも冷涼な気候を作り出すだけである例もある。たとえば米国西海岸は夏には冷たいカリフォルニア海流によって涼しくなる。寒流はまた降雨や霧の形成パターンに影響を与える。一般に、海の東側を赤道に向かって流れている様々な寒流は、これらの地域の深海から湧き上がってくる冷たい水と組み合わさって、空気を冷やし、海からの水の蒸発を減らし、大気中の高い位置にある更に乾いた空気の下降気流を引き起こす。雲や霧はこれらの地域の海上によく広がるが(そこにあるどんなに少量の湿気でも冷たい水の上では凝結するため)、空気が陸地の上に移動するとすぐに素早く拡散してしまう。そういうわけで、アフリカ南西部のナミブ砂漠がそうであるように、海の東側に接する陸地に砂漠が発達するのに寒流が関与しているのである。

チリ北部の海岸
冷たいペルー海流がチリ北部の海岸沿いに流れている。海上の雲や霧の発達を促進している(左上の衛星画像に映っている)が、同時に海岸線の極端な乾燥状態の原因にもなっている(左)。

北にさまよう

ペンギンのほとんどは南極大陸に棲んでいる。しかしやや驚くべきことに世界最北限のペンギンは赤道直下のガラパゴス諸島に生息している。同諸島は冷涼な気候で、海面温度は熱帯地方の典型的な気温よりも例年平均して5℃低い。これは冷たいペルー海流が南米の西海岸を北に向かって流れているからである。

海中の炭素

地球温暖化に関与している温室効果ガスの代表的なものである二酸化炭素(CO_2)を、海は地球上でもっとも多量に含んでいる。海には膨大な量の炭素が、一部はCO_2やすぐにCO_2に転化できる関連物質の形で、また一部は生物体の中に蓄えられている。海洋中のCO_2は大気中のCO_2含有量と釣り合っている。長い年月、海はアルカリ性に保たれてきており、人的活動から排出された過剰なCO_2の重要な貯蔵庫として機能してきた。生物学的プロセスあるいは化学的プロセスを通じて、このCO_2の一部は炭酸カルシウム、貝や生物の骨格、その他有機物、炭酸塩堆積物となる。しかし、CO_2濃度の上昇により海が酸性化し始め、酸が炭酸塩を溶かす傾向があるために貝や海洋生物の骨格の形成が脅かされている。さらに、海がCO_2を吸収し続けられる率はまもなく下がり、いっそう地球温暖化が加速すると危惧する科学者もいる。

有孔虫の殻

炭素の転化
化石燃料の燃焼(右)によって排出されたCO_2は海中に吸収された後、最終的には海洋生物の殻に炭酸塩の形で蓄積される。

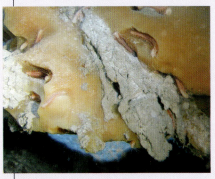

メタンハイドレート堆積物
この物質は海底の数箇所で固形の状態でみつかった。海洋温暖化によりこの物質がメタンガスとして大気中に放出されるとCO_2以上に熱を閉じ込めてしまう懸念がある。

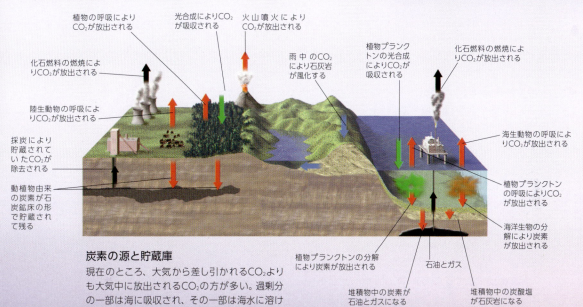

植物の呼吸によりCO_2が放出される
光合成によりCO_2が吸収される
火山噴火によりCO_2が放出される
化石燃料の燃焼によりCO_2が放出される
雨中のCO_2により石灰岩が風化する
植物プランクトンの光合成によりCO_2が吸収される
化石燃料の燃焼によりCO_2が放出される
陸生動物の呼吸によりCO_2が放出される
海生動物の呼吸によりCO_2が放出される
採炭により貯蔵されていたCO_2が除去される
植物プランクトンの呼吸によりCO_2が放出される
動植物由来の炭素が石炭鉱床の形で貯蔵されて残る
海洋生物の分解により炭素が放出される
植物プランクトンの分解により炭素が放出される
石油とガス
堆積物中の炭素が石油とガスになる
堆積物中の炭酸塩が石灰岩になる

炭素の源と貯蔵庫
現在のところ、大気から差し引かれるCO_2よりも大気中に放出されるCO_2の方が多い。過剰分の一部は海に吸収され、その一部は海水に溶け込み、また一部は生物や堆積物に取り込まれる。

ゴールデンゲイトの霧
サンフランシスコの気候は、カリフォルニア海岸沖に湧き上がってくる非常に冷たい水の影響を受けている。霧は、西風がこの冷たい水の上に湿った空気を吹きつけるために発生する。

エルニーニョとラニーニャ

エルニーニョとラニーニャは、海面水温、海流、気圧の変動の異常によって引き起こされる大規模な気候の乱れである。エルニーニョもラニーニャも太平洋熱帯海域で発生する。この乱れは太平洋全域だけでなく、さらに遠方の気象にも重大な影響を与える。科学者の多くは、エルニーニョとラニーニャをエルニーニョ南方振動（ENSO）と呼ばれる複合的な地球規模の気象現象が極まった局面だと考えている。

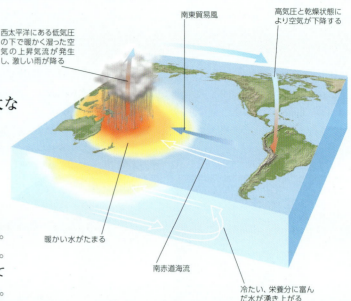

通常のパターン
西太平洋の低気圧が、南米上空の高気圧から南東貿易風を引き寄せる。この風が南赤道海流を押しやり、西太平洋の海面に暖かい水がたまる。

エルニーニョ現象
エルニーニョはスペイン語で「小さな男の子」または「幼児キリスト」という意味である。元々、エルニーニョはクリスマスの頃ペルー沖に時々見られる暖流を意味していた。その後、この用語は、東太平洋で海水温度が大幅に上昇し、通常なら湧き上がって来るはずの栄養分に富んだ水が減ってしまう現象に限定して使われるようになった。現在では、地球全体に影響を与える海と大気の状態のはるかに大きな変化を意味する用語となっている。エルニーニョ現象は通常1年から1年半の間続き、周期的に発生するが、やや予測不可能な面がある。平均では100年間に30回発生し、間隔は3年短い時もあれば、10年あくこともある。根本的な原因はわかっていない。

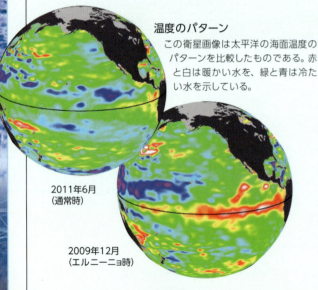

温度のパターン
この衛星画像は太平洋の海面温度のパターンを比較したものである。赤と白は暖かい水を、緑と青は冷たい水を示している。

2011年6月（通常時）

2009年12月（エルニーニョ時）

エルニーニョ時のパターン
エルニーニョ現象の間、太平洋で通常発達する低気圧が弱まるか反対になり、南東貿易風が弱まるか逆方向に吹く。海面に暖かい水がたまる領域が西太平洋から延びて太平洋中央部および東太平洋まで広がる。

エルニーニョの影響

エルニーニョ現象が起きると、南米の西側の国々、特にエクアドル、ペルー、ボリビアの降雨量が平年よりも増え、洪水が起きる。この状態は米国南東部にも拡大することがある。世界のその他の地域には乾燥をもたらす。干ばつと森林火災は西太平洋、特にインドネシア全域とオーストラリアの一部によく発生するが、アフリカ東部やブラジル北部でも頻発する。東太平洋の通常より暖かい水が原因となって、ペルー海流が弱まり、南米の海岸付近の湧昇水が減少する。このため海水中の養分が減り、魚資源に悪影響を与える。その他の影響としては、大西洋におけるハリケーンの減少や南極大陸周辺の海氷の増加などがある。日本、カナダ西部、米国西部では一般に通常よりも暴風雨が増加し、気温が上昇する。

巨大な波
エルニーニョ現象の間、太平洋中央部では暴風雨の発生が増え、勢力が増す。この暴風雨により巨大な波が起こることがあり、写真のハワイ、オアフ島では10mにまで達した。

歴史上のエルニーニョの証拠
木の成長が増している部分は歴史上のエルニーニョ現象期間に雨量が多かったことと関連があると考えられる。この標本の年輪の1つは1746-47年のエルニーニョによるものと考えられる。

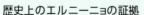

年輪の幅は成長量に直接関係している

1746-47年のエルニーニョ

サンゴ礁の白化
この小さな環状サンゴ礁は深刻な白化に見舞われている。エルニーニョ現象が関与して海面温度の異常高温による白化現象が起きることがしばしばある。

エルニーニョとラニーニャ　69

発見
監視

太平洋熱帯海域では温度変化を定期的に監視している。主な監視方法は、衛星を使って海面の形状のわずかな変化から間接的に海水温度を測定したり、気象計測機器を備えた多数のブイを使用するものである。

計器を備えたブイ
太平洋赤道海域のいたる所に多数配置された写真のようなブイが、様々な深さの水温を定期的に測定するのに使われている。

ラニーニャ現象

ラニーニャはスペイン語で「小さな女の子」の意味である。ラニーニャ現象はエルニーニョ現象の逆である。ラニーニャ現象は、東太平洋と中央太平洋赤道海域の海水温が異常に冷たくなるのと、オーストラリア北部へ通常より強い風が吹いて暖かい水が行くのが特徴である。必ずしもそうとは限らないが、ラニーニャ現象はエルニーニョのすぐ後に高い頻度で発生する。エルニーニョ同様、ラニーニャも世界のある地域では降雨量を増やし、別の地域では干ばつの原因となる。インド、東南アジア、オーストラリア東部では豪雨となる一方、米国南西部では概ね気温が上がり、少雨となる。その一方で米国北西部各州は通常より寒くて雪の多い冬を迎える。ラニーニャは大西洋のハリケーン活動の活発化にも関係がある。ラニーニャの影響は北半球の冬にもっとも強く現われる傾向が大きい。

日照り続きの状況
2011年、アメリカ南西部に影響を与えた猛烈なラニーニャ現象による旱魃の間に、テキサス州のこの貯水池は完全に干上がった。

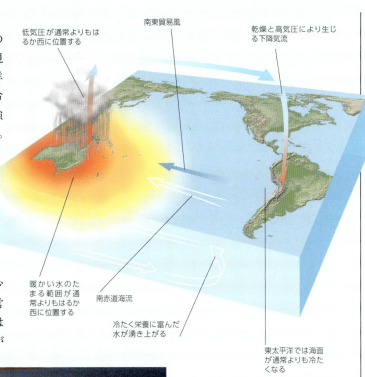

ラニーニャ時のパターン
ラニーニャ現象の間、西太平洋にある低気圧の領域が通常よりもはるかに西に位置し、表層の暖かい水が西に押しやられる。南米沖の冷たいペルー海流が強まって、海面温度が通常よりも冷たい領域が東太平洋に広がる。

ペルーの洪水
1998年のエルニーニョ現象による豪雨で浸水したハイウェイを横断する歩行者を、若者のチームが救助している。このエルニーニョ現象はペルーの国を荒廃させ、250万人が家を捨てた。

ハリケーンと台風

ハリケーンと台風は非常によく似た気象現象に対して、世界の異なった地域で使われる名称である。海上を円を描いて移動する暴風、厚い雲の帯、それに激しい降雨が特徴である。大西洋ではハリケーン、西太平洋では台風と呼ばれている。その他、サイクロンと呼んでいる地域もある。その始まりは北緯（南緯）5-20°の熱帯の暖かい海上で生まれた低気圧で、主に夏の終わりに発生する。

分布図
激しい熱帯低気圧の始まりは熱帯の暖かい海上に広がる低気圧である。何日か海上を移動し、陸地に上陸するや甚大な損害を与える。その進路を上の地図に示した。

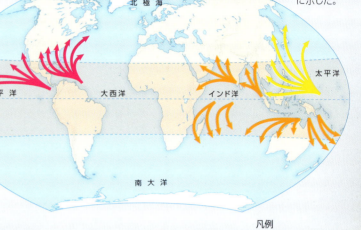

凡例
→ ハリケーン
→ 激しいサイクロン
→ 台風

発達

すべての熱帯低気圧は、太陽が海面の広範囲とその上空の大気を暖めた結果、発達する。このように暖められることにより大量の暖かく湿った大気が上昇し、海面に低気圧の領域が生まれ、上空に厚い雲ができる。低気圧はさらに大気を吸い込み、それが中心に向かって渦を巻き、円形の風の循環システムを創り出す。強大に成長して熱帯暴風雨になると、卓越風の一種である貿易風により西に押し出される。大西洋では最大風速が119km/hを超えた暴風雨をハリケーンと呼ぶ。やがてハリケーンの多くは赤道を離れ、北半球では北に向かう。陸地に上陸すると海からの熱の供給が途絶えることからエネルギーを失い始める。

ハリケーン・サンディの発達の3段階（2012年10月）

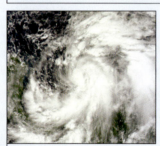
● 10月23日、暖かくて湿った空気の渦巻きが海の熱帯域に浮上し、雲に凝縮する。

● 10月26日までに、低気圧は雲の密集した中心核が付いた螺旋形になる。

● 10月28日に完全なハリケーンの状態になると低気圧は凝縮し、はっきりとした中心の「目」ができる。

構造

充分に発達した台風またはハリケーンは通常直径300-600km、高さ10-15kmとなる。その中心に目と呼ばれる気圧の低い穏やかな領域がある。目の周囲では、北半球では反時計回りに、南半球では時計回りに渦を巻いている（その違いはコリオリ力によるものである。54ページ参照）。目のまわりを取り囲んでいる目の壁と呼ばれる場所で空気は回転しながら上昇し、厚い雲を形成する。目に向かって螺旋状に吹き込む風は中心には決して届かないので、目では穏やかな状態になる。目と目の壁から降雨帯と呼ばれる輪郭のはっきりした帯状の雲が放射状に出ている。

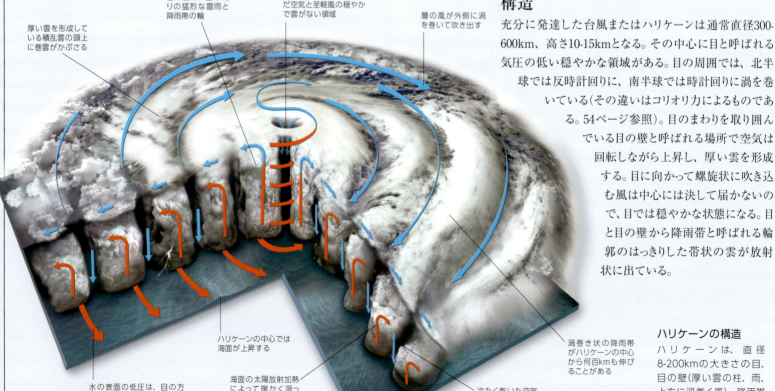

ハリケーンの構造
ハリケーンは、直径8-200kmの大きさの目、目の壁（厚い雲の柱、雨、上方に渦巻く風）、降雨帯から成る。

高潮
ハリケーン「フランセス」が2004年9月にフロリダ州ジュノービーチに襲来した。上陸時はカテゴリー2に分類されていた。フランセスにより2mの高潮が起こり、高速道路を裂いて家屋や事業所に浸水した。

海岸に及ぼす影響

台風などの熱帯低気圧の目は気圧が低いため、海を渡って進む際に海水を吸い上げて山型に盛り上げるが、その高さはカテゴリー2のハリケーンで海面から3.5m、カテゴリー5では7.5mにも達することがある。暴風雨が陸地を襲い、盛り上がった水が海岸を越えて押し寄せると「高潮」となる。高潮により家屋が浸水し、ボートが陸地に打ち上げられ、道路や橋が破壊され、激しい場合、海岸線が幅150kmにわたって大きく侵食されることがある。ハリケーンは高潮のほかにも、その強風により建物を倒壊し、木々、海岸のマングローブなどの植物を倒し、停電なども引き起こすため、被害はさらに甚大なものとなる。死者が出ることもまれではなく、激しい暴風雨の脅威にさらされている沿岸地域は通常前もって住民を避難させる。沖合いでは高潮に連動した海水の動きによりサンゴ礁が破壊されることがある。カリブ海では海面近くに生息しているエルクホーンサンゴのような枝状サンゴが特に被害を受けやすい。被害からの回復も可能だが、損害の程度によっては10〜50年かかる。

ハリケーンのカテゴリー

サフィール・シンプソン・スケールと呼ばれる分類体系では、ハリケーンを5つのカテゴリーに分けている。ハリケーンに見舞われた海岸沿いの損害や浸水を予測するために使われる。風速が規模を決定付ける重要な要因である。

カテゴリー	風速	高潮の高さ
熱帯暴風雨	63-118km/h	1-1.5m
カテゴリー1ハリケーン	119-153km/h	1.5-2m
カテゴリー2ハリケーン	154-177km/h	2-3.5m
カテゴリー3ハリケーン	178-209km/h	3.5-4.5m
カテゴリー4ハリケーン	210-249km/h	4.5-6m
カテゴリー5ハリケーン	249km/h超	6-7.5m

発見
暴風雨の追跡
米海洋大気局(NOAA)は特別装備の航空機を使って大西洋のハリケーンを監視している。航空機でハリケーンの中に飛び込み、無線でデータを返す計測機器一式を落とす。

ロッキード WP-3D オライオン
このターボプロップ・エンジンの航空機は、精巧な計器一式を備え、ハリケーン研究に使用されている。

サンゴの被害
このエルクホーンサンゴの群生は、1988年にハリケーン「ギルバート」がメキシコのカリブ海沿岸を襲った際に破壊された。

水上竜巻
水上竜巻とは海上の竜巻である。激しい熱帯低気圧の周辺部で頻発する。

壊滅に陥って
破壊的な台風ハイエンと同時に起こった高潮の後、廃墟に立つ生存者たち。

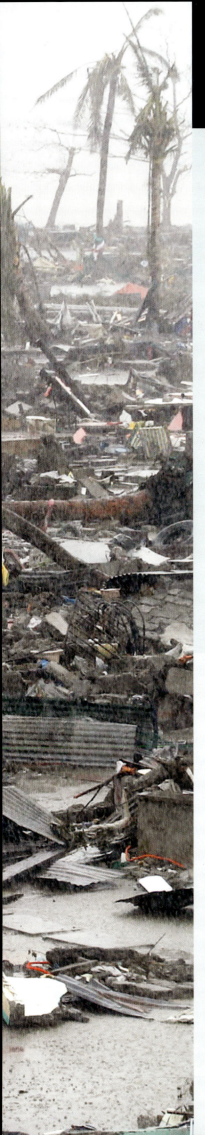

台風ハイエン

台風ハイエン（フィリピンでは台風ヨランダと呼ばれた）は、2013年11月4日から11日にかけて、フィリピンや東南アジアの一部を壊滅させた非常に強力な熱帯低気圧だった。フィリピンの観測史上で最も致命的な台風となり、6千人以上が亡くなった。ハイエンは陸地に打撃を与える最も強力な嵐であり、これまで記録された持続風速では4番目に激しい熱帯低気圧となった。壊滅的な破壊のほとんどは、フィリピンでも中心的なビサヤ諸島で発生した。風速も極端だったが、損害と犠牲の主な原因は、特にサマール島とレイテ島の東海岸を襲った暴風による高波だった。人口22万人以上のタクロバン市は、ほぼ完全に壊滅した。

11月10日と11日にハイエンはベトナムと中国南部を通過し、それによって熱帯低気圧に弱まり、その後沈下した。それにもかかわらず、いくつかの地域で大規模な洪水が発生し、何千もの家屋が破壊され、約50人が亡くなった。

一部の気象学者は、地球温暖化がハイエンのような高強度の熱帯低気圧の頻発を増加させると考えている。これが本当ならば、影響を受ける国々の政府は、今後同様の規模の大惨事にさらなる対処の準備が必要である。

被害範囲

発端

台風の目 ハイエンは11月2日頃、西太平洋の低圧地域に起きた。翌日3日から4日に、スーパー台風に成長し、中心にはっきりとした「目」を発達させた。

フィリピンの陸地接近

高潮 11月7日まで、ハイエンは毎時270kmの最大持続風速を作り出していた。翌日、フィリピンに陸地接近し、暴風による高潮が沿岸地域を襲った。

避難 退避するか、安全な避難所を捜索するか、全域にわたって警告が出された。このフィリピンの子供は避難プログラムの一環として、軍用機に乗せられた。

惨害の痕跡

破壊されたコミュニティ ハイエンが通過した中部フィリピンの地域ほぼ大半が壊滅した。空中写真は、東サマール州のギワンの町を映している。

インフラの損傷 市街化区域での破壊レベルは高く、送電線や無線塔が倒れ、道路を塞いで救援活動に支障をきたした。

倒されたヤシ 台風の農村地帯への影響も同様にひどいものだった。この空中写真には、破壊されたレイテ島のヤシ農園と村が映っている。

再生活動

食料の投下 災害は、食物や水や避難所が必要なフィリピン人を約190万人残した。写真は、食料品などの袋を投下するフィリピン空軍の乗組員。

医療援助 何千人もの人々が、感染症の広がりに対処する医療援助と緊急対策を必要としていた。ここでは、子供が麻疹ワクチンを受け取っている。

台風の進路

下の地図は、カテゴリー4のハリケーン相当に達した11月5日から、11月11日に中国に移動して熱帯低気圧に沈下したときまでのハイエンの進路を示す。最も危険な段階は11月8日にフィリピンをスーパー台風として横断し、カテゴリー5のハリケーン相当に達したときである。

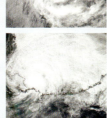

これらの衛星画像は、11月8日金曜日にフィリピンの中心にいて（上）、11月11日月曜日に中国南部に移動した（下）ハイエンの様子を示す。

中華人民共和国
11月11日 熱帯低気圧
11月10-11日 熱帯暴風雨
ラオス人民民主共和国
11月10日 カテゴリー1
11月9日 カテゴリー3
11月9-10日 カテゴリー2
ベトナム社会主義共和国
11月8-9日 カテゴリー4
フィリピン共和国
11月6-8日 カテゴリー5
パラオ共和国
11月5日 カテゴリー4
太平洋

波と潮汐（ちょうせき）は、地球上のあらゆる海域に影響を及ぼす二大物理現象であるが、それらがもっとも注目されやすく、主として影響を与える場所は海岸あるいはその付近である。海の波は風によって引き起こされるものが大半で、その種類は海岸付近のさざ波から、外洋でうねる大波、世界的に有名なサーフビーチの巨大な砕け波まで、さまざまである。すべての波はエネルギーを伝播する。波が陸地に到達すると、このエネルギーが破壊的に放散されて海岸線を侵食したり、逆に建設的に、長い年月をかけて砂浜などの地形を形成したりする。潮汐は、主に月と地球の相互作用によって引き起こされる。それにより規則的に海水面が上下することはもとより、海岸付近で激しい潮流が起きたり、場所によっては渦潮などの壮観な現象までも発生させる。

波と潮汐

打ち寄せる波
岸に打ち寄せる波が干潮時には岩場の流れと合流する。太平洋に浮かぶハワイのマウイ島南東岸、キパフル付近にて撮影。

海の波

波は海面の乱れた状態であり、エネルギーをある場所から別の場所へ伝播する。沖でボートを上下に揺り動かす波や、砂浜で砕け散る波といったもっともなじみの深い種類の波は、海面に吹きつける風によって引き起こされる。その他の波には、海底地震によって起こることの多い津波(51ページ参照)や、水面下の水塊の間を進む内部波などがある。潮汐(78ページ参照)も波の一種である。

波の発生

風エネルギーが摩擦と圧力を介して海面に伝わり、波が発生する。風が強さを増すにつれ、海面は平坦で滑らかな状態から次第に荒れてくる。最初にさざ波が生じ、次に三角波と呼ばれるそれより大きな波に発達する。波は発達し続けるが、最大サイズは風速、吹送時間、吹送距離(風が吹き渡る範囲)の3要素によって決まる。波が現時点の風速・吹送距離の条件下で可能な最大サイズとなっていることを、「海面が十分発達した」と言う。海面の総合的な状態は有義波高によって簡潔に表すことができる。有義波高は、波高からみた上位3分の1の波の平均波高と定義される。たとえば風速約40kmの風のもとで十分発達した海面での有義波高は通常約2.5mである。

表面張力波(さざ波)
この小さな波の波高はわずか数mmで、波長は4cm以下である。

波の性質

波の一群は、谷に区切られた数個の波頭から成る。波の高さを振幅といい、連続する波頭間の距離を波長、その波頭間の時間を周期という。波は周期を基に分類される。周期が0.5秒未満のさざ波から、分単位あるいは時間単位で測定される津波や潮汐(それらの波長は数百から数千kmにもなる)まで様々である。

この両極端の波の中間にあるのが三角波やうねりで、これらが一般的になじみのある海面の波である。海の波は光線と同様に、島などの障害物にぶつかると反射・屈折する。また別々の波の一群が出会うと干渉し、互いに加勢したり相殺し合う。

三角波の海
三角波が立つ海では、波高は10-50cm、波長は3-12mである。

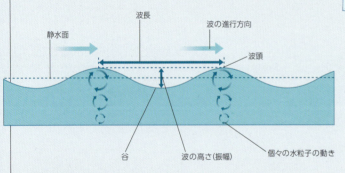

水粒子の動き
波が海面を通り過ぎても、水粒子は波と共に前方へ移動せずに、小さな輪を描いて回転する。この輪は水深が増すほど小さくなり、波長の約半分に相当する深さでは水粒子は静止状態となる。

はぐれ波
2つ以上の大きな波が合わさって「はぐれ波(rogue wave)」と呼ばれる巨大な異常波浪が発生することがある。写真は1986年に太平洋で記録された推定波高17mの大波である。波は写真の船に覆いかぶさって崩れ、フォアマストが後方へ20°も曲がってしまった。

波の発達
波の発生域内では、大きさも波長も異なる波同士が互いに干渉するために海面は通常極めて乱雑である。この海域から外れると波は次第に速度によって選別され、うねりと呼ばれる規則的な動きを生み出す。

十分発達した荒海
風速が毎時60kmを超えると、海が荒れ、波高が数mに達することがある。

波の伝わり方

吹送距離内では、波長の異なる波のグループが多く発生し、干渉し合う。やがて波が分散して吹送距離から遠ざかって行くにつれ、より規則的な大きさと間隔に整ってくる。これは外洋における波の速度が波長と密接に関係しているからである。もっとも大きく、進行速度が一番速い波群が先頭に立ち、やや小さく遅い波群がその後に続くというように、個々のグループの波がそれぞれの速度で進んでいくため、波長に応じて自然に選別されるのである。このようにして規則的な波のパターンやうねりが発生する。場合によっては、別の場所の暴風雨によって発生した波群が干渉し、異常に巨大な「はぐれ波」を生み出すこともある。風が起こした波は広く外洋に伝わるため、浅瀬にたどり着くまでは水深の影響を受けず一定速度を維持する。ただし、波長が極端に長い津波だけは、伝わる速度が水深に左右される。

うねり
うねりは等間隔の大きな波の連続で、発生源となった暴風雨から数百kmも離れた場所で見られることが多い。波長は数十mから数百mである。

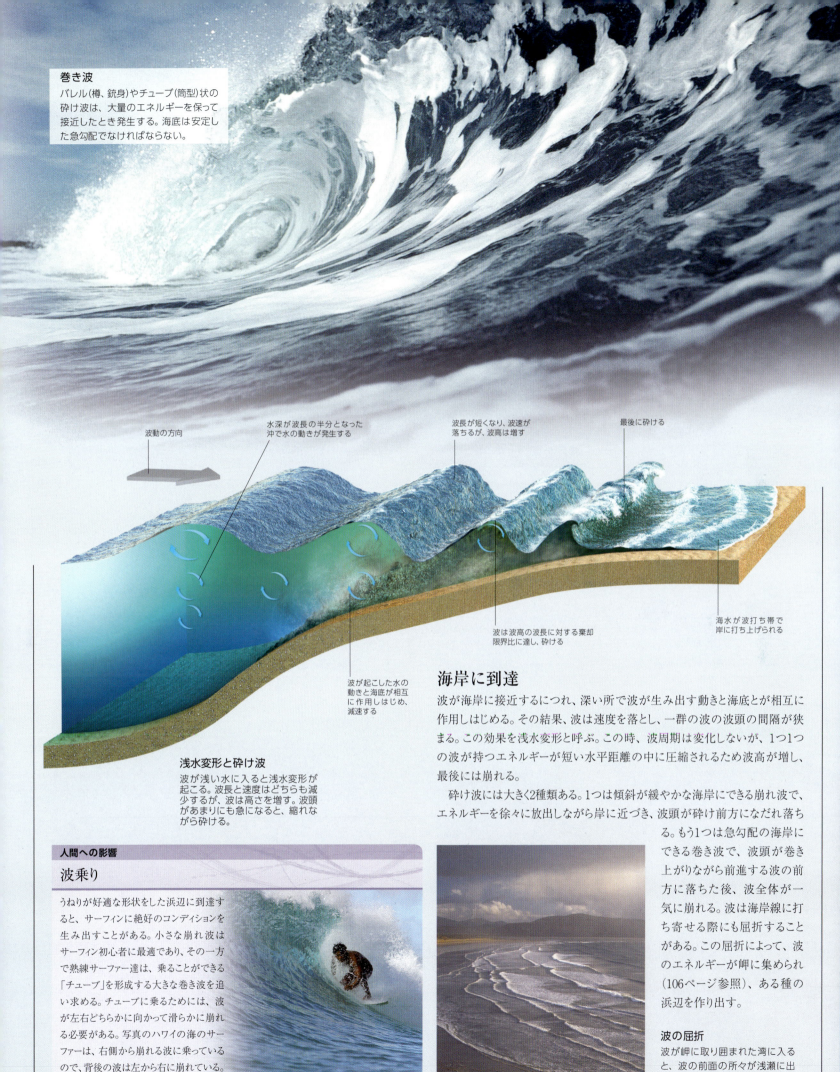

巻き波
バレル(樽、銃身)やチューブ(筒型)状の砕け波は、大量のエネルギーを保って接近したとき発生する。海底は安定した急勾配でなければならない。

波動の方向

水深が波長の半分となった沖で水の動きが発生する

波長が短くなり、波速が落ちるが、波高は増す

最後に砕ける

波が起こした水の動きと海底が相互に作用しはじめ、減速する

波は波高の波長に対する棄却限界比に達し、砕ける

海水が波打ち帯で岸に打ち上げられる

浅水変形と砕け波
波が浅い水に入ると浅水変形が起こる。波長と速度はどちらも減少するが、波は高さを増す。波頭があまりにも急になると、縮れながら砕ける。

海岸に到達
波が海岸に接近するにつれ、深い所で波が生み出す動きと海底とが相互に作用しはじめる。その結果、波は速度を落とし、一群の波の波頭の間隔が狭まる。この効果を浅水変形と呼ぶ。この時、波周期は変化しないが、1つ1つの波が持つエネルギーが短い水平距離の中に圧縮されるため波高が増し、最後には崩れる。

砕け波には大きく2種類ある。1つは傾斜が緩やかな海岸にできる崩れ波で、エネルギーを徐々に放出しながら岸に近づき、波頭が砕け前方になだれ落ちる。もう1つは急勾配の海岸にできる巻き波で、波頭が巻き上がりながら前進する波の前方に落ちた後、波全体が一気に崩れる。波は海岸線に打ち寄せる際にも屈折することがある。この屈折によって、波のエネルギーが岬に集められ(106ページ参照)、ある種の浜辺を作り出す。

人間への影響
波乗り
うねりが好適な形状をした浜辺に到達すると、サーフィンに絶好のコンディションを生み出すことがある。小さな崩れ波はサーフィン初心者に最適であり、その一方で熟練サーファー達は、乗ることができる「チューブ」を形成する大きな巻き波を追い求める。チューブに乗るためには、波が左右どちらかに向かって滑らかに崩れる必要がある。写真のハワイの海のサーファーは、右側から崩れる波に乗っているので、背後の波は左から右に崩れている。

波の屈折
波が岬に取り囲まれた湾に入ると、波の前面の所々が浅瀬に出会って減速し、屈折(湾曲)する。

潮汐

潮汐は海水が水平方向に流出入することに伴って規則的に海面が上下する現象で、月・太陽・地球間の引力の相互作用によって生じる。世界中の海で起こる現象だが、海岸付近でもっとも注目される。1日の干満の基本パターンは、月が地球に及ぼす影響が原因である。1ヶ月周期の干満差の変動は、太陽と月の影響が組み合わさって起こる。

潮の干満

月は地球の周りを回っていると通常考えられているが、実際には両惑星とも共通重心という地球の内側に位置する点の周りを公転しているのである。地球と月がこの重心の周りを回っているため、月に向かって引っ張られる引力と、月と逆方向に働く慣性力もしくは遠心力の2つの力が地球の表面に生じる。これらの力が組み合わさって、月の方を向いている海面と月と反対の側にある海面が膨らむ。さらに地球は地軸を中心に自転しているので、この膨らみは地球の表面を移動し、潮の干満を生み出す。潮汐の周期は24時間(1太陽日)ではなく、24時間50分(1太陰日)毎に繰り返される。これは周期が1周する間に月もわずかに公転しているためである。

1日の潮の干満
地球と月の間の引力の相互作用によって起こる2つの海面の膨らみを表した図(かなり誇張してある)。

潮型

仮に地球上に大陸が1つも存在せず、月が地球の赤道面上を公転するならば、海水の膨らみが海面を移動することによって地球上のすべての場所で1日に2回、海面が等しく上下する(半日周潮)はずだ。だが実際には大陸が海水の膨らみの移動を妨げ、月の軌道も赤道面に対して傾いている。

その結果、世界各地で半日周潮とは異なる潮汐が観測されるのである。干満が1日に1度のみ(日周潮)の地域も少数あり、また多くの地域では干満の大きさが均等ではない(混合半日周潮)。加えて潮差、すなわち干潮時と満潮時の潮位の差も、世界各地で大幅に異なる。

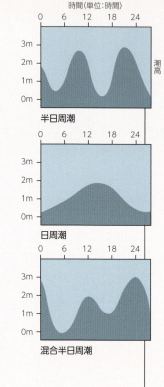

凡例
- 日周潮型
- 混合型
- 半日周潮型
- ┄┄ 潮差が小さい
- ┄┄ 潮差が中程度
- ── 潮差が大きい

世界の潮型
下の地図は、世界の大まかな潮型(日周潮型、半日周潮型、混合型)と潮差(平均的な干満の差)の規模を表したもの。

潮間帯生物

完全な水生動植物に比べて、潮間帯の生物は余分に多くのストレスに対処しなければならない。たとえば、干潮時の乾燥に適応する必要もあれば、冬の夜の凍りつく寒さに耐え、天敵である陸上生物からも身を守らなければならない。例をあげると、二枚貝類は採食できる満潮を何時間も待たなければならないことが多い。干潮時には殻を硬く閉じて乾燥を防ぎ、捕食動物から身を守っているからである。

月周期

1日の潮汐周期に加えてもう1つ、月単位の周期がある。こちらは太陽と月が共同して周期を作り出す。月によって生じる膨らみよりは小さいものの、地球と太陽の間の相互作用によっても同様に海面が膨らむ。月に2回、新月と満月の時、太陽と月と地球が一直線に並ぶと、2組の海面の膨らみが互いに強め合う。その結果、大潮となり、満潮時の潮位が極端に高く、干潮時の潮位が極端に低くなる。これとは対照的に上弦の月(新月から満ちた半月)・下弦の月(満月から欠けた半月)の時は、太陽と月の作用が一部相殺され、干満の差が小さい小潮となる。

潮流

潮汐によって局地的に起こる垂直方向の潮位の変化が、潮流という海水の水平方向の流れのみによって引き起こされることもある。1日の潮汐周期の中で、必ずしもそうではないが一般的には、潮流はその地点の満潮時刻と干潮時刻のおよそ中間にもっとも流れが速くなる。満潮・干潮時刻の前後は流れが遅くなり(潮だるみ)、その後向きが逆転する。

海岸線の地形が潮流の強さに決定的な影響を与えることがある。狭い海峡や岬のような狭い水路では、潮波と呼ばれる非常に力強い潮流が1日2回または4回発生することが多い。また潮流が水面下の障害物にぶつかる場所では、渦巻きもしくは渦潮(漏斗型で螺旋状の水の流れ)、渦(それより大型で平らな円を描いた潮流)、定在波などの現象が起こりやすい。他に潮汐に関連する現象には、潮流が1点に集まって発生する乱流である潮衝や、風向と逆方向に流れる潮流と定義される「逆波」などがある。

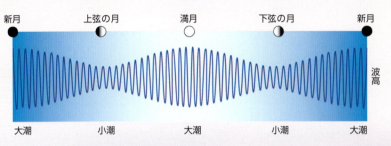

交互にくる大潮と小潮
1ヶ月に2度(左図上)、太陽と月と地球が一直線に並ぶ時に大潮となる。一方(左図)、太陽と月が直角に位置する時は小潮となる。大潮と小潮が交互に現われる様子が下の28日間の潮汐のグラフで見て取れる。

クック海峡の潮流
2枚の地図はニュージーランドの北島と南島に挟まれたクック海峡の強い潮流のパターンを表している。ここでは6時間の間隔をあけて1日2度の潮流が起こる。海水は海峡の狭い水路をまるで漏斗を通り抜けるように流れ込む。

干潮時のバンバラビーチ
潮汐によって、世界中の海岸は広い範囲で海中に沈んだり現れたりを繰り返す。写真はイギリス、ノーサンバーランド州の干潟である。ここでの干満の差は平均約4mである。

人間との関係

オールドソーでのサバイバル

オールドソーは過去200年間で十数人の不幸な溺死者を出してきた。犠牲者の多くは小型の手漕ぎボートやヨットに乗り、この渦潮付近に迷い込んでしまった船乗り達である。最近では、エンジン付きのボートが海上で故障し、九死に一生を得たケースもあった。熟練の船乗りのアドバイスによれば、万が一、渦潮に引き込まれそうになったら、何よりも船の平衡を維持し、浸水を防ぐことが重要だという。安定して浮かぶ物体のほとんどは、やがて渦から抜け出せるそうだ。

小さな渦
写真は幅約6m深さ約50cmの小さな渦で、この地がオールドソー（老いた雌豚）であることから、「ピグレット（子豚）」と呼ばれている。ここでは1つの大きな渦潮ではなく、このような小型の渦がいくつか発生する。

大西洋　北西部

オールドソーの渦潮

特徴　潮波、小型の渦巻き、偶発的に大型の渦潮

回数　1日4回

場所　カナダ、ニューブランズウィック州ディア島の南端

米国とカナダの国境付近のパサマコディー湾に発生するオールドソーの渦潮は、世界でも有数の大きさの渦潮で、米国内では間違いなく最大規模である。オールドソーは、潮流が島々の間の狭い水路を通り抜けて湾のある1ヶ所に集中する引き潮時と、反対にそこから海水が分散する上げ潮時に起こる場所に位置している。

潮流は、たくさんの岩礁や小さな海山などの障害物にぶつかりながら流れ、やがて最大で時速28kmに達し、この辺り一帯の海面はひどく乱れ、定在波や波くぼ（水面の長時間の沈下）、ボイルと呼ばれる水が深みから円く滑らかに吹き上がるものなどが発生する。

オールドソーは偶発的かつ意表をついて出現し、大きいときには直径30m深さ3mの渦巻きを形成する。しばしば、地元では子豚(piglets)と呼ばれる、1つまたはいくつかの小さな渦が現れる。他の潮の乱れと同様、この現象は大潮（満月と新月の1〜2日後）の時に勢いを増す。

地形的な背景
オールドソーは(写真上)と米国のメイン州ムーゼ島(写真手前)の間に現れる。

大西洋　北東部

ロフォーテンの大渦巻き

特徴　潮波と大小の渦

回数　1日4回

場所　ノルウェーの北西沖にあるロフォーテン諸島のロフォーテンポイントとモスケネス島の間

モスケネスストラウメンの名でも知られるロフォーテンの大渦巻きは、ロフォーテン諸島の2島の間を往来する潮流が、海底にある大きく平たい岩礁の上を通るときに発生する複雑な海面の乱れである。この潮流は、ノルウェー海とロフォーテン諸島の東側にあるヴェストフィヨルドの間に1日4回生じる大きな潮位の差によって起こる。ノルウェー神話によれば、この大渦巻きはノルウェー海の底にある、塩を挽くための巨大な臼が引き起こしており、石臼が回るごとに中央の穴に海水が渦を巻いて引き込まれるという。古くは紀元前3世紀に古代ギリシャの探検家ピテアスによって紹介され、その後も数々の古い海図に、巨大で恐るべき大渦巻きとして書き記されている。ところが1997年にモスケネス島付近の潮流を詳細に調査した結果、伝説と現実との間に幾分ずれがあることがわかった。強い潮流が何度か確認されたものの、明確な渦を持つ大渦巻きは観測されなかった。代わりに、調査団によって直径6mの小さな渦がモスケネス島の北側で確認された。この渦は1日2度の上げ潮時に時計回りに、1日2度の引き潮時にはゆっくり北側へ移動しながら反時計回りに回る。

潮の乱れ
何世紀にもわたって、ロフォーテンの大渦巻きは世界でも有数の激しい潮汐現象と認知されていた。

人

ジュール・ヴェルヌ　Jules Verne

フランスの小説家ジュール・ヴェルヌ(1828-1905)の海底冒険小説『海底二万里』に、ロフォーテンの大渦巻きが登場する。小説の最後で、ネモ船長と潜水艦ノーチラス号が「そのまきこむ力は、15kmの遠くまでも及ぶ」(岩波少年文庫『海底二万里 下』石川湧訳)と形容されるロフォーテンの渦潮に巻き込まれ、未知の運命に恐怖する。

大西洋　北東部
サルトストラウメン

特徴	潮波、小さな渦潮
回数	1日4回

場所　ノルウェー北西岸のサルテンフィヨルドとシェシュタフィヨルドの間

サルトストラウメンの潮波はノルウェー北西岸に発生し、一般的に世界でもっとも激しい潮流が起こることで知られている。この潮流は、サルテンフィヨルドというノルウェー海に面する峡湾と、それに隣接するシェシュタフィヨルドとの間にある瓶首（ボトルネック）のような海峡にできる。この2つの峡湾の海面に1日4回生じる最大3mの潮差が、潮流を生み出す。瓶首状の水路であるサルトストラウメンは、2つの岬に挟まれた全長3kmの長い海溝で、その幅はわずか150m、水深は20m〜100mである。1日2回の上げ潮時には、およそ4000億lの海水が、最大時速40kmのスピードで轟音を立ててこの海溝に流れ込み、その潮汐力で全長50kmのシェシュタフィヨルドをも満たす。1日2回の引き潮時には、海水は再び同じ水路を通って流れ出る。この潮流と、それによって発生する渦潮は、引き潮時も上げ潮時も同じくらい強い規模である。ところがこのサルトストラウメンの激しい流れにもかかわらず、この海峡は航路として利用されている。毎日ほんの短時間だけ潮流が弱まり、ほとんど止まる時があるため、大型船舶も安全にシェシュタフィヨルドを出入りできる。小型船舶にとっては、この潮だるみの間も水面下の潮流の余波を警戒する必要があるものの、熟練の操縦士は危険を承知で侵入する。峡湾に流入する海水はプランクトンが豊富なため多種多様な魚がやってくる。

危険な海
潮流が起こると直径10mにもなる渦巻きが起こり、あらゆるものを岩ばった海峡の底へ引き込んでしまう。

発見
渦潮の下に棲む生物
サルトストラウメンの海中にもぐる冒険は、決して不可能ではない。ただし、潮流が最小になるタイミングをみて安全にやらなければならない。ダイバー達はこの海峡でダンゴウオ、メジナ、オオカミウオ等の魚類や、藻で覆われた細長い砂底に生息する豊富で色とりどりの海中生物や様々な無脊椎動物を発見してきた。

生命あふれる海底
海峡の底に生息する色鮮やかな海面やイソギンチャクなどの無脊椎動物。

大西洋　北東部
コリーヴェッカンの渦潮

特徴	潮波、定在波、渦潮
回数	1日2回

場所　英国スコットランドの西岸にあるジュラ島とスカルバ島の間

英国諸島でもっとも有名な潮流現象である。1日2回ある上げ潮時に、大西洋からの強い潮流と特異な海底地形の2つの要因が重なって、集中的な潮波が生まれる。潮流が狭い瓶首状のコリーヴェッカン湾に注ぎ込んで、速度は時速22kmに達する。海底は凹凸が激しく、ピナクルと呼ばれる円錐状の障害物が水面まで30mのところまで突き出ていて、そこに潮流がぶつかる。さらに東側の急勾配では、海水が勢いよく水面に巻き上がって渦潮や高さ4mにもなる定在波ができ、この急流の轟音は5km先まで聞こえる。長年にわたって数多くの緊急事態を引き起こし、1947年、滞在中の作家ジョージ・オーウェルも溺死しかけた。

2次的に発生する渦巻き
渦潮が発生する場所では海水の強力な推進力が新たな渦を作り出し、回りながら潮流に乗って移動する。

ざわつく海
ジュラ島の北側の海峡で、乱れはじめた水面の波が次第に発達していく。

大西洋　北東部
スラウナモア潮波

特徴	渦を伴う潮波と定在波
回数	1日4回

場所　英国、北アイルランド、アントリム郡のラスリン島とバリーキャッスル湾の間

スラウナモア潮波は、何十億lもの海水が大西洋とアイリッシュ海の間の狭い海峡を往来するため発生する。大潮の時の潮流は時速13kmに達する。潮流がラスリン島を通過する時、速い潮流と渦と定在波の複合したものが発生する。対照的に同じ海域でも他の潮周期の時は通常おだやかである。1915年、驚異的なスナウナモア潮波がアイルランドの蒸気船SSグレントー号を襲った。船はアイルランドの海岸に座礁した。

大西洋　北東部
ニードルズの逆波

特徴　潮波と逆波

回数　1日4回

場所　英国イングランドのワイト島北西岸にあるニードル海峡

ニードル海峡は、全長7kmの長い水路で、一方の岸には「ザ・ニードル」と呼ばれる細く突き出た石灰岩の列、もう一方には水中岩礁がある。この長く続く海峡で、満潮・干潮時に逆波という短く崩れる波が起こる。風が潮流に逆らって吹くと、逆波は勢いを増し、海面は大荒れとなる。

大西洋　東部
ガロファリの渦潮

特徴　潮波、小型の渦潮、逆波

回数　1日4回

場所　シチリア島の北東岸とイタリア本土カラブリアのメッシーナ海峡

メッシーナ海峡は、長靴型をしたイタリア半島のつま先の部分と、地中海に浮かぶシチリア島の間の海峡である。幅は3-16kmあり、複雑に入り混じる海流と小さな渦潮が、潮周期によって様々に変化する場所であるため、この海峡を通る航海の妨げとなっている。イタリアでは小さな渦潮ができることをガロファリという。

太平洋　北東部
イエローブラフの潮衝

特徴　潮衝、定在波

回数　1日2回

場所　米国カリフォルニア州のサンフランシスコ湾

潮衝は、2つの異なる潮流が互いに収れんまたは交差することによって起こる海水の激しい乱れである。潮波とは違い、潮の流れが狭い湾口から湾岸に向かって速度を増す所で作り出される。サンフランシスコ湾の通称イエローブラフの潮衝は、湾口にある名所ゴールデンゲートからさほど離れていない場所で発生する。

強い潮の動きが1日4回、このゴールデンゲートを往来し、うち2回の上げ潮時には、海水は湾へ流れ込み、2回の下げ潮時には、逆に流れ出る。これらの潮流は、大潮の時に時速8kmとなる。湾内の潮の流れは、湾内のあらゆる方向からの海水が、上げ潮時には分散し、下げ潮時には集結するため、湾口付近よりも複雑である。さらに、湾岸沿いの起伏のある海底と、湾岸の地形、また水中の障害物によっても、変化がもたらされる。イエローブラフでは、引き潮時にもっとも激しく水面が乱れ、海水が引いていく時に、定在波と渦を伴う非常に荒々しく速い水流が起こるのが特徴である。また、ここは強い潮流に挑むカヤックと、定在波に乗るサーフィンを楽しめる人気のスポットである。

太平洋　北東部
スクークムチャック海峡の潮波

特徴　潮波、小型の渦潮、上げ潮時の定在波

回数　1日4回、ただし上げ潮は1日2回

場所　カナダ、ブリティッシュコロンビア州のスクークムチャック海峡

世界的に有名な潮波がブリティッシュコロンビア州のバンクーバーからさほど離れていないサンシャイン・コーストのスクークムチャック海峡（アメリカ先住民の言葉で、スクークムは「強い」、チャックは「水」を意味する）で見られる。1日4回、強い潮流がセーシェルとジェルヴィスの2つの峡湾へと続く幅300mの海峡を往来する。3mもの潮差によって、およそ7600億lの海水が押し流され、水面の乱れと渦潮を作り出す。上げ潮時に海水がセーシェル峡湾に流れ込むと、海峡の底から突き出ている岩礁の合間をすり抜ける潮流が、水面のある1ヶ所に停滞するため、巨大な定在波が発生する（海水が流出する下げ潮時には発生しない）。もっとも勢いがある時は、毎秒1800万lの海水が時速32kmで流れる。

人間の影響
サーフカヤック

スクークムチャック海峡は、サーフカヤックをする人々にとって、人気のスポットである。ここで起こる定在波は、高さ2.5m、幅7mに及び、世界でも有数の急流でのカヤックの名所とされている。サーフカヤックは、できるだけ長く波の上に乗り続けることが勝負のスポーツであるため、筋力と熟練の技を要する。

力強い急流
この場所では、写真右側のセーシェル峡湾から左側のジェルヴィス峡湾へ海水が流れている。6時間後には、反対方向へ流れの向きを変える。

波と潮汐　83

太平洋　北西部
鳴門の渦潮

特徴　潮波と渦潮

回数　1日4回

場所　鳴門海峡(四国と淡路島の間)

壮観な渦潮で、四国とその北西に浮かぶ淡路島の間の狭い海峡に1日4回発生する。鳴門海峡は、太平洋と瀬戸内海を結ぶ数少ない海峡の1つである。1日4回生じる瀬戸内海と太平洋の間の潮差によって、何十億lもの海水がこの海峡を往来する。潮流は大潮(月に2度、新月と満月の付近にある)の時には時速15kmに達する。水面下の海嶺に潮流がぶつかる所で渦巻きができ、そのサイズは、大きいもので直径20mにもなる。この渦巻きは発生した場所に停滞せず、潮流に乗って移動する傾向にあり、約30秒間渦を巻いた後に消失する。この渦潮は淡路島から、潮流をうまく切り抜ける定期観光船から、もしくは鳴門海峡に架かる長さ1.3kmの鳴門大橋の両端から見学することができる。

渦潮の景観
鳴門海峡に架かる鳴門大橋は、渦潮の絶景の上を通るが、車を止めることはできない。

人間の影響
芸術的インスピレーション

鳴門の渦潮は、古代から存在していた。日本の詩歌に何度も詠われ、19世紀の日本人画家、歌川(安藤)広重の「阿波鳴門の風波」という作品にも描かれた。この渦潮はおそらく有名な絵画のモチーフになっている唯一の潮汐現象であろう(下は作品の一部分)。

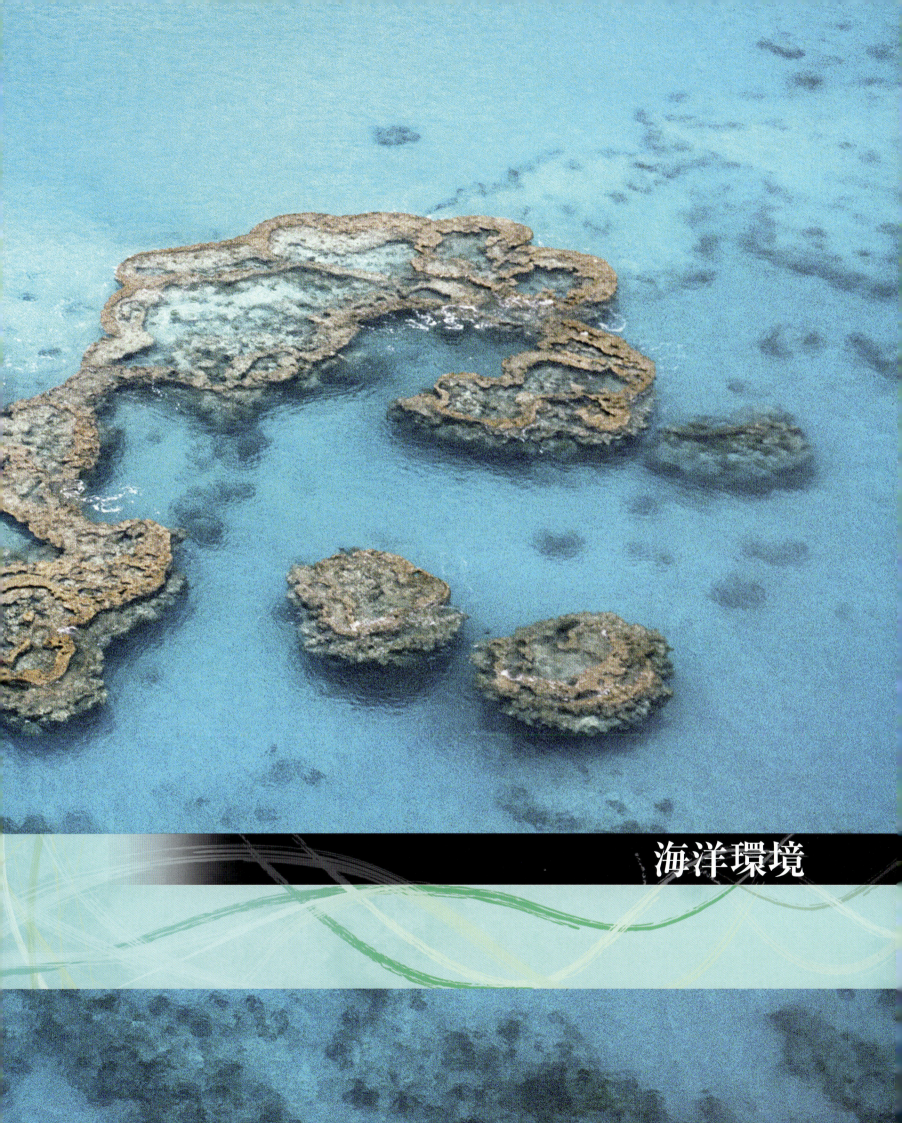
海洋環境

海岸は、地球上でもとりわけ美しく、またその姿が目まぐるしく変化する土地である。海岸の形態はきわめて多様で、石灰岩や溶岩などからなる断崖もあれば、砂浜や砂嘴、防波島や三角州、河口や干潟もある。それぞれの海岸が陸の隆起や沈降、海水位の変化、氷河や火山の活動、および海食や堆積といった過程を経て形成されており、その歴史は海岸ごとに異なる。海岸とその周辺の環境は、海岸砂丘から塩性沼沢、潟湖、熱帯地方のマングローブ湿地まで幅広いが、これらは潮流と打ち寄せる波、河川を運ばれてきた物質の堆積、そして生物学的な過程や人間の活動が引き起こした変化が相互に作用して形作られた。

海岸と海辺

砂岩の海岸
このオーストラリアの印象的な海岸線は、幾重もの砂岩層が紺碧の海に侵食され、見事に形作られたものである。

海岸と海水位の変化

海岸は海と陸が接する領域で、海岸線から内陸側へ地形が本格的に変化しはじめるところまでを指す。海岸線は、海水位の変化、地勢の推移、波の作用および潮汐に応じて絶えず変化している。海岸は多くのタイプに分類される。そのいくつかは対照的で、例えば海水位の変化に関連して沈水と離水のような反対の形の海岸がある。海水位の変化自体は地球規模の場合（例えば、海洋水量の変化に起因するなど）、ある地域に限られている場合（陸地の隆起や沈降など）がある。

隆起した台地
このニュージーランドの海岸では、地質学的に見て最近地震で台地が著しく隆起したため、局地的に海水位が下降した。かつて浜辺だった部分が、現在では平坦な崖の頂となっている。

地球規模で起こる海水位の変化

海水位の変化を地球規模でもたらす最大の原因は、世界中の氷河と氷床の量が増減することである。これは地球の気候に左右される。気候が寒冷であれば凍結する水が増加し、海水は減少する。温暖化により地球の気温が上昇すれば氷は融解し、海水は増加する。もう1つ、やはり気候に左右される要因は、海水温度の上下である。水温が上昇すると密度が低下するため、海水の上層が温まればその部分が膨張し、海水全体の体積が増加する。また、海水を保持する部分である海盆の大きさが変化すると、地球規模で海水位に影響が現れる。たとえば、中央海嶺での活動に変化が生じるとこうした影響があり、おそらく長期的な海水位の変化を引き起こす重要な要因となっている。

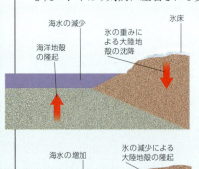

氷期・間氷期サイクル
氷河期には海水は氷床に閉じ込められているため、その体積が小さい（上）。氷が融解すると海水が増加し、地球規模で海水位が上昇する（下）。

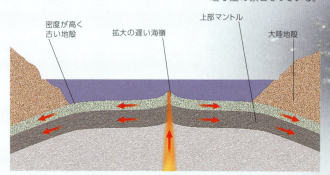

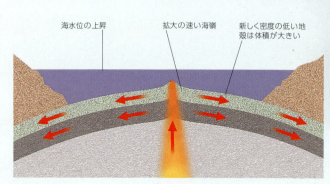

海盆の変化
拡大の速い中央海嶺で新しい地殻が形成されると、海水位が地球規模でゆっくりと上昇する。新しい地殻は比較的高温で浮力があるため隆起し、海水を押し上げる。

局地的な海水位の変化

局地的な海水位の変化は、ある特定地域の陸地が通常の海面水位に比べて隆起、または沈降することで起こる。その主な要因の1つは地殻運動による陸地の隆起であり、海洋地殻が大陸地殻の下にもぐり込む地域で見られる（多くの場合、この過程で地震が発生する）。もう1つの要因は氷河の後退による隆起だが、これはかつて陸地に荷重をかけていた氷床が融解した後、その地域の陸地が徐々に隆起することである。

最終氷河期の間、重い氷床が北米とスカンジナビアのかなりの部分を覆っていた。氷が融解して以来、同地域は隆起し、現在もなお年間数cmにおよぶ割合で隆起し続けている。対照的に、他の海岸地域は徐々に沈降している。多くの場合、海岸堆積物の荷重がその下の岩盤を押し下げるところで起こる。たとえば、米国東海岸はゆっくりと沈下している。火山島の多くも、島の形成からまもなく沈降が始まる。島を作り上げた物質が冷えて固まり、下の海底も下方へ歪むためである。

沈水海岸

沈水海岸（沈降海岸）は、地球規模または局地的な海水位の上昇により形成された可能性があり、リアス式海岸とフィヨルドの2種類がある。リアス式海岸は、海水位の上昇によって河川流域が水没し、多くの場合長い半島で区切られた、入江の連なりを形成したものである。フィヨルドは、海水位の上昇によって氷食された1つまたは複数の谷が水没したものである。共に、不規則に入り組んだ海岸線を特徴とする。過去1万8000年にわたって海水位は地球規模で著しく上昇しているため、沈水海岸は世界各地に存在する。

沈みゆく島々
太平洋に浮かぶ火山島、ライアテア島（上）とボラボラ島は沈下している。そのため地域によっては、近年の地球規模での海面上昇がやや深刻化している。

リアス式海岸
オーストラリア、タスマニア島のホバート周辺の海岸線は、海水位が上昇し、一連の河川流域が水没することで形成された。この写真は、そのおぼれ谷の1つに架かるホバート橋である。

離水海岸

離水海岸は、最終氷河期以降に海面上昇よりも速いスピードで陸地が隆起した土地に形成された。原因は、構造プレートの先端における隆起、あるいは氷河の後退による陸地の隆起である。離水海岸では、かつて海底だった部分が海岸線より上に露出することがあり、またかつて浜辺だった部分は、海岸線からかなり離れた地点まで後退するか、場合によっては崖の頂部となる。ときには、陸地の隆起と、波が崖の根元を徐々に侵食して平坦にする波食台作用が組み合わされ、海岸段丘という階段状の地形が形成されることもある。

離水海岸は一般に岩がちだが、海岸線がなだらかな場合もある。こうした海岸の例は、世界各地に見られる。

隆起した砂浜
このスコットランド、ヘブリディーズ諸島の湾(左)では、砂浜後方の緑地がかつて浜辺だった部分である。最終氷河期以降、氷河の後退によって隆起した。

隆起した崖
ギリシャのクレタ島にある海沿いの崖(右)は、地殻変動によって隆起し侵食された後に、やはり地殻変動によって水平だったものが傾いた。

過去の変化

科学者たちは、海岸線付近の岩石と化石を調べることで、過去に起こった海水位の変化を研究している。また海底の堆積物を分析し、過去の海水温度と気候の特性を推測している。過去500万年以上の間に、海水位は地球規模で300m以上変動した。およそ12万年前の海水位は現在より数mも高かったが、約1万8000年前になると今より120m低くなった。その後の海面上昇の大半は、6000年前以前に起こっている。約3000年前から19世紀後半まで、海水位は年間0.1〜0.2mmの割合で上昇していた。20世紀後半には、平均して年間1.7mmに速まっている。

マンモスの歯の化石

昔と今
地図上の赤い点線は、1万5000年前の北米東岸の海岸線を示している。現在は大陸棚となった地域を、当時はマンモスが歩き回っていた。この海域ではトロール漁船の網にマンモスの歯(上)が入っていることも珍しくない。

ニューヨーク
ワシントンD.C.
北アメリカ
マイアミ
大西洋

水に囲まれて
イタリアの町ベネツィアでは近年、年間200回もの浸水に見舞われている。2016年には水門建設のプロジェクトが完了する予定だが、今後も海面上昇は深刻な問題である。

地球温暖化と海面上昇

地球規模の海面変動を測定するのは複雑なことであり、1992年、地球温暖化の影響年に衛星を利用した技術が導入されるまで、その数値はやや不正確だった。1980年代になると、1900年以降、海水位が年間1-3mm上昇し続けているという点で大方の意見が一致したが、新しい衛星を用いた技術によれば、近年は年に平均3mm上昇している。また1900年以降、地球の大気と海洋の温度は約0.8℃上昇している（地球温暖化）。

気温の上昇が海水位の上昇を招くメカニズムとして、納得のいく説明が2つあげられる。第一は、氷河と氷床の融解による海水量の増大、第二は、温まった海水の膨張である。海面上昇の原因について他に説得力のある説明がないため、ほとんどの科学者が地球温暖化を海面上昇の原因とみている。

地球温暖化は人間の活動に結びついて起こると、現在では大半の科学者が考えているが、今後の進展を予測した複数のモデルに基づき、将来的に海面水位がどう変動するかを様々に予想することができる。たとえば、気候変動に関する政府間パネル（IPCC）は、21世紀末までに海面がさらに0.28-0.98m上昇すると予測している。その結果、沿岸部の低地に住む数千万人の人々が移住を余儀なくされ、小さな島国のいくつかは壊滅的な影響を受ける。

地球温暖化が続けば、最終的にはグリーンランド氷床が融解し、海面が7m余り上昇するため、世界中のほとんどの沿岸都市が水没する。

地球温暖化の影響

氷河の後退　**ペルー・アンデス**　地球温暖化によって、世界中の氷河に大きな影響が出ている。1975年以降、氷が凍結するより速い速度で融解が進んでいるため、氷河の大部分が後退した。同じ地点から1980年（左）と2002年（右）に撮影したこの写真には、ペルーのブランカ山群にある氷河の範囲が示されている。

フナフティ環礁　この環礁はツバルの一部である。同国は太平洋に浮かぶ海抜の低い小さな島々で構成されており、海面上昇によって存続が脅かされている。

水没する島々　**満潮**　フナフティ環礁の住宅は現在でも時折、潮位が通常より高くなると礁湖の海水に浸かる。

水没する都市　バングラデシュでは、首都ダッカを含め国土の約4分の3が海抜8m以下である。グリーンランド氷床が融解すると、国土のかなりの部分が冠水する。海水位が65cm上昇すれば、バングラデシュ南部の生産拠点の40%を失うことになる。沿岸地域のおよそ2000万人が現在、飲料水中に塩分の影響を受けている。

米国南東部における海面上昇

下の地図は米国南東部において、それぞれ1m、2m、6mの海面上昇によって被害を受ける地域を示している。1mの上昇は、今世紀に到達が予測される値の上限をわずかに上回る。この海面上昇で、フロリダ州の一部とルイジアナ州南部では、現在の海岸線から陸へ30kmまでの地域が水没する。万が一、グリーンランド氷床が完全に融解した場合、海面は6m余り上昇し、フロリダ州のかなりの部分が海中に沈み、ルイジアナ州では現在の海岸線から80kmまでの地域が沈む。

このような事態は今世紀には起こらないだろうが、地球温暖化が進行すれば、数百年のうちに現実となりうる。

1mの海面上昇

■ 浸水する地域

2mの海面上昇　　6mの海面上昇

危機に瀕する人々　**生存の危機に瀕する動物たち**　**餓死**　ホッキョクグマは動物の中でも、地球温暖化でとくに深刻な危機に瀕している種に数えられる。ホッキョクグマは、北極海の海氷を夏期の狩猟の場としているが、海氷の範囲が狭まると狩猟の機会が減り、食物を得る機会も減ってしまう。

海洋環境

海岸の地形

世界の海洋の海岸では千差万別の地形が見られる。海岸の地形を形成する作用としては、風化、侵食、河川による堆積、氷河の前進や後退、火山からの溶岩流、地殻の断層運動といった陸上の作用に加えて、海面変動や波食などの作用もあげられる。海岸にある地物の中には、サンゴ礁など生物が作ったものや、港、防波堤などの海岸防御物、人工島など、人間が造ったものもある。

裾礁
南太平洋にあるボラボラ島の、サンゴ礁に縁取られたこの海岸は二次海岸である。生物、特にサンゴの活動によって形状を変えられたことが、その理由である。

海岸の分類

海岸は一次海岸と二次海岸の2種類に分類できる。一次海岸とは、河川による砂礫の堆積(三角州の形成)、侵食、火山活動、地殻変動による断層運動といった、陸上の作用によって形成された海岸である。近年の海面変動で生じた海岸——沈水海岸や離水海岸(88-89ページ参照)など——も通常、一次海岸に分類される。また、風に運ばれて堆積した砂、氷河に運ばれた礫土、氷河の末端などが主な構成要素となっている海岸線も一次海岸である。一方、二次海岸とは、主として海食作用や海による堆積作用によって、あるいはサンゴやマングローブ、それに人間などの生物の活動によって形成された海岸のことである。このほか、少数ではあるが、たとえば著しい海食作用を受けた離水海岸などは、一次海岸の特徴も二次海岸の特徴も兼ね備えているため、中間海岸に分類される。

人工海岸
東南アジアのシンガポール港は、主に人間の活動によって形成された海岸の例である。人間が介入する以前は、マングローブの並ぶ河口であった。

火山海岸
ガラパゴス諸島の、侵食の進んだ火山砕屑丘。ガラパゴス諸島の海岸線は、すべてが火山活動によって形成されたものであるため、一次海岸である。

海食門
南イングランドにある見事な海食門。「ダードルドア」と呼ばれ、かつてははるかに大きかった岬の名残で、海食海岸の典型的な地物である。

海岸の地形

波食海岸

海岸の様々な風景の中でも人の目を引きつけるのは、波の侵食により形作られた断崖だろう。これは二次海岸の1つである。こうした海岸に対する波食は、2つの主要な作用によって起こる。第1は、波が打ち寄せるたびに、海浜堆積物を崖に強く打ちつけ、それによって岩がすり減るという作用であり、第2は、岩の裂け目にある空気が、打ち寄せる波に圧縮され、引き波に伴って再度膨張しようとする過程で岩を粉砕するという作用である。波が岬に当たる場所では、その侵食エネルギーが岬に集中する傾向がある。このような岬では、どこでも決まり切った順序でこの種の海岸特有の景観が生じることが多い。まず岬の両側面の崖の基部に深い溝ができ、それが海食洞になる。海食洞は波の作用によって徐々に深く広くなり、しまいには海食洞の壁が突き抜けて海食門となる。次に海食門の天井が崩壊し、離れ岩と呼ばれる煙突状の離れ小島となり、それが侵食されて最終的には基部だけとなる。

波のエネルギーの集中
波の前線は、入江や岬から成る岸に達すると、波エネルギーが岬に集中する形で曲がる。

下部が削られた崖
カリブ海のこの崖は波食により基部に波食窪と海食台が生じている。

海食洞
ポルトガルのアルガーヴ海岸の崖に波食でできた湾入と海食洞。

離れ岩
オールドハリーロックスは、英国南部の港町スワネージに近い岬に並ぶ石灰岩の離れ岩である。

堆積海岸

堆積海岸を形成しているのは、河川が運び出した土砂や、岬の侵食によって生じた砂礫、波が沖から運んできた砂などの堆積物である。堆積海岸の形成で重要な役割を果たしているのは、沿岸流の作用である。波が海岸に斜めに当たる場合、寄せ波は海水と堆積物を直角ではない方向から岸に押し上げるが、引き波は海水と堆積物を岸に対して直角に引き戻す。こうして長い間に、水と堆積物が岸に沿って運ばれる。この堆積物の混じった海水が、水流のゆるい場所まで来ると、堆積物が沈殿、堆積して、砂嘴、湾口砂州、防波島(海岸に平行に形成された細長い島)など、様々な堆積地物を作り上げる。

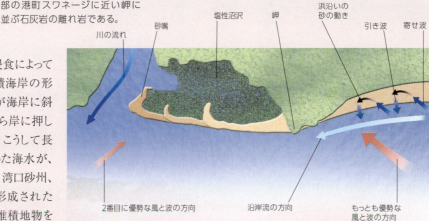

砂嘴の形成
この海岸では、沿岸流によって砂と海水が岬の反対側へと運ばれるが、その流れは河口のところで川からゆるやかに流れ出してくる水にぶつかるため、そこに砂が堆積し、徐々に砂嘴(片方の端が陸地とつながっている砂礫質の州)を形成していく。

湾口砂州
湾や河口をほとんど(あるいは完全に)閉ざすように形成された砂州を湾口砂州と呼ぶ。写真は英国北部の河口にあるもので、最初にできた砂嘴によって、砂質干潟と塩性沼沢から成る潟が生じた。

クラットソップ砂州
米国オレゴン州のコロンビア川河口にある見事なクラットソップ砂州の航空写真。4kmにわたって河口に突き出し、今なお伸び続けている。

海岸と海辺

大西洋 北西
グリーンランドの氷岸（アイスコースト）

種類　一次海岸
形成　氷床から海へ出た溢流氷河
範囲　約1000km
位置　グリーンランドの東西両岸の各所

氷岸は、氷河が海まではみ出している場所で形成されるため、氷壁が海水に直に接触しており、グリーンランドの入り組んだ海岸——主として長いフィヨルドの陸側の端部——ではよく見かける地形である。こうした氷壁が断続した氷岸を形成し、ここから膨大な数の氷山が生まれる。氷山の多くはフィヨルドから漂い出て、最終的には大西洋に達する。グリーンランドの海岸線は、全長が4万4000kmもあるが、氷岸はそのごく一部にすぎない。

ヨーク岬付近の氷岸

大西洋 北西
アケーディアの海岸線

種類　一次海岸
形成　氷河作用、およびその後の海面上昇による沈水
範囲　66km
位置　米国北東部メイン州バンゴアの南東部

メイン州アケーディアの海岸は、米国北東部では屈指の景勝地である。現在では国立公園になっており、公園の大部分を占めるのがマウントデザート島と、これより小さな周辺の島々である。最終氷期以来の海面上昇によって、こうした島々が相互に、また本土から分断された。この海岸の基盤となっている山脈が海底の堆積岩から形成され始めたのは5億年前。こうした堆積岩に、地球の内部から上がってきたマグマ（溶岩）が貫入し、その変成作用で大量の花崗岩が生じ、それが徐々に侵食されて尾根となった。そして200万年から300万年前に巨大な氷床がこの地域を覆い始めて地盤沈下

マウントデザート島

マウントデザート島の南海岸にはごつごつした花崗岩の岩場が続いているが、これはおよそ10万年前に氷河作用によってできた。を引き起こし、侵食作用によってU字谷に隔てられた山脈を作り出した。氷床が後退して以来、地盤は徐々に上昇し続けているにもかかわらず、地球レベルでの海面上昇により、100年間に5cmの割で大西洋が上昇している。今日では波と潮流が崖を徐々に侵食し、周辺に岩や貝殻の砕片を堆積させている。

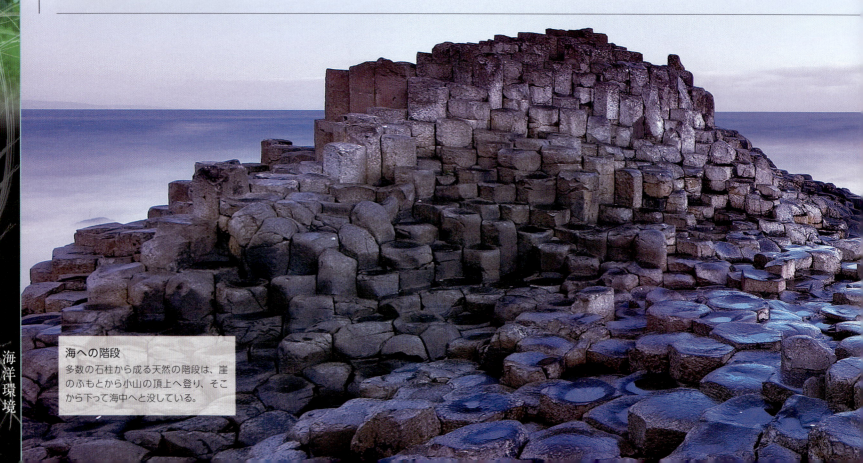

海への階段
多数の石柱から成る天然の階段は、崖のふもとから小山の頂上へと登り、そこから下って海中へと没している。

海岸の地形

大西洋 北西
ハッテラス島

種類	二次海岸
形成	波と潮流による砂礫の堆積
範囲	112km

位置　米国北東部ノースカロライナ州の沖

ハッテラス島は典型的な砂質の防波島である。本土に平行に伸び、細長く、幅は平均450mで、海流と波の複雑な堆積作用によって形成された。この島は、細く長く連なる複数の防波島の1つで、全体が「アウターバンクス」と呼ばれている。ハッテラス島そのものは、ハッテラス岬を中心に、2本の腕を大きく広げたような形状。周囲の荒れ狂う海では、何世紀もの間に何百隻という船が難破している。

ハッテラス島の海岸線
ハッテラス島は典型的な防波島で、波によって形成された直線状の海岸線を持つ低い島である。

人間の影響
ハッテラス岬灯台

侵食や堆積によって海岸線が移動することは多い。ハッテラス岬灯台も土台に波が打ち寄せ始め、破損の危険が生じたため、1999年に移設された。

移設場所
灯台は現在、海岸線から450mほど入った陸上部にある。

大西洋 西
ピトン

種類	一次海岸
形成	火山性溶岩ドーム形成の後、火山の崩壊と侵食
範囲	7km

位置　東カリブ海、小アンティル諸島の島国セントルシアの南西海岸

カリブ海の島国セントルシアの南西海岸は、非常に入り組んだ急勾配の岩場である。この海岸でとりわけ目を引くのは、標高740mを超える2つの急峻な山、ピトン（「双子山」）である。いずれも25万年ほど前に巨大火山の山腹に溶岩ドーム（溶岩の巨塊）として誕生したが、後にその火山が崩壊し、ピトンを含む周辺の火山性地物だけが残った。この海岸の火山岩には、ピトンのもっとも急勾配の斜面を除き、木々が鬱蒼と生い茂っている。この地域は、2004年に世界遺産に登録された。

双子山
写真手前がプチ・ピトン山で、これを高さでも裾野の広さでもやや上回るグロ・ピトン山がその背後に見える。

大西洋 北東
巨人の石道

種類	一次海岸
形成	太古の火山爆発による玄武岩質溶岩流が冷却
範囲	1km

位置　英国、北アイルランドのアントリム州最北端

「巨人の石道」（ジャイアンツ・コーズウェイ）は、角柱状の玄武岩（黒い火山岩）約4万個が林立する石柱群である。北アイルランドの北海岸にそそり立つ、高さ90mの海食崖のふもとにある。フィン・マックールという名の巨人が作ったという伝説があるが、実際は6000万年前に起こった火山爆発で形成されたもの。この爆発は、アメリカ大陸とアフリカ・ユーラシア大陸が分裂して大西洋が誕生するきっかけとなった一連の火山爆発の一つ。この爆発で大量の玄武岩質溶岩流が吐き出され、それが冷えて角柱状になった。高さは最高のもので13m、大部分は六角柱である。

海岸と海辺

大西洋 北東
グルイナード湾

種類	一次海岸
形成	氷床の後退と、後氷期の地表面の隆起
範囲	13km

位置　英国、スコットランド北西、アラプールの西

スコットランドのグルイナード湾周辺には、後氷期の地表面の再隆起の実例がある。最近の氷河時代に大量の氷床の重みに押し下げられていた陸塊が再び隆起したものである。スコットランドやスカンジナビアなど一部の地域では、こうした地表面の隆起が氷床の溶解による海面上昇を上回っている。グルイナード湾では、隆起部分は海岸の一段高くなった部分、すなわち現在の砂浜の背後にある1万1000年の間、スコットランドのこの部分は、海面に対して10cmまで上昇している。

隆起した浜辺
現在の砂浜の背後にある緑の部分は、満潮線よりはるかに高いところにあり、古代の浜辺の名残である。

大西洋 北東
リアス式のデボン海岸

種類	一次海岸
形成	河川に侵食されてできた谷が海面上昇で沈水
範囲	約100km

位置　英国、イングランド南西海岸、プリマスからトーベイまで

英国、デボン州の南海岸には、ダート、エイボン、ヤーム、アーメの各川の溺れ谷や、ソルカム-キングズブリッジ入江がある。こうした湾や入江はリアス式海岸とも呼ばれ、ごつごつした崖や岬に隔てられている。この美しい海岸は、かつては細い川が流れていた谷の一部が、氷河期後の海面上昇で沈水してできた。しかし英国の南部は、氷河期後、1世紀に最高7cmの割で地盤沈下しており、これによって前述の海面上昇の影響が倍加している。

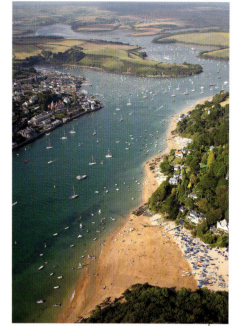

ソルカム-キングズブリッジ入江
南デボン海岸の5つのリアス海岸のうち最大の、風光明媚な入江である。波の静かな入江の中はヨットのセーリングに最適。

大西洋 北東
ドーバーの白い崖

種類	二次海岸
形成	古代に形成された石灰岩の巨塊に対する海食作用
範囲	17km

位置　英国、イングランド南東海岸、ドーバーの東と西

英国屈指の名勝である「ドーバーの白い崖」は、イギリス海峡がもっとも狭まっている部分にあたるドーバー海峡の北西岸にある。これと対になるのが、海峡のフランス側にあるブラン・ネ岬（白い鼻の岬）の崖である。この1対の崖は白色の石灰質泥岩、白亜でできているが、この石灰岩は1億年前から7000万年前までの、現在の北西ヨーロッパの大部分が海中にあった時代に形成された。その海中に生息していた微細なプランクトン様の生物の殻が海底に徐々に堆積し圧縮されて、厚さ数百メートルの白亜層となったのである。続いて断続的に起こった複数の氷河期の間に海水面が低下し、この巨大な白亜層が海面上に姿を現し、後に、現在の英国とフランスをつなぐ陸橋となった。しかし、8500年ほど前に、現在の北海南部にあたる場所に大きな湖ができたことで、陸橋に亀裂ができ、その後は急速に侵食が進んで、現在のイギリス海峡にあたる地域が水没した。

ドーバーの崖は今日も1年に平均2-3cmの速度で侵食が続いている。ときおり、大きな塊が崩れて下の浜辺へ落下する。この崖では、サメの歯や海綿、サンゴなど、さまざまな海洋生物の化石が多数発見されている。

白亜の断崖
最高100mにもおよぶこの崖は、ほとんど混じり気のない白亜でできているため、あざやかな白色をしている。

大西洋 北東
クレウス岬

種類	一次海岸
形成	片岩などの変成岩と火成岩から成る、侵食の進んだ岩場海岸
範囲	10km

位置　スペイン、カタルーニャ州北東のジローナ県北東部

クレウス岬の東端
クレウス岬はピレネー山脈が地中海に出会う最東端にあたる。地中海全域でもとりわけ入り組んだ海岸線で、非常にきめの粗い岩から成る崖の間に小さな入江が点在する。1998年に自然公園に指定されたクレウス岬は、海洋生物も豊富で、海綿、イソギンチャク、ケヤリムシ、アカサンゴなどの無脊椎動物が多数生息する。その意味では、ダイビングに恰好の海として人気が高い。ここの風景はスペインのシュルレアリスムの画家、サルバドール・ダリ（1904-1989）にインスピレーションを与えたと言われている。

海岸の地形　97

大西洋　北東
アルガルヴェ西海岸

種類　二次海岸
形成　古代の岩石層の、波浪による侵食
範囲　135km

位置　ポルトガルの南から南西にかけての海岸

アルガルヴェの西海岸は、ポルトガル南部の都市ファロから、イベリア半島の南西端であるサンビセンテ岬まで伸び、さらにそこから北へ50km続いている。暖流のメキシコ湾流に洗われるこの海岸は、ハチミツ色をした絵のように美しい石灰岩の崖、小さな湾や入江、波の静かな奥まった砂浜、エメラルドグリーンの海で知られている。随所で今なお進行中の海食作用による典型的な地物が見受けられる。たとえば、崖下の海食洞、岩屋、潮吹き穴、岬を貫通したアーチとなっている海食門、岬の先に孤立して煙突状にそびえ立つ岩柱（シースタック）などである。この景観の主な構成要素は石灰岩だが、ほかに砂岩や頁岩などの崖もある。景勝地であることから保養地として人気が高い。

バランスを保って立っている岩柱
カルヴォエイロの近くにあるマリーニャビーチでは、風食や波食による独特の造岩作用が見られる。たとえば、この岩柱は海食を受けて残ったものである。

大西洋　東
アマルフィ海岸

種類　二次海岸
形成　褶曲傾斜石灰岩層の海食
範囲　69km

位置　南イタリア、ナポリの南、ソレント半島の南面

ナポリの南にあるソレント半島の南面に伸びるアマルフィ海岸は、入江や岩屋の点在する険しい崖と、絵のような海辺の町々で有名である。町の中には、石灰岩をくりぬいて造った家並みの「岩窟都市」もある。こうした崖を形成している傾斜した石灰岩層はラッターリ山脈のふもとにあって、1億年から7000万年前に形成された。

サンテリア・ポジターノの断崖

大西洋　東
ナイル川デルタ地帯

種類　一次海岸
形成　ナイル川河口への土砂の堆積
範囲　240km

位置　北エジプト、カイロの北

ナイル川デルタ地帯は世界最大級の三角州である。他の三角州同様、上流から運ばれてきた土砂が堆積するという陸上の作用で形成されたものであるため、ナイルデルタの海岸線も一次海岸に分類される。このデルタ地帯を形成し養分を提供してきたナイル川の流れは、アスワンダムの建設と地元での水の使用により激減した。三角州の海側にある帯状の砂地は洪水を防いでいるが、侵食が進んでおり、今後予測されているとおりに海面が上昇すれば、この地帯の農業、淡水の礁湖、野生物、貯水に対する深刻な脅威ともなりかねない。

デルタを守るベルト地帯
ナイルデルタの外縁部にある帯状の砂地がはっきりわかる衛星写真。帯状の砂地が途切れて陸地が海へ突出している箇所は、ナイル川の2本の支流の河口である。

スケルトンコースト（骸骨海岸）

大西洋　南東

種類	二次海岸
形成	風に運ばれた砂の堆積による砂漠砂丘
範囲	500km

位置　ナミビアの沿岸の都市スワコプムントから北西に広がる。

スケルトンコーストは、南西アフリカにあるナミブ砂漠の北半部が南大西洋と接する乾燥した沿岸の荒れ地である。この海岸の一部は海に迫る砂丘に支配され、他は平坦な砂礫の海岸からなる。ほぼ直線的な海岸線に大きな影響を及ぼしているのがベンゲラ海流で、これは南極に発しアフリカ沖合を北上する表層海流（寒流）である。大西洋からスケルトンコーストに南西の卓越風が吹きつけるが、沖合の冷海上を通過する際、空気中の水分が凝結し、ほぼ通年、霧峰（海上に層雲状にかかる濃霧）が発生し、その影響によって寿命が数百年というキソウテンガイ（Welwitschia mirabilis）のような奇妙な砂漠の植物が多数生えている。さらに、北部のフリア岬にアザラシの大規模なコロニーがあるほか、塩盆（たまっていた水が蒸発し塩類が堆積しているクレーターや構造盆地）が多数ある。

人間の影響
難破船の残骸

「骸骨海岸」というのは、この海岸にいかにも似つかわしい名である。頻繁に発生する霧、海風、荒波が災いして、船にとっても船乗りにとっても、ここは「墓場」なのである。海岸の背後は砂丘の急斜面となっているため、救援隊などがまだ存在しなかった時代には、座礁した船の水夫たちは海岸づたいに延々と砂漠を歩いて助けを求めるしかなかった。

木造船の残骸
残骸となり果てたこの木造船のほかにも、多数の船がこの難所で座礁した。

そびえる砂丘と荒波
この海岸にそびえる砂丘は、南西の強風にあおられて絶え間なく輪郭を変える。砂丘の下では、荒波が激しく砂浜に打ち寄せる。

紅海沿岸

インド洋　北西

種類	一次海岸
形成	断層運動と地盤の沈降
範囲	1900km

位置　紅海（スエズ、アカバ両湾からジブチまで）に接する、エジプト、スーダン、エリトリア、サウジアラビア各国の海岸

紅海は、過去2500万年の間にアフリカ大陸がアラビア半島から徐々に分離する断層運動の結果、形成された。断層運動とは、地殻が二つに分裂して離れ、構造プレートの新たな境界を生み出す運動である。この運動は、まず地球内部から上昇してきた熱によって大陸地殻が伸張して薄くなり、最終的に断裂する、すなわち一部が生じるというもの。断裂した地殻の断面は沈下することがあり、双方の断面が海に触れれば沈水が起こり、新たな海岸が生じる。紅海の東西どちらの沿岸でも、地殻ブロックが沈降した跡が急斜面（山脈）の形で残っている。紅海沿岸地域は高温・乾燥の気候のため植生はまばらだが、海中には多様で見事なサンゴ礁が形成されている。

背中合わせの海と砂漠
シナイ半島が紅海に接する海岸。背景に、紅海と平行に走る山脈の一部、サラワト山脈の急斜面が見える。

海岸の地形　99

インド洋　北西
チグリス・ユーフラテス川デルタ地帯

- 種類　一次海岸
- 形成　チグリス川、ユーフラテス川、カルーン川によって運ばれた土砂の堆積
- 範囲　150km
- 位置　イラク南東部、クウェート北東部、イラン南西部

湿地と沖積平野から成るペルシャ湾北端の広大な地域で、3本の大河が上流から運んできた土砂の堆積により形成された。重要な野生生物避難所であるデルタは、軍事・政治的目的による様々な排水および堰堤計画によって、1970年代と2003年の間に大きな生態学的被害を被った。このとき漁場やいくつかの動物の種が脅かされた。2003年以降は、損害からの回復に向かっている。

衛星写真
このデルタ地帯の海岸は過去3000年間に約250km前進した。

インド洋　北東
クラビ海岸

- 種類　一次海岸
- 形成　石灰岩の化学的侵食の後に沈水
- 範囲　160km
- 位置　タイ南西部のアンダマン海側

タイ南部西岸に位置するクラビ海岸の周辺は、部分的に溶解が進んだ石灰岩質の奇岩が並ぶカルスト地形で知られている。この石灰岩はおよそ2億6000万年前に形成された。当時、現在の南アジアに当たる地域は浅海で、海底に貝殻やサンゴが徐々に堆積し、それがその後、陸地から押し流されてきた土砂に埋もれた。こうして形成された石灰岩層が、その後、約5000万年前にインド大陸のユーラシア大陸に対する衝突が始まった際に押し上げられ、傾斜した。クラビ海岸と、そのやや北にあるパンガー湾の周辺では、この石灰岩層が雨による化学的侵食を受け、さらにその後の海面上昇により、ごつごつしたカルストの丘や島が何千もできた。たとえば、高さが最高210mにも及ぶ、円錐形や円柱形の塔のような岩や、巨大な棚状の石灰岩の上に、塔状の岩が多数並んでいるものなどである。こうした岩は、元の石灰岩層が傾斜した際の軸（衝突線）の位置により、北東から南西の方向に長くなっているものが多い。

タプ島
クラビ海岸の北のパンガー湾にあるタプ島。このように、この海岸にある岩石の中には、風雨による侵食で変わった形になったものがある。

インド洋　南東
十二使徒

- 種類　二次海岸
- 形成　崖の波食が生んだ巨大な岩柱
- 範囲　3km
- 位置　オーストラリア南東部ビクトリア州メルボルンの南西、ポートキャンベルの近く

オーストラリアの名勝の1つに、2000万年前に形成された石灰岩の崖が侵食されてできた巨大な岩柱群がある。そもそも九つしかなかったにもかかわらず「十二使徒」と名付けられたこの岩柱群は、もっとも高いもので70m。2005年に1つが崩壊し、現在では8つしか残っていないが、このような崩壊は珍しいことではない。

続く侵食
残る8つの岩の基部に、侵食の影響がはっきり見てとれる。

太平洋　西
香港港

- 種類　二次海岸
- 形成　種々の天然港と近隣の島々の周辺に建設された人工港
- 範囲　40km
- 位置　中国南東の南シナ海沿岸部、広州南東部

ビクトリア港
香港島（左）と九龍半島（右）の間にあるビクトリア港。年間20万隻以上の船が訪れるこの港は世界でもとりわけ船舶の交通量が多い。

香港島は、香港の中でもとりわけよく知られた区域だが、その香港島には多数の天然港がある。中でももっとも大きく、元来もっとも深く、もっとも静かで外洋の波や潮の影響を受けにくいのがビクトリア港で、この港の面積は42km²、香港島と九龍半島の間に位置する。これより小規模な港の1つが香港仔（アバディーン港）で、これにより香港島と、その周囲を取り巻く小島の1つ鴨[月利]洲（アプ・レイ・チャウ）とが隔てられている。こうした港は例外なく、人間の手でコンクリートの埠頭、防波堤、突堤といった構造物が建設され変えられてきた。このように生物（ここでは人間）が変えた海岸であるため、香港沿岸は二次海岸に分類できる。香港全体で建設・変更された海岸線は100kmを超す。

海洋環境

スケルトンコースト
アフリカの荒涼としたスケルトンコーストでは、ナミブ砂漠の広大で急勾配な砂丘が南大西洋の冷たい水域に出会う。この沿岸地域の海岸線には、古い難破船の残骸が近くに見られる。その上に、南西風で吹きつけられた水分の凝結によって霧がたちこめている。

太平洋　西

ハロン湾

種類　一次海岸
形成　石灰岩層の化学的溶解と沈水
範囲　120km

位置　ベトナム北東部、ハノイの東のトンキン湾

ハロン湾はベトナムの海岸地帯の中でも独特の地域で、トンキン湾内にあり、カルスト（雨水によって一部溶解した石灰岩）から成る2000近くの島々を擁する。面積にしてわずか1500km²のこの景勝地は、海面上昇と、塔状の岩が林立する石灰岩地の沈水とによって形成された。島のいくつかは中空で、中に巨大な洞窟がある。また、「闘鶏島」「人頭島」「香炉島」など、珍しい形にちなんで風変わりな名前がつけられた島もある。大半は無人島である。湾の水深は浅く、生物は豊富で、魚類、軟体動物、甲殻類、サンゴ、その他の無脊椎動物などが何百種も生息している。

1998年に世界遺産に世界遺産に指定されたが、現在はマングローブ林の破壊、そして付近の都市開発と採鉱による汚染の脅威にさらされている。更なる問題は、観光船から湾に投棄されたプラスチックの瓦礫の高レベルな汚染だ。

そびえ立つ石灰岩
熱帯植物に覆われてハロン湾の中央にそびえ立つカルストの大きな島々。高さは最高で海抜200mに達する。

太平洋　西

フオン半島

種類　一次海岸
形成　構造プレート運動による化石サンゴ礁の隆起
範囲　80km

位置　パプアニューギニア東部、ポートモレスビーの北

フオン半島は過去数十万年の間に、2枚の地殻構造プレートが衝突している境界部分の運動によって、1世紀あたり約25cmという速度で押し上げられてきた。この運動によって沿岸のサンゴ礁が海岸線上に押し上げられ、陸上にサンゴ礁の段丘を形成した。こうしたサンゴ礁の調査で、過去25万年間の海面や気候の変化について多くのことがわかった。

フオン半島の航空写真

太平洋　北東

ピュージェット湾

種類　一次海岸
形成　氷河に削られてできた海峡と湾
範囲　150km

位置　米国北東部、ワシントン州シアトルの北と南

無数の海峡と樹枝状の入江を有するピュージェット湾は、主に氷河によって形成された。およそ2万年前、現在のカナダに当たる場所から氷河が前進し、この一帯を厚い氷で覆った。続く7000年の間に、氷河の前進や後退が数回起こった。氷河が最後に完全に後退したあとには、深くえぐられた多数の谷と、融氷水によって堆積した泥や砂礫の分厚い層が残された。以来、波と風雨が堆積物を侵食し、地勢と海岸線を生み、浜辺、崖、砂嘴など堆積性の地形を形成した。

湾周辺の人間の居住地
現在、ピュージェット湾岸で人間が居住している場所は多い。写真はタコマ市で、背景にレーニア山が見える。

人

ジョージ・バンクーバー
(George Vancouver)

1792年、ディスカバリー号に乗り組んだ英国人のジョージ・バンクーバー船長(1757-98)がヨーロッパ人としては初めて、現在ピュージェット湾と呼ばれている地域を探検した。そして、湾周辺の約75の島、山、水路に名前をつけた。現在のブリティッシュコロンビア州バンクーバー市は船長の名にちなんでのちに命名された。一方、ピュージェット湾は、バンクーバー船長がピュージェット大尉にちなんで命名した。湾の南端を探検すべく最初の部隊を率いて上陸した人物である。

海岸の地形　103

太平洋　北東
ビッグサー

種類	中間海岸
形成	地殻変動による隆起と、急激な波食
範囲	145km

位置　米国カリフォルニア州の海岸、サンフランシスコの南東

カリフォルニア州中部の海岸ビッグサーは、険しいサンタルシア山脈が太平洋へ急角度で落ち込んでいる場所で、米国の絶景の1つである。北米の西海岸にはよくあるが、ビッグサーも最終氷期末以来、海岸の隆起速度が海面の上昇速度を上回ったためにできた、離水海岸である。海岸の隆起は、太平洋プレートと北アメリカプレートの境界線付近の相互作用で発生している。この境界線付近は、地殻の複雑な断層系が縦横に走っているため、地震が起きやすい。ビッグサーでは、地殻変動による隆起に激しい波食が加わって、険しい崖と不完全な海岸段丘（基部を波食でえぐられた崖が隆起してできた階段状の地形）が形成された。この地域は、波の作用による崖崩れ、断層運動や破断による崖の弱体化、夏の山火事による森林の被害、冬場の多雨が発生しやすい。

隆起した段丘
ビッグサーの一部。現在の崖の上面が、草に覆われた海岸段丘（緑の部分）になっている。その背後にあるのが、隆起した古い崖。

太平洋　中央
ハワイの溶岩海岸

種類	一次海岸
形成	活火山の溶岩流の、海への流入
範囲	20km

位置　米国ハワイ州ハワイ島の南東海岸

海岸の形状がごく短期間で変わってしまう状況の1つとして、溶岩流が海へ流れ込んだ場合があげられる。ハワイ島の南東海岸では、1969年以来、活火山キラウエアの火口列から噴出する溶岩流によって、断続的に新しい海岸が加えられている。プウ・オオ噴火口の溶岩はおよそ15km流れて海に達し、そこで冷却され固まり、陸地を形成する。そのためこの海岸では、ごつごつした破砕溶岩から成る黒い岸辺に黒々とした崖という原始的な風景が広がっている。新しい区域の誕生後、数カ月以内にはもう植物がコロニーを作り始める。

激しく噴き出す水蒸気
灼熱の溶岩が海に流れ込むと、大量の水蒸気を激しく噴き上げながら凝固する。

太平洋　南東
チリのフィヨルド地方

種類	一次海岸
形成	海面上昇で沈水した深い氷河谷
範囲	1500km

位置　チリ南部の太平洋岸、プエルトモントからプンタアレナス

チリのフィヨルド地方は、フィヨルド、島々、入江、海峡、曲がった半島が織りなす迷宮である。その迷宮が、白雪を頂いた南アンデスの峰々の西に横たわっている。このフィヨルド地方は、はるか南端のティエラ・デル・フエゴ群島まで、チリ南部の太平洋岸のほぼ全域にわたって伸び、総面積はおよそ5万5000km²に及ぶ。

この地域は1万年ほど前は氷河に覆われていたが、その氷河の大部分は南北パタゴニア氷原（チリとアルゼンチンの国境沿いの山岳地帯に広がる大氷原）まで後退した。後退した氷河があとに残していったのは、長く深くえぐられた谷が網の目のように複雑につながり合い、そこへ氷河の溶解水が充満した地形であったが、やがてここに海水が流れ込み、今日見られるフィヨルドとなった。この地方は雨が非常に多く、晴れ間はめったに見えない。沿岸に生息する哺乳類にはアシカ、ゾウアザラシ、ウミカワウソなどがいる。

氷河に埋まったフィヨルド
一部のフィヨルドの内奥部で見られる溢流氷河の末端崩壊部分。分離した氷山がフィヨルドを埋め尽くす。

荒波に打たれて
オランダのスケルト川の防潮堤は世界最大級の防潮設備である。2本のコンクリート製の突堤の間に、62枚の鋼鉄製のスライド式防潮扉が保持されている。

海岸の防御

海岸の防御とは、海岸を海から守るための各種工学技術のことを指す。海が及ぼす脅威は主として2種類に分類できる。第1は暴風雨の際、海抜の低い海岸地帯に洪水が発生する危険、第2は一部の海岸で徐々に、かつ継続的に進む侵食である。海岸の防御に対しては、多種多様なアプローチがある。低地での洪水予防措置の1つが、ダムや防潮堤から成る大規模なシステムの建設である。このほか、海岸周辺で、塩性沼沢のような天然の防潮堤の形成を促進する方法、あるいはそうした天然の防潮堤がすでにある場所では、それを保全するという方法もある。もう1つ、可能性のある方法は、海の影響を阻止しようとするのではなく、海岸の一部の区域で洪水を許してしまうことである。そうすれば冠水した土地はやがて湿地になり、本来の防護機能を発揮してくれるだろうという考え方である。

海岸の侵食速度を落とすためには、護岸堤防や防波堤の建設など、一般に「ハード」面での様々な工学技術が用いられている。こうした方法は、しばらくは効果的だが（通常、20年から30年が経過すると建て替えなければならない）、費用がかさむ上、堆積物の海岸沿いの移動を妨げるため、同じ海岸の近隣地域の侵食を増大させてしまうおそれがある。「ソフト」面での工学技術は、「ハード」面のものより環境に配慮している。たとえば「養浜」（右の解説参照）のような暫定的な対処法で、これは2、3年ごとに繰り返す必要があるが、海岸での砂丘の形成を促進するという方法である。

崩壊しつつある海岸

米連邦緊急事態管理局の2000年の見積によると、2060年までに海へ落下する危険のある家屋は全米で8万7000軒にも及ぶという。下の写真の家もその1軒で、メリーランド州のチェサピーク湾に注ぎ込むガバナーズ川の、侵食の進んだ崖の上に立っている。カリフォルニア州では、海岸の約86%で侵食が進行中である。同様に、英国の東海岸でも1年に最高1.8mの割合で侵食が進んでいるが、これはヨーロッパでは最悪の速度である。海岸の防御により、侵食の速度を一時的に落とすことはできるが、長期的にはその維持・管理費用が法外なものとなる。結局勝利を収めるのは海なのである。

防御の種類

ハード的な技術

護岸堤防 護岸堤防は、波エネルギーを反射させるためのものである。現代の護岸堤防では、暴風雨の際、しぶきが堤防を超えないよう、最上部を湾曲させてある。こうした堤防によって、背後の陸地を数年間は守ることができるが、通常、堤防の前の浜辺の侵食はかえって進行してしまう。

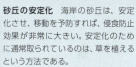

岩の防波堤 大きな岩を積み重ねて、岸から突き出す形に造られた防波堤。周囲に砂を堆積させることによって侵食速度を落とすことが狙いだが、近隣区域の侵食を悪化させてしまう恐れがある。

ソフトな技術

砂丘の安定化 海岸の砂丘は、安定化させ、移動を予防すれば、侵食防止効果が非常に大きい。安定化のために通常取られているのは、草を植えるという方法である。

養浜 浜辺に大量の砂を追加する方法。波や潮流がこの砂を海岸沿いに広げるため、一時しのぎではあるが、天然の防御効果が得られる。

最新の解決法

ジオチューブ ジオチューブとは、丈夫な布地やプラスチックで作った、直径が2.3mを超える長い円柱状の容器で、砂と水を混ぜた懸濁液が詰められる。様々な型のジオチューブを海岸の最上部や砂丘の内部、あるいは沖に敷設すれば、海岸の侵食を緩和し海辺を保護することができる。写真のチューブは米国メリーランド州の「バレン島干潟再生プロジェクト」の一環として用いられているもの。

大規模な保護

ダムと防潮堤 オランダは高潮対策として、大規模かつ長期的な治水工事に資金を投じてきた。デルタプロジェクトと銘打ったこの高潮対策で、多数のダムと可動式の防潮堤が建設された。プロジェクトが開始されたのは1953年、大暴風雨と洪水で1835人が犠牲になった後のことである。

浜と砂丘

浜は、細砂から岩まで様々な大きさの沈殿物が、通常、干潮線より上の岸に堆積して形成される。浜の堆積物は、河川から海岸に運ばれたもの、崖や海底が侵食されて海岸に運ばれたもの、そして貝殻などの生物的なものから構成されている。堆積物は絶えず波や潮汐の影響を受けて、浜や海岸沿いを移動する。風も浜の発達に影響を与えるほか、海岸砂丘形成の要因ともなっている。

逸散型の浜と砂丘
逸散型の浜は一般的に細砂から成り、勾配の角度は5度以下である。

浜の構造

浜は、通常、下図に示す部分に分けられる。まず、平均高潮線と平均低潮線の間の領域は前浜と呼ばれる。前浜より海側の領域は外浜、前浜より後ろ（海と反対側）の領域は後浜と呼ばれる。後浜はきわめて潮位の高い高潮時のみ海水に覆われ、汀段と呼ばれる浜の沈殿物が堆積してできた平らな領域を含むのが普通である。汀段から海側にある傾斜した領域はビーチフェース（浜面）と呼ばれ、この部分が前浜の大部分を構成する。ビーチフェースの終端には、ビーチカスプと呼ばれる凹地が連なっている場合もある。打ち上げ波帯は波が来る度に、冠水、露出する部分である。打ち上げ波帯の海側で、砕けた波が進む部分は砕波帯と呼ばれる。その浜に寄せる波のエネルギーが年月と共に変化するのに伴って、浜の形状も変化する。

打ち上げ波
波が打ち上げると堆積物が浜に押し寄せる。波が斜め方向から打ち寄せると、寄せ波と引き波の複合的な影響により堆積物が浜沿いを移動することになる。

浜の種類

波エネルギーのレベル、波が寄せる方向、海岸の地質的組成など、さまざまな要素によって、どのような浜が形成されるかが定まる。逸散型の浜では緩やかな勾配により波エネルギーを広い範囲で吸収するのに対して、反射型の浜では勾配が急で短く、粗い堆積物から成る。崖状海岸が侵食されやすい岩と侵食されにくい岩の両方で構成されている場合、岬が形成されることが多くなり、湾内に三日月形の浜（内湾の浜）や、さらに小さい「ポケットビーチ」が形成されるケースがある。内湾の浜やポケットビーチでは、波が岸に沿って並行に進み、堆積物の移動が少なくなる。長く直線的な浜では波が斜め方向に寄せ、沿岸漂流により堆積物が浜沿いに移動する。

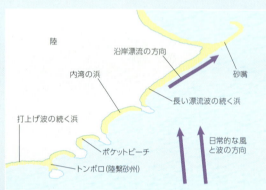

浜の種類
右図は架空の海岸で、トンボロ（陸繋砂州）、ポケットビーチなど典型的な海岸の種類を示している。

浜の区分 は、この写真（左）は浜の区分と、汀段、ビーチフェース、ビーチカスプの位置を示す。低潮時の写真。

小石と中位の砂利
直径8mm-1.5cm

極細砂利
直径2-4mm

極粗粒砂
直径1-2mm

中粒砂 直径
0.25-0.5mm

細粒砂 直径
0.125-0.25mm

粗シルト(沈泥)
直径0.03-0.06mm

砂や礫の大きさ
ほとんどの浜を構成する泥、砂、礫は、波の作用を受けて、大きさによって別々の場所に分けられる傾向があり、浜の様々な部分に堆積される。

浜の構成物

浜の構成はそこに存在する物質と寄せ波のエネルギーによって定まる。ほとんどの浜は岩の侵食により生成される砂やで構成されている。砂は一般に石英や、長石および橄欖石などの鉱物の粒から成る。これらの鉱物は、多くの場合、花崗岩や玄武岩などの火成岩に由来するものである。このほかに、浜を形成する物質としては、特に熱帯地方に多く見られるものとして、細かくなった貝殻や海洋生物の死骸などがある。一般に、大きな波エネルギーは細砂ではなく大きめの砂や小石などを運ぶ。時として、浜に大きな石や岩が見つかる場合があるが、周辺の崖から浜に転がり落ちたものであることが多い。ただし、中には氷河や津波により浜に運ばれたものもある。

小石と貝殻
「エネルギーの高い」浜(左)には大きめの小石が多い。(下)貝類が多数あるこの海辺は貝にとって良い生息環境であることを示す。

海岸砂丘

海岸砂丘は、浜の乾燥した部分から砂が風に吹き飛ばされることで形成される。砂丘は後浜の背後で発達し、後浜とビーチフェースの上部とから砂が供給される。砂丘が発達するには、砂は絶えず波の作用を受けて浜で交換される必要がある。砂丘を形成する際、砂は陸地で飛び跳ねるサルテーション(跳動)と呼ばれる動きをする。一部の海岸地帯では海岸線に並行して、植物が茂っている砂丘群がある。岸にもっとも近い砂丘は前砂丘と呼ばれ、その後は一次砂丘尾根、二次砂丘尾根と続く。植物が生育しているこうした固定砂丘は、海岸侵食を食い止めるために重要な役割を果たしている。一部の海岸では植物のない移動砂丘が発生しており、卓越風に沿って移動している。そのような砂丘は、植物を植えることで固定される場合が多い。

マラム(海岸に生えるイネ科の植物)
マラムは一般的に砂丘の初期に群生する。根を深く張り、地下水のあるところまで深く伸びる。マラムは飛砂を捉え、またその根に砂が付着して前砂浜の発達を促す。

反射型の浜
セーシェル諸島にあるこの浜のビーチフェースは、かなり急勾配であり反射型の浜である。明確な汀段および汀段の境界が見てとれる。

海洋環境

ピンクサンドビーチ

大西洋　西部

種類	礁で保護されている逸散型の浜
組成	砕けた貝殻や死骸が混じった砂
長さ	4km

位置　ナッソーの北東部にあるエリューセラ島のハーバーアイランド、バハマ北部

バハマのピンクサンドビーチは、東に大西洋を望む緩やかな勾配の浜。沖合の礁が海流から浜を守っている。砂が薄いピンク色になっているのは、有孔虫と呼ばれる微小の単細胞生物、特に「海のいちご」の通称を持つ*Homotrema rubrum*が原因。貝殻に鉄塩が含まれているため、明るい赤もしくはピンク色になる。バハマの一部地区では、そのような生物が礁の底部に多数生息している。死ぬと海底に落ち、波の作用で砕け、そしてカタツムリの白い殻やウニ、鉱物の砂粒など他の破片と混じり合う。その混合物が波の作用を受けて微粉状に砕かれ、ピンク色の砂として浜辺に打ち上げられる。

緩やかな勾配

ピンクサンドビーチは逸散型の浜で、波が岸から少し離れて砕け、そしてゆっくり打ち寄せて広い砕波帯で波エネルギーが吸収される。

コパカバーナビーチ

大西洋南　西部

種類	逸散型の内湾の浜
組成	白砂
長さ	4km

位置　ブラジル南東部、リオデジャネイロ

世界的に著名な浜の一つであるコパカバーナビーチは、二つの岬に挟まれて緩やかな弧を描く広大な砂浜。浜の背後にはリオデジャネイロの街が広がっており、奥の丘陵地は豊かな緑に覆われている。浜は年間を通して賑わっており、ビーチスポーツと大晦日の花火大会がとくに有名。浜から離れた沖合での遊泳は、強い潮流のため勧められないときもある。

南側から撮影したコパカバーナビーチ

セントニニアンのトンボロ

大西洋　北東部

種類	トンボロ（陸繋砂州）
組成	黄砂と白砂
長さ	700m

位置　英国スコットランド、シェトランド諸島の本島であるメーンランド島南部の西海岸

トンボロとは沈殿物が堆積して出来た短い出州で、陸地と近くの島を繋ぐもの。トンボロは、陸地の近くにある島の裏側（陸側）を波が弧を描くように流れ、近くの陸地（島の真向かいの場所）に沈殿物が堆積して形成される。そうして長い時間かけて、堆積物が徐々にトンボロを形成していく。一般的にトンボロは岸に対して直角に突き出ており、その両側に浜ができる。セントニニアンのトンボロは少なくとも1000年は経過しているが、このような長期にわたって存在しているのは、砂の下に石の「土台」があるためと考えられる。このトンボロは、嵐の時には破壊的な波の作用を受けて低く細くなる。他方、穏やかな気候の時は、波が沖合や沿岸から砂を運び、再びしっかりとした砂州を形成する。トンボロを形成する堆積物は陸地、島、海底から運ばれる物、あるいはそれらの混合物から成る。科学者の推論では、陸地の岸から島の距離と海岸方向の島の長さの比率が2:3より小さい場合にトンボロが形成される（セントニニアン島の場合海岸からの距離は、その長さの約3分の1）。比率が1:5より大きい場合、島に向かってかなり広がって砂嘴ができる。

細い通路

細長い砂地のトンボロが前景のシェトランド諸島のメーンランド島からセントニニアン島へと伸びている。

北ユトランドの砂丘

種類	海岸砂丘
組成	黄砂、マラム
長さ	250km

位置 デンマーク、ユトランド半島北部から北西部にかかる海岸

デンマーク、ユトランド半島北部の海岸線は大部分が砂丘で、数千平方キロメートルに及ぶ海岸が砂丘群に覆われている。この砂丘群は、現在も「活動状態」にあり、風(漂砂)や波浪侵食によって堆積物が運ばれ、自然の作用によって海岸に沿って移動している。一部の地域で、砂が夏の別荘に多量に入って来るのを防ぐため、この砂丘移動を食い止める試みが行われてきた。しかし当初の試みは失敗に終わった。たとえば、第二次世界大戦中、砂丘に防砂柵が建てられたが、やがて砂丘はその背後に移動し、柵は海岸に取り残された。最近では、多くの砂丘領域に草や針葉樹を植栽することで固定化が実現している。

移動する砂

マラム(イネ科の植物)は、砂丘の移動防止に役立っている。

ポースカーノビーチ

種類	ポケットビーチ
組成	主に貝殻の破片から成る黄白色の砂
長さ	150m

位置 英国、イングランド南西部コーンウォール州ペンザンスの南西

ポースカーノビーチは典型的なポケットビーチで、イングランド南西部先端のランズエンド付近に位置している。あらゆるポケットビーチと同様に、2つの岬に挟まれて冬の嵐や強い潮流による侵食から砂地の入江が守られている。侵食されにくい岩が岬を形成する一方で、柔らかい岩が侵食されて磨り減った部分にポケットビーチが形成される。他の浜とは異なり、ポケットビーチは岬が沿岸漂流を阻んでいるため、近くの海岸線と砂や他の堆積物の交換はほとんど行われない。ポースカーノの海は非常に明るい青緑色で、これはおそらく主に貝殻の破片から成る砂の特質が反映されていると思われる。

花崗岩の岬

浜の両側にある岬は3億年前の花崗岩からできている。

チェジル海岸

種類	トンボロの暴風海浜
組成	火打石と燧岩(すいがん)の小石
長さ	29km

位置 イングランド南部、ドーセット州ウェイマスの西

チェジル海岸はチェジルバンクの海側に形成されている。チェジルバンクは、堆積物から成る非常に細長い土手(自然の堤防)であり、イングランド南部ドーセット海岸とポートランド島を結んでおり、土手の背後には潟湖がある。海岸と並行して走っているチェジルバンクはバリアアイランド(防波島)のようにも見えるが、陸地と島を結んでいるため、トンボラ(陸繋砂州)に分類される。チェジルバンクとその浜の形成過程に関しては議論があったが、もっとも広く受け入れられている説は、当初は沖合で形成され、それが波や潮の影響で徐々に現在の場所に移って来たというものだ。浜は大西洋および卓越風に面し南西を向いているので高波の影響を受ける。そのため暴風海浜に分類される。多くの暴風海浜がそうであるように、この浜も最大45度の急勾配を持ち、小石で構成されている。

チェジルバンク

チェジルバンクは、その全長に沿って幅約170m、高さ約15m。浜(左側)は海側にある。

発見

様々なサイズの小石

チェジルビーチの小石のサイズは、じゃがいも大のものから豆粒大のものへと徐々に変化していく。これは場所による波エネルギーの違いを示すもので、一方の端では強い波が小さめの石を沖合に押し流し、もう一方の端では弱い波が小さめの石を岸の方に運ぶ役目をする。

海洋環境

大西洋　北東部
フェレ岬

種類	砂嘴の海岸砂丘
組成	砂、草、樹木森
長さ	12km

位置　フランス南西部、ボルドーの南西アキテーヌの海岸

フランス西部の長い砂嘴の最南端にあるフェレ岬は、大西洋とアルカションラグーンを分けており、欧州の砂浜海岸で最長の230kmにも及ぶアキテーヌ海岸の見事な景観の一端を担っている。ここの特徴は、欧州でもっとも高度のある細長い砂丘群の先に砂浜の海岸がまっすぐに伸びていることだ。その砂丘群には、およそ海抜115mの欧州でもっとも高いピラ砂丘が含まれている。

主な砂丘領域の背後には樹木が茂っている。砂丘の移動を食い止めるため、18世紀に栽植したのが始まりである。残念なことに、この海岸は深刻な侵食を受けており、場所によっては毎年10m以上後退している。主な原因は過度な都市開発で、これが植物の生育を妨げているのである。

砂の山
フェレ岬の海岸が南北に伸び、淡色の砂山の背後には植物が広範に茂っている。

大西洋　東部
バンダルギン

種類	海岸砂丘、干潟
組成	黄砂
長さ	160km

位置　西アフリカ、モーリタニア海岸北西部のヌアクショットとヌアディブの間

バンダルギン国立公園は砂丘、島、浅瀬から成る広大な地帯で、モーリタニア海岸の1万2000km²以上を占める。砂丘群は主にサハラ砂漠から風で運ばれた砂で構成されており、公園の南地区に集中している。また公園には様々な植物が生育しており、フラミンゴ、ペリカン、アジサシなど多くの渡り鳥の主要な産卵地であり越冬地でもある。1987年に世界遺産に指定された。

バンダルギンの砂州

インド洋　南西部
ジェフリーズベイ

種類	緩やかな勾配の逸散型の浜
組成	砂
長さ	15km

位置　西部ポートエリザベス、ケープ州東部プロバンス、南アフリカ

ジェフリーズベイは、人気のあるサーフスポットであるとともに、岸辺に打ち上げられる無数の美しい貝殻でも有名な浜である。南アフリカの海岸線に沿って広大な浜が南東に伸びている。

ジェフリーズベイはサーフィンのメッカとして、「完璧な波」を求めるサーファーたちの選ぶ世界トップ5ビーチに常に入っている。ジェフリーズベイのもっとも有名なサーフポイントは、「スーパーチューブス」という名前で知られている。ここでは、波が砕ける時に海岸線の形、海底地形、波の伝播方向などが絡み合って巨大な鏡のように光る筒状の波が発生する。こうしたポイントに現れる波は、1回のライディングで熟練サーファーを岸沿いに数百メートルも運ぶものもある。このサーファーを魅了する波はまた、潮汐の度に種々様々な無数の貝殻を浜に打ち上げる。

貝類学者は様々な腹足類、ヒザラ貝、二枚貝など海洋生物の貝殻を400種以上特定しており、ジェフリーズベイは南アフリカで、もっとも生物学的多様性に富んだ自然の海岸地帯となっている。このほか、イルカ、クジラ、アザラシなども生息している。

人間の影響
隠れた危険

サーファーであるならば、ジェフリーズベイを含むあらゆるサーフスポットには危険があることを知っておく必要がある。もっとも危険なのは離岸流だ。波で岸に打ち上げられた大量の海水が浜の特定の場所に溜まり、速い潮流で沖へと突き抜ける。つまり、かなりの速さで浜から砕波帯を通って真っ直ぐ沖へと流れ、何も気づかずに泳いでいる人たちを沖へと流してしまうのだ。ただし、岸と並行に泳ぐことで離岸流から逃れることができる。ジェフリーズベイでは、サーファーがサメに噛まれたという報告は滅多になく、シロワニやオオワニザメに咬まれることの方が多い。

スーパーチューブスに挑む
スーパーチューブスの波の高さは3m程で、常に岸から見て右から左に波が砕ける。

浜と砂丘 | 111

インド洋　北部
アンジュナビーチ

種類　一連の内湾の浜
組成　黄砂
長さ　1.5km

位置　インド南西部、パナジ北西部のアラビア海沿岸

アンジュナビーチはインドの都市ゴアの海岸にあり、非常に有名で人気のある風光明媚な浜の1つである。この浜は波状の地形をしており、海に突き出ている露出した岩が浜を複数の部分に分割している。このような岩の露出により離岸流や逆流が弱まり、アンジュナビーチはゴアの海岸でもっとも安全な部類の海水浴場となっている。6月から9月のモンスーンの期間、浜のほとんどの砂は吹き飛ばされ、波の作用により沖合に運ばれる。しかしモンスーンの期間が過ぎると穏やかな海に戻り、再び砂を堆積する。

絵のように美しい景観
アンジュナビーチには穏やかな海と三日月形の砂浜、その背後には椰子がそよぎ、低い岩の山がある。1960年代からリゾート地としての人気が高い。

インド洋　北部
コックスバザールビーチ

種類　逸散型の単調な浜
組成　黄砂
長さ　120km

位置　バングラデシュ南東部、チッタゴンの南

コックスバザールビーチはベンガル湾北東部に細長く伸びており、世界第2位の長さを誇る自然海岸である。1位はオーストラリアのナインティマイルビーチ（112ページ参照）である。コックスバザールビーチは砂丘群に面しており、その最南端には砂嘴がある。砂丘、砂嘴、浜は波の作用によってベンガル湾からの沈殿物を堆積し、数百年かけて形成された。浜は緩やかな勾配を持ち、海水浴場やサーフスポットとしても安全である。また、巻貝の収集家にも人気がある。

コックスバザールの衛星写真

インド洋　南東部
シェルビーチ

種類　内湾の浜
組成　ザルガイの貝殻
長さ　110km

位置　西オーストラリア、パースの北西

西オーストラリアのシャーク湾にあるシェルビーチはその大半がザルガイ（二枚貝）の一種の白い貝からできている。このような浜は他に類を見ない。浜は、ラリドンバイトと呼ばれるシャーク湾の内湾にある。ザルガイがこの浜で繁殖するのは、捕食動物が海水の高塩度に適応できないためで、シェルビーチの前浜では、貝殻の層が8-9mの深さまで達し、海岸線から数百メートルまでの海底もこの貝殻で形成されている。海岸線から離れた浜の陸地側では多くの貝が互いに密着しており、それが固い大きな塊になっているところもあり、これらの塊は以前には装飾用の壁ブロック用に掘り出されていた。

シェルバンク
浜の貝の径はおよそ1cm。こうした貝がおよそ4000年以上かけて堆積され、海岸沿いに長い土手を形成している。

海岸と海辺

太平洋　南西部
ナインティマイル（90マイル）ビーチ

種類	逸散型の単調な浜
組成	黄砂
長さ	145km

位置　オーストラリア南東部、ビクトリア州メルボルンの南東

オーストラリア、ビクトリアの海岸にあるナインティマイルビーチは、分断されていない世界最長の自然ビーチと言われている。浜は南西から北東方向に伸びており、砂丘群に面している。波は通常、浜のすぐ近くで砕けるため、サーフィン向きではない。また強い離岸流が発生するため、遊泳場所としても危険である。この海岸の北東部には砂丘の背後に、ギプスランド湖群と呼ばる複数の大きな湖や浅い潟湖がある。海中は、広大な砂地が四方八方に広がり、甲殻類、ケヤリムシ類、せん孔軟体動物など種々様々な小型無脊椎動物類が生息している。

空中写真
ナインティマイルビーチはバス海峡に面しており、冬期間は強い波を受ける。

太平洋　南西部
モエラキ海岸

種類	内湾の浜
組成	黒っぽい砂と巨礫
長さ	3km

位置　ニュージーランド南東部、ダニーディンの北東

ニュージーランド南島にあるモエラキ海岸北部には、ほぼ球形の巨礫群が点在している。研究者によれば、6000年前に泥岩（海底の柔らかい堆積岩の厚い層）の中で数百万年の間に形成された鉱物の凝塊であるという。それらの泥岩が後に隆起し、浜の奥に崖が形成された。崖は少しずつ侵食されて巨礫となり、やがて分離して岸に転がり落ちた。

特大サイズの巨礫
巨礫の直径は最大2.2mで、重量が数トンあるものもある。砂に半分埋もれた石もある。

太平洋　中部
プナルウ海岸

種類	ポケットビーチ
組成	黒砂
長さ	1km

位置　ハワイ南東部、ハワイ島ナアレフの北東

ハワイ島のプナルウ海岸は急勾配のポケットビーチである。この浜で有名なのは見事な黒砂で、火山岩の一種である玄武岩の砂粒から成る。その砂は、黒玄武岩溶岩から成るこの地域の崖が波の作用を受けて形成された。ハワイの陸地の約半分がそうであるように、プナルウも世界最大のマウナロア火山の脇に位置している。その火山から出た溶岩がこの地域の景観を特徴づけている。ただし、マウナロアや近くの活火山のキラウエアから溶岩がプナルウに到達したのは数百年も前のことである。

プナルウ海岸は遊泳やシュノーケリングの地として人気がある。しかし海底にある源泉が、浜付近の海で冷水を噴射しているのがマイナス要因となっている。プナルウビーチはアオウミガメがやってくる場所としても有名である。

太平洋　北東部
コロンビアベイ

種類	内湾の浜
組成	砂利、岩
長さ	50km

位置　米国、アラスカ南部ヴァルディーズの南西

アラスカ南部の多くの浜を含め、北半球の高緯度にある浜の多くは、砂利、小さな岩、巨礫で構成されている。こうした物質は粗い氷礫土に由来する。氷礫土は、古代氷河によってその場所に運ばれた粘土、シルト、砂、砂利、岩の混合物で、氷河が融けた際にそのまま残されたものである。氷礫土は、通常、波の作用によってさらに形を変えることになる。つまり軽い物質（粘土、シルト、砂）は洗い流され、それより重い砂利や岩などが大きさによって分けられ、海岸沿いの場所にそれぞれ堆積される。またこの地域の海岸は、1964年に発生した大地震により、地面が2.4m隆起した。

浜と湾
写真の後浜部分には植物が群生しているが、1964年の地震以前は前浜だった。

黒と青
プナルウ海岸の砂はほぼ真っ黒で、太平洋の紺碧の海とのコントラストが鮮やかだ。

浜と砂丘　113

太平洋　北東部
オレゴン砂丘国定レクリエーション地域

種類	海岸砂丘
組成	黄砂、草、針葉樹
長さ	64km

位置　米国北西部、オレゴン州ポートランドの南西

オレゴン砂丘国定レクリエーション地域は北米最大の海岸砂丘地帯で、シスロー川とクーズ川に挟まれてオレゴンの海岸沿いに伸びている。砂丘は数百万年以上に及ぶ海岸侵食と風による飛砂の影響を受けて形成され、内陸に最大4km伸び、海抜150mの高さまで隆起している。乾燥帯と水域帯が交互に連続して砂丘地域全体に及んでいる。浜の近くには低い前砂丘があり、流木がマラム（イネ科の植物）で固定されている。その奥には小丘があり、そこの植物の周りには砂が堆積している。季節によって小丘の周りには海水が溜まり、浮島のように見える。小丘の奥にはさらに特徴ある地帯が続き、植物が繁茂し冬には沼地のようになる場所や、風紋が刻まれる植物の生えていない高い砂丘など多岐にわたる。この砂丘にはATV（全地形対応車）や砂丘用バギーのファンも来る。

人間の影響
砂丘の不安定化

砂丘用バギーやATVを使用すると（特に多人数でレースを行う場合）植物が傷つけられ、砂丘が風の侵食を受けやすくなり、砂丘の尾根に次々と亀裂が生じる恐れがある。砂丘を守るために、ATVの乗り入れが制限されている。

砂丘の海
砂丘の砂は風の作用を受けて波の形になり、その波頂は風向と直角になる。

太平洋　北東部
ダンジネススピット

種類	砂嘴
組成	砂
長さ	9km

位置　米国北西部、ワシントン州シアトルの北西

ダンジネススピットは、世界最長の自然の砂嘴の一つで、米国ワシントン州オリンピック半島から突き出ている。ダンジネス国立自然保護区域の一部で、幅は狭く場所によっては30m程しかない。砂嘴の見事な長さに加え、季節により風や波の方向が変化するため複雑な形状を有している。ある時季は北西から、またある時季は北東から堆積物が運ばれ、海岸に生息し営巣する多数のシギやチドリ、水鳥やアザラシなどの隠れ家を提供している。干潟は様々な貝類を育み、内湾は数種の鮭の育成場としても重要な役割を果たしている。

成長する砂嘴
砂嘴は1年間で約4.5m成長する。この砂嘴は、大きな内湾や干潟のシェルターの役目をしている。

太平洋　東部
タマリンド海岸

種類	内湾の浜
組成	黄砂
長さ	3km

位置　コスタリカ北西部、サンホセの北西

タマリンド海岸は湾曲した緩やかな勾配の砂浜である。マングローブが生い茂る河口の近くにあり、背後の森には現代的な住居が散在している。浜は太平洋に

海岸の景観
この写真で、タマリンド海岸の主要部分は遠景にある。右の浜の奥でカーブしているのは浜の奥に広がる入江の入り口。

直接面しているため、波が発達するのに必要な吹送距離（風が波を起こしながら渡っていく距離）が非常に長く、年間を通して強く押し寄せる高波があることから、サーフスポットとしても人気がある。メインビーチの北と南にも浜があり、全体がラスバウラス海洋国立公園となっている。周辺の浜は10月から3月にかけて、オサガメにとって重要な産卵地となる。

河口域と潟湖

河口域と潟湖は、どちらも完全には閉じていない沿岸部の水域を意味する。一般的に、河口域は外洋につながっているが、1本または複数の河川から大量の淡水が流れ込んでいる。この淡水は海水と混ざり合うが、その割合は河川からの淡水の量と潮汐によって様々に異なる。多くの河口域は海に注ぐ大きな河川の終端に形成され、潮汐の影響を受ける。沿岸潟湖は、一般的に1本または複数の細い水路によってのみ海とつながっており、その水路を海水が出入りする。

河口域の形式

河口域の形成のされ方には大きく4種類ある。その1つは、海面が上昇し、海岸平野にすでに存在していた川谷が水没する場合で、米国にあるチェサピーク湾などが該当する。2つ目は、海面が上昇して、氷河によって侵食された谷が水没するとフィヨルドを形成する場合。フィヨルドはほかの形式の河口域に比べて深いが、河口部にあって海水の流入を部分的に妨げるシル(板状岩)は浅い。3つ目は、潮流や川によって運ばれた砂礫が、湾の開口端に砂嘴や砂州を形成するなど(93ページ参照)、沿岸部の波の作用で河口域ができる場合。最後に、地殻にある構造断層の動きで河口域が形成される場合である。

水系の水没

氷河が侵食してできた谷の水没

湾を横切る砂嘴

コンゴ川の河口域
この河口域は川谷の水没によって形成されたもので、水の放出量では世界第2位(第1位はアマゾン川)である。

形成過程
海面の上昇によって、川谷の海側の終端が水没する(上図)か、氷河によって侵食された谷に海水が入り込んでフィヨルドとなる(中図)、あるいは砂嘴が湾を横切るように伸びる(下図)ことで河口域が形成される。

河口域の種類

河口域の種類は、その河口域での淡水と海水の混ざり方によって分類される。河川からの流入が大きい場合は、一般的に混ざり合いはごく少ない。密度の高い海水の上に、海水よりも密度が低い淡水が流れると、海水は河口域の底にくさび形に入り込む。これが塩水くさび(河川優勢)の河口域である。一方、部分混合および完全混合(潮汐優勢)の河口域では、かなりの混ざり合いが起こり、乱流が発生して淡水中の塩分が上昇する。いずれの場合も、潮汐の影響による海水の強い流入によってバランスが保たれている。こうした海水の流入によって、沖合から堆積物が運び込まれ、河口域の中で泥として沈殿する。

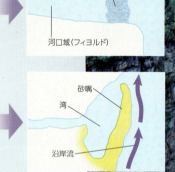

塩水くさびの河口域
塩水くさびの河口域(左図)では、淡水の河川の強い流れがくさび形の海水の上にあり、2つの層はほとんど混ざり合わない。

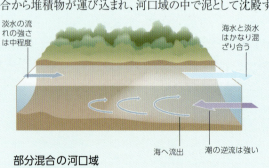

部分混合の河口域
この種の河口域では、淡水と海水が大量に混ざり合う。下流の全域において、深いところほど塩分濃度は高い。

完全混合の河口域
完全混合(潮汐優勢)の河口域では、淡水と海水が垂直方向によく混ざり合うが、水平方向には塩分濃度の差が見られる。

河口域と潟湖
115

氷河による侵食
フィヨルドは、もともと氷河が削り取ってできた深い谷が、海の中に沈降して形成された河口域である。ノルウェーにあるガイランゲルフィヨルドは、長さ20kmで、高さは200mに達する。

河口域の環境

河口域は独特の沿岸環境である。一般的に長い漏斗状で、潮は満ちてくるというよりは流れ込んできて強い流れを作る。時として、潮津波と呼ばれる壁状の波となることもある。また、強い堆積作用によって泥が蓄積するため、干潟や塩性沼沢（124-125ページ参照）のほか、熱帯ではマングローブ湿地（130-131ページ参照）が形成される。潮汐と流れの影響があり、濁りが大きいため植物の光合成が弱いことに加えて、塩分濃度と温度の変動があるにもかかわらず、多くの河口域は生物学的に非常に豊かである。これは、河川の水の栄養が豊富であるほか、河口域の水に十分な酸素が含まれているためである。河口域での生活に対応できる生物は貝などに限られているが、一般的に個体数は非常に多い。

ヨーロッパヒラガキ

豊かな食料源
河口域には、堆積した泥の中に小さな生物（虫やエビなど）が多く集まっているため、シギやチドリなどの鳥が集まってくる。この写真は、餌を求めてイギリスのテムズ川の河口域に集まったタゲリやシラサギ。

河口域の住人
さまざまな種類のヒトデが河口域の環境に適応しており、貝や甲殻類、虫などを食べている。このヒトデは、フランスのブルターニュ地方にある河口域に生息している。

潟湖

潟湖(せきこ)は世界各地に見られる。これは、サンゴ環礁の中央にできる礁湖（152ページ参照）とは異なる。潟湖のほとんどは河口域よりも穏やかで、一般的に河口域より浅く、潮路で海とつながっている。通常は淡水が潟湖に流れ込むことはないが、一部の潟湖では河川から大量の水が入り込む。そのため、海水の潟湖のほかに、汽水、あるいはほとんど淡水の潟湖もある。

　高温気候下では蒸発損失が大きいため、高塩状態（海水よりも塩分濃度が高い状態）になることがある。一部の潟湖では汚染が深刻であるが、きれいな潟湖には魚類や甲殻類などの海洋生物が豊富に生息し、シギ・チドリ類が大挙して集まってくることが多い。また、ウミガメやクジラの餌場、あるいは繁殖地となっていることもある。

潟湖と水路
マタゴーダ湾は、米国テキサス州の海岸にある潟湖で、長い半島によってメキシコ湾と隔てられている。潟湖の南西端近くにある2本の水路がメキシコ湾とつながる。

海洋環境

大西洋 北西部
セントローレンス川河口域

種類 塩水くさび(河川優勢)の河口域
面積 約2万5000km²

位置 カナダ東部ケベック州

セントローレンス川の河口域は世界最大級の大きさである。長さは約800kmで、毎秒1200万lの水をセントローレンス湾に注いでいる。海洋生物も豊富である。川幅の広い中流と下流では、冷たいラブラドル海流が、水面下300mのところを河口の本流とは逆向きに流れている。河口域から分岐するフィヨルドの河口近くのある区域では、ラブラドル海流の栄養分に富んだ水が急激に上昇し、上層の暖かい水と混ざり合う。こうした栄養分の湧昇によってプランクトンが成長し、多くの種の魚や鳥から、数少ないシロイルカにまでつながる食物連鎖の基盤となっている。

冬の様子
冬になると、河口域の多くは氷で覆われる。日の出直後の干潮時には、広々と続く河口域を見ることができる。

大西洋 北西部
チェサピーク湾

種類 部分混合の河口域
面積 8200km²

位置 米国メリーランド州とバージニア州東部の一部に囲まれた地域

チェサピーク湾は米国最大の河口域である。本流にはサスケハナ川が流れ込んでおり、その長さは300km以上に達する。支流の河口域も多数あり、150以上の河川や小川が流れ出している。この水域は過去1万5000年にわたり、海面の上昇によって、サスケハナ川とその支流の谷が水没して形成された。かつてはカキやアサリ、カニなどの魚介類で有名だったが、現在の漁獲量は以前に比べるとはるかに減少している。それでも米国にある他のどの河口域よりも、魚類や甲殻類の漁獲量は多い。一方、工業廃棄物や農業廃棄物の流入のため、アオコが頻繁に発生し、海底への日光が遮られる。この結果、植物が生育しなくなるため一部の領域では酸素濃度が低下し、動物の生態に深刻な影響を与えている。

ベイブリッジ
湾の北部にある大きな橋が、メリーランド州の田園地域である東岸と、都市部の西岸を結んでいる。

発見
衝突クレーター
1990年代、チェサピーク湾の海底の掘削によって、湾の南部で幅85kmに及ぶ隕石衝突クレーターが発見された。このクレーターは3500万年前のもので、現在の河口域を形成する要因となった。

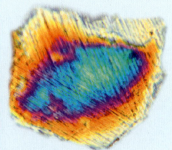

衝撃石英
クレーターであることの証拠の1つは、衝撃石英の粒子の発見である。衝撃石英は、強い圧力によって石英の結晶構造が変化して形成される。

デルタを流れる本流

大西洋 西部
ミシシッピ川河口域

種類 塩水くさび(河川優勢)の河口域
面積 60km²

位置 米国ルイジアナ州南東部、ミシシッピデルタの南東

ミシシッピ川の河口域は長さ約50kmで、ミシシッピ川が海に出る最後の場所に位置する。ミシシッピ川は、それ自身のデルタの中を流れている。河口域は本流といくつかの支流で構成されており、合計で毎秒約1800万lの水をメキシコ湾に注いでいる。本流は典型的な塩水くさびの河口域で、表層の水はほとんど塩分を含まず、塩水くさびの上を流れる。この塩水くさびは、河口から上流に向かい数kmの範囲の河床に広がっている。

大西洋 西部
マドレ潟

種類 高塩性の潟湖
面積 3660km²
位置 米国テキサス州南部からメキシコ北東部にかけてのメキシコ湾岸

マドレ潟は、メキシコ湾岸沿いに約456km続く2つの異なる部分にある浅い潟湖である。テキサス州に属するマドレ潟の北部は、パドレ島という細長い砂州島によってメキシコ湾と隔てられている。メキシコに属する南部も、同様に砂州島でメキシコ湾と切り離されている。潟湖全体は、数か所の細い水路によってのみメキシコ湾とつながっており、ほとんどの場所で水深は1m未満である。川の水が流れ込んでいないことに加え、気温が高く乾燥した地域で蒸発率が高いため、塩分濃度は海水よりも高い。潟湖の保全をおびやかすものには、浚渫、魚類や藻類の乱獲が含まれる。

タイセイヨウアカウオのフライフィッシング

マドレ潟でマスやタイセイヨウアカウオをフライフィッシングで釣るための許可証の販売が、潟の水質や野生生物の保護のための資金になっている。

大西洋 南西部
パトス湖

種類 潮汐で形成された潟湖
面積 1万km²
位置 ブラジル南部、ポルトアレグレの南

パトス湖(「カモの潟湖」の意)は、世界最大の沿岸潟湖である。パトス湖という名前は、16世紀に、その沿岸で水鳥を飼育していたイエズス会の開拓者によって名付けられたといわれている。浅く干満のある水域で、長さは250km、幅は最大56kmに及ぶ。大西洋とは砂州で隔てられており、南端の短く狭い水路が大西洋とつながっている。この水路からは大量の沈殿物が大西洋に流れ込んでいる。海洋生物はこの水路を使って潟湖に出入りしており、春から夏にかけては潟湖内にウミガメが見られる。

北端では、ジャクイ川および3本の小さな河川の合流で形成されたグアイバ河口から、淡水がパトス湖に流れ込んでいる。湖の内側には、沿岸に沿って波状に「とがった」独特の地形が多数見られる。これは、潮汐作用と風によって運ばれた沈殿物の堆積と侵食によって形成されたものである。塩分濃度には変化があり、雨量の多い時期にはほとんど淡水であるが、渇水期になると南端には大量の海水が浸入してくる。パトス湖はブラジルでもっとも重要な漁場であるが、近年、水質汚染が著しい。

2つの潟湖

パトス湖は、この航空写真の中央の白っぽい部分である。その下の黒っぽい部分はミリム湖である。

大西洋　南西部
アマゾン川河口域

種類　塩水くさび（河川優勢）の河口域
面積　約2万km²

位置　ブラジル北部

アマゾン川の河口域は、河口から内陸へ300km入ったところから、マカパの街の南西の範囲にまで広がる。幅は25km-300kmとさまざまで、一部には森林で覆われた低地の島が多数存在する。

平均で毎秒2億lの水を大西洋に注いでおり、その放出量は群を抜いて世界最大である。この圧倒的な放出量は、ほかの多くの河口域とは異なり、海水がほとんど入ってこないことを意味する。そのため、川が放出した水と海水が混ざり合う場所は、主として河口域の外で、大陸棚の上の領域である。海水の浸入が比較的に少ないにも関わらず、河口域全体が1日2回の潮の干満の大きな影響を受け、河口域の中にある島の多くが（川の水によって）浸水する。

マラジョ島
アマゾン川の河口域は巨大なため、河口域の中にある最大の島で森林で覆われたマラジョ島は、その島独自の水系を持っている。

人間との関わり
ポロロッカサーフィン
ブラジル北部の川の河口域のいくつかでは、春の大潮のときに、地元でポロロッカと呼ばれる潮津波が発生する。こうした潮津波の一部は高さ3mにも達し、数kmにわたってサーフィンをすることができる。しかし、その水が通り抜けるところには、危険なヘビや魚、ワニがいるため非常に無謀な冒険である。

大西洋　南西部
リバープレート

種類　塩水くさび（河川優勢）の河口域
面積　3万5000km²

位置　アルゼンチンとウルグアイの国境、ブエノスアイレスの東、モンテビデオの南西

リバープレート（ラプラタ川）は、川ではなく、ウルグアイとパラナの河川の合流によって形成された、大きな漏斗状の河口域である。これらの川とその支流の流域は南アメリカの5分の1を占める。河口の長さは290km、幅は220kmで、毎秒2500万lの水を大西洋に注いでいる。河口域には、この膨大な量の水とともに、河川から1年間に約5700万m³の沈泥が入り込んでくる。この泥は巨大な浅瀬に堆積するため、河口域のほとんどの場所の水深は3m以下である。そのため、河口域の先端近くに位置するブエノスアイレスの港や、河口に近いモンテビデオの港への、水深の深い水路を維持するには、常に浚渫を行う必要がある。表層の塩分濃度は連続的に変化しており、上流部分ではゼロに近く、河口付近では海水の平均塩分濃度よりもわずかに低い値を示す。深層では、塩水くさびが河口域の奥深くまで侵入している。生物学的には非常に豊かで、毎年大量のプランクトンが発生し、多数の魚と、海底に密集している貝の生活を支えている。またリバープレートは、長いくちばしを持ち絶滅に瀕しているラプラタカワイルカの生息地でもある。

衛星写真
河川水の本流が、河口域の底の堆積物の上を流れる様子が見える。左上はパラナ川、中央上はウルグアイ川。

大西洋　北東部

クルシュー潟

種類 淡水の潟湖

面積 1580km²

位置 リトアニアとカリーニングラード州(ロシア領)にまたがるバルト海沿岸

クルシュー潟は、バルト海の南東端に位置する干満のない潟湖で、平均の水深は3.8mしかない。ネマン川が北部(リトアニア)に流れ込み、水は細い水路であるクライペダ海峡からバルト海に注がれる。潟湖のほとんどは淡水であるが、嵐の後は北部にクライペダ海峡から海水が浸入することもある。過去には、下水や工場廃水による汚染が深刻だったが、現在は問題の解決に向けてさまざまな試みがなされている。

バルト海とは、長さ98kmの細く湾曲したクルシュー砂州で隔てられている。クルシュー砂州は松林と、移動するバルハン(三日月型の砂丘)で有名である。バルハンの中には、高さ60mに達し、砂州に沿って31km伸びるものもある。砂州の砂浜は、潟湖や松林の眺望、バルハンとともに観光名所となっており、2000年には砂州全体がユネスコの世界遺産に指定された。

砂丘と潟湖

潟湖の北部にあるこの静かな一角の背後には、クルシュー砂州の高い砂丘がある。渡り鳥は、この潟湖と近くのネマンデルタを重要な休憩場所として利用している。

リーズ島

河口域の上流部にある低地の島で、ソリハシセイタカシギなどの珍しい鳥の繁殖地となっており、自然保護区として管理されている。この写真は下流に向かって撮影されたもの。

大西洋　北東部

ハンバー川河口域

種類 完全混合(潮汐優勢)の河口域

面積 約200km²

位置 イギリスのイングランド東部、キングストン・アポン・ハルの南東および西

大ブリテン島の東海岸で最大の河口域で、ウーズ川とトレント川の合流によって形成されている。毎秒約25万lの水を北海に注いでおり、これは北海に流れ込むイギリスの河川の中で最大である。海面が現在よりもはるかに低かった最終氷河期の終わりごろには、ハンバー川は、現在の海岸線よりも最大で50km先で海に出ていた。

毎年約10万m³の堆積物が、主に沖から潮汐作用によって運ばれ河口域に沈殿する。この堆積物によって浅瀬が移動し、船舶の航行の妨げになることがある。河口域の潮間帯地域には豊かな生態系があり、多種多様な軟体動物や虫類、甲殻類、無脊椎動物の生活を支えている。また、ここではハイイロアザラシの群れが見られるほか、毎年多数のヤツメウナギが通過する。

大西洋　北東部

ハルダンゲル湾

種類 強成層型の河口域、フィヨルド

面積 約750km²

位置 ノルウェー南西部、ベルゲンの南東

ノルウェーにあるハルダンゲル湾は、ほかのフィヨルドと同じように、一般的な海岸平野の河口域よりもはるかに深く、その高さは最大で800mに達する。河口域の長さは183kmで、世界第3位のフィヨルドである。形成されたのは約1万年前で、

フィヨルドの上流

フィヨルド上流の細い部分には、高さ182mのヴォーリングスフォッセンなど、いくつかの壮大な滝から水が流れ込んでいる。

この地域の谷をU字型に削り取って塞いでいた大きな氷河が融けて後退しはじめ、その結果海水が谷に入り込んでフィヨルドとなった。現在でも、溶けた氷河から大量の淡水がフィヨルドに流れ込んでいる。湾はほぼ全域で、満ち潮の時にフィヨルド内に流れ込む海水の下層と、引き潮の時に海に向かって流れる淡水の上層に分かれている。

大西洋　北東部

スケルト川河口域東部

種類 かつては河口だったが、現在は入海

面積 365km²

位置 オランダ南西部、ロッテルダムの南西

スケルト川河口域東部は、潮汐の影響を受ける長さ40kmの水域で、塩分濃度は海水に近い。1980年代後半からは、ダムによってスケルト川からの淡水の流入が断たれたため、河口ではなく入海に分類されることになった。

この地域には、海水による洪水の対策として暴風雨関門が設置されている(104ページ参照)。当初この関門は、海水を一切侵入させない固定堰になる予定だったが、そのような堰では河口域の塩分濃度が次第に低下し、動植物に悪影響を与える恐れが生じた。特に、この地域で大規模に行われているイガイやカキの養殖を不可能にしたり、鳥の重要な生息地となっている干潟や塩性沼沢を破壊したりすることが懸念された。そこでオランダ政府は可動堰の設置を決定し、1986年に完工した。

暴風雨関門

通常は水門が開いており、潮汐によってスケルト川河口域東部へ海水が出入りできる。1年間に2回程度、暴風雨の際には水門が下げられる。

大西洋　北東部

ジロンド川河口域

種類　完全混合（潮汐優勢）の河口域

面積　約500km²

位置　フランス西部、ボルドーの北

ジロンド川の河口域は、ガロンヌ川とドルドーニュ川の合流で形成されており、長さは約80km、幅は最大11kmで、ヨーロッパ最大の河口域である。大西洋への放水量は、平均で毎秒100万lに達する。潮差が大きく、大潮のときは最大5mで、河口域内の潮流も強く、また砂堆も多数あるため、航海が困難になることが多い。ジロンド川のもっとも印象的な特徴は、地元でマスカレと呼ばれる潮津波で、上げ潮の先端が大きな壁のような波になる。これは大潮の満潮のたびに（つまり、2週間ごとに数日間、1日2回）発生し、ジロンド川の上流から、さらに細い支流にまで押し寄せる。ガロンヌ川では、マスカレによって高さ1.5mに達する巻波が発生することがある。この巻波は、砕けて再び巻波となることが多い。

ジロンド川はボルドーワインの地域にとって、重要な交通の幹線であるとともに、ウナギやさまざまな甲殻類の豊かな供給源で、地元のレストランのメニューの目玉となっている。かつては河口域内に野生のチョウザメ（チョウザメの卵がキャビア）も豊富に生息していたが、乱獲によって減少してしまい、現在ではわずかに養殖が続けられている。

マスカレ
ジロンド川の潮津波であるマスカレがドルドーニュ川に到達すると、連続する波に変化し、上流に向かって最大で30km遡ることもある。

大西洋　東部

ベネタ潟

種類　海水の沿岸潟湖

面積　550km²

位置　イタリア北東部のアドリア海沿岸

ベネタ潟は、アドリア海北部に位置する、非常に浅い三日月型の沿岸潟湖である。イタリア最大の湿地帯で、地中海沿岸の重要な生態系が見られる。潟内には、中心部にあるベネツィアのほかに多くの島があり、そのほとんどはかつて湿地だったが、現在は干拓が進んでいる。水深は平均で70cmしかないため、潟を横断するほとんどの船は、浚渫された航行水路のみを通行する。また、面積の5分の4は塩性沼沢と干潟である。河川からの淡水と海水の両方が流れ込んでおり、潮の干満の差は最大1mである。大潮のとき、ベネツィアはしばしば洪水に見舞われる（90ページ参照）。この対策のための土木工事は2016年に完了する予定になっている。地盤沈下と海面上昇によって、ベネツィアの街と、この街にある重要美術品は重大な危機を迎えている。潟には、多種多様な魚類（カタクチイワシやウナギ、ボラ、スズキなど）や無脊椎動物などの海洋生物が生息している。また多くの無人島は、海鳥や水鳥、シギ・チドリ類の繁殖地となっている。

水上の宝石
この写真は国際宇宙ステーションから撮影したもので、中央の魚のような形をした島がベネツィアの本島である。その下は、潟湖を形成する3つの砂州島のうちの1つ。

ジェームス島

大西洋　東部

ガンビア川河口域

種類　塩水くさび（河川優勢）の河口域

面積　約1000km²

位置　西アフリカのガンビア、バンジュルの東

ガンビア川の河口域は、西アフリカを1130kmに渡って流れるガンビア川の西半分に広がる。河口域全域が潮汐の影響を受けており、雨期には毎秒約200万lの水を大西洋へ注ぎ込むが、乾期にはわずか毎秒2000lに減少する。そこにはバラクーダやナマズ、小エビを含む豊富な魚介類が生息する。かつて奴隷交易所であった河口から約30kmのクンタキンテ島（ジェームス島）は、現在ユネスコの世界遺産に指定されている。

大西洋 東部
エブリエ潟湖

種類	塩分濃度が変化する沿岸潟湖
面積	520km²

位置 西アフリカ象牙海岸、アビジャンの西

エブリエ潟湖は、西アフリカの象牙海岸に3つ並ぶ細長い潟湖のうちの1つである。長さは120km、平均の幅は4kmで、西アフリカでは最大である。水深は平均で5m。潟湖の東端近くにある細い人工の水路によっ

ティアバ集落

エブリエ潟湖内の小さな島の周縁部にあるティアバ集落では、建物が木杭の上に建築されている。

て大西洋とつながっている。この水路はブリディ運河と呼ばれ、1951年に開通した。

象牙海岸で最大の都市アビジャンは、潟湖の東部のいくつかの合体した半島と島で構成されている。そのほか、エブリエ潟湖には、ダブーの街やティアバの村（下の写真）などがある。淡水を主に供給しているのはコモエ川である。冬には潟湖の塩分濃度は上昇するが、夏の雨の多い時期には淡水になる。ここ数年、ゴミの廃棄と近隣の都市部からの未処理の工場排水や下水が流れ込んでいるため、潟湖の汚染レベルは高い。

インド洋 北部
ケララの河口域

種類	連続する塩水性沿岸潟湖
面積	約1000km²

位置 インド南西部、ケララ州コーチンの南東

インド南部にあるケララの河口域は、潟湖と小さな湖が長さ1500kmの運河でつながった迷路のようになっている。周囲の丘から流れ込んでくる多くの河川の

ベンバナード湖

ケララの沿岸潟湖で最大のベンバナード湖は、ラムサール条約に基づき、国際的に重要な湿地に指定されている。

河口を横切るように形成された、低い砂州島と砂嘴によって海と隔てられている。夏のモンスーンの雨期には、潟湖があふれて堆積物が海に放出されるが、雨期の終わりになると海水が潟湖内に押し寄せてきて塩分濃度が変化する。カニやカエル、カワウソ、カメなどの水生生物は、この季節変動にうまく適応している。

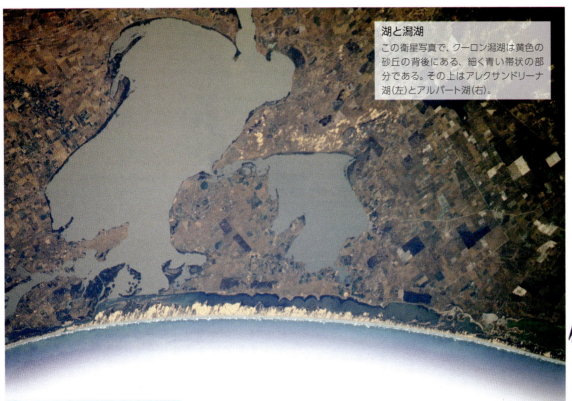

湖と潟湖
この衛星写真で、クーロン潟湖は黄色の砂丘の背後にある、細く青い帯状の部分である。その上はアレクサンドリーナ湖（左）とアルバート湖（右）。

インド洋 南東部
クーロン潟湖

種類	塩水性沿岸潟湖
面積	200km²

位置 南オーストラリア南東海岸、アデレードの南東

クーロン潟湖は、南オーストラリアの海岸の近くに位置する湿地帯である。ハクチョウからペリカン、アヒル、ツル、トキ、アジサシ、ガン、さらにイソシギやセイタカシギなどのシギ類まで、鳥類の安息地として知られている。潟湖は、砂丘とわずかな植物で覆われた細い砂嘴であるヤングハズバンド半島でグレートオーストラリアン湾（インド洋の地域と考えられている）と隔てられている。潟湖の長さは約150kmで、幅は5kmからわずか100mまでさまざまである。北西部には、オーストラリア最大の河川であるマレー川が、アレクサンドリーナ湖を通り抜けたあとで流れ込んでいる。この地域はマレー河口と呼ばれ、河川と潟湖の両方が海とつ

ながっており、クーロン潟湖には淡水と海水の両方が流れ込む。かつて潟湖はアレクサンドリーナ湖と何の隔たりもなくつながっていたため、潟湖には現在よりもはるかに多くの淡水が流れ込んでいた。しかし1940年に、アレクサンドリーナ湖とマレー川の下流への海水の侵入を防ぐため、潟湖と湖の間に堰が建設された。

クーロン潟湖の塩分濃度は、蒸発損失のため、海からの距離が離れるにつれて自然に高くなる。しかし、堰の建設と、灌漑事業による水の採取によって、マレー川からの淡水の流入が減少したため、潟湖全体で以前よりも塩分濃度が徐々に高くなっている。これが潟湖の生態系に悪影響を与え、植物や魚類の種類は絶滅ないし減少し、渡り鳥の数も減っている。さらに、マレー川からの水の流入の減少によって、最終的に潟湖と海をつなぐ水路が閉じてしまえば魚類などが海と潟湖の間を移動できなくなる。

ペリカンの減少

クーロン潟湖には、オーストラリアペリカンの大規模な繁殖コロニーがある。ペリカンは潟湖中央の一連の島に生息している。しかし1980年代以降、マレー川からクーロン潟湖への淡水の流入が減少したため、ペリカンの数が非常に少なくなってきている。淡水の流入減少によって引き起こされた潟湖の塩分濃度の上昇が、食物連鎖の重要な部分である水生植物の生育を阻害している。

オーストラリアペリカン
このペリカンは世界に7種類いるペリカンの1種で、オーストラリアに広く分布し、淡水、汽水、海水の湿地に生息する。

インド洋 西部

スペンサー湾北部の河口域

種類　インヴァースエスチュアリ

面積　約5000km²

位置　南オーストラリア、アデレードの北西

オーストラリアのスペンサー湾北部にある河口域は、塩分の分布と水の循環のパターンが特殊なため、インヴァースエスチュアリ（塩分濃度が逆転している河口域）に分類されている。通常のパターンと逆で、この河口域の水は、湾の入り口から離れて奥にいくほど塩分が高くなる。これは、湾の奥が熱い砂漠に囲まれており、河川から流入するよりも多くの水が蒸発して失われるためである。

奥の深い湾

この衛星写真で、くさび形の湾入の大きい方がスペンサー湾である。湾の奥の周りにある砂漠が、河口域の特殊な循環パターンを作り出している。

太平洋 西部

珠江河口域

種類　塩水くさび（河川優勢）の河口域

面積　1200km²

位置　中国南東部広東省、香港の北西

珠江の河口域は鐘型で、中国広東省南部の複雑な水系の通称である珠江からの水が流れ込んでいる。長さは約60kmで、幅は河口域の先端で20km、先端から次第に広がって河口域の入り口で約50kmである。河口域の北と西には、西江および珠江水系のほかの河川の合流によって形成されたデルタが広がる。これらの河川は、合計で平均して毎秒1000万lの水を南シナ海に注いでいる。水深はほとんどの場所で9m以下だが、それよりも深く浚渫された水路が何本かある。潮の干満の差は1-2mである。もっとも人口の密集した地域からの水が流れ込むため、下水や産業廃水による汚染が深刻である。毎年約5億6000万tの一般廃棄物と、20億tの産業廃水が河口域内に流れ込んでいる。過去20年間に、こうした汚染によってアオコが頻繁に発生し、地元の漁業や養殖業が脅かされている。また、この河口域に生息する1400頭のシナウスイロイルカに対しても脅威である。

広州

かつて広東として知られた、この大規模で活気のある港湾都市は、珠江の河口域が北に伸びている場所に位置する。

太平洋 西部

長江河口域

種類　部分混合の河口域

面積　2500km²

位置　中国東部、上海の北西

長江の河口域は、長江（揚子江）の下流で、潮汐の影響を受ける地域である。長江はアジアで最長、世界では第3位の長さを誇る。河口域は河川全体の長さ6300kmのうちの700kmを占める。河口近くで3つの河川と多数の小川に分岐してデルタを流れている。この地域では、沈泥の堆積によって新しい陸地が次々に誕生して農業が行われている。

河口域は平均して毎秒3000万リットルの水を東シナ海に注いでいる。平均の水深は7mで、河口付近での潮の干満の差は2.7mである。多数の魚類と鳥類が生息しているが、過去20年間で、乱獲と汚染のため水産資源が減少してきている。河口域の水は季節によって淡水、汽水、海水と変化する。

冬には海水が上流のかなり深くまで侵入するため、飲料水や灌漑用水には適さなくなる。最近では、河川の流量の減少によって、こうした海水の浸入がより頻繁に発生するようになった。流量の減少に拍車をかけているのは、上流で進められている三峡ダム事業と考えられる。水の減少は、河口域の南側に位置する上海の水不足をさらに深刻にするほか、河口域周辺での汚染物質の拡散と希釈にも影響を与える可能性がある。

上海長江大橋
長江河口域の河口近くにかかるこの橋は長さ10kmで、2009年に開通した。

太平洋 南西部
ダウトフルサウンド

種類　強成層型の河口域、フィヨルド
面積　70km²

位置　ニュージーランド南島の南西部、ダニーディンの西

ダウトフルサウンドは、ニュージーランド南島の景勝地に14ある、1万5000年前に形成されたフィヨルドのうちの1つである。長さは約40kmでタスマン海に通じており、険しい崖に囲まれている。雨期になると、こうした崖に数百もの小さな滝が流れる。地名の由来は、イギリス人の探検家ジェームズ・クック(1728-79)が、ニュージーランドへの最初の航海をした1770年に遡る。クックは、このフィヨルドに入ってしまうと、再び出帆することができないのではないかと疑い、ダウトフル(疑惑のある)湾と名付けた。ダウトフルサウンドの長さはニュージーランドで第2位、深さは第1位で、水深は最大421mである。淡水は、河口域の先端にある水力発電所のほか、年間6000mmに及ぶ莫大な降雨によって供給される。ほかのフィヨルドと同様に、上層の数mは淡水で、その下にははるかに密度が高く、低温で塩分濃度の高い層がある。この2つの層が混ざり合うことはほとんどない。ここにはバンドウイルカやニュージーランドオットセイのほか多種多様な生物が生息している。

河口域の風景
これはダウトフルサウンドの先端から外洋に向かう方向を見た風景である。

太平洋 北東部
サンフランシスコ湾

種類　地殻変動で形成された部分混合の河口域
面積　4160km²

位置　米国西部、カリフォルニア中央

サンフランシスコ湾は北アメリカ西岸で最大の河口域で、四つの湾が相互接続して構成されている。その1つであるサスーン湾には、カリフォルニアの陸地の約40%から集まった淡水が流れ込む。この水は続いてサンパブロ湾に流れ、さらにセントラル湾に注ぎ、そこで太平洋からゴールデンゲート海峡を通って下層に入り込んできた海水と混ざり合う。セントラル湾から、最大の水域である南サンフランシスコ湾に淡水が流れ込むことはほとんどないが、太平洋には表層に汽水が流出している。サンフランシスコ湾は地殻変動によって形成された。つまり、地殻の中の断層の動きが作り上げた地形である。サンフランシスコ湾の地域にはこうした断層がいくつもあり、サンアンドレアス断層が有名である。

サンフランシスコ湾は生態学的に重要な生息環境であるが、人間の活動により、過去150年間で、湾の周囲の湿地は90%消失し、淡水の流入も大幅に減少したほか、下水や廃水によって汚染も進んだ。

オークランドベイブリッジ
湾を横切る5つの橋のうちの1つである、サンフランシスコ～オークランド間のベイブリッジの下半分が濃い霧に包まれている。

太平洋 東部
サンイグナシオ潟

種類　高塩性の潟湖
面積　360km²

位置　メキシコのメヒカリの南東、バハカリフォルニア半島の太平洋岸

サンイグナシオ潟は、メキシコの北西部に位置する沿岸潟湖で、コククジラの保護区および繁殖地としてよく知られている。中南米で最大の野生生物保護区で、絶滅の危機にある4種類のウミガメの生息地としても重要である。潟湖の長さは40km、幅は平均で9kmあり、淡水は時々浸入するのみで、蒸発損失は大きい。そのため塩分濃度は、外洋につながっている河口域の入り口に比べて奥のほうがかなり高い。この地域における、ホエールウォッチング以外の主な人的活動は、小規模な漁業とカキの養殖である。

潟湖の海辺
砂漠の低木が続く風景に囲まれたサンイグナシオ潟の海岸で波が砕けている。

人間との関わり
ホエールウォッチング

サンイグナシオ潟は、ホエールウォッチングが可能な場所として人気がある。ここでは1月から3月にかけて多数のコククジラが見られ、ボートに接近してくることもよくある。コククジラは潟湖の上流域を出産に利用し、下流域はオスとメスがそれぞれのパートナーを探す場所として利用している。また、メスは潟湖の中流域で子どもと共に泳ぐ。

塩性湿地と干潟

塩性湿地は海岸でも植物が生えている部分で、満潮時には一部が、大潮の際には全体が冠水する。多くの場合、塩性湿地の周囲には干潟が存在する。干潟は泥または砂が広がる土地で、その大部分には植物が生えておらず、干潮時には露出するが、潮が満ちると海水に覆われる。塩性湿地と干潟は、腐食した動植物から生じる大量の有機物の宝庫である。これが広範な食物連鎖の基盤となっている。

形成と特徴

干潟は、河口や陸に囲まれた湾など、波から守られた低エネルギー海岸に現れる。そこでは、水中を運ばれてきた土砂が沈殿し堆積する。大規模な干潟は干満の差が大きい地域に形成される。干潟は砂（砂干潟）または泥（泥干潟）、もしくは砂と泥の混合物で構成される。泥干潟は死滅した有機体の腐食物を砂干潟より高濃度に含み、これは塩性湿地が発達する第1段階ともなる。塩性湿地は泥干潟の陸地側に発達する。様々な耐塩性の植物が育つにつれ、こうした植物の根が堆積物を捕らえ、泥を定着させる。

干潟に植物が生え始めると、多種多様な植物が根づく。こうして誕生する塩性湿地には、曲がりくねった水路で区切られた、丈の低い植物に覆われた平らな泥地が散在する。

分布
塩性湿地と干潟の分布は、北緯32°以北と南緯38°以南に限られる。これより赤道に近い地域では代わりにマングローブ湿地が見られる。

海岸の地形
塩性湿地は一般に、砂州や防波島によって波から守られた海岸の潟湖、河口域や入江に発達する。海水、プランクトン、栄養物、土砂、および植物の残骸が、水路を通って湿地の内外に運ばれる。

凡例
- 塩性湿地
- 干潟

ファンディ湾
カナダのファンディ湾の小さな入江。背景には塩性湿地が見える。前景は泥と砂礫からなる広い潮間帯。

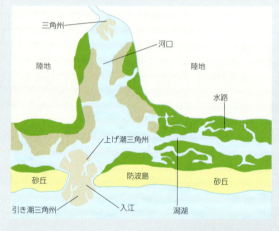

塩性湿地の区分と発達

塩性湿地は主に2つの部分に分けられる。満潮の度に冠水する低湿地と、時折しか海水に覆われない高湿地である。どちらの湿地にも、種類の異なる耐塩性の様々な植物が生えるが、いずれも高濃度の塩分にさらされるため、これに対処するための特別なしくみを発達させているものが多く、塩分を排出する腺を持つものや、水で薄められるまで塩分を集める貯蔵器官を持つものがある。塩性湿地とこれに続く泥干潟は、長い時間をかけて発達するのが普通である。沈殿物が堆積するにつれ、湿地とそれに続く干潟、および湾や河口全体の泥表面が上昇する。こうなると低湿地は高湿地となり、泥干潟には植物が生えて低湿地となる。

スターチスリモニューム
スターチス類は高湿地によく見られる。夏になると紫色または薄紫色の花をつける。

スパルティナ
スパルティナは北米大西洋岸の低湿地の優占種である。この草は群生し、高さ2mにもなる。

塩性湿地の区分
低湿地は日に2度の満潮時に海水に覆われるが、高湿地は平均満潮位より高い部分で、大潮の際など稀にしか冠水しない。2つの部分の植生ははっきり異なる。

藻類に覆われた泥干潟
泥干潟の中には、このアラスカにあるもののように緑藻でびっしりと覆われたものがある。藻類の間には、多数の小型ウミカタツムリが生息していることが多い。

人間の影響

塩性湿地の保全

世界中の塩性湿地が、建設用地や農地になったり、極端な場合には廃棄物処分場に利用されたりするなど消滅の危機にさらされている。たとえば、米国に存在していた塩性湿地の半分以上は消滅してしまった。塩性湿地は野生生物の貴重な生息環境であり、生物の多様性の中心的存在でもある。

湿地の宅地開発
米国サウスカロライナ州のマートルビーチ沿岸を開発した際、干拓した塩性湿地の高台に宅地が建設された。しかし、それに隣接する湿地は保全された。

動物

生み出される有機物（食物連鎖の基盤となる物質）の量から判断すると、塩性湿地はきわめて生産性の高い生息環境である。こうした物質の大半は腐食した植物に由来する。植物が枯れると、一部は細菌や菌類によって分解され、生じた残骸は湿地に生息するケヤリムシ、イガイやイシガイ、カタツムリ、カニ、エビ、端脚類、および海水に住む動物性プランクトン等の動物たちに捕食される。これらが、今度は大型動物たちの食物となる。塩性湿地では多くの魚の稚魚が育ち、シラサギやアオサギ、チュウヒやアジサシといった鳥が餌を採り、巣を作っている。干潟には多くの甲殻類、ケヤリムシ、軟体動物が生息するが、これらは干潟表面で餌を採ったり、中にもぐり込んだりしていて、多くの渉禽類の餌となる。

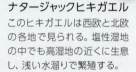

ナタージャックヒキガエル
このヒキガエルは西欧と北欧の各地で見られる。塩性湿地の中でも高湿地の近くに生息し、浅い水溜りで繁殖する。

ダイサギ
ダイサギは米国と東アジア（ダイサギの亜種チュウダイサギ）の塩性湿地に生息し、小魚や無脊椎動物、小型ネズミを餌にする。

ゴカイの糞
ゴカイは干潟にある深さ20-40cm程度の巣穴に住んでいる。泥や砂を摂取して有機物を消化し、残りを糞として排出する。

干潮時の湿地
塩性湿地と干潟が散在する。干潮時には、干潟が海岸線から5kmも広がる。

大西洋　北西部

ミナス湾

種類　砂干潟、泥干潟および塩性湿地

面積　1,250km²

位置　カナダ、ノバスコシア州、ファンディ湾東部

ミナス湾は、ファンディ湾内にあり、海から半ば隔てられている。三角形に広がる泥干潟と砂干潟を囲んで塩性湿地が散在するが、その大部分は堤防を築いて干拓され、農地となっている。日に2度、この流域には海水が満ち、また引いていくが、その水位の差は12m以上に及ぶ。この干満の差は世界でも最大である。干潮時に海岸地域が露出する割合は他に例を見ないほど大きい。流域の土砂は、潮の流れによって運び込まれ沈殿するが、粒子の粗い砂から細かいシルトや粘土まで様々である。こうした堆積物で形成された干潟には、海洋性端脚類が数多く生息し、多数の渡り鳥の餌となっている。

ヒレアシトウネン
毎年50万羽のヒレアシトウネンが、北米の北極地方から南米へ向かう途中でミナス湾に立ち寄る。

大西洋　北西部

ケープコッド塩性湿地

種類　塩性湿地

面積　80km²

位置　米国、マサチューセッツ州東部、ケープコッド

ケープコッド周辺の沿岸湿地は主に塩性湿地で構成されているが、同地方の湿地の約3分の1がこの100年で消失、または著しく縮小した。こうした塩性湿地は沿岸州や砂州の背後、河口地形の内部に見られるが、海面の上昇に伴い過去3000年以上に渡って発達したものである。主に、ハマアカザを優占種とする高湿地からなり、スパルティナを優占種とする潮間帯の低湿地がその間に散在する。低湿地帯は日に2度海水に覆われ、高湿地は月に2度の大潮の際に冠水する。独立した最大の湿地は、バーンステイブルの町の西方にあるグレートソルトマーシュ（大塩性湿地）である。この湿地内には深い水路が流れており、カヤックを楽しむ格好の場となっている。

ケープコッド周辺の湿地は、多種多様な汽水および淡水動物の繁殖地や餌場となっている。その中には、ハイイロチュウヒとアメリカコアジサシという保護の対象になっている希少な鳥2種、キタダイヤモンドガメとトウブハコガメという絶滅の危機に瀕する爬虫類2種も含まれる。地域や全国規模の保護組織の多くが、ケープコッドの荒廃した塩性湿地の復元を最優先課題と見なしている。この湿地が元通りになれば、海岸線を高潮から保護する障壁としての機能や、汚染物質や過剰な栄養分を濾過する自然のフィルターとしての役割が復活するだろう。

レースポイント
ケープコッド北端に位置するレースポイントの砂丘の背後に、典型的な塩性湿地の光景が見られる。

サウスカロライナ低地

種類　塩性湿地および泥干潟
面積　1,600km²

位置　米国、チャールストンの南西および北東、サウスカロライナ州沿岸

サウスカロライナ低地には、米国でも最大規模の塩性湿地と干潟が広がる。これほど広大な湿地が形成されたのは、幅広く緩やかに傾斜する米国の東海岸の砂地に、1.5-2mという適度な大きさの干満の差が組み合わされたためである。日に2度の満潮によって海岸部の広い範囲が海水に覆われ、水路や大小の川の流れが保たれる。ここでは、淡水と海水の作用がいくつかの多様な共同体を生み出している。低湿地は潮の流れの影響で常に湿ってぬかるんでいるため、スパルティナが優占種となっている。晩春から秋にかけては、マツバイと呼ばれる色の濃い枯れたような草が生える部分もある。

低湿地とその縁にある干潟では、タニシやカニ、エビやケヤリムシ、その他の小さな生き物が泥の中にもぐり、一方イガイ類やタマヒキガイは草についている。シルト質の潮流に生息する魚の中には、ニベ科の魚やメンハーデン、ボラが含まれる。ここに住む鳥としては、ハシナガヌマミソサザイやオニクイナがいる。

スパルティナの草地
低湿地の優占種スパルティナの茂みを縫って潮路が流れる。

ワデン海

種類　泥干潟、砂干潟および塩性湿地と群島
面積　1万km²

位置　北海沿岸のうちデンマークのエスビャルグからドイツ北部沿いにオランダのデン・ヘルダーまで

北西ヨーロッパに位置するワデン海は、いわゆる「海」ではなく、浅瀬と干潟、塩性湿地および海抜の低い群島が広がる地域である。ワデン海はデンマーク、ドイツ、オランダにまたがる。高潮と海面上昇によって沿岸部が海水に覆われ、川の流れに運ばれてきた土砂が堆積して形成された。ここはツノガレイやコモンソールなど北海の各種の魚が生育する大切な海域であり、広大な泥干潟にはきわめて多くの軟体動物やケヤリムシが生息する。塩性湿地には1500種以上の昆虫が生息し、多くの鳥の餌場や繁殖地となっている。残念なことにこうした湿地の存在は、集約農業や工業開発、気候変動のために脅かされている。2009年、この地域はユネスコの世界遺産に登録された。

モザイク状に並ぶ塩性湿地
ワデン海周縁部には塩性湿地がモザイク状に広がり、その間を浅い潮路が流れている。

モアカム湾

種類　泥干潟と砂干潟および塩性湿地
面積　310km²

位置　英国、イングランド北西部

モアカム湾には、ケント川、キール川、リーベン川、ルーン川およびワイア川という5つの川の河口が合流して形成された、英国最大の干潟が広がる。この湾は幅広く、浅く、漏斗形になっているため、干満の差は10.5mにもなる。大潮の時期には、満潮位から12km離れた地点まで潮が引く。潮が湾に満ちる速度は人が走るよりも速く、場所によっては流砂が起こるため、この土地をよく知らない人にとっては危険である。

モアカム湾の広大な泥干潟は、ザルガイ、イガイやイシガイ、カタツムリ、エビ、ゴカイなど多種多様な無脊椎動物の繁殖地となっているばかりでなく、この海岸に生息する鳥の数は英国最大規模である。湾には毎年、17万羽の渉禽類が越冬のために飛来するが、そのうちミヤコドリ、シギ、ハマシギ、コオバシギなど数種は世界的に見ても相当な数にのぼる。干潟を囲む広大な塩性湿地の面積は、英国の塩性湿地全体の5%を占め、ここには多くの希少な植物が生えている。この湿地帯のかなりの部分には羊と牛が放牧されている。

この湾は漁労者にとって重要な漁場にもなっている。一般にバス、タラ、シラス、ツノガレイがよく獲れる。しかしモアカム湾も、北西ヨーロッパ沿岸地域の多くに共通する汚染問題と無縁ではない。

モアカム湾の泥干潟
引き潮で湾全体の半分が露出し、なだらかに起伏する広大な泥と砂の地、蛇行する水路、潮溜りが見えている。

人間の影響
ザルガイ漁

モアカム湾にはザルガイの豊かな漁場が多くある。ザルガイ漁に従事する人々は、「ジャンボ」という木の板を使って砂を軟らかくし、ザルガイを表面に引き出す。潮の流れが速いため、ザルガイ漁は安全に配慮して行わなければならない。2004年2月には中国人移民の労働者が少なくとも21人、気の毒なことに潮流にのまれ溺れてしまった。

ウォッシュ湾

大西洋　北東部

種類　塩性湿地、砂干潟および泥干潟

面積　250km²

位置　英国、イングランド、ピーターバラ北東

ウォッシュ湾は、イングランド東海岸にある広く方形の浅い河口域であり、広大な砂干潟と数箇所の泥干潟および塩性湿地に囲まれている。ここへは主に、グレートウーズ川、ネン川、ウェランド川およびウィザム川という4つの川が流れ込んでいる。ウォッシュ湾の砂干潟は、細かい砂が広がる部分から粗い砂の土手にまで及び、二枚貝類、甲殻類、多毛類が数多く生息している。大規模な塩性湿地は、こうした動物のひとまとまりの生息地域としては英国最大であり、さらに広がり続けている。この塩性湿地は古くから放牧地として農民に利用されており、ほぼ同量ずつ見られるスパルティナとアッケシソウが優占種となっている。

ウォッシュ湾は、英国でもとくに重要な野鳥の生息地である。この安全な干潟は、ガンやカモ、渉禽類といった渡り鳥の広い餌場となっている。ウォッシュ湾で越冬しようと飛来する、こうした鳥たちの数はきわめて多く、その総数は平均で30万羽、遠くはシベリアやグリーンランドからもやってくる。ここはヨーロッパ連合（EU）の法律で特別保護区域（SPA）に指定されている。

2000年、ウォッシュ湾西側の人口護岸が慎重に取り払われ、同地域の塩性湿地が拡大された。新たに生まれた塩性湿地が波のエネルギーを吸収し、自然の護岸として作用したため、この措置によって付近の他の護岸にかかる圧力が取り除かれた。これは、「ソフトエンジニアリング」技術を使って波の侵食作用から海岸を守るという、比較的新しい海岸管理の方法である。

テリントン湿地
この湿地はネン川の河口近くに位置し、ウォッシュ国立自然保護区に含まれる。

ゲランド塩性湿地

大西洋　北東部

種類　塩性湿地、人口塩田および泥干潟

面積　20km²

位置　フランス大西洋岸、サン・ナゼール北西

塩性湿地のある地域は中世以来の町ゲランドに近く、塩の生産で大変有名である。それだけではなく、同地は数多くの鳥の餌場、休息の場として重要な役割を果たしており、生態系の面でも注目を集めている。この塩性湿地は、地質、気候の要因、人間の介入が組み合わさって現在の姿になった。ゲランド近くの海岸周辺では、数千年前に砂州と海岸砂丘の地形が発達し、海から切り離された浅瀬が誕生した。しかしこの浅瀬は潮の影響を受けている。帯状に伸びる砂丘の2つの入江を通って、海水が流れ込むからである。数世紀を経て、この沿岸に塩性湿地と干潟が発達した。ここ1000年ほどの間に、これらは人工的に泥の壁で隔てられ、モザイク状に並ぶ塩田へと変えられたが、利用されずに残る地域もある。上げ潮の際に海水が水路を通って塩田に入り込み、暖かく蒸発率の高い夏の数ヶ月には、塩田労働者（フランス語でパリュディエ）たちが塩田表面から海塩をすくい取る。

塩田を囲む湿地帯には、様々な耐塩性の植物が生えている。70種以上の鳥がこの地域に営巣、繁殖している。また何種類もの鳥が大群をなしてこの地で越冬する。何年も前から、塩田労働者とフランスの鳥類協会LPOが合同で、塩生産の経済面、湿地の生態系やその保護の必要性をテーマに、ゲランド塩性湿地の展示やガイドツアーを組織している。

湿地の周縁部
湿地北部のラ・チュルバルなど、塩性湿地の未開発地域の優占種としては、ハママツナ、スパルティナ、アッケシソウが見られる。

人間の影響
製塩

ゲランド地方には1000年以上前から塩田がある。この地域では約300人の塩田労働者が働いており、人の手を介した伝統的な方法で塩を生産し続けている、フランスでも数少ない場所の一つとなっている。年間平均して約1万トンのミネラル豊富な天然の海塩がとられ、何も加えず何も取り除かない未精製の状態で売られる。塩は塩田の細かい泥を含むため、明るい灰色をしている。

セマングム湿地

種類　泥干潟、砂干潟および塩性湿地

面積　400km²

位置　韓国西海岸、ソウル南

セマングム湿地は韓国の黄海沿岸、マンギョン川とトンジン川の河口の合流点に位置する。海岸に生息する鳥たちの中継地としてきわめて重要な湿地である。この干潟と浅瀬には多種類の鳥が生息し、その中には世界的に絶滅が危惧されている種も含まれる。

ヘラシギ

きわめて希少な鳥だが、ここに生息する鳥の中でも、干拓事業でとくに絶滅の危機にさらされている種である。

2010年には2つの川の河口に全長33kmの護岸堤が完成し、この湿地の状態と、ここを主要な餌場とする何千羽もの渡り鳥が危機にさらされている。護岸堤は、淡水貯留池とともに、湿地を工業または農業用

干潮時のトンジン川河口

河口周辺地域を構成するのは、干潟とあちこちに散在する塩性湿地である。満潮時には湿地を横切る水路に海水が満ちる。

の乾燥地にする干拓事業の一環である。取り返しのつかない環境破壊を招くだろうという環境保護団体の懸念をよそに、計画は進められている。

谷津干潟

種類　泥干潟

面積　0.4km²

位置　日本、東京湾北部、習志野市

谷津干潟は、東京湾北端に位置する小さな長方形の泥干潟であり、密集した市街地にほぼすっかり囲まれている点が特異である。かつては海岸線に面していたが、現在の谷津干潟は内陸に1km後退している。日に2度、東京湾からコンクリートの水路2本を通って海水が流れ込み、また流れ出ていく。潮が満ちると、泥干潟は深さ約1mの海水に覆われる。潮が引くと、海岸に住む様々な留鳥や渡り鳥が、そこに残る細かいシルト層に生息するゴカイやカニ、他の海生動物などの餌を取りに集まる。谷津干潟は、渡り鳥にとって重要な中継地である。

アラスカ泥干潟

種類　泥干潟

面積　1万km²

位置　米国、アラスカ南部および西部各地の入江

アラスカ南部および西部の沿岸地域には、干潮時に姿を現す泥干潟が数多く存在する。こうした干潟は粒子の細かいシルトで形成され、場所によってはこの層が数百メートルの深さに達する。このシルトは、アラスカの厳しい氷河の活動によってもたらされた。氷河が周囲の山々を何千年にもわたってすりつぶしてきたものである。氷河が溶けるとシルトは溶氷水にのって海岸に運ばれ、海に着くと沈殿して堆積する。アラスカ周辺では一般に干満の差が大きいため、干潮時に姿を現す泥干潟全体は果てしなく広い。こうした泥干潟は磯に棲む渡り鳥の重要な中継地となっている。様々な泥中のケヤリムシや二枚貝類が、冬の間に泥干潟を餌場とするこれら渉禽類や水鳥の大切な食料である。アザラシも泥干潟を休息地として利用している。泥干潟は、場所によっては流砂のような動きを見せるため、人間が入り込むのは危険である。最初は固いと思われた泥でさえ、実際にはあてにならない。

乾燥する泥干潟

この泥干潟は、ユーコン川とクスコクイム川によって形成された、アラスカ南西岸の大きな三角州の端に位置する。

二枚貝を探して泥を掘る

アラスカにある数箇所の泥干潟には、時折ヒグマが姿を現す。ヒグマは泥の中に潜むダイコクミゾガイを探して、地面を掘るのだ。ヒグマはおそらく、貝がもぐる際に地表へ残す小さな穴を目印として、この貝を見つける。貝は邪魔をされるとさらに深くもぐるため、これを取り出すのは簡単ではない。

アラスカヒグマ

アラスカ半島の東端、カトマイ国立公園の海岸で、大きな大人のクマが泥を掘っている。

マングローブ湿地

マングローブ湿地は、熱帯地方と亜熱帯地方の潮間帯環境に生育する、耐塩性のある常緑樹の集合である。世界の海岸線の約8%を占め、河川の流出水から汚染物質を濾過して除去したり、隣接する海洋生育環境が沈泥でふさがれないよう機能している。また、海岸線を侵食から守り、魚や無脊椎動物、その他多数の動物の住処ともなっている。

形成

マングローブ湿地は、波浪の影響を直接受けない海岸線に発達する。河口域や海岸線の潟を縁取ることも多い（114ページ参照）。マングローブの根の下部が細かい泥や砂の堆積物の中に生長するため、その上方には絡み合った網状に気根が形成される。河川や潮流によって運ばれてきた沈泥やその他の物質を、この網状組織が捕捉する。陸地が徐々に形成されていき、その後、他の種類の植物がこの陸地にコロニーを作る。

気根
マングローブ種の多数に気根がある。気根は木の支柱となり、また、酸素を取り込む。大部分のマングローブが生長する泥の中には、通常酸素が存在しないからである。

分布
マングローブ湿地は北緯32度から南緯38度の間にのみ存在する。これ以外の場所では、マングローブ湿地の代わりに塩性沼沢あるいは干潟（124ページ参照）が存在する。

植物

「真」のマングローブに分類されるのは、マングローブ生息地にのみ存在する54種ほどの高木と低木である。それぞれの種が、塩水などの生育条件に合わせて特殊な適応を遂げ、進化してきた。大部分のマングローブ海岸線には2～3の帯状地域があり、各地域で異なるマングローブ種が優位を占める。アメリカ大陸では、主要4種のマングローブしか発見されていない。海にもっとも近いエリアでは、レッドマングローブ（以下、マングローブはM.と略）が優位を占める。陸方向のエリアはブラックM.が優位で、このマングローブと他の数種の根には、呼吸根とよばれる鉛筆のような形をした呼吸管が発達している。ホワイトM.とボタンM.はさらに陸方面に生長する。

呼吸根
こうした垂直管は水平根の延長として砂や泥の外へと生長する。大気に露出されると酸素を取り込む。

レッドマングローブ（アメリカヒルギ）
このマングローブ種は多数の支柱根を用いて深水で生長することができる。支柱根は赤みがかっていることが多い。耐塩性に特にすぐれている。

動物

マングローブ湿地に棲む生物は非常に多様である。マングローブの木は、小枝や樹皮の小片だけでなく大量の落ち葉も作り出し、水中に落とす。この中には、すぐにカニなどの動物の餌となるものもあるが、大部分はバクテリアと菌類によって分解され、それが魚やエビの餌となる。こうした生き物が次には排泄物を出し、それがさらに細かなマングローブの落葉落枝とともに、軟体動物や端脚類、海のケヤリムシ類、小型甲殻類、クモヒトデに消費される。このような動物がより大型の魚の餌となることもあり、また様々な魚種がさらに大きな動物の餌となる。

マングローブ湿地は全世界で、膨大な数の多種多様な鳥と絶滅寸前のワニ類の住処となっている。マングローブ湿地でこの他に大量かつ多様にみられる動物の種類には、カエルやヘビ、昆虫、ヌマネズミからトラまでの哺乳類がある。

テッポウウオ
小型魚のテッポウウオは、インド洋と太平洋のマングローブ湿地に生息する。テッポウウオといわれる理由は、飛んでいる昆虫を主な餌とし、水鉄砲のように水を飛ばして空中から落とすからである。

マングローブのクモヒトデ
この腐食動物は、マングローブ湿地でみられる数少ない棘皮動物の1つである。長い腕を使って前へ進み、非常に機動的である。

コウノトリ
この大型のコウノトリは熱帯アメリカのマングローブ湿地や他の湿原に生息し、ヘビなど様々な動物を食料としている。

捕食者からの避難所
パプアニューギニアのマングローブ湿地に隠れているテンジクダイは、他の多数の小型熱帯魚同様、マングローブの根を捕食者からの避難所として利用する。

人間の影響
エビ養殖
ここ最近の数十年間で、世界のマングローブ湿地の約4分の1が破壊され、このベトナムの写真にあるようなエビ養殖場などの営利事業に姿を変えている。残念ながら、集約的なエビ養殖は環境へ破壊的な影響をもたらす。一般に、エビ池から出る廃物は近隣の沿岸水域を汚染し、海岸線のサンゴ礁のみならずマングローブも破壊する。

海洋環境

マングローブが並んだ水路
エバーグレーズ国立公園南部にあるフロリダ湾の浅い支流水路では、レッドM.の立木が両岸に平行に並んでいる。

ヘビウ
エバーグレーズのマングローブのヘビウ。この鳥は魚やカエル、アリゲーターの子どもなどを潜水して捕食する。

大西洋　西部
エバーグレーズ

主要種　レッドM.、ブラックM.、ホワイトM.
面積　マングローブのみ 1,500km²
所在地　米国フロリダ州南西部

フロリダ州南部の南西の先端にあたる、ほぼ三角形の広大な地域をマングローブが占拠している。ここでは、海岸沿いの島々が作り出す迷路に、マングローブが並んだ水路が交差している。メキシコ湾とフロリダ湾の塩水が、フロリダ中部のオキチョビー湖から流れてきた淡水と合流するこの場所は、北米最大のマングローブ湿地である。海岸を縁取り、無数の水路に沿って生える優占種はレッドM.で、水路内の水は通常その葉に含まれるタンニンで褐色に色づいている。レッドM.はその大きな支柱根で海岸線を安定化する役割を担っているが、それだけでなく、エバーグレーズの生態系に不可欠で、エビやイガイ、海綿動物、カニ、その他の無脊椎動物に加え、多種の魚の生育場としての機能も果たしている。エバーグレーズに生育する他の主要種には、ブラックM.とホワイトM.がある。両種ともレッドM.に比べ

大西洋　西部
アルバラード・マングローブ海岸

主要種　レッドM.、ホワイトM.、ブラックM.
面積　500km²
所在地　メキシコ湾の南西海岸のベラクルス(メキシコ)の南東

メキシコ南部のアルバラード・マングローブ生態圏では、広大なマングローブ湿地と、ヨシ原やヤシ林などのマングローブ以外の生息環境が混在している。マングローブは、小規模な河川数本が流入する汽水湖が散在する、海岸の平坦な陸地に生長している。湿地は生命であふれており、穏やかな水中を滑るように泳ぐエイや、マングローブの根に登るヘビなどがいる。絡んで網状になったマングローブの根は、多数の魚や無脊椎動物を捕食者から保護している。湿地とその周辺の鳥類には、サンショクキムネオオハシやアカクロサギ、アメリカトキコウ、数種のサギとカワセミなどがおり、哺乳類としてはクモザルやアメリカマナティーがいる。

大西洋　西部
シアン・カアン生物圏保存地域

主要種　レッドM.、ブラックM.、ホワイトM.、ボタンM.
面積　1,000km²
所在地　ユカタン半島東岸、カンクンの南150km(メキシコ東部)

メキシコのカリブ海沿岸120kmにわたって広がるシアン・カアン生物圏保存地域には、マングローブ湿地と潟、淡水沼沢が混在している。1987年にユネスコの世界遺産地域に指定された。海岸に沿って堡礁が発達しており、カリブ海から押し寄せる波の威力からマングローブを保護している。しかし、季節によっては、保存地域の陸地部分の20-75%が浸水している。シアン・カアンのマングローブ生態系は世界でもっとも生物学的生産性が高い部類に入り、その健全性が西カリブ海地域の多数の種の生き残りに重要な意味をもつ。マングローブの巨大な根の間に隠れて生息しているものには、カキや海綿動物、ホヤ、イソギンチャク、ヒドロ虫、甲殻類がいる。ここでみられる鳥類には、ベニヘラサギ、ペリカン、オオフラミンゴ、コウノトリ、それに15種のサギがある。この湿地はアメリカマナティーや、アメリカワニとモレレットワニという絶滅寸前のワニ(クロコダイル)2種の住処でもある。近隣リゾート地のカンクンで観光事業が非常に活発になっており、シアン・カアンへの脅威となっている。

ボートツアー
シアン・カアンの大部分はほとんど一年中浸水しているため、同地域への道路は無いに等しい。そのため、調査しようとすれば、ボートが唯一の移動手段となる場合がほとんどである。

て陸地近くに生長するため、満潮時のみ海水に接する。エバーグレーズは、ヌマネズミなど数種の哺乳類や、サギ、シラサギ、バン類の水鳥、ヘビウ、カッショクペリカンなど多数の鳥類の餌場および営巣地になっている。ここでは、大部分の地域に数多くのワニが生息しているが、絶滅寸前の希少な種であるアメリカワニにとっては、この湿地が米国内の最後の砦である。アメリカマナティーもまた、マングローブの間の水路で時折見かけられる。2005年の「カトリーナ」と「ウィルマ」のように、時々ハリケーンの被害を受ける。強風で葉が落ち、高潮によってマングローブの根に大量の沈泥が堆積する。幸いマングローブ林は回復力の早い生態系で、通常はハリケーン被害から2、3年で完全に再生する。

シクリッドの侵略

1983年以来、中米からの外来魚種であるマヤンシクリッドが、エバーグレーズ内のマングローブ湿地と他の湿原に急速に広がっている。この魚が、この地域の生態系にどのような影響を及ぼすかは、未知数である。在来魚種を排除してしまう恐れ、あるいは他の魚種が埋めていない新しい「生態的地位」を占めてしまう可能性もある。

大西洋　西部

ザパタ湿地

主要種　レッドM.、ブラックM.、ホワイトM.、ボタンM.

面積　4,000km²

所在地　キューバ西部、ハバナの南東120km

ザパタ湿地は、マングローブ湿地や淡水沼沢、塩水沼沢がモザイクのように集まっており、カリブ海最大の非常によく保全された湿原である。この湿地は1999年に生物圏保存地域に指定された。キューバの野生生物に必要不可欠な自然保護地域で、商業的価値の高い魚の産卵場であり、また北米からやってくる多数の渡り鳥にとって重要な越冬地域と

オオフラミンゴ

カラフルなオオフラミンゴ多数が湿地に棲み、浅瀬水底の泥に生息する藻類やエビ、軟体動物、昆虫の幼虫を餌としている。

もなっている。湿地ではこれまで900種以上の植物が確認され、キューバ固有の25種の鳥類のうち3種を除くすべてがここで繁殖する。この湿地で確認された鳥類は約170種を数え、その中にはクロノスリやオオフラミンゴ、世界最小の鳥のマメハチドリなどがいる。また、残存しているキューバワニ数千頭も、この湿地を住処としている。哺乳類の定住個体には、ホリネズミのような齧歯動物のキューバフチアやアメリカマナティーなどがいる。マンファリ(キューバン・ガー)は、この湿地でのみ見られる珍しい魚である。

大西洋　西部

ベリーズ海岸マングローブ

主要種　レッドM.、ブラックM.、ホワイトM.、ボタンM.

面積　1,500km²

所在地　カリブ海の西岸、ベリーズ東部

この地のマングローブ湿地は、巨大なベリーズ・バリアリーフと密接な関係にある魚種多数の生育場である。マングローブは河川からの流出物を濾過し、沈殿物をせき止めることで、沿岸水域の清澄性も保っており、サンゴ礁の生き残りに役立っている。海岸沿いの、主にサンゴや砂でできている多数の小島にはマングローブが生い茂っており、鳥類の生息地となっている。合計250種以上の鳥類、アメリカマナティー、ボアやアメリカワニ、イグアナなどがこの湿地に共存している。

マングローブの根

この海岸沿いの全域にわたり、マングローブの根が作るもつれた迷路が水面下に伸び、様々な稚魚の避難場所となっている。

海岸と海辺

インド洋 西部
マダガスカル・マングローブ

主要種　グレイM.、イエローM.、ロングフルーティッドオレンジM.

面積　3,300km²

所在地　アフリカ東岸沖のマダガスカル海岸付近に散在

マダガスカル島の様々な環境条件下でマングローブが存在している。激しい干満の差、大きく広がる沿岸部の低地、大量の沈泥をもたらす淡水河川の常時流入が、その環境条件を作り出している。マングローブはマダガスカル島海岸線の約1000kmにわたって生えており、マングローブを海の大波から保護するサンゴ礁と密接な関係にあることも多い。マングローブは保護してもらう代わりに、サンゴ礁と海草藻場に害を及ぼす可能性のある河川の沈殿物を捕捉する。マダガスカルではこれまで最高9種の異なる種類のマングローブが記録されたが、広く分布しているのは6種のみである。マダガスカルサギやシロスジコガモ、マダガスカルウミワシなどのマダガスカル固有の鳥類数種は、マングローブとマングローブに付随した湿原を生息地としている。ジュゴンが水中を滑るように進んで海草を餌とすれば、多数の無脊椎動物や魚がマングローブの指のような形をした根の間を自由に泳ぎ回る。魚と鳥の多数の種は、世界でここにしか存在しない。

マングローブの迷路
無数の水路によって分割されているこの地域の沿岸マングローブは、アンボディボナーラ河口のマダガスカル海岸北東部に位置している。

インド洋 北部
ピチャバラーム・マングローブ湿原

主要種　グレイM.、ミルキーM.、スティルティッドM.、スモールフルーティッドオレンジM.、イエローM.

面積　12km²

所在地　インド南東部タミル・ナドゥ州、チェンナイの南150km

ピチャバラーム・マングローブ湿原は、インド南東部のベラー川とコレルーン川河口のデルタにある。マングローブで覆われた大小多数の小島で構成されており、その間を無数の水路や小川が交差している。周囲には漁村や耕作地、水産養殖池がある。ていねいに保存されたこの小さな湿原のおかげで、2004年のインド洋大津波の際には多数の命が救われたと考えられている。津波が襲ったとき、マングローブに保護されていた六つの村は被害を免れたが、マングローブの保護がなかった他の村は完全に破壊された。湿原は、津波の衝撃を部分的に縮小した可能性がある。

インド洋 北部
スンダーバンス・マングローブ林

主要種　サンドリ、ミルキーM.、イエローM.、インディアンM.、ケオラ

面積　8,000km²

所在地　バングラデシュ南西部およびインド北東部(カルカッタとチッタゴンの間)

1997年から世界遺産地域となっているこのマングローブ林は、世界最大の連続したマングローブ生態系である。ガンジス川−ブラマプトラ川−メーグナ川の堆積物で形成された巨大デルタの一部分をなしている。この地域にはマングローブで覆われた何千もの島があり、入り組んだ水路網が交差している。ここではベンガルトラが島から島へ泳ぎ渡り、アクシスジカやイノシシなどの獲物を狩る。他には、スナドリネコ、スナドリネコ、アカゲザル、オオトカゲ、ヤドカリ、ガンジスカワイルカおよび様々なサメやエイがいる。この地域では伐採で生息地破壊の危険が迫っている。

ガビアル

この湿原とバングラデシュの河川で絶滅がきわめて危惧されている生息動物が、ワニ類のガビアルである。かつてはスンダーバンスでよく見かけた存在だったが、偶然漁網で捕獲されたり、またその他の要因で、その数が次第に減少してきた。インドとネパールでは同種の保全を目的に飼育下繁殖プログラムを行ってはいるものの、絶滅の恐れが高い。

衛星写真
ガンジス川−ブラマプトラ川−メーグナ川のデルタ地帯の一部を写した衛星写真。暗赤色に見える領域がスンダーバンス・マングローブの林で、右側はベンガル湾。

太平洋 西部
キナバタンガン・マングローブ

主要種 スティルトM.、ロングフルーティッドスティルトM.、グレイM.、ニッパヤシ

面積 1,000km²

所在地 マレーシア・サバ州東部でサンダカンの南東

マングローブ湿地は、ボルネオ島北部のサバ州、キナバタンガン川デルタの沿岸地域を占めている。この地域のマングローブ湿地は、ヤシ林などの他の種類の低地森林や広々したヨシ原と複雑なモザイクを形成している。海水魚数10種、エビやカニなどの無脊椎動物、カワウソ、様々な種のウミワシ、シラサギ、カワセミ、サギを含む200種ほどの鳥類の住処となっている。この地域ではカワゴンドウも時折みられ、さらに、その他の驚くべき生息動物にはボルネオ原産のテングザルとイリエワニ(世界最大のクロコダイル種)がいる。イリエワニは絶滅寸前段階まで捕獲されたが、現在ではその数に回復がみられる。過去30年以上にわたって、キナバタンガン川デルタのマングローブは木材や木炭生産のために、広い面積にわたって伐木された。マングローブの代わりにアブラヤシが植えられたり、開墾地がエビ養殖用に造成された。野生動物は当然被害を受けたが、現在ではサバ州政府が大規模なマングローブ改植活動をすすめている。

マングローブのサル
テングザルは泳ぐことも直立歩行も可能だが、幼ザルを連れたこのメスのテングザルは、キナバタンガン・マングローブで水路を跳び越えている。長い尾が空中動作の安定に役立っている。

干潮時の気根
マングローブは密な網状の根を使って軟らかなぬかるみに固定されているが、この根が多くの動物の住処ともなる。

太平洋 西部
ニューギニア・マングローブ

主要種 グレイM.、ロングフルーティッドスティルトM.、トールスティルティッドM.、キャノンボールM.

面積 1万km²

所在地 太平洋西部のニューギニア島周辺に散在

ニューギニアの海岸線にマングローブ湿地が広範囲に広がる。もっとも長く、奥行きのある広がりは島の南側、ジグル川やフライ川、キコリ川といった大河川の河口周辺にみられる。この地のマングローブ群集は世界で一番多様性に富んでいる。単一湿地内でこれまでに30を超える異なるマングローブ種が発見されており、水べりに生息する様々な動物の必要不可欠な住処となっている。水中では、テンジクダイやゴマフエダイからタツノオトシゴ、カタクチイワシなど、200種以上の魚が成魚と稚魚の両方で記録されている。トビハゼ(水中を出て木に登ることができる魚)、マキガイ、カニはマングローブの根に登り、イリエワニはマングローブの間の水路を巡回する。この地のマングローブ湿地には多種の魚がいるが、陸生動物の多様性には比較的乏しい。コウモリの固有種2種とオオトカゲの固有種1種が発見されている。鳥には10の固有種がおり、その中にはパプアクイナやローリー2種、パプアカワアマツバメ、アカハララケットカワセミ、アカハシツカツクリがいる。ニューギニア・マングローブの大部分は無傷だが、西部のマングローブ地域は急速に拡大する石油・ガス産業の汚染により、最近脅威にさらされるようになった。

タツノオトシゴ
この小さなタツノオトシゴは、マングローブ落ち葉に合わせて黄色になっている。

太平洋 東部
ダリエン・マングローブ

主要種 レッドM.、ブラックM.、ボタンM.、ホワイトM.、モラM.、ティーM.

面積 900km²

所在地 パナマ東部太平洋岸のパナマシティーの南東

ダリエン・マングローブ湿地は、パナマ湾に隣接したダリエン国立公園内のパナマ東部の河口付近に位置する。ここでは、マングローブの根が軟体動物や甲殻類、多数の魚種の天国となっている。特にエビが豊富である。幼生は沖で孵化し、マングローブの「保育室」に数ヶ月間滞在し、成体になって海に帰る。この地域のマングローブ湿地の中には、エビ池や農地に変えられたところもある。

ブラックマングローブ
この写真のブラックマングローブは、非営利環境団体が所有する私営の指定保護地区、プンタパティーニョ自然保護区にある。

ニューギニアのマングローブ
この若いイリエワニはマングローブの根の間で餌をとっている。成体ではクロコダイル最大の種で、最長7mにもなる。イリエワニという名称にもかかわらず淡水を好み、成体は湿地内の主要水路の覇権をめぐって激しく争い、若いイリエワニを周縁の川や外洋に追い出してしまうこともしばしばである。

地球の陸塊の周りには大陸棚があるが、この棚を覆う浅海は驚くほど多様性に富んだ生命を育んでいる。太陽エネルギーと陸および海からの栄養分により、植物の生長に好適な条件が確保されており、そしてこの植物の生長に海生のすべての生物が依存しているのである。月も重要な役割を担っている。月の引力が潮の干満をもたらし、この潮が海岸を海水で隠したり露わにしたりすることにより潮流が生まれ、この潮流が植物栄養素の運搬役となり、食物を待ちかまえている動物のもとへと運ぶ。海底の各領域は、その場所の条件に順応した海洋生物特有の生息地となっている。浅海は我々人間がもっとも慣れ親しんだ海の部分だが、浅海の生命の複雑さや地球全体の健全性に対する浅海の重要性については、ようやく理解の入り口に立ったに過ぎない。

浅海

サンゴ礁
海面が反射するため、その下は見えにくいが、極洋から熱帯地方まで、海面下には珍しい生命体の棲む領域が隠れている。この写真の熱帯では、動物がまるで植物のような姿をしており、一方、植物はサンゴ組織の中に潜んでいる。

大陸棚

大陸棚とは基本的に水没した大陸の縁で、最終氷河期後の海面上昇で水に浸かった。棚海底は今のところ水面下約200mにあり、棚の幅は様々で、時には数百kmにおよぶこともある。棚海底と水質は陸地作用の影響を受ける。川は淡水と栄養分をもたらし、棚の水の生産性を生態学的に大いに高める。それと同時に、川が運んできた物質が堆積物として海底に定着する。大陸棚の海洋生物や生息地はきわめて多種多様だが、大陸棚は汚染物質の被害を一番受ける領域でもある。

発見
フィヨルド

フィヨルドは外海から保護された深い入江で、もともとは氷河がえぐり出し、その後に海水が浸水したものである。内陸へ何キロも伸びているフィヨルドも多い。浅い海閾(シル)によって外海と分断されており、複数の深い谷で構成されている。この谷と海閾の構造が海洋生物に多大な影響を与えている。このように保護された環境では、泥炭を含んだ淡水の下に静止した暗い塩水が横たわる。大陸棚はずれの海洋条件に似ており、通常もっと深い海域に限定される冷水性サンゴなどの動物が、ダイバーが探検できるほどの浅い海域に生息している。

肥沃な沿岸周囲

沿岸の周囲が、海洋でもっとも生物の多様性に富んでいる。濁った内湾から澄み切った熱帯の海まで、光の透過はきわめて変化に富んでいる。いたる所で浅い海底まで十分な光が届き、光合成生物がよく成長している。こうした場所では、太陽エネルギーと陸地からの栄養分、風や海流でかき混ぜられた堆積物を餌とし、海藻や海草、植物プランクトンが生長する。沿岸域は外洋に比べてはるかに生産性が高い。多様な生息地と組み合わさり、より深い海域の動物にとって豊かな餌場と生育場となっている。高緯度になると、太陽熱の季節的変化により、プランクトンと海藻の生長に周期が生じる。季節がはっきりしない熱帯地方では、海草と海藻はいつでも生長する。

浅瀬の海藻
海藻は、浅く、日の当たる岩場でもっともよく生長し、強い水の動きがあっても元気に育ち、多数の小型動物に食料と避難場所を提供する。

生産的な平原

大陸棚の大部分が堆積物で厚く覆われている。砂や砂利、小石は浅瀬に堆積するが、細かい泥は沖合のもっと深い海域へ運ばれる。大陸棚堆積物で重要な構成要素は、生物起源である。たとえば、サンゴの骨や顕微鏡でしかみることのできないプランクトンから生じた炭酸塩(炭素を含む化合物)などからできている。

堆積物平地は、種々の動物がその表面下に隠れて生息しており、いつまでも隠れたままのものもいれば、穴やトンネルから現われて餌を食べたり、繁殖するものもいる。砂や砂利が移動する場所に生息するのは難しいが、より深い海底では堆積物の安定性が増している。堆積物には、穴やトンネルをつくるのに適している。おびただしい数の動物が生息しているので、食料も豊富である。こうした動物共同体は皆、大陸棚の海面から落ちてくるプランクトンや、海草と海藻の分解物を餌としている。

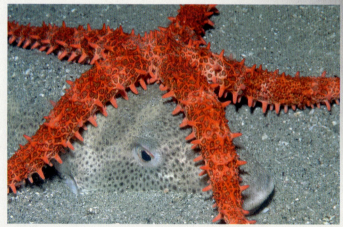

堆積物の略奪者
堆積物を一番の餌としているのは魚とヒトデで、堆積物表面やその下に埋もれた多数の様々な動物を食する。魚は色々な生き物を捕らえるが、ヒトデはより動きの鈍い獲物を捕まえる。

大陸棚水産業

大陸棚海域と海底は、世界の主要水産業を支えている。沿岸海域には、幼生向きの浮遊している食物があり、稚魚には隠れ場所がある。世界の全海水漁獲高の90％を占める生物がここで繁殖する。タラやハドック(タラ科の1種)のような底魚は、海底の生物を餌にしている。イワシやニシンなどの遠海(外洋)で群れをなす魚は、動物プランクトンを餌としているが、その魚はクジラ類や海鳥だけでなく、サバやサメなどのより大型の魚の重要な餌となっている。世界的に見て、沿岸地域の人間社会は、海洋生物を捕獲する小規模な近海水産業によって維持されている。

稚魚の避難場所
成魚として沖へ移動する前のタラの稚魚が、ヒバリガイの貝場で餌を食べている。

セイヨウイタヤ
ホタテ類は海水を濾過して餌とする。潜水して採集できるが、海洋環境を損なうことなく、養殖も行える。

大陸棚堆積物
ミシシッピ川は網状の水路を通って海に流入する。沈泥を大量に抱えた水が海に達すると、大陸棚づたいに堆積物を落としていく。

大陸棚の成り立ち
大陸棚堆積物はきわめて厚くなることもある。北米東部では厚さが最大15kmにもなり、何百万年もかけて蓄積、圧縮されている。堆積物の断面から、炭酸塩や蒸発岩、火山作用による物質など、川や氷河以外によって堆積した沈殿物が明らかになる。炭酸塩は、浅い熱帯海域の海洋生物によって作られる。蒸発岩は浅い窪地もしくは乾燥した海岸線で海水が蒸発した結果もたらされる塩である。蒸発岩堆積物はドーム形に横たわる堆積岩で、すき間に石油やガスを閉じ込める。

さらい上げた宝物
金やスズなどの金属、希土類元素、建築産業用の砂利は、大陸棚を浚渫して採取する。

人間の影響
沿岸汚染
長年にわたって、沿岸海域は人間が出した廃棄物の手頃な捨て場として利用されてきた。現在では、非常に辺鄙な海岸にさえ、プラスチックが散乱している。さらに油断ならないのが目に見えない汚染である。下水からの栄養分や病原微生物、工業・農業排水からの重金属、オルガノハロゲン、その他の毒物、発電所からの放射性廃棄物、排水や石油流出などに起因する炭化水素などがある。

岩の多い海底

暖かい熱帯から冷たい極地の海まで、たくさんの独特な海洋生物群集が岩の多い浅海域海底で発達している。水中の岩は、海藻と海生動物の両方に付着箇所を提供しており、生物で覆われていることが多い。海藻は日の当たる浅瀬で元気に育ち、動物群集に保護された環境を提供する。しっかり付着した動物は腕や触手を伸ばして水流からプランクトンの食物を捕まえたり、体に水を吸い上げて栄養分を濾過する。移動性の動物は海藻を食べたり、固着性の動物を餌にしたり、逆にその餌になったりする。

海藻ゾーン

海藻の生長には日光が必要で、もっとも浅い岩場でのみ育つ。生長可能な水深は、濁った海の数mからもっとも透明度の高い海域の100m超まで、水の透明度に左右される。水温の低い海域では、ケルプやその他の大型褐藻が浅瀬で優位を占め、小型の海藻はより深い海域にみられる。熱帯地方の岩場は大型海藻が少ないことが多く、その代わりに太陽エネルギーを利用しているのが、サンゴ組織内のきわめて小さな単細胞藻類である。海藻はたくさんの動物に隠れ場所を提供する。一生を通じて海藻ゾーンで過ごす動物もいれば、繁殖場所として利用したり、より深い海域に移動する前の生育場として使う動物もいる。

食料源
海藻がとらえた日光エネルギーを利用するのは海藻を食する動物である。写真はスコットランド・オークニー州で緑藻に覆われた岩場。

バランラス(ベラの一種)
夏、成魚のバランラスは、岩の割れ目に海藻で巣を作り、産卵する。稚魚の体には模様があり、カムフラージュとなっている。

動物が優先する深さ

さらに深い海域になると、大半の海藻にとっては光量不足になるが、外皮状紅藻はほとんど光を必要としないため、もっと深い場所でも生長する。深い海域に生えている植物のような姿をしたもののほとんどが、実は固着性動物で構成されており、潮流の強い場所でもっとも豊富にみられる。こうした場所に生息する移動性動物にしてみると、海底は固着性動物が捕食者抑止に放出する有害物質の地雷原となっている。水深50mを超えると、波の影響による水の動きはとても弱くなり、カイメンやヤギなどの虚弱な動物が大きく成長できる。こうした場所や、水の動きの影響をさらに受けない場所では、細かい沈泥が窒息させるほどの層となって岩表面に間断なく積もるため、表面より上に自身を維持できるか、沈泥を取り除ける動物しか生息できない。

岩場を食べ歩くウニ

ウニは鋭いトゲで上手に身を守り、非常に繁栄している海産無脊椎動物である。海底を動き回って摂食(グレージング)し、殻の硬い動物とサンゴモの外皮以外のほとんど何でも食べる。ウニは海底群集に甚大な影響を及ぼす。ウニが豊富な場合、海底の生物多様性は著しく減少し、ウニが「不毛」をもたらす。その反対に、ウニが少なければ、新しい生命体が定着できるスペースをウニが作り出すことになり、多様性が増加する。

岩の多い海底に棲む捕食者
オニダルマオコゼの皮膚はざらざらしており、形もでこぼこしているため、見つけるのが難しい。大きな口で獲物を吸い込むが、背棘には致死性の毒がある。

- 堆積物に隠れているときは、突き出た目を利用する
- 口は大きい
- 背棘には毒腺がある
- 皮膚の色と質感がカムフラージュとなる
- 尾鰭

岩斜面
ブリティッシュコロンビア州の岩場は、海洋生物で覆われている。ニチリンヒトデとレザーヒトデがウミトサカ類の仲間と海綿の間で獲物を探している。

垂直な岩

水中の断崖には、傾斜が緩やかな岩よりも無脊椎動物が密集してコロニーを形成している。激しい波にさらされる浅海では、様々な移動性の海底動物がいるが、その中でも動き回って摂食するウニや捕食性のヒトデは垂直面や張り出した面にしがみつくのが難しく、荒天では波で跳ばされてしまう。垂直な岩に当たる日光は少なく、海藻胞子の定着も難しいため、水平な岩に比べて海藻との生存競争が少ない。波や潮流の影響を受けにくい場所では、上を向いている岩には沈泥が積もることが多く、動物も少ない。対照的に、垂直な岩や張り出した岩に沈泥はなく、豊富な生物が生息する。水中の崖にある岩棚や裂け目は、魚や甲殻類にとって安心できる逃げ場となる。

ホネナシサンゴ
色とりどりのホネナシサンゴが波にさらされた垂直な岩を覆い尽くし、触手を差し出して潮流から餌を捕ろうとしている。

割れ目と洞穴

水中のゴツゴツした岩は、海洋生物に住処を提供している。割れ目や小さな洞穴は、日中隠れて夜間活動する夜行性の魚の隠れ場となる。細長い魚は割れ目に棲むには理想的な体型である。一方、日中活動する魚は、夜間用として、また捕食者が近づいてきたときの隠れ場として穴を必要とする。奥行きが深く、行き止まりになっている穴は、様々な生息環境を提供している。穴の入り口には日照があり、波にさらされているが、穴の奥は暗く、内部の水が静止しているため、堆積物も流されない。クルマエビやコマチコシオリエビは穴の中の棚を占領するが、活発に水を吸い上げて餌を捕る動物は、内部の静かな水域に棲みつき、壁面を覆う。日中洞穴に隠れている発光魚は、目の下に位置する器官内のバクテリアが作り出す光を使って、お互いに信号を送る。

避難
とげだらけのコマチコシオリエビは、危険にさらされた時、平たい体のおかげで狭い割れ目の奥深くまで退却できる。狭い空間に割り込むのにとげが役立つ。

嵐と洗い流し

嵐の間、浅瀬の岩礁は波の影響をまともに受けるが、ふきさらし状態の岩磯に生息する動物や海藻は、しっかり付着し、たたきつける波にもたいてい上手に対処している。大きな海藻や動物が浅瀬の岩場から引き裂かれ、新しい生物が定着できる空間が発生するが、多数の海藻や群体動物は固着器官や根元部分から再成長できるようになっている。しかし、コロコロ転がる丸石の上や、付近の砂や小石が洗い流す岩盤上で生き残る動物や植物は少ない。岩と砂が接するところには、砂で研磨されたむき出し状態の岩の一群がある。そのすぐ上では、キール・ワームなどの丈夫な殻をもつ動物と硬い外皮で覆われた石灰紅藻が生き残る。その上方では、カイメンやフジツボなどの成長の早い群体動物が、嵐と嵐の合間にコロニーを作る。

キール・ワーム
キール・ワームには石灰質の硬い殻があり、砂による洗い流しから体を保護する。

サンゴモ
外皮状のサンゴモは、ピンク色の硬いコーティング塗料のような殻で覆われている。近くの砂や小石によるかなりの洗い流しにも耐えられる。

砂地の海底

大陸棚の大部分が、陸地と海岸の何千年にもわたる浸食で蓄積された厚い堆積物で覆われている。海洋生物の石灰質を含んだ残骸が、この混合堆積物に絶えず追加されていく。深海の堆積物（180-181ページ参照）とは異なり、大陸棚堆積物は嵐の際に波でかき混ぜられ、栄養分が再混濁し、海洋生物と生産性に重大な影響を与える。砂地の海底表面の下には、餌動物から身を隠している、つまり待ち伏せしている、おびただしい数の動物がいることもある。

砂利と砂

海岸侵食や陸地侵食でできた粗い堆積物は、河川や氷河が海に流れ入る際に近海に沈殿する。きめの粗いきれいな砂や砂利は、波や潮で頻繁に移動するため、住処にはしにくい。この区域の代表的な動物には、硬い殻をもつ軟体動物やナマコ、カニなどがいる。さらに安定した砂・砂利地になると、生物種もさらに増えて、ミールの紫がかったピンクの藻場がみられることもある。ミールは非付着性の石灰質海藻（245ページ参照）で、サンゴのような小結節でできている。その小枝は隙間の多い構造をしており、プランクトンから新しく定着した小さな動物の隠れ場として最適である。下部の死んだミールの礫は、穴に隠れる動物が活用する。海草や緑藻の藻場は浅瀬の砂地で発達し、様々な生き物の隠れ場となっている。砂地に埋め込まれた貝殻や石は、色々な海藻種のアンカーとして働く。多数の魚が砂地の海底に順応し、中でも有名なのがカレイ目の魚である。浅海のチョウチンアンコウは、大きな口で攻撃できる距離内の獲物を誘惑しようと疑似餌を振る。部分的に体を出してプランクトンを食べるチンアナゴは、砂の穴に一生棲み続ける。イカナゴは砂の中に飛び込んで捕食者を回避する。

砂だらけの住処
海産の環形動物ウミケムシは、ぬかるんだ砂地に生息する。

砂利に棲むもの
このミノガイの一種は、砂利、小石、貝殻でできた巣に棲む。巣を通して海水を吸い上げ、粘着性のある酸性の触手を使って餌を抽出する。

柔らかな泥

閉鎖性の入江や河口、フィヨルド、大陸棚のさらに深い場所では、堆積物の一番細かい粒子が柔らかな泥として沈殿する。簡単にかき混ざる細かい粒子により、新しくやってきた幼生は窒息し、鰓は詰まる。泥表面の下には酸素がほとんどないため、埋もれた動物は海水から酸素を取り入れなければならない。このような難題もあるが、泥は非常に生産性が高いこともある。泥の表面にはバクテリアと珪藻類が豊富で、ユムシ類などのように掃除機で吸い取るように採餌する動物の餌となっている。ウミエラや穴を掘って棲むイソギンチャクなどの動物は、泥の中に自らをしっかり固定し、ねばねばしたポリプや触手を伸ばして、雨のように降るプランクトンを捕まえるか、そばを通る魚や甲殻類をわなにかける。

泥に定着する
写真のウミエラの枝は、プランクトンを餌にする小さなポリプで覆われている。

砂地の海底を利用
砂に隠れる動物は多数いるが、アカエイもその1つである。アメリカアカエイは、捕食者から逃れるため、そして獲物を待ち伏せするために砂に隠れている。

混合堆積物

大陸棚上の堆積物の大部分は、粗い物質と細かい物質の混合物である。この中に含まれる重要構成要素は、殻の硬い動物由来の石灰質のかけらである。混合堆積物は、トンネルや穴の構築材料としては砂や泥より選択肢が豊富で、ジグザグ掘りも簡単にでき、生息動物も多様性が増す。海藻とヒドロ虫が海底を覆い、貝殻や小石に付着する。そこには、ハオリムシ、クモヒトデ、穴に棲むイソギンチャクなどがいる。これらは危険に直面すると堆積物の中に引っ込む。堆積物の表面下には二枚貝や甲殻類などが隠れており、こうした動物を探して掘り出すことのできるヒトデやカニ、エイなどの食料源となる。

堆積物上の生活
口のヘリに触角がついた、半分埋まった状態のナマコ（左）とヤドカリは、こうした混合堆積物に生息している。

海底を安定させるもの

ヒドロムシやウミトサカ、クモヒトデなどは海底で溢れんばかりに繁殖するが、その繁殖は表面下に隠れている多数のミノガイやヒバリガイに負うところが大きい。こうした軟体動物は移動する堆積物を強力な繊維で束ね、他の多数の動物がコロニーを形成できるような複雑な安定面を作る。ミノガイの巣が集まって広い礁を形成するが、水交換用の穴が開いているため、他の多数の生物が巣の中や巣の下に生息できる。

発見
難破船

この写真の難破船（フロリダ沖のイーグル号）のように、その複雑な形と硬い表面は固着性の無脊椎動物や魚を引きつける。新しい難破船に棲み着きが始まるまで、ある程度の時間を要するが、その時間は船の材質により異なる。小さなヒドロ虫やフジツボ、キール・ワームが最初に定着することが多く、こうした動物の硬い殻の上に他の動物や海藻が成長できるようになる。濾過摂食の生物は、流れの速い甲板上の上部構造で元気に育ち、一方、内部空間は魚やタコの隠れ場となる。

表面下で

波がかき乱す砂や砂利は、酸素が行き渡った移動性の環境を作り出す。甲殻類や棘皮動物など、こうした環境に棲む動物は、永住する住処を持たず、移動する砂の中を動く。かく乱の少ない堆積物には、堆積物を安定させる動物が生息する。そうした固着性動物はその多くが永住用の穴やトンネルに棲んでおり、酸素が欠乏したり、住処が何かに覆われることがあっても、うまく対処できる。粘液などの物質を塗布してトンネルを補強し、海水を吸い込んで食料と酸素を補給するものもいる。他には、海水を濾過したり、海底表面に吸管を伸ばして掃除機のように堆積物を吸い上げる動物もいる。顕微鏡でしかみえない生き物は、砂粒の間に生息する。

固着性動物の習性

このヨーロッパアカエビは出口が2つあるU字型の穴に棲み、おもに夜行性である。

海洋環境

海草藻場とケルプの森

海草藻場とケルプの森の生息環境は非常に異なるが、両方ともきわめて生産的で、沿岸海域の一次生産量のかなりの部分を占める。海草は、完全な海産顕花植物のみをいう。海草が繁茂するのは、おもに暖かい海域で、外海の影響が少なく海底には砂が多く浅瀬で日光のあたる区域である。ケルプは大型で褐色の海藻で冷水を好み、潮間帯下部や潮下帯エリアの岩上に密な森として生長する。両生態系とも複雑な構造となっており、様々な動物や海藻の避難場所となっているが、その中には他では見られないものもある。

冷水ケルプ
ケルプは大型で褐色の海藻で、おもに浅い潮下帯ゾーンに生長する。

人間の影響
絶滅寸前の摂食者
海草はアオウミガメの主要食料で、ジュゴンにとっては唯一の食料である。こうした動物は世界中で摂食場所の破壊に脅かされ、絶滅の危険性が高い。海草藻場のある沿岸海域は汚染の被害を受けやすい。陸からの栄養分や沈殿物の流出は水の透明度に影響を与え、世界中で最大の脅威となっていると思われる。

海草藻場

海草は、完全な海産顕花植物（被子植物）のみをさし、水の透明度が高い、浅い砂地の潟や閉鎖された入江で一番よく生長する。様々な塩分濃度にも耐性がある。海藻とは異なり、海草には根があり、根を使って堆積物から栄養分を吸収することにより、堆積物中に閉じ込められている栄養分を再利用している。海草の絡み合った根茎や根が、侵食に対する保護となり、堆積物蓄積を促進し、砂の安定化に役立っている。海草は生産性が高く、複雑な物理的構造をしているため、かなり多様な種を引き寄せる。その中には海草藻場でしかみられない種もある。様々な海藻や、ヒドロ虫をはじめ、コケムシ、ホヤ類などの固着性動物種は、海草の葉の上で育つ。海草は、マナティーやジュゴン、アオウミガメ、多数の水鳥の非常に重要な食料でもある。

海草藻場
海草藻場は、浅瀬の砂が多い海底を侵食から保護する。

天然のカムフラージュ
ニシヨウジウオは細長く、くすんだ体色のため、海草の葉の間では見つけ難い。

ケルプの森

褐藻を燃やした後の残留物で石鹸を作るが、「ケルプ」という語はその残留物を示す名称として使われていた。現在では、コンブ目に属する多数の大型褐藻の種類を示す用語として一般的に使われている。ケルプの森は、冷たい海域の水の移動が活発な浅瀬の岩場でもっともよく生長する。干潮時には、ケルプ藻場の先端が見えることもある。ケルプは水の透明度によって、水深10-20mほどの岩場の傾斜に密生する。さらに深くなると、光合成を行うには光不足になるため、ケルプは低密度になる。ほとんどの沿岸海域では、水深25mより下では生き残れない。非常に透明度の高い海では、ケルプは水深50mでも生長する。ケルプ種の多数は気体の入った浮き袋を持ち、葉状体を光の方へ向けて、ケルプを食べる生物から遠ざける。ケルプの森の中で波は弱まり、多数の生物がそこを隠れ場とする。ケルプが作りだす生育環境は豊かな海洋群集に食料を提供するが、動物が直接食べるケルプは約10%のみで、残りは有機堆積物や溶存有機物として食物連鎖に入る。

分布地図
海草藻場は熱帯地方に、ケルプの森は極地方までも広がりをみせる。

- ケルプの森
- 海草藻場

沿岸の防御
ジャイアントケルプの一群は、波のエネルギーを吸収し、大しけから海岸を守る。

海草藻場とケルプの森

ケル프群集

多数のケルプは樹木のような形をしており、付着するために枝分かれした付着根と長い幹（茎）をもち、時にはヤシのような葉を支えるための浮きをもっていることもある。こうした形状により、ケルプの森は多層環境となり、異なるレベルに異なる生物が棲む。付着根の狭いスペースには、何百もの小型動物が捕食者から隠れている。ケルプの中には茎がザラザラして紅藻で覆われているものもあるが、穏やかな天候時や深場ではウニやカサガイが紅藻を食べてしまうこともある。活発に生長するケルプから粘液がにじみ出るので、大抵の動物は定着しないが、シーズンの後半生長が遅くなると、コケムシやヒドロ虫、チューブワームが葉状体を覆うこともある。こうした動物のせいで葉状体に届く光が減少するため、新しい葉状体を伸ばす前に、落葉して招かれざる住人を駆除するケルプもある。

ケルプイソギンチャク
この大きなイソギンチャクは異例によく動くことができ、海藻の葉の上にはい登るか漂い昇り、浮遊している獲物を捕まえる。

アオセンカサガイ
こうしたカサガイは、ケルプ生育期の終わりになると付着根のある下方に移動し、古い葉とともに捨てられないようにしている。

生育場・避難所

成魚になるまで捕食者から身を隠す必要のある稚魚にとって、海草藻場とケルプの森は大切な避難場所である。ランプサッカーやアメリカナヌカザメなどの多数の魚は、成魚になってからは海草やケルプの中には棲まないが、こうした生育地で産卵し、自分の仔がより高い確率で生き残れるようにする。小型の魚には小さな獲物が必要で、海草の間、堆積物の下、ケルプの森の下生えの中には、非常に小さい蠕虫や甲殻類、軟体動物といった形で食料がふんだんにある。稚魚は成魚と似ていないことが多く、見つからないように緑や褐色の色合いでカムフラージュしている。周辺の礁から、夜間だけ海草藻場にやってくる魚もいる。海草藻場は、エビやイカなどの商業用の無脊椎動物にとって、重要な生育場である。

ランプサッカー
このランプサッカーの赤ん坊は非常に攻撃されやすい。しかし、吸盤を使って付着しているケルプの葉の上では上手にカムフラージュしている。

密生したケルプの森
ジャイアントケルプは世界最大の海藻である。葉の長さが30m以上になることもあり、1日当たり最高50cmという速度で生長する。

大西洋 西部

テルミノス潟

海岸の種類	浅い潟
水の種類	熱帯性
主要植物	海草、海藻、マングローブ

位置　メキシコ・カンペチェ州でユカタン半島南西

衛星写真。上が潟

堆積物でいっぱいになったテルミノス潟とメキシコ湾を2本の水路が結んでいる。また、3本の川が淡水を送り込み、塩度に著しい変化をもたらす。海草が潟の29%を占める。448種の動物が生息するテルミノスは、メキシコの四大潟の中でもっとも種の数が豊富である。

大西洋 北東部

バーラ海峡

海岸の種類	海峡のある一連の島々
水の種類	冷帯性
主要植物	海草、ミール、ケルプ

位置　英国スコットランド・アウターヘブリディースのサウスウイスト島、エリスケイ島、バーラ島の間

バーラ海峡は潮流が強く、透明な浅瀬と砂の多い海底はアマモ(*Zostera marina*)に格好の生育地である。ミール場(245ページ参照)とアマモ場は、多数の小型動物種の住処となっている。スコットランドのこの地域に生息する、潮流にさらされた豊かな生物群集は、海峡をまたがる岩盤築堤道の建造という脅威にさらされている。アマモは、カワツルモ(*Ruppia maritima*)とともに、付近の汽水潟でも生長する。カワツルモを海草の一種とみなす科学者もいる。ケルプの一種*Laminaria hyperborea*の森は、海峡のはずれの岩の上に生長し、大量のホヤや海綿動物の住処となっている。

アマモ群落
1930年代、西ヨーロッパのアマモの90%近くが、病気により消失した。現在では健康なアマモの群落が、潮流にさらされる海峡で元気に育っている。

大西洋 北東部

ファルマス湾

海岸の種類	入江があり岩場が多い
水の種類	冷帯性
主要植物	*Laminaria hyperborea*、ケルプ、アマモ

位置　英国コーンウォール州の南西

ファルマス湾の海岸線には、ファルとヘルフォードというおぼれ谷(リアス)が2つあり、現在では、外海の影響が少ない、長い入江となっている。海洋生物が豊富なため、ファルマス湾の一部と合わせてヨーロッパ海洋特別保全地域に指定されている。入江内のアマモとミール(245ページ参照)の藻場は、希少なハゼの仲間など様々な動物の住処となっている。

入江の外側にある波にさらされた岩磯では、ケルプ*Laminaria hyperborea*が密集して群生し、付随する海藻や動物多数の生息を支えている。このケルプの茎は硬く、葉状体を海底から持ち上げており、ケルプの森が垂直によく発達している。ケルプの下の岩上ではイソギンチャクや海綿動物、小型海藻が空間をめぐって競争を繰り広げ、同時に他の動物はケルプ付着根に潜んでいる。ケルプの茎は表面がザラザラしているため、紅藻やコケムシ、軟体サンゴ、その他の外殻動物が付着しやすい。葉状体の上では小さなアオセンカサガイが摂食し、色彩豊かなウミウシは小さなヒドロ虫やレースのようなコケムシを食べる。より深い場所ではケルプ*Laminaria ochroleuca*が伸びているが、この水域は同種のヨーロッパの北限付近にあたる。

コーンウォール州のケルプの森
この*Laminaria hyperborea*ケルプの森の下にある岩場やケルプそのものの上にも、たくさんの異なる種類の植物と動物が生息している。

大西洋 南東部

サルダニャ湾

海岸の種類	岩・砂の多い小湾で潟もあり
水の種類	冷たい潮流
主要植物	ケルプおよびアマモ

位置　南アフリカ・ケープ州西部

南アフリカ西岸を北向きに流れる寒流のベンゲラ海流が、ケルプの生長に理想的な栄養分に富んだ水をもたらしており、サルダニャ湾ではカジメの一種シーバンブー(*Ecklonia maxima*)が豊富である。もっと小型のスプリトファンケルプ(*Laminaria pallida*)は、より深い水域で優占種となる。南アフリカは多様なカサガイで有名で、ケルプにつくカサガイの*Cymbula compressa*は、シーバンブー上にのみ見られる。このカサガイの殻はシーバンブーの茎の周りにぴったり合い、カサガイはそこで摂食する。

南大西洋のケルプの森
南アフリカ西岸最大の地場ケルプは、シーバンブーである。最高15mまで生長する。

海草藻場とケルプの森　　149

海岸の種類	浅瀬の湾と礁
水の種類	熱帯性
主要植物	海草およびマングローブ

ガジ湾

位置　ケニアのモンバサから南へ50km

ガジ湾の浅い、潮下帯の干潟と砂干潟は、周縁のサンゴ礁によって保護されている。干潟には12種の海草が育っており、こうした海草藻場が広さ15km²の湾の半分を覆っている。マングローブが並んだ小川が湾に流れ込んでいるが、マングローブと海草、サンゴ礁の生態系が近接するのは珍しく、どのように相互作用しているかについて科学的調査が行われてきた。海草藻場には、小川から湾へ流れ込んだ粒子を捕捉する役割があることが証明された。海草藻場はエビの幼生、動物プランクトン、エビ、カキに食料を直接提供しており、湾内の全魚類のおもな餌場でもある。

マングローブと海草
マングローブが立ち並んだ小川には珍しく、ここの水は澄んでいるため、ガジ湾へと続く水路で海草群落が繁茂可能になっている。

ロンボク島

海岸の種類	外海の影響からある程度守られた岩礁の湾
水の種類	熱帯性
主要植物	海草

位置　インドネシア・小スンダ列島

インドネシア周辺の少なくとも3万km²にわたる海底が海草に覆われている。暖かくて浅い潟湖と湾には、海草12種が繁茂している。ロンボク島の南に位置するグルプック湾には、インドネシアで見られる海草12種のうちの11種が生育し、ウミショウブと*Thalassodendron ciliatum*が密集した群落を形成している。ロンボク水域の海草に棲む魚の消化管内容物から、甲殻類がおもな食料源であることが判明している。トガリモエビの1種は、緑色の細長い体に白い斑点がついており、海草の葉を利用して完全にカムフラージュしており、捕食者の目を逃れている。干潮時、地元の人々は尖った鉄製の杭で潮間帯の生き物を掘り出すが、これが海草の葉と根を傷め、海草藻場の脅威となっている。

人間の影響

観光の脅威

東南アジアの島々に生育する海草は、世界で一番多様性に富んでいる。しかし、人間による活動が原因で、多くの場所で海草が脅威にさらされている。観光は、地域経済に大いに必要とされる景気浮揚手段となるが、これまで自然のままだった土地にホテルやその他の観光施設建設を余儀なくする。

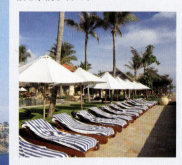

ホテル開発
汚染の結果、そして、マリーナなどのビーチ施設の建設を通じて生息地がなくなることにより、この地域における将来の観光開発は、ロンボクの海草藻場を脅かすことになるかもしれない。

プレンティー湾
この地域の住民は、ロンボク湾の海草藻場から海藻やウニ、ナマコ、貝、タコ、サバヒーの供給を受けている。

海洋環境

太平洋 西部
日本海

海岸の種類	おもに岩磯
水の種類	暖帯から寒帯性
主要植物	ケルプおよび海草

位置　日本の北部、北海道の西岸沖

日本海は南からの暖流、対馬海流と、北からの寒流、リマン海流の影響を受けている。海岸も場所が違うと水温に大きな開きが生じるため、海洋植物相は温帯と寒帯海域種が豊かに混成している。2海流が混ざり合うことで、植物生長に豊富な栄養分ももたらしている。海草の多様性はそれほどでもないが、アマモ科は7種が揃っており、そのうち数種はこの地域の固有種である。北の冷たい海域ではワカメ属、コンブ属、アナメ属の種が生育している。コンブは栄養が豊富で、北海道は昔からコンブ漁の中心地である。

急速に広がるケルプ
1981年以来、アジア産ケルプ(ワカメ)が、日本や中国、韓国の原産地から四大陸に広がった。

ケルプの森にいるハオコゼ類のメス

太平洋 南西部
プアーナイツ諸島

海岸の種類	沖合の島々
水の種類	温帯性
主要植物	ケルプおよび他の褐海藻

位置　ニュージーランド・北島のノースランドの東岸沖

1981年、プアーナイツ諸島周辺の海岸から800m外側に広がる海域が、海洋指定保護地区と設定された。ダイバーの間で、洞穴とケルプの森で有名である。一番外海に近い場所では、ケルプ*Lessonia variegata*が優占しているが、外海から保護された場所では*Ecklonia radiata*と大型褐藻の*Carpophyllum flexuosum*が豊富にみられる。

太平洋 北東部
アイゼンベック潟

海岸の種類	岩磯と潟
水の種類	寒帯性、低塩度
主要植物	アマモおよびケルプ

位置　米国アラスカ州アラスカ半島の北側

アイゼンベック潟は、州立アイゼンベック猟鳥類保護区の388km²を占め、世界最大級のアマモ場である。ここではアマモ*Zostera marina*が、潮下帯と潮間帯の両方で密集した藻場を形成し、干潮時には渉禽類が採食する。50万羽を超えるガンやアヒル、浜鳥が、渡りの途中にこの河口域に立ち寄り、アマモで食物補給する。外海に面した岩磯では、冷水の中でケルプの森が元気に育っている。森を形成するケルプはブルケルプ(*Nereocystis luetkeana*)で、長さ40mになることもある。ブルケルプは一年生で、単一年で成熟する。1日最高13cmという速さで生長する。巨大な葉状体には、革ひもの形をした長い葉身が多数付いている。葉状体は、最大直径15cmの気体入りの浮き袋(気胞)が支えている。

採食場
何千羽ものコクガンは、はるか北で雛を育ててから、メキシコのバハ・カリフォルニアへ向けて南へ渡る前に、アイゼンベック潟でアマモを食べる。

インド洋 東部
シャーク湾

海岸の種類	半閉鎖性の浅い湾
水の種類	熱帯性、高塩度
主要植物	海草

位置　オーストラリア西部パースの北、インド洋の入江

シャーク湾はユネスコの世界遺産に登録されており、この湾の海草藻場は世界的にみても非常に多様性に富んでいる。*Amphibolis antarctica*など12種の海草が、水深約12mまでの潮下帯で優位を占める。広大な海草藻場は、世界最大

海草の宝庫
シャーク湾には世界最大級の海草藻場があり、4000km²を覆っている。

級の個体数のジュゴン(423ページ参照)に食料を提供し、ジュゴンはサメの餌食となる。隣接するハメリンプールは海草には塩度が高過ぎるが、ストロマトライト(232ページ参照)の発達で有名。

ポセドニア属の水草

太平洋　東部

モントレー湾ケルプの森

海岸の種類 岩と砂が多い

水の種類 冷帯から暖帯性

主要植物 ケルプ

位置 米国カリフォルニア州サンフランシスコの南

カリフォルニアの海岸は、地球最大の海藻、ジャイアントケルプ（*Macrocystis pyrifera*）（240ページ参照）の藻場として有名である。ジャイアントケルプは岸から離れたすぐ沖合で密集した森を形成しており、モントレー湾では、いたる所でブルケルプから日照権を奪っている。ブルケルプはより波の強い区域で優先している。巨大種が生育する場所から海岸方向に向かうと、他の小型ケルプが育っている。ケルプの森に棲み、ウニを食するラッコ（406ページ参照）は、ケルプを餌とするウニを抑制する上で重要と考えられている。毎年カリフォルニアでは14万トンを超えるジャイアントケルプがアルギン酸抽出を目的に採取される。抽出されたアルギン酸は織物や食品、医療の各産業で利用される。

太陽で照らされた森
特殊な状況では、ジャイアントケルプは長さ80mにもなる。ケルプの森は晩夏の頃に一番密集し、暗い冬の間は衰える。

海洋環境

サンゴ礁

サンゴ礁は、主にイシサンゴ（造礁サンゴ）と呼ばれる小型海洋生物の残骸でできた堅固な構造物であり、全世界の浅海のおよそ28万km²を覆っている。礁の生きた表面を形成する生物の増殖や拡散、死滅により、石灰石の骨格が礁に追加され、サンゴ礁は徐々に成長する。サンゴ礁は地球上の生態系で最高度の複雑性と美しさを併せ持ち、多様性に富んだ生物の住処となっている。一方で、古くから経済活動の対象とされ、その価値も高い。現在、サンゴ礁は世界各地で脅威にさらされ、その存在が脅かされている。

サンゴ礁の種類

サンゴ礁はおもに、裾礁、堡礁、環礁の3種類に分けられる。もっともよく見られるのは裾礁である。陸に隣接しており、海岸とサンゴ礁にわずかな隔離しかないか、まったく隔離がない。大陸棚区域で造礁サンゴが上向きに成長することで発達する。堡礁は裾礁より幅が広く、礁湖という水域で陸地から分離されている。礁湖は幅が何kmにもわたることも、水深が何十mにもおよぶこともある。

環礁は、中央の礁湖を囲む大きな輪の形をした礁である。南太平洋などに見られるように、ほとんどの環礁は大きな陸塊からかなり離れた箇所に位置する。環礁と堡礁では、サンゴ構造が部分的に海面上に突き出して、低地のサンゴ島となっていることがある。サンゴ島は、サンゴ礁そのものから剥がれ落ちたサンゴのかけらが、波浪作用で堆積してできあがった。

前述3種の他に2種類のサンゴ礁がある。他の種類のサンゴ礁礁湖内に見られる小型構造のパッチ礁と、海岸線と明確なつながりを持たない、様々な礁構造からなるバンク礁である。

サンゴの多様性
このフィジー島の海の写真では、様々な種のサンゴや海綿動物、その他の礁の生物の上をハナダイの群れがさまよっている。

裾礁
裾礁裾礁に深い礁湖はなく、島や大きな陸塊の岸に直に接する。

堡礁
堡礁と海岸の間には礁湖がある。この航空写真では、水色の部分が礁で、遠くの濃青色の部分が礁湖である。

環礁
環礁はリング状のサンゴ礁もしくは、中央の礁湖をサンゴ島で囲んだものである。楕円形やいびつな形のこともある。

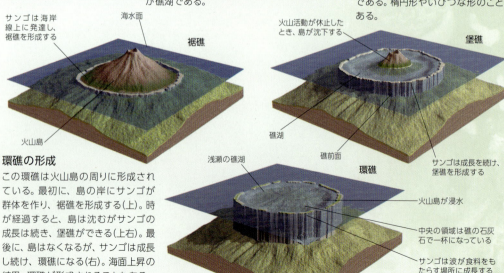

環礁の形成
この環礁は火山島の周りに形成されている。最初に、島の岸にサンゴが群体を作り、裾礁を形成する（上）。時が経過すると、島は沈むがサンゴの成長は続き、堡礁ができる（上右）。最後に、島はなくなるが、サンゴは成長し続け、環礁になる（右）。海面上昇の結果、環礁が形成されることもある。

サンゴ礁の形成

サンゴを構成する個々の動物をポリプと呼ぶ。造礁サンゴの主要分類群であるイシサンゴは、ポリプから石灰石を分泌し、岩などの成長基盤の上に建て増すように成長していく。ポリプは群体も形成し、様々な形状をした生物群集の骨格となる。褐虫藻というポリプ内の非常に小さな生物が、サンゴに重要な貢献をしている。褐虫藻は、ポリプが必要な栄養の大半を満たす。骨格の残骸となってサンゴ礁に付け加わっていく生物としては、軟体動物と棘皮動物がいる。サンゴを食べたり、穿孔する生物も、サンゴの骨格を砂状に崩し、砂が成長中の礁のギャップを埋めるという意味で、サンゴ礁の形成に貢献している。藻類や甲殻類は、砂とサンゴの破片を結合する一助となる。サンゴ礁の大部分は継続的に成長するわけではなく、静止期間が嵐によるダメージからの回復期となっていることもある。

イシサンゴ
この枝分かれしたイシサンゴは、インドネシア東部海岸沖、水深約5mで成長中。個々のイシサンゴは、1年に数cmまで成長する。

開いたポリプ
各ポリプの中央には開口部、つまり口があり、内臓につながっている。内臓周辺の組織が石灰石を分泌し、これが礁を作る。

サンゴ礁の分布

イシサンゴが成長できるのは、太陽光があたる清澄な浅瀬のみで、水温は少なくとも18℃、できれば25-29℃が望ましい。もっともよく成長するのは塩度3.6%の海水で、波浪や河川による堆積がほとんどないところである。こうした条件を満たすのは、熱帯および亜熱帯の海域のみである。サンゴ礁が一番集中しているのは、紅海から太平洋中心部までのインド洋・西太平洋地域である。この地域ほどではないが、カリブ海周辺にもサンゴ礁の集中がみられる。暖水サンゴ礁に加え、日光に依存せず、深く、冷たい水域で礁を形成するその他のサンゴにも徐々に注目が集まってきている。熱帯以外でサンゴ礁を形成するものもある（178ページ参照）。

暖水サンゴ礁の分布
暖水サンゴ礁の成長の必要条件が揃っているのは、おもにインド洋、太平洋、大西洋の熱帯地方である。サンゴ礁の大部分は、この3大洋の西側に存在するが、それは西側の海水の方が東側より暖かいからである。

冷水サンゴ
この*Lophelia pertusa*という種は、冷水で成長する数少ないサンゴの1つで、最大水深500mでも育つ。

人間の影響

サンゴの白化現象

白化現象とは、造礁サンゴの色がなくなることである。サンゴを着色する褐虫藻という小生物が、サンゴのポリプから排出されるか、あるいは色素を失うと起こる。極端な場合、サンゴの死に至る。様々なストレスが原因で白化現象が起こるが、その中には汚染や海水温度の上昇などがある（67ページ参照）。過去数十年間で、大規模な白化現象が発生しており、広範囲のサンゴに影響を与えている。

サンゴ礁の構成要素

サンゴ礁には他と明確に区別できるゾーンがあり、それぞれに特徴的な光量や波浪作用、その他の要因がある。各ゾーンの特徴により、そこに棲む生物が決まる。礁斜面(前礁)は、海に面する部分である。サンゴ礁斜面の上部は、枝状サンゴの群体が支配しており、中間深度部分は塊状形態が優勢である。この2つのゾーンで、種の多様性が一番顕著である。

サンゴ礁斜面の最上部には礁嶺がある。この部分は波浪作用の影響を一番受け、光量も多い。礁嶺の海岸側は礁原で、満潮時に海水にさらされる可能性のある、浅く比較的平らな一帯で、石灰石や砂、サンゴの破片でできている。海岸に向かってサンゴの数は減少する。堡礁と環礁には最終ゾーンの礁湖がある。

種の多様性

温暖で日当たりのよいサンゴ礁水域は、造礁サンゴに加えて、海藻はもちろん、その他のおびただしい種類の動物の住処となっている。非常に豊かで健全な礁は、何千種もの魚やカメなど、他の海洋脊椎動物の生息地になっている。それと同時に、無脊椎動物の主要分類群のすべても揃っている。

無脊椎動物には、海綿動物や蠕虫、イソギンチャク、非造礁サンゴ(ヤギなど)、軟体動物(巻き貝、二枚貝、タコなど)、棘皮動物(ウニやその仲間)が含まれる。礁は隅から隅まで、隠れ場や避難場所として、なんらかの動物に利用されている。礁に存在するすべての生物が、複雑きわまりない関係で結びついている。多数の生物が他の生物と相利共生の関係にある。

礁嶺
礁嶺(礁の一番上の、海側の部分)の前方部分で、溝に分離されたサンゴの支脈が外海に向かって育つことがある。

ウニ
ウミユリ
オオシカツノサンゴ
オジカツノサンゴ
マンドリンノウサンゴ
チューブカイメン
ヤギ
スターサンゴ
レタスサンゴ
板状のスターサンゴ
ユビエダハマサンゴ
ムチヤギ

クイーンエンゼルフィッシュ
カリブ海の礁でみられる何百もの魚種の1つ。エンゼルフィッシュの稚魚は小型甲殻類や藻類を餌としている。

礁のゾーン
この図は典型的な裾礁を表しており、前礁、礁嶺、礁原とそこに棲む海洋生物の一部を示している。前礁には3つのゾーンがあり、それぞれのゾーンで枝状サンゴ、塊状サンゴ、板状サンゴが優勢になっている。個々のサンゴは縮尺に合わせた表示にはなっていない。

チューブカイメン
広けた礁斜面だけでなく、洞穴や空洞など礁の色々な部分で、海綿動物の様々な種が確認できる。

板状サンゴゾーン
深くて暗い前礁部分のサンゴは、最大限の日照を得られるように水平に広がり、板状の群体を形成する。

サンゴ礁の重要性

様々な理由から、サンゴ礁には計り知れない価値がある。第一に、島や海岸の周りの防護壁となり、礁がなければ島や海岸は海に侵食されてしまう。第二に、サンゴ礁は非常に生産的で、サンゴ礁が作り出す生きた生物資源は海洋生態系で一番多く、多数の沿岸住民にとって重要な食料供給源となっている。第三に、面積比で見た場合、他のどの海洋環境よりも多くの種を維持している。推定では、サンゴ礁とその周辺に生息する生物は、既知のサンゴ礁種に加え、まだ数百万種の未発見種があると考えられている。こうした生物学的多様性は、21世紀の新薬発見できわめて重要になる可能性を秘めている。多数のサンゴ礁に棲む生物が、生化学的に効能のある物質を含有しており、関節炎やガン、その他の病気の有力な治療薬として研究されている。最後に、サンゴ礁はその傑出した美しさで、特にシュノーケリング愛好者やスキューバダイバーを魅惑し、観光を通じて地元経済に貢献している。

浜
ノウサンゴ

ウニ
ウニは藻類を摂食し、サンゴ礁上の藻類の異常増殖を防ぐ上で重要である。

海草

ゴルフボールサンゴ

イソギンチャク

砂と藻類のゾーン
このエリアでは砂と海草が優位を占め、小さな海洋生物の隠れ場となることもある。

礁原
ここに生息する動物は、高温と高塩度に耐える必要がある。

礁嶺
ここに生息するサンゴは、力強い波浪作用に耐えなければならないため、頑強である。

枝状サンゴゾーン
このゾーンは礁嶺のすぐ下で、オジカツノサンゴのような枝分かれ形態のサンゴが優位を占めている。

塊状サンゴゾーン
前礁のこの部分は通常、塊状サンゴが優勢になっている。塊状サンゴは、丸みを帯びた形の群体である。

海底調査
ハワイ諸島の礁域で、藻種の度数を記録しているところ。カメラ、礁の輪郭決定用の枠、水中筆記用具を使っている。

サンゴ礁の漁
インドネシア東部・パンタル島の漁。インド洋と太平洋全域では、カヌー等で適当な漁場へ行き、投網を使う小規模漁業が一般的である。

ゴールデンウミユリ
ウミユリやウミシダはヒトデの仲間である。通常は礁の穴やその他の隠れ場所に生息し、優雅な腕を伸ばして餌を捕まえようとしている。

ウミユリの腕
藻類

傷つきやすいサンゴ礁

サンゴ礁は様々な種類のストレスから損傷を受けるが、現在、大規模損傷が進行中である。人間の活動が害の大半をもたらしており、その中には沿岸汚染の影響や沿岸の無秩序な開発、観光などがある。その他の問題としては、鑑賞用や宝飾品向けのサンゴおよびサンゴ礁生物の採集、建築材料用の礁の無秩序な採鉱、破壊的な漁業手法などがある。自然の障害には、熱帯暴風雨や、礁の健全性を維持している動物の個体数激減がある。海水温度上昇に関係したサンゴの白化現象(153ページ参照)は、特に憂慮される。サンゴ礁は断続的な自然的外傷からは回復できるが、複数かつ持続するストレスにさらされた場合、死滅してしまう。最近の推定によれば、全世界の暖水サンゴ礁の2/3が近い将来消滅の危険をはらんでいる。

人間の影響
サンゴの毒汚染

鑑賞用熱帯魚の捕獲に毒を用いる方法がある。非常に破壊的な漁業手法であり、広い礁域のサンゴを殺すおそれがある。フィリピンなどの東南アジア地域で行われている。下の写真の少年は、捕獲袋、捕獲ネット、シアン化ナトリウム溶液の入った噴射ボトルを持ち、水深約20mを泳いでいる。シアン化物は、捕獲する礁魚を麻痺させ捕まえやすくするために使うが、シアン化物に接触した生きたサンゴを殺してしまい、サンゴ礁の健康に大きな被害を与える。

大西洋 西部
バミューダ・プラットフォーム

種類　裾礁とパッチ礁を伴った環礁
面積　370km²
状態　一部に白化現象の報告

位置　大西洋北西部のバミューダ諸島から西と北へ広がる

バミューダ・プラットフォームは、大西洋北西部にある巨大な水中火山（海山）の楕円形をした平坦な頂上である。その表面は水面下4-18mにあり、このプラットフォーム上で育ったサンゴや他の生

ボイラーのような礁
海面付近のこうした小型の礁は、波が礁の上で砕けて泡だらけになる様子から「ボイラー」と呼ばれている。

物の残骸から何百万年もかけて形成された、分厚い石灰石の層で覆われている。プラットフォームの南縁と東縁に沿って石灰石の砂が徐々に蓄積され、バミューダ諸島を形成した。プラットフォームの北縁と西縁周囲にもサンゴ礁があり、環礁を形成しているが、中央の表面ではパッチ礁が成長している。バミューダ・プラットフォームの動植物は、南方の

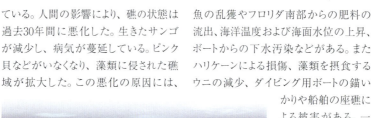

カリブ海の礁の種と比べて多様性は低い。それでも、イシサンゴ21種、華やかなヤギ類多数を含むウミトサカ類（非造礁サンゴ）17種、およそ120の魚種が記録されている。

大西洋 西部
フロリダ・サンゴ礁域

種類　堡礁、パッチ礁
面積　1,000km²
状態　悪化、一部は最近回復

位置　米国フロリダ州ビスケイン湾のソルジャーキー東からマルケサスキーズの南まで

このサンゴ礁系は長さ260kmあり、フロリダキーズの東と南に向けて曲線を描くように位置する。堡礁と分類する地質学者もいれば、バンク礁が集合して堡礁のような形になったと考える学者もいる。米国内最大のサンゴ礁域で、生物多様性に富み、40種以上のイシサンゴ、500種の魚類、数百種の軟体動物の住処となっ

ている。人間の影響により、礁の状態は過去30年間に悪化した。生きたサンゴが減少し、病気が蔓延している。ピンク貝などがいなくなり、藻類に侵された礁域が拡大した。この悪化の原因には、

魚の乱獲やフロリダ南部からの肥料の流出、海洋温度および海面水位の上昇、ボートからの下水汚染などがある。またハリケーンによる損傷、藻類を摂食するウニの減少、ダイビング用ボートの錨いかりや船舶の座礁による被害がある。一方、サンゴ礁の状態悪化を逆転させる方策がとられており、成功の兆しもある。

カリスフォート礁
フロリダ・サンゴ礁域の一部をなすカリスフォート礁はキーラーゴのそばにあり、昔から多数の船が難破した場所である。

大西洋 西部
バハマバンク

種類　裾礁、パッチ礁、堡礁
面積　3,150km²
状態　局所的な領域で損傷あり

位置　米国フロリダ州の南東およびキューバの北東にあるバハマ

バハマは、西インド諸島のリトルバハマバンクとグレートバハマバンクという2つの石灰石プラットフォーム上に散在する700余りの島々からなる群島である。この2つのプラットフォームは、少なくとも7000万年の蓄積で形成されたものであり、グレートバハマバンクの厚さは4500m以上あるが、その表面は海面から10-25m下

にある。多数の島に裾礁があり、バンクの上には多くのパッチ礁と、アンドロス島付近には堡礁がある。礁は、大西洋西部の熱帯に特有の様々なサンゴとサンゴ礁動物の住処となっている。サンゴ被度の減少とサンゴの病気が記録されているが、礁の健康状態は全体的に良好である。

イシサンゴとソフトコーラル
大きなヤギ類など、多様なサンゴの群れを写したこの写真は、ニュープロビデンス島沖で撮影された。

大西洋 西部
ライトハウスリーフ

種類　パッチ礁を伴う環礁
面積　300km²
状態　おおむね健全

位置　カリブ海西部でベリーズ中部から東へ80km

ライトハウスリーフは、ベリーズ中部の海岸沖合にある巨大なベリーズバリアリーフの東55kmに位置する環礁である。ほぼ楕円形といえる形で、全長38km、幅は平均すると8km。すべての環礁同様、

サンゴで形成された輪状の外側構造が境界をなし、いたる所で海面から顔を出す。これが海に対する天然の防壁となり、石灰石の塊上にある礁湖を囲む。礁湖は比較的深いが、多数のパッチ礁に加えて、砂の多い低地の小島や岩礁が6つあり、そのうちの1つにはダイビングセンターがある。礁湖の中央に位置するのが、グレートブルーホールと呼ばれる、石灰石にあいたほぼ円形の大きな陥没穴で、ライトハウスリーフでもっとも注目すべき地形的特徴である。この穴の深さはおよそ125mで、ライトハウスリーフの大部分がまだ海抜の上にあった最後の氷河期中、約1万8000年前に形成された。その頃、淡水による侵食で、石灰石の中に気体が充満した洞穴地帯やトンネルの複雑な集合体が形成された。ある時点で、その洞穴の1つで天井が崩れ、ブルーホールの現在の入り口ができたのである。その後海水位が上昇すると、洞窟地帯が浸水し、現在では冒険好きなスキューバダイバーのみが行ける場所となっている。

この地域特有の生物学的多様性を見せ、200種余りの魚と60種ほどのイシサンゴの住処となっている。2010年にはいくらかの白化現象の影響を受けている。

人間の影響
グレートブルーホールのダイビング

グレートブルーホールは世界最大級のスリルを味わえるダイビングスポットである。サメによく出くわすので、気弱なダイバーには不向きで、また完璧な浮力調節が必要なため、初心者ダイバーにもお薦めできない。水深38mでは、傾斜した壁から太古の鍾乳石がずらりと並ぶ印象的な光景を見ることができる。さらに数メートル下には、洞穴・トンネル組織網への入り口がある。

グレートブルーホール
この陥没穴は水深が145mあるため、水が深い青色をしている。名称の由来である。

インド洋　北西部
紅海リーフ

種類	裾礁、パッチ礁、堡礁、環礁
面積	1万6500km²
状態	局所的な領域で損傷あり

位置 エジプト、イスラエル、ヨルダン、サウジアラビア、スーダン、エリトリア、イエメンの紅海沿岸

東南アジアを除けば、紅海のサンゴ礁が間違いなく一番豊かで、生物学的多様性に富み、見ごたえのあるものであろう。紅海北部と南部のサンゴ礁には、違いがみられ、北部では、海岸が極端な急勾配になっており、沖にほとんど島がない。この場所のサンゴ礁は幅の狭い裾礁で、数メートルしかなく、礁斜面が海底に向かって急勾配に下る。エリトリア沖とサウジアラビア南西部にあたる紅海南部は、浅瀬の大陸棚が幅広く広がり、多数の礁が沖合の島々を囲い、断崖は少ない。

紅海南部はまた、南に位置するアデン湾から常時水の流入がある。この水は栄養分とプランクトンが豊富なため混濁しており、サンゴ礁の発達を制限している。紅海リーフ全域で、生きているサンゴによる被度は高く60-70%になる。イシサンゴやウミトサカ類、有名な紅海ミノカサゴなどの魚類、その他の礁の生物も多様性に富み、紅海中央部では、これまでに260種を超えるイシサンゴ種が確認されている。

紅海のサンゴ礁はほぼ健康だが、他地域は観光ダイビングの集中化や未処理下水の沈殿の影響を受けた。2010年には、紅海中央で水温上昇による主要サンゴの白化現象が起きた。オニヒトデのサンゴ捕食も問題化した。

アカバ湾リーフ

造礁サンゴの塊（群体）の周りをひらひら泳ぐ *Anthias* 属の赤い小魚の群れ。紅海リーフの上ではよくみられる光景である。

インド洋　北西部
アルダブラ環礁

種類	環礁
面積	155km²
状態	サンゴの白化現象もあったが、優良

位置 マダガスカルの北東、セイシェル共和国群島の西端

長さ34km、幅14.5kmのアルダブラは、世界最大の隆起環礁である。周縁を形成する石灰石構造はもともとサンゴ礁で、それが海面から8mほど突き出て4島に発達したことから、「隆起」と表現される。古代火山の頂上に位置する島々が、浅い礁湖を取り囲んでいる。礁湖は潮の干満により、部分的な干潟や満潮を日に2度繰り返す。アルダブラは遠隔地にあり、特別自然保護区であり、1982年にはユネスコの世界遺産に登録された。そのため、世界のサンゴ礁の大部分が人間の活動によるストレスを受けている中、アルダブラは最悪のストレスをまぬがれた。インド洋の多くの海域同様、アルダブラ環礁も1997-1998年に深刻なサンゴ白化現象に冒されたが、外側のサンゴ礁はほとんどきれいなままの状態である。海洋生物が豊富にみられ、おもな生物には礁魚の大群やアオウミガメ、タイマイ、黄色やピンク、紫のヤギの森、ハタ、シュモクザメ、バラクーダなどがいる。礁湖にはカメやブダイ、トビエイが生息する。

陸地に目を向けると、アルダブラは大型リクガメや、パプアクイナなどの珍しい外来鳥、ココナツを割れるほどの大きなハサミをもつヤシガニで有名である。

マッシュルーム型の岩
アルダブラ・ラグーンへ流出入する力強い潮流により、隆起した古い礁のかたまりが侵食され、マッシュルーム型になった。

インド洋　西部
バザルート諸島

種類	裾礁、パッチ礁
面積	150km²
状態	全体的に良好、損傷もあり

位置 モザンビークの南東岸、首都マプトの北東

バザルート諸島は、モザンビーク沿岸の一連の過疎の島々で、リンポポ川が何十万年もかけて砂を堆積した場所に形成された。2001年設立の国立海洋公園にバザルート諸島の大部分が入っており、すばらしい裾礁と万華鏡のように多様な海洋生物を保護している。トビエイやイトマキエイ、カメ5種に加え、2000種以上の魚、100種のイシサンゴ、緑色をして珍しいナンヨウキサンゴなど、27種の見事なソフトコーラルがバザルート礁で確認されている。バザルート諸島はまた、インド洋西部に生き残っているジュゴン（423ページ参照）の避難場所の1つにもなっている。

リーフサファリ

バザルート礁周辺の澄み切った浅海を訪問する平和的な方法は、リーフサファリの一環でダウ船に乗ることである。

ディエゴ・ガルシア環礁

インド洋 中部

種類　環礁
面積　44km²
状態　全体的に良好で、1998年のサンゴ白化現象から回復した

位置　インド洋中部スリランカの南にあるチャゴス諸島

米軍基地として有名な環礁。海鳥の住処でもあり、世界最大級の個体群が繁殖する。潟湖内の礁と環礁の縁周辺には、イシサンゴ220種が生息している。2010年、ディエゴ・ガルシアが含まれるチャゴス諸島は、「ノーテイク(完全禁漁)」海洋保護区と宣言して、世界最大の海洋保護地域になった。

ディエゴ・ガルシアの西側

モルディブ

インド洋 中部

種類　環礁、裾礁
面積　9,000km²
状態　サンゴ白化現象から回復中

位置　インド洋上スリランカの南西、インド南沖

モルディブはインド洋に浮かぶ26の大型の環礁群である。大半が独立した無数の礁とサンゴ質の小島(1200余り)でできており、それが輪のように配置する。環礁礁湖の水深は18-55mで、通常、多数のパッチ礁とファロと呼ばれる構造が無数にみられる。ファロはモルディブ以外にはなく、小さな環礁のように見える。

モルディブ環礁群の大部分は、それ自体が大きな楕円形の配置になっており、長さ800km、幅100kmほどの大きさがある。モルディブの環礁群や小島、ファロを縁取る礁には、200種を超える色彩豊かなイシサンゴ、1000種以上の魚類、その他の海洋生物が豊富に生息する。たとえばハタ、フエダイ、サメには頻繁に遭遇する。

1998年の深刻なサンゴ白化事象では、サンゴの90%までが死滅したエリアもあり、ダイビング観光には大打撃となった。1998年以後、2010年に厳しいサンゴ白化事象が発生したが、回復した。

環礁内の環礁

この航空写真に見られる無数のリング状構造体はファロで、大きなモルディブ環礁内のミニ環礁である。

人間の影響

環礁都市

モルディブの首都マレは、環礁の縁部分の一部をなすサンゴ島の全表面地域を覆っている。マレのサンゴ礁は、島を人工的に拡張するための建築材料として採掘された。部分的に解体された礁は、嵐から十分島を守れないため、周囲の大部分に防波堤が設けられ、2004年のインド洋大津波では大被害を防いだ。

アンダマン海リーフ

インド洋 北東部

種類　裾礁
面積　5,000km²
状態　サンゴ白化現象やダイバーによる損傷で、状態の悪いエリアもあり

位置　タイ、ミャンマー、アンダマンおよびニコバル諸島、マレーシア、スマトラのアンダマン海沿岸

アンダマン海リーフの大部分は、タイとミャンマー沿岸沖の島々周辺の裾礁や、北西部のアンダマンおよびニコバル諸島東岸沖で、南アジア最大の連続した礁がある場所である。およそ200種のサンゴと500を超える魚種が記録されている。礁と島々は、絶滅の危機にあるウミガメの餌場と繁殖場所でもある。アンダマンおよびニコバル諸島周辺の礁は、どこよりも自然のまま手つかず状態のサンゴ礁に数えられていたが、1998年のサンゴ白化で著しく損傷した。2010年にはタイの海岸沿いのサンゴ礁に、広範で深刻な白化事象が発生した。2004年のインド洋大津波の被害は比較的軽かった。他の脅威としては、鑑賞用の海洋生物採取や破壊的な漁法、森林伐採が原因の沈泥の固形化、ダイビングボートの錨による損傷があげられる。

ウミトサカ類の群体

ウミトサカ類とほとんど透明のシラウオ類の写真は、タイ南西部で撮影された。

太平洋 西部
白保リーフ

種類	裾礁
面積	10km²
状態	妥当。1998年の深刻なサンゴ白化現象から回復中
位置	日本列島南西端の石垣島南東部沿岸

白保リーフは、石垣島沖にある。約120種のサンゴや300種の魚が数km²内に集中しており、生物多様性の傑出した一例として、1980年代に注目を集めた。珍しいアオサンゴ（*Heliopora coerulea*）の世界最大の群落もある。何十年もの間、環境保護主義の人々は石垣島新空港建設からサンゴ礁を守ろうと闘った。サンゴ礁の上に空港を建設する案は撤回されたが、陸地に建設する計画にも懸念はある。サンゴエリアへの土壌の流出と沈殿が悪影響を及ぼす可能性があるからである。

アオサンゴ
アオサンゴという名称だが、このサンゴの色は紫から青、青緑、緑、黄色がかった褐色まで様々である。

太平洋 西部
ツバハタ・リーフ

種類	環礁
面積	330km²
状態	良好。1998年のサンゴ白化現象から回復中
位置	フィリピンとボルネオ北部の間のスル海中部

ツバハタ・リーフはスル海の中心に位置する2つの環礁の周りにあり、サメやイトマキエイ、カメ、バラクーダなど、多数の外洋性海洋動物が集まることで有名である。急勾配の棚状になったこのサンゴ礁は、多種の甲殻類や色鮮やかな裸鰓類（ナマコ）、350種以上のイシサンゴと軟体サンゴなどの小型生物も豊富である。ツバハタ・リーフは1990年代の初め、スキューバダイバーが世界のダイビングサイト・ベスト10にも選んだ。しかし、1980年代は、破壊的な漁法や海藻養殖場の開設により、かなりの被害を受けていた。1988年、フィリピン政府が介入してこの地域を国立海洋公園に指定した。1993年にはユネスコの世界遺産にも登録されている。漁の禁止や、サンゴ礁上で錨を使った係船禁止（訪れる船舶は係留ブイを使わなければならない）などの対策を実施したことにより、現在では状態にかなりの改善がみられる。2013年1月、米海軍の掃海艇がサンゴ礁に乗り上げて座礁し、被害は2000m²以上に及んだ。

サンゴの断崖
この急勾配の棚状礁斜面の写真には、軟体サンゴ数種とハタタテダイの群れが見られる。

太平洋 西部
ヌサトゥンガラ

種類	裾礁、堡礁
面積	5,000km²
状態	漁業により損傷
位置	西のロンボックから東のティモールまでのインドネシア南部

ヌサトゥンガラは、インドネシア南部に位置する500前後の島々で、島には裾礁がある。北部の島々の起源は火山だが、南部は隆起したサンゴ石灰石で構成されている。多数のサンゴ礁が実地踏査されていない。しかし、これまでの調査によれば、この地域の海洋生物は極めて多様性に富んでいる。たとえば、単一の大型サンゴ礁には1200種以上の魚が生息し、ヨーロッパ海域全体の魚種の合算を上回っている。造礁サンゴはおよそ500種が確認されている。よく目撃される動物には、トビエイやイトマキエイ、ブダイ、様々な種のタコや裸鰓類（ナマコ）がいる。ヌサトゥンガラに対するおもな脅威には、陸地からの汚染や伐木による沈殿物汚染、鑑賞魚の採取、爆破漁法がある。2010年にはサンゴの白化がいくつかのサンゴ礁に影響を与えた。

パンタル島沖の礁原
おびただしい数のイシサンゴとヒトデの種を特徴とするこの浅い礁エリアは、東ヌサトゥンガラの中心部に位置する。

グレートバリアリーフ

太平洋　南西部

種類	堡礁
面積	3万7000km²
状態	熱帯暴風雨や汚染、生態系の不均衡による被害あり

位置　オーストラリア北東部のクイーンズランド州海岸沿い

2010kmにもおよぶオーストラリアのグレートバリアリーフは、世界最大のサンゴ礁系である。生命体が作った最大の構造物と呼ばれることが多いが、実に3000以上の個別のサンゴ礁と小型サンゴ島で構成されている。礁の外縁は本土から30-250km離れており、生物多様性に富んでいる。イシサンゴがおよそ350種あり、軟体サンゴも多数みられる。魚類は1500種おり、最小のハゼからチョウチョウウオ類45種、ツマジロやシュモクザメ、ジンベイザメなど数種のサメまで、多種多様である。500種の藻類やウミヘビ20種、軟体動物4000種の住処でもある。

サンゴ礁の水路
サンゴ礁の中央部を撮影したこの写真では、曲がりくねった深い水路が2つのサンゴ礁プラットフォームを分断している。地域の潮差は激しく、水路では強い潮流が発生する。

しかし、2012年の研究発表では、1985年以来、サンゴ礁の半数以上を失っていると報告された。被害の要因には汚染、熱帯低気圧、水温上昇による大量のサンゴ白化、オニヒトデの発生、乱獲、船舶事故などがある。

世界最小の脊椎動物
グレートバリアリーフ最小の住人は、吻から尾までの長さがわずか7-8mmのスタウトインファントフィッシュである。2004年に発見されたとき、インファントフィッシュは世界最小の脊椎動物と発表された。その後、世界最小の称号は、わずかに小さいインドネシアのコイ科の魚に奪われ、最近ではパプアニューギニアの7mmのカエルの種が主張している。

マーシャル諸島

太平洋　南西部

種類	環礁
面積	6,200km²
状態	全体的に良好、局所的な悪化あり

位置　太平洋西部、ハワイ南西のミクロネシア

マーシャル諸島は太平洋西部にあり、29のサンゴ環礁と5つの小島で構成される。環礁は、5000-6000万年前に海底噴火したと考えられ、古代火山山頂に位置する。環礁には太平洋最大で面積2500km²のクワゼリンや、1946年から1962年まで米国が核兵器実験を行ったビキニとエニュエトクなどがある。この2つは遠隔地にあり、人間が撤退してしまったため過去50年間、人間による圧力をほとんど受けていない。今では周辺で海洋生物が元気に育っている。たとえばビキニでは、250種のサンゴと最高1000種の魚類が記録されている。

マジュロ環礁
マジュロ環礁の縁は一部が冠水したサンゴ礁で、他は低地の小さな島々から構成されている。

ソシエテ諸島

太平洋　南西部

種類	裾礁、堡礁、環礁
面積	1,500km²
状態	良好だが局所的に著しい損傷あり

位置　太平洋南・中部でニュージーランドの北東にある仏領ポリネシア

ソシエテ諸島は、南太平洋にある一連の火山島およびサンゴ島である。堡礁のある島（ライアテアなど）、裾礁と堡礁の両方がある島（タヒチなど）、環礁あるいは近環礁（マゥピハやマゥピティなど）がある。サンゴ160種以上、礁魚800種以上、軟体動物1000種以上、棘皮動物30種以上がこれまでに記録されているが、生物の多様性は並である。サンゴ礁の健康状態は良好だが、タヒチやモーレア、ボラボラの活気あるリゾート地周辺のサンゴ礁は、建設や下水・土砂流出で深刻な影響を受けている。

モーレア
山の多いモーレア島の海岸線をほぼ完全に囲むように、幅の広い裾礁がある。

ハワイ群島

太平洋　中央部

種類	裾礁、環礁、沈水サンゴ礁
面積	1,180km²
状態	サンゴの病気の発生が報告されている

位置　太平洋北・中央部

ハワイ群島は、巨大海底山脈の山頂が露出したものである。この山々は、太平洋プレートが北西方向にあたる地球のマントル内のホットスポットへと移動するしたがって、何千万年もかけて形成された。サンゴ礁があるのは、オアフ島やモロカイ島など、群島の南東端に位置し、地質学的に若い大型の島で、その沿岸を部分的に縁取っている。北西部には古い島々が沈んでいるが、その山頂が、環礁（フレンチフリゲート瀬やミッドウェー環礁など）にあたる。ハワイ群島の礁は世界の他のサンゴ礁からきわめて隔離されている。全体的に生物多様性は乏しいが、多数の新種が進化を遂げてきた。ハワイ諸島および近隣の礁で発見された動植物の4分の1は他では存在しない。

フレンチフリゲート瀬
テーブルサンゴの周りを礁魚のハタタテダイやミレッドシードバタフライフィッシュ、ヨスジフエダイが泳いでいる。

グレートバリアリーフ
暖かく澄んだサンゴ礁の水は、驚くほど様々な生命を育んでいる。色鮮やかなウミトサカ類の上をベニハナダイの群れが泳いでいる。礁魚の鮮やかな色には意味がある。同種の仲間がお互いを認識する際に役立ち、捕食動物へ警告する役割などもある。

漂泳区分帯

漂泳区分帯とは大陸棚上の縦方向ある海水（水柱）を指す（同じ用語が外洋の水柱を示すこともある）。広大な環境であり、水温と塩度の変化により、まったく別の水塊を構成する。水塊の境界は「フロント」と呼ばれ、局所的に生息するプランクトンの種類で区分される。沿岸や大陸棚の海域の方が、外洋よりも生産性が高い。穏やかなとき水は階層化し、表層プランクトンは下の層に含まれる必須栄養分から切り離される。嵐によって層が混ざり合うと、植物プランクトンの大増殖が促進される。高緯度には季節性のプランクトン周期がある。暖かい海域では栄養分に富んだ深層水が季節的に上昇し、植物プランクトン成長のきっかけとなる。

キタユウレイクラゲ
この恐ろしいほど巨大なプランクトンは、最大直径2m、触手は60mまでにも成長することがある。

顕微鏡でしかみえない一次生産

世界の海における一次生産の大部分は、大陸棚上で行われる。表層水に浮遊する微少な植物プランクトンが光合成を通じて太陽エネルギーを利用し、生きた細胞を作り出す。最小級の藻類（ピコプランクトン）が一次生産の相当量の供給源となっていると思われる。植物プランクトンが成長するには、日光のみならず、栄養分や微量金属も必要である。外洋では不足することが多いが、大陸棚海域では河川の絶え間ない流入や波による海水混合により供給されるほか、栄養分豊富な水が上昇している沿岸海域もある。

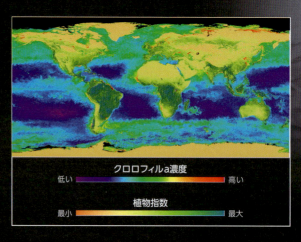

一次生産
この衛星地図は、一次生産の変化を海洋におけるクロロフィルa色素濃度と陸地における植物量で表している。

プランクトンの周期

温帯海域や極洋では、植物プランクトンの最適増殖はまず春に起こる。昼間の時間が長く、冬の嵐が水柱をかき混ぜ、溶解栄養分を海底から再混濁したため、栄養分レベルが最高に達している。澄んだ海水は、春季大増殖により様々な色へと瞬く間に変化するが、その色はエンドウ豆スープのような色など、増殖生物によって異なる。豊富な食料と上昇する水温に呼応して、小さな動物プランクトンが植物プランクトンを摂食し始め、繁殖を開始する。沿岸の底生動物は海底での暮らしを始める前に、たくさんの幼生を栄養分豊富な海水に放出する。産卵する魚も卵塊と幼生という形で、栄養豊富な海水作りに貢献する。年次周期の最終段階になると、植物プランクトンは食べ尽くされ、栄養分は使い果たされ、生産性も衰える。しかし、この周期は来春また新しくスタートする。

漂流する動物プランクトン
大陸棚の動物プランクトンには、海底動物の多数の幼生が含まれている。

人間の影響
赤潮

海藻類個体群数の急激な増加を大増殖（ブルーム）という。スコットランド沿岸のこの「赤潮」は、渦鞭毛藻類ヤコウチュウが原因である。大増殖は海生生物に害を及ぼすことがある。微生物が多すぎるため、魚の鰓がつまって窒息してしまうのである。高密度の大増殖は自然発生するものである。しかし、人間による汚染が富栄養流出水という形で海に流れ込み、大増殖の食料供給源ともなっており大増殖が頻繁に起こっている。

潮流に乗って

藻類から巨大なクラゲまで、動物性および植物性のプランクトンは無抵抗で漂うか、弱々しく泳ぐかのどちらかである。ほとんどのプランクトンが生息する表層潮流は風が駆動力となっており、短時間ではどちらの方向へも移動する可能性がある。しかし大部分の大陸棚には、特定方向への恒流が存在する。長距離移動後に産卵する動物は、恒流をあてにしており幼生が成体に成長するのに適した場所へ、恒流が連れ戻してくれると期待しているのだ。たとえばアナゴ科の魚の幼生は、大陸棚のはるか沖の産卵場所からおよそ2年をかけて漂流して戻ってくる。フジツボや軟体動物、ヒドロ虫、棘皮動物など大多数の海岸動物の幼生となると、プランクトン状態で過ごす時間はずっと短く、沿岸の新たな海域に分散するに十分な期間だけである。しかし、プランクトン状態は危険な時期で、周りは食欲旺盛な口や触手であふれている。何百万個という卵や幼生が放出されても、動物プランクトンのほとんどは死に、定住や成長に適した場所にたどり着けるのは、一握りの幸運なものだけである。

群体となったロープ
このロープは一年の間にホヤやウミシダ、ケヤリムシ、イソギンチャクによってコロニー化された。プランクトン様の幼生は海流に乗って運ばれてきた。

回遊する群れ
サバなど海の表層や中層上部にいる「浮魚」は、水温変化に応じて海洋を移動する。サバは浮魚として大型の部類に入る。

活発なスイマー

動物プランクトン、特にカイアシ類やオキアミなどの小型甲殻類は、ニシンやイカナゴ、イワシ、アンチョビーなどの群れる小型魚が餌とする。こうした魚の大半は一生を水の中層で過ごし、海底を利用するのは産卵時と捕食動物を回避するときのみである。強健なスイマーで、獲物の捕獲や捕食動物から逃げる際に素早い泳ぎを武器とし、恒流に逆らって長距離移動し、餌を食べたり、産卵場所へ到達する。小型の群魚は、イカやマグロ、クジラ類、サメなどのより大型の捕食動物の餌となる。ジンベイザメ、ウバザメ、ヒゲクジラ類は最大級の海洋動物だが、プランクトンを直接的な餌としており、莫大な量を消費する。

遊泳無脊椎動物
遊泳動物と分類できるほど強力に泳ぐ無脊椎動物はイカのみである。イカは魚や甲殻類プランクトンなど、様々な獲物を捕まえる。

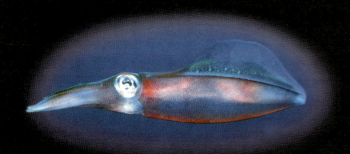

浮魚漁業

大陸棚海域は大量の浮魚を育んでいるが、その支えとなっているのは結局のところ、豊富なプランクトンである。一番重要な水産業は、ニシンやイワシ、アンチョビー、ピルチャード、サバ、カラフトシシャモ、カワカマスの漁である。イカも商業漁業の対象になっている。船と網が大型化し、群れの位置を正確に把握する技術が高性能になるにつれ、多数の魚種に乱獲の危機が迫っている。浮魚とイカは、海面からおよそ10mに吊す流し網で捕獲される。北太平洋の大規模な水産会社になると、17万kmもの流し網を所有している。こうした網には不幸なことに、甲殻類やカメ、潜水鳥類もかかってしまう。マグロやメカジキには浮き延縄を使うが、稚魚やサメ、カメ、海鳥も捕獲されてしまう。中層トロール網では、ニシンやサバ、イワシなどの群魚を大量に漁獲する。この他にも様々な浮魚を対象とした小規模漁業があり、世界中の地方沿岸住民の生計を支える上で重要である。

食物連鎖への脅威
イカナゴはキョクアジサシ（写真）などの海鳥やアザラシ、クジラ類、大型魚の食料である。多数の食物連鎖の底辺に位置するイカナゴは重要であるが、それにもかかわらず大量に漁獲され、家畜や養殖魚の餌や燃料油として利用されている。

海洋環境

外洋の鋼青色の波の下には、驚くべき光景が隠されている。急勾配の大陸を下っていくと波打つような泥の平原が広がっている。海洋水柱が生物の生息する各層を支えており、それは太陽光がエネルギー源となる表層から高い圧力がかかる闇の深海まで広範にわたる。海底火山や、ヒマラヤに匹敵する程の高い山脈が深海平原を分断している場所もある。その山腹からは熱水が噴出しており、それが地球上の他では類を見ない生物共同体を支えている。またある場所では、地球の巨大な構造プレートが衝突して海洋底に海溝をつくり、強い地震を引き起こす。謎に満ちた深海を探索した人の数は、宇宙を飛んだ人よりも少ない。

外洋と海洋底

波の下
海洋の最深部にエベレスト山を置いた場合、すっぽり波の下に隠れてしまい、海面には届かない。その結果、月の地図の方が深海底の地図よりも、細かい記述がなされているという事態が生じている。

外洋のゾーン

海洋の環境は深さによって大きく変化する。深度の増加に比例して、水圧が高まり、光や温度も変化する。そのような変化の多くは連続的なものだが、海洋は深度によって何層かに分かれており、各層の生物はそれぞれ全く異なる環境で生息している。

表層

海洋表層は、栄養分がもっとも豊富な領域だ。その上層部はノイストンと呼ばれることがあるが、これはクラゲなどそこに生息する生物に対しても用いられる。動植物から排泄されるアミノ酸、脂肪酸、蛋白質が表層に浮漂し、また動物の腐敗した死骸からも油が放出され浮標する。それらは植物プランクトンの豊かな栄養源となる。

海洋表層は、海洋と大気の間でガス交換が行われる境界面である。酸素動物の生存に必要な酸素の半分は海から来ているため、この層は地球上の全生物にとって極めて重要である。当然ながら、植物プランクトンはこの太陽光が射す表層に集まっており、その植物プランクトンを食べる動物も同様に集まって来る。しかし残念なことに、この層は海洋生物にとって極めて有害な科学汚染や浮漂するゴミの影響をまともに受けやすい。

昼と夜の生物分布図

深海層に生息する海洋生物はごく少数で、大部分は水深1000m以浅の領域にいる。有光層は動物にとって危険地帯である。そのため一般的に日中は薄明層に留まり、夜になると有光層に上る。日中の有光層は、ほとんどもぬけの殻となる。

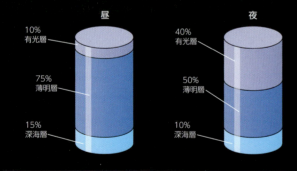

人間の影響
フリーダイビング

ダイバーが水中で圧縮空気を吸うと、過度な窒素が血液中で溶解される。急激に浮上すると、減圧病を引き起こす。フリーダイバーは水中で息を止めているため、この危険から免れる。圧力が肺を圧迫するが周辺の血管が膨張して肺を保護し、血中の窒素濃度を安全に保つ。訓練されたフリーダイバーは降下・浮上用の補助具を用いて、長時間息を止め、水深200mにまで達することができる。

海洋層

有光層 0-200m
海水は光を吸収するので、水深200mで光が届く割合は1%だ。植物プランクトンは光を利用して光合成を行う。この層がすべての海洋生物の原動力となる。

薄明層 200-1000m
光合成には暗すぎるが、獲物を捕獲するには十分な光だ。

暗黒層 1000-4000m
水深1000m以深になると太陽光は、ほとんど届かない。この層から最深部にかけて暗闇なので、植物は育たない。食物の供給源は上から落ちくる残骸の「雪」のみである。この層の水温はどこも2-4℃と低温だ。また水圧が高いため、それに適応可能な動物のみが生存できる。暗黒層は、4000m以深の深海平原までの層と定義される。事実上、1000m以深は暗黒層であり、唯一の光は発光生物(224ページ参照)によるものだ。しかし便宜上、暗黒層より下の水域をさらに区分する。

深海層 4000-6000m
大陸斜面を下ると、その先には平坦な海底が続く。一般的に、水深4000m以深で広大な平原が形成されている。水深6000mまでうねるような起伏のある海底が続いているところもある。海底総面積の約30%が4000-6000mの間にある。そこに生息する動物は、海底から上に伸びる深海層という細長い水柱を上下に移動する。

超深海層 6000-1万1000m
水深6000m以深にまで降下すると、海底には深い海溝がいくつかある。海底総面積のうち超深海層の占める割合は2%以下。そしてこの層を訪れたことのある人間は10人たらずである(183ページ参照)。極めて高圧のため、わずかな潜水艇のみが潜航可能だ。したがって、この深度に生息する生物については未知の部分が多い。イソギンジャクやクラゲは水深8221mで観察され、魚は水深8370mで採取されている。端脚類は、アメーバや様々な微生物同様、海洋で最も深いマリアナ海溝の底に生息していることがわかっている。

縮尺

アラブ首長国連邦ドバイの摩天楼ブルジュ・ハリファ(829.8m)

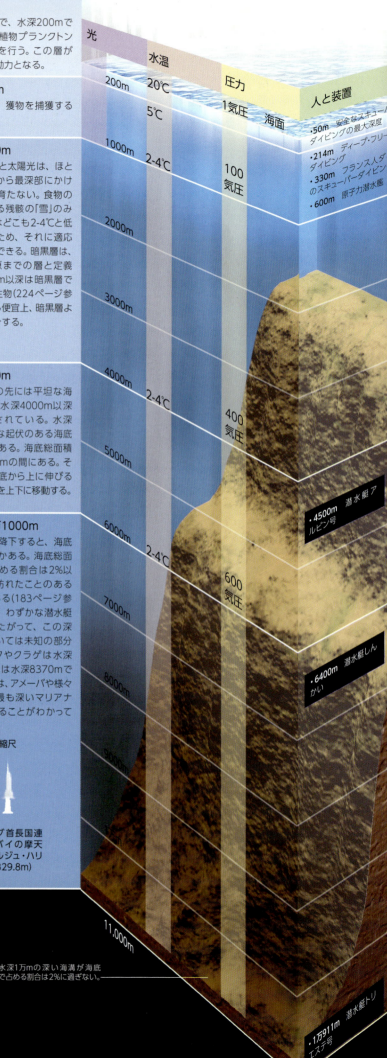

外洋のゾーン

最大深度点

以下の円柱は、大洋および世界の一部の海の平均深度(黄色の帯)と最大深度(赤色の帯)を示す。

- 北海　平均深度　94m
- バルト海　最大深度　449m
- 北海　最大深度　700m
- 北極海　平均深度　990m
- 地中海　平均深度　1500m
- カリブ海　平均深度　1512m

水深4500mあたりの深海平原は海底総面積のほぼ3分の1を占める。

- 大西洋　平均深度　3330m
- インド洋　平均深度　3890m
- 太平洋　平均深度　4280m
- 南大洋　平均深度　4500m
- 地中海　最大深度　5095m(ヘレニックトラフ)
- 北極海　最大深度　5601m(モロイディープ)
- 南大洋　最大深度　7152m
- カリブ海　最大深度　7685m(ケイマン海溝)
- インド洋　最大深度　7725m(ジャワ海溝)
- 大西洋　最大深度　8962m(プエルトリコ海溝)

深海平原をさらに下ると、起伏のある岩の海底が水深6000mあたりまで達している。さらにその下には海溝があるのみ。

- 太平洋　最大深度　1万920m(マリアナ海溝)

海洋生物
- 201m　イルカ
- 350m　オオサマペンギン
- 680m　ホホジロザメ
- 1000m　マッコウクジラ
- 1200m　オサガメ
- 1580m　ゾウアザラシ

各層の生物
深海の各層を人間の潜水深度と代表的な海洋動物と共に示す。ほとんどの生物は光がある水深1000m以浅に集中している。

水晶のような水
熱帯の海は美しい。しかし透明であることは、栄養分がないこと、つまり植物プランクトンもほとんどなく、動物の餌は極めて乏しい。

有光層

有光層には、光合成を行う太陽光が十分にある。海は太陽光を吸収するが、その度合いは光の波長によって異なる(38ページ参照)。赤色光はほぼ10m以内で吸収され、より深い場所では赤色の動物は黒に見える。緑色光は、澄んだ水の中では水深100mあたりまで届く。青色光はその倍の深さまで届く。葉緑素のある植物プランクトンは(光合成を行うため)優先的に、光の帯(スペクトル)の赤と青の部分を吸収し緑色光を反射する。水が澄んでいれば、植物プランクトンは水深200mまで光合成が可能だ。

　濁った水では光がより速く吸収されるため、有光層は浅くなる。また栄養分に富む水でも、増殖した動植物プランクトンが太陽光を吸収するので、有光層は浅くなる。植物プランクトンは日中は光合成を行うため有光層に留まる。動物プランクトンも植物プランクトンを食べるために有光層に留まり、そしてそれを食べる動物も留まる。この層は太陽光が射すため、捕食動物の目につきやすい。

有光層の食物
有光層の植物プランクトンは、動物プランクトンの餌になる。代わって、動物プランクトンは写真のエビのようなさらに大きい動物の餌になる。

有光層の生物

植物プランクトンは太陽光を十分に得るため、有光層に留まる必要がある。その層はもっとも温かくそして成長に必要な栄養分が一番豊富にある。その層に留まるのに、多量のエネルギーを消費しなければならないとしたら、逆効果になってしまう。したがって植物プランクトンは、そこで楽に生息できるよう様々な器官を発達させてきた。一部の種は浮遊性の気泡、油の小滴、低脂肪の貯蔵などを利用して浮遊性を保っている。他には、全身を覆うとげ状の突起で表面積を増やし、それで浮遊性を保つ種もいる。また、一部の植物プランクトン種は群生の連なりを形成することで、水中に多くの引っかかりをつくり、プランクトンの沈降速度を遅くしている。渦鞭毛虫類と呼ばれるグループは糸のような鞭毛を持ち、それで弱々しく泳ぐ。生産性が高いこの層で、植物プランクトンは大気中の約半分の酸素を生成している。また温帯水域で、植物プランクトンは夏季に密集して大増殖することもある。

珪藻
増殖力の強い植物プランクトンである。鎖状あるいはマット状で岩に付着して群生する種もある。毎年、60億トンが世界中の海で成長する。

動物プランクトン
採集されたこの動物プランクトンには、棘皮動物(左下)、放散虫とカニの幼虫(中央)、魚卵(右下)などが見られる。

プランクトンとネクトン

春に植物プランクトンの大増殖が起こると、動物プランクトンも増殖を開始する。動物プランクトンは有光層で餌にする植物プランクトンを追う。ほとんどの動物プランクトンは草食動物なので植物プランクトンを食べるが、中には他の動物プランクトンを捕食する肉食動物もいる。その多くは一時性プランクトンに分類される。具体的にはカニ、ロブスター、蔓脚類、一部の魚などの生物の幼体で、プランクトンのような幼生期があり、そして海流を利用して拡散する。こうした幼体は大増殖した夏の植物プランクトンを食べることで、同種の成体との餌の取り合いを回避している。プランクトンが海流に乗って浮遊していると、それを食べるために多くの自由遊泳性の動物(ネクトン)が集まってくる。たとえば魚、イカ、海産獣類、亀などだ。次に捕食動物や海鳥がそれらを食べる。

ハナオコゼ
この写真の2匹のハナオコゼは海藻Sargussumの中に隠れて、サルガッソー海の表層に浮遊している。

カイアシ
草食動物のカイアシは、動物プランクトンの全個体数の70%を占め、1m³に何千と生息している。

薄明層

薄明層には動物を視認し、また視認される程度の光がある。したがって、獲物と捕食動物との間には常に戦いがある。多くの種はほぼ半透明なので、わずかな影も落とさずにすむ。その他には、上からの光で自身を反射させて身を隠す反射型、または全身を細くする極薄体型の種もいる。薄明りに適応するため、この層に生息する動物のほとんどは、非常に大きな目を持っている。

この層の主な食物供給源は、生物などの残骸である。したがって多くの動物は夜になると餌が豊富な有光層に上り、太陽が昇ると再び薄明層に戻って来る。すべての海洋生物資源のおよそ30%に相当する何百万トンもの動物が毎日この移動を行っており、それは地球上の生物の移動の中でも飛び抜けた規模をもつ。移動距離は、動物の大きさにより様々であり、体長1mm以下のプランクトンのような微小動物は20mほどの移動に過ぎないが、それよりも大きなエビは日に片道600mも移動する。

巨大な濾過摂食動物
写真にあるような体長11m以上のウバザメはプランクトンの群体をすくい取り、顎の内側にある白い鰓耙で海水からプランクトンを濾過する。

暗黒層と深海層

薄明層の下は、高圧力の冷たい闇の世界で食物に乏しい。しかし、そのような深海層に適応した動物にとって、圧力は問題ではない。なぜなら液体が詰まっているその体は、ほとんど圧縮されないのだ。対して海上の鳥や哺乳類は、体内にガスを含むため圧力の影響を受けて圧縮されやすい。ほとんどの魚は浮き袋の気体を利用して浮力を維持しているため、圧力変化の影響を受けやすい。このため、多くの深海魚には浮き袋がない。

ほとんどの深海種にとって最大の問題は餌の不足である。植物が表層で生成するエネルギー量の約5％のみが深海に到達する。深海の動物は一般に動作が鈍く長命である。獲物が来るのをじっと待って、エネルギーを節約している。そのため、多くの深海種は大きな口と強力な歯を持つ。獲物を捕るために様々な罠をしかける種もいる。たとえば、アンコウは頭部の触手状突起を揺らつかせる。ある種は発光細菌を共生させるか、あるいは科学的処理を用いて獲物をおびき寄せる。また、自身の体を発光させる深海種もいる。

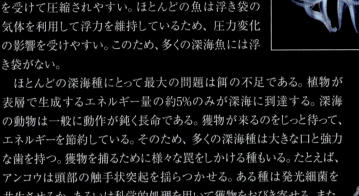

外洋のイカ
写真のアオリイカが生息する有光層から深海層に至るまで、イカは海の様々な層に生息している。深海イカを写真に撮るのは難しく、その多くは死んだ標本として撮影されるのみだ。

アカギンザメ属
ヒナデメニギスは水深1000mの暗黒層との境界に生息している。骨は非常に薄く、ほとんど透明だ。大きな目は、上から攻撃して来る捕食動物を見つけるため上向きになっている。主にカイアシを餌にし、胎生で子を産む。子はプランクトンの中で浮遊している。

発見

チャレンジャー号

多くの海洋学的発見はHMSチャレンジャー号によりもたらされた。同号は1872-1876年にかけて、11万900kmを巡航した英国の改造軍艦で、立ち寄った海の測深値を計測した。1875年3月、グアム付近で水深8184mに測鉛線を落とし、そこが海底であることを証明するために泥を採取した。幸運なことに、チャレンジャー号はマリアナ海溝のもっとも深い地点のあたりに来ていた。現在、その地点にはチャレンジャー海淵（Challenger Deep）という相応しい名前が付いている。

体の粘液を利用して、熱から身を守るバクテリアを引き寄せる。

頭部周辺の赤い触手は食物を採取する他、知覚情報を得るための感覚器官でもある。

熱に強い虫
この多毛類の虫は1979年に潜水艇アルビン号が発見し、それに因んでアルビネラ・ポンペイ虫 *Alvinella pompejana* と命名された。地球上でもっとも熱に強い動物で、熱水噴出孔から噴き出る300℃の熱水の周辺に生息している。

超深海層

超深海層の自然な環境で深海種が観察されたことはあまりなく、ましてや写真に撮られることは滅多にない。網ですくい上げられたサンプルから多くの種を知るのみで、ほとんどの写真は死んでいる標本からきている。水族館で深海動物を観察できる場合もあるが、多くの種は海面に引き上げられた時の温度変化と圧力変化に耐えることができない。

動物は互いに捕食し合うが、食物連鎖はまず上から食物が落ちて来ることから始まる。底生動物は何週間も何カ月も這いまわり、堆積した食物の小片を見つける。他方、中層で浮遊している動物は、食物の小片が上から沈降して側を通り過ぎるほんの一瞬で獲らなければならず、かなり瞬発的な技が必要となる。上から落ちて来る少量の残骸は中層で採られるため、この層の食物は常に欠乏している。

この層を観測する科学者は同じ種を何度も目にしている。世界中のこの層の環境は驚く程似ており、種の移動を阻む物理的もしくは生態学的障壁はほとんどない。したがって多数の深海種は広範に分布し、その中の数種はどこの海でも確認されている。つまり、種の多様性は低いということだ。既知の魚2万9000種のうち、この超深海層に生息しているのはわずか1000種ほどだ。

高い圧力
潜水艇の外に取り付けられたポリスチレンのカップは、浮上したときには何分の1かに小さくなっている。

潜水艇アルビン号
科学者たちはアルビン号の4000回を越す潜航で、多数の重要な発見をした。

オニキンメ科の魚
水深4992mで確認された。多くの深海魚と同じく、大きな頭と頑強な歯を持つ。体の両側に縦走している感覚器官を使って暗闇で動く獲物を探知する。

グローバルエクスプローラー号
グローバルエクスプローラー号は水深3045mまで潜水可能なROV（海洋無人探査機）。母船からケーブルを用いて操作し、海洋底の写真を撮る。

潜水艇での探査

潜水艇は、主に探査、海洋の科学的研究、レクリエーションに使われる、潜水艦よりも小型の水中探査機である。1960年代に初めて開発され、深海の探査に役立ってきた。現代の潜水艇には、様々なタイプの有人探査機と無人遠隔操作探査機（ROVs）がある。最近の設計では、水中での降下制御にバラスト（底荷）や浮力タンクを用いるのではなく、飛行用に開発された技術が採用されている。

もっとも有名な有人潜水艇はアルビン号（米国）で、ウッズホール海洋学研究所が運用している。1977年には、アルビン号の乗組員が初めて熱水噴出孔を発見し（188-89ページ参照）、1986年にはタイタニック号の残骸の探索に携わった。アルビン号は2011～13年の間に完全に生まれ変わり、シンカイ6500（日本）、蛟竜（中国）などとともに、大部分が科学研究のために使われる有人深海探査艇（DSVs）というクラスに属している。

通常は表面船に接続されたROVsを含む他の潜水艇は、主に浅瀬のレクリエーションに用いられる。より洗練されたROVは海底のコアを掘削し、記録画像の撮影だけでなくソナーの調査にも使われている。

深海への潜水

スーパーファルコンなどのレクリエーション用潜水艇は、一般的に水深200m以下に降下する。ほとんどのDSVsとROVsは最大深度が1000mから7000mまでだが、マリアナ海溝の最深部チャレンジャーディープは1万1000mあるのだ。2014年初頭、2台のDSV（ディープシーチャレンジャー号を含む）とかいこう（日本）・ネーレウス（米国）の2台のROVsだけが、そこに到達する偉業を成し遂げた。

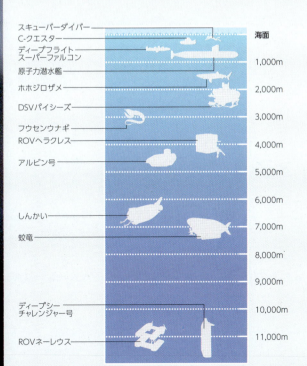

潜水艇の種類

中層の観察

水を飛ぶスーパーファルコン 最新の潜水艇がアメリカのエンジニア、グラハム・ホークス設計によるスーパーファルコンで、主に個人のレクリエーションの探検を目的とした水中の乗り物だ。それは水深120mまで2名を運んで水を「飛ぶ」。

C-クエスター オランダに拠点を置くUボート・ワークス社が開発したC-クエスター潜水艇は、1～2名が水深100mまで探検できる。

多人数での海底調査

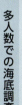

深海の実例 パイシーズIV ハワイ海中研究所で所有・運営されるパイシーズIVは、有人深海探査艇（DSV）として科学研究に使われる。それは3名を2000mまで運んでいくことができる。

しんかい6500 日本海洋科学技術センターが建造し、1989年に進水したしんかい6500は、世界でもっとも深く潜水する非係留型有人潜水艇の一つ。2013年6月には、水深5000から世界初の生放送を送信した。

遠隔操作型無人潜水艇（ROVs）

ヘラクレスROV かなり典型的な遠隔操作型無人潜水艇ヘラクレスは、水深4000mに沈んで高解像度画像を撮影できる。ヘリコプターのようにどんな方向にでも「飛ぶ」ことができる6機の推進装置を備えている。もし推進装置が回転を止めた場合、わずかな浮力を活用して穏やかに水面に浮上する。

インナー・スペースへのレース

ディープシーチャレンジャー号 全長7.3mの潜水艇は2012年3月、映画監督ジェームズ・キャメロンを乗せてチャレンジャー海淵に到着した。それは、海洋の最深部に到達する初の有人単独ミッション「インナー・スペース（内部空間）へのレース」での勝利だった。

海山とギョー

海山は完全に水の中にある山で、海底から少なくとも1000mは隆起している。それより小さい山は海丘と呼ばれる。ギョーはかつて海面から出ていたが、頭頂部が侵食で削られて平らになった海山だ。深海で孤立していることが多い海山とギョーは、浅海に適応する海洋生物の生息地となっている。海山は、栄養分に富む深海の海流を強制的に表層付近まで上昇させ、海山の上に渦を生成する。その渦が栄養物を捕え、プランクトンを支える。

人

ヘンリー・ギョー HENRY GUYOT

アーノルド・ヘンリー・ギョー（1807-1884）はプリンストン大学地質学科の最初の教授で、現在の米国気象局の誕生につながる気象観測システムを構築した。海山のことを「ギョー」と呼ぶのは、後のプリンストン大学地質学教授ハーリー・ハスにより、アーノルド・ヘンリー・ギョーの功績を讃えて付けられたものである。ハス教授は音響測深装置を用いてギョーを発見した。

地質学的起源

海山の起源は海底火山だ。海底に割れ目が生じて、火山爆発が起こる。その多くは構造プレートの移動により、大洋中央海嶺の頂に割れ目が生じて火山が爆発する（185ページ参照）。その割れ目は一般的に線上に伸びているので、海山は楕円形もしくは細長い形になることが多い。海山は火山玄武岩でできているが、その上に海洋沈殿物の薄い層が年月をかけて堆積する。海山は、山脈あるいは細長い連なりの形態で形成されることが多い。理由は、割れ目に沿って複数の弱い地点があるためか、あるいは単一の固定火山のホットスポットから連続して海山の連なりが形成されたためと思われる。火山爆発が海面上で起こり、島の連なりを形成する場合もある。そして、こうした島が海面下に沈み、ギョーもしくは平頂海山の連なりになることもある。新たに生成された火山岩は侵食されやすいため、海面から突き出た火山島の頭頂部は侵食されて平らになる。海洋プレートの移動により火山活動地帯から外れると、山頂が平らなギョーは海面下に沈む。

ギョーの形成過程

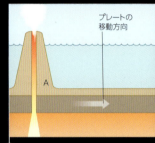
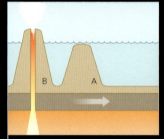
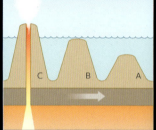

1. 火山が「ホットスポット」の上で爆発して、小さな火山島が出来ると、ギョー（A）の形成が始まる。
2. 島の頭頂部が数千年かけて侵食され、平らになって海面と同じになる。（A）がホットスポットからずれる。新しい島（B）が形成される。
3. 島（A）がさらに移動すると沈下してギョーになる。新しい島（BとC）がホットスポットから誕生する。

海山の形

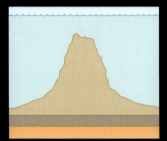

海山は水中の火山噴火により形成される。水中での噴火は陸上よりも緩やかなため、形は円錐形のまま変わらない。

湧昇

外洋の大分部は不毛である。なぜなら冷たく栄養分に富む海流は、プランクトンの生息範囲よりかなり下の深海に限られているからだ。海底から4000m隆起した海山がその海流の障害物となって海流の向きを変え、海流を上へと押し上げる。その海流に乗って食物が上昇し、有光層へと運ばれてプランクトンが繁殖する。その食物豊富な海流が海山の頂の上に一気に流れ込む際、海流が2つに割れて、その周りを押し流す。それにより、海山の頂の上で円筒状の静水柱の周りを海水が旋回する。この仮想の円筒を「テイラーの柱」と呼ぶ。こうして海山の上に、逆渦流と静水の柱の領域ができる。そこでは栄養分が堆積され、プランクトンが閉じ込められる。このように海山の上では驚くべき豊かで生産的な領域が形成されており、食物の乏しい外洋の「オアシス」となっている。

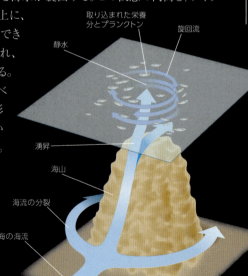

水柱

海山の上で海流が螺旋状に回転することで、その中心に静水の柱ができる。その領域に栄養分が取り込まれ、プランクトンが繁殖する。

世界分布

海洋には10万個に上る海山とギョーがあると思われるが、ほとんどは地図に記載されず探査対象ともなっておらず、その総数は不明だ。海山は過去の火山活動の範囲を反映して、単独あるいは連なって存在する。環太平洋火山帯を含む太平洋はもっとも激しく活動する海洋で、3万を越す海山とギョーがある。太平洋においては主に北西方向に伸びており、プレートが移動する方向と一致している。それぞれの帯には10-100個の海山があり、海嶺で繋がっている場合もある。それに対して大西洋とインド洋では、海山は単独で形成されていることが多い。

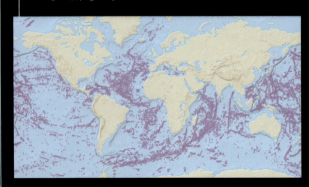

海山の分布図

一部の海山とギョーは火山のホットスポットの上で隆起し、連なって形成される場合が多い。また大洋中央海嶺沿いに、単独で形成されるものもある。総数は不明。

海山とギョー 175

海の山
この図は、海底山脈の状況を示している。トランスフォーム断層により構造プレートが2つに分断されて横にずれる。その近くに海底山脈がある。他の海山は山脈から離れて孤立している。

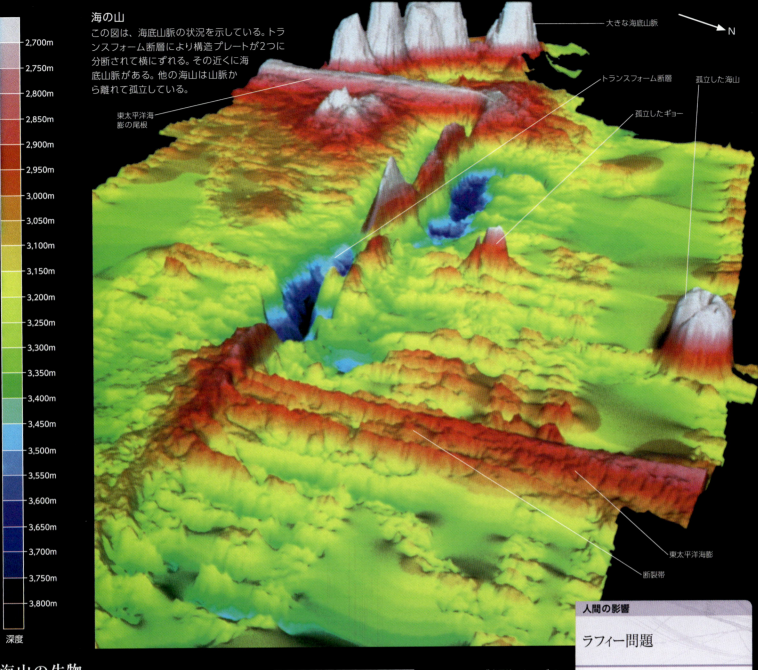

海山の生物
海山が初めて発見されたのは、漁師がその領域で魚の大群を見つけた時だった。海山の上には栄養分豊かな海水があり、プランクトンが密集する。自由遊泳動物はこの豊かな食物に群がり、その動物には他の外洋域の同じ深度では見られない魚もいる。サメやアザラシなどの捕食動物も餌を求めて集まる。海山の岩には濾過器官を用いて水中に存在しているプランクトンや懸濁粒子を摂食する生物（懸濁物食者）が群生しており、浮遊しながら側を通るプランクトンや残骸を捕える。タスマン海とサンゴ海の25の海山を調査したところ、（一部は既に絶滅した考えられていた）850種の生物が記録された。海山は生物多様性のホットスポットで、全体の3分の1近くの種は、タスマン海とサンゴ海にある特定の海山（群）のみで確認されている。

オオキンヤギ（深海サンゴの樹）の危機
一部のオオキンヤギ種は、底引き網漁により絶滅する恐れがあると懸念されている。

海流からの摂食
このコマチコシオリエビ(ハサミムシ)は、岩肌に生息する腐食動物である。太平洋の北東にあるボウイ海山を湧昇する海流が豊富な栄養を供給する。

海山の摂食動物
ハッポウサンゴ亜綱は、ウミトサカ類の群生である。枝状に突き出たものに沿って付着しているのは摂食者のポリプで、食物を採る。

人間の影響

ラフィー問題
1980年代、海山の上に巨大な魚群が発見された。1日で100トンものオレンジラフィー（下図と354ページ参照）が捕獲されたのだ。しかし150年ほどの寿命を持つラフィーはゆっくりと成長し、20-30歳になるまで産卵しない。したがって、このような乱獲漁業を続けることは不可能である。漁獲高は大幅に減っており、ラフィーは現在、絶滅の危機にある。

海洋環境

大陸斜面とコンチネンタルライズ

大陸斜面とコンチネンタルライズは、大陸棚から深海平原へと続く傾斜した海洋底の領域にある。大陸棚外縁と呼ばれる棚を過ぎると、海底は急角度で降下し始める。それが深海へと続く大陸斜面だ。水深3000-4500mまで降下すると、海底は平らになる。場所によっては、その傾斜は海底峡谷で途切れている。その峡谷に堆積物が流れ込むと、傾斜の麓に緩やかな勾配の堆積物が形成され、それがコンチネンタルライズとなる。

大陸斜面

大陸斜面の岩は、数百万年かけて陸地から流されて来た堆積物で覆われている。甲殻類、棘皮動物の他にも多くの動物がその堆積物の中や上で生息している。大陸斜面は深い峡谷で分断されている。峡谷は、混濁流と呼ばれる堆積物や水が混じり合った海流が岩を削り取ったものだ。混濁流は時速80-100kmで峡谷に流れ込む。巨大な海底峡谷もいくつかある。たとえば、カリブ海のグランド・バハマ峡谷の崖は峡谷の底まで4285mもある。多くの峡谷は大河の海側に伸びている。峡谷の終わりの部分では、堆積物がアウトウォッシュの扇状地が広がるように堆積され、深海平原へと伸びている。

大陸縁辺部
典型的な大陸縁辺部。海岸線から大陸棚、大陸斜面、コンチネンタルライズそして深海平原へと続く推移を示している。大陸斜面の幅は約140km、コンチネンタルライズの幅は約100kmだ。図では急になっているが、実際の大陸斜面は約50分の1（2%）程度の緩やかな勾配である。そしてコンチネンタルライズはさらに緩やかな勾配で、100分の1（1%）程度である。

流れ込んだ堆積物がコンチネンタルライズを形成する

海底峡谷

大陸棚外縁 – 水深200mのあたり

峡谷の麓のアウトウオッシュ扇状地

深海平原にまで広がる大きなアウトウオッシュの扇状地

深海平原
この平原は沈殿物が厚く堆積して形成される。通常、水深4500mのあたりに広がっている。

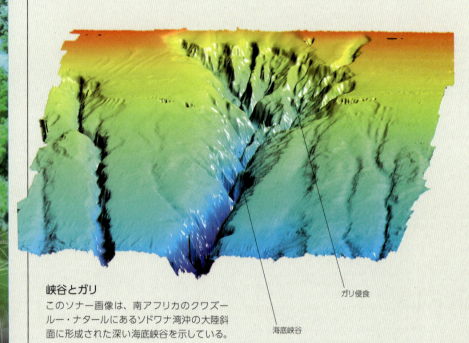

峡谷とガリ
このソナー画像は、南アフリカのクワズール−・ナタールにあるソドワナ湾沖の大陸斜面に形成された深い海底峡谷を示している。

海底峡谷 ／ ガリ侵食

大陸斜面の生物

大陸斜面は大陸棚と同様に、陸地から栄養分が運ばれてくるため肥沃であり、中層（外洋）と底生（海底）で生息する両方の魚を支えている。しかし、ほとんどの大陸棚で生息する魚の資源量は、乱獲や不十分な管理が原因となり、ここ数十年で著しく減少している。その結果、漁師たちは大陸斜面の深海種を追うようになった。困ったことに、深海種は長命なので成長が遅く、魚体数が回復するのに長い時間がかかる。そのため多くの地域で現在、深刻な漁獲高減少に陥っている。

ギンダラの漁
ギンダラは、大陸斜面にまで伸びる長さ1.2kmもの延縄で捕獲される。

ギンダラ
ギンダラの成長は遅い。ギンダラを捕ったら、次のギンダラが成長するまで14年かかる。このような問題の解決策として養魚場（右）は妥当な選択だろう。

大陸斜面とコンチネンタルライズ

- 現在の海岸線
- 現在よりも高い過去の海水位が形成した過去の海岸線
- 海底峡谷が大陸棚から深海平原に伸びている
- 河口の三角州で沈殿物が堆積する
- 堆積物が河川から海へと運ばれる
- 高地の物質が徐々に侵食され、河川へと流される

ガンジス川デルタ
ガンジス川は、年間20億トンもの堆積物を運ぶ。一部は広大な三角洲に堆積されるが、その多くは海へと運ばれ、ベンガル湾の深海扇状地を形成する。

チューブイソギンチャク
写真のイソギンチャクは水深4000mの堆積物の中に埋もれ、触手で摂食する。

- コンチネンタルライズ: さらに沈殿物が厚く堆積し、100分の1以下の緩やかな勾配で形成される。
- 大陸斜面: 斜面は50分の1の勾配で水深3000mまで降下している。
- 大陸棚外縁: 大陸棚外縁は通常、水深140-200mにあり、その幅は様々。
- 海岸線: 海岸線は侵食と堆積により形成され、海水位の変化に伴い移動する。
- 海岸平野: 高地と海の間に広がる低地の平野域。
- 山脈: 山脈の岩の起源は古代の海底で、後に隆起した。いずれ侵食を受けて海にまた戻る。

堆積物の上の摂食動物
クモヒトデ類は、コンチネンタルライズの堆積物の上で摂食するもっとも一般的な動物である。

- 中央盤
- 口腔（中央盤の裏面）
- 放射線状に並ぶ5つの腕

コンチネンタルライズ

コンチネンタルライズは最大15kmの厚みがある楔形の堆積物で、大陸斜面の麓へと流れ込んだ堆積物で形成されており、緩やかな傾斜で深海平原へと下っている。このような堆積物の小山が特に多く見られるのは、海底峡谷の麓のあたりで複数の深海扇状地が合流しているところだ。大陸と海洋地殻の地質学的境界は、そのような堆積物で完全に覆われている。コンチネンタルライズの堆積物は、その先の深海平原と合流する。クモヒトデ類やケヤリムシは堆積物の上で生息し、上から落ちてくる残骸を餌にしている。大西洋コシオレガニは海底の腐肉を餌とし、繁殖の際は大陸斜面に移動する。深海のタラ、ササウシノシタ科の食用魚ドーバーソール、シマスズキ類、アンコウ、キンキなどは大陸斜面およびコンチネンタルライズに生息する底生種の一部だ。

エソ科の生息地
シンカイエソは一般的に水深約2000m以深、水温4℃以下の深海平原とコンチネンタルライズに生息している。

発見
権利の主張

膨大な石油埋蔵量に引かれた石油会社は、水深2300mの大陸斜面を掘削し始めた。しかし、その海域は重要な漁場になっているため、沿岸国は国が資源の独占権を所有することができる領海の設定を望んでいる。現在の海事法の下では、石油などの特定の資源をめぐる沿岸国の権利は、大陸縁辺部（本質的にコンチネンタルライズと深海平原の境界線）に拡張、または海岸から200海里とより大きなものである（だが決して300海里は超えない）。

冷水の共同体
コマチコシオリエビはノルウェーのフィヨルドで、冷水性イシサンゴ類の *Lophelia pertusa*(タフトサンゴ)のポリプの中に潜んでいる。

冷水サンゴ礁

深海サンゴは1869年に初めて発見された。その後、ソナーと深海潜水艇が登場したことにより、サンゴ礁の大きさや豊富さが明らかになった。冷水サンゴ礁は熱帯のサンゴ礁ほど十分に調査されていないが、熱帯と同様に豊かな生態系を持つ。深海サンゴ礁を形成するイシサンゴ類は水温4-13℃で繁殖する。熱帯のサンゴとは異なり、太陽光による光合成を行う褐虫藻（153ページ参照）に依存しないため暗闇での生息が可能で、海水から栄養分を濾過して生息している。

一部の科学者は、深海サンゴ礁の存在とメタンなどの海底から浸出する特定の物質との間に関連があるかもしれない、と示唆している。メタンは食物連鎖の底辺にいるバクテリアにエネルギーを供給し、バクテリアはサンゴのポリプによって海水から濾過される。

冷水サンゴ礁を含む100km²にも及ぶ最大規模のサンゴ礁が、スコットランド北西の大西洋で石油関連の調査中に発見された。*Lophelia pertusa* は、水深1000mのダーウィン塚と呼ばれる地域にサンゴ礁の群生をつくる主要サンゴである。*Lophelia* 礁は、大西洋の同じような深さにある多数の海山にもあり、またノルウェーのフィヨルドのような浅海の冷水にもある。

このほかにも、世界中の様々な場所で冷水サンゴ礁が形成されている。たとえば太平洋では、*Goniocorella dumosa* と*Solenosmilia variabilis* がタスマニアおよびニュージーランド沖の海山や浅堆で大きなサンゴ礁を形成している。

1300種以上の動物が深海サンゴ礁で記録されており、商業魚種の重要な生育場となっている。

深海サンゴ礁の生息地

下の地図は、冷水サンゴ礁の世界分布を示す。小規模のサンゴ礁もあるが、2000km²を越すものもある（図中の点は実際の規模よりも大きい）。北大西洋で多くのサンゴ礁が確認されているが、これは特に石油探索で集中的に調査が行われた結果だろう。他の海洋域でより綿密な調査が行われれば、さらに多くの深海サンゴ礁が発見されるだろう。

太平洋　大西洋　インド洋　太平洋　南大洋

冷水の生物

***Lophelia*礁**　この*Lophelia*礁はアイルランド西海岸沖の大西洋の深海に生息しているもので、潜水艇でのみ調査可能だ。なお、*Lophelia*礁はノルウェーのフィヨルドの水深39mほどの浅海でも観測できる。

***Goniocorella*礁**　この深海サンゴの群生は主に *Goniocorella dumosa* から成る。この種は南半球のみに生息し、水深1500mでサンゴ礁を形成する。

コマチコシオリエビ　この小さなコマチコシオリエビは、スペイン北部ビスケー湾の水深390mに生息している*Madrepora oculata*サンゴのポリプの上にいる。

オルトマンワラエビ　多くの動物がサンゴと共に生息している。長い肢を持つこの種は北東大西洋の黒サンゴの上を這っている。

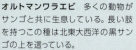

サンゴ礁の損傷　アイルランドの西にある8500年かけて形成されたサンゴ礁が漁具で引っかかれ、群生が損傷した。2005年、欧州連合はダーウィン塚周辺での漁業を禁じた。

トロール網の跡　科学的調査でこのような跡が発見される以前にも、深海魚を捕るトロール網が海底を引っかき、多くの深海サンゴ礁に深刻な被害を与えた。写真は水深885mの海底の傷跡だ。

深海サンゴ　サンゴの仲間　深海トロール漁業がもたらす脅威　海洋環境

海洋底の堆積物

広大な海底領域で、その基盤となるの地形は堆積物の厚い層の下に隠されている。堆積物は2億年以上かけてシルト（沈泥）、泥、砂などが堆積したもので、現在その厚さが数kmに達する場所もある。堆積物の起源は様々だ。ある堆積物は陸地、主に侵食した岩の破片から成る陸成の堆積物で構成されている。その破片が河川から海に運ばれ、そして大陸斜面を流れて、その先にコンチネンタルライズと深海平原を形成する。また生物起源の堆積物もあり、死んだ動物の固い残骸や植物から成る。少数ではあるが、自生堆積物と呼ばれるものもあり、それは海水の沈降化合物で構成されている。さらに、大気圏外から宇宙塵や隕石の粒子として落ちて来たもので構成される宇宙源堆積物もある。これらすべてが堆積されて、広大な平原を形成している。

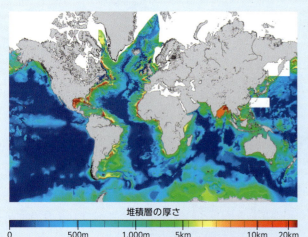

堆積層の厚さ

深海の堆積物

海洋底の堆積物の平均的な厚さは450mだが、大西洋および南極大陸周辺では、その厚さは1000mにも達する。コンチネンタルライズに沿って陸地に近づくにつれ、陸地から流れてきた堆積物は早く堆積する。その厚さは15kmにもなる場合がある。外洋では、陸源堆積物の供給源から遠く離れる程、堆積の速度は著しく遅くなり、1000年で1mmから数cm程度しか堆積しない。その速度は、一般的な家の家具に埃が積もるよりも遅い。科学者は堆積物を解析することで、過去2億年に遡る地球の歴史について膨大な情報を得ることができる。海洋底の地形や配置から海底の拡大、進化する海洋生物の種、地球の磁場の変化、海流および気候の変化など、生きいきとした過去の片鱗を垣間見ることができる。

堆積物の地図化

海底堆積物の厚さは音響測深を用いて計測し、地図化できる。一部の領域（上の地図の白い部分）は未だ調査されていない。堆積物は陸地の近くがもっとも厚くなっている。氷河も多くの堆積物を海に運ぶ。

ドーバーの白い崖

写真の白亜の崖は、生物起源の軟泥から出来た海底に由来している。白亜は円石藻の細胞表面にできた炭酸カルシウムの層（コッコリス）から成り、それが堆積して数百mもの厚さの層を形成する。現在、海面から上に出ている。

陸地から運ばれた堆積物

ほとんどの陸成の堆積物は風化された陸地の岩から成り、主に河川、場合によっては氷河、氷床、風などによって海に運ばれる。さらに海岸侵食がそれらの堆積物に加わる。堆積物が海底峡谷を通ってさらに深い場所へと運ばれる場合も多い。陸地から海への経路がさらに間接的な場合もある。それは、火山爆発で物質が「雨」として海に落ちる前に、超高層大気圏に放出される場合だ。

水深約4000m以深のもっとも深い海洋底で形成される主な堆積物は、大部分が微細粒シルトから成る赤粘土で出来ている。粘土は大陸から運ばれて、非常にゆっくり堆積する。その速度は何千年で1mほどだ。粘土は最大で30%の生物起源の微細粒子を含み、4種類の主要鉱物成分から成っている。それはクロライト（緑泥石）、イライト（雲母群鉱物）、カオリナイト（高陵石）、モンモリロナイトだ。粘土の種類は、出所および気候に依存する。たとえば、緑泥石は極地方、高陵石は熱帯地方に多く分布しており、モンモリロナイトは火山活動により生成される。

腹足類の軟泥

腹足類は中層に浮遊する小さな翼状部のある巻貝である。死ぬと内部のアラゴナイトの殻（炭酸カルシウム）が海底に沈殿し、生物起源の軟泥に加わる。腹足類が存在したことは、生物起源の軟泥の深部から採取したサンプルに残っており、そのサンプルは数千年にわたる水温と海水位の変化も明らかにする。

砂塵嵐によるシルトの生成

北アフリカのような乾燥地帯からの風（衛星写真を参照）によって砂塵は海へと運ばれ、やがて沈殿してシルトになる。

軟泥を形成する動物プランクトン
写真の放散虫は単細胞プランクトン動物である。死んだ後、石英ガラスから成る遺骸は海底に沈殿し堆積物となる。

生物起源の軟泥

生物起源の堆積物は主に、微生物の死後、その貝殻や遺骸が海底に沈殿して堆積したものだ。さらに軟体動物、サンゴ、石灰質の藻、ヒトデのような大きな生物の腐った遺骸がその堆積物に加わる。軟泥は有孔虫、腹足類、円石藻（極めて微細な藻類）の炭酸カルシウム殻に由来する場合は石灰質となり、また単細胞放散虫や珪藻のシリカ殻に由来する場合は珪質になる。シリカは水中で直ちに溶解するので、珪質軟泥は極めて主要な生成層の下に堆積する。石灰質の殻や遺骸は沈降し、海水がさらに酸性になる深さ（4500mあたり）まで落ちる。すると、それに圧力が加わって石灰質の遺骸はその深さで直ちに溶解する。よって石灰質軟泥は、この「炭酸カルシウム補償深度」より上で形成され、その下の海底は主に陸成の赤粘土から成る。

円石藻
円石藻が死ぬと、遺骸が石灰質軟泥に加わる。

有孔虫
死んだ有孔虫の小さな殻は、生物起源の軟泥に加わる。

軟泥での摂食

上から落ちて来る石灰質および珪質の遺骸である「雪」は海洋底に堆積し、堆積物の中もしくは上で生息する動物の主要食料源となる。バクテリアは軟泥の中で生息し、そこで生物の遺骸を分解する。代ってバクテリアは他の有機物と共に、多数の小さな有孔虫に食べられる。線虫、線形動物、等脚類、小さな二枚貝の軟体動物類は泥の中に生息して、餌を食べる。クモヒトデ類は軟泥の上で、自身の腕で泥の上にある食物を探し摂食する。海底に固定されているウミエラ、ウミユリ、ガラス海綿は水柱から有機微粒子を濾過する。

ナマコの摂食
ナマコは海底を広く這いまわり、堆積物を吸い込んで有機物を抽出する。

管状の脚で堆積物の上を横断して餌を探す

深海平原、海溝、大洋中央海嶺

広大な海洋域では、広範に堆積した平らな沈殿物が海底を覆っている。そこに生息している生物はごくわずかで、上から落ちて来る食物に依存している。深海平原はところどころで地殻構造のシフトによって劇的に分断される。プレートがずれた場所では、マグマがその裂け目から噴出し、大洋中央海嶺を形成する。その海嶺では新しい海底が絶えず形成されている。逆に、プレートが衝突すると一方のプレートが下にもぐり込み、海溝ができる。

海底の腐食動物
メクラウナギは、深海平原に落ちて来る動物の死骸を食べる。目が見えず顎がない原始的なこの魚はニオイに引き寄せられる。鋭く硬い歯を用いて死骸に穴をあけ、他の腐食動物を遠ざけるために大量の粘液を分泌する。

深海平原

広大な海洋底の上を厚さ数kmの堆積物が覆い、その下の地形を隠している。そうした堆積層が水深4500mのあたりに、広大かつ緩やかな起伏の典型的な深海平原を形成する。これは大西洋でもっともよく見られる地形で、ソーム平原だけでも90万km²に及ぶ。深海平原の深度は様々で、平原と平原の間には断崖があり、水が最高速度8km/時で断崖から平原に流れ込んで海中に滝を作っている。時折、深海嵐も発生する。まだ十分に解明されていないが、そのような嵐は大気の影響を受けて海面が不安定になることで引き起こされる。

当初、深海平原は季節のない世界と考えられていた。だが、最近の調査で例えば、そこに生息する生物が、夏にプランクトンが大増殖して遺骸が沈んでくる時の波動に反応していることが明らかになった。この層のほとんどの動物は腐食動物で、体温は周辺水温に近い。腐食動物はゆっくり動き、成長も遅い。繁殖はまれで、海洋表層にいる同系統の種よりも長命である。

深海底
北米の東海岸沖で最近行われた調査によると、海底から採取した少量の堆積物サンプルに798種の生物が含まれていた。

マンガン団塊
一部の深海平原には、ジャガイモ大のマンガン団塊が点在している。この団塊はニッケル、銅、コバルトのような他の貴重な金属が混じっている場合が多い。

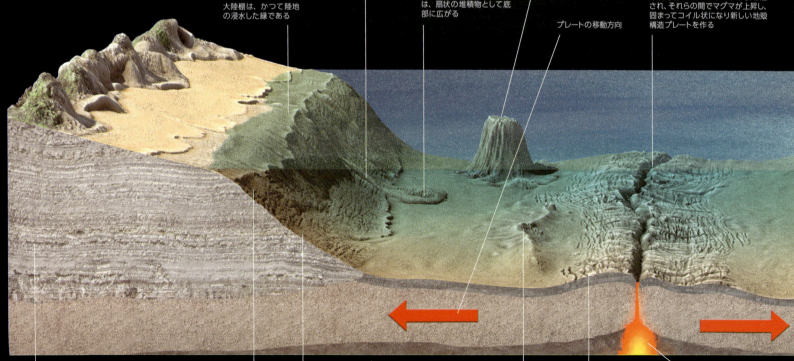

大陸棚は、かつて陸地の浸水した縁である

海流は、海底峡谷と呼ばれる深い谷を刻んでいく

峡谷の下に運ばれた沈泥は、扇状の堆積物として底部に広がる

火山島が沈むと、それは最終的に平頂海山、または「ギヨー」になる

プレートの移動方向

中央海嶺で2つのプレートが引き離され、それらの間でマグマが上昇し、固まってコイル状になり新しい地殻構造プレートを作る

大陸地域の地球外層の岩石は、大陸地殻と呼ばれる

急勾配な大陸斜面は3000mまで下がる

緩やかな傾斜のコンチネンタルライズは、大陸斜面から下に広がる領域である

海中の台地は、数百万年の水中火山の噴火によって引き起こされた、大きな平らなマウンドである

各構造プレートは、地殻とマントルの最上層で形成されている

融解した岩は地表の下で見つかるとマグマ、地表の上では溶岩と呼ばれる

海溝

海溝は、沈み込みと呼ばれる作用により形成される。海洋プレートと大陸プレートが衝突すると、薄く密度の高い海洋プレートは、密度が低いけれど厚い大陸プレートの下にもぐり込み、そしてさらに下のマントルに沈み込んで崩壊する。二つの海洋プレートが衝突すると、古い方のプレートが新しいプレートの下に沈みこむ。プレートが衝突すると屈曲が発生し、衝突点で深く沈み込む。それが海溝となり、海洋底の最深部となる。

海溝は通常V字型で、大陸側の傾斜の方が大きい。太平洋はもっとも活発に沈み込みが発生する領域で、20の主要な海溝系のうち17の海溝系が太平洋に集まっている。大西洋には2つの主要海溝、プエルトリコ海溝とサウスサンドイッチ海溝がある。そしてインド洋には、唯一の主要海溝のジャワ海溝がある。地球上でもっとも深い海溝は、太平洋のマリアナ諸島近くのマリアナ海溝である。

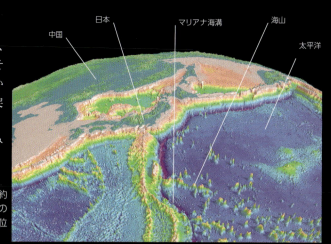

マリアナ海溝
マリアナ海溝は全長約2500km、幅約70kmの大きさをもつ。それは日本の南と東から約1600kmの西太平洋に位置している。

クジラの死

クジラの死骸が深海平原に沈降し、食物の供給源になることがある。科学者が1頭のクジラの死骸を摂食する動物を数えたところ、43種の1万2000匹が確認された。その数の動物がシロナガスクジラから肉を剥ぎ取るとしたら、11年かかるだろう。その後、残った骨にバクテリアが群がり分解する。その過程で浸出される硫化物は、甲殻類、ハマグリ、カサガイ、ムラサキイガイ、虫などの複合共同体を支える。

海溝の生物

海溝の最深部でも動物が確認されている。その最深記録を持つ生物はアシロ科の魚ヨミノアシロである。これは、1970年にプエルトリコ海溝の水深8370mで採取された。1998年には、深海無人探査機「かいこう」が、マリアナ海溝の底からカイコウオオソコエビと呼ばれるエビに似た端脚類を採取した。後に腸内から木の成分の消化酵素が発見され、彼らが海底に沈んでくる木の破片を消化していることが示唆された。

「かいこう」は432種の有孔虫、バクテリアを含む堆積物のサンプルも採取した。2010年以降、クセノフィオフォラxenophyophores（有孔虫の仲間）と呼ばれるクラスに属する直径10cm以上の巨大な単細胞生物が、マリアナ海溝や他の地域で観察された。2012年にマリアナ海溝の海底に到達したディープシーチャレンジャー号のカメラは、クセノフィオフォラと端脚目の動物だけでなくナマコとクラゲの仲間も映像にとらえた。

ゲラティノスメクラウオ
少数の奇妙な魚が大西洋、太平洋、インド洋の水深3000m以深の海底から採取された。それらは多くの深海魚と同様に、ほぼ透明な体と小さい目を持っている。

海底
海底は、海面の約3.7km下にある。それは海洋地殻と呼ばれ、泥質の堆積物に覆われた暗色の岩の層で形成されている。構造プレートは、地球の深いマントル層の一部とともに、この海洋地殻と大陸地殻で作られる。火山島や海山などの特徴は、プレートから噴出するマグマによって引き起こされる。

発見

トリエステ号の探検

1960年、2人の海洋学者ドン・ウォルッシュとジャック・ピカールが深海潜水艇トリエステ号で水深1万911mに潜航し、マリアナ海溝のチャレンジャー海淵に到達した。その深さは現在でも、人間が到達した最大潜航深度となっている。その深度への到達所要時間は5時間。2人はそこにわずか20分ほど留まった後、浮上して海上へと戻った。

- 深海平原は、海底の広大な領域を覆う泥の拡がりである
- 火山島は、海溝と平行して円弧を形成する
- 各々の火山島は、巨大な海底火山の水面上の部分である
- 海洋地殻は大陸地殻よりも薄く、暗い色の岩でできている
- 海溝は、1つの構造プレートが別のプレートの下で移動してできる
- 火山の下のマグマの溜まり場所
- 火山はマグマが表面で噴火したときの溶岩で形成される

火の環

太平洋の約4分の3が単一の海洋プレートである太平洋プレート上にある。太平洋プレートの縁はユーラシアプレート、北米プレート、インドプレート、オーストラリアプレートそしてそれらに関連する小型のプレートと衝突している。太平洋東部では、カリブ海プレートと南米プレートに、さらに小さなココスとナスカのプレートが衝突している。太平洋、ココス、およびナスカのプレートの縁が、隣接するより若く密度の低いプレートの縁の下に沈み込む(下に移動する)と、巨大な岩のスラブが断層沿いに爆発的に砕け、地震が頻発する。

火の環として環太平洋火山帯のまわりに円弧に配列された一連の深い海溝は、沈み込んだプレートが隣接するプレートの下に移動する境界線を示している。平行したこれらの海溝は、典型的に150km離れたところの常に主要なプレートの側面にある、活発な火山の弧であり、それは、中央アメリカのような陸地の火山か、太平洋東側のような火山島で形作られている。

安全な場所

大洋中央海嶺の島々は、多数の海鳥の繁殖場所となっている。その沖合は海流が湧昇するため、豊かな餌場だ。セグロアジサシはすべての熱帯海域で見られ、大洋中の島々で営巣している。かつてアセンション島は5万ペアのセグロアジサシの営巣地となっていたが、人間が鼠と猫を持ち込みセグロアジサシの個体数を半分にしてしまった。

地上の海嶺

大西洋中央海嶺の大部分は、海の下深くに隠されている。しかし、アイスランドはユーラシアプレートと北米プレートが分離している場所で、海嶺が海面上から突き出ている。

活発な火山活動地帯
地図の赤い部分は、太平洋周辺の火山活動地帯で、環太平洋火山帯が強調されている。海洋プレートが下に押し込まれるため、大陸プレート上に火山ができる。

セント・ヘレンズ山
米国ワシントン州セント・ヘレンズ山は、環太平洋火山帯に属する。1980年5月に噴火し、火山の頭頂部全体が吹き飛んだ。2004年、新しい溶岩丘が形成された。

深海平原、海溝、大洋中央海嶺

大洋中央海嶺

構造プレートが分裂する場所で、新しい海底が形成される。プレートが分裂すると割れ目が生じる。マグマが地球のマントルの深部からその割れ目を通って噴出し、火山を形成して大洋中央海嶺と呼ばれる海底山脈をつくる。溶岩が海水に触れると冷やされ、垂直状の玄武岩の岩脈あるいは枕状溶岩(44ページ参照)の部分が凝固する。

大洋中央海嶺は、新しく形成される海底に沿って長く連なっている。海嶺と溶岩の部分は堆積物に覆われるまではしばらくその姿を見せている。時折、火山が海面を突き抜け、アイスランドのような島が生まれる。大洋中央海嶺のある部分では分裂がゆっくり行われ、中央の深部に達する深い地溝帯が形成される。またある部分では、地溝帯を形成せずに急速に拡大する。海嶺がトランスフォーム断層により横にずれる場合もある。

新しい海底が外向きに拡大していくと張力が発生し、裂け目が生じる。水がその裂け目に入り込み、熱水噴出孔から再び出て来る(188ページ参照)。

枕状溶岩
深海の高圧下で、溶岩の軟泥が大洋中央海嶺をゆっくり形成する。溶岩が海水に触れると、急速に冷やされて球形の塊を形成する。その形状から枕状溶岩と名付けられた。毎年、大洋中央海嶺に沿って約3.5km²の新しい海底が形成されている。

アセンション島
アセンション島は、大西洋中央海嶺が南大西洋の海面から突き出た島だ。島の面積は90km²、グリーンマウンテンの標高は859m。島の海岸はセグロアジサシとウミガメの繁殖場となっている。

海の漂浪者
マッコーリー海嶺上にあるマッコーリー島は、マユグロアホウドリの営巣地となっている。繁殖期以外は、南極海域に分布している。

世界の海嶺

もっとも長い大洋中央海嶺は、ユーラシアプレートとアフリカプレートが北米プレートと南米プレートから分離している所にある。大西洋中央海嶺はその境界に沿って北極海からアフリカの最南端の先へと1万6000km伸びている。そして、大西洋を挟んだ両側の大陸から等距離にあり、海洋底から2000-4000mほど隆起している。

アイスランドでもっとも有名なのは、島を貫く火山群だ。1963年に噴火が発生し、新しい火山島スルスエイが誕生した。非常に尾根に近いアセンション島はアゾレス諸島にまたがり、セントヘレナとトリスタンダクーニャはそこから離れた孤立した火山から生まれた。これは、地球上でもっとも速く拡大している海嶺系で、年に13-16cmの割合で分離している。大洋中央海嶺の連なりは、南極プレートとその周辺プレートとの分離境界に沿って南極大陸を取り囲んでいる。カールスバーグ海嶺はインド洋の中央を走っている。

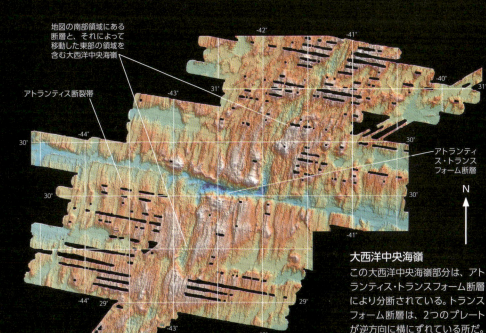

大西洋中央海嶺
この大西洋中央海嶺部分は、アトランティス・トランスフォーム断層により分断されている。トランスフォーム断層は、2つのプレートが逆方向に横にずれている所だ。

地図の南部領域にある断層と、それによって移動した東部の領域を含む大西洋中央海嶺

アトランティス断裂帯

アトランティス・トランスフォーム断層

海洋環境

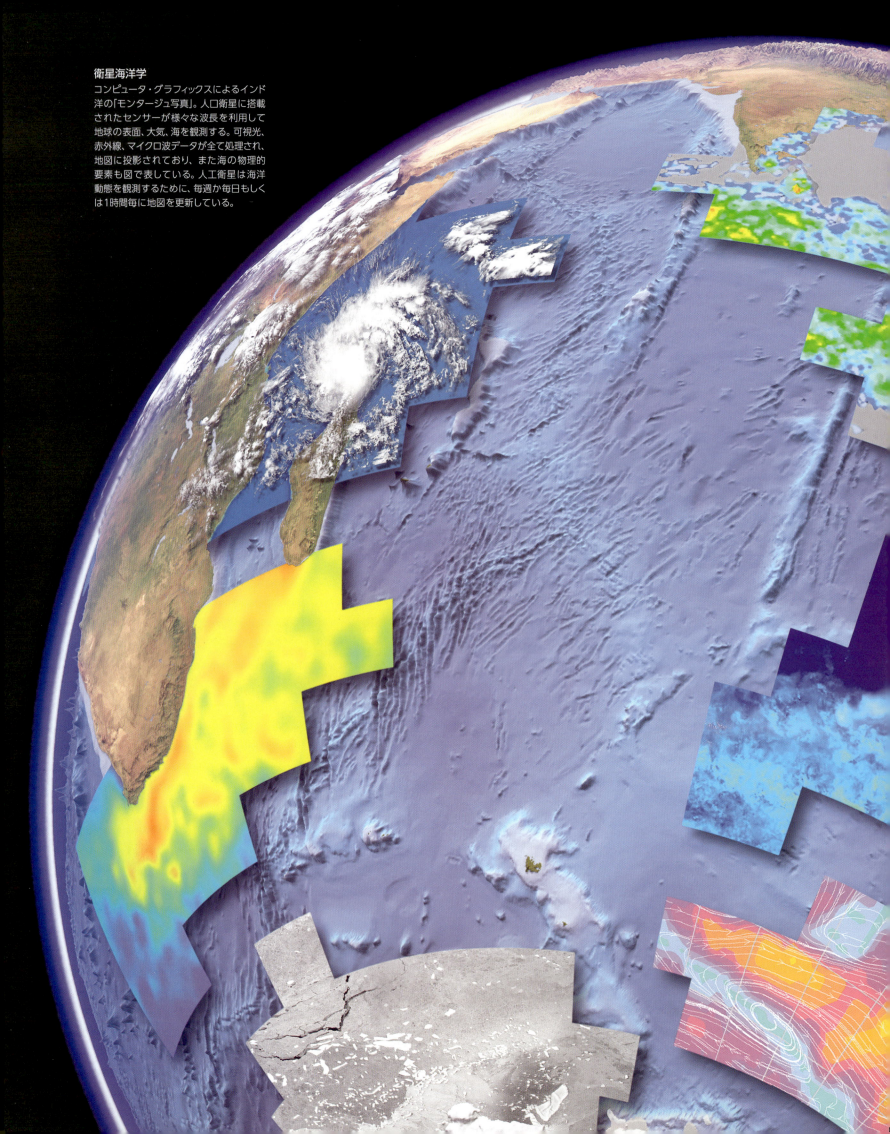

衛星海洋学
コンピュータ・グラフィックスによるインド洋の「モンタージュ写真」。人口衛星に搭載されたセンサーが様々な波長を利用して地球の表面、大気、海を観測する。可視光、赤外線、マイクロ波データが全て処理され、地図に投影されており、また海の物理的要素も図で表している。人工衛星は海洋動態を観測するために、毎週か毎日もしくは1時間毎に地図を更新している。

宇宙からの海洋学

世界の海洋は、船のみで調査するにはあまりにも広大すぎる。たとえ20世紀に採取されたすべての音響測深機のデータを地図に記入したとしても、出来上がったその地図は海洋底の詳細な情報に欠け、大部分は空白となる。人工衛星の遠隔探査が1960年代に出現し、海洋学に革命をもたらした。それにより海洋盆の全体像を示す写真の撮影が可能になった。またハリケーンの追跡や警報は、初期の気象衛星がもたらした最初の恩恵だ。その後、様々なセンサーが開発され、海洋表面、およびその上の大気の物理的特性を深く調査できるようになった。

海の色と温度、海面の高さと表面の粗さは、詳細にモニタリングできる要素だ。人口衛星が提供する情報は、天気予報、商業漁業、油層探鉱、航路などの実用化において重要な要素になっている。30年間に及ぶ継続的観測は、科学者たちが海洋環境の季節的変化や長期変化を追跡し、そしてそれらが地球気象に与える影響を理解する上で役立っている。

宇宙からの深海の測定

人工衛星は直接、海洋底の深さを測定することはできない。しかし海面の高さからその深さを知ることができる。海は平らではない。水は、海山のような海洋底の地形によって生じる重力異常の上に集積され、海面の変化を作り出す。それは潮流、風、海流などが作り出す海面変化よりも大きい。基準となる高さと海面の高さを比べることで、海洋底の深さを推計できる。

ジェイソン2衛星
ジェイソン2は、航空機の計器のようなレーダー高度計を搭載しており、それで地球表面上の高さを計測する。

宇宙から調査する事象

気候

雲 可視光カメラを使用して雲量を検出する。またメテオサットなどの人工衛星の赤外放射計から雲頂高度データが算出される。そのシステムは、嵐の追跡および天気予報に使用される。

降雨量 熱帯降雨観測衛星はマイクロ波放射計を使用して雲を透過して観測でき、また大気中の雲水の存在を検出する。降雨量計測は、気候および海洋のコンピュータモデルで使用される。

植物

葉緑素 海の色を撮るカメラは可視光の波長を利用して、植物プランクトンに含まれる葉緑素の濃度を計測する。その情報は、水質評価や魚の検出など海洋生態学の様々な面で使用される。

風速

マイクロ波散乱計 人口衛星が電波ビームを海面に反射させて、地表の風速と方向を測定する。風が誘発する海洋波が返送信号を変更するのだ。そのデータは気象学および気候調査に利用される。

氷量

合成開口レーダ レーダーサットが搭載している映像レーザーシステムは雲を貫通し、そして広大な極夜の闇の中で操作することも可能だ。したがって年間を通して棚氷、海氷、氷山を観測できる。

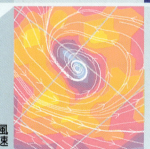

温度

海面温度 赤外放射計は海面温度を正確に計測できる。海流の移動、冷水の湧昇、海洋前線を観測して、海洋および気象の調査を行える。

サーマルグライダー 世界中の膨大な海面のサンプルを採集するため、新世代の計器プラットフォームが開発されている。自律型海中ロボットもしくはシーグライダーは長期間潜航し、毎日海面に浮上して衛星通信リンクを介してデータを返送できる。

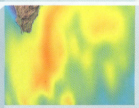

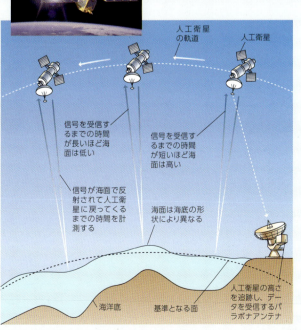

噴出孔と湧出域（シープ）

熱水噴出孔は、平均深度2100mにある海嶺や地溝の近くにあり、鉱物に富む熱水を噴出する。一部の噴出孔には溶解した鉱物から成る細長い煙突がある。噴出孔の熱水が冷たい深海水に触れて凝結したものだ。熱と化学物質が融合して、噴出孔付近の動物共同体を支えている。それらの動物は、太陽光のエネルギーをまったく必要とせずに生存できる生物として初めて確認された。また別の場所では、コールドシープと呼ばれている所から化学物質の炭化水素が冷たくゆっくりと湧出している。

発見
ホワイトスモーカーの発見

最初に発見された熱水噴出孔はブラックスモーカーで、1997年に潜水艇アルビン号に乗船していた科学者が観測した。科学者たちは大洋中央海嶺近くの他の場所も探索し、さらに多くの噴出孔を発見した。中には外観が異なるものもあり、短い煙突から白く冷たい流体がゆっくりと立ち昇っていた。それらはホワイトスモーカーと名付けられた（右参照）。

熱水噴出孔

熱水噴出孔は常に大洋中央海嶺および地溝付近に形成されている（185ページ参照）。その辺りは、海洋地殻が新たに形成されて拡大しており、さらに地球のマントルから上昇したマグマが比較的地表近くに溜まっている。海洋底の拡大に伴って岩に裂け目が生じ、そこから海水が浸透する。その海水は、新しく形成された地殻の中を数kmに渡って浸透し、下のホットマグマの近くまで達する。それにより海水は350-400℃に熱せられる。しかし、その深さは高圧なので、海水は沸騰せずに過熱され、熱水が貫通している岩から鉱物が溶け出すのだ。鉱物は、硫化水素を生成する硫黄などだ。熱水は裂け目を通って上昇し、多量の鉱物を含んだ熱い煙霧となって噴出孔からもくもくと噴き出す。

噴出孔と海嶺の分布図
熱水噴出孔は1977年に発見されて以来、太平洋、インド洋、中央大西洋そして北極海でも発見された。いずれも大洋中央海嶺および地溝の周辺にあった。

ブラックスモーカーとホワイトスモーカー

熱水が熱水噴出孔から噴き出し、深海の冷水に触れると、噴出孔の水に含まれる硫化水素が溶解した金属に反応する。金属は鉄、銅、亜鉛などで、硫化物粒子の状態で液体から出る。それが海底に水溜りをつくる場合もある。しかし水が非常に熱い場合、水は周囲の海水で冷やされる前に、わずかだが熱水を噴出する。そして金属硫化物が黒い煙のような粒子の雲を生成する。それらの鉱物の一部は「煙」の噴流の周辺に地殻を形成し、それが高さ数十mもの煙突になる。そのような噴出孔をブラックスモーカーと呼ぶ。つい最近、異なる種類の噴出孔が発見された。それは、黒い硫化物が海洋底の下深くにある固体の状態のまま液体から出るのである。しかし他の鉱物は噴出孔の水に溶けたままだ。そしてシリカと硬石膏と呼ばれる白い鉱物が「煙」を生成し、煙突から噴出する。その色ゆえホワイトスモーカーと名付けられた。

スモーカーの形成過程
海底の深部のマグマで熱せられた水は、岩に含まれている鉱物を溶かす。水が噴出孔から噴き上げられると、周辺の海水で冷やされる。これにより鉱物は凝結して、白色あるいは黒色のもうもうとした雲のようになる。その他の鉱物は堆積し、煙突を形成する。

黒い雲のような金属硫化物粒子

白い雲のようなシリカと硬石膏の粒子

換気坑か導管

チューブワームを含む特異な生態系がいくつかのスモーカーの周囲に集まる

鉱物の煙突は1日30cmにも成長する

浸透した海水が海洋地殻の亀裂を通る

冷水が亀裂を通って降りる

加熱された水が噴出孔を通って上昇する

400℃を超える温度に達する過熱水

高温岩石またはマグマは、地殻に染み込んだ水を加熱する

煙を吐く煙突
写真にあるように、ブラックスモーカーから出る鉱物が煙突を高くし、1日で30cmも伸びる。しかし煙突は壊れやすいので、高くなりすぎると崩れる。

噴出孔と湧出域　189

闇の中の生物

熱水噴出孔を最初に調査した生物学者は、生物を目の当たりにして驚いた。多数のカサガイ、エビジャコ、イソギンチャク、チューブワームが噴出孔付近に群がり、傍らには巨大なハマグリやムラサキイガイがいたのだ。また白いカニやゲンゲ科の魚が動き回っていた。闇の中に生きるいくつかの動物は、食物を得るために日光の当たる水域に依存しているが、噴出孔付近の動物は太陽エネルギーを必要としない。噴出孔の周りに群がる白いバクテリアが重要な役割を果たすのだ。バクテリアが噴出孔の熱水に含まれる硫化物を酸化してエネルギーを生成し、それが噴出孔周辺の動物の栄養源になる。一部の動物は、自身の体の中でそのバクテリアと共生している。

噴出孔周辺の魚
ゲンゲ科のこの魚は、噴出孔周辺に生息するムラサキイガイ、エビジャコ、カニを捕食する。

幽霊のようなカニ
ユノハナガニは噴出孔周辺に群がる生物の1つだ。毎年、約35もの噴出孔周辺の新種生物が科学者により記録されている。

様々な動物群集
動物群集は噴出孔によって異なっている。大西洋中央海嶺の噴出孔にはフクレツノナシオハラエビ(写真)が生息し、硫化固定バクテリアを捕食する。巨大ハマグリはいない。

コールドシープ

熱水噴出孔の発見により、すべての深海生物が太陽光のエネルギーに依存しているわけではないことが証明された。そして程なくして、暗闇でも生存可能な他の海底生物群集が発見された。メキシコ湾周辺の石油掘削現場付近の浅瀬には、様々な動物のコロニーが見られる。そこはメタンや他の炭化水素(炭素と水素を含む化合物)の軟泥から成るシープが海底の岩から湧き出ている。バクテリアの群生がコールドシープから栄養分を摂取し、トゲトサカ、チューブワーム、カニ、魚を含む食物連鎖のエネルギー供給源となっている。また、日本の沿岸沖および米国オレゴン沿岸沖の深海の海溝に生息する動物群集は、地殻変動活動により放出されるメタンに依存している。水深550m以深のコールドシープには、予想以上の動物群集が生息しているかもしれない。

海のスモーカー
アルビン号から撮影されたブラックスモーカーは、1977年に科学者が初めて観測したものと似て、海洋地殻の深部から黒っぽい流体を噴き出している。

シープの生物
メタン固定バクテリアを共生させているムラサキイガイは、フロリダ付近の水深3000mの海底から湧き出るコールドシープでチューブワーム、ソフトコーラル、カニ、ゲンゲ科魚類と共に生息している。

口のない虫

噴出孔付近に生息するチューブワーム(下写真)の全長は2mにも及び、人間の腕ほどの太さがある。だが、食物摂取をしない。胴部には栄養体部という器官があり、バクテリア群が共生している。ワームの真っ赤な冠毛状のものが噴出孔の水から硫化物を摂取し、バクテリアが硫化物を用いて有機物質を生成する。ワームはそれを食物として吸収する。

海洋環境

極地の海とは北半球の北極海と南半球の南大洋の2つを指し、南大洋は南極大陸をぐるっと取り囲んでいる。この2つの海にはその他の海と異なる点がいくつかあるが、とりわけ海面に浮かんでいる氷の純然たる量が大きな違いである。氷には、海水が凍ったものである海氷と、淡水が凍ったものである氷山と棚氷(たなごおり)がある。極地の海には他の海に比べて温度層が少なく均一に冷たくなっているため、循環のパターンが異なっており、一部は風によって起こるものだが、(北極海への)河川の流入や海氷の形成といった要因の影響も受けている。海氷の周辺は生物生産性の高い地帯であり、夏にはプランクトンが大量発生し、多くの魚や鳥や哺乳類を惹きつける。

極地の海

氷の下のペンギン
写真のエンペラペンギンは南極大陸沖の海氷の裂け目の間を泳いでいる。600mもぐることができ、最長20分間水中に留まる。

棚氷

棚氷は浮かんでいる巨大な台状の氷で、大陸氷床から1つまたは複数の氷河が海の上に張り出したところに形成される。棚氷の陸側部分は岸に固定されており、そこには氷床から下ってくる氷河や氷流からの氷が絶え間なく流れ込んでくる。通常、先端には氷崖があり、そこから氷の大きな塊が定期的に割れ落ちて氷山を形成する。棚氷は南極特有の現象と言ってほぼまちがいなく、南極以外では北極に小さなものがごく少数あるだけである。

人

サー・ジェームズ・クラーク・ロス Sir James Clark Ross

英国海軍将校サー・ジェームズ・クラーク・ロス(1800-1862)は若い頃を北極探検に費やした。1839年に磁南極を発見するために出発し、1840年1月11日に南極大陸西側の、現在ロス海と呼ばれている付近に到達した。その後ロスと乗組員は高さ50mの氷崖を発見した。これは後にロス棚氷と名づけられた。

南極の棚氷

南極大陸の約44%が棚氷に覆われており、その面積は約150万km^{2}に及ぶ。最大のものはサー・ジェームズ・クラーク・ロス（上参照）によって発見されたロス棚氷、別名「グレート・アイス・バリア」である。同棚氷はフランス本土と同じ大きさの約50万km^{2}もあり、7つの異なる氷流から氷が供給されている。2番目に大きいのはロンネ・フィルヒナー棚氷で、面積は約43万km^{2}である。南極大陸の周辺部には15ほどの棚氷が散在する。1995年以降、ラルセン棚氷の一部を含め、南極半島周辺のそれより小さな棚氷がいくつか崩壊しているが、海の温暖化（487ページ参照）の結果であることはほぼ確実である。

棚氷の場所
南極大陸西部の両側には、2大棚氷であるロス棚氷とロンネ・フィルヒナー棚氷がある。

氷崖
この巨大な氷崖はリーセル・ラルセン棚氷の海側の端で撮影された。その前方にエンペラペンギンが海に入ろうと列を作っている。ウェッデル海のアトカ湾にて。

構造と性質

棚氷はすべて海底に（接地線と呼ばれる地点まで）しっかり固定されており、前方部分が浮いている。前方部分は厚さが通常100-1000mあるが、海面から顔を出しているのはその約9分の1にすぎない。棚氷の後方部分は固定されているが、前方部分は潮の干満と共に上下に動き、圧力を生み出して割れ目を生じさせる。全体的に見ると、棚氷の後方から前方へ氷が徐々に移動して行き、先端から大きな卓状氷山が時々分離する。時には氷がゆっくり上方に移動することもあるが、それは棚氷の底に海水が凍りつき、上面の氷が夏に溶けて蒸発することによって起こる。このメカニズムによって棚氷の下の海底からの堆積物までもが海面に運ばれることがある。

氷山を分離する棚氷
棚氷の前方部分は時々割れてその氷片が卓状氷山となって漂流する。写真に見える氷片はそれぞれ表面積が数km^{2}ある。

氷の増減

棚氷は、陸側の端に流れ込んでくる氷河、新しい積雪、底面に凍りつく海水から氷を供給される。氷が失われるのは、氷山の分離や、夏の上面の溶解による蒸発や、底面の一部の溶解などによる。

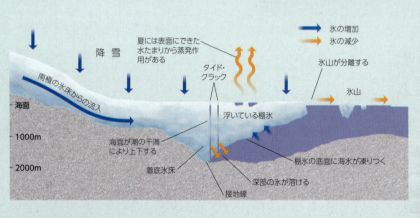

表面と内部

南極の棚氷の上面は居心地の悪い場所である。一年の大半を通じて、カタバ風と呼ばれる冷たい気流が南極氷床から棚氷上空に吹き降りるのである。氷の表面は平らではなく、風によってサスツルギと呼ばれる起伏の連続が形成されている。これらは通常、「雪の毛布」の中に埋もれている。所によっては、流入する氷河が運んできた岩や、垂直方向の動きによって海底から上へと運ばれてきた物質まで表面に散乱している。夏には小さな池ができる棚氷もいくつかあり、多様な微生物の住処となる。棚氷の内部には通常、潮によってできた割れ目やクレバスがある。

棚氷の下

南極の棚氷の下には、人間による探査の手がほとんど伸びていない広大な海域が広がっている。海水はここで絶えず循環していると考えられているが、その原因の一部は棚氷の下や周囲での新たな海氷の形成である。海水は新しく形成される際に塩分を排除するため、周囲の海水の濃度が高まる。このため海水は沈み、循環を引き起こす一因となる。ここに生息する生物についてはほとんど知られていないが、2005年にラルセンB棚氷が崩壊した後、その下の海底で二枚貝の群落やバクテリアマットがみつかった（487ページ参照）。

氷の下の生き物
ヒトデや蠕虫類などの生き物が南極大陸周辺の浅海に生息しており、おそらく棚氷の下にもいると考えられる。

棚氷内部の洞穴
夏になると、氷の一部が溶けて棚氷内部の割れ目やクレバスが広がり洞穴を形成することがある。

海水循環
大きな棚氷の下では海水循環が絶え間なく起こり、その原因は棚氷底面での海氷の形成や、深部での一部海氷の融解であると考えられる。

毎年新たに形成される定着氷　マリーンアイスが海面下で見られる　棚氷　融解地帯
濃度が低下するにつれて氷の小板が上昇する
新成氷
低塩分の海水
高塩分の海水
接地線
塩分の排除が原動力となる氷のポンプ

海洋環境

棚氷　193

氷山

氷山は巨大な浮遊する氷塊で、大きな氷河や棚氷の先端から割れ落ち、分離してできたものである。これらの塊には自動車ほどの大きさのものから1つの国よりも大きい巨大な氷の厚板まである。毎年推計で、小さなものを除いても4万から5万の氷山がグリーンランドの氷河から分離する。それより数は少ないが、巨大な氷山が南極大陸周辺の棚氷からも分離する。氷山は海流によって生まれ故郷から外洋へと運ばれて行き、何年も漂流しながらゆっくり溶けていく。

氷山の成分比率
混じりけのない氷は密度が海水の90%なので、氷だけでできている氷山はその大きさの10%しか海面上に見えない。

氷山の特性

氷山の主成分は凍った淡水で、塩分を含まない。これは氷山が海水ではなく氷河や棚氷(浮かんでいる氷河)に由来し、氷河自体は圧雪からできているためである。通常、氷河の温度は中心部が約-15℃から-20℃で表面は0℃である。氷の他に岩屑が混じっている氷河がある。これは氷山の母体となった氷河に周囲の山から落ちてきた物質や、氷河の端に凍りついて最終的に氷の中に取り込まれた物質である。氷山の岩石積載量は氷山の浮力に影響する。岩石含有量の多い氷山は最高93%が水面下に沈んだ状態で浮かんでいることがある。

大きさと色

氷山には面積何百km²の氷塊から、小さいものは家くらいの大きさのもの(氷山片)や自動車くらいの大きさのもの(氷岩)まで含まれる。卓状氷山は海面から上が最高60mの高さにそびえ立ち、海面下は水深最高300mまで延びていることがある。一般的な氷山は白く見えるが、これは氷の中に閉じ込められている気泡が光を反射する性質を持っているためである。気泡を含まない高密度の氷でできている氷山は、最短の光波長(青色)以外を吸収してしまうので、鮮やかな青みがかった色になる。時折、氷山が転倒して以前水中に沈んでいた部分が露出することがある。

形状のいろいろ

写真のように、氷山の形状には卓状(上面が平ら)、ドーム状、尖塔状またはピラミッド状、くさび形、その他様々な不規則な形がある。

尖塔状　　不規則な形　　卓状　　ドーム状

北大西洋の氷山

北大西洋で見られる氷山の大半はグリーンランドに降る雪から生まれる。この雪が最終的に氷となり、何千年もかけてグリーンランドの氷床から氷河となって海へ運ばれる。氷山はグリーンランド西岸で氷河から分離しバフィン湾に入る（東岸からも同じように多くの氷山が分離する）。ラブラドル海流によってこれらの氷山は南東に運ばれ、ニューファンドランド島を通り過ぎ、北大西洋に入る。そこで大半の氷山は急速に溶けてしまうが、少数の氷山は北緯40度付近まで南下する。

誕生場所と分布
北大西洋の氷河の大半はグリーンランド西部の氷河であるヤコブスハン氷河、ヘイズ氷河から分離したものである。

人間の影響
氷山の探知

航行に対する脅威となるため、北大西洋の氷山は米国沿岸警備隊によって監視されている。航空機、船舶から得られた氷山目撃情報は、海流や風のデータと共にコンピュータに入力される。次いで船舶に警告できるように氷山の今後の動きを予測する。大西洋上もっとも南で目撃された氷山は、バミューダ諸島からわずか250kmの北緯32度の地点のものだ。

アイスランドの氷山
このどっしりとした氷山はアイスランドのブレイザメルクルヨークトル氷河から分離したもので、氷河湖を漂流し、幻想的な観光名所となっている。

南大洋の氷山

南大洋の氷山はすべて南極大陸を取り囲んでいる棚氷の1つから分離したものである（192ページ参照）。出発時にはほとんどが非常に巨大な卓状氷山である。それらの氷山の漂流の軌跡を衛星で監視することによって南大洋の海流について有用な情報が得られてきた。氷河から分離した後、これらの氷山は沿岸の海流、東風流に乗って西向きに南極大陸の周りを漂流する。少数の氷山は周南極海流によって東方向へ運ばれる。極端な例では、さらに流されて南緯42度まで大西洋を北上する。記録が残っている過去最大の南大洋氷山は長さ295km、幅37kmである。

分布
南極大陸からの氷山漂流のおおよその北限が赤い点線で示してある。南大洋の氷山の大半は南緯67度の南極圏付近に留まっている。

アイスラフティング

岩屑を含んでいる氷山は溶けるにつれ少しずつこれらの物質を放出し、岩屑は海底に沈む。このようにして岩のかけらがグリーンランドから、たとえば北大西洋の海底に運ばれる。この過程はアイスラフティングと呼ばれる。海底から採取した堆積物の標本を調べた科学者により、このようにして運ばれた岩屑であると特定できる例が多い。そのような研究を進めれば、過去の氷山の分離と氷山の分布のパターンについての手がかりが得られる。例をあげると、研究の結果として、最終氷期の間に短期間の寒冷期が何回かあり、氷山が大挙して分離しラブラドル半島の海岸から大西洋を東に横断したことがわかっている。

汚れた氷山
この氷山がかなりの量の岩や塵を含んでいることは「汚れた」外見から明らかである。この岩はアイスラフティングによって運ばれ、海底に眠ることになる。

タイタニック号の残骸
タイタニック号の船首部分。上部デッキと手すりが見える。海底深く埋もれていたにもかかわらずほとんど損傷していない。

タイタニック号の海難事故

海洋定期船の沈没。1912年4月15日の北大西洋でのタイタニック号沈没は、平時の海難事故としては史上最悪とも言えるものである。また、史上もっとも有名な沈没であることは間違いの無いところであろう。この船は絶対に沈むことはないと考えられていたことがその理由の1つだ。当事故での死者は合計約1500人、生存者は700余人だった。

氷山に衝突するに至った大失態の正確な経緯はいまだ充分に解明されていない。事故に先立つ12時間の間に、巨大な氷山がタイタニック号の航路上にあるという通信が他の複数の船から送られていたことが知られている。しかし、これらの通信はタイタニック号の船橋には届いていなかった可能性がある。衝突が起きたとき、氷山はタイタニック号にもろに当たったわけではなく、右舷をかすっただけであった。しかし、これだけで船体を曲げて水面下のリベットをはずすには充分で、タイタニック号の船体の5区画室に漏れ口が開いた。救命ボートが配備されたが、全員を乗せるには充分ではなかった。その上、何隻かは定員にならないうちに降ろされた。その結果、船が沈んだ時に約1500人が船上にまだ取り残されていた。大半の人の死因は氷のように冷たい水中での低体温症だったと考えられる。

1985年米仏のチームにより、ビデオカメラとライトを装備した潜水艇を使ってタイタニック号の残がいの所在が確認された。注目すべき発見は沈没する前に船体が真っ二つに割れていたとわかったことだ。船首と船尾は600m離れて反対側に向き合った形で横たわっているのが発見された。

最初で最後の航海

タイタニック号は1912年4月10日ニューヨークに向けて英国を出発した。英仏海峡を渡ってフランスでさらに乗客を乗せ、次の日にはアイルランドにも停泊した後、船旅を続けた。3日後の4月14日、船長は針路をわずかに南に変更したが、おそらく無線で受け取った氷山の警告に対応したものだろう。しかし午後11時40分、見張り番が巨大な氷山が船の真正面にあるのをみつけた。必死の回避行動にもかかわらず、タイタニック号は氷山に衝突し、午前2時20分までに沈没した。

これが問題の氷山か? 6日後に事故現場付近で撮られたこの写真には生存者から得られた説明と多くの点で一致する氷山が写っている。

タイタニック号の経歴

サウサンプトンを出港する タイタニック号はその進水時、世界最大の定期客船であり、もっとも豪華な客船でもあった。1912年4月10日にサウサンプトンの波止場を出たとき、乗務員900人と乗客1300人を運んでいたが、乗客の中には世界でも指折りの資産家や著名人等がいた。

メディアの大騒ぎ タイタニック号の沈没は世界中に衝撃を与えた。このシカゴの新聞は1912年4月16日付のものである。

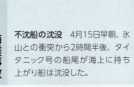

不沈船の沈没 4月15日早朝、氷山との衝突から2時間半後、タイタニック号の船尾が海上に持ち上がり船は沈没した。

ボブ・バラード フランス人科学者ジャン=ルイ・ミシェルと米国人海洋学者ボブ・バラードの率いたチームは、1985年9月1日、タイタニック号の残骸を水深3800mの所で発見した。

救命ボートの巻き上げ機 この甲板の機械は、さび(鉄成分と錬鉄を養分とする細菌の混合物を含んだ瘤塊)に覆われていて辛うじてそれとわかる。

紙幣 紙幣が驚くほど良好な状態で回収されている。これはその中の、パーサーの鞄から見つかった5ドル紙幣である。

陶器の皿 海底に皿の列が並んでいるのが見つかった。本、時計、無線電信などさまざまな物もブロンズの天使像や何百点ものその他の品々と一緒に回収されている。

海氷

海氷は海面で凍結した海水であり、その下の凍っていない海水の上に浮いている。海氷には流氷(陸地に付着せず、風や海流に運ばれて漂っている氷)と定着氷(岸に凍り付いている氷)とがある。海氷の形成と融解は、大規模な海洋水循環に影響を及ぼす。海氷は極地の海と大気の間の熱の移動を抑制するのに役立っているため、世界の気候に対する重要な安定化効果を持っている。海氷は日射を強力に反射し、夏に極地の海が暖められるのを抑制する。冬には断熱材として機能し、熱の損失を減らす。現在科学者たちは、気候や野生生物に影響を及ぼしかねないとして北極海の海氷の縮小について懸念している。

形成

海水は淡水の氷点よりもわずかに低い-1.8℃で凍り始める。海氷の形成は小さな針状の氷の結晶(晶氷)の状態から始まる。海水中の塩分は氷の中に組み込まれることができないので、晶氷は塩分を排出する。形成中の海氷は次第に厚い雪泥となった後、通常の波の状態では蓮葉氷と呼ばれるモザイク状の氷の小板となる。続いてラフティング(rafting;氷が砕けて破片が互いの上に乗り上げる)と呼ばれる過程やリッジング(ridging;割れた氷の端が押されてまくれ上がる)と呼ばれる過程を経て厚くて固い板となる。リッジングが起きる場所では、それぞれのリッジ(隆起)に対応してキールと呼ばれる構造が氷の下側に形成される。新しく形成された小型の板氷は一年氷と呼ばれ、厚さは最高30cmになる。一年氷は冬じゅう厚みを増し続ける。どの氷も次の冬まで残る。

海氷の形成過程

海氷の形成段階は海面が穏やかであるか波の影響を受けるかによって左右される。波が穏やかな地域での通常の過程を下に示した。

海氷の調査

氷の小板から成る蓮葉氷は厚さが最高10cmにもなる。波や風によってこれらの小板が衝突し、端がまくれあがる原因となる。

グリースアイス
晶氷と呼ばれる細かい氷の針状体が凝固して粘性のある氷の結晶となる。

蓮葉氷
波の動きでグリースアイスが割れて、これらの塊が蓮葉氷と呼ばれる円盤状の氷となる。

一年氷
蓮葉氷がラフティングやリッジングといった過程を経て凍り、固まって氷の板を形成する。

多年氷
一年以上かけてさらに厚みを増したものは多年氷となる。厚みは数mにもなる。

範囲と厚さ

極地の海の海氷の範囲は季節によって変化する。冬に南大洋で形成された氷の約85%が夏には溶け、これらの氷の厚さは平均1-2mにしかならない。北極では、氷の一部が数年溶けずに残り、この多年氷の厚さは平均2-3mに達する。冬には流氷が北極海の大半を覆う。夏には通常、面積が半分になる。近年、夏の海氷の後退が以前より顕著になっており、2050年以前に夏の氷域が消滅する恐れが高まっている。

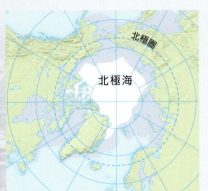

北極の海氷分布
分布面積は冬の最大1500万km²から、夏の450万km²まで変動する。

- 万年氷
- 冬季の海氷

発見
米国潜水艦ノーチラス号

1958年米国の潜水艦ノーチラス号は海氷に覆われた北極海の下を横断し、8月3日に北極点を通過した。その横断により北極海の中心には相当な大きさの大陸はないことが証明された。潜水艦は北極海を水深150mのところでボーフォート海からグリーンランド海まで4日間かけて横断した。

氷の割れ目

ほぼ永久的に氷で覆われている極地の海の部分にさえも、氷の中に割れ目や裂け目が現われたりそのまま残ったりすることがある。これらの割れ目は大きさや範囲の面で非常にばらつきがあり、違った名称がついている。フラクチャー(fracture)は極めて狭い裂け目でどんな大きさのボートも通常航行できない。

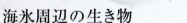

アイスリード
アイスリードは海氷の領域が切り分けられるところに形成される水路である。風や海流による圧力が原因と考えられる。写真ではベルーガの群れが水路を泳いでいる。

アイスリード(ice lead)は長くてまっすぐな狭い通路が自然発生的に海氷の中に開いたもので、海上船舶や海生哺乳類の一部が通行することができる。氷湖は持続的に開いている水域で面積は最大数百km²でほぼ円形をしていることが多い。氷湖は、周りより暖かな水が局地的に湧き上がって来る場所や、海岸近くの形成されたばかりの海氷を風が岸から吹き飛ばす場所に形成されやすい。

海氷周辺の生き物

海氷の周りには生き物がよく育つ。その理由の1つとして、海氷が形成時に塩分を海水中に排出し、海水の塩分濃度を高めて沈降させることがあげられる。このため栄養分豊富な水が海面に湧き上がる。夏には栄養分に太陽光が加わって、生き物の豊富な食物資源となる植物プランクトンの成長が促進される。この微生物が魚、哺乳類、鳥の食物連鎖の基礎を形成する。北極では、海氷はアザラシやセイウチに休息や出産の場所を提供し、ホッキョクグマやホッキョクギツネの狩場や繁殖地になる。南極大陸では海氷はアザラシやペンギンのサポート役となる。氷の割れ目はこれら野生動物にとってきわめて重要で、ホッキョクグマが近くで狩りをしている時に、アザラシやペンギンやクジラは息継ぎをしに顔を出す際に海氷に守られる。北極の海氷が減少してしまうと、生息地が急激に縮小し、こうした動物は絶滅へと追いやられてしまうだろう。

ナンキョクオキアミ
この甲殻類は南大洋で集まって大群となり、そこでの食物連鎖の重要な部分を受け持っている。

人間の影響
砕氷船

砕氷船は、氷で覆われた環境で前進するために設計された船である。船体がすべて強化された弓形をしているため、海氷に乗り上げて、氷を割りながら進む。船の形状は、氷片を船体の両側と船体の下に押し開くよう着実に進歩してる。最新の砕氷船は最高2.8mの厚さの海氷の中を進むことができる。

ウェッデルアザラシ
ウェッデルアザラシは極地の海に生息する9種のアザラシの1つであり、南大洋でのみ見られる。このアザラシが海氷から遠く離れることは決してない。

極地の海洋循環

北極海と南大洋にはそれぞれ独自の水循環のパターンがあり、他地域の世界海洋循環とつながりがある。これらの循環の原動力の1つは風であり、1つは極地の海の表層の水温や塩分濃度に影響を与えるさまざまな要因、すなわち大気温度と海氷分布の季節変動や、河川からの淡水の大量流入などである。類似の影響によって引き起こされているにもかかわらず、北極海と南大洋の水循環のパターンに重要な違いがあるのは、北極海は陸地に取り囲まれ、南大洋は凍った大陸を取り囲んでいるという事実によるところが大きい。

循環と摂食
南大洋は南極収束線で暖水と出会い、写真のザトウクジラを含むクジラにとって生物の豊富な摂食場を作り出す。

北極海表層循環

北極海の水深50mまでの表層部分は絶え間なく流れ続けている海流の影響を受けている。この循環には2つの主要構成要素がある(428-29ページ参照)。アラスカ北部の広い海域にはボーフォート環流と呼ばれる円を描くようにゆっくり流れる海流がある。この時計回りの海流は風の作用によるもので、4年で1回転が完結する。第2の要素、貫北極海流はシベリアの河川から北極海に排出される大量の水によって引き起こされる。

レナ川の河口
レナ川はシベリアを横断して流れ、毎年420km³の水を北極海に放出する。

北極海深層循環

北極海では冷たく密度の大きい水がゆっくり循環している。この循環は北極海の構造による制約を受けている。北極海を構成する中央の深い海盆(北極海盆)は数本の海嶺に分断され、大半の部分が浅い大陸棚に囲まれている。大西洋側でのみ北極海の深層水と南の深層水とがつながっている。反対側の太平洋との接続は浅くて狭いベーリング海峡を経由している。北極海盆で起きる小さな循環も、ロシア北部への大西洋深層・低層水の流入と、グリーンランド周辺への流出に主に関係してくる。

霧のたちこめた海
南極収束線付近の海域は霧が出やすい。写真は定期観光船が収束線のすぐ南の海峡に近づくところ。

北極海盆における循環
大西洋の水がロシア北部に流入し、太平洋の水はベーリング海峡を経由して流入する。大西洋の水の一部は、水温が下がるにつれて密度が大きくなり、海氷に覆われたはるか下まで沈降してゆっくりと周囲に広がる。流出先は主にグリーンランド東部である。

→ 大西洋の水
→ 太平洋の水

南極収束線

南極収束線は南極大陸を囲んでいる南大洋の、およそ南緯55度に位置する海域(ただし所々該当しない場所もある)で、南極大陸から北方向に流れる冷たい水が、比較的暖かな北向きの水の下に沈み込むところである。

収束線では、海水の化学組成が変化するのと同時に海面水温が突然3-5℃変わる。その結果、収束線は動物の行動に対する障壁を形成し、それぞれの側で見られる海生哺乳類の種類は非常に異なったものとなっている。ここは波風の荒い場所となっている。異なった水塊が出会うことにより溶け込んだ栄養分が海底から海面へ運ばれる。これは肥料の働きをし、南半球の夏の間のプランクトンの成長を助ける。

植物性プランクトン
南極収束線付近では夏には植物プランクトンが大量発生し、食物連鎖の基礎を形成する。

南大洋の循環

南大洋では、表層水は二つの風成海流の影響を受けて循環する。南極大陸沖では、南極沿岸流が南極大陸の周りを東から西へ流れている。数百km北には周南極海流が反対方向の西から東へと流れ、南極の水を北へ押し出している。周南極海流は太平洋、大西洋、インド洋に接続する主要な海流であり、南極大陸を北の暖かな海流から隔離する。南大洋では重要な水循環が深部でも起こっている。南極大陸付近の海域では、海水が凍る際に排出する塩分によって、密度の大きい高塩分の水塊が形成される。この冷たい水は沈降して北へと流れ、南大西洋に入る。

アホウドリ
このマユグロアホウドリやハイガシラアホウドリは、生物生産性の高い南大洋に生息している。

人

フリチョフ・ナンセン Fridjtof Nansen

ノルウェーの探検家・科学者であるフリチョフ・ナンセン(1861-1930)は、特別に建造された木製の船フラム号に乗って1893-1895年に北極を探検し、北極探検ではもっとも知られている。ナンセンはフラム号をわざと氷に閉ざされた状態で北極海を漂流させることによって、今日では貫北極海流と呼ばれている表層海流の存在を証明した。その後ナンセンはフラム号の仲間1人と出発し、1895年に徒歩とソリにより北極点から640km以内の地点に到達し、当時の誰よりも北極点に近づいた。

海洋生物

海洋は地球上では飛び抜けて大規模な生息環境であり、より正確な見方をするならば、マングローブ林から深海の熱水噴出孔にまでおよぶ本質的に異なる多種多様な生息環境の集合体である。海洋のどのような環境においても、たとえば海面下1万mを超す海溝においてでさえ、生物は根を下ろすべき場所を見出している。日の当たる海面には、個体数の点でも種類の点でも最大規模の生物が豊富に生息している。海面で暮らす微細な植物や植物プランクトンは、シャチなどの大型肉食動物を頂点とする食物連鎖の最下層でエネルギーを提供している。生命は海で始まり、劇的な進化が数多く起きた場である。こうした進化の歴史をたどることによって、驚くべき多様性を見せる今日の海洋生物を系統立てて理解することができる。

海洋生物概論

コンブ林の生物群
海洋生物は自然環境に従って一定の特性を持つ生物群を形成し、そうした生物群が多数存在する。写真は冷たい浅海域の生物群で、海底を覆う紅藻の上にコンブの林がそびえ、その葉陰にはトビエイや小魚が身を寄せている。

分類

生物学者は生物を統一的に分類し、1つ1つの生物の所属を明示できるように大規模な生物分類体系を構築している。すでに200万種を超える生物が記録されたが、そのうち海洋生物は16%程度にすぎない。しかし、特に深海において新たな種が続々と発見されており、今後、海洋生物が占める割合が増加していくと思われる。

種とは何か

種とは、生物分類上の基本単位である。一般に認められている種の定義は、「共通する特徴を非常に多く持つため、一つの明確なグループを形成する個体群。その個体群の中では野生の状態で交配を行って繁殖力のある子を生むことができる」というものである。この定義は化石種には適用できない。種の定義はほかにも多数あり、その中には化石種にも現生種にも適用できるものがある。結局のところ、種の定義はやや主観的であることが多い。

リンネの分類階層

リンネは徐々に範囲が狭まっていく階層的分類体系を作った。それを発展させた今日の体系は、界から種にいたるまで、多数の階層を用いている。下にあげたのはマイルカの例で、一連の階層区分により分類されていく過程を解説した。

真核生物(超)界(ユーカリア)
すべての真核生物、すなわち、はっきりした核のある複雑な細胞を持つ生物を含む。真正細菌と古細菌を除くすべての生物がこの界に属する。

動物界
すべての動物、すなわち、エネルギー摂取のため餌を食べる必要のある多細胞の真核生物を含む。どの動物も、少なくとも生活環の一部において移動能力を有する。

脊索動物門
すべての脊索動物、すなわち、脊索を持つ動物を含む。多くの動物において、誕生前に脊椎が形成され、それとともに脊索は消失してしまう。

哺乳綱
すべての哺乳動物、すなわち、空気呼吸をし乳で子を育てる脊椎動物を含む。顎は1つの歯骨だけでできている。

クジラ目
すべてのクジラとイルカ、すなわち、海生哺乳動物のうち、推進力の源として水平方向に平らな骨のない尾鰭を使う動物を含む。

マイルカ科
くちばし(吻)と50-100個の脊椎骨を持つ、すべてのイルカを含む(クジラ目の中で歯をもつものをまとめた「ハクジラ亜目」に含まれる)。頭蓋骨には隆起がない。

マイルカ属
顎の上下に40本から50本の歯を持つ、色の鮮やかな海生イルカ2、3種を含む。ここに属するイルカは大きな群れを作る。

マイルカ
背鰭の下にV字型の黒い鞍のような形の模様、体側に黄色と灰色の砂時計のような形の模様があるイルカ。

分類の原則

生物の分類は、自然界をより深く理解するための助けとなる。それぞれの種の持つ共通の特徴に基づいて生物を分類することにより、生物間の相違を明確かつ正確に理解できるのである。また、同じ体系を使うことにより、それに従って整理された知識を世界共通で利用することも可能になる。スウェーデンの博物学者カルロス・リンネが18世紀に体系化した分類階層(左を参照)が、今日においても分類法の基礎となっている。種の学名は2語のラテン語(属名と種小名)で表し、1つの種に対して有効な学名は1つしかなく、また属、科、目、…と続く一連の上位分類がある。しかし、生物に関する知識の増加にともなって、分類や所属を見直す必要が生じることが多い。ときには、新しいグループが新設されることがあり、この例としては節足動物門が甲殻亜門と六脚亜門に分けられたケースがあげられる。他の個体群と異なっていることが立証されれば、新たな種が設けられることになるが、これはかなり頻繁に行われている。

証拠

かつて、生物を識別し分類するための方法は、生体構造の精査、形状や機能、胚の発生と生育(動物のみ)の観察、化石記録の調査しかなかった。しかし近年、その生物のタンパク質やDNAを調べるという方法が加わった。DNAは、各生物に特有の構造を持った高分子である。生物同士の近縁性は、共通する特徴を担うDNA分子を比較することで判断できる。こうした分子に関する証拠に基づいて数多くの生物の分類が改定されている。

生体構造の詳細
博物館に所蔵されている標本の身体構造を精査することで、類似する生物を区別したり、共通の特徴に従って分類したりすることができる。

分岐論

1950年代まで、大半の人が同じ分類体系を使ってはいたものの、その分類の基準は数値化することも繰り返し使うこともできない場合が多かった。そこで、コンピュータを利用するような自動的な方法で多くの特徴を分析して、生物の分類だけでなく進化の解明にも役立てようという考えが生まれた。この方法は分岐学として知られるようになり、今日では広く使われる技術となっている。分岐論に基づいた分析では、研究対象の生物群が共有している各種の特徴を調査検討する。そして、最節約なもの、すなわち想定される分岐回数が最少のものをもっとも可能性の高い分岐図として採用する。次いで対象生物を、生物同士の系統関係を示す分岐図(クラドグラム)に組み込む。分岐図では、クレードと呼ばれる分岐群が入れ子構造になっている。

魚の分岐図

右の単純化した分岐図は、魚をわずか3段階で分類している。クレードは共通祖先のすべての子孫を含み、また、すべての四足類(陸上の脊椎動物)は総鰭類の下位に位置するため、「総鰭類と四足類」といった新たな分岐群が生じることになる。

頭蓋骨を有する動物
頭蓋骨は、この点以降の生物すべてに見られる共有派生形質である。頭蓋骨は共通の祖先において発生したものだと考えられている。

顎を持つ脊椎動物
この点以降の動物は、顎を持つ生物のクレードを形成しており、この顎も共通の祖先から受け継いだものと考えられている。

骨のある脊椎動物
この点以降の動物はすべて、遺伝による体幹骨を持つクレードを形成する。体幹骨はサメ、ヤツメウナギ、ヌタウナギにはない。

条鰭類
この点以降は放射状骨のみから成る鰭を持つ魚のクレードである。総鰭類が持つ足のような丸い突出物や四足類のような足は持たない。

ヤツメウナギ / ヌタウナギ / 軟骨魚類 / 総鰭類と四足類 / 条鰭類

海洋生物

本書で使用している分類の枠組みを以下3ページにわたって示す。この枠組みでは、すべての生物を3つの「超界（ドメイン）」に分けている。各超界内では海生の分類群のみを示したが、綱と種の数には、海生陸生にかかわらず、その分類群に属する生物をすべて含めた。「魚類」など一部の分類群は、破線（……）で囲んで記載されている。それらは、有用だが分類学上の正式な分類群ではないもの、および小型の「底生動物」や「浮遊動物」などは、生態学上の分類群であって、分類学や進化の歴史を反映してない分類を表している。

真生細菌
| 超界 真生細菌 | 界 80 | 種 数百万 |

古細菌
| 超界 古細菌（アーキア） | 界 2 | 種 おそらく何百万 |

真核生物（ユーカリア）
| 超界 真核生物（ユーカリア） | 界 少なくても8 | 種 200万 |

真核生物（ユーカリア）

この超界は、細胞核をはじめ複数の複雑な構造——原核生物（真正細菌、古細菌）には見られない特徴——を有する細胞を持つ生物全体を含む。真核生物に属するのは、原生生物、海藻、植物、菌類、動物である。

原生生物

単細胞生物の分類は複雑で、困難であり、常に流動的である。多くの重要な海洋プランクトンのグループは「原生生物」と総称されている。それ以外は、植物か原生動物（原虫）類（原生動物門）である。

渦鞭毛藻
| 門 ミオゾア門 渦鞭毛虫下門 | 綱 4 | 種 2,436 |

繊毛虫類
| 門 繊毛虫門 | 綱 約10 | 種 8,699 |

放散虫類
| 門 放散虫門 | 綱 3 | 種 4,000 |

有孔虫類
| 門 有孔虫門 | 綱 3-5 | 種 6,616 |

円石藻類
| 門 ハプト植物門 | 綱 2 | 種 258 |

不等毛藻（オクロ植物）類
| 門 オクロ植物門 | 綱 20 | 種 5,006 |

珪藻類
| 綱 珪藻綱 | 目 12 | 種 10万 |

黄金色藻類
| 綱 黄金色藻綱 | 目 4 | 種 490 |

褐藻類
| 綱 褐藻綱 | 目 23 | 種 2,053 |

この他にもいくつか非公式な分類群と界がある

植物
| 界 植物界 | 門 8 | 種 31万5,000 |

8つの門から成る植物界のうち、本書では海洋種3門を取り上げている。そこに、一部が潮間帯に暮らす蘚苔類（*Bryophyta*）も追加している。

紅藻類
| 門 紅藻門 | 綱 2以上 | 種 6,394 |

緑藻類と緑藻
| 門 緑藻植物門 | 綱 約8 | 種 5,426 |

緑藻類（微視的）
| 綱 プラシノ藻綱 | 目 3 | 種 200 |

緑藻
| 綱 アオサ藻綱 | 目 8-9 | 種 1,500 |

ほかに緑藻類と緑藻の6綱がある

コケ類
| 門 蘚苔類植物門 | 綱 3 | 種 13,365 |

維管束植物
| 門 維管束植物門 | 綱 8 | 種 26万684 |

顕花植物
| 綱 被子植物上綱 | 目 30 | 種 26万 |

非海生のものが7綱ある

非海生のものが3門ある

菌類
| 界 菌界 | 門 5 | 種 46万574 |

動物
| 界 動物界 | 門 約30 | 種 150万超 |

以下の動物門のリストでは、海綿など、体の構造と組織が単純な生物から、人間を含むもっとも複雑な門である脊索動物門へと展開していく。体の構造は門ごとに異なっている。

海綿類
| 門 海綿動物門 | 綱 4 | 種 8,700 |

刺胞動物
| 門 刺胞動物門 | 綱 5 | 種 1万886 |

サンゴ類およびイソギンチャク類
| 綱 花虫綱 | 目 10 | 種 7,095 |

クラゲ類
| 綱 鉢虫綱 | 目 3 | 種 186 |

アンドンクラゲ類
| 綱 箱虫綱 | 目 2 | 種 41 |

ヒドロムシ類
| 綱 ヒドロ虫綱 | 目 7 | 種 3,516 |

アサガオクラゲ類
| 綱 十文字クラゲ綱 | 目 1 | 種 48 |

浮遊生物門

以下の3つの門はプランクトンの形で海流に乗って漂う動物であり、そうした基準で1つの分類群にまとめた。有櫛動物門と毛顎動物門に属する種は非常に少ない。

クシクラゲ類
| 門 有櫛動物門 | 綱 2 | 種 187 |

ヤムシ類
| 門 毛顎動物門 | 綱 1 | 種 131 |

ワムシ類
| 門 輪形動物門 | 綱 2 | 種 2,014 |

扁形動物

ヒラムシ類
門 扁形動物門　　綱 6　　種 2万

珍無腸動物類
門 珍無腸動物門　　綱 2　　種 430

ヒモムシ類
門 紐形動物門　　綱 2　　種 1,358

環形動物類
門 環形動物門　　綱 2　　種 1万5000

底生動物

以下に分類した生物はいずれも海底上もしくは海底堆積物の中に生息する。ただし、これは包括的なリストではなく、曲形動物門、鉤頭虫動物門、板歯動物門、被甲動物門はここに含まれていない。

環形動物類
門 環形動物門　　綱 2　　種 1万5000

チョウチンガイ類
門 腕足動物門　　綱 3　　種 393

ホウキムシ類
門 ホウキムシ動物　　綱 1　　種 16

ホシムシ類
門 星口動物門　　綱 2　　種 147

シクリフォラ動物
門 有輪動物門　　綱 1　　種 2

イタチムシ類
門 腹毛動物門　　綱 1　　種 847

線虫類
門 線形動物門　　綱 2　　種 2万

トゲカワ類
門 動吻動物門　　綱 4　　種 236

クマムシ類
門 緩歩動物門　　綱 3　　種 1,000

ギボシムシ類
門 半索動物門　　綱 3　　種 130

軟体動物
門 軟体動物門　　綱 8　　種 7万3,682

尾腔類
綱 尾腔綱　　目 1　　種 131

溝腹類
綱 溝腹綱　　目 4　　種 273

単板類
綱 単板綱　　目 1　　種 30

ツノガイ類
綱 掘足綱　　目 1　　種 571

二枚貝類
綱 二枚貝綱　　目 17　　種 9,209

腹足類
綱 腹足綱　　目 16　　種 6万1,682

頭足類
綱 頭足綱　　目 9　　種 816

ヒザラガイ類
綱 多板綱　　目 3　　種 970

節足動物
門 節足動物門　　綱 17　　種 約125万

甲殻類
亜門 甲殻亜門　　綱 6　　種 6万1,710

ミジンコ類および近縁種
綱 鰓脚綱　　目 3　　種 900

フジツボ類およびカイアシ類
綱 顎脚綱　　目 27　　種 1万6,589

カイムシ類
綱 カイムシ綱　　目 5　　種 7,462

軟甲類
綱 軟甲綱　　目 15　　種 3万6,759

シャコ類
目 口脚目　　科 17　　種 480

等脚類
目 ワラジムシ目　　科 94　　種 1万1,515

端脚類
目 ヨコエビ目　　科 119　　種 1万158

オキアミ類
目 オキアミ目　　科 2　　種 86

ロブスター類、カニ類、エビ類
目 エビ目　　科 105　　種 1万5000

他に10の目がある

鋏角類
亜門 鋏角亜門　　綱 13　　種 7万1004

クモ類、サソリ類、ダニ類
綱 クモ綱　　綱 12　　種 7万

カブトガニ類
綱 カブトガニ綱　　目 1　　種 4

ウミグモ類
綱 ウミグモ綱　　目 1　　種 1,342

六脚類
亜門 六脚亜門　　綱 4　　種 約111万

カブトガニ類
綱 カブトガニ綱　　目 1　　種 4

ほかに非海生亜門1種　ヤスデ類およびムカデ類（多足類）がある。

コケムシ類
門 外肛動物門　　綱 3　　種 6,085

棘皮動物
門 棘皮動物門　　綱 5　　種 7,278

ウミユリ類およびウミシダ類
綱 ウミユリ綱　　目 4　　種 638

ヒトデ類
綱 ヒトデ綱　　目 8　　種 1,851

クモヒトデ類
綱 クモヒトデ綱　　目 2　　種 2,074

ウニ類
綱 ウニ綱　　目 16　　種 999

ナマコ類
綱 ナマコ綱　　目 6　　種 1,716

脊索動物

門 脊索動物門	亜門 3	種 6万4618

脊索動物の大多数は脊椎動物亜門に属する。これよりはるかに小規模な残り2つの亜門は、棒状の脊索を持ち、誕生前にこれが脊椎に変わることから、脊椎動物と統合された。

被囊類(ホヤ類およびサルパ類)

亜門 尾索動物亜門	綱 4	種 3,026

ナメクジウオ類

亜門 頭索動物亜門	綱 1	種 30

脊椎動物

亜門 脊椎動物亜門	綱 10	種 6万1562

メクラウナギ類については、脊椎柱が未発達なため脊椎動物から除外されている場合が多い。しかし、最近の分子生物学的な研究では、他の無顎類との関連を確認している。爬虫類、鳥類、哺乳類(ならびに、海洋種がない両生類)は、魚類を含む顎脊椎動物(*Gnathostomata*)の大きなグループの四肢動物(*Tetrapoda*)として、非公式に分類されている。

魚類

「魚類」は4つの異なった動物をひとくくりにする非公式の名称である。「無顎魚類」、「軟骨魚類」および「硬骨魚類」は非公式なグループである。

無顎魚類

メクラウナギ類

綱 メクラウナギ綱	目 1	種 79

ヤツメウナギ類

綱 ヤツメウナギ綱	目 1	種 46

サメ類、エイ類、ギンザメ類

サメ類、ガンギエイ類およびエイ類

亜綱 板鰓亜綱	目 13	種 1,241

サメ類

目 8	科 34	種 523

ガンギエイ類およびエイ類

目 4	科 17	種 718

ギンザメ類

亜綱 全頭亜綱	目 1	種 49

硬骨魚類

総鰭魚類

亜綱 肉鰭亜綱	目 3	種 8

条鰭魚類

亜綱 条鰭亜綱	目 45	種 3万1281

チョウザメ類およびヘラチョウザメ類 目 チョウザメ目	種 28		サケ類 目 サケ目	種 219	
ターポン類およびカライワシ類 目 カライワシ目	種 9		ライトフィッシュおよびドラゴンフィッシュ 目 ワニトカゲギス目	種 426	
ソトイワシ類 目 ソトイワシ目	種 13		エソ類 目 ヒメ目	種 263	
ウナギ類 目 ウナギ目	種 908		ハダカイワシ類および近縁種 目 ハダカイワシ目	種 252	
フウセンウナギ類およびフクロウナギ類 目 フウセンウナギ目	種 28		クサウオ類、ステューレポルス類およびフリリデウオ類 目 アカマンボウ目	種 25	
ニシン類および近縁種 目 ニシン目	種 399		タラ類および近縁種 目 タラ目	種 610	
サバヒー 目 ネズミギス目	種 37		トードフィッシュ類およびガマアンコウ類 目 バトラコイディス目	種 83	
ナマズ類およびナイフフィッシュ類 目 ナマズ目	種 3,604		アシロ類 目 アシロ目	種 531	
キュウリウオ類および近縁種 目 ニギス目	種 321		アンコウ類 目 アンコウ目	種 358	

ウバウオ類 目 ウバウオ目	種 162		ヨウジウオ類およびタツノオトシゴ類 目 ヨウジウオ目	種 364	
ダツ類 目 ダツ目	種 266		カサゴ類およびコチ類 目 カサゴ目	種 1,649	
トウゴロウイワシ類 目 トウゴロウイワシ目	種 344		スズキ型魚類 目 スズキ目	種 1万1061	
イトヨウダイ類および近縁種 目 キンメダイ目	種 161		カレイ類 目 カレイ目	種 796	
マトウダイ類および近縁種 目 マトウダイ目	種 33		フグ類およびカワハギ類 目 フグ目	種 437	
トゲウオ類およびウミテング類 目 トゲウオ目	種 29				

この他に16以上の目がある

爬虫類

綱 爬虫綱	目 4	種 7,723

カメ類

目 カメ目	科 12	種 300

ヘビ類およびトカゲ類

目 トカゲ目	科 44	種 7,400

ワニ類

目 ワニ目	科 3	種 23

この他に1目、非海生目のムカシトカゲ(スフェノドン類)がある

鳥類

綱 鳥綱	目 29	種 9,500

この分類では鳥類は29目に分けられている。科学者の中には、鳥類は爬虫類に分類すべきだと考える者もいる。

水生鳥類(カモ類、ガン類、ハクチョウ類)

目 カモ目	科 2	種 177

ペンギン類

目 ペンギン目	科 1	種 18

アビ類

目 アビ目	科 1	種 5

アホウドリ類およびウミツバメ類

目 ミズナギドリ目	科 4	種 142

カイツブリ類

目 カイツブリ目	科 1	種 23

ペリカン類および近縁種

目 ペリカン目	科 5	種 65

サギ類および近縁種

目 コウノトリ目	科 6	種 119

猛禽類

目 タカ目	科 5	種 333

渉禽類、カモメ類、ウミスズメ類

目 チドリ目	科 18	種 385

カワセミ類および近縁種

目 ブッポウソウ目	科 9	種 230

この他に18の非海生目がある

哺乳類

綱 哺乳綱	目 27	種 5,500

一部分、あるいは全体が海生哺乳動物である3目を以下にあげた。最近まで自然な分類群ではない「鰭脚類」として分類されていた鰭脚動物(アザラシ、アシカ、セイウチ各類)は、現在では食肉目(ネコ、イヌ、クマ、カワウソ各類および近縁種)に分類されている。哺乳類27目には、有袋類も含まれている。

肉食動物

目 ネコ目	科 9	種 249

クジラ類およびイルカ類

目 クジラ目	科 12	種 85

カイギュウ類

目 カイギュウ目	科 2	種 4

この他に23の非海生目がある

紅海の礁
紅海は世界の上位18位に入るサンゴのホットスポットである。その色鮮やかな礁には、毒魚ハナミノカサゴなど豊富な海洋生物が生息している。

生物多様性ホットスポット

生物多様性ホットスポット(biodiversity hotspots)という言葉が、とくに海洋生物に関するドキュメンタリーで、しばしば登場する。こうした場所では多様な生物が見られるため、映画製作者の間で人気を呼んでいるのである。しかし、この呼称は若干ピントがずれている。厳密に言うと、狭い場所にきわめて多数の種が密集している「種多様性ホットスポット(speciesdiversity hotspots)」なのである。このようなホットスポットを特定することは、自然保護関係者が保全地域を選定する上で役に立つ。とはいえ、たとえば海溝など、種の多様性が低い場所にも、珍しい動物が生息しており、これもまた重要である。

問題なのは、調査研究の対象である生物についての知識があまりにも少ないため、ダイバーがもぐれる浅海域より深い所では、種がもっとも多様な場所がどこであるのか、確実に把握できない点である。しかし、世界的に評価されているのは、サンゴ礁(152ページ以下参照)、海草藻場(146ページ参照)、マングローブ湿地(130ページ参照)の分布と豊富である。多くの異なる種のあるウミガメ、サメ、外洋魚のいるホットスポットは、島の近く、海山、大陸棚外縁で見つかっている。

2010年に終了したワールドオーシャン・センサス(人口調査)という10年がかりのプロジェクトでは、種がどの海に生息しているかについて膨大な量の新しいデータを収集した。数千にのぼる新種が記録され、現在それらの記述作業が進んでいる。80ケ国以上から海洋科学者が参加し、いくつかの重要な海山を含む多くの新しいホットスポットが発見された。

サンゴ礁のホットスポット

熱帯のサンゴ礁は、色彩に富み、浅瀬にあって容易に近づけるため、ダイバーに人気がある。科学者や「リーフチェック(世界規模でサンゴ礁調査を行うボランティア活動)」のようなプロジェクトの一環としてデータ収集に携わる多くのレクリエーションダイバーによって、サンゴ礁の生態については多くの他の海洋生息地よりもはるかによく知っている。2002年にはサンゴ礁のホットスポット18ヵ所が特定された(下の地図で赤く示した場所)。これらは世界のサンゴ礁全体の35%に当たるが、サンゴ礁の稀少種と固有種の60％以上が生息している場所であるため、保護の必要性に基づく優先度が非常に高い。

地図で示されたコーラルトライアングルと呼ばれる地域は、フィリピンの北からマレーシア、インドネシア、東ティモールの南、パプアニューギニア、ソロモン諸島の西に広がっている。この巨大なスポットは600種の造礁サンゴと2,000種以上のサンゴ礁魚を養っている。

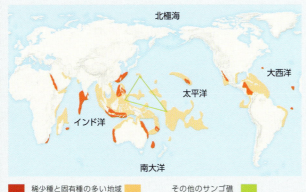

ホットスポットの種類

隠されたホットスポット

キャロン湖 スコットランドの北部山岳地帯は、北西部は風光明媚なのだが、キャロン湖を取り巻く荒涼とした岩山は、生物の多様性が非常に低い。

水面下 しかしキャロン湖の湖水には、熱帯のサンゴ礁に劣らぬ多様な生物──ソフトコーラル、ダリアイソギンチャク、クモヒトデなど──が暮らしている。

カリブ海の宝箱

サバ瀬環礁 2006年に実施された調査では、カリブ海のオランダ領にあるこの環礁で多様性の高い生物種が発見された。この地域は2012年に国立公園になった。

新種 サバ瀬環礁の調査で、第1背鰭が7棘ある底生のハゼが発見された。これは新種で、おそらく属も新しいと思われる。

海山の生物群

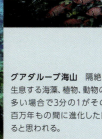

魚の避難所 インド洋の海山に集まるイットウダイとフエダイ。海山周辺の養分豊富な湧昇流が、海の「オアシス」を生み出しているのだ。

グアダループ海山 隔絶した海山に生息する海藻、植物、動物の種のうち、多い場合で3分の1がその海山で何百万年もの間に進化した固有種であると思われる。

埋もれた財宝

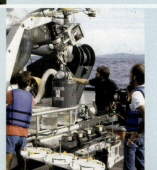

海底泥砂の試料採取 海底泥砂には数千種の微生物と細菌が含まれている可能性がある。深海底の堆積物は砂漠のようだと考えられていたが、この隠れた生物の多様性がそうでないことを証明している。

生命とエネルギーの循環

すべての「命」は、化学物質あるいは太陽のエネルギーを利用して食物を生産する有機体——植物プランクトンや海藻や細菌——に依存して生きている。こうした有機体（第一次生産者）を出発点として、連綿と続く食物連鎖のサイクルがあり、エネルギーの交換を行ないながら全体の生態系が構成されている。

エネルギーの流れ

1つの生態系の中で、ある生物が食物連鎖の次の生物に食べられ、その生物がまた次の生物に食べられ、ということを繰り返していく間に、食物エネルギーは被食者から捕食者へと順次受け渡されていく。陸上の生態系では食物連鎖の段階が上がるにつれてバイオマス（生物量;ある地域内に生活する生物の量）が減少していき、最上位の捕食者は非常に少ない。しかし、植物プランクトンを生産者とする海洋の生態系では（第1次生産者ではなく）第1次消費者のバイオマスが最大である。状況が成立する理由として、植物プランクトンはバイオマスがほとんどないにもかかわらず成長が速く、回転率がよいという点があげられる。

食物エネルギーのピラミッド

食物連鎖の各段階でエネルギーは熱として失われるため、次の消費者が利用できる量が減る。各段階でエネルギーが減少していく様子を示したのが下のピラミッドで、この理由で、最上位の捕食者は非常に少ない。

バイオマス（生物量）のピラミッド

プランクトンが生産者となっているバイオマスのピラミッド（下図）では、生産者のバイオマスが少ないため、食物エネルギーのピラミッドと逆になっている部分がある。

再循環

どの生物にも成長と生殖のために硝酸塩、リン酸塩、ケイ酸塩などの化学的な栄養素が必要である。こうした栄養素は第1次生産者が摂取し、あとは食物連鎖を介して順次受け渡されていく。栄養素の一部は海水から摂取できるが、大半は究極的には海底から得られるものである。生物が死ぬと、その死骸は他の動物が食べ、食べ残しはすべて徐々に海底に沈み、細菌などの分解生物によって分解される。糞便も海底に沈み、腐食生物や分解生物によって処理される。最終的に、栄養素は生命を持たない無機物の形で海水に放出される。そして一部は深海にとどまり、それ以外は海洋盆内を循環する海流（次ページの「湧昇」を参照）に運ばれて海面へ戻る。

養分循環

有機物の粒子、つまり有機堆積物は、海底より上の「水体」の部分に存在する。有機堆積物は清掃（腐食）動物に食べられたり、水中の細菌によってさらに分解されたりする。しかし多くは海底へ沈み、腐敗分解して養分を放出する。これを湧昇流が海面へ戻し、植物プランクトンが摂取できる状態になったところで、栄養分の循環がひと巡りしたことになる。

人間の影響

乱獲

太平洋のアラスカ沖でタラを捕る漁師たち。タラは繁殖の前に、人間の食用のために増殖率をはるかに上回って大量に捕獲されてしまうため、個体群が激減している。近年、様々な国の政府が漁獲制限を課しているにもかかわらず、タラの個体数は回復していない。

アラスカのタラ漁

2010年には大西洋と太平洋のほぼ140万トンが、トロール網や延縄を含む様々な方法を用いて捕獲された。

食物網

第1次生産者から第4次捕食者（最上位の捕食者）に及ぶ南極海の生態系の複雑な食物網は、多数の食物連鎖が組み合わさって形成されている。図の矢印は、餌食となる生物から肉食動物、草食動物、または分解生物へと向かう食物エネルギーの流れを示している。生物が摂餌のためにどう依存し合っているかを示す図である。複数のレベルの生物を餌にしている動物もいるため、食物連鎖はいっそう複雑になっている。食物網は微妙な均衡を保っているが、その均衡も人間の干渉により簡単に崩れてしまう。

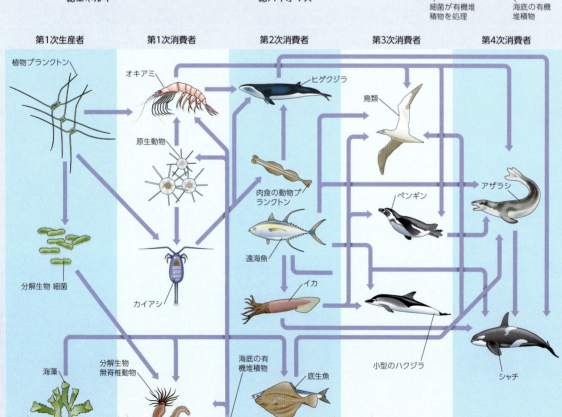

生産性

世界の海洋の生物量には大きな差がある。海域や深度により、季節によって、他より生産性の高い所が生じるのである。生産性を左右する主な要素は太陽光の量で、これは緯度や年間の時期によって変化する。海底からのぼってくる栄養豊富な水の量や光合成に必要な光の量は、海流や日照時間の変化に影響され、それによってプランクトンの量も変化する。また、水温も、光合成の速度を左右するため、生産性に影響を及ぼしている。

澄み切った熱帯の海
熱帯海域の水は季節的な湧昇流などと混じり合うことがないため、海面へ戻る栄養分はほとんどなく、プランクトンはほとんど生育しない。写真は、ハワイ付近の海を1匹だけで泳ぐカメ。

温海域の養分豊富な濁水
沿岸海域と温帯海域では乱流によって養分の豊富な水が循環し、様々な藻類を育てる。写真は太平洋のケルプの森。

湧昇流

開放水域の表層の栄養分は、絶えず植物プランクトンに吸収され、また死骸の破片という形で海底に沈下するため、枯渇してしまう場合がある。しかし湧昇流（60ページ参照）と呼ばれる垂直方向の流れにより、栄養豊富な水が大量に表層へ戻ってくることもある。

　陸の近く、たとえば南米沖のフンボルト海流（58ページ参照）などの表層海流により沿岸湧昇流が引き起こされる。太平洋と大西洋の赤道付近では、貿易風によって赤道の南と北へ水塊が押し流され、より冷たく養分に富んだ水が入れ替わりに中層から上昇してくるとき、赤道湧昇流が起こる。極域湧昇流は、冬の嵐が激しい海流を引き起こした場所で起こることがある。湧昇流が起こり十分な日光があると植物プランクトンが急激に増殖して、多くの生物の食物となる。

栄養分の豊富な水
湧昇流が起こる場所では、プランクトンを捕食するためにおびただしい数の小魚が集まる。こうした小魚がさらに大きな捕食動物を引きつける。写真の例は、南アフリカ沿岸海域でイワシを捕食するクロヘリメジロザメ。

遊泳と浮遊

海洋生物が暮らしている場所は、海底である「底生区」とその上の「水柱」の部分とに分けられるが、大半の生物は底生区ではなく外洋の水柱の部分（漂泳区）で暮らしている。海水に養分を与えられ体を支えられて、1度も海底付近まで降りて行かずに水柱だけで暮らしている動植物は多い。また、海と大気が接する領域に生息している動物、あるいは2つの環境を行き来している動物もいる——その方がエネルギー効率がよいからである。海面、水柱、海底はいずれも関連し合っており、この3つの生息環境の間を移動している動物は多い。

プランクトン

日の当たる海の表層には、海流に乗って浮遊するおびただしい数の微小な動植物（プランクトン）が生息している。植物プランクトンを構成するのは、光合成によって養分を作り出すことのできるバクテリア、または植物に近い原生生物（234ページ参照）である。植物プランクトンは、海底に固着している海藻類と共に、外洋の食物網の基盤となっている。

動物プランクトンは動物から成り、その大半は非常に小さく、植物プランクトンを食べている。もっとも、クラゲには巨大になるものもいる。深海種は多くが奇妙な形をしており、柔らかく繊細な体を持っている。動物プランクトンの中には、動植物を餌とし、生活史を通して浮遊生活をするもの（終生プランクトン）と、カニ、環形動物、刺胞動物など、新たな場所へ分散する幼生期にのみ浮遊生活を送り、成体期の一部またはすべては海底で過ごすもの（一時性プランクトン）がいる。

プランクトン型の幼生
ハマガニの卵は孵化した後、ゾエア幼生となって浮遊する。

一時性プランクトン
一時性の動物プランクトンの大半は、成体期に底生となる生物の幼生である。しかし、ミズクラゲは、成体期（写真上）に浮遊生活を送り、幼生期（写真右）には海底に固着し無性生殖を行う。

浮遊動物の多くは浮遊に役立つ優雅などげ状の突起や長い脚、羽毛状の付属肢を持っている。一般に熱帯の動物プランクトンの方が、温帯海域や極洋の動物プランクトンよりもこうした部分を多く持っている。

ネクトン（遊泳生物）

魚類など自由生活性の海生動物の大半は、短い距離であるにしろ海中を（水流に逆らって）遊泳することができる。一生を海の中で泳いで過ごす動物も多く、こうした海洋生物をひとまとめにして「ネクトン（遊泳生物）」と呼んでいる。このグループに属するのは、多数の魚、クジラ全種、イルカ、他の海生哺乳動物、カメ、ウミヘビ、頭足動物などである。そのほかワタリガニやエビなど、別の分類群にもネクトンに属するものがいる。ネクトンの大半は体が流線型をなしている。

ネクトンの典型的特徴
ハラジロカマイルカは、典型的なネクトンであり、その大部分は脊椎動物（背骨を持つ動物）である。

海と大気の接点

動物の中には、海と大気の接する場所で暮らしているものがいる。海面を浮遊するか、または海と大気の2つの環境を行き来しているのである。アホウドリ、ウミツバメ、カツオドリ、ネッタイチョウなどの海鳥は、沖で一生を過ごす。海面で餌を食べ、眠り、羽づくろいをし、交尾も行う。こうした海鳥の多くは、特に原油の流出に弱い。アジサシやツノメドリなど潜水性の海鳥は、海で採餌し、陸で休む。潜水性の海鳥が魚を捕らえようと海へ飛び込むと、今度はサメがそうした鳥やカメを捕らえようと海から飛び出す。

トビウオは天敵から逃げるために空気に乗る。プランクトン型の動物には、体の一部を大気中に突き出したまま一生を海面で過ごすものがいる。カツオノカンムリは群生の小さな刺胞動物で、帆状のフロートによって浮力を得、自身が持つ垂直の帆に吹きつける風を利用して移動する。粘液の泡で作ったイカダで浮遊しているのはアサガオガイで、採餌もこのイカダで浮遊しながら行う。さらに、海面に生息する昆虫（ウミアメンボ属）さえ存在する。

海と空の間を漂う
カツオノエボシの気体の充満した大きな浮き袋は、多数のヒドロ虫が集まって形成している群体全体が海面に浮くのを助けている。

空中から飛び込む
空から海中へ飛び込んで魚を捕らえる鳥は数種おり、カッショクペリカンもその1つである。

浮遊性生物の社会
マンボウはしばしば海面に浮かぶ。海草や丸太などの浮遊物があると、小さな魚や甲殻類のような餌かどうかを確かめている。

人間の影響
集魚装置
人工集魚装置により魚が捕獲しやすくなり、多くの海域で漁獲量が増大した。しかし、単に魚が集められるだけで、生物学的な生産力への貢献は一切なく、かえって乱獲につながる恐れがある。人口岩礁も魚を引き寄せるが、安全な増殖場所にもなる。

人工集魚装置
ハワイの海に浮くブイ。このようなブイでさえ人工集魚装置となり得る。写真のように、下にアジの幼魚やハワイ特有のスズメダイが隠れているのである。

漂う家
遠海魚には浮遊物に引きつけられる種が多い。こうした浮遊物は、天敵や潮流、さらには日光から身を守る避難場所となりうるのである。漂流する丸太や海藻も魚が集まる場所となる。漁師はこうした傾向を利用して、人工集魚装置（右のコラム参照）で魚を1箇所に集めるという方法を取ってきた。集魚装置には、ココヤシの葉を吊るした筏のような単純なものから、複雑なハイテク機材まで、様々なものがある。

漂流する大きな丸太の上やその周辺には、小さな生態系ができることが多い。海藻やエボシガイ類が丸太に固着し、カニや環形動物、魚に餌と避難場所を提供する。爬虫類や昆虫、植物の種が生きたまま丸太に乗って漂流し、たどりついた土地にコロニーを作ることもある。

海藻の隠れ家
ハナオコゼの安全な隠れ家となっているホンダワラ属の浮遊性の海藻。ここでは50種を超える生物が確認されている。

海洋生物

底生動物

海底の泥砂の上を動きまわっているものであれ、海底に固着しているものであれ、海底の泥砂の上や中で生きている動物は「底生生物」と呼ばれている。陸では、植物が一種の構造物として動物に生息の場を提供しているが、海洋では、このような状況は、コンブや海藻、海草が密生している日の当たる浅瀬を除けば、めったに見られない。代わりに、固い海底が安定した土台となる場所ではどこであれ、植物に似た固着種の底生生物が育つ。堆積物が移動する海底は、固着種の生息場所ではなく、掘穴動物の生物群集が生じる。

固着種

海綿、ホヤ、サンゴ、ヒドロムシ類など、多くの底生動物は、成体期のすべてを海底に固着して過ごし、動きまわることができない。陸では、草食動物であれ肉食動物であれ腐食動物であれ、餌を探して動き回らなければならない。外洋では、海流がプランクトンや死んだ生物の破片といった形で豊富な餌を運んでくる。固着種の生物はこれを利用して、自分は移動することなく、餌を単純に捕まえたり、閉じこめたり、海水から直接濾し取ったりして食べることができる。繁殖期になると水中へ卵と精子を放出するだけで、卵は水中で受精し、やがてプランクトン状の幼生になる。幼生や卵を保持し、十分成長してから放出する種もいる。幼生は海流に運ばれ分散して、新たな場所に固着し成長する。

造礁性のハオリムシ
スコットランドには、ハオリムシの白亜質の棲管によって大規模な礁が形成されたフィヨルドがある。

海藻より下
北欧沿岸の、主に海藻が優占する潮間帯よりさらに下の潮下帯では、光合成を行うにはあまりにも深く暗い海底の岩に付着して、ウミサボテン、海綿、ハオリムシが生息していることが多い。

日の当たる海底
海藻は磯の潮間帯や岩礁に固着して生育する。写真はその一例で、カナリア諸島の海藻。日の当たる温暖海域の海底で、様々な生物が生息する構造物の役割を果たすのが海藻である。

移動性動物

海藻や固着性動物が密集して生育している場所は、多くの移動性動物にとっては避難所や餌場となる。ウニなどの草食生物は下生えの中を這い回り、海藻と固着性動物を食べる。一方、カニ、ロブスター、ヒトデは這ったり泳ぎ回ったりして獲物を捕らえたり腐肉をあさったりする。ウミウシは好みのうるさい肉食動物で、それぞれの種がコケムシ、ヒドロムシ、海綿の中から決まった1種または2、3種のみを食べる。したがってウミウシは餌の近くに棲み、遠くへはめったに行かない。コンブの根は、環形動物など小型の移動性動物にとっては安全な避難所である。

魚の変装
海底で海藻や固着性動物にまぎれて暮らすオニカサゴ。精巧な皮弁が保護色となって、周囲と見分けがつきにくい。

掘穴性と穿孔性

海底は、砂や泥などの軟らかい堆積物で覆われている所が多い。こうした堆積物の上で生活することは難しい上に危険であるため、ほとんどの生物は穴を掘ったり堆積物の中に管を作ったりして、そこに身を隠して暮らしている。二枚貝の軟体動物や環形動物はこの生息環境を特にうまく使いこなしており、世界中の堆積物で様々な種が見つかる。二枚貝は安全な堆積物の中から2本の長い水管を出し、一方から酸素を豊富に含む水とプランクトンを吸い込み、もう一方の管から排泄物を出している。摂餌や呼吸のために堆積物の中から出てくる必要はまったくない。ニオガイやフナクイムシは岩や木に穴を開け、二枚貝同様に水管を使う。

堆積物の中も安全とは言えない。捕食動物であるタマガイ類が堆積物の中を掘り進み、二枚貝の貝殻に穴を開けて中身を食べるからである。ゴカイ類も盛んな捕食動物で、堆積物の中にいる他のケヤリムシ類や甲殻類を捕らえる。ケヤリムシ類のあるものは、砂の粒子や自分の分泌物、またはその両方で軟らかい棲管を作り、プランクトンを捕食する。

再生できる水管
二枚貝の水管は、カレイ目の魚類に先端を噛み切られてしまうことがあるが、再生できる。

岩に穴をあける
センコウカイメンは化学物質で石灰質の殻や岩を分解して巣穴を作る。

サンゴ礁に固着
イバラカンザシはサンゴ礁に埋もれた硬い棲管の中で暮らしている固着性の生物である。らせん状に巻いた1対の美しい鰓冠を使って水中のプランクトンを濾過摂食する。

共生

海底で生息するというのは、海洋生物にとっては大変な難題である。たとえば安全なサンゴ礁のすきまは貴重な居住空間ではあるが、争奪戦が激しい。そこで多くの場合、巣を見つけるために、別の生物と親密な関係になるという方法が取られる。こうした状況は「共生」と呼ばれる。片方のみが利益を得る場合は「片利共生」と呼ばれ、たいていは一方が他方に生息場所を提供する。小さなカクレガニはイガイの中に棲み、避難所と食物を得るが、イガイはカクレガニの存在を許容するだけである。双方が利益を得る共生は「相利共生」と呼ばれる。熱帯のハゼの多くは、視力の弱いエビと相利共生の関係にある。エビは砂を掘ってハゼと共に生活する巣穴を維持し、視力の良いパートナーであるハゼは見張り役を務める。また、イソギンチャクの中にはヤドカリの貝殻に付着するものがおり、ヤドカリに「おんぶ」されて移動できる利点と、ヤドカリの餌の「おこぼれ」にあずかるという利点を享受している。その見返りとして、ヤドカリはイソギンチャクの刺胞に守られている。第3の共生関係は「寄生」で、宿主の側が不利益を被る。甲殻類であるフクロムシは、宿主であるカニの全身に菌糸のような「根系」を広げて養分を吸収するので、カニは衰弱するか、さもなければ死んでしまう。

相利共生
オトヒメエビは、宿主であるウツボの歯を掃除する見返りに、岩の割れ目にあるウツボの安全な巣に居場所をあてがわれる。

掃除によって得る住処
大型のイソギンチャクは、カクレクマノミや小さなサラサエビの避難所となることがよくある。イソギンチャクは共生者に掃除をしてもらうという形で、この関係から利益を得ている。

海洋生物の分布帯

極洋から熱帯海域にいたるまで、また、海岸や沿岸水域から深海にいたるまで、海の中で生物のいない所はない。海底とその上の「水柱」は、ともに多種多様な生物の生息場所となっている。ただし、海洋生物の分布は、水平方向をとってみても垂直方向をとってみても、均一ではない。陸上同様、分布と種の多様性を決定する大きな要因は気候（主に水温）と餌である。極洋の過酷な環境では、暖かい熱帯海域に比べて沿岸種が少ないものの、南極海の海中には多様な海洋生物が多数生息している。どの深度にも生命は存在していると言える。

地理的分布帯

海水の温度は陸上の気温よりはるかに安定している。というのは海水は陸上の空気に比べて、熱の喪失や吸収の速度が遅いからである。しかし、海洋生物のうち沿岸種と大陸棚上に生息する種は地球全体の気候区分に沿って分布しており、極帯、温帯、熱帯の生態系にはっきり分かれている。温帯の沿岸にある塩性沼沢は、熱帯であればマングローブ林となる。コンブの群生は冷海でしか生育しないが、熱帯海域でもアラビア半島のオマーン沖など深海から冷水が湧昇している所には存在する。プランクトン生活を送る種や、幼生がプランクトン状である底生種は、海流によって運ばれ得る所であればどこにでもいる可能性がある。しかし、物質的性質の異なる水塊同士の境界線は、陸上における山脈のように、海洋における障壁として影響を及ぼしているかもしれない。一定の深度を超えると、このような障壁は少なくなり、全世界で一様の安定した状態になるため、深海動物の分布は広範囲に及ぶことが多い。

人間の影響
変化しつつある分布帯

浅海種の生息域は、北限と南限が海水温によって決まっていることが多い。ほとんどの種が特定の海水温帯の範囲内で繁殖、分散している。気候変動により海水温は徐々に上昇しており、北半球では暖海種の一部が生息域を北へ拡大していることを示す記録がある。同様に、冷海種の一部が生息域をさらに北へ移すことが予想される。

熱帯の侵略者
暖海種のモンガラカワハギは、英国南部と同じくらいはるか北にはぐれ、そこで繁殖し始めた。継続的な海洋温暖化により、彼らは在来種になるかもしれない。

気候帯
地球の形と地軸の傾斜が原因で、陸と海に届く太陽熱の放射量は緯度によって異なる。そのため、地球を環状に取り巻く大規模な気候帯が生まれた。

海洋生物の地理的分布帯
- 赤道帯
- 熱帯
- 亜熱帯
- 温帯
- 亜極帯
- 極帯

固有種

海洋生物、特に外洋種の中には地球規模で広範に分布しているものがあるが、これは分布の障壁がないからである。それ以外は地理的に限られた範囲に生息し、特定の海、島、または国に「固有」の種と言われている。

外洋の小さな離島など、人里離れた生息環境には固有種がいることが多い。卵期や幼生期といった分散段階の動物は短期間しか生きられず、したがって遠く離れた海岸へはたどり着けないためである。紅海には、魚の固有種が多数生息する。紅海からインド洋への出口が狭く、事実上、隔離された状態なのである。固有種の魚は、遠くまで泳げないか、あるいは泳がない種である場合が多い。

ガラパゴスペンギン
ガラパゴス諸島周辺のみに生息する種。島にぶつかると海底から海面へ縦方向に流れる「湧昇流」となる冷たいクロムウェル海流のおかげで、熱帯にもかかわらず快適な生活環境を享受している。暖海に囲まれ孤立しているため、生息地である島の外へ分散することができない。

モルディブのクマノミ
写真の魚は固有種で遠くまで泳いでいくことはない。生活環にプランクトン状の幼生になる段階はなく、インド洋のモルディブとスリランカにのみ生息する。宿主であるイソギンチャクは、幼生が海流に乗って分散するため、クマノミよりは広く分布している。

海洋生物の分布帯　219

水深帯

深度が増すと水圧も増すが、その一方で光、温度、餌は減少する。こうした変化により、それぞれの水深帯で生存、繁殖できる海洋生物の種類が限られる。世界中の大陸棚上と大陸棚周辺海域は、流入する河川水や海底の堆積物の攪拌により栄養分が豊富にあるため、生物が豊富である。こうした栄養分を食べているプランクトンを、ニシンなどの群生魚が捕食する。商業的漁場の大半は大陸棚の上方にある。大陸棚の下では植物プランクトンや海藻が育たない。外洋性の動物は捕食し合うか、または索餌のため毎日上層へ上る。岩の多い海域では、冷水サンゴ礁、海綿礁、熱水生物群など多様な動物相が分布する。大陸棚斜面の基部にある広大で平坦な深海平原は、細粒の堆積物に覆われている。微生物は豊富であるが、大型動物は他の水深帯に比べてまれにしかいない。

海藻
海綿
ヒトデ

有光層の海底

0m
50m
100m
150m
200m

植物プランクトン　動物プランクトン

カツオノエボシ
ジンベイザメ

200m

有光層
海底には、海藻、サンゴ、固着性の動物など、多様な生物がいる。水中にはプランクトン、魚、クジラ目の動物が豊富に生息する。

1,000m

サバ　マグロ
サルパ
クラゲ
サメ
イカ

薄光層
海底にはウミユリ、海綿、ヤギ類、ウミエラ、ナマコ、ニシオンデンザメが生息。水中には、動物プランクトン、イカ、クルマエビ、および捕食動物（マッコウクジラ、ムネエソやハダカイワシなど目の大きな銀白色の魚）が生息。

2,000m

ムネエソ
クシクラゲ
ウミユリ
海綿
アンコウ
ヌタウナギ
クロボウズギス

3,000m

微光層
海底は薄光層と同じ。水中には、主として大きな口と胃を持ち黒っぽい体色の小型魚（フクロウナギ、ソコダラ、アンコウ、アカエビ、深海クラゲ）が生息。

無光層
海底には大型の動物がほとんどおらず、ソコダラ、ヌタウナギ、ナマコ、多様な原生生物、線虫類、細菌が生息。水中は深海魚が生息する。

4,000m

垂直の生物分布帯

深度が増すにつれて海中の環境条件も徐々に変化していくが、生物の分布帯は物理的要素と生物学的要素に基づいて見分けることができる。ここでは各分布帯に生息する海洋生物の種類を示した。

5,000m

超深海層
ほとんど解明されていない層であるが、最深部で大型の生物が何種か発見されている。魚が捕獲された最深水位は8,000m。

6,000m

氷の下のオアシス
アザラシが呼吸に使う海氷の穴のおかげで真下の海底にオアシスができ、そこで底生の生物がより多くの光と養分を享受することができる。

海の砂漠

海洋にも陸の砂漠に似た区域があり、そこには生物がほとんど存在しない。深海の上方にある澄んだ青い表層水は、プランクトンの生息数が少ない場合が多い。植物プランクトンの成長に必要な養分やミネラルが乏しいのである。これは海水を攪拌して深海から養分を巻き上げる暴風雨がほとんどない海域において特に顕著となる。こうした養分の中でも鉄分は生物の成長に対して限定要因となる可能性があり、特定の海域に鉄分を投入する実験が行ったところ植物プランクトンの個体数の大幅な増加が観察されている。深海底では大型の動物はほんの2、3種しか生息できないため、かつては砂漠も同然であると考えられていた。しかし、近年になってから行われてきた深海底の堆積物の調査では逆の結果が出ている。この生息環境には熱帯雨林と同程度の多様性があるのである。

アシロ

不毛な極地海岸
グリーンランドの極地海岸。冬氷の破砕作用のため生物はほとんど生息していないが、氷の到達範囲より下では多様な生物群が発達している可能性もある。

海洋生物

回遊

動物が回遊する主な理由は摂食と繁殖である。ある場所から別の場所へ——多くの場合、1日の同じ時刻に、あるいは1年の同じ時期に——通常、きちんと決まった同じ経路をたどって移動する。回遊種には、クジラやカメなど大型の海洋動物が含まれるが、イカやプランクトンなどの小型の生物も、生存と繁殖のために驚くべき距離を回遊する。海洋動物は水中を水平にも垂直にも移動し、陸上動物の移動よりも複雑である。

回遊の種類

動物を回遊に駆り立てる原動力は生存本能である。どの個体も、生きていくためには食べなければならず、餌を見つけようと長距離を移動するものがいる。こうした回遊が行われるのは、海流の季節的な湧昇が起こる場所など、特定の場所において、プランクトンなど、獲物となる動物の繁殖がピークに達する時期であることが多い。こうした長距離の回遊より距離が短く、より規則正しく毎日行われているのが索餌回遊で、プランクトンや活発に泳ぐイカなどがこれを行っている(右ページ参照)。

種の存続は繁殖の成否にかかっている。少数の場所に集まって同時に生殖を行えば、子の生存率を高める上で最適な環境が得られる。食物が豊富で環境の良い繁殖地は繰り返し使われ、そこで生まれた個体が繁殖のために戻ってくることが多い。そのほか、海浜種の中には砂浜における移動を繰り返しているものがいる。引き潮時には浜を下って採餌し、上げ潮にともなって浜を上がるのである。

回遊周期
海洋生物の中には特定の海域へ行って産卵するものがある。卵は孵化して幼生になると他のプランクトンとともに海流に乗ってまた別の生育海域へ行き、そこで餌を食べて成熟し、成体群に加わる。

発見
追跡

最近まで、オサガメ(写真)などの海洋動物の移動に関しては不明な点が多かった。陸上で使われている追跡装置が水中での使用に適さなかったためである。しかしそうした状況も、衛星追跡装置が利用できるようになって一変した。カメにこの装置を取り付けても邪魔にはならず、害もないが、それでもなお問題を引き起こす可能性は皆無ではない。とはいえ、現在野生のカメは絶滅の危機に瀕しているため、雌ガメが産卵後どこへ行くかの情報は、保護活動にとっては不可欠なのである。

カメの追跡
米国フロリダ州ジュノビーチで追跡装置を取り付けられているオサガメ。人間が手で取り外せる機会がこない場合に備えて、装着帯の部品が徐々に分解するよう設計されている。

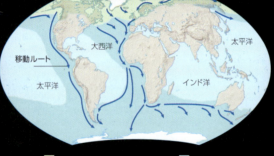

キョクアジサシの渡り
この小さな鳥は繁殖のために南極から北極へ飛び、再び南へ戻るが、これは往復で3万5500kmに近い旅である。毎年北極圏の繁殖地で過ごすのは90日間。それ以外はほとんどの時間を飛んで過ごす。

海水・淡水間の移動

海洋種の中には、適応できる塩度と温度の幅が広い種がいるが、生活環の特定の段階で淡水と海水の間を移動する種は一握りしかない。サケなどは、淡水で生まれ、淡水で死ぬが、それ以外の期間は海で過ごす。このような魚を「昇河回遊魚」という。一方ウナギは海で生まれ、海で死ぬが、10年から14年に及ぶ成長期は淡水で過ごす。このような魚を「降河回遊魚」という。

両者とも成熟すると繁殖のために生誕地へ戻り、産卵を終えると死ぬ。淡水から海水への移動、あるいはその逆の移動は大半の魚にとっては致命的な環境変化だが、サケやウナギなどは腎機能など様々な生理的適応により、悪影響を受けずに移動できるのである。

イセエビの移動
アメリカイセエビは冬になると列を作って海底を移動し、暖海へ向かう。そして夏になると浅海に戻ってくる。

淡水の産卵場所へ遡上するサケ

❶ ギンザケは3歳から5歳で成熟し、母川を遡上して産卵する準備が整う。わずか2年で成熟して母川へ戻るものもいる。

❷ 産卵場所への遡上距離は3500kmにもおよぶことがあり、その間、水流に逆らい、いくつもの滝や急流を上っていく。

❸ メスが川底の砂利の中に産卵すると、ただちにオスが卵の上で放精し、受精の確率を高める。

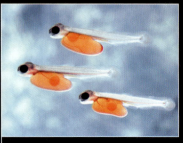
❹ 孵化したての仔魚は、卵黄嚢を吸収して稚魚となるまで砂利の間で暮らす。稚魚になると海に向けて川を下る。

水平にも垂直にも
水平方向にも垂直方向にも移動する動物がいる。アメリカケンサキイカは、5月には産卵のため別の海域へ移動し、採餌のためには毎日上下に移動する。

方角の感知

人工衛星による追跡で、回遊ルートに関する情報が得られるようになったため、多くの個体が同じルートを回遊していることが確認されたが、長距離を移動する際、方角や現在位置をどう認識しているかについては、いまだに不明の点が多い。

サケは水に含まれている特定の化学成分の匂いを感知して母川を遡上するが、まずこの匂いを感知できる距離まで近づく必要がある。

生物の移動は、方向についてもタイミングについても驚くほど正確である。太陽、星、陸上の見慣れた目印によって方角や現在位置を知るのである。

シロイルカの回遊

カナダのランカスター海峡のシロイルカ(ベルーガ)。北極圏と亜北極圏の海域に生息するが、夏場はより温暖な海域へ移動するものもいる。

垂直移動

動物プランクトンは温帯海域と熱帯海域では夜になると海面へ上り、日中は再び下降する。1日に上下移動する距離は、その動物の大きさや種類によって400mから1000mに及ぶと見られる。薄明かりか太陽が沈んだ状態である極夜が数ヵ月間続く極地では、動物プランクトンは季節の変化とともに上下に移動する。つまり、夏は表層に、冬は深海にいる。

動物プランクトンは表層水に生息する植物プランクトンを食べるために上昇すると考えられているが、深海へ引き返すのは安全のためか、あるいは冷水でエネルギーの使用量を抑えるためであろう。カニなどのプランクトン状の幼生は成熟すると海底へ移動し底生になる。

地球最大規模の集団移動

多くの動物が天敵の目を逃れて深海に潜んでいる日中、植物プランクトンは太陽エネルギーを利用して養分を作り出す。夜になるとその植物プランクトンを食べるために動物プランクトンが上がってくるほか、その動物プランクトンを今度は魚など様々な動物が食べるため、表層水(有光層)の生物量は30%も増加する。こうした水柱における動物の定期的な上昇と下降は、地球最大規模の集団移動である。

深海での生活

深海の環境は住み辛いように思える。冷たく、暗く、餌も乏しい。しかし非常に安定している。水温は年間を通じて2℃から4℃の間で変わらず、塩度も一定で、永遠に続く暗闇も奇抜なコミュニケーション方法（228-229ページ参照）で切り抜けられている。深海は猛烈な水圧だが、ほとんどの深海生物は空気に満たされた部分が体内にないため影響を受けない。もっとも、水深1500mより下の海で暮らす動物には巧妙な適応が見られる。大型動物の種の多様性は深度が増すにつれて減少するが、深海の海底の堆積物にはきわめて多様な小型生物が生息している。

水圧の問題

深海の動物は厖大な水圧を受けているが、それが問題になるのは気体が充満している器官だけである（たとえば潜水性哺乳動物の肺や、魚の浮き袋など）。マッコウクジラ、ウェッデルアザラシ、ゾウアザラシの場合、いずれも深海までもぐり、深海では肺が圧迫されるのだが、柔軟な胸郭のおかげで問題は起こらない。潜水中は、血液や筋肉に蓄えられている酸素を使っている。深海魚の垂直方向の適応可能範囲は広い。深海での水圧の変化が海面付近に比べると小さく、浮き袋の圧力や大きさが急激に変化しないからである。海溝では水圧が非常に大きいため、タンパク質などの生体分子の作用に影響が及ぶ。このような生息環境で暮らす好圧菌は特殊なタンパク質を持っており、逆に海面では成長も繁殖もできない。

マッコウクジラ

マッコウクジラは少なくとも1000mの深さまでもぐることができるが、この深度での水圧は海面の100倍である。

深海への適応

アンコウの骨格は軽量で、浮力を調整するための筋肉を持っている。写真の標本は、骨がよく分かるよう、筋肉を透明にし、骨を赤く着色してある。

深海での生活

索餌

深海生活をする動物にとっての大問題は、餌が十分に見つけられるか否かである。深海底の熱水噴出孔周辺や冷水湧出域に生息する群れ(188-189ページ参照)は例外として、深海や深海底に生息する動物は、つまるところ何千メートルも上にある有光層での養分生成に頼っている。深海は暗すぎて、植物プランクトンが生息し養分を生成する場所としては不向きである。時には大きな哺乳類や魚の死骸がそのまま海底にまで沈んでくることもあるが、大半の食物は小片となって上からゆっくり沈んでくる。その多くは海底に到達する前に食われてしまうが、中深層に生息する甲殻類やサルパ類の脱皮した皮は多い。このような物質に細菌が付着して成長し、より大きな塊となって沈む速度が速まる。

口の周囲には管足が変形した触手がある

管足は海底を移動するために使う

中深層の肉食魚
オニキンメは深度500-2000mの中深層に生息するが、この層は餌が乏しいため、大きな口と鋭い歯で、捕らえられる獲物は手当たり次第に捕らえる。

海底の掃除人
ナマコは海底に落ちている生物の死骸の破片を吸い込んで食べる。高緯度海域では春になると表層水で植物プランクトンが大繁殖するため、その後、通常より多量の餌が沈んでくる。これがナマコの繁殖の誘因になると思われる。

腐食動物の巨大種

深海動物の多くは、浅水域に生息する近縁種より小型である。これは、深海で餌を見つける困難に対して進化がもたらした解決策である。しかし、腐食動物の中には、浅水の近縁種よりはるかに大きくなることによって生き延びるものもいる。たとえば、体長が1cm程度の端脚目や等脚目の甲殻類は浅水域の普通種で、腐敗しかけた海藻や分解中の生物の断片をあさる。これに対して深海では、死肉の量は乏しいが、クジラの死骸のように大きくて硬い塊が沈んでくる。深海の端脚目の中には体長10-15cmになるものもおり、これは浅水種の10倍以上の大きさであるため、大きな掘り出し物が沈んできた場合も果敢にいどむことができる。水温の低い深海では、このような生物は動きも成長もゆるやかで、繁殖もまれにしかしないが、浅水種よりもはるかに長く生きる。ウニ、ヒドロムシ、ウミエラなどにも深海の巨大種がある。同様の巨大種は南極海域でも見受けられる。

深海の巨大種
深海に広く分布する端脚目の腐食動物 *Eurythenes* は8cmを超す大きさになる。

発見

深海生物の観測

最新の深海潜水調査艇が登場する以前は、深海の生物を自然の状態で生きたまま見る機会に恵まれる生物学者はほとんどいなかった。桁網で海底から掻き集めたり漁網で捕らえたりしたものは損傷していることが多く、そうした標本からは実際の生活様式など知る由もなかった。最新の潜水艇は視界が非常に広く、高性能のカメラと採集装置を装備しており、1000mから6000mの深海で観測ができる。

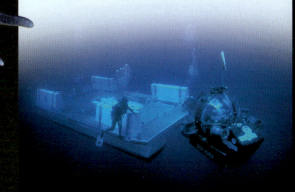

深海生物を観察する窓
「ディープローバー」は2人乗りの潜水艇で、1000mまでの潜航が可能である。半潜水型のプラットフォームから発進し、乗組員はアクリル製の艇体から360°見渡すことができる。

堆積物より上に

深海底の膨大な面積が、厚み何メートルという軟らかい堆積物「軟泥」に覆われている(181ページ参照)。底生生物は、捕食と呼吸を効果的に行えるよう、こうした堆積物の上にいるための手段を必要とする。ウミユリ、ウミエラ、特定の海綿など、固着性の濾過摂食動物の多くは長い茎を持っており、摂食組織を堆積物の上に出しておくことができる。また、ナマコの中には竹馬のような管足が発達しているものがおり、これを使えば、堆積物を掻き分けて進むのではなく、その表面を歩くことができる。同様に、オオイトヒキイワシはヒレの先で体を支える。ナマコの1種である *Paelopatides grisea* は珍しい扁平な形をしているため、ゆっくりと体をくねらせることによって海底から体を持ち上げることができる。

軟泥に固着したウミユリ
ウミユリは海流に届くよう茎を伸ばして捕食するが、この茎は最高で60cmにもなる。茎の下端は海底の軟泥に固着している。

生物発光

生物発光とは、生物による、熱を伴わない発光現象のことである。発光種は陸上ではホタルなど少数の夜行動物に限られているが、海洋では何千種もいる。深海に棲む魚やイカは頻繁に光を発するが、これ以外にも細菌、渦鞭毛虫、ウミエラ、クラゲ、軟体動物、甲殻類、棘皮動物など多数の生物が発光する。実際の観察や研究の結果、発光の理由としてあげられているのは、防御(偽装や攪乱)、獲物の発見と誘引、交尾相手の識別や合図である。

光による情報伝達
生物発光を行う海洋生物の多くは、その光を使って情報を伝達している。写真のヨコエソは、発光器官の独特の並び方が仲間への合図になっている。

光生成
生物の光は「フォトサイト」と呼ばれる発光組織内での化学反応によって生成される(フォトサイトは通常、「発光器」と呼ばれる器官の中にある)。「ルシフェリン」という光生成化合物が「ルシフェラーゼ」という酵素の力で酸化し、冷光の形でエネルギーを放出するのである。生物発光の光はほとんどが青緑色であるが、ほかに緑色や黄色の光を放つものや、まれにだが、赤色を発するものもいる。

発光組織は動物によって異なる。ヒドロ虫の*Obelia*は単一のフォトサイトが組織内に散在しているが、レンズやフィルターのついた複雑な発光器を持つ魚やイカもいる。発光魚やアイライトフィッシュ、ヒイラギ、一部のアンコウとイカはまた別の方法で発光する。特別な器官で共生発光細菌を培養しているのである。細菌は光を生成する見返りに、宿主から養分と安全な生息場所を与えられている。

発光器の種類
多くの場合、発光器の主な構成要素は色素胞と、光を平行ビームに変えるレンズである。また、光導波管により、発光器で作り出された光が一定の方向へ誘導される(発光器は動物の体内にある場合もある)。光源の前にあるカラーフィルターが射出された光の色を微調整する。

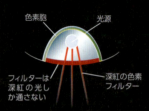

レンズ — 光は焦点を合わされて光線にされ、射出される（光源／色素胞／レンズ）

光導波管（色素胞／光源／光導波管）

カラーフィルター（色素胞／光源／フィルターは深紅の光しか通さない／深紅の色素フィルター）

スポットライトで捕食
ドラゴンフィッシュは目の下にある発光器から赤い光線を放って獲物を照らし出す。大半の深海動物には見えない。

光による偽装
獲物をおびき寄せるため、または仲間同士で信号を送り合うために生物発光を使っている動物は、自身の存在を天敵に知らせる危険をも冒している。しかし、光は偽装にも使える。ムネエソは、海面の光がわずかだがまだ入ってくる程度の深度で暮らしている。下から自分の輪郭が見えてしまわないよう、腹部に並んでいる発光器から放つ光を巧みに操作して、海面から射し込んでくる光の強さや方向をまねる。また生物発光は捕食動物を攪乱するためにも使われる。発光魚は頬から光を発したり止めたりし、イカ、エビ、ケヤリムシの中には、光る分泌物を放出したり、発光体の一部を切り離したりするものがいる。切り離した部分は逃げる際におとりとなる。

光の操作
銀色で垂直なムネエソの体側は下降光を反射し、自分の発光器からは下降光を発して、自身の輪郭が下から見えないよう偽装している。

下降光を放つ器官

体は閃光を放つ小さな発光器で覆われている

光る煙幕
ホタルイカは体表の無数の発光器を光らせて捕食動物の目をくらませる。また、発光粒子の雲を水中に放ち、これを煙幕として逃げることもできる。

イカスミは発光する

発光器官で生成された光は下方へ放たれる。この光は、空から射し込んでくる日光に溶け込んでしまうため、下にいる捕食動物からはヨコエソ自身が見えない。

発光器官は独特のパターンで並んでいるため、ヨコエソの他の個体から見れば仲間であることがわかる。

捕食動物

深海の、日光の届かない層では、捕食動物の多くは獲物を探しに行くというより、むしろおびき寄せようとする。なにしろ生物発光の光しかない層であるから、獲物を目で探したり追いかけたりするのは難しいのである。獲物をおびき寄せる簡単な方法は、光る誘惑装置を使うというもので、アンコウは特にこれが得意である。オニアンコウ属は頭部に発光細菌のついた釣り竿状のルアーを持っているほか、顎にもきわめて小さな発光器のある触鬚を有する。中深層の魚は、浮力を増すために骨格は細めで筋肉も弱めという構造をしていることから、獲物をおびき寄せるのにエネルギー効率の良い方法を取っている。光る吸盤を持つ珍しい深海のタコ、ジュウモンダコは恐るべきワナをしかける。8本ある触手と触手の間が膜でつながって袋状になっており、変性した吸盤は吸い付く能力は失っているが発光する。捕食しているところは一度も目撃されていないが、おそらく獲物(主にカイアシ)は、高く掲げられた光る腕におびき寄せられ、包み込まれて食べられてしまうのであろう。

発光細菌が釣り竿状のルアーを光らせる

光る誘惑装置
深海のアンコウ。光るルアーにおびき寄せられた魚は、たちまち食われてしまう。大半のアンコウは自分自身が照らし出されないよう褐色か黒色の体をしている。

光るクラゲ
オキクラゲは波に刺激されると発光するほか、触れられると光る粘液を出すことがある。

燐光

暖かく静かな夜、特に熱帯海域で、船の航跡が輝いたり、ダイバーが泳ぎ回るだけで光の粒子が渦巻いたりすることがある。この現象は、主に渦鞭毛虫などの発光性プランクトンによって引き起こされたものである。こうした光は俗に「燐光」と呼ばれることが多い。おびやかされると発光するものの、ほんの2、3秒で消えてしまう光である。

生物の燐光は捕食動物に対抗する手段であると考えられている。渦鞭毛虫はプランクトン状のカイアシに攻撃されると閃光を放つ。これによって、近くにいるエビや魚にカイアシの存在が知られるため、今度はカイアシ自体が狙われるわけである。*Gonyaulax polyedra*など、一部の渦鞭毛藻は夜間にのみ発光し、どのみち光の見えない昼間には光生成にエネルギーを浪費しない。

深海のクラゲも、同様の方法を使って捕食動物に対抗しているようである。クラゲは天敵が近づいていることを示す振動を感じた時にのみ発光する。多くの場合、一連の不規則な閃光が体表全体を駆け巡る。このような光には捕食動物を威嚇する効果がある。

光るプランクトン
渦鞭毛藻はきわめて小さな単細胞生物で、おびやかされると閃光を放つ。これが多数集まっていると、「燐光の海」となる。

海洋生物の歴史

海洋には35億年以上前から生物がいる。現生種はきわめて多様性豊かであるが、過去に生存したあらゆる種を考慮に入れれば、ほんの一部分にすぎない。初期の生命の痕跡はなかなか見つからないものだが、古代の堆積岩に若干見られる。化石記録は時代の隔たりが多いものの、過去の生命の姿を示す唯一の記録である。幸い海洋生物には、殻や甲羅、硬組織（骨や歯）を持つものが多い。このような生物は、硬い組織をまったく持たない生物より化石として保存される確率が高い（硬い組織を持たない生物も特別な状況下で化石になる場合はある）。これらの化石から過去が再現される。

人
A. I. オパーリン A. L. Oparin

1924年、ロシア人生化学者アレクサンドル・オパーリン（1894-1980）が、生命の起源は海にあるという理論を打ち立てた。そして古代の海に存在した単純な物質が太陽エネルギーを利用して現在細胞内に含まれている有機化合物を生成し、それが進化して生細胞となったと提唱した。

38億-22億年前 生命の起源

誕生当時の地球は、生命にはまったく不向きな場所であった。しかし大気が変化し、外洋が形成されて水温が下がり（44-45ページ参照）、38億年前までには生化学反応の発生が可能な状況となった。その結果、アミノ酸と呼ばれる単純な水溶性の有機化合物が海水に蓄積し、やがてアミノ酸の連鎖が形成され、タンパク質ができたと考えられている。これが、自己複製するDNAなど他の有機化合物と結合して、最初の生細胞を形成した。

地球の大気は、藻類マットや、ストロマトライトと呼ばれる岩石を形成するシアノバクテリアにより、さらに拡大充実した（ストロマトライトの化石は、35億年以上前のものが現存する）。ストロマトライトは光合成ができるため、この生育により大気に酸素が満たされた。シアノバクテリアはDNAを持つ単細胞生物であるが、原子核も複雑な細胞内小器官も持たない。原子核と複雑な細胞内小器官を持つ生物（真核生物）が出現したのは、22億年前になってからのことである。

太古の微化石
カナダのガンフリント層から採取したチャート（硅質堆積岩の一種）の断面の顕微鏡写真。20億年前の微化石が含まれている。保存状態がきわめて良好な最古の化石細胞である。

6億2000万-5億4200万年前 先カンブリア時代の生物

古代の生命は硬い組織をまったく持たなかったものの、一定の状況下で化石化しており、古代の多細胞生物を垣間見る数少ない機会を与えてくれている。約6億2000万年前に生きていた軟体性の動物群（エディアカラ動物群）の死骸の痕跡と移動した痕跡が、浅瀬の海底に残されている。この海底は現在では、オーストラリアにあるエディアカラの丘陵の砂岩となっており、ここで1940年代に化石群が発見された。

古代の海には、今の我々にはなじみのない多細胞動物が生息していた。ケヤリムシやクラゲに似ているものもいるが、薄く扁平で見慣れないものもおり、現生種と関連があるのか、あるいは別の絶滅種であるのか、判断が難しい。この動物群は、それに先立つ単細胞生物と、後続する生命の急激な多様化の間をつなぐ、唯一のリンクなのである。同様の化石は、ナミビア、スウェーデン、東ヨーロッパ、カナダ、英国でも発見されている。

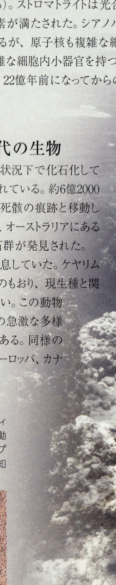

エディアカラ化石
岩に痕跡として残された典型的なエディアカラ化石。モーソン鉱（左）は複雑な動物の巣穴であると考えられている。スプリギナ（下）は節足動物あるいは別の未知の生物形態であろう。

海洋生物の歴史　227

5億5000万-5億3000万年前　カンブリア爆発

カンブリア紀の始まりには2000万年の間に、多くの生物が突然出現した。それどころか、今日見られる動物の主要な「門」の大半が、突然化石として登場するようになったのである。「カンブリア爆発」と呼ばれているこの現象は、超大陸ロディニアが分裂して海岸線が増加し、新たな生態的地位が生じたことにより引き起こされたと考えられている。加えて、海面上昇により広大な暖浅海が誕生し、さらなるニッチが生じた。カンブリア紀の海は節足動物(主に三葉虫)が支配していたが、有孔虫、海綿、サンゴ、二枚貝、腕足動物もいた。こうした生物はみな一種の石灰質の「骨格」を持っているため、化石化しやすかった。

最初の礁
カンブリア紀の礁は「古盃類」と呼ばれる絶滅種の海綿で形成された。現生のザラカイメン(写真)の類似種である。

節足動物の祖先
三葉虫は形態が著しく多様化し、その後1億年間、偏在する節足動物群として存在した。そして二畳紀に絶滅した。

腕足動物
腕足動物は軟体動物の二枚貝に似ているが、分類的には無関係で、カンブリア紀の初期に登場した動物の1つである。3000以上の属の記録されるが、現生種は400のみである。

現生の海生ストロマトライト
塩分濃度の高い入江、ハメリンプール(オーストラリア)にあるストロマトライト。地球最古の生物によって形成された層状の「岩石」である。

4億1800万-3億5400万年前　魚類の時代

最古の脊椎動物の化石として知られているのが、約4億6800万年前の無顎類の魚の化石である。有顎類はシルル紀に出現した。巨大なサンゴ礁や海綿礁ができ、これが多数の生息場所を提供し、ここで種の多様化が進んだのである。その一種が、ヒレの前縁に突起のある絶滅種である棘魚類acanthodiansである。魚は関節でつながれた顎を持つようになったことで、より効率的に餌を食べられるようになり、また、一対のヒレを持つようになったことで、捕食の速度と機動性が増した。続くデボン紀(4億1800万-3億5400万年前)は「魚類の時代」とも呼べるほど、魚類の種類や数が急増した。板皮類と呼ばれ、時には体長が6mに達することもあった甲冑魚がデボン紀の海を支配した。条鰭類、サメ類、総鰭類もこの時代に出現し、現代まで生き残った(海生の総鰭類で知られているのはシーラカンスのみであるが)。総鰭類は化石記録の中では重要な位置を占める。総鰭類の中の1群が初期の四足類(魚類以外の脊椎動物)に進化したからである。

初期の無顎魚
無顎類は初め海洋で進化し、後に汽水域と淡水域へも広がった。写真のCephalaspisは、骨板に覆われた頭部と背面に位置する目から見て、底生であったと思われる。

進化の解明のカギ
総鰭類のTiktaalik roseaeは魚類のような鰓と鱗に加えて、四足類のような足や関節も持っている。こうした「ミッシングリンク」は、動物がどのようにして海から陸へ移動したかを解明する上で役立つ。

デボン紀の動物群
ゴーゴ(オーストラリア)のデボン紀の礁の典型的な動物群。甲冑のような硬い表皮を持つ多様な板皮類が多数を占めていたが、条鰭類、総鰭類、サメ類も発見されている。

海洋生物

2億5200万-6500万年前 海生爬虫類

三畳紀、ジュラ紀、白亜紀に、陸では恐竜が進化したが、海では爬虫類が進化を遂げた。2億5200万年前から2億2700万年前までの間に3グループが出現した——カメのような板歯類、トカゲのような偽竜類、イルカのような魚竜類である。このうち魚竜類だけがジュラ紀まで生存した。

ジュラ紀の海は生命に満ち溢れていた。アンモナイト、イカ、その他の軟体動物、現生のサンゴや魚類の祖先もいた。魚竜類が多様に進化し、巨大種は体長が9mにも及んだが、ほどなく絶滅して現生のサメ類が登場した。

板歯類と偽竜類の絶滅で生じた間隙を埋めたのが、首長竜の一種プレシオサウルスである。胴と尾が短く頭が小さなものは浅海域に生息し、プリオサウルスと呼ばれるより大型の種は深海に生息していたと思われる。また、プテロサウルス(翼竜)と呼ばれる空を飛ぶ爬虫類も海岸の断崖に生息し、海面で捕らえた魚を食べていたと思われる。爬虫類は白亜紀にも相変わらず最大の海生肉食動物群であった(この時代にはプレシオサウルスは現生のオオトカゲの遠縁種であるモササウル類と共存していた)が、6500年前の大量絶滅で全て滅んだ。

イクチオサウルスの化石
イクチオサウルスがイルカのような姿をしていたことは、この化石を見ればよく分かる。力強い尾は半月形であったが、写真の化石では背骨が下に折れ曲がっている。

人
メアリー・アニング Mary Anning

英国ドーセット州ライム・リージスはジュラ紀の化石が出ることで知られている。メアリー・アニング(1799-1847)はここで、今では有名なイクチオサウルスやプレシオサウルスの化石を発見、収集した。化石収集の専門家の草分けである。

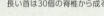

背部椎に長い肋骨が付着　　肋骨

長い首は30個の脊椎から成る

プレシオサウルス
*Cryptoclidus eurymerus*は、ジュラ紀中期に生息していたプレシオサウルスである。頭が小さく、首が長く、尾が短いという浅海種の特徴をもっている。歯が鋭いことから、小魚やエビのような甲殻類を食べていたと思われる。

互い違いに交叉する鋭い歯で獲物を捕らえる

扁平な板状の鎖骨は陸上で体を支えた

後肢帯は大きな骨から成る

後肢は櫂状

地球史年表

単位 百万年	41億年前	40億年前	35億年前	30億年前	25億年前	22億年前
先カンブリア時代 45億-5億4200万年前	最初の有機原子団		最初のストロマトライト		最初の微化石	最初の真核生物と多細胞胞藻

5000万年-1400万年前 海への回帰

大量絶滅で海生爬虫類が絶滅した後、陸上で進化した哺乳動物の一部が海へ戻り始めた。およそ5000万年前、海は地理的に見ても、動物群の点から見ても、現代の海に近くなり始めた。しかし、クジラの祖先は現代のクジラとは異なっていた。最古のクジラ、*Pakicetus*は有蹄哺乳類(有蹄類)の近縁種であったと思われるが、その判断材料は頭蓋骨しかない。「歩くクジラ」を意味する*Ambulocetus*も原始的なクジラの一種である。*Ambulocetus*は海での生活にほとんど適応せず、依然多くの時間を陸上で過ごしていたものと思われる。

海の生産性が増大して、クジラが多様化し、他の海洋哺乳動物が出現した。現代のハクジラに似たクジラがまず登場し、それから200-300万年後にヒゲクジラが進化、登場した。2400万年前までにはヒゲクジラが今日のような巨体となるが、それはすなわちヒゲクジラが餌とする膨大な数のプランクトンが存在していたということであろう。1400万年前になってようやく鰭足動物と海牛目(ジュゴンおよびマナティー)が登場した。おそらく鰭足動物も肉食動物から進化したと考えられている。鰭足動物の現生種はオットセイ、アシカ、セイウチである。

古代のクジラの骨
ペルーのサッカオにある砂漠で見つかった化石。クジラは過去5000万年の間に進化したのであり、かつてはここも海であった。

噴気孔のある頭蓋骨
*Prosqualodon davidii*の鼻孔は頭頂にあって噴気孔を形成している。原始的なクジラの骨であることが分かる。

人間の影響
運ばれる生物

人間は、汚染、乱獲、海と海をつなぐ運河の建設といった行為によって、海洋に大きな影響を与えてきた。また、海洋生物を船に乗せて世界各地に輸送してきた——それがどのような長期的影響をもたらすか、分からないにもかかわらず。

現代 現代の海の生物

現代の海洋生物に関しては、古代の生物よりはるかに多くのことが分かっている。調査と研究の対象である生物がすべて実在し、生活環、移動や運動、行動様式の観察も可能だからだ。5つの大洋にはそれぞれ多種多様な生物が生息する。分化が進み、生息域も限られている種がいる一方で、移動性動物、分布域の広い種もいる。さらには複数の近縁種が、陸地などの障害物をはさんだ2つの海洋の同じ生息環境に生息していることもある(右参照)。

生きた生物とその生息海域の特徴を研究することで、古代の海の環境と生物についても理解を深めることができる。深海の解明はあまり進んでいないが、「ブラックスモーカーとホワイトスモーカー」(188ページ参照)など、生命を理解する上できわめて重要と思われる生態系が存在する。日光が届かず、急な温度勾配によって周囲の水域からも隔絶されている深海は、35億年前の環境に類似している可能性がある。

オグロメジロザメ
近縁種ペレスメジロザメ(下)同様、サンゴ環礁付近や環礁中央の礁湖など、暖かい浅海域に生息する。インド洋と太平洋で見かけるが、大西洋にはいない。

ペレスメジロザメ▶
オグロメジロザメ(上)同様、この種もサンゴ礁付近の浅海域に生息する。生息範囲は、南アフリカ周辺の深く冷たい海洋によりインド太平洋海域から隔絶されており、カリブ海からウルグアイにかけての、大西洋の暖海に限られている。

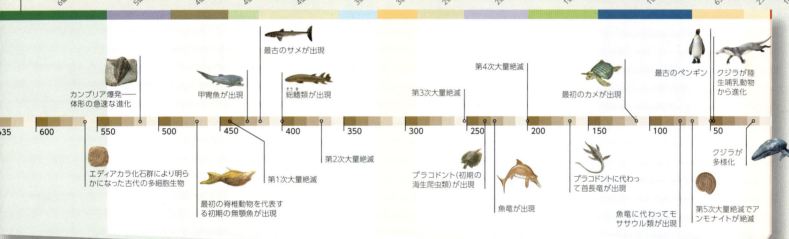

大量絶滅

生命の歴史においては、これまでに大量絶滅が5回起こっている。多数の生物が絶滅した大惨事である。最初の大量絶滅が起きたのは4億4300万年前で、代表的な海生の無脊椎動物が、それ以降化石として登場しなくなる。2度目の大量絶滅が起きたのは3億6800万年ほど前で、地球寒冷化と浅海域における酸素不足のため、サンゴ、腕足動物、二枚貝、魚、古代の海綿など海洋種の約21％が絶滅した。3度目は2億5200万年前の二畳紀末期に起こり、海洋の寒冷化と縮小で、海洋生物全体の半数以上が死滅した。4度目は三畳紀末期の1億9950万年前に起こり、特にアンモナイトなど、頭足類が多数絶滅した。5度目は6500万年前で、恐竜が絶滅し、海洋では巨大な海生爬虫類が姿を消した。次の大量絶滅が起こるとすれば、それは人間活動の結果、生じるのではないかと思われる。

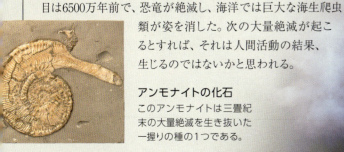

アンモナイトの化石
このアンモナイトは三畳紀末の大量絶滅を生き抜いた一握りの種の1つである。

火山が引き起こしたハルマゲドン
インドの西ガーツ山脈の火山活動は、現在では第5次大量絶滅の要因であったと考えられている。複数回の噴火が地球規模の破壊と気候変動をもたらしたと思われる。

かつて地球上の生物は5界に分類できると考えられていた。動物界、植物界、菌界、そして微細な生物で構成される原生生物界とモネラ界である。しかし科学的な研究がさらに進み、新たな発見がなされるたびに、生物のすさまじい多様性が明らかになり我々の視野も拡がっている。そのため多くの専門家は、我々人間にとって身近な生物から成る植物界と動物界は、30以上もある界のうちの2つにすぎないと考えるようになった。海は生物の祖先を生んだ故郷であり、今なお、すべての主要グループの動物の住処となっている。植物は陸上での方がはるかに多様だが、海ではこの代わりにさまざまな海藻類や微生物が存在している。次ページからは、あらゆる種類の海洋生物を紹介していく。まず海洋生物全体を「界」によって大別し、続いて各界を、科学者が自然界を分類し理解するために使っている方法に準じて分けた。

海洋生物界

海での繁栄
パープルロブスターは、海で栄華を誇る甲殻類の一種。動物界の華々しいサクセスストーリーの一登場人物である。甲殻類はカニやエビ、そしてミジンコなどのごく身近な動物性プランクトンなどから成るグループである。

真正細菌と古細菌

超界	真正細菌(バクテリア) 古細菌(アーキア)
界	13
種	数百万

地球で最小の生物は真正細菌とその近縁の古細菌である。真正細菌が海のほぼすべての生息環境に棲んでいるのに対し、多くの古細菌は深海の海底の熱水噴出孔などの極限環境下にのみ生息している。真正細菌と古細菌は物質の再循環にきわめて重要な役割を担っている。多くは海底で生物の死骸を分解している。

人

カール・ウーズ Carl Woese

ニューヨーク生まれの微生物学者(1928-2012)。リボソームに含まれるRNA(リボ核酸。DNAに関連する化学物質)の研究にもとづき、生物を三つの超界、すなわち古細菌、真正細菌、真核生物に分類するよう提唱した。ウーズは1976年に新たな分類法を発表したが、その仮説が世に認められたのは、1980年代になってからであった。

体のつくり

真正細菌と古細菌は単細胞生物で、原生生物も含めていかなる生物よりもはるかに小さい。大半が細胞壁を有し、真正細菌の細胞壁は「ペプチドグリカン」という物質から成る。より複雑な生物(真核生物)とは異なり、細胞核をはじめとする細胞内構造物を持たない。鞭毛を回転させて移動できるものと、能動的には移動できないものがいる。

科学者たちは、細胞の構造の生化学的な違いに基づいて古細菌と真正細菌を分けた。あらゆる生物の細胞内には、タンパク質の合成を助ける小顆粒(リボソーム)が存在するが、この小顆粒の形が古生物と真正細菌とで異なる。細胞膜の成分である脂質も異なる。さらに、古細菌は過酷な生息環境から自らを守るDNAに関与する特殊な分子を持っている。

こうした生化学的差異は、進化系統樹の中で古細菌を独自の枝と位置づけるのに十分だというのが、現在の科学者たちの見解である。当初、古細菌は生命の起源に近いと見なされていたが、今では真正細菌よりもむしろ真核生物の祖先に近いと考えられている。

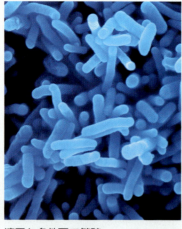

適正な条件下で繁殖
真正細菌ニトロソモナス(アンモニア酸化菌)は、十分なアンモニアと酸素が含まれる水中であれば、どこにでもコロニーを形成する。

好熱古細菌
古細菌の大半は極限状態に適応できる。写真は好熱古細菌GRIで、海底噴火によって海底から噴出されたもの。

生息環境

真正細菌は、ほぼすべての生息環境にエネルギーを得る上で必要な物質があるため、海洋環境全体に見られる。たいていの真正細菌は、海底に堆積している有機物を分解してエネルギーを得る。

真正細菌はまた、海、河川、湖の表面から底質にわたって多数存在して、浮遊物質を供給している。シアノバクテリア(藍色細菌)などいくつかの種類の真正細菌は、光合成をするため、海面近くの明るい所に棲む。コロニーを形成して、海岸近くにストロマトライトという巨大な岩石をつくるものもいる。

多くの古細菌と真正細菌は、高熱、高酸度、低酸素といった過酷な極限環境で生育できる。たとえば、古細菌と真正細菌は、深海の海底の熱水噴出孔付近に棲み、噴き出してくるメタン化合物や硫化物を分解してエネルギーを得ている。一部の海岸では非常に高濃度の塩分の中で生き残るものもいる。

海底の生物
バクテリアマットは酸素供給の少ない海底で形成される。写真は米国ミシシッピー河口に硫黄酸化細菌ベギアトアが作ったマット。

過塩性の環境
ハメリン・プール(西オーストラリアの湾)の高塩分水は、ストロマトライトが見つかる3つの場所の1つ。シアノバクテリアが堆積物の粒子を固めて岩が作られる。

真正細菌と古細菌

超界　真正細菌
ユレモ
Oscillatoria willei

大きさ　糸状体の長さ0.13mm

生息域　熱帯海域

かつて藍藻と呼ばれていたシアノバクテリア（藍色細菌）は、真正細菌なのであるが、植物と同じように光合成で栄養分を作り出す。オシラトリア・ウィレイなどのシアノバクテリアは、ほぼ同じ大きさの細胞がいくつも列をなし「トリコーム」と呼ばれる糸状体を形成する。トリコームはふつう固い外皮に包まれている。しかしオシラトリアの外皮は薄いか、まったくないため、糸状体をすばやく前後に滑らせたり回転させたりすることができる。ユレモには窒素固定ができる種もあるが、アイアカシオ（下）とは異なり、窒素固定に特化した細胞は持たない。「連鎖体」とよばれる糸状体の断片が新しいコロニーを形成することがある。

超界　真正細菌
アイアカシオ
Trichodesmium erythraeum

大きさ　コロニーで1-10mm

生息域　世界中の熱帯および亜熱帯の海

シアノバクテリアの一種アイアカシオの糸状のコロニーは、一つ一つが肉眼で見えるほど大きく、昔から船乗りの間では「海のおがくず」と呼ばれていた。暖かい環境では急速に繁殖し、宇宙からでも見えるほどの大繁殖になることもある。

アイアカシオは優れた窒素固定能力を持つ真正細菌で、海洋の食物連鎖を通過する窒素の約半分を利用している。多数の細胞が長い糸状体を形成するが、その中には窒素固定を行う細胞と光合成に特化した細胞とがある。この二つの作業は分担しなければならない。光合成の副産物として生じる酸素が窒素固定作業を妨げるため、同一細胞内で両方はできないためである。

超界　真正細菌
オーヒゲモ
Calothrix crustacea

大きさ　糸状体の長さ0.15mm

生息域　世界中

真正細菌のヒゲモは、一本の糸状体またはその小さな束を形作り、世界中の海洋に広く分布している。ユレモやアイアカシオ（左）とは異なり、オーヒゲモの糸状体は基部が広く、先端が尖って透明な毛になっている。糸状体の外皮は固いかジェリー状であり、無色や黄褐色などの同心円層から成っているものが多い。珍しいことに、糸状体は植物の根と同じように成長する。すなわち、成長するのが、先端のすぐ後方の「分裂組織」と呼ばれる特別な領域に限られているのである。糸状体はときおり成長部より先の先端部分を切り離す。分裂組織から「連鎖体」と呼ばれる断片を落とすことによって無性生殖をすることができるのである。放り出された断片は、親から遠く離れた所に新しい糸状体を形成することができる。この種は海岸の岩や海藻に粘液状の膜を作ることが多い。

超界　真正細菌
ビブリオ・フィシェリ
Vibrio fischeri

大きさ　細胞の長さ0.003mm

生息域　世界中

海用生物、とくに深海種は生物発光（生化学的な発光）を利用しているものが多い。そうした生物の多くは桿菌ビブリオ・フィシェリなど真正細菌の力を借りて発光しており、真正細菌はその生物の体内に棲むという共生関係を保っている。真正細菌は細胞内で起こる化学反応によって発光する。ビブリオ・フィシェリは寄生も共生も定着もしない自由生活することもあり、その場合は鞭毛を使って水中を移動し、有機体の死骸を餌にする。下の写真のビブリオ・フィシェリに見られる独特のコンマ形の細胞が、ビブリオ属の特徴である。

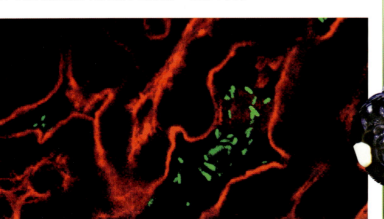

目の光

（下の写真のように）目が光る魚アイライトフィッシュ（ヒカリキンメダイ科）は左右の目の下に「発光器」を持っている。光を発しているのは、発光器の中に棲んでいるビブリオ・フィシェリのコロニーである。「発光器」は開閉できるので、この種の魚が相互認識やコミュニケーションに利用しているのかもしれない。こうした発光能力は、捕食や天敵からの回避にも役立つだろう。

超界　古細菌
ハロバクテリウム・サリナリウム
Halobacterium salinarium

大きさ　0.001-0.006mm

生息域　死海など世界の過塩性の地域

塩分濃度が極端に高い水に適応して生きる古細菌を「高度好塩菌」と呼ぶ。ハロバクテリウム・サリナリウムもその一例で、桿菌であり、「カロチノイド」という桃色の色素を生成し、塩類平原に広範囲にわたって桃色の膜を張る。高度好塩菌の細胞膜は安定化物質が含まれているため他の生物の細胞膜より安定性が高く、高塩性の環境で体が分解するのを防いでいる。細胞壁も同じ機能のために変質している。これらの古細菌は水中の有機物から栄養を摂取している。さらに、体内の色素が光エネルギーを吸収するため、これを細胞内の燃料補給作用に利用している。

海洋生物

原生生物

超界	真核生物
界	少なくとも11
種	3万1200

ほとんどの原生生物は、顕微鏡でしか見えないほど極微で、珪藻などの重要な光合成プランクトンのグループが多くを含まれている。しかし、巨大なサイズに成長する褐藻は原生生物でも緑藻とは異なり、真の植物とは考えられていない。真の植物と同様に原生生物は光合成によって自身で食物を作るが、太陽のエネルギーを捉えるためにさまざまな色素を使っている。

体のつくり

褐藻と様々な種類の極微な原生生物は、すべて形や構造が非常に異なっているが、共通した特徴は細胞のレベルにある。原生生物は光合成のためのさらなる種類の葉緑素(色素)を使い、真の植物とは違って、作られた食物はデンプンとしては蓄えられない。彼らはまた、褐藻に色を与える他の色素を持っている。緑藻や紅藻のように、褐藻は水や栄養分を吸収するための根を必要としない。

ある種には、木の葉のような葉を光に当てるための茎(葉柄)とガスで満たされた気胞(通気根)がある。珪藻などのいくつかの原生生物は、硬質の外骨格を持ち、受動的に浮遊している。渦鞭毛藻類を含む他のものは、鞭毛という鞭のような糸を使って推進していく。

巨大な原生生物
最大の原生生物はケルプと呼ばれる褐藻である。南米の海岸に沿いの澄んだ浅海では、岩に堅く取り付いて茂っているのが見られる。

褐藻
褐藻は根の代わりに碇の働きをする付着根を持っている。このケルプの仲間(*Laminaria hyperborea*)の付着根は小さなディスク状である。

様々な形態
珪藻は数千種あり、種ごとに形態の異なる珪酸の被殻を被っている。

漂流するプランクトン
放散虫類は繊細な腕を使って捕食や浮力増大をする動物プランクトンの仲間である。

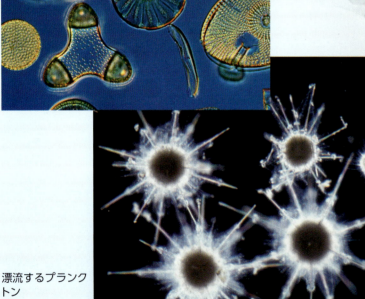

原生生物界と

科学者たちは、微細藻類や原生動物(*protozoans*)、原生生物(*chromists*)を含む単細胞の真核生物をすべて、原生生物界(*Protista*)という分類群に入れていた。現在、原生生物界という用語は、こうした多様な単細胞生物のいずれかを示すためにおおまかに使用しているが、本書に原生生物として含まれているすべての生物が、本当にこの界に属しているかの最終合意はない。

生息環境

原生生物は世界のあらゆる外洋に生息している。光合成のために日光を必要とする微細な形の植物プランクトンは、日光の届く海面付近にしかいない。有孔虫類のようないくつかの種は、寒冷地の海岸の岩場で著しく目立つ褐藻類とともに、海底に生息している。寒い海では褐色のケルプが巨大な森を作るが、大部分の褐藻は通常水深約20m以下では育たない。いくつかの褐藻類は風雨から守られた潟湖や入江で付着せずに育ち、いくつかは塩性湿地で泥に固着して育つ。ホンダワラまたはホンダワラ属の仲間（*Sargassum natans*）は珍しく外洋の表面に浮遊し、独特の生態系の基礎を作っている（p.238参照）。

浮遊生物のブルーム

円石藻による乳白色のブルーム（大量繁殖で海洋の色が変わる現象）の衛星画像（英国コーンウォール州の海岸で発生）。

「生命維持の戦略」

単細胞原生生物の大部分である植物プランクトンは、海洋表層を漂流する。彼らは二分裂して繁殖し、いくつかの種はそれを迅速に行う（上記参照）。卵子と精子の細胞を同等に作る有性生殖もでき、その数は春期と夏期の温暖、日の長さによって劇的に増加する。海岸の褐藻の多くは、乾燥の保護と捕食動物を遠ざけるために粘液を分泌する。褐藻には1年生と、一部から毎年新しい藻体が生える多年生がある。

新しいケルプが古い部分から生える

ケルプの茎の先から、新しく黄色い藻体が生えている。やがて外れる古い藻体は、コケムシという白い動物が覆い、生命活動に必要な光合成を妨げてしまっている。

珪藻の分裂

ピルボックス型の珪藻の上部バルブ

珪藻類のコスキノディスクス・グラニーが分裂するときは、娘細胞は親細胞から片方のバルブ（殻）を受け継ぎ、もう片方のバルブは自分で作る。

人間の影響

海を耕す

海藻は天然に育ったものが収穫されるが、とくにアジアでは人工的な栽培が増えている。これらは食用になり、海藻抽出物は幅広い製品に利用される。たとえばジェルの安定剤として、化粧品や薬品、ビール製造において、また肥料としても利用される。

ザンジバルでの海藻の収穫

ここに見えるように、海に浮かべた筏の上で大量の海藻が素早く成長する。無脊椎動物に食べられることもなく、強い光を浴びて繁殖し、沿岸地域の人々に重要な収益をもたらす。

渦鞭毛虫下門

夜光虫
Noctiluca scintillans

直径 最大2mm

生息環境 表層水

生息域 世界中

英語で「海のきらめき」とも呼ばれる夜光虫は、油性の細胞含有物によって海面近くを浮遊している大型の発光する渦鞭毛虫である。保護の役目をするtheca莢膜(殻)を持たない裸の渦鞭毛虫類の1つである。すべての渦鞭毛虫のように2つの鞭毛があるが1つは小さい。鞭毛は食物を摂取のときに口腔に掃き入れたり、老廃物を取り除いたりするために使う。渦鞭毛藻類にはこのように捕食する種もいるが、多くは光合成である。

生物発光

夜間に海面下を漂う渦鞭毛虫類、とくに夜光虫は、広い海で見られる生物発光の原因であることが多い。

何百万もの夜光虫が波間にきらきら光ることから、「海のきらめき」という通称がある。青緑色の光は、細胞内の小器官から放出されて、化学反応によって生成される。多くの発光魚とは異なり、発光細菌には依存しているのではない。

渦鞭毛虫下門

ギムノディニウム・プルケルム
Dinophysis acuta

直径 0.025mm

生息環境 表層水

生息域 温帯・熱帯海域の大陸棚上および地中海

ギムノディニウム・プルケルムなど、赤潮の要因となる生物の中には、神経系や血液凝固に悪影響を及ぼす毒素を作り出すものがあり、魚や無脊椎動物の大量死を引き起こすことがある。赤潮の原因は不明だが、沿岸の汚染により、本来ならば不足気味で個体数を制限する傾向にある栄養分が豊富に供給された影響と見る科学者もいる。単純な細胞分裂で急激に増殖すると、その海域の個体数が膨大な数になり、写真の香港周辺の海のように海水が特有の赤茶色に変わる。他の多くの渦鞭毛虫類とは異なり、被殻を持たない。栄養分は光合成で作る。

渦鞭毛虫下門

ネオケラチウム・トリポス
Ceratium tripos

長さ 0.2-0.35mm

生息環境 表層水

生息域 世界中

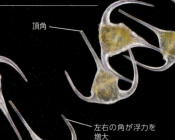

頂角

左右の角が浮力を増大

渦鞭毛虫ネオケラチウム・トリポスは独特の三叉の角を持っているため、他の植物プランクトンと区別しやすい。植物プランクトンの優占種の一つである。通常は個体ごとにばらばらに存在するが、数個が上部の角でつながっていることがある。これは、細胞が分裂したものの、娘細胞同士が離れずにいる場合である。時々、他の原生動物によって寄生される。

繊毛虫門

ストロンビディウム・スルカツム
Strombidium sulcatum

直径 0.045mm

生息環境 表層水

生息域 大西洋、太平洋、インド洋

繊毛虫類に分類される。細胞膜に「繊毛」と呼ばれる毛状の突起が多数あるためで、これを使って移動する。繊毛は、殻を持たない球形の体の一端にある「襟」の部分だけに生えている。原生生物では繊毛虫類の細胞がもっとも複雑で、単細胞の中に大核と小核という二つの核を持っている。ほとんどの場合、二分裂による無性生殖だが、定期的に「接合(conjugation)」という有性生殖を受け入れなければならない。その時には二つの細胞が接合して、小核の一部を交換し合う。細胞は分離して、各々小核から新しい大核を作ると、それぞれの細胞はさらに二分裂する。繊毛虫や渦鞭毛虫はいくつかの細胞特性を共有し、両方ともアルベオラータ(*Alveolata*)として知られる分類体系に属する。

原生生物　237

放散虫門
クラドコクス・ヴィミナリス
Cladococcus viminalis

直径	0.08mm
生息環境	表層水
生息域	地中海

放散虫の珪酸質の被殻はきわめて複雑で、骨針や微細な孔が輪郭がはっきりした幾何学模様を形成している。骨針は浮力を増し、孔からは「仮足」と呼ばれる細胞質を外に突き出す。

クラドコクス・ヴィミナリスは、白亜と石灰岩の中からしばしば化石が見つかる最も一般的な放散虫である。

ハプト植物門
円石藻
Emiliania huxleyi

直径	0.006mm
生息環境	表層水
生息域	大西洋、太平洋、インド洋

コッコリソフォア（*coccolithophores*）として知られる原生生物。語源は、円石（*coccoliths*）という、種ごとに特有なパターンで細胞表面を覆っている複雑に削られた炭酸カルシウム質の円盤による。他の数種の原生動物と同様に、円石藻も条件に恵まれると急速に繁殖する。最高10万km2を覆うブルーム（花）を作り、円石が小さい鏡のように光り、宇宙からは乳白色の花が咲いたように見える。太陽光と熱を反射して、炭素を炭酸カルシウム質の円石に封じ込めて、地球温暖化の減少に貢献している。

円石は6500万年前の白亜（灰白色の軟土質の石灰岩）の堆積物からよく発見される。英国の景勝地「ドーバーの白い崖」の大部分は円石でできている。

有孔虫門
ハスティゲリナ・ペラジカ
Hastigerina pelagica

直径	6mm
生息環境	暖海域の深度200m
生息域	北大西洋および西インド洋の亜熱帯・熱帯海域

有孔虫は海生のみの単細胞生物で、ハスティゲリナ・ペラジカは大型有孔虫の一種である。多くの場合、桃色がかった赤色で、石灰質の被殻を持ち、殻には球状の部屋が複数あり、そこから炭酸カルシウムの針状の突起が数本、放射状に伸びている。針状の突起は捕食のための細胞質のひも（仮足）で覆われている。殻はゼラチン質の微少な泡膜で覆われ、これは浮力を増すためと考えられている。この泡膜の表面に渦鞭毛虫が棲みつくことがあり、一個体から最高79匹が見つかったがあるが、通常は6-10匹である。渦鞭毛虫との関係は不明である。

炭酸カルシウムの針が浮力を増す

石灰質の殻には球状の部屋がある

オクロ植物門
キートケロス・ダニクス
Chaetoceros danicus

長さ	0.005-0.02mm
生息環境	表層水
生息域	世界中

1844年に初めて報告されたキートケロス（ツノケイソウ）類は、海生の珪藻の中でもとりわけ大規模で多様な属の一つで、ほぼ200種以上から成る。キートケロス・ダニクスはコロニーを形成し、（写真のように）7個の細胞が集まることも珍しくない。特有の長く硬いとげ状の突起と、これと同じ長さの第二のとげとが被殻の縁から垂直に突き出しているため、非常に見分けやすい。光合成色素を含む葉緑体を細胞内にもとげにもおびただしく持っている。とげは折れやすく、これが鰓に何本も引っかかった魚は死ぬことがある。副とげがあるせいで鰓の敏感な組織にとげが食い込んでしまうと、その部分が炎症を起こしてやがて窒息死するのである。

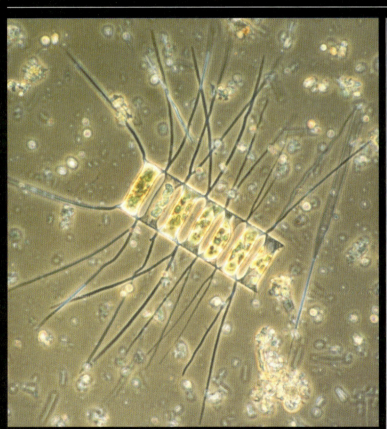

オクロ植物門
エスモディスクス・レックス
Ethmodiscus rex

直径	2-3mm
生息環境	栄養の乏しい暖水
生息域	世界中の開水域

エスモディスクス・レックスは現生の珪藻では最大種で肉眼で見ることができる。単細胞で、「被殻」と呼ばれる固い細胞壁を有する。被殻は珪酸を主成分とし、何列もの微細な穴で覆われ、バルブ（殻）と呼ばれる円盤が二枚密着した構造である。珪藻は種ごとに特有の形態を持っているため、化石記録でエスモディスクス・レックスを見分けることは容易にできる。鮮新世の岩石から500万年も前の化石が見つかることもある。エスモディスクス・レックスは日光を利用して栄養分を作るので、常に水面近くにいる必要があるが、光合成の産物を脂質に変えて浮力を増すことによりこれを実現している。有性生殖もできるが、条件がよければ無性的に二分裂により急速に繁殖する。一個体が一日に3回分裂すると、10日間で15億を超える娘細胞ができる計算である。

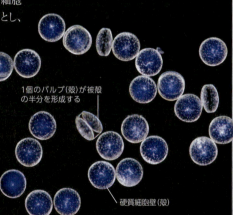

1個のバルブ（殻）が被殻の半分を形成する

硬質細胞壁（殻）

黄金色植物門
ディクチオカ・フィブラ
Dictyocha fibula

長さ	0.045mm
生息環境	表層水
生息域	大西洋、地中海、バルト海、東太平洋チリ沖

大規模で複雑な分類群である黄金色植物門（黄色の藻類）に属している。ディクチオカ（*Dictyocha*）は「網」を意味し、珪酸質の被殻にあいた複数の大きな穴を指す。現生種は20種。500万年以上前の繁栄種で中新世の地層から化石が多く見つかる生物群のわずかな残存種である。

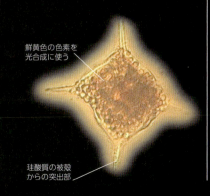

鮮黄色の色素を光合成に使う

珪酸質の被殻からの突出部

海洋生物

オクロ植物門

ライミーペティコート
Padina gymnospora　　Limey Petticoat

高さ　最高10cm
生育環境　潮溜り、潮下帯の浅い岩場
水温　20-30℃

生息域　世界中の熱帯、亜熱帯地方の海岸

ウミウチワ属*Padina*は褐藻のうち唯一、石灰化した藻体をもち、この種はライミーペティコートと呼ばれる。白亜が反射し、扇形の藻体上面に白く輝く同心円状の帯が見える。藻体は4-9の細胞分の厚みしかなく、内側に巻く。古くなった藻体はV字形に割れることもある。熱帯の海に広く分布し、潮下帯の浅い岩場やサンゴや貝殻の上でよく成長する。

オクロ植物門

ジャイアントケルプ
Macrocystis pyrifera　　Giant Kelp

長さ　45m
生息環境　岩の多い海底、ときには砂地
水温　5-20℃

生息域　南半球の温暖な海、太平洋北東部

地球最大の海藻(240-41ページ参照)で、1年で30m以上の長さに達することもある。通常水深10-30m、透明度の高い海ではさらに深い地点で生育する。巨大で枝分かれした付着器は、3年で長さ幅ともに約60cmになり、海底に固着する。数多くの長く柔軟な茎が水面に向かって伸び、茎は帯状の葉状部をいくつも備える。葉状部は水面に到達しても成長を続け、天蓋のように海面を漂う。

ジャイアントケルプは異なった生殖を行う二相の世代交代型の生活環をもつ。基部の葉(胞子葉)は、小さく這うフィラメント(長い糸状のタンパク質)に発達する胞子を作る。フィラメントは卵と精子を産生し、結合して胚性のケルプを作っていく。

オクロ植物門

フクロノリの仲間
Colpomenia peregrina

直径　最高10cm
生育環境　潮間帯および潮下帯の岩場と貝殻
水温　6-28℃

生息域　北米西海岸、日本、オーストラレーシア。大西洋に伝来

英名をOyster Thief(カキ泥棒)と言い、養殖のカキなどの貝殻の上で成長する。藻体は球状で硬いが、成長するに従って不規則にでこぼこになり、空気が入って膨らむ。固定されていないカキを持ち上げられるほどの浮力を得て、両者が潮に乗って運ばれることもある。ほんの数層の細胞が重なっただけの薄い壁をもつ。外層は、フクロノリに褐色を与える光合成色素を含んだ小さな角型細胞からできている。

オクロ植物門

ランドレディズウイッグ
Desmarestia aculeata　　Landlady's Wig

長さ　最高1.8m
生育環境　潮下帯の岩場、ケルプの森
水温　0-18℃

生息域　温暖または寒冷地方、もしくは極地の沿岸

この大きな海藻は、細い褐色の藻体に多くの側枝を備えている。これが茂みのように見えるため、一般に英語でLandlady's Wig(女主人のかつら)と呼ばれる。とくに小さい枝は短くとげ状であるため、学名にaculeata(チクチクしたの意)と名付けられた。この種は、とくに大きな岩の上や、波の影響が強いケルプの森の中に繁茂する。

オクロ植物門

シーパーム
Postelsia palmaeformis　　Sea Palm

長さ　最高60cm
生育環境　波の打ち寄せる海岸
水温　8-18℃

生息域　北米西海岸

ジャイアントケルプ(上記)と同様、コンブ目の巨大な褐藻。他のケルプとは異なり、海岸の中ほどで生育し、波の打ち寄せる岸辺に鬱蒼とした茂みを形成する。枝分かれした固着器としっかりした中空の茎で、干潮時にはまっすぐ立つ。茎の先端は短い円筒形の枝に分かれ、それぞれが一つの葉状部を支える。葉状部は長さ25cmに達し、表裏には深い溝が通る。胞子は溝の中に放出され、干潮時に葉状部の先から固着器や近くの岩へ垂れ落ちる。いくつかの種はムール貝に付着し、嵐の間にむしり取って仲間のために岩を利用可能にする。

クロフターズウイッグ (Crofter's Wig)

波などの影響がきわめて限られた湾や入江では、岩から剥がれた「普通の」ノッティドラックが、海底にゆったりと横たわって成長を続ける。藻体が海水と淡水を交互に被るという状況では、繰り返し分裂して気胞や生殖器官がない密集した球を形作る。この塊はCrofter's Wig（農民のかつら）と呼ばれ、遺伝子上は同一でも、岩に固着した形とはかなり違って見える。

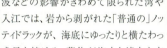

オクロ植物門
ノッティドラック
Ascophyllum nodosum　Knotted Wrack

長さ	最高3m
生育環境	波から守られた海岸
水温	0–18℃

生息域　北西ヨーロッパ、北米東部、北大西洋諸島の海岸

比較的冷涼な気候の岩礁海岸で優勢種となることが多い、丈夫な褐藻の一種。円盤形の付着器でしっかりと岩に固着し、そこからいくつかの細い葉状部が伸びる。通常1m、とくに守られた環境では例外的に3mにも達する。楕円形の気胞が一つずつ、葉状部の下に向かって点々と並ぶ。およそ年に一つの気胞を作るため、一連の気胞を数えて海藻の年齢を推測できる。気胞によって葉状部が水中に持ち上げられ、最大限の光を吸収する。水が濁っている場合には有利であり、満潮時に葉状部にたどり着くマキガイに食べられるのも妨ぐ。濃い褐色の藻体は夏には黄色に色あせることがある。膨れたスルタナ（葡萄の一種）のように見える生殖組織は短い側枝に生息し、ときにオレンジ色の卵が滲み出ているのが見える。

オクロ植物門
ネプチューンズネックレス
Hormosira banksii　Neptune's Necklace

長さ	最高30cm
生育環境	海岸の低部、潮下帯の岩場
水温	10–20℃

生息域　オーストラリア南および東海岸、ニュージーランド沿岸

ニュージーランドおよびオーストラリア周辺の比較的水温の低い海水にいくつも見られる、褐藻の固有種の1つ。藻体が1列に並んだ茶色のビーズのように見える点に特徴がある。卵形で中空の節が細くくびれて茎の中でつながり、これが連なって構成されている。各ビーズの上には小さな生殖器官が散在している。海岸の岩場には、ほぼすべてこの1種だけで形成された厚いマットが見られる。藻体は薄い円盤形の付着器によって岩に固着する。生育環境によって節の形は異なる。波から守られた岩場や干潟にいるイガイの上、あるいはマングローブ湿地などで生育する場合、藻体は丸く、幅は2cmほどである。適度に吹きさらしの海岸で下位潮の岩の上で成長している葉は、ちょうど長さ6mmの小さな節を持っている。

オクロ植物門
タマハハキモク
Sargassum muticum

長さ	2–10m
生育環境	潮間帯および潮下帯の岩場や石
水温	5–26℃

生息域　日本沿岸。西ヨーロッパおよび北米西部にも伝来

穏やかな海水で年中繁殖し、鬱蒼とした茂みを作る。日本原産（英語の通称Japweedの由来）だが、偶然に北米西部と西欧にも伝来し、着々と生育範囲を広げて侵入生物種と見なされている。このふさふさとした海藻には多数の側枝があり、長さ10cmになる葉のような葉状部を数多くもつ。葉状部は、単独または房状の空気の入った気胞をつけている。

ジャイアントケルプ
この巨大な海藻は、比較的海水の冷たい米国カリフォルニア沿岸(写真)のように環境が合えば日に50cmの割合で成長する。ケルプはより多くの光と養分がある海水表面に向かって成長するが、その際、気胞によって葉身は浮かんだ形に保たれる。

植物

超界	真核生物(ユーカリア)
界	植物界
種	31万5000

植物は生命体の中でも一つの壮大な界を形成しており、植物界のすべての種が太陽光エネルギーを利用し、クロロフィル(葉緑素)を用いて大気中の二酸化炭素を有機分子に同化する。植物界に属する生物の大半は「高等」植物であり、陸上で進化し陸地に留まっている。そうした植物の中から、顕花植物のいくつかの科(252ページ参照)は海へ戻ったり、あるいは海岸を生息地とした。本書で定めた植物界には、最初に水中で進化した、より原始的な有機体である微小な緑藻類(微細藻類)や緑藻(やはり藻類の一種)が含まれる。紅藻と褐藻(238-39ページ参照)は植物とは言えず、本書でも別個の非植物界として分類している。

人間の影響

海岸植物

海岸植物は人間が憩う場所に生育する。とりわけ人々が海岸砂丘地帯の遊歩道を歩くと、両者の共存が可能になる。遊歩道にはコケなど丈の低い植物が生えるが、人間がいなければ育ちすぎてしまうのである。しかし砂丘は侵食作用を受けて破壊されやすく、また海岸という限られた生育環境で育つ植物は、人間による開発の影響を非常に受けやすい。

サンドクロッカス
カナリア諸島のサンドクロッカスは、ランサローテやフエルテヴェントゥーラの限られた海岸部にのみ生育する。保護されてはいるが、観光の発展に脅かされている。

海生植物の多様性

植物は、クロロフィルを用いて光合成を行う点でまとめられる。高等植物には、シダや針葉樹を含め陸上に生える主要なグループがいくつか含まれる。高等植物は陸上で進化したため、空気と淡水のある生活に適しており、組織には水と養分を運ぶ導管が組み込まれている。

高等植物の中では、主に顕花植物が海洋環境へと進出した。顕花植物(およびコケ類)は海岸周辺に生育するが、完全に海生といえるものは海草に限られる。緑藻と紅藻と緑藻類(微細藻類)には茎と根がなく、また木質の組織も導管も持たず、大部分は水生である。

熱帯海生植物

海草は熱帯の潟湖に繁茂し、緑藻の中には石灰化する種も含まれる。マングローブは河口域や入江に沿って生え、灌木や樹木を含む他の顕花植物は砂浜の後背部に生える。ここには示されていないが、季節によっては海草が岩礁海岸に茂る。

温帯海生植物

温帯の海には、緑藻類を含む植物性プランクトンが豊富に存在する。緑藻は一般に岩の上で、紅藻は泥地で成長する。海草はいわゆる根をもち、水深の浅い潮下帯および潮間帯や、汽水性の潟湖の堆積物に生える。満潮線より上の断崖や砂丘、塩性沼沢には、顕花植物やコケが生える。

オニハマダイコン

ヨーロッパに分布するアブラナ科の植物オニハマダイコンは、満潮線のすぐ上に位置する、まったくの砂地に生育することができる。この砂地で砂を捉え、小さな前砂丘を形成する。ろう質の葉が海水のしぶきをはじく。

植物　243

変化に富む海岸の植物
白い花をつけるシーメイウィード(Sea Mayweed)と青緑の葉をもつハマベンケイソウは、耐塩性の顕花植物であり、波から守られた砂利浜の海岸に育つ。

満潮線より上で

大潮の折に海水が届かない部分の環境は、基本的には陸生といえるが、海に近いため、少数の特殊な顕花植物やコケなどを除いて植物が育つのは難しい。場所により、海岸には浜辺から吹き寄せられた砂による砂丘が広がる。砂丘はアルカリ性に傾きがちだが、それは海生有機体の骨格に由来する炭酸カルシウムを豊富に含み、大部分は土壌を肥沃にする腐植土を欠くからである。そのため砂丘には、アルカリや痩せ地に強い、頑丈な種のみが生育できる。マラムという草は根の組織をすばやく張り巡らし、ゴールデンデューンモス(Golden Dune Moss)とともに砂丘を安定させ、土壌形成への端緒を開く。モクマオウなど根粒に窒素を固定できる植物はここで有利である。

さらに内陸部では多種多様な植物が生育するが、土壌の酸性度が高くなるため、海岸地域に特徴的な植物は内陸特有の種に取って代わられる。岩がちな断崖では、植物は大型の捕食動物を心配せずにすむため、葉の茂った植物がここに育つことが多い。

潮位の上下で

海生植物の形態には、ココヤシなど満潮位より上に生える海岸植物から、海草などそれより下の部分に生育する、完全に水生の海生顕花植物まで幅がある。

干潮と満潮の間で

干潮線と満潮線の間に生える植物は、潮が満ちた、あるいは潮が引いた場で生育しなければならず、ときには暑く乾燥し、塩分濃度の高い状況に置かれ、またあるときは冷たい淡水の雨水で水浸しになる。こうした潮間帯には少数の緑藻、海草、マングローブが生育する。緑藻はすぐに乾ききってしまうため、潮溜りや水溜り、海岸上部の小川に生育地が限られる。それより低い部分では、丈夫な褐藻の間やその下で育つ。多くは短命で、条件の良い時期にすばやく成長し、多数の胞子をばら撒く。熱帯の海岸では、モンスーンによって湿気がもたらされると急速に繁茂するが、太陽が戻るとすぐに乾き、枯れてしまう。海草は潮間帯下部の干潟で育つ。ここでは、潮が再び満ちるまで堆積物が水分を保っている。熱帯地方ではマングローブが潮間帯の堆積物中に生えるが、根だけが定期的に水中に沈み、残りの部分は空中に残される。より冷涼な気候では、塩性沼沢の植生が泥干潟に発達する。

水中に沈んだ塩性沼沢
耐塩性のハマカンザシは塩性沼沢に生育するが、この塩性沼沢は温暖な地方で波から守られた海岸に発達するものである。塩性沼沢に生える他の植物と同様、ハマカンザシは大潮の時にのみ水中に沈む。

水生植物

微小な緑藻類、海藻および海草だけは、常に海水に沈んだ場所に生育する。緑藻は表面全体を用いて養分と空気を吸収できるため、陸上の植物がもつ水や養分の運搬組織を必要とせず、付着器によって海底に固着しているだけである。海草は陸上植物としてのつくりをもつため、空気の交換を助ける組織も必要になる。海水に生育する植物が生きられるのは、成長に必要な光が届く海面から数メートルの部分に限られる。海生植物はまた、これを捕食しようとする海生無脊椎動物を、ときには毒や不快な化学物質を生成することで遠ざけている。

海藻の茂み
イギリス海峡に生える緑藻の中には、ミルCodium (前景)とアオサ(右下)がある。これらはセラティッドラック(Serrated Wrack)という褐藻とともに育つ。

海洋生物

紅藻と褐藻

超界	真核生物(ユーカリア)
界	植物界
門	紅色植物門
綱	2以上
種	6,394

紅藻は魅惑的な海洋植物であり、世界中の浅海で発見されている。赤い色は緑色のクロロフィルに加えて、彼らが持っている余分な色素による。紅藻は植物のように見えるが、いくつかの細胞の細部と代謝が異なっている。多くの科学者は、彼らが真の植物ではないと考えているが、まだ見解は一致していない。

生育環境と分布

海岸では、大部分の紅藻は乾きにくい最も低位のレベルに生息している。より深い海では余分な色素が残っている薄暗い青色光の中で繁栄していて、茶色で緑藻や紅藻よりも深く広がっている。熱帯性の海域では紅藻(および褐藻)はあまり豊富ではないが、外皮を覆ってサンゴ礁を結合する非常に重要な役割を果たしているサンゴモは例外である。

とげをもつ移住種
この紅藻は特殊なとげのついた枝をもつため、その一部が本体から離れて他の海洋生物の茂みに付着し、海流や船体に運ばれて新たな場所へ移動できる。

生体構造

紅藻は立体・平面的にも形は様々だが、一般には比較的小さくて繊細だ。緑藻や褐藻のように、ほとんどが水と栄養分と太陽光を吸収する茎と葉でできた付着根を持つ。サンゴモは石灰化された重い葉を持つので、ほとんどの捕食動物は食さない。植物というよりは、ピンク色の地殻か小さなサンゴのように見える。無節サンゴモは、海底に横たわる小枝の多いサンゴに似た、独立した小結節を形成している。いく種かの紅藻は、毎年を越す小さな外皮と毎年茂った葉を成長させる二相を持つ。これらは非常に異なって見え、初めは別々の種と解説されていた。

ダルス

紅藻は、栄養分と酸素を運ぶために水の流れに頼る。海が荒れた場合に裂けるのを防ぐためダルス(ダルス科ダルス属の総称)の指状葉は表面積が広がる。

主脈
茎
付着器
葉状部

多年生種
この美しい紅藻はSea Beech(海のブナ)と呼ばれる。毎年、多年生の茎から藻体を伸ばし、冬に胞子を形成して増殖する。

紅色植物門
スモールジェリーウィード
Small Jelly Weed   Gelidium foliaceum

長さ	5cm
生育環境	潮間帯の岩場
水温	10-20℃
生息域	アフリカ南部と日本南部の海岸

世界中にテングサ属に属する種は多数あり、生息地やカサガイのような海岸動物に捕食されているかどうかで、植物は非常に異なって見える。分子配列に関する進行中の研究が進む中で、スモールジェリーウィードは近年になって再分類された種の一つである。

藻体は平たく細かく裂けて縮れて、岩の多い海岸に密集して生育する。葉状部は丈夫な軟骨性で、葡萄茎という地を這う茎から伸びる、仮根という小さな毛髪状の組織によって点々と岩に固着する。這って伸びる習性は、生育領域を広げるための主要な方法だが、テングサ属の中でも種によっては生殖によって繁殖する。*Gelidium*種のいくつかは、料理や微生物学で使用するゼラチン状の物質、寒天の源である。

紅藻と褐藻

紅色植物門
アマノリ
Porphyra dioica

長さ	最高50cm
生育環境	潮間帯の岩場
水温	6-18℃

生息域 ヨーロッパ北東および西海岸、イタリア周辺の地中海

紅藻の中でもこの種はごく最近、生殖方法の違いを根拠に、よく似た*P.purpurea*と区別されるようになった。*P.dioica*は雌雄異体株（雌雄の生殖細胞が別々の藻体）だが、*P.purpurea*は雌雄同株（雌雄の生殖細胞が同じ藻体）である。*P.dioica*は潮間帯にある砂が多い岩場に生育し、春と初夏にもっとも繁殖する。膜質の葉状部は細胞一つ分の厚さしかなく、くすんだ黄緑色から紫がかった褐色、あるいは黒っぽい色をしている。この種は西ヨーロッパの限られた地域に分布するようだが、同属の種は世界中で見られる。すべて食用に適し、日本では「海苔」という名で知られている。英国では、野生のアマノリが集められて、ウェールズのご馳走ラバーブレッドになる。

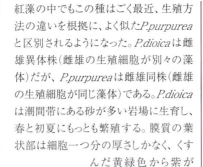

紅色植物門
無節サンゴモの仲間
Phymatolithon calcareum

直径	最高7cm
生育環境	潮下帯の海底の堆積物
水温	0-25℃

生息域 大西洋諸島部、北および西ヨーロッパ、地中海、フィリピンの海岸

「無節サンゴモ」という語は、海底に生育する節がない石灰藻の各種を指す。*Phymatolithon calcareum*は脆く紫がかったピンク色の枝状組織を形成し、小さなサンゴのように見える。波から守られた場所では球形の塊に成長し、波に洗われる場所では小枝状または平たい円盤状に成長する。無節サンゴモは一つの種であると同時に生育環境でもある。無節サンゴモとそこから派生した砂利は多くの小動物の隠れ家になる。ゆっくりと成長し、土台は底引き網に対して弱い。

紅色植物門
コットンズシーウィード
Kappaphycus cottonii　Cotton's Seaweed

長さ	50cm
生育環境	潮間帯と浅い潮下帯の岩場
水温	10-30℃

生息域 アフリカ、南および東アジア、太平洋諸島の海岸

この海藻はかつて、*Eucheuma cottonii*と呼ばれていた。カラギーナンという寒天に似たゲル化剤を抽出するためにフィリピンで大規模に栽培されている（上記地図を参照）。自然の状態では、岩に固着して、あるいは波から守られた場所にゆったり横たわって成長する。

紅色植物門
ヤハズツノマタ
Mastocarpus stellatus

長さ	17cm
生育環境	海岸の低部、潮下帯の岩場
水温	0-25℃

生息域 北米北東部、北西ヨーロッパの海岸および地中海沿岸

この丈夫な紅藻は波に洗われる海岸でよく見られ、多くの場合は海岸の低部に密集して群生する。藻体は円盤状の付着器によって岩に固着し、そこから細い茎が生える。この茎は次第に広がって枝分かれした葉身となるが、その縁はやや丸まって厚くなり、溝のようになる。生殖器官は葉身表面の小さな塊にあり、そこから厚く黒い表皮をもつ、かなり趣を異にする海藻が生える（これは完全に別種だと考えられていたため、もともと*Petrocelis cruenta*と名付けられていた）。この外皮から形成された胞子は、成長して再び直立した形になる。典型的な世代交代型の生活環である。*Mastocarpus stellatus*と、よく似た*Chondrus crispus*は、どちらもヤハズツノマタとして知られ、カラギーナンというゲル化剤を生産するために採取されている。

紅色植物門
サンゴモ
Corallina officinalis

長さ	最高12cm
生育環境	潮溜りと潮下帯の浅い岩場
水温	0-25℃

生息域 極北と南極地方を除く世界中の海岸

石灰藻として知られる紅藻の仲間であり、これらは細胞壁に白亜を貯蔵するため硬い組織をもつ。藻体は、硬い部分が柔軟な接合部で区切られ、通常、枝は平面状に広がり、平らで羽のような葉状部を形成するが、形は様々である。外海に面した海岸では多くの場合、葉状部の成長が抑えられ、水路や潮溜り、波に洗われる岩場では、高さ数センチの小さなマットのように広がる。マットの中にはしばしば小動物が潜んでおり、また他の小さな紅藻が硬い葉状部に付着している。潮下帯では葉状部がこれより長く成長する。濃いピンクの色は、日当たりの良い場所では明るいピンクに変わる。硬い骨格は、枯れると砂になる。

紅色植物門
スペクタキュラーシーウィード
Drachiella spectabilis　Spectacular Seaweed

長さ	最高6cm
生育環境	水深2-30mの潮下帯の岩場
水温	8-18℃

生息域 英国スコットランド、アイルランド、フランスおよびスペイン西海岸の沖合

この色鮮やかな海藻は、滅多に人目には触れない。普通は海の深い地点に生育し、海岸に打ち寄せられることが稀だからである。薄い扇形の葉状部をもち、V字形に裂けて岩の上に広がり、仮根という小さな根に似た組織によって岩に付着する。若い部分は青紫がかった玉虫色をしているが、海藻の老化に伴って失われる。この種では有性生殖は知られておらず、胞子は無性生殖する。

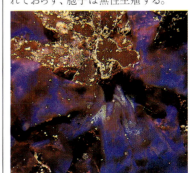

海洋生物

緑藻

超界	真核生物（ユーカリア）
界	植物界
門	緑色植物門
綱	4
種	1,500

肉眼で見えるほど大きな緑藻類（green algae）は「緑藻（green seaweed）」と呼ばれる。これらは微小な緑藻類、つまり微細藻類（250ページ参照）と合わせて一つにまとめられる。いわゆる海生植物として、高等植物と共通する色素やその他の特徴を有する。熱帯の潟湖に繁茂し、季節によっては温暖な海岸で繁殖することもある。アオサ*Ulva*は食用として栽培されている。

海藻の各部位
緑藻の構造は、垂直の葉状部と円盤状あるいは繊維状の付着器という単純なものである。この熱帯に育つハゴロモ属は、石灰化した葉状部と枝分かれした呼吸管を多く備える。

生育環境

緑藻は、とくに温暖または冷涼な海では岩礁海岸の岩に付着していることが多く、季節によって環境が変化する干潟や水深の浅い潮下帯にもわずかの間だが生える。オオバアオサなどアオサ属*Ulva*の藻類は塩分や温度の変化に耐えられるため、海岸高地の潮溜りや淡水の水溜りに茂る。これより変化に弱いシオグサ属*Cladophora*やハネモ属*Bryopsis*は、潮溜りや、水深の浅い潮下帯の紅藻や褐藻類の間に生える。緑藻はまた熱帯の浅い潟湖でも繁殖し、そうした場所にはイワヅタ*Caulerpa*、ハゴロモ*Udotea*、サボテングサ*Halimeda*が茂ることが多い。イワヅタは走根（葡萄茎）をもち、これが砂の上を伸び、岩に絡みつく。一方ハゴロモとサボテングサの基部は球根状の繊維の塊で、砂に固着する。サボテングサは炭酸カルシウムでしっかりと覆われるが、植物が枯れると粉々になり、潟湖の砂となる。

生体構造

緑藻の本体構造には茎と根がない。緑藻の形は細長い糸状から筒状、平らな板状や、あるいはさらに複雑な形まで幅広い。鮮やかな緑色をしているのは、紅藻や褐藻とは異なり、緑藻のもつクロロフィルが他の色素に隠されていないからである。クロロフィルの種類を含め、緑藻は高等植物（コケ、ゼニゴケ、維管束植物）と共通の特徴を多く有しているため、紅藻や褐藻より植物に近い関係にあると思われる。

もろい葉状部
このハネモ*Bryopsis plumosa*は壊れやすい多核細胞の葉状部をもつ。つまり、他の緑藻が一般に備える格子型の細胞壁がない。

対応力の高い海藻
アオサ属は塩分や温度の変動に対処でき、海岸を横切る淡水の流れの中でも成長できる。

ミルの森
このミル*Codium fragile*の小さな森は、英国にある波の来ない湾の、水深の浅い岩場に育っている。葉状部が浮かび、藻体を光に向けて持ち上げている。

アオサ藻綱

ヒビミドロ
Ulothrix flacca

大きさ	最高10cm
生育環境	様々な海岸の潮間帯
水温	0-20℃
生息域	大西洋北部、地中海、アフリカ沖の海域および太平洋

この海藻は枝分かれしない数多くの緑色の糸状体からなり、糸状体自体は細胞の連なりで構成されている。糸状体は柔らかく毛糸のような塊、または緑の平らな層を形作り、潮間帯の岩に付着する。各糸状体は、基底細胞という単一の細胞によって岩に付着するが、仮根と呼ばれるものが伸び、重ねて固定される。この海藻は、2本の鞭毛をもつ配偶子をいくつかの細胞から100ほども放出して生殖を行う。

アオサ藻綱

オオバアオサ
Ulva lactuca

大きさ	最高100cm
生育環境	潮間帯および浅い潮下帯
水温	0-30℃
生息域	世界中の沿岸海域

オオバアオサは世界中の海岸や浅い潮下帯でよく見られる種で、生育できる条件や環境は幅広い。葉状部は鮮やかな緑色の平たい板状で、割れたり分かれたりしていることが多く、縁は波打っている。多様な形や大きさをもち、波にさらされた海岸に見られる短くずんぐりしたものから、波から守られた浅い湾の、とりわけ汚染されて栄養過剰な港に見られる1m以上に及ぶ板状のものまである。オオバアオサはいくつかの細胞から配偶子を放出して生殖を行うが、小片を再生し無性生殖によって拡散することもできる。

緑藻 247

シオグサ綱
ジャイアントクラドフォラ
Cladophora mirabilis　　Giant Cladophora

長さ	最長100cm
生育環境	潮下帯の岩場とケルプ
水温	10-15℃

生息域　アフリカ南西沖の大西洋

C.mirabilisはシオグサ属の中でも巨大な種で、長さ1mにまで成長する。青味がかった緑色の糸状で、不規則に伸びる数多くの側枝をもつ。細胞の連なりで構成されるが、主軸をなす個々の細胞は12mmの長さがある。この植物は、基底細胞が伸びて織り合わされた円盤によって付着し、しばしばその上には紅藻が生えている。シオグサ属の他の種は世界中でよく見られる。

ハネモ綱
シーグレイプス
Caulerpa racemosa　　Sea Grapes

高さ	最高30cm
生育環境	浅い砂地と岩場
水温	15-30℃

生息域　世界中の温暖な海

キラー海藻
変異型イチイヅタ（*Caulerpa taxifolia*）は水族館で広く使われているが、これは侵入種である。草食動物にとっては毒になり、成長が速く、密で滑らかなカーペットのように海底へ広がる。1984年に地中海のモナコ沖で発見されて以来、沿岸へ急速に広まり、在来の海生生物の群落に取って代わっている。

この海藻は地を這う葡萄茎によって岩や砂に付着し、そこから小気胞という丸い袋に覆われた芽が垂直に伸びる。そこから英語ではSea Grapes（海のブドウ）と呼ばれる。各個体は大きな単一の細胞である。成長した個体は枝が密集してもつれ合い、直径2mにまで育つ。シーグレイプスには様々な種がある。

シオグサ綱
オオバロニア
Valonia ventricosa

大きさ	最高4cm
生育環境	水深30mまでの岩場やサンゴ礁
水温	10-30℃

生息域　大西洋西部、カリブ海、インド洋および太平洋

この風変わりな海藻は暗緑色の大理石のように見えるが、大きな単一の細胞からなり、仮根という糸状体の束によって基質（サンゴのかけらであることが多い）に付着している。若いものは青味がかった光沢をもつが、成長するとサンゴモに覆われる。オオバロニアは変わった無性生殖によって増殖する。娘細胞が親細胞の内部に形成されると親細胞が退化し、その過程で若い個体を放出する。

ハネモ綱
サボテングサ
Halimeda opuntia

大きさ	最高25cm
生育環境	岩場と砂地
水温	20-30℃

生息域　紅海、インド洋および太平洋西部

ハネモ綱
イモセミル
Codium tomentosum

大きさ	最高20cm
生育環境	潮間帯の水溜り、浅い潮下帯の岩場
水温	8-30℃

生息域　世界中の沿岸海域

サボテングサ属*Halimeda*各種の骨格は高度に石灰化するため、熱帯地域では石灰質の堆積物が形成される。この植物は、石灰化した平らでインゲンマメ形の部分が、石灰化していない柔軟な接合部で連結し構成される。葉緑体は日中、葉状部の表面に存在し、夜間は骨格の奥深くに引っ込む。この仕組みと霰石の尖った結晶や葉状部の有毒物質により捕食動物から身を守っている。

イモセミルの海綿状の葉状部は管が織り合わさったもので、毛先が球状に膨れたブラシが瓶の中に詰まっているように見える。葉状部の外側はこの球が数多く束になって構成され、この葉状部は通常、繰り返し二股に分かれている。無数の短く細い毛が海藻を覆っているため、水中では輪郭がぼやけて見える。この植物は海綿状の付着器で岩に固着する。

この海藻は年間を通じて見られるが、最大限に発達するのは冬で、繁殖も冬の数ヶ月の間に行われる。すべてのミル*Codium*に共通することだが、小さなウミウシに食べられることが多い。この動物は海藻の中身を吸い出してしまうが、光合成を行う葉緑体は生きたまま保存し、自分の組織内で糖を生成するのに用いる。葉緑体によってウミウシの体は緑色に色づき、身を隠すのに役立つ。

カサノリ綱
カサノリ
Acetabularia acetabulum

大きさ	3cm
生育環境	浅い潮下帯の岩場
水温	10-25℃

生息　大西洋東部の北アフリカ沖、地中海、紅海およびインド洋

この小さく風変わりな緑藻類は、岩礁海岸の中でも波から守られた部分で、砂に埋まった岩の上や貝の表面に育つ。3cmまで成長するにもかかわらず、ただ一つの細胞で構成される。葉状部は石灰化して炭酸カルシウムで覆われるために白く見え、先は小さな杯形になっている。杯は連なった放射状組織からなり、これが生殖のためのシスト（嚢胞）を形成する。シストは植物の残骸が腐敗した後に放出される。

緑藻類（微細藻類）

超界	真核生物（ユーカリア）
界	植物界
門	緑色植物門
綱	プラシノ藻綱
種	200

これら微小で大半が単細胞の植物は、海の表層部に大群をなして生育し、植物性プランクトンの中でも大きな部分を占める（212ページ参照）。ときには「海の草」と呼ばれ、大部分の植物と同様に光合成を通して自分の養分を作り出す。肉眼で見える程度に大きな緑藻類は緑藻と呼ばれる（248ページ参照）。微小な藻類は「微細藻類」と呼ばれることが多い。緑色の微細藻類は多くの場合、原生生物に分類される。数ある他の原生生物のグループ（234ページ参照）も藻類と称され、やはり植物性プランクトンとして生息する。

生育環境

少数の例外はあるものの、海生微細藻類は光合成が行えるよう海中でも太陽光が届く層に、無数に集まって浮遊している。陸からの水が流入する沿岸水域など、栄養豊富な水中ではさらにその数が多くなる。温暖な沿岸水域では、緑色の微細藻類は毎春、養分や光の量が増加するのに応じて急速に増殖し、動物性プランクトンの食料が豊富に生み出される。こうした爆発的な個体数の増加（ブルーム）によって、海水の透明度が数週間にわたって低下することもある。ある種の緑藻類は動物の体内（右の囲み参照）や原生生物のプランクトン内部に生息する。放散虫（根足上綱）の付着器の中（237ページ参照）や、渦鞭毛虫である夜光虫の細胞内（236ページ参照）などである。

緑の潮

緑藻類の成長は速く、春になって養分が豊富になると真っ先にそれに応える。捕食者の数が少ないうちは勢いよく増殖できるため、ついには藻類の密度が高くなり、海を緑色に染めてしまう。

ハロスフェラ属
これらの微細藻類（拡大写真）はクロロフィル（葉緑素）のために緑色をしており、鞭毛という泳ぐための毛状の付属器を備える。

生体構造

海生の微小な緑藻類は、その大半がプラシノ藻綱と呼ばれる藻類に属する。各個体は単一の生体細胞で構成され、通常は肉眼で見えないほど小さい。ハロスフェラ属*Halosphaera*やプテロスペルマ属*Pterosperma*の仲間など大型の種でも、直径わずか0.1-0.8mmであるため、塵ぐらいにしか見えない。緑藻類によっては遊泳することができ、水中を移動するために2本以上の鞭毛という毛状組織を動かす。鞭毛のない種は自力で移動することができない。こうした植物のグループの中には、世代交代型の生活環をもつものがあり、一方の相は泳げるが、もう一方の相は泳げないこともある。すべての緑藻類は葉緑体をもつ。これは植物が光合成を行うのに用いる緑の色素を含む組織である。

緑の浜辺

緑藻類とヒラムシ類の中には少数ながら、双方に利益をもたらす共生関係を築いているものがある。浜辺に住むヒラムシ類が藻類を摂取すると、その体が緑色になる。干潮時、これらは砂の中を通って表面の水溜まりまで移動し、そこで藻類が光合成を行う。代わりに、ヒラムシ類は藻類から養分を吸収する。

動物と海藻の協力関係
これら海生の扁形動物は若いときに海藻を摂取するが、海藻は増殖し、ヒラムシ類内の生きた藻細胞は2万5000個にまで達する。成長したヒラムシ類はすべての栄養を海藻から得る。

プラシノ藻綱

ハロスフェラ・ヴィリディス
Halosphaera viridis

大きさ 20-30ミクロン（運動性の相）

生息域 大西洋北東部、太平洋東部

*Halosphaera viridis*は小さな洋梨形の単細胞で、一方の端に遊泳用の鞭毛が4本ついている。二つに分裂することで増殖するため、高い密度に達することもある。時折いくつかの細胞が小さなシストになり、その中身が小円盤に分かれる。各円盤は最終的に鞭毛のついた細胞になり、海に放出される。動物プランクトンにとって重要な食料源となっている。

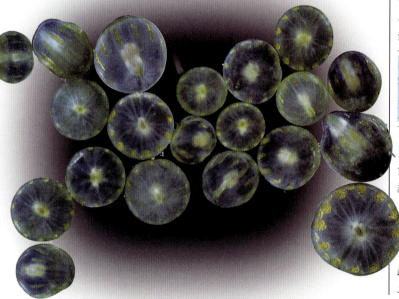

プラシノ藻綱

テトラセルミス・コンヴォルタ
Tetraselmis convolutae

大きさ 10ミクロン

生息域 大西洋北東部の英国とフランスの西岸沖の海域

*Tetraselmis convolutae*は自由生活でも生きていけるが、この小さな細胞はヒラムシ類の宿主と共生関係を築いてその内部に生育する。ヒラムシ類が光を求めて行動することにより、藻類が光合成を行うのに適した条件が整えられ、その光合成によって双方に養分とエネルギーが供給される。

コケ類

超界	真核生物（ユーカリア）
界	植物界
門	コケ植物門
種	1万3365

コケは丈の低い植物で、陸上の湿った環境によく育ち、地面や岩を覆う。塩分の高い環境は好まず、海岸の潮間帯に生育できるのは、おもに冷涼な気候における少数のみである。わずかに内陸へ入った地点、つまり海水が直接に吹きかかる部分からは離れるが、湿気をたっぷり含んだ海の霧がかかる範囲内では、はるかに多様なコケが見られる。

生育環境

コケは通常、湿った日陰を好み、温暖な地方の涼しく湿度の高い環境でとりわけその数が多い。コケには、他の植物が水分を保つためにもつ厚いクチクラが欠けているからである。こうした外皮の保護がないため、コケは乾燥した環境ではすぐに乾ききってしまう。しかしコケの種類によっては、長期間の乾燥の後であっても水分を与えられると急速に回復するという驚くべき能力を備えるものもある。数は少ないが、塩性沼沢や岩礁海岸の頂の地衣類の間に生える種もある。サンドデューンモス（Sand-dune Moss）は、蓄積する砂に遅れを取らないよう急速に成長し、吹き飛ばされたコケの一部が砂丘の新たな場所に定着する。さらに多種類のコケが、海食崖や、潮間帯から離れた湿度の高い谷底に生える。

シントリキア・ルーラリフォルミス
SYNTRICHIA RURALIFORMIS
このコケは海岸砂丘に生育する。乾燥すると葉が丸まるが（写真左側）、水分を与えられると数分後には広がる（右側）。

生体構造

大半のコケでは茎と葉の組織が見分けられる。他の植物と同様、こうした組織が太陽光を集め光合成を行う。しかし顕花植物（252ページ参照）とは異なり、支えとなる木質の組織はなく、養分や水分を運ぶ導管組織もない。コケのクチクラ、つまり細胞の外層はきわめて薄いため、表面全体を使って水分、養分、空気を吸収することができる（そして失う）。「根」は仮根と呼ばれる単純な毛状で、植物をその根元の地面に固定する。コケは風で胞子を飛ばして有性生殖を行うか、あるいは地面に広がり無性生殖によって繁殖する。

胞子の形成

コケの葉は丈が低いが、先端が球状になった胞子嚢という組織をそれより高く伸ばし、そこから胞子を放出する。

蘚綱
ゴールデンデューンモス
Syntrichia ruraliformis　Golden Dune Moss

大きさ	1-4cm
形状	黄緑から橙褐色のクッション状およびカーペット状
生育環境	流動砂丘

生息域　太平洋東部、大西洋北西部および地中海

これは流動砂丘の形成初期に定着するコケである。しばしば数平方メートルの砂地を覆う広大なコロニーを形成し、砂地を黄金色に染める。その葉は数百の小突起で覆われるため、水分を素早く吸収することができる。風で飛ばされたコケの一部は新たな個体となって根付く。

蘚綱
ソルトマーシュモス
Hennediella heimii　Salt marsh Moss

大きさ	3mm
形状	緑一色の植物
生育環境	塩性沼沢やその他の海岸地域

生息域　世界中の温暖または冷涼な水中に散在

このごく小さなコケは塩性生物、つまり塩分濃度の高い環境で生育するのに適した植物である。内陸に生えているところは滅多に見られない。決まって塩性沼沢に見られる数少ないコケの一種で、塩性沼沢上部において他の植物の間の裸地に散在する。その他、入江の土手や護岸の背後、歩道など海岸の多様な環境でも生育する。小型ながら豊かに茂り、黒っぽい錆びたような褐色の、丸々とした胞子嚢を数多く備えるため、遠くからでも目に付きやすい。この胞子嚢は長さ1cmに満たない短い茎についており、先の長くなった小さなかさをもつ。これは胞子が外に出られるよう持ち上がるが、中央の茎によって胞子嚢へ付着したままに保たれる。

蘚綱
シーサイドモス
Schistidium maritimum　Seaside Moss

大きさ	2cm
形状	くすんだ黒っぽい緑、小型のクッション状
生育環境	硬い酸性岩と塩性沼沢

生息域　北米の西と東海岸、大西洋東海岸

このコケは満潮線のすぐ上の硬い酸性岩の表面へ、海岸に育つ地衣類とともに小さなくすんだ緑色のクッション状に生える。塩性沼沢に生育することもある。しばしば海水のしぶきを浴び、大潮の折には海水に沈む。シーサイドモスは真の塩生植物であり、数日間、海水に沈んだ後でも各組織は正常に機能し、塩分のある環境でのみ生育する。乾燥すると葉が丸まる。

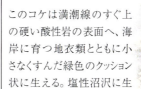

蘚綱
サザンビーチモス
Muelleriella crassifolia　Southern Beach Moss

大きさ	2-13cm
形状	黒いクッション状およびマット状
生育環境	岩場

生息域　南米の南端と南洋の島々

このコケはシーサイドモス（上を参照）の南の地方での種といえる。通常は地衣類が繁茂し、海水のしぶきがかかる海岸の岩場に生える。嵐になると海水に沈むことが多い部分である。チリ南部と南極に近い島々に生育し、そこでは優占種となる。たとえば、オーストラリアのハード島では、波にさらされた海岸の、高さ5mに満たない海水のしぶきを浴びる溶岩の岩場にこの植物の群落が見られる。

顕花植物

超界	真核生物(ユーカリア)
界	植物界
門	維管束植物門
綱	被子植物綱
種	26万

植物は陸上生活に適応し、陸上の顕花植物は地球上でもとりわけ数多く多様な生命体の一つになった。しかし海岸砂丘や断崖の痩せ地、塩水噴霧、乾いた風に適応した種は比較的少数である。この中には、他では見られない興味深い植物もある。海に戻った植物も存在する。塩性沼沢に育つ植物やマングローブは満潮になると冠水するが、海草だけは水没したまま生育できる。

生体構造

顕花植物は厳密には被子植物と呼ばれ、コケや海藻、その他の藻類とは異なり、果実と花をつけることが特徴である。空気中での生活に適応しており、根から淡水を吸収する。脈管系に塩水が入り込むと、自身の細胞液からの水分が高濃度の塩水の方へ集まり、浸透作用によって吸い出される。これは細胞にとっては致命的だが、マングローブは塩分を外へ排出することによって、多肉植物は細胞内で塩分を特定の区域に集めることによって対処する。海草は自身の細胞の塩分濃度を海水の濃度に合わせることによって、見事に適応している。ほとんどの海草は似たような形状をもち、薄い草のような葉身を備えるが、それによって養分と空気の交換が容易に行われる。マングローブは気根を伸ばし、地下の根によるガス交換を助けることで、酸素の乏しい泥中で生育する。被子植物の種子の多くは海水に浸かると死滅してしまうが、ココヤシの種子は耐水性の殻により、海でも長い間生存できる。

発芽種子
このココヤシの実は「果実」という、顕花植物の特徴を示すものである。ココヤシの実は水に浮き、耐水性の外皮をもつことで海洋環境に適応している。

海水中で生育する植物

海草は単子葉植物(顕花植物の1グループで細長い葉をもつ)だが、いわゆる草ではなく、その進化上の起源は単一ではない。海草には5科59種が含まれるが、主に汽水中に生育するカワツルモ科は海草として扱わないこともある。塩性沼沢に生える植物は主に小型の草で、塩分を排出するスパルティナや、小型の多肉植物アッケシソウなどが湿地形成の初期から生育する。さらに耐塩性の顕花植物はすでに出来上がった塩性沼沢でも岸辺に近い方に生え、鬱蒼とした茂みを形成する。塩性沼沢(124ページ参照)は冷しい気候の地で形成され、熱帯の海ではその代わりに、気根が特徴的なマングローブが生える。マングローブには16科54種がある。海草と同様、起源は単一ではなく、マングローブの習性はそれぞれ徐々に進化したのである。

水中に沈むマングローブ
満潮時、マングローブのアーチ状の根は小さなジャングルを形成し、その中には小型の魚が潜む。

アマモ
海草は、英国の入江に生えるこのアマモのように、アラスカの冷たい海から熱帯の海にまで広い範囲で見られる。

海岸の植物

満潮位より上では、さらに多様な顕花植物が生育できる。耐塩性の草は塩性沼沢上部の重要な構成要素であり、砂丘地形の海側では、まず草の働きで不安定な砂が定着する。岸辺上部の砂地や波から守られた砂利浜には、少数の深く根を張る植物が生える。さらに多種多様な顕花植物と少数のコケが、海岸からやや内陸に入っただけの砂丘や窪地に生育する。ここで植物は海水のしぶきを受けるが、海水に沈むことはない。窒素固定細菌はこの養分の乏しい砂地で力強く育つ。比較的温暖な気候では、砂漠で雨季の後に咲く花のように、一年生植物が花を咲かせる。断崖の上では、植物がグアノ(海鳥の糞からできた肥料)から養分を得て、青々と茂る。

海岸の花
晩春になると、ハマカンザシの見事なピンク色の花頭が岩礁海岸と塩性沼沢を変貌させる。この花が形作る小型のクッション状の茂みは風や寒さに強い。

砂丘のくぼみにできる湿地の植物相
カナリア諸島の浜辺の背後には砂丘のくぼみに湿地ができているが、ここには雨が降った後の短期間、一年生植物が花をつける。こうした植物は夏の陽射しで乾ききってしまう前に、すばやく花を咲かせ種子を作る。

顕花植物　251

イバラモ目

ネプチューングラス
Posidonia oceanica　Neptune grass

種類	多年生植物
高さ	30cm
生育環境	岩場と砂地

生息域　地中海

ネプチューングラスはきわめて透明度の高い海で、浅い部分から水深45mまでの地点に草地を形成する。岩上でも砂地でも生育し、丈夫な繊維質の基部と、水平にも垂直にも伸びる頑丈な地下茎を備える。これらが「マット」という組織を作るが、その高さは数メートルにおよび、数千年も持ちこたえる。

トチカガミ目

ウミヒルモ
Halophilia ovalis

種類	多年生植物
高さ	6cm
生育環境	砂地

生息域　米国フロリダ海岸、東アフリカ、東南アジア、オーストラリアおよび太平洋の島々

ウミヒルモ属の仲間は細い葉柄から伸びる小さな楕円形の葉をもち、他の海草とはかなり違って見える。学名に示されるように（*halophilia*は「塩分を好む」の意）、ウミヒルモはとくに高い塩分濃度に耐えられる。受粉は水中で行われ、微小な楕円形の花粉が連なって放出されると、大量に集まって羽が浮かんでいるように見える。これは雌花が受粉する機会を増やすためだと考えられる。小型であるにもかかわらず、ウミヒルモはジュゴン（423ページ参照）の大切な食料である。

イネ目

マラム
Ammophila arenaria

種類	多年生植物
高さ	0.5-1.2m
生育環境	海岸砂丘

生息域　西欧と地中海（自生）。ほかの地域にも伝来

マラムは背が高く先の尖った草で、海岸の砂をまとめ砂丘を形成する際に重要な役割を果たす。地下茎はゆるい砂の中に広がり、その茎に沿って規則的に垂直の芽が伸びる。もつれた茎と葉が陸上の風を妨げ、風に運ばれてくる砂が蓄積する。次第に砂が積もり、茎が砂の中を伸びて砂丘が形成される。乾燥した気候では、葉が管のように丸まる。すると葉の裏が外側になり、そのろう質の皮膜が植物から水分が失われるのを防ぐ。マラムは侵食作用を受ける砂丘を安定させるために広く植えられており、この目的で北米（同地ではEuropean beach grassと呼ばれる）、チリ、南アフリカ、オーストラリアおよびニュージーランドに導入された。

ナデシコ目

アッケシソウ
Salicornia europaea

種類	一年生植物
高さ	10-30cm
生育環境	海岸の泥干潟と塩性沼沢

生息域　北海道東部、北米の西・東海岸、西欧、地中海

アッケシソウは、塩性沼沢と泥干潟の低地に早くから生えるが、そこでは潮の干満によって日に2度、植物は水を被る。これはサボテンのような小型の植物で、鮮やかな黄緑色の茎はやがて赤に変わる。小さな花と鱗状の葉は肉厚の茎の中に沈みこんでいる。アッケシソウはろう質の厚い皮膜を備え、塩水と水分の損失に対して外側から身を守っている。細胞内の小腔に塩水を閉じ込めることで、根から吸収された塩分によって植物が傷められるのを防ぐことができる。この植物は多肉質の茎に水分を蓄えており、そのためにサボテンのような形をしている。何世紀も前から、アッケシソウを集めて燃やし、ソーダ灰（不純物を含む炭酸ナトリウム）が作られてきた。その後、灰は焼成され、砂と合わせて未精製のガラスが作られる。英語の通称Glasswort（ガラスの草）はこれに由来する。アッケシソウは茹でたり酢漬けにしたりして食べることができる。苦味が少ない塩味で、Poor Man's Asparagus（貧乏人のアスパラガス）とも呼ばれる。

イソマツ目

コモンシーラベンダー
Limonium vulgare　Common Sea Lavender

種類	多年生植物
高さ	20-50cm
生育環境	ぬかるんだ塩性沼沢

生息域　西欧、地中海、黒海および紅海の海岸

この目立つ植物は夏の終わりに花を咲かせ、塩性沼沢の中でもとくにぬかるんだ入江に群生することが多い。シーラベンダーの中でも近縁の数種は、特定の地域に限定して分布している。例えば二つの種が英国の岩がちな半島2箇所にだけ見られるが、シチリアやコルシカの一部にしか見られないものもある。シーラベンダーの類はスターチスとも呼ばれることが多く、ドライフラワー用に商用栽培されている。

ケシ目

ツノゲシ
Glaucium flavum

種類	越年生または多年生植物
高さ	50-90cm
生育環境	砂利、ときには砂地

生息域　西欧、地中海および黒海の海岸

この植物の葉は、海水のしぶきから身を守り、水分の損失を防ぐために、ろう質の皮膜で覆われている。主根は地下の水分を求めて砂利浜の地中深くへ伸びる。ほぼ夏の間中、直径が9cmにもなる花を咲かせる。

ハナシノブ目

アツバアサガオの仲間
Ipomoea imperati

種類	多年生植物
高さ	最高5m
生育環境	海岸の浜辺や草地

生息域　熱帯や温帯地域の海岸と島々に広く分布

植生遷移の初期に侵入する先駆植物で、海岸に砂が定着するのを助け、ほかの種が移り住める生育環境を生み出す。米国テキサス州での研究によると、これは栄養が乏しく高温の土壌にも、飛砂を原因とする磨耗や埋没にも、場合によっては霜にも耐えることができるが、ハリケーンには持ちこたえられない。ときには内陸の荒れた土地に生えることもある。

フトモモ目

ヤエヤマヒルギ
Rhizophora stylosa

習性	多年生木本植物
高さ	通常5-8mだが、40mに達することもある
生育環境	潮間帯の泥干潟

生息域　オーストラリア北部、東南アジアおよび南太平洋の島々の海岸

ヤエヤマヒルギの気根は、主根から枝分かれした側根とともに中央の幹からアーチを描いて下へ伸び、地面に着くまでにあらゆる方向へ伸びる根がからまっている。潮が満ちるとこれらは数多くの小型の魚たちにとって保護された避難場所となる。マングローブの中でもこの種は多様な土壌に耐えることができるが、粒子の細かい河口の堆積物の中でもっともよく生育する。根からは水分が選択的に吸収されるため、植物を傷める塩分はそれほど取り入れられない。

フウチョウソウ目

スカーヴィグラス
Cochlearia officinalis　Scurvy-grass

習性	越年生または多年生植物
高さ	10-40cm
生育環境	海岸の岩場と塩性沼沢

生息域　北欧、アジアおよび北米北部の海岸

海岸に生えるこの植物の厚く多肉質の葉は、淡水がすぐにはけてしまう環境にあって、水分を蓄えるのに役立つ（山地で見られるスカーヴィグラスの葉はそれより薄く、おそらく別の種に属する）。この葉はビタミンCに富む。かつてはこれを食用や飲用にして、ビタミンC不足に起因する壊血病を予防していた。

顕花植物　253

ナデシコ目
サラダノキ
Pisonia grandis

種類	多年生木本植物
高さ	14-30m
生育環境	海岸および島の森林

生息域　インド洋、東南アジアおよび南太平洋の海岸や島々

サラダノキは一般に熱帯の小島に見られ、その分布は海鳥の生息地と関係が深い。高さは30mに達することもあり、幹は直径2mにもなる。人間の立ち入らない海岸の森では、優勢木となることが多い。この木は様々な海鳥に営巣地とねぐらを提供し、そのグアノ（糞）は孤島において重要な肥料となる。枝は簡単に折れ、土に根付くことができる。

鳥を死に至らせる木
サラダノキの種子は50-200の房で形成され、樹脂を分泌するため非常に粘着性が高い。これらは海鳥の羽に付着することで遠方の島々へ運ばれる。これは分散するための効果的な方法だが、種子の粘着力が強いため、小型の鳥の場合、すっかり羽がもつれて死に至ることも多い。

モクマオウ目
トクサバモクマオウ
Casuarina equisetifolia

種類	多年生木本植物
高さ	20-30m
生育環境	海岸および島の森林

生息域　東南アジア、オーストラリア東部および太平洋南東部の島々

トクサバモクマオウはトキワギョリュウとも呼ばれる。一般に海抜ゼロの地点に見られるが、海抜800mまでの内陸にも生える。トクサバモクマオウは成長が速く、12年で高さ20mに達する。乾燥に強く、根粒に窒素を固定することができるため、痩せ地でも育つ。木材としては大変に硬く、建築資材や薪に用いられる。樹皮は伝統薬として広く利用されている。

ヤシ目
ココヤシ
Cocos nucifera

種類	多年生木本植物
高さ	20-22m
生育環境	海岸の岩場、砂地およびサンゴ質の土壌

生息域　世界中の熱帯および亜熱帯の海岸

ココヤシはかつて、太平洋の島々では生活の中心だった。食料や飲料、燃料や薬となり、材木や敷物、家庭用品や屋根を葺くための材料でもあった。現在でも相変わらず、太平洋の多くの島々では重要な自給用作物である。本来の生育環境はインド・マレー地方周辺の砂浜海岸だが、自然の分散作用と人間の意図的な植林に助けられ、今では遥かに広い地域で見られる。ココヤシの実を覆う繊維質の殻は水に浮かぶため、種子は波や海流によって遠方へ運ばれる。熱帯および亜熱帯地方以外では、果実は成熟までには至らない。

ココヤシの実
ココヤシの実は1-2kgの重さがある。中には種子が一つ入っており、保存用食料となる。固形部分（果肉）と液体部分（ココナッツミルク）からなる。

繊維質の殻
食用の果肉

ココヤシの木
ココヤシの木は100年間も生きることができ、成熟した樹木は毎年50-80個の実をつける。毎年、葉脚が落ちた後は幹に環状の跡が残る。

海洋生物

菌界

超界	真核生物（ユーカリア）
界	菌界
門	4
種	60万

菌界は単細胞生物と糸状菌からなる大規模な分類群で、酵母やカビもこれに含まれる。キノコのように、菌糸で複雑な子実体を作るものもある。海生のみの菌類はまれにしかないが、菌類に似た生物で、粘液に覆われ海水との接触を回避して生き延びているものが少数いる。菌類は海岸線に多く存在するが、これは特定の藻類との共生という形に限られる。藻と菌は「地衣類」と呼ばれる一種の複合生物として共生することがあるのである。地衣類の中には、満潮線のすぐ上にあたる飛沫帯の岩肌という過酷な環境で繁殖するものがある。

断崖を覆う地衣類
菌類は海岸では、藻との共生体である「地衣類」としてならば繁殖できる。写真はスコットランドのシェトランド島にある砂岩崖を覆う痂状地衣類と葉状地衣類。

構造

地衣類の体（葉状体）を構成している主な要素は「菌糸」と呼ばれる、菌の糸状体である。菌と共生する藻の細胞は上皮層の下の薄い藻類層のみに存在し、乾燥しないようになっている。地衣類は形態により四つに大別できる。低木状（樹枝状地衣類）、葉状（葉状地衣類）、密生型（鱗片状地衣類）、固着型（痂状地衣類）である。

菌類に似た海生の生物は顕微鏡でしか見えないほど微小で、通常は透明であり、粘性の網状の糸で体が覆われている。細胞はこの糸の網の内部を上下に移動し、餌に対して明確な反応を示す。むしろ原生動物に近いかもしれない。

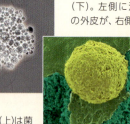

地衣類の組成
地衣類の色付けした顕微鏡写真（下）。左側に滑らかな葉状体の外皮が、右側に菌糸がある。

粘性の外皮
この*thraustochytrid*（上）は菌類に似た生物で、二枚貝の特定種に寄生している。粘性の網で体が完全に覆われている。

生息環境

大半の地衣類は乾燥と湿潤の繰り返しを必要とするが、海生地衣類は長時間の乾燥にも湿潤にも耐え得る。ほとんどの岩礁海岸で、満潮時に波しぶきを受ける岩肌（飛沫帯）に非常に多く生息しているのが黄色や灰色の地衣類である。日照と風による乾燥にも、塩分を含んだ波しぶきにも耐えられるのである。その下の潮間帯では、鮮やかな色の地衣類に替わって*Verrucaria maura*のような黒い固着型の地衣類が優勢になり、岩盤や大岩を覆っている。それよりさらに下に生息しているのが*Verrucaria serpuloide*で、これは常に海水に浸った状態で生き延びられる唯一の地衣類である。

これらが海中で生きられるのは、体を覆っている粘膜が海水の塩分による脱水を防いでいる点と、海草に寄生する点である。

飛沫帯より下
痂状地衣類の黒い*Verrucaria*。このように飛沫帯より下で、ときに海藻類に囲まれて、生息しているものもある。

子嚢菌門
ハマカラタチゴケ
Ramalina siliquosa

長さ	2-10cm(枝の長さ)
生息環境	飛沫帯の上の固い珪質岩

生息域　北東・南西大西洋、日本とニュージーランドの海岸

栄養分の少ない珪質岩が、ハマカラタチゴケのような灰色の地衣類が好む生息場所である。この地衣類は通常、緑灰色をしており、脆弱な低木状の構造で、枝の先端に子嚢盤と呼ばれる円盤型の子実体を持つ。踏まれたり擦れたりすることに弱く、垂直の岩肌でもっともよく生育し、基物には一点で着生している。

子嚢菌門
クロイボゴケ
Tephromela atra

幅	最高10cm
生息環境	飛沫帯とその上方

生息域　極地の海岸、および米国カリフォルニア州、メキシコ湾、地中海、インド洋の沿岸

クロイボゴケなどの痂状地衣類は岩の上に痂のように密着し、菌糸で固着しているためはがれにくい。この固着のための菌糸は乾燥による縮みと湿気による膨張を繰り返すうちに岩を砕く。厚みのある灰色の地衣類で、表面に凹凸があり、裂け目も多く、その表面から独特の黒い子実体が多数突き出ている。

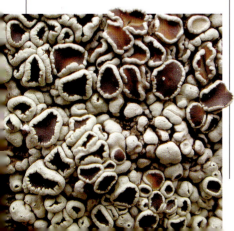

子嚢菌門
イエロースプラッシュライケン
Xanthoria parietina　Yellow Splash Lichen

幅	最高10cm
生息環境	飛沫帯　窒素化合物を多く含む表面を好む

生息域　大西洋、メキシコ湾、インド洋、太平洋の温帯地域

大半の岩礁海岸の潮間帯から飛沫帯にかけて、耐塩性に準じた地衣類の垂直分布帯が見られる。イエロースプラッシュライケンは飛沫帯に生息し、海岸沿いに明るい橙色の帯を形成している。その上方には灰色の地衣類が、下方には黒い地衣類が生息する。イエロースプラッシュライケンは葉のような形状(葉状地衣類)で、成長が遅く、岩肌に沿ってほぼ平らに伸びていく。通常は明るい橙色だが、日陰では緑がかっている。地衣類は各地で大気汚染のバロメーターとされているが、それは環境の悪化により簡単に死滅してしまうからである。

子嚢菌門
ブラックタールライケン
Verrucaria maura　Black Tar Lichen

厚さ	1mm
生息環境	潮間帯

生息域　温帯と極地の海岸、インド洋、日本

黒く滑らかな痂状地衣類。岩盤や巨石を広く薄く覆うため、光沢のない黒ペンキを塗ったかのように見える。重金属をため込む地衣類は多いが、ブラックタールライケンも例外ではなく、周囲の海水に含まれる量の約250万倍の鉄分が検出された。腹足類などに食べられないようにするための適応と思われる。

子嚢菌門
ブラックタフティッドライケン
Lichina pygmaea　Black Tufted Lichen

幅	(葉の幅)最高1.5cm
生息環境	潮間帯下端から中央までの、定期的に海水に浸る部分

生息域　ノルウェーから北西アフリカにいたる北東大西洋

日当たりのよいむき出しの岩肌によく見受けられるこの地衣類は、海藻のように見えるが、潅木のような形状をした樹枝状地衣類で、枝分かれした茶がかった黒色の扁平な葉状体を持つ。枝先の小さな膨らみが子実体である。フジツボと共生することが多いが、藻類とは共生しない。密集した茂みと固いフジツボが、数種の軟体動物(特に腹足類)にとっては恰好の避難所となっている。

子嚢菌門
グレイライケン
Pyrenocollema halodytes　Grey Lichen

大きさ	記録なし
生息環境	岩礁海岸および固着性の無脊椎動物の殻

生息域　北東・南西大西洋の温帯地域

硬い石灰質岩の表面に見られ、小さな暗褐色の斑点を形成する。菌類、シアノバクテリア(藍色細菌)、藻という3つの生物から成る珍しい共生体である。菌類が岩に固着し、シアノバクテリアと藻は葉緑素を含んでおり、光合成により栄養分を生み出す。シアノバクテリアは窒素も活用できるが、これには光合成で作り出した糖分を使う。

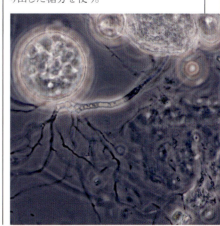

動物

超界	真核生物（ユーカリア）
界	動物界
門	約30
種	150万以上

動物が初めて姿を現したのは10億年以上前の海においてである。以来、多種多様な生物へと変化をとげてきた。海生動物の体の大きさは千差万別であり、最小の無脊椎動物は最大種のクジラの50万分の1にも満たない。

それぞれの差異は大きいが、動物はどれも2つの主な特徴を持っている。第一は従属栄養生物（食物からエネルギーを得る生物）であること、第二は単細胞の生物とははっきり区別される多細胞生物であることである。

無脊椎動物
このイエローチューブカイメンはカリブ海のベリーズ沖に生息する固着性の無脊椎動物で、餌を探し回らず小孔から海水を取り込んで微細な餌を濾し取る。

海生動物の多様性

動物は30以上の主要なグループ（門）に分類されるが、どの門にも最低数種は海生動物が含まれている。このうち29門は背骨のない動物（無脊椎動物）として分類され、門ごとに体の基本形式はまったく違う。唯一、脊索動物門だけに、背骨を持つ動物（脊椎動物）が含まれている。海生の脊椎動物には魚類、爬虫類、鳥類、哺乳類がおり、これが海洋生物では優勢種とされることが多い。しかし個体数の多さと多様性の点で、「優勢種」にふさわしいのはむしろ無脊椎動物の方である。

無脊椎動物は海洋のあらゆる生息環境におり、個体数でも100万対1の割合で脊椎動物を圧倒している。無脊椎動物には珊瑚や海綿など、動き回らない（固着性の）動物も数多く含まれる。また、動物界と原生動物界に属する動物プランクトンの大半が無脊椎動物に分類される。

変態
無脊椎動物の多くは成長に従って形を変える。ウミシダの幼生は海中を浮遊するが、その後サンゴや岩に固着して成長し、成体になってからは泳いで移動することもある。

脊椎動物
カマスのように泳ぎ回る捕食動物は、餌を捕るために鋭敏な感覚と素早い反応を必要とする。無脊椎動物とは異なり、敏感な神経とよく発達した脳を有する。

体の支持と浮力

陸上では重力に抵抗できるよう、大半の動物に固い骨格が備わっている。しかし海中では事情が違う。空気より海水の方が比重が重いからである。そのため、クラゲのように体の柔らかい動物は海中を浮遊し、体を大きく広げることができる。これは内圧によって体形を保っているのであり、風船の原理と同じである。魚や軟体動物のように体に固い部分があると、海水より重くなり自然に沈んでしまう。そのため、浮力調整のしくみを備えているものが多い。硬骨魚には空気の充満した調整自在な浮き袋があり、イカも気体で満たされた多室構造の石灰質の甲が体内で「浮き」の役目を果たしている。

泡の筏
アサガオガイは粘液で気泡を作ることによって浮いている。粘液は徐々に固くなって、永続性のある筏を作り上げるのである。

群居性と独居性

海生動物の社会性は、完全に独居性のものから、群居性でも常に同じ群れで生活しているものまでさまざまである。ジンベイザメは典型的な独居性の動物で、繁殖時以外は完全な単独行動をとる。巨大で、天敵がほとんどいないため、こうした行動様式が可能なのである。これより小型の魚は群生することが多いが、これは単独行動の際に狙われる危険を回避しているのである。サンゴから被嚢類まで、多くの無脊椎動物は群体（コロニー）という永続的な群れを作って生活している。ほとんどのサンゴ群体は、たとえ連なってはいても個々の動物体（ポリプ）の体のつくりがどれもまったく同じで、それぞれが独立して機能しているのである。

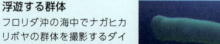

浮遊する群体
フロリダ沖の海中でナガヒカリボヤの群体を撮影するダイバー。刺胞動物と呼ばれる柔らかく微小な個体が何千匹も連結し管状になっている。

数による安全の確保
群居性のゴンズイ（右）は球体の群れを作って天敵の目をくらまし、狙いにくくしている。

孤独を好む巨大魚
ジンベイザメ（下）は汎熱帯性、独居性の種である。繁殖期にのみ、特定の海域に集まる。

生殖

動物には2通りの生殖方法がある。無性生殖は扁形動物からイソギンチャクまで、多数の海生動物の間で行われており、成体が分裂して二つの個体になる場合と、体の一部が成長(発芽)して別の個体となる場合がある。有性生殖ではメスの卵子がオスの精子により受精する。サンゴや二枚貝のような固着動物は通常、卵子と精子を別々に海に放出し、受精を偶然に任せるという生殖法をとる。一部の魚やすべての哺乳類、鳥類は体内で受精するが、これはオスとメスの交尾が必要だということを意味する。海生動物の生殖能は千差万別で、クジラは大半が一度に一頭の子クジラしか産まないが、マンボウは1年で3億個以上の卵を産む。

求愛
ガラパゴス諸島で求愛行動を取るガラパゴスアホウドリ。このように複雑な求愛の儀式をすることで相手の種や性別を確認し、繁殖が始まると2羽のきずなは強まる。

片親
新しい個体を出芽しているイソギンチャク。子はやがて独立して新個体となる。無性生殖は迅速で簡単であるが、新しい遺伝子の組み合わせが生じないため、種が変化に順応することが難しくなる。

海のシンフォニー
紅海のサンゴの間で餌をあさるベラ。多様な海生動物が棲んでいるサンゴ礁は、動物が作り出した数少ない生息環境の一つである。

海綿

超界	真核生物(ユーカリア)
界	動物界
門	海綿動物門
綱	4
種	約8,700

個体数が非常に多く、多種多様で、色彩豊かな種の多いこの分類群は、無脊椎動物に含まれ、海底に固着して一生を過ごす。かつては生物学者の間で植物の範疇に入ると考えられていたが、現在では近縁種を持たないごく単純な動物として認識されている。海綿は小孔と呼ばれる小さな孔から体内に海水を取り込むことで濾過摂食や酸素摂取を行ない、再び海水を吐き出している。サンゴ礁や岩場に生息する種が多いが、淡水に生息する種も少数存在する。

生息域

海綿の多くは硬い表面に固着するが、砂地で生長する種もいる。少数だが岩や貝殻に穴をあけて棲みつく種もいる。水温に関しても水深に関しても広範囲にわたって分布し、岩礁や難破船の残骸、サンゴ礁でよく見られる。個体数がもっとも多いのは潮の流れが強い場所で、こうした潮流が豊富な餌を運んでくるのである。ときおりカニや環形動物などが海綿の内部に棲んでいることがあるが、海綿の表面に固着して生長するものはほとんどない。

外部形態の変化
生息域が異なると、成体の形態にも差異が生じる海綿は多い。写真の例は、指状の突起を出した個体(上)と、痂皮状になった個体(右)。

体のつくり

海綿の体の基本形式は、襟細胞と呼ばれる特殊な細胞が並んだ水管系が基盤になっている。襟細胞は海綿特有の細胞である。1つ1つが鞭のような長い鞭毛を動かして小孔から海水を取り込む。鞭毛の基部を環状に囲んでいる小さな触毛が微細な餌を捕らえ、水と老廃物は大きな方の開口部から体外へ排出する。全身に二酸化ケイ素や炭酸カルシウムの骨片(針骨)でできた骨格を持つため、体は固い。

体の断面図
海綿には特殊化した細胞はあるが器官はない。海水は小孔細胞から体内に取り込まれ、大孔と呼ばれる大きな開口部から排出される。

形の多様性
海綿の形態は、管状、球体、糸状などさまざまである。写真はブラウンチューブカイメンと、定形を持たないディープレッドカイメン。

六放海綿綱

ゴイターカイメン
Heterochone calyx　　Goiter Sponge

高さ	最高1.5m
生息水深	100-250m
生息環境	深い海底の岩場

生息域　北太平洋の深・冷海

外見が精巧なガラス花瓶のように見えるだけでなく、骨格を形成している骨片も実際にガラス素材の珪酸である。骨片ごとに6本の放射状の突起があり、そこから学名は六放海綿綱という。ガラス海綿の多くは非常に大きくなり、カナダのブリティッシュコロンビア州沖の造礁海綿は高さが20m近く、幅は数km以上と巨大化している。同じ綱に属する他の海綿もこのような岩礁を形成し、造礁が始まったのは9千年近く前と思われる。サンゴ礁同様、海綿礁も多数の動物の生息場所となっている。

尋常海綿綱

ミズガメカイメン
Xestospongia testudinaria

高さ	最高2m
生息水深	2-50m
生息環境	サンゴ礁

生息域　西太平洋の熱帯海域

この巨大な海綿は、人が1人すっぽり入るほどの大きさにまで成長する。固い表面には高い畝が幾本も走っているが、その尾根にあたる部分は薄く脆い。ミズガメカイメンは、海綿では最大の分類群である尋常海綿綱に属する。現生する海綿の約95%が属する綱である。骨格は体中に散在する珪酸質の骨片と、海綿質と呼ばれる有機コラーゲンからできている。

尋常海綿綱

ナミイソカイメン
Halichondria panicea

幅	30cm以上
生息水深	岸から潮下帯まで
生息環境	固体面

生息域　北東大西洋と地中海の温帯沿岸

柔らかな殻を持つこの海綿の外見は、薄板状、分厚い痂状、大きな塊など、様々である。波しぶきがかかる海岸では岩棚の下に生息することが多く、緑色の薄い痂状をしており、小さな丘状の盛り上がりの上に大孔が口を開いている。緑色は、細胞組織の中に共生している藻の光合成色素によるものである。より深く、薄暗い場所に生息する個体は、通常、淡黄色である。

同骨海綿亜綱

フレッシュスポンジ
Oscarella lobularis　Flesh Sponge

長さ	約1cm
生息環境	亜潮間帯の岩
生息域	地中海とセネガルの南側

青い色は海綿のなかでも珍しいが、この種は緑色も紫色も茶色もいる。小葉が不規則に成長し、見た目に滑らかで柔らかいと感じるのは針骨がないからである。他に多くの骨格の繊維もないので水から外に出すと崩れる。この属の海綿6種は最近、普通海綿綱（demosponges）から切り離されて同骨海綿亜綱に置かれた。

英国の周囲で発生する黄色い海綿が同じ名で呼ばれるが、2つの形態は別の種だと考えられている。

尋常海綿綱

チューブカイメン
Kallypilidion fascigera　Tube Sponge

高さ	最高1m
生息水深	10mより下
生息環境	サンゴ礁

生息域　西太平洋の熱帯礁海（図示部分より広範に分布している可能性もある）

この美しい海綿の優雅な管状の枝は脆いため、波の影響をほとんど受けない深い礁斜面にのみ生息する。管が1本だけの個体もあるが、幾本もの管が基部でまとまった形の個体の方が多い。管の先端部は半透明でやや内側に丸まっている。色は桃色がかった紫が多いが、桃色がかった青色のものも見つかっている。精子を水中に発散する様子は、煙をたなびかせる煙突のように見える。

この種は、分類学上の位置と、同じ科の他種との関係がまだ完全には決まっていないため、情報源によっては異なった名前で記載されている。海綿の研究では、正確な分類が定まっていない種は他にも数多く存在する。

尋常海綿綱

メディタレニアンバースカイメン
Spongia officinalis

幅	最大35cm
生息水深	1-50m
生息環境	岩場

生息域　地中海（特に東部）

このカイメンは、入浴用に採取し加工されている。丸いクッションや丘のような形状に成長し、色は通常、外側がくすんだ灰色から黒色で内側は黄色がかった白色である。尖った針骨がなく「海綿質」という弾力性のある物質から成る丈夫な網状繊維であるため、スポンジとして使うことができる。かつては収穫量が非常に多かったが、現在では希少である。

石灰海綿綱

レモンカイメン
Leucetta chagosensis　Lemon Sponge

幅	最大20cm
生息水深	浅水域
生息環境	サンゴ礁の急斜面や岩盤斜面

生息域　西太平洋の熱帯礁海

美しい鮮黄色であるため、水中でも見つけやすい。嚢状に成長し、不規則な丸い突出部がある場合もある。大きな穴（大孔）を持ち、そこから不要になった海水を体外へ排出する。大孔からのぞき込むと、海綿全体に散在する取水管の入り口が見える。レモンカイメンは海綿の中では種の少ない綱に属する。この綱の海綿の骨格は炭酸カルシウムの針骨だけから成り、大半の針骨から放射状の突起が3、4本伸びている。針骨が密集しているため、全体の感触は固い。多くの海綿同様、この種も雌雄同体である。体内で卵を孵化し、大孔から幼生を放出する。幼生は中空の球状の体に鞭毛がついており、これを使って泳ぐ。

硬骨海綿綱

コラーリンカイメン
Vaceletia ospreyensis　Coralline Sponge

大きさ	記録なし
生息水深	少なくとも20m
生息環境	サンゴ礁の暗い洞穴

生息域　不詳だが西太平洋の熱帯海域を含む

コラーリンカイメンは、サンゴ状海綿群の現生種である。サンゴ質の海綿群は大半が化石でのみ知られている。コラーリンカイメンは、炭酸カルシウムの大きな骨格の周囲を珪酸質の針骨と有機繊維が取り巻いている。これは現生の造礁であるイシサンゴが登場する以前は、造礁生物の優占種であった。硬骨海綿綱（Sclerospongiae）とされたが、現在は普通海綿綱（Demospongiae）の一部に分類されている。

刺胞動物

超界	真核生物(ユーカリア)
界	動物界
門	刺胞動物門
綱	5
種	1万886

太古の昔から生息しているこの水生動物群は、約6億年前の先カンブリア紀に出現した。造礁サンゴ、イソギンチャク、クラゲ、ヒドロ虫が含まれ、この大半が海生である。刺胞動物の体型は単純な袋のような放射対称性で、口と肛門の機能を兼ねる唯一の開口部の周囲を、毒液を注入する刺針を備えた触手が取り囲んでいる。ポリプ型とクラゲ型の2つの形態があり、ポリプ型は固体表面に付着し、開口部と触手は上向きである。クラゲ型は浮遊でき、開口部と触手は下向きである。

人間の影響
サンゴのアクセサリー

多くのサンゴが採集され、非常に貴重な種までが乱獲されている。特に好まれる軟質サンゴの特定の種は、石灰質の支柱の固さや密度が細工に適した強度である。アカサンゴや貴重なベニサンゴも含まれ、アクセサリーやビーズのネックレス(下)に加工される。現在、これらの種には国際的な貿易規制はないが、一国では収集を制限している。黒サンゴ(黒サンゴ目)の骨格も強度があるため金目当てのダイバーたちが危険を冒してこの深海の種を取りに行くことがある

体のつくり

サンゴやイソギンチャクはポリプ型としてのみ存在するが、刺胞細胞の中には生活環の段階によってポリプ型にもクラゲ型にもなる種がいる。ポリプ型、クラゲ型とも体壁は2層の細胞層から成っている。外側の細胞層は外胚葉と呼ばれ、体を守る皮膚のような役割を果たしている。内側は内胚葉と呼ばれ、消化が行われ生殖細胞がつくられる体腔を覆っている。この2層を密着させたり離したりしているのは中間に存在するゼラチン質の「間充ゲル」と呼ばれる物質である。触手には「刺細胞」とよばれる刺胞があり、これはこの門特有の細胞であることから「刺胞動物門」の名前の由来となっている。単純な神経系もあり、接触、化学物質、温度に反応する。

触手の配列
サンゴポリプの触手の数は種類によって様々である。軟質サンゴ(上)はどの種のポリプにも触手が8本ある。六放サンゴ(右)は触手の本数が6の倍数になっている。

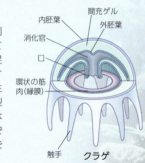

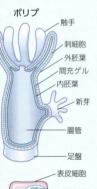

ポリプとクラゲ
ポリプは基本的に、片側が閉じた管の形をしており、閉じている側の足盤で固体表面に付着する。単体でも群体でも生息する。クラゲは釣鐘型をしており、間充ゲルはポリプより厚い。移動できるよう棚状の筋肉を持っているものもある。

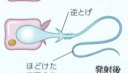

刺細胞
刺細胞には刺胞とよばれる球状の組織があり、ここには逆とげのある糸が渦巻状に納まっている。接触や化学物質に反応すると糸が外へ発射され相手の皮膚を刺す。刺された獲物は、触手を使って体内へ引き込まれる。

骨片
軟質サンゴやヤギ類の細胞層には炭酸カルシウムの銀色の小さな骨片が散在する。

サンゴ礁の形成
サンゴ礁はサンゴポリプの群体で形成され、ポリプは炭酸カルシウムの固い外骨格を分泌する。小さなポリプが分裂し成長することでサンゴ礁が拡がる。

海洋生物

移動

刺胞動物の中でもっとも移動性が高いのは浮遊生活をしているクラゲで、多くは水の流れに従って漂流しているが、噴射推進力を利用して能動的に泳ぐこともある。サンゴやヤギ類のように群体を形成する刺胞動物の場合、ほとんどは移動することができない。しかしポリプを連結させ広げることで餌を得、危険を回避することができ、ウミエラのように生息場所である海底の砂の下に群体全てを潜り込ませることができる種もいる。固着しないクサビライシはゆっくり移動し、ひっくり返っても起き上がることさえできる。

クラゲの泳法

クラゲは筋肉で傘の部分を引き締め海水を体外へ押し出し、その推進力で泳ぐ。筋肉を弛緩させると再び傘が開き、これを繰り返すことで前進する。

傘は弛緩によって広がり、前進する用意をしている

傘が締まり始め、海水が体外へ押し出される

傘が完全に締まり、体腔に海水がない状態で前進する

生殖

サンゴやイソギンチャクなど花虫綱に属するものは無性発芽により殖える。遺伝的には成体と同一のものがポリプの体壁で生育するのである。この若い芽がポリプから落ち、または付着したまま、群体を形成する。花虫綱は有性生殖も行ない、ポリプ内に卵子と精子を作り出す。卵子が受精し、繊毛のある楕円形の幼生(プラヌラ)となるが、ある程度体内で生育しその後放出され自由に泳ぐ。ヒドロ虫綱には成長過程が2段階ある。まずポリプが小さな浮遊性のクラゲ型幼生を水中に放出するが、これが成熟すると卵子と精子を放出する。結果的に受精した卵子はプラヌラ幼生となって、新たな場所に固着しポリプとなる。

クラゲのポリプの発芽

クラゲのポリプはきわめて小さく、唯一の機能は発芽による無性生殖で子を殖やすことである。

褐虫藻

造礁サンゴ内部で大きくなる骨格の形成にはエネルギーが必要である。しかし澄んだ熱帯の海域ではサンゴがこのエネルギーに見合う十分なプランクトンを摂取することができない。その代わり自らの細胞に褐虫藻という小さな単細胞の藻を共生させエネルギー源として依存している。この藻は光合成により有機物を生産するが、自ら必要とする以上の量を作り出せるため、余剰分をサンゴが消費するのである。藻が受ける利益は安全な生息場所が得られることと、サンゴの窒素代謝を基質として利用できることである。サンゴが病気や水温の上昇などの「ストレス」を受けると、褐虫藻を放出する「白化現象」が起こり、死滅してしまう。

褐虫藻

サンゴのポリプのこの写真では、緑色の斑はサンゴの細胞層に生息する褐虫藻である。褐虫藻は無色のポリープに色を与えている。

刺胞動物の分類

刺胞動物は4綱から成り、それがさらに多数の目および科に分類される。刺胞動物門はかつて腔腸動物門と呼ばれており、未だにこの名称を使う専門家もいる。未記録の種も依然多い。

花虫類
花虫綱 Anthozoa
7,095種
この綱のポリプは様々な形の群体や単体で存在するが、クラゲ型になることはない。八放サンゴ(軟質サンゴ類、ヤギ類、ウミエラ類)のポリプには羽のような8本の触手がある。六放サンゴ(石サンゴ類、イソギンチャクを含む)のポリプには単純な触手が6の倍数本ある。

クラゲ
鉢虫綱 Scyphozoa
186種
主として浮遊性であるクラゲ類は釣鐘型や円盤型をしており、刺胞を持つ触手が縁の周りを囲んでいる。体の下側にある口の縁を長く引き伸ばすことができる。

立方クラゲ
箱虫綱 Cubozoa
41種
このクラゲの傘は四角く四面体の上に丸屋根がのった形状をしている。4本の触手や触手の束が四隅から伸びている。大半は、触手にある刺胞に毒を持っている。

ヒドロ虫
ヒドロ虫綱 Hydrozoa
3,516種
群体を形成するこの種の刺胞動物の多くは植物の茂みに似ており海底に固着している。サンゴのような固い骨格があるものと、クラゲのように浮遊する群体がいる。

十文字クラゲ
十文字クラゲ綱 Staurozoa
48種
高さおよそ1cmの十文字クラゲは釣鐘型で、鐘の縁の周りにはコブのある触手が生えた8つの短い束がある。その鐘の先端から拡がった茎によって海藻に付着する。

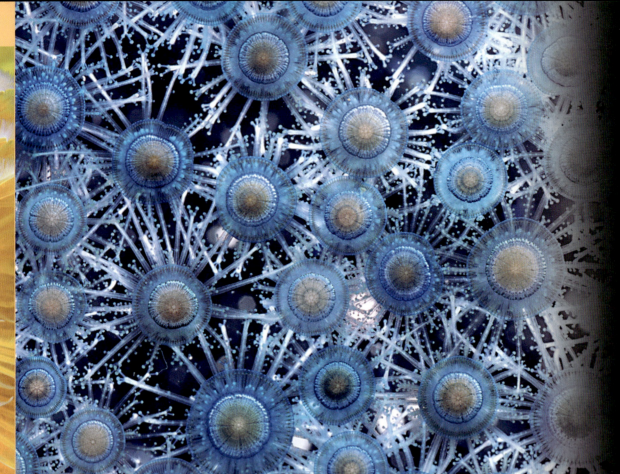

ヒドロ虫綱

ギンカクラゲ
Porpita porpita

直径	2cm
生息水深	海面
生息環境	海面

生息域 世界中の暖水海域

ギンカクラゲは一見しただけでは小型のクラゲか青いプラスチック片に見間違える可能性があるが、実は浮遊型に変化したヒドロ虫の群体である。この珍しい群れは、海面に浮遊していたり浜に打ち上げられていたりする。浮力のある円盤のおかげで浮いていられる。円盤の周囲には、刺胞を持つ防御用のポリプが、こぶのある触手という形で下がっている。裏面の中心には大きな摂食ポリプが下がり、群体共通の口の役割をしている。口と触手の中間には生殖ポリプの小環がある。同じ綱のカツオノエボシとは異なり、ギンカクラゲには強い毒性はない。

ヒドロ虫綱

スティンギングハイドロイド（シロガヤの仲間）
Aglaophenia cupressina Stinging Hydroid

高さ	最高40cm
生息水深	3-30m
生息環境	サンゴ礁

生息域 インド洋と南西太平洋の熱帯礁

ヒドロ虫類は触れてもほとんど害がないが、このスティンギングハイドロイドは強い毒性を持つ。群体は細枝やシダの茂みのように見え、サンゴ礁に点在する。個々のポリプは最小の枝の片側に沿って並び、毒性の触手を伸ばし微小な浮遊性動物を捕える。人間にとっては大して危険ではないが、刺されると発疹が出て痒く、完治には長くて一週間かかる。

鉢虫綱

アサガオクラゲ
Haliclystus auricula

高さ	最大5cm
生息水深	0-15m
生息環境	藻や海草の表面

生息域 北大西洋や北太平洋の沿岸海域

クラゲの多くは海中を浮遊するが、アサガオクラゲは植物の茎に張り付いたまま生息する。小さなアサガオの花のような形で、皮膜によって8本の触手が等間隔に接合されている。それぞれの触手の先にはさらに房状の触手がついてアサガオの縁を飾っている。一部の種では、これらの間に1本ずつが錨型をした別の触手がある。このクラゲは泳げないが、柄を折り曲げとんぼ返りをしながら移動することができる。錨型の触手を一時的に海底について翻り、粘着力のある盤でまた付着するといった具合である。アサガオクラゲは潮間帯や浅瀬に生える藻や海草に付着しているのが見られるが、そこで小型のエビや稚魚などの餌を触手で捕えアサガオの中の口に運んでいる。消化できないものは口から吐き出す。

鉢虫綱

クロカムリクラゲ
Periphylla periphylla

高さ	20-35cm
生息水深	900-7,000m
生息環境	開水域

生息域 北極海を除く世界中の深海

このクラゲは冠クラゲ目というグループに属し、形はバレリーナ用の衣装、チュチュのようである。傘の上部はとがって固く円錐形をしており、下部は裾広がりで柔らかく王冠のような形で、波状の縁になっている。12本の細い触手は普通直立状態でついている。クロカムリクラゲの内部は真紅だが、これは飲み込んだ獲物が放出する生物発光を隠すためであろう。クラゲ自身も発光分泌物を噴射するが、これには捕食動物を惑わせる効果があると思われる。多くのクラゲとは違い、クロカムリクラゲは固着型の期間を経ずに成長する。

直立した触手

傘の波状の縁

鉢虫綱

ミズクラゲ
Aurelia aurita

直径	最大30cm
生息水深	海面付近
生息環境	開水域

生息域 世界中、極地では未確認

クラゲの中ではもっとも広範に生息すると思われる種で、極端に寒冷な海を除くほぼ全海域で見られる。主に沿岸海域に生息し、泳ぐ力があまり強くなく海面付近を浮遊しているため、海岸に漂着することが多い。形は円盤型で、縁のところに下がっている短く細い触手でプランクトンを捕える。また、傘の表面についている粘着性の液でプランクトンを吸着し下側の口まで滑り落とす。生殖腺は半透明の傘を通して見える4つの馬蹄形をした半透明体である。

刺胞動物　263

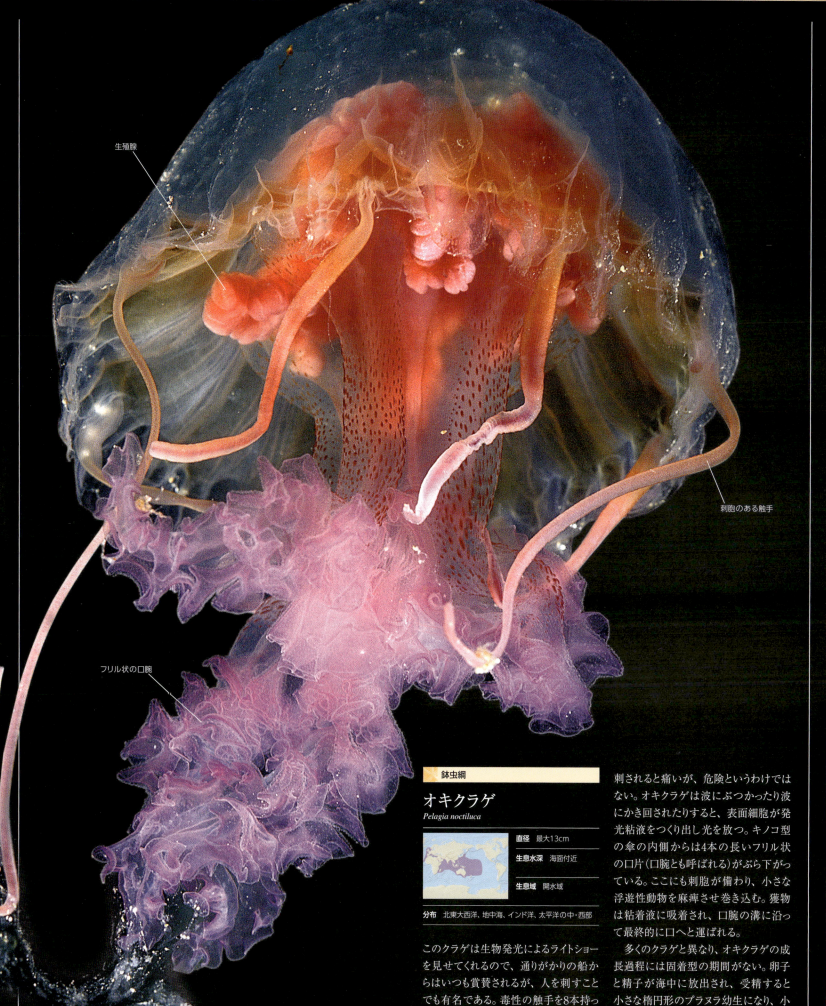

生殖腺

刺胞のある触手

フリル状の口腕

鉢虫綱
オキクラゲ
Pelagia noctiluca

直径	最大13cm
生息水深	海面付近
生息域	開水域

分布 北東大西洋、地中海、インド洋、太平洋の中・西部

このクラゲは生物発光によるライトショーを見せてくれるので、通りがかりの船からはいつも賞賛されるが、人を刺すことでも有名である。毒性の触手を8本持っている上に、刺胞の塊である赤い小さな斑点に体が覆われているのである。

刺されると痛いが、危険というわけではない。オキクラゲは波にぶつかったり波にかき回されたりすると、表面細胞が発光粘液をつくり出し光を放つ。キノコ型の傘の内側からは4本の長いフリル状の口片（口腕とも呼ばれる）がぶら下がっている。ここにも刺胞が備わり、小さな浮遊性動物を麻痺させ巻き込む。獲物は粘着液に吸着され、口腕の溝に沿って最終的に口へと運ばれる。

多くのクラゲと異なり、オキクラゲの成長過程には固着型の期間がない。卵子と精子が海中に放出され、受精すると小さな楕円形のプラヌラ幼生になり、小さな円盤型のクラゲの小片に成長し、そのまま徐々に成体となっていく。

海洋生物

鉢虫綱

サカサクラゲの仲間
Cassiopea xamachana

- 直径　最大30cm
- 生息水深　0-10m
- 生息環境　沿岸のマングローブ

生息域　メキシコ湾とカリブ海の熱帯海域

海底で逆さになったこのクラゲを見ると、ダイバーは死んだ個体と思いがちだが、このクラゲは傘の先を下に向け、8本に分かれた幅広い口腕を上に向け浮遊しながら生息している。口腕には小さな浮囊でできた緻密な縁飾りのようなものがあり、そこに褐虫藻と呼ばれる単細胞の微小な藻がつまっている。藻は光合成のために光が必要なので、クラゲは藻に光があたるよう逆さになって浮遊する。クラゲは藻が作り出した余剰養分を摂取するが、刺胞を備えた口腕で浮遊性動物を捕まえることもできる。傘を脈打たせることで水流をつくり餌と酸素を運び込む。移動したい時には、傘を上にした状態にひっくり返る。インド洋、太平洋で見られる類似種の*C. andromeda*は実際には同じ種である可能性がある。

箱虫綱

ハブクラゲの仲間
Chironex fleckeri

- 直径　最大25cm
- 生息水深　海面付近
- 生息環境　開水域

生息域　南西太平洋と東インド洋の熱帯海域

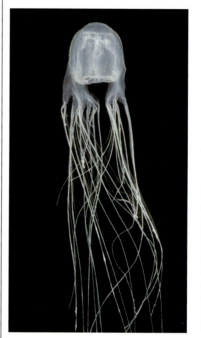

この小さな刺胞動物は、刺された人間がほんの2、3分で死んでしまう場合があることから、海生動物の中では有毒性がきわめて強い種の1つと考えられている。透明な箱型の体の四隅からは、それぞれ15本の触手の束が垂れている。箱型の胴体の各面には、きわめて複雑な目などの感覚器官が集中している。オーストラリアの北のインド太平洋海域におけるこのクラゲの正確な生息域は不明だが、これよりやや小型で危険度の低いハブクラゲ類もインド洋と太平洋に分布する。ハブクラゲ類を食べても毒の影響を受けないウミガメが一部にいる。

人間の影響
高致死性の猛毒

ハブクラゲ類に刺されると、激痛を感じ皮膚の傷跡は一生残る。最悪の場合、心臓麻痺を起こしたり気を失って溺死したりすることもある。オーストラリアではハブクラゲ類用の抗毒素血清を入手できる。このクラゲが大量発生する11月から4月まで、オーストラリア北部の海岸では一般の立ち入りを禁止するところもある。

花虫綱

クダサンゴ
Tubipora musica

- 直径　最大50cm
- 生息水深　5-20m
- 生息環境　熱帯礁

生息域　インド洋と西太平洋の熱帯礁

固い骨格があるものの、厳密には石サンゴではなく八放サンゴ(octocorals)と呼ばれる刺胞動物のグループに属す。美しい赤い骨格は1対の平行な管が横板で連結された構造で、骨格の小片が熱帯の海岸の波打ち際でよく見つかる。それぞれの管の先端からポリプが1つずつ伸びており、餌を採るため8本に枝分かれした触手を広げると骨格は見えなくなる。

花虫綱

ウミキノコの仲間
Sarcophyton species

- 直径　最大1.5m
- 生息水深　0-50m
- 生息環境　岩礁

生息域　紅海、インド洋、西・中部太平洋の熱帯海域

この独特なウミトサカ類には人目を引くむき出しの柄があり、その上にはポリプで覆われ広がった肉厚の傘がある。群体が触られた時や休息している時には、ポリプが肉厚の体の中に引きこもるため、見た目も手触りも皮革質のようである。同じ属に多数の類似種がある。

花虫綱

デッドマンズフィンガーズ（ベニウミトサカの仲間）
Alcyonium digitatum　Dead Man's Fingers

- 高さ　最高20cm
- 生息水深　0-50m
- 生息環境　岩場、難破船

生息域　北東大西洋の温帯水域と冷海

このウミトサカ類の奇妙な英名（死人の指）の由来は、嵐で浜に打ち上げられたときの様子である。短く太い指のような突起が何本かついた分厚い塊であるため、死人の指のように見える場合がある。生きているときには浅瀬の岩場に張り付いて成長し、広範に生育することも多いが、特に食物のプランクトンを豊富に運んでくる強い流れのあるところに多い。ポリプが伸びると柔らかな毛皮のように見える。群体の色は、たいていは白であるが、下の写真のように橙色で、ポリプが白いものもある。秋と冬の間、群体はポリプを引っ込め休眠状態に入る。春になると外皮がはがれ落ち、ともに共生藻や固着生物も落ちる。

刺胞動物　265

花虫綱
カーネーションサンゴ（トゲトサカの仲間）
Dendronephthya species　Carnation Coral

高さ	最高30cm
生息水深	10-50m
生息環境	サンゴ礁

生息域　紅海、インド洋、西太平洋の熱帯礁

岩礁の生物の中ではとりわけ色の鮮やかな種である。群体は枝を広げて潅木状に成長し、サンゴ礁の斜面を桃色や赤、橙色、黄色、白い斑点模様で飾る。潮流の速い場所を好む。海水が流れているときには体をいっぱいに広げ、枝先のポリプが餌を捕えようと伸びる。流れがほとんど、あるいはまったくないときには、しおれたように垂れ下がっていることが多い。写真のように、種によっては炭酸カルシウムの銀色の破片が生体組織を通して見える場合もある。これは骨片と呼ばれるもので、柔らかい枝を補強している。トゲトサカ属は見ただけでは種の識別が難しく、記録されていないものも多い。

花虫綱
パルスサンゴ（ウミアザミの仲間）
Xenia species　Pulse Coral

高さ	最高5cm
生息水深	5-50m
生息環境	サンゴ礁

生息域　紅海、インド洋、西太平洋の熱帯礁

このウミトサカ類の最大の特徴は、ポリプの羽毛状の触手が素早く開閉を繰り返す様子である。このサンゴに覆われたサンゴ礁はまるで生きて動いているように見える。群体には頑丈な幹があり、その上に長いポリプに覆われた丸屋根がある。ウミキノコ（左ページ参照）とは異なり、ポリプが引っ込んで見えなくなることはない。ポリプの脈動により、食物を触手の届く範囲内に呼び込む。

花虫綱
コモンシーファン（キンヤギの仲間）
Gorgonia ventalina　Common Sea Fan

高さ	最高2m
生息水深	5-20m
生息環境	サンゴ礁

生息域　カリブ海

ヤギ類は海底に固着しているため珍しい植物のように見える。ウミトリノ類とは異なり支持骨格があるため、これが枠組となって、かなり大きく生育することができる。この骨格は、主成分がゴルゴニンと呼ばれるしなやかな角質で、形態は棒状。これが最小の枝以外のすべての枝の内部を走っている。枝はほぼ同一平面上に伸びて、優勢な潮流に対して直角な網目を作る。このため、枝全体にあるポリプの届く範囲内に来る餌の量が増えるわけである。漁網をサンゴ礁の上で引くとコモンシーファンを傷つけることがあるが、成長が非常に遅いため、再び群体を形成するのに時間がかかる。

花虫綱
ホワイトシーウィップ（ムチヤギの仲間）
Junceella fragilis　White Sea Whip

高さ	最高2m
生息水深	5-50m
生息環境	サンゴ礁

生息域　南西太平洋

ムチヤギ類の構造はヤギ類によく似ているが、1本の長い茎として成長する。中央に非常に頑丈な支持棒状体があり、これはゴルゴニンと呼ばれるしなやかな角質のほか、石灰質を含んでいる。小さなポリプは、8本の触手があり、茎全体に付いている。無性生殖で殖えるので、群生していることが多い。茎が大きく成長すると、折れやすい先端が裂け落ち、海底に根付いて成長するのである。

海岸と沿岸海域

花虫綱

ベニサンゴ
Corallium rubrum

高さ	最高50cm
生息水深	50-200m
生息環境	陰になった岩場や洞穴

生息域　東大西洋の暖海と地中海

宝飾サンゴと呼ばれることの多いベニサンゴは、何世紀にもわたって採集され、骨格は宝飾品に加工されてきた。ベニサンゴという名前ではあるが、厳密には石サンゴではなくヤギ類と同じ分類群に属する。ヤギ類同様、枝は8本の触手を持つ小さなポリプに覆われている。しかし、支持骨格の主成分は固い炭酸カルシウムで、色は真紅や桃色である。このサンゴは、採集者が容易に近づける場所ではまれにしか見られなくなった。

花虫綱

オレンジシーペン
Ptilosarcus gurneyi　Orange Sea Pen

高さ	最高50cm
生息水深	10-300m
生息環境	海底の泥砂

生息域　北東太平洋の温帯海域

大多数の花虫綱と異なり、ウミエラ目は泥砂に生息する。シーペンsea penという英名は、昔の羽根ペンに似ていることからきている。オレンジシーペンは中央の柄から左右に枝が伸びている。柄は基部が球根状で、コロニー全体を支え海底の泥砂に固定している。葉のような枝の1本1本に1列に並んだポリプが8本の触手を水中に伸ばすため、前面が綿毛に覆われたように見える。摂食ポリプの上を最大量のプランクトンが流れるよう、群体は優勢な海流を真っ向から受ける方向を向く。流れがないときには泥砂の中に引っ込んでしまうこともできる。1箇所にとどまって生活する傾向はあるが、必要に応じて移動し生息場所を変えることもできる。天敵はウミウシやヒトデである。

花虫綱

スレンダーシーペン（ウミヤナギの仲間）
Virgularia mirabilis　Slender Sea Pen

高さ	最高60cm
生息水深	10-400m
生息環境	海底の泥砂

生息域　北東大西洋の温帯海域と地中海

スコットランドやノルウェーの静かな入江では、スレンダーシーペンが密生している所が多い。オレンジシーペン（左下参照）と同様の構造をしているが、中央の柄の部分がオレンジシーペンよりはるかに細く、枝も細い。柄は半分ほど泥に埋まっており、海が荒れると群体全体を底の泥の中に引っ込めるようになっている。

花虫綱

フロリダイソギンチャク
Condylactis gigantea

直径	最高30cm
生息水深	3-50m
生息環境	サンゴ礁や岩場

生息域　カリブ海と西大西洋の熱帯海域

この大型のイソギンチャクには先端が紫色をした長い触手があるため、生息地であるカリブ海の岩肌は紫色のしぶきが飛び散ったように見える。円柱の体は岩場やサンゴ礁の間に隠れ、普通は刺胞を持つ触手だけが顔を出している。サンゴ礁に棲む小魚の中には、この刺胞に刺されることなく触手の間に棲み、捕食者から身を守っているものが数種いる（主にギンポ）。

花虫綱

ウメボシイソギンチャク
Actinia equina

刺胞のある周辺球

直径	最高7cm
生息水深	0-20m
生息環境	固形面

生息域　地中海と北東・東大西洋、太平洋の沿岸海域

普通のイソギンチャクは海中以外では生存し得ないが、ウメボシイソギンチャクは濡れていれば生きていられる。干潮時の岩場などで、触手を引っ込め赤や緑のゼリーの塊のようになっているのを見かける。周辺球と呼ばれる青い小球が体の上部を取り囲んでいる。この中には多数の刺胞が入っており、近づくものは何でもこれで追い払う。届く範囲であればどんなイソギンチャクにも体を寄せて刺すため、縄張り争いに敗れた方はゆっくりと退散する。ウメボシイソギンチャクは体内で卵を抱き、口から幼生を放出する。

刺胞動物　267

花虫綱
ヒダベリイソギンチャク
Metridium senile

高さ	最高30cm
生息水深	0-100m
生息環境	あらゆる固形面

生息域　北大西洋と北太平洋の温帯海域

建築物の装飾を思わせる、背の高いイソギンチャクである。長い円筒の上部が襟状の環になっており、波形の口盤には何千もの繊細な触手がある。体色は白や橙色が多いが、茶色、灰色、赤色、黄色の個体もいる。大きな個体の足盤からちぎれた足盤裂片が成長し、新たに小さな個体となることもある。埠頭の杭や難破船に貼り付き、流れに向かって突き出ているのがよく見受けられる。

花虫綱
クロークイソギンチャク (ヒダベリイソギンチャクの仲間)
Adamsia palliata　Cloak Anemone

直径	5cm
生息水深	0-200m
生息環境	ヤドカリの殻

生息域　北東大西洋の温帯海域と地中海

クロークイソギンチャクは大きな足盤でヤドカリの殻を包み、触手をヤドカリの頭の下に引きずりながら共生している。この体勢は、ヤドカリの餌の残りを触手で拾うのに好都合である。ヤドカリとは相利共生の関係にあるが、潮の引いた干潟では、岩や貝殻の上で宿主の登場を待つ若いクロークイソギンチャクが見られる。

装甲車

*Pagurus prideaux*というヤドカリは、常にイソギンチャクのマントに覆われている。このヤドカリは成長してもひとまわり大きな殻に引っ越す必要がない。イソギンチャクが角質を分泌して殻を大きくしてくれるからである。写真は左側のヤドカリの上のイソギンチャクが隔膜糸と呼ばれる桃色の刺胞糸を出しているところ。

花虫綱
アンタークティックイソギンチャク
Urticinopsis antarctica　Antarctic Anemone

体長	記録なし
生息水深	5-225m
生息環境	海底の岩場

生息域　南極海と南シェトランド諸島

南極の海生動物の例に漏れず、アンタークティックイソギンチャクも大きくはなるが成長が遅い。強力な刺胞を備えた長い触手を持ち、自分よりはるかに大きなヒトデやウニ、クラゲを捕食する。群生していることが多く、2、3の個体が共同で大きなクラゲを捕らえることもある。大半のイソギンチャク同様、触手の刺胞からトゲのある刺糸を獲物目がけて発射し、捕らえたり麻痺させたり殺したりする。

花虫綱
ウスマメホネナシサンゴ
Corynactis viridis

直径	1cm
生息水深	0-80m
生息環境	切り立った岩場

生息域　北東大西洋の温帯海域と地中海

ウスマメホネナシサンゴは断崖の海中部分に広範囲にわたって生息していることが多く、その様子はまさに壮観である。体色は種々様々で、生殖は2分裂により1個体からうりふたつの2個体が誕生する。そのため、各色ごとに同色の個体が密生している塊ができる。円盤型をした口盤の周囲を透明の短く太い触手が取り巻いている。有頭触手の先端の色は触手の軸、口盤、体壁とは対照的である場合が多い。写真の例は、とくによく見受けられる配色である。英名はJewel Anemone(宝石イソギンチャク)だが、正確にはイソギンチャクではなく、花虫綱のホネナシサンゴ科に属する。ポリプはイシサンゴ目のものによく似ているが、骨格はない。

動物

花虫綱
クシハダミドリイシ
Acropora hyacinthus

直径　最高3m
生息水深　0-10m
生息環境　サンゴ礁

生息域　紅海、インド洋、西・中部太平洋の熱帯海域

クシハダミドリイシも含めて、俗に言うテーブルサンゴは見事なテーブル型をしており、太陽光を豊富に浴びる上では理想的な形状である。大半のイシサンゴ同様、クシハダミドリイシの細胞にも、光合成を行って自分自身と共生体の養分を生み出す褐虫藻が共生している。クシハダミドリイシには短く頑丈な支柱があり、広がった足盤で海底に固着している。水平のテーブル面には上向きの小枝が多数突き出ており、針のむしろのようである。小枝の一本一本には萼と呼ばれるカップ型をした骨格の拡張部分が並んでおり、夜間を中心にポリプがそこから触手を伸ばし摂食する。

テーブルサンゴ類は通常くすんだ茶色か緑色をしているが、きわめて多くの小魚がこのテーブルの陰や間を隠れ家とするおかげで明るい雰囲気が漂っている。しかしテーブルの部分が陰を作るため、テーブルサンゴの下には他のサンゴ類はほとんど生息できない。他種でもテーブルサンゴと呼ばれるものは多い。

人
チャーリー・ベロン Charlie Veron

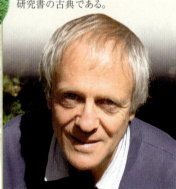

1945年、オーストラリアのシドニーに生まれ、これまでの生涯をサンゴ礁の研究に捧げてきたチャーリー・ベロンは「サンゴの王様」と呼ばれている。公式に記録、命名した新種のサンゴは、多数のミドリイシ属も含めて100種を超す。3巻から成る著書『世界のサンゴ』はサンゴ研究書の古典である。

花虫綱
フカアナハマサンゴ
Porites lobata

直径　最高6m
生息水深　0-50m
生息環境　サンゴ礁

生息域　紅海、ペルシャ湾、インド太平洋海域の熱帯海域

ゴツゴツした大きな岩のようであるため、とても生きたサンゴとは思えないが、近くでよく見ると、いくつもの大きな丸い突起がドーム状の群体を形作っているのが分かる。ポリプは小さく、その触手も長さが1mm程度で、日中はポリプ全体が浅い萼の中に引っ込んでいる。夜間は餌を捕るため触手を広げるので、群体全体が柔らかみを帯びたように見える。造礁サンゴの主要種である。

花虫綱
キクメハナガササンゴ
Goniopora djiboutiensis

直径　最高1m
生息水深　5-30m
生息環境　濁った海中の岩礁

生息域　インド洋と西太平洋の熱帯海域

大半のサンゴのポリプは小さく見つけにくいが、このサンゴのポリプは長く、数センチもある。ポリプの先端はドーム状で、中央に位置する口盤の周囲を約24本の触手が取り巻いており、まるでヒナギクの花びらのようである。大半のサンゴとは異なり日中にポリプを広げ捕食を行うが、触れられるとすぐに引っ込む。成長時は球状のまま伸びていくが、その形状はポリプが開いてしまうと分かりにくくなる。大半のサンゴは澄んだ海水を必要とするが、この種は海底の泥が掻き乱されて海水が濁っている環境でも広範に生息することが多い。

花虫綱

ナミトゲクサビライシ
Fungia scruposa

直径	最高2.5cm
生息水深	0-25m
生息環境	泥や礫の堆積した海底

生息域　紅海、インド洋、西太平洋の熱帯海域

クサビライシ属は単体性で群体にならない珍しいサンゴである。若い個体は小さな柄の円盤状で、サンゴの死骸や岩に固着して成長し始める。直径4cmほどになると分離により繁殖する。夜間に摂食を行なうため日中は触手が引っ込んでおり、円盤の中央にある口や骨格がはっきり見える。骨格の形状はキノコの傘の裏側に似ている。波にひっくり返されても触手を使って元の体勢に戻る。

花虫綱

ジャイアントブレインコーラル（ノウサンゴの仲間）
Colpophyllia natans　Giant Brain Coral

直径	最高5m
生息水深	1-55m
生息環境	サンゴ礁の沖寄り

生息域　メキシコ湾とカリブ海の熱帯海域

この巨大なサンゴは半球状または大きく分厚い殻状に成長し、100年以上も生き延びられる。他のノウサンゴ同様、群体の表面は入り組んだ尾根と長い谷とで覆われており、脳に似ていることから、「ノウサンゴ」の呼び名がついた。尾根の部分と谷の部分の色は異なる場合が多く、尾根の上面には明瞭な溝がある。通常、谷の部分は緑色か褐色で、尾根の部分は褐色である。摂食ポリプは谷底に隠れ、触手は夜にしか伸びない。近年、フロリダキーズのさらに南のトルチュ島のジャイアントブレインコーラルが病気に冒され死んだ個体もある。トバゴ島のような島では、巨大サンゴは観光の呼び物となり、ダイバーだけでなく魚も惹きつけ、ハゼの中にはこのサンゴに棲み着いてしまうものもいる。

花虫綱

キサンゴの仲間
Dendrophyllia species

高さ	最高5cm
生息水深	3-50m
生息環境	岩斜面

生息域　西太平洋からポリネシアに至る熱帯海域とインド洋

大きくきらびやかなポリプを持つキサンゴは、サンゴというよりはイソギンチャクのように見える。キサンゴはカップサンゴと呼ばれる分類群に属する。低い樹枝状群体として成長するが、管状の単体が1本1本明瞭に見分けられ、造礁サンゴのような大きな骨格は形成しない。褐虫藻は共生せず、張り出した岩の下など岩礁の陰になった所、特に断崖面で生育する。日中はポリプが完全に引っ込んでいる。闇が訪れると橙色の触手を伸ばしてプランクトンを食べる。キサンゴ属は種のレベルでの識別が非常に難しく、イボヤギ属のカップサンゴと混同する可能性がある。種ごとの分布状況は解明されていない。

花虫綱

デボンシャーカップコーラル（チョウジガイの仲間）
Caryophyllia smithii　Devonshire Cup Coral

直径	3cm
生息水深	0-100m
生息環境	岩や難破船

生息域　北東大西洋と地中海

熱帯海域のサンゴは大半が群体を作るが、デボンシャーカップコーラルは単体性で温帯海域に生息する。骨格は椀型で、岩のほか難破船にさえ固着して成長する。ごく小さなサンゴで、透明で先細の触手の先端には小さな球がついており、その触手を伸ばすとまるでイソギンチャクのように見える。体色は白色から橙色まで様々である。

花虫綱

ロフェリアコーラル
Lophelia pertusa　Lophelia Coral

直径	最低10m
生息水深	50-3,000m
生息環境	深海の岩礁

生息域　大西洋、東太平洋、西インド洋。生息域の詳細は不詳

ノルウェー沖で体長13km以上、高さ30mというロフェリアコーラルが発見された記載がある。深海の暗い海域に生息しているためこの冷水種のサンゴには褐虫藻が共生せず、白い樹枝状の骨格を形成する養分も提供されない。そのため成長が遅く、ここまで大きくなるには何百年もかかる。各ポリプに16本の触手があり、流れに乗ってやってくるオキアミなどの動物性プランクトンを獲物として捕える。近年、深海の魚を捕獲するトロール漁船によって、成長が遅いサンゴの多くがひどい損傷を受けている。

花虫綱
ホワイトゾーンシッド（センナリスナギンチャクの仲間）
Parazoanthus anguicomus　　White Zoanthid

高さ	2.5cm
生息水深	20-400m
生息環境	岩礁の太陽光の射し込まない場所、難破船、貝

生息域　北東大西洋の温帯海域

スナギンチャク属は大半が熱帯海域で見られるが、ホワイトゾーンシッドは北大西洋に多い。痂皮に覆われた基部から白いポリプが伸び、ポリプの口盤の周囲を触手の環が二重に囲んでいる。内側の環を構成する触手は通常上向きだが、外側の触手は外向きに開いている。

花虫綱
ウイップサンゴ（ネジレカラマツの仲間）
Cirrhipathes species　　Whip Coral

長さ	最高1m
生息水深	3-50m
生息環境	サンゴ礁

生息域　東インド洋と西太平洋の熱帯海域

ウイップサンゴは、クロサンゴ（右の写真）同様、花虫綱のウミカラマツに属する。枝分かれせず1本の群体として成長し、真っ直ぐのものと、写真のようなコイル状のもの（同じ分類群に属する種）がある（ウイップサンゴ類は識別が難しく、未記録のままの種も多い）。ウイップサンゴとクロサンゴの摂食ポリプは簡単に見ることができるが、これは、ヤギ類と異なり、短く尖った触手を引っ込められないからである。ハゼは吸盤のような腹びれでサンゴにしがみつき、この触手の間で生きている。

花虫綱
ブッシーブラックサンゴ（ウミカラマツの仲間）
Antipathes pennacea　　Bushy Black Coral

高さ	最高1.5m
生息水深	5-330m
生息環境	サンゴ礁

生息域　メキシコ湾、カリブ海、西大西洋の熱帯海域

ブッシーブラックサンゴは植物のような形状の群体を作り、枝は大きな鳥の羽の形をしている。ウミカラマツの他種も多数存在するが、枝を補強している頑丈な黒い骨格がその名の由来である。丈夫な角質でできているこの骨格は、削ったり磨いたりして加工すると宝飾品になるため高価だが、この種に関しては宝飾品としてはそれほど使われてはいない。

花虫綱
チューブアネモネ（ムラサキハナギンチャクの仲間）
Cerianthus membranaceus　　Tube Anemone

高さ	35cm
生息水深	10-100m
生息環境	泥砂

生息域　地中海と北東大西洋

ハナギンチャクの長く青白い触手は目をみはるほど美しいのだが、海水がわずかに揺れただけでも瞬時に棲管へと身を隠してしまう。外見上はイソギンチャクのように見えるが、むしろウミカラマツ（上）の近縁種である。粘液を分泌して作った泥の殻を棲管として、その中に生息している。この棲管は最高で1mにもなるが、中に入っているハナギンチャクの実際の体長はその3分の1程度である。棲管の内側はつるつると滑りやすく、ハナギンチャクがすばやく引っ込めるようになっている。外部へ出る約100本もの長細い触手のほか、内側にもごく短い触手がある。

扁形動物

超界	真核生物(ユーカリア)
界	動物界
門	扁形動物上門
	珍無腸動物門
綱	8
種	20,430

扁形動物はもっとも単純な生体構造を持つ生物で、体は非常に薄く、透き通っているものさえいる。色鮮やかな海生種は大半が多岐腸類と呼ばれる分類群に属し、葉のような形状をしてサンゴ礁でよく見られる。海ではサナダムシや吸虫類が魚類、哺乳類、鳥類に寄生していることが多い。アシールフラットワーム(下記参照)以外、ほとんどの扁形動物は扁形動物門に属している。

食物を探す
この多岐腸類の扁形動物は、シンプルな眼状斑点と化学的な受容器を利用して食物を探している。

体のつくり

扁形動物は体腔がなく、中味の詰まった単純な生体構造をしている。体が非常に薄いため、海水から酸素摂取が可能だが、血液や循環系はない。頭頂部には感覚器官があり、進化した種には原始的な目がある。腸は先端で外に開いているが、この開口部は口と肛門を兼ねている。多岐腸類の扁形動物の場合、この開口部は体の下面中央部にある。摂食時は筋肉の発達した管(咽頭)を開口部の外へ伸ばし餌をつかむ。多岐腸類は短い毛(繊毛)で覆われており、簡単な筋肉とこの繊毛のおかげでほとんどあらゆる面を滑って移動することができる。サナダムシや吸虫類の体は各々の寄生生活に適合したつくりになっている。

断面図
扁形動物では、内臓と内臓の間の隙間には柔らかな結合組織があり、結合組織を貫くように筋肉が縦横に走っている。

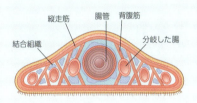

縦走筋　腸管　背腹筋
結合組織　　　　分岐した腸

生殖

扁形動物はほとんどが雌雄同体であるため、一個体が卵巣も精巣も持っている。このように原始的な動物の割には生殖のしくみが複雑で、準備の整った卵子が受精する特別な嚢や管のような器官もある。有性生殖を行う種では、2匹の多岐腸類の扁形動物が出会うと交尾の前に短い儀式のように頭部や体をわずかに接触させることがある。交尾後、受精卵は海中に放出され、砂の上に落ちたり岩に貼りついたりする。卵子が直接若い個体となる扁形動物もいるが、ほとんどはまずミュラー幼生になり、2-3日間海中を浮遊する。

複雑な器官
いくつかの多岐腸類扁虫は、突き刺し合って精子を注入する「ペニス・フェンシング」を行う。

無腸綱
アシールフラットワーム
Waminoa species　Acoel Flatworm

体長	5mm未満
生息水深	記録なし
生息環境	ミズタマサンゴの上

生息域　インド洋と太平洋の熱帯海域

ミズタマサンゴに寄生する小型の扁形動物で、ミズタマサンゴの表面に色のついた斑点模様ができたように見える。超薄型の体でサンゴの表面を滑るように移動しながら摂食するが、サンゴの粘液に付着した生物の破片を食べているものと思われる。目はなく、腸の代わりに網状の消化組織がある。分裂による無性生殖で殖える。

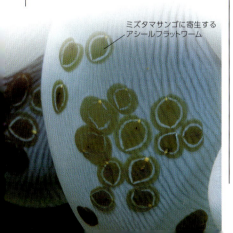

ミズタマサンゴに寄生するアシールフラットワーム

無腸綱
グリーンアシールフラットワーム
Convoluta roscoffensis　Green Acoel Flatworm

体長	最高1.5cm
生息水深	潮間帯
生息環境	波の静かな砂浜

生息域　北東大西洋(図示された地域よりおそらく広範囲)

単体で見つけるのは難しいが、干潮時に砂浜の潮溜りで集団になっているのが見られる。小さな単細胞の藻を体内に共生させているため、体色は明るい緑色である。この藻は、日光を浴びた暖かな潮溜まりで光合成を行い、その結果作り出した養分の一部を宿主に提供している。この扁形動物は振動に非常に敏感で、歩いて近づいたりするとすぐに砂の中に隠れてしまう。

RHABDITOPHORA綱
キャンディストライプフラットワーム
Prosthecereaus vittatus　Candy Stripe Flatworm

体長	最高5cm
生息水深	0-30m
生息環境	泥岩

生息域　北東大西洋の温帯海域と地中海

色鮮やかな扁形動物は大半が熱帯礁で見られるが、この種は例外で、ノルウェーが北限である。体色は通常、クリーム色の地に赤茶色の縦縞模様がある。扁平で葉の形状をした体の頭部の先端には特徴的な1対の触手と原始的な複眼がある。体の端々を押し上げては折りたたむようにして這って進む。また体をくねらせて泳ぐこともできる。通常岩場で見るが、砂浜にもいる。

動物

RHABDITOPHORA綱

ナンカイニセツノヒラムシ
Pseudobiceros bedfordi

体長	最高8cm
生息水深	記録なし
生息環境	サンゴ礁

生息域　インド洋と西太平洋の熱帯海域

この美しいヒラムシとは、ダイバーがよくサンゴ礁で出会う。黒地に桃色の横縞と白い斑点という印象的な体色であるため、見分けやすい。普通は被嚢動物や甲殻類を探して岩場を這うのが見られるが、泳ぎも得意である。頭部を持ち上げたときに1対の扁平な触手が見えることがある。

RHABDITOPHORA綱

ディバイディッドフラットワーム（マダラニセツノヒラムシの仲間）
Pseudoceros dimidiatus　Divided Flatworm

体長	最高8cm
生息水深	記録なし
生息環境	サンゴ礁

生息域　インド洋と西太平洋の熱帯海域

扁形動物の模様は多少の個体差があっても種ごとに似かよっている。しかしディバイディッドフラットワームは個体ごとに変異に富んだ色や模様をしている。地は常に黒で縁は必ず橙色だが、黄色または白の上面の縞模様はシマウマのようであったり、帯幅が狭かったり、幅広の縦縞だったりと、幅や配列にかなり変異がある。このきわめて対照的な配色が、捕食動物の目には危険を示す警告の役目を果たす。他の扁形動物同様、この種も頭部に光や化学物質に反応する細胞が多数あり、摂食や危険の回避に役立っている。

RHABDITOPHORA綱

イミテイティングフラットワーム（マダラニセツノヒラムシの仲間）
Pseudoceros imitatus　Imitating Flatworm

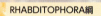

体長	最高2cm
生息水深	記録なし
生息環境	サンゴ礁

生息域　ニューギニアと北オーストラリアの近海（おそらくこれより広範囲）

比較的滑らかな表皮を持つ大多数の多岐腸類と異なり、イミテイティングフラットワームの表皮は、いぼ状の突起に覆われ凹凸が多い。

手本
コイボウミウシはインド洋の水深5-40mの岩礁に広く生息するウミウシの普通種の1つである。

まね上手
イミテイティングヒラムシの体色は、地が乳灰色で、黒い網目模様が白っぽい突起を囲んでいる。この特徴はコイボウミウシのものとそっくりで、色模様もほぼ同じである。このウミウシは自分を襲う相手には有毒な化学物質を分泌して追い払うのだが、この種も防衛のためにウミウシの外観を模倣しているのかもしれない。

RHABDITOPHORA綱

ザイサノズーンフラットワーム（ミノヒラムシの仲間）
Thysanozoon nigropapillosum　Thysanozoon Flatworm

体長	最高8cm
生息水深	1-30m
生息環境	サンゴ礁斜面

生息域　インド洋と西太平洋の熱帯海域

ザイサノズーンフラットワームの非常に薄い体は、フリル状の周囲が白い縁どりで派手に飾られている。上面の縁以外の部分は黒色で、短い突起に覆われ、突起の先端は黄色である。このため、黄色い粒をまぶしたように見える。熱帯の岩礁に生息する大半の扁形動物の例に漏れず、この種についても詳しい生態はほとんど分かっていないが、この種は群体性の被嚢動物と共にいるところが観察されているため、こうした群体生物を餌にしていると考えられている。泳ぎが得意で、幅広い体をリズミカルに波打たせて泳ぐ姿が観察されている。この種も含めて、熱帯礁の扁形動物に関する情報の多くは、休暇を楽しむダイバーや写真家からもたらされたものである。

RHABDITOPHORA綱

ジャイアントリーフワーム
Kaburakia excelsa　Giant Leaf Worm

体長	最高10cm
生息水深	潮間帯
生息環境	海岸の岩の下

生息域　北東太平洋の温帯海域

この大きな楕円形の扁形動物は北米の太平洋岸に生息し、岩や石、下生えの上を這い回っている。体色は赤茶色から黄褐色の間で、地色より濃い色の点があり、体を完全に広げると、分岐した消化器官が透けて見える。摂食方法は大半の多岐腸類の扁形動物と同様で、咽頭を口の外へめくり返して獲物を捕える。この地域の潮間帯に生息する他の扁形動物よりやや大きいため、この種は識別しやすい。

多節条虫亜綱

広節裂頭条虫の仲間
Diphyllobothrium latum

体長	最高10cm
生息水深	宿主による
生息環境	宿主

生息域　宿主に依存するが、おそらく世界中

サナダムシなど、扁形動物の中には著しく変化順応し寄生生物として生きているものがいる。広節裂頭条虫の生活環は複雑である。最初の受精卵の段階で、淡水に棲む小型の甲殻類に食べられ、その体内で孵化し幼生となる。そうした甲殻類や魚が、淡水魚や河口域に生息する魚に食べられることにより、幼生はその体内に移る。さらにその魚を食べた哺乳類の体内で成虫となるが、生魚を食べる人間にも寄生することがある。

紐形動物

超界	真核生物（ユーカリア）
界	動物界
門	紐形動物門
綱	2
種	1,358

紐形動物とも呼ばれるヒモムシ類には、もっとも短いものでも50mという長い種もいるが、多くは小型で目立たない。やや扁平な体形が一般的だが、最長種は円筒型をしている。ヒモムシ類の大多数は海中の岩の陰ややぶ、海底の泥砂に生息するが、寄生種もいる。貝類など軟体動物やカニの殻の内部に棲むものが数種いる。

体のつくり

紐形動物は体節のない長い体を持っているが、体壁には強い筋肉があるため全身を短く縮めることができる。扁形動物とは異なり、血管も、口と肛門を備えた完全な腸もある。体の前端と後端が見分けにくいことが多いが、大半の種は頭部に単純な複眼がある。最大の特徴は丈夫な管状の組織（吻）で、腸の上部に連結している吻腔の中に収まっている。これは静水圧によって口または別の開口部から押し出され、獲物を捕える役目を果たす。吻の先に鋭い針を持つ種もいる。

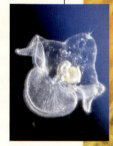

断面図
ヒモムシの体には体腔も鰓もない。単純な循環系により酸素を全身に送っている。

生殖

海生のヒモムシの大半は雌雄異体で、多数の原始的な生殖腺から卵子や精子が作り出される。これが体側の孔から海中に放出される。種によっては、粘膜質の網で全身をくるみ、その中で卵子を確実に受精させるものもいる。卵子から直接若いヒモムシになる種もいるが、孵化するとまず様々な種類の幼生となるのが普通である。ヒモムシの長くもろい体は切れやすいが、失った部分は再生するという便利な能力がある。こうした再生能力を使って無性生殖を行っている種もいる。自分の体を数片に分けると、各断片に新しい頭部と尾部が形成されるのである。

泳ぐ幼生
ヒモムシの中には、幼生が浮遊性である種がいる（ピリディウム幼生）。この幼生は繊毛を動かして泳ぐことができる。

警告の模様
ヒモムシ類の中には体表に鮮やかな模様のあるものがいるが、この模様は、有毒なのだと捕食動物に警告する役目を果たしているらしい。

無針綱

フットボールジャージーワーム（クリヒゲヒモムシの仲間）
Tubulanus annulatus Football Jersey Worm

体長	最高75cm
生息水深	0-40m
生息環境	礫、小石、泥砂
生息域	北大西洋と北太平洋の冷帯・温帯海域

非常に印象的な色のヒモムシ、フットボールジャージーワームは、白い縦縞と交差して白い環が等間隔に並んでいる。波打ち際の岩の下で無造作に丸まっている姿や、干潮時に食物をあさっている姿を見かけることもあるが、岸近くの海底に棲んでいることの方が多く、泥、砂、貝礫など、ほとんどの底質で生きられる。粘液を分泌し泥砂で自分の周囲を管状に囲み、身を隠す。

無針綱

ブートレイスワーム（ミドリヒモムシの仲間）
Lineus longissimus Bootlace Worm

体長	最高55m
生息水深	潮間帯
生息環境	海底の泥砂や小石
生息域	北東大西洋の温帯海域

ブートレイスワームの体色は目立たない黄褐色だが、それを補って余りあるのが体の驚異的な長さである。直径はわずか2、3mmに過ぎないのだが、体長は最低でも10mに及び、動物で知られている中でも格別長い。浜の岩陰の泥の海底で、もつれた塊がもがいているように見える。無針綱に属する動物の常として、口が脳より後方にある。

有針綱

リボンワーム（ヒカリヒモムシの仲間）
Nipponnemertes pulcher Ribbon Worm

体長	最高9cm
生息水深	0-570m
生息環境	海底の粗砂や礫
生息域	北極海、大西洋、太平洋、南極海の温帯・冷帯海域

紐形動物門の有針綱に属し、したがって口が脳より前方にある。体型は短くずんぐりしており、幅は最大でも5mmほどで、尾へ向って先細りになっている。体色は桃色から橙色、深紅まで様々で、下面は背部よりやや薄い色である。この種の頭部は独特の盾形で側面に無数の複眼がある。目の数は年齢と共に増える。多くは生息場所である粗砂や礫を科学者が掘り返した時に見られるが、波打ち際の石の下で見つかることもある。分布についてはよく分かっていない。

環形動物

超界	真核動物（ユーカリア）
界	動物界
門	環形動物門
綱	2
種	1万5000

環形動物に属する分類群のうち、ミミズ類とヒル類は、大部分が陸生で淡水に生息する身近な生物である。海洋には第3の分類群である多毛類が生息し、個体数も種類も多い。多毛類には、穴を掘って棲むタマシキゴカイの仲間、水中を自由に移動し捕食するゴカイの仲間、棲管の中で暮らすハオリムシの仲間が含まれる。どの環形動物にも共通する大きな特徴は、ほぼ同一の体節が直列に並んだ長く柔らかい体をしていることである。

多毛類
ファイアワームは各体節に長く鋭い毛が生えている。この毛が皮膚に刺さると激しい炎症が起こることがある。

体のつくり

体の区切りの1つ1つは「体節」と呼ばれ、頭部と尾部以外の体節はどれもよく似ている。多毛類の各体節の側面からは平らな足（疣足）が突き出ており、キチン質でできた硬い毛で補強されている。疣足を使って移動する際、硬い毛の束が滑り止めの役割を果たしている。
体内では、体節は隔壁によって仕切られ、体液で満たされ、消化管、神経索、太い血管が縦に走っている。

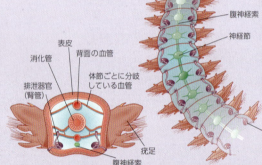

断面図
排泄器官や生殖器官などの臓器は基本的に体節ごとにあり、神経索と太い血管は枝分かれして各体節へ伸びている。

疣足／腹神経索／神経節／表皮／背面の血管／消化管／体節ごとに分岐している血管／排泄器官（腎管）／疣足／腹神経索

捕食動物の顎
ボビットワームは先端に尖った顎のついた吻を持ち、その吻を口から素早く出して獲物を捕らえる。

生殖

多毛類は雌雄異体が一般的で、卵子と精子を水中に放出する。通常、放出は特定の時期に限られ、主に温帯海域で行われる。受精卵が小さな独楽に似た幼生（トロコフォア幼生）へと成長する種が多い。幼生はプランクトンの形を取って浮遊したり泳いだりし、胴回りに生えている髪のような繊毛を鞭打つように動かして進む。そのうちに幼生が成長し、体節のくびれができ始め、成体になる。種によっては幼生が十分成長するまで卵を抱き続けるものもいる。多毛類は成熟とともに体形が変わるものが多く、まるで卵子や精子のぎっしり詰まった袋（エピトーク）が泳いでいるかのようになる。

エピトーク

放出準備完了
卵子や精子が詰まったパロロのエピトークは前部の体節から離れた後はじける。

多毛類

ラグワーム (タマシキゴカイの仲間)
Arenicola marina　Lugworm

体長	最長20cm
生息水深	海岸付近
生息環境	泥砂
生息域	北東大西洋、地中海、西バルト海の温帯海岸

西ヨーロッパの砂浜でおなじみの光景といえば、タマシキゴカイのとぐろを巻いた糞の山である。タマシキゴカイ自体は砂地に掘ったU字型の穴の中に潜んでいるため、直接目にすることはまれにしかない。穴への入り口は、受け皿の形をした窪みになっている。体色はピンク、赤、茶、黒、緑などである。頭を含めた前部の6体節は厚みがあり剛毛が生えている。続く13体節には羽状の赤い鰓がある。残り3分の1の後部は細く鰓も剛毛もない。
砂を呑み込んで有機物を摂取し、残りを排泄する。太くて柔らかく、渉禽類の好物である。また、釣り餌にも使われる。有機物をほどよく含んだ砂泥干潟にもっとも多い。

多毛類

グリーンパドルワーム
Eulalia viridis　Green Paddle Worm

体長	最長15cm
生息水深	海岸、浅瀬
生息環境	岩礁海岸の石の下や岩の裂け目
生息域	北東大西洋の温帯沿岸水域

この美しい緑色の虫は、石の上を這っているのを見かけることが多いが、泳ぎも得意である。Paddle Worm（櫂を持った虫）という英名の由来は葉の形をした大きな疣足で、各体節の側面にあり、泳ぐのに役立つ。頭には、左側面と右側面に太い触手が2本ずつ生えているほか、頂上に1本、前面に前向きの短い触手が4本生えている。こうした触手と2つの黒い単眼で餌を探す。死肉が好物で、特にイガイやフジツボなどを好んで食べるが、生きた獲物もあさる。しかし、ジャムシ（次ページ参照）のように大きな獲物に襲いかかるための顎はない。その代わり、死肉や肉片に吻で吸い付き、きれいに拭うように食べる。
春には、ビー玉大の緑色をしたゼリー状の卵塊を、海岸や浅瀬の海草や岩に産みつける。

多毛類

シーマウス
Aphrodita aculaeta　Sea Mouse

体長	最長20cm
生息水深	浅瀬から中深海
生息環境	砂地、泥砂
生息域	北東大西洋と地中海の温帯沿岸海域

このかわいらしい環形動物の体節構造は、仰向けにしなければ見えない。背中がフェルトのような濃い毛に覆われているため、体節は見えないのである。頭部から尾部にかけて黒い剛毛がびっしりと生えており、緑、青、黄に輝く玉虫色の美しい縞がある。死んで浜に打ち上げられると、薄汚れたネズミのように見えることからSea Mouse（ウミネズミ）と呼ばれるようになった。

環形動物 275

多毛類
ジャムシ
Neanthes virens

体長	最長50cm
生息水深	海岸や浅瀬
生息環境	泥砂

生息域　北東・北西大西洋の温帯沿岸海域

強い顎を持つ大型の環形動物である。人間に噛みつくことがあり、噛まれると痛い。顎は裏返すことのできる吻についており、吻もろとも押し出され、獲物を口に引き入れたり、敵から身を守るのに使われる。砂地に穴を掘り内壁を粘液で固めて作った巣穴に棲み、満潮になると獲物を取りに出てくる。S字カーブをつなげたように、長い体をくねらせて上手に泳ぐ。

3重の同心円状のとげの冠

指状の鰓は各体節についている

多毛類
カンムリゴカイ
Sabellaria alveolata

体長	最長4cm
生息水深	海岸や浅瀬
生息環境	岩と砂の混在する海岸

生息域　北東大西洋と地中海の潮間帯

カンムリゴカイ自体は非常に小さいが、砂で作る棲管は、厚みが最高で50cmもあるこんもりとした小山群となり、何メートルにもわたって岩を覆うことがある。棲管を互いに近づけて作るため、棲管の入り口が集まっているところは蜂の巣のように見える。頭にはとげの冠があり、口の周囲にはプランクトンを捕らえるための羽状の触手がぎっしり並んでいる。体の後端は管のように細い尾になっている。

ワームリーフ
カンムリゴカイは、波に掻き立てられた砂粒をくっつけて棲管を作る。接着剤となる粘液を分泌し、口の周囲に丸く突き出た唇で棲管を作り上げる。プランクトンとしての浮遊生活をやめた幼生が定着し自分用に新しい棲管を作るので、十分な量の砂がある限りリーフは縦にも横にも拡大していく。リーフには他の生物も多数住んでいる。

生きているリーフ
リーフは生きている。そして新たな幼生が定着し成熟し、死んだ成体に取って代わり、波で傷んだ部分を補修する限り、何年も生き続ける。

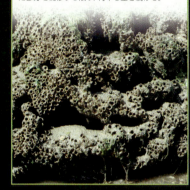

多毛類
ケヤリムシ
Sabellastarte magnifica

体長	最長15cm
生息水深	1-20m
生息環境	サンゴ礁

生息域　西大西洋とカリブ海の浅瀬

通常我々の目に触れるのは、美しい扇のような羽状の鰓糸から成る鰓冠だけである。体節のある本体は、柔軟な棲管の中に隠れている。棲管は岩の下やサンゴの裂け目に押し込まれた形に作られたり、砂の中に埋め込まれたりしている。鰓糸はらせんを巻いた1対の鰓冠を形成し、通常、茶と白の縞模様である。普段はプランクトンをこし取るために水中で鰓冠を広げているが、危険を感じるとすぐに棲管の中に引っ込んでしまう。

多毛類
イバラカンザシ
Spirobranchus giganteus

体長	最長3cm
生息水深	0-30m
生息環境	生きたサンゴの頭

生息域　全熱帯海域の浅礁

熱帯海域の大きなサンゴの頭を色とりどりのイバラカンザシが飾っていることはよくある。イバラカンザシは、サンゴに開けた穴に作った石灰質の棲管に棲み、らせん状に巻いた1対の美しい鰓冠をサンゴの上で広げて餌を捕る。危険を感じると、瞬時に棲管の中に引っ込む。さらに殻蓋と呼ばれる小さな蓋までかぶせて、棲管の入り口を塞ぐことができる。

多毛類
ポンペイワーム
Alvinella pompejana　Pompeii Worm

体長	最長10cm
生息水深	2,000-3,000m
生息環境	深海熱水噴出孔のチムニー

生息域　東太平洋

深海の熱水噴出孔周辺に形成された煙突状の構造物「チムニー」の側面に集団で細い棲管を作って棲むという珍しい生物。棲管はチムニーの開口部に近く、最高350℃の熱水が地球の奥底から湧き出している。棲管内部の温度は70℃に達する。頭部には複数の大きな鰓と、触手に囲まれた口がある。各体節からは疣足と呼ばれる付属肢が生えている。後部の疣足からは毛のようなものが多数生えており、ここに化学合成細菌が無数についている。ポンペイワームはこの細菌が生成するものを食べるほか、細菌そのものを食べることもある。

海洋生物

軟体動物

超界	真核動物（ユーカリア）
界	動物界
門	軟体動物門
綱	8
種	73,682

あらゆる海洋動物のうち、軟体動物は、きわめて多様性に富み、形状も驚くほど多岐にわたるため、深海から波しぶきの飛ぶ飛沫帯にいたるまで、海のほぼすべての層に生息している。軟体動物にはカキ、ウミウシ、タコが含まれる。貝殻を持つほとんどの種は、目を欠いているので受動的あるいはゆっくりと動く。他には、複雑な神経系と大きな目を使って活発に獲物を捕らえる種もいる。二枚貝のように濾過摂食をする軟体動物は沿岸の生態系にとっては、水の質と透明度を高めているためにきわめて重要である。また、食用、あるいは真珠や貝殻など、商業的に重要である。

体のつくり

大半の軟体動物は頭部、柔らかい胴部、筋肉質の足部から成る。足部は胴部下端の表皮から形成され、移動に使われる。軟体動物はいわゆる「流体骨格」である。つまり、硬い骨格ではなく、体内を満たす体液の圧力によって体が支えられているのである。どの軟体動物にも上半身を覆う膜、「外套膜」があり、種によってはこの外套膜から殻を作る石灰質が分泌される。二枚貝類（アサリ類など）は蝶番でつながった2枚の殻を持っていて、強い筋肉を使ってこの殻を固く閉じておくことができる。二枚貝類以外の軟体動物は、特有の「歯舌」という咀嚼器官を持つ。頭足類（タコ類、ツツイカ類、コウイカ類）もくちばしのような顎と触手を持っているが、殻は持たないものがほとんどである。これに対して腹足類（ウミウシ類、巻貝類）は大半が殻を1つ持つ。巻貝類の殻は通常渦巻き状であるが、カサガイ類のように円錐状になる種もいる。

礁に住む巨大な貝
オオシャコガイは二枚貝では最大で、直径が1m以上、重さが220kg以上になることがある。

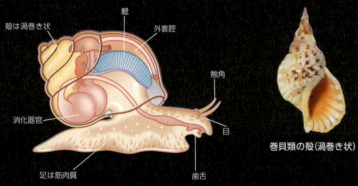

腹足類の体のつくり
腹足類（ウミウシ類、巻貝類）の体の基本構造の特徴としては、頭部と大きな足部、そして通常渦巻き状の殻があげられる（左端のイラスト参照）。殻を持つ種は、身を守るため、または干潮時に体の水分を保つため、柔らかい体の部分全体を殻の中に引っ込めることができる。

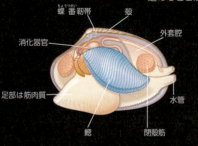

二枚貝類の体のつくり
二枚貝類は2枚の殻（右の写真）の内部で生活し、水管と筋肉質の足部を殻の外に伸ばすことができる。殻は、図に示した閉殻筋（右端のイラスト参照）で開閉することができる。

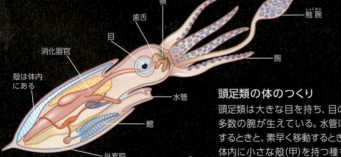

頭足類の体のつくり
頭足類は大きな目を持ち、目の前には多数の腕が生えている。水管は呼吸をするときと、素早く移動するときに使う。体内に小さな殻（甲）を持つ種もいる。

感覚器官

触覚、嗅覚、味覚、視覚が発達している軟体動物は多い。神経系には対になった神経組織の束(神経節)が複数あり、その中には足部を操作する神経、光度などの知覚情報を読み取る神経がある。軟体動物の光受容器は、外套膜の縁や二枚貝の水管にある単眼から、頭足類が持つ精巧な「カメラ眼」まで種々様々である。頭足類もまた瞬時に体色を変化させることができる。

体表の色素細胞で体色を変えるコウイカ

❶ コウイカの一種コブシメは「色素胞」と呼ばれる皮膚細胞を使って体色を変える。細胞内の色素のありようによっては青白い。

❷ 黒っぽい場所の前を通り過ぎるときには、色素が各色素胞全体に分散し、体色も暗くなる。

人間の影響
カキに挿入する

カキの体内に砂粒などの異物が入り込むと、真珠が形成される。カキが異物を真珠層という物質で包むことによって真珠ができるのである。今日では真珠の多くが養殖されている。殻を少しだけ開けて核を外套腔に挿入する。

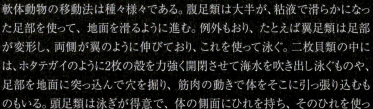

カキへの挿核
二枚貝の殻から作った真珠核と別のカキの外套膜片を挿入することにより形のよい真珠が作り出される。

移動

軟体動物の移動法は種々様々である。腹足類は大半が、粘液で滑らかになった足部を使って、地面を滑るように進む。例外もおり、たとえば翼足類は足部が変形し、両側に翼のように伸びており、これを使って泳ぐ。二枚貝類の中には、ホタテガイのように2枚の殻を力強く開閉させて海水を吹き出し泳ぐものや、足部を地面に突っ込んで穴を掘り、筋肉の動きで体をそこに引っ張り込むものもいる。頭足類は泳ぎが得意で、体の側面にひれを持ち、そのひれを使って水中で静止できるものや、水管から海水を噴出して急加速できるものがいる。

美しい軟体動物
驚異的な警告色を発する裸鰓類。裸鰓類は海に何千種もいる腹足類(ウミウシ類、巻貝類)のうち殻を持たない種である。

抵抗を減らす
後ろ向きに泳ぐことで、触手による抵抗を減らす。水管はジェット推進に使われる。写真ではフンボルトイカの水管がはっきり見える。

水管

粘液の補助
海生の巻貝は筋肉質の足全体を波状に収縮させて移動する。潤滑効果の高い粘液を分泌するため、粗面でも移動できる。

呼吸

大半の軟体動物は、外套腔の中にある櫛鰓という鰓を使って「息」をする。櫛鰓は繊細な組織で、発達した毛細血管網を持ち、ガス交換のために表面積が広い。水中に棲む種は絶え間なく櫛鰓の中や表面に水を引き込む。潮間帯に生息する種は、短時間だが空気に触れるため、櫛鰓の湿度を保つ必要がある。干潮時、二枚貝類は殻を閉じるが、いくつかの腹足類は水分を保持するために鰓蓋と呼ばれる「扉」で殻を閉じる。有肺類のカタツムリは櫛鰓を失い、代わりに外套腔から形成された肺を持ち、空気に触れている間は空気を取り入れ、水中では皮膚呼吸をする。ほとんどの軟体動物の血中の呼吸色素は、ヘモシアニンと呼ばれる銅の化合物である。ヘモシアニンはヘモグロビンほど酸素運搬効率がよくない。軟体動物の血が青いのはヘモシアニンの影響である。

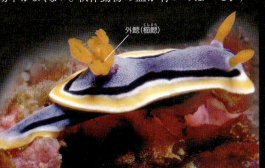

外鰓(櫛鰓)

色の暗号
裸鰓類(ウミウシ類)は尾部に羽状の外鰓が生えている。写真の外鰓の明るい橙色は警告色である。

摂食

軟体動物の摂食方法は、体のつくりに劣らず多様である。定住性の軟体動物（アサリやカキなどの二枚貝は、多くが定住性である）は、外套膜から伸び出た管状の部分（水管）で水流を起こす。この流れから粘液で覆われた鰓を使って餌を濾し取り、その中から適当な大きさの粒子を選んで、「口肢」と呼ばれる剛毛質の鰓蓋で口に運ぶ。ウミウシ類、ヒザラガイ類、多数の巻貝類は、やすりのような「歯舌」を使い、固体面についた藻類を掻き取って食べる。歯舌には「小歯」と呼ばれる歯のような構造物がついており、その多くは鉄分の沈着により強化され耐久性がある。大型の軟体動物は甲殻類、環形動物、魚類、他の軟体動物を食べる。獲物を探すときは嗅覚に頼るものと、タコなど頭足類の一部のように視覚に頼るものがいる。頭足類は吸盤のある腕で獲物を捕らえ、それをオウムのようなくちばしで押しつぶしたり寸断したりする。

種ごとに異なる小歯

軟体動物の歯舌の小歯は、種によって特有の形をしている場合が多い。写真は腹足類の *Sinezona rimuloides* の独特の歯舌を写した顕微鏡写真。

摂食の軌跡

カサガイは、常食とする藻類の再生が速いため、続けて同じ場所で摂食する。上の写真のように、岩の表面にはカサガイのヤスリのような歯舌の跡がつく。

軟体動物　279

生殖

多くの軟体動物にとっては、単に精子または卵子（配偶子）を水中に放つことが生殖となる。受精は体外で行われ、親は一切世話をしない。種によって雌雄異体のものと雌雄同体の（雌雄両方の生殖器を持つ）ものがある。雌雄同体では、オスかメスどちらかの役目を果たすか、裸鰓類のように卵子と精子の両方を産み出すかであるが、裸鰓類の場合も他家受精のみが可能である。また、フナガイ類のように年齢とともに性別を変える種がいる一方で、カキ類は同じ繁殖期の間に数回性を変えることができる。頭足類はオスがメスに求愛し、受精は体内で行われる。さらに、卵が孵化するまでメスが体内で守る種もいる。

胚の成長
オーストラリアコウイカの卵は受精後4ヵ月で、成体と同じ形の子イカになる。

フナガイの「おんぶ」
フナガイは成長とともにオスからメスに変わる。写真の4匹のフナガイは、一番下がメスであとはオスである。

人間の影響
カキの需要

長い間、食用に捕獲されてきたカキは、市場価値が高く、需要も増大しつづけ、野生のカキが乱獲されるようになった。北海では、ヨーロッパヒラガキ（*Ostrea edulis*）が従来の大半の生息域から姿を消してしまい、今日ではほとんどが養殖されたものである

遅い回復
ヨーロッパヒラガキ（右の写真）は比較的長生きではあるが、散発的にしか生殖を行わないため、乱獲の影響から回復するのに時間がかかる。

生活環

大半の軟体動物は水中に卵を放出するか、卵塊を岩穴などの土台に産みつける。孵化すると殻を持たない幼生になり、プランクトンとして生活する種がほとんどである。幼生はトロコフォア幼生と呼ばれ、身体の中央にある繊毛の帯を使い遊泳する。腹足類、二枚貝類、掘足類ではトロコフォア幼生がベリジャー幼生になる。ベリジャー幼生はトロコフォア幼生よりも大きな繊毛帯を持ち、外套膜と未発達の殻のどちらか、あるいは両方を持つなど、成体の特徴を備えることもある。幼生は成熟度が進むにつれ海面から海底に下り、成体となる。頭足類は孵化後、活発に捕食し始める。幼生が成体と同じ形になる種と、プランクトンとして浮遊生活を送り、外見も行動も成体と異なる種がいる。

プランクトンのような幼生
セイヨウカサガイのベリジャー幼生。よく目立つ繊毛帯の小さな繊毛を動かして泳ぐ。この繊毛は移動と捕食に使われる。

獲物を待ち受けるコウイカ
腕を広げ、水中で静止しているコウイカ。写真では2本の触腕を縮めて、他の腕より上方に上げているが、獲物が手の届く範囲に入ると、この触腕を素早く伸ばして捕らえる。

卵塊を固定する
アオリイカのメス。最高400個の卵嚢を産む。その中には約2500個の卵が入っている。写真は卵嚢を土台に産みつけているところ。

指の形をした卵嚢1つ1つに最高で7個の卵が入っている

軟体動物の分類

軟体動物門は2番目に大きな動物門である。5万種以上から成り、多様な形態により8綱に分類されている。大多数の種は海生だが、淡水種や陸生種も多数存在する。

尾腔類
尾腔綱 Caudofoveata
131種
海生で殻は持たず、深海の泥砂に棲み、ミミズのように細長い生物である。角質層の体表はとげで覆われている。

溝腹類
溝腹綱 Solenogaster
273種
溝腹類も海生種で、殻がなく、ミミズのように細長い生物である。海底の表面や砂泥の中に棲む。歯舌がない種もいる。

単板類
単板綱 Monoplacophora
約30種
深海に棲み、目はないが歯舌はあり、円錐状の殻を持つ。現生種より化石種のほうが多い。

ツノガイ類
掘足綱 Scaphopoda
571種
管状かつ先細で、両端が開いている殻を持つ。頭部と足部は広いほうの端部から突き出ており、これで海底の柔らかな泥砂を掘る。

二枚貝類
二枚貝綱 Bivalvia
9,209種以上
二枚貝類は蝶番でつながれた2枚の殻を持つが、歯舌は持たない。大半が定住性で海生である。通常、雌雄異体である。

腹足類
腹足綱 Gastropoda
6万1682種
ウミウシ類や巻貝類としてなじみの深い生物。海生種、淡水種、陸生種がいる。体を殻の内部に引き込める種が多い。雌雄同体が一般的である。

頭足類
頭足綱 Cephalopoda
816種
ツツイカ類、タコ類、コウイカ類はいずれも頭足類である。動きが速く、知能が高く、複雑な神経系と大きな目を持つ。

ヒザラガイ類
多板綱 Polyplacophora
970種
背中側に平たい殻が（通常8枚）繰り返して組み立てられ、これを外套膜から延びた肉帯が囲む。下面は主に足部。

二枚貝綱

ヨーロッパイガイ
Mytilus edulis

殻長　10-15cm

生息環境　潮間帯、海岸、河口

生息域　大西洋北部および南東部、太平洋北東部および南西部

殻が黒いこの食用二枚貝は、足糸という強力な繊維組織で様々な基盤に、多数がまとまって付着する。これらの繊維は非常に強く、イガイが洗い流されるのを防ぐ。おそらく嵐に対処するために、秋に繊維の強度が増加する。イガイ類は殻を開いて、鰓や櫛鰓から水を取り込むことにより体内へ酸素を送り、また微小な餌を濾過摂食する。ヨーロッパイガイの濾過摂食は非常に効率的で、1日に取り込む約45-70lの海水に含まれる餌のほぼすべてを摂食する。雌雄異体であり、同床にまとまることで卵子が受精する確率が高められる。孵化後、浮遊性の幼生は海流に流され分散する。数ヶ月後には幼生は居場所を定めて付着し変態するが、足糸を再び吸収してより良い場所に移動することができる。

二枚貝綱

ヨーロッパホタテガイ
Pecten maximus

殻高　最大17cm

生息環境　水深5-150mの砂底、水深10m付近に多い

生息域　大西洋北東部

ヨーロッパホタテガイは、部分的に砂に埋まって見つかることが多い。水中で噴射推進力を利用し敏速な移動ができる数少ない二枚貝である。2枚の殻を合わせるように閉じることで、蝶番に隣接した外套腔から水を押し出す。まず殻を開き、水を「噛む」ような動作を繰り返して、断続的に前進する。これらの運動は捕食者から逃れるために役立つ戦略である。食品としての需要が増加しているため、養殖も行われている。

二枚貝綱

クロチョウガイ（黒蝶貝）
Pinctada margaritifera

殻径　最大30cm

生息環境　潮間帯や潮下帯の固い基盤、岩礁

生息域　メキシコ湾、インド洋西部および東部、太平洋西部

二枚貝綱

アメリカショウジョウガイ
Spondylus americanus

殻長　最大11cm

生息環境　水深140mまでの岩礁

生息域　米国南東部の海岸、バハマ、メキシコ湾、カリブ海

とげのある殻で捕食者から身を守っている。この写真は赤い海綿に覆われており、カムフラージュになっている。この種は珍しい球関節型の蝶番で2枚の殻をつないでおり、多くの二枚貝に見られる一般的な噛み合せ型の蝶番とは異なる。またこの貝は足糸を使わず、岩に体を直接付着させる。

生まれた時はオスだが、生後2、3年でメスに転換する。メスは何百万個もの卵子を放出し、海中でオスの精子により放卵受精したものが孵化し、浮遊性の幼生となる。浮遊幼生は1ヶ月ほど様々な幼生期を過ごし、最終的には海底で定着性の成体に変態する。クロチョウガイは高価な黒真珠の母貝として有名で、大変需要が高い。

二枚貝綱

フナクイムシ
Teredo navalis

体長　60cm

生息環境　高塩分の海や河口の木材の穿孔穴

生息域　米国の北部、中部、南部およびヨーロッパ沿岸沖

フナクイムシは虫のように見えるが、二枚貝の一種であり、穴を掘って生活する様式に適応し細長い形になった。体の前端にある2枚の殻は、非常に小さくギザギザしている。フナクイムシは回転しながらこの殻によって木造物に穴を開ける。殻から出ている軟体部分を保護するものがないので、自分で掘った穴の内側に石灰質の液を分泌し、棲管をつくって身を守る唯一の手段としている。フナクイムシは、過去においては多くの船を沈没させる原因ともなっていた。巣穴の入口は針先ほどしかないが、穴自体の幅は1cm以上になることもある。

フナクイムシは一生のうちでオスからメスへと転換をし、メスになると多くの卵を産むが、その卵からは浮遊性の幼生が孵る。成長した幼生は適当な木片にたどり着くと、すぐに成体へ変態し、穿孔し始めるのである。

軟体動物　281

二枚貝綱
ヒカリニオガイ
Pholas dactylus

殻長　最大15cm

生息環境　潮間帯下部から浅い亜潮間帯

生息域　英国南部および東部の海岸、セバーン川河口域、フランス西部の海岸、地中海

楕円形の殻の前縁にある殻頂

癒着した水管

殻の前縁部には歯状突起に覆われた目立つ「殻頂」があるヒカリニオガイは、この突起を使い、泥や石灰岩、泥炭、泥板岩などの比較的柔らかい基質に穿孔する。フナクイムシ同様(左ページ)、全身を殻に覆われているわけではなく、癒着して1本になった水管(摂食、呼吸の入水管と排泄のための出水管)は殻後部から外に出ているので、捕食されないよう巣穴で身を守る。殻はもろく楕円形で、殻表には同心円状の共心円肋と放射状の放射肋がある。攻撃を受けると独特な防衛手段をとり、外に出た出水管の方から青く光る分泌物を噴出するのである。そうした生物発光は軟体動物で非常に珍しい。

二枚貝綱
ヨーロッパザルガイ
Cerastoderma edule

殻長　最大5cm

生息環境　潮間帯中部と下部、砂泥の表面下5cm

生息域　バレンツ海、ノルウェーから西アフリカのセネガル共和国にかけての北大西洋東北部

二枚貝の殻は頑丈でひだがある。砂あるいは泥の下に多数が集まり、プランクトンなどの有機物を海水から濾過摂食する。貴重な食材として流通しているが、ミヤコドリのような鳥類にとっても不可欠な食料源である。

二枚貝綱
カミソリガイ
Ensis directus

殻長　16cm

生息環境　砂泥海岸

生息域　北米の大西洋岸、北海へ移入

この貝は殻がカミソリに似ていることからRazor Shell(カミソリ貝)と呼ばれており、泥や軟質の砂浜に垂直の穴を掘って生息している。カミソリガイはもともと北米の北東部海岸が原産であるが、1978年にドイツのハンブルク港外で船のバラストタンクから水を抜いた際、混入していた浮遊期の幼生が流出し北海へ移入されたと考えられている。その後、大陸の海岸づたいに増えていった。有害種とはみなされていない。

二枚貝綱
オオシャコガイ
Tridacna gigas

殻長　最大1.5m

生息環境　礁、礁の砂底、水深20mまでの潟湖

生息域　インド・太平洋地域の熱帯海域(南シナ海からオーストラリア北部の海岸まで、西はニコバル諸島から東はフィジーまでの海域)

オオシャコガイはもっとも大きく、もっとも重い軟体動物である。他の二枚貝同様、短い触毛に縁取られた入水管から海水の微生物を濾過摂食する。しかしオオシャコガイは養分の多くを褐虫藻(内部共生する単細胞の藻類)から得ている点で他種とは異なる(この類の藻との共生関係はサンゴポリプにも見られる)。褐虫藻はオオシャコガイの体内に生息することで安全な環境を確保でき、代わりに光合成により貝の必須栄養素である炭素基の生成物を供給する。つまり、オオシャコガイは褐虫藻への依存度が高いため、褐虫藻なしでは生息できないのである。成体は定着性で、入水管と出水管(排出用)が外套膜の唯一の開口部である。2枚の殻の縁は波型で左右対称になっているが、大きくなると殻を完全に閉じられなくなるため、鮮やかな色の外套膜と水管は常に露出したままとなる。

オオシャコガイは色が変化するように見えるが、これは外套膜にある紫や青の斑点でほぼ全体が連続的に覆われているためである。緑や金色に見えるものもあるが、いずれの個体にも数多くの斑点というか「窓」があり、これを通って太陽光が外套膜腔に入り込むことになるのである。

産卵

オオシャコガイの産卵は、他の個体と同調して精子と卵子を海中へ放出するよう促す化学的な信号に誘発される。オオシャコガイはオスとして生まれ、その後雌雄同体となるが、自家受精を防ぐため1回ごとに精子か卵子のどちらか一方を放出する。大きな貝は、20分間に5000万個もの卵子を放出することもある。

オオシャコガイ
色鮮やかな外套膜内組織で糖質を共有する微生物(褐虫藻)の光合成の助けを借りて、オオシャコガイは巨大なサイズに成長する。その肉と殻のために採集され、現在は至るところで珍重され、国際貿易が制限されている。

腹足綱

セイヨウカサガイ
Patella vulgata

直径　6cm

生息環境　潮間帯上部から亜潮間帯までの岩場

生息域　北極圏からポルトガルまでの大西洋北東部

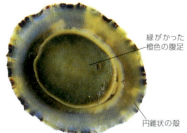

緑がかった橙色の腹足

円錐状の殻

強靭な腹足
セイヨウカサガイは、この裏側に見える筋肉の発達した腹足で岩にしっかり吸着し、荒波にも流されることはない。

セイヨウカサガイは高潮線から低潮線にかけての岩場に多く、海岸生活に見事に適応し生息している。円錐型の殻により捕食者からも自然からも身を守っている。低潮線付近に生息するカサガイは波に押し流されるため、殻が小さく平たいのに対し、高潮線付近に生息する個体の殻は大きめで高さがあるため、干潮で海水から露出したときでも水分を保持できる。カサガイは腹足の収縮運動によって干潮時には60cm近くゆっくりと移動する。鉄鉱成分を含む歯が並ぶ歯舌（やすり状構造）で岩場の藻類を食べる。

帰家行動
カサガイは岩上の居場所を徐々に削りとって「家痕」をつくる。これにより自身を固定し水分を保持しやすくするのである。

腹足綱

テマリカノコ
Puperita pupa

殻長　最大1cm

生息環境　岩礁の潮だまり

生息域　カリブ海、バハマ、フロリダ

テマリカノコの殻は小型で丸くすべすべしており、一般的には白黒の縞模様だが、フロリダでは黒い斑点やまだら模様の種も見られる。これらの腹足綱類は、日中に活動し珪藻やシアノバクテリアなどの微生物を捕食するが、体温が上がり過ぎたり干潮で干上がったりした場合には密集して殻にこもり動かなくなる。これは過度に水分を失うのを避ける方法と考えられる。

腹足綱類としては珍しく、テマリカノコは雌雄異体であり体内受精する。オスはペニスからメス特有の貯臓器官に射精する。その後、メスは白い小さな卵塊を産み、浮遊幼生が孵る。

腹足綱

ヨーロッパチヂミボラ
Nucella lapillus

殻長　最大6cm

生息環境　潮間帯の中部と下部の岩礁海岸

生息域　大西洋北西部および北東部

ヨーロッパチヂミボラは岩礁海岸における腹足綱類の最多種であり、殻は頑丈で鋭く尖った巻貝である。殻の形状は波の作用で変形し、殻の色は食べ物によって決まる。ヨーロッパチヂミボラは大食漢で、主にフジツボ、イシガイなどを摂食する。獲物を見つけるとその殻に歯舌で穴をあけ、身を吸い出す。

腹足綱

タカセガイ（サラサバテイ）
Tectus niloticus

殻長　16cm

生息環境　潮間帯と浅い潮下帯、水深7mまでの岩礁

生息域　インド洋東部、太平洋西部および南部

タカセガイ（サラサバテイ）は円錐形の巻貝であるため、他の腹足綱類と区別しやすく、藻類を摂食しながら、岩礁の浅瀬やサンゴ礁の上をゆっくり移動する。身は食用となり貝殻もきれいなため需要も高く、とりわけフィリピンでは密漁で数が減少した。しかし、仏領ポリネシアやクック諸島などインド・太平洋海域での繁殖が成功し、再び原産地にも流入している。

腹足綱

アカネアワビ
Haliotis rufescens

殻長　15-20cm

生息環境　低潮線から水深30mまでの岩礁

生息域　米国のオレゴン州南部からメキシコのバハカリフォルニアまでの太平洋東部

アワビの中の最大種。その名の由来は、赤レンガ色をした厚くやや楕円形の殻である。殻には弧状に並んだ穴が3～5個あるのがはっきり見えるが、この穴を通して呼吸をする。成長して大きくなると穴は埋まり新しい穴が開く。ラッコはアカネアワビの捕食動物の一つだ。

腹足綱

ホネガイ
Murex pecten

殻長　最大8cm

生息環境　水深200mまでの熱帯、暖帯海域

生息域　インド洋東部や太平洋西部

熱帯に見られる肉食性巻貝で、独特の見事な殻をもっている。細長いとげが縦肋に沿って並び、細長い棒状の水管にまで及んでいる。このとげの機能は正確には不明だが、身を守るためか、生息場所の柔らかい海底面に体が沈んでしまうのを防ぐためのものと考えられている。体は円柱形で高さがあるため、このやっかいな殻を持ち上げながら堆積物の上の餌を探し回ることができる。

身を隠す

ホネガイは筋肉の発達した足で砂を掻きだして、海底面にもぐることがある。しかし入水管は砂面上に出したままにしておき、外套膜腔に海水を取り込むことで酸素を摂取し、取り込んだ海水中の獲物を「味わう」。

砂に半分もぐったホネガイ
砂からホネガイのとげが突き出ているのが見える。写真の右の方に見えるのは水管である。

軟体動物　285

腹足綱

ホシダカラ
Cypraea tigris

殻長　最大15cm

生息環境　水深30mのサンゴ礁(干潮時)と砂底

生息域　インド洋、太平洋西部

ホシダカラはタカラガイ科の最大種であり、その殻は光沢のある滑らかなドーム型で、細長い隙間があり、殻表には黒、茶、クリーム色、橙色など様々な斑紋模様がある。タカラガイの外套膜の延長部が、殻の外側の部分を覆うために広げることができる。この延長部には乳頭のような多数の突起があり、その機能は不明だが、表面積を広げ酸素摂取量を増やすためか、擬態の一種と思われる。夜行性のため日中はサンゴの間に隠れ、夜になると出てきて藻類を摂食する。雌雄異体で体内受精する。メスは筋肉の発達した腹足で卵嚢を覆い保護するという養育行動を示すが、孵化すると幼生は成体になるまで浮遊動物として過ごす。

腹足綱

カフスボタンガイ
Cyphoma gibbosum

殻長　3-4cm

生息環境　水深15m程度のサンゴ礁

生息域　米国ノースカロライナ州からブラジルにかけての大西洋西部、メキシコ湾、カリブ海

カフスボタンガイのオフホワイト色の殻は、体の膜である豹柄模様の外套膜の延長部分に通常両側からほぼ覆い隠されている。しかし危険を感じると、軟体部分を守るため殻の中にすばやく引っ込み、鮮やかな色彩は見えなくなる。この貝はヤギ目のサンゴのみを摂餌し、カリブ海のサンゴ礁で生活共同体として生息している。サンゴは捕食者を撃退するため化学物質を分泌するが、カフスボタンガイはその物質を分解できるらしく害を被ることなくサンゴを食べることができる。交接後、メスはソフトコーラルであるヤギ目の枝の一部をはがし卵嚢を産みつける。卵嚢には1つずつ卵が入っており、孵化すると浮遊幼生になり自由遊泳する。

腹足綱

ホラガイ
Charonia tritonis

殻長　最大40cm

生息環境　サンゴ礁(大部分は下位潮地帯)

生息域　インド洋、太平洋西部と中部

この腹足類は、サンゴ礁を食い荒らすオニヒトデを捕食する数少ない生物である。ホラガイは狩りの達人で、いったんヒトデ、軟体動物などの獲物を見つけると最後まで追いつめる。力強い腹足で獲物を押さえつけながら、ギザギザした舌のような歯舌を使っていかなる保護用の覆いも切り開く。そして体を麻痺させる唾液を注入し制圧した獲物を食べる。

腹足綱

ヨーロッパタマキビ
Littorina littorea

殻長　最大3cm

生息環境　潮間帯上部から亜潮間帯の岩礁海岸、干潟、河口

生息域　ヨーロッパ北西部の沿岸海域、北米に移入

ヨーロッパタマキビは、先の尖った黒から濃い灰色の円錐形の殻と、やや平たい触角をもっており、若い個体の触角にはくっきりした縞模様がある。雌雄異体で体内受精する。メスは大潮に2、3個の卵の入った卵嚢を水中に直接放出する。卵からは浮遊性の幼生が孵り、6週間ほどプランクトンとして水中を泳ぐ。定着し稚貝に変態した後、完全な成体になるまでは2、3年かかる。主に藻類を岩から削りとって摂食する。19世紀に北米に移入され、成長の早い藻類を選んで食べるので、生態系に深刻な影響を与えている岩礁地域もある。

腹足綱
カメガイ
Cavolinia tridentata

殻長　1cm

生息環境　水深100-2,000m、海流に乗って漂う

生息域　世界中の暖帯海域

有殻翼足亜目に属し、殻の後端部分に3つの特徴的な突起があり、ほぼ透明で小さな球状をしている。また殻の2つのすきまからは翼足が大きく伸び出ている。繊毛が生え茶色がかったこの「翼」を動かすことで、体を浮かせると同時にかすかな水流を生じさせている。有殻の軟体動物の中でも珍しい点は、島や岩礁のない海でも生息できることである。翼足目の他種同様、自分の体よりははるかに大きい粘膜の網を広げ、珪藻や他種の幼生といったプランクトンを捕まえる。時折捕らえた生物もろとも網を飲み込んでは、また新たな網をつくりだす。生涯でオスから雌雄同体になり、さらにメスへと転換する。

腹足綱
アメフラシ
Aplysia punctata

体長　最大20cm

生息環境　浅瀬

生息域　大西洋北東部や地中海の一部

アメフラシはウミウシの1種で、その触角は野ウサギを思わせる。4cmほどの殻が体内に隠れており、背部にある外套膜の開口部からしか見えない。つつくと、紫や白の液体を噴射する。この反応が防衛手段かどうかは分かっていない。

腹足綱
ベニシボリガイ
Bullina lineata

殻長　2.5cm

生息環境　主に潮間帯で潮下帯まで、水深20mまでの砂底や岩礁

生息域　インド洋と西太平洋の熱帯および亜熱帯海域

ベニシボリガイの淡い螺旋状の殻には、この種ならではの濃い桜色の特徴的な模様が見られる。繊細な軟体部分は半透明で周縁は青い蛍光色であり、その形は、殻のない類似種であるミカドウミウシ（次ページ）を思わせる。ベニシボリガイは攻撃されると、急いで殻に身を引っ込め、同時に食べたものを吐き戻すが、これは捕食者の注意をそらすための防衛手段と考えられる。ベニシボリガイ自身の食欲もすさまじく、定住性の多毛類を摂食する。雌雄同体であり、特徴的な白い渦巻き状の卵塊を産む。

腹足綱
キマダラウロコウミウシ
Cyerce nigricans

体長　最大4cm

生息環境　岩礁

生息域　インド洋西部、太平洋西部および中部

この色彩豊かなウミウシは植食性で藻を餌とする。擬態や防御のための殻を必要としないのは、代わりに2つの素晴らしい護身法を身につけているためである。その1つは不快な味の粘液を分泌することであり、餌である海藻の成分からつくり出した液を、体表に存在する目に見えない腺から分泌する。2つめは、体を覆っているウロコ状の突起で、表に斑点と縞模様があり裏が斑点模様をした背側突起を、捕食者に襲われた時に脱ぎ捨てるという方法である。これはトカゲが尾を切るのと同じ仕組みである。体の一部を捨て捕食者を欺くこうした能力を「自切」という。

背側突起は呼吸にも役立っており、幾枚にも重なり合った広い表面積によって、周囲の海水と効率的なガス交換ができる。頭部には2対の感覚器官がある。口の傍にある口触角と、さらに後方にある鼻にあたる器官（触角）である。これらは伸縮自在で、成長とともにさらに分裂する。

腹足綱
ミスジアオイロウミウシ
Chromodoris lochi

体長　4cm

生息環境　岩礁

生息域　太平洋西部および中部の熱帯および亜熱帯海域

ミスジアオイロウミウシは、鮮やかな警戒色とその不快な味のおかげで捕食者の脅威から守られているため、岩の割れ目に身を隠すどころか食べ物を探して堂々と動き回っている。泳げないので、生息場所である岩礁の上を筋肉の発達した腹足で滑るように這い、通った後には陸上のナメクジと同様に粘液の分泌跡が残る。コモンウミウシ属内での種類の違いは、背中の黒い線のパターンや、鰓および触角（頭の先端にある、嗅覚をつかさどる1対の器官）の地の色で識別する。

上の写真の2匹のミスジアオイロウミウシは、これから交接するもの思われる。交接ではたがいに正反対を向き、生殖門を一直線に並べる必要がある。雌雄同体のため、交接により双方が精子を交換することで両方から受精卵がつくられる。

腹足綱
エムラミノウミウシ
Hermissenda crassicornis

体長　最大8cm

生息環境　泥底および岩礁海岸

生息域　太平洋北西部および北東部

このウミウシは、珍しい方法で捕食者から身を守る。餌とする生物から刺胞を取り出し、自分の背中にある花びらの形をしたミノの朱色の先端に蓄えるのである。ミノに触れたものは、皆刺されてしまいます。エムラミノウミウシは多くの科学者が記憶力の実験に利用している。嗅覚に優れているため、迷路の中で餌へと通じる道を見付けることができるほか、単純な刺激物質を感じとるすべを「学習」することができるのである。

軟体動物　287

腹足綱

ミカドウミウシ
Hexabranchus sanguineus

体長 最大60cm

生息環境 浅瀬や岩礁

生息域 インド洋の熱帯海域の一部と西太平洋

裸鰓目の最大種がミカドウミウシである。英語名のSpanish Dancer（スペインの踊り子）という呼び名は、平らな体を波打たせ泳ぐ様子が、フラメンコを思い起こさせることからきている。成体の体色は明るく、通常、赤、ピンク、橙と色調が変化し、白や黄色が混じることもある。休んだりゆったりと泳ぎ回ったり餌を食べたりしている時は、外套縁は背中に被さるように折りたたまれ、色の目立たない裏側を見せている。敵に襲われると派手な色をあらわにして泳いで逃げるが、これは襲ってこようとする捕食者たちを驚かせるためと考えられる。ミカドウミウシは海綿のみを捕食し、特に岩の表面などに着生する種を好む。海綿の成分を変化濃縮させてつくる不快な味の化合物を皮膚に蓄え、捕食者から身を守るためのもう1つの手段として利用している。呼吸のための外鰓が体壁の独特なくぼみについているが、枝分かれし拡がっており体内に引っ込めることはできない。裸鰓目の他の種と同様、ミカドウミウシも雌雄同体だが、生殖には交接相手を必要とする。

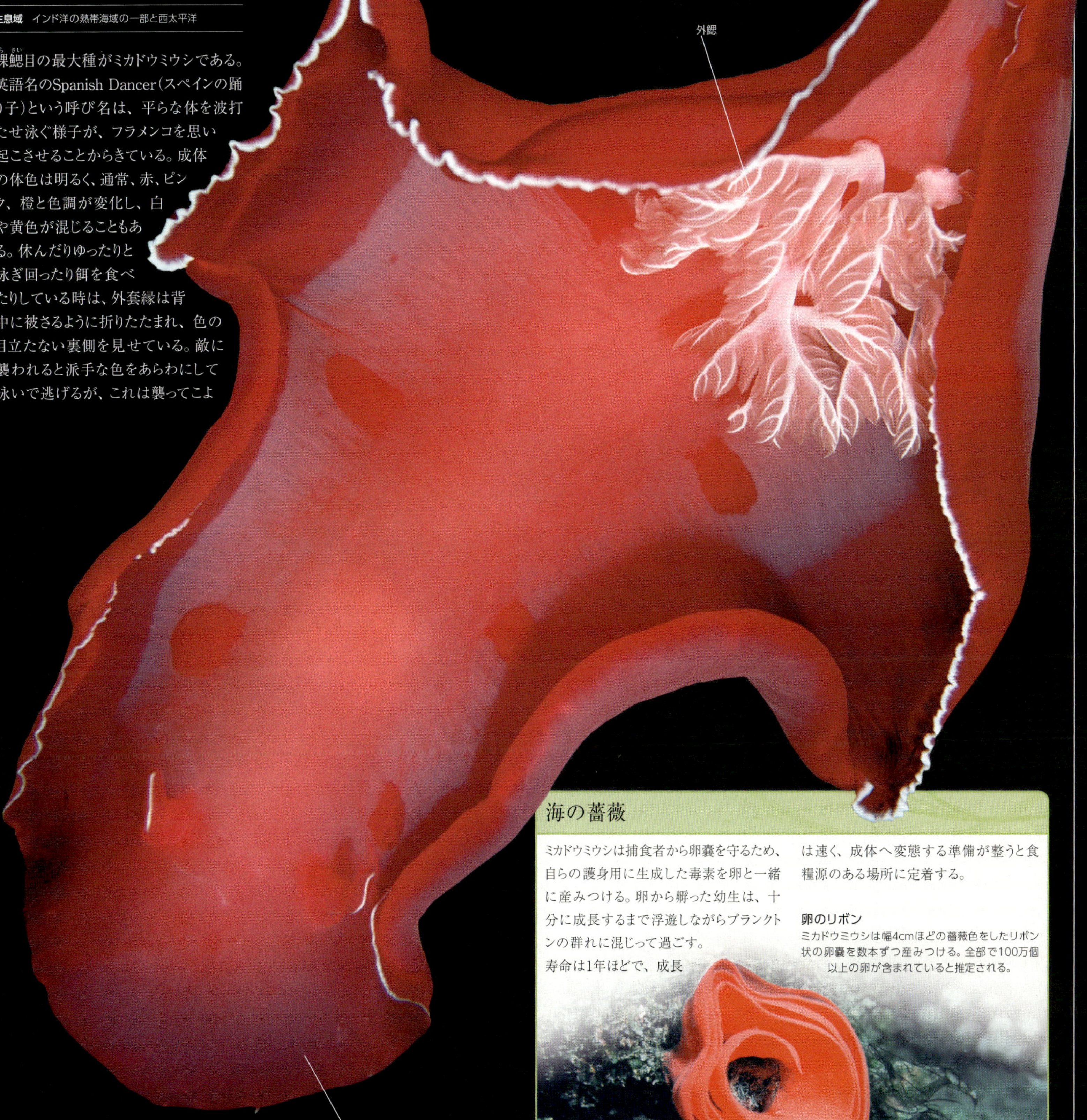

外鰓

明るい体色

海の薔薇

ミカドウミウシは捕食者から卵嚢を守るため、自らの護身用に生成した毒素を卵と一緒に産みつける。卵から孵った幼生は、十分に成長するまで浮遊しながらプランクトンの群れに混じって過ごす。寿命は1年ほどで、成長は速く、成体へ変態する準備が整うと食糧源のある場所に定着する。

卵のリボン
ミカドウミウシは幅4cmほどの薔薇色をしたリボン状の卵嚢を数本ずつ産みつける。全部で100万個以上の卵が含まれていると推定される。

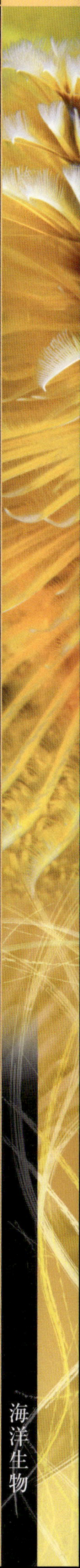

頭足綱
ダンボオクトパス
Grimpoteuthis plena Dumbo Octopus

体長 最大20cm

生息環境 水深2000mまでの深海

生息域 大西洋北西部

頭足綱
ヒョウモンダコ
Hapalochlaena maculosa

体長 10-20cm

生息環境 浅瀬、潮だまり

生息域 西太平洋とインド洋の熱帯海域(ヒョウモンダコ属全種)

頭足綱
オウムガイ
Nautilus pompilius

体長 最大20cm(殻)

生息環境 水深500mまでの開水熱帯海域

生息域 インド・西太平洋およびオーストラリアからニューカレドニア

現存するオウムガイは5種で、有殻頭足動物に属するが、4億年前から6500万年前の年代では、このグループには非常に数多くの種類が存在していた。「生きた化石」とよく言われるのは、先祖のアンモナイトからほとんど変化していないからである。殻は捕食者から身を守るためだけでなく、内部の空洞にガスを貯め、浮き袋の役割もする。殻から突き出た頭部には90本にも及ぶ吸盤のない触腕があり、これによりエビや他の甲殻類を捕まえる。頭部には原始的な1対の眼があり、レンズのないピンホールカメラと同じ原理で機能する。オウムガイは外套膜腔に水をくみ上げてから水管を通して水を強く吐き出すという、噴射推進力により泳ぐ。この仕組みで前後左右に進むことができる。成長は遅く年間12個程度の卵を産むようになるのには10年ほどかかる。

ほんの数例しか記録されていないため、本種についての詳細はあまり分かっていない。英語名のDumbo Octopusは、象のダンボの耳に似た独特な形状の突起に由来する。体は柔らかく深海の生息環境に適し、8本の触腕はほぼ先端まで皮膜でつながっている。

頭足類でもっとも危険な種であり、猛毒の唾液の威力は人を死に至らしめるほどである。獲物を捕らえる時は、水中に唾液を放出し毒が効くのを待つか、触腕で捕獲し噛み付いて唾液を直接注入する方法をとる。タコとしては珍しく鮮やかな体色をしている。

頭足綱
ミズダコ
Enteroctopus dofleini

体長 最大4.5m

生息環境 水深9-7750mまでの海底

生息域 太平洋の北西部と北東部の温帯海域

ミズダコは無脊椎動物の中では最大の部類にはいる種であるとともに、この仲間の中では非常に高い知能の持ち主でもある。試行錯誤の末、迷路を上手に通り抜けるといった問題解決能力があり、さらに長い間その方法を覚えていられる。色彩感覚を備え、高度に発達した大きな眼や、触感だけで物体を区別できる敏感な触腕を持つ。ミズダコは体色をすばやく変化させることができるが、これは色素胞と呼ばれる細胞の中の色素性部分を収縮、拡大させる結果生じるもので、どんな背景にも順応する。またミズダコの体色は心的状態に応じて変化し、怒ると赤に、ストレスを感じると青白くなる。ミズダコのメスは卵が孵化するまでの8ヶ月間はその保護に専念する。

防衛のしくみ

ミズダコは身の危険を感じると、水管から濃紫色の墨を吐き、同時に噴射推進力を利用してすばやく後方へ移動する。襲いかかろうとした敵は煙に巻かれ戸惑う。タコはこの動作をたて続けに数回行うのである。

緊急避難
ミズダコは緊急避難時の防衛手段として墨を勢いよく噴射する。噴射力により後方へすばやく移動することもできるのである。

軟体動物　289

頭足綱
オーストラリアコウイカ
Sepia apama

体長　最大1.5m

生息環境　珊瑚礁の浅瀬

生息域　オーストラリア沿岸海域

オーストラリアコウイカは約100種類のコウイカの最大種である。すべてのコウイカ類同様、体型は平たく、体内には甲というセキセイインコの餌として知られる殻がある。この種の寿命はせいぜい3年で、繁殖期には膨大な数のイカが集まる。オスはこの写真のように、めまぐるしく体色を変化させながら水中を旋回し、熱心な求愛行動を見せる。メスが求愛を受け入れると、オスはメスの口の下に位置するポケットに精莢を入れる。その後、精莢がはじけて精子が流出し、メスは受精した200個以上の卵を固い基盤の上に産みつける。数ヵ月後、小さいながら成体と同じ形のイカが卵から孵るのである。

頭足綱
ヨーロッパヤリイカ
Loligo vulgaris

体長　最大30cm

生息環境　水深20-250m

生息環境　大西洋東部、地中海

イカ類全種に共通する特徴としては、体型が筒状で体内に小さな竿状の骨格（軟甲）を持っていることである。また、イカ類の眼は体の割に大きい。ヤリイカは近海に生息し、何世紀にもわたり漁がなされており、頭足綱の中ではもっとも知られた種だろう。敏速に泳ぎ、甲殻類や小魚などの獲物を捕まえるとすぐに口に運び、嘴の形をした強いあごでかみ砕く。

頭足綱
グラススクィッド
Teuthowenia pellucida　Glass Squid

体長　1.4-3.8cm

生息環境　中層海域

生息域　南半球の温帯海域の還流

多くの軟体動物と同様、幼生の間はプランクトンに混じって生息し、成長に伴い徐々に暗く深い海へと沈んでいく。発光器と呼ばれる発光組織が触腕の先端や眼にあり、交接相手を探すのに役立つようである。また成熟したメスは性的誘因物質（フェロモン）を出すとも考えられている。

頭足綱
コウモリダコ
Vampyroteuthis infernalis

体長　最大38cm

生息環境　水深500-1,500m、酸素の少ない海域

生息域　世界中の熱帯、温帯海域

酸素の少ない深海で一生を過ごす唯一の種である。他の深海生物のように、コウモリダコも発光生物であり、発光器と呼ばれる発光組織が触腕の先端と鰓の根元にある。敵に襲われると発光器を光らせ、くねくねと動きながら最後には青く光る粘液を放出する。光が消える頃にはその場所から逃げ去っている。捕食動物には、クジラが含まれている。

多板殻綱
アオスジヒザラ
Tonicella lineata

体長　3.5cm

生息環境　潮間と亜潮間帯の岩表面

生息域　太平洋の北西部、北東部の温帯海域

ヒザラガイ類は有殻軟体動物で、殻はアーチ型をした8枚の板が重なった形状をしている。英語名Lined Chiton（線の入ったヒザラガイ）は、殻のジグザグした青や赤の線模様に由来する。殻は通常ピンクがかっている。アオスジヒザラがピンク色のサンゴ藻に覆われた岩場で摂餌する間、殻の色は保護色となるのである。アオスジヒザラの外套膜は殻の外にはみ出し、側面全体を取り巻いており、8枚の板状の殻を支える平たい皮のベルトの役割を果たす。筋肉が発達した大きな足を持ち、岩場を動き回ることができ、また干潮時などの活動停止時にはカサガイと同じように岩場に付着する。眼は無く頭部は小さい。

節足動物

超界	真核生物(ユーカリア)
界	動物界
門	節足動物門
亜門	5
種	約125万

地球上で最も多様性を達成した動物は節足動物であり、中では昆虫が最も生息数が多い。しかし、海洋節足動物の大部分はカニ、エビ、フジツボなどの甲殻類である。成体と幼生の両方を含む甲殻類は、海洋の動物プランクトンのほとんどを形成する。つまり海の食物連鎖を支える小さな浮遊性生物の生命共同体である。陸上節足動物と同じように、海洋節足動物の体にも、外骨格、体節、関節付きの付属肢があり、ヤシガニ類のように一部の種は陸上でも生活が可能。完全な海洋性の昆虫類はまれだが、海岸近くに生息している場合がある。

付属肢
スポテッドクリーナーシュリンプには歩行用付属肢がある。頭部にも2対の付属肢があり、感覚機能を持つ触角になっている。

クモの特徴
カブトガニはちょうつがいで連結されたような甲羅も持つが、クモやダニの仲間に近く、関節付きの脚が4対ある。彼らのように鋭い口器もある。

体のつくり

節足動物はどの種にも外側の骨格(外骨格)があり、この外骨格は薄くて柔軟性を持つか、あるいは炭酸カルシウムの沈着により硬く強化されるかのいずれかである。節足動物の体は体節に分かれていて、種によって数は異なるが、関節が付いた付属肢が何本かある。歩行用や遊泳用の付属肢もあれば、ハサミや触角へと変化したり、摂食用に適応したものもある。動きを円滑にするために、関節にまたがって筋肉がついている。体腔の大部分は空洞である。この空間は血体腔と呼ばれ、内臓や体液が入っている。この体液が血リンパであり、開放循環系における血リンパは、脊椎動物でいえば心臓から体中に送り出される血液に相当する。大部分の海洋種は鰓呼吸をし、発達した感覚器官を備えている。

浜辺の昆虫
トビムシ類は、本当の昆虫の羽のない親戚といえる。海洋生物種は海岸の上部地帯で見られ、かき乱された場合には空気中に飛び上がっていく。

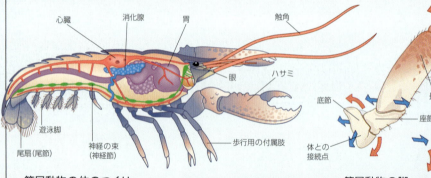

節足動物の体のつくり
ロブスター類には保護用の殻、いわゆる甲羅、それに大きなハサミ、よく発達した歩行用の付属肢がある。血体腔の中には内臓がある。

節足動物の脚
このカニの脚のように、歩行用の付属肢は硬い節と運動可能な関節から構成される。関節があると、さまざまな面を移動することができるので、運動範囲が広がる。

濾過摂食用の脚
満潮時にフジツボ類は長く柔らかい付属肢を殻から伸ばし、海水を濾過してプランクトンを食べる。

砂の中の掃除屋
このコメツキガニは、潮が引くと砂の中に含まれている有機物質を食べる。

摂食

甲殻類の摂食行動は非常に変化に富んでいる。カニ類の多くは、死骸やゴミなどの腐敗性有機物を餌とする「掃除屋」である。その結果、カニ類は栄養分のリサイクルには、不可欠な存在となっている。それ以外の甲殻類は「ハンター」で、じょうぶなハサミを使って獲物を気絶させたり(シャコ類)、押しつぶしたり(ロブスター類)して捕獲し、それを引き裂いて食べる。ケンミジンコ類や他のカイアシ類のようにプランクトンとして生活する小さな甲殻類の多くは、長い触角などいろいろな付属肢を上手に使って、食べ物の小片が口の方にくるように水流を起こし、餌を濾過して食べる。岩に付着して移動ができないフジツボ類も絶え間なく同じような方法を導入して、脚を使ってプランクトンを集める。一部の等脚類、カイアシ類、およびフクロムシ類には寄生性種があり、栄養分のすべてを宿主から摂取する。ハマベバエなど、腐りかけの海藻に酵素を放出して、化学変化したものを食べる昆虫類にとっては、海岸線は理想的な住処である。

硬い骨格と関節付きの脚
体長2.5cm以下の小さなカニダマシ類は濾過摂食者である。体節化した硬い外骨格、および脚といった典型的な節足動物の特徴がある。

成長

甲殻類は、外骨格をより大きな外皮に置き換えることによって発達し、成長ができる。脱皮と呼ばれるこの過程は、ホルモンによってコントロールされ、成体の間に繰り返し起こる。外骨格はそのすぐ下の細胞層から作り出される。脱皮の前に外骨格はこの細胞層から切り離され、2つの間にできたすき間は脱皮液で満たされる。この液体の中の酵素によって外骨格が弱体化し、最終的にはもっとも弱いところ、背中のどこかで割れることが多い。

新しい外骨格は柔らかくてしわが寄っているので、広げてから固めなければならない。海洋節足動物の場合、新しい保護カバーのしわを伸ばすため、脱皮を終えるとすぐに水分を吸収する。捕食者に狙われやすいので、外骨格が硬くなるまで、何時間も何日も隠れたままでいる。

人間の影響
オキアミの減少

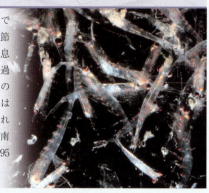

ナンキョクオキアミは体長わずか6cmではあるが、最も生息数の多い甲殻類節足動物の一つである。南大洋での生息数は、水温の上昇と氷の融解によって過去数十年間に渡って減少した。海氷の下に発生する藻類を餌とし、その幼生は敵に襲われないように海氷の下に隠れている。過剰にオキアミを収穫すると、南極の食物網を破壊する可能性がある（295ページを参照）。

脱皮の順序

フリソデエビが脱皮する様子。外骨格がちょうど頭胸甲と腹部の接合部で割れ、エビが頭部を引き出している。割れ目が大きくなり、頭部に続いて体の残りの部分が急いで引き出される。ほんの2、3分で完全に殻を脱ぎ終え、その後、数秒間休憩する。

新しい外骨格が柔らかいのは、以前の小さい外骨格に合わせて縮まっている必要があったからである。大きくなった分に合わせて外骨格が伸びる。新しい外骨格が完全に硬化するには2日かかる。

❶ エビの頭部から背部に沿って古い外骨格が割れる。後方に抜け出しやすくなる。

❷ エビの体が現れ、古い外骨格から抜け出そうともがく。

❸ 脱皮が完了し、フリソデエビが休んでいる傍らに古い脱皮殻がある。

ライフスタイル

カニとその同類は、繁殖目的でパートナーを探すとき以外、なわばりを守るために単独生活をする傾向がある。オキアミやカイアシ類といったその他の海洋節足動物は巨大な群れで生活し、毎日餌を求めて、水中を何百メートルも上下に移動する(221ページ参照)。フジツボ類の成体もある場所に固定されたまま(固着性)であるが、しばしば岩場の多い岸に大群生することがある。深海に住む節足動物についてはあまり知られていないが、オキアミなどが発光器官で生物発光を示している間、多くは暗い赤や黒の保護色によって姿を見えなくしている。節足動物のなかには他の種と共生するものもいる。互いに利益を得る相利共生、片方だけが利益を得る片利共生、またあるときには一方がもう片方に寄生する場合もある。

片利共生
これは、カニがホヤガイを使ってカモフラージュしているという片利共生関係を表している。この場合、カニには利益があるが、ホヤガイには得るものも失うものもない。

寄生
他の種と密接に関係しながら生活する節足動物もいる。この魚にはワラジムシの一種であるグソクムシが寄生している。2匹がそれぞれ魚の目の下に付着し、その魚から組織液を吸い取って餌にしている。

ウミグモ類
ウミグモ類は新たな情報が得られるたびにその分類が変化するので、グループを考える上で数多くの問題を抱えている生物の典型的存在である。現在の考え方では、ウミグモ類はクモとカブトガニ(鋏角亜門)を含む亜門の範囲内の綱(ウミグモ綱)を形成する。しかし、継続的な研究からみると、彼らが節足動物の完全に別のグループを形成しうることを示す。

見掛け倒しの外見
陸上に住むクモに似ていることから、ウミグモと呼ばれているが、ウミグモ類とクモ類の正確な関係ははっきりとはしていない。

生殖とライフサイクル

大部分の甲殻類は雄と雌に分かれていて、体内受精するものは多くの場合、水中での産卵を必要とする。一部の雌は精子を保存し、産卵時にそれを卵の上にかける。その他には、卵を抱きかかえて保護するもの、絶えず水を送って卵の状態を良好に保つものがいる。孵化すると、幼生は動物プランクトンになり、いろいろな段階を経て成体になる。フジツボ類は雌雄両方の性を持っている(雌雄同体)が、一度に機能するのは一方の性だけである。雄として、伸縮可能な長いペニスを持ち、これが届く範囲内で近隣の雌と交尾する。カブトガニは体外で受精する。雄と雌がペアになり、雌は砂の中に卵を産み、雄はその卵を受精させる。そして、2匹とも卵を残したままその場を去る。

雌カニの下側にある卵塊

母親カニと幼生
ワタリガニ(上)は体の下に卵を抱える。孵化すると、ゾエア(左)という幼生段階に入る。ゾエアは4回から7回脱皮して、メガロパ幼生になり、もう一回脱皮して成体になる。

節足動物の分類

節足動物は、甲殻亜門、鋏角亜門、甲殻亜門、多足亜門の4つの亜門に分けられる。すべては、非海洋性の多足亜門(以下に記載されていないムカデ類およびヤスデ類)を除いて海洋性動物を有する。

甲殻類
甲殻亜門 Crustacea
6万1710種

甲殻類は海洋の主要な節足動物群であり、親しみやすいカニ類、ロブスター(大エビ)類、シェリンプ(小エビ)類、プローン(中エビ)類、フジツボ類、さらに小さなカイアシ類、等脚類、オキアミ類などがある。
ほとんどの甲殻亜門は2対の触角、頭と胸郭(しばしば頭胸郭としてつながっている)と腹部の3つの身体部分を持つ。頭と胸郭は、盾や甲羅で保護される場合が多い。対になった付属肢は大きく変化して、あるものは感覚的触角に、あるものは歩行や泳ぎに適した脚に、あるものは大きな爪になっている。

鋏角類
鋏角亜門 Chelicerata
7万1004種

クモ類、サソリ類、ダニ類、マダニ類、カブトガニ類、ウミグモ類がこのグループに属する。いくつかの種のクモは潮間帯に生息し、何種かのダニ、マダニは海中で自由生活、あるいは寄生生活を送る。カブトガニ(カブトガニ綱)は完全に海洋性で、5対の脚を持ち、体は前体部、後胴体部という2つの部分から構成される。器官のほとんどが前体部にあり、筋肉組織や呼吸や移動に使われる書鰓のほとんどが後胴体部にある。ウミグモ(ウミグモ綱)はすべて海洋性である。クモに似ていて、脚は長さ2.5cm未満で、卵肢という独特な1対の脚がある。この脚で雌は身づくろいや求愛をし、雄の卵肢に卵を移す。雄は、孵化するまで卵を卵肢に抱えている。

昆虫類
六脚亜門 Hexapoda
111万種

あらゆる動物グループでも最大級である。これに属するのは、カブトムシ類、ハエ類、アリ類、ハチ類などである。目は複眼で、体は頭部、3対の歩行用付属肢がある胸部、腹部の3つにはっきりと分かれる。翅を持つ種も多数いる。多くの昆虫類が沿岸地域に生息するが、2、3種だけは海岸にすむ。確実に海洋性といえるのはウミアメンボ類のある種類だけで、これはカメムシ目の一種である。沿岸で生息する40種のうち、5種だけが一生を海上で生活する。

節足動物　293

ウミグモ亜門

オオウミグモ
Colossendeis autsralis

体長	脚を広げて25cm
体重	記録なし
生息環境	海底

生息域　南極の棚状地や傾斜地

脚を広げたときの幅が2.5cm未満であるウミグモとは異なり、オオウミグモの幅は25cmほどになる。オオウミグモは餌を吸い込む大きな吻を持っているが、体が小さいため生殖器官と消化器官の一部は脚の先端部にある。ウミグモ類は節足動物の中ではめずらしく、親による子の保護という行動が見られ、雄には1対の卵肢があり、孵化するまで卵を抱く。

甲殻亜門

ミジンコ
Evadne nordmanni

体長	1mm
体重	記録なし
生息環境	水深2000mまでの開放水域

生息域　世界中の温帯および亜寒帯海域

大部分のミジンコは淡水域にいるが、この種とわずかな仲間は海のプランクトンとして生息している。小さい細菌、原生生物、有機物の破片などを食べ、自身は大きな動物プランクトンの餌になる。目立った単眼と柔らかい遊泳用の付属肢があり、それは触覚の変形である。メスはより多くのメスに孵化する未成熟卵を産む。有性生殖も起こる。

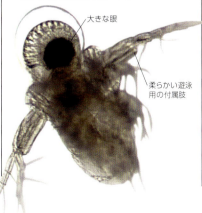
・大きな眼
・柔らかい遊泳用の付属肢

鋏角亜門

アメリカカブトガニ
Limulus polyphemus

体長	最高60cm
体重	最高5kg
生息環境	水深30m以下の砂の多い、あるいは泥の多い湾

生息域　メイン州南部からユカタン半島にかけての大西洋西部とメキシコ湾沿岸

名前とは異なりカニ類よりもクモ類に近い。夜行性で、小さな蠕虫類、二枚貝、藻などをあさって食べる。馬蹄形の緑がかった茶色の外殻、つまり甲羅は体を保護するためで、成体には捕食動物はほとんどいない。6対の付属肢があり、最初の1対は鋏角と呼ばれる摂食用で、残りの5対は歩行や、食べ物を掴んで裂くために用いる。

板状の書鰓が尾に向かって5つあり、それぞれに本のページのようなひだがたくさん並ぶ。この鰓は呼吸するときだけでなく、泳いだり海底に沿って急ぐときの推進力としても使われる。また、水の吸収にも使われ、カニは古い甲羅を脱いだ後、その水で新しい甲羅のしわを伸ばす。

生殖周期は春と秋の満潮、および月の満ち欠けと関係する。満月のとき、多数の成体が交尾のために砂浜に集まる。雌は最高で8万個の卵を満潮線付近の巣穴に産むが、鳥や海の生物の重要な食料源になる。卵は、月が満月か新月のとき、まとめて生まれる。満潮で岸の下に運ばれた幼生は泳ぐだけでなく、安全のために堆積物に潜り込む。2、3日後に、彼らは脱皮して成体になる。

人間の影響

医学研究

アメリカカブトガニがけがをすると、凝血塊が作られるが、これは人間にとっても有害な陰性菌を退治してくれる。このような特性を利用するため、夏に大西洋の浅瀬でカブトガニが集められ、それぞれのカニから血液の20%が採取される。

この血液から、静脈内に投与される薬、ワクチンなどの医療品の細菌による汚染を検知するタンパク質が抽出される。カニにとって採取は時には致死的であるが、海に戻した後はほとんどが回復する。

動物

甲殻亜門

オイトナの仲間
Oithona similis

体長 0.5-2.5mm

生息環境 水深150mまでの海域の海面

生息域 大西洋、地中海、南大洋、南インド洋、および太平洋

　本種が属するカイアシ類は動物プランクトンの大きな割合を占め、もっとも数が多く、また広範囲に生息する種の1つである。英名にあるCyclopoid（ギリシャ神話の1つ眼巨人の名前）が示すように、オイトナの仲間には、体の中央に眼が1つあり、光に対して敏感である。彼の体は細い楕円形でほとんどの場合、6つの身体部分に6対の遊泳用の脚がついている。ぎこちなく脚を動かし、食べ物の小片を効果的に履き集め、口へと運ぶ。腹部に卵嚢を持つのが雌である。

　動物プランクトンとして、海洋カイアシ類は食物連鎖の不可欠な要素である。海洋カイアシ類が海藻類やバクテリアを食べ、次に海洋生物が重要なタンパク源として、このカイアシ類を食べる。毎晩、摂食のために約150mの深さから海洋の表面層に移動する。

甲殻亜門

グースネックバーナクル
Pollicipes polymerus Gooseneck Barnacle

体長 最高8cm

生息環境 岩礁海岸の潮間帯

生息域 北米の東太平洋岸、カナダからメキシコのバハカリフォルニアにかけて

　英名（ガチョウの首のフジツボ）は、その形がガチョウの首と頭に似ていることに由来する。本種は強い波が打ち寄せる岩礁海岸の岩の割れ目に群生する。生殖腺を含んだ強くてしなやかな柄を使って自分自身を岩に固定している。この柄は下頭部である。一旦グースネックバーナクルが物に付着すると、柄の終端部に一連の青白い板を分泌し、柔らかな脚の周りに殻を作っていく。そして、この脚を使って、くしを水に通すように採食する。脚が海から離れていても、引き潮が岩のすき間を通り間を抜けていくときに、海水からデトリタス（微細な有機物粒子）を濾過することによって、餌を食べることができる。約5年で成熟し、最高で20年ほど生きる。

甲殻亜門

チシマフジツボの仲間
Semibalanus balanoides

体長 最高で直径1.5cm

生息環境 岩礁の潮間帯

生息域 大西洋の北西および北東部、北米の太平洋岸

　このフジツボは一度ある場所に定着したら、そこを離れることはない。自由に泳ぎまわる幼若体はいくつかの幼生段階を経てから、定着場所を見つけられる体に脱皮する。幼生が岩に付着すると、触角にある分泌線から生成される接合剤を使って、もう一度脱皮する。灰色をした石灰質の板を6枚分泌し、小さな火山にも見える保護用の円錐形を作る。円錐の頂点にある4枚の小さめの板は可動式になっていて、それを開くことによって餌を取る。この摂食活動は満潮時に見られ、蔓脚という変形した脚を水中に漂わせ、餌を濾過して食べる。干潮時は4枚の板を閉ざし、乾燥するのを防ぐ。雌雄同体で、雄と雌の生殖器官を両方持っているが、機能するのはどちらか一方である。卵や精子を流すことはなく、受精する能力のある近隣の仲間に伸縮可能なペニスを使って精子を受け渡す。

人

チャールズ・ダーウィン Charles Darwin

英国の自然科学者、チャールズ・ダーウィン(1809-1882)は『種の起源』(1859)の中で革新的な進化論を提唱する前、フジツボの研究に8年間を費やした。進化に関するダーウィンの考えが、既存の科学的、宗教的思想に与える影響を考慮して、故意に執筆を遅らせ、代わりにフジツボの分類学や生物学に関する研究を4つの研究論文にまとめた。この業績によって、ダーウィンは1953年に英国王立協会からロイヤルメダルを与えられ、生物学者としての名声を確かなものにした。

節足動物　295

甲殻亜門

オオカイムシ
Giantocypris muelleri

体長　1.4-1.8cm

生息環境　深海との中間でプランクトンが多いところ

生息域　大西洋、南大洋、インド洋西部

オオカイムシはすべての甲殻類貝虫綱と同じように体全体を甲羅で覆い、7対ある脚はほとんど隠れている。大きくて鏡のような目があり、目には体の中央にある平面に焦点を結ぶ放射状の反射体がある。他のプランクトンよりも深いところに生息し、通常は200m以上の深海で、落ちてくるデトリタス（微細な有機物粒子）を食べる。写真は雌で、甲羅越しに抱えた幼生が見える。

甲殻亜門

モンハナシャコ
Odontodactylus scyallarus

体長　最高15cm

生息環境　砂、砂利、または貝殻からなる礁近くの温かい海域

生息域　インド洋、太平洋

モンハナシャコはエビやロブスターの仲間で、どう猛な捕食者である。目は複眼で大きく、キョロキョロと動き、立体視覚や色覚がすぐれ、紫外線までも識別できる。モンハナシャコは視覚機能を使って狩りをし、カマキリのような格好をして静かに待機し、手が届くところまで近づいたら、前から2番目のこん棒に似た強力な脚で殴る。そのスピードは時速約120kmで、脚の重さの100倍以上の力が獲物にかかる。このような力が出せるのは、特別なちょうつがい関節が脚にあるからで、これによって脚はバネのような働きをする。モンハナシャコは、腹足類の殻やカニの甲羅を粉砕する。U字形の穴を掘るか、あるいは岩やサンゴに割れ目を入れるかして、住みかを作る。孵化すると幼生はプランクトンの仲間入りをし、2、3週間後、隠れ家を作るために海底に降りていく。

甲殻亜門

フナムシ
Ligia oceanica

体長　最高3cm

生息環境　岩でできた海岸

生息域　ヨーロッパ北西部の大西洋岸

石の下や岩の割れ目でよく見かけるフナムシは、海岸に住んでいる等脚類のワラジムシ（ワラジムシ科を含むグループ）の仲間である。水しぶきがかかる程度の場所に生息しているが、しばらくの間、海水に浸っても生きている。頭にはよく発達した複眼と長い触角があり、頭と体の区別ははっきりしない。体は平らで、その長さは幅の約2倍、尻には二股に分かれた尾肢と呼ばれる突起がある。成体の歩脚は、最後の脱皮前までは6対だが、脱皮後は7対になる。昼間に見かけることはないが、夜だけは、デトリタスや腐りかけのワカメなどの餌を食べるために姿を現す。約2年で大人になり、死ぬまでの間に繁殖するのは通常、一度だけである。

尾肢
触角

甲殻亜門

ハマトビムシ
Orchestia gummarella

体長　2-10mm

生息環境　砂浜の飛沫帯

生息域　カナダ北東部とヨーロッパ西北部の大西洋岸

端脚類は、腐りかけの海藻があればどこの海岸でも、飛沫帯に多数生息する。ハマトビムシの一生は約12ヶ月で、通常、雌は1腹だけ卵を産み、育児嚢に入れて1-3週間で孵化させる。生まれたばかりの幼生は約1週間後、母親が脱皮するときに育児嚢から出る。同じように跳躍し、側面に沿って圧縮した体が似ていることから砂浜のノミ（sand fleas）と呼ばれる。

甲殻亜門

ナンキョクオキアミ
Euphausia superba

体長　最高5cm

生息環境　プランクトンの生息地

生息域　南大洋

すべての海の開いた水域には、小エビに似た甲殻類の浮遊生物オキアミ類が生息している。ナンキョクオキアミは南大洋の亜南極海域に生息し、そこではヒゲクジラ、アザラシ、様々な魚類が大量にオキアミを摂取して、食物連鎖の重要なつながりを形成している。夜は、植物プランクトン、藻類、ケイソウ類を求めて水面に浮上する。ふわふわとした外見は鰓によるもので、一風変わって甲羅の外側についている。鰓をフィラメント状の構造にすることで、気体の入れ替えに使える表面積を広くする。フォトフォアーと呼ばれる大きな発光器官があり、仲間を集めるために発光すると考えられている。春に産卵期を迎え、雌は1腹あたり最高で8000個の卵を数回放出する。

甲殻亜門

ホンヒオドシエビ
Acanthephyra pelagica

体長	記録なし
生息環境	深海

生息域　大西洋

深海の光の届かないところでは、赤が黒に見えるので、捕食動物から見えにくい。硬質な外側の殻、または外骨格は浅瀬の甲殻類よりも薄くて柔軟性があり、深く沈むのを防ぐのに役立っている。肉も、さらに浮力を助けるために油状である。頭部側の3対の顎あご脚を使って、餌である小さなカイアシ類を食べる。残りの5対の脚は胸脚と呼ばれ、移動用である。脚の付け根についた鰓は呼吸に使用される。

甲殻亜門

スジエビの仲間
Palaemon serratus

体長	11cm
生息環境	浅瀬と河口の底部

生息域　デンマークからモーリタニアにかけての大西洋東部、地中海、黒海

スジエビの体は半透明で内臓が見え、黒っぽい縞模様と褐色がかった赤い斑点がついている。多くのエビ類同様に、有柄眼ゆうへいがんの間に額角と呼ばれる硬くてわずかに上を向いた角が伸びている。額角の構造に特徴があるので、同じ属のメンバーと見分けることができる。額角は上に向かってカーブし、先端で2つに割れ、その上面と下面には歯あるいはとげがいくつかついている。

　額角の両側に非常に長い触角があり、これを使って、間近に迫ったあらゆる危険を察知したり、餌を見つけたりもする。5対ある脚のうち、後ろの3対は歩くために、また、前の2対は摂食時にものをはさむために使われる。腹部にある一連の小さな脚は、腹肢と呼ばれ、泳ぐときに使う。スジエビは突然、尾をピシッとはじ

人間の影響

エビの養殖

世界の養殖エビのほぼすべては、タイ、中国、ブラジル、バングラディシュ、エクアドルといった発展途上国からやってくる。これらの国々では需要に応えるために集約的な養殖方法を用いている。エビの飼育池の造成のためのマングローブ林伐採は現在阻まれている。

共有資源
ホンジュラスでは漁師はエビの養殖者と沼を共有し、そこで天然のエビを取る。

いて、後ろに移動する。メスは約4000個の卵を産み、孵化ふかして幼生になるまでその世話をする。幼生はプランクトンとして浮遊生活を送る。

尾扇または尾節　　　鋏脚

甲殻亜門

イソギンチャクエビ
Periclimenes brevicarpalis

体長	2.5cm
生息環境	浅い礁

生息域　インド洋、太平洋西部

イソギンチャクの触手にくるまり、捕食者の攻撃から身を守る。隠れ家から離れることはめったになく、イソギンチャクが食べないようなくずをあさって生きている。イソギンチャクエビはイソギンチャクが出す食べかすなどを取り除いてくれるので、イソギンチャクにとっては都合のよい存在なのかもしれない。隠れ家から離されると、このエビは防御するものがなくなる。スジエビ類（上参照）と近縁でテナガエビ科に属し、共通する特徴がいくつかある。たとえば1対の感覚機能を持った長い触角があること、また額角があることなどがあげられる。この特徴はエビ目全体に共通する特徴である。イソギンチャクエビの体はほぼ完全に透明で、紫と白の斑点が少しついている。

節足動物 297

甲殻亜門
スパイニーロブスター
Panulirus argus

体長 60cm

生息環境 サンゴ礁と岩場

生息域 大西洋西部、メキシコ湾、カリブ海

イセエビの仲間で夜行性であり移住性でもあるので、すぐれたナビゲーション能力を備えている。伝書鳩と同様に、地球の磁場から自分の位置を確認し、特定のルートをたどることができる。夏は浅瀬にとどまっているが、冬には一列縦隊で海底を歩き、深い海へと移動する。ヨーロピアンロブスター(右)のような大きいハサミはないが、甲羅を覆う鋭いとげによって捕食者から身を守ることができる。

甲殻亜門
ヨーロピアンロブスター
Homarus gammarus

体長 最高1m、一般的には60cm

生息環境 岩の多い海岸

生息域 大西洋東部、北海、地中海

生前のヨーロピアンロブスターは茶色か青みがかっていて、おなじみの赤色は調理されたときだけだ。一匹の重さは最高で5kgほどである。サイズ違いの大きなハサミを持ち、小さい方のハサミには鋭い刃がついていて、獲物を切断するときに使う。一方、大きい方のハサミは獲物を粉砕するときに使う。ヨーロピアンロブスターの住みかは海底の穴や隙間である。

粉砕用のハサミ
切断用のハサミ

甲殻亜門
コモンヤドカリ
Dardanus megistos

体長 最高30cm

生息環境 海岸近くの熱帯の礁

生息域 インド洋、太平洋

他のヤドカリ類と同様に、その柔らかい腹部を保護するために、腹足類の軟体動物の空の殻を利用する。殻が小さくなると、大きな殻を探すか、ライバルを追い払う。もっとも攻撃されやすいのは、古い殻から次の殻に乗り換えているときで、柔らかくて左右均等とは言いがたい腹部を捕食者にさらすという危険を冒す。ヤドカリ類は世界に1,150種いる。コモンヤドカリは熱帯の浅瀬になった礁で暮らすが、陸地で生活する種もある。ハンターというより清掃業で、動物質や藻類を求めて体をひきずりながら海底を進み、死骸を器用な口器で切り裂く。近親のソメンヤドカリ(*Dardanus pedunculatus*)は棘のあるイソギンチャク類を殻につけることがある。

眼柄
大きなハサミが1つ

甲殻亜門
カニダマシ
Petrolisthes Lamarckii

体長 最高2cm

生息環境 岩の多い浜や海岸線にできた水たまり

生息域 インド洋、オーストラリアの太平洋岸、太平洋西部

カニダマシの体は平たい円形をしているので、簡単に小さな岩のすき間に滑り込んで身を隠すことができる。また一方で、捕食動物に捕らえられたり、岩の下で身動きがとれなくなったりした場合、逃げるためにハサミの一つを切り離すことができる。そして、時間が経てば新しいハサミが生えてくる。

甲殻亜門
ヤシガニ
Birgus Latro

体長 最高で直径60cm

生息環境 岩の割れ目や砂地の穴

生息域 インド洋および太平洋の熱帯海域

ヤシガニは地球に住む節足動物の中でもっとも大きい。近親のヤドカリのように、若い頃は軟体動物の殻の中で暮らすが、大きくて丈夫になるにつれてこれを捨る。ヤシガニは大洋中の島や沖合の入江に棲み、ごみや死骸などをあさる、果物も食べ、強力なハサミを使ってココナッツを粉砕する。成体は陸上で生活し交尾もするが、雌は水中に卵を放つ。

甲殻亜門
ツブカラッパ
Calappa angusta

体長 記録なし

生息環境 水深15-200mの沖合

生息域 大西洋西部、メキシコ湾、カリブ海

以前はカラパ・アンゴスタ(*Calappa angusta*)として知られていたツブカラッパは、身体の下に隠された小さな腹部と4対の脚を備えた、まさしくカニの仲間である。この種の特徴として、黄色い殻、つまり甲羅の上面に、目の後ろから放射状に伸びた小さなこぶの列がある。

甲殻亜門
タカアシガニ
Macrocheira Kaempferi

幅(甲羅) 最高37cm

生息環境 水深50-300mの深海にある穴

生息域 日本近海の太平洋

脚を広げると4m、重さも16-20kgほどある。カニ類の中でもっとも大きいが、もっとも長生きするカニでもあり、最高で100年ほど生きると推定されている。日本近海の深く冷たい海域に生息し、海底をゆっくりと移動しながら、食物をあさる。

海洋生物

カニダマシ
カニダマシは平らな体を生かして捕食動物の届く範囲から這い出る。北インド洋のアンダマン海では、イソギンチャクの触手はカニダマシにとって安全な永住の地になっている。カニは口器を扇形に広げ、プランクトンをおびき寄せ、やってきたプランクトンを口へと払い落とす。

| 甲殻亜門

ロングレッグドスパイダークラブ
Macropodia rostrata　Long-legged Spider Crab

体長　最高2.5cm

生息環境　水深50m以下の低地の海岸

生息域　ノルウェー南部からモロッコにかけての大西洋北東部、地中海

このカニは海藻や海綿の切れ端を使ってカムフラージュしていることから、別名をDecorator Crab（装飾屋のカニ）といい、その体は装飾品のついた鉤状の毛で覆われ、周りの海藻と一体化している。このカニには三角形の甲羅があり、その1角は目と目の間に向かって突き出し、八つの歯がついた額角になっている。クモのような脚は体の2倍以上の長さがあり、あまり役には立たないが泳ぐときにも使われる。このカニは、小さな貝類、藻類、小さなケヤリムシ類、デトリタスなどを餌にしている。雄は腹脚の最初の1対を使って、精子を雌に受け渡す。雌は、孵化してプランクトンとしての幼生生活を始めるまで、卵を抱えている。

| 甲殻亜門

アカモンガニ
Carpilius maculatus

体長　約9cm

生息環境　海岸線から10mまでの礁

生息域　インド洋、太平洋西部

アカモンガニの体色は目立ち、非常に特徴的である。滑らかで明るい茶色をした甲羅には、赤い大きな斑点が眼の後ろにそれぞれ2つずつ、中央を横切るように3つ、後ろに2つまたは4つある。眼と眼の間の甲羅には4つの小さな丸い突起がある。このカニは夜行性で、動きが鈍く、大きいハサミを使って、サンゴ類、巻貝類などの小さな海洋生物を食べる。

| 甲殻亜門

ヨーロッパイチョウガニ
Cancer pagurus

体長　最高16cm

生息環境　100mまでの潮間帯、潮だまりの中、泥の多い沖合の砂地

生息域　大西洋北東部、北海、地中海の一部にも伝来

甲羅は楕円形で、前と両横のふちにはホタテガイやパイ生地に似た独特な波模様がある。巨大なハサミも特徴的で先端は黒く、その体は小さいときは紫がかった茶色だが、大きくなると赤みを帯びた茶色に変わる。6～9ヶ月かけて卵を温めている彼らのメスと異なった時期に異なった部分で交尾する。このカニは大量に捕獲され、高級食材としてもてはやされる。

短い眼柄上に黒い目

| 甲殻亜門

ピークラブ（カクレガニの仲間）
Pinnotheres pisum　Pea Crab

体長　雄は8mm、雌は14mm

生息環境　150mまでの潮間帯

生息域　ヨーロッパ北西部からアフリカ西部にかけての大西洋東部、地中海

一般的にカクレガニは小さく、豆粒くらいの大きさで、通常はムラサキイガイの殻の中にいる。ホストであるムラサキイガイの外套腔の中で捕食動物から身を守り、ホストの鰓の上を海水が通過するときにプランクトンを捕まえて食べる。この下宿人の存在がムラサキイガイに害を及ぼしているかどうかはわからない。雌のカクレガニは雄よりもかなり大きく、甲羅がほぼ半透明なのでピンク色の生殖器官が透けて見える。雄の甲羅は黄褐色で、4月から10月までの繁殖期間、身を守るために硬くなっている。その期間中、雄は安全なホストの殻を離れ、交配相手の雌を探して泳ぐ。商業的な貝漁を行っている地域では、カクレガニは厄介者と見なされる。

| 甲殻亜門

ヨーロッパミドリガニ
Carcinus maenas

体長　最高6cm

生息環境　沖合60mまでの潮間帯、あらゆる基質の河口

生息域　ノルウェーから西アフリカにかけての大西洋北東部、その他の地域にも伝来

このカニは適応する塩分濃度や温度の幅が広いので、海岸線沿いだけでなく、塩分の高い沼地、河口にも住むことができる。甲羅は深緑色で、目の後ろのふちのところに特徴的な鋸歯状の突起が5つある。このハンターは、二枚貝、軟体動物、多毛類、クラゲ、小さな甲殻類など、多くの種類の生物を餌食にしていく。ミドリガニが持ち込まれると、現地の海洋生物に害を及ぼす可能性がある。米国の西海岸では、ミドリガニによって、現地の貝産業は大打撃を受けた。

甲殻亜門

タイワンガザミ
Portunus pelagicus

体長 最高7cm

生息環境 水深55mまでの潮間帯の砂泥底

生息域 インド洋と太平洋の沿岸海域、地中海東部

大部分のカニとは異なり、タイワンガザミは泳ぎがじょうずで、平らな4対の櫂のような脚を使って水をかく。英名をBlue Swimming Crab（青い泳ぐカニ）というが、青い色をしているのは雄だけで、雌はむしろ深緑がかった茶色をしている。また、雄にだけとても長いハサミがあり、その長さは甲羅の幅の2倍以上になる。このハサミには、小さな魚やそれ以外の獲物をすばやく捕えるための鋭い歯がついている。危険を感じると、砂の中に体を埋める。砂に潜る方法では危険から逃れられない場合は、威嚇姿勢をとり、脚を横に広げ、体をできるだけ大きく見せようとする。スエズ運河の開通によって、このカニの生息域は一部ではあるが地中海の東側にまで広がった。

甲殻亜門

ゴーストクラブ（スナガニの仲間）
Ocypode saratan　Ghost Crab

体長 約3.5cm

生息環境 海岸線より上の深い穴にある砂浜

生息域 インド洋西部沿岸海域、紅海

ゴーストクラブは日中、涼しい穴の中にいるが、日暮れると採食のために姿を現す。見つけたものは何でも食べ、また潮流にのって運ばれてきたものをあさって食べる。交尾期間中、雄は自分の巣穴を守るがけんかをすることはめったになく、どんな争いごとも誇示行動によって決着する。巣穴は、海から100mほど離れたところにあり、深さは1m以上にもなる。

甲殻亜門

ヒメシオマネキ
Uca vocans

体長 約2.5cm

生息環境 砂あるいは泥の海辺

生息域 インド洋および太平洋西部

ヒメシオマネキの雄も誇示行動によって争いごとを防ぐ。雄は片方のハサミが非常に大きいので簡単に見分けられる。成熟すると体重の半分以上を占め、これで雌の気を引き、ライバルの雄を寄せ付けないようにする。シオマネキ類独特の求愛行動である大きなハサミを振る動作を観察すると、種別に確認できる。

日中も活動的である。深さ30cmほどの巣穴を掘るだけでなく、危険を感じたときに避難する抜け穴も多数作る。巣穴には空気を入れておく小さなポケットがあるので、満潮時には巣穴に入り、入り口を密封する。シオマネキは鰓があるにもかかわらず、酸素を水中からではなく空気中から取り込む。

誇示行動

シオマネキのハサミの振り方（ウェービング）は種によってわずかずつ異なる。この誇示行動でライバルの雄を追い払うことができないと、2匹のカニは争いを解決するために「腕相撲」をする場合がある。通常、弱い方の個体が深刻なダメージを受ける前に逃げてしまう。

右利きか左利きか
この写真のカニは2匹とも右利きだが、一部の雄は左のハサミの方が大きい（下参照）。

体内バランスの回復
カニは海岸に到着すると海へと向かい、高原にある森からの苦しい旅の間に失われた体の水分と塩分を補給する。

アカガニの移動

インドネシアの南西にあるクリスマス島のアカガニは驚くべきことに毎年、産卵のために森を下って海へと移動するが、これは自然界における不思議の一つである。最近まで、毎年旅をした約1億2000万匹のカニが、海抜およそ360mの高原にある森で生活をしていた。アカガニは主に草食性で、林の中に落ちている葉、果実、花などを拾い集めて餌にしているが、機会があれば他のカニや鳥の死骸も食べる。アカガニは、湿度の高いとき(70%以上)だけ行動するようにして水分を節約し、乾季の間は巣穴に避難している。海洋のカニと同じように、アカガニには呼吸をするための鰓があるが、この種の鰓室は肺として機能する細胞組織で囲まれていて、ガス交換の効率を高めている。

クリスマス島のアカガニの数は著しく減少してきていて、その主な原因は、1930年代に意図せずに持ち込まれたアシナガキアリである。このアリには邪魔をされると、防御策として蟻酸を吹きかける習性があり、1990年代の半ばから、約2000万匹のアカガニがこのアリによって殺されたと考えられる。またこの島のリン酸塩の採掘を増やすために森林の伐採が行われ、カニの住み処が荒らされる結果にもなった。

移動の段階

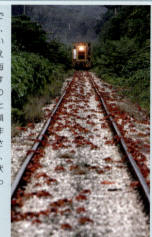

人間が作った障害物 海岸まであとわずか500mほどなのだが、アカガニは道路や往来の激しい線路など多くの障害を乗り越えなければならない。過去には毎年100万匹のカニが命を落とすことも珍しくはなかったが、その総数に影響を与えることはほとんどなかった。今日、道路を閉鎖する、コンクリートの地下道を作るなど、カニの安全のためにさまざまな対策がとられているが、依然、カニには移動中の脱水症状による死という危険がつきまとっている。

陸上移動

放卵 メスは最高で10万個の卵を12-13日間抱いた後、隠れ穴を離れ海岸に集結し、卵を直接海に撒き散らす。夜、満潮になるとカニはハサミを上げ、体を活発に震わせて卵嚢から卵を放つ。崖の上のカニは、水面よりも8m高いところにいる場合がある。

放卵

メガロパ幼生 アカガニの卵は着水するとすぐに孵化する。生まれたばかりの幼生は最高で30日間、海中にとどまり、エビのような形の「メガロパ幼生」としていくつかの段階を経て浅瀬に戻ってくる。その3-5日後、小さなカニへと変態を遂げ、水から上がって陸上生活を始める。

海から陸へ

一連の移動行動

通常11月初め、クリスマス島に雨季がやってくると、アカガニが移動を開始する合図であり、これから先、3太陰周期(太陰暦で3ヵ月)にわたってカニの移動が見られる。まず、オスが出発し、メスがその後に続く。カニが海岸に到着するまでには1週間ほどかかる。海水に入ると、オスは巣穴を掘るスペースを確保するために激しく競い合う。その巣穴で交尾すると考えられている。その後オスは陸に戻り、メスは卵が成長する間巣穴に残る。およそ2週間後、下弦の月になった夜の満潮時、彼らは放卵のために現れる。

11月から1月までの3か月間にわたる月の位相　満月　新月

オスとメス
オス
メス

11月の初め、カニは繁殖のために高原の森を下って移動を開始する

最前線のカニが海岸線に到着する

メスが森に帰る

子ガニは水中で成長してから、約1ヵ月後に姿を現す

次に第2次の最大規模のカニの大群がやってきて、海に入り塩分を補給し、巣穴を作るためにオスどうしが戦う

交尾後オスは再び海に入り、すぐに陸地に戻るか、または残って餌を食べる

3ヵ月目の下弦の月から新月までの間で満潮になるとき、メスは海岸線に移動して海の中に卵を放つ

海洋生物

六脚亜門
ショアブリストルテイル（イシノミの仲間）
Petrobius maritimus　Shore Bristletail

体長　1cm

生息環境　飛沫帯にある岩の多い海岸

生息域　アイルランドを除く英国諸島

英語での別名をショアスプリングテイルといい、腹部の先端から伸びる3本の細長い糸のような尾に由来している。その長い体は、淡褐色の鱗でうまくカムフラージュされている。頭部には長い触角と複眼が集まっている。岩の割れ目にすみ、デトリタスを捕食する。体の底面には小さな釘のような突起があり、体をしっかりと固定して岩場でも迅速に動き回ることができる。いたずらされると腹部を石弓のように使い、空中を飛び跳ねる。

六脚亜門
ロックスプリングテイル（トビムシの仲間）
Anurida maritima　Rock Springtail

体長　最高3mm

生息環境　岩が多い海岸の潮間帯上部

生息域　英国諸島の沿岸

干潮時には、採食のため集団で浜辺を歩いているが、潮の流れが変わる1時間前には避難所である岩の割れ目に戻る。膨大な数のロックスプリングテイルが、満ちてくる潮におぼれないよう、岩の割れ目でひしめき合っている。ここで、水没や多数の捕食者を避け、脱皮したり産卵したりする。

体は青みがかった灰色で体節に分かれ、後部の先が横に広がる。3対ある付属肢は移動用だが、潮だまりに群がるときに沈まないのも、この脚のおかげである。一般に、トビムシ類は泳ぐことはできないが、危険が迫ると脚をバネにして上へと飛び跳ねる。しかし、ロックスプリングテイルにはこのような跳躍機能がない。

六脚亜門
デューンスネイルビー（ツツハナバチの仲間）
Osmia aurulenta　Dune Snail Bee

体長　1cm

生息環境　砂丘地帯

生息域　大西洋北東部、北海および地中海の沿岸

砂丘植物の受粉作用にとっては、小さくて茶黒色をしたこのハナバチの体に、後に灰色に変わる金色がかった赤い毛がびっしりと生えていることが重要な意味を持つ。ミツバチは集めた花粉を脚にある小さな袋に入れて運ぶが、このハナバチの場合は腹部の下にある毛のブラシに花粉をつけて運ぶ。デューンスネイルビーの雄は雌よりも少し早く、4月から7月の間に姿を現し、カタツムリの殻を含む自分の縄張りを探索する。そして、雄は植物の茎に匂いをつけてマーキングし、雌を引き付ける。雌は1回交尾すると、安全な方向に入り口が向くように殻の位置を調整してから、殻の中に卵を産む。

六脚亜門
インタータイダルロウブビートル（ハネカクシの仲間）
Bledius spectabilis　Intertidal Rove Beetle

体長　最高2cm

生息環境　砂あるいは泥の海岸の潮間帯

生息域　英国諸島および北ヨーロッパの沿岸

この小さな節足動物の体は細長でスベスベしていて、色は黒い。短くて赤みを帯びた翅用の入れ物（翅鞘）によって翅は保護されるが、柔らかい腹部の部分はむき出しのままである。腹部が動くことから、狭い岩のすき間に詰め込まれても平気で、翅を翅鞘の下に押し込むこともできる。

一般にハネカクシ類は昼行性か夜行性のいずれかであるが、インタータイダルロウブビートルの生活は、潮の干満に左右される。巣穴として砂地にワインボトルのような形の縦穴を作るが、これには直径5mmほどのリビングチャンバー（住房）があり、潮が満ちてくるといつもそこに避難する。巣穴の入り口は直径約2mmと非常に狭いので、空気圧によって水の浸入を防ぐことができる。雌は住房のとなりの部屋に卵を産み、それが孵化して巣立つまでそこに残り、子の成長を見守る。

六脚亜門
コガタウミアメンボ
Halobates sericeus

体長　雌は5mm

生息環境　海面

生息域　太平洋上北緯5-40°および南緯5-40°

コガタウミアメンボは、昆虫類の中に1つだけある海洋性属のアメンボである。一生を冬でも温度が20℃を下回らない熱帯または亜熱帯の海表面で過ごす。この昆虫についてはほとんど知られていない。雌は雄よりも大きく、交尾後に楕円形の卵を流木の切れ端などの漂流物の一片に産み付ける。卵からかえった幼虫は、脱皮を繰り返し、5段階を経て成体へと変化する。

コガタウミアメンボは水には潜らないので、食物は浮遊している魚の卵、動物プランクトン、クラゲの死骸などの小さな有機体に限られる。食物の表面に酵素を放出し、消化されたものを口器から吸い込む。

六脚亜門
ハマベバエ
Coelopa frigida

体長　3-10mm

生息環境　腐りかけの海藻がある温帯の海岸

生息域　大西洋北部および太平洋北部の海岸線

ハマベバエは、海岸線に沿って腐りかけの海藻があるほとんどの地域で目にすることができる。体は平らで光沢があり、色は灰色がかった黒色、そして脚は黄褐色で剛毛に覆われる。2対ある翅のうち、翅として機能するのは前の1対だけで、後ろの1対は小さなこん棒状の端綱へと変化し、飛行中はスタビライザー（安定装置）の役目をする。ハマベバエは、ネバネバした海藻が何層にも重なっている中を途中で止まることなく這い進むことができ、海水に浸かっても海面まで浮かび上がり、飛び上がることができる。幼虫の体も同様に防水性がある。匂いに引かれて腐った海藻に集まり、雌は産卵に適した暖かい部分を探し出す。卵からかえった幼虫は周りにある海藻を採食する。3回脱皮した後、蛹になり、そして成体になる。卵として産まれてから約11日でその一生を終える。

コケムシ類

超界	真核生物(ユーカリア)
界	動物界
門	外肛動物門
種	6,085

おびただしい数のコケムシ類が海底に付着するが、その存在に気付くことは少ない。群体(コロニー)を形成している個体の体長は1mm以下であるが、群体全体の大きさは1m以上になる。コケムシ類は外肛動物門に属し、石の表面や海藻を覆う性質から、英語ではsea mat(海のマット)とも呼ばれる。コケムシの群体には、成長したサンゴのようになるもの、いくつかに分岐した植物の房のようになるもの、あるいは肉厚の耳たぶのようになるものなど、マット状以外の形態も存在する。大部分が海洋種であるが、淡水種もわずかに存在する。

海藻への付着
このように海藻を覆う硬い外皮のあるコケムシの種は、潮流の強いところによく見られる。

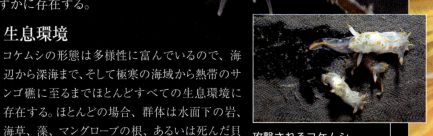

構造

コケムシの群体は個虫と呼ばれる個体から構成され、数匹の場合もあれば、何百万匹も集まっている場合もある。各個虫の体は、炭酸カルシウムでできた箱形の体壁や、ゼラチン質や角質のような素材で覆われており、小さな穴によって個体どうしが結び着いている。餌を食べるときは、円形または蹄鉄形の器官(触手冠)を口の中から押し出す。触手冠は細かな毛で覆われた触手で飾り立てられ、この毛をなびかせることによって浮遊している餌を引き寄せる。ほとんどの種には、受精卵を保管する専門の個虫がいて、そのような個虫は幼生を育てるための育房を持っている。

個虫のマット
この種では、長方形の個体が集まって海藻の表面を覆う「マット」が形成される。

生息環境

コケムシの形態は多様性に富んでいるので、海辺から深海まで、そして極寒の海域から熱帯のサンゴ礁に至るまでほとんどすべての生息環境に存在する。ほとんどの場合、群体は水面下の岩、海草、藻、マングローブの根、あるいは死んだ貝の殻などに付着しているが、表面を覆う種の場合は、生きている甲殻類や軟体動物の貝殻に便乗していることもある。2、3の例外的な種は、何かの表面を覆わずに、砂の中で生活する。この場合、長い突起を持った専門の個虫が協調しながら、船を漕ぐように突起を動かすことによって、群体が砂の上や砂の中をゆっくり移動できる。

コケムシの群体は、1匹の幼生が海底に定着し、個虫になることから始まる。新しい個虫が体壁から生えてくるかのように、さらに多くの個虫が群体に継ぎ足されていく。ほとんどのコケムシの幼生は短命で、親の近くに定着する。

攻撃されるコケムシ
ウミウシ類は表面を覆うタイプのコケムシを餌にすることが多く、その場合は各個虫に押し入り、中身を食べる。

唇口目
ゼラティナスブリョゾアン
Alcyonidium diaphanum　Gelatinous Bryozoan

規模	最高30cm
深度	0-200m
生息環境	岩礁、貝殻の多い砂地

生息域　大西洋北東部の温帯海域

このコケムシの群体は引き締まったゴムのように硬く、不規則な茂みに成長する。この茂みは何か覆いの対象となる小さな基盤を持った基質に付着している。手で触るとアレルギー性皮膚炎を起こす可能性があり、底引き網漁を行う漁師たちは、しばしばこの被害にあっている。

唇口目
ホーンラック (オウギコケムシの仲間)
Flustra foliacea　Hornwrack

規模	最高20cm
深度	0-100m
生息環境	石、貝殻、岩

生息域　大西洋北東部の温帯海域および寒帯海域

この種は褐藻にまちがえられることがある。群体は薄く平らな扇のような葉から成長していく。通常この群体は密集した群れになり、まるで栽培された茶色のレタスのように海底を覆う。この種の乾燥した塊がよく海岸線に散乱しているので、虫メガネを使えば、群体のメンバーである長方形の個体を観察することができる。

唇口目
ピンクレースブリョゾアン (アミコケムシの仲間)
Iodictyum phoeniceum　Pink Lace Bryozoan

規模	最高20cm
深度	15-40m
生息環境	岩礁

生息域　オーストラリア周辺の温帯および熱帯海域

触ってみると硬くてもろい感じがするのは、個虫の体壁が石灰質の物質で強化されているからである。群体の形は、縁がカールしたポテトチップスのようで、小さな穴が開いている。その美しい濃いピンクから紫の色は、群生が死滅して乾燥しても変色しない。ある程度流れのある場所を好むが、体にある穴によって水の抵抗を減らしている。類似種がインド太平洋海域のサンゴ礁にも存在する。

棘皮動物

超界	真核生物（ユーカリア）
界	動物界
門	棘皮動物門
綱	6
種	約7000

棘皮動物は無脊椎動物の中で海洋性種からのみ構成されるグループで、ギリシャ語の「ハリネズミの皮」が語源になっている。このグループにはヒトデ類、ウニ類、クモヒトデ類、ウミシダ類、ナマコ類が属する。そして、すべての棘皮動物は表皮の下に炭酸カルシウムの板でできた骨格を持っている。体の中には水で満たされた棘皮動物特有の管状器官があり、これは水管系と呼ばれ、摂食や呼吸だけでなく移動にも使われる。通常は海底で生活し、礁、海岸、海底に生息する。

放射相称
ヒトデは、棘皮動物に典型的な5方向の放射状に伸びた構造をしている。腕は硬い板で保護され、鮮色彩は捕食動物に毒があると警告している。

体のつくり

棘皮動物は、花びらのような「5放射相称」の体をもつのが基本である。この特徴はヒトデ類、クモヒトデ類、ウニ類の殻（テスト）によく表れている。ウニは、ボール型になるように腕（脚）を配置したヒトデのようなものである。ナマコはウニを細長くしたようなもので、真後ろから見ると5放射相称を確認することができる。棘皮動物の骨格は、硬質な炭酸カルシウムの板からできていて、ウニのようにそれが結合して硬い殻になっていたり、あるいはヒトデのように分離したまま残っていたりする。通常、その骨格はとげ状、またはこぶ状の突起として体から突き出ている。ナマコにも最小限の骨格があり、一連の小さなこぶに分けることによって板を少なくしている。水管系は管網や貯水器官だけでなく、表皮にある穴から伸びて何百もの管足を形成する触手からも構成される。

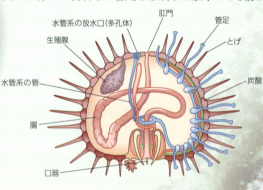

小さな吸盤
管足は水圧式の吸盤のような振る舞いをする。管足は点眼容器の丸くなった先端部分に似ていて、水が小さな貯水器官から絞り出されたり、押し入れられたりすることによって動作する。

ウニの体の断面図
ウニの体は、殻と、殻の内側の体液で満たされた空洞部、および殻の中に収められた内臓から構成される。口は底面部の中央にあり、肛門は表側の頂上部にある。

棘皮動物の分類

棘皮動物は形、骨格、口の位置、肛門、多孔体によって、5つの綱に分けられる。一時期、新しく発見されたシャリンヒトデのために第6の綱として、シャリンヒトデ綱（Concentricycloidea）が設けられたが、この2種の環形動物は、実際は奇妙なタイプのヒトデで、現在はヒトデ綱（Asteroidea）の仲間だと考えられている。

ウミシダ類、ウミユリ類
ウミユリ綱 Crinoidea
約638種
椀形の体とそこから分岐して伸びた5本の柔らかい腕があり、この腕は濾過摂食用の付属肢として使用される。口と肛門は上を向いている。ウミユリ類は関節付きの柄によって海底に付着しているが、ウミシダ類は幼生から遊泳可能な成体へと成長し自由になる。

ヒトデ類
ヒトデ綱 Asteroidea
約1,851種
海底の掃除屋といわれるヒトデ類は、そのほとんどが星のような形をしていて、5本あるいはそれ以上の太い腕が中央の円盤形の体に結合している。腕の裏側には多数の管足の並びと溝があり、その溝に沿って食物を中央の口へと運ぶ。口は底面にあり、肛門と多孔体は上面にある。体壁に埋め込まれた板（小骨）が層になって骨格を形成している。

クモヒトデ類、テヅルモヅル類
クモヒトデ綱 Ophiuroidea
約2,074種
この棘皮動物には、円盤形の体と細くてしなやかな腕が5本ある。テヅルモヅル類の腕は、いくつにも細かく分岐している。一連の重なりあった板が骨格を形成している。口は底面にあり、肛門も兼ねている。

ウニ類、タコノマクラ類
ウニ綱 Echinoidea
約999種
体形は円盤形（タコノマクラ類）から球形（ウニ類）にまで及び、管足の複列が5本ある。骨板が結合して、動くトゲのついた硬い殻（テスト）を形成している。

ナマコ類
ナマコ綱 Holothuroidea
約1,716種
この棘皮動物の体はソーセージのような形をしていて、摂食用の触手に変化した口を取り囲むように管足の複列が5本ついている。骨格はさまざまな形の小さな板から成り立っている。

繁殖

ほとんどの棘皮動物は雄と雌に分かれていて、精子と卵をそれぞれ水中に放出することによって生殖する。各個体は同時に卵を産むためにしばしば集結するが、それによって受精の可能性が高まる。このような同期的な産卵は、昼間の長さや水温などの要因によって開始される。棘皮動物はグループごとに幼生のタイプが異なり、それぞれ特有の方法で遊泳、浮遊、摂食を行う。たとえば、ヒトデ類の中には口の下にある袋の中に受精卵を入れ、幼生を育てるものもいて、この場合、栄養は卵黄という形で供給される。クモヒトデ類においては、体の内側にある育児嚢で幼生を育て、幼生が変態した後で、外に放つものもいる。しかし、ほとんどの種の場合、受精卵はプランクトンとなって漂流し、自由に泳ぎまわる幼生へと成長する。最終的に幼生は、成体へと姿を変え、海底に定着する。

浮遊のための腕
オカメブンブクかオオブンブクのいずれかであるこのウニの幼生は、対になった長い腕を使って、プランクトンとして浮遊している。

精子と卵の放出
ナマコ類は竿立ちで産卵して、卵が他の個体が放出した精子と混ざりやすくしている。

摂食

棘皮動物は、穏やかな草食主義者や濾過摂食者からどう猛な捕食者まで多岐にわたる。肉食性のヒトデは、胃を広げて獲物を覆って消化する。それとは対照的に、ほとんどのウニ類は草食性で、電気ドリルのチャック（周囲から締めつけて固定する装置）に似た歯を使って岩の表面を削る。ウニ類には、筋肉と骨板が組み合わさってできた「アリストテレスのちょうちん」と呼ばれる複雑な摂食器官がある。ナマコ類は海底の掃除屋という重要な役目を担っていて、有機堆積物や泥を吸引する。

管足による濾過摂食
ウミシダ類は腕を上げ、指のような形をした管足を使ってプランクトンを捕まえる。食物は粘液で罠にかけられて、腕から口に運ばれて飲み下される。

防御

棘皮動物の殻をこじ開ければ、ウニなどは魚、海鳥、ラッコの格好の餌となる。そのため、他の多くの棘皮動物同様に、ウニ類は長くて鋭いトゲを使って捕食者から身を守る。ウニのトゲは球関節に取り付けられていて、あらゆる方向に動くことができるので、恐ろしい武器へと変わる。棘皮動物が襲われた場合、トゲが折れて捕食者の体の中に入り、傷になる場合がある。オニヒトデのトゲのように、中には有毒なものもある。ラッパウニとフクロウニにもハサミのような形をした長い有毒なトゲ（下参照）、いわゆる叉棘があり、これは人間を刺せるほど強力である。

つかみ所がなさそうに見えるナマコ類にはトゲも保護板もないが、まったく防御策を持っていないわけではない。ナマコ類は攻撃されると、多くは腸（そして、ときには他の内臓）をおとりとして吐き出すが、この内臓は後で再生する。同様に、クモヒトデ類は腕を切り離すことによって攻撃から逃れる。熱帯性のナマコ類はキュビエ器管と呼ばれるネバネバした白い糸を排出する。この糸が絡みつくとカニが攻撃をやめるくらい威力がある。

叉棘
動きの遅いウニ類、ヒトデ類は、定着場所を探しているプランクトン幼生に覆われてしまう危険性がある。これらは叉棘と呼ばれる小さなハサミに変化したトゲを使って幼生を捕まえてバラバラにし、その身を守る。

人間の影響

カキをめぐる争い

ヨーロッパ海域に住むヒトデはカキやイガイをむさぼるように食べる。そのため、貝漁をしている漁師はヒトデを細かく切って、その切れ端を船から海に投げ捨てたものである。漁師にとって残念なことに、この方法では効果がないことがわかった。なぜならば、ヒトデは腕を失っても再生できるだけでなく、切られた腕に中心体の円盤の一部が残ってさえいれば、完全に体を再生することができる。

腕・脚の再生
このヒトデの失われた2本の腕が再生しかけている。ときどき、再生によって、失われた本数以上の腕または脚が生えてくることがある。

ヒトデ綱

セブンアームスターフィッシュ（スナヒトデの仲間）
Luidia ciliaris　　Seven Arm Starfish

直径　最高60cm
深度　0-400m
生息環境　堆積物、砂利、岩

生息域　大西洋北東部の温帯海域および地中海

ヒトデの大多数は腕を5本持っているが、この大型種の場合、腕は7本あり、非常にまれに8本というものもいる。体と腕はビロードのような質感で、赤レンガ色から橙色がかった茶色をしている。様々な向きのゴワゴワした白いトゲが派手な帯となり、それぞれの腕を縁取っている。また、このトゲは堆積物の中に潜ったり、狩りの後に地面を掘ったりするのに役立つ。獲物を取るために、長い管足を使って岩や砂利の上をすばやく移動する。このヒトデはどう猛な捕食者で、主に穴を掘るウニ類、ナマコ類、クモヒトデ類といった棘皮動物を摂食する。

英国南部では夏が繁殖期にあたるが、地中海ではもっと早く、11月から1月の間になる。

腕についているさまざまな向きのゴワゴワした白いトゲ

ビロードのような赤あるいは橙色の表皮

ヒトデ綱

マンジュウヒトデ
Culcita novaeguineae

直径　最高30cm
深度　0-30m
生息環境　サンゴ礁

生息域　アダマン海、太平洋西部の熱帯海域

このヒトデは、トゲのないウニのように見える。ふっくらした丸い体からこの名前がつけられた。腕は短く、体と一緒になり、先端だけが見える。幼若体は成体よりも平たく、腕がはっきりしていて、明らかな五角形の星形をしている。幼若体が捕食者から逃れるために岩の下に隠れるのに対して、より頑丈な成体は明るみにいても比較的安全である。

マンジュウヒトデは大体は赤いが、緑や茶色まで幅広い。底面部には放射状に伸びた5本の溝があり、そこにはぎっしりと管足が生えている。このヒトデがひっくり返ってしまった場合は、一方の管足を伸ばしてしっかりと海底に固定させ、体を引き寄せて元に戻る。このヒトデは、おもにデトリタスや生きているサンゴなど定着性の無脊椎動物を摂餌する。他に2種の類似種がインド・太平洋地域の熱帯に生息するが、1つはもっとも一般的な種で生息域も広い。

厚くて軟らかい体

居候（いそうろう）

マンジュウヒトデの表面が、ヒトデヤドリエビ（*Periclimenes soror*）という小さなエビの住みかになっている。このエビは宿主に害を与えず、他のヒトデにも棲みつく。そして、ヒトデの下に隠れていることが多く、宿主に合わせて色を変える。

片利共生するエビ
ここに見えるヒトデヤドリエビはマンジュウヒトデの底面部にいるが、摂食するときは危険を覚悟した上でヒトデの上に出る。

ヒトデ綱

ゴカクヒトデの仲間
Iconaster Longimanus

直径　最高12cm
深度　30-85m
生息環境　深い礁および傾斜地

生息域　インド洋および太平洋西部の熱帯海域

特徴的な模様があり、腕は細長く、体は円盤形である。腕と円盤形の体は身を守るための骨板の列で縁取られている。骨板は淡青色か灰褐色で、個体特有の模様を持つため、研究者は個体を識別、追跡、または監視することができる。研究データから、このヒトデはとても時間をかけて成長することがわかり、最長で人間と同じくらい長生きである可能性が示唆されている。通常、深くて暗い海域に生息するが、多くはシンガポール周辺の深さ5-20mの海域に生息する。おそらくそこの水が濁っていて光が弱いからであろう。メスは橙色の卵を産む。卵には、魚による捕食を阻止するための化学物質が含まれている。

ヒトデ綱

イトマキヒトデの仲間
Anseropoda placenta

直径　最高20cm
深度　10-500m
生息環境　砂利地、砂地、泥地

生息域　大西洋北東部の暖かい温帯海域と地中海

英名 Goosefoot Starfish（ガチョウ足のヒトデ）は、この外見からつけられた。円盤形の体の中央部にはパッチワークでつけたような黒みを帯びた赤色の模様があり、腕に沿ってはっきりとした線が放射状に伸びている。底面部は黄色くなっている。このヒトデは海底面をゆっくりと滑り、食物となる小さな甲殻類、軟体動物、他の棘皮動物を探す。

ヒトデ綱

ヒメヒトデの仲間
Plectaster decanus

直径　最高16cm
深度　10-180m
生息環境　岩礁

生息域　南オーストラリアの温帯海域

鮮やかな色彩によって、有毒な化学物質を含んでいることを警告している。麻痺を引き起こすことがあるので、拾ってはならない。うねのように一段高くなった黄色のモザイク模様が赤い上面を覆い、質感は柔らかい。主に海綿動物を摂食し、これが毒素の源になっている可能性がある。メスは産卵すると受精卵を体の底面部に抱える。

棘皮動物 309

ヒトデ綱

オニヒトデ
Acanthaster planci

直径	最高50cm
深度	1-20m
生息環境	サンゴ礁

生息域　インド洋および太平洋の熱帯海域

時折起こるこの大型で有害なヒトデの異常発生によって、オーストラリアのグレートバリアリーフや太平洋西部の礁にかけての広い範囲にわたってサンゴが死滅した。このような異常発生が自然的なものなのか、あるいはホラガイ(Charonia tritonis、287ページ参照)のようなこのヒトデを食べる軟体動物や魚類の乱獲によるものなのかということに関しては多くの議論がある。最高20本の腕と長いトゲでできた恐ろしい覆いがあるため、この種には捕食者がほとんどいない。トゲには弱い毒があり、このヒトデを素手でつかむと痛みをともなった傷を負うことがある。オニヒトデは口から胃を出し、サンゴの生きている組織を消化する。真っ白なサンゴの骨格は、オニヒトデが付近で摂食していたことを示す。

黒サンゴの枝に巻きついた腕

クモヒトデ綱

サーパントスター
Astrobrachion adhaerens　Serpent Star

直径	最高30cm
深度	15-180m
生息環境	Antipatharian black coral

生息域　オーストラリアと太平洋南西部の熱帯および温帯海域

クモヒトデの一種で、長くてしなやかな腕を持つ。日中は、生息域にいる深海性の黒サンゴの枝に腕を巻きつける。夜になると腕をほどき、あちこちと動き回って、宿主であるサンゴの生きたポリプを食べる。1-2mほどの高さに茂った黒サンゴに、最高で40匹程度がいる場合がある。

クモヒトデ綱

トゲクモヒトデ
Ophiothrix fragilis

直径	最高12cm
深度	0-150m
生息環境	岩や起伏のある砂利地

生息域　大西洋東部の暖かい温帯海域

潮の流れが強い海底に、数km²に及んで密集した群れを作る。1m²あたり2000匹という個体密度の記録もある。それぞれに1、2本の腕を上げ、潮流の中にその腕を入れてプランクトンを食べる。その間、丈夫な敷物を作るかのように残りの腕を周囲の個体に結び付け、自分自身が流されないようにしている。クモヒトデには、赤、黄色、橙色から茶色や灰色に至るまで非常に多彩な色があり、明るい色と暗い色の縞模様が腕についていることが多い。クモヒトデのきゃしゃな腕は不規則に並んだ長いトゲで覆われていて、また直径わずか2cmの小さい円盤形の体も短いトゲで覆われている。通常、潮間帯でこの群れを見かけることはないが、岩のすき間や石の下に隠れている個体を見ることができる。

ウニ綱

タコノマクラ
Echinodiscus auritus

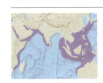

直径	最高11cm
深度	0-50m
生息環境	きれいな砂地

生息域　インド洋の熱帯暖海域、紅海、太平洋西部

タコノマクラは砂地を掘り進むことに適応して、きわめて平板化したウニである。とても細かなトゲのマットが殻(テスト)を覆い、しばしば骨板の模様が表皮から透けて見える。口は下面にある。背面にはV字形の切り込みが2つあって、テストとの間の部分が開き、このすき間を水が通り抜けることによって、下に押され、流されてしまうのを防いでいる。

ウニ綱

ガンガゼ
Diadema savignyi

直径	最高23cm
深度	0-70m
生息環境	サンゴ礁、岩礁

生息域　インド洋および太平洋の熱帯海域

ダイバーは、このウニを敬遠する。ガンガゼはウェットスーツを着ていても簡単にけがをするほど長く鋭いトゲを逆立てる。微毒性のトゲはもろく、傷口で折れる可能性がある。ダイバーや捕食者が近づくと、このトゲを活発にうねらせる。ゴマモンガラのようなごく限られた魚だけが、この獲物を首尾よく攻撃し捕食する。縞模様がありトゲを持つものが多いが、インド洋・太平洋地域に生息するガンガゼ(*Diadema setosum*)は黒いトゲを持つ。

ウニ綱

ラッパウニ
Toxopneustes pileolus

直径	最高15cm
深度	0-90m
生息環境	砂、粗石、岩礁

生息域　インド洋の熱帯海域、太平洋中・西部

猛毒種で、まれに死亡者が出る。ラッパウニには短いトゲがあり、それは叉棘と呼ばれる花のような形をした一連の付属肢の間から顔を出している。この叉棘はウニの表面をきれいにするのに役立つが、触ろうとした動物を刺すのにも使われる。また、叉棘で貝殻、瓦礫、海草などの切れ端を保持して日よけにする。ラッパウニには捕食者がいないにもかかわらず、体の一部を覆い隠している。

ウニ綱

ヨーロッパオオウニ
Echinus esculentus

直径	最高16cm
深度	0-50m
生息環境	岩の多い海域

生息域　大西洋北東部の温帯海域

一般的にピンク系の色をしているが、2本の放射状に伸びた色の濃い部分があり、そこに多数の管足が生えている。このウニは重要な草食動物であり、陸上でウサギが果たすのと同じような役割を水面下の世界で演じており、岩を覆う藻類がピンクで覆われてしまう。英名Edible Sea Urchin(食用のウニ)が示すように、このウニは食用である。

ウニ綱

ムラサキウニ
Strongylocentrotus purpuratus

直径	最高10cm
深度	0-40m
生息環境	岩礁

生息域　アラスカからメキシコにかけての暖かい海岸線

この小さなウニは、北米の海岸線沖にあったジャイアントケルプの森の消滅に深く関与している。大部分のウニと同様に、ムラサキウニは摂食する場合に海藻類や特定の動物を完全に解体してしまい、ジャイアントケルプ(*Macrocystis pyrifera*)を好物にしている。その数は1㎡あたりの密度にして数百匹にまで達し、ムラサキウニによって付着根を噛み切られたジャイアントケルプは海をさまようことになる。個体数はラッコやコブダイなどの大型の魚によって、通常は抑制されている。

ウニ綱
オカメブンブク
Echinocardium cordatum

直径	最高9cm
深度	0-200m
生息環境	砂地、泥の多い砂地

生息域　大西洋北東部の温帯海域

大部分のウニは岩の多いところに住んでいるが、オカメブンブクは砂の中に潜んでいる。普通のウニとは違って、体の前後をはっきりと区別することができ、トゲは細くて平たい。底面部にあるスプーンのような形をした特殊なトゲを使って穴を掘り、一方、背面部にある長いトゲを使ってその穴に呼吸用に海水を注ぎ込む。

ウミユリ綱
ウミユリ
Neocrinus decorus

高さ	60cm
深度	150-1200m
生息環境	深海の堆積物

生息域　大西洋西部の熱帯海域

ウミユリ類は、定住した浮遊生物の幼虫が発達した後に、同じ場所に固定されて残った茎状器官のあるウミシダ目の近縁生物である。*Neocrinus decorus*など他の類似したウミユリは浅海のウミシダのように泳げないのに、海底で腕を使って引きずりながら移動する。このように移動するためには、ウミユリは終端部分で柄を切り取り、その柄に生えている柔らかく指のような付属肢を使って、基質に再付着すると考えられている。こうすれば、ウミユリは捕食者であるウニから逃げられる。柄の部分は、小骨と呼ばれる円盤形の骨格の一部が重なり合ってできていて、単純な脊椎動物の脊柱のように見える。

発見
化石の証拠

現在、ウミユリの種は深海に住んでいるが、かつては古代の海で繁栄した。このようにウミユリが完全な形で化石になっている例は珍しいが、いくつかの石灰岩の中に、柄の部分の小骨がバラバラになった状態で化石になっていることはよくある。

ウミユリ綱
リュウキュウウミシダ
Oxycomanthus bennetti

直径	最高15cm
深度	10-50m
生息環境	サンゴ礁

生息域　太平洋西部の熱帯海域

通常、目にしているのは餌を取るために水中に持ち上げられた多数の柔らかい腕である。温帯海域に生息するウミシダの腕が10本であるのに対して、リュウキュウウミシダの腕は約100本ある。その腕は小さな円盤形の体についていて、口は体の上側にあり、腕と腕の間に位置する。棘毛と呼ばれる多数の関節でつながった指のような付属肢を使って、サンゴにしがみついている。リュウキュウウミシダは、餌が含まれる潮流に腕が触れるような周囲よりも高めの場所を好み、昼夜を問わず活動する。すべてのウミシダ同様に、この種の幼少期は、柄を使って海底に付着することから始まる。この段階では、小さなウミユリによく似ている。成長すると柄の部分を残して海底を離れ、自由生活になる。

ウミユリ綱
パッションフラワーフェザースター
Ptilometra australis　Passion Flower Feather Star

直径	最高12cm
深度	60m以上
生息環境	岩礁、粗石地

生息域　南オーストラリアの温帯海域の固有種

この頑丈なウミシダには18-20本の腕があり、この腕には羽枝と呼ばれる長くて硬い小枝が側面についている。腕の長さがさまざまなので、上から見ると花のようである。パッションフラワーフェザースターは礁や、湾あるいは河口域の非常に浅い場所に生息している。大部分のウミシダ同様、パッションフラワーフェザースターも濾過摂食者で、岩の頂上部、海綿、ウミウチワをつかんでその上に乗り、腕を大きく広げ、プランクトンや浮遊しているデトリタスを捕らえる。昼も夜も腕を広げたままだが、他のウミシダと同じように、威嚇された場合や休んでいるときは腕を巻き上げる場合がある。通常、赤ワイン色をしている。

ナマコ綱
バイカナマコ
Thelenota ananas

体長	最高70cm
深度	5-30m
生息環境	サンゴ礁の砂の多い領域

生息域　インド洋および太平洋西部の熱帯海域

この重量感のあるナマコが海底をゆっくり這って進む姿は、まるで暖炉の前の敷物が生きているかのようである。カルンクラと呼ばれる星形をした大きなパピレ（乳頭突起状の小コロニー）で体を覆うことによって、魅力のない獲物であることを捕食者に訴えている。しかし、東アジアの一部の地域では珍味として、高値で取引される。その結果、現在危機にさらされている。大きなものでは重さが最高で5kgにも達する。バイカナマコの底面部は平らな橙色の管足で覆われ、その管足を使って海底を這い回り、主な餌であるサボテングサ（*Halimeda*）属の石灰藻を探す。産卵時は1ケ所に集まって棒立ちになり、後頭部あたりから卵あるいは精子を水中に放つ。

ナマコ綱
クロエリナマコ
Bohadschia graeffei

体長	最高30cm
深度	5-50m
生息環境	サンゴ礁

生息域　インド洋の熱帯海域、紅海、太平洋西部

このナマコの幼若体は成体（写真参照）とはまったく違って見える。幼若体の体は白色で黒い線が入り、黄色のパピレが突き出し、イボウミウシ属のウミウシによく似ている。魚はこのウミウシ類を嫌うので、模倣することによって身を守っている。摂餌するとき、大きな黒い触手で砂や泥をすくって口に入れる。この触手は管足が変化したものである。砂や泥の中の有機物質は消化され、それ以外は腸を通って排出されて外に蓄積されるが、それはまるで連なったソーセージのようである。摂餌により本種の生息地では時々掃除機をかけたようにきれいになる。

ナマコ綱
アカミシキリ
Holothuria edulis

体長	最高35cm
深度	5-30m
生息環境	砂、岩、サンゴ礁

生息域　インド洋および太平洋の熱帯海域

英名Edible Sea Cucumber（食用のナマコ）が示すように、このナマコは食べられるが、他のナマコよりもおいしいとは見なされていない。体は柔らかく、小さなイボがついていて、背面は黒、底面はピンクがかった赤からベージュのような色をしている。他の大型のナマコ同様に、小さなカクレウオ（カクレウオ科）が体腔の中に住んでいることがある。

ナマコ綱
シーアップル
Pseudocolochirus tricolor　Sra Apple

体長	最高10cm
深度	0-30m
生息環境	岩礁

生息域　インド洋および太平洋の熱帯海域

シーアップルは、あらゆるナマコの中でもとりわけ色鮮やかな種の一つで、水族館で展示される海洋動物として幅広く収集されている。赤と紫の体に黄色の触手がついている。*Pseudocolochirus*属の仲間は見分けにくいことが多く、そのため生息域図にはさまざまな種が含まれている可能性がある。シーアップルは管足を使って岩に付着し、枝状の触手を水中に広げて有機粒子を捕まえる。時折、触手を一本ずつ口の中に押し込み、触手に付いた餌を落とす。

ナマコ綱
カンテンナマコ
Laetmogone violacea　Deep-sea Cucumber

体長	記録なし
深度	2500m以上
生息環境	軟らかな堆積物

生息域　大西洋、インド洋および太平洋の深く冷たい海域

ナマコ類は世界的に見て、深海底における支配的なグループの1つである。沈みすぎを防ぐのに役立つのかもしれない。摂取したものの消化できない泥はフィーカルキャスト（糞塚）として排出され、他のナマコによって再度捕食される場合がある。多くの深海動物と同様に、このナマコにもほとんど色がついておらず、生物発光器官によって全身が光るが、その目的は正確にはまだわかっていない。深海性のヒトデの中には、捕食者が近づいてくるときに発光し、敵を驚かせて追い払うらしいことが確認されている。このカンテンナマコも同じ目的で生物発光するのかもしれない。

小型の底生動物類

超界	真核生物(ユーカリア)
界	動物界
門	10
種	多数

多種多様な無脊椎動物は海の生態系において重要な役割を果たしているが、小さいため、実際にその姿を見ることはほとんどない。無脊椎動物も、他の動物と同様、門を単位として分類され、各々の門に属する生物は明らかに異なった体形をしている。海底の堆積物の中に棲む小型の底生動物は、おおまかに「蠕虫」と呼ばれる。しかし、おびただしい数の線形動物類は記載された数で2万8000種、全体では100万種以上が、海底に限らずあらゆる環境で生息している。以下に、精選した14門を紹介する。

砂粒に生息する動物

小型動物のグループは、まとめてメイオファウナmeiofauna（中型底生動物）と呼ばれ、浜辺や浅瀬の水面近くで砂粒に紛れて生息している。その体長は、0.05-1mmで、顕微鏡でなければよく見えない。大半の種は複雑かつ美しい形をしている。海洋無脊椎動物のほとんどすべての門には、こうした環境に生息する代表的な種が存在しており、とくに緩歩動物門（クマムシ類）や腹毛動物門には、別の環境に生息している動物は基本的には存在していない。メイオファウナのさまざまな種が生息することは、健全な環境である証である。

砂のコミュニティ
無脊椎動物の多くは、海岸にある水分を含んだ砂粒の間に生息する。この顕微鏡写真に属する蠕虫（腹毛動物門）は、このような環境に多く見られる種の一つである。

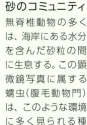

伸びる捕食器管
ユムシ類（ユムシ動物門）のメスは、写真のようにひしゃく状の吻管（ふんかん）を隠れ穴から伸ばして海底の有機物と泥を掃き取る。

泥を吸う生物

浜辺と海底の堆積物の堅牢性と構造は、そこに多数生息するムシの存在によって大きく左右される。海底に棲む何百万もの微生物が、生物擾乱（バイオターベーション）と呼ばれる働きで堆積物を継続的に撹拌し、再生させる。タマシキゴカイ類（275ページ参照）は砂を食べ、消化できない物質をとぐろ状や円柱状にして、砂の表面に堆積することで知られているが、ホシムシ類、ギボシムシ類、トゲカワムシ類などの知名度の低い動物も、同様に重要な働きをしている。潮汐または潮流に乗って岸に打ち寄せられた有機物は、こうした動物が動き回ることで、すばやく堆積物に同化する。表面の泥が食べられることによって、加工されるのである。

新しい門

海生動物については、今日までごく限られた生物しか「発見」されていない。新種の生物は常に発見されており、とくに海綿類やソフトコーラル類など、以前はほとんど無視されていた類に属するものが多い。新発見の生物が、他のどの動物とも根本的に違うことがわかると、新しい門が作られ、そこに分類される。このような感動的な発見のほとんどは、深海の泥のような近づきにくい所で行われ、その上動物はみな小さい。ところが、1970年代に深海の熱水噴出孔（188-189ページ参照）周辺に生息する生物を多数採取したところ、発見された管棲虫は非常に大きかった。

ホウキムシ
定住性動物（ホウキムシ動物門）は、小さなチューブを岩肌に付着させるか、砂か泥に埋め、その中で暮らす。摂食には、馬蹄型の触手冠を伸ばす。

新しい種
2006年にシンビオン・アメリカヌス（S.americanus、写真上）が、アメリカウミザリガニ（写真左）の口器から発見された。新しく作られた有輪動物門の2種目になった。

腸鰓動物門
ギボシムシ
Glossobalanus sarniensis
体長 記録なし
生息水深 浅瀬
生息環境 柔らかい堆積物
生息域 大西洋北東部沿岸の温帯海域

柔らかく、細いミミズ型のギボシムシ類の体は、先の尖った吻、管状の襟、長細い体幹の三つの部分からなる。普段はU字型の穴に潜り、粘液で餌となる小さな有機物を絡め捕ったり、堆積物を食べるなどして生活している。雌雄異体で、有性生殖も発芽や破片分離による無性生殖も行う。ギボシムシ類は、半索動物門とに分類されることがある。1本の神経索が背中に通っており、無脊椎動物には珍しく、脊椎動物的な特徴をいくつか持っている。

星口動物門
フクロホシムシ
Golfingia vulgaris
体長 最大20cm
生息水深 0-2,000m
生息環境 泥砂および砂利
生息域 大西洋北東部と東地中海、まれにインド・西太平洋と南極海

ホシムシ類は、半分だけふくらんだペンシルバルーンのような形をしている。どっしりとした胴体の先に、細長い陥入吻と呼ばれる体内外へ出し入れ自在の器官がある。陥入吻の先端に口があり、その周りには触手冠がある。堆積物を食べながら穴を掘り進めてそこに住み、潜ったまま有機物を消化する。

ずんぐりした体　　伸縮する陥入吻

幕虫動物門
ホウキムシ
Phoronis hippocrepia
体長 最大10cm
生息水深 0-50m
生息環境 岩礁と空の貝殻
生息域 大西洋、北東および西太平洋の沿岸の浅瀬

ホウキムシ類は、キチン質のチューブに入って生活するため、チューブが岩礁を広く覆い尽くしていなければ見つけにくい。このチューブは岩礁を覆うか貝殻や石灰岩に穴をこじ開けて、その先端だけが表面に出るようにつくられている。細長い体の根元は太くなっており、チューブに固着している。体をチューブの中に入れたまま、馬蹄型の繊細な触手冠だけを水中に伸ばして微生物を捕る。触手冠はこの門に属する動物すべてに備わっている。ホウキムシ類はこの触毛冠の中に大量の卵を抱き、幼生は継続的に水中に放出され、浮遊しながら成長する。

翼鰓門
エラナシフサカツギ
Rhabdopleura compacta
体長 最大5mm
生息水深 記録なし
生息環境 固着動物に付着
生息域 北半球の冷海域

同類のギボシムシ類（左上参照）同様、エラナシフサカツギ類は細いチューブに住み、その体は吻・襟・体幹に分かれている。触手に包まれた1対の腕が襟の部分から出ている。各個体のチューブは、砂浜の柔らかい組織に結びつき、体幹同士がつながって群体を形成している。

線虫門
線虫
Dolicholaimus marioni
体長 最大5mm
生息水深 潮間帯
生息環境 潮溜まりの藻類
生息域 大西洋北東部の海岸

線虫類の体は細く両端とも尖っているので、頭尾を見分けるのは難しい。体の断面は円形で、縦走筋があるのに環状筋がない。同一平面の上で、独特のC字型やS字型に体をくねらせて移動する。これは海生の種だが、土や水の中にも膨大な種類の線虫類が生息している。

鰓曳動物門
エラヒキムシ
Priapulus caudatus
体長 最大10cm
生息水深 記録なし
生息環境 堆積物に潜る
生息域 北大西洋の冷海域と北極海

ずんぐりとした円筒状のエラヒキムシ類は、先端の短い樽型の触手、長い体幹、中空の脚に小さな膀胱が付いた尾の三つの部位に分かれている。触手は体幹の中に引き込むことができる。触手の先端にある口はとげで囲まれ、餌となる小さな海生動物を捕まえるときに使われる。

ユムシ動物門
ボネリムシ
Bonellia viridis
体長 最大15cm
生息水深 1-100m
生息環境 泥のついた岩
生息域 大西洋北東部および地中海の沿岸の温帯海域

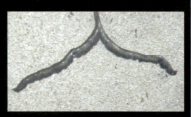

ボネリムシ類のメスは、ゴムバンドのように伸びる吻管を持ち、餌を探す時にはそれが1m以上に伸びる。体幹は緑色の洋梨の形で、岩の隙間に隠れて天敵から身を守っている。吻管の先はフォーク状に分かれていて、普段はその先端だけが外に出ている。この吻管は粘液を利用して、餌の粒子を掃き集め、毛髪のような繊毛で口へ運ばれる。オスは非常に小さく、パートナーの体内で寄生生活をしている。オスの唯一の役目は、メスの卵を受精させることである。

小型の底生動物類　315

鰓曳動物門

トゲカワムシ
Echinoderes aquilonius

体長	1mm以下
生息水深	浅瀬
生息環境	泥っぽい堆積物
生息域	北大西洋西部

トゲカワムシ類は、小さな昆虫の蛹に似ている。外皮は体節に分かれているが、これは体表にのみ見られる。厚く連結された表皮に覆われ、鋭いとげが体の各部位にある。尾の先端には他の部分より長いとげの束があり、頭部には環状をなしたとげがいくつかある。口は円錐型の部分の先端にあり、頭部全体を胴体へすっぽり引っ込められる。さらにプランド（placids）と呼ばれる板状の部位で蓋ができる。

雌雄異体だが、外見の差異はほとんどない。卵から自由に動き回る幼体となり、脱皮を繰り返して成体になる。

腕足動物門

シャミセンガイの仲間
Glottidia albida　　Linguid Brachiopod

体長	2cm
生息水深	0-450m
生息環境	浅い堆積物
生息域	カリフォルニアからメキシコにかけての北東部太平洋の沿岸

シャミセンガイの仲間は、奇妙な長い尾をもった小さな二枚貝に似ている。尾は実際は茎であり、肉茎（腕足動物の殻の弁の間から出ている）として知られる。腕足類の二枚の殻は二枚貝と類似しているが、密接な関係はない動物である。腕足類の多くは岩に付着するために肉茎を使う（下記「カメホウズキチョウチンの仲間」参照）。しかし、シャミセンガイの仲間は砂と泥の中に隠れすむ。肉茎は殻の2-3倍の長さで、柔らかい生きた沈殿物で穴を作るのに用いる。穴のてっぺんより入る水からプランクトンを濾すときには、特別な筋肉を用いて殻を開け

るが、シャミセンガイの仲間は肉茎で殻を引き下げてすばやく姿を消すことができる。相似形した腕足類の化石は、5億年前の岩の中から現れる。

腕足動物門

カメホウズキチョウチンの仲間
Terebratulina septentrionalis

体長	最大3cm
生息水深	0-1,200m
生息環境	岩や石
生息域	北大西洋の温帯海域と冷海域

これらは、蝶番で留められた2枚の貝殻で覆われ、海底に付着して生息しているため、二枚貝類と間違えられやすい。しかし、実際の殻は非常に薄くて軽く、2枚の貝は大きさが異なり、小さい方が大きい方の内側に収まる。2枚の殻は、二枚貝類と違って体の右と左ではなく、背面と腹面にある。ホウズキガイ類は、腹面の殻にある穴から肉茎を出し、硬いものの表面に付着する。餌を捕るときは2枚の殻を大きく広げて、プランクトンを含んだ海水を吸い込む。殻の中空の大部分は、フサカツギと呼ばれる採食器官で、二つの側葉と、中央の長い触手冠を覆うループ状の房飾りで占められている。この触手冠の繊毛を揺らして、水流を起こしている。ホウズキガイ類は、世界中に分布するが、特に冷海域に豊富に生息する。北大西洋に生息する*Terebratulina septentrionalis*のほとんどは深海にいるのに対し、北アメリカ東海岸では、浅瀬で多く見られる。この種は*T. retusa*に類似している。

海洋生物

緩歩動物門

クマムシの仲間
Pseudobiotus magalonyx / Pseudobiotus Water Bear

体長	1mm以下
生息水深	浅瀬
生息環境	泥っぽい堆積物
生息域	北大西洋西部

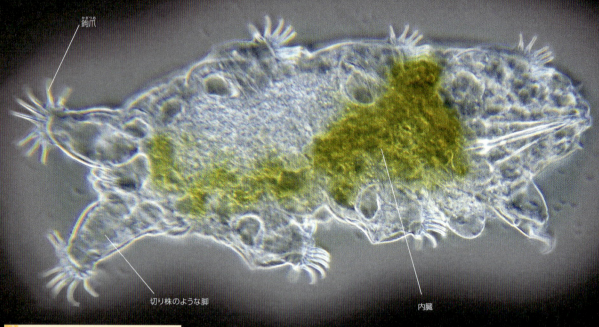

まだ小さいが、このクマムシ類のうち最も大きなものの1つで、北ヨーロッパの河川上部河口で干潮時の泥地からの採取で見つかった。下の写真のメスは、自身が脱いだ表皮に卵を産み、卵は背中のリュックサックのようにかかえている。これは、緩歩動物のつがいの場面の数少ない一つである。この種のオスはメスをつかみ、総排出腔を開くことによって、メスの脱いだ表皮に精子を預ける。

緩歩動物門

トゲクマムシ
Echiniscoides sigismundi

体長	1mm以下
生息水深	記録なし
生息環境	砂浜
生息域	世界中

クマムシの仲間のうち、このトゲクマムシや他の約25種は海洋種で、海の堆積物の砂粒に紛れて生息している。残りの400種は淡水に生息し、特に苔が生えるような浅瀬などの湿気のある場所にいる。トゲクマムシ類は、短くずんぐりとした体で、明確な頭部と胴体の境目はないが、体の一方に眼点と知覚器官がある。先端に鉤爪の束がある4対の切り株のような脚が、重々しい動きをする。比較的厚い外皮は、砂粒による磨耗から身を守っている。雌雄異体だが、オスがほとんどおらず、単為生殖を行う種もいる。近縁種と考えられているのが節足動物である。クマムシはとても強く、乾燥や氷結に耐えることができる陸生種である。

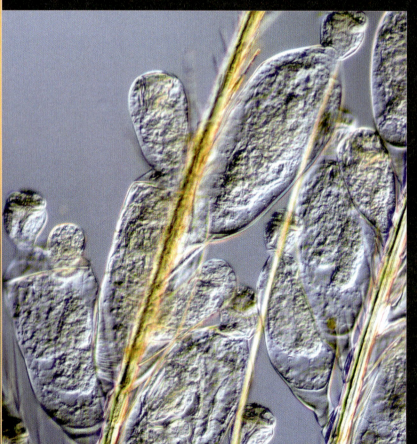

有輪動物門

シンビオンパンドラ
Symbion pandora

体長	0.3mm
生息水深	記録なし
生息環境	アカザエビの口器
生息域	北海

この種は1995年に二人のデンマークの生物学者によって発表された。北海の海底から引き上げられたヨーロッパアカザエビの口器にぴったりと貼り付いているのを発見したというから、きっと二人はこのエビに顔を近づけ、目を凝らしてくまなく調べ上げたに違いない。

丸みを帯びた体で、短い茎と接着盤によって基層に付着している。繊毛に囲まれたじょうご型の口で摂食し、口の隣にある肛門から排泄する。生殖周期は複雑で、有性・無性の両方によって行われ、幼生は自由に泳ぎ回る。

2006年に第2種（*S. americanus*）がアメリカウミザリガニから発見（313ページ参照）されるまでシンビオンパンドラは、有輪動物門で原1種だった。分子生物学的研究の結果、コケムシ類（305ページ参照）や内肛動物と呼ばれる微小動物との関連の可能性が指摘されている。

腹毛動物門

オビムシ
Turbanella species

体長	1mm以下
生息水深	記録なし
生息環境	酸素を豊富に含む堆積物
生息域	記録なし

腹毛動物類は、淡水でも海水でも見られるが、オビムシは海洋種で、砂粒が堆積する海底に生息する。外見は、繊毛のある原生生物に似ているが、口も腸も腎細胞も備わった多細胞動物である。接着管という粘着物質を分泌する器官がいくつかあり、基層に付着するのに使われる。体の両端にある接着管をくっつけたり離したりすることで、ヒルのような円形ループをつくる。また、繊毛を使って滑るように移動し、餌となる細菌や原生動物を探す。

動物プランクトン類

超界	真核生物(ユーカリア)
界	動物界
門	有櫛動物門 毛顎動物門 輪形動物門
種	2,332

無脊椎動物の主要グループ(門)の中には、完全にプランクトンだけで構成されているものもいくつかある。それらも他の動物同様、その体のつくりによって各門に細かく分類されている。プランクトンは、海洋食物連鎖の根底を支えているため、生態学上どれも重要である。ここでは3つのマイナーな門(有櫛動物門、毛顎動物門、輪形動物門)を取り上げた。

捕食動物

肉食性の動物プランクトンは、様々な手段を使って獲物を捕らえる。クシクラゲ類は貪欲な捕食動物で、触手の裏にある特殊な細胞(粘着細胞)から粘液を分泌して獲物を捕らえる種もいれば、口を急に開くことで生じる陰圧を利用して獲物を吸い込む種もいる。フウセンクラゲモドキ類は、刺胞動物類のもつ刺胞の再利用さえしてしまう。毛顎動物類は、振動センサーを使って獲物を探し出し、可動式のフックで捕まえる。捕まえられた獲物は、口の周りにある孔から発せられる神経毒によって体が麻痺してしまう。

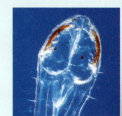

獲物を引っ掛ける
毛顎動物類は、円形の口の両脇にある茶色のフックを使って獲物を引っ掛ける。

植食

動物プランクトンの中には、植食性のものもあり、植物プランクトンを濾過摂食する。輪形動物門のワムシ類は、水中有機粒子を食べる。口腔を囲む繊毛の硬い口に餌を運ぶ。食物はここでふるい分けられてから咀嚼器と呼ばれる咽頭に戻され、胃に送られる前に細かく砕かれる。この口器はワムシ類独特の咀嚼器である。

ワムシの捕食手段
写真左手の繊毛は、移動と濾過摂食に使われる。

光り輝く繊毛
クシクラゲ類とテマリクラゲ類は、8本の垂直に並んだ虹色に輝く櫛板列を動かして泳ぐ。

有櫛動物門

クリーピングクシクラゲ
Coeloplana astericola　Creeping Comb Jelly

体長	直径1cm
生息水深	記録なし
生息環境	ルソンヒトデの上
生息域	西太平洋の熱帯海域

クシクラゲ類のほとんどはプランクトンの形態で生活をしているが、クリーピングクシクラゲは海底生物に住み着いてしまった。標準的なクシクラゲ類は丸みを帯びた体型だが、クリーピングクシクラゲは小さなボールがつぶれたような形をしている。体の下側には、口と平衡胞というクシクラゲ類に見られる体の平衡を保つ器官がある。泳ぐ必要がないため、櫛板列はなく、動くときは小型の扁形動物のように体の筋肉をくねらせる。ルソンヒトデの上に生息し、日中はほとんど動かず、宿主のヒトデの体色に同化しているため、ほとんど見えない。夜になると、2本の長い触手を伸ばし、餌となるプランクトンを捕らえる。

クリーピングクシクラゲ

有櫛動物門

プレデタリークシクラゲ
Mnemiopsis leidyi　Predatory Comb Jelly

体長	最大7cm
生息水深	0-30m
生息環境	外洋
生息域	西大西洋の温帯および亜熱帯海域、地中海、黒海

このクシクラゲは、少しつぶれた洋梨のような形で、大きな獲物を包み込むときに使われる二つの丸い突出物が口の両脇にある。二つの捕食用の触手と、小さく補助的な触手が口の周りの溝にある。長い触手に特殊な細胞を備えていて、ここから粘液を分泌して獲物を捕らえる。プレデタリークシクラゲは、西大西洋が原産であるが、1980年代に黒海で放出された船のバラスト水によって運ばれたものが侵入し、東地中海などの近隣の海域にも拡がった。黒海は水の状態が理想的で天敵がいなかったため、急速に増殖した。こうして魚の餌でもあるプランクトンや、魚の幼生、稚魚などを食べつくし、この海域の生態系を大きく変えてしまったため、漁業にとって深刻な問題となっている。

有櫛動物門

ビーナスズガードル
Cestum veneris　Venus's Girdle

体長	最大2m
生息水深	水面付近
生息環境	外洋
生息域	北大西洋、地中海、西太平洋の熱帯および亜熱帯海域

「ビーナスのガードル」という珍しい英語名は、青白く透き通ったリボンの形にちなんで名付けられた。8本の櫛板列は変形し、2列になってリボン状の体に沿うようについている。二つの主要な触手は短い。逃避反応によって、速いスピードで体をくねらせて泳ぐことができる。しかし、普段は櫛板列をなびかせてゆっくり動く。

被嚢類とナメクジウオ類

超界	真核生物(ユーカリア)
界	動物界
門	脊索動物門
亜門	尾索動物亜門 頭索動物亜門
綱	5
種	3,056

長い袋状の形をした被嚢類は、海底に付着して生活し、頭索動物亜門のナメクジウオ類は、小さな硬い虫で堆積物に潜って生活する。この二つのグループには、単純な外見に反して、他の無脊椎動物にはない、魚類や哺乳類などの脊椎動物にみられる特徴がある。無脊椎動物には珍しい、脊索と呼ばれる内骨格のような器官だ。被嚢類でよく知られているホヤ類はコロニーを形成する種も多いが、ナメクジウオ類はすべて単独で行動する。

生活様式

ホヤ類は、岩、礁、難破船の残骸等の硬い表面に付着して生活する。大半の時間を、入水管から餌を豊富に含む海水を吸い上げ、出水管から排出する濾過に費やしている。ほとんどのホヤ類は、プランクトンが豊富な沿岸の浅瀬に生息するが、深海にすむ種もいくつかある。遮蔽された入江では、海底を数百m²にもわたって覆いつくす。サルパやヒカリボヤなどの被嚢類は、プランクトンと共に大群をなして水中を漂う。ナメクジウオ類は、泳ぐのに適した柔軟な筋肉を持っているが、普段は堆積物に潜ったまま、頭部だけを水中に突き出して生活している。

海底に住むホヤ
ホヤ類は、刺胞動物や海綿と共生することがあり、色彩がとても豊かになる。

泳ぐホヤ
ジェット推進力で泳ぐサルパ。体の一方から水を取り込み、勢いよく噴出する。

体のつくり

ナメクジウオ類は、成体になっても脊索を保っているが、被嚢類の場合、脊索があるのは幼生期だけである。被嚢類の体は、セルロース状の物質でできた丈夫な保護膜である被嚢に覆われ、根のような突起で体を海底に固定している。被嚢の中には、大きなザル状の構造をした咽頭があり、口と消化器につながっている。この咽頭は、海水と共に入ってきたプランクトンを濾過するための粘液で覆われている。ナメクジウオ類も咽頭で濾過摂食し、肛門の傍にある出水孔から排出する。口の周りを取り囲んでいる硬い巻きひげは、砂よけに使われる。

ナメクジウオの成体
ナメクジウオの筋肉は、体の端から端まで平たく伸びており、体は硬い脊索に支えられている。

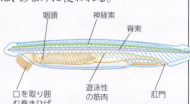

被嚢類の幼生
オタマジャクシ型をした被嚢類の幼生の神経索と脊索は、成体になるときに再吸収される。

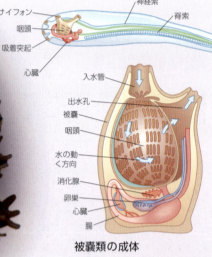

被嚢類の成体
被嚢類の体内の大部分は巨大な咽頭で占められ、この半透明の種の被膜を透かして見える。

尾索動物亜門

ユウレイボヤ
Ciona intestinalis

体長　最大15cm
生息水深　0-500m
生息環境　硬い基盤

生息域　大西洋、太平洋、インド洋、北極海(南極海にも生存の可能性)

ユウレイボヤの成体には支持構造がないため、水から取り上げると、一滴のゼリーのように見え、刺激を与えると水がピュッと飛び出す場合がある。ユウレイボヤは単独行動をする代表的なホヤ類で、被嚢と呼ばれるゼラチン質の外膜が、青みがかった半透明の黄緑色をしているため、体内の構造が透けて見える。黄色に縁取られたサイフォンが二つあり、大きい方の入水管から水を吸い込み、小さい方の出水孔から水を排出する。また、入水管には六つ、出水管には八つの丸みのある出っ張りがある。ユウレイボヤ類は、世界に広く分布しており、岩、礁、海藻だけでなく、とりわけ人工的な物質に付着する。たとえば、海上の石油採掘用プラットフォームの脚や突堤などには、ユウレイボヤ類が付着していることが多い。

海の清掃係
遮蔽された入江や港などの岩や壁には、ユウレイボヤが広範囲にぎっしり付着していることが多い。小型ながら、1時間に数リットルの海水を濾過し、プランクトンや他の有機物を食べるため、海水は他の場所よりきれいに保たれる。

被嚢類とナメクジウオ類　319

尾索動物亜門
チャツボヤ
Didemnum molle

体長	最大3cm
生息水深	浅瀬
生息環境	珊瑚礁と岩

生息域　インド洋と西太平洋の広範囲にわたる熱帯礁の海域

単独の個体と見られがちだが、一つの出水孔を共有する壺型のコロニーに生息する。表面の水玉模様は、コロニーを形成する各個体の入水孔で、このサイフォンから海水を取り込む。コロニーの緑色は、共生するシアノバクテリア（藍藻）のプロクロロンによるものである。

尾索動物亜門
ウスイタボヤ
Botryllus schlosseri

体長	最大15cm（コロニー）
生息水深	海岸と浅瀬
生息環境	岩、石、海藻

生息域　北極海沿岸と北大西洋の温帯海域

ウスイタボヤの単体の体長は、わずか2mm程度だが、単体では生きられない。そのため、星型模様の群体、またはコロニーを形成し、共有するゼラチン質の被嚢に体を埋め込んでいる。それぞれの星型の中央にあるのが、共有の出水孔で、ここから水を排出している。コロニーの色は緑色、紫色、茶色、黄色など様々で、被嚢と対照的である。

尾索動物亜門
シーチューリップ
Pyura spinifera　Sea Tulip

体長	最大30cm
生息水深	5-60m
生息環境	岩礁

生息域　オーストラリアの温帯海域

この大型のホヤは、水中に細長い茎を突き出している。これは、プランクトンを豊富に含む海水を大きな入水管により、効率よく養分を吸入するためである。体表は、イボ状の突起で覆われており、通常は明るい黄色をしている。片利共生生物である海綿の覆いが発達すると、体表がピンク色になる。海が荒れると、入水管が岩礁に打ち付けられるが、茎が柔軟なため、折れずにすぐ元に戻る。

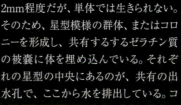

尾索動物亜門
モモイロサルパ
Pegea confoederata

体長	最大15cm
生息水深	水面付近
生息環境	外洋

生息域　世界中の温海域

サルパは、代表的な浮遊性のホヤである。水を体の一方から取り込み、もう一方から噴出するジェット推進力を利用して泳ぐ。被嚢は透明でゆるくだるんでおり、2本の交差するベルトのような四つの筋肉で囲まれている。無性生殖（発芽）によって増殖した若いサルパ同士が結合し、長さ30cm程度の鎖状になる。やがて成熟すると、その鎖を解いて分散する。サルパは有性生殖も行う。卵は、体内の出水孔の側壁にとどまり、入水管から取り込まれた精子によって受精し、幼生は成熟すると出水孔から排出される。

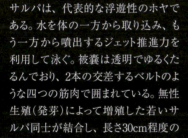

尾索動物亜門
ナガヒカリボヤ
Pyrosoma spinosum

体長	最大10m
生息水深	水面付近
生息環境	外洋

生息域　北緯40°から南緯40°の間の温海域

この浮遊性の巨大なホヤはコロニーを形成し、その単体の体長はわずか2cmだが、コロニー全体は巨大な中空のチューブか殻のように見える。個々のヒカリボヤは、チューブの壁面に体を押し込み、片側で養分を含んだ外部の水を吸入し、もう片側から水と汚物をコロニーの内部に排出する。排出された水は、コロニー全体の推進力に利用される。何かに触れると発光する。

尾索動物亜門
キタオタマボヤ
Oikopleura labradoriensis

体長	約5mm
生息水深	水面付近
生息環境	外洋

生息域　北大西洋、北太平洋、北極海の冷海域

小さなオタマジャクシのような体型で、プランクトンを捕まえるために薄い粘液の膜をつくり、その中に住む。海水は格子状に補強された二つの窪みから取り込まれ、粘液が張られた細かいフィルターを通ることによってプランクトンが濾しとられる。プランクトンを含む海水を取り込むために尾をなびかせて水流を起こす。

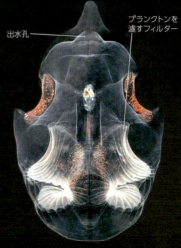

出水孔　プランクトンを濾すフィルター

頭索動物亜門
ナメクジウオの仲間
Branchiostoma lanceolatum

体長	最大6cm
生息水深	海岸と浅瀬
生息環境	粗砂

生息域　大西洋北東部の温帯海域および地中海沿岸

ナメクジウオ類の体は薄い半透明の細長い葉のようで、生息場所である粗砂の堆積から見つけにくい。普段は体の半分を砂に埋め、頭だけを水中に出している。V字型の筋肉の塊が、体に沿って並んでいるのが透けて見える。頭の先には、硬い巻ひげが口の周りの覆い囲むように生えている。これは、大きな粒子の堆積物をせき止め、粒子の細かい有機物だけを体内に取り込むためのフィルターの働きをしている。

無顎類

超界	真核生物(ユーカリア)
界	動物界
門	脊索動物門
綱	ヌタウナギ綱
	頭甲綱
種	125

無顎類は、古くから存在する脊椎動物のグループで、絶滅してしまったさまざまな種を含む。現存しているのは、ヤツメウナギ類とメクラウナギ類のみである。現存するもっとも原始的な脊椎動物と考えられているが、メクラウナギは脊椎動物ではないという科学者も多い。両者は外見が類似しており、共に細長い体に下顎のない口を持つが、それぞれ別の進化を遂げてきた。ヤツメウナギ類は世界中の温帯海域沿岸に生息し、繁殖期に川へ移動するか、一生淡水で生活する種もある。メクラウナギ類は完全に海洋性である。

体のつくり

ヤツメウナギ類もメクラウナギ類も、細長い体に鱗のない滑らかな皮膚を持つため、一見したところ、魚類に属するウナギに間違えられる。しかし、両方とも内骨格がなく、代わりに脊索と呼ばれる柔軟な軟骨の管が、体に沿って通っている。ヤツメウナギ類の口の周りには、小さな歯がぎっしり生えた円盤がある。メクラウナギ類には、スリット状の口があり、その外側を肉質のひげが囲み、内側には歯が生えている。両グループに共通して、頭部の後方に外側に開く円型の鰓孔があり、頭頂部には鼻腔が一つある。

ヤツメウナギの口

吸盤と呼ばれる円盤には、小さく尖った歯がぎっしりと同心円を描いている。大きな歯は開口部を取り巻くように生えている。

メクラウナギ

メクラウナギ類は、口の周りにある太いひげを使って障害物を感知し、餌となる死んだ魚を探す。目は発達せず、皮膚の下に埋没しているため、ほとんど見えない。

断面

ヤツメウナギ(左図)とメクラウナギの体は脊索に支えられ、背中に沿って連なる筋肉によって動く。脊椎がないため、非常にしなやかに動く。尾と背鰭はあるが、対になった胸鰭や腹鰭はない。

繁殖

ヤツメウナギ類は、繁殖のために淡水に移動する。メスは何千もの卵を川の砂利底の中に産み落とす。やがて卵が孵化するとアンモシーテスと呼ばれるミミズ型の幼生になる。この生まれたばかりの幼生には歯のない馬蹄型の口がある。約3年間、淡水の泥の中で有機堆積物を餌にして生活し、数段階の幼生を経て成魚になると海をめざす。メクラウナギ類は、海底に大きな卵をいくつか産む。幼生の段階はなく、小さな成魚の姿で卵から出てくる。

メクラウナギの卵

メクラウナギの卵の両端には錨のようなフックがあり、連なったソーセージ状に産み落とされる。

捕食

淡水種を除いて、ヤツメウナギ類は寄生性で、魚類と軟骨魚類を宿主として生活している。歯や吸盤状の唇を使って宿主に付着し、吸い付く。吸盤に付いた歯で魚の体表にガリガリと穴を開け、肉も血も体液も吸い尽くす。最終的に宿主は失血や組織損傷によって死に至ることもある。対照的に、メクラウナギ類は基本的に清掃動物(スカヴェンジャー)で、生きた無脊椎動物に加えて死んだ魚やクジラの肉を食べる。体に結び目をつくり、その結び目を肉の方へ移動させて肉をちぎり取ることができる。

宿主のサメ

ウバザメは巨体で動きが遅いため、海生のヤツメウナギに寄生されやすい。ヤツメウナギは満腹になると自ら宿主から離れるが、宿主には傷跡が残り、そこから病気に感染することもある。

頭甲綱
ウミヤツメ
Petromyzon marinus

体長	最大1.2m
体重	最大2.5kg
生息水深	1-650m

生息域　北大西洋沿岸の温帯海域と、これに通じる河川

円柱状の長い体型のウミヤツメはウナギに似ているが、顎がない。体は尾に向かって平たくなり、背鰭が2枚ある。口は円形で頭部の下にあり、皮膚のひだで縁取られ、中にはたくさんの小さな歯が同心円を描くように列を作って並んでいる。この独特な口で、小型の類似種であるスナヤツメ類（右参照）と見分けがつく。成魚の背中には、褐色の斑点が出る。成魚は海に住み、死んだ魚や漁網にかかって死にそうな魚を食べる。同時に様々な生きた魚類に寄生する。吸盤で宿主を襲撃し、皮膚に穴を開け、肉や体液を吸い上げる。ウミヤツメは川で産卵し、幼生は成魚になるまで約5年間淡水で生活し、成熟すると海へ帰っていく。この種は漁網、水質汚染、川の生息環境の悪化が原因で個体数が激減した。

頭甲綱
ヨーロッパスナヤツメ
Lampetra fluviatilis

体長	最大50cm
体重	最大150g
生息水深	0-10m

生息域　大西洋北東部、地中海北西部の沿岸と周辺の河川

成魚が河口付近にとどまることから、カワヤツメとも呼ばれる。ウミヤツメ類（左参照）とは、小型であること、背中に斑点がないこと、歯が少なく並び方が違うことなどで見分けられる。川で孵化した幼生は河口へ移動し、ニシン、ヒラメなどを餌にして約1年を過ごす。

メクラウナギ綱
メクラウナギ
Myxine glutinosa

体長	最大80cm
体重	最大750g
生息水深	40-1,200m

生息域　北大西洋と地中海西部の水温13℃以下の沿岸と浅瀬

メクラウナギ類にも骨でできた骨格はなく、代わりに軟骨の節でできた脊索が体を支えているため、動きがしなやかである。スリット状の口の周りに肉質のひげがあり、未発達の目を持つ。1対の鰓孔が体の前方から3分の1ほどの腹部にある。

メクラウナギは普段、体の大部分を泥に埋め、頭の先端を水中に出して生活している。甲殻類を主食とするが、死んだクジラや魚の肉もあさって食べる。こうした肉を食べるとき、口で食らい付き、尾の近くに作った結び目を前方に移動させて、獲物に吸い付いた口を肉を食いちぎりながら引き離す。

メクラウナギは、分泌される過剰な粘液を定期的に払い落とすために、自分の体に結び目を作る非常に珍しい種である。ウナギ型の体の両脇から、おびただしい量の粘液が分泌される。その量は一時間に満たない間にバケツを一杯にする程である。このゼラチン質の粘液によって、どんな捕食動物の襲撃も阻む。すべての無顎類と同様、

メクラウナギ綱
パシフィックハグフィッシュ
Eptatretus stoutii　Pacific Hagfish

体長	最大50cm
体重	最大1.4kg
生息水深	20-650m

生息域　太平洋北東部の沿岸と大陸棚

パシフィックハグフィッシュは、大西洋で見られるメクラウナギに似ている。普通は赤茶色で、青紫色の光沢がある。真の意味の鰭はなく、尾を取り巻く背鰭状のものがあるが、泳ぐためのものではない。柔らかい泥の中に住み、主に腐肉を食べる。定置網にかかった魚類は格好の餌で、大きな魚類の口か肛門から体内に入り、内臓と筋肉から食べていく。

尾を取り巻く背鰭状のもの

メクラウナギ綱
ヌタウナギ
Eptatretus burgeri

体長	最大60cm
体重	不明
生息水深	10-270m

生息域　北西太平洋と内海の温帯海域

この種は、他のメクラウナギ類よりも比較的浅瀬に住む。体型も体長もパシフィックハグフィッシュ（上記）に類似しており、六つの鰓孔を持ち、背中に白い筋がある。普段は岸に接した泥の中に潜っているが、繁殖期になると深い海域へ移動する。他のメクラウナギ類とは違い、季節繁殖する。その堅い皮は、革を作るのに利用される。

サメ類、エイ類、ギンザメ類

超界	真核生物(ユーカリア)
界	動物界
門	脊索動物門
綱	板鰓亜綱
	全頭亜綱
種	1,290

このグループにはサメ類、ガンギエイ類、エイ類、そして深海魚のギンザメ類が含まれる。その中には、イトマキエイなどの濾過摂食生物のほか、ホホジロザメのような狩りの名人もいる。また、魚類としては特異な、大きな脳、胎生、恒温といった特徴を備えているものもいる。化石で見ると、軟骨魚類は何億年も前から形態がほとんど変わっていないことがわかる。どの種も骨格が軟骨で形成され、歯は必要に応じて生え替わり、皮膚は歯と同質の楯鱗で覆われている。

体のつくり

軟骨魚は、いずれも内骨格が軟骨で形成されている。種によっては頭蓋骨と骨格の一部が無機物の沈着により強化されているものもある。歯は非常に硬いエナメル質に覆われ、恐るべき武器となる。サメの歯は数列あり、現在使われている歯のすぐ後ろに新しい歯が平らに並んでいる。これが徐々に前へ移動し、8～15日に一度という高い頻度で抜け替わる場合もある。軟骨魚の皮膚は非常に硬い。メスのサメの皮膚は、オスが交尾の際、噛んでメスにしがみつくため、とりわけ分厚くなっている。サメの皮膚は「楯鱗」と呼ばれる尾の方向へ突出した歯と同質の微細な組織で覆われており、紙やすりのような感触がある。エイは脊柱を作るために少し大きくした歯状突起を散在させ、ギンザメの大部分には歯状突起がない。軟骨魚には硬骨魚(336-39ページ参照)に見られる気体を充填した浮き袋がない。

HUMAN IMPACT
サメの捕獲

肉、鰭、肝油、皮膚などのために、世界中でかなりの量のサメが捕獲されている。繁殖の速度は非常に遅く、1年から2年に一度、2、3匹程度の子どもが生まれるだけで、多くの種では成熟するのに10年以上の年月がかかる。このため、サメの捕獲による減少後に個体数を回復するのには長い年月がかかる。世界レベルで見ると、生物学的にみて種の保存が確保できるレベルを超える量のサメが捕獲されている。

サメの鰭
毎年、何千頭ものサメが高価格で取引される鰭を求めて殺されている。鰭は乾燥されてフカヒレスープになるのである。鰭が切り取られたサメは、生きたまま捨てられてしまうことも多い。

エイの体型
ガンギエイ類とエイ類の体は扁平で、胸鰭が大きい。口は腹面に位置するため、酸素摂取に必要な水は呼吸孔と呼ばれる背面の1対の穴から吸い込み、鰓から吐き出す。

サメの体形
典型的な体形は、なめらかな流線型。通常、尾は上下が非対称(不等尾型)で浮力を生み、1対の腹鰭は体のかなり後方にある。口は下顎が懸垂型で、鰓孔は左右に5対ある。

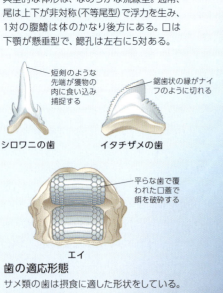

歯の適応形態
サメ類の歯は摂食に適した形状をしている。尖った歯で獲物をくわえ込み、鋸歯状の歯で獲物の肉を大きく食いちぎる。エイ類とギンザメ類は臼状の歯を持ち、これで硬い甲殻類や軟体動物を粉砕する。

繁殖

すべての軟骨魚類は、メスの体内で受精を行う。成熟したオスの腹には、腹鰭の一部に鰭脚と呼ばれる釣竿に由来した交尾器官があり、交尾中はこの鰭脚をメスの総排出口（排泄と生殖の両方を行う器官）に挿入し、精子を送り込む。サメ類には求愛行動があるようだが、交尾は粗雑に行われる。

ギンザメ類と、数種類のサメ類とエイ類の繁殖方法は、卵を産み落とす卵生である。卵は個々に卵嚢と呼ばれる革状のカプセルで保護されており、数ヶ月で孵化する。対照的に、大半のサメ類やエイ類は胎生で、長い妊娠期間を経て子どもを出産する。若干の種では、卵が母の中に残り、孵化するまで卵黄嚢という袋に守られる（卵黄嚢胎生）。胎生はサメ類の約10％がとる繁殖方法で、子どもはメスの体内にある胎盤のような組織に付着し、そこで栄養分をもらいながら育つ（胎盤胎生）。

いずれも、子どもは小型ながら成魚とまったく同じ姿で産まれ、すぐに捕食を始める。メスは出産後すぐに子どもから離れ、子どもは自活する。

トラザメの卵
卵嚢に入っているトラザメの胚は、約1年後に孵化する。外側についている巻きひげで海藻に固定されている。

レモンザメの出産
レモンザメは、浅瀬の静かな湾や潟に移動して出産する。子どもは尾から先に産み落とされる。出産後、母親は成育場から離れる。

シュモクザメ
頭部が幅広いため、吻には並外れた電気受容器が備わり、視界も広い。恐るべきハンターである。

軟骨魚類の分類

サメ類とエイ類は一緒に板鰓亜綱に分類され、もう一つはラットフィッシュやラビットフィッシュなどと呼ばれるギンザメ類の全頭亜綱である。板鰓亜綱の中でサメ類は9つ、エイ類は4つの目に分類される。全頭亜綱はギンザメ類の1つの目だけである。

ギンザメ類
ギンザメ目 Chimaeriformes
約34種
唯一現存する全頭亜綱のグループで、一般的なサメ類やエイ類とは異なる。ぶよぶよした長い体には鱗がなく、大きな頭には知覚管、板状の歯、1対の鰓孔がある。第一背鰭は大きく直立させることができ、毒を分泌するとげがある。繁殖は卵生。

ラブカ類、カグラザメ類
カグラザメ目 Hexanchiformes
6種
細長い体型で、6対か7対の鰓裂、小さな呼吸孔、尾の近くに背鰭が1基ある。ラブカ類の歯は三叉型で、カグラザメ類の歯はノコギリ型。繁殖は卵胎生。

オンデンザメ類、ツノザメ類
ツノザメ目 Squaliformes
130種
ツノザメ類、オロシザメ類、カラスザメ類、オンデンザメ類、アイザメ類、ヨロイザメ類の大型で種類豊富な6つの科で構成されている。呼吸孔、5対の鰓裂があり、尻鰭がない。繁殖は卵黄嚢胎生。

キクザメ類
キクザメ目 Echinorhiniformes
2種
とげのような歯状突起で、大きく動きの遅い深海のサメ。繁殖は卵黄嚢胎生。

ノコギリザメ類
ノコギリザメ目 Pristiophoriformes
9種
小型ですらっとした体型。平らな頭にノコギリ型の吻とひげがある。背鰭が2基あり、尻鰭はない。繁殖は卵生。

カスザメ類
カスザメ目 Squatiniformes
20種
エイに似た扁平なサメ類で、丸い頭部の側面に鰓裂があり、呼吸孔を持つ。大きな胸鰭と腹鰭、2基の小さな背鰭があり、尻鰭はない。繁殖は卵胎生。

ネコザメ類
ネコザメ目 Heterodontiformes
9種
海底に棲む小型。尖った前歯と臼状の奥歯、先の丸い頭、口と溝でつながる鼻腔、櫂のような胸鰭、尻鰭が1つ、尖った背鰭が2基ある。繁殖は卵生。

テンジクザメ類
テンジクザメ目 Orectolobiformes
約33種
海底に棲む。オオセ類やナースシャーク類が含まれる。平らな頭にひげ、鼻腔と口は深い溝でつながる。尻鰭が1つ、とげのない背鰭が2基。繁殖方法は様々。

ネズミザメ類
ネズミザメ目 Lamniformes
15種
ホホジロザメ、ウバザメ、メガマウスザメを含む大型サメ類。体は円柱型で、頭部は円錐型、背鰭が2基と尻鰭が1つあり、上葉の長い尾鰭を持つ。多くは体温を高く保つ。繁殖は卵黄嚢胎生。

アオザメ類
ネズミザメ目 Lamniformes
15種
このグループのサメはみな大型で卵生。体は円柱型で、頭部は円錐型。背鰭が2基と尻鰭が1つあり、上葉の長い尾鰭を持つ。このグループに属する種の多くは体温を高く保つことができる。

メジロザメ類
メジロザメ目 Carcharhiniformes
約291種
体型はサメの仲間のうちもっとも大きく、多様。全種とも、とげのない背鰭が2基と、尻鰭が1つある。繁殖方法は多様。

エイ類
ガンギエイ目 Rajiformes
718種以上
ほとんどが海底に棲む。扁平で円盤型の体に、頭とつながった翼のような胸鰭と、細長い尾を持つ。繁殖は大半の種が胎生だが、卵生の種もある。

感覚器

軟骨魚類は五感が鋭く、遠く離れていたり、沈殿物に埋もれている獲物でも見つけ出す。捕食性のサメ類は、他の動物が発する微量の血液を含む海水が、鼻腔にある高感度の細胞膜を横切るだけで嗅ぎ分ける。また、ナヌカザメ類は、互いの位置を確認するためにもこの嗅覚を使う。また、すべての種にロレンチニ瓶と呼ばれるたくさんの孔があり、これを使って他の動物が発する微弱な電気信号を感知する。ほとんどの種に、硬骨動物のものと同様の側線感覚器官があり、海水の動きを察知する。目は哺乳類のものと類似し、視力がよい。瞼はないが、獲物を襲うときに目を保護するための、透明の瞬膜を持つ種もある。

ロレンチニ瓶
吻の上の黒い点が電気信号を感知する器官で、暗闇でも獲物を見つけ出す。

ひげ
夜行性のナースシャークは、ひげの触覚と嗅覚で砂に潜った獲物を探し出す。

ギンザメ目
テングギンザメ
Rhinochimaera pacifica

体長　尾のフィラメントを除いて約1.3m

体重　記録なし

生息水深　330-1,500m

生息域　太平洋の一部と東インド洋

テングギンザメが、太平洋の深海から初めて水揚げされたとき、円錐型の吻の長さに科学者たちは驚嘆した。この奇妙な外見の長く茶色がかった体は、尾に向かって細くなっているため、頭と尾の両端が尖っているという印象である。吻は白みがかっていて柔らかく、ロレンチニ瓶や感覚器官で覆われている。

小さな目だけでは暗い深海での視界が限られるため、テングギンザメは吻にある感覚器官で餌を探し、周辺の障害物を感知する。吻の付け根の下にあるくちばし型の口には、何対かの黒い板状の歯がある。尾は小さな下葉しかなく、上葉は肉質のこぶの筋になっている。尾鰭を使って泳ぐ一般的な魚類とは異なり、テングギンザメは他のギンザメ類と同様、胸鰭を使って泳ぐ。大西洋でもこれに類似した種が発見されている。

ギンザメ目
エレファントフィッシュ
Callorhinchus milii

体長　最大約1.3m

体重　記録なし

生息水深　少なくとも230m

生息域　南西太平洋、オーストラリア南部の沖合、ニュージーランド南島の東側沿岸の温帯海域

エレファントフィッシュは、その独特な肉質の長い吻からこの名が付けられた。この風変わりな突起で海底の泥を嗅ぎ回り、貝類を探し出し、板状の歯でバリバリと噛み砕く。頭部には優れた知覚管が交差している。春になると、繁殖のために河口や湾などの入江に移動し、尖った黄茶色の卵嚢に入った卵を産み落とす。この種は食用として捕獲される。

繁殖の支え

水中での交尾は体が滑りやすいため、ギンザメ類のオスは、頭にこん棒に似た伸縮自在の突起を備え、それを使ってメスの体にうまくしがみつく。オスは鰭脚をメスの総排出口に挿入して精子を送り込む。

伸縮自在の突起

ギンザメ目
スポッティドラットフィッシュ
Hydrolagus colliei　Spotted Ratfish

体長　最大1m

体重　記録なし

生息水深　少なくとも900m（近海）

生息域　北太平洋東部

スポッティドラットフィッシュの学名は、「水ウサギ」という意味で、またBlunt-nosed Chimaera（丸い鼻のギンザメ）という呼び方もある。ラビットフィッシュ（右参照）と同じ科に属し、姿は似ているが、尾の手前の下側に尻鰭がない。暗い色の体表にある白い斑点は、ちょうど森林に住む鹿の白い斑点のようにカモフラージュの役目をしている。大きな胸鰭を使って水中を滑るように泳ぎ、海底の堆積物をはたいて軟体動物や甲殻類などの餌を探す。繁殖方法は他のギンザメ類と同じ卵生で、メスはオタマジャクシ型の卵嚢に入った卵を産む。産卵期は夏で、1回の産卵で2個の卵を海底に産み落とす。

スポッティドラットフィッシュは、他の魚類にまぎれて漁網にかかることがあるが、あまり美味ではないので食用に捕獲されることはない。むしろ背鰭に生えた鋭いとげでひどい傷を負ったり、強く噛まれたりするため、漁師に嫌われる存在である。夜間のスキューバダイビングではよく見かける。

ギンザメ目
ラビットフィッシュ
Chimaera monstrosa　Rabbit Fish

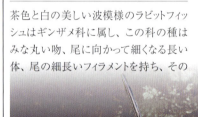

体長　最大1.5m

体重　最大2.5kg

生息水深　通常300-400m

生息域　東大西洋と地中海

茶色と白の美しい波模様のラビットフィッシュはギンザメ科に属し、この科の種はみな丸い吻、尾に向かって細くなる長い体、尾の細長いフィラメントを持ち、その特徴からratfish（ネズミ魚）という別名も生まれた。第1背鰭の前には長く鋭い毒性のとげがあり、これに刺されるとひどい傷を負う。ギンザメ類はこの背鰭を起立させたり降ろしたりすることができる。これは他のサメ類にはできないことである。第2背鰭は低く、尾鰭に届きそうなほど長い。小さな群れをなしてのろのろと泳ぎ、ウサギのような前歯で海底の無脊椎動物を食べる。

北海のエビ漁の網に誤ってかかってしまうことが多い。

軟骨魚

カグラザメ目

ラブカ
Chlamydoselachus anguineus

体長	最大2m
体重	記録なし
生息水深	20-1,500m

生息域　世界中に点在

ウナギのような細長い体と平らな頭は、他のサメ類と類似性が乏しい。最大の違いは、ほとんどの種では頭部の下部にあり下方向に開く口が、先頭部分に正面を向いてついていることである。さらに、ほとんどのサメ類が5対の鰓裂を持つのに対し、ラブカには6対あり、それぞれの縁にひだがある。歯が小さく、三叉型で先が鋭く尖っている。

ラブカは口を開けたまま、白く目立つ歯をむき出しにして泳ぐ。時折水面にも現れるが、主に深海の海底付近に生息し、深海魚類やイカ類を餌にする。オスの腹には長い鰭脚が2つあり、交尾のときにここからメスに精子を送り込む。繁殖は卵胎生で、卵は母親の体内で孵化し、子どもが体外に産み出される。最高で12匹の子どもが、受精後約2年の妊娠期間を経て産まれる。

ラブカは他の深海魚類を目的とするトロール網に混獲されることが多い。繁殖が頻繁に行われず個体数の増加が難しいため、IUCNレッドリストの準絶滅危惧種に指定されている。

カグラザメ目

カグラザメ
Hexanchus griseus

体長	最大5.5m
体重	600kg（あるいはそれ以上）
生息水深	2,500mまで

生息域　世界中の熱帯海域と温帯海域

この深海に生息する巨大なサメは、夜間には浅瀬で目撃されることもあるが、普段は岩の多い海山や中央海嶺付近にいる。肉厚の力強い体には背鰭が1基と、櫛のような鋭い歯を持つ大きな口と6対の鰓裂がある。他のサメ類の鰭が硬いのに対し、カグラザメの鰭はしなやかに曲がる。大型の成魚はアザラシやクジラを狙うが、基本的には魚類、エイ類、イカ類、底生無脊椎動物を餌にする。

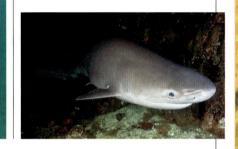

カグラザメ目

エドアブラザメ
Heptranchias perlo

体長	最大1.4m
体重	記録なし
生息水深	1,000mまで、一般的には27-720m

生息域　世界中の熱帯および温帯海域（太平洋北東部を除く）

エドアブラザメは、鋭く尖った吻と7対の鰓裂を持つ。現存するサメ類で鰓裂が7対あるサメは、この他にもう1種しかいない。深海に生息し、イカ類、甲殻類、海底付近にいる魚類を餌にする。カグラザメ類（上参照）同様、櫛のような歯を持つ。未成熟な個体の背鰭の先と尾の上葉には黒い斑があり、成熟するにつれ薄くなる。繁殖は卵黄嚢胎生で、メスは1度に6-20匹の子どもを産む。生きた状態で観察されることがほとんどなく、捕食や繁殖行動に関してもほとんど知られていないが、稀に捕獲されると非常に活発で攻撃的である。時折トロール網に混獲されることが、個体数の減少の原因と見られる。現在ではIUCNレッドリストの準絶滅危惧種に指定されている。

ツノザメ目

アブラツノザメ
Squalus acanthias

体長	最大1.5m
体重	最大9kg
生息水深	1,460mまで、一般的には0-600m

生息域　世界中（熱帯海域と北・南極海を除く）

サメ類は普通群れを作らないが、アブラツノザメは同性かつ同体型の個体が何千もの大群をなすことがよくある。光沢のあるダークグレーの体には背鰭が2基あり、それぞれの背鰭の前に鋭いとげがある。体側に白い斑点が点在するが、これは未成熟の個体に多く見られる。吻は尖っていて、目は大きな楕円形である。かつては個体数の多いサメだったが、乱獲の結果、絶滅の危機に瀕している。アブラツノザメ類は20歳で成熟し、30歳くらいまで生きる。非常にゆっくりと成長し、子どもは最長で2年間もの妊娠期間を経て産まれる。冷水を避けるために、季節ごとに数千kmも移動する場合もある。

ツノザメ目
ランタンシャーク
Etmopterus spinax

体長	最大45cm、稀に60cm
体重	最大850g
生息水深	2,500mまで、一般的には200-500m
生息域	東大西洋と地中海

この小型のサメは、明るく光る小さな発光器官で黒い腹を照らし、暗闇で魚類やイカ類を探す。大きな目を持ち、2基の背鰭の前には頑丈で鋭いとげがある。もっとも小型のサメの仲間で、類似種は30種ほどある。

ツノザメ目
グリーンランドシャーク
Somniosus microcephalus Greenland Shark

体長	最高6.4m
体重	最大775kg
生息水深	0-2,650m
生息域	北大西洋と北極海

グリーンランドシャークは動きが遅く、重量感のある円筒型の体型で、普通茶色か灰色をしている。吻は短く丸みを帯び、同じ大きさの背鰭が2基ある。魚類、海鳥類、アザラシ類など様々な生きた動物を捕らえて食べるが、同時に清掃動物でもあり、死んだクジラや、トナカイなどの溺れた陸上動物の肉も食べる。アザラシを捕るために氷の穴から出てきたところを釣り上げられるが、肉には毒があるため、食用にするには数回煮込む必要がある。

噛み合わせのよい歯が並ぶ幅広い顎

カスザメ目
カリフォルニアカスザメ
Squatina californica

体長	最大1.5m
体重	最大27kg
生息水深	0-300m
生息域	東太平洋の大陸棚

つぶれたサメとエイのあいのこのような体型で、海底に静かに横たわっていることが多い。砂色または灰色の背には、小さな黒い点と、環状の模様が散在しており、カムフラージュになる。一見エイに見えるが、エイ類の鰓裂は体の下側にあるのに対し、この種の鰓裂は頭の両サイドあることから、れっきとしたサメであると言える。両目の後ろの対になった大きな呼吸孔から海水を吸い込み、鰓に送り込んで酸素を得る。餌を捕るときはコブラのように頭をもたげ、獲物であるカレイやクローカーなどの魚類や海底生物が通過するのを待ち伏せる。またダイバーや漁師に刺激されると噛みつくことでも知られる。メスは9-10ヶ月の妊娠期間を経て、一度に6-10匹の子どもを産む。子どもが成熟するまでに少なくとも10年かかり、およそ35歳まで生きる。以前はカリフォルニア沖で大量に見られたが、1990年代に大量捕獲されたため、激減した。現在では刺し網漁が禁止されたため、捕獲されていない。IUCNレッドリストにおいて準絶滅危惧種に指定されている。

カスザメ目
ダルマザメ
Isistius brasiliensis

体長	最大56cm
体重	記録なし
生息水深	0-3,500m
生息域	大西洋、太平洋、インド洋南部

クジラ類や大型のサメ類の多くは、ダルマザメが傍にいると傷を負うことがある。小型で葉巻型のダルマザメは寄生性で、宿主に噛み付いて肉を剥ぎ取る。宿主に密着して、下顎にあるカミソリのように鋭い歯で肉を噛みちぎる。夜行性で、腹部にある緑色の発光器官をおとりにして獲物をおびき寄せる。イカ類や甲殻類も食べる。

ノコギリザメ目
ミナミノコギリザメ
Pristiphorus cirratus

体長	最大1.4m
体重	記録なし
生息水深	40-310m
生息域	オーストラリア南部の温帯および亜熱帯海域

他のノコギリザメ類同様、この種は平たい頭の先に長いノコギリ型の突起あるいは吻を持つ。この吻の縁には、大きく鋭い歯が並んでいる。吻には1対のひげがあり、この吻とひげが知覚器官となり、他の動物が発する振動や電気信号を感知する。海底でうろうろと巡回し、魚類や甲殻類などの獲物を探し出すと吻を左右に振り回し、切りつけて殺す。

軟骨魚 327

テンジクザメ目
アラフラオオセ
Eucrossorhinus dasypogon

体長	最大1.3m
体重	記録なし
生息水深	少なくとも40m

生息域　南太平洋西部、オーストラリア北部の沖合、パプアニューギニア

海底で静かに横たわっているときのアラフラオオセは、その目的どおり、海藻に覆われた岩のように見える。カモフラージュを得意とする、海底に生息する平たいサメの一種である。ひしゃげた形で幅が広く、対になっている鰭は、海底に見事になじんでいる。この種は、白っぽい体表に褐色できめ細かな美しい網目模様がある。口の周りには海藻に似た皮膚のひだがある。日中は、物陰や突き出たサンゴ礁の下に身を隠して休む。夜になると海底に現れ、見通しの利く場所から通りすがりの魚を襲う。獲物が射程距離に入ると、大きな口を開けて飛びかかり、巨大な顎と針のような歯であっという間に食べてしまう。人間に驚かされて噛みついたという記録もある。サンゴ礁の破壊と大量捕獲によって、数が減っている。

誤解を招く類似

アラフラオオセは、分類上まったく関連性のない硬骨動物のアンコウ(353ページ参照)と酷似している。両種とも獲物を待ち伏せする捕食動物であり、平たい体、幅広い頭、ひだで囲まれた大きな口、鋭く尖った歯を持つ。類似した生息環境を生きる2種が、互いに似た生き方を見出し、収斂進化した一例である。

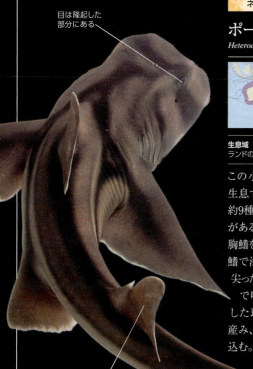

目は隆起した部分にある

背鰭

ネコザメ目
ポートジャクソンネコザメ
Heterodontus portusjacksoni

体長	最大1.7m
体重	記録なし
生息水深	0-275m

生息域　オーストラリア南部の沖合の温帯海域(ニュージーランドの沖合にも可能性)

この小型のサメは、泳ぎが遅く海底に生息するネコザメやホーンシャーク類の、約9種あるうちの1つである。小さなとげがある背鰭が2基あり、大きな櫂のような胸鰭を持つ。泳ぎが下手で、夜になると、鰭で海底を這うようにしてウニ類を探す。尖った前歯でウニをくわえ、幅広い奥歯で噛み砕く。メスはらせん状をした珍しい形の卵嚢に卵を産み、岩の割れ目に押し込む。

テンジクザメ目
トラフザメ
Stegostoma fasciatum

体長	最大2.4m
体重	記録なし
生息水深	0-63m

生息域　インド洋と太平洋南西部

トラフザメはサンゴ礁の近くで目撃されることが多い。背が隆起した長い体に密集した斑点があるため、他のサメと間違いようがない。子どもに斑点はなく、代わりに縞模様があり、背は隆起していない。日中は岩礁の上にじっと横たわっている。夜になると、餌となる軟体動物、甲殻類、小魚を探す。

テンジクザメ目
オオテンジクザメ
Nebrius ferrugineus

体長	最大3.2m
体重	記録なし
生息水深	1-70m、一般的には30m前後

生息域　インド洋、太平洋西部および南西部

オオテンジクザメは、海底に生息するおとなしいサメで、水中カメラマンのお気に入りである。刺激を与えれば噛むこともあるが、接近しても動じない。日中は、岩陰や溝で静かに休み、夜になると無脊椎動物を捕る。口の両脇に感覚器官である1対の長いひげがあり、これを使って獲物を探し、幅の広い歯で噛み砕く。

海洋生物

テンジクザメ目

ジンベイザメ
Rhincodon typus

体長	12-20m
体重	12t以上
生息水深	水面付近、冬は深海

生息域　世界中の熱帯海域と温帯海域

ジンベイザメは、優雅にゆっくりと泳ぐ巨大なサメで、世界最大の魚類である。顎はさしわたし1.5mにもなり、人間1人など軽くすっぽりと入ってしまうが、その外見に反して全く無害な濾過摂食動物で、プランクトンと小魚を餌とする。十分な食料を得るために、口から水を吸い込み、鰓に送り込む。そこで食物の粒子が鰓耙師と呼ばれる骨の突起で濾され、やがて飲み込まれる。ジンベイザメの皮膚は、動物界でもっとも厚く、最大で10cmもある。隆起した畝が頭から尾にかけて何本かあり、尾は大きな鎌形である。背中の白い斑点は固有のパターンをもつため、科学者が写真などでその模様を分析すれば個体の判別ができる。衛星追跡の結果、世界中の海を回遊する個体がいることが分かったが、詳しい経路などは解明されていない。卵は母親の体内で孵化し、子どもが体外に産み出される。ジンベイザメを法的に保護する国がある一方で、その肉と鰭（スープの材料）が目的で殺されている。

プランクトンを堪能する

毎年4月ごろに、ジンベイザメはオーストラリア沖のニンガルーリーフ辺りを回遊し、プランクトンのご馳走を楽しむ。この時期のプランクトンの激増は、サンゴ礁が一斉に放卵することに起因する。また満月が引き起こす現象とも考えられている。

ネズミザメ目

メガマウスザメ
Megachasma pelagios

体長	5.5m以上
体重	記録なし
生息水深	0-165m

生息域　ほとんど知られていないが、おそらく世界中の熱帯海域

この巨大なサメはごく最近の1976年に、1匹が船の錨に引っかかったことから発見された。ジンベイザメやウバザメ同様、濾過摂食動物で、巨大な口いっぱいにエビを飲み込み、おそらく大きな舌でそれを圧搾する。夜になると、エビを追って水面に近づく。口の中にある生物発光組織で、獲物をおびき寄せると考えられている。

ネズミザメ目

ウバザメ
Cetorhinus maximus

体長	6-11m
体重	最大7t
生息水深	0-2,000m

生息域　世界中の低温・温暖海域の沿岸

世界で2番目に大きい魚類であるウバザメは、数カ国で公に保護されている。夏には、水面付近で口を大きく開けて泳ぎ、プランクトンを濾しとって食べる。最高で毎時150万lの海水を鰓で濾過する。鰓裂はほとんど頭を一周してしまうほど大きい。肝臓は腹腔の全長に及び、浮力を調節する肝油で満ちている。

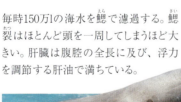

ネズミザメ目

スナザメ
Carcharias taurus

体長	最大3.2m
体重	最大160kg
生息水深	0-190m

生息域　温暖海域と熱帯海域の沿岸(東太平洋を除く)

スナザメは、恐ろしげな外見をしている。重厚な体つきで、短剣のような威嚇する歯は、口を閉じたときでもはみ出している。しかしその外見に反して、飼育下に置かれても極めておとなしいため、水族館でよく見られるサメである。平たい円錐状の吻があり、明るい茶色の体には黒っぽい斑点があることが多い。水深の浅い沿岸の、特にサンゴ礁や岩礁の溝や横穴に住む。普段は海底にいるが、水面で空気を腹いっぱい含んで水中をさまようこともできる。

母親は1対の子宮を持ち、それぞれに1匹ずつ、同時に2匹の子どもを産む。子宮の中にはたくさんの胚があり、無精卵を食べ、胚同士で共食いした後、生き残ったもっとも強い子どもが産まれる。スナザメは、スポーツフィッシングと食用の両目的で広く捕獲されている。

軟骨魚 329

ネズミザメ目
ホホジロザメ
Carcharodon carcharias

体長	最大約6m
体重	3.4t以上
生息水深	0-1,300m

生息域　北極海、南極海を除くほぼ世界中の海洋

ホホジロザメは、海生動物の中で最強の捕食動物の1つで、殺戮者との悪評が高い。実際は、とても賢いサメで、複雑な社会生活を営むことができる。しかし、それ以前に、まずもって獰猛な捕食者であり、小型の魚類からマグロや海生哺乳類(ネズミイルカ、アザラシ、アシカなど)や鳥類(カツオドリやペンギンなど)まで、さまざまな動物を捕食する。

頭と尾に向かって細くなった迫力ある体と三日月形の尾は、奇襲攻撃に適しており、海面から勢いよく飛び出すこともできる。循環器官が体温を外温よりも高く保つよう機能するため、低温の海域でも泳ぐ速度は衰えない。つまり他のサメ類よりも代謝効率がよく速く泳ぎ、なおかつ持久力もある。

ホホジロザメは、南アフリカなどの海生哺乳類が群生する地域を好む。衛星追跡の結果、かなり長距離を回遊することが分かった。スポーツフィッシング、混獲などが原因で、個体数は減少している。

人間の影響
サメの攻撃
ホホジロザメは、他のどのサメよりも多く、人間にいわれのない攻撃を加えてきた。しかし、通常は人間を「餌」にすることはなく、おそらくアザラシやカメと間違えているのであろう。ホホジロザメは水中で餌に誘われると、金属製のダイバー用の檻にまでも噛み付く。

鋭い歯
ホホジロザメの歯は、長さ最大7.5cmである。鋼鉄ほどの硬さがあり、このカミソリ型をした鋸歯状の縁の歯で、どんな硬い肉でも引き裂く。

鋸歯状の縁

明暗消去型隠蔽
上から見ると、ホホジロザメの黒い背中は海底と同化する。下から見ると、その白い腹が水面からの光線に融け込む。

ネズミザメ目
ミツクリザメ
Mitsukurina owstoni

体長	最大3.9m
体重	最大210kg
生息水深	300-1,300m

生息域　詳細不明だが、温帯海域と熱帯海域と考えられている

ミツクリザメは、深海に生息する特異な外見をしたサメの1つで、淡いピンク色をした脂肪の多い体に、小さな目と長く平たい長柄の矛のような吻を持つ。この突き出た吻は、電気受容器のロレンチニ瓶で覆われており、おそらくこれを使って深海の暗闇で獲物を探す。吻の下には特殊な顎があり、長く尖った歯で魚類やタコに噛み付くときに前方へ突出する。

母親が体内で子ども育てる卵胎生であることと、死ぬと体色がピンク系から茶褐色に変色すること以外はあまり知られていない。今まで数十頭のミツクリザメが捕獲されているが、個体数は少ないと思われる。このわずかなデータは、深海魚を目的とした延縄漁によって捕獲された個体から得ている。

メジロザメ目
クサリトラザメ
Scyliorhinus retifer

体長	0.6m
体重	記録なし
生息水深	75-750m

生息域　北・西大西洋、カリブ海

クサリトラザメの金網のような模様は、他に類似するものがない。種の数がもっとも多く約160もあるトラザメ科の1種である。海底に生息し、底生無脊椎動物、甲殻類、小型の魚類を食べる。鼻腔と口が深い溝でつながっており、猫のような目を持つ。年間40-50個の卵を、両端に長い巻きひげがある尖った卵嚢の中に産む。空の卵嚢はmermaid's purses(人魚のハンドバッグ)と呼ばれる。

ホホジロザメ
多くの動物にもっとも恐れられている動物であるホホジロザメは、短時間のすばやい攻撃で、多くの場合、下から獲物を捕らえる。あまりの速さに、サメも獲物(写真はアザラシ)も水上に飛び出すことがある。攻撃の後いったん獲物から離れ、傷を負った獲物が弱るのを待ち、また戻ってきて食べることも多い。

メジロザメ目

ヨシキリザメ
Prionace glauca

体長	最大4m
体重	最大200kg
生息水深	0-350m

生息域　世界中の温帯・熱帯海域

ヨシキリザメは、餌を求めて季節ごとに海から海へと渡る放浪者である。流線型の体に気品のある長く尖った吻と、白い縁取りのある特徴的な黒い目を持つ。長距離を回遊するときは、翼のような胸鰭を広げ、海流に乗って滑るように泳ぐ。途中頻繁に深く潜っては、磁針方位を確認する。獲物を追うときは、最高時速70kmのスピードで泳ぐ。攻撃的なサメで、人間を襲うことで知られており、死亡者もでている。非常によく知られているサメの一種だが、不当な扱いを受けている種でもあり、個体数も減少している。

メジロザメ目

イタチザメ
Galeocerdo cuvier

体長	少なくとも5.5m
体重	最大800kg
生息水深	0-140m

生息域　世界中の温帯・熱帯海域

イタチザメは、ホホジロザメ(329ページ参照)に次いで、人間にとって危険なサメである。巨体で重量感のある頭を持ち、口には独特な雄鶏のとさか型で縁が鋸歯状の歯がぎっしり生えている。イタチザメが危険である理由は、沿岸海域を好み、時には河口付近や港にまで入り込むため、人間と接触する機会が多いからである。一般的に何でも食べると言われており、自分たちの子どもから、魚類、海生哺乳類、カメ類、鳥類だけでなく、死骸やゴミなどを食べることもある。繁殖は卵胎生で、子どもは母親の体内で孵化した後に産み落とされる。産まれた直後にある斑点は成長後トラ縞に変わる。

メジロザメ目

アカシュモクザメ
Sphyrna lewini

体長	最大4.3m
体重	最大150kg
生息水深	0-1,000m

生息域　世界中の熱帯および温帯海域

アカシュモクザメは、全部で8種いるシュモクザメ類の1つで、平たくT字型をした異様な頭を持つ。頭の先端には、3つの刻み目があり、帆立貝(scallop)のように見えることから、英名をScalloped Hammerhead Sharkという。目は頭の両端にある。海底付近で頭を左右に振りながら、魚類、他のサメ類、タコ類、甲殻類などの獲物を探す。頭にあるロレンチニ瓶で電気信号を感知し、堆積物に潜っているエイなどの獲物も探し出す。頭は翼のようにも使われ、体を上昇させたり、獲物を追跡するときの方向転換に役立っている。

アカシュモクザメは群生で、時には100匹以上の大群をつくる。浅瀬や河口付近で子どもを産む。

メジロザメ目

ネムリブカ
Triaenodon obesus

体長	最大2m
体重	最大18kg
生息水深	一般的には8-40m、330mという記録もあり

生息域　インド洋と太平洋の熱帯海域

ネムリブカは、ダイビング中にもっともよく見かけるサメである。日中はサンゴ礁の周辺で横穴か割れ目に入って休み、多くの場合群れで行動する。第1背鰭と尾鰭の上葉の先端が白く、灰色がかった茶色の体と対照的である。夜になると、サンゴ礁周辺に隠れている魚類、タコ類、ロブスター類、カニ類などを求めて動き出す。集団で獲物を追うこともあり、サンゴにぶつかりながらぎこちなく泳ぎ回る。

軟骨魚　333

ガンギエイ目
コモンスケイト
Dipturus batis　Common Skate

体長　最大2.9m
体重　最大100kg
生息水深　100-1,000m

生息域　北ヨーロッパから南アフリカまでの東大西洋と地中海

コモンスケイトは、ヨーロッパ地域に生息するエイ類では最大種である。乱獲の結果、現在では生息域全般で個体数が減少し、地域によっては絶滅した。吻は長く尖っており、翼のような胸鰭の前方の縁が大きくくぼんでいるため、全体的にやせこけた印象である。尾の付け根から先端にかけて一列に並んだとげがあるが、アカエイ類の持つ大きなトゲとは違い、毒性はない。

コモンスケイトは、腹面が青みを帯びた灰色であることから、ブルースケイトと呼ばれることがある。力強く泳ぎ、水中で魚類を捕って食べる一方で、甲殻類、海底に棲む魚類、他のエイ類なども餌にする。繁殖は卵生で、卵嚢は長さが25cmにもなる大きな楕円形をしている。秋か冬に産卵し、2-5ヵ月後に孵化する。

ガンギエイ目
アトランティックギターフィッシュ
Rhinobatos lentiginosus　Atlantic Guitarfish

体長　最大75cm
体重　記録なし
生息水深　0-30m

生息域　メキシコ湾、カリブ海、西大西洋の沿岸

ギターフィッシュ類は、三角形の吻と幅の狭い胸鰭を持つ細長いエイである。一般的なエイ類は、胸鰭だけをはためかせて泳ぐのに対して、ギターフィッシュ類はとげのない尾を動かしてサメのように泳ぐ。アトランティックギターフィッシュの2基の小さな背鰭は、かなり尾に近いところにある。灰色がかった茶色の体表に、小さな白い斑点があり、海底の砂に馴染んでいる。繁殖は胎盤胎生で、メスは多くて6匹ほどの子どもを産み落とす。

ガンギエイ目
ペインティッドレイ
Raja undulata　Painted Ray

体長　最大1.2m
体重　最大7kg
生息水深　45-200m

生息域　東大西洋と地中海

北ヨーロッパ地域に生息する、もっとも個性的なエイで、アンデュレイトレイ（Undulate Ray）とも呼ばれる。背面には褐色の線が長くうねるように描かれ、その周りに白い斑点が両翼の縁に平行して並び、複雑な模様をつくっている。その華美な姿は水族館でひときわ目を引く存在だが、自然環境ではこの模様は餌場である海底の砂に馴染むのに役立っており、そこでヒラメ類、カニ類、底生無脊椎動物を捕らえて食べる。

この種の生態は、あまり研究されていないが、繁殖期のオスは対になった鰭脚を使って交尾をし、メスは最高15個の卵を泥や砂の堆積に産み落とすことがわかっている。

卵は赤茶色の最大9cmにもなる長い卵嚢に包まれ、その両端には湾曲した角がある。英国では近年、卵嚢を識別するプロジェクトを通じて、周辺地域のエイ類の分布と状態に関する情報が集められている。一般会員が海岸に打ち寄せられた空の卵嚢を収集し、それらを再水和することで種が識別される。見つかった卵嚢の数と位置は、毎年照合される。

腹鰭

背鰭

ガンギエイ目
ヒョウモンオトメエイ
Himantura uarnak

体長　尾を含み約4.5m
体重　約120kg
生息水深　20-50m

生息域　アラビア海、紅海、インド洋、西太平洋の沿岸

この美しい模様の種は、細長くしなやかな尾を持つアカエイ類に属する。背面は波打つ茶色の密集した線あるいは網目模様で覆われている。円盤型の体は、長さ約1.5mで、尾の長さは体の3倍近い。1本の大きな毒のあるとげが、尾の付け根のそばにある。個体によってはとげが2本ある。体はダイヤモンドのような形で、吻は幅が広く先の尖った三角形である。温かい海域の沿岸付近に多く生息し、岩礁の合間にある砂の上に静かに横たわっているところを、時折ダイバーに目撃される。

ノコギリエイ目
スモールトゥースソーフィッシュ
Pristis pectinata　Smalltooth Sawfish

体長　最大7.6m
体重　最大350kg
生息水深　0-10m

生息域　世界中の亜熱帯海域

ソーフィッシュの仲間は、長く平たいノコギリのような吻を持つ細長いエイで、その吻で魚群を切りつけたり、海底に突き刺して貝類や無脊椎動物を探し出す。他のエイ類と同様、体の両脇ではなく腹側に鰓裂がある。スモールトゥース類の仲間のメスは、体長約60cmの子どもを産む。子どものノコギリ型の吻は柔らかく鞘で覆われているため、産まれるときに母親を傷つけることはない。

個体数が激減し、深刻な状況であるため、IUCNレッドリストで絶滅危惧IA類に指定されている。

海洋生物

トビエイ目
アメリカアカエイ
Dasyatis americana

体長	体盤幅2m
体重	最大135kg
生息水深	0-55m

生息域　西大西洋、メキシコ湾、カリブ海

アメリカアカエイが属すアカエイ類はみな、尾に短剣のような毒性のとげを備えているため、危険である。1本のノコギリ状のとげは、皮褶と呼ばれる尾に沿った皮膚のひだの中ほどの下側にある。厚みのある円盤型の体は、背面は灰色で腹面は白い。日中のほとんどの時間は、潟や砂浜沖の浅瀬で砂に潜っている。夜になると、砂に穴を掘るように獲物を探し、二枚貝類や、甲殻類、無脊椎動物を噛み砕いて食べる。目が頭頂部にあるため、海底の獲物は見えない。そのため、嗅覚と電気受容器を使って獲物を探知する。砂に潜っている間は、海水を吸って酸素を得るための呼吸孔だけを砂から出しており、表面からは1対の穴しか見えない。うっかり踏んでしまったために、刺される人も多い。とげが鋭いため重傷を負うこともあり、毒は激しい痛みをもたらす。患部をお湯につけると、痛みが和らぐ。

トビエイ目
ラウンドスティングレイ
Urolophus halleri　Round Stingray

体長	尾を含む全長58cm
体重	1.4kg
生息水深	0-90m

生息域　東太平洋

名前の通りほぼ円形（ラウンド）に近い体をしている。この種の仲間と、近縁のアカエイ類は、他のエイ類よりも尾が短く、先端には木の葉型の尾鰭がある。体色は青白いものからこげ茶色まであり、模様も単色のものもあれば褐色の斑点や網目模様など様々である。夏には入江や湾などの内海に移動し、海草に付着した無脊椎動物を食べ、浅瀬で日光浴をするため、人目に付くことが多い。メスは6月ごろに浅瀬に移動して生殖に備え、それを待ち受けていたオスが海岸線を泳ぎ回って求愛行動をする。生殖の準備が整ったメスは、電界を発してオスに知らせることがわかっている。交尾からおよそ3ヶ月後に約6匹の子どもが産まれる。子どもは成熟するまで天敵の少ない内海にとどまる。餌が尽きても遠くまで行かず、2.5km²程度の範囲内にとどまる。この種の天敵はキタゾウアザラシやブラックシーバスなどだが、これらもまたサメなどの大型肉食魚類の標的となる。ラウンドスティングレイのとげに刺されても大事には至らないが、痛みは激しい。

トビエイ目
マンタ
Manta birostris

体長	体盤幅最大8m
体重	最大1.8t
生息水深	0-24m、通常水面付近

生息域　世界中の熱帯海域の水面付近、時折温帯海域

マンタの下を泳いだことのあるダイバーはみな、まるで巨大なUFOに追われているようだと話す。この世界最大のエイは、世界最大のサメであるジンベイザメと同様、プランクトンや小魚を食べる温和な種である。洞窟のような口を大きく広げ、巨大な三角形をした胸鰭の翼をゆっくり上下に動かしながら泳いで餌を摂る。口が腹側にある一般的なエイ類と違い、口が体の前方にあり、その両端に頭鰭と呼ばれるひだがある。この頭鰭をじょうごのように使ってプランクトンを口の中へ集める。これがマンタの別名であるDevil Ray（悪魔のエイ）の由来である。短い棒状の尾が後部にある。

マンタはサンゴ礁の上などの、海流がプランクトンを運んでくる少し高いところに集まる傾向がある。コバンザメがこの巨体にぴったり寄り添っていることが多い。卵胎生で、巨体にもかかわらず海面から飛び出すこともでき、時には飛びながら子どもを産む。

人間の影響
スティングレイシティ

アメリカアカエイは、踏まれるか脅かされるかしないかぎり、基本的に人間を襲わない。とげがあるが、それは天敵であるサメの攻撃から身を守るときに使われる。カリブ海に浮かぶグランドケイマン島には、スティングレイシティと呼ばれる場所があり、そこでは人間慣れしたエイに餌付けすることができる。観光客は、この優雅な動物に混ざって泳ぎを楽しむ。

トビエイ目
ブルースポットスティングレイ
Taeniura lymma Blue-spotted Stingray

体長	尾を含む全長最大2m
体重	最大30kg
生息水深	20mまでの浅瀬

生息域　インド洋、西太平洋、紅海

日中に活動的なため、ダイバーは頻繁にこの美しい模様のエイを見ることができる。サンゴ礁や岩礁の合間の砂に横たわっていることが多い。青い縞模様の尾が海底から突き出ているので、身を隠している場所がわかる。明るく大きな青い斑点が、緑がかった茶色の背面を覆っている。他のスティングレイと同様、尾には毒性のとげが備わっている。潮が満ちると、群れをなして浅瀬に移動し、軟体動物や甲殻類など無脊椎動物を捕る。

トビエイ目
マダラトビエイ
Aetobatus narinari

体長	体盤幅最大3m
体重	最大230kg
生息水深	1-80m

生息域　世界中の熱帯海域

マダラトビエイは普段は単独で行動するが、100匹以上の大群をなして外洋を移動することもある。燦然と輝く水面の光を受けて浮かび上がるその群れの影は、まさに素晴らしい光景である。他のエイ類とは異なり、よく泳ぎまわる種である。内海でも見られることが多いが、外洋に出て泳いでいる時間が長い。斑点のある大きな胸鰭の翼をはためかせ、上へ下へと優雅に泳ぐ。背面の美しい斑点模様に加えて、頭の先端にある平たい吻の中央が、アヒルの嘴のようにわずかに隆起しているのも、このエイの特徴である。細長い鞭のような尾を持ち、その付け根の辺りに毒を持つとげがある。

機敏で、体を回転させながら天敵のサメ類から逃げる。時折小さな群れが水しぶきを上げ、海面から飛び出すのが見られる。理由は明白ではないが、寄生虫を追い払っている場合がある。

シビレエイ目
タイセイヨウヤマトシビレエイ
Torpedo nobiliana

体長	尾を含む全長約2m
体重	最大90kg
生息水深	800mまで

生息域　大西洋、地中海

シビレエイ類には、電気を起こす特殊な器官がある。獲物を気絶させるときや捕食動物の攻撃から身を守るときに電気を放出する。タイセイヨウヤマトシビレエイはシビレエイ類のうち最大種で、最大220Vの電圧を起こす。これは人間を気絶させるのにも十分な電圧である。丸い円盤状の体に、太く短い尾の先に櫂型の大きな尾鰭があるため、見分けやすい。背面は一様にこげ茶か黒で、腹面は白い。翼状の胸鰭の中に発電器官があり、バッテリーのように蓄電できる。

硬骨魚

超界	真核生物（ユーカリア）
界	動物界
門	脊索動物門
上綱	条鰭綱
	硬骨魚綱
目	48
種	31,290

硬骨魚は、現生種の数とその個体数の両方で、他のすべての脊椎動物のグループを上回る。硬骨魚は無数の形や大きさに進化し、岸辺から深海、極洋から深海の熱水孔に至るまでのあらゆる水中の生活様式や生息地に適応した。硬骨魚には硬骨の内部骨格があるが、原始的な分類に入る少数の魚の骨格は部分的に軟骨でできている。硬骨魚の硬骨格は柔軟な鰭を支え、この鰭により、軟骨魚類が硬い鰭を使って動くよりもずっと正確に動くことができる。硬骨魚のおよそ3分の1が淡水にのみ生息し、残りは海生か、海と淡水間で行き来する。

人間の影響
養魚業

天然の硬骨魚の資源量は、維持が不可能なレベルになっている。タラのような種の大規模な飼育は難しく、養殖で困窮をやわらげるのは簡単ではない。対照的に、ほとんどのタイセイヨウサケは水産養殖による。多くの養殖魚は、捕獲された天然魚から作られた飼料を食べている。

サケの養殖
サケの養殖は、このタスマニアのように温帯海域で広く行われている。しかし、サケナジラミ（346ページ参照）がついたり、逃げた養殖サケが野生の魚と繁殖して野生種の遺伝子プールを汚染するなどの問題がある。

体のつくり

他の脊椎動物同様、硬骨魚には頭蓋骨、背骨、肋骨があるが、骨格は一連の鰭条として鰭にも伸びる。硬骨魚はサメと異なり、一対の胸鰭と腹鰭を使って巧みに動き、前進や停止だけでなく、後退さえ可能である。大部分の硬骨魚は棘条魚で、背鰭の前方部分、尻鰭、腹鰭にも鋭いとげがある。鰓蓋という骨質のはね蓋が硬骨魚の鰓を覆っている。鰓蓋を開き、口から入って鰓から出て行く水の流れを調節する。ほとんどの硬骨魚では、薄い骨でできたしなやかな鱗が重なり合った覆いとなり、体を保護している。チョウザメなど、原始的な硬骨魚は、分厚く、柔軟性のない鱗や薄板で重装備している。

泳ぎ
魚が尾を左右に動かすと、横向きと後ろ向きの力が働き、その結果、斜め方向の角度の推力を生む。左と右への推力が合成され、結果的に後方への推力となるため、魚は前方に進む。

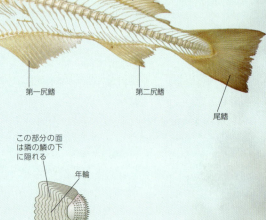

骨格
この図のタラのように、硬骨魚では軟条あるいは棘条の鰭条（多数の筋）が鰭を支えている。魚は、それぞれの鰭の位置を細かく調節できる。

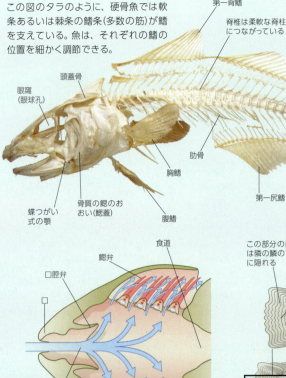

鰓（上から見たところ）
水が鰓弁を通り抜ける際に気体の交換が行われる。すなわち、酸素が血液中に渡され、二酸化炭素が水側に排出される。鰓弁内では、外の水の流れに対して血液が逆方向に流れており、そのため両体中の酸素および二酸化炭素の濃度に差が生じることになり、交換が高速に行われる。

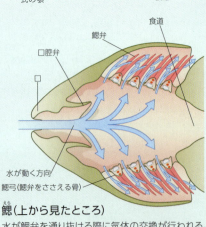

鱗
硬骨魚の年齢は鱗で分かる。成長がゆっくりな冬場は鱗に暗い色の輪ができるため、この輪1つが1年を表す。この年齢算出法は、タラなどの温帯海域の魚に一番適している。

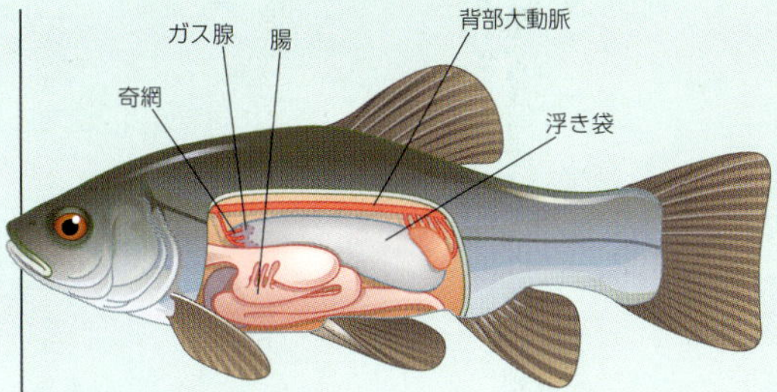

硬骨魚　337

浮力の機能

硬骨魚は、ガス腺から浮き袋へ気体(通常は酸素)を送ることで浮力を調節する。奇網という毛細管の網状組織により、ガス腺へ血液(気体の供給元)が供給される。

浮力

大部分の硬骨魚は気体を充填した浮き袋をもっており、浮力の調節が可能で、沈まずに水中で停止できる。中層で一生を過ごす魚には特に有益である。カレイ目など海底に棲む魚の多くは、浮き袋があまり発達していないか、あるいは浮き袋がないものもいる。海面方向へ、あるいは海底方向へ泳ぐ際の圧力変化を相殺するために、魚は浮き袋内の気体量を調節するが、通常は腺を通じて浮き袋内に気体を送る。ニシンのような原始的な魚の中には、浮き袋が消化管につながっており、海面で空気を吸い込むときに気体が充填されるものもいる。

多数の硬骨魚は特殊な筋肉を用いて浮き袋を振動させ、音を出すことができる。軟骨魚に浮き袋はない。軟骨魚は、油で満ちた大型の肝臓と軽量の骨をもっていることで、いくらかの浮力を得る。しかし、軟骨魚は揚力を得るために、その大きな胸鰭と尾も使わなければならない。浮き袋を持つ硬骨魚にその必要はなく、鰭は求愛動作や摂食、攻撃、防御に使うための万能な付属器官へと発達していったのである。

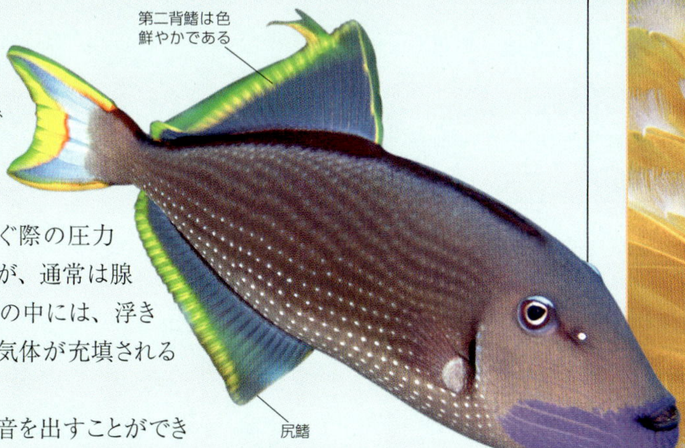

第二背鰭は色鮮やかである

尻鰭

万能な鰭

モンガラカワハギは浮き袋で浮力を保ちながら、第二背鰭と尻鰭をうねらせて泳ぐ。色鮮やかな鰭は、求愛活動などのコミュニケーションの視覚的シグナルとして機能することもある。

適応性のある付属器官

イザリウオは、硬骨魚の鰭がもつ多数の機能のうちの1つを披露してくれる。クマドリイザリウオの一対の鰭は、揚力を作り出す必要がないため、海底をよじ登るための付属器官へと進化した。

感覚機能

硬骨魚は、視覚、聴覚、触覚、味覚、嗅覚を使う。明るい生息地では、視覚がもっとも重要である。サンゴ礁に棲む魚は優れた色覚を持っており、認識や警告、欺き、求愛に色彩と模様を使う。目の色彩受容体は、ほの暗い環境ではうまく機能しない。夜行性の魚と弱光層(170ページ参照)に棲む魚には、感度のよい大きな目はあるが、色の違いに対する感度はほとんどない。暗い水域の魚には小さな目しかないことが多いが、嗅覚は鋭く、また長距離コミュニケーションにはフェロモンを利用する。水中では音もよく伝わり(39ページ参照)、魚の中には浮き袋を使って強烈な音を出すものもいる。硬骨魚は、その側線感覚器官を活用して群れで一斉に動くが、同様の器官を持つ脊椎動物は他に存在しない。それぞれの魚の頭部と体側の管に配置された感覚器官が、他の魚が作り出した水の動きを読み取る。

色で信号を送る

明るいサンゴ礁の上では、色が効果的なコミュニケーション道具となる。ニシキテグリは体をけばけばしい色にして、「食べてもまずいよ」と捕食者に警告しているのかもしれない。

側線

この写真のポラックなど、多数の硬骨魚の両体側には側線と呼ばれる白い線がある。この線の形は、種の同定に役立つ特徴である。

海洋生物

生殖

大半の硬骨魚は成熟すると、単に卵と精液を直接海へ落とし、そこで受精させる。海流に漂流している間に卵が育ち、幼生が孵化する。卵と幼生の死亡率が高いため、産み落とされる卵の数は多く、巨大なマンボウでは1億個にも達する。幼生がひとたび稚魚に成長すると、危険の少ない河口や湾の生育場に集まることが多い。大部分の海洋魚とは対照的に、沿岸の海底に棲む種は子を保護することができるため、産み落とす卵の数は少なく、サイズは大きく、孵化するまで卵を隠すか、面倒を見ることが多い。中には、口中抱卵などの手の込んだ方法を進化させたものもいる。

口内抱卵
メスのアゴアマダイが産卵すると、オスが卵を口の中に集めて安全を確保する。卵が孵化し、仔魚が分散してしまうまで、オスは餌を食べない。

ククーラスの性転換

❶ ほとんどのベラ同様、ククーラスには性転換を特徴とする複雑な生殖様式がある。卵の大多数は、最初にピンク色のメスに育つ。

❷ 年長のメスの中には、青とオレンジのオスの模様が現れてくるものがあり、大体7歳になると性転換する。メスのままのものもいる。

❸ 次の産卵時期になると、メスから性転換したオスは鮮やかな色になり、領域内のすべてのメスに求愛し、卵を受精させる(369ページ参照)。

餌探しと保護

すべての魚は生きるために食べなければならず、見通しのよい場所で餌を探し回れば、自らが餌となる危険に身をさらすことになる。魚の最終的な目標は、繁殖まで生き長らえて、自分の遺伝子を次世代に引き継ぐことである。硬骨魚は、餌の獲得と捕食者からの防御に多数の独創的な方法を発展させてきた。カモフラージュは効果的な戦略で、捕食者と餌食の両方から身を隠すことが可能だ。色模様でもだますことができ、チョウチョウウオ科の魚は偽の目の模様を使って、捕食者が尾の方に突進するよう仕向ける。サンゴ礁の混み合った環境では、多数の小型魚がとげを使って自衛している。モンガラカワハギは背棘を直立固定することで、大きな魚に飲み込まれないようにしている。大海原の表層海域では隠れる場所がなく、多数の小型魚が安全のために群れで生活する。群れが動いて渦を巻くため、捕食者にとっては標的選びが難しくなる。群れは目立つが、個体が単独行動するより、群れに加わった方が安全である。

カムフラージュ
カサゴは色、形、行動を組み合わせたカムフラージュ戦略を用いる。じっとしているのが得意なカサゴは、小型魚が手の届くところをさまよえば、電光石火の速さで襲いかかる。

魚群
たとえ捕食魚であっても、自分より大きな捕食者からの防衛が必要である。バラクーダの仔魚は、大部分の成魚が単独で狩りを行う日中、群れで生活する。

影のハンター
大型の捕食性の魚が自分に適した獲物を追い立ててくれるのを狙う魚がいる。このヘラヤガラは、自分の色に似たナッソーグルーパーを選んで一緒に泳いでいる。

硬骨魚の分類

硬骨魚は、鰭条をもつ魚（条鰭亜綱）とlobe-finned fish（肉鰭亜綱）から構成されているが、ハイギョ（淡水）およびシーラカンスを含む肉鰭亜綱は四足類にもつながっている（206ページの分岐図参照）。以下はこの2つの亜綱に属する海生魚30目である。

シーラカンス類
シーラカンス目 Coelacanthiformes
2種

1科で唯一の海生の総鰭魚類。鰭は手足のような肉質の葉から出ており、脊柱は完全に形成されていない。

チョウザメおよびヘラチョウザメ類
チョウザメ目 Acipenseriformes
28種

チョウザメ科のみ海生である。骨格は硬骨と軟骨でできている。チョウザメの尾は非対称性で、顎が下に突き出ている。

ターポンおよびテンパウンダー類
カライワシ目 Elopiformes
9種

2科で大部分が海生。背鰭1基と二叉形の尾、喉に独特な骨（喉板）がある。浮き袋に肺の役割をさせる。幼生は透明。

ヒレナガソトイワシ類
ソトイワシ目 Albuliformes
13種

1科で、大部分が海生。ターポンに似るが、小さく骨が多い複雑な構造に違いがある。

ウナギ目のウツボ

ウナギ類
ウナギ目 Anguilliformes
908種

海生および淡水性の全16科。細長い体で、鱗や腹鰭はなく、長い鰭1本が背から尾、腹へと続く。

フクロウナギ類
フウセンウナギ目 Saccopharyngiformes
28種

4科で構成され、ウナギに似た非常に変わった形の深海魚で、巨大な顎をもち、尾鰭や腹鰭、肋骨、浮き袋はない。

ニシン類
ニシン目 Clupeiformes
399種

7科でほぼ海生。稜鱗があり尾鰭は二叉形。カタクチイワシとニシンが2大科。

サバヒー類
ネズミギス目 Gonorynchiformes
37種

4科のうちサバヒーとハタハタのみが海生。腹鰭がかなり後方に位置する。

ナマズ類
ナマズ目 Siluriformes
3,604種

37科のうち海生は2科。体は長く、口の周りに最高4対のひげ、背鰭と胸鰭の前部に鋭いとげがある。脂鰭がある。

キュウリウオ類
キュウリウオ目 Osmeriformes
321種

13科あり、大部分は海生もしくは遡河性。サケの小型で遠い親戚。

サケ類
サケ目 Salmoniformes
219種

1科で、海生、遡河性、淡水性の魚で構成される。背部には鰭1つと脂鰭1つがある。鱗は小さくて丸い。腹鰭は体の中央付近にある。

ライトフィッシュおよびドラゴンフィッシュ類
ワニトカゲギス目 Stomiiformes
426種

4科ある海生魚は深海に豊富に生息する。ほとんどが細長い体型の捕食魚で、大きな歯と発光器をもつ。海洋魚の代表魚の1つ。

エソ類
ヒメ目 Aulopiformes
263種

16科のすべてが海生魚。多種多様な沿岸および深海性の細長い魚。大きな口には多数の歯がある。腹鰭は体の中央付近にあり、背部には鰭1基と脂鰭1つがある。

ハダカイワシ類
ハダカイワシ目 Myctophiformes
252種

2科からなり、深海に広く豊富に分布する。細い小型魚で、大きな目と口がある。背部には背鰭1基と脂鰭がある。多数が発光器をもつ。毎日、垂直移動する。

クサアジ、チューブアイ、フリソデウオ類
アカマンボウ目 Lampriformes
25種

7科すべてが海生魚。開放水域の色鮮やかな魚で、深紅の鰭があり、大型のことも多い。多数が背鰭から長い鰭条が出ている。

ニシン目ニシン

タラ類
タラ目 Gadiformes
610種

10科あり、おもに海生魚で底生性。大部分がとげのない2から3の背鰭と顎ひげ1本をもつ。ソコダラ科には長くて薄い尾がある。

バトラコイデス類
ガマアンコウ目 Batrachoidiformes
83種

1科で、大部分は沿岸性あるいは底生性。幅広く平らな頭部、広い口をもち、目は上面についている。

アシロ類
アシロ目 Ophidiiformes
531種

5科あり、ほとんどが海生魚。ウナギのような魚で、長い背鰭と尻鰭は尾鰭と一続きになっていることもある。

アンコウ目チョウチンアンコウ

チョウチンアンコウ類
アンコウ目 Lophiiformes
358種

18科すべてが海生。広く平ら、または丸形の頭にくぼんだ口があり、頭上に疑似餌をもつ。底生性の浅瀬種、遠洋の深海種。

ウバウオ類
ウバウオ目 Gobiesociformes
162種

1科でほとんどが海生。浅海に棲む底生性の小型魚。腹鰭が吸盤になっている。目は高い位置にあり、背鰭は1基。

ダツ類
ダツ目 Beloniformes
266種

6科あり、海生と淡水性。大部分が細長い魚で、顎がくちばしのように長い。トビウオの胸鰭と腹鰭は大きい。

トウゴロウイワシ類
トウゴロウイワシ目 Antheriniformes
344種

10科で海生と淡水性。銀白色の細い小型魚で、普通背鰭は2基で、大群をなすことも多い。

イットウダイ類および近縁種
キンメダイ目 Beryciformes
61種

7科すべてが海生魚。体高があり大きな目をもち（深海魚を除く）、背鰭の前部にとげがあり、尾鰭は二叉形で大きな鱗をもつ。大部分が夜行性。

マトウダイ類
マトウダイ目 Zeiformes
33種

6科すべてが海生。体高は大きいが体幅が小さく、大きな頭部にとげ、突き出た顎をもつ。脊柱の前に長い背鰭と臀鰭。

トゲウオおよびウミテング類
トゲウオ目 Gasterosteiformes
29種

5科の大部分が淡水性。長く、薄く、硬い魚で、体側に沿って骨板があり、背の棘条が膜でつながっていない。扁平のウミテングは変わった形で、胸鰭は大きい。

ヨウジウオおよびタツノオトシゴ類
ヨウジウオ目 Syngnathiformes
364種

5科あり、海生と淡水性。長い体は骨板の鎧で覆われている。管状の突き出た吻の先端に小さな口がついている。

カサゴおよびコチ類
カサゴ目 Scorpaeniformes
1,649種

36科の大部分が海生魚。おもに浅海、底生である。大きな頭部にはとげがあり、大部分が棘条の背鰭をもち、有毒の場合も多い。特有の張り出した骨が頬を横切っている。

スズキ類
スズキ目 Perciformes
1万1061種

164科あり、海生と淡水性。最大かつもっとも多様性に富んだ脊椎動物目。とげが1本ついた腹鰭は胸付近に位置する。スズキ目の分類は変更される可能性がある。

カレイ目ターボット

カレイ類
カレイ目 Pleuronectiformes
796種

11科あり、大部分が海生魚。海底に横たわる。体は左右に扁平で、両目とも上側にある。生まれたては普通の魚のように左右対称でプランクトン様の幼生である。

フグおよびモンガラカワハギ類
フグ目 Tetraodontiformes
437種

10科あり、海生と淡水性。モンガラカワハギからマンボウまで、非常に多種多様である。小さな口に大きな歯が数本、もしくは歯板がある。

シーラカンス目

シーラカンス
Latimeria chalumnae

体長	最大2m
体重	最高95kg
生息水深	150-700m

生息域 インド洋西部

初めて発見された1938年、シーラカンスは「太古の四つ足」との異名をとった。腹鰭の根元が肉質で奇妙な手足のような形だったからである。似通った体のつくりをもつ他の原始的魚類は淡水のハイギョしかいない。こうした魚から、最初の四つ足の陸生動物が発達したと考えられている。シーラカンスの尾鰭の中央には小さく余分な葉状部分があり、体は重みのある鱗で覆われている。鱗は骨4層と硬質の鉱物性物質でできている。生きていると、この鱗と白い斑点が真珠のような光沢の青色の光を放つ。シーラカンスは深海の急勾配な岩礁に棲み、これまでのところ、アフリカの南岸沖と東岸沖、マダガスカルの西岸沖の数カ所でしか発見されていない。小型潜水艇を用いたシーラカンスの研究で、夜間は洞穴に身を潜めることが分かった。餌を探すときは、海流にのって漂うか、鰭をゆっくり使って泳ぐ。餌の魚やイカを見つけると、強力な尾を使って進み、餌を捕らえる。シーラカンスはIUCN（国際自然保護連合）により絶滅危惧種に指定されている。

発見
化石の証拠

シーラカンスは約6500万年前に絶滅したと考えられていた。1938年に生きたシーラカンスが捕獲されたとき、科学者は化石のシーラカンスと比較して同一性を確認した。化石になったグループの生きた標本が見つかったのである。

シーラカンスの化石
シーラカンスの化石標本は独特な三分葉の尾など、その特徴は現在のシーラカンスとほぼ一致する。

シーラカンス目

インドネシアシーラカンス
Latimeria menadoensis

体長	最大1.4m
体重	最高90kg
生息水深	150-200m

生息域 太平洋西部、スラウェシの北にあるセレベス海

1998年にインドネシアシーラカンスが発見された当初は、アフリカ海域で発見されたシーラカンス（左参照）と同種と考えられていた。実際、2種は酷似していたが、DNA分析により異なる種であることが判明した。2種は外洋1つを隔てて存在しており、またシーラカンスは泳ぐのが遅いため、個体群が混ざるとは考え難い。アフリカの種と同様、同じ白色の模様と金色の斑点があるが、青っぽいというより褐色である。現在その生活史はあまり知られていないが、アフリカの種に体形だけでなく行動様式も類似していると思われる。

チョウザメ目

バルトチョウザメ
Acipenser sturio

体長	3.5m
体重	最高400kg
生息水深	4-90m

生息域 大西洋北東部、地中海、黒海の沿岸海域

大部分のチョウザメ同様、バルトチョウザメは海から大型河川に泳ぎ入り、砂利の多い場所に産卵する。有史以前の生物のような外観をもつこの魚は、頭蓋骨と鰭の支持体の一部のみが硬骨でできている原始魚類に属する。それ以外の骨格はおもに軟骨でできている。鱗の代わりに、5列の骨板もしくは骨薄板が体に並ぶ。尖った吻から2対のひげが垂れており、このひげを使って海底に棲む無脊椎動物を探す。少なくとも60年間生きると考えられている。

人間の影響
キャビア禁止令

かつてはありふれた存在だったバルトチョウザメだが、乱獲や密漁のため、そして水門や河口の汚染のせいで多数の川が産卵に不向きになったため、きわめて希少になった。残存する産卵場所は少ない。バルトチョウザメは絶滅が危惧されており、バルトチョウザメそのもの、そしてキャビア（塩漬けの卵）などの産物の国際取引が禁止された。

チョウザメ目

オオチョウザメ
Huso huso

体長	5m
体重	最高2,000kg
生息水深	70-180m

生息域 地中海北部、黒海、カスピ海、関連河川

オオチョウザメはチョウザメ類中最大で、また淡水に入る魚としてはヨーロッパ最大である。バルトチョウザメ（左参照）より頑健で重く、その吻はバルトチョウザメに比べて三角形に近く、非常に大きな口をもつ。吻の下側からは口に届くほどの長いひげ4本が垂れ下がっている。他のすべてのチョウザメ同様、オオチョウザメにも非対称性のサメのような尾鰭があり、背骨が上側の大きなlobeに伸びている。世界で一番高価な魚といわれており、また、もっとも貴重なキャビアの供給源であるが、絶滅の危機にある。

頭部は扁平で骨張っている　**骨薄板**
ひげ

カライワシ目

ターポン
Megalops atlanticus

体長	最大2.5m
体重	160kg
生息水深	0-30m

生息域 大西洋西部および東部の沿岸海域

大きな鱗をもち、銀色にきらめく体をしたターポンは特大のニシンのようであるが、実際はウナギに非常に近い。上向きの口をもち、単一の背鰭の根元から長い繊維状組織が出ている（簡単には見えない場合もある）。近海に棲むこの魚はしばしば河口や潟湖、河川に入る。ターポンは淀んだ水域に入ると水面に出て空気を吸い込み、その空気は食道から浮き袋に流れ、浮き袋が肺の役割をする。多くのターポンは海の開放水域で産卵する。大型のメスになると1200万個の卵を産むが、幼生と稚魚の死亡率は高い。薄く、透き通った幼生は、二叉形の尾を除いてウナギの幼生に酷似しており、沿岸にある河口生育場へと漂流する。ターポンの幼生は、一時的に海から分離される水たまりや湖でも発見される。ターポンの群れはイワシやアンチョビー、ボラなどの他の魚の群れを追い求めるため、漁師は毎年決まってターポンの群れが現れる場所がわかるようになる。ターポンはカニなどの海底に棲む無脊椎動物も食する。米国やカリブ海沿岸では絶好の釣魚とされ、釣り鉤にかかると見事な跳躍を見せる。商業漁業の対象でもあり、どちらかというと骨の多いターポンだが美味といわれている。55年ほどの寿命があり、水族館にもよく展示される。大きな鱗は装飾工芸に利用されることもある。

カライワシ目

タイセイヨウカライワシ
Elops saurus

体長	最大1m
体重	10kg
生息水深	0-50m

生息域 大西洋西部および地中海の沿岸海域

タイセイヨウカライワシには背の中央に背鰭が1基あり、尾鰭は深い二叉になっている。銀がかった青色をして体は細い。群れは、海岸近くで見つけることができ、船のエンジン音に驚くと、海面を跳ねる。成魚は沖に移動して開放水域で産卵し、幼生はウナギの幼生に似ており、漂流して安全な河口域や潟湖に最終的には戻ってくる。英語での別名をTenpounder（10ポンドの魚）といい、格好の釣魚とされ、釣り鉤にかかると水から跳ね出る。商業漁業の対象にもなっているが、特に質の高い食用魚とはいえない。

ソトイワシ目

ヒレナガソトイワシ
Albula vulpes

体長	最大1m
体重	10kg
生息水深	0-85m

生息域 大西洋および太平洋東部の熱帯、亜熱帯の沿岸海域

英名のBonefish（骨魚）が示すように、この魚は非常に骨が多い。流線型で銀白色をしており、背部には黒い模様と背鰭1基があり、尖っていない吻が口の上に伸びている。ヒレナガソトイワシは太平洋の熱帯および亜熱帯海域でも見つかっているが、大西洋西部で見つかった種と異なる個体群であるかはまだ判明していない。この魚は食用には向かないが、スポーツフィッシングの対象としては世界中で非常に人気が高い。背鰭を海面から突き出して泳ぐことが多い。

ウナギ目

ヨーロッパウナギ
Anguilla anguilla

体長	最大1.3m
体重	6.6kg
生息水深	0-700m

生息域　大西洋北東部の温帯海域、内陸の淡水域

一生の大部分を淡水で過ごすヨーロッパウナギは、産卵のために海へ下り、大西洋を横断してサルガッソー海へと何千キロも泳ぐ。深海で産卵するとウナギは死に、残された卵から葉のような透き通った幼生(レプトセファルス)が孵化する。続く1年ほどをかけて、幼生はヨーロッパ沿岸地方へと海を漂いながら戻る。沿岸近くになると形を変え、シラスウナギ(非常に小さな透明なウナギ)になり、川を泳ぎ、淡水域へ入る。ヨーロッパウナギは、漁業や川のせき止めが原因となり、その数がますます減少している。

ウナギ目

クサリウツボ
Echidna catenata

体長	最大1.7m
体重	記録なし
生息水深	0-12m

生息域　大西洋西部および中部の熱帯礁域

クサリウツボは水から出てある程度生きていられる非常に少ない海生ウナギの一種で、干潮時に濡れた岩の上を30分ほど食べ物を探し回る。体が濡れている限り、皮膚からある程度の酸素を吸収できる。クサリウツボはその短く、尖っていない吻と鎖のような黄色の模様ですぐに識別できる。歯の中には幅の広い白歯のようなものがあり、これがカニなどの「重装備の餌」に対処する際に役立つ。小さなカニなら丸ごと飲み込めるが、大きなカニはねじったり、引っ張ったり、たたいたりして、まず細かくする。クサリウツボは、熱帯地方全域の礁に生息するウツボ科という大きな科の一員である。ウツボ科の大部分は夜行性だが、クサリウツボは日中に活動する。

万能ハンター

ウツボ科のほとんどの種は、礁の穴から頭だけを出して日中を過ごし、夕暮れと共に出て狩りをする。サンゴや岩の間で休んでいる魚を探すには、特に優れた嗅覚を頼りにする。クサリウツボは一風変わっており、日中の干潮時、岩場の海岸や岩礁でも狩りをする。優れた視覚を用いて、割れ目や穴に潜む魚や甲殻類を探し出し、獲物を見つけるとどちらかと言うとヘビのように攻撃する。他のウツボは日中、通りすがりの獲物を自分の穴から攻撃することもある。

吻は短く、尖っていない

歯は幅が広い

ウナギ目

ハナヒゲウツボ
Rhinomuraena quaesita

体長	最大1.3m
体重	記録なし
生息水深	1-60m

生息域　インド洋および太平洋の熱帯礁域

ハナヒゲウツボは他の大部分のウナギとは異なり、一生の間に体の色と性別を変える。稚魚は黒に近い色で、黄色の背鰭がある。成熟するに従って、黒は鮮やかな青になり、吻と下顎は黄色に変わる。これがオス色の段階である。体長がおよそ1.3mになると、オスは黄色に変わって、完全機能のメスとなり、産卵する。ハナヒゲウツボはサンゴ礁に棲み、たいていは割れ目に隠れている。葉のような鼻孔のはね蓋が水中の震動を感知する。

ウナギ目

コンガーイール
Conger conger　Conger Eel

体長	最大3m
体重	最高110kg
生息水深	0-500m

生息域　大西洋北東部と地中海の温帯海域

この魚が難破船の穴から灰色の大きな頭を出している様は、多くのダイバーになじみ深い光景である。親戚のウツボ同様、コンガーイールも日中は岩礁の穴や割れ目に身を潜め、夜間にのみ出てきて、魚や甲殻類、イカを探し回る。このヘビのような魚は強靭な体をもち、鱗のない滑らかな皮膚で、尖った尾をしている。背鰭1基が頭の少し後ろを起点として背中を走り、尾を回って腹の中ほどまで続く。

夏には、成体のコンガーイールが地中海と大西洋の深海に移動し、産卵して死ぬ。メスは300万-800万個の卵を産み、それが孵化して細長い体の幼生になり、幼生はゆっくり海岸に向かって漂流して戻り、そこで稚魚に育つ。性的に成熟するには5-15年を要する。

コンガーイールは食用に向いた魚で、釣り人に大量に捕獲される。

ウナギ目

シギウナギ
Nemichthys scolopaceus

体長	最大1.3m
体重	記録なし
生息水深	90-2,000m

生息域　世界中の温帯海域および熱帯海域

細長い体をもち深海に棲む。鳥のくちばしのような珍しい顎をもち、先端が外側に曲がっているため、完全に閉じることができない。小型の甲殻類を捕食しながら水中を漂い、一生を過ごす。オスが成熟して放精準備が整うと、顎が短くなり、歯がなくなり、前側の鼻孔が大きな管に発達する。おそらく嗅覚が鋭くなり、成熟したメスを探すのに役立つのであろう。シギウナギの生活様式については、ほとんど知られていない。

硬骨魚

ウナギ目
チンアナゴ
Heteroconger hassi

体長	最大40cm
体重	記録なし
生息水深	7-45m

生息域　紅海とインド洋および太平洋西部の熱帯海域

このアナゴは、砂地の穴に尾を入れたまま、頭を水中で優雅に前後に揺らしながら一生を送る。数百の個体が共にコロニーで生息するが、等間隔で植えられた植物が風に揺れるようにも見えるため、garden（庭園）とも呼ばれる。チンアナゴは近縁のコンガーイールに比べてずっと細い。直径はわずか14mmほどで、胸鰭が非常に小さい。体中の多数の小さな斑点に加えて、通常は頭の後ろに色の濃い大きな斑点が2つある。上向きの口をしており、潮流が通り過ぎる際に水中の小さなプランクトン様の生物を捕らえる。チンアナゴのコロニーが形成されるのは、潮流があっても波にさらされることのない砂の傾斜地のみである。危険に遭遇すると、尾を錨として使って、小さな頭と目だけが見える状態になるまで穴の中に引っ込んでしまう。スキューバダイバーが出す泡の振動を検知でき、近づくといなくなってしまうため、写真に収めるのが非常に難しい。

チンアナゴは、産卵時さえ、自分の穴の中に留まる。近接したオスとメスが体を伸ばしてからみ合い、卵と精子を放出する。チンアナゴとニシキアナゴの混成コロニーが時々みられる。

特有の縞模様　　　　尾の先端は硬く、尖っている

ウナギ目
シマウミヘビ
Myrichthys colubrinus

体長	最大97cm
体重	記録なし
生息水深	浅海

生息域　インド洋および太平洋西部の熱帯海域

毒をもつアオマダラウミヘビに見間違えるほど上手に擬装したシマウミヘビは、ほとんどの捕食者が避けて通る。おかげで、サンゴ礁付近の砂状の平地や海草藻場で、小型魚や甲殻類を安全に探し回ることができる。シマウミヘビのほとんどの個体は、黒白の幅広縞模様をもつが、場所によっては縞の間に色濃い斑点がある。この色の違いにより、いずれは異なる種と分類される可能性もある。シマウミヘビは尖った頭をしており、下向きの上顎には一対の大きな管状の鼻孔がある。この体のつくりがシマウミヘビに優れた嗅覚をもたらし、砂の下に潜む獲物を探し出すことができる。

シマウミヘビは小さい胸鰭と長い背鰭だけで、その長い体をうねらせながら泳ぐ。餌探しをしていない時は、硬く尖った尾の先端を使って、尾から先に砂の穴にもぐる。夜間にもっとも活動的になる。

シマウミヘビは大きな科（ウミヘビ科）に属し、同科の約250種のヘビとworm eelの大部分は砂や泥に穴を掘る。同科全種の幼生が扁平で透き通った葉のような姿をしている（レプトセファルスと呼ばれる）。

尾は細くて長い

目は非常に小さい

口は広い

フウセンウナギ目
ガルパーイール
Saccopharynx lavenbergi　Gulper Eel

体長	最大1.5m
体重	記録なし
生息水深	2,000-3,000m

生息域　カリフォルニアからペルーまでの太平洋東部の深海

ガルパーイールは自分と同程度の大きさの獲物を飲み込む能力で一番よく知られている。頭は小さく目は極小だが、顎は非常に大きい。口と喉をとても大きく開いて獲物を飲み込むことができ、歯は押し下げることができる。巨大な食べ物を収容するために、胃も同様に拡張可能だ。体の先端にあるのは、ムチのような尾の先についた発光器官である。ルアーやデコイの役目をもつ可能性があるが、深海に棲み野生で観察されていないため、未確認である。ガルパーイールの卵はプランクトン様で、浅海に棲む近縁魚同様、細長い幼生になる。

ニシン目
タイセイヨウニシン
Clupea harengus

体長	最大45cm
体重	最高1kg
生息水深	0-200m

生息域　大西洋北部、北海、バルト海

タイセイヨウニシンは、20世紀半ばまで北海と大西洋北部に面した多くの地域の主要水産物の1つであった。グレートブリテン島のイーストアングリアン海岸沿いでは、「シルバーダーリン」と呼ばれていた。20世紀には新技術を使った乱獲で資源数が激減した。現在、資源数は管理下にあるが、種の個体数への減少圧力は続いている。

タイセイヨウニシンはプランクトンを餌とし、日中を深場で過ごした後、夜間に水面まで上がってくる。大群で生活し、種の範囲内で明白な地方品種に分かれ、大きさや行動様式で違いを見せる。それぞれの品種に昔からの産卵場がある。メス1尾は最大4万個の卵を産む。

ニシン目
ペルーカタクチイワシ
Engraulis ringens

体長	最大20cm
体重	最高25g
生息水深	3-80m

生息域　南米の西岸および太平洋南東部

ニシンの仲間にあたる種で、銀白色の小さな体をしている。生息域はペルー海流の広がりと一致する。ペルー海流は深い寒流で、南米西岸に沿って表層に現れ、栄養分を豊富に供給する。栄養分増加のおかげで大増殖したプランクトンをカタクチイワシのものすごい大群が餌とする。海岸からおよそ80km以内で群れを作り、地元漁業の対象となる。

ネズミギス目
サバヒー
Chanos chanos

体長	最大1.8m
体重	最高14kg
生息水深	0-30m

生息域　インド洋および太平洋の熱帯、亜熱帯海域

サバヒーは優雅な銀白色の魚で、流線型の体に大きな二叉形の尾鰭をもっている。東南アジアの大部分で重要な食用魚で、広く養殖が行われている。プランクトンや柔らかい藻類、ラン藻、小型甲殻類を餌とする。成魚は海で産卵し、卵と幼生は沿岸方面へ漂流する。稚魚は捕食者の少ない河口やマングローブ内に泳ぎ入り、成魚になると海に戻る。

ニシン目
マイワシ
Sardinops sagax

体長	最大40cm
体重	最高485g
生息水深	0-200m

生息域　南米の西岸および太平洋南東部

イワシはカリフォルニアマイワシと同種の可能性があり、また、世界中のイワシ類は非常に似通っている。銀白色をした中型魚で、背部は青緑、体側に沿って黒い模様が入っている。

かつては何百万尾からなる巨大な群れが確認されたが、乱獲により数が激減した。イワシは重要な食用魚で、油や魚粉の製造にも使われる。実際のところ、マ

ニシン目
ニシンダマシ
Alosa alosa

体長	最大83cm
体重	最高4kg
生息水深	0-5m

生息域　大西洋北東部および地中海の温帯海域

ニシンダマシはニシン科に属する銀白色の魚で、淡水に入る数少ない魚の1つである。4月と5月、成魚は産卵のために川へと移動するが、最長で800kmも遡上する。この魚の生息域では、May Fish（5月の魚）と呼ぶところもある。流線型の体は大きな円形の鱗で覆われており、鱗が腹の下で竜骨を形成し、背鰭が1基ある。生息域の大半で非常に少なくなっている。

硬骨魚 345

ナマズ目
ガフトップセイルシーキャットフィッシュ
Bagre marinus　　Gafftopsail Sea Catfish

体長	最大70cm
体重	最高4.5kg
生息水深	50mまで

生息域　メキシコ湾、カリブ海、大西洋西部の亜熱帯海域

この銀白色をしたナマズの一番目立つ特徴は、胸鰭の先に届きそうなほど、非常に長い一対の口ひげである。顎の下にも一対のひげがある。大きな背鰭と胸鰭の前側の数条が長く平らな糸のように伸びており、また背鰭と胸鰭にはノコギリ状の有毒なとげがある。この魚は危険が迫ると、ヨットの帆のように背鰭を立て、胸鰭を広げる。

背鰭は帆のようである
尾鰭は大きく二叉形になっている
胸鰭は幅が広い

ナマズ目
ゴンズイ
Plotosus lineatus

体長	最大32cm
体重	記録なし
生息水深	1-60m

生息域　紅海ならびにインド洋と太平洋の熱帯海域

ゴンズイ科に属し、特有の白黒の縞模様をしたこのナマズ目の稚魚は、球形の密集した群れを維持し、サンゴ礁でよくダイバーの目に留まる。成魚は単体か小さな集団で生息するが、第一背鰭前部と各胸鰭についたノコギリ状の有毒なとげで防御は万全である。成魚に刺されると人間にとっても危険で、まれに死に至ることもある。ゴンズイは夜間に捕食活動を行うが、その際、口の周りの四対の知覚ひげを使って砂地に隠れた虫や甲殻類、軟体動物を探す。日中は岩場に潜んでいる。Plotosidsはサンゴ礁で確認できる唯一のナマズ目である。この種は開けた海岸沿いや河口の中も動き回る。夏季に産卵する。オスのゴンズイが浅海の岩場に巣を作り、卵の番をする。

キュウリウオ目
ニシキュウリウオ
Osmerus eperlanus

体長	45cm
体重	記録なし
生息水深	50mまで

生息域　大西洋北東部とバルト海の温帯海域

サケやマスの遠い親戚で、2つの魚同様、背鰭と脂鰭がある。英名European Smelt（ヨーロッパのニオイ）の由来は、新鮮なうちはキュウリに似たにおいを発すること。成魚は大量の群れで近海を泳ぎ、小型甲殻類や魚を補食する。産卵するために川の上に移住し、若魚は南東イングランドのウォッシュ（128ページ参照）のような保護河口でよく見られる。

キュウリウオ目
ホソソールデメニギス
Opisthoproctus soleatus

体長	最大10cm
体重	記録なし
生息水深	300-800m

生息域　全世界の熱帯、亜熱帯海域

ホソソールデメニギスを含め、弱光層（168ページ参照）に生息する多数の魚は、少ない光を最大限に活用するために大きな目をもっている。ホソソールデメニギスの目は大きいだけでなく、管状で上を向いている。このような体のつくりは、他の魚を下からそっと追跡するのに役立つのであろう。

キュウリウオ目
カラフトシシャモ
Mallotus villosus

体長	最大25cm
体重	最高52g
生息水深	0-300m

生息域　太平洋北部、大西洋北部、北極海

銀白色の小型魚でサケの親戚にあたる。寒帯および北極海域で大きな群れを形成し、海鳥や海洋性哺乳動物のきわめて重要な食料源になっている。海鳥のコロニーの中には、その繁殖に豊富なカラフトシシャモを必要とするものもあり、そのカラフトシシャモの数量は、今度は環境的要因や漁業による採取に左右される。カラフトシシャモはイヌイットのおもな食料源である。その体は細く、背中は薄緑色をしているが、薄緑色は両体側にかけて段々薄れて銀白色になる。この魚の群れは、プランクトンをふるい分けながら口を開けて泳ぎ、プランクトンは変性したエラが捕獲する。プランクトンがおもな食料源だが、虫や小さな魚も食べる。春になると群れは沿岸に移動し、先に到着したオスがメスを待ちかまえる。

潮を利用した繁殖

カラフトシシャモの卵は多数の無脊椎動物や魚にとって格好の食料である。卵を守るため、多数のカラフトシシャモの成魚は、満潮時に非常に浅い水域に泳ぎ入り、潮位標のすぐ下の砂浜に産卵する。メスはそれぞれ約6万個のねばねばした赤っぽい卵を産み、卵は砂に置かれたままになる。およそ15日後に卵が孵化すると、幼生は上げ潮で砂から流され、引き潮で海へと一掃される。

サケ目

タイセイヨウサケ
Salmo salar

体長　最大1.5m
体重　最大46kg
生息水深　おもに表層水

生息域　大西洋北部の温帯海域、寒帯海域および近隣河川

海生魚の大部分は淡水ですぐ死んでしまうが、タイセイヨウサケは川と海の間を簡単に行き来することができる。このような能力をもった魚を遡河魚という。遠泳向けのつくりをしたタイセイヨウサケは、流線型の強靱な体に大きな尾をもっている。産卵のための遡上の際には、産卵場所に到達するために強い川の流れに逆らって泳ぎ、滝も跳ね昇る。産卵前の数年間は、他の魚を餌にしながら北大西洋を回遊する。天然のサケはますます少なくなってきている。

人間の影響
サケの養殖
スコットランドの入江やノルウェーのフィヨルドでは、タイセイヨウサケを育てる浮き養魚場がよくみかけられる。サケの幼魚は孵化場で孵化し、沈めた網の中で育てられる。環境上の懸念事項として、養魚場から広がって天然の魚に感染するウオジラミの駆除に使用している化学物質に焦点があてられている。

サケ目

ギンザケ
Oncorhynchus kisutch

体長　最大1m
体重　最大15kg
生息水深　0-250m

生息域　太平洋北部の温帯海域、寒帯海域および近隣河川

他の大部分のサケ同様、ギンザケは流線型をした高速の捕食魚で、獲物を見つけるための優れた視覚をもっている。そのため、釣り人にとっては難敵である。繁殖の準備が整った成魚は、海から自分が生まれた川へとたどり着く。遡上している間に、体側は真っ赤に、頭と背中は緑色になる。川の源流の浅水域に達すると、メスは川底の砂利に産卵床とよばれる巣穴を掘って、ねばねばした卵を産み、オスはそれを受精させる。産卵・放精後、成魚は死に、腐肉あさりをするクマなどの動物のごちそうとなる。

サケ目

ホッキョクイワナ
Salvelinus alpinus

体長　最大1m
体重　最大15kg
生息水深　0-70m

生息域　北極海、北部の淡水河川および湖

ホッキョクイワナは酸素が豊富な寒帯海域での生活に順応し、暖水や汚染された水には耐性がない。生理品種が2種あり、1種は海生だが川で産卵する移動性品種で、もう1種は陸封された湖に棲む品種である。移動性のイワナは体長が少なくとも1mには成長し、すばらしい釣魚とされている。最後の氷河期の直後には、もっと南まで生息していたが、現在では北極海に限られている。

ワニトカゲギス目

ホウライエソ
Chauliodus sloani

体長　最大35cm
体重　最大30g
生息水深　475-1,800m

生息域　全世界の熱帯海域および温帯海域

深海魚は魚の中でも一番奇怪で、ホウライエソも例外ではない。細い体の一方の先端には、大きな頭ととげのある巨大な歯をもち、もう一方には二叉形の非常に小さな尾がある。両体側と腹には発光器が列をなし、さながら夜間飛行の飛行機のようにホウライエソをライトアップする。日中は深海に留まるが、夜になると獲物がより豊富な上方へ移動する。1基しかない背鰭が頭のすぐ後ろに位置し、その最前部は頭を越えるほどの非常に長い鰭条になっている。9種いるホウライエソ科の1種で、9種すべてが深海魚である。

硬骨魚

ワニトカゲギス目
ミツマタヤリウオ
Idiacanthus antrostomus

体長	最大38cm
体重	最大55g
生息水深	200-1,000m

生息域　太平洋東部の熱帯、温帯海域の深海

尾はほっそりしている

発光器

体はヘビのようである

ひげには疑似餌がついている

ミツマタヤリウオは深海に出没し、ヘビのような体の側面と腹は発光器で照らされている。口を開けると、短剣のごとく鋭く、そして長い歯が並んでいる。下顎からはひげが垂れ、その先端には照り輝く疑似餌がついており、疑似餌を動かして手近にやってきた獲物をおびき寄せる。

ミツマタヤリウオは体の外側だけでなく内側も黒く、黒色の胃袋により、生物発光する獲物を飲み込んでも、光が外に漏れない。オスはメスの4分の1ほどの大きさしかない。近縁種の*Idiacanthus fascicola*の幼魚は成魚と同じような形をしているが、その目は非常に長い茎状部の上にあって飛び出している。成長につれて茎状部は同化していき、最終的には眼球孔に目が収まる。

赤色光の発光器

口には歯がたくさん並ぶ

ワニトカゲギス目
オオクチホシエソ
Malacosteus niger

体長	最大24cm
体重	記録なし
生息水深	1,000-4,000m

生息域　全世界の熱帯海域および温帯海域

他の深海魚多数と同様、オオクチホシエソも黒色で、比較的小さく、大きな口をしている。しかし、この魚独特なのは、下顎にあたる部分が口にないことで、それで英名のStoplight Loosejaw（停止信号でしまりのないアゴ）がついた訳だが、鰓籠と下顎を接合するリボン状の筋肉が縮んで口を閉める。このような構造になっていることで、より大きく口を開け、獲物への素早い攻撃が可能になるのかもしれない。オオクチホシエソはまた、光を生成する専門家でもある。両目の下に大型の発光器が2つずつあり、1つは通常の青緑色の生物発光で、もう1つは赤い光を灯す。

ワニトカゲギス目
トガリムネエソ
Argyropelecus aculeatus

体長	最大8cm
体重	記録なし
生息水深	100-600m

生息域　全世界の熱帯海域および温帯海域

捕食者に見えないよう隠れ上手なトガリムネエソは、その銀白の色合いと生物発光の利用により、沈んでいく光に対して自身を隠す。また、体が非常に薄いため、正面から見えにくい。トガリムネエソは中層に生息し、その飛び出た目がわずかな光を最大限に活用している。夕暮れになると、水深100-300mまで上昇し、小型プランクトン様動物を餌とする。

ヒメ目
オオイトヒキイワシ
Bathypterois grallator

体長	最大37cm
体重	記録なし
生息水深	875-3,500m

生息域　大西洋、太平洋、インド洋の深海

オオイトヒキイワシが生息する深海底は、おもに軟らかい泥でできている。そのため、獲物を待っている間にその泥に沈んでしまわないよう、この魚は、腹鰭と尾鰭の鰭条が長く伸びてできた三脚の上に載っている。潮流に対面する形で小型甲殻類が手近に漂流してくるのを待ち、大きく開く口で獲物を捕らえる。目は非常に小さく、水中の微震動で獲物を探知すると考えられている。

ヒメ目
ヒトスジエソ
Synodus variegatus

体長	20-40cm
体重	記録なし
生息水深	5-90m

生息域　紅海、インド洋、太平洋西部の熱帯礁域

ヒトスジエソは長い腹鰭を支えにし、いつも岩やサンゴの上に留まっている。そうした見晴らしのきく地点から魚群の通過を見張り続け、飛び出して行ってその鋭い歯列で魚を捕まえる。口は大きく、写真にあるように、かなり大きな魚を飲み込むことができる。しみだらけの褐色と赤の色合いは変えることができ、カモフラージュとなって大きな捕食者から身を隠す。頭と目だけを出して砂地にもぐることもできる。自分の擬態に自信があるヒトスジエソは、ダイバーが数センチそばに来るまでじっとしており、新しい見張り場所へと急いで泳ぎ去る。浅瀬の礁で漁をする漁師が捕まえて食べる。

ハダカイワシ目
スポッティドランタンフィッシュ
Myctophum punctatum　Spotted Lanternfish

体長	最大11cm
体重	記録なし
生息水深	0-1,000m

生息域　大西洋北部および地中海の深海

スポッティドランタンフィッシュは世界の海で確認された250種超のハダカイワシの1種である。ハダカイワシ種はあまりパッとしない、紡錘形の小型魚で、大きな目をしている。ところが、そのさえない茶色の外見にもかかわらず、両体側と腹に並んだ発光器を使い、比類ないほどの光を身にまとうことができる。種によっては、オスとメスで発光器の形模様が異なるものもあり、暗い深海でお互いを見つける際に役立つ。発光器の模様は種間でも異なる。

この魚の大群は北大西洋でよくみられる。他のハダカイワシと同様、この魚も大型魚類や海鳥、海生哺乳類の重要な食料源である。日中は250-750mの深海に留まるが、夜になると水深100m以内か、海面にまでもやってきて、プランクトン様甲殻類や幼魚を餌にする。

海洋生物

アカマンボウ目
アカマンボウ
Lampris guttatus

体長	最大2m
体重	50-275kg
生息水深	100-400m

生息域 全世界の熱帯、亜熱帯、温帯海域

世界中の海を泳ぎ回るアカマンボウは、放浪生活をおくる。楕円形の巨大なディナー皿のような形をしたこの色鮮やかな魚は、鋼鉄のような青緑に銀のまだらがあり、赤い鰭をしている。歯はないが敏腕のハンターで、イカや小型魚を捕まえる。他のほとんどの魚の泳ぎかたのように尾鰭を使うのではなく、細長い胸鰭を一対の翼のように羽ばたきして水中を飛ぶように泳ぐ。通常、体重50kg程度まで成長するが、270kg程度の重量の標本も報告されている。産卵は春で、水中に卵を産み、21日後に幼生が孵化する。Moonfish（月の魚）としても知られるアカマンボウは、ハワイ諸島や米国本土の西海岸で珍重される食用魚である。

アカマンボウ目
リュウグウノツカイ
Regalecus glesne

体長	最大11m
体重	最大270kg
生息水深	0-1,000m

生息域 全世界の熱帯、亜熱帯、温帯海域

最大体長11mにもなるリュウグウノツカイは、科学上知られている最長の硬骨魚で、多数の大うみへび伝説の源と考えられている。その異様な外観は、青みがかった短い頭部についた赤色の長い鰭条のたてがみでさらに強調され、そのたてがみの後ろには真っ赤な背鰭があり、黒い縞や斑点の入った銀白色の体の端まで続く。開放水域では、他の魚やイカを餌にしながら潮流にのって漂うが、体が長いため、捕食者のほとんどが攻撃を見合わせる。世界中の熱帯、温帯海域に生息するが、生け捕りにされたり、生きたままの姿を見せることがめったにないため、その行動様式はほとんど知られてない。

タラ目
フランスダラ
Trisopterus luscus

体長	最大46cm
体重	最大2.5kg
生息水深	3-100m

生息域 太平洋北東部および地中海西部の温帯海域

縞模様のフランスダラの群れは岩礁や難破船付近でダイバーがよく見かける。たいていは若い魚か、産卵のために沿岸付近に移動してきた成魚である。大型の老いたフランスダラは縞模様がなくなり、非常に暗い色になることが多い。フランスダラは、タラ科のほとんどの近縁種に比べて、体高がずっと高い。

タラ目
タイセイヨウマダラ
Gadus morhua

体長	最大2m
体重	最大90kg
生息水深	0-600m

生息域 大西洋北部の温帯、寒帯海域

タイセイヨウマダラはどっしりしたつくりの力強い魚で、大きな頭に張り出した上顎、長い顎ひげ1本をもっている。鱗は小さくて長い。色合いは、特に若い魚の赤みがかった色から、白く目立つ側線が入ったまだらの褐色まで様々である。タイセイヨウマダラは群れる魚で、大陸棚上の水域に生息し、通常は泥あるいは砂状平地の上方30-80mで餌を食べる。成魚は、たいてい早春に決まった繁殖場所へ移動して産卵するが、メスはそれぞれ数百万個の卵を水中に産み落とす。タイセイヨウマダラの寿命は60年ほどで、現在の平均体重は11kgで、15kgを超える標本は珍しい。とはいえ、タイセイヨウマダラと近親のマダラ（Pacific Cod）は、まだ世界でも最も重要な商業種の一つである。

尾鰭の先端は四角い

鰭と鱗
タイセイヨウマダラには背鰭が3基と尻鰭が2つある。小さな鱗には年輪があり、数えると魚の年齢が分かる。

人間の影響
乱獲

かつて、タイセイヨウマダラの資源は無尽蔵と考えられていたが、その生息域の大部分で激減した。タラは、水深約200mの特定エリアで産卵する独立した動物種の形で存在している。1990年代初めのカナダの資源は落ち込んで、漁業禁止に至ったが、20年以上経過した現在も、回復し始めたにすぎない。こうした北海資源の管理が身を結んで、資源は徐々に回復している。

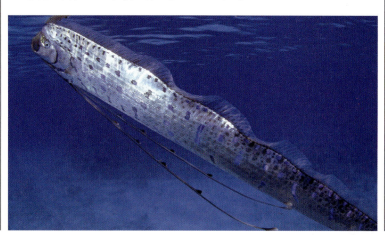

餌を探し回る
タイセイヨウマダラは水中と海底の両方で餌を食べる。餌にはニシンなどの群れ魚や甲殻類、ケヤリムシ類、軟体動物が含まれる。

硬骨魚 349

タラ目
ショアロックリング
Trisopteru Shore Rockling

体長	最大50cm
体重	最大1kg
生息水深	0-450m

生息域　太平洋北東部および地中海の温帯海域

ロックリングの外見はウナギのようで、背鰭が2基ある。第1背鰭は短い鰭条の房飾りのようで、常に小さく波立っている。潮溜りで見つけることができ、そこで口ひげを使って餌探しをしている。

タラ目
トースク
Brosme brosme Torsk

体長	最大1.2m
体重	12-30kg
生息水深	20-1,000m

生息域　大西洋北部の温帯、寒帯海域

タラ目に属するどっしりした形のこの魚は、沖合の深場の岩や砂利の間に身を潜め、甲殻類や軟体動物を探す。唇は厚く長い顎ひげがあり、長い背鰭と尻鰭には白の縁取りがある。夏には2-3百万個の卵が産み落とされ、水中を漂い、海面近くで育つ。この種の寿命は20年。トースクはトロール網や延縄を使った漁が行われており、特にノルウェー沖で盛んである。

タラ目
イバラヒゲ
Coryphaenoides acrolepis

体長	最大1m
体重	最大3kg
生息水深	300-3,700m

生息域　太平洋北部の温帯海域深海

イバラヒゲは、あらゆる海の大陸棚を少しはずれた辺りに豊富に生息する、ソコダラ科およそ300種のうちの1種である。ソコダラ科の魚は球根状の大きな頭に大きな目、尖った吻、鱗のある長い尾を持っているため、rat-tails（ネズミの尾）とも呼ばれている。イバラヒゲは暗褐色で、高さのある背鰭をもつ。もう1つの高さのない鰭が背を走り、尾をぐるっと回る。この種は海底付近での餌探しにほとんどの時間を費やすが、時折イカやエビ、小型魚をねらって中層まで泳ぎのぼる。

アシロ目
パールフィッシュ
Carapus acus Pearlfish

体長	最大21cm
体重	記録なし
生息水深	100mまで

生息域　地中海。大西洋東部の亜熱帯海域でもたまに発見される

パールフィッシュの成魚は、ナマコの体腔内という非常に変わった場所を住処としている。簡単かつスムーズに宿主に出入りするために、ウナギのような体をしており、腹鰭や鱗はない。銀白色に赤みがかった模様がある。夜になると、ナマコの肛門から出て無脊椎動物を補食し、ナマコの体腔に戻るときは尾から先に入る。

ガマアンコウ目
オイスタートードフィッシュ
Opsanus tau Oyster Toadfish

体長	最大43cm
体重	最大2.2kg
生息水深	記録なし

生息域　大西洋北西部の温帯、亜熱帯海域

頭は平たく、ヒキガエルのような広い口と分厚い唇をもつ。さらに、顎周りには房がつき、目は張り出し、2基の背鰭のうちの第1背鰭は棘条である。その形と色合いは、住処の岩場や岩くずの下でカモフラージュとなる。このずぶとい魚は汚れてゴミだらけの水も平気で、防波堤の下でよく見かけられる。実験利用を目的に、よく飼育されている。

> ### 求愛の叫び
>
> 米国東海岸沿いで船暮らしをしている人々は、4月から10月までの夜間、ブーブー鳴る大きな音で眠れないことがある。犯人はオスのオイスタートードフィッシュで、岩の下に掘った巣に産卵してもらおうと、メスを引き付けるために呼びかけているのだ。オスは、特殊な筋肉を使って浮き袋の壁を震動させることで、この音を出す。浮き袋の壁は太鼓の皮の役割を果たす。オスはおよそ4週間後に卵が孵化するまで番をする。

アシロ目
スポッティッドカスクイール
Chilara taylori Spotted Cusk-eel

体長	最大37cm
体重	記録なし
生息水深	0-280m

生息域　太平洋東部の温帯、亜熱帯海域

スポッティッドカスクイールはアシカやウ、その他の潜水鳥類の好物であるため、夜間もしくは太陽光のない暗い日にもっとも活動的になる。危険にさらされると、岩場の間に素早く滑り込むか、砂地や泥地に尾から先に潜り込む。本当のウナギとは異なり、鱗も腹鰭もある。鰭条1本が裂けたような腹鰭をしており、体のかなり前方の頭の下に位置する。開放水域で産み落とされた卵から孵化した後、海面付近で生息する。幼生から稚魚に成長し、長期間漂流した後に海底に棲みつく。

近縁種のBasketweave Cusk-eelは、水深8000mより深い深海底帯という、どの魚よりも深い場所で発見されている。

感覚毛

口は大きい

アンコウ目
ジョルダンヒレナガチョウチンアンコウ
Caulophryne jordani

体長	メス：最大20cm、オス：記録はないが、小さい
体重	記録なし
生息水深	100-1,500m

生息域　全世界の深海

チョウチンアンコウの中にはこの上なく異様な形をした海生魚がおり、ジョルダンヒレナガチョウチンアンコウも間違いなくその部類に入る。口は巨大で、目は非常に小さく、とても長く突き出た鰭条のついた大きな背鰭と尻鰭をもつ。感覚毛にも覆われているため、髪を振り乱しているような外見になる。大部分のチョウチンアンコウ同様、頭上に可動式の疑似餌があり、背鰭の最前部のとげからできている。これまでに数体の標本しか捕獲されていないため、この種の生態はほとんど判明していない。しかし、深海に棲む他のチョウチンアンコウは、疑似餌を使って手近の獲物を誘引する。そして口を開け、突然強力な吸引する流れを発生させる。獲物はほんの一瞬のうちに飲み込まれる。深海は食料不足で、そこに棲むチョウチンアンコウは通常、特大の口と拡張可能な胃袋をもち、自分と同程度かそれ以上の大きさの獲物を飲み込むことができる。ジョルダンヒレナガチョウチンアンコウは、fanfinとも呼ばれるヒレナガチョウチンアンコウ科に属す。この科のオスはとても小さく、疑似餌がない。オスは成魚になると、メスの寄生動物として生活する。

アンコウ目
ポルカドットバットフィッシュ
Ogcocephalus radiatus　Polka-dot Batfish

体長	最大38cm
体重	記録なし
生息水深	0-70m

生息域　大西洋西部およびメキシコ湾の亜熱帯海域

ポルカドットバットフィッシュが属するアカグツ科の魚は、チョウチンアンコウの中でも一番奇妙な形をしている。対になった胸鰭と腹鰭を支えにし、虫や甲殻類、魚を探して海底を歩くことができる。疑似餌をもっているが、非常に短く、獲物を引き付けるにおいを分泌するのではないかと思われる。とげのある硬い皮膚で捕食者から身を守っているが、動きが緩慢なため、手に取ることができる。

アンコウ目
クロツノアンコウ
Bufoceratias wedli

体長	メス：最大25cm、オス：記録なし
体重	記録なし
生息水深	300-1,750m

生息域　メキシコ湾、カリブ海、大西洋

深海に棲むこの暗い色の小型チョウチンアンコウは、丸い体に優美な鰭があり、オオウイキョウと呼ばれる長い棒の先に発光性の疑似餌が付いている。頭上にある2つめの棒はずっと小さく、隠れて見えないことが多い。骨格がもろく、筋肉も小さいため、比較的軽く、簡単に浮くことができる。手近の獲物をおびき寄せるので、たいして泳ぐ必要はない。メスのクロツノアンコウは、調査潜水艇が捕獲している。生きた状態の写真もある。オスはまだ発見されたことがないが、おそらく非常に小さく、寄生せずに自由に生きていけると思われる。

棒と疑似餌

体は丸い

硬骨魚 351

アンコウ目
コフインフィッシュ
Chaunax endeavouri — Coffinfish

体長	最大22cm
体重	記録なし
生息水深	50-300m

生息域 太平洋南西部の温帯海域でオーストラリア東岸沖

コフインフィッシュは小さなとげでおおわれたピンク色の風船に似ており、体を膨らませて自分を大きく見せることができる。

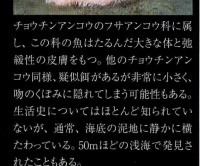

チョウチンアンコウのフサアンコウ科に属し、この科の魚はたるんだ大きな体と弛緩性の皮膚をもつ。他のチョウチンアンコウ同様、疑似餌があるが非常に小さく、吻のくぼみに隠れてしまう可能性もある。生活史についてはほとんど知られていないが、通常、海底の泥地に静かに横たわっている。50mほどの浅海で発見されたこともある。

アンコウ目
ハナオコゼ
Histrio histrio

体長	最大20cm
体重	記録なし
生息水深	0-11m

生息域 世界中の熱帯、亜熱帯海域だが、太平洋東部では記録なし

この特異なイザリウオ(イザリウオ科)は、ホンダワラ属の流れ藻に棲む。把握力のある足のような胸鰭で海藻の塊

をつかみ、流れ藻中をはい回る。ハナオコゼの皮膚には房があり、まだら模様をして色も変えられるため、上手にカモフラージュしており、攻撃できる距離内に小型魚やエビをおびき寄せることができる。たまに流れ藻と一緒に浜へ打ち上げられる。

アンコウ目
アングラー
Lophius piscatorius — Angler

体長	最大2m
体重	最大57kg
生息水深	20-1,000m

生息域 大西洋北東部で西アフリカの南、地中海、黒海

アングラーの頭部は平たいフットボールのようで、その縁には海藻の形をした皮膚の垂れぶたのカモフラージュが付き、幅広く平たい体は尾に向かって先細りにな

る。濃い大理石模様入りの緑がかった褐色の皮膚は、アングラーが海底の堆積物に溶け込む助けとなる。海底に根気よく横たわり、背鰭についた肉付きのよい疑似餌を素早く動かして射程圏内の魚をそそのかし、吸い込む準備をしている。大型のアングラーになると、潜水鳥類にさえも飛びついて捕まえることがわかっている。発達した胸鰭には腕のような基部と尖った「ひじ」があり、海底をすり足で歩くことができる。商業採取されて日本では「アンコウ」として売られる。

アンコウ目
コモンブラックデビル
Melanocetus johnsonii — Common Blackdevil

体長	メス:18cm、オス:3cm
体重	記録なし
生息水深	2,000mまで

生息域 大西洋、太平洋、インド洋の深海

この深海に棲むアンコウは、別名 Humpback Angler (ねこぜのアンコウ) という。メスは巨大な頭部と大きな顎に、短剣のように鋭く、長い歯をもっており、獲物を捕らえるのに使う

疑似餌は照り輝く

歯は長く、鋭い

が、獲物は自分より大きいこともある。伸縮する胃袋や弛緩性の皮膚により、巨大な獲物でも収容できる。メスは完全に目が見えないというわけではないが、目は非常に小さく、照り輝く疑似餌を使って射程圏内におびき寄せるまでは、獲物は見えないものと思われる。オスは対照的に非常に小さく、つがい相手を見つけるのに鋭い嗅覚を使う。オスに歯はないが、吻についた特殊なかぎでメスにぶら下がる。メスが産卵し、オスが受精させると、オスは泳ぎ去るが、その後どの程度の期間生きるのかは不明である。オス、メス両方の稚魚は海面付近に生息し、小さなプランクトン様動物を餌とする。

アンコウ目
レーガンズアングラー
Haplophryne mollis — Regan's Angler

体長	メス:8cm、オス:2cm
体重	記録なし
生息水深	200-2,000m

生息域 世界中の熱帯、亜熱帯の深海

この珍しい深海に棲むアンコウの皮膚には色素がない。メスは成熟すると体がほぼ球状になり、多数の非常に小さな歯をもち、目の上と口の後ろにはとげ、小さな垂れぶただけでできた極小の疑似餌が吻上にある。他の深海アンコウ同様、この種のオスも一生涯、非常に小さな体で、優れた嗅覚を使ってメスを見つけ出し、特殊なかぎでしがみつくことを唯一の生きる目的としている。深海でつがい相手を探すのは難しく、オス

を付着させておくことでメスは卵を必ず受精できる。オスはメスの皮膚に食い込み、最終的にはメスの寄生動物となる。オスとメスの血管が融合すると、オスはメスから栄養分の供給を受ける。これまでに、単一のメスの上に最高3尾のオスが見つかっている。

皮膚に色素がなく、半透明である

動物

ウバウオ目
コーニシュサッカー
Lepadogaster purpurea Cornish Sucker

- 体長　7cm
- 体重　記録なし
- 生息水深　0-2m

生息域　大西洋北東部や地中海、黒海の温帯海域

腹鰭で作られた強力な吸盤で岩に密着するので、別名ショアークリング（岸にしがみつく）フィッシュという。この魚には強い波など悩みの種ではない。体も薄型で、頭部は平たい三角形で、長い吻はアヒルのくちばしに似ている。岩の間に簡単に滑り入ることができる。体長数cmだが、岩石や海藻を裏返したり、岩間の水たまりを探せば見つかることがある。体の色は様々だが、褐色や赤、黒の輪郭をした青色の斑点が2つ、頭の後ろに必ずあり、それぞれの目の前に小さな触角がある。春か夏、雌は岸辺の岩場の下側に明るい黄色をした卵の塊を産む。孵化まで、親魚が卵の番をする。

ダツ目
アトランティックフライングフィッシュ
Cheilopogon heterurus Atlantic Flyingfish

- 体長　最大40cm
- 体重　記録なし
- 生息水深　表層水

生息域　全世界の熱帯、暖帯海域

別名をMediterranean Flyingfish（地中海トビウオ）というこの種は、非常に大きい翼のような胸鰭と腹鰭で識別できる。マグロなどの捕食者が下から襲うと、強力な二叉形の尾鰭を素早く打ちつけ、最後の瞬間に「翼」を広げ、海面から飛び立つ。飛行中も尾を打ち続け、100m以上も飛ぶことができる。食用に適するが、商業漁は行われていない。

ダツ目
オキザヨリ
Tylosurus crocodiles

- 体長　最大1.5m
- 体重　最大6.5kg
- 生息水深　0-13m

生息域　世界中の熱帯海域のサンゴ礁

銀白色の針のような形をしたオキザヨリはほとんど目に見えず、サンゴ礁の上に棲む他の魚を探しながら、海面のすぐ下を泳ぐ。薄くて長い吻は槍のような形をしており、怖い目に遭うと空中に飛び出して、小型船舶に穴を空けたり、人間に重傷を負わせる。食べられるが、肉が緑色なので、人気のある食用魚ではない。

ダツ目
ニシサンマ
Scomberesox saurus

- 体長　最大50cm
- 体重　記録なし
- 生息水深　0-30m

生息域　大西洋北部、北西部、東部ならびに地中海

近縁種のダツ科の魚ほどではないが、ニシサンマも同様の細い体をしており、くちばしのような長い吻には小さな歯が並んでいる。体の上側は澄んだ緑色で、体側は銀白色をしている。背鰭1基と尻鰭1つの後ろには、それぞれ一連の小離鰭がある。大きな群れで生息し、海面に沿って滑るように泳ぎながら、小型魚やエビに似た甲殻類を捕まえる。

ダツ目
ベニマツカサ
Myripristis vittata

- 体長　最大25cm
- 体重　記録なし
- 生息水深　3-80m

生息域　インド洋および太平洋の熱帯海域

イットウダイ科の魚は夜行性でサンゴ礁に生息し、日中は洞穴や張り出した急勾配の礁の下で集団で隠れる。イットウダイ科の他の魚同様、ベニマツカサは赤色をしている。正中鰭の前縁が白い。赤色光が届かない深度、特に深いサンゴ礁エリアでは、この魚の赤色は黒か灰色に見えてカモフラージュとなる。多数の夜行性の魚同様、ベニマツカサの目は大きく、ほの暗い月明かりの下でプランクトン様動物を見つけ出してパクリとかみつく際に役に立つ。吻は短く、尖っておらず、大きな鱗に深く二叉形になった尾鰭をもつ。ベニマツカサの群れの中には、仰向けで泳ぐ個体がしばしば見受けられる。

キンメダイ目
パイナップルフィッシュ
Cleidopus gloriamaris Pineapplefish

- 体長　最大22cm
- 体重　最大500g
- 生息水深　3-200m

生息域　オーストラリア周辺のインド洋東部および太平洋南西部の温帯海域

パイナップルフィッシュは、大型で分厚く変性し、とげが点在した鱗の鎧で完全に包まれている。黄色の鱗の1つ1つに黒い輪郭があり、パイナップルの皮の節に似ている。暗い洞穴や岩礁の岩棚の下に棲み、下顎に1対の生物発光器官があり、口を閉じていると上顎に隠れて見えない。この発光器官は日中、オレンジ色をしているが、夜間は青緑に輝き、甲殻類や小型魚などの獲物探しに役立つ。

キンメダイ目
アイライトフィッシュ
Photoblepharon palpebratum Eyelight Fish

- 体長　12cm
- 体重　記録なし
- 生息水深　7-25m

生息域　太平洋西部および中部の熱帯海域

この小さな魚の一番の特徴は、2つの目の下にある大きな発光器官である。青緑の光は、まぶたのような黒い膜組織を使って、点灯・消灯が可能である。夜間に活動し、大きな群れで摂食行動することも多く、光を使って他の個体に信号を送ったり、捕食者を驚かせたり、餌のプランクトン様動物を探す。夜間、急勾配の礁面でたまに見かけられる。日中はたいてい洞穴に隠れている。

キンメダイ目

オニキンメ
Anoplogaster cornuta

体長	15-18cm
体重	記録なし
生息水深	500-5,000m

生息域　全世界の温帯、熱帯海域の深海

この深海の捕食者がもつサーベルのような大きな歯は、自身と同程度の大きさの他の魚にかぶりついて離さないためのものである。この歯は切ったり、かみ砕いたりするには不向きなため、オニキンメはヘビがするように獲物をそのまま飲み込む。成魚の色は一様に黒か暗褐色で、5000mほどの深さまで生息可能だが、500-2000mの間で一番よく見かけられる。単体もしくは小さな群れで捕食活動し、餌用の他の魚を探し回る。オニキンメの稚魚は成魚とはまったく違う外見で、1955年までは異なる種として分類されていた。稚魚は薄灰色で、頭に長いとげがある。

メスの成魚は海に直接卵を産み落とし、卵はそこでプランクトン様の幼生に成長する。

キンメダイ目

オレンジラフィー
Hoplostethus atlanticus　Orange Roughy

体長	50-75cm
体重	最大7kg
生息水深	900-1,800m

生息域　大西洋北部および南部、インド洋、太平洋南西部および東部

魚では一番長生きの部類に入り、少なくとも149年生きた個体が記録に残っている。明るいレンガ色をしているが、生息する暗い水域では黒に見えるため、捕食者から身を隠すのに役立つ。

オレンジラフィーは頭が大きく、体高のある魚で、目の後ろと鰓蓋にとげがある。腹部の鱗にも鋭いとげがある。起伏のある岩場や、でこぼこした急勾配地の深海に生息し、行動圏は比較的狭い。

軟条

マトウダイ目

マトウダイ
Zeus faber

体長	最大90cm
体重	最大8kg
生息水深	5-400m

生息域　大西洋東部、地中海、黒海、インド洋、太平洋西部および南西部

マトウダイは、丸みを帯びているが非常に薄い体に、ぽってりした口、丈の高い背鰭をもち、魚の中でも非常に特色のある外観をしている。獲物に真正面から近づくと、薄い体のマトウダイはほとんど見えず、他の魚の間近に接近できる。攻撃圏内に入ると、伸びる顎を突き出して獲物を飲み込む。

第1背鰭は棘条である

第2背鰭は軟条である

拇印のような色濃い斑がある

遠洋漁業
小型船のトロール漁業で生計を立てるのは、骨が折れ、危険も多い。長年にわたって多数の漁師が命を落とした。

漁業

海の恩恵によって、人間は高品質の食料やたくさんの有益な副産物を手に入れ、世界中の沿岸地域が維持されている。長い間、魚は決して枯渇することのない膨大な資源であると考えられてきた。しかし、産業規模の近代漁法が大打撃を与えた徴候が見られる。魚の資源のなかにはすでに崩壊したものもあり、回復不可能なものもある。

全世界の魚貝の漁獲高は、1950年の1670万トンから1995年の8770万トンに着実に増加し、減少したのはエルニーニョ年(68-69ページ参照)にアンチョビー漁がふるわなかった数回のみである。しかし、それ以後は減少し8000万トンくらいに安定した。

海からの採取を確実に維持可能にするには、問題が山積している。基本的な問題の1つには、資源の「所有権」がある。合法的であろうがなかろうが、魚を捕り続けるものが他にいれば、魚保護のために漁をやめる動機がなくなる漁師が出てくるだろう。公海で漁業監視をするのは難しく、違法漁が横行しているエリアもある。移動する魚の数の正確な査定に疑問があるのは周知のことで、また、違法な漁や取引が原因で漁獲統計にひずみが生じる。

大規模漁法の大部分が無差別であり、不要な魚や無脊椎動物種が廃棄されるため、莫大な無駄使いになり、さらに、膨大な数のクジラ類やカメ、海鳥も捕獲される。カメの脱出用のハッチをつけた網、そしてアホウドリがひっかけられることを未然に防ぐマークされた長いラインなどの2つは、混獲を減らす新しい方法である。

ツノメドリのような海鳥にとってきわめて重要なイカナゴや「シラス」と呼ばれる他の小さな魚は、産業的な漁法で大量に捕獲され、家畜の飼用の魚粉に加工されていく。しかし、漁業すべてが悪ではなく、管理の行き届いた漁業と無害な漁法を支持しようとする消費者向けの啓蒙活動が盛んになっている。

伝統的漁業

小規模な漁具を使う伝統的漁業が、魚の種族の脅威になることは滅多にない。魚は重要な食料源で、特に開発途上国では重要で、蛋白質必要量の合計の最高80%を供給している。こうした国では、漁業が経済の必要不可欠な要素ともなっている。それでも、このような地域的な伝統的漁業は、全世界漁獲高の10%を占めるにすぎない。

スティルト(竹馬)漁法 この漁法は、スリランカとタイの一部でまだ実施されている。漁師は浅瀬で棒の上に乗りながら、釣り糸を投げ込む。

漁業と環境

底引き網 海底を引きずられる漁具は海洋生物を損ない、堆積物をかき乱し、付近に生息する野生生物を窒息させる。重金属を使用したホタテガイ底引き漁具は特に有害である。

エビとの混獲 1度のエビ漁で、エビの重さの10倍もの重量の他の種が網にかかり、その後廃棄される。

漁具 釣り道具にからまり、毎年何千もの動物が死んでいる。このハワイアンモンクアザラシは、全個体群数わずか1000頭のうちの1頭である。

ウミガメ マグロ漁の延縄は長さ何十キロにもなることが多く、そこについている何千個もの鉤は、カメやサメ、海鳥も殺してしまう。

ホタテガイ養殖 ホタテガイの養殖は環境に優しい方法で、底引き網漁が海底や他の種にもたらす有害影響を回避する。

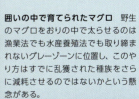

囲いの中で育てられたマグロ 野生のマグロをおりの中で太らせるのは漁業法でも水産養殖法でも取り締まれないグレーゾーンに位置し、このやり方はすでに乱獲された種族をさらに減耗させるのではないかという懸念がある。

ヨウジウオ目

リーフィーシードラゴン
Phycodorus eques　Leafy Seadragon

体長	35cm
体重	記録なし
生息水深	4-30m

生息域　オーストラリア南岸沿いのインド洋東部

この魚より魚らしくない魚は想像しがたい。頭と体を飾る異様な房やフリルは見事なカモフラージュとなり、捕食者と獲物の両方をだます。体と尾さえも、海藻の茎に似せるためにねじりが入っている。近縁種のタツノオトシゴに似た吻をもつが、さらに長い管状となっている。この吻は効果的な餌道具である。小さなエビに照準を合わせ、人間がストローで飲むときのように、強く吸い込む。リーフィーシードラゴンは海藻で覆われた岩礁や海草藻場に棲む。タツノオトシゴとは異なり、物体の周りに尾を巻き付けることはできない。海藻をまねるように非常にゆっくり動き、波に合わせて揺れる。タツノオトシゴやヨウジウオのように、メスはオスの尾の下にある育児嚢の中に卵を産みつけ、オスは孵化するまで卵を携帯する。

ヨウジウオ目

トランペットフィッシュ
Aulostomus maculatus　Trumpetfish

体長	最大1m
体重	記録なし
生息水深	2-25m

生息域　メキシコ湾、カリブ海、大西洋西部の亜熱帯海域

トランペットフィッシュは漂う木片のような外見で、ヤギ（サンゴの仲間）や他のサンゴの中に身を潜めている。細長い直線的な体をしており、朝顔形に口を広げるときその長い吻が細身のトランペットに似ている。トランペットフィッシュは通常褐色をしているが、中には黄色の体をもつ個体もいる。横たわって待ち、通りかかる魚の群れを待ち伏せ攻撃するが、捕食魚のウツボ類について泳ぎ、ウツボが隠れ場から追い出す魚を盗みとることでも知られている。

ヨウジウオ目

スネークパイプフィッシュ
Entelurus aequoreus　Snake Pipefish

体長	最大60cm
体重	記録なし
生息水深	10-100m

生息域　大西洋北東部の温帯海域

一目見ただけでは、スネークパイプフィッシュは小型ウミヘビと簡単に間違えてしまう。丸味を帯びた滑らかで長い体は、微少な尾鰭がついてる薄い尾に向かって先細りしている。しかし、すべてのヨウジウオやタツノオトシゴ同様、浮遊している小型甲殻類や幼魚を吸い込むための特有の管状吻が、頭部から伸びている。パイプフィッシュに鱗はないが、その代わりに、体は皮膚下の体節のある防護器官に包まれている。

体はオレンジがかった褐色で、空色の縞が入っている。自身を十分カモフラージュできる海藻の中に棲む。夏、オスの腹沿いについた底の浅い袋の中に、メスは数百個の卵を産みつける。

ヨウジウオ目

ニシキフウライウオ
Solenostomus paradoxus

体長	12cm
体重	記録なし
生息水深	記録なし

生息域　インド洋、太平洋西部および南西部の熱帯礁域

ニシキフウライウオは、薄くて長い体の両側に翼がついているように見える。実際のところ、それは非常に大きくなった腹鰭で、メスはここに卵を抱く。この鰭は袋のような形に変わり、卵は孵化するまでここに置かれる。この珍しい種は、自らが生息する礁のウミシダやクロサンゴを擬態した様々な鮮やかな色や模様をしている。逆さま状態で泳ぐこともしばしばあり、周囲の枝と自分の体が一直線になるようにしてカモフラージュする。

ヨウジウオ目

モトウミウマ
Hippocampus hippocampus

体長	15cm
体重	記録なし
生息水深	5-60m

生息域　大西洋北東部および地中海の温帯、亜熱帯海域

タツノオトシゴの仲間の世界では、オスから幼魚が「産まれる」。手の込んだ求愛ダンスの後、メスは、オスの腹についた特殊な袋の中に卵を産む。固く閉じた袋の口は卵が孵化すると開き、非常に小さなタツノオトシゴの赤ん坊が出てくる。

硬骨魚

ヨウジウオ目
ピグミーシーホース
Hippocampus bargibanti　Pygmy Seahorse

体長	2.5cm
体重	記録なし
生息水深	15-50m

生息域　太平洋南西部の熱帯海域

ピグミーシーホースは小型のタツノオトシゴで、サンゴ類のヤギの一種、*Muricella*に着生する。ヤギのポリプに酷似した結節で覆われているため、大変発見しにくい。巻きつきやすい尾部でヤギにしがみつき、水中に伸ばした吻で浮遊している動物プランクトンを吸い込んで摂餌する。他のタツノオトシゴ同様、体は硬い骨板で覆われ、頭部はすぼまっている。

トゲウオ目
イトヨ
Gasterosteus aculeatus

体長	11cm
体重	記録なし
生息水深	0-100m

生息域　大西洋北部および太平洋北部の温帯海域

イトヨは、淡水と海水の両方に生息する。背部に3本の鋭いとげがあり、体側には骨板が並んでいる。イトヨの繁殖行動は有名である。オスが水草類で作ったトンネル状の巣を作り、そこに数匹のメスを誘い込んで産卵させる。オスは卵の成長中、酸素の豊富な水を卵にあおぎ送る。

ヨウジウオ目
ヘコアユ
Aeoliscus strigatus

体長	15cm
体重	記録なし
生息水深	1-20m

生息域　インド洋および太平洋西部の熱帯礁域

礁に生息する魚の中には常に逆さで泳ぐものもいるが、ヘコアユは長い管状の吻を下に向けて垂直になり、仲間と同調して泳ぐ。この一風変わった魚は透明な骨板で覆われており、その骨板が腹の縁に沿ってぶつかって鋭く隆起し、まるでナイフの刃のようである。尾部も先端が尖っている。濃色の縦帯があり、ウニやサンゴの枝の間で擬態するのに役立っている。

カサゴ目
オニダルマオコゼ
Synanceia verrucosa

体長	最大40cm
体重	最大2.5kg
生息水深	1-30m

生息域　インド洋および太平洋西部の熱帯海域

オニダルマオコゼは毒性が非常に強い魚で、その毒棘で人間が死亡することもある。背鰭の先鋭なとげの根元には毒腺があり、その毒腺からとげの先端まで続く溝に毒管が走っている。岩場や浅瀬の砂泥にじっとしており、背景に溶け込む体色をしているため、誤って踏みやすい。擬態は通りすがりの魚の待ち伏せに有効で、口を洞窟のように開けて電光石火の速さで獲物を吸い込む。

カサゴ目
ハナミノカサゴ
Pterois volitans

体長	最大38cm
体重	記録なし
生息水深	2-55m

生息域　インド洋東部および太平洋西部の熱帯海域

ハナミノカサゴに刺されると痛むが、普通、人間に対する毒性はない。紅縞の華やかな色彩は、ダイバーや捕食者に対して警告効果がある。英語ではLionfish(ライオン魚)の他に、Turkeyfish(七面鳥魚)とも呼ばれる。夜に捕食活動し、羽のような胸鰭を使って捕まえる。

カサゴ目
ロングスパインドブルヘッド
Taurulus bubalis　Long-spined Bullhead

体長	最大25cm
体重	記録なし
生息水深	0-100m

生息域　大西洋北東部および地中海西部の温帯海域

カジカ科の魚は、カサゴ科やオニダルマオコゼ(上参照)の近縁だが、小型で冷水に棲む。近縁種同様に頑丈な底生魚で、幅広い頭部、大きな口、とげのある鰭をもつ。本種には、両頬にも長く鋭いとげがある。いずれのとげにも毒性はない。体は小さく、岩間の水たまりにもいるが、周囲に溶け込む体色となっているため見つけるのは難しい。冬場、メスは岩間に卵塊を産みつける。卵が孵化するまでの5-12週間、オスが守る。

カサゴ目

マダラフサカサゴ
Scorpaena plumieri

体長	最大45cm
体重	最大1.5kg
生息水深	1-60m

生息域 大西洋西部および東部のアセンション島とセントヘレナ島周辺

海底で静かにじっとしているマダラフサカサゴは、体のまだら模様と頭を覆っている海藻のような皮膚弁により、なかなか見つかりにくい。しかし、この魚の平安を乱せば大きな胸鰭を広げ、派手な白黒のまだら部分を「ニセの目」として見せてくれる。しかし、効果がない場合は背鰭の毒のある棘条で刺すことができる。

カサゴ目

イーストアトランティック レッドガーナド
Chelidonichthys cuculus　East Atlantic Red Gurnard

体長	最大50cm
体重	記録なし
生息水深	15-400m

生息域 大西洋北東部および地中海の温帯海域

本種は「歩いてしゃべる魚」と呼ぶこともできる。胸鰭の前側3本の鰭条が分離して、指のような形の太い触覚器となっている。感覚器官でおおわれたこの触覚器を使って、海底を「歩行」し、エビやカニを探す。大きな頭は硬い骨板と棘条で保護されており、背鰭は2基ある。

この魚を含めホウボウ類の魚は、時折群れをなす。群れで動き回る際、特殊な筋肉を使って浮き袋を震わせて、短く鋭いブウブウという音を出し、近くにいる仲間と連絡を取り合う。春から夏にかけて産卵し、卵と稚魚は海面付近を自由に漂う。成魚の寿命は短くとも20年。商業的に獲られるが主要目的種ではない。

カサゴ目

ランプサッカー
Cyclopterus lumpus　Lumpsucker

体長	最大60cm
体重	最大9.5kg
生息水深	2-400m

生息域 大西洋北部の温帯および寒帯海域

スズキ目

レックフィッシュ
Polyprion americanus　Wreckfish

体長	最大2m
体重	最大100kg
生息水深	40-600m

生息域 大西洋、地中海、インド洋、太平洋

英名Wreckfish（難破船魚）は、漂流する難破船について泳ぐ稚魚の習性に由来する。体は大きく頑丈で、頭は尖り、下顎が突き出ている。背鰭にはとげが多く、鰓蓋には骨質の隆起が走る。成魚になると海底付近に生息し、難破船や洞穴の中に潜んでいることが多い。稚魚は海面を好むので、シュノーケリングで近づくこともできる。泳ぐ人間を難破船の漂流物とでも思っているのかもしれない。成長するにつれて放浪生活をやめて、海底付近に棲むようになる。食べて美味しい成魚は、釣り糸で漁獲する。

成魚になったランプサッカーは、第一背鰭が分厚いコブだらけの皮膚で覆われているため、一見グロテスクである。この他にも骨ばったコブが、大きく丸い体に沿って列をなし、あちこちに不規則に突き出ている。腹鰭は腹についた強力な吸盤になっている。この吸盤で海岸付近の波が打ちつける岩場にくっつき、産卵する。オスが卵をカニから守り、また鰭であおいで、卵に水を送る。

スズキ目

キンギョハナダイ
Pseudanthias squamipinnis

体長	最大15cm
体重	記録なし
生息水深	0-55m

生息域 紅海、インド洋と太平洋西部の熱帯海域

突き出た大型サンゴや急斜面付近に生息する。オスはメスより大きく、色も鮮やかで、背鰭前部に長い糸状組織をもつ。オスはハーレムのメスを守る。メスは大きくなるにつれてオスに変化する。

スズキ目

カスリハタ
Epinephelus tukula

体長	最大2m
体重	最大110kg
生息水深	10-150m

生息域 紅海、アデン湾、太平洋西部の熱帯海域

ハタは体が大きく、サンゴ礁では重要な肉食魚である。弱った魚を食べてサンゴ礁の状態維持に一役買っている。カニやイセエビなども食べる。カスリハタは、サンゴ礁の深い溝や海山を住処としている。大きな頭と重い体をしており、背鰭は1基で長く、とげがある。体中に濃色の斑点が不規則に並び、目の周りには放射状に濃色の線が入っている。縄張り習性がある。ダイバーが餌付けしている地域もあるが、大きなカスリハタに胸を激突されて溺死したダイバーもいる。巨大なカスリハタは、漁師がヤスで簡単に捕まえる。

硬骨魚

スズキ目
ヨスジフエダイ
Lutjanus kasmira

体長　最大40cm
体重　記録なし
生息水深　3-265m

生息域　紅海、インド洋、太平洋の熱帯礁域

ダイバーは日中、サンゴや岩の突き出た場所でヨスジフエダイの大群をよく見かける。夜になると群れを離れて、小型魚や海底に棲む甲殻類などを捕食するが、流線型の体をしているため、高速遊泳が可能である。長い背鰭が1基あり、他の鰭同様に鮮やかな黄色をしている。ヨスジフエダイと他の類似種多数が商業漁業の重要な対象種となっている。美しい色をしているため、観賞魚愛好家にも人気がある。

スズキ目
レッドバンドフィッシュ
Cepola macrophthalma　Red Bandfish

体長　最大80cm
体重　記録なし
生息水深　15-400m

生息域　大西洋北東部と地中海の温帯、亜熱帯海域

1970年代、イギリス西海岸沖のランディ島付近の浅瀬で、レッドバンドフィッシュの個体群が発見された。それまで、この不思議な魚についてはほとんど何も分かっていなかった。ウナギのような形をしているが、横に平たい。両体側には、黄金色をした長い鰭が体の長さ一杯に続いている。成長したオスでは、鰭の先端が鮮やかな青色をしている。深い泥の穴を住処としている。熱帯地方のチンアナゴ(345ページ参照)のように、通りすがりのヤムシやプランクトンなどを食べる時に必要なだけ姿を現す。時には、穴を離れて泳ぐこともある。1個体の穴だけでなく、何千もの個体からなるコロニーも発見されている。レッドバンドフィッシュの穴がカニの掘る穴に通じていることがある。

スズキ目
アオスジテンジクダイ
Apogon aureus

体長　最大15cm
体重　記録なし
生息水深　1-40m

生息域　紅海、インド洋と太平洋西部の熱帯海域

テンジクダイは、礁に棲む夜行性の小型魚である。アオスジテンジクダイは日中、サンゴの下や割れ目の中に隠れ、夜になると姿を現してプランクトンを食べる。尾柄部が帯を巻いたように黒く、吻から目まで青と白の2本の線が入っている。350種ほどにも及ぶテンジクダイはすべて背鰭を2基もつ。オスは繁殖期には餌を食べない。メスの産卵後、オスは口の中に卵を入れて、孵化するまで守る。

スズキ目
チョウチョウコショウダイ
Plectorhinchus chaetodonoides

体長　最大72cm
体重　最大7kg
生息水深　1-30m

生息域　インド洋、太平洋西部の熱帯海域

チョウチョウコショウダイの小さな群れは、夕暮れ時に大きなサンゴの塊の周りによく集まってくる。掃除屋といわれるホンソメワケベラ(365ページ参照)に寄生虫を食べてもらうためである。茶色がかった黒点模様があるので、絶えず陰影が変化する礁を泳ぐ際、この模様で体の輪郭が分かりにくくなっている。砂の中から無脊椎動物を掘り出すのに分厚い唇を使う。

稚魚の姿

チョウチョウコショウダイの稚魚は、成魚とは違う模様をしている。体は褐色で、黒い縁取りの白斑点がある。とても小さな稚魚は、似たような配色の有毒扁形動物をまねてジグザグにクネクネした動作で泳ぎ、捕食者に食べられないようにしている。その色はまた「自分はおいしくないよ」と警告しているのかもしれない。

スズキ目
ゴールデンバタフライフィッシュ
Chaetodon semilavatus

体長　最大23cm
体重　記録なし
生息水深　3-20m

生息域　紅海およびアデン湾のサンゴ礁

チョウチョウウオの仲間はサンゴ礁の「健康状態」を示してくれる魚である。様々な種類がたくさんいるということは、サンゴ礁がよく生長していることを意味する。通常、つがいで行動し、テーブルサンゴの下に隠れている。青い眼帯状の模様が目を隠し、捕食者を惑わす。

スズキ目
クイーンエンゼルフィッシュ
Holacanthus ciliaris　Queen Angelfish

体長　最大45cm
体重　最大1.5kg
生息水深　1-70m

生息域　メキシコ湾、カリブ海、大西洋西部の亜熱帯海域

クイーンエンゼルフィッシュの彩りは、カリブ海のサンゴ礁に生息する魚の中でも、非常に美しい。青と黄の配色のスリムな体で、サンゴとイソバナの間をいとも簡単に滑るように泳ぐ。小さな口とブラシのような歯で、主食の海綿をかじって食べる。エンゼルフィッシュはみなそうだが、鰓蓋の端に鋭いとげがある。

スズキ目

ギンガメアジ
Caranx sexfasciatus

体長	最大1.2m
体重	最大18kg
生息水深	1-100m

生息域　インド洋および太平洋の熱帯海域

高速魚のギンガメアジは日中、サンゴ礁の水路内や急な礁斜面付近をゆっくりらせん状に群游するが、夜になると単独で礁周辺の獲物を探し回る。銀色で、高速遊泳向きの体のつくりをしており、「稜鱗」という骨板で補強した細い尾柄部と二叉形の尾鰭をもつ。第一背鰭を溝に畳み込んで体をさらに流線形に近づけることができ、細い胸鰭は湾曲している。

この類の魚は多種にわたり、識別が難しい。ギンガメアジは目が比較的大きく、第二背鰭の先端が白い。おいしい食用魚で、東南アジアの市場によく出回る。幼魚は沿岸部に生息するが、河口や河川に入ることもある。

スズキ目

ブリモドキ
Naucrates ductor

体長	最大70cm
体重	記録なし
生息水深	0-30m

生息域　全世界の熱帯、亜熱帯、温帯海域

ブリモドキは捕食性のアジ科（左参照）に属しながらも、大型の海生硬骨魚やサメ、エイ、ウミガメについて泳ぎ、腐肉あさりの放浪生活を送る。体は細く、銀白から薄青の地色に黒の横縞が6〜7本くっきりと入っている。この横縞が他の魚との識別に役立つのか、宿主の魚やカメに狙われることはない。宿主が獲物を仕留めると、ブリモドキは素早く動いておこぼれにあずかる。

スズキ目

コバンザメ
Echeneis naucrates

体長	最大1m
体重	最大2.3kg
生息水深	20-50m

生息域　全世界の熱帯、亜熱帯、温帯海域

コバンザメの際立った特徴は頭上にある強力な吸盤である。この吸盤を使って他の魚にしっかり吸着する。餌は宿主のおこぼれや寄生虫で、その他に小魚も食べる。コバンザメは通常、サメや他の大型魚、クジラ、ウミガメに吸着しているが、サンゴ礁上を単独で泳ぐこともある。体は細長く、尾は扇状になっている。

第一背鰭の代わりに、上面がうね状になった楕円形吸盤がある

上顎よりも下顎が突き出ている

スズキ目

シイラ
Coryphaena hippurus

体長	最大2.1m
体重	最大40kg
生息水深	0-85m

生息域　全世界の熱帯、亜熱帯、温帯海域

輝く色のシイラが海面を割って飛び跳ねる様は壮観である。背面と体側を覆うメタリックの緑と青が次第にぼけて、下側は白と黄色になる。シイラは高速遊泳する外洋魚で二叉形の長い尾鰭でスピードを出し、細長い背鰭で遊泳を安定させる。高級魚で「ドラド」とも呼ばれる。

スズキ目

カクレクマノミ
Amphiprion ocellaris

体長	最大11cm
体重	記録なし
生息水深	1-15m

生息域　インド洋東部および太平洋西部の熱帯海域

カクレクマノミに一番驚かされるのは、その住処である。とげを持つ大型イソギンチャクの中に棲んでいる。オレンジと白のこの小さな魚は、3種の中から選んだイソギンチャク1種と生涯を共にする。夜は、イソギンチャクの口盤周囲の触手の根元で眠る。イソギンチャクはカクレクマノミの存在に気づいていないので、刺したり捕食したりしない。というのも、カクレクマノミの体が特殊な粘液におおわれているため、イソギンチャクはカクレクマノミを餌として認識しないのである。1つのイソギンチャクには通常、大型のメス1尾とつがいになる小型のオス1尾、それに複数の幼魚が生息する。

メスが死ぬとオスが性転換してメスとなり、一番大きな幼魚がオスの役目を担う。カクレクマノミとオレンジクラウンフィッシュは共に人気のある観賞魚である。

スズキ目

サージェントメージャー
Abudefduf saxatilis　Sergeant Major

体長	最大23cm
体重	最大200g
生息水深	1-15m

生息域　大西洋の熱帯、亜熱帯海域

サージェントメージャーは小型魚で、大西洋のほとんどのサンゴ礁に生息する。スズメダイ科の魚の中でも一番ありふれた部類に入る。礁の上に集まり大群になって、水中の微生物や魚卵をつつきながら、動物プランクトンを食べる。観光地ではダイバーやボートに寄ってきて、与えるとほとんど何でも食べる。オスが巣を用意し、メスが産み落とした卵の番をする。類似種のオヤビッチャは、インド・太平洋海域の礁に生息する。

スズキ目

ククーラス
Labrus mixtus　Cuckoo Wrasse

体長	最大40cm
体重	記録なし
生息水深	2-200m

生息域　大西洋北東部および地中海の亜熱帯、温帯海域

ククーラスは、北ヨーロッパ海域に生息する魚の中でも非常にカラフルである。大きなオスの成魚（写真）は、美しい青とオレンジ色で、ピンク色のメスの背面には白黒交互の斑点がある。7-13歳になると、一部のメスは体色を変え、性転換して、完全機能のオスとなる。こうしたオスは「二次オス」と呼ばれ、メスとペアで産卵する。オスは巣穴を掘り、工夫を凝らした泳ぎでメスを引きつける。ククーラスの世界がさらに複雑なのは、きわめて少数しか生まれないオスがメスの体色をしていることである。このようなオスは「一次オス」と呼ばれるが、繁殖における一次オスの役割はまだ十分解明されていない。

スズキ目

ホンソメワケベラ
Labroides dimidiatus

体長	最大14cm
体重	記録なし
生息水深	1-40m

生息域　インド洋および太平洋南西部の熱帯礁域

ホンソメワケベラは、他の魚やウミガメ類、時にはダイバーをも掃除して一生を過ごす。小さい体は銀色を帯びた青色で、体側には吻から尾鰭まで1本の黒い帯が入っている。掃除してもらう「客」は、その模様でホンソメワケベラを見分けて、捕食しようとはしない。ホンソメワケベラの群れは通常、オス1尾とハーレムのメス複数で構成される。オスが死ぬと、メスの中で最大の個体が性転換する。

独特の黒い帯がある

小さい口には頑丈な歯がある

互恵

魚は皮膚についた寄生虫が原因で炎症を起こすことがあり、寄生虫が大量発生すれば、衰弱することもある。サンゴ礁では、突起したサンゴの塊などに呼び声高い「クリーニングステーション」があり、大型魚が列をなし、鰭を広げて口を開ける。そこに棲むホンソメワケベラは、寄生虫や死んだ細胞をつつき取ってやる。

スズキ目

カンムリブダイ
Bolbometopon muricatum

体長	最大1.3m
体重	最大46kg
生息水深	1-30m

生息域　紅海、インド洋、太平洋南西部の熱帯礁域

英名をParrotfish（オウム魚）というが、鮮やかな体色だけでなく、上下の歯が癒合してオウムのくちばしのようになっていることにも由来している。カンムリブダイは近縁種の中で最大級である。頭頂部には冠状のコブがあり、緑を帯びた体を大きな鱗が覆い、1基の長い背鰭を持つ。生きたサンゴを噛み砕いて餌とし、時には頭でサンゴを粉砕する。しかし、食後に排泄するサンゴ砂がサンゴ礁を固めて強固にする役割も果たす。

スズキ目

ウルフフィッシュ
Anarhichas lupus　Wolf-fish

体長	最大1.5m
体重	最大24kg
生息水深	1-500m

生息域　大西洋北部、北極海域

ウルフフィッシュは獰猛な顔つきをした大きな魚で、普段は深海の岩礁に生息している。イギリス諸島北部では、浅水域でしばしばダイバーに目撃されている。挑発されない限り、ダイバーを攻撃することはない。体は長く頭は巨大で、前側の犬歯状の頑丈な歯と両側の臼歯状の歯を使って、イガイやカニ、ウニ等の固い殻の無脊椎動物をこじ開ける。すり減った歯は毎年生えかわる。表皮は硬く革のようでシワが寄り、通常は灰色の地に濃色の縦縞が体側に入っている。

産卵は冬で、メスは岩間や海藻に何千個もの黄色がかった卵を丸い塊で産み落とす。オスは卵が孵化するまで保護する。見た目は悪いが味がよいため、釣り人に釣られる。時には底引き網で漁獲されることもある。

スズキ目

ブラックフィンアイスフィッシュ
Chaenocephalus aceratus　Blackfin Icefish

体長	最大72cm
体重	最大3.5kg
生息水深	5-770m

生息域　南極北部周辺の南洋の極地海域

南極周辺の極寒海域の水温は、ほとんどの魚の血液凍結温度より低い-2℃近くまで下がることがある。ブラックフィンアイスフィッシュは血液中に天然の不凍液が入っているため、こうした環境でも生息できる。赤血球を持たないので、体はぼんやりと白くみえる。赤血球の欠如によって血液の粘度が下がり、低温でも自由に泳ぐことができる。動作の緩慢な捕食魚で、酸素をごくわずかしか必要としない。

ギンガメアジ

ギンガメアジはBigeye Jack (大きな目のジャック) とも呼ばれる。写真は、太平洋西部・ソロモン諸島付近の浅海での群れ。通常日中の動作は遅いが、夜間は群れがちりぢりになり、単独で素早く動いて餌の魚や甲殻類動物を探す。

スズキ目

コモンスターゲイザー
Kathetostoma laeve　Common Stargazer

体長	最大75cm
体重	記録なし
生息水深	0-60m、おそらく150mも可

生息域 オーストラリア南部周辺のインド洋温帯海域

ブルドッグとアザラシをミックスしたような風貌のこの魚は、普段は貝殻質の砂底にもぐっている。大きな四角い頭の上側に目があり、口も斜め上方に伸びているので、全身がほとんど埋もれた状態でも呼吸と視認が可能である。Stargazer（星を見る者）という変わった英名も、おそらくこの様子からの命名であろう。白い縁取りの大きな胸鰭を使って砂から飛び出し、通りかかった魚や甲殻類をひと飲みにする。ダイバーもたまに噛まれるが、特に見つけにくい夜間ダイビング中にうっかり刺激してしまうためであろう。鰓蓋の後ろに強靭な毒棘があるので、釣り上げた場合に不注意に取り扱うと痛い目に遭う。

スズキ目

グレイターウィーバー
Trachinus draco　Greater Weever

体長	最大50cm
体重	最大2kg
生息水深	1-150m

生息域 大西洋北部および地中海の温帯海域

グレイターウィーバーは、ヨーロッパ海域に生息する数少ない毒魚の1つである。長い体に大きな目と背鰭が2基あり、第一背鰭のとげに毒を持つ。日中は海底の砂にもぐって過ごし、目と鰭の先端だけを砂から出している。浅瀬で誤って踏むと、傷を負って痛むことになる。

スズキ目

サンドイール
Ammodytes tobianus　Sand Eel

体長	最大20cm
体重	記録なし
生息水深	0-30m

生息域 大西洋北東部およびバルト海の温帯海域

キラキラ光るサンドイールの群れは、ヨーロッパ北部の砂質の河口域によく現れる。銀色の細長い体に、尖った顎と1枚の長い背鰭が特徴である。海底付近を大群で泳ぎながら、甲殻類プランクトンや小魚、ゴカイなどを食べる。驚くと、海底にもぐって砂の中に姿を消す。冬季はほとんど砂の中で過ごす。タラ、ニシン、サバなどの大型魚や、海鳥の中でも特にニシツノメドリがサンドイールを重要な食料源としていて、これが少ないと付近のニシツノメドリのコロニーでは雛がほとんど誕生しない。魚粉製造を目的とした乱獲と、海鳥の生息数減少に関連が見られる地域もある（403ページ参照）。

幅広い尾鰭 / 大きな目 / 腹鰭も大きい

スズキ目

トンポットブレニー
Parablennius gattorugine　Tompot Blenny

体長	最大30cm
体重	記録なし
生息水深	1-30m

生息域 大西洋北東部および地中海の温帯、亜熱帯海域

厚い口唇、飛び出た目、頭部の房状触覚器官がこっけいな印象を与える魚である。他のイソギンポ属全種と同様に、体は長く、背鰭は1基で、杭状の腹鰭を使って体を支える。好奇心旺盛なため、近寄るダイバー見たさに、安全な岩陰から少し姿を現す。

スズキ目

ニシキテグリ
Synchiropus splendidus

体長	最大6cm
体重	記録なし
生息水深	1-18m

生息域 太平洋南西部の熱帯海域

オレンジや黄の地色に緑と青の独特な模様が入ったニシキテグリは、礁魚の中でも際立って色鮮やかな魚である。不快な味の粘液が体を覆っており、派手な色調は捕食者への警告となっている。沿岸付近の沈泥が積もった海底のサンゴや石くずの間に小さな群れで棲む。観賞魚として人気が高いが、飼育は非常に難しい。

スズキ目

ギンガハゼ
Cryptocentrus cinctus

体長	最大8cm
体重	記録なし
生息水深	1-15m

生息域 インド洋北部および太平洋南西部の熱帯海域

あるハゼの種類は、砂地の巣穴でテッポウエビ科のエビ（テッポウエビ属）と共生する。テッポウエビが強力なはさみで巣穴の掘削と維持を担当する一方で、ハゼは視力の良さを活かして、入り口で見張り役をする。ギンガハゼは目が高い位置に飛び出ており、口唇は厚く、背鰭が2基ある。黄の地色にうす暗い縞模様が一般的な体色だが、灰色がかった白のこともある。

スズキ目

サザナミトサカハギ
Naso vlamingii

体長	最大60cm
体重	記録なし
生息水深	1-50m

生息域 インド洋および太平洋南西部の熱帯海域

英名をBignose Unicornfish（大きな鼻のユニコーンフィッシュ）といい、ユニコーンフィッシュと呼ばれる魚の多くが額に角のような突起を持つが、サザナミトサカハギは、球根状の丸い吻があるだけである。尾柄部には2対の骨板が、横に突き出す鋭いナイフのように固定されており、捕食者に深い傷を負わせる。この魚が属するニザダイ科は、この刃状骨板を特徴としている。

通常は暗い体色に青い線が入っているが、瞬時に色を薄くして銀がかった灰色に変えることができる。

硬骨魚　365

スズキ目

オニカマス
Sphyraena barracuda

体長	最大2m
体重	最大50kg
生息水深	0-100m

生息域　全世界の熱帯、亜熱帯海域

オニカマスは鋭く尖った歯をもち、高速遊泳する捕食魚で、獰猛と不当評価されている。体は長く流線型で、第二背鰭がはるか後方の尾の付近に位置する。背鰭の後方配置と大きく力強い尾鰭により、獲物に忍び寄ってから、猛スピードで襲いかかることができる。ダイバーの多い場所にいる大きなオニカマスは、人間が側まで近づいても嫌がらないことが多い。餌の毒素がオニカマス体内に蓄積されているため、たとえ少量でもオニカマスを食べると、食中毒（シガテラ中毒）を起こす危険がある。

オニカマスの頭蓋骨
カマスの頭は細長く、頭頂は平らである。力強い大きな顎に、ナイフのような歯がある。

前歯は長い

カマスの群れ
オニカマスの成魚は通常単独で行動するが、幼魚は外海の影響が少ない水域で大群をなして泳ぎ、身を守っていることが多い。

スズキ目

アトランティックマッカレル
Scomber scombrus　Atlantic Mackerel

体長	最大60cm
体重	最大3.5kg
生息水深	0-200m

生息域　大西洋北部、地中海、黒海の温帯海域

背に黒い縞模様がある
腹は銀色をしている

アトランティックマッカレルは、高速遊泳向きの体をしている。魚雷のような流線型で、背鰭が小さい。鰓蓋はぴったりと体に沿い、鱗は小さく滑らかである。夏には大群が沿岸間近に現れて小魚をむさぼり、鰓でプランクトンをこしとる。3月から6月にかけて決まった場所に浮遊卵を産む。卵は数日で孵化する。冬には沖の深い海域へと移動し、ほとんど何も食べずに過ごす。大西洋北部にはいくつかの異なる種族が存在するが、いずれも商業漁業の対象となっている。

スズキ目

大西洋クロマグロ
Thunnus thynnus

体長	最大4.5m
体重	最大680kg
生息水深	0-3,000m

生息域　大西洋北部・中部および地中海

大西洋クロマグロには世界最高クラスの商業価値があり、乱獲が著しい。サバ同様、高速遊泳向けの体のつくりをしており、硬骨魚の中では最速の部類に入る。最高速度は遅くとも時速70km。胸鰭、腹鰭、第一背鰭を体の溝にはめ込むことができ、魚雷状の体をさらに流線型に近づける。継続して長距離遊泳できるように、脂肪分の多い赤筋が発達しており、酸素を蓄えることもできる。太平洋および大西洋南部にも、類似種のクロマグロが生息している。

スズキ目

ニシバショウカジキ
Istiophorus albicans

体長	最大3.2m
体重	最大60kg
生息水深	0-200m

生息域　大西洋の温帯、熱帯海域および地中海

メカジキやマカジキ同様、ニシバショウカジキも上顎が長い槍状に伸びている。この槍を魚の群れに向けて振り回し、気絶させたり傷を負わせる。大きな帆のような背鰭があるが、誇示のためのものであり、高速遊泳時は畳んでしまっておく。太平洋にも似た魚が生息している。

海洋生物

カレイ目

ヨーロピアンプレイス
Pleuronectes platessa European Plaice

体長	最大1m
体重	最大7kg
生息水深	0-200m

生息域 北極海、大西洋北東部、地中海、黒海

ヨーロッパの水産業でもっとも重要な商業用カレイだが、大量漁獲の結果、陸揚げされる魚は徐々に小さくなり、魚齢も低下してきている。典型的な楕円形のカレイで、薄い体の両縁には長い鰭がついている。カレイ目の魚は、体の片側(右側か左側のどちらか)に両目がついている。カレイは右側に両目があり、左体側を下にして海底に横たわる。上側になる右体側は、オレンジや赤の斑点が入った褐色をしている。

日中は砂の中に埋まって過ごし、夜になると出てきて貝類や甲殻類を捕らえ、喉にある特殊な歯(咽頭歯)で砕いて食べる。幼魚は、砂地のあちこちに突き出ている貝の水管を嚙みとる名人でもある。

カレイ目

コモンソール
Solea solea Common Sole

体長	最大70cm
体重	最大3kg
生息水深	0-150m

生息域 大西洋北東部の温帯海域、バルト海、地中海、黒海

コモンソールはカモフラージュの天才で、自分のいる海底に合わせて体色を微妙に変化させることができる。基調色の灰色がかった褐色の濃淡や、濃色の大きな斑点模様を変えられる。吻は丸く、半円形の口を持つ。頭部は短い糸状物で縁取られているため、無精ひげを生やしているように見える。コモンソールは、他のカレイ目全種と同様、表層で浮遊する微細な稚魚として一生をスタートさせる。成長するにつれ、次第に劇的な変態が起こる。左体側の目が頭部を移動して右体側に移り、体は偏平になり始める。孵化後約1ヵ月になると、目のない体側を下にして着底する。下側の皮膚は白いままだが、上側の皮膚は色素が発達していく。寿命は30年近くあるが、食用魚として価値が高いため、生後わずか数年で漁獲されてしまうことが多い。

フグ目

ゴマモンガラ
Balistoides viridescens

体長	最大75cm
重量	記録なし
生息水深	1-50m

生息域 紅海、インド洋、太平洋南西部の熱帯礁域

唇の上に黒ずんだ線があることから、Moustache Triggerfish(口ひげをもつ引き金魚)とも呼ばれる。強大な前歯を備え、第一背鰭には頑丈なとげがある。長い第一棘は立てた状態で固定でき、固定状態を解除するには小さな引き金の第二棘(トリガー)を押し下げる。これを使って岩の割れ目にガッチリはまりこむので、捕食者から逃れ、安全に身を隠すことができる。貝や甲殻類を餌とし、強力な口や歯を使って嚙み砕く。ゴマモンガラは、ウニさえも餌にしてしまう。ひっくり返し、とげが短く攻撃しやすい底部を食いちぎるのである。

子を守る親

ゴマモンガラは繁殖期になると、口を使った水鉄砲の要領でサンゴ片の砂地に巣を掘る。メスが巣に卵を産みつけると、片親あるいは両親揃って、かたわらで卵を守り続ける。普段は用心深いゴマモンガラだが、親になると話は別で、巣に接近し過ぎたダイバーを攻撃し、治療が必要なほどひどい嚙み傷を負わせることがある。

フグ目

ソウシハギ
Aluterus scriptus

体長	最大1.1m
体重	最大2.5kg
生息水深	2-120m

生息域 大西洋、太平洋、インド洋の熱帯、亜熱帯海域

カワハギ科の魚はモンガラカワハギ(左下ゴマモンガラ参照)の近縁だが、体はモンガラカワハギより薄く、ソウシハギを除いては小型種が主である。ソウシハギは大型で、眼の上の背中部分に大小のとげを1本ずつ備えている。安全のため岩の裂け目に隠れた際に、体を固定するのにこのとげを使う。

フグ目

クロハコフグ
Ostracion meleagris

体長	最大25cm
体重	記録なし
生息水深	1-30m

生息域 インド洋、太平洋南部の熱帯礁域で、メキシコまで広がる可能性あり

ハコフグの仲間は皆、鱗で体を覆う代わりに、骨板が接合してできた堅い箱を皮膚の下に備えており、身を守っている。このため体を曲げることができず、胸鰭をパタパタ動かして泳がなければならない。大きな尾鰭は推進力を生み出すほか、進路の舵取りの役割も果たす。オスの方がカラフルで、メスは淡色の斑点が入った褐色をしている。また、皮膚から粘液毒を分泌し、捕食者から身を守る。

硬骨魚 367

フグ目
マンボウ
Mola mola

体長	最大4m
体重	最大2,300kg
生息水深	0-480m

生息域　全世界の熱帯、亜熱帯、温帯海域

マンボウは世界でもっとも重い硬骨魚で、特徴的な円盤状の体をしている。尾鰭の代わりに、背鰭と臀鰭の鰭条が伸長して形成された舵のような器官（舵鰭）を備えている。遊泳時は、背の高い背鰭と臀鰭を左右にパッタパッタと動かして進む。英名のOcean Sunfish（海の太陽魚）は、体側を上にして表層流に漂うこの魚の習性に由来する。水面から背鰭を出し、直立状態で泳いでいることもある。鱗はないが、皮膚は非常に厚く弾力がある。癒合した歯板が両顎に1枚ずつあるが、体の柔らかいクラゲや動きの遅い無脊椎動物、魚を主食とする。マンボウのメスは、1億個にものぼる卵を水中に産み落とす。単独行動のマンボウは、咽頭（のど）にある歯でキーキーという音を出すことがある。

フグ目
モヨウフグ
Arothron stellatus

体長	最大1.2m
体重	記録なし
生息水深	3-60m

生息域　インド洋および太平洋南部の熱帯礁域

他の多くのフグ類に比べて、モヨウフグは巨大である。黒い斑点模様の体表は小さなとげで覆われている。危険を感じると水を飲み込みさらに大きく膨れ上がる。夜間、礁に生息する固い殻の無脊椎動物を探し出し、癒合してくちばしのようになった歯と力強い顎で噛み砕く。

人間の影響
FUGUと呼ばれる魚

フグはテトロドトキシンという猛毒を持っている。この毒は青酸カリよりも強力で、今のところ解毒剤はない。それにもかかわらず、日本では珍味として食されている。毒は皮膚や内臓にある。特別な訓練を受けて資格を取得した調理師だけが、フグの調理を許可されている。もっとも食用に向いているのは、トラフグ属の種だという。毎年数人がフグ中毒で死亡している。日本の天皇は安全のため、フグ料理を口にしてはいけないと公式に決められている。

フグ目
ポーカパインフィッシュ
Diodon hystrix

体長	最大90cm
体重	最大3kg
生息水深	2-50m

生息域　大西洋、太平洋、インド洋の熱帯、亜熱帯海域

この魚はおびえると体内に水を吸い込み、とげだらけのフットボールのような姿になる。このような状態になった魚を飲み込めるほど大きい捕食者や、勇気のある捕食者はまずいない。そのままにしておくとしぼんでゆき、長いとげも体に沿って寝た状態になる。日中は洞穴や礁の裂け目に隠れているが、夜になると出てきて巻貝などの無脊椎動物を捕食する。

目立つ目

とげを立てる

海洋生物

爬虫類

超界	真核生物（ユーカリア）
界	動物界
門	脊索動物門
綱	爬虫綱
目	4
種	7,723

1億4000万年以上前のジュラ紀には、爬虫類が最大の海生動物であった。その地位はその後哺乳類に取って代わられ、完全に海生の爬虫類は数少なくなった。この中で、もっとも広範囲に生息しているのがウミガメであり、もっとも多様なのがウミヘビである。オサガメを除くほぼすべてのウミガメの生息地は暖かい海域に限られ、そのほとんどが海岸付近およびサンゴ礁に生息している。

体のつくり

海生爬虫類は海での生活に適応した形態を持っている。ウミガメは平らで流線型の甲羅を持ち、幅広で平たい前肢を翼のように上下に動かす。海生のトカゲやワニは泳ぐ際の推進力の大部分を尾から得ている。これに対して大半のウミヘビはオールのような働きをする平らな尾を持っている。陸生のヘビと違い、ウミヘビには陸上を這うための摩擦が必要ないため、腹部の大きな鱗がない。爬虫類はすべて肺呼吸で、海生の種には潜水時に水が鼻孔に入ってこないように弁がある。ワニには喉の入り口にも弁があり、肺に水が入ることなく水中で口を開けられる。海生爬虫類は過剰な塩分を排出する必要がある。ウミヘビとワニは口の中にある塩類腺から塩分を排出し、ウミガメは涙を流して塩分を排出する。ウミイグアナは鼻に塩類腺がある。

流線型をした甲羅
アカウミガメの背甲は鱗板と呼ばれるはっきりとした鱗がある。陸生のカメと違って、頭部や肢を甲羅の中に引っ込めることができない。

歯の生え変わり
イリエワニの歯は絶えず抜け落ちて生え変わる。一生に40回以上生え変わるときもある。

生息環境

海生爬虫類の大半は海岸の近くに生息するか、繁殖のために海岸に戻ってくる。唯一完全に外洋に住む種はウミヘビ科に属するウミヘビである。ウミヘビは生涯を通じて外洋に留まる。また深く潜水することができ、最高100mの深さで捕食する。オサガメを除き、海生爬虫類の大半は活発に行動するためには周囲が暖かくなければならず、生息地は熱帯、亜熱帯海域に限定される。また、海生爬虫類の多様性は、地域によって大きく異なる。このことは特にウミヘビに顕著で、インド洋・西太平洋地域では最高25種のウミヘビが生息する地域があるが、大西洋では1種も見つかっていない。

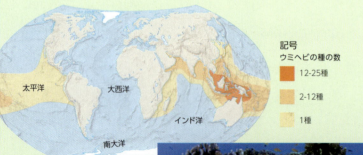

ウミヘビの世界分布
インド洋・西太平洋地域では多様だが、大西洋には見られない。南アフリカ沖の冷たい海が分布を妨げている。

餌と採食方法

海生爬虫類の大半は肉食性である。ウミヘビは通常魚を食べるが、魚卵のみを食べる種も少数いる。毒は身を守るためよりも、むしろ主に捕食のために使われる。咬みついて獲物を殺した後、丸呑みする。アオウミガメは成体になると海草を食べるが、その他のウミガメは生涯を通じて肉食である。ウミイグアナは海生爬虫類の中で唯一完全に藻（草）食性である。幼体は水面近くの藻を食べるが、成体になると水中の岩にはえた海藻を食べる。爬虫類は冷血動物（外温動物）なので、哺乳類や鳥類に比べてエネルギー消費量が少ない。このことは爬虫類の方が必要とする食物が少なくて済み、食事の間隔が長期間あいても耐えられるということを意味する。たとえばウミヘビは月に1,2回食事をするだけで生きていける。

サンゴ礁に棲むウミヘビ
アオマダラウミヘビがサンゴ礁で獲物を探している。サンゴ礁は通常、浅い海に住むウミヘビの主な生息地である。

人間の影響

乱獲

ウミヘビを除くすべての海生爬虫類は、食料として、あるいは皮や甲羅が目的で、長い間乱獲されてきた。ウミガメはそれに加えて魚網に誤ってかかってしまう危険にもさらされており、7種すべての数が激減しており、今日では国際法によって保護されている。

違法なみやげ品
税関に差し押さえられやすいにもかかわらず、ペルーの砂浜では依然ウミガメの剥製が旅行者に売られている。

海藻を食べる
ウミイグアナは大半のトカゲより口先が丸いため、岩から海藻をむしりとれる。鋭い爪でしっかりと岩にしがみつく。

生殖

一部のウミヘビは海中で生殖をする唯一の爬虫類である。最長11ヶ月の妊娠期間の後に子を生む(胎生である)が、これはほとんどの陸生の種よりも長い。他のウミヘビやウミガメも含むすべての海生爬虫類は、陸上で産卵する。これらの動物の多くは人里離れた砂浜や島で繁殖し、成体が一斉に大群となってやって来ることがある。卵は温められることによって孵化するが、ワニやカメでは巣の温度によって卵から孵る子の雌雄の割合が決まる。いったん卵から孵ってしまうと成長は早いが、死亡率が高い場合もある。海生爬虫類が親として世話をすることはめったにないが、例外としてメスのワニは巣を守り、孵化した子を水へ運ぶ。

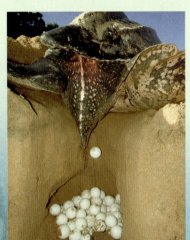

砂の中の産卵巣
オサガメのメスは巣穴を掘った後に産卵する。卵はほぼ球形で、柔らかく革のような殻で、孵化する時に破れて開く。

爬虫類の分類

現生する爬虫類の三つの目に海生の種が含まれている(もう一つ、陸生のムカシトカゲのみで構成されている目がある)。ヘビが海生爬虫類の大多数を占めている。一部のヘビやテラピンなど、淡水に生息するその他の爬虫類は、ときとして海に入る場合がある。

リクガメ類とウミガメ類
カメ目 Chelonia
約300種
ウミガメ7種は完全に海生である。典型的なウミガメ(6種)は固い背甲を持っている。別の科に分類されているオサガメは、弾力性のある背甲を持っている。

ヘビ類とトカゲ類
有鱗目 Squamata
約7,400種
ヘビのうち約70種が海水に生息している。ウミヘビ亜科に属するウミヘビは一生を海中で生活するが、コブラ科に属するウミヘビは陸上で繁殖する。海生のトカゲ類はみな半陸生であるが、ウミイグアナは食物をすべて海で採る唯一の種である。

ワニ類
ワニ目 Crocodilia
23種
アメリカワニとイリエワニだけは淡水、海水の両方に生息する。通常水面で捕食し、海中を2,3m以上はもぐらない。

海中生活への適応
代謝率が低いおかげで海生爬虫類は長時間水中に留まることができる。この若いイリエワニはニューギニア沖の海底で待ち伏せしているところである。

カメ目

アオウミガメ
Chelonia mydas

甲長	0.8-1m
体重	65-130kg
生息環境	外洋、サンゴ礁、沿岸

生息域 世界中の熱帯・温帯海域

上品な模様があり、非常に効率的な流線型をしているこの種は、熱帯、亜熱帯海域でもっとも一般的なウミガメであり、海藻(草)の生えている海底やサンゴ礁でよく見られる。色は緑から濃い茶色までばらつきがあるが、その鱗や甲板(鱗板)の継ぎ目は白っぽくなっており、特徴的なチェック模様となっている。すべてのウミガメに共通する特徴であるが、前肢は長く、幅広で、翼のように上下に動く。前肢が泳ぐ力を生み出し、短い後肢が安定装置の働きをする。幼体のアオウミガメは肉食性で軟体動物やその他小動物を食べるが、成体は主に海草や藻を食べるため、食物のある海岸近くに留まる。

アオウミガメは人里離れた島で繁殖し、同じ営巣地を利用する。遠く離れた周囲わずか数kmの島であろうと進路を決め、そこにたどり着くために1000km以上の長旅をするカメもいる。浅瀬で交尾した後、暗くなってからメスは陸上にあがり、巣穴を掘って卵を産む。アオウミガメは卵を最高200個産み、約75cmの深さの砂中に埋める。卵が孵化するのにおよそ6-8週間かかる。子ガメは一斉に卵から出て、安全な海に向かって急ぐ。

アオウミガメは何世紀にもわたって主に食用として捕獲され数が激減した。子ガメが海にたどりつけるように、営巣地の保護が行われている。

若齢期

孵化して砂に埋もれている子ガメは前肢を使って掘り進み、地表へ出る。そして鳥、カニ、ヘビ、アリなど待ち構えている捕食者の餌食にならないように海へとダッシュする。野生の状態でアオウミガメの幼体を観察できることがまれなため、幼年期についてはほとんど知られていないが、海中で多くの捕食者に直面することは確かである。1年に平均5kg以上の割合で成長することが知られている。

カメ目

タイマイ
Eretmochelys imbricata

甲長	0.8-1m
体重	45-75kg
生息環境	サンゴ礁、沿岸の浅瀬

生息域 世界中の熱帯海域および温暖な温帯海域

英名のHawksbill Turtle(タカのくちばしをもつカメ)は尖った吻にちなんだもので、タイマイは盛り上がった中央の竜骨と後周縁に尖った甲板(鱗板)のある背甲を持つ。暖かい海域に住み、カイメンや軟体動物、その他固着性動物を食べ、浅瀬やサンゴ礁から遠くへはめったに行かない。他のウミガメに比べて移動性が低く、繁殖も特定の浜に集まってではなく熱帯全域で分散して行う。陸上での歩き方が特徴的で、他のウミガメは前肢を同時に出すのに対し、右前肢と左後肢、左前肢と右後肢を同時に出し、泳ぐ時にも同じ動きをする。

タイマイは鱗板をはがして磨いた鼈甲の主原料である。IUCNの絶滅危惧IA類に分類されているにもかかわらず、特に東南アジアで幼体がしばしば剥製にされ、骨董品として売られている。タイマイを養殖する試みは成功していない。

カメ目

アカウミガメ
Caretta caretta

甲長	0.7-1m
体重	75-160kg
生息環境	外洋、サンゴ礁、海岸

生息域 世界中の熱帯海域および温暖な温帯海域

アカウミガメは、オサガメ(次ページ)に次いで2番目に大きなウミガメである。頭部は丸く、強力なあご、急傾斜のドーム状になった背甲を持つ。カニ、ロブスター、貝などの固い体を持つ動物を捕食する。この種は成熟するのに約30年かかり、1年おきに繁殖する。

爬虫類

カメ目

オサガメ
Dermochelys coriacea

甲長	1.3-1.8m
体重	最高900kg
生息環境	外洋

生息域　世界中の熱帯、亜熱帯、温帯海域

オサガメは世界最大のウミガメである。背甲はゴムのような組織で固い板はなく、先が細くなる洋梨状の形をしている。頭部を引っ込めることはできず、四肢に爪がない点がウミガメの中で独特である。生涯の大半を外洋で暮らし、繁殖時にのみ海岸に戻ってくる。クラゲなど浮遊している動物を食べ、食物のほとんどを海面近くで得ているにもかかわらず、1000mの深さまで潜ることができる。主に熱帯海域において急勾配の砂浜で繁殖し、一度の繁殖期に最高9回産卵する。

爬虫類としては異例なことに、断熱の働きを持つ厚い皮下脂肪層のおかげもあって、周囲よりも体温を高めに保つことができる。このため他のウミガメに比べてはるかに広範囲を回遊でき、北はアイスランド、南は南アメリカ南端のホーン岬の近くまで分布している。個々のオサガメもはるか遠くまで回遊することがある。南米沖で標識された1頭のオサガメが、6800km離れた大西洋の反対側で発見されたことがある。

背甲には隆起線が平行に並んでいる　　頭部は大きく、首は短い

喉のとげ

オサガメの喉には先が後方を向いているとげが何十本も生えていて、クラゲが完全に飲み込まれる前に逃げられないようにしている。この絶滅危惧種のウミガメは、捨てられたビニール袋をクラゲと間違えて飲み込んで死ぬことが多い。

クラゲ採りの罠
オサガメの喉のとげは1cm以上伸びることがある。生きている間、定期的に生え変わる。

カメ目

ケンプヒメウミガメ
Lepidochelys kempi

甲長	50-90cm
体重	25-40kg
生息環境	サンゴ礁、海岸

生息域　カリブ海、メキシコ湾、時にニューイングランドまで北上することも

最小のウミガメであり、変わった繁殖行動をとるためにもっとも絶滅の危機に瀕した種でもある。大半のウミガメと違い、昼間に卵を産み、「アリバダ(スペイン語で「到着」の意味)」と呼ばれる集団産卵のため、メスは一斉に海から這い出る。かつては、この集団産卵は生息域全体で行われたが、昼間大規模に集中して産卵するので、たやすく人間に卵を採られ、また天敵の餌食になってしまう。今日ではこの種の大多数は巣が保護されているメキシコのただ一つの砂浜で繁殖している。エビの魚網に混獲されることも多いが、魚網に取り付けられたウミガメ排除装置がこの脅威の減少に役立っている。アリバダの数週間後、子ガメたちが何千匹も卵から孵化し、比較的安全な海に向かって砂浜を下る危険な旅をする。

成体は肉食性で海底に棲み、主にカニを捕食する。背甲は非常に広く、からだが小さいため泳ぎが敏捷である。背甲は年齢と共に色が変わり、1年子はほぼ黒色のことが多く、成体は淡いオリーブ色から灰色である。近縁種のヒメウミガメ(*L.olivacea*)は熱帯全域に生息している。広く分布しているため、ケンプヒメウミガメにくらべて絶滅の危険性は低い。

カメ目

ヒラタウミガメ
Natator depressus

甲長	1-1.2m
体重	最高85kg
生息環境	海岸、浅瀬

生息域　オーストラリア北部および北東部、ニューギニア、アラフラ海

ほとんど丸みのない背甲の形からこの名が付いた。もっとも生息域が狭いウミガメである。生息地はオーストラリア北部とニューギニアの間の浅海域で、グレートバリアリーフの南にまで達している。成体はほぼ肉食で、魚、軟体動物、ホヤなどの海底に棲む動物を食べる。

生息域が狭いにもかかわらず、成体は営巣地の砂浜まで1000km以上泳ぐことがある。メスは1度の繁殖に巣穴を平均三つ掘り、合計で約150個の卵を産む。子ガメは海面で浮遊性の動物を食べる。他種の子ガメのように深い外洋に散らばらず、大陸棚の浅海域に留まる。

海洋生物

タイマイ
このカメの英名Hawksbill Turtle(タカのくちばしをもつカメ)は猛禽のくちばしのような鋭く力強い吻から名づけられた。この写真のカメは紅海南部のサンゴ礁で撮影されたもので、柔らかいサンゴをくわえているが、その顎は固いサンゴさえもはがせるほど強力である。各肢に2つずつ爪がある。

有鱗目
アオマダラウミヘビ
Laticauda colubrina

体長	1-3m
体重	最高5kg
生息環境	サンゴ礁、マングローブの沼地、河口

生息域 インド洋東部、太平洋南西部

この種はもっとも広く分布しているウミヘビで、この種を含む近縁の4種は、海中で産卵する代わりに陸上で卵を産む。からだは淡い青色で目を引く濃い青色の環帯があり、黄色い唇が特徴的である。浅海で魚を捕食する。強力な毒を持っているにもかかわらず、攻撃的ではないため、人間への危険性はほとんどなく、つかんでもめったに咬まれることはない。

他の多くのウミヘビと違って、大きな腹板があり、これにより這うのに役立つ牽引摩擦が得られ、陸上を自在に這うことができる。繁殖期には大群となって上陸して交尾し、一度に最高20個の卵を産む。子ヘビは孵化すると浅瀬へと進んで行き、その後海岸沿いや外洋へと散っていく。

有鱗目
セグロウミヘビ
Pelamis platurus

体長	1-1.5m
体重	最高1.5kg
生息環境	外洋

生息域 インド洋、太平洋の熱帯、亜熱帯海域

この黄色と黒にはっきりと色分けされたウミヘビは、コブラよりも毒性の高い毒を持っている。また世界でもっとも広範囲にわたって分布しているヘビでもあり、外洋の海面に生息する数少ないヘビでもある。その独特の色は有毒であることを警告し、数多くの捕食者から身を守っている。自分の陰に隠れようとする小さい魚を、前にも後ろにも同じように易々と動いて顎で捕まえる。毒牙はとても小さいが、強力な毒によって人が死に至ることもある。

海ではこのヘビは数十万匹の大群となることがあり、嵐の後には通常の生息域から遠く離れた浜辺に打ち上げられることがある。しかし寒流が立ちふさがっているために、この種が大西洋に棲み着いたことはいまだかつてない。一度の繁殖で最高6匹の子を産む。

有鱗目
イボウミヘビ
Enhydrina schitosa

体長	1-1.5m
体重	最高2kg
生息環境	浅い近海

生息域 インド洋と西太平洋、ペルシャ湾からオーストラリア北部にかけて

非常に攻撃的で広く分布しており、ウミヘビによる死亡例の9割がこの種によるものである。薄い灰色の体にはっきりしない青灰色の帯模様がある。頭部は鋭くとがり、からだは細く、幅広の櫂のような尾を持つ。毒牙は長さ4mm未満であるが、あごは大型の獲物に適応して大きく開けることができる。主にナマズやクルマエビを食べ、沿岸海域、マングローブの沼地、河口、川といった、浅くよどんだ水底近くを泳ぎ、嗅覚と触覚で獲物の位置をつきとめる。魚を食べるウミヘビの例にもれず、獲物がもがくのをやめ、獲物を待ち、獲物を頭から飲み込む。

一度の繁殖で最高30匹の子を産むが死亡率は高く、生きのびて親となれる割合は少ない。毒を持つにもかかわらず、魚や河口に住むワニなど近海の捕食者に食べられてしまう。

人間の影響
致命的な毒

イボウミヘビの一咬みには50人の人間を殺せるだけの毒が含まれており、これはキングコブラやデスアダーのような陸生のもっとも毒性の高いヘビの約2倍である。毒ヘビの犠牲となる人間の大半は、泥水の中を歩いて渡ったり釣りをしたりしている時に咬まれているが、毎年の死亡者数の信頼できる記録はない。しかしこの致命的な毒もイボウミヘビがエビの底引き網に捕まらないように保護してはくれない。この危険は多くのウミヘビに共通するが、浅い海に棲みエビを食べるイボウミヘビにとっては特に危険性が高い。

有鱗目

カメガシラウミヘビ
Emydocephalus annulatus

体長	60-120cm
体重	最高1.5kg
生息環境	サンゴ礁、サンゴ砂洲

生息域　インド洋、太平洋のオーストラリア北部からフィジーまで

オーストラリア周辺に生息し、色のバリエーションが豊富で、魚卵を食べるという非常に特殊な生活様式を持つ。もっとも一般的な色は、無地の青灰色で、全生息域で見られる。目立つ環帯があるタイプはグレートバリアリーフの一部に棲み、希少な濃い色のタイプはオーストラリア北東のサンゴ海のさらに東のサンゴ礁で見られる。サンゴの間をゆっくりと動き、サンゴの枝やサンゴ砂に産み付けられている卵塊を入念に探す。みつけると刃のような上顎の大きな鱗を使って卵をこすり落とす。大半の場合、親魚は卵を無防備に放置しているので、ヘビは妨害されることなく採食できる。しかしスズメダイのように、卵を攻撃的に防御し、ヘビを近づけまいと攻撃する種も少数いる。

繁殖についてはメスが子を生むということを除けばほとんど知られていない。毒はウミヘビの中でもっとも弱い部類に入り、捕食者に反撃する代わりにサンゴ礁の割れ目の中に逃げ込むことで危険に対処する。このライフスタイルにマッチするかのように、小さな毒牙（長さ1mm未満）しか持たず、敵を咬もうとすることも滅多にない。

有鱗目

リーフスケールウミヘビ
Aipysurus foliosquama　Leaf-scaled Sea Snake

体長	最高60cm
体重	最高0.5kg
生息環境	サンゴ礁、サンゴの砂堆

生息域　ティモール海（アシュモア環礁とヒベルニア環礁）

魚食性で、生息域が非常に限定されたウミヘビの一種で、オーストラリア北西岸から約300kmも離れたサンゴ礁にしか生息していない。コントラストのある帯状または環状の模様があり、背中の鱗は特徴的な葉の形をしている。浅海に棲み、10mを超える深さにはめったに潜らない。有毒だが攻撃的になることはまれである。メスはオスよりも大きく、子を産む。

有鱗目

オリーブミナミウミヘビ
Aipysurus laevis

体長	1-2.2m
体重	最高3kg
生息環境	サンゴ礁、沿岸部の浅瀬、河口

生息域　東インド洋、西太平洋、オーストラリア西部からニューカレドニアにかけて

無地の茶色またはオリーブがかった茶色の背部に白い腹部をもつ。よく見られる種で、オーストラリア北部周辺の沿岸の浅瀬に棲む6種の近縁種の一つである。近縁種と同様、からだは円筒形で尾は平たく、大きな腹板がある。これは陸生または半陸生のヘビに通常みられる特徴だが、このウミヘビは完全に水生で、大型サンゴの割れ目や奥まった所で魚を捕食する。サンゴ礁全体を移動せず、同じサンゴの小さな区域に留まることが多く、夜間を除き外洋に飛び出すことはめったにない。

9ヶ月の妊娠期間後に指ほどの大きさの子ヘビを最高5匹産む。幼体は濃い色で白っぽい帯状の模様がある。この模様は成熟するにしたがって次第に消える。好奇心が強く、ダイバーに近づいてくることが多い。短い毒牙を持ち、挑発されるとすぐに咬む。毒は毒性が強く、死に至る場合がある。

つかむための装備
ウミイグアナの成体が砂の上に寝そべっている。幅広の脚と、食物を食いちぎる際に水中の岩をつかむために使う長い爪がよく見える。

有鱗目

ウミイグアナ
Amblyrhynchus cristatus

体長	最高1.5m (小さいことが多い)
体重	メス500g、オス1.5kg (これより大きいこともある)
生息環境	岩の多い海岸
生息域	ガラパゴス諸島

ガラパゴス諸島にしかいない、この原始時代の生物ような風貌の爬虫類は成体となってからも完全に海で採食する唯一のトカゲである。大きさと体重は島によって異なる。頭部は丸く、強力な顎を持ち、特徴的な先端の尖ったトサカが頭部から、首、背中にかけて走っている。強力な爪は岩の上をよじ登るのに役立ち、尾で水中を進む。海藻を食べる。幼体は水の上で採食するが、成体は最高10m潜り、1時間以上息を止めることができる。日中は採食と、体温を上げるための日光浴をする。

繁殖期間、ウミイグアナのオス同士はメスを得るために延々と頭突きをし合う。メスは砂の中に最高6個の卵を産み、最長3ヶ月の孵卵期間後、子が生まれる。ウミイグアナにはサメや猛禽類など捕食者が多く、ネズミや犬といった島に持ち込まれた動物にも深刻な影響を受けている。

草食動物の横顔
肉食のトカゲと違い、丸く強力な顎を持つ。食事により得た余分な塩分を耳の近くの腺から分泌する。

— 先端が尖ったトサカ
— 口先は丸い

寒さに打ち勝つ
ガラパゴス諸島は赤道直下にあるが、南米の西岸沖を北上して流れる冷たいフンボルト寒流にさらされている。爬虫類であるウミイグアナは自ら体熱を作り出せないので、この状況で食物を食べるために特別な適応をする必要がある。潜水時に心拍数を約半分に落とし、中核体温を周りの水温よりも高く保つためにエネルギーを保存する。夜間にはイグアナは暖かさを保つために身を寄せ合うことがよくある。

日光浴
陸に上がるとウミイグアナは波打ち際のすぐ上の岩に寝そべって、皮膚を通して太陽熱を吸収する。

有鱗目

ミズオオトカゲ
Varanus salvator

体長　最高2.7m
体重　15-35kg
生息環境　低地、海岸、河口、川

生息域　インド洋、西太平洋、スリランカからフィリピン、インドネシアにかけて

見つけたものは何でも食べる捕食者で、定期的に海水に入るトカゲの中ではもっとも大きな部類にはいる。首が長く、強力な脚を持ち、泳ぐ際に平らな尾を激しく左右に動かす。自分より弱いものなら何でも食べ、浅瀬で潜水して獲物を捕まえたり、陸地で獲物を追い詰めたりする。他のオオトカゲ同様、死肉も食べる。場所によっては、沿岸の村はずれで捨てられた残り物をあさることがよくある。巣穴の奥に卵を産んで繁殖する。

幼体には目立つ模様がある

有鱗目

マングローブオオトカゲ
Varanus indicus

体長　最高1.2m
体重　最高10kg
生息環境　マングローブの沼地、海岸の森、河口、川

生息域　西太平洋、ミクロネシアからオーストラリア北部にかけて

ミズオオトカゲ(左)と姿も生活様式も似ているが、岸から遠くへめったに泳いで行かない。他のすべてのオオトカゲ同様、首は長く柔軟で、脚には強力な爪がある。尾は平たく、体の2倍の長さがある。泳ぎも木登りも得意で、陸地、浅い海、林の中で捕食する。食物の大部分を占めるのは魚だが、カニ、鳥、他のトカゲなどいろいろなものを食べ、釣りの餌をあさることさえある。マングローブオオトカゲは人の力を借りて生息域を広げてきた。過去には食料源として西太平洋全域に輸入された。もっと最近では、ネズミの数を抑制する手段として、いくつかの太平洋の島々へも輸入されている。一度の繁殖で最高12個の卵を産む。そして大半のトカゲ同様、親に守られることなく子は孵化し成長する。

首は柔軟で頭部よりも長い
頭部は長くて細い

ワニ目

イリエワニ
Crocodylus porosus

体長　最高7m
体重　最高1t
生息環境　外洋、川、河口、海岸

生息域　インド洋、太平洋、インド南部からニューギニア、オーストラリアにかけて

この恐るべき捕食者は、世界最大の爬虫類であり、海を沖合まで泳いで行く数少ないワニの一種でもある。その力が強いことと獰猛なことは伝説的で、年間1000人以上が犠牲になっていると考えられている。強力な顎を持ち、最高13cmの長さの歯が生えている。恐ろしく丈夫な皮膚は厚い鱗で覆われている。背中の鱗は皮骨と呼ばれる骨性の被覆物に扱われ、尾には2列の直立した骨の板(鱗板)がある。潜水時には鼻孔が閉じるが、口から水を吐き出すことはできない。代わりに喉の入り口に弁がついていて、食物を飲み込むときだけ開くようになっている。

ワニは水中で体を冷やし、太陽の光を浴びて体を暖めることによって体温を調節する。他の大型爬虫類と同様に、イリエワニは岸近くに待ち伏せして、目と鼻がぎりぎり見えるくらいに水面下に隠れて、こっそりと狩りをする。動物が射程圏内に入ると爆発的な力で水から飛び出して獲物をつかみ、引きずり込んで溺れさせる。ワニは食物をかむことはできず、代わりに細かく引き裂いて、鱗、皮膚、骨までも消化する。天然の食物は鳥、魚、カメ、そしてイノシシ、サル、ウマ、スイギュウなどの哺乳類である。メスは水辺の土手に卵を最高90個産み、孵化すると子を水まで運ぶ。生息域の多くの地域で捕獲されており、以前ほど大型の個体が見られなくなっている。

海の放浪者
イリエワニは泳ぎの達人である。写真のワニは最寄の岸から1000km離れたところで見られた。

鎧をまとう
イリエワニは背中に沿って平行に並んだ骨状の突起によって保護されている。

尾には垂直な鱗板がある
胴体は脚の間にぶら下がるような形になっている
顎は尖っている

ワニ目

アメリカワニ
Crocodylus acutus

体長　最高5m
体重　180-450kg
生息環境　河口域、外洋、海岸、潟湖

生息域　カリブ海の大西洋に隣接している部分、中南米の太平洋岸

米国のワニ4種の中で、成体が淡水でも海水でも生息できる唯一の種である。完全に成長するとオリーブがかった茶色になり、先端が細くなった吻、広い背中、先細りの強力な尾を持つ。骨板(皮骨)は他のワニよりも小さい。幼体は魚や小さな陸上動物を食べるが、成体はしばしばカメの甲羅を顎で割って食べる。メスは一度の繁殖で約40個の卵を産み砂の中に埋める。すべてのワニの例にもれず、この種も皮を目当ての捕獲と沿岸の開発の影響を受けている。生息の中心は中米だが、北限であるフロリダに数百頭生息している。

瞳孔が縦になっている飛び出た眼
強力な顎

鳥類

超界	真核生物(ユーカリア)
界	動物界
門	脊索動物門
綱	鳥綱
目	29
種	9,500

海の生活に適応した鳥類は、生涯を海面上空か外洋の上層、もしくは海岸線で過ごす。海岸をおもな住処とする鳥(沿岸種)は陸地からあまり遠くへは行かず、1年のうち一定の時期にしか海岸に行かない種もいる。その他の鳥は外洋性で、何ヵ月も続けて海上で過ごし、繁殖のときだけ陸地に戻る。陸鳥とは異なり、多くの外洋性海鳥は島や崖で大きなコロニーを形成して繁殖し、繁殖期が終わると子どもを置き去りにする。

体のつくり

「典型的な海鳥」などというものは存在しないが、外洋性海鳥には海の暮らしに適した共通の適応が数多く見られる。たとえば、水掻きのついた脚、防水性の高い羽毛、過剰な塩分を排出する分泌腺である。大部分の陸生鳥類の骨は中空状で空気が入っているが(体重を減らす適応)、ペンギンのように潜水する種の骨は密度が高く空洞が少ない。カツオドリやペリカンなど飛び込み潜水をする鳥は、皮膚の下に気嚢を持っている。気嚢は水面にぶつかる際の衝撃を吸収し、獲物をくわえながらの水面浮上も助ける。こうした外洋種に比べると、沿岸種には海中や海の近くで暮らすための特別な適応がほとんど見られない。ただし、それぞれ異なった種類の食物を扱うための特殊な嘴を持っている。

ウミガラスの潜水
魚を探すウミガラス。冷たい水の中で翼を使い高速で泳ぐ。ウミスズメ科の鳥は、北洋でよく見られる。

流線型の嘴
長距離飛行に理想的な細長い翼
水掻きのついた足

空飛ぶダイバー
シロカツオドリの流線型の体形は、飛び込み潜水をする鳥の典型である。シロカツオドリの鼻孔は嘴の中にあり、水面にぶつかったときに水が入らないようになっている。

嘴の適応形態
水鳥のうち、海鳥の大半は肉食で、それぞれの獲物に適した形の嘴を持っている。ペリカンの嘴と喉袋はシャベルのように機能し、アホウドリの鉤形の嘴はクラゲのように滑りやすい獲物をくわえることができる。ウミワシは獲物の捕獲に鉤爪を使うが、獲物を細かく引裂く際には嘴を使う。ダイシャクシギは泥の中にもぐっている動物を長い嘴で探すことができる。

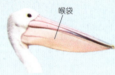
喉袋
ペリカン

外側についている管状の鼻孔
鉤形の先端
アホウドリ

鉤形の嘴
ウミワシ

河口域の泥を深く探れる長い嘴
ダイシャクシギ

生息地

鳥は赤道から極地まで、世界の海や沿岸のいたるところに棲んでいる。外洋性海鳥は海洋に生息する鳥のことで、200種に満たない。外洋性海鳥には、翼開長が3.5mにも達するアホウドリや、はるかに小さなミズナギドリやアジサシなどが含まれる。海の動物を捕食するが、本当の住処は空である。たとえばセグロアジサシは海面でほとんど休まず、巣立ってからの5年間を飛び続けることもある。とはいえ、外洋では食料はまばらなので、大多数の海鳥は陸に近い海域に生息する。

大部分の潜水性海鳥は大陸棚上の浅海で摂食するが、サギやカモメは岩磯や干潟をおもな住処としている。河口域は沿岸種の重要な生息地である。河口域の泥には環形動物や軟体動物が隠れており、干潮時に捕まえることができる。熱帯では、同様の理由で鳥がマングローブ湿地に集まる。ここには、止まったり巣をかけたりできる木があるという利点もある。

海の旅人
マユグロアホウドリは良い餌場を求めて長い旅をする。甲殻類や魚、イカ、死肉などを食べる。

沿岸の渉禽類
ミヤコドリは岩磯から干潟まで沿岸の様々な生息環境で摂食する。写真は、食物をあさろうとして干潮を待つミヤコドリ。

摂食方法

海鳥が進化発展させてきた摂食方法は数種類ある。中でも見事なのが飛び込みで、カツオドリ科の鳥やカッショクペリカンは上空30mもの高さから魚群目がけて飛び込む。潜水性海鳥の中には、ウやペンギンなどのように水面からもぐるものもいる。エンペラペンギンは通常は150mあたりまでもぐるが、265mを超えることもあり、これは鳥類としては最大の潜水深度である。

アホウドリやミズナギドリなど、外洋性鳥類の多くは飛びながら食物を探し、海面にいる動物などをすばやく捕獲する。グンカンドリなどは、他の鳥を執拗に攻撃して獲物を吐き出させるが、こうした横取りをする鳥類も飛行しながら「獲物」を探す。沿岸性鳥類は、浅瀬や波打ち際で食物を探すものが多いが、ハサミアジサシは下の嘴を水中に入れたまま水を切るように飛ぶ。波のない穏やかなときにしかできない芸当だが、驚くべきテクニックである。

採餌の最大深度

カッショクペリカンなど、空中からの飛び込みで摂食する海鳥(左側)の最大深度はせいぜい数メートルまでであるが、ペンギンなどは翼や足を使って深くもぐり、数分間も潜水を続けることが多い。

暁の偵察飛行

穏やかな礁湖で嘴を水に浸けながら飛び、食物を探すハサミアジサシ。

人間の影響

脅威にさらされる海鳥

否応なく拡大を続ける漁業や海運業は、数々の沿岸種や外洋の鳥に重大な影響を与えている。漁網に絡まる、流出した原油にまみれるなど、海鳥が直接的な被害を受けるケースは多い。漁業による食物の減少という間接的な被害もある。地球の温暖化も脅威となっている。海水温の変動によって鳥の食物になる魚の数が激変する恐れがあるのである。

巻き添え

漁網に絡まったウ。毎日、何千羽という鳥がこうして溺死している。潜水性海鳥には水面下のプラスチック製漁網が見えにくいため、絡まりやすい。

分散と渡り

海鳥は、生涯にわたって途方もなく長い距離を飛行することがある。シロカツオドリのように、海洋に広く分散し、繁殖のために遠く離れたコロニーへ戻る鳥もいる。シロカツオドリの分散本能は若鳥の時期がもっとも強く、性的に成熟する4年の間に徐々に衰える。成鳥となってからは春と夏にコロニーに集まり、雛が巣立つと再び分散していく。

ハイイロヒレアシシギなど、その他多数の種には、夏季と冬季ではまったく別の分布域があり、その間を渡る。渡りの期間中は、二つの分布域を結ぶ飛行ルートで観察できる。このあとのページに種ごとの特徴をまとめたが、それぞれの分布図では、夏季と冬季の生息地だけでなく、渡りのルートもあわせた全分布域を示した。

シロカツオドリ
典型的な分散種で、北大西洋一帯に散在するコロニーで営巣する。繁殖期以外は、遠くは南の熱帯地方までさすらい、通常は大陸棚上空を飛ぶ。

■ 夏季の分布
■ 冬季の分布

ハイイロヒレアシシギ
この渡り鳥は北極圏内に巣をつくり、南東太平洋や東大西洋で越冬する。広大な地域に網の目状の移動ルートがあるため、世界各地で観察される。

■ 夏季の分布
■ 冬季の分布

繁殖

成鳥となった海鳥はみな陸へ戻って繁殖しなければならない。単独で営巣する種もいるが、多くは大規模なコロニーを形成する。安全な営巣地は数が限られている上、営巣地と営巣地が遠く離れているためである。絶壁や島は、捕食性の哺乳動物から身を守るには恰好の地である。フルマカモメやウミスズメは穴や落石に営巣するが、大半の海鳥は何の覆いもない場所に卵を産み、巣作りに材料をほとんど利用しないか、まったく使わない。海鳥が1回に抱く卵の数は陸鳥に比べて少ない。ウは一度に3、4個の卵を産むことが多いが、アホウドリやツノメドリなど大多数の海鳥は年に1個しか産まない。こうした鳥の多くは寿命が長いが、繁殖率が低いため、原油の流出や気候変動などの環境問題に影響を受けやすい。

混成コロニー
鳥の密集するコロニー。魚が豊富なペルー沖の無人島で営巣するグアナイウ、ナンキョクヒメウ、カツオドリ、カッショクペリカン。

木の巣作り
海鳥には珍しく低木や若枝で営巣するグンカンドリ。

海鳥の分類

世界の鳥を27目から29目に分類した鳥類のうち、海洋種だけで構成されているのはペンギン目とミズナギドリ目だけである。さらに8目が、陸生種、沿岸種、海洋種の混成である。

水鳥
ガンカモ目 Anseriformes
177種
カモ、ガン、ハクチョウの大半の種は、淡水やその付近に生息し、多くは海岸に移動して越冬する。中には完全な海洋種も少数だが存在し、一生を近海で過ごす。

キングペンギン

ペンギン類
ペンギン目 Sphenisciformes
18種
全種が海洋性で、飛ぶ能力を失った鳥である。ほとんどの種は南極海で見られるが、分布域が寒流海域を北に広がり、ガラパゴス諸島にまでおよんでいる。

アビ類
アビ目 Gaviiformes
5種
流線型の体を持ち、水面からもぐっては脚を使って泳ぎ、魚を捕って食べる。おもに北極・亜北極地方で見られる。内陸の淡水周辺で繁殖するが、多くは海上で越冬する。

アホウドリ類およびミズナギドリ類
ミズナギドリ目 Procellariiformes
142種
完全な海洋種で、地球上のどの海洋にも生息する。繁殖期にのみ陸に戻る。鼻孔が外側にあるため嗅覚が鋭い。大半の鳥が海面に漂う食物を捕りながら、何日も海洋上空を飛び続ける。

カイツブリ類
カイツブリ目 Podicipediformes
23種
これら魚を捕食する鳥は、鰭つきの脚が体のかなり後方から伸びている。淡水域に生息するが、繁殖期に沿岸に移動するものもいる。

サギ類およびシラサギ類
コウノトリ目 Ciconiiformes
119種
長い脚を持ち、通常は浅瀬や湿原で獲物に忍び寄り捕食する。ほとんどは内陸に棲むが、海岸やサンゴ礁、マングローブ湿地に生息する種もいる。夜は仲間とねぐらを共にすることが多い。

ペリカン類とその近縁種
ペリカン目 Pelecaniformes
65種
ペリカン、ウ、ネッタイチョウ、グンカンドリ、カツオドリなど多数の海鳥から成る大きな分類群である。全種が魚を捕食するが、空中から水中に突っ込むか、あるいは水面下で採食する。全世界の海岸や海に生息し群がっている。特にウなどの種は、淡水域にも頻繁に姿を見せる。

猛禽類
ワシタカ目 Falconiformes
333種
肉食の鳥類。獲物の捕獲に適した鉤状の嘴と鋭利な鉤爪を持つ。大部分が陸生だが、もっぱら魚を捕食する種もあり、海岸でよく観察される。遠海まで飛ぶことはない。

ミナミオオセグロカモメ

渉禽類、カモメ類、ウミスズメ類
チドリ目 Charadriiformes
385種
長距離を渡る種も含めて、沿岸種と海洋種が属する多様な分類群。食物も多様で、採食方法も、潜水するものから、海岸でゴミあさるものまで多岐にわたる。群生種が多く、コロニーで捕食や営巣をする。

カワセミ類とその近縁種
ブッポウソウ目 Coraciiformes
230種
おもに森林や淡水に生息するが、沿岸や近海で摂食する種もいる。泳ぐこともできるが、獲物めがけて空中から水に飛び込み、獲物を捕ると空中へ飛び立つ。

鳥類

ガンカモ目
コクガン
Branta bernicla

体長	55-66cm
体重	1.3-1.6kg
生息環境	河口域、ツンドラ、海岸の草原

生息域　北極地方(繁殖地)。北米、北西ヨーロッパ、中国、日本(非繁殖地)

胴が灰色、頭と首が黒色の小型の鳥で、北極圏で繁殖するが温帯の海岸で越冬する(同じような渡りを行う鳥は多い)。浅海に生育するアマモを好んで食べるが、越冬地では海岸の草原で草も食べる。低地の海岸ツンドラに群れで営巣し、1回の繁殖期に産む卵の数は最高5個で、その繁殖期にその一孵りのみを育てる。北極圏の多くの鳥と同様に、個体数の変動が大きい。繁殖地での夏が暖かければ大半の雛が生き延びるが、冷夏であれば、夏が終わり渡りをするまで生き残れる雛はほとんどいない。

ガンカモ目
ホンケワタガモ
Somateria mollissima

体長	50-71cm
体重	1.2-2.8kg
生息環境	浅海沿岸、河口域

生息域　北極海、北大西洋、北太平洋

北極沿岸でよく見られるがっちりした体型のカモ。潜水して軟体動物やカニを捕り、力の強い嘴で割って食べる。体色は、メスが斑紋のある茶色、オス(写真)は大部分が黒と白で、胸が桃色、首の一部が緑色。集団で繁殖し、海の近くに営巣する。繁殖期が終わると、生息域南部のより温暖な地域へ渡って越冬する。

人間の影響
ケワタガモの綿毛

ホンケワタガモのメスは卵と雛を暖めるため、自分の胸から抜き取った綿毛で巣の内側を覆う。この綿毛には優れた断熱効果があり、昔から衣類や寝具の詰め物に用いられてきた。アイスランドでは今なお採取されているが、合成繊維の登場で需要は減少している。

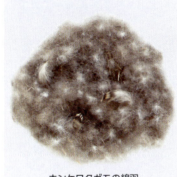

ホンケワタガモの綿羽

ガンカモ目
オオフナガモ
Tachyeres pteneres

体長	61-76cm
体重	4.0-4.5kg
生息環境	岩礁海岸、沿岸海域

生息域　南米の南部

がっちりした体型のカモで、南米に生息し飛ぶ能力を失った近縁種3種の1つ。他のフナガモ同様、羽毛は斑紋の入った灰色で、脚は黄色、頑丈な嘴は橙色である。餌はムラサキイガイやカニなど小型の動物で、海底のケルプの森へもぐって採食する。危険を感じると、羽をばたつかせ水面を蹴るようにして逃げる。

ガンカモ目
ウミアイサ
Mergus serrator

体長	52-58cm
体重	1-1.25kg
生息環境	海岸、河口域、湖沼、河川

生息域　北極圏および亜北極圏(繁殖地)。温帯海岸(非繁殖地)

細長い嘴の両側にノコギリのように鋭い突起があるアイサ類の中でも、とりわけ広く分布している種。水にもぐって魚を捕るが、滑りやすい獲物をくわえるのにこの嘴を使う。他のアイサ類同様、体が細長く、首が長く、脚は橙赤色である。オス(写真)は光沢のある黒緑色の頭部に長い冠羽があり、メスの頭はさび色で、冠羽はオスほど派手ではない。繁殖期は淡水の近くで、冬場は凍りにくい海岸で過ごす。メスは密生した茂みや木の穴に営巣し、綿毛で巣の内側を覆う。1回の繁殖期に最高11個産卵し、1年に一腹の雛を育てる。水産資源保護のため、生息域の一部で狩猟が行われているが、ウミアイサが実際に悪影響を及ぼすことを立証する証拠はほとんどない。

ガンカモ目
ツクシガモ
Tadorna tadorna

体長	58-67cm
体重	0.85-1.45kg
生息環境	海岸、河口域、塩水湖

生息域　欧州、北アフリカ、アジア

鮮やかな体色に橙赤色の嘴。干潟や河口域で人目を引く美しい鳥。通常、つがいで行動し、泥に嘴を突っ込み、干潮で現れた小型動物を捕る。樹木、岩などの穴に巣を作り、1回の繁殖期に最高9羽の雛を育てる。繁殖期が終わると、最高で10万羽の大群を成して換羽地に渡る。

海洋生物

ペンギン目
キングペンギン
Aptenodytes patagonicus

体長	85-95cm
体重	12-14kg
生息環境	岩礁海岸、外洋
生息域	南大洋、フォークランド諸島を含む亜南極の島々

南極大陸以外の海岸に生息するペンギンでは最大種。近縁種のエンペラペンギン同様、体色は頭から背にかけてが暗藍色で胸が白色、頭部には派手な橙色の模様がある。オスとメスは外見は同じで、交代で1個の卵を抱き、孵化させる。巣は作らず、卵は水掻きのついた幅広の足の上に乗せ、腹の皮をかぶせて温める。密生した短い羽毛と厚い脂肪層で、寒さから身を守っている。食物は魚やイカで、200m以上潜水して捕食する。かつては油や毛皮の採取、食用といった目的で商業捕獲されていたが、現在は完全に保護されている。

珍しい繁殖周期

キングペンギンの繁殖周期は他のどの海鳥とも異なる。南半球の夏の始まりである11月に繁殖周期が始まり、まずメスが最初の卵を産む。卵は55日かけて孵化し、雛はその後11か月間を親鳥と共に過ごす。雛が独立すると、メスは再び産卵するまでに換羽を終わらせなければならないが、次の産卵は晩秋となる。この結果、キングペンギンの繁殖期間は暦年の周期とは一致せず18か月にも及ぶことになる。

キングペンギンの雛

鳥類

ペンギン目
エンペラペンギン
Aptenodytes forsteri

体長	110-115cm
体重	35-40kg
生息環境	海氷、岩礁海岸、外洋

生息域　南大洋、南極大陸

世界最大のペンギンで、冬の南極で繁殖する唯一の種である。体型と模様はキングペンギンによく似ているが、体重はキングペンギンの倍以上になることがある。南大洋域より北で見られることはまれにしかない。割れた海氷の間で採食し、最深で530mまで潜水する。続けて20分間も潜水でき、食物を求めて最大1000kmも移動することがある。繁殖は氷上で群れを作って行う。メスの成鳥は冬の初めに卵を1個産み、それをオスに渡す。暗い冬にメスが海で摂食している間、オスは自分の足の上に卵を乗せ、羽毛に覆われた腹の皮をかぶせて、他のオスと身を寄せ合う。抱卵期間はおよそ2か月で、その期間が終わるまでにオスの体重は約半分に減っている。雛が孵化するとメスが戻ってオスを解放し、今度はオスが海へ向かう。

ペンギン目
ヒゲペンギン（アゴヒゲペンギン）
Pygoscelis antarctica

体長	71-76cm
体重	3-4.5kg
生息環境	岩礁海岸、外洋

生息域　南大洋、南極半島、亜南極の島々

顎の周囲に黒い線により容易に識別でき、ペンギンの中では個体数が多い。オスとメスの外見は同じで、頭から背にかけてが暗藍色で腹側が白色、嘴は真っ直ぐで黒い。1年のほとんどを海で過ごし、採食は極氷より北の海水域で行う。速度を上げて泳ぐときには、水面上に飛び出すことが多い。こうすることで呼吸ができ、体が気泡の層で覆われるため水との摩擦が軽減される。

11月になると南極大陸や南大洋の島々の結氷していない海岸に戻り、繁殖コロニーを形成する。小石を集めて浅い円形の巣を作る。特に繁殖期には他のペンギンよりも好戦的になる傾向があり、隣の巣から小石を盗んだり、近くで営巣しようとするペンギンに対しては、自分より大型でも追い払ったりする。メスは一度に2個産卵し、雛は秋が始まる2月から3月までには巣立ちし、海へ向かう。ほとんどオキアミだけを食べ、現在、個体数は増加している。同様にオキアミを食べるアザラシも増加しており、これはオキアミを食べるヒゲクジラの減少に関連していると見られる。

帽子の顎ひものような模様

ペンギン目
マカロニペンギン
Eudyptes chrysolophus

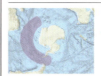

体長	70cm
体重	4.2kg
生息環境	岩礁海岸、外洋

生息域　南大洋、南極半島、亜南極の島々、南米の南部

類似種のイワトビペンギンとよく一緒にいるが、マカロニペンギンの方がかなり大きく、鮮やかな黄色の冠羽が額の中央から左右に分かれて生えている。イワトビペンギンと共にいる生息域よりさらに南にも分布しており、繁殖地は南極半島の結氷しない海岸である。繁殖コロニーは非常に騒々しく、100万組を超えるつがいを擁するコロニーもあって、互いをつつけるほどの間隔で密集している。1回の繁殖期に産む卵の数は2個で、オスとメスが協力して抱卵する。通常、生き延びる雛は1羽のみであるため、繁殖率は低い。

ペンギン目
コガタペンギン
Eudyptula minor

体長	40-45cm
体重	1kg
生息環境	岩礁海岸、砂泥海岸、外洋

生息域　南オーストラリア、ニュージーランド、タスマン海、南大洋

最小のペンギン。日中は沖合いにおり、夕方陸に戻って来る唯一のペンギンである。腹側が白く背中と頭は青灰色で、特徴となるような斑紋はない。日中は沖合いで小さな群れを成していることが多く、水面で休息したり一定の間をおいて潜水しては魚を捕ったりしている。小魚の群れの周囲を旋回し一箇所に集めてから、その群れを突っ切って素早くくわえ捕る。他のペンギンとは異なり、速度を上げて泳ぐ時でも水面上に飛び出すことはない。通常、穴や岩の間に巣を作るが、防波堤や、家や納屋の縁の下に営巣することもある。1回に産む卵の数は2個で、繁殖期間中、最高で2羽の雛を育てる。

安全な夕方

コガタペンギンの生息域の一部（たとえばメルボルンから近いフィリップ島）では、たそがれ時に何千羽というコガタペンギンが浜をよちよちと上がっていく光景が見られる。この行動で大半の天敵から身を守ることができるが、狐や飼い犬など外来の哺乳動物からは逃れられない。

ペンギン目
マゼランペンギン
Spheniscus magellanicus

体長	71cm
体重	5.5kg
生息環境	岩礁海岸、外洋

生息域　南米の南部、フォークランド諸島、南大西洋、南太平洋

南米に生息する白と黒のペンギン2種のうちの1種で、胸を横切る2本の黒い縞模様（写真）が識別の決め手となる。南大洋から北上する寒流でイワシなどの小型群生魚を捕食する。近縁種のフンボルトペンギン同様、地面に穴を掘って営巣し、1回の繁殖期に最高2羽の雛を育てる。

ペンギン目
ケープペンギン
Spheniscus demersus

体長	60-70cm
体重	5kg
生息環境	岩礁海岸、外洋

生息域　南アフリカ沿岸水域、南大西洋、南インド洋

アフリカで繁殖する唯一のペンギン。身体的特徴は南米のマゼランペンギン（左写真）によく似ているが、ケープペンギンの胸の縞模様は1本である。イワシ類をはじめとする小型の魚を食べる。繁殖時に海岸で騒々しく鳴き立てる声がロバの声に似ている。地面に穴を掘って巣を作るが、以前は農民がこのペンギンの糞や糞化石を肥料として採取したため、多数の営巣地が破壊された。ケープペンギンが今日直面している二つの大きな脅威は、乱獲による魚の減少と海への石油の流出である。また、オットセイとの繁殖場所の奪い合いも起きており、ケープペンギンの個体数は激減している。

海洋生物

エンペラペンギン
エンペラペンギンは世界でもっと丈夫な動物である。陸上では猛吹雪に耐え、南極海では、凍てつくような水に深く潜ることができる。彼らを捜すヒョウアザラシを振り切って、出し抜けるほど速く機敏な泳者であるが、水に入る時と出る時には攻撃されやすい。

ミズナギドリ目

クロアシアホウドリ
Phoebastria nigripes

体長	68-74cm
体重	3-3.5kg
生息環境	外洋、環礁、離島
生息域	北太平洋、ジョンストン島、マーシャル諸島

夏場に北米西海岸沖でよく見かける黒褐色の海鳥。北太平洋に生息する3種のアホウドリの1種で、翼の下面が黒っぽいため、他の2種と区別できる。腐肉を好み、トロール船や小エビ漁船を追って、廃棄される腐肉を拾うことも多い。繁殖は中央・西太平洋の島々にコロニーを作って行う。他のアホウドリ類同様、儀式化された入念な求愛行動をする。どの種のアホウドリも一夫一婦制で、一度つがいになると死ぬまで相手を変えない。

人間の影響
延縄漁（はえなわりょう）

クロアシアホウドリはたびたび延縄漁の犠牲になっている。延縄には餌をつけた釣り鈎が多数ついているがこれにかかってしまうのである。概算によると、毎年、延縄漁の犠牲になる海鳥の総数は少なくとも30万羽に上ると見られている。

溺死する海鳥
アホウドリは通常、餌を丸呑みするため、延縄の釣り鈎が胃に引っかかり、海中に引きずり込まれて溺死する。

アビ目

ハシグロアビ
Gavia immer

体長	70-90cm
体重	3-4.5kg
生息環境	淡水湖(繁殖地)、海岸
生息域	北米の北部、グリーンランド、アイスランド、ヨーロッパ、北太平洋、北大西洋

白黒のコントラストが美しいこの鳥は、夏の繁殖期に湖全体に響き渡る印象的な鳴き声を発することで有名。海岸で越冬するが、その時期は白黒の繁殖羽が生え替わって暗褐色と灰色の地味な色合いになっている。他のアビ類同様、流線型の胴に小さな翼を持ち、水掻きのある脚が胴の後方についているため、陸地での動きはぎこちない。水上での方がはるかに優美で、嘴をやや上に向けた独特の体勢で水面に浮かび、75mを超える深みへ潜って主な食物である魚を捕る。

夏場は通常つがいで過ごし、派手な求愛行動をする。繁殖期が終わると、結氷の危険性の少ない静かな海岸に渡る。北米ではまず五大湖に数百羽が集結し、その後フロリダ州の海岸へと南下することが多い。ヨーロッパでは大西洋岸（最南はポルトガル）で越冬する。

ミズナギドリ目

アホウドリ
Phoebastria albatrus

体長	84-94cm
体重	3-5kg
生息環境	離島(繁殖地)、外洋
生息域	北太平洋、鳥島、尖閣諸島

羽毛あての狩猟が原因で、1900年代初頭に絶滅寸前まで激減した。1950年には個体数が20羽前後に過ぎなかったが、その後の保護により2000羽近くまで回復し、生息域の最西端の離島で繁殖している。成鳥はほぼ全身が白色だが、風切羽は黒色、嘴は桃色、頭部は鮮黄色である。

ミズナギドリ目

ハイイロアホウドリ
Phoebetria palpebrata

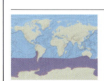

体長	79-98cm
体重	2.5-4.5kg
生息環境	離島(繁殖地)、外洋
生息域	南大洋、南大西洋および南インド洋の離島

南極圏には、体色が白と黒ではなく暗褐色のアホウドリが2種生息している。ハイイロアホウドリと、その近縁種のススイロアホウドリである。ススイロアホウドリは全身が暗褐色だが、ハイイロアホウドリは首から背中にかけてが淡灰色で、それが名前の由来である。ハイイロアホウドリは優雅に滑空し、魚、イカ、甲殻類を食べる。また、非常に好奇心が旺盛で、船を追って飛ぶことがよくある。海で越冬した後、南極圏の春が始まる8月までには繁殖地に戻って来る。メスは初夏に卵を1個産み、雛は孵化後、約4ヵ月で巣立つ。より大型のアホウドリに比べて成長が速い。

ミズナギドリ目

ワタリアホウドリ
Diomedea exulans

体長 1.1-1.35m
体重 8-11.5kg
生息環境 離島（繁殖地）、外洋
生息域 南大洋、南大西洋、南インド洋、南太平洋

伝説にも登場するこの海鳥は、大きな個体では翼開長で3.5mという記録が残っており、現生鳥類では最大である。生息域は風が吹きすさぶ南半球の外洋に限られており、そこで主にイカを海面からすばやく運び去るようにして捕食する。一度に何週間も空を飛び続けることができる。船を追いかけることがよくあり、翼を大きく広げて波の上を飛翔する。ワタリアホウドリは、成鳥になるまで最高で11年を要する。その間、徐々に若鳥の羽毛が生え替わり、翼の先端と後縁の黒色を除いて全身が白色になる。離島で営巣し、繁殖は通常1年おきに行う。

長い抱卵期間

ワタリアホウドリは、泥、草、コケを使って小山のような大型の巣を作る。卵を1個産み、孵化するまでの抱卵期間は75日から82日と鳥類では最長である。雛は孵化後最高9か月間巣におり、父鳥と母鳥から給餌を受ける。悪天候が続いて、雛のみが何日も巣に残されることもある。

ミズナギドリ目

マユグロアホウドリ
Thalassarche melanophrys

体長 83-93cm
体重 3-5kg
生息環境 離島（繁殖地）、外洋
生息域 南大洋、南大西洋、南インド洋、南太平洋

マユグロアホウドリはアホウドリの中ではもっとも個体数が多く、もっとも広範に分布している。南極大陸から熱帯海域の南縁域にかけて見られ、場所によってはさらに北にも生息している。翼と背と尾は灰色がかった黒で、両目の上に独特の黒い眉がある。魚、イカ、タコ、甲殻類を食べ、船を追って飛ぶことも多い。漁船から不要な漁獲物が捨てられると、大群で集まる。離島で繁殖し、成鳥になるまで少なくとも5年を要する。また、赤道を定期的に横断する数少ない南半球のアホウドリである。イギリス諸島というはるか北の地での目撃例の記録も複数ある。

海洋生物

ミズナギドリ目

オオフルマカモメ
Macronectes giganteus

体長　86-99cm
体重　5kg
生息環境　海岸、外洋、巣作りは氷結しない海岸
生息域　南半球(南極大陸から熱帯地方まで)

腐肉食でも捕食性でもある大型のミズナギドリ。ペンギンのコロニーの周辺や、アザラシやクジラの死骸の近くでよく見かける。強力な嘴で死肉を切り裂いたり、若鳥を殺したりする。大半の成鳥は頭部が淡灰色で背部が暗灰褐色だが、ほぼ全身が白く黒い斑点が散っている個体もいる。

管状の鼻孔

ミズナギドリ目

フルマカモメ
Fulmarus glacialis

体長　45-51cm
体重　700-900g
生息環境　岩場海岸、外洋
生息域　北太平洋、北大西洋、北極海の結氷しない海域

カモメに間違えられることが多いが実はミズナギドリ科で、他のミズナギドリ同様、特有の管状の鼻孔を持つ。北洋全域の普通種で、翼を大きく広げたまま海岸の崖の上空を飛ぶ。脚が弱いため、陸地での動きはぎこちない。黒っぽい目の上の骨が隆起しているのが特徴。大西洋種の大半は胴が白く翼の上面が青灰色だが、太平洋種の多くははるかに黒っぽい体色である。海面付近で小動物を捕食するほか、大群で漁船を取り巻き、投棄される漁獲物をあさる。崖の岩棚で繁殖し、岩に直接卵を1個産む。抱卵期間は52日間で、同様の大きさのカモメと比べると約2倍の長さである。繁殖率は低いが、近年生息域を拡大し個体数も増加している。体の大きさの割に長命で、50歳を越す記録がある。

ミズナギドリ目

ユキドリ
Pagodroma nivea

体長　30-35cm
体重　250-450g
生息環境　氷結した岩礁海岸
生息域　南極大陸、亜南極の島々、南極海

鳥の中でもっとも南で繁殖する。全身が純白で、南極点から半径1100km以内を除く、南極大陸とその周辺の結氷していない崖に営巣する。海の表層から採食し、極氷から遠く離れることはめったにない。ユキドリの群れが氷山の上にとまっているのは、よく見かける光景である。

ミズナギドリ目

シロハラミズナギドリ
Pterodroma hypoleuca

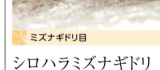

体長　30cm
体重　225g
生息環境　大洋の島々(繁殖地)、外洋
生息域　北西太平洋

シロハラミズナギドリ属に分類される種は20を超え、大半が熱帯および亜熱帯海域に生息するため、種を海で判別するのは難しい。シロハラミズナギドリは北西太平洋の典型種で、ハワイ以西の島々に営巣する。やや鉤状の短小な嘴と、先端が鋭く尖った翼を持ち、水面の近くを素早く飛ぶ。浮遊している動物を食べ、通常、海面に降りて採食する。地面に穴を掘り営巣するが、陸地での移動が苦手で、天敵に襲われる危険性を軽減するため、陸地には夜間に戻り、1羽のみの雛に胃内容物を吐き出して給餌する。雌雄交代で約49日間抱卵する。離島では、ミズナギドリ類のコロニーの多くがネズミやネコなど外来の捕食者に破壊されることがあり、この種はとくに深刻な被害を受けている。

ミズナギドリ目

ヒメクジラドリ
Pachyptila turtur

体長　25-28cm
体重　150-225g
生息環境　島(繁殖地)、外洋
生息域　南極海および周辺海域

外洋に生息するミズナギドリ科の小型の鳥。胴は淡灰色、翼上面は青灰色でM字型の黒縞がある。群生し、夜間、嘴を使って海水から浮遊している動物を濾し取って食べる。離島の海岸で繁殖し、地面に掘った巣穴や、岩の間の地面のくぼみに卵を1個産む。

海洋生物

ミズナギドリ目

ズグロミズナギドリ
Puffinus gravis

体長	46-53cm
体重	800-900g
生息環境	大洋の島々(繁殖地)、外洋

生息域　大西洋(ただしシエラレオネより南のアフリカ西岸沖を除く)

外洋に生息し、広範に移動する。年間を通して大西洋の随所で見られる。繁殖地は、南の孤島。たとえばナイチンゲール島には約400万羽がいる。先の尖った翼を持ち、翼上面は暗褐色だが下面は淡い色合いのため、体を傾けて飛んでいるときには、白と黒が交互に見える。繁殖時には、海から仲間の鳴き声が響くと、巣穴にいる個体が泣き叫ぶような鳴き声を上げることがある。この鳴き声は、日没後、海から戻る個体が、つがい相手の場所を確認するためだと考えられている。

ミズナギドリ目

アシナガウミツバメ
Oceanites oceanicus

体長	15-19cm
体重	30-40g
生息環境	海岸、島(繁殖地)、外洋

生息域　世界中(ただし、北太平洋および大西洋最北部を除く)

スズメよりやや大きく、個体数が最多の外洋性海鳥と言われている。広く点在するコロニーで繁殖し、総個体数は不明だが、2000万羽は超すと思われる。海上で近縁種と区別することは難しいが、尾の付け根の白い帯を除いて全身が暗褐色である。海面に浮いて摂食することはめったになく、翼を素早く動かし、海面を小走りに駆けるようにして、浮遊する微小動物を嘴でつまみ上げる。食物が豊富なときには、突然大群で現れたかと思うと、同じように突然いなくなる。繁殖地の最南地は南極大陸で、嘴と脚を使って巣穴を掘る。南極圏の夏が終わると北へ渡る。

ミズナギドリ目

ハシボソミズナギドリ
Puffinus tenuirostris

体長	41-43cm
体重	500-700g
生息環境	外洋、沖合いの島々

生息域　北太平洋、オーストラリア南岸周辺の南西太平洋

陸地での動きは不恰好でぎこちないが、年に一度の渡りの時には休むことなく飛び続け、北太平洋の沿岸近くを大きく回るルートを取る。他のミズナギドリ類同様、群れを成して海面のわずか数センチ上を素早く飛び、食物を見つけるたびに飛ぶのをやめる。しかし、嘴は他のミズナギドリ類より細く、全体の色はくすんだ暗褐色である。島に大規模なコロニーを作って営巣し、それぞれのつがいが1羽の雛を育てる。雛は脂肪分の多い食物を大量に与えられるため、巣立ちの時までには親鳥よりも太る。この雛は、脂肪と肉を目当てに、数世紀にわたって捕獲されてきた。その慣習は今なお続いているが、捕獲数は厳しく制限されている。

ミズナギドリ目

コシジロウミツバメ
Oceanodroma leucorhoa

体長	19-22cm
体重	40-50g
生息環境	海岸、島(繁殖地)、外洋

生息域　北太平洋、北大西洋、北米沿岸、アリューシャン列島

海上では鳴かないが、巣の周辺では甲高い鳴き声を上げる。喉を鳴らすような声の合間に、鋭い口笛のような声を差しはさむ。アシナガウミツバメ(上)とは異なり、北半球で繁殖し、夏の終わりに北太平洋と大西洋のほぼ全域を南下する。暗褐色の小さな鳥で、尾は鋭く二叉に分かれている。敏捷に飛び、頻繁に方向転換をして海面付近の獲物を探す。海面を小走りに駆けるようにして浮遊する微小動物や小魚を捕食し、時折、海面に浮いて休む。コロニーで繁殖し、1回の営巣で産む卵は1個。巣穴には夜戻り、雛に給餌する。極北では捕食者の目につきやすい白夜を避けて、営巣を8月まで遅らせる個体もいる。

渡り

卓越風を利用するハシボソミズナギドリの渡りのルートは独特の8の字型で、その距離は3万3500kmにも及ぶ。11月から12月にかけて産卵し、4月から5月にかけて北へ向かい、8月までにはベーリング海に到達する。その後、北米西海岸を南下して、繁殖コロニーへと戻る。

記号
- 繁殖地
- 渡りのルート
- 風向

ミズナギドリ目

モグリウミツバメ
Pelecanoides urinatrix

体長	20-25cm
体重	110-130g
生息環境	海岸、島(繁殖地)、外洋

生息域　南極海とその周辺の海域および島々

ずんぐりした胴に、先の尖った翼と青白い脚を持つ。小型のウミスズメ(403ページ参照)の南半球版とも言える。モグリウミツバメとウミスズメは近縁種ではないが、素早く低く飛ぶことや摂食方法が類似する。他のミズナギドリのように飛びながら食物を探さず、翼を使い潜水する。波を突っ切り、素早く羽ばたいて反対側へ飛び出すことがある。地面に巣穴を掘り、日没後帰巣する。類似種3種は南大洋付近に分布している。

コウノトリ目

アオサギ
Ardea cinerea

体長	90-100cm
体重	1.6-2kg
生息環境	河口域、潟湖、海岸

生息域 ヨーロッパ、アジア大陸(極北を除く)、日本、インドネシア、アフリカ、マダガスカル

一般に淡水域に生息するが、とりわけ冬に湖や池が凍結する地域では、海岸部へ飛来することも多い。背が高く、背中の部分が灰色で、多くの場合じっとしている。魚やその他の動物が射程内に来るのを忍耐強く待ち構え、短剣のような嘴ですばやく突いて捕える。海岸部でこうした捕食方法が可能なのは、岩礁海岸の水溜りや浜辺の低地に限られ、潮が引くと姿がよく見られる。ゆっくり羽ばたき、首を肩の間に丸め、両脚を後方に向けて飛ぶ。

コウノトリ目

コサギ
Egretta garzetta

体長	56-65cm
体重	300-450g
生息環境	ぬかるんだ海岸、マングローブ湿地

生息域 南ヨーロッパ、アフリカ、南アジア、東南アジア、オーストラレーシア

純白の体に黒い脚と黒い嘴を持ち、顔の部分は鮮やかな黄色をしている。一般に単独で、またはいくつかの群れに分かれて行動し、海岸の浅瀬を静かに歩き回る。魚や海岸部に生息する動物を餌としている。繁殖期にはオスもメスも、頭と背中にレース状の長い羽を生やす。小枝を集めて樹上に作る巣は、あまり頑丈ではない。

コウノトリ目

クロサギ
Egretta sacra

体長	60-70cm
体重	400-750g
生息環境	海岸および淡水域の湿地

生息域 オーストラレーシア、太平洋諸島、東南アジアから日本までの太平洋西海岸

海岸部に生息する小型のサギで、体色には2つの対照的な型がある。両者があまりに異なるため、別種のように見える。一方は、羽が真っ白で、淡黄色の嘴と黄灰色の脚を備える。もう一方は、嘴と脚の色はほぼ同じだが、羽が濃灰色となる。それぞれの個体の比率は地域によって異なり、熱帯太平洋には白色型が優勢となる島もあるが、ニュージーランドでは圧倒的多数が灰色型である。クロサギは単独または小さな群れで獲物をあさり、小魚やカニ、軟体動物を捕食する。大半のサギとは異なり、クロサギは多くの場合、落石の間や海岸部の洞窟、低木など地上に巣を作る。

ペリカン目

オオグンカンドリ
Fregata minor

体長	86-100cm
体重	1.4-1.8kg
生息環境	海岸、島(繁殖地)、外洋

生息域 インド洋および太平洋の熱帯海域。大西洋の一部熱帯海域にも見られる

グンカンドリは並外れて長い翼とすらりとした体を持ち、滑翔の巧みさにかけては並ぶものがない。5種のグンカンドリはどの種も、つややかで黒い羽、頑丈で鉤状の嘴、および水かきのある小さな脚を備える。オスには真っ赤なのど袋があり、これを膨らませてメスに求愛する。オオグンカンドリの体重は大型のカモメより軽いが、翼幅は最大2.3mに達し、そのためほんのわずかに羽ばたくだけで何時間も滑翔できる。飛行中に他の海鳥が餌を採るのを見ており、追跡して獲物を横取りする。自分で海面の獲物をすばやく捕らえることもある。海岸部の茂みに営巣するが、小枝を集めて作られた巣はあまり頑丈ではない。

ペリカン目

アカハシネッタイチョウ
Phaethon aethereus

体長	尾を除いて最大50cm
体重	600-800g
生息環境	海岸、島(繁殖地)、外洋

生息域 太平洋東部、カリブ海、熱帯大西洋、インド洋北東部

ネッタイチョウ科3種でもっとも大型の優美な海鳥で、陸から数百kmも離れた洋上を飛翔して一生のほとんどを過ごす。遠くから見るとハトに似ているが、異なるのは独特な2つの長い尾羽を備える点で、これを体の後方にはためかせて飛ぶ。獲物を捕らえる際には海へもぐるが、空中で静止して獲物の位置を突き止めると、翼を半分たたんで海に飛び込むのである。水には浮きやすいが、泳ぐことはまれである。

鳥類 391

ペリカン目
カッショクペリカン
Pelecanus occidentalis

体長　1.2-1.6m
体重　3.5-4.5kg
生息環境　沿岸、河口域、島

生息域　南北アメリカの太平洋岸および大西洋岸、ガラパゴス諸島

カッショクペリカンは一般に沿海や港内で見られる。海にもぐって魚を捕らえる海鳥の中では、もっとも体重が重い。波をかすめて空中に飛び上がると翼を後ろにたたみ、派手な水しぶきをあげて水面に突入する。水中でのど袋を外側に膨らませて獲物をすくい取り、水面に戻ってから飲み込む。

ペリカン目
シロカツオドリ
Morus bassanus

体長　87-100cm
体重　2.8-3.2kg
生息環境　外洋、岩礁海岸、沖合いの島々

生息域　北大西洋の東岸および西岸

シロカツオドリの体は見事な流線型を描き、輝くように白く、また翼の先は黒い。北大西洋に生息する鳥の中でも、もっとも際立った方法で海に突入し魚を獲る。羽ばたいては滑空する独特なパターンを繰り返して海上を飛び回り、時には30mもの高さから飛び込んで魚の大群を襲う。岩場の多い島や絶壁上を繁殖地として大規模な群れをなし、毎年1個の卵を産む。幼鳥が成熟するには5年かかるが、その間に少しずつ褐色の羽毛が減っていく。成鳥になるまでは洋上を飛び回る。

ペリカン目
カツオドリ
Sula leucogaster

体長　64-76cm
体重　0.7-1.5kg
生息環境　沿岸水域、岩礁海岸、島

生息域　世界中の熱帯海域(太平洋南東部を除く)

カツオドリは巧みに海にもぐって魚を獲る。カツオドリ科の中でもっとも広く分布し、様々な色のものが見られる。大半のカツオドリは腹側だけが白く、他全体が褐色である。しかし、太平洋東部を出身地とするカツオドリは頭部が白く、嘴も一般に見られる鮮やかな黄色ではなく、灰色である。生活様式はすべてに共通で、魚やイカを求めて時には30mもの高さから海へ飛び込む。カツオドリは船の前方を飛ぶことも多いが、舳先に砕ける波へ集まってくる魚を狙うためである。空中では機敏に振舞うが、飛び立ったり、飛び下りたりする動作はぎこちない。

海に飛び込む

カツオドリやシロカツオドリはいずれも、海へ突入してもぐるという生活様式に適応している。前方を向いた目、流線型の頭と嘴、閉じた鼻孔などがそれを示している。翼は突入直前に体に沿ってたたまれ、衝撃は皮下の気嚢によって吸収される。

空からの攻撃
この連続写真は、突入までに翼がたたまれる様子を示している。

ペリカン目
アオアシカツオドリ
Sula nebouxii

体長　76-84cm
体重　1.5-2kg
生息環境　沿岸水域、岩礁海岸、島

生息域　中米の太平洋岸、ガラパゴス諸島

カツオドリ全6種のうちの1種である。カツオドリの仲間には海に突入して獲物を捕らえる習性があり、シロカツオドリと近縁関係にある。また、脚は鮮やかに彩られていることが多い。アオアシカツオドリの体は褐色で、腹側は白い。幼鳥の脚は灰褐色だが、成鳥では鮮やかな青緑色になる。アオアシカツオドリは群れをなして餌を捕ることが多い。魚の大群を見つけると、ほとんど同時に水面へ突入する。小型なため、海岸に近い場所でも魚を獲ることができる。時には深さ1mに満たない水にも飛び込む。

頭部の羽毛は淡色で縞が入っている

特徴的な青い水かきをもつ脚

海洋生物

ペリカン目

グアナイムナジロヒメウ
Phalacrocorax bougainvillii

体長	74-78cm
体重	1.75-2.25kg
生息環境	海岸の砂漠、島、沿岸水域
生息域	ペルーおよびチリ北部の太平洋岸

はっきりとした白黒2色で彩られ、両目を縁取る赤色が目立っている。地球上でもっとも乾燥した土地であるアタカマ砂漠の海岸沿いに、大規模な群れをなして巣を営む。カタクチイワシという、フンボルト海流の冷たい海水中に豊富に生息する小魚を捕食する。他のウと同じく、水中にもぐって翼を体にぴたりとつけ、脚を使って前進することで魚を追う。深めに体を沈めて海中を漂い、ときどき頭部を水につけて獲物を探す。沖合いの同じ島に数千年にわたって巣を営んできたため、「グアノ」と呼ばれる乾燥糞が幾層も堆積している。エルニーニョが発生する年には、餌を求めてはるか北方のパナマまで行くこともある。

人間の影響

グアノ貿易

化学合成肥料が発明される以前、窒素を豊富に含むグアノはきわめて価値の高い商品だった。南米の海岸から北半球に数千トンが輸出された。また、爆発物の製造にも使われていた。

グアノ採掘
ペルー南部沖の島で、労働者たちがつるはしとシャベルを使い、堅く固まったグアノを採掘している。

ペリカン目

カワウ
Phalacrocorax carbo

体長	80-101cm
体重	2-2.5kg
生息環境	海岸、沿岸水域、川、湖

生息域　北米の北東部、ヨーロッパ、アフリカ、アジア、オーストラレーシア

淡水にも海にも生息し、グリーンランドからオーストラレーシア（オーストラリア、ニュージーランドおよび周辺の島々）まで世界に広く分布する。羽毛は、遠目には漆黒に見えるが、近くで見ると緑がかった金属のような光沢と白い斑点があり、斑点の入り方には生息地ごとに特徴がある。多くの近縁種のように魚を追い、水にもぐって捕らえるため、羽は部分的にとはいえ防水性がある。捕食後は、翼を乾かすために大きく広げたまま休息をとる。カワウは規則的な羽ばたきに短い滑空を織りまぜ、力強くまっすぐに飛ぶ。多くの場合、小さな群れをなし、海面をかすめて飛ぶ姿や内陸の川沿いを進む姿が見られる。岩棚や樹木に、海藻や漂流物、あるいは小枝で土台を作って営巣する。メスは3-4個の緑がかった白色の卵を産む。

成鳥の黒い風切羽／V字形の短い尾

ワシタカ目

シロハラウミワシ
Haliaeetus leucogaster

体長	70-90cm
体重	2.5-4.2kg
生息環境	沿岸水域、川、湖、貯水池

生息域　南および東南アジア、ニューギニア、オーストラリア

この白黒に彩られたワシが、幅2mもの翼を開いたV字型に保ち、水上を空高く舞う姿は壮観である。魚や水鳥、カメ、ウミヘビなど幅広い動物を食料とし、海面から力ずくで奪いとるが、水へ入ることはまれである。自分より小さな水鳥から獲物を横取りしたりもする。繁殖の際は、水辺の高い木に大きな巣をかける。

ワシタカ目

シロガシラトビ
Haliastur indus

体長	43-51cm
体重	400-700g
生息環境	砂浜、河口域、川

生息域　南アジア、東南アジア、オーストラリア北部、太平洋西部の島々

腐食動物として生活するものも多いが、狩猟にも秀でている。水面から数メートルの高さを縦横に飛び回り、水面に降りては魚を捕らえたり、腐肉などを拾い上げる。砂浜や泥干潟でも餌をついばみ、海岸に近い町の周辺でも見られる。成鳥の羽毛は濃い栗色で、白色の胸と頭が目立つ。繁殖期は地域によって異なるが、海藻や木の枝で作った台状の巣をマングローブにかける。オスとメスが協力して1-2羽の幼鳥を育てる。

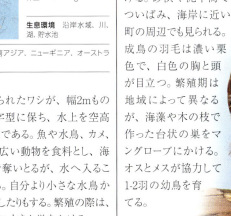

ワシタカ目

ミサゴ
Pandion haliaetus

体長	50-65cm
体重	1.2-2kg
生息環境	海岸、礁、河口域、川、湖

生息域　世界各地（極地、南米の南部およびニュージーランドを除く）

この魚食性のタカは、猛禽類の中でもとくに広い範囲に分布する。主に北半球で繁殖し、冬は南へ移動する。軽やかな体つき、目立つ暗色の過眼線、かすかに湾曲した細長い翼という特徴のために、海岸部に生息する他の猛禽類と見分けがつきやすい。魚のみを餌とし、時には50mもの高さから急降下し、脚から水に入る。丈夫な翼ときわめて筋肉質な脚をもち、つま先には長い鉤爪、足裏にはトゲがあるため、滑りやすい獲物をしっかり掴むのに適している。自らの体重にほぼ匹敵する獲物を捕ることが知られている。高い樹木の頂に巣を作り、毎年1度に2-3羽の雛を孵す。20世紀には、とくにDDTなど、農薬による汚染の結果として深刻な被害を受けた。現在ミサゴの数は回復し、英国北部など地域によっては、数年ぶりに繁殖が見られるようになった例もある。

空からの襲撃

ミサゴは獲物を探して水面の上空を飛び回る。魚を見つけると空中に数秒間静止し、翼を半分たたんで急降下する。かなりの速度で水面に衝突し、体の一部が水中に入ることもあるが、片足で獲物をしっかり掴むと、どうにか空中へ戻る。それから羽毛の水を振り払い、止まり木や巣に向かう。

チドリ目

サヤハシチドリ
Chionis alba

体長　34-41cm
体重　450-775g
生息環境　岩礁海岸、沿岸水域、海氷

生息域　南極半島、亜南極の島々、南米の南部、フォークランド諸島

南極の海岸で繁殖する鳥の中でも、サヤハシチドリ科の鳥だけは足に水かきを持たない。脚が短くずんぐりした外見は、鶏に似ている。とくに危険から逃れようと走り去る姿はそっくりである。ほぼ肉食性で、海岸線で死肉をあさる。またペンギンから卵や餌を盗むこともある。

チドリ目

ミヤコドリ
Haematopus ostralegus

体長　40-48cm
体重　400-800g
生息環境　岩礁海岸、内陸の湿地

生息域　アイスランド、ヨーロッパ、北および東アジア(繁殖地)；南ヨーロッパ、アフリカ、南アジア(非繁殖地)

この鳥は鮮やかな橙色の嘴と甲高い鳴き声をもち、ヨーロッパの海岸でもとくに目立つ渉禽である。多くの場合、小さな群れで行動する姿が見られる。イガイやカサガイをはじめとする軟体動物を餌とし、嘴で貝殻を砕いたりこじ開けたりして食べる。よい餌場を仲間に示すため、大声で鳴きながら波打ち際に沿って飛ぶことが多い。海岸で砂利や砂礫を用いて巣を作り、砂利に見せかけたような卵を2-4個産む。ミヤコドリを含むミヤコドリ科の11種はどれも全体的な形は同じであるが、羽毛全体が黒い種もある。

嘴の色が鮮やかである

チドリ目

セイタカシギ
Himantopus himantopus

体長　35-40cm
体重　150-200g
生息環境　浅い海岸、塩性沼沢、湿地帯

生息域　世界各地(極北とアジア北東部を除く)。生息域の北部では夏期に限って見られる

セイタカシギは、非常に長い脚を尾よりはるか後方に伸ばして飛ぶ。地域ごとにいくつかの亜種があり、各地の湿地で繁殖する。浅瀬を大股で歩き、嘴で水をかきわけて小動物を捕まえたり、水面からついばんだりする。

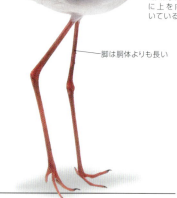

嘴は細長く、わずかに上を向いている

脚は胴体よりも長い

チドリ目

ソリハシセイタカシギ
Recurvirostra avosetta

体長　42-45cm
体重　225-400g
生息環境　浅い海岸、塩性沼沢、湿地帯

生息域　ヨーロッパ、温帯アジア(繁殖地)。西ヨーロッパ、アフリカ、南および東南アジア(非繁殖地)

上向きに反り返った長い嘴で容易に識別できる。海岸や内陸の浅瀬で餌を採る、優雅な渉禽である。ソリハシセイタカシギ類には4種が属するが、いずれも形や大きさは類似している。中でもいわゆるソリハシセイタカシギは、もっとも広く分布し、アジアの他ヨーロッパやアフリカでも見つかる唯一の種である。餌は、嘴を水に浸し左右に動かして採る。嘴の先端の触覚がきわめて鋭いため、河口や潟湖の濁った水でも餌を採ることができる。ソリハシセイタカシギは泳ぎを得意とし、時にはカモがやるように逆さまになって水中に頭を入れ、餌を探す。群れになって巣を営み、泥干潟に杯型のくぼみを作ると、そこへ一度に4個の卵を産む。見かけは優美だが、巣が危険にさらされると攻撃的になることもある。侵入者に対して親鳥は頭を下へ向けて突進し、自分よりかなり大きな鳥も追い払う。

チドリ目

ダイゼン
Pluvialis squatorola

体長　26-28cm
体重　170-240g
生息環境　北極圏のツンドラ、海岸、河口

生息域　北極圏(繁殖地)。世界中の温帯および熱帯の海岸(非繁殖地)

ダイゼンは長距離の渡りを行い、とりわけ広い範囲に分布する渉禽で、南極を除くすべての大陸の海岸で見られる。生殖羽は北極圏のツンドラだけで見られ、オスの腹側と顔が黒くなるが、海岸で越冬するため南へ向かう頃までには、オスもメスも灰色の斑模様となる。

チドリ目

キョウジョシギ
Arenaria interpres

体長	21-25cm
体重	80-110g
生息環境	岩あるいは砂浜の海岸、沿岸の低地
生息域	北極の海岸(繁殖地)。世界中の温帯・熱帯の海岸(非繁殖地)

キョウジョシギは世界中の海岸に生息し、独特の方法で餌を捕る。水辺を素早く走り、嘴を器用に動かして石を脇にはじき飛ばす。隠れていたハマトビムシなどの小動物を食べる。キョウジョシギは多くの渉禽類同様、極北に巣を作るが、その食習慣のため生息環境が海岸地帯に限られる。繁殖後は南へ渡って行く。

チドリ目

チュウシャクシギ
Numenius phaeopus

体長	40-46cm
体重	270-450g
生息環境	北極のツンドラ、海岸、礁、湿地
生息域	北欧、北極(繁殖地)。世界中の温帯・熱帯の海岸(非繁殖地)

チュウシャクシギは長くて下向きに曲がった嘴を使い、ぬかるみの中を探ったり、岩の割れ目から小動物を引っぱり出して食べる。シャクシギと総称されるよく似た8種のうちの1種だ。シャクシギの仲間は、羽毛が茶色のまだら模様で、翼は先端が鋭く尖り、嘴は最長20cmもある。チュウシャクシギの嘴はその半分の長さしかないが、先端に鋭敏な神経終末を持つ精密なつくりとなっていて、埋もれた餌を探り出すことができる。チュウシャクシギは移動性が強く、極北地域の大部分にわたって内陸の広々とした湿地に巣作りする。繁殖後は海岸線沿いに南下し、南米大陸南端やニュージーランドにまで移動する。

チドリ目

ハイイロヒレアシシギ
Phalaropus fulicarius

体長	20-22cm
体重	50-75g
生息環境	ツンドラのぬかるんだ海岸、プランクトン豊富な外洋
生息域	北極の海岸(繁殖地)。南大西洋、南太平洋東部(非繁殖地)

嘴の短い渉禽類で、繁殖時のオスとメスの役割が通常の鳥類とは逆転している点が珍しい。メス(写真)の生殖羽はオスよりもはるかに鮮やかで、交尾・産卵を済ませたメスは卵を抱くことも雛を育てることもしない。ハイイロヒレアシシギは、ほかの渉禽類に比べて非常に水上生活を好み、ほとんどの時間を海上に浮かんで過ごす。海岸近くで繁殖するが、南へ渡った後は海岸から離れた沖で越冬することが多い。

チドリ目

ハマシギ
Calidris alpinus

体長	16-22cm
体重	40-50g
生息環境	海岸、沼地、ツンドラ
生息域	北極、亜北極(繁殖地)。北半球の温帯・熱帯の海岸(非繁殖地)

冬の群れ

冬越しをする渉禽類は、海岸で最大級の群れを形成する。群れを作る利点は、捕食者が隠れて近づくのが難しくなることと、雛が成鳥の後をついて行き、餌場を見つけやすくなることだ。渉禽類の中でもムラサキハマシギやキョウジョシギなどは、他の群れと混ざることが時折ある。

編隊飛行
越冬中のハマシギの群れは、数千羽がほとんど一斉に方向転換するなど抜群のチームワークを見せる。

数千羽のハマシギの群れが冬に餌場の海岸上空を旋回している光景は壮観だ。間近で見ると、世界中の海岸を餌場とする20を超える類似種から成るオバシギ属の典型的な鳥であることがわかる。体は小さく、翼は細長く、尾は先の方が細くなっていて、黒い嘴の先は細く尖っている。羽毛の色は様々だが、繁殖期のオスの腹側には通常黒い部分があり、抜け替わりの時期には薄くなる。主に浜の地表面のすぐ下にいる小さな甲殻類や軟体動物を食べる。採食時は波打ち際の近くに立ち止まって、泥や砂の中を交互につついた後、早いスピードで前方に走って行く。北極・亜北極で繁殖し、荒れ地からツンドラに至る生息域で巣作りをするが、かなり内陸に入ったところに巣を作ることも多い。両親共に抱卵し雛を育てる。繁殖後は群れを作ってより暖かな海岸に渡るが、南半球まで行くことはめったにない。同じ属のほとんどの種が北極海まで北上して繁殖する。

チドリ目

アカメカモメ
Creagrus furcatus

体長	55-60cm
体重	600-900g
生息環境	海岸、沿海、外洋

生息域　ガラパゴス諸島およびマルペロ島(繁殖地)。南米の太平洋岸

尖った二叉形の尾が特徴の南米のカモメで、夜間に餌を捕る点が異色だ。くっきりとした赤い輪で縁取られた目は、顔の前面についているので広い両眼視野が得られる。アカメカモメは島で巣作りし、繁殖期以外は沖合いに分散する。

チドリ目

オオカモメ
Larus marinus

体長	71-79cm
体重	1.2-2.1kg
生息環境	岩場海岸、島、冬は内陸

生息域　北大西洋、繁殖は北のスバールバル諸島

オオカモメは翼幅が1.7mにもなる世界最大級のカモメだ。がっちりとした体格で、翼の表側は黒く、嘴は強力だ。非常に捕食性の強い鳥でもあり、頻繁にほかの海鳥やその雛を捕食する。またウサギ程の大きさの哺乳動物も攻撃する。単独あるいは群れで繁殖し、断崖の岩棚や広い地面に巣を作る。

チドリ目

セグロカモメ
Larus argentatus

体長	56-66cm
体重	750g-1.25kg
生息環境	海岸、貯水池、市街地

生息域　北半球全域

北半球でもっとも広範囲に生息しているカモメで、騒々しく、気が強く、常に食べものに目を光らせている。背は灰色で、翼の先端は黒く、大きな黄色い嘴の先端には目立つ赤い斑点がある。若鳥は全身が茶色のまだら模様で、完全に成鳥の羽毛に変わるのに3年かかる。群れを作ることが多く、適応性が高いため食べられる物を見つけると何でも餌にする。沖に出ることはめったにないが、内陸での行動範囲は広く、人間と関わりを持つことが多い。トラクターの後について鋤で掘り返されたミミズを食べたり、やかましく鳴きながらゴミの山の上を旋回する。セグロカモメは地面や家の屋根に巣を作り、通常3個卵を産む。

ゴミをあさる

陸上でも海上でもセグロカモメの食事は大部分がゴミをあさったものだ。市街化が進み漁業が発展したことにより大量の残飯が出るようになり、セグロカモメはその恩恵にあずかっている。内陸のゴミ捨て場から廃棄物をくわえて運び去り、問題になることがある。

船外の餌をねらう
セグロカモメの大群が沿岸で操業中の漁船を追う。外洋性の鳥と違い通常夜は陸に戻る。

鳥類　397

チドリ目
ミツユビカモメ
Rissa tridactyla

体長　39-46cm
体重　300-500g
生息環境　岩場海岸、沿海、外洋
生息域　北半球。繁殖は北のスパールバル諸島やグリーンランド

海藻と泥を使ってカップ形の巣を作ることで卵がより安全に守られるようになった。両親共に卵を抱き、雛に餌を与える。数百組のつがいの巣が密集する場所では、成鳥が相手を確認するために鳴く声が耳をつんざく騒音となる。繁殖後は散り散りになって海岸から去り、遠く熱帯の西アフリカ沖まで南下する。一夫一婦制で、8ヶ月間別々に過ごした後、元の巣に戻って再び一緒になる。

鳴き声が特徴的で、けたたましい3音節の甲高い声が北の海岸の集団営巣地にこだまする。中型で背は灰色。断崖の狭い岩棚で繁殖するが、繁殖期以外は沖合いにいる。餌は主に小魚で、よく漁船の後を追う。しかし、たいていのカモメと違い、陸上のゴミをあさることにはめったに関心を示さない。ミツユビカモメは岩肌での繁殖に適応していくつかの点で進化を遂げた。足の爪が他の大部分のカモメより長くなり、

チドリ目
ワライカモメ
Larus atricilla

体長　38-43cm
体重　300-500g
生息環境　海岸、沿海
生息域　北米、カリブ海、中米（繁殖地）。南米の北部（非繁殖地）

ワライカモメは北米の広範囲に及ぶ海岸に夏に渡って来る鳥だが、内陸に入って行くことはほとんどない。主にゴミをあさって食べ、よくフェリーや漁船の後について来る。自分より大きいカモメを押しのけて食べ物にありつく姿を目にすることがよくある。大きな群れで海岸に巣を作る。頭部が黒いカモメの多くの例に違わず、繁殖期以外は頭部の黒い毛が消えてくすんだ白色になる。

チドリ目
ゾウゲカモメ
Pagophila eburnea

体長　40-46cm
体重　450-600g
生息環境　海岸、外洋、海氷
生息域　北極海、北大西洋、越冬は生息域の南部

嘴の先端が黄色く目と脚が黒いほかは全身が白い鳥で、世界でもっとも北で繁殖する。軽快に飛び、歩き方はハトに似ていて、海面や海氷面に生息し、北極海のほぼ全域で見られる。主にゴミをあさって食べ、アザラシやクジラの死骸があるとすぐに群がる。ゾウゲカモメは現在急激に減りつつあるが、その理由は明らかでない。

チドリ目
クロアジサシ
Anous stolidus

体長　40-45cm
体重　200-250g
生息環境　外洋、沿海、大洋上の島
生息域　世界の熱帯水域。いくつかの島には1年中生息

クロアジサシ属は黒っぽい色をした熱帯性のアジサシで、沖合いで餌を捕ることが多い。クロアジサシ属には3種あり、そのうちクロアジサシは最大で、もっとも広範囲に分布する種である。全身が黒褐色で前頭部だけが白く、翼は細長く、嘴は長く鋭く、足は小さく真っ黒である。空中で静止してから飛び込むというアジサシ共通の方法で、主に魚とイカを食べる。

チドリ目
オニアジサシ
Sterna caspia

体長　48-59cm
体重　550-750g
生息環境　海岸、湖、貯水池、砂利採掘場
生息域　北米、ユーラシア、アフリカ、オーストラリア（繁殖地）。南米北部、東南アジア（非繁殖地）

この大型で頭部が黒いアジサシの英名はCaspian Tern（カスピ海アジサシ）だが、世界中に分布する。背は灰色で、臙脂色の大きな嘴を持ち、頭部の黒い毛は繁殖期にもっとも濃くなる。コロニーの中で、卵を砂利や泥の上に直接産む。

チドリ目
シロアジサシ
Gygis alba

体長　28-33cm
体重　100-125g
生息環境　外洋、沿海、大洋上の島
生息域　世界の熱帯水域

Fairy Tern（妖精アジサシ）の別名のとおり繊細優美な鳥で、熱帯水域をはるか沖合いまでさすらい、船の側で羽ばたきをする習性が知られている。体格はほっそりとして身軽で、目が黒く、嘴は黒くて真っすぐで、アジサシの中で唯一、羽毛全体が白い。ほとんどの時間を水面から数メートル上を飛んで過ごし、周期的に水面に降りて小魚やイカを捕まえる。たいていのアジサシと違い単独で繁殖し、広範囲に点在した島々で巣を作る。岩棚や斜めになった枝にできた僅かなくぼみに卵を1個産む。この大きさの卵としては珍しく孵化に5週間もかかり、両親が交代で面倒をみる。

チドリ目
インカアジサシ
Larosterna Inca

体長　40-42cm
体重　175-225g
生息環境　海岸および沿海
生息域　南米の太平洋岸、エクアドルからチリ中部まで

南米に生息するこのアジサシは、カールした白い「口ひげ」のような羽毛があり容易に見分けられる。フンボルト海流の冷たく栄養豊富な海水が餌場で、海面に急降下して小魚を捕る。よくアシカやクジラの後について行き、それら大きな捕食者から逃げようとする魚を食べる。岩の間や見捨てられた巣穴などに巣を作る。

海洋生物

チドリ目

クロハサミアジサシ
Rynchops niger

体長	40-50cm
体重	250-400g
生息環境	河口域、湖、海岸

生息域　北米・中米・南米の太平洋岸および大西洋岸、北はマサチューセッツまで

ハサミアジサシは全体的に他のアジサシとよく似た姿をしているが、嘴に注目すべき特徴がある。下嘴の長さが上嘴よりも少なくとも3分の1以上長く、平たくなっていて、ハサミの刃のような形をしている。餌を捕るときは静かな水の上を低空飛行し、下嘴を水面下に入れて進む。下嘴が餌に触れると嘴をさっと閉め、獲物を口の中にほうり込む。3種あるハサミアジサシのうちの1種で、3種とも背中側が黒く、腹側が白い。近縁種同様、クロハサミアジサシが餌を捕るのは夜明けや夕暮れ時が多いが、十分な月明かりがあれば夜に捕ることもある。小さな群れを作って生活し、浜や砂嘴に巣を作り、地面に掘っただけの穴に産卵する。生息域の北と南の間では移動性がある。

チドリ目

クロトウゾクカモメ
Stercorarius parasiticus

体長	46-65cm
体重	400-600g
生息環境	海岸、ツンドラ、荒れ地、外洋

生息域　北の海(繁殖地)。南半球の随所(非繁殖地)

ほっそりとした翼を持つ海鳥で、空中を抜群の速さで機動的に飛び、その技がこの鳥の捕食方法の中核となっている。体色には茶色と灰色の比率の違いによっていくつかの型があるが、どのクロトウゾクカモメも尾の中央に細長い吹き流しのような部分があり、先端が尖っている。自分でも魚を捕まえるが、他の鳥から餌を略奪する「横取り型寄生者」としてより知られている。カモメやアジサシが海から戻って来たところを襲い、高速で追いかけ、嘴で尾を捕まえる。捕まった鳥が食べ物を吐き出すと、トウゾクカモメは空中で上手に横取りする。また、ほかの巣から卵や雛を盗む。

チドリ目

オオトウゾクカモメ
Stercorarius Skua

体長	51-66cm
体重	1.2-1.6kg
生息環境	海岸、沿海、外洋

生息域　北大西洋(繁殖地)。赤道までの随所(非繁殖地)

オオトウゾクカモメはがっしりした体格で、幅広で短い翼を持ち、ひどく太ったカモメにそっくりな姿だが、濃褐色のまだら模様の羽毛は成鳥になってもほとんど変わらない。貪欲な捕食者で、魚や小さな哺乳類や他の鳥を食べたり、巣を襲って卵や雛を略奪する。普段は空中をゆっくり重々しく飛んでいるが、狩りでは一転して素早く機敏になる。カツオドリほどの大きさの鳥まで追いかけ、吐き出させた物を食べる。オオトウゾクカモメは地上に巣を作り、繁殖期以外は海で過ごす。

チドリ目

ウミガラス
Uria aalge

体長	39-42cm
体重	850-1100g
生息環境	沿海、岩場海岸、外洋

生息域　北大西洋、北太平洋

黒褐色とまぶしい白色の配色がひときわ目立つウミガラスは、1年の大半を海で過ごす。魚を捕りに海面からもぐり、翼を使って水中を泳ぐ。春になると狭い岩棚に密集してメスは卵を1個岩に直接産む。雛が完全に成長すると、オス親が海まで連れていく。

適応した卵の形

ウミガラスの卵は片方が極端に尖り、安定を失ってもその場で円を描いて転がる。産みつけられた狭い岩棚から落ちないよう適応した形だ。卵の色は様々で、表面には濃い斑点や入り組んだ線などでできた不規則な模様があり、両親が自分の卵を見分けるのに役立っていると思われる。

それぞれの卵に独特の模様がある

チドリ目

ニシツノメドリ
Fratercula arctica

体長　28-30cm
体重　400g
生息環境　沿海、岩場海岸、外洋
生息域　北大西洋、繁殖は北方のグリーンランド、スバールバル諸島

嘴に鮮やかな模様があり、脚が真っ赤で、赤と黒の眼帯のような模様のある北大西洋でもっとも色彩豊かな海鳥である。ウミスズメ科共通の特徴として、力強くずんぐりした翼を使って泳ぎ、水中の魚を追って食べる。空中では翼を高速で羽ばたかせて素早く飛び、餌を巣に持ち帰る時は波の上をかすめるように飛ぶ。崖の上のコロニーで繁殖し、海岸の草地に巣穴を掘る。両親が交代で1個の卵を抱き、共に成長する雛に餌を与える。たいていの海鳥のように餌を胃から吐き出すのではなくて、嘴に小魚をためて戻って来る。一度に6匹位の小魚を頭と尾を互い違いに並べて運ぶことができる。雛は6週間ほど絶え間なく餌をもらえるが、その後両親は雛を置いて海に去ってしまう。若鳥は数日間何も食べずに過ごした後、巣穴から這い出し、暗くなってから羽ばたきながら海へ降りていく。秋には散り散りになって海へ出て行く。その頃には夏の間ツノメドリを非常に目立たせていた嘴の鮮やかな色は薄くなる。

人間の影響
食料獲得競争

ツノメドリの個体数が最近急減しており、特に東大西洋で顕著である。これは特に繁殖期において、ツノメドリの餌となるイカナゴの漁が盛んになってきたことが原因とも考えられる。イカナゴは肥料や飼料、食用油の原料となる。

不公正な分け前
漁獲されたイカナゴが船上に水揚げされている。指の形をしており、英語でsand eel(砂ウナギ)と呼ばれるがウナギとは関係ない。一部の魚や海鳥には重要な餌となっている。

チドリ目

コウミスズメ
Aethia pusilla

体長　15cm
体重　85g
生息環境　沿海、岩場海岸、外洋
生息域　北太平洋、繁殖は主にアリューシャン列島とベーリング海の島

ウミガラスやツノメドリなどが含まれるウミスズメ科の中で、おそらくこの小さい鳥の生息数がもっとも多い。体長が短く丸々としていて、背中は灰色で、太く短い嘴は先端が赤くなっている。アラスカ沖にある、鳥の数が百万羽を超えるものもある巨大コロニーに巣を作る。水上にraft(いかだ)と呼ばれる大きな群れを作り漂っている。

チドリ目

エトロフウミスズメ
Aethia cristatella

体長　24-27cm
体重　250g
生息環境　沿海、岩場海岸、外洋
生息域　北太平洋、繁殖は主にアリューシャン列島とベーリング海の島

北太平洋には他のどこよりも多くの種類のウミスズメが生息している。エトロフウミスズメはその典型例で、体は小さく、羽毛はすすけた灰色で、額からはえた冠羽が橙赤色の嘴の上方に曲線を描く。他のウミスズメと同じく低空を翼を素早く羽ばたかせて飛び、密集した群れになって餌を捕る。極度に密集する姿は水上で旋回した昆虫の大群のようだ。数千羽のコロニーを作り、島の海岸の落石の間で繁殖する。求愛行動は精力的で騒々しく、頭をのけぞらせて大声でブーブー鳴いたり、ラッパのような声を出す。繁殖期が終わると日本で冬を過ごす。

ブッポウソウ目

ヒメヤマセミ
Ceryle rudis

体長　25cm
体重　90g
生息環境　海岸、河口域、川、沼地
生息域　アフリカ、中東、南アジア

はっきりとした白黒模様をしたこの鳥は、通常沖で魚を捕る唯一のカワセミだ。他のカワセミのように木に止まって獲物を待ち構えるのではなく、海面上を高速で飛びながら顔を下に向け水面をくまなく探す。餌を見つけるとその上空に停止した後、飛び込んで捕まえる。飛びながら獲物を食べることもできるが、それもこの鳥だけが適応して手に入れた能力の1つだ。ヒメヤマセミのオスとメスはよく似ているが、オスの胸の帯は1本であるのに対しメスは2本ある。夫婦で砂地の巣穴に住み、前年生まれた若鳥が雛の餌集めを手助けすることが多い。

ブッポウソウ目

ナンヨウショウビン
Todirhamphus chloris

体長　28cm
体重　120g
生息環境　森林、海岸、砂浜、マングローブ沼地、河口域
生息域　紅海、ペルシャ湾、東南アジア、オーストラレーシア

Mangrove Kingfisher(マングローブカワセミ)の英名も持ち、様々な環境に住むが、オーストラリアでは海岸にのみ生息する。背は青緑色で、腹と首回りは白く、黒い過眼線(目のあたりを通る線状の模様)があり、鋭く尖った嘴を持つ。海岸では魚に加えカニを食べ、ヒメヤマセミ(上記参照)を除く多くのカワセミと同様に獲物を止まり木に叩きつけてから飲み込む。マングローブのうろに巣作りする。

哺乳動物

超界	真核生物(ユーカリア)
界	動物界
門	脊索動物門
綱	哺乳綱
亜綱	27
種	約5,500

全世界の哺乳動物のうち、海に生息しているものはほんの一握りにすぎないが、その海生哺乳動物全体を見ると、形、大きさ、生態は驚くほど多様である。海生哺乳動物に当たるのは、クジラ目(クジラとイルカ)、海牛目(マナティーとジュゴン)、そして食肉目のアシカ亜目(アザラシ、アシカ、セイウチ)である。いずれも陸生哺乳動物と同様に空気呼吸をし、胎生で、陸上または海中で出産する。

体のつくりと生理機能

海生哺乳動物は海中での生活に適応するため、体のつくりだけでなく、体の働きを調節する生理機能も、様々に進化させてきた。クジラ目と海牛目の後肢は退化して表面的には残っていないが、尾鰭を上下に動かして前進する。オットセイとアシカは前鰭で泳ぐが、アザラシは左右の後肢を交互に煽るようにして泳ぐ。海生哺乳動物は空気呼吸をするが、潜水の得意な種が多い。ゾウアザラシなどは1000mを超す深海に潜ることができ、最高2時間続けて潜水できる。潜水中は心拍数が下がるが、その分、水面に浮上するまでの間、生命維持に不可欠な臓器に十分な酸素が行き渡るよう血流が調整される。深海まで潜れる種は、潜る前に息を吸うのではなく吐くことが多いが、これによって減圧症(潜水病)を防げるのである。

潜水する哺乳動物
潜水中、ゴマフアザラシの心拍数は1分当たり10未満に下がる。筋肉や消化器系に行っていた血液も心臓と脳に集中的に供給されるようになる。

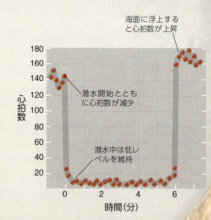

胸鰭と尾鰭
ザトウクジラの胸鰭には骨があり、一対の翼が羽ばたくような動きをする。尾鰭はゴム様の組織から成り、骨はまったくない。

多様な餌
ペンギンはヒョウアザラシの多彩な「メニュー」の一品にすぎない。ヒョウアザラシの獰猛性はつとに有名だが、食物の少なくとも半分はオキアミで、臼歯による濾過摂食をしている。

共通のパターン
アシカの前鰭の骨格は人間の腕と同じである。ただし、「上腕」や「前腕」に相当する部分の骨が短くたくましいため、陸上でもアシカの巨体を支えることができる。長い「指」の骨は水かきのある鰭を構成している。

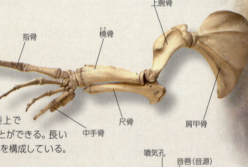

断熱効果の高い脂肪層
海生哺乳動物は、空気中(陸上)にいるときよりも水中にいるときの方が体温を奪われやすい。写真のセイウチなど、極地に棲む種は、皮下に体温の喪失を防ぐ分厚い脂肪層をもつ。

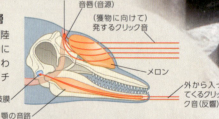

反響定位
ハクジラ亜目のクジラとイルカは超音波を発して獲物の位置を知る。額に「メロン」と呼ばれる脂肪組織があり、これが、発する音を屈折、収束させる「音のレンズ」として機能すると考えられている。

摂食

植食のマナティーとジュゴンを除き、大半の海生哺乳動物は肉食である。外洋では、個々の獲物を視覚やエコロケーションによって見つけ、捕らえる種が多い。アザラシの中には2種類の摂食法を使い分けているものもいる。個々の獲物も捕食するが、櫛状の臼歯をかみ合わせて篩のようにし、プランクトンを大量に濾過摂食することもできるのである。この効率的な摂食法の究極の例とも言えるのがヒゲクジラ亜目で、魚やオキアミの群れの中を泳ぎ回り、一度に100kg以上も呑み込んでしまうことがよくある。しかし、すべての海生哺乳動物が、動き回る獲物を捕らえるわけでもない。ラッコは潜水してハマグリやイガイ、ウニを採るし、セイウチやコククジラは海底の泥砂の中から軟体動物を吸い出す。

哺乳動物

繁殖

海生哺乳動物は一度に一頭出産するのが普通である。クジラ目と海牛目はラッコ同様、海中で出産するが、その他の海生哺乳動物はすべて陸上で産む。オットセイやゾウアザラシのようにハーレムを作る種では、雄同士が交尾相手の奪い合いで激しく闘うことがある。交尾後、大半の海生哺乳動物は雌だけが子育てを行う。アザラシは大きな体であるにもかかわらず、成長がもっとも速く、わずか5日で乳離れしてしまう個体もある。逆に乳離れがもっとも遅いのはイルカ類で、1年8ヵ月以上も母乳を飲む個体があり、この間に生じた母子の絆も長く続く。

ラッコの子
静かな海面に浮かぶ母ラッコの胸に抱かれた子ラッコ。子は最低5ヵ月は母親に依存する。

人間の影響

脅威と保護

海生哺乳動物は、肉や油、毛皮を利用する目的で人間に大量捕獲されてきた歴史があり、絶滅危惧種となってしまったものもいる。主に標的とされたのはクジラとアザラシである。1986年、国際捕鯨委員会は全面的な商業捕鯨のモラトリアム（一時停止）を決定した。異議も出たが、モラトリアムは現在も実施されている。アザラシは個体数調整のために今なお狩猟が行われているが、稀少種は国際協定により保護されている。

彫刻を施したクジラの歯
クジラの歯やセイウチの牙に彫刻を施す細工物が、17世紀から18世紀にかけて捕鯨船員の間で流行した。小規模な沿岸の伝統捕鯨が許されている地域では、クジラヒゲの彫刻細工が現在も行われている。

コロニーでの繁殖
写真のオタリアも含めて、アザラシやアシカの多くは繁殖期になると社会性が非常に強まり、砂浜で大規模なコロニーを作って交尾と出産をする。

海生哺乳動物の分類

哺乳動物のうち、クジラ目と海牛目に属する種はすべて海生である。アザラシとアシカも海生だが、食肉目に属する他の動物と同様に陸上で出産する。また、アザラシとアシカ以外の食肉目のうち、海で採餌するものが数種いるが、そのうち完全に海生なのはラッコだけである。

食肉類
食肉目 Carnivora
249種

食肉目の大半は陸生だが、海で過ごすこともある種も少数いる。ホッキョクグマは乾燥地、海氷の上、塩水の中のどこにも慣れている。カワウソ亜科の7属のうちラッコだけは一生を海中で過ごす。食肉目で完全に海生なのはアシカ亜目の34種だ。アシカ亜目は3科に分けられる。アシカやオットセイから成るアシカ科は耳たぶがあり、水中では前鰭を使って推進力を得、陸上での移動には前鰭も後肢も使う。第2はアザラシから成るアザラシ科で、耳たぶがなく水中では後肢を使って推進力を得、陸上ではあまり活発には動けない。最後はセイウチのみのセイウチ科で、表皮にしわが多く長い牙を持つ。

クジラ類
クジラ目 Sirenia
85種

クジラ目は2つの亜目に分類される。13種から成るヒゲクジラ亜目は歯がなく、クジラヒゲと呼ばれる繊維質の濾過板で餌を濾し取る。72種から成るハクジラ亜目は獲物を狩る捕食動物である。海で出産するクジラ類は、陸に乗り上げたら無力である。

カイギュウ類
海牛目 Sirenia
4種

主に熱帯の海水や淡水に生息し、樽型の胴体を持つ草食動物。ジュゴンとマナティー3種（写真はアメリカマナティー）から成る。緩慢で皮膚が厚く、幅広い鼻づら、幅広い前部の鰭足、水平で扁平な尾を持つ。

海洋生物

食肉目

ホッキョクグマ
Ursus maritimus

体長 最高2.5m
体重 メスは最高300kg、オスは最高800kg
生息環境 北極のツンドラ、流氷、外洋
生息域 北極付近、南限はニューファンドランドとプリビロフ諸島

北極の象徴であるホッキョクグマは食肉目では最大で、比類のない持久力と回復力と活力を持ち合わせている。体は流線型で、頭はほとんど境目なしで長く力強い首へとつながっている。巨大な前足は幅が30cmを超え、下面も柔毛に覆われているため、体温を失うことなく、ものをしっかり掴むことができる。聴覚と嗅覚が鋭い。1年の大半を海で過ごし、流氷の上を歩き回ったり、外洋を泳いで渡ったりする。生来、浮力が大きく、何時間でも泳げるが、獲物を狩るのは主に氷上である。

主な獲物はアザラシで、息継ぎのために氷の割れ目から顔を出したアザラシを襲うことが多い。このほか、海鳥や魚、浜に乗り上げたクジラの死骸も好んで食べる。夏場は多くが陸上で暮らし、餌はトナカイからベリー類にいたるまで、冬場より多様になる。出産は冬で、雪の中に掘った穴で授乳する。地球温暖化で北極の海氷が薄くなり、ホッキョクグマ自身が獲物に接近しにくくなるという深刻な問題が生じつつある。

分厚い毛皮が脂肪層を覆い、防寒効果が大きい

大きな足は上面も下面も毛皮で覆われている

食肉目

ラッコ
Enhydra lutris

体長 尾も含めて0.7-1.6m
体重 15-45kg
生息環境 岩場海岸沿いの海

生息域 北太平洋、日本からアラスカ州にかけての海域とカリフォルニア州沿岸

ラッコは他のカワウソとは異なり、一生を海で過ごすことができる。頭部は丸く、胴体はずんぐりしており、後足には水かきが、小さな前足には鋭い鉤爪がある。この前足で餌を集め、大きな石を拾う。海面では、仰向けに浮かんで胸の上に石を置き、それを金床のようにして獲物を打ちつけ、砕いて中味を食べる。餌は軟体動物、ウニ、カニである。

安全な眠り

ラッコはよく大型褐藻類をベッドにして眠るが、こうすれば潮に流されずにすむ。ラッコの毛は哺乳類ではもっとも濃い。非常に密集して生えており、水の浸透を防ぐため、皮膚が濡れることは絶対にない。これは生命維持に不可欠な適応である。というのも、ラッコは冷海に生息しているにもかかわらず、断熱効果のある脂肪層がないからである。

食肉目

ウミカワウソ
Lontra felina

体長 尾も含めて最高95cm
体重 4-6kg
生息環境 むき出しの岩場海岸

生息域 南米の太平洋岸、ペルーからホーン岬まで

このしなやかな捕食動物は、世界でも有数の荒海に面した海岸線地帯、とくに人里離れた大陸南部に数多く生息している。近縁種は主に淡水に生息しているが、ウミカワウソは一生の大半を海で過ごす。通常のカワウソ同様、この沿岸種のウミカワウソも黄褐色の短毛に覆われ、どの足にも水かきがあり、鋭敏なひげを持ち、これを使って獲物を見つける。栄養豊富なフンボルト海流に乗ってやってくる魚を岩場海岸で捕るのである。巣穴を掘らずに満潮線より少し高いところにある海食洞にひそむ。

毛皮を採取する目的で昔から捕り続けられてきたため、現在の推定個体数は1000頭にすぎない。保護されてはいるものの、生息環境の保全も同様に重要であろう。

食肉目

ユーラシアカワウソ
Lutra lutra

体長 尾も含めて最高90-110cm
体重 7-10kg
生息環境 川、湖、河口域、岩場海岸

生息域 ユーラシア大陸の温帯、熱帯地域、インドネシア南部

かつてはヨーロッパとアジアに広く分布していたユーラシアカワウソは、毛皮を採取する目的で捕獲されてきた。体は流線型で、体毛は短いが濃く、前足にも後足にも水かきがあり、水中ではきわめて敏捷で体をひねったり回転したりして魚を捕る。内陸に生息するものはおおむね夜行性で、日中は巣の中で過ごす。しかし沿岸に棲むものは昼型の個体が多い。

哺乳動物

食肉目

ナンキョクオットセイ
Arctocephalus gazella

体長	1.5-2m
体重	50-160kg
生息環境	南極海の岩場海岸と外洋

生息域　南大洋

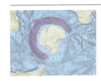

他のどのオットセイよりも、はるか南に生息する極地種で、南極沖の氷海で魚やイカ、オキアミを補食する。冬場は海で過ごし、春が来ると岸に上がる。オスは最大のもので体重がメスの3倍あり、堂々たる鬣を持ち、首が太いため、体の直立した部分がどっしりと重い印象を受ける。この種はサウスジョージア島やケルゲレン列島などの島々を繁殖地とし、個体数は増加している。

食肉目

キタオットセイ
Callorhinus ursinus

体長	1.4-2.1m
体重	50-270kg
生息環境	冷海とその沿岸

生息域　ベーリング海を含む北太平洋

オットセイ亜科を構成する9種の大半は南半球に生息しており、北半球に生息する種のうち、かなりの個体数を維持しているのはこのキタオットセイだけである。他のオットセイ同様、暗褐色の密集した毛皮と、耳たぶと、長い前鰭を有し、この前鰭を使って泳いだり、陸上を移動したりする。オスは体重がメスの5倍に達する場合があるが、オスもメスも吻が短く、独特のしし鼻をしている。目が大きく、夜でも物が見えるため、獲物が海面に寄ってくる夜間に捕食をすることがほとんどである。主な獲物は魚だが、イカや海鳥も食べ、繁殖後は太平洋最北部から南下する。繁殖地はほとんどの場合、ベーリング海の島々である。現在は捕獲規制により保護されている。

食肉目

ミナミアメリカオットセイ
Arctocephalus australis

体長	1.4-1.9m
体重	60-200kg
生息環境	冷海とその沿岸

生息域　南米南部とフォークランド諸島の、太平洋岸と大西洋岸

かつては南米の南岸全域に見られたが、現在では人間の干渉の少ない沖合の島々を繁殖場としている。体色は暗灰色で、メスは腹側の色が淡灰色。陸上では敏捷で、前鰭を使って険しい岩場をよじ登る。オスは体重がメスの約3倍に達する場合もある。この種は主に夜間に捕食し、魚、イカ、ロブスター、カニを食べる。天敵はサメやシャチである。

食肉目

カリフォルニアアシカ
Zalophus californianus

体長	2-2.5m
体重	110-400kg
生息環境	岩場海岸と外洋

生息域　米国の太平洋岸とガラパゴス諸島

水族館で芸をすることで知られるカリフォルニアアシカは、野生の状態でも同様に敏捷である。流線型の体は短い毛皮に覆われ、毛皮の色は、オスの褐色を帯びた黒から、メスと幼体の淡褐色まで幅がある。成体のオスは体重がメスの3倍以上に達することもあり、また、頭に特有の骨質のこぶがある。魚やイカを食べる。

食肉目

セイウチ
Odobenus rosmarus

体長	3.1-3.5m
体重	1,250-1,700kg
生息環境	沿岸と外洋の浅水域

生息域　北極海、ベーリング海、ハドソン湾

長い牙により一目で見分けがつくセイウチは、アシカ亜目ではゾウアザラシに次ぐ巨体を持つ。表皮には他の哺乳動物には見られない深いひだやしわがあり、体毛はほとんどない。体色は実に様々で、幼体は黒っぽいことが多いが、高齢の個体では時に斑入りの桃色というものも見受けられる。皮下には分厚い脂肪層があって、体温の喪失を防いでいる。餌は、最深で50mの海底に堆積している泥砂に生息する甲殻類である。獲物を探す際は主として触覚（口ひげに似た硬いひげ）に頼る。かつては牙で獲物を掘り出すのだと考えられていたが、今では、口で海水を吹きかけて泥砂を飛ばし、獲物を見つけることが知られている。獲物を見つけると、身を殻からはがす。セイウチが息継ぎをする海氷の穴の周辺に、中味のない殻全体が無傷の状態で転がっていることがよくあるため、殻を砕くというよりは中味を吸い出すのではないかと思われる。

メスは15ヵ月の妊娠期間を経て、1度に1頭の子を産む。出産は1年おきにしかしない。セイウチは群居性が高いため、狩猟の犠牲となりやすい。

オーストラリアアシカ
オーストラリアアシカ(*Neophoca cinerea*)は、グレートオーストラリア湾の冷水の中を探し回って、魚だけでなくタコやイカも捕食する。他のアシカ類同様に前部の足鰭を使って泳ぐ。陸上では、後部の足鰭が前に回り込み、四つん這いで人間が走るのと同じくらいの速さで動く。

食肉目

ゼニガタアザラシ
Phoca vitulina

体長	1.4-1.9m
体重	55-170kg
生息環境	沿岸水域、河口域、川

生息域　北太平洋、北大西洋、南限はバハカリフォルニア

英名では、Harbour Seal（港のアザラシ）とも呼ばれる。アザラシの中ではもっとも広く分布しており、また、斑紋ももっとも変化に富んでいる。地色は淡灰色から褐色で、背側に黒っぽい斑点や輪紋、ときには1本の縞模様がある。なめらかな半球状の頭と、犬のような吻を持つ。主な餌は魚で、沿岸の浅瀬で捕ることが多い。

最高で5分間潜水するが、深く潜ることはめったにない。たいていは平らな岩場や砂州で過ごし、メスが出産するのもこうした場所である。新生児の産毛は出産前に抜けてしまうため、他のアザラシの子とは異なり、成体と同じ黒っぽい毛で生まれてくる。ほとんど出産直後から泳げるが、多くは前鰭を使って母アザラシの背に乗る。乳離れは出産の約1ヵ月後。Common Seal（ありふれたアザラシ）という別の英名のとおり、今なお多数生息しているが、北海では、1980年代末に発生した伝染性のウイルス性疾患や環境汚染の影響を被っている。

前鰭には鉤爪がある

食肉目

タテゴトアザラシ
Pagophilus groenlandicus

体長	1.7-1.9m
体重	120-140kg
生息環境	極洋

生息域　北大西洋と、それに隣接する北極海水域（東限はシベリア）

極北における普通種の一つ。新生児はふさふさした豪奢な純白の産毛をまとっている。海氷の上に横たわっている子アザラシにとっては保護色となっている。

成体は銀灰色の地に黒っぽい斑紋があり、この斑紋は加齢と共に鮮明になっていく。主な餌は、北極の大浮氷群（パックアイス）の南縁に生息する魚とエビである。出産は早春で、1度に1頭産み、わずか12日で乳離れする。乳離れ以降、子アザラシは白い産毛が徐々に抜け落ち、海での生活を始める。何十年も前から、毛皮を採る目的で子アザラシの猟が続けられてきた。自然保護論者が反対運動を行っているが、今なお年間25万頭以上の子アザラシが殺されている。

食肉目

ワモンアザラシ
Pusa hispida

体長	1.3-1.5m
体重	45-95kg
生息環境	極洋の海氷周辺

生息域　北極海、北太平洋、北大西洋、バルト海、オホーツク海

顕著な輪型の模様にちなんで「ワモン（輪紋）アザラシ（英名Ringed Seal）」と名づけられた。北極地方全域の外洋の海氷付近や、息継ぎの穴を空けた氷の下にいる。1時間以上潜水でき、魚と動物プランクトンを食べる。出産は氷上で行い、巣穴も氷上の雪を掘って作る。天敵はホッキョクグマで、巣にいるときや、息継ぎの穴に浮上してきたときに襲われる。

食肉目

ハイイロアザラシ
Halichoerus grypus

体長	1.8-2.3m
体重	250-400kg
生息環境	岩場海岸、沖合の島々

生息域　北西大西洋、アイスランド、イギリス諸島、バルト海に点在

中高な吻が特徴で、鼻梁が高く直線的なローマ鼻を思わせる。成体の体色は様々で、オスは通常全体が灰色で、腹側に白っぽい斑紋がある。一方メスは、黒っぽい斑紋が、はるかに淡い地に散っている大理石模様が多い。オスは体重がメスの2倍から3倍になることがあり、雌雄にこれほどの体重差のあるアザラシはほとんどいない。餌は通常魚で、餌をあさる以外は岩の上で休んでいるか、鼻孔だけを海面上に出して、海中で体を垂直に立てて眠っている。出産は、体を引きずるようにして浜辺か、さらにその先の草地まで這っていって行う。子アザラシは2、3ヵ月は陸で暮らし、その後、海へ入っていく。

食肉目

チチュウカイモンクアザラシ
Monachus monachus

体長	2.5-2.7m
体重	250-300kg
生息環境	暖海の岩場海岸

生息域　北アフリカの大西洋岸および地中海

モンクアザラシ属の2種はいずれも絶滅危惧種である。大きな方のチチュウカイモンクアザラシはIUCN（国際自然保護連合）により「絶滅寸前種」に指定されている。体色は暗褐色から淡褐色まで様々である。かつては普通種だったが、何世紀も人間による狩猟と干渉が続いたため、現存の個体数はわずか200頭から300頭である。大半は地中海に生息しているが、最大のコロニーはモロッコの大西洋岸にある。

哺乳動物　407

食肉目
キタゾウアザラシ
Mirounga angustirostris

体長　3-5m
体重　900-2,700kg
生息環境　岩場海岸沖の深海の島々

生息域　北米の太平洋岸（サンフランシスコからバハカリフォルニア）

ゾウアザラシ属のオスはアシカ亜目ではもっとも体が大きく、オスが巨大であるためにメスは小さく見える。ゾウアザラシ属は、北半球に生息するキタゾウアザラシと、南半球に生息するミナミゾウアザラシの2種で構成されるが、見た目もライフサイクルもよく似ている。キタゾウアザラシの体色は灰色か褐色で、顕著な斑紋はない。オスは非常に太くたくましい首と力強い顎、ゾウの鼻を短くしたような、膨らませることのできる吻を持つ。両性ともに体温の喪失を防ぐ脂肪層と、短い剛毛を持つ。潜水の名人で、1.6kmを超える深さまでの潜水が追跡されている。

戦うオス
ゾウアザラシは「勝者独占」の繁殖様式を持つ。つまり、ライバルであるオス同士が交尾の権利をめぐって戦う。オス同士、向き合って後肢で立ち、吻を膨らませて吼え、激しく噛み合うため、相手に深手を負わせることが多い。勝者はその繁殖期間中、多数のメスと交尾できるが、負け続けているオスは1度も交尾ができない。

食肉目
ウェッデルアザラシ
Leptonychotes weddellii

体長　2.5-2.9m
体重　400-600kg
生息環境　極洋の海氷周辺

生息域　南極海、ならびに南極海からサウスジョージア島までの海域

ウェッデルアザラシは南極大陸のすべての海岸で見られるが、その生息域は哺乳動物全体の南限に当たる。巨体の割に頭が小さく、毛皮は青みがかった黒、毛は短く濃く、両体側に淡色の縞がある。主な餌は魚で、600mの深海に潜って捕り、最高1時間続けて潜水できる。冷海での暮らしによく適応しているため、むき出しの地面よりは、むしろ氷の上での日光浴を好む。出産も氷上で行い、氷に掘った呼吸用の穴を維持できるか否かが冬場における生存の決め手となる。穴は、長い上顎切歯で氷原の氷を噛んであける。氷が薄いうちに掘り始め、氷が厚みを増して最高2mに達しても穴を維持する。

食肉目
カニクイアザラシ
Lobodon carcinophagus

体長　2-2.4m
体重　200-300kg
生息環境　極洋の海氷周辺

生息域　南極海、および南極海に隣接する南極収束線の北の水域

「カニクイアザラシ」という名前とは裏腹に、オキアミなどの動物性プランクトンしか食べない。太く短い指が並んでいるように見える長い隆起を持った奇妙な臼歯を使って海水から餌を濾し取る。顎を噛み合わせると、この臼歯が濾し器の働きをし、海水だけを逃して口内に餌を残すのである。体は細長く、毛皮は淡褐色か暗褐色で、前鰭は胴より色が暗い。大浮氷群付近で暮らし、出産も大浮氷群の上で行うが、陸上でもきわめて敏捷である。総個体数は1千万頭から2千万頭と見られている。

食肉目
ヒョウアザラシ
Hydrurga leptonyx

体長　2.5-3.2m
体重　200-450kg
生息環境　極洋の岩場海岸

生息域　南極海、および南極海に隣接する南極収束線の北の水域

単独行動をとる捕食動物であるこのアザラシは、吻が長く、首の部分が細くくびれており、南極大陸沖で見られる他のアザラシとは非常に異なった外見をしている。また、他の大半のアザラシとは異なり、足鰭ではなく前鰭で水をかいて前進するが、これはオットセイやアシカと同じ泳ぎ方である。体色は、背側が黒または暗灰色で、腹側は銀色の地に、それより濃い斑点がある。顎の力が並はずれて強く、他のアザラシに比べるとはるかに大きく口を開けることができ、海水から餌を濾し取るための精巧な臼歯はもちろん、長い門歯と犬歯も具えている。餌の約半分はオキアミだが、あとはオキアミよりはるかに大きな動物で、これを個々に捕食する。たとえば、海に飛び込もうとしているペンギンを巧みに捕らえ、空中に放り投げて皮と翼をはぎ取る。そのほか、イカ、魚、他のアザラシも食べる。

クジラ目

セミクジラ
Eubalaena glacialis

体長	13-17m
体重	30-80t
生息環境	温帯・亜極帯水域

生息域　北西大西洋（北東大西洋と太平洋に残存個体群）

商業捕鯨で最初に標的にされた種の一つであり、現在では絶滅危惧種に数えられ、総個体数はわずか500頭前後。

体色は、腹側の白斑以外は濃い藍色で、口は大きく弧を描き、下顎は巨大なシャベル形。頭部には「カラシティ」と呼ばれる硬く白っぽい隆起があり、専門家はこれを識別の手がかりにしている。ヒゲクジラ類特有の採餌法で、上顎から吊り下がった刷毛のような濾過板（クジラヒゲ）を使って海水から餌を濾し取る。セミクジラの餌場は高緯度海域だが、繁殖場は暖海で、回遊している。セミクジラに酷似するミナミセミクジラは南半球に生息している。セミクジラとは反対に個体数が徐々に増加しており、現時点では約5000頭と推定されている。

人間の影響
捕鯨

これまでに多数の種が商業捕鯨の犠牲になってきた。セミクジラは初期の頃から深刻な影響を受けた種の一つである。このクジラを捕ったのはバスク人で、その後1500年代には、バスク人はカナダ沖へも進出した。マッコウクジラは1780年代から太平洋で米国の捕鯨船に捕獲された。シロナガスクジラなどの種を標的にした近代捕鯨は、20世紀に入って急速に拡大し、獲物を解体、加工する工場船と捕鯨砲を使った。

捕鯨の拠点
南極海で浜に引き揚げられ、鯨脂と肉を取られるクジラ

クジラ目

ホッキョククジラ
Balaena mysticetus

体長	14-18m
体重	50-60t
生息環境	北極・亜北極水域

生息域　北極海、および北西大西洋におけるその隣接水域、ベーリング海、および北太平洋におけるその隣接水域

弓形の顎骨が一つの特徴であり、またクジラの中ではもっとも長いクジラヒゲを持つ（最長で4.5m）。体色は灰色がかった黒で、顎に白っぽい部分があり、体と比べて頭が巨大であるほか、きわめて分厚い脂肪層があるため、氷点に近い冷海でも体温を保てる。

クジラ目

コククジラ
Eschrichtius robustus

体長	12-15m
体重	15-35t
生息環境	温帯・亜極帯の沿岸水域

生息域　北太平洋、ベーリング海、北極海

他のヒゲクジラ類とは異なり、海底に堆積した泥砂にひそむ獲物を濾過摂食する。体色は灰色の地に白斑があり、頭部は細長く、黄色っぽいクジラヒゲは最長のもので40cm。全身にフジツボやクジラジラミが付着していることが多い。沿岸性だが、記録破りとも言える距離を回遊する。北米西海岸では、ベーリング海とメキシコのバハカリフォルニアの間を多数のコククジラが回遊するが、往復で最長2万kmにも及ぶ距離である。沿岸性であることが災いして、捕鯨の犠牲になっている。1900年代半ばまでには、絶滅寸前まで行ったが、法的な保護により個体数が回復しつつある。

クジラ目

ザトウクジラ
Megaptera novaeangliae

体長	12-15m
体重	25-30t
生息環境	亜極帯から熱帯の外洋

生息域　世界中（極地域を除く）

ザトウクジラの威勢のよい行動は、ホエールウォッチングでも評判である。体色は青みがかった黒で、尾鰭には深い切れ込みがあり、胸鰭は非常に長く翼のようである。尾鰭と胸鰭には白斑があることが多く、その模様は指紋同様、個体ごとに異なるため、個体識別に使われている。大半のヒゲクジラ類とは異なり、小魚の群れの真下に集まって口を大きく開け、猛烈な勢いで浮上し、獲物を一気に呑み込むことが多い。魚やオキアミの群れを集めるため、獲物の周囲をらせんを描いて回りながら泡を吐き出す「バブルネットフィーディング」という行動もよくとる。これは、数頭が一組となって協力して行う。夏場は餌の豊富な冷海で過ごし、その後低緯度の繁殖場へ回遊して冬を過ごす。採食は沿岸で行うことが多い。

クジラ目

ミンククジラ
Balaenoptera acutorostrata

体長	7-10m
体重	5-10t
生息環境	外洋と沿岸水域
生息域	世界中(極地域を除く)

ナガスクジラ科では最小種だが、個体数は最多で、地球全体で100万頭もいる。同じくナガスクジラ科に属するが体ははるかに大きなシロナガスクジラと同様に、魚雷形の体の尾寄りに背鰭が一つある。背側は灰色か褐色で、腹側はそれより淡く、胸鰭は短くて尖っており、白い帯がある場合もある。

単独または小さな群れを作って暮らしている。好奇心が強く、船に寄ってくることが多い。餌は小魚や動物性プランクトンで、他のナガスクジラ同様、主に冷海で捕食するが、熱帯の海へ回遊して迎える繁殖期には食べる量が激減する。IWC(国際捕鯨委員会)の大半の加盟国は商業捕鯨のモラトリアム(一時停止)を遵守しているものの、ミンククジラはナガスクジラ科では今なお商業捕鯨が続けられている唯一の種である。

クジラの歌

ザトウクジラの成体のオスは、他のクジラ類同様、仲間とのコミュニケーションに音を使う。どの動物よりも長く複雑な連続音を出し、1曲の「歌」を最高で30分続ける。この歌は、何キロも離れた所にいる仲間にも聞こえる。各海域の個体群に特有の歌があり、繁殖期にのみ歌う。クジラには声帯がないため、発声には体内の空気を振動させるが、正確なメカニズムはわかっていない。

海洋生物

ザトウクジラ
ヒゲクジラに共通することだが、ザトウクジラも全身と比較すると顎が大きく頭が長い。喉のひだの間隔は広く、上下の顎には複数のこぶがある。巨体にもかかわらず精力的に泳ぎ、壮大なジャンプを見せることも多い。

クジラ目

シロナガスクジラ
Balaenoptera musculus

体長	24-27m
体重	最高120t
生息環境	外洋

生息域 世界中の熱帯、温帯、亜極帯水域（永久氷のある海域を除く）

ナガスクジラの1種であるシロナガスクジラは、これまで地球に存在した中ではおそらく最大の動物であろう。心臓は小型車ほどもあり、叫び声は、ジェット機が離陸する際の爆音より大きい。もはや捕鯨の対象ではないものの、現在も絶滅危惧種である。

シロナガスクジラは頭が扁平で、吻はとがっており、喉にはひだがあって膨らませることができる。胴体は巨大な一対の尾鰭に向かって徐々に細くなっている。体色は青色で白斑があり、背側には灰色が混じるが、腹側は白から黄色まで、個体によって異なる。出産は、2、3年に1度で1頭を産む。

クジラヒゲ

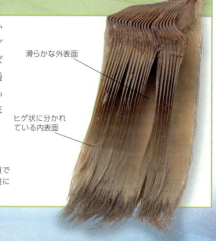

ヒゲクジラ類は歯の代わりに、上顎から吊り下がった柔軟なクジラヒゲ（ヒゲ板）を持っている。まず海水を口いっぱいに含んでから、このクジラヒゲを通して水だけを吐き出し、クジラヒゲに引っかかって口内に捕らえられたオキアミなどの小動物を呑み込むのである。

ヒゲ板
ヒゲ板の一枚一枚は、人間の爪と同様に角質でできている。内表面は何百本もの平行な繊維に分かれている。

- 滑らかな外表面
- ヒゲ状に分かれている内表面

クジラ目

マッコウクジラ
Physeter macrocephalus

体長	最高20m
体重	最高50t
生息環境	深海、特に大陸棚縁辺水域

生息域 世界中（極地域を除く）

ハクジラ類では最大種であるマッコウクジラは、捕食動物としても最大である。四角い巨大な頭をしているため、ほの暗い海中でも見間違えようがない。成体のオスは体長が通常メスより4m長く、体重はメスの2倍ある。表皮にはしわがあり、背鰭から尾鰭にかけて小さなコブが並んでいる。3000mを超える深海に潜って巨大なイカを捕食する。頭部には「鯨蝋」と呼ばれる蝋質の油を貯蔵する器官があり、この鯨蝋は浮力制御機能を果たすと考えられている。

クジラ目

アカボウクジラ
Ziphius cavirostris

体長	5.5-7m
体重	最高3t
生息環境	深海

生息域　世界中の熱帯、亜熱帯、温帯水域（極地域を除く）

アカボウクジラ科に属するクジラは少なくとも20種いるが、その大半に関しては生態がほとんどわかっていない。アカボウクジラは、世界各地の海岸に打ち揚げられているため、おそらくごく広範囲に分布している種の一つと思われる。アカボウクジラ科の他の種と同様に、胴体はほぼ円筒状で、小さな背鰭が体の後方、尾鰭寄りにあり、胸鰭は全身の大きさに比べると短めである。顎は短く、くちばしのようで、口の輪郭は先の方で上方に曲がっている。メスには歯がないが、オスは下顎の先端に円錐形の歯が一対あって、口を閉じているときでもこの歯が突き出している。体色は全体が灰色や暗褐色から黄色まで個体によって異なり、地色より濃い色の渦潮模様がある。

生息環境は深海で、続けて30分以上潜水できる。摂食行動については、イカや魚を食べること以外、解明されていない。

クジラ目

キタトックリクジラ
Hyperoodon ampullatus

体長	8.5-10m
体重	最高7.5t
生息環境	深海

生息域　北極海、北大西洋の温帯、亜極帯水域

アカボウクジラ科では最大級の種で、体色は灰色、額は丸く膨らみ、顎より前に張り出している個体もある。オスは下顎の先端に歯が2本か4本あるが、メスには歯はまれにしかない。尾鰭は大きくて力も強いが、胸鰭は通常小さく、かなり前の方の、頭のすぐ後ろについている。潜水が得意で、2時間以上続けて潜水できる。アカボウクジラ科の他の種とは異なり、長年商業捕鯨で捕獲されたが、海域によっては今なお多数生息している。

クジラ目

イッカク
Monodon monoceros

体長	4-5m
体重	最高1.5t
生息環境	極洋、海氷に空いている水路

生息域　北極海（北限はスバールバル諸島とフランツ・ヨーゼフ・ラント）

オスは一角獣のような牙があるため、一目で見分けがつく。この牙は最長で3mに達する。上の歯が変形したもので、上唇を突き破って伸び、伸びる過程で螺旋状の溝ができる。この顕著な特徴を除けば、オスとメスは似ており、長い円筒状の胴体と丸く膨らんだ頭、くちばしのような非常に短い顎を持つ。背側は斑入りの灰色で、腹側は淡灰色か白である。イッカクの牙がどのような機能を果たすか諸説がある。

クジラ目

シロイルカ（ベルーガ）
Delphinapterus leucas

体長	4-5m
体重	最高1.5t
生息環境	沿岸水域、時に河川

生息域　北極海、ベーリング海、オホーツク海、ハドソン湾、セントローレンス湾

独特の黄色がかった白の体色により、容易に識別できる。全身の体形は近親種のイッカク（左を参照）に似ているが、牙はない。体色は年齢とともに変化する。新生児は暗灰色で、これがすっかり成体の体色に変わるまでに最高で10年かかる場合がある。性的に成熟すると成体の体色になる。泳ぐ速度が遅く、様々な魚やその他の動物を食べる。夏場は近海で過ごすことが多く、大河の下流水域に入り込むこともある。社会性が非常に強く、また、震え声、クリック音、甲高い声など、様々な音声を発する。木造の帆船の時代には、船の中にいてもこうした鳴き声がよく聞こえたため、「海のカナリア」という愛称がつけられた。

以前は北極全体に多数生息していたが、何世紀にもわたって捕獲されたために激減し、一部地域に個体群が残されるだけとなってしまった。

シロイルカの大群

シロイルカは繁殖期には何千頭もの大群を作ることがある。この大群は複数の小さな群れから成り、それぞれの群れの構成要因は年齢や性別で、妊娠中や哺乳中の母親は子と共にいる。仲間同士のコミュニケーションには音声を使うが、顔の表情を使うこともあり、これはほかのクジラには見られない特性である。群れで獲物を捕らえることも多い。

クジラ目

シナウスイロイルカ
Sousa chinensis

体長	2-2.8m
体重	最高200kg
生息環境	沿岸水域、潟、河口域

生息域 紅海、ペルシャ湾、インド洋、南西太平洋

暖海種のイルカで、背鰭の下に顕著な隆起がある。通常、単独もしくは番いで行動し、体色は個体により様々に異なる。青灰色のものもいれば、ほとんど白色のものもいる（特に高齢の個体）。餌は魚、タコ、イカで、岸を遠く離れることはめったにない。呼吸をする際、海面から跳び上がらず体軸方向に体を回転させる。

クジラ目

バンドウイルカ
Tursiops truncatus

体長	2-4m
体重	最高650kg
生息環境	沿岸水域、外洋

生息域 世界中の温帯、熱帯水域

世界中の水族館でおなじみのバンドウイルカは、茶目っ気と好奇心にあふれる哺乳動物で、野生の状態でも人間と交流する性質がある。体色は薄青色から青みがかった濃灰色まで個体により様々で、腹側は背側より色が淡い。くちばしが突出し、背鰭はやや鎌状に湾曲し、上下の顎におのおの最高25対、円錐形の歯が並んでいる。

社会性が非常に強く、数十頭の群れを作って移動することが多い。他のイルカ類と同様に、エコロケーションによって獲物を見つけるが、声や音は仲間同士のコミュニケーションにも使い、種々の音を使い分けている。また、船首波に乗ったり、砕ける波に乗ったりすることも多い。出産については、2、3年に1回の割で、1度に1頭ずつ産む。

クジラ目

ハシナガイルカ
Stenella longirostris

体長	1.3-2.1m
体重	最高75kg
生息環境	外洋

生息域 世界中の熱帯、亜熱帯水域

優美でエネルギッシュで曲芸のような動きをすることが多いこのイルカは、空中高く跳び上がって体軸方向に最高7回転し、水しぶきを上げて水中へ戻る習性があることから、Spinner Dolphin（回転イルカ）という英名がついた。他の多くの外洋性イルカより小型で、背側は暗灰色、腹側は白色だが、腹側の白斑は個体によって面積が異なり、ごく小さなものもいれば、頭部からほとんど尾鰭まである大きなものもいる。上下の顎にそれぞれ最高64対の歯があり、餌は魚で、多くの場合、外洋で捕食する。出産は1度に1頭ずつで、哺乳期間は最高2年間である。

社会性が強く、50頭未満から数千頭と様々な大きさの群れを作り、他種と共に泳いでいることも多い。ハシナガイルカやその近縁種は、よく大群を作ってキハダマグロの群れの上を泳いでいる。

クジラ目

マイルカ
Delphinus delphis

体長	1.7-2.4m
体重	最高110kg
生息環境	沿岸水域、外洋

生息域 世界中の温帯、亜熱帯、熱帯水域

マイルカは地色とは異なった色の複雑な縞模様を持つ美しいイルカで、古代ギリシャ・ローマ時代から芸術家にインスピレーションを与えてきた。体側面の斑紋は個体差が非常に大きく、近年は、同類のマイルカから切り離されてより限られた分類になっている。大群を成していることが多く、非常に活発で曲芸のような動きをすることが多い。また、クジラ目の中でも泳ぎがとりわけ速く、時速40kmに達することもある。

通常、外洋でイカや小魚を捕食する。出産は2、3年に1回で、1頭のメスが一生のうちに最高5頭の子を産む。クジラ目の中では個体数が非常に多い方で、総個体数は数百万頭と推定されている。しかし、他の外洋性イルカ同様、漁業やイルカ狩りの拡大が脅威となっている。

クジラ目

ハナゴンドウ
Grampus griseus

体長	3-4.3m
体重	最高500kg
生息環境	深海

生息域 世界中の温帯、暖温帯水域

大型のイルカで、通常体色が黒みがかった青色をしており、角張った頭部が、クチバシの突き出たイルカとは異なっている。特に高齢の個体では表皮に引っ掻き傷があることが多い。主として、ライバルのオス同士で戦った跡だが、主な餌であるイカとの戦いによる傷もある。餌を求めて最高30分間潜水することができる。他の多くのイルカほど社会性はないが、船と並んで泳ぐことはよくある。

クジラ目

シャチ
Orcinus orca

体長	5.5-9m
体重	最高9t
生息環境	外洋、海氷の割れ目の周辺

生息域　世界中の熱帯、温帯、極地水域

シャチは、Killer Whale（殺し屋クジラ）と呼ばれてはいるものの、マイルカ科に属する。この科ではもっとも大きくもっとも印象的な種である。派手な体色以外に人目を引くのが巨大な背鰭で、年かさのオスでは高さが1.8mに達することもある。胸鰭は大きな櫂の形をしており、胴体はがっしりとした樽型で、流線型の顎に向かって徐々に細くなっている。顎には最長5cmの上下で噛み合う歯が並んでいる。温血動物を餌とする捕食動物では最大種で、魚、イカ、鳥、アザラシ、他のクジラ類を食べる。採餌法は驚くほど多様で、浮氷を故意に傾けてアザラシを海へ落としたり、猛然と陸に乗り上げて、水際近くに寝ているアザラシを捕らえることさえある。知能が高く、様々な音声を発し、社会性が非常に強く、長期間継続する家族の群（ポッド）を形成して暮らしている。

ポッドとクラン

シャチの平均的なポッドは20頭から成り、同じポッドで一生を過ごし、子の世話は協力し合って行うことが多い。同じ海域の複数のポッドが形成しているのが「クラン」で、これは代々受け継がれる特有の「方言」を持つと考えられている地域的なグループである。

移動中のザトウクジラ
メスのザトウクジラは通常2、3年に1度の割で子を産む。母クジラは子クジラを大切に育て、哺乳期間は10ヵ月から11ヵ月である。

クジラの回遊

様々な陸生哺乳動物が餌場を求めて長距離の季節移動を行うが、ある種のクジラが毎年回遊する途方もない距離に比べると、ごく些細な距離に見えてくる。たとえばザトウクジラは、餌の豊富な寒海の餌場で夏を過ごし(下の地図を参照)、オキアミなどの動物プランクトンや魚をたらふく食べる。冬の到来とともに餌が減り始め、ザトウクジラは低緯度海域へ移動する。しかし、目的の海域にザトウクジラに適した獲物はおらず、数ヵ月間何も食べずに過ごす。これらの安全な暖海は、子を産み育て始めるのに適した環境を提供している。

クジラの回遊が複雑な主題になったのは近年のこと。衛星からの無線追跡が出現して個々の動物の経路がグラフ化され、その回避ルートが明らかになったからだ。

セミクジラやイッカクのようないくつかのクジラは、限られた距離だけ回避し、海氷の季節的なステップに同調して動きながら北極海にとどまる。他の種では、回避ルートははるかに長く、種々の個体数によって異なる。ザトウクジラが良い例である。シャチは混合した回避パターンを示す。「定住」の小群は年間でほとんど動かないが、他の種は数千kmも回遊する。こうした長い回遊で、クジラが大洋での自分の位置をどう把握して進んで行くかは、正確には解明されていない。

細かい仕組みは不明だが、ザトウクジラも含めてクジラ目の一部の種は、脳の周辺組織から磁マグネタイト鉄鉱(鉄の酸化物)が発見されている。クジラは地球磁場の変化で自分の位置を知ると思われるが、その変化の度合いを探知する上でこの磁鉄鉱が一役買っているのではないかと考えられている。

ザトウクジラの回遊

北半球に生息するザトウクジラは夏場を北太平洋や北大西洋の餌場で過ごす。冬になると、暖海の繁殖場へと南下する。南半球に生息するザトウクジラは南極沖で餌を捕り、オーストラリア沖や太平洋の島々、南アフリカ、南米の暖海を繁殖場とする。北インド洋の個体群は定住型だと思われる。

→ 主な回遊ルート   ---→ 回遊している場合の推定ルート
■ 主な餌場(夏)   ■ 主な繁殖場(冬)

クジラの行動

アラスカの餌場 ザトウクジラは巨大な口に海水をすくい入れ、その海水に含まれている大型の動物プランクトン(オキアミなど)を濾し取る。しかしアラスカでは、夏になると海岸近くに集まって魚の群れを捕食する。

バブルネットフィーディング ザトウクジラの群れが泡の「漁網」を吐き出しながら、魚の群れの周囲をらせんを描いてゆっくり泳ぐ。そして、1頭がその「漁網」の中を急浮上して魚を呑み込む。

(採餌)

ほとんど群れを作らないシロナガスクジラ シロナガスクジラも長距離にわたって回遊することが知られているが、他の回遊種より沖を泳ぐ上、一定の繁殖場を持たないため、回遊に関する詳しい情報は得られていない。

スパイホッピング 写真のコククジラのように、多くのクジラがスパイホッピング(体を垂直に立てて頭を水面から突き出す動作)をする。回遊の途中で陸上の目印を確認しているのかもしれない。

(回遊)

暖海での見事なジャンプ 南アフリカのケープ岬の東方にある複数の湾では、毎年6月から12月まで、およそ3700頭のミナミセミクジラが沿岸に集まる。この水域でメスは1頭ずつ子を産み、出産直後に交尾をする。ここは陸地からクジラを観察できるホエールウォッチングの最適地で、写真のクジラのブリーチングのように壮大な光景が見られる。

(繁殖)

間近で見るクジラ ホエールウォッチングは年間10億ドルを超す規模の成長産業で、1100万人以上が参加している。写真は、夏場にメキシコのバハカリフォルニアの沖合にある繁殖場でコククジラを観察する観光客。

(ホエールウォッチング)

クジラ目

ヒレナガゴンドウ
Globicephala melas

体長	3.5-7m
体重	最高3.5t
生息環境	寒海の沿岸水域、外洋

生息域　世界中の温帯、亜極帯水域（北太平洋を除く）

ゴンドウクジラ属はヒレナガゴンドウとコビレゴンドウの二種で構成されるが、差異は主として胸鰭の長さで、これは海上では見きわめにくい特徴である。ヒレナガゴンドウは主に寒海に生息する。体色は光沢のある漆黒で、喉から胸にかけて錨型の白っぽい模様がある。頭は丸く膨らみ、顎は短い。背鰭は長く、オスの背鰭は鎌形である。胸鰭は尾の方向へ鋭く曲がり（「ひじ」の部分にあたる）、最長のもので全長の5分の1にあたる。

餌は主として深海のイカやタコである。群居性が高く、何百頭もの大群を成すこともあり、また、他のクジラ目との交流も多い。沿岸の浅海では航行感覚を失うことがよくあり、集団座礁することが多い。捕鯨船はこうした群居性を利用して、何世紀もヒレナガゴンドウを捕獲してきた。浅海へ追い込んで殺したのである。フェロー諸島など一部の海域では、今なおヒレナガゴンドウの捕獲が続けられている。

座礁

ゴンドウクジラ属はよく浜に乗り上げる。1頭が乗り上げると仲間もそれに続くことが多く、集団座礁につながる場合がある。こうした座礁の要因として、地球磁場の一時的な異常、船舶の魚群探知機、病気、嵐などで航行感覚が乱されるという説などがある。

クジラ目

ネズミイルカ
Phocoena phocoena

体長	1.4-2m
体重	最高65kg
生息環境	沿岸水域、河口域

生息域　北半球の冷温帯、亜極帯水域

北半球では個体数が非常に多いクジラ目の1種であるネズミイルカは、英名Harbour Porpoise（港のイルカ）が示すとおり、深海に出ていくことはめったにない。浅い沿岸水域を好み、川へ入り込むこともある。胴体は短い樽形で、胸鰭は小さく、背鰭は先端が尖っていない。体色は、全体は暗灰色だが、腹側だけが淡灰色である。大半のイルカとは異なり、吻は突出しておらず、上下の顎にはスペード形の歯が21対から28対並んでいる。単独で暮らすことが多いが、番でいたり、小さな群れを作ったりすることもある。餌は魚と甲殻類である。

出産については、最高11ヵ月の妊娠期間を経て1頭を産むが、新生児はクジラ目にしては体重がわずか6kgと小型である。漁網により混獲されやすい。

カイギュウ目

アフリカマナティー
Trichechus senegalensis

体長	3-4m
体重	最高500kg
生息環境	マングローブ沼、潟、内陸水路、河口域

生息域　西アフリカ（セネガルからアンゴラまで）

マナティー属を構成する3種のうちの1種で、おとなしい植食動物。主に淡水に棲むが、アフリカ西岸のマングローブ沼で採餌することもある。樽形の胴体はきめの粗い灰色の表皮に覆われ、前鰭には小さな爪がある。他のすべてのカイギュウ目同様、後肢はなく、匙形の尾をゆっくり上下に動かして浅水を泳ぐ。

肉付きのよい唇を使って水面付近の植物を食べる。牛やアンテロープなど陸生の植食動物のような複胃は持たない。消化は大部分を腸でこなす。腸の長さは45mにも及ぶ場合がある。最高6頭の群れを作って暮らし、出生時の体長は1m前後である。出生率が低いため、環境の変化や、肉と皮の利用目的での捕獲が脅威となっている。

カイギュウ目
アメリカマナティー
Trichechus manatus

体長	3.7-4.6m
体重	最高1,600kg
生息環境	沿岸水域、内陸水路

生息域 カリブ海と西大西洋、米国南東部から南米の北東部まで

マナティーでは最大種であり、もっとも研究の進んだ種でもある。たとえば分布関連の研究が進んでおり、生息域の北限はフロリダである。アフリカマナティーとは異なり、沿岸水域にも出ていくことが多いが、冬場の水温が20℃未満に下がる海域は避けている。表皮は灰色だが、背側は藻類で緑色がかっていることが多い。目と耳は小さく、視力と聴力はあまり鋭くはないが、よく動く唇が鋭敏な剛毛に覆われており、この剛毛を使って最高4mほどの深みにある水中植物を見つける。1日に体重の約4分の1の重量の餌を食べる必要がある。餌の大部分は植物だが、たん白質を摂るため、時には魚を食べることもある。

マナティーとジュゴン(下を参照)の飛行船のような体形の一因は、食物を消化する際に発生する大量のガスである。釣り合いを取るために骨密度が並はずれて大きく、そのおかげでほどよい浮力を維持している。通常、最高20頭の群れで暮らし、餌が豊富な時には100頭以上の大群になることもある。

人間の影響
衝突の危険

かつてアメリカマナティーは、肉や皮、脂肪を利用する目的で捕獲されていた。脂肪は灯油として用いられることもあった。今日の主な脅威は環境汚染と船舶との衝突である。船舶の往来が激しいフロリダでは、船と衝突した傷跡のあるマナティーが多い。

スクリューの跡
マナティーの背にある、この平行な傷跡は船のスクリューによるものである。幸い傷が浅かったため、命に別状はなかった。

カイギュウ目
ジュゴン
Dugong dugon

体長	2.5-4m
体重	250-900kg
生息環境	沿岸の浅海、潟、河口域

生息域 インド洋と西太平洋(東アフリカから南太平洋の島々まで)

マナティーとは異なり、ジュゴンは本質的には海の動物で、暖海の浅い水域の海草藻場で餌をあさる。マナティー同様、飛行船のような体形をしているが、尾は三日月形で、頭は幅が広く、上唇は大きなU字形である。餌の一部が地下茎で、左右の前鰭で体を支えながら海底に堆積した泥砂を吻で掘り、この地下茎を見つけ出す。時には100頭を超えるまばらな群れを作って餌をあさる。

主な天敵はサメだが、各地で人間に捕獲される脅威の方が大きい。古代ギリシャ・ローマ時代までは地中海にもジュゴンがいたらしいが、すでに絶滅しており、現在でもインド洋では各所で脅威にさらされている。全世界の個体数の半数以上がオーストラリアの海域にいる。

ステラーカイギュウ

ジュゴンの近縁種であるステラーカイギュウは、ベーリング海の氷海に生息し、昆布などの海藻類を食べていた。ドイツ人の自然学者ゲオルク・ステラー(1709-46)に発見されてから27年後の1768年、乱獲により絶滅した。

スケッチをした画家の印象
ステラーカイギュウは体重が最高10tで、当時はクジラ類に次いで2番目に大きな海洋哺乳動物であったと思われる。

海洋地図

世界の海洋

海洋は地球表面の71%、地球上の水面の97%を占める。海盆の地形は、地球の歴史や、世界の形状に影響を与え続ける地質学的な力について、多くを示している。

海洋には、大陸を隔てる五大洋のほか、縁海、湾、海峡が多数ある。大陸を囲む大陸棚は浅く、岸から外縁までの幅はさまざまで、その先は深い海盆へと落ちこむ。海盆には、地表でもっとも平坦な深海平原も、高低差が最大級の海溝や火山もある。地球最長の山脈は中央海嶺で、主要なプレートの境界に沿って、地球を取り巻いている。

この章の海洋地図は、世界の海底地形に関するもっとも詳細な知識に基づいて作成した。人工衛星に搭載された高度計から送られてくる最新の観測データと、100年以上にわたって収集された海洋測量データとを組み合わせ、可能な限り明確な海底地形図を実現した。

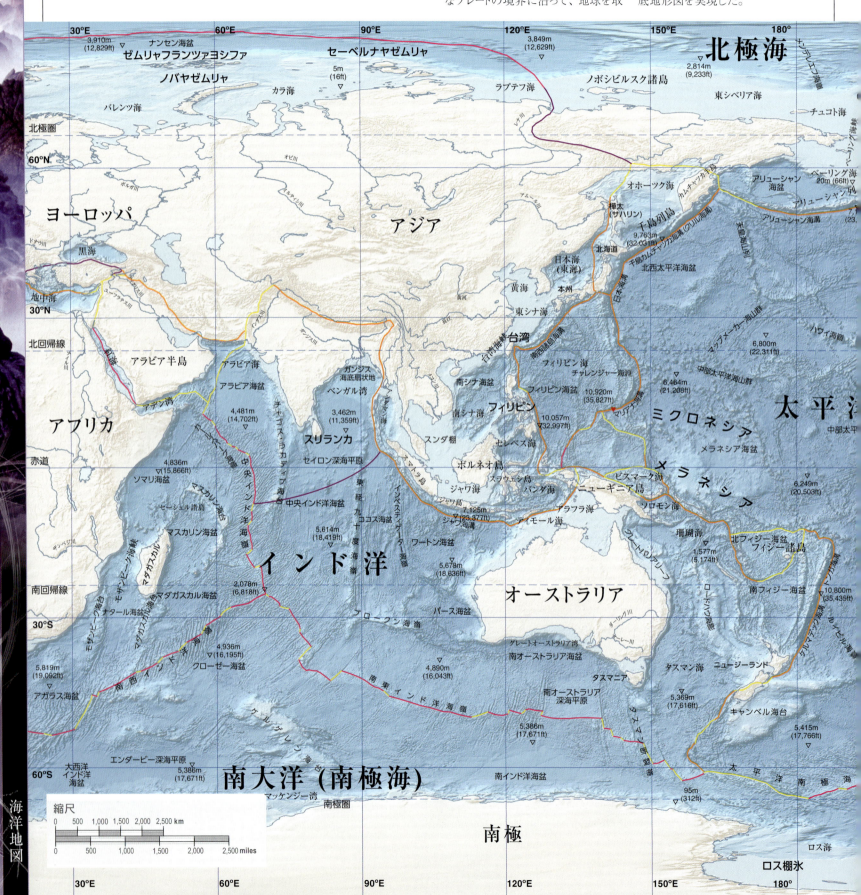

423

プレート

地球の表面は7つの大規模なプレートと、15以上の小規模なプレートに分かれる。プレート境界は海底地形に表れ、中央海嶺、海溝、断裂帯はそれぞれ、発散型、収束型、トランスフォーム型の境界を示す。海洋プレートと大陸プレートの合わさったものもあるが、地球最大の太平洋プレートは全体が海洋プレートである。

[プレート境界図]
ユーラシアプレート / オホーツクプレート / 北米プレート / ユーラシアプレート / アラブプレート / フィリピン海プレート / ファンデフカプレート / リベラプレート / カリブプレート / インドプレート / ビスマルクプレート / ココスプレート / イースタープレート / 太平洋プレート / カロライナプレート / アフリカプレート / 南米プレート / オーストラリアプレート / フィジープレート / ナスカプレート / ファン・フェルナンデスプレート / スコシアプレート / 南極プレート / シェトランドプレート / サンドウィッチプレート

深さ
海面 / 250m / 500m / 1,000m / 2,000m / 3,000m / 5,000m

□ 陸地
△ 海山
▽ 水深
▼ 地図中の最大水深
— 収束型境界
— 発散型境界
— トランスフォーム型境界
— 未確認境界

120°W　90°W　60°W　30°W　0°

3,718m (12,199ft)
カナダ海盆
ボーフォート海
バンクス島
クイーンエリザベス諸島
エルズミア島
ビクトリア島
バフィン湾
バフィン島
グリーンランド
グリーンランド海
スピッツベルゲン島
ノルウェー海
北極圏
アラスカ湾
ハドソン湾
ラブラドル海
アイスランド
レイキャネス海嶺
デンマーク海峡
ノルウェー海盆
60°N
北アメリカ
バンクーバー島
五大湖
ニューファンドランド島 13m (43ft)
ラブラドル海盆
北大西洋中央海嶺
レイキャネス海盆
アイスランド海盆
チャーリーギップス断裂帯
アイルランド島 グレートブリテン島
北海
ヨーロッパ
ドシノ断裂帯
ニューファンドランド海盆
オーシャノグラファー断裂帯
ソーム深海平原 5,464m (17,927ft)
イベリア深海平原
4,139m (13,580ft)
地中海
30°N
5,999m (19,683ft)
マレー断裂帯
ハタラス深海平原
サルガッソー海
マデイラ深海平原
カナリア諸島
モロカイ断裂帯
メキシコ湾
ナレス深海平原
3,780m (12,402ft)
ケープベルデ海盆
北回帰線
イ諸島
クラリオン断裂帯
大アンティル諸島
8,962m (29,370ft)
バラクーダ海嶺断裂帯
カーボベルデ諸島
アフリカ
クリッパートン断裂帯
グアテマラ海盆
中央アメリカ海溝
カリブ海
テメララ深海平原
大西洋
シエラレオネ海盆
ガラパゴス断裂帯
3,806m (12,487ft)
ガラパゴス諸島
ギニア海盆
赤道
51m (495ft)
4,567m (14,984ft)
マルキーズ諸島
パウアー海盆
ペルー海盆
南アメリカ
ブラジル海盆
アセンション断裂帯
アンゴラ海盆
ポリネシア
マルケサス断裂帯
ディキ海盆
メンダーニャ断裂帯
ユパンキ海盆
5,706m (18,721ft)
中央大西洋海嶺
5,042m (16,543ft)
トゥアモトゥ諸島
イースター断裂帯
イースター諸島
8,069m (26,474ft)
チリ海盆
リオグランデ海膨
リオグランデ海嶺
南回帰線
ロジェヴィーン海盆
30°S
アガシー断裂帯
チャレンジャー断裂帯
1,426m (4,679ft)
チリ海嶺
1,739m (5,706ft)
ケープ海盆
喜望峰
南西太平洋海盆
東太平洋海嶺
モーニントン深海平原
アルゼンチン海盆
ゴフ断裂帯
エルタニン断裂帯
メナード断裂帯
6,034m (19,798ft)
フォークランド (マルビナス) 諸島
サウスジョージア島
大西洋インド洋海嶺
ウディンツェフ断裂帯
オルノス岬 (ホーン岬)
スコーティア海
7,152m (23,466ft)
南アメリカ・南極海嶺
60°S
1,283m (4,058ft)
南東太平洋海盆
ベリングスハウゼン深海平原
ドレーク海峡
南大洋 (南極海)
南極圏
アムンセン深海平原
アムンセン海
ベリングスハウゼン海
南極半島
ウェッデル深海平原
ウェッデル海
南極
ロンネ棚氷

120°W　90°W　60°W　30°W　0°

海洋地図

北極海

世界の五大洋でもっとも小さく、アジア大陸、ヨーロッパ大陸、グリーンランド、北アメリカ大陸にほぼ四方をふさがれている。冬場に全域近くを覆う積氷の面積は、夏場に半減する。18世紀から19世紀には、大西洋と太平洋をつなぐ交易ルートをもとめて北極探険が行われた。1909年、初めて北極点に到達したのはロバート・ピアリー率いる犬ゾリを使った米国の探険隊であった。

北極の海氷
北極を覆う海氷の面積は夏から冬までに、4.5未満から約1500万km²に膨張する。

海洋循環

北極海には、シベリアの大河であるオビ川、エニセイ川、レナ川から大量の淡水が流入する。これと海氷の凍結や融解が相まって、淡水を比較的多くふくむ層が表層に生じる。時計回りの循環がカナダ海盆の上に、極横断流がチュコト海からグリーンランド海へ流れている。北極海では、暖く塩分の多い海水が中深層で大西洋から流入し、温度が低く高塩分の「底水」が大西洋へ流出する。海水の80%は北大西洋の海水と、また20%は太平洋の海水と入れ替わる。北極海グリーンランド氷床から分離した氷山の形になる。北極海の海氷面積は、1979年以来約10年で約13%減少、2012年9月には363万km²と過去最悪を記録した。地球温暖化で21世紀末までに北極海の海氷が完全に姿を消す恐れもある。

砕氷船
船首部が強化され、強力なエンジンを備えた砕氷船。海氷に覆われた北極海の航行に不可欠。

海洋底

北極海盆は急峻なロモノソフ海嶺によって大きく分かれる。北アメリカ側には、アルファ海嶺を挟んでカナダ海盆とマカロフ海盆がある。ユーラシア大陸側では、中央大西洋海嶺の延長部分である北極海中央海嶺（ガッケル海嶺）によってフラム海盆とナンセン海盆に分かれる。地質年代が若い北極海盆の生成はおよそ3600万年前に始まり、北アメリカのヨーロッパからの分裂を完了させ、北極海と大西洋をつないだ。北極海のアジア側には並外れて広大な大陸棚がある。随所で浅海が岸から1600km以上も続いている。対照的に、北アメリカ側の大陸棚は通常50-125kmである。

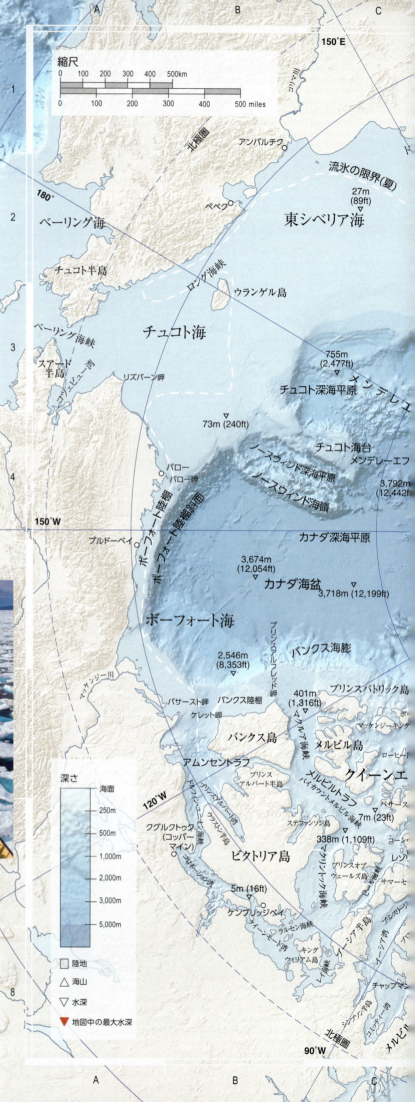

425

D   E   120°E   70°N   F   90°E   G

アジア

70°N

タイミル半島   グイダン半島   北極圏

6m (20ft)   ディクソン   オビ湾   ヤマル半島   バイダラツカヤ湾

ラプテフ海
リショイリャーホフ島

リヌイ島   セーベルナヤゼムリャ   カラ海   ベルイ島   60°E

ビルスク諸島   ポリシェビク島   5m (16ft)   カラ海峡

80°N   オクチャブリスコイ レボリューツィ島   328m (1,076ft)

3,849m (12,629ft)   コムソモレツ島   東ノバヤゼムリャトラフ   ノバヤゼムリャ

北   ボローニントラフ   カラ中央海台   バレンツ海
ポローニントラフ
極   スイバタヤアンナトラフ
海   170m (558ft)   109m (358ft)
(9,233ft)   カラ中央海台
ゼル深海平原   北極海中央海嶺（カッケル海嶺）   ゼムリャフランツァヨシファ

ロ   4,484m (14,712ft)   ナンセン海盆   流氷の限界（夏）   トール
モ   イベルセン堆
ノ   3,910m (12,829ft)   102m (335ft)
マカロフ海盆   ソ   バレンツ深海平原   流氷の限界（冬）   ストル堆
フ海嶺   フ   クビト島
海嶺   フラム海盆   表層海流

1,250m (4,101ft)   北極点
アルファ海嶺

2,590m (8,498ft)   ヨーロッパ
30°E

ノールアウストラント島   トールカップ岬   257m (843ft)   ハンメルフェスト
モリスエサップ岬   イェルマク   エドゲ島
リンカン海   海台   スピッツベルゲン島   ビョルネイヤ堆   フーグレイ堆   トロムセ
コロンビア岬   ロングイェールビーン   ビョルネイヤ島
アラート   スピッツベルゲン断裂帯   5,601m (18,377ft)   ニポビチ海嶺
エルズミア島   レナトラフ   ボレアス深海平原   2,580m (8,465ft)   レスト堆
ワンデル海   グリーンランド断裂帯   ノルウェー海   ボーデ
80°N   ノール   ホールデン
15m (49ft)   222m (728ft)   バンク
ベルジカ   3,900m (12,796ft)   ダムシャフ深海平原   ボーリング海台
バンク   グリーンランド海
ダーネボー   210m (689ft)   ヤンマイエン島   ノルウェー海溝
77m (253ft)   ヤンマイエン断裂帯   ノルウェー海盆
カーナーク（チューレ）   ヤンマイエン海嶺
デボン陸棚   68m (223ft)
732m (2,402ft)   クッロルシュアク   グリーンランド   イッコルトーミュット   アイスランド海台   フェロー諸島
シェラード岬   ウペルナビーク   グレート
デボン大陸棚   アイスランド   ブリテン島
バフィン海盆   ケケルタルシュアク島（ディスコ島）   シーマナーク
2,377m (7,799ft)   デンマーク海峡
バフィン湾   70°N   北極圏   レイキャビク

60°W   30°W   H   30°E   I

海洋地図

北西航路

大西洋と太平洋は、北極海を抜ける北西航路で結ばれている。航行の難しい航路で、島々の間を縫う狭い海峡が多く、海面は夏でもしばしば凍結する。海氷が収縮していき、2007年と2012年は氷のない状態での航行を可能にした。そして2013年9月にはじめて、一般の商業用貨物船が通過した。

北極海 E2
バフィン湾

面積 68万9000km²
最大水深 2100m
流入 北極海盆、ラブラドル海、西グリーンランドの氷河

グリーンランドとバフィン島の間、まさに大西洋の最北西端にある。海面は冬ごとに氷結する。暖かい海水が湾の東岸を北上し、隣接するグリーンランド沿岸には凍結しない海域もある。湾の西岸沿いを南へ戻るラブラドル寒流は、しばしば北大西洋に氷山を運ぶ。この海域では、つい1980年代までアザラシを毎年多数獲ってきた。現在、海生哺乳動物の商業的猟獲は規制されている。

海岸に達した氷河

発見
航路を求めて

さまざまな人の手で大西洋から極東へ抜ける北西航路探索が行われた17世紀、航路は万年氷と無数の島々にはばまれて見つからなかった。19世紀にイギリス海軍が探査を行うと、再び関心が高まった。1820年、バフィン湾を出発した探険隊はメルビル島に到達したものの、その先は氷のため進めなかった。129人の探検隊が1848年にキングウィリアム島沖で命を落とした。イギリス人の探検家ロバート・マクルアは1854年に、ボーフォート海からバフィン湾まで横断に成功したが、一部は陸路を徒歩で越えた。ついに航路開拓をなしとげたのはノルウェー人のロアール・アムンセンで、1906年、ランカスター海峡からビクトリア島の南岸沿いをへて、ベーリング海峡に至った。

北極海 A1
ボーフォート海

面積 47万6000km²
最大水深 4680m
流入 チュコト海、北極海盆、マッケンジー川、コルビル川

この深い海域はカナダ領北極群島の西に位置する。アラスカ沖で1968年に石油が発見され、マッケンジー川の河口沖でも採掘される。油井をいくつも流氷から守るため、人工島が建設された。

石油鉱床の探査

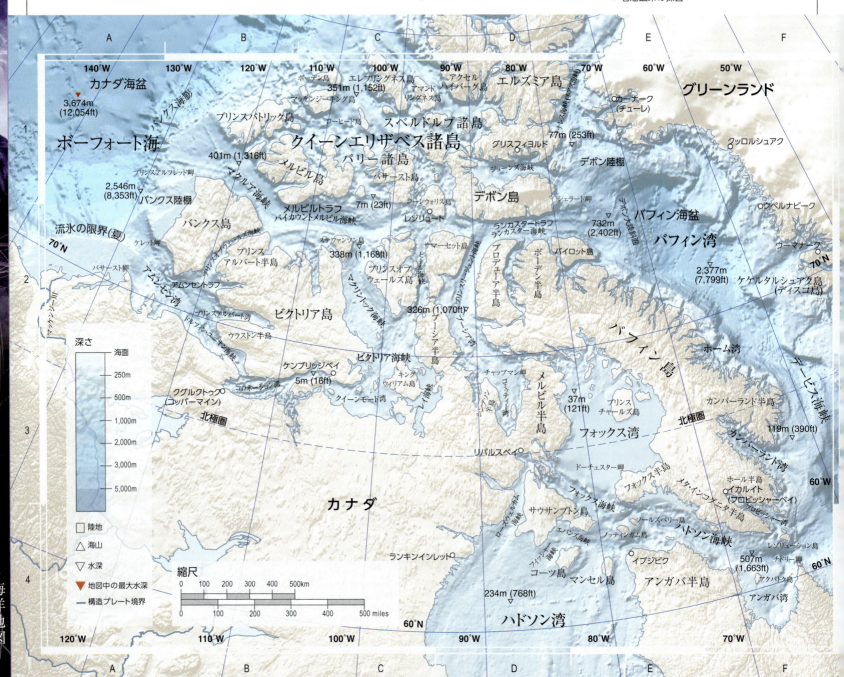

バレンツ海

バレンツ海とグリーンランド海は、北極海と大西洋の境界に当たる。北極海の海水交換は大半が北大西洋との間で起こる。交換口はグリーンランド海北部のフラム海峡である。

北極海 E2
バレンツ海

面積	140万km²
最大水深	600m
流入	ノルウェー海、北極海盆

比較的浅い海で、ヨーロッパの北、スヴァールバル諸島とフランツ・ヨーゼフ諸島の南に位置する。東にあるノヴァヤ・ゼムリヤ島は、ヨーロッパとアジアの地理上の境界をなすウラル山脈の延長である。この広大な海域には、水深200mに満たない大陸棚が広がる。南西から暖流の北大西洋海流が流れこみ、夏場は大半の海域で海氷が消滅する。ロシアのムルマンスク港は冬でも凍結しない。大西洋から流入する海水は暖かく高塩分で、低温の北極海に注ぐ塩分のある沿岸水と混ざる沿岸に、生物生産力の高い海域を生じる。春に大増殖する植物プランクトンは、豊かな漁場を支える食物連鎖の底辺を支える。主要な漁獲物はタラである。ロシアは冷戦時代に大規模な北洋艦隊を保有していた。戦艦や潜水艦の多くは現在、コラ半島一帯の軍港に長期繋留されて老朽化している。海洋環境を損ねかねないと懸念されるばかりか、つないだまま放置された原子力潜水艦から放射性廃液がもれる危険があり、大きな不安の種である。

北極海 B2
グリーンランド海

面積	120万km²
最大水深	4800m
流入	北極海盆、ノルウェー海

グリーンランド、スヴァールバル諸島、ヤンマイエン島の間に広がる海で、北極海の海氷は主にここで生まれる。グリーンランド沿いに表層水と海氷を南へ運ぶ東グリーンランド海流の一部は分岐し、ヤンマイエン海流として表層水を東へ運ぶ。これら2つの流れ以外は開氷域で、冬に絶えず新たな海氷ができる。オッデン氷舌は、海氷の縁から東へ成長し、新たな海氷の下には冷たい高塩分の層が生じる。この層は密度が高く、海底でたまると、やがてグリーンランドとヤンマイエン島の間の海嶺を越えて南下する。この海水の沈降が地球規模の海洋の熱塩循環で重要な役割を果たしている。

蓮葉氷
シャーベット状の氷の塊が荒い波に揺すられてぶつかり合うと、縁がめくれあがる。蓮葉氷とは、この円盤状の氷の群れのこと。

海洋地図

大西洋

大西洋は「新世界」であるアメリカを、「旧世界」のヨーロッパや北アフリカから隔てている。大西洋探検で先陣を切ったのはポルトガルで、1488年にバルトロメウ・ディアスがアフリカ大陸最南端の喜望峰に到達した。1492年にはクリストファー・コロンブス率いるスペインの探険隊が大西洋を横断し西インド諸島を発見した。

バミューダ諸島に打ち寄せる大西洋の波

海洋循環

北大西洋では時計回りの循環が表層流を動かす。流れの強いメキシコ湾流によって高温、高塩分の海水がカリブ海から運ばれてくる。この流れが北大西洋海流として北東へ進み、西ヨーロッパに緯度の割には温暖な気候をもたらしている。流れの一部は北極海へと北上するが、本流はカナリア海流として南下する。この暖かい海水は北赤道海流やギアナ海流に乗って西へ戻る。南大西洋循環は反時計回りで、その南限は周南極海流である。寒流のベンゲラ海流はアフリカ大陸沿岸を北上し、西では赤道からやや流れの弱いブラジル海流が南下する。

潮力

大西洋は潮の干満の差が大きく、潮力発電に適した場所が多い。写真はイギリスのデボン州沖の潮力発電施設。

海洋底

大西洋を南北に連なる中央海嶺は、南北アメリカ大陸とヨーロッパ大陸、アフリカ大陸が東西に離れていく境界線にあたる。海嶺が海面上に現れたところもあり、その顕著な例がアイスランド島である。海嶺の側面には横断断層が生じて東西へ何百kmにもわたって伸び、末端部分は深海平原の海底堆積物の下に埋まっている。大西洋ではこうした深海平原は非常に狭く、幅の広い中央海嶺とコンチネンタルライズの間の深海縁部を占める。大西洋縁海の堆積層には豊かな鉱床もあり、たとえば北海、メキシコ湾、ベネズエラ沖、西アフリカ沖には石油や天然ガスが埋蔵されている。大西洋にある深い海溝は2つのみで、プエルト・リコ海溝と南サンドウィッチ海溝である。

氷山のつけたすり傷
漂流する氷山の基部が、海底をこすって通ったあと。グリーンランド周辺の浅瀬でよく見られる現象。

海洋地図

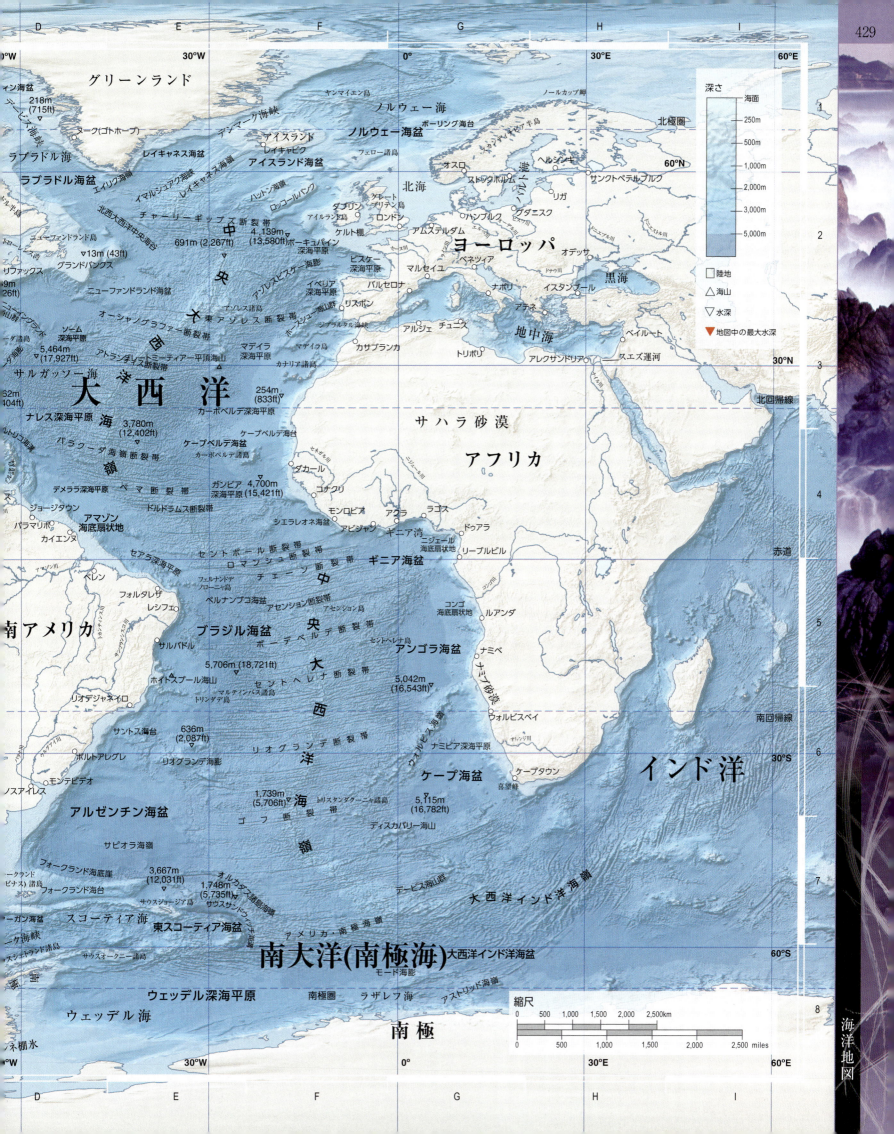

アイスランド

中央大西洋海嶺の上にあり、新たに生成された海洋地殻の上を歩ける珍しい場所である。ここは海洋底が生成され拡大している場所で、3600万年ほど前に大西洋と北極海がつながったのも、こうした動きによる。島の周囲の海域では、2つの海洋の海水と熱の交換が起こっている。

大西洋　B1
デンマーク海峡

長さ　480km
最小幅　290km

北極海を出た海水の大半は、東グリーンランド海流に乗ってデンマーク海峡を通過し、北大西洋へ流れこむ。この海流に運ばれてグリーンランド氷床の東端から剥離した氷山が寒流で南下する。暖流である北大西洋海流がさらに東側の、アイスランドとフェロー諸島の間を北東へ流れる。深層では、冷たく高密度の低層水がアイスランド北東の深海底に沈降し、やがては東グリーンランド沖のアイスランド海台を越えて、大西洋海盆へと2000m流れ下る。

これが深層大循環という、密度の高い海水が世界の海洋の最深層を巡る、地球規模の海洋循環の起点である(61ページ参照)。

冬になるとグリーンランド沿岸で海氷が形成される。ときおり冷たい西風がグリーンランド氷床ごしに吹き、海氷を沖へ押し出すのである。

大西洋　B3
レイキャネス海嶺

長さ　1500km
海底からの平均の高さ　2000m
拡大速度　1.8cm/年

中央大西洋海嶺の一部で、アイスランドの南西の海面に姿を現している。発散型プレート境界で海底が拡大している中央の裂谷をはさんで、峰と谷のひだが平行に並んでいるのがはっきり見える。ここでは北アメリカプレートとユーラシアプレートが1年に1-2cmずつ両側に分かれる。平行のひだは裂谷から遠ざかるにつれてなだらかになり、古い地殻になるほどレイキャネス海盆やアイスランド海盆の堆積層の中に埋もれていく。裂谷の形成が始まる前は、グリーンランドと大ブリテン島はほぼ隣接しており、陸橋でつながっていた。アイスランド海盆の東の浅堆は、裂谷形成の初期にできた。

スルツエイ

1963年、中央大西洋海嶺の西側面の火山が噴火、アイスランド沖に新島スルツエイが誕生した。

北大西洋西部

北大西洋西部では、流れの速い暖流、メキシコ湾流がアメリカ沿岸から離れ、北大西洋海流として北東方向へ流れている。ラブラドル海流はカナダ沿岸を南下し、冷たい海水をメイン湾まで運ぶ。

大西洋 C2
セントローレンス湾

面積 15万5000km²
最大水深 2300m
流入 大西洋、セントローレンス川

セントローレンス川河口の、ニューファンドランド島とケープブレトン島に囲まれた水域である。この2つの島の間にあるローレンシアトラフは、最終氷期にローレンタイド氷床によって侵食されてできた。川を下流した泥砂はこのトラフを通って大陸棚外縁まで運ばれ、ローレンシア扇状地に堆積する。セントローレンス川は北米東海岸では最大量の水を大西洋に流し、河口域の湿原は世界最大である。

セントローレンス湾の海氷

大西洋 B3
メーン湾

面積 9万700km²
最大水深 377m
流入 大西洋、セントジョン川、ペノブスコット川

北アメリカ東海岸沖にある大陸棚の多くの部分と同様に、最終氷期には海面より上にあった。ジョージズ堆はこの湾の海底から100m盛り上がり、6000年前までは島であった。コッド岬やナンタケット島、マーサズビンヤード島は、氷河が後退し海水面が上昇したあとに残された、一連の氷堆石の中でもとりわけ高い。

ときおり、メキシコ湾流が海岸からほど遠くない海域を流れるため、ナンタケット島沿岸の海水温が、近くのコッド岬沖より数度高くなる。

湾北部のファンディ湾は200km超にわたって湾入し、北端部で13mという世界最大の潮位差を生じる。

大西洋 E2
グランドバンクス

面積 28万km²
平均水深 100m

大陸棚にある海面下の浅堆で、ニューファンドランド島沖へ広がっている（最長部で500km）。濃い海霧は、南からの暖かく湿った空気が寒流のラブラドル海流に冷却され凝結することで発生する。また、ラブラドル海流がこの海域に運びこむ氷山も海難事故の要因で、周知のとおり、1912年にはグランドバンクの南でタイタニック号が沈没した。

混濁流が直接目撃されたことはないものの、1929年の地震で大量の堆積物がグランドバンクから大陸斜面を流れ落ちた際（海底地滑り）、その威力が実感された。海底ケーブルが800kmにわたって切断され、原因となった混濁流は時速40-55kmであった。

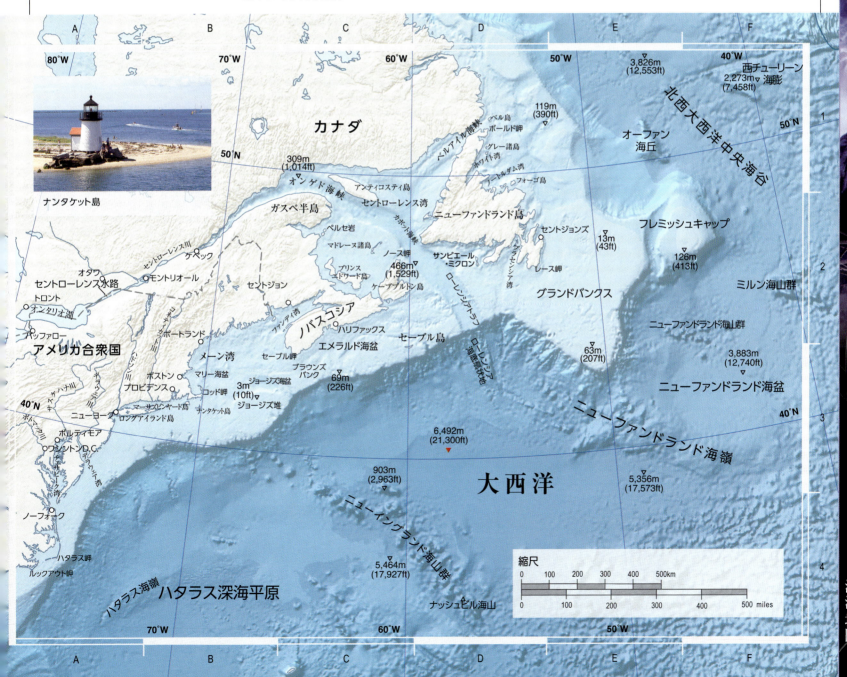

北海とバルト海

ヨーロッパ北西岸の沖合は、大陸棚上に多数の縁海があり、その最大のものが北海である。海域には北大西洋海流が暖かい海水を運びこみ、沿岸地域に温暖な気候をもたらしている。

大西洋 D1
ノルウェー海

面積	140万km²
最大水深	3970m
流入	北大西洋中央部、ノルウェーの多数のフィヨルド

ノルウェーとアイスランドの間にある縁海で、北大西洋の主要海域とはフェローアイスランド海嶺によって隔てられている。高緯度でも凍結しない原因は、高温、高塩分の北大西洋海流で、南西のスコットランドとアイスランドの間から流入し、ノルウェー大西洋海流としてバレンツ海(431ページ参照)へ流れていく。この比較的暖かな海水のおかげで、ノルウェーのベルゲン港はヨーロッパでもっとも降水量の多い場所として知られ、最低でも年に275日は雨が降るという。

リーセフィヨルドの「教会の説教壇」
ノルウェーの大西洋岸に湾入するフィヨルド。氷河が氷河期に現在の海水面より下まで、深い谷を刻んだ場所。

大西洋 G5
バルト海

面積	38万6000km²
最大水深	449m
流入	ビスツラ川、オーデル川、西ドビナ川

ほぼ閉ざされ、潮の流れもほとんどない浅い内海である。北大西洋海流の暖かい海水の恩恵を受けることはなく、北部で分岐しているボスニア湾とフィンランド湾は冬には凍結する。河川水の流入量が多いため、バルト海の塩分濃度は低く、汽水域としては世界最大である。バルト海からの流出は、デンマークの3つの海峡、カテガット湾、スカゲラク海峡経由で北海へ行くものだけである。深層では高密度の海水が少しずつ流入し、表層水の海盆底への沈降をさまたげるため、酸欠海域である。バルト海は流出量が少なく、河川や沿岸の人口密集地からもたらされる汚染物質の影響を受けやすい。北海へ抜ける海路のほかに、より短く安全なキール運河もある。

エレソン海峡にかかる橋
デンマークの首都コペンハーゲンとスウェーデンのマルメをつなぐ。全長16km。

大西洋 D6
北海

面積	57万km²
最大水深	700m
流入	北大西洋、エルベ川、ベーザー川、エムス川、ライン川、スヘルデ川、テムズ川、ハンバー川

大西洋の海水はシェトランド諸島とオークニー諸島の間から北海に入り、スコットランドとイングランドの沿岸を南下する。暖かい大西洋の海水はイギリス海峡から流入し、オランダ沿岸を東へ流れると反時計回りの循環が生じる。ドッガー、ユトランド、グレートフィッシャーなど、北海海底最大級の砂堆は、最終氷期の氷床の南限跡に当たる末端堆石で、当時、海水面が低く現在の海底は海面上に現れていた。ノルウェー海溝の西に位置する舟状海盆は厚い堆積層に埋もれ、石油や天然ガスの鉱床を埋蔵する。

北海の石油掘削装置

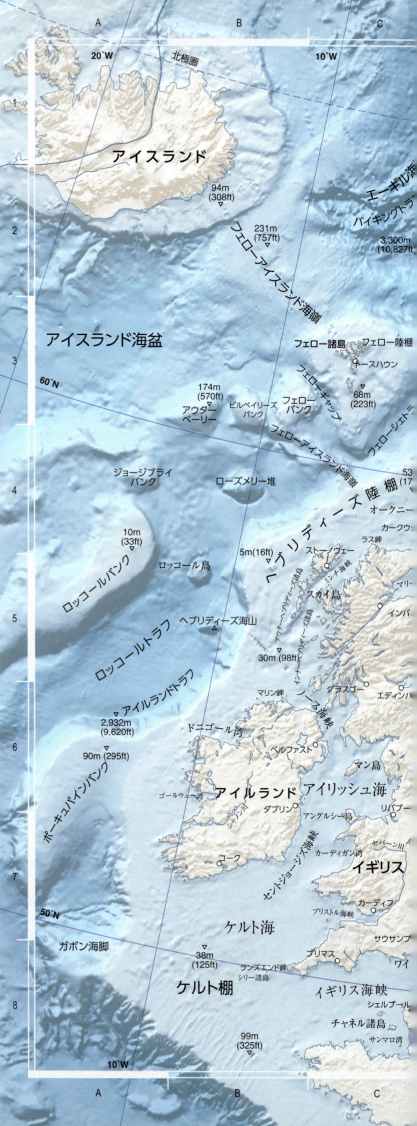

ミドルグルンデン風力発電地帯
デンマーク、コペンハーゲン東部に2kmにわたりきれいな曲線を描いて配置された風力発電のタービン20基。発電能力は1基20メガワットである。

バルト海の風力発電

石油の貯蔵量の減少、燃料供給への危機感および気候変動の危険性により、温室効果ガスを発生させない代替エネルギー源がますます注目を集めている。水力発電に次いで風力発電はもっとも進んだ再生可能エネルギー源である。陸上への風力発電地帯の建設は非常に容易であるが、多くの人が家の近くにタービンが建設されることを嫌う。洋上へ風力発電地帯を建設すれば議論は少ないが、建設費および維持費はかさむ。しかし、通常、海上のほうが風があり、乱気流の原因となる丘や木がないので、洋上タービンは陸上タービンより効率がよい。

世界初の商業的な風力発電地帯はバルト海に建設された（下図参照）。他の大きな風力発電所は、近くのカッテガット海域の中国の海岸から離れた北海で、英国、ドイツ、デンマーク、オランダ、ベルギーの各地域で建設または建設中である。地中海、アイルランド、日本、ノルウェー、スペインには風力発電所があり、韓国では大規模な工場が計画されている。米国とカナダも、太平洋沿岸、東海岸、五大湖のための様々な沖合でのプロジェクトを提案している。

風力発電では化石燃料を燃やさないため、温室効果ガスの削減に役立つ。しかし、全体的なメリットが現れるまでにはある程度の時間がかかる。洋上にタービンの土台を建設するだけでも1000トンのコンクリートが必要となることがあり、コンクリートの生産は、温室効果ガス発生の主原因の1つなのである。

バルト海とカテガット海峡の風力発電地帯

バルト海と近隣のカテガット海峡地域の周りの国は、洋上の風力エネルギーの開発において中心的役割を果たしてきた。世界初の商業的な洋上風力発電地帯は、1991年にデンマークのヴィネビューにある漁港付近につくられた。バルト海とカテガット海峡地域は平均水深が低いために建設が容易であり、最初に設置されたのは水深10m未満の場所だった。

洋上風力発電地帯

巨大なタービン翼 風力タービンの翼は波止場で組み立てられ、荷船で塔まで運ばれる。翼の直径は95mに達する。

土台 タービンのコンクリート土台は陸上の乾ドックでつくられる。その後、海に浮かべて建設現場の浅瀬に移し、沈められる。

建設中

変電所 洋上タービンで生成された電気は陸上へ運ばれる必要がある。上の変電所は、デンマーク南部沖に設置されているニューステ洋上風力発電地帯のタービン72基から電気を回収し、この電気を3万3000ボルトから13万2000ボルトへ変圧して、48kmの海底ケーブルを通じ陸上へ送電する。

送電

バルト海最大の風力発電地帯

Rødsand II 2010年に4億5000万ユーロのコストをかけたデンマークのRødsand II（ロドサンII）が完成した。バルト海最大で、世界では12番目に大きな洋上風力発電地帯である。平均9km沖に、5つの弧状に配列された90基のタービンが設置されている。Rødsand IIは207メガワットのピーク容量があり、年に約70万tのCO2排出を省力している。

オジロワシ 風力エネルギーは気候変動を減少させるため、場合によっては野生生物に大きな利益をもたらす可能性もあるが、タービンが鳥に危害を与えることもある。2006年初旬、4羽のオジロワシの死骸がノルウェーの洋上風力発電地帯で発見された。

犠牲者

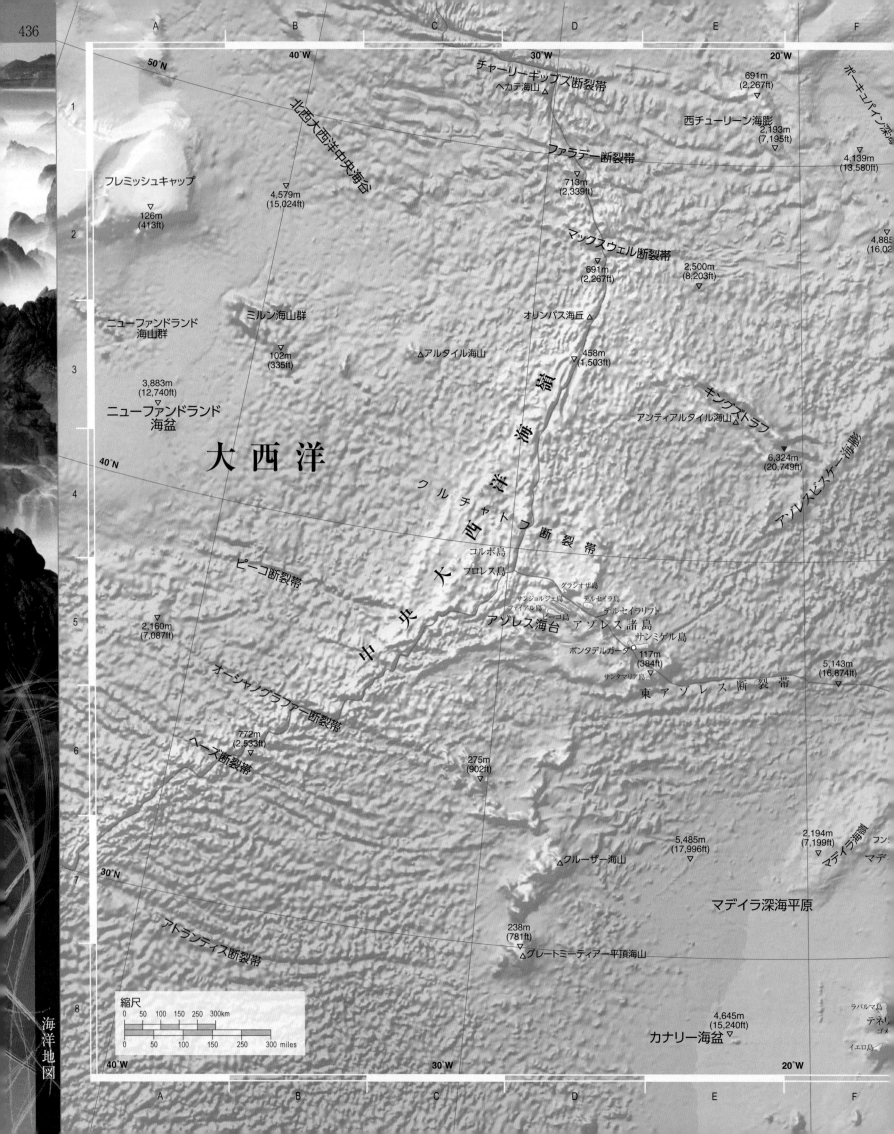

東大西洋

北大西洋東部は冬の嵐で有名で、ヨーロッパの西部沿岸地方に打撃を与える。この嵐のエネルギーをもたらすメキシコ湾流は、北東に流れる北大西洋海流へ暖かい海水を送りこむ。北大西洋循環は、この暖流の一部を引きこみ、アフリカの沿岸沿いを流れるカナリア海流として南へ動かす。

大西洋 I3
ビスケー湾

面積　22万3000km²

最大水深　4735m

流入　ロワール川、ドルドーニュ川、ガロンヌ川、アドゥール川

ブルターニュ半島のブレストとスペインの北部沿岸の間にあり、湾の北半分は非常に浅く、大陸棚上から小さな海洋盆であるビスケー深海平原に向かって急激に落ちこむ。湾を通過する船は、大西洋の大波を増幅する浅瀬でいきなり荒海を経験することになる。湾内を反時計回りの弱い表層海流がめぐる。シャルコー海山群、アゾレスビスケー海膨およびキングズトラフは、現在は活動停止している海洋地殻の裂け目の跡である。

湾を見守る灯台
ビスケー湾に突き出すブリタニー半島には灯台が多い。荒海に浮かぶ岩礁に立つラ岬の灯台。

大西洋 D5
アゾレス諸島

種類　火山島

面積　2300km²

島の数　9

中央大西洋海嶺は大西洋東部の海底に特徴的な地形で、中央の海溝と多数のトランスフォーム断裂帯がある。東に接するアゾレス諸島は、ユーラシア、アフリカおよび北アメリカプレートの3重点にまたがっている。島々は、海底地殻の厚い広大なアゾレス海台から盛り上がっている。元来は火山で、最古の島はかなりの量の石灰石や粘土蓄積物をも含む。マントルホットスポット(51ページ参照)が海台の下に横たわり、東アゾレス断裂帯と中央大西洋海嶺をつなぐテルセイラリフトがゆっくりと開いているようである。アゾレス諸島の最後の火山噴火は1957年で、ケーペリノス火山が噴火しファイアル島沖に噴石(溶岩の破砕物)の島が形成された。

大西洋 G8
カナリア諸島

種類　火山島

面積　7400km²

島の数　7

この諸島の名前は、同名の黄色い鳥カナリアではなくラテン語の「犬」に由来する。島々は火山島でマントルホットスポット上に横たわっている。テネリフェ島のピコ・デル・テイデは地上3番目に大きな火山で、海抜3700m以上、海底からの高さ約7000mである。最後の噴火は1909年であった。斜面は不安定で、過去に大きな山崩れが発生した跡がある。また、火山活動や地震によりラパルマ島の一部が海に滑り落ちと、巨大な津波を起こしかねない。こうした事象により、膨大な人口を抱える北アメリカなどの北大西洋沿岸部は、大災害にさらされる危険がある。2011年に40年ぶりの火山噴火が、諸島で最も新しく南西端にあるエル・イエロ島海域の海底で発生した。

テネリフェ島

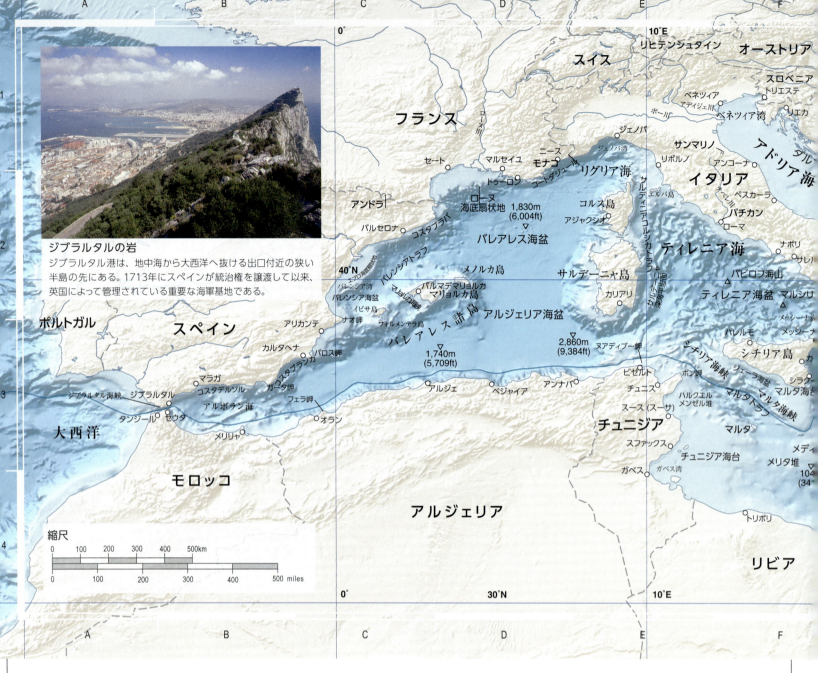

ジブラルタルの岩
ジブラルタル港は、地中海から大西洋へ抜ける出口付近の狭い半島の先にある。1713年にスペインが統治権を譲渡して以来、英国によって管理されている重要な海軍基地である。

地中海と黒海

地中海は周りをほぼ大陸に囲まれ、蒸発作用が活発で塩度が高く、干満の差は非常に小さく、海底は複雑である。近海の黒海は、アフリカ大陸プレートとユーラシアプレートが衝突した際に封鎖された、テティス海の最後のなごりである。

大西洋 D2
西地中海
面積 85万km²
最大水深 3600m
流入 大西洋、エブロ川、ローヌ川

地中海全体では、降水や河川水の流入より3倍の量を蒸発により失っている。この損失は大西洋からジブラルタル海峡を通って流入する、表層水により補われている。この表層水は北アフリカ沿岸をさらに東へ流れ、西地中海に反時計回りの循環を引き起こす。深層に、高塩度の海水を流出する強い底流がある。アルジェリア海盆とバレアレス諸島の平坦な底は厚い堆積層である。一方、多くの海山や隆起部があるティレニア海の東端は、活火山であるエトナ山、ストロンボリ島、ベスビオス火山などがつらなり、アフリカプレートがユーラシアプレートの下へもぐりこむ。東方向へ流れる表層水はシチリア海峡を通って西地中海へと進み続ける。

メッシーナ海峡の悪名高い渦は、ギリシャ神話に登場する海の怪物カリュブディスの霊力によると考えられてきた。

大西洋 H3
東地中海
面積 165万km²
最大水深 5095m
流入 黒海、アディジェ川、ナイル川、ポー川

地中海は、シチリア島、沈降したマルタ海台、およびチュニジア海台によって東西に分けられている。西地中海から東方向への流れはアフリカの沿岸に沿って進み続け、反時計回りの循環が東地中海、イオニア海、エーゲ海およびアドリア海で発生する。表層水は東へ流れる間に蒸発によって塩度が増し、冬の風に冷やされて沈み始める。その後150年間かけてジブラルタル海峡から西方向へ戻る。海底を貫く地中海海嶺は、アフリカプレートとユーラシアプレートの収束帯の圧縮により生じたものである。東地中海の堆積物は7000万年前のもので、西地中海の2500万年と比較すると古い。アドリア海は西地中海が分岐した浅瀬である。最終氷河期末期に海水位が上昇したため、東岸部に平行する低地が浸水して、ダルマチア海岸沿いに島々が生じた。

ベネチアラグーン
ベネチアはアドリア海の干潟の浅瀬に作られた。商人達はシルクロードへの通行を統制し財を成した。

火山島
エーゲ海のサントリーニ島は約3500年前に起こった大噴火の跡である。

エーゲ海
大西洋 H2

- 面積　21万4000km²
- 最大水深　3294m
- 流入　黒海、地中海

1000を超える島があり、冷たく塩度が高い地中海の深層水の大部分の水源である。1990年まで水源はアドリア海であったが、気候変動によりエーゲ海の冬季の寒さが増した。エーゲ海マイクロプレートと東のアナトリアプレートは、アフリカプレートとユーラシアプレートの収束帯に捕らわれ、地質構造は複雑である。エーゲ海の地殻は大陸と同じ厚さであったが、特にクレタトラフ周辺で薄くなり、現在は海水位よりかなり低い。ヘレニックトラフとプリニウス海溝は、アフリカプレートがエーゲ海マイクロプレートの下にもぐりこむ場所である。エーゲ火山弧はギリシャからキクラデス諸島南部を通りトルコへ伸び、休火山か死火山、深さ150kmから170kmにおいて現在も地震が起こっている。キクラデス諸島南部のサントリーニ島は、紀元前1640年頃の大噴火の跡である。

この噴火は過去1万年で最大で、クレタ島のミノア文明の滅亡を引き起こした可能性がある。火山弧の後ろには、キクラデス諸島の主要部が沈下した海台上にある。北端のトランスフォーム断層は、強い浅発地震の起こりやすいユーラシアプレートとの接点である。

スキアトス島
エーゲ海諸島は大部分が硬く変形した火山岩から成り、そのため海岸は切り立った断崖や波に削られた容貌をしていることが多い。

黒海
大西洋 J2

- 面積　42万2000km²
- 最大水深　2200m
- 流入　地中海、アゾフ海、ドナウ川、ドニエストル川、ドニエプル川、キジルイルマク川

周りを大陸に囲まれた内海で、ダーダネルス海峡、マルマラ海およびボスポラス海峡を通じて地中海とつながっている。地中海の水と混ざり合うことはほとんどなく、黒海の表層水の塩度は東地中海の約半分である。以前はボスポラス海峡からエーゲ海側へわずかに流出したが、河川がダムでせき止められ流量が減少したことから、黒海へ逆流していると見られる。

表層水は比較的淡水に近いが、水深約100-150mでは塩度の高い水がゆっくりと循環している。腐敗した有機物が水中の酸素を全て消費し、世界最大の無酸素の海洋系を作り出した。深層には基本的に生命が存在しない。海盆は、古代テティス海北岸の残った部分が孤立したものである。黒海の南部は深いが地中海ほどではなく、海底地殻は他の海洋よりも厚い。

北部のアゾフ海やオデッサ湾には浅瀬の大陸棚がある。ヨーロッパ最長のドナウ川河口には三角州が広がり、西岸から沖へとつづく大陸棚から堆積物を積み上げている。

黒海の船舶輸送
ボスポラス海峡は国際的な航路としては非常に狭い海峡で、黒海とマルマラ海をつないでいる。

メキシコ湾とカリブ海

カリブ海とメキシコ湾はなかば閉鎖した北大西洋の縁海である。淡水の流入が少なく蒸発速度が速いため、表層水の塩度は高い。この地域は激しい嵐や火山活動に見舞われることが多い。

大西洋 B3
メキシコ湾

面積 160万km²
最大水深 5203m
流入 カリブ海、ミシシッピ川、リオグランデ川、アパラチコーラ川

北アメリカ大陸にほぼ囲まれた深い海盆中央部に対して北および南から広がる大陸棚は、石油の埋蔵量が豊富である。循環は弱く、温められた海水は塩度が高くなる。河川およびカリブ海から水が流入し、流出する暖かく塩度の高い水がメキシコ湾流を動かし、フロリダ海峡を通って東へ向かう。この流路は、2つの石灰岩台地の間を抜ける。北の海面上にあるフロリダ半島と、南の低い島の並ぶ沈下海台のバハマである。沿岸は夏の終わりから秋にかけて、強力なハリケーンの影響を受ける。

大西洋 E6
カリブ海

面積 275万km²
最大水深 7685m
流入 大西洋、マグダレナ川

カリブ海は熱帯の水域で、南と西の境界は南米と中米、北と東の境界は大アンティル諸島、小アンティル諸島に面している。アンティル諸島の大部分と大陸沿岸の一部の周辺には、サンゴ礁と「キー」と呼ばれる小島群がある。

海底のカリブ海プレートはかつて太平洋の底の一部であり、現在でも北アメリカと南アメリカのプレートの間をゆっくりと東方向へ移動している。沈みこみ帯は東へ向かう大西洋プレートからカリブ海プレートを切り離し、小アンティル諸島の火山島弧を作り出している。東から西へ流れる表層海流はカリブ海全体に流れこみ、東部の小島の隙間を通ってギアナ海流が流入し、北西のユカタン海峡を経てメキシコ湾へと流出する。

モンセラトの硫気孔火山

人間の影響
パナマ運河

1914年に開通。大西洋と太平洋を結び、この開通により船はホーン岬を通る長旅をする必要がなくなった。建設は技術的にみて最難関のプロジェクトであり、10年以上の年を費やし多数の犠牲者を出した。現在では、毎年1万4000隻の船がパナマ運河を利用している。

1913年当時のパナマ運河の閘門

大西洋 H2
サルガッソー海

面積 520万km²
最大水深 7000m
流入 なし

北大西洋のバミューダ諸島の南東部にある広大な海域である。西および北はメキシコ湾流、東は遠方までカナリア海流、さらに南は北赤道海流に囲まれていて、時計回りにゆっくりと循環し、非常に穏やかであることが多い。

海面に浮かぶ黄褐色の海藻の大きな塊が、ウナギをふくむ小さな甲殻類や魚の避難場所となり食料を提供している。ウナギの成体は生殖と産卵のために毎年サルガッソー海へと移動し、若いウナギはメキシコ湾流を利用して北アメリカやヨーロッパの川へ戻る。大西洋のこの部分の深海は北から南へ流れている。

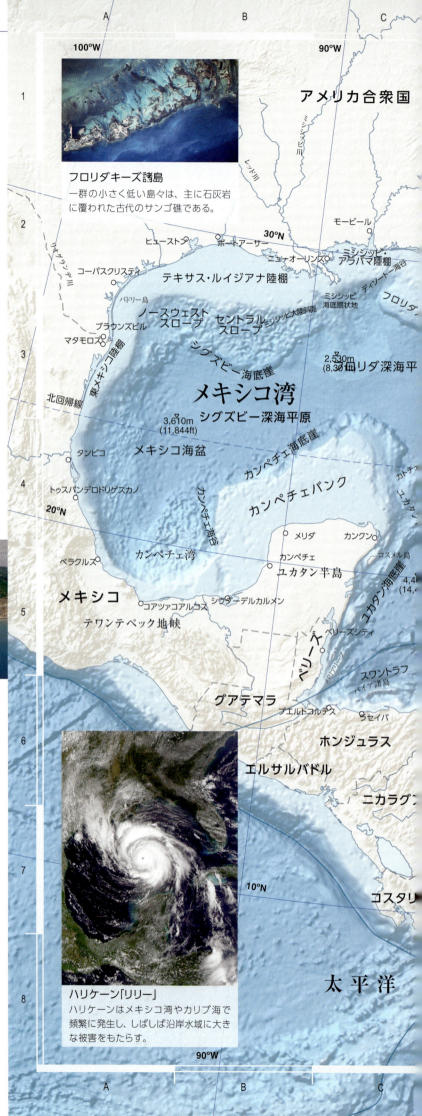

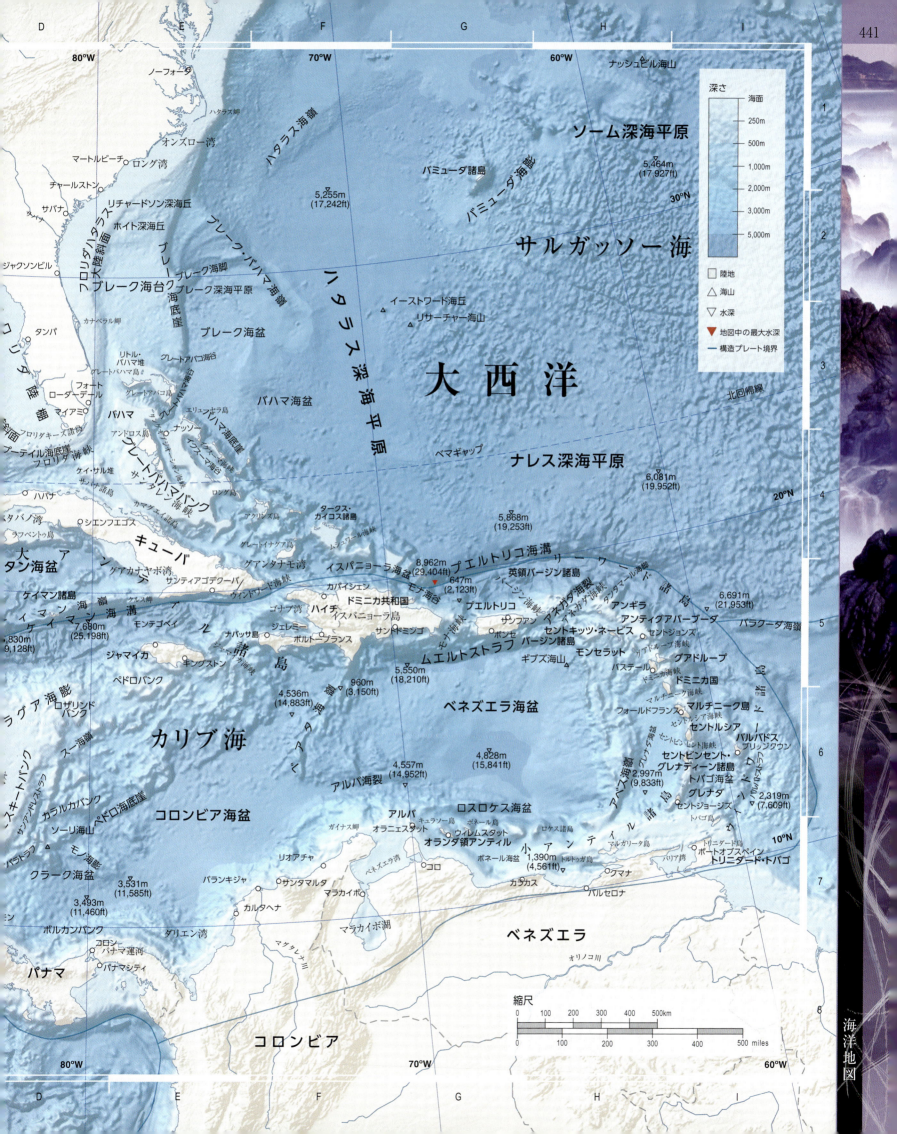

中央大西洋

中央大西洋海嶺は世界最長の海嶺で、中央大西洋の海底に特徴的である。この海嶺の両側には、アンゴラ海盆およびブラジル海盆の2つの深海平原がある。中央大西洋には強力な大西洋の循環が集中している。この循環は両者とも赤道付近を西方向へ流れるが、強い東方向への表層流である赤道反流および水深100mを流れるさらに強い赤道潜流によって分離する。カナリア海流は北アフリカの海岸に沿って南へ流れ、北赤道海流となる。南では、冷たいベンゲラ海流がアフリカの海岸へ向かって流れ、南赤道海流となり海岸から離れる。この海流は南アメリカへ到達する場所で分岐し、ギアナ海流および弱いブラジル海流となる。

枕状溶岩
大西洋中央海嶺の枕状溶岩。押し出された溶岩が冷水に接触し、急激に冷やされてできた。

大西洋 G3
中央大西洋海嶺
- 長さ 1万km
- 海底からの平均高さ 3000m
- 拡大速度 2-5cm/年

大西洋中央海嶺はその断層や裂け目により、大西洋の全長を分断する。中央大西洋には比較的狭い大陸棚があり、海底が分裂した箇所が容易にわかる。アセンション島やセントヘレナ島の火山は海面から突き出るが、ほとんどの海嶺が水深1500-3000mに横たわる。海底は中央

アセンション島
大西洋中央海嶺の西に隣接しているアセンション島は、44の噴火口を火山島である。

から離れるにつれて深く古くなり、また堆積物に覆われてよりなめらかである。

単調なアンゴラ海盆とブラジル海盆が、東と西に横たわっている。この海嶺には、トランスフォーム断層により多数の地点で東西方向のズレがあり、こうした地点でアフリカプレートと南米プレートがすれ違っている。断裂帯は、海嶺から長く伸び、活断層の部分は同じプレートの他の部分とは異なる速さで移動している。

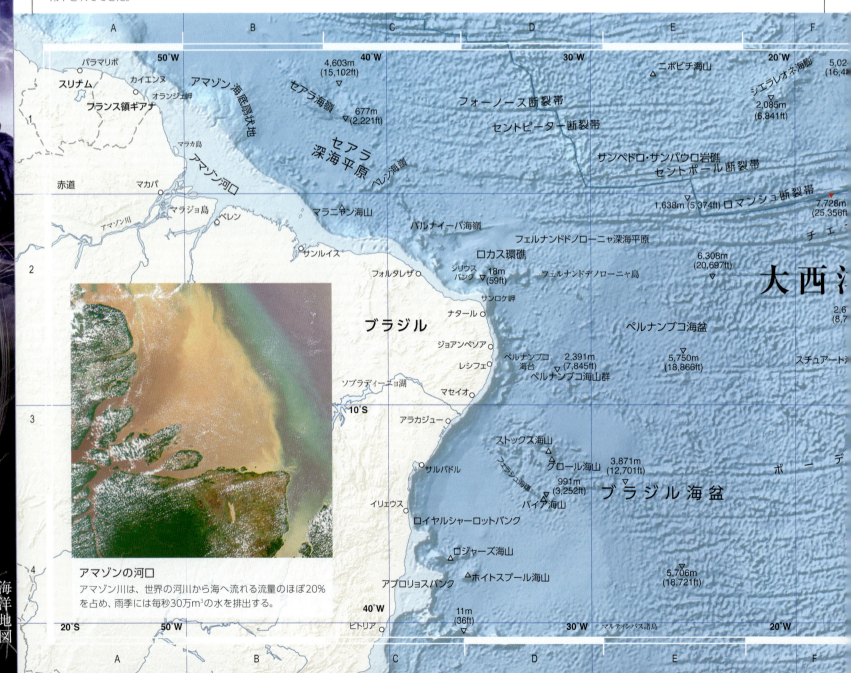

アマゾンの河口
アマゾン川は、世界の河川から海へ流れる流量のほぼ20%を占め、雨季には毎秒30万m³の水を排出する。

中央大西洋　443

大西洋 I1
ギニア湾

面積　140万km²
最大水深　5204m
流入　大西洋、ニジェール川、ボルタ川

大西洋を流れるカナリア海流の一部は、東へ流れるギニア海流となりアフリカ沿岸をギニア湾へ向かって流れる。湾へ流入する淡水の大部分はニジェール川から供給され、この川には厚さ4kmの広大な扇状地堆積物がある。南大西洋に淡水を供給するさらに大きな水源は、南へ流れるコンゴ川である。大量の石油とガスがニジェール河の河口域と海底扇状地の堆積物に埋蔵されており、ナイジェリアはアフリカ最大の産油国である。それより少ないがコンゴ海底扇状地とガボン沖の大陸棚にも石油が埋蔵されており、ギニア湾の深層では現在石油の探索が行われている。1億8千万年前、大西洋海盆が形成し始めた際、地殻に3つの亀裂が生じ地殻変動の3重点を形成した。うち2つは南と西方向へ開き続け、今日の南大西洋を形成した。三つめの亀裂は北東へ開いていたが、この動きは急速に停止した。亀裂の拡大が停止した場所は、アナボン諸島、サントメ島、プリンシペ島、ギニア湾のビオコ、カメルーン山など、一連の死火山となった。サントメ島は海抜2020mである。

ニジェールデルタ
スペースシャトルから写したニジェール川の河口域。堆積物が沖へ運ばれている。

大西洋 K4
スケルトン海岸

種類　海流や波などの侵食により形成された海岸
全長　1400km

冷たいベンゲラ海流はアフリカ南部の西海岸沿いを流れ、気候を左右する。恒風が海から吹くが、冷たい洋上の空気は水蒸気をほとんど運ばず、近くの海岸は砂漠である。地上からの暖かい空気が海上の冷気と合流する際、しばしば濃霧が立ちこめる。悪名高いスケルトン海岸沿いに多くの船の残骸があるように、この霧は航海の危険となりうる。霧以外にも、エンジン故障により損傷した船が風や海流によって岸へと流されても、最寄の港は非常に遠い。ここで難破して生き残った船員の多くは、歩いてナミブ砂漠を脱出するという辛い旅しかない。ベンゲラ海流が北から海岸沿いにオレンジ川の堆積物を運ぶため、ナミビア沿岸水域ではダイアモンドの採掘が行われている。堆積物は、南アフリカの内陸から洗い流された貴重なダイアモンドを大量に含んでいる。恵まれた漁場もベンゲラ海流の副産物で、この海流は栄養分に富んだ湧昇流を引き起こす。

船の残骸
骸骨海岸に文字通り人間の骸骨は確かにあるが、よく見られるのは錆びた船である。

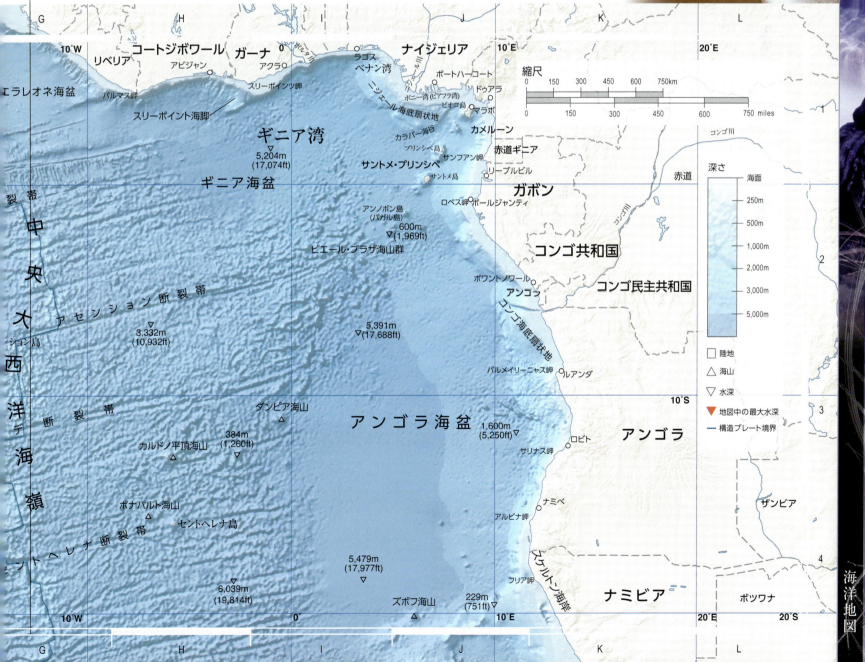

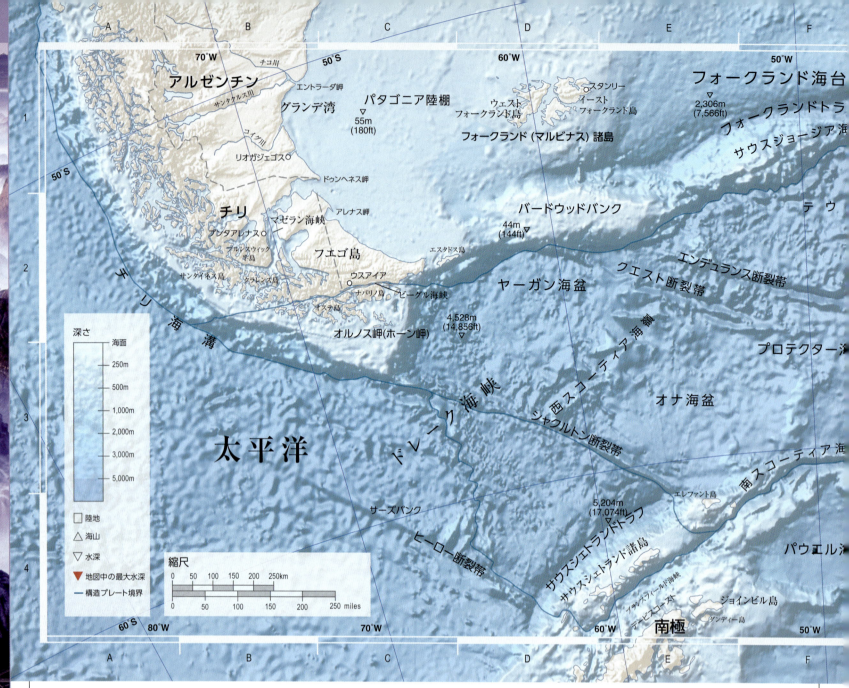

スコーティア海

冷たいスコシア海とそれに隣接する極付近の海は、南大西洋と南大洋の間に横たわる。海氷は冬の間この海域の海岸線の周りに現れ、南極の大氷原から分離した氷山が1年中見られる。

大西洋 G2
スコーティア海

面積　90万km²

最大水深　5576m

流入　南大洋

北をフエゴ島とサウスジョージア島、南をサウスシェトランドとサウスオークニー諸島、東をサウスサンドウィッチ諸島と接する。

太平洋からドレーク海峡を通り大西洋へ向かう環南極海流が流れている。その一部は冷たいフォークランド海流となり、南米の東海岸沿いを北上してフォークランド諸島の北でブラジル海流の暖かい海水と合流する際、栄養分が豊かな恵まれた漁場を作り出す。スコーティアプレートはアメリカプレートおよび南極プレートに連動し東へ移動している。南米と南極大陸の分離は約1億年前に始まり、できて間もない南大西洋とインド洋海盆へ太平洋が流入する通路が開かれた。これが南極を冷やす第一段階となった。

大西洋 B2、C2
マゼラン海峡

全長　530km

最小幅　4km

大西洋から太平洋へ初めて航海したヨーロッパ人とされるポルトガルの探検家フェルディナンド・マゼランにちなんで、南アメリカ本土とフエゴ島の間にある海峡は命名された。航行に危険となりうる狭い場所はあるが、強大な力を持つ南極海の影響を受けない。1616年、オルノス岬付近の広々とした航路が発見されるまで、マゼラン海峡は大西洋-太平洋間の航路としてよく使われた。

フエゴ列島を通るもう1つの安全な航路はビーグル水道で、名前はイギリスの博物学者チャールズ・ダーウィンが1831年から1836年に行った科学調査で使用した調査船にちなんでいる。オルノス岬は南アメリカ最南端の地点で、フエゴ島の南にあるハーマイト諸島の島に位置する。

5大洋でも最南端にある航路ホーン岬は1616年海上交易の商人により発見され、故郷オランダの町「ホーン」に敬意を表し名づけられた。しかし、現在は大西洋-太平洋間の商業船は、ほとんどパナマ運河を通っている。

ホーン岬

悪天候で有名である。ここは、多くの船員にとって最大の野望とされる航路。

サウスサンドウィッチの火山
モンタギュー島のベリンダ山は2001年に噴火が始まった。この衛星画像が撮られた2005年にもまだ活動中。

大西洋　J2
サウスサンドウィッチ海溝

全長 965km
最大水深 8325m
プレート収束速度 7cm/年

サウスサンドウィッチ諸島は、1775年ジェームズ・クックによって発見された。初めて人が訪れたのはアザラシ狩猟者が上陸した1818年であった。誰も永住せず、無人島のままであった。火山の山頂が海抜1000mにまで上昇し、島はほとんど玄武岩質溶岩から成り、氷河で覆われた。北部には高さが海底から30m以下の海底火山であるプロテクター海盆がある。サウスサンドウィッチ諸島がスコーティア海の東側の境界となっており、そのさらに東にサウスサンドウィッチ海溝が横たわる。両者は、スコーティアプレートと南大西洋プレートが衝突する地殻変動の過程で生じたものである。スコーティアプレートは東スコーティア海嶺で分裂して拡散し、東側に新しいサウスサンドウィッチマイクロプレートを形成する。このプレートは800万年と地質学的に新しく、上昇している。年間7cm東へ移動しており、南大西洋プレートへと集中する沈みこみ帯では、より古い南大西洋プレートがサウスサンドウィッチプレートの下へ沈む。ここはサウスサンドウィッチ海溝と弧を描いて並ぶ火山島、サウスサンドウィッチ諸島が連なる。

海氷
サウスシェトランド諸島の1つ、ベリンハウゼン島。19世紀にこの島を発見したロシアの探検家にちなんで名づけられた。海岸に接岸する海氷である。

大西洋　F3
サウスジョージア海嶺

全長 2500km
海底からの高さ 3000m
相対運動率 0.7cm/年

フエゴ諸島を通り東へ続く境界線であるスコーティアプレートの北端にある。これは、北方向の、南大西洋プレートとのトランスフォーム境界である（55ページ参照）。南方向にも同じような境界線が、南スコーティア海嶺と南極プレートの間にある。バードウッドバンクやサウスジョージア海嶺など大陸地殻の一部は、南米大陸が西へ移動した後に残ったと考えられる。サウスジョージア島は1775年ジェームズ・クックが名づけたが、1675年には発見されていた可能性がある。19世紀にはアザラシ狩猟者の拠点となり、20世紀には7つの捕鯨基地がより安全な北部の海岸に建設された。1965年に最後の基地が閉鎖された。サウスジョージア海嶺の北部は中程度の深さの海底地殻、フォークランド海台および南米の東海岸にある広大なパタゴニア陸棚の上に横たわっている。フォークランド諸島はゴンドワナが分裂（46ページ参照）し、その後、南大西洋が形成された際に残された大陸の跡である。

放棄された捕鯨基地
グリトヴィケンは、1904年から1965年の間、南ジョージア海嶺の捕鯨基地であった。港に横たわるさびた古い捕鯨船。

インド洋

インド洋はアフリカとオーストラリアの間にある地球上第3の大海である。インド洋北部を横切る航路は1405年から1433年の間に、ペルシャ湾から来た商人と中国の武将の鄭和によって開通した。ポルトガルの探検家ヴァスコ・ダ・ガマはヨーロッパ人として初めて、1498年にアフリカの南を回ってインドに到達した。

マラッカ海峡の日の出

海洋循環

インド洋南部では反時計回りの南インド洋渦が優勢である。これが南赤道海流を動かし、ひいてはアガラス海流を駆動している。赤道の北側においては、インド亜大陸と、モンスーン気候に特徴的な季節に伴う風向きの反転の影響を受け、海水の循環は複雑である。インド上空の高気圧は11月から4月にかけてアラビア海の表層水をインドから沖へ向かって押し流し、北赤道海流と赤道反流を発生させる。夏には、インド上空の低気圧が南西風を生み出し、南西モンスーン海流が北赤道海流に取って代わり、ソマリ海流がアフリカ東岸に沿って北東へ強く流れる。

竹馬漁法

スリランカには、魚を脅かさないように棒に腰掛けて行う漁法がある。

海底

インド洋の海底には、南西インド洋海嶺、中央インド洋海嶺、南東インド洋海嶺という、三重会合点に集まる3つの中央海嶺がそびえ立つ。アフリカ大陸が南極大陸とオーストラリアから分離したときにインド洋は開きはじめ、3600万年前、インドがアジアに衝突したとき現在の形になった。東経九十度海嶺とチャゴス・ラカディブ海台という二つの長い直線的な地形が、インドの北方への急激な移動を物語っている。インド洋には唯一の大きな海溝、ジャワ-スンダ海溝があり、そこでオーストラリアプレートとインドプレートがユーラシアプレートの下に沈みこんでいる。インドプレートとオーストラリアプレートは現在では独立して移動していると考えられているが、2つのプレートの境界の位置は明らかでない。

インド洋の海

ケニア海岸の透き通った水の底に岩の浅瀬とサンゴの群落、砂州が見える。

紅海とアラビア海

インド洋北東部の循環は独特で、季節風の影響を受け年に2回反転する。何千年もの間、航海士はこの特徴を利用して、この地域の通商航路をたもってきた。現在、石油とスエズ運河の存在が、この地域の戦略的重要性を増している。

インド洋 B4
紅海

面積	45万km²
最大水深	3,040m
流入	アラビア海

紅海は「若く」、アラビアプレートがアフリカから分裂しはじめた2500万年前からゆるやかに開いた。中央のトラフは比較的浅い大陸棚にはさまれ、海水は暖かく、裾礁(海岸部に接して発達したサンゴ礁)が多い。1869年に開通したスエズ運河によって地中海と結ばれた。

スエズ運河

インド洋 D2
ペルシャ湾

面積	24万1000km²
最大水深	110m
流入	ティグリス川、ユーフラテス川、カールーン川

ペルシャ湾は温暖な半閉鎖性海域で、ほぼ全域が深さ100m未満である。ホルムズ海峡とオマーン湾をへてアラビア海に通じる。浅瀬では十分に海水混合が進み、陸地から湾北部および東部へ流出する有機物のおかげで紅海よりも栄養豊富である。サンゴは最高33度という非常に高い水温に適応している。

アラビアプレートは紅海中軸帯から伸びており、北東へ移動しながらユーラシアプレートの下に沈みこんでいるため湾は北東側が深い。この地殻変動活動が2億8000万年前までさかのぼる堆積物を折り曲げ上昇させ、石油を集積、貯留する「トラップ」を生み出した。現在では、石油が地域経済を支配している。

インド洋 G5
アラビア海

面積	390万km²
最大水深	4481m
流入	インダス川、ナルマダ川

アラビア海はアラビア半島とインドの間に位置し、アラビア海盆の深海平原に広がる。インドプレートの海洋部分にあたり、西縁はアラビアプレートとのトランスフォーム境界であるオーエン断裂帯と接している。南縁のカールスバーグ海嶺は、インドとアフリカの分離進行により拡大中の中央海嶺である。西にはアデン湾があり、拡大海嶺の確立した紅海中軸帯へと通じる。北岸では、マクラン(Makran)沈み込み帯内の地震が泥火山の噴火を引き起こすことがある。一例に2013年のパキスタン地震でグワダル沖に突然、出現した新島がある。こうした特徴は、通常数か月以内に沈下する。

インド洋 I8
モルディブ

種類	環礁島
面積	298km²
島の数	1192

モルディブはチャゴス・ラカディブ海嶺の中ほどに位置する。ラクシャドウィープ諸島と海面下にある多数の堆(大陸棚上の特に浅いところ)がこの海嶺の北端である。島が1000以上あり、サンゴと砂州からなる27の環礁に分かれる。もっとも高い島でも海抜3m未満である。気候が温暖で浅い礁湖が広がり、爽やかな潮風が吹くことから、旅行先として人気が高い。島の経済において、観光産業はますます重要な役割をになっているものの、島民の本業は今も漁業である。

モルディブ島

石油の輸送
現在、ペルシャ湾と紅海を通行する船の多くは、石油を積み出している。

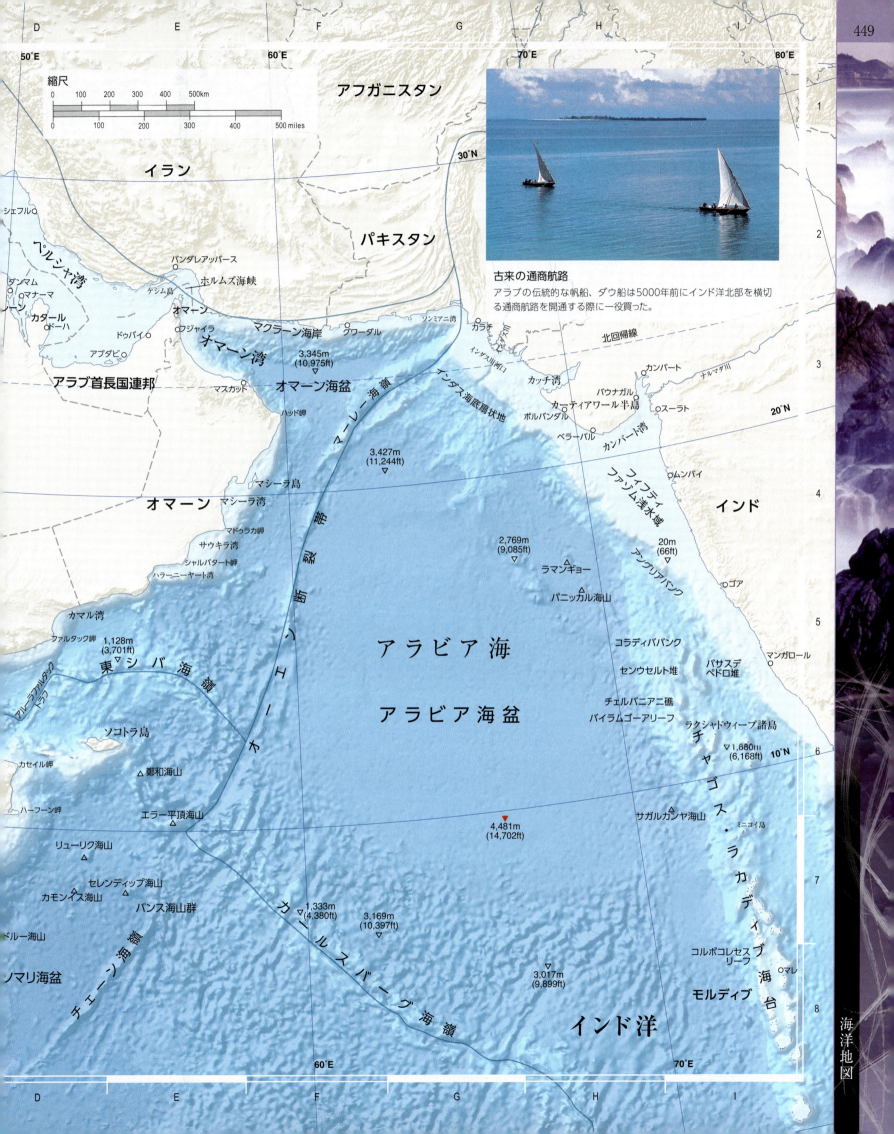

ベンガル湾

インド洋北東の角は陸地によって三方がふさがっている。この熱帯の海域はモンスーン気候に属し、6月から11月の間はサイクロンが通過することが多い。

インド洋 C2
ベンガル湾

面積 290万km²

最大水深 4695m

流入 ガンジス川、ブラマプトラ川、マハナディ川、ゴダバリ川、クリシナ川、カーベリ川、エーヤーワディ川(イラワディ川)

インド洋の海流は西向きで、ベンガル湾の循環は北西モンスーン期(冬)には時計回りである。この流れは南西モンスーン期に反転する。湾の北半分はガンジス川海底扇状地が広がり、コンチネンタルライズから深海平原まで堆積物が円錐状に厚くつみ重なる。この堆積は世界でもっとも高速に成長する。

インド洋 F4
マラッカ海峡

長さ 963km

最小幅 15km

マラッカ海峡は南シナ海を経てインド洋と太平洋を結んでいる。世界でも非常に通行量の多い水路で、1日に約140隻の船が通過する。石油は世界の取引量の約4分の1がペルシャ湾から日本や中国などの市場へ運ばれる。このような重交通は1990年代には海賊行為の増大をもたらしたが、2005年以降は厳重な海軍パトロールによって低下していった。全世界の海賊行為が2011年の439件をピークに2012年には297件に下がった。

インド洋 E3
アンダマン海

面積 79万8000km²

最大水深 3777m

流入 ベンガル湾、マラッカ海峡、エーヤーワディ川(イラワディ川)、サルウィン川

アンダマン海はアンダマン諸島とスマトラ島、マレー半島の間に位置する。東部と北部には広い大陸棚があり、スズ鉱石として錫石を得るために堆積物が掘り起こされている。アルコック海膨とセウェル海膨を隔てる深い海底の中心が拡大しつづけるため、ビルマプレートとスンダプレートは300-400万年前から押し離されている。この発散によりアンダマン海が誕生した。東半分はスンダプレート上にあり、スマトラ島の大部分とマレー半島もそのプレート上にある。西半分にあるスンダ海溝の沈みこみ地帯では、インドプレートが若いビルマプレートに沈みこんでいる。この沈みこみ地帯の南部が2004年のインド洋津波の震源であった(456-457ページ参照)。

ハヴロック島

アンダマン諸島に属するハヴロック島は、東岸部にマングローブの林が生える。この地域の島々は火山島で、周囲はサンゴ礁に囲まれている。

ジャワ海溝

インド洋東部では、海水は南西モンスーン期に南赤道海流によって東から西へ運ばれ、北西モンスーン期には流れが西向きの赤道反流に変わる。インド洋の最深部であるジャワ海溝はこの海域にあり、そこでオーストラリアプレートとユーラシアプレートがぶつかっている。

インド洋 D2
ジャワ海溝

長さ	2600km
最大水深	7125m
プレート収束速度	6cm/年

ジャワ海溝はスンダ海溝から伸び、オーストラリアプレートの海洋部分がユーラシアプレートの下に沈みこむ場所である。ジャワ海溝の背後でつぎつぎと火山が噴火し、スマトラ島、ジャワ島、小スンダ列島の人々を苦しめた。オーストラリアプレートは年に6cmの速度で北上している。そのためジャワ海溝の南西側では、インド洋海底に南北方向に地形構造が見られる。インベスティゲーター海嶺と東経九十度海嶺の間には、2つのプレートの移動速度の違いによって南北に割れ目が走る。東経九十度海嶺はもっとも長い海底山脈で、5000kmにわたる。この山脈はインド洋が開いたとき、インドが北へ急速に移動した跡に、ケルゲレンホットスポットの上に押し出された、大量の火山物質の堆積である。インドと南極大陸の間に海底が拡大するにつれ北へ運ばれた。

インド洋 F2
ティモール海

面積	61万km²
最大水深	3300m
流入	インド洋、アラフラ海

ティモール海は中央インド洋の東の境界を示す。南西モンスーン期にアラフラ海（473ページ参照）から太平洋の海水が流入し、南赤道海流を動かす。この流れは北西モンスーン期には反転する。オーストラリアの先住民はおそらくティモール海の島々を伝って東南アジアからたどり着いたのだろう。大部分が浅瀬で、北縁に沿って深いティモールトラフがある。大量の石油と天然ガスがティモール海の大陸棚の堆積物中に眠っていると考えられ、オーストラリアと東ティモールの間で開発権が争われている。暖かい浅瀬の熱帯水域であり、1月から3月にかけて熱帯低気圧やサイクロンが発達しやすい。それら大型低気圧は南西へ進みインド洋へ抜けるが、内陸へ進路を変えオーストラリア西部を襲うこともある。またオーストラリア側の沿岸水域にはエビなどの漁場がある。

ティモールの漁師
島の漁師は伝統的な沿岸漁業を行っている。写真はディリ近くのアレイアブランカの浜で網をたぐり寄せているところ。

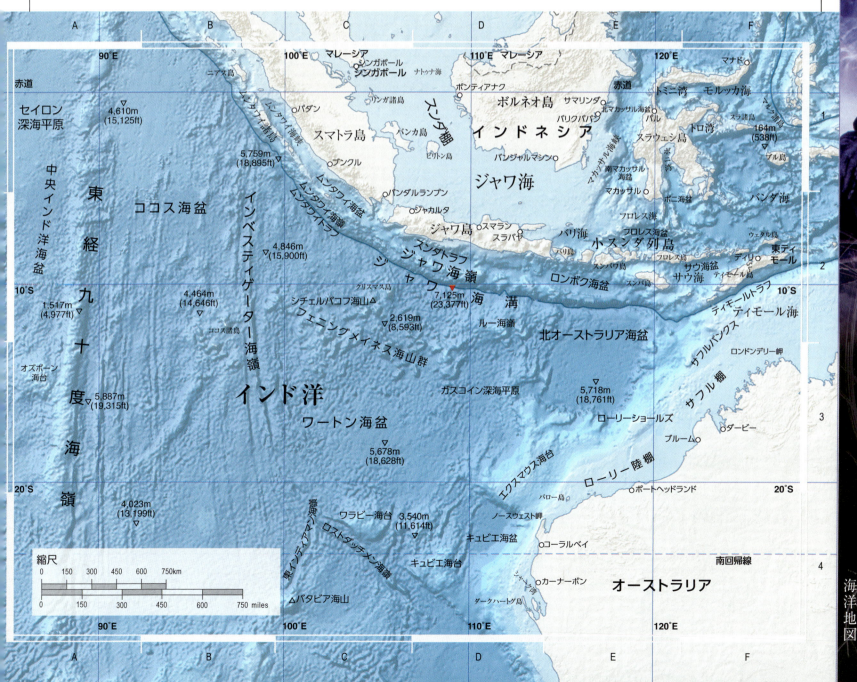

ガンジス川デルタ

バングラデシュおよびインド北東部のベンガル湾には、ガンジス川といくつかの川が注ぐところに世界最大のデルタが形成されている。このデルタの一部を映す衛星画像の中で、濃いグリーンの地域はシュンドルボン(Sundarbans)として知られるマングローブ林、明るいグリーンの地域は耕作地である。

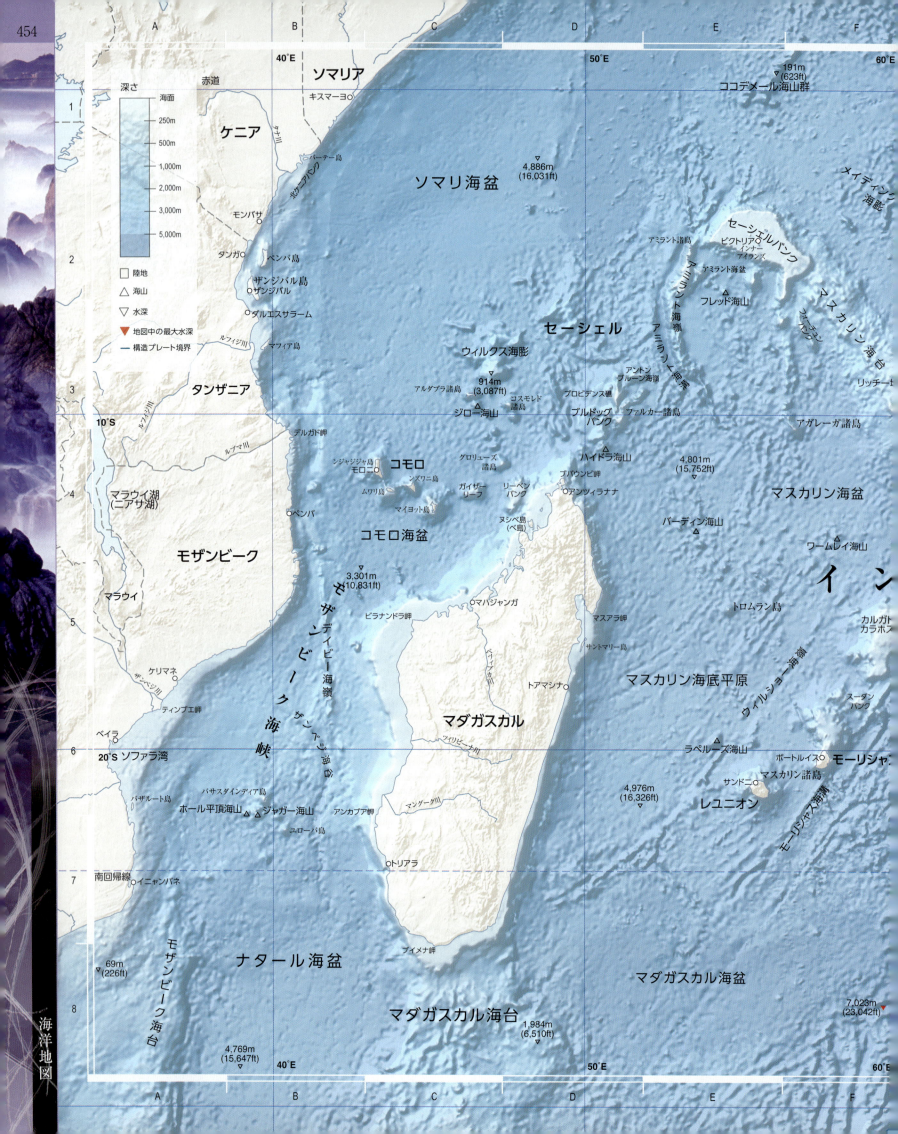

セーシェル諸島とマダガスカル

インド洋東部の海底では岩礁があちこちに突出して、過去1億5000万年にわたるゴンドワナランドの分裂を物語る。また、インド洋の暖かい海水は、多種多様な海洋生物にとって理想的な環境であることが明らかになっている。

インド洋 D3
セーシェル諸島

種類	大陸島
面積	455km²
島の数	115

セーシェルの巨大な花崗岩群

セーシェル本島(内島)は花崗岩でできた島でセーシェルバンクと呼ばれる浅瀬の上にあり、海底からの高さは900m以上である。本島以外の南西側の島(外島)は、海山の上の珊瑚島(環礁)である。セーシェルバンクは、南のレユニオン島まで広がるマスカリン海台の最北部にあたる。この大陸断片は現在の中央インド洋海嶺が拡大しはじめた約6500万年前にインドから分裂した。

インド洋 B5
モザンビーク海峡

面積	100万km²
最大水深	110m
流入	ザンベジ川、ルリオ川

この海峡はマダガスカルとアフリカ大陸を隔てていて、海域に生息する古代のシーラカンスは、海峡の両岸とコモロ諸島沖で発見された。反時計周りの渦がコモロ諸島周辺で見られ、海峡の中心部では、もっぱら反時計周りのいくつかの渦が海流を動かしている。南赤道海流から流入する海水を集め、暖かいアガラス海流がナタール海盆に生まれる。

インド洋 H3
中央インド洋海嶺

長さ	3400km
海底からの平均の高さ	1500m
拡大速度	3cm/年

インドプレートとアフリカプレートを分裂させる地殻変動は、この海嶺で発生し一連のトランスフォーム断裂帯にはっきりと現れている。断裂は、6500万年前にレユニオンホットスポットが膨大な量の玄武岩を噴出し、デカントラップと呼ばれる高原を形成したときに始まった。さらに古い拡大海嶺がいまもマスカリン海台とマスカリン海底平原の間に沈みこんでいる。

インド洋 F6
モーリシャス島とレユニオン島

種類	火山島
面積	4550km²
島の数	2

マスカリン諸島とモーリシャス島、レユニオン島はマスカリン海台でもっとも大きく新しく、海底からの高さは6500mである。同じ海台の北東部の古い堆や東部のロドリゲス海嶺と同じように、かつては火山島で、深部マントルのホットスポット上に形成された。デカントラップの噴火(上記「中央インド洋海嶺」参照)のあともレユニオンホットスポットは活発で、ラカディブ諸島やモルディブ諸島、チャゴス海台をふくむ、火山構造の痕跡を海底にいくつも残した。ピトン・ドゥ・ラ・フルネーズはレユニオン島の主峰で、地球上でまれに見る活発な活火山である。

サンゴ礁の海
火山島モーリシャスの北海岸に広がるサンゴ礁。

太平洋

太平洋は世界最大の海洋である。広さは大西洋の2倍で、地球表面の3分の1以上を占める。太平洋の多くの島々には、かつてミクロネシア人およびポリネシア人が住みつき、16世紀にはヨーロッパ人がその地に足を踏み入れた。フェルディナンド・マゼランは、1521年に太平洋を横断した後に死亡したが、残された艦隊が史上初めての世界一周を達成した。

南太平洋のボラボラ島

海洋循環

太平洋は、北極海とは流れが分断されているが、南大洋とは海水を交換している。北赤道海流は世界最長の海流で、1万4500kmにわたり太平洋を西向きに横断しながら海水を運ぶ。黒潮暖流は、北太平洋の西岸境界流として北方を流れ、黒潮続流は西太平洋に暖水を戻す。南太平洋では循環は反時計回りで、南赤道海流、暖流の東オーストラリア海流、周南極海流およびフンボルト海流をふくむ。寒流のフンボルト海流が沿岸から分岐する海域では、強い湧昇流が発生するが、この湧昇流はエルニーニョ・南方振動の際には必ず弱まる。(68-69ページ参照)

荒れる海
北太平洋は嵐の多発地域である。写真は、ベーリング海の荒れる波間を突き進む船首。

海盆

太平洋海盆は、大西洋およびインド洋が誕生して以来、縮小している。他の海洋に比べ、海洋地殻が浸食した沈みこみ帯が多い。火山の大噴火はこれらの沈みこみ帯域で生じ、環太平洋火山帯を形成した(184ページ参照)。西太平洋には火山列島が散在し、深い海溝が認められ、そこでは太平洋プレートが大陸性のユーラシアプレートと、比較的小さな海洋性プレートと出合っている。それに対して東太平洋の海底はかなりなだらかで、北アメリカ沿岸および東太平洋海膨からゆるやかに傾斜している。海洋中央に連なる島々および海山は、マントルホットスポット上の周期的な噴火活動によって形成された。

東太平洋海膨

枕状溶岩は、中央海嶺全体で見られ、海洋全域で地殻の上層をなしている。

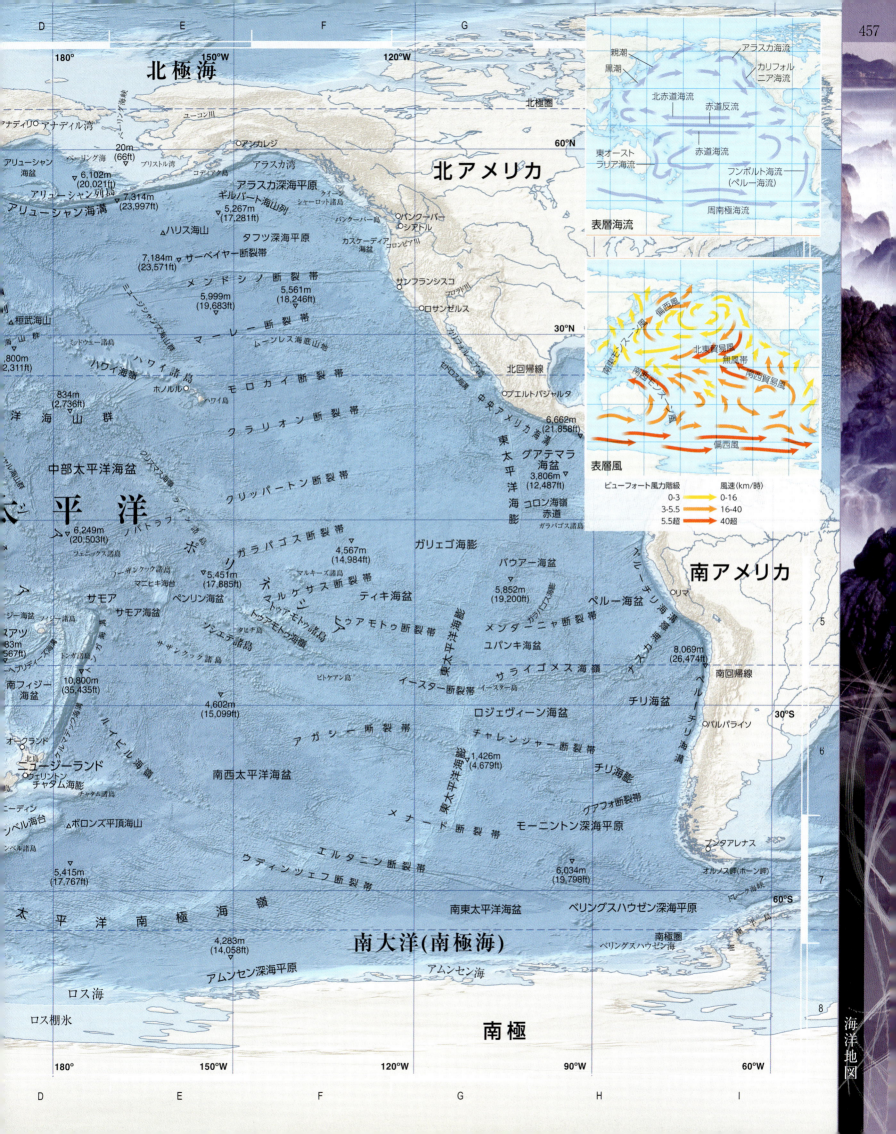

ベーリング海とアラスカ湾

北太平洋でも寒冷で荒天の亜極域の海は生産性が高く、豊かな漁業の基盤である。地質学的には、沈みこみ帯が占め、火山活動および地震の危険を常にはらんでいる。

太平洋

アリューシャン海溝

長さ	3200km
最大水深	8100m
プレート収束速度	8cm/年

ベーリング海は、南をアリューシャン列島で閉ざされ、列島の太平洋側に走るアリューシャン海溝で太平洋プレートが北アメリカプレートに沈みこむ。この沈みこみ帯により、環太平洋火山帯の最北部に当たる列島の火山弧が生じた。アリューシャン海溝は、東は海洋地殻と大陸地殻との境界域まで続く。20世紀最大の火山活動は、1912年にアラスカ半島で起きたカトマイ山の噴火である。この沈みこみ帯はアンカレッジの一部が壊滅した1964年の地震など大地震の巣である。

アリューシャン列島のアザラシ

太平洋 D3

ベーリング海

面積	230万km²
最大水深	6102m
流入	太平洋、ユーコン川、アナディル川

この海の名は、1741年に海域を探検したロシア海軍のデンマーク人航海士にちなんでいる。アジア大陸と北アメリカ大陸の中間に位置し、南はアリューシャン列島が境界をなし、北は狭いベーリング海峡で北極海と繋がる。北極海の冷たい海水が、この海峡を南へと通り、反時計回りの循環に流入している。主な淡水の流入はユーコン川で、河口域が広い。ベーリング海は世界有数の豊かな漁場で

ベーリング海

この衛星画像は、チュコト海からベーリング海峡を通り南下する流氷をとらえている。

あり、アメリカ合衆国全体における魚類および甲殻類の総漁獲高の約半分をアラスカ州があげている。ゴマフアザラシおよびコククジラも、生産性豊かな海のめぐみを満喫する。ベーリング海の南西半分が深い海盆域であるのに対し、北西部は広大な大陸棚で非常に浅い。この海域の大部分は最終氷期には今日より海表面が120mほど低く、陸橋であった。長期にわたり陸地化したルートは、さまざまな種の移住を助け、人類もアジアから北アメリカに徒歩で初めて移住した。

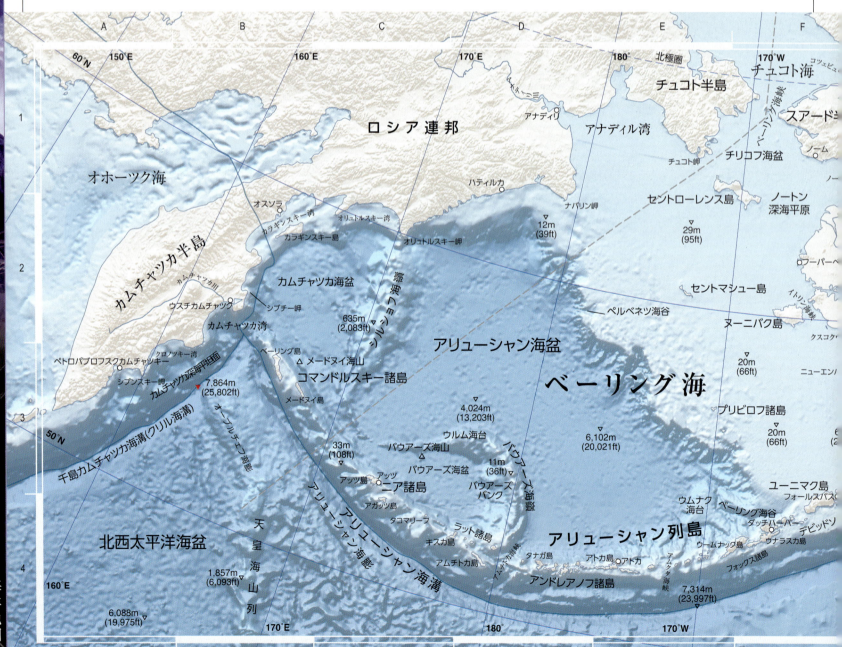

ベーリング海とアラスカ湾　459

太平洋 I3
アラスカ湾

面積　150万km²

最大水深　5000m

流入　スシツナ川、コパー川、多数の氷河から流出する氷山

反時計回りの亜北極環流は、黒潮の延長流である北向きの黒潮続流から流れこむ暖かい海水を合わせて、北太平洋からアラスカ湾に流入する。表層水は低温で、海洋をわたる間に降水によって塩分濃度が低下していく。カナダ西海岸を襲う暴風雨の多くはアラスカ湾から生じている。アラスカ海流がアラスカ湾沿岸を、アリューシャン海流がアリューシャン列島の南を西に流れ、還流は一巡する。アラスカ湾は非常に生産性豊かで、たくさんの魚類の餌場である。太平洋サケは海に最高5年間とどまり、その大半をアラスカ湾および近接する海で過ごした後、産卵のために自らが生まれたアジア

アラスカのフィヨルド
アレクサンダー諸島の谷とフィヨルド。最終氷河期の広範侵食の産物。

および北アメリカの河川に回帰する。海底には、海山が散在している。主なものはパットン海山群からギルバート海山列の一帯およびコディアク海山群で、海山群・海山列を生じたコブ・ホットスポットは、バンクーバー島の西に位置するフアンデフカプレートの拡大中心直下にある。過去3000万年間、海山はホットスポット上で形成されては、海底拡大によって北西に移動した。1977年以来、アラスカ南岸のいくつかの港が石油を積み出している。1989年、プリンスウィリアム湾ではタンカー「エクソン・バルディーズ号」が座礁して、約1億1400万lの原油が流出する史上最悪の海洋環境汚染が発生した。

太平洋 L4
カスケーディア海盆

面積　17万km²

最大水深　2930m

流入　太平洋、コロンビア川、フレーザー川

カスケーディア海盆は、かつて存在した東太平洋の海洋プレートの最後の残存部である。オレゴン州およびワシントン州のカスケード火山帯は、セントヘレンズ山をふくめてこの沈みこみ帯が形成した。セントヘレンズ山は1982年に壊滅的な大噴火を起こして死者57人を出し、地震およびそれに伴う津波も危険視され、最近の主な地震は、1700年に発生したと推定される。基底の海洋地殻は、3つに分かれ、最大のものはフアンデフカプレートで、1592年にスペインのためにこの地を探検したギリシャ人船長の名にちなんで名づけられた。北にエクスプローラプレート、南にゴーダプレートがある。

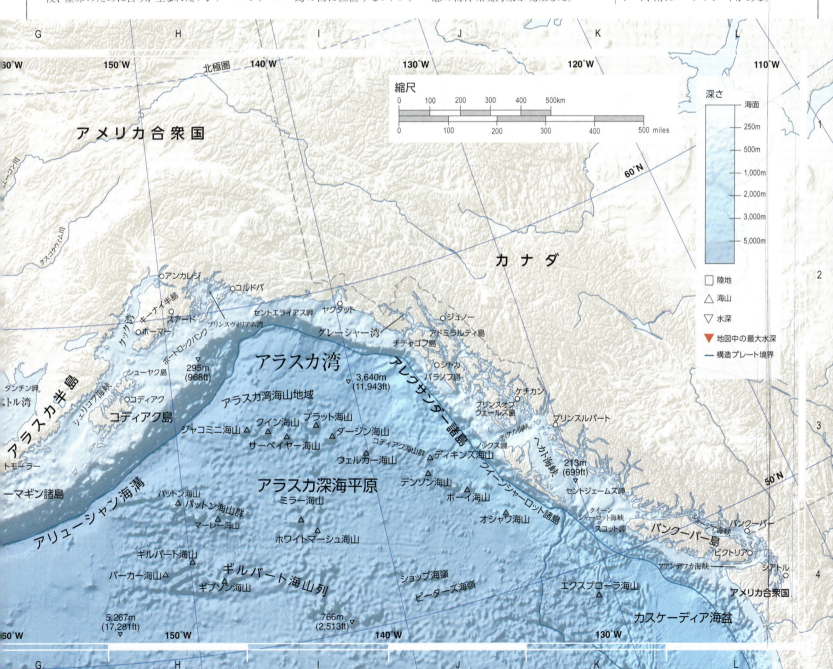

北西太平洋

北東のベーリング海と同様、北西太平洋も、太平洋プレート境界域の沈みこみ帯で形成されている。火山、地震および津波は、人口密度の高い日本列島で暮らす人々の生活には特に脅威である。

人間の影響
原油探査

樺太(サハリン)の豊富な原油および天然ガスの開発計画が、1996年から推し進められた。今では、ロシア最大の外国資本導入地域となり、石油の産出域はオホーツク海の沖合にまで拡張している。これほど短期間に大規模な建設工事が進んだ結果、オホーツク海の海洋環境が乱れるなど、自然環境に悪影響が生じるのではないかという関心が高まっている。

太平洋 E4
オホーツク海

面積 160万km²

最大水深 3372m

流入 日本海(東海)、アムール川、ウダ川、オホータ川、ペンジナ川

北西太平洋に属し、亜寒帯の大陸棚をもつ。北はアジア大陸、東は千島列島と境界をなし、南は2つの狭い海峡によって日本海につながる。冬は海氷のため航行範囲が制限され、船体に生じる結氷も危険である。海洋の南部は、1年を通して海霧が発生することで知られている。オホーツク海は水産資源が非常に豊富で、ロシア極東地域の漁獲高の約70%を占める。ゼニガタアザラシやコククジラをはじめとする、絶滅の危機に瀕した数種の海洋生物の生息地である。オホーツクプレートには、火山帯を有するカムチャツカ半島の大陸地殻、樺太(サハリン)および北海道がある。この海域の大部分は海床がかなり浅いが、千島海盆域ではやや深く、海洋地殻が引き延ばされ薄化している。

危険な海氷
海氷は、11月から6月にかけて、風向きと潮の流れ次第で位置が移動し、航行には脅威ともなる。

供給ライン
写真はパイプラインの開通部。ゆくゆくはオホーツク海沖の油田と、樺太およびロシア本土を連結する。

太平洋 F5、E8
千島列島および日本海溝

長さ 3850km

最大水深 8100m

プレート収束速度 8cm/年

千島海溝の沈みこみは、カムチャツカ半島沿いの火山群と千島列島の火山性島弧を形成した。千島列島は、北海道とカムチャツカ半島の間の海面下にほぼ完全に沈んだ海嶺を形成した。千島列島ではアトラソフ島(海抜2340m)がもっとも高い。島弧としては本州と北海道のほうが古く、太古から沈みこむ日本海溝と多数集まった島弧により地殻が厚化している。この地域では地殻変動活動が盛んだ。1923年、関東大震災は東京と横浜で10万人以上の犠牲を出した。2011年、沖合約70km深さ約30kmで起こった東北地方太平洋沖地震は、海底を6-8m押し上げ、高さ最高40mの津波を誘発した(462-63ページ参照)。

千島列島
水がたまった中央部も巨大な火口も、太古の火山のマグマ溜り。

太平洋 C7
日本海(東海)

面積 97万8000km²

最大水深 3743m

流入 東シナ海、トゥーメン川(図們江)、石狩川、信濃川、阿賀野川、最上川、手塩川

日本海では、東シナ海から対馬海峡を通って流入する暖水が、反時計回りに循環している。日本海およびその北部は豊かな漁場である。ヤリイカは、日本と韓国双方の漁師が漁獲対象とする種の1つで、夜間、強力なライトを照らし海表面におびきよせる。大陸棚は、西側に比べ東側でやや広く、朝鮮半島沿岸沖では特に狭い。日本海の3つの主要な海盆は東の大和海盆、北の日本海盆、南西の対馬海盆である。これらの間に走る大和海嶺は、日本海を誕生させた拡大中心の残存と考えられる。

日本海は地質的に複雑な海盆で、オホーツクとユーラシアの2つのプレートの接合点で両断されている。1983年に秋田県沖海床で起きた、マグニチュード7.7の日本海中部地震は、沿岸に高さ14mに達する高波を誘発し、日本と韓国あわせて107人の犠牲者を出した。

太平洋 G6
北西太平洋海盆

面積 630万km²

最大水深 6650m

流入 ベーリング海、フィリピン海

親潮はベーリング海から、北西太平洋海盆の西端に沿って、南に冷たい海水を運び、西向きの亜寒帯循環を形成する。親潮と、暖流の黒潮がぶつかる日本海沖は、豊かな漁場である。

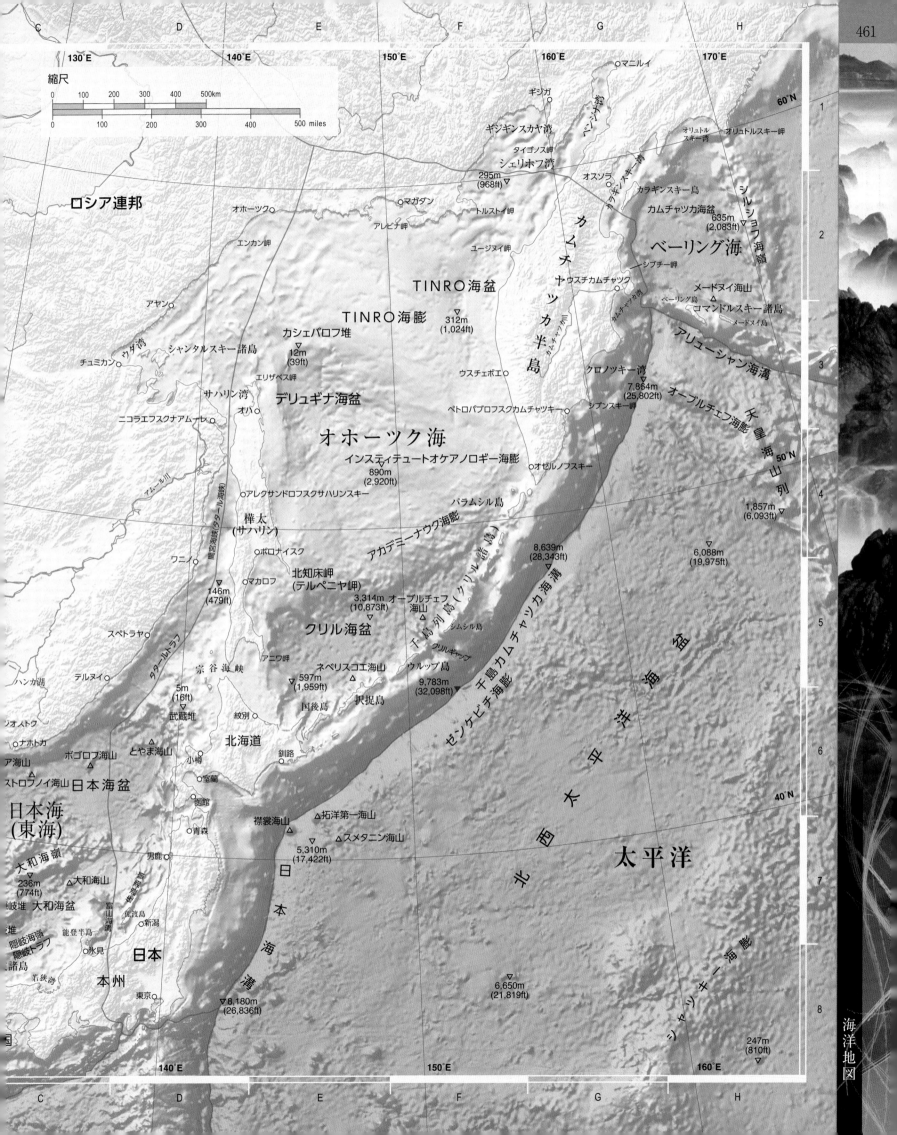

津波が日本を襲う
2011年3月11日、宮城県名取市の海岸に津波が増幅し、人家をのみ込み始める。

東北津波

2011年3月11日、日本の東北地方(日本最大の島、本州の北東部)を襲った海底地震とその結果に生じる津波は、これまでで日本に打撃を与えた有数の大惨事であり、財政的に最もコストのかかった自然災害である。2014年1月時点で、この突然の大惨事によって1万5883人の命が奪われ、2,640人が行方不明になっており、経済原価は2,350億米ドル(2018年現在で約24兆9,389億円以上)と見積もられた。これに加えて、福島原子力発電所で引き起こされた機能停止、爆発、放射能漏れなど、環境に多大な影響を与えている。

津波は本州からほぼ70kmの海底段層に沿った地殻が突然、破断したことに起因する。この破裂が大規模な地震を誘発した。海底の一部が突然、約6-8m跳ね上がり、強力な津波が発生した。海岸に着くと、町を襲い畑や道路や空港を越えて、住居や車や船などを粉砕した。津波が引いたあとには、巨大な瓦礫がごちゃまぜになったありさまだった。

数日で、何万もの建物が破壊され、何十万もの人々が避難したことが明らかになった。福島原子力発電所では、非常用電源や抑制システムに損傷を受けた後、3つの原子炉で過熱や水素爆発が起こった。その後、周囲の大気や海洋、地面に有害な放射性物質が漏出した。

波高マップ

下の地図は、影響を受けた日本の沿岸で記録された最高の波高を示している。ある地点では短時間で海抜約38.9mまで上昇すると推定されたが、甚大な被害を受けた被災地では3-12m上昇した。波は津波防波堤に打ち寄せ、その後最大10kmの距離まで内陸に氾濫した。おおよそ1時間ほどで約560km²の地域が水に浸かった。津波は、太平洋を横切って急増し、何千kmも離れた場所にも影響をもたらしている。

津波の所説

地震が本州を襲う 現地時間の午後2時45分頃、マグニチュード9.0の地震が発生し、東北地方の道路や建物、東京周辺の一部地域に深刻な被害をもたらした。そして、2つの石油精製所に火をつけた。

津波の出現 地震発生後、数分のうちに、東北地方の海岸に向かって大津波が押し寄せる様子がメディアの報道映像に映し出された。

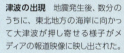
前触れ

警告発令 日本の沿岸地域では、津波の接近をサイレンが警告し、人々が避難すべき場所を示していた。だが、今回の波は巨大すぎて警告にも限界があった。

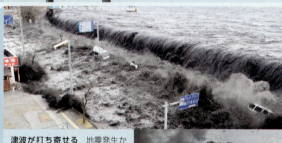

津波が打ち寄せる 地震発生から10〜50分以内に、大量の海水が港を越えて、平地に氾濫していた。

がらくた 建物とその中身はうち壊され、浮かび上がり、浮島に集まっていた。そこで多くの火災が発生した。

海岸を圧倒する波

避難シェルター 救援活動が始まって、避難者は体育館から簡易避難所に移された。しかし、彼らへの食料や飲料水、医薬品の調達は困難をきわめ、日本政府は大きな課題に直面した。

救援活動

原子力発電所のダメージ 福島原子力発電所では、津波により原子炉の冷却システムで重要な注水ポンプを停止させてしまった。これにより、2014年に処理されていた放射性物質の爆発や漏出が発生した。

余波

波高マップ

中華人民共和国
ロシア連邦
日本
朝鮮民主主義人民共和国
東北地方
宮古
福島原子力発電所
× 震源地
大韓民国
宮城県
東京
大阪

津波の波高
- 7m以上
- 3-7m
- 2-3m
- 1-2m
- 0-1m

海洋地図

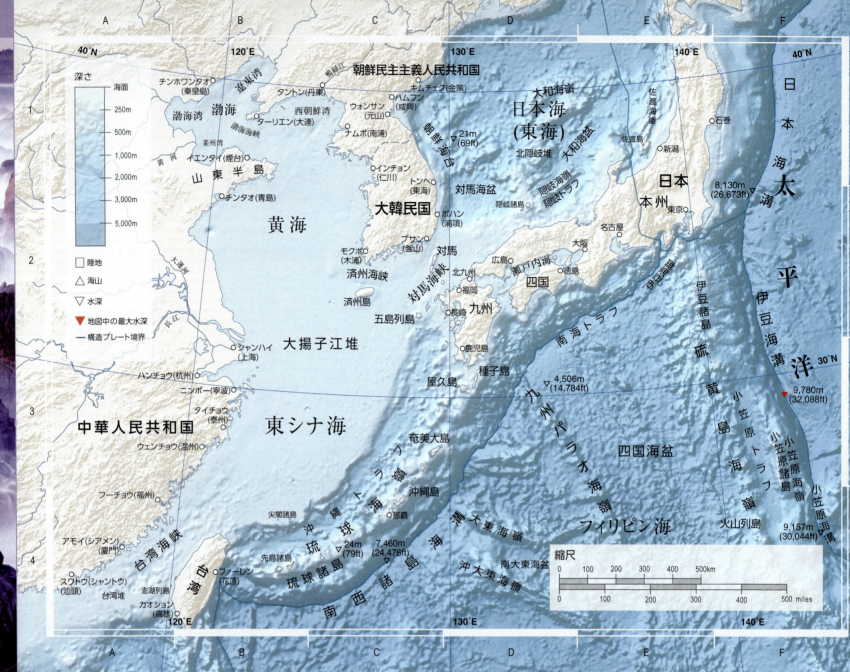

東シナ海

広大な大陸棚に広がる浅海が、台湾島の北海岸沖合いにある。南から流入する暖流が合流する黒潮は太平洋の西岸境界流であり、世界最北のサンゴ礁の生息地を日本沿岸にもたらした。南西からの台風が通過しやすい海域でもある。

▲ 太平洋 B3
東シナ海

面積 75万1000km²

最大水深 2717m

流入 南シナ海、フィリピン海、長江

東シナ海は、中国大陸と琉球列島の間に位置し、温暖で浅く、生産性に富んだ大陸棚がある。台湾海峡で南シナ海と、対馬海峡で日本海(東海)とつながる。対馬暖流は、春と冬は対馬海峡を抜け北上し、冬は北寄りの風にはばまれる。この海域はまた、夏に時折台風に見舞われる(71-72ページ参照)。大陸棚は南シナ海にまで長く伸び、アジア最長の川、長江の堆積物の流入もその生成の一因である。長江は、1600km内陸まで外洋航路船が航行可能であり、河口に中国最大の上海港がある。漁業は重要な産業であり、この海域は南シナ海、日本海および北太平洋を結ぶ航行ルートでもある。また、東シナ海の海床には天然ガス層があって、中国政府は2003年に開発に着手した。

▲ 太平洋 B2
黄海

面積 53万km²

最大水深 103m

流入 黄河、長江、遼河、ラン河、鴨緑江、漢江

北側が閉じ、南側は東シナ海とつながり、中国大陸沿岸と朝鮮半島の間に位置する。名称は、最大の流入源である黄河が運ぶ浮遊黄土に由来する。非常に浅く、朝鮮半島側の潮差は世界有数である。こうした強い潮が、海床にたまった沈積物を撹拌し、さらに海の色を黄色く染める。渤海湾の最北域は中国有数の工業地域の1つで、大連は中国第3の港である。

▲ 太平洋 C4
琉球海溝

長さ 1398km

最大水深 7460m

プレート収束速度 6-8cm/年

フィリピン海プレートは、日本列島の南側でユーラシアプレートに接し、その結果、琉球海溝および南海トラフの沈みこみ帯が形成される。火山性島弧が海溝の北西につらなる。本州と北海道はかなり大きな陸塊になった、古い弧状列島だが、弧状列島としての琉球諸島は比較的新しい。アメリカの海軍基地の1つの拠点である沖縄島がある。

琉球諸島

亜熱帯気候に属し、多くの島をサンゴ礁が取りまく。

南シナ海

南シナ海は、面積が五大洋に次ぐ世界第6位で、豊富な海洋資源は世界の漁獲高の8％以上を誇る。この熱帯海洋にジャワ海からスンダ海峡を経て流入した海水は、弱流となって北上し、台湾海峡から流れ出す。夏の終わりには、この海洋の北域に台風が直撃することがある。

太平洋 C2
南シナ海

面積	370万km²
最大水深	5016m
流入	西江、ハイフォン、ターチン河、メコン川

南シナ海の深い中央海盆の周縁は、大部分が広大な大陸棚である。北はトンキン湾およびバーカーバンクス（北衛灘）に、南はボルネオ島沖合およびスンダ棚に、原油や天然ガス田がある。南シナ海は、世界第2位の海上輸送路で、原油輸送量の少なくとも25％が通過する。南シナ海盆には、小隆起や礁が点在し200以上の小島がある。無人の南沙群島（スプラトリー諸島）の領有権をめぐり、中国、ベトナム、台湾、マレーシア、ブルネイおよびフィリピンが対立している。各国の主張の背景には、鉱物資源と膨大な埋蔵量が推定される海底油田がある。台風は晩夏に太平洋から吹き込む。2013年11月、台風ハイエンが毎時300km以上の風速でフィリピンを襲った(72-73ページ参照)。数日後、ベトナムに到着すると熱帯低気圧に弱まった。

太平洋 A2
タイランド湾

面積	32万km²
最大水深	80m
流入	南シナ海、チャオプラヤ川

南シナ海とつながる半閉鎖性海域で、マレー半島とインドシナ半島の間に位置する。沖合いに天然ガスおよび原油を埋蔵する。浅い湾内は、チャオプラヤ川ほかから淡水の流入が豊かで、表層水の塩分濃度は比較的に低い。また南シナ海から注がれる海水は、流入しても水深50m以上の深層にとどまる。暖海でサンゴ礁が繁殖し、サムイ島などダイビングの適地では、観光産業が盛んである。島の南にあるスンダ棚は、最終氷期にアジア大陸からボルネオ島、スマトラ島およびジャワ島を結ぶ陸橋であった。

太平洋 D3
スル海

面積	26万km²
最大水深	5600m
流入	セレベス海

島々に囲まれた深い熱帯海洋である。海流は、夏は南から、冬は北から吹くモンスーンに支配される。隣のセレベス海では小規模な漁業が主な産業で、エビ、食用ガメ、真珠貝などを扱う。

スル海の真珠採り

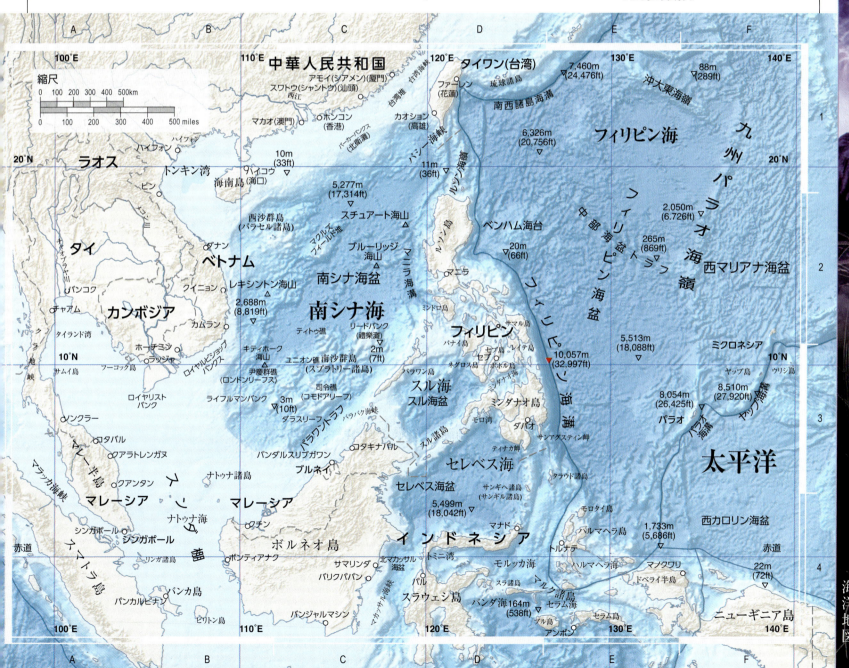

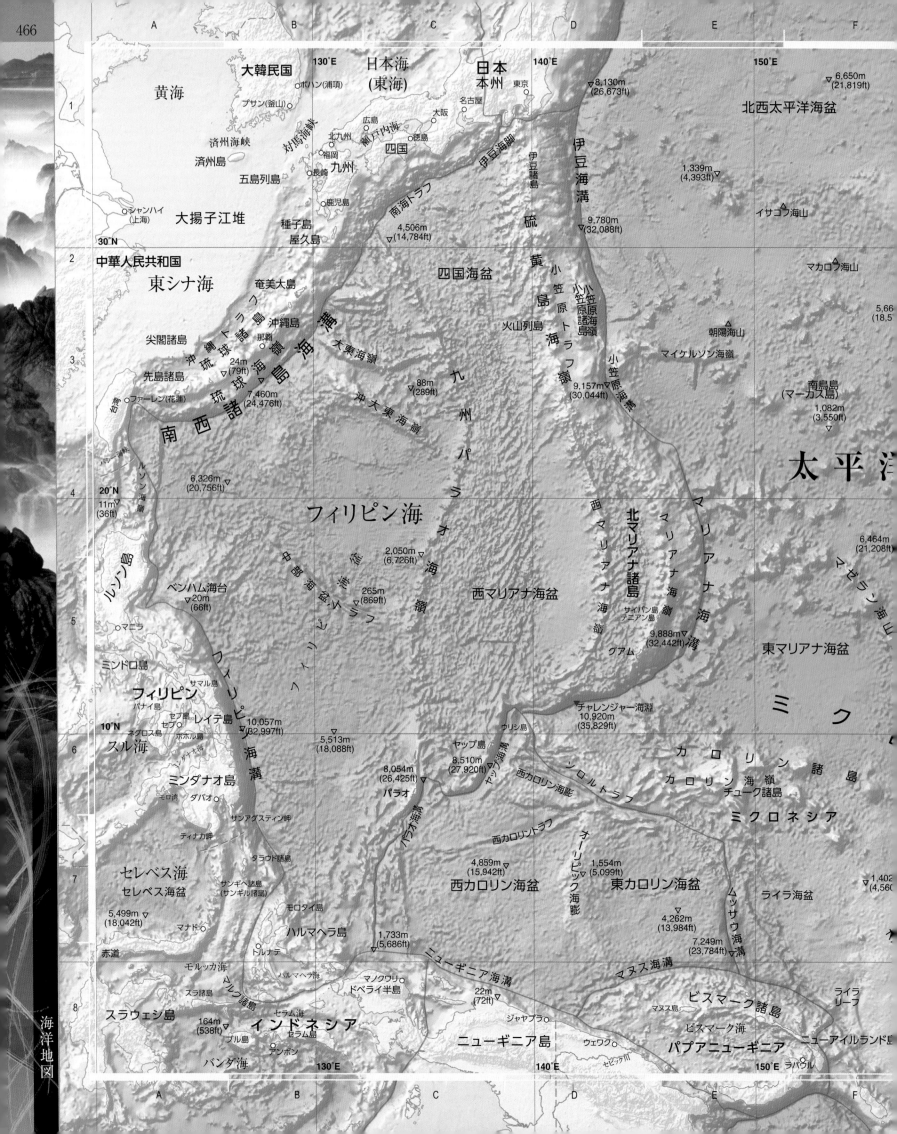

ミクロネシア

ミクロネシアは、西太平洋の赤道の北部一帯を指す。西は、カロリン諸島およびマリアナ諸島まで、東は、ナウル、マーシャル諸島およびキリバス諸島まで広がる。

太平洋 B4
フィリピン海

面積	500万km²
最大水深	1万540m
流入	太平洋、南シナ海

フィリピン海は、東西方向はフィリピンとマリアナ諸島、南北方向は日本とパラウ島に囲まれる。暖海で、海域を貫く北赤道海流は北に向きを変え、黒潮となる。夏は、海水温が非常に暖かくなるため、台風が発生しやすい。フィリピン海の下にあるフィリピンプレートは、フィリピン海溝および琉球海溝で沈みこむ。プレートは2つの主な海盆に分かれる。西端のフィリピン海盆はもっとも深くまた古いもので、

台風による破壊

九州パラオ海嶺により西マリアナ海盆と分離されている。この九州パラオ海嶺、硫黄島海嶺および西マリアナ海嶺は、古代の沈みこみ帯で形成された残存島弧である。

太平洋 E5
マリアナ海溝

長さ	2542km
最大水深	1万920m
プレート収束速度	4cm/年

フィリピンプレートの東端に、北マリアナ諸島の火山性島弧がある。マリアナ海溝はその東に位置し、ここで太平洋プレートがフィリピンプレートに沈みこむ。マリアナ海溝のチャレン淵は深さ1万920m。太平洋最深部とされる。海淵の名は1951年に深さを計ったイギリス探査船にちなむ。1960年に深海潜水艇トリエステ号が初探検、1995-98年と2009年に遠隔操作型潜水艇、2012年にディープシーチャレンジャー号で映画監督のジェームズ・キャメロンが続いた。

マリアナ諸島
マリアナ諸島のうち南の島々は、サンゴ礁に囲まれた石灰質の台地である。

太平洋 I6
マーシャル諸島

種類	環礁
面積	180km²
島の数	34

西太平洋の海底に散在する海山のほとんどが、どのプレート境界域からも遠く隔たっている。海山はまとまって分布し、太平洋プレートの移動に沿って南東から北西にしばしば一列に連なる。マントルホットスポットが周期的に海洋地殻を突き破ると火山ができ、海山が形成される。マーシャル諸島の環礁は、プレートがホットスポットから離れ、火山が沈降してできた。エニウェトク環礁およびビキニ環礁は、孤島のため1940年代と1950年代にアメリカの核実験の場にされた。実験によって沈没した数隻の船は、今ではスキューバダイビング用スポットである。

チンアナゴ
マーシャル諸島のロンゲラップ環礁の海底で見られる。

ミッドウェーとハワイ

北太平洋中央部の循環は時計回りで、北部を東に流れる黒潮続流が東部で南に向きを変え、さらにハワイ諸島の南を流れる北赤道海流として回帰している。海底には海山列がいくつもそびえ、その多くは北西から南東に走り、また断裂帯がおおむね東西方向にのびる。

太平洋 B1
天皇海山列

種類	火山性海山列
長さ	2000km
海山数	17

南のハワイ諸島北西部から北はアリューシャン海溝まで、その長さは2000km以上である。ハワイ海嶺-天皇海山列でも最古の4000万年以上前にでき、北に行くほど古くなり深さが増す。海山には天皇の名前がついている。

太平洋 C3
ミッドウェー諸島

種類	環礁
面積	6.2km²
島数	4

北アメリカとアジアのほぼ中間にあるため、電信および無線の中継局から飛行艇の中継所、戦時には海軍および空軍の重要拠点として、長年の間さまざまな目的に利用された。現在はアメリカ政府の管理する野生生物保護区である。

太平洋 E3
ハワイ諸島

種類	火山列島
面積	1万6600km²
島数	19

ハワイ諸島は火山列で、東側に巨大で活発な火山島群があり、西側にさらに古い沈降火山や環礁がある。海底下の同一のホットスポットによって形成された、天皇海山列に連なる。太平洋プレートがまず北へ、その後は西北西に移動したのである。このプレート運動の方向の変化はおよそ4千万年前で、そのため天皇海山列とハワイ諸島の並ぶ方向は異なる。ハワイのマウナロア山は地球上最大の楯状火山である。海底の麓からの高さは約1万7000mあり、エベレスト山を大きく上まわる。その重量によって海底地殻が沈下し、主島の北方および東方にハワイトラフが形成された。周辺の海は熱帯性で暖かくサンゴ礁の発達に適している。北東からの貿易風がいつも吹いているため、島々の北東沿岸はかなり湿潤で緑が多い。

ハワイの溶岩
キラウエア火山の溶岩は、液状で玄武岩をふくんでおり、カラパナで太平洋に到達する。

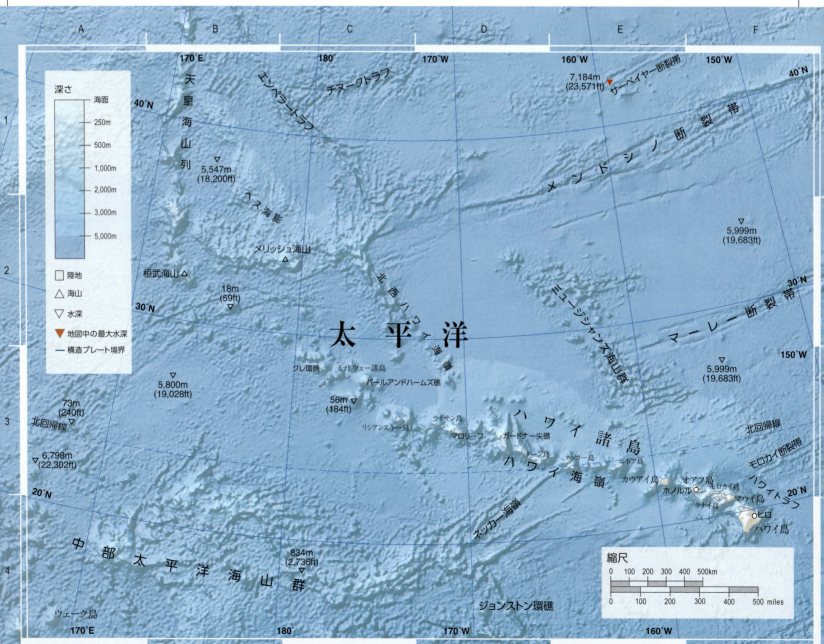

カリフォルニア湾

カリフォルニア海流は、北太平洋の東側で南流して北太平洋循環の東側をになう。北回帰線の南を西に流れ北赤道海流となる。カリフォルニア海岸に沿って、低温の沿岸海流が北向きに流れる。太平洋東部の海底は、北アメリカ大陸沿岸からゆるやかに傾斜し、長い断裂帯が刻まれている。

太平洋 C1
サンフランシスコ湾

面積 4160km²
最大深度 600m
流入 サンウォーキン川、サクラメント川

湾および付近の水域は世界最大の天然港である。オークランド、リッチモンド、ストックトン、サクラメント、およびサンパブロ湾にも主要な港がある。サンフランシスコ湾は、多数の絶滅危惧種が生息する、広大な塩性湿地の河口域である。海霧が有名。

ゴールデンゲートブリッジ(金門橋)

太平洋 C1
モンテレー湾

面積 1600km²
最大深度 3250m
流入 太平洋

他に類を見ないほど多様な海洋生態系を支え、さまざまな魚類、無脊椎動物、海鳥、そしてラッコ、ゼニガタアザラシ、ゾウアザラシ、バンドウイルカ、カメ類などの哺乳動物の生息地である。また、20世紀初頭に「キャナリーロウ(缶詰横丁)」を中心とした地域で発展した魚介類の加工業でも有名である。世界最長のモンテレー海谷があり、最大深度3000m以上、長さは沖方向に約100kmに及ぶ。海谷の北の泥火山は低温の炭化水素だまり(188-189ページ参照)の供給源であり、太陽光ではなく硫化物の代謝をエネルギー源とする生態系を支える。同様な深海生物の群落は中央海嶺の熱水孔でもみられる。

太平洋 E2
カリフォルニア湾

面積 16万km²
最大深度 3050m
流入 フエルテ川、ソノラ川、ヤキ川、コロラド川

この湾は、元来スペインの探検者達によって「コルテス海」と名づけられ、一部では現在でもその名で呼ばれる。北アメリカプレートと太平洋プレートの境界である。カリフォルニア半島は太平洋プレート上にあり、年に約5cmずつメキシコから北西に離れつつある。北部ではサンアンドレアス断層に沿って大地震が頻発する。湾内の水域では豊かな生態系が育まれ、漁業が盛んである。原産種のほか、ザトウクジラやオニイトマキエイ、オサガメなどの回遊種が訪れる。カリフォルニアコククジラは、哺乳類では最長の距離を移動し、毎年、カリフォルニア半島沖の繁殖地で数週間を過ごしたのち8000km離れたベーリング海に戻る。

グリーンサンドビーチ
火山の多いハワイ島にあるパパコレアパパコレア(Papakolea)やマハナビーチ(Mahana Beach)は緑色の砂でできた世界でも数少ないビーチである。特徴的な色は、ビーチを部分的に取り囲んでいる火山性の噴石丘から侵食された鉱物の橄欖石による。

メラネシア

メラネシアという呼称は「黒い島々」を意味するギリシャ語に由来する。西はセレベス、ニューギニアから東のフィジー、サモアまで、オーストラリアの北方の島々をふくむ。熱帯性の海域であり、西向きに流れる南赤道海流によって暖かい海水がもたらされる。この地域は地質学的にかなり複雑で、場所によっては活発な火山活動が見られる。

太平洋 F2
ソロモン海

面積 72万km²
最大深度 8940m
流入 太平洋、珊瑚海

ソロモン諸島とニューギニア島の間に位置し、北端はニューブリテン島、南端はルイジアード諸島である。この地域の地質構造は複雑で、北進するオーストラリアプレートと西進する太平洋プレートに挟まれ、閉じかけた海盆のなごりをとどめる。ソロモン海の海底は1つもしくは2つの海洋起源の極小規模の構造プレート(マイクロプレート)からなると見られる。ソロモン海マイクロプレートはポクリントントラフの位置から時計回りに広がり、北側およびおそらく南西側でも沈みこんでいる。火山活動は、広がる海嶺が沈みこむニュージョージア諸島沖でとくに活発で、2002年にはカバチ海底火山の大噴火が海面を突き破った。この海域の反対側では、地殻の上昇によってニューギニアのフオン半島が隆起し、かなり内陸部に露出した珊瑚礁段丘がみられる。

ラバウル火山
ニューブリテン島沿岸にあるラバウルカルデラは1994年に突然、噴火した。

太平洋 F1
ビスマーク海

面積 32万km²
最大深度 2800m
流入 太平洋、ソロモン海

ニューギニア島の北に位置する。火山島群に囲まれ、ニューブリテン島が最大である。海底のビスマークマイクロプレートは、北進するオーストラリアプレートなど3つのプレートに挟まれている。カロリンプレートと太平洋プレートの沈みこみにより、マヌス海溝より南で、隆起形成された島々がプレートの北に列をなす。南の火山群は、より活発であり、ニューブリテン海溝で沈みこむソロモン海マイクロプレートによって形成された。海域の東方にあるオントンジャワ海膨は、火成岩が世界最大級の規模で広がる。そのもととなった溶岩の大量流出には、1億2千万年前に遡るものもある。

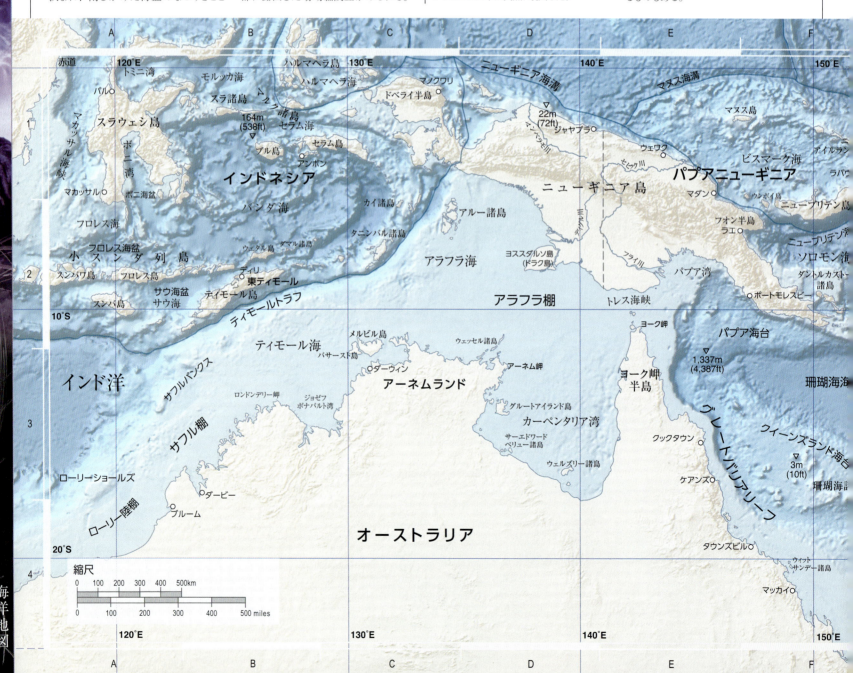

メラネシア

太平洋　C2
アラフラ海

面積　65万km²

最大深度　80m

流入　珊瑚海、ティモール海、バンダ海

浅い大陸棚に広がり、太平洋とインド洋を区切る。インドの夏期モンスーンには、海水は南赤道海流に引かれて西のインド洋へ流れこむが、赤道反流の勢いが増すインドの冬期には流れが逆転する。

アラフラ海の日没

太平洋　G3
珊瑚海

面積　480万km²

最大深度　9165m

流入　中央太平洋西部、フライ川、ブラリ川、キコリ川

この熱帯地方の海は、その沿岸部のほとんどにサンゴ礁があることから、名づけられた。西のグレートバリアリーフ（160ページ参照）はオーストラリアの大陸棚の端まで伸びる。太平洋から流れこんだ暖かい海水はゆるやかに巡り、トレス海峡を経て西へ、また東オーストラリア海流となって南へ出ていく。珊瑚海の東側と北側には深い海溝が刻まれ、オーストラリアプレートの海洋部分が沈みこむ。火山作用の結果がソロモン諸島およびバヌアツの島々である。これらの島での爆発的な噴火によって軽石（内部にできた気泡により水に浮く火山岩）ができ、ときには大量に珊瑚海の西岸地域に打ち上げられることがある。

グレートバリアリーフ
世界最大のサンゴ礁地帯。2000km以上にわたって広がる。

太平洋　K3
フィジー海盆

面積　8万km²

平均深度　250m未満

フィジープレートのもっとも厚い部分である。フィジー諸島は、もとはバヌアツ、ソロモン諸島とつらなる火山性島弧の一部であった。島々は太平洋プレートが運動方向を変えたときに、東に移動して北フィジー海盆に新しい海洋地殻を造り出した。南のハンター海嶺には、この東進のもととなったトランスフォーム断裂が刻まれ、また北のピーチャジ海溝は現在は非活発でも、フィジー諸島を造り出した。長年をかけて原初の火山群島のまわりに広大な石灰岩の海台が堆積し、新しく軽い北フィジー海盆の誕生によって、持ち上がり、断層ができ、褶曲作用を受けた。数百の島々をとりまくサンゴ礁のおかげで、海台の成長は現在も続く。

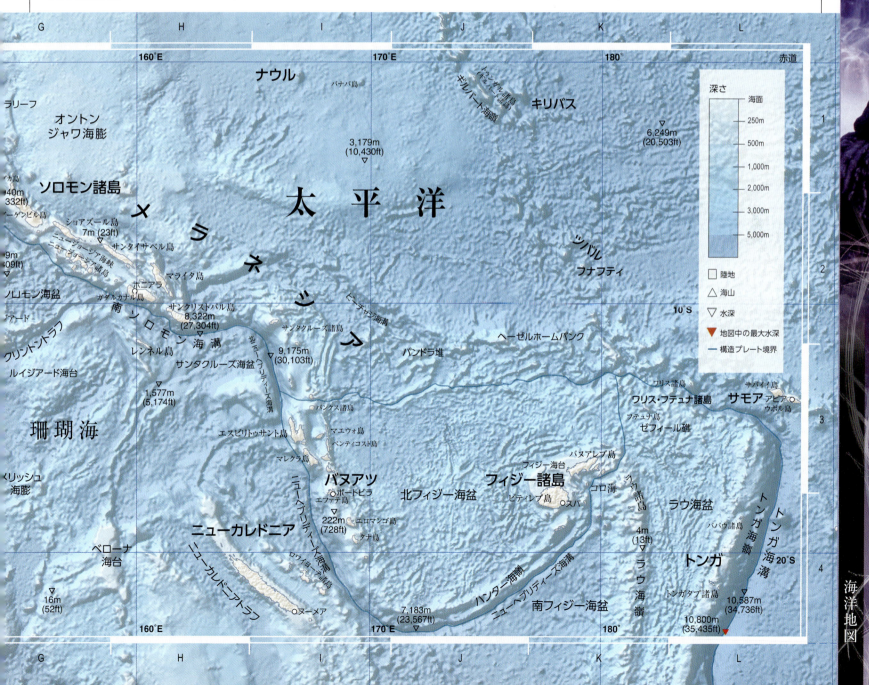

目前に迫る
タイマイがスキューバダイバーのグループのそばを泳いでいく。紅海に面したエジプトの人気ダイビングリゾート地、ラス・モハメッド保護区近辺にて。

観光ダイビング

1943年に開発された、フランス人ダイバー、ジャック・クストーとエミール・ガニヤンによる画期的なスキューバ（自給式水中呼吸装置）により、ダイビングはもはや軍や科学者および一部の特権的な人々の専有物ではなくなり、一般大衆にもすばらしい海中の世界が開放された。いくぶんの危険をともなうダイビングは、多くの保険会社で依然として過激なスポーツに分類されているものの、初心者向けに安全なダイビングを指導する機関やコースが多数存在している。ダイビングが身近になったことと海洋環境への関心の急速な高まりに呼応して、スキューバダイビングに適した水域に近く、観光市場の整ったあらゆる地域で、ダイビング事業が起こった。米国だけで現役のダイバーは100万～300万人と推定される。

現在のダイバーには、ダイビングそのものに関するだけでも目移りするほどの選択肢が用意されている。もっとも簡単な形態はリゾート地で提供されるコースで、すべての器具とトレーニング、周辺のダイビングポイントへの案内がそろう。さらにダイビングに特化するならば、熟練したダイバーは自ら、その地ならではのダイビングポイントを選択する。熱心なダイバーの中にはダイビング用の船舶に乗りこみ、遠隔地の海中世界探索を求める人もいる。さらに明確な意識を持って取り組むダイバーの場合、ダイビング専門の遠征組織に登録して、遠隔地で環境保全や調査活動に数週間から数ヶ月間、携わることもできる。

ダイバーの心得

近年、ダイビング業界や観光関連の専門家の大多数は、ダイビング人口の急増によるサンゴ礁への悪影響を最小限にとどめようと、厳格なガイドラインに従うよう強く求めている。「ダイバーの心得」には、次の項目がふくまれる。サンゴに触れない。常に浮力を制御してサンゴへの偶発的な接触を防ぐ。貝殻、サンゴなどを持ち帰らない。海の生物に触れる、いたずらする、餌を与えるなどしない。クジラなどの海の大型動物のそばでは立入禁止区域を守る。

安全第一 ダイビングのインストラクターが、マスクをなくした場合の対処を初心者に指導する。海中では手の合図で意思を伝える。

ダイビング活動

難破船 生物以外にも、このカリブ海のように海底に散在する難破船が見られるところがある。廃船の探検は時をさかのぼる気分にしてくれる。

ダイビングポイント

サンゴ礁 地球上でも、並ぶものがないほどのすばらしい景観が広がる。大きなサンゴ礁は鮮やかな色彩をまとった多彩な魚類などの野生生物であふれている。写真はハワイのサンゴ礁で見られるチョウハン。

エコツーリズム 自然保護に関心のあるダイバーは休暇を使って、科学者によるサンゴ礁の調査を補佐している。

地域経済 主要なダイビングスポット周辺の住民は、サービス業から収入を得られる。一方、人気の過熱で観光客が集まり過ぎるとサンゴ礁に深刻な被害が出かねない。

経済的な貢献とマイナス面

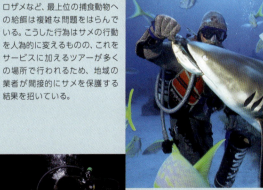

サメへの給餌 このペレスメジロザメなど、最上位の捕食動物への給餌は複雑な問題をはらんでいる。こうした行為はサメの行動を人為的に変えるものの、これをサービスに加えるツアーが多くの場所で行われるため、地域の業者が間接的にサメを保護する結果を招いている。

よくない行為 紅海のハリセンボンにさわって膨れさせる少年ダイバー。海の野生生物にさわることは、生物にもダイバーにも害になりかねないため、「ダイバーの心得」は戒めている。

野生生物との接触

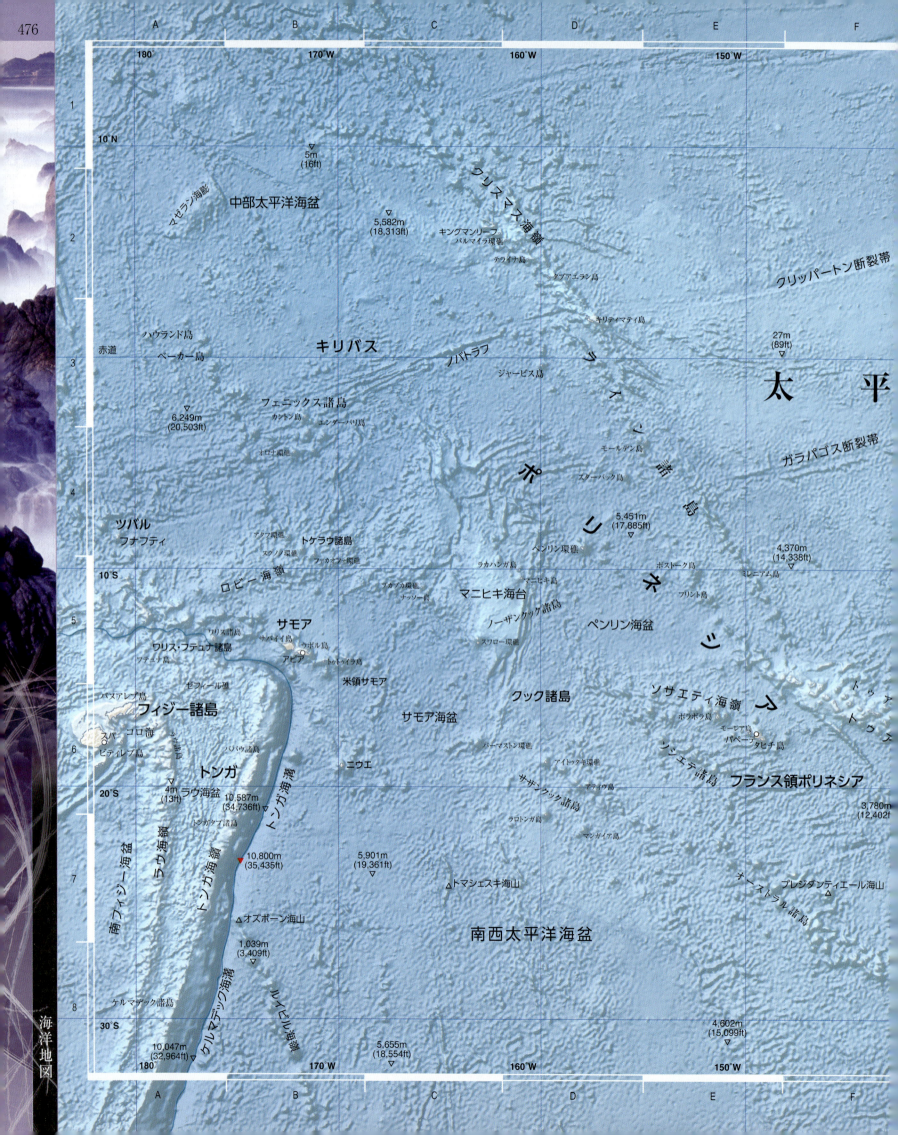

ポリネシア

太平洋南西部の海底には海山と島が点在し、大きな断裂帯がいくつも走っている。もっとも深い部分はトンガ海溝にあり、太平洋プレートがオーストラリアプレートの下に沈みこんでいる。反時計回りの南太平洋循環が海流を動かし、赤道の南北両側に東向きに流れる赤道反流が通る。

太平洋 G4
マルキーズ諸島

種類	火山島群
面積	1270km²
島数	15

起源は火山性で、マントルホットスポット上にあって高い山頂や峰がある。強い南赤道海流が東から流れ、海岸線には海食洞の多い急峻な断崖が見られる。サンゴ礁は、数箇所の外海からさえぎられた内湾に限られる。この諸島は、地球上でもっとも大陸から離れていながら、1946年にはアラスカ地震による津波に襲われ、波の高さが12mに達したところもあった。

侵食を受けた火山岸壁

太平洋 D5
クック諸島

種類	火山島群
面積	240km²
島数	15

2つのグループに分かれ、低地のサンゴ環礁からなる北部のグループは、多くがマニヒキ海台から隆起した。もう1つは主に海抜の高い南部の火山島群である。最大のラロトンガ島は海抜652m、海底からの高さ4500mに達する。紀元前300年ごろ、東メラネシアの人々がフィジー、トンガ、サモアを経てクック諸島に定住した。ポリネシア人は航海術にひいで、ヨーロッパの航海者が常に陸を目視しながら航行した時代に、いくつもの航行補助技術を同時に使いこなし、天体の位置、海流や海風あるいは波のパターン、さらには鳥の渡りなどの知識を利用した。ジェームズ・クック船長が、1773年にヨーロッパ人として最初にクック諸島を発見した。19世紀、ロシア船員達が船長に敬意を表してクック諸島と名づけた。

ラロトンガ島
多くのクック諸島南部の島々と同様に、島の周囲は数百m沖までサンゴ礁があり、浅い潟や沿岸の平地を保護している。

太平洋 F6
トゥアモトゥ諸島

種類	環礁珊瑚島群
面積	885km²
島数	78

世界最長の珊瑚環礁列島で、2000km以上にわたって連なる。紀元700年ごろにはポリネシア人が定住していた。1521年にフェルディナンド・マゼランが、ヨーロッパ人として初めてこの島々を訪れた。島々は珍しい黒真珠で有名になり、今でも経済を支えている。フランス領ポリネシアの一部で、ムルロア環礁およびファンガタウファ環礁は、1966年から1996年にかけてフランスの核実験場として約200回使用された。環礁群は、火山島の沈降によって周囲に取り残されたサンゴ礁である。島々は、6300-4000万年前に形成された火山物質性の海底高原、トゥアモトゥ海嶺からそびえ立っている。海嶺の南東端にあるガンビエル諸島はまだ新しく、今も火山の頂が海面から出ている。

ガラパゴス諸島

赤道反流が東部赤道太平洋に西から流れこみ、グアテマラ海盆上に小規模な反時計回りの循環をつくる。南からフンボルト海流が、太平洋を西へ横断する南赤道海流に流れこむ。この海域の下に横たわるココスプレートとナスカプレートは、どちらも太古の太平洋プレート東部のなごりである。

太平洋 B2
東太平洋海膨
長さ	9000km
海底からの高さ	1000m
拡張速度	11-15cm/年

世界でもっとも速く広がる中央海嶺で、広大でゆるやかに傾斜し、トランスフォーム断層の分岐を伴う隆起である。世界で初めて海中の熱水孔すなわちブラックスモーカー(188-89ページ参照)が発見された。この熱水孔は深海底の生物のオアシスをもたらす。

太平洋 C1
中央アメリカ海溝
長さ	2750km
最大深度	6662m
閉塞速度	9cm/年

ココスプレートは、中央アメリカ海溝で北アメリカプレートとカリブ海プレートの下に沈みこんでいる。火山列は中央アメリカ西岸に沿って隆起し、火山活動は海溝の背後の沈みこみ帯の南でもっとも活発である。一帯の地震は、プレートの移動によって引き起こされる。

太平洋 D3
ガラパゴス諸島
種類	火山島群
面積	7850km²
島数	19

1570年にフランドルの地図製作者アブラハム・オルテリウスとゲラルドゥス・メルカトルによって、初めて地図に記載された。島の名は、初期の上陸者が目撃した島を歩き回る大きなカメにちなんで、古いスペイン語からとられた。他にも、島の環境に特異な適応をした多くの種が暮らす。ウミイグアナは海中で採餌する唯一のイグアナで、海藻を求めて15mほども海にもぐる。フンボルト海流の運ぶ寒冷な海水のため、赤道直下でもガラパゴスペンギンが生息する。火山噴火によって島々を生んだマントルホットスポットは、コロン海嶺でココスプレートとナスカプレートを分離する原動力でもある。ガラパゴス諸島を載せたナスカプレートは東へ移動し、もっとも古い東端の島々は数百万年前に火山活動を停止したが、新しい島の一部にはまだ活火山もある。さらに東のカーネギー海嶺も、ガラパゴスホットスポットの噴出物で形成されている。

ガラパゴス島のウミイグアナ
この諸島固有の動物調査から、イギリスの博物学者チャールズ・ダーウィンは「進化論」を打ち立てるきっかけを得た。

海洋地図

イースター島

東部南太平洋では、寒冷なフンボルト海流が南アメリカ沿岸を北上し、南太平洋循環の東側を担う。それが赤道近辺で西に転回して南赤道海流に合流する。ここ数年、この海流が弱まって暖かい海水が東に滞留したため、太平洋の広域にわたって気候パターンの変調が見られる。

太平洋 F2
ペルーチリ海溝

長さ	5900km
最大深度	8069m
閉塞速度	7.8cm/年

別名アタカマ海溝。最長の海溝であり、ナスカプレートと南アメリカプレートはここで接する。ナスカプレートは、高密度の海洋地殻であるため、低密度の南アメリカプレートの下に沈みこむ。アンデス山脈を形成したプレート周囲の岩石が溶融して火山作用を引き起こすため、山脈の高峰の多くは火山である。この海溝沿いに発生した地震によって20世紀に9回の大津波が発生し、2000名以上の犠牲者をだした。

貿易風はほぼ1年中、海水を沖に向かって運び、ペルー沿岸沖に栄養豊かな深海水の上昇流を生じる。そのため漁業資源が豊富で、アンチョビやイワシを中心とした魚介類の漁獲量が多い。ただし、エルニーニョ現象(68-69ページ参照)発生時には、風向きが逆転して漁獲量は急落する。

太平洋 B3
イースター島

種類	火山島
面積	164km²
島数	1

この島は、トランスフォーム断層に沿って海嶺と海溝をつらねるイースター断裂帯の最高地点である。断層は、東のペルーチリ海溝から西のトゥアモトゥ諸島(477ページ参照)まで、南太平洋の海底を5900kmにわたって横断する。島の名は、ここをイースターの日曜日に発見したオランダの航海士によって1722年につけられた。少なくともその1000年前から、ポリネシア人がこの島に定住しており、今もこの島をラパヌイと呼んでいる。「モアイ」という、海岸に沿って多数並ぶ巨大な石像が有名で、900体の石像の約半数は採石場に未完のまま残る。ヨーロッパの探検家が最初に到着する約1世紀前、突然、彫像づくりを止めたように見うけられる。島の森林が激減し土地があまりにも痩せたため、急速に減少した資源をめぐる激しい戦闘のうちに、島民社会が崩壊したものと考えられている。

モアイ
イースター島の謎めいたモアイ像は、島に多数ある火口の1つ、ラノ・ララクで採取された軟らかい火山岩を彫ったもの。

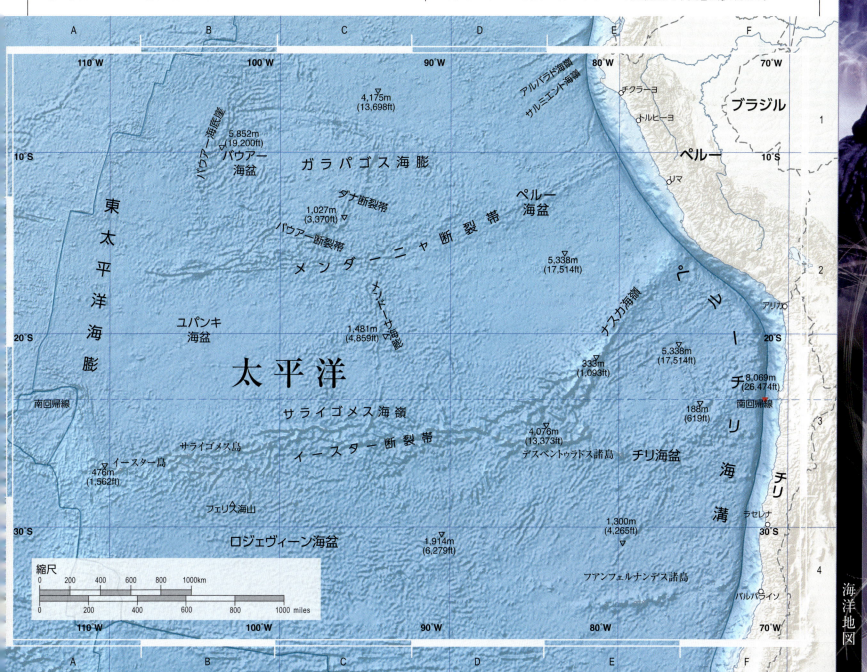

南東オーストラリアとニュージーランド

オーストラリアの北東では、海流は東から流れこみ、暖流の東オーストラリア海流としてオーストラリア沿岸を南進した後、東へ反転してニュージーランドの北へ流れる。ニュージーランドの南には、周南極海流が西から東に流れている。ニュージーランドは、太平洋プレートとオーストラリアプレートという主要なプレートの境界にまたがっている。

太平洋 G4
ケルマデック海溝、トンガ海溝

長さ	2500km
深さ	1万800m
閉塞速度	15-24cm/年

これら2つの海溝は、ニュージーランド北島とトンガ島の間を走っている。太平洋プレートとオーストラリアプレートが収斂する沈みこみ帯である。北端で計測された年24cmの閉塞速度は、プレート運動の記録としては最大値である。太平洋プレートの古い海洋地殻が、それよりも軽いオーストラリアプレートの新しい海洋地殻の下に沈みこんでいる。トンガ海嶺と西の古いラウ海嶺は、その沈みこみ帯の上にできた火山弧である。沈みこみ速度の速さが原因で、ラウ海盆では、上に載ったオーストラリアプレートが伸長し、両海嶺に挟まれた背弧海盆（沈みこみ帯の背後に離れて残った海盆）が拡大している。この島の連なりの最新の増大は、いくつかの海底火山噴火の後、2009年に出現したフンガハアパイ（Hunga Ha'apai）という南端の新島である。

太平洋 B6
バス海峡

長さ	400km
最小幅	100km

タスマニア島とオーストラリア大陸を隔てる、水深およそ50mの浅い大陸棚にある。浅瀬と、南大洋に発する激しい風と潮流のため、悪名高い荒海である。19世紀には、何百もの船が難破し、灯台の建設によって航海の安全がかなった。天然ガス田が1960年代と1990年代に東部の海底で発見された。

フィリップ島

太平洋 C5
タスマン海

面積	230万km²
最大深度	5945m
流入	南大洋、珊瑚海

ここは、1642年、「南方大陸」を探していたオランダの探検家アベル・タスマンに発見された温暖な海。彼は初めてタスマニアの島々とニュージーランド、トンガとフィジーに到達したヨーロッパ人である。その後、ジェームズ・クックの1768年の航海まで訪れるものはなかった。タスマンは後の航海でオーストラリア亜大陸を発見している。

太平洋 H3
南西太平洋海盆

面積	2300万km²
最大深度	5655m
流入	太平洋、南大洋

ニュージーランドおよびケルマデック海溝、トンガ海溝の東に位置する。東は東太平洋海膨（478ページ参照）と、南は太平洋南極海嶺と接し、北にはポリネシアの諸島群がある。ルイビル海嶺が唯一の目立った海山列で、海底の大部分は深海平原である。北と南に広大なマンガン鉱床がある。

ロードハウ島
島のサンゴ礁は、東オーストラリア海流の暖海水のため、世界最南に位置する。

太平洋 E5
ニュージーランド

種類	微小大陸島群
面積	26万8680km²
島数	2つの主島(700の小島)

8000万年前にオーストラリア大陸と南極大陸から分かれ、現在は太平洋プレートとオーストラリアプレートの境界部に位置する。アルパイン断層は南島を700kmにわたってほぼ東西に横切る。幅250kmにわたる地殻の圧縮と歪みで、サザンアルプス山脈は海抜4000m以上に隆起した。プレート境界は、北の古い沈みこみ帯で北島に火山活動を引き起こすヒクランギ海溝まで、南はマックウォーリー海嶺のオーストラリアプレートを押し上げる浅い沈みこみ帯まで伸びる。2010年と2012年の間に南島を襲った群発地震は185人の命を奪い、2011年にクライストチャーチの歴史的な大聖堂を崩壊させた。南東のキャンベル海台は、世界最大の海面下の大陸地殻である。ロードハウ海膨は、タスマン海の海底の分裂、あるいはニューカレドニア海盆とベローナ海谷のくぼみによって、オーストラリアとニュージーランドの間で孤立している。

キャンベル島
ニュージーランドの亜南極圏の島々のうち最南に位置し、起源はおもに火山性。

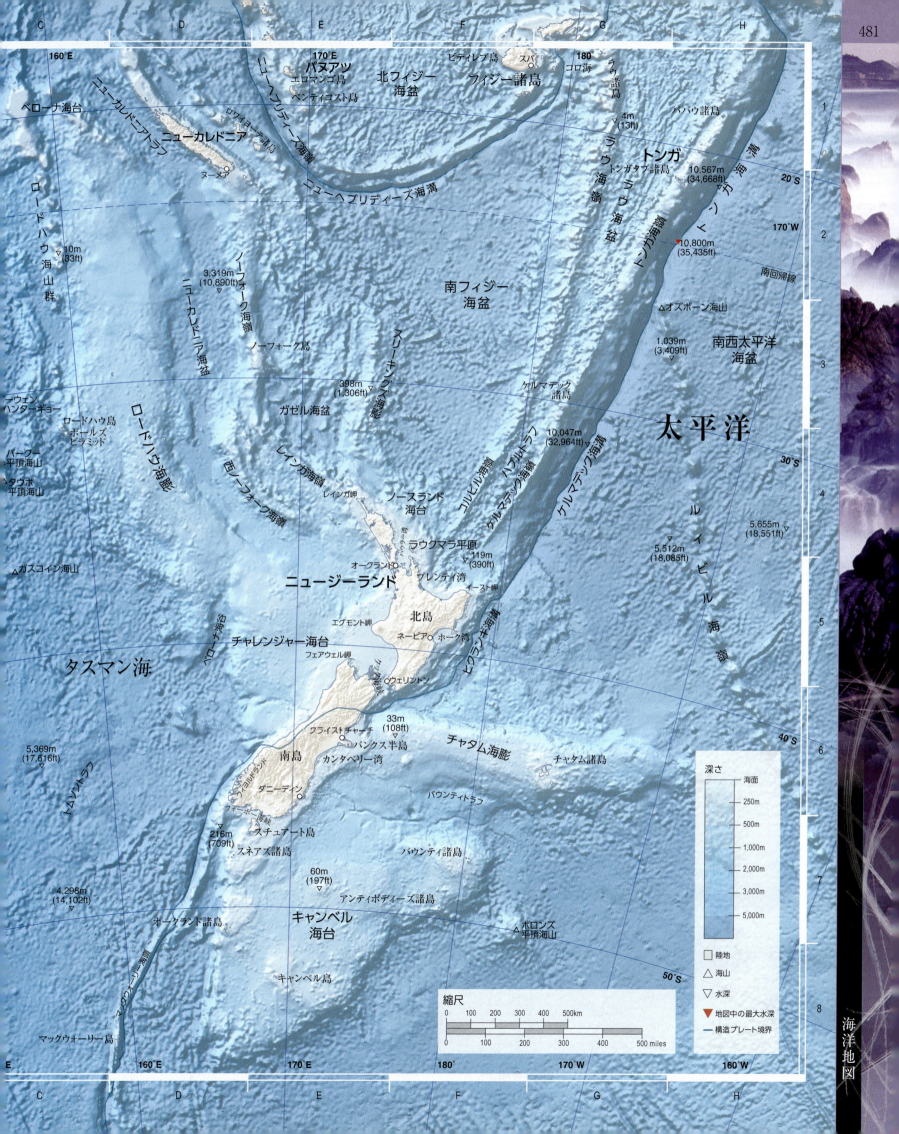

南大洋

南大洋は、南極大陸を完全に取り囲み、インド洋、大西洋、太平洋とつながっている。南極大陸は、1820年まで発見されず、またその陸地は、20世紀に入るまで十分に探検されなかった。南大洋は一般的に南緯60°以南とされているが、物理的には南極環流が及ぶ範囲と定義したほうがよい。

氷の下を泳ぐウェッデルアザラシ

海洋の循環

東へ流れる南極環流は、世界でもっとも強大な海流である。その流れは水深3000mにまで及び、毎秒13万5000m³の海水をドレーク海峡へ運ぶ。赤道からの温かい水流を迂回させ、南極大陸を孤立させることで、分厚い南極の氷冠を作り上げた。冷たい海流はインド洋、大西洋、太平洋の東側へ枝分かれし、北上する。還流（西風皮流）は、大陸の妨害を受けることなく吹きつける強い西風によって流れている。南大洋における風速は世界最大で、南へ行くほど激しくなり、「荒天の40°台」「狂暴な50°台」「悲鳴の60°台」と言われる。

流氷と氷山

1年を通じて、南極海の大部分にテーブル状の氷山と流氷が漂っている。

海洋底

南極海は、大陸によって仕切られた明瞭な海盆がない珍しい海洋で、南極点とそこから360°に広がる陸地を囲んでいる。大陸棚と南極プレートの縁にある隆起の間には、深い海盆が連なっている。大陸棚は狭く、厚さ2.5kmの南極氷床の重みによって地盤が沈下しているため、他の大陸周辺の大陸棚よりも深い。大陸を取り囲む拡大海嶺は、1億6500万年前にアフリカ大陸が北へ移動し始めたことに端を発するゴンドワナ超大陸の分裂の原動力となった。海洋地殻が厚い海域ケルゲレン海台は、南大洋とインド洋の間にある。これは世界最大級の海台の1つで、およそ9700万年前に噴出した玄武岩が溢れたことによって形成された。

凍った滝

雪解け水が、塩分のため凍らずにいる冷たい海水に触れて再び凍る。

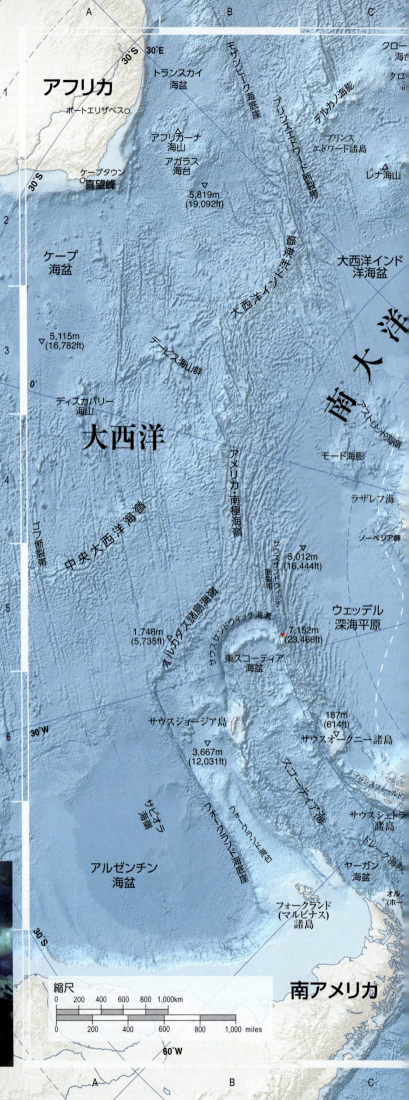

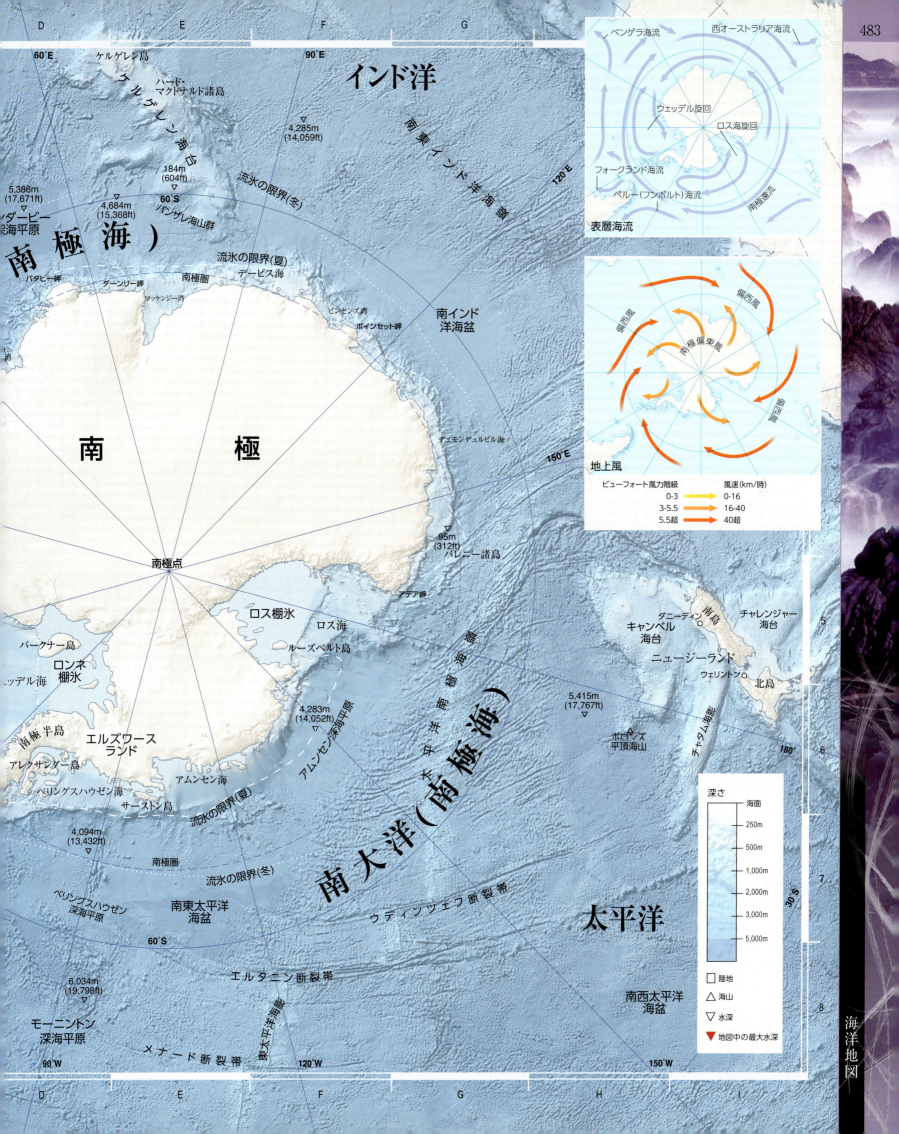

南極半島

南極半島は、南極から北へ南アメリカの方向に伸びており、ベリングスハウゼン海とウェッデル海を隔てている。北端には、南極プレートの縁に沿って、島が鎖状に連なる。

ウェッデル海 　南極海 D2

面積　280万km²
最大深度　5012m
流入　南極氷、フィルヒナー棚氷・ロンネ棚氷、ラーセン棚氷

1832年に南緯74°34'まで達し、以後80年間その記録を保持したイギリスのアザラシ漁師、ジェイムズ・ウェッデルにちなんで名付けられた。夏でもそのほとんどが大浮氷群で覆われて、冷たい南極底層水の70%がここで造り出される。海水

ウェッデルアザラシの子

は時計回りに氷を西に運ぶ。南極の大陸棚ではもっとも幅広く、フィルヒナー棚氷とロンネ棚氷の下から遠浅の海が広がっている。

フィルヒナー棚氷、ロンネ棚氷 　南極海 C3、D4

面積　43万km²
最大厚　900m
流入　南極氷床

フィルヒナー棚氷は、1912年にドイツ人探検家ウィルヘルム・フィルヒナーによって発見された。バークナー島の西側に広がるロンネ棚氷は、アメリカ海軍司令官フィン・ロンネによって、上空から発見された。この2つがつながって、面積では2番目、体積では最大の棚氷を形成している。氷で覆われたバークナー島の岩盤は、実際には水面下にある。両棚氷は、陸側部分は岸に接しており、大陸の氷冠からの氷をもらい受けているにもかかわらず、そのほとんどの部分がウェッデル海に浮かんでいる。棚氷そのものの厚みは最大900mで、その下の海底水深は最大1400mである。

ベリングスハウゼン海 　南極海 A1

面積　60万km²
最大深度　4094m
流入　南極海、ジョージ6世氷

名前は1820年に南極の陸地を発見したロシア帝国海軍将校ファビアン・フォン・ベリングスハウゼンにちなむ。南大洋に数箇所ある、海洋食物連鎖の底辺を担うオキアミが豊富な海域の1つである。

ロセラ基地

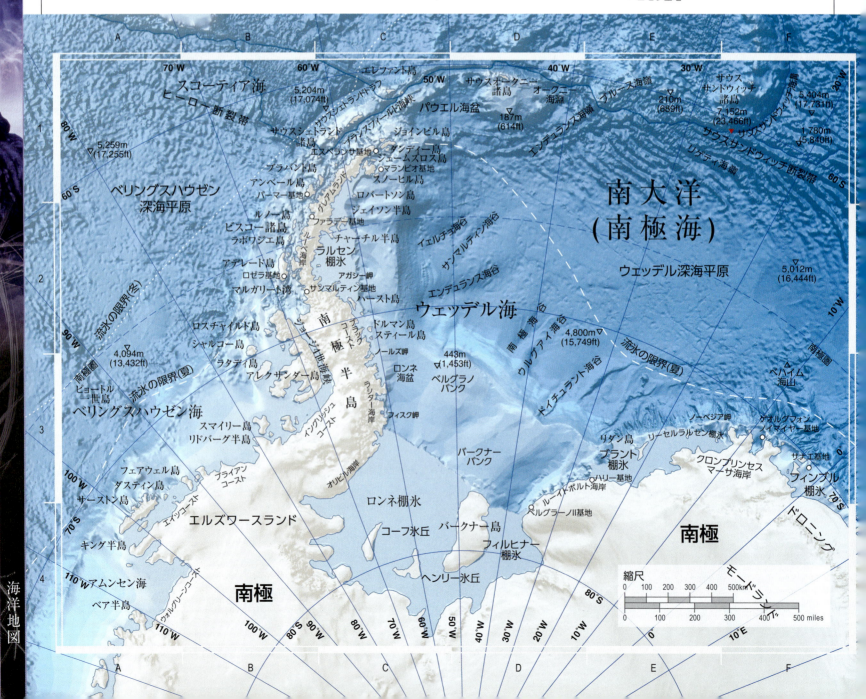

ロス海

ロス海はマリーバードランドとヴィクトリアランドの間にある大きな湾である。海水は時計回りに循環し、西向きの沿岸流がヴィクトリアランド沿いに北上し、東へ向かう南極還流に合流する。

南極海 D2

ロス海

面積 96万km²
最大深度 2500m
流入 南極海、ロス棚氷

1841年にこの地域の陸地を発見したイギリス海軍将校ジェイムズ・クラーク・ロスにちなんで名付けられた。島にあるエレバス山とテラー山の2つの火山は、ロス隊の探検に使われた2隻の船名をとった。マクマード渓谷にある、アメリカ研究観測基地は南極最大の科学基地の拠点である。夏の数ヶ月間、広範囲で氷がなくなるロス海は、ウェッデル海よりも南極点へ接近しやすくなる。

洋上の砕氷船

ロス海に浮かぶ流氷の間を航行するロシアの砕氷船。背景は南極横断山脈。

南極海 C3

ロス棚氷

面積 48万7000km²
最大深度 800m
流入 南極棚氷

南半分は、ロス棚氷という世界最大の棚氷に覆われ、この棚氷が大陸の岸から最大450kmまで張り出している。ノルウェーの探検家ロアルド・アムンゼンは、1911年にこの棚氷から探検を開始し、南極点到達に成功した。厚さは先端で約250m、内陸では800mある。水中に潜っている部分のほとんどが浮いているため、氷崖の高さは水面から約20-30mにもなる。南極氷床の高地に降り積もった雪が、その蓄積された重みによってせり出すため、棚氷は海へ向かって年間900m流れる。氷冠に蓄積する氷の量は、南極の棚氷の先端が崩れ落ちて氷山になることや、水中で海水に融けることで、均衡が保たれると考えられている。

発見

棚氷の海

海に浮かぶ棚氷の厚さを測るために、氷床コアの掘削、地震探査、探知レーダーなどが使われてきた。現在では、自動航行海底探査機（AUVs）が配備され、氷の下から「海の洞窟」を探索できる。この機材によって、海底水深、氷の厚さ、海水温度、水圧、塩分の情報をより具体的に収集することが可能になった。

氷の下の海底

棚氷の残余
ラーセンBの氷棚のほとんどは2002年に崩壊したが、左に見える一部が残っている。ここには深いクレバスが含まれ、より崩壊しやすくしている。

棚氷の崩壊

氷棚は、南極大陸の海氷の延長線上にある。絶えず積雪の重さで土地から押しのけられ、前面が崩れて卓状氷山が形成されるまで、氷棚は海面を徐々に前進していく。この前進と後退は自然のサイクルの一部だが、南極半島では過去50年間に2.8℃の地域的温暖化によって、いくつかの小さな氷棚が崩壊した。

例えば、2008年にウィルキンス氷棚は約500km²を失った。浮遊氷がなくなっても地球規模の海面上昇には影響しないものの、棚氷がもたらす緩衝地帯(バッファゾーン)を失えば、海に隣接する大陸の氷床は不安定な状態になり得る。2002年にラーセンB棚氷の崩落以降、科学者はこの付近の氷河が以前よりも2-8倍の速度で流出していると計測した。これよりさらに大きいロンネ棚氷やロス棚氷が、西南極氷床に類似した崩落を起こすかどうかは未だ定かではない。

この地域の気温上昇が続き、その結果、西南極氷床が崩落した場合、地球全体の海水位が5m超も上昇することにつながる。人口が密集する世界中の沿岸地域に脅威を与える。

ラーセン棚氷の崩落

ラーセン棚氷は南極半島の東岸を占めている。1995年、棚氷の北端のラーセンAが嵐に遭い粉々に崩れた。2002年には、中心部分のほとんどであるラーセンBが、数週間かけて同じように崩落した。もっとも大きい部分であるラーセンCは、1986年に大きく崩落したものの、現在のところ安定していると見られる。

後退する棚氷

融けた水の池 夏になると、融解水が棚氷の表面にある割れ目や陥没などの低地部分に集まる。氷は水面下でも融けている。

弱体化

ラーセンAの亀裂 融解水の重みが加わると、割れ目の底にかかる圧力が増すため、棚氷の亀裂は深まり幅も広がっていく。

ラーセンBの崩落 広範囲に及ぶ融解水の池が、崩落前の2002年1月31日に撮影されたラーセンBの衛星画像(上)で確認できる。下の画像は、崩落した3月7日の様子である。棚氷は多数の破片となり、いくつかの大きな氷山はたちまちウェッデル海へ分散した。融解水の影響で、厚さ220mものラーセンB棚氷の表面の割れ目が下まで貫通したと考えられている。

棚氷の消滅

氷山B-15 見たこともない巨大な氷山の1つで、長さ300km、幅40km、高さ60m。氷山B-15は、2000年3月、ロス棚氷から分裂した。ロス海周辺を数年間浮遊し、船舶の航行とペンギンの渡りに混乱を招いた。最終的に小片に分裂し、その幾つかが2006年11月にニュージーランドから遠くないところで発見された。

巨大な氷山

海洋地図

用語集

アイソスタシー あいそすたしー[isostasy]
均衡状態。とくに、大陸地殻の比較的軽い岩盤が、海底やマントルの間を氷山のように浮いていると見なされる状態を言う。地殻均衡。アイソスタシー反動(isostatic rebound)は、かつて氷に覆われていた陸地がゆっくりと均衡水準に上昇し、多くの場合、離水海岸を形成する動きのこと。→大陸地殻、→離水海岸

IUCN あいゆーしーえぬ[IUCN]
この名称は、国際自然保護連合(International Union for Conservation of Nature and Natural Resources)を指すために現在も使われている。同機関は、絶滅の危機に瀕する種の現状について情報を収集し、公表するといった自然保護活動を行っている。

後浜 あとはま[backshore]
海岸部のうち平均満潮位より上の部分で、大潮と嵐の折にのみ海水をかぶる。→前浜

亜南極 あなんきょく[subantarctic]
南極圏のすぐ北側に位置する地域を言う。

亜北極 あほっきょく[subarctic]
北極圏のすぐ南側に位置する地域を言う。

アルベド あるべど[albedo]
太陽から降り注ぐ光を地表が反射する程度。氷はアルベドが高く、届いた太陽光の大部分を反射する。

暗黒層 あんこくそう[dark zone]
水深1000-4000m程度の海底と水柱からなる、垂直に広がる領域。薄明層(弱光層)と深海帯の中間に位置する。この領域には事実上、光が差さない。無光層。→深海、→薄明層

イカ類 いかるい[squid]
→頭足類

イソギンチャク類 いそぎんちゃくるい[anemones]
単性の刺胞動物で、何かの表面に付着して生活し、通りかかる獲物を刺胞のある触手で捕らえる。→刺胞動物、→サンゴ、→ポリプ

磯波帯 いそなみたい[surf zone]
砕波帯。海岸部のうち、波が打ち寄せ泡立った大波を作り出す地帯。

一次海岸 いちじかいがん[primary coast]
海食やサンゴなどの動物の活動、人間の介入などにより、その特徴が著しい変化を被っていない海岸。→二次海岸

一次生産者 いちじせいさんしゃ[primary producer]
単に生産者と呼ばれることも多い。太陽または自然発生する無機化学物質からのエネルギーを用いて、食物を作り出す生物。→自家栄養生物、→化学合成、→光合成

緯度 いど[latitude]
赤道面に対し、北側または南側の角度を用いて表現される、地球上の位置。低緯度地方は赤道に近く、高緯度地方は極に近い。

浮き袋 うきぶくろ[swim bladder]
多くの魚に見られる、空気の詰まった器官。浮力を調整するために、また音を出すなど別の目的で用いられることもある。

渦 うず[eddy]
流動体中の、あらゆる大きさ、速さの円運動。直径100kmを超える中規模渦は、海洋循環を特徴づける重要な要素である。潮流や渦巻きの中で、渦は渦巻きよりゆっくりとした動きの円運動である。→旋回、→渦巻き

渦潮 うずしお[whirlpool]
海面で形成される強力な渦。2つの別個の潮流が出会う場合に起こることが多い。→渦

渦鞭毛虫類 うずべんもうちゅうるい[dinoflagellates]
2本の鞭毛をもつ原生生物の一群。一般的な海生プランクトンである。動物のように他の生物を捕食するものもあれば、植物のように光合成を行い、藻類に含まれるものもある。→藻類、→鞭毛、→原生生物

渦巻き うずまき[vortex]
流動体の中で急速に回転する渦巻き。ときとして渦潮(wirlpool)と同義に用いられる。→渦

打ち上げ波 うちあげなみ[swash]
波が打ち寄せたあと、浜辺で波濤が見せる動き。寄せ波。波打ち帯は、一般にうねりが起こりやすい浜辺である。

ウニ類 うにるい[sea urchins]
棘皮動物の一群で、一般には硬い殻、球形の体、長いとげをもち、下面に口がある。大半は硬いものの表面に生えた藻類を摂食するが、ブンブクウニやカシパンウニは穴を掘ってもぐる。→棘皮動物

うねり うねり[swell waves]
海洋で、規則的に円滑に動く波。とくに、その波を起こした風や嵐から離れている際に見られる。→吹送距離

ウミウシ類 うみうしるい[sea slugs]
殻のない海生腹足類で、鮮やかな色合いを呈し、多くの場合、背中に房状のエラ(櫛鰓)を備える。ウミウシ類は肉食性で、陸上のナメクジ類と近い関係にあるわけではない。裸鰓類とも呼ばれる。→腹足類

ウミエラ類 うみえらるい[sea pens]
体の軟らかい、群体をつくる刺胞動物の一群。各群体が1つの個体のように見えるが、穴にもぐった1つの大きなポリプが群体を海底の泥に繋ぎとめ、小さなポリプが摂食と繁殖を司っている。→刺胞動物、→ポリプ

ウミグモ類 うみぐもるい[sea spiders]
8本の脚をもつ、捕食性の海生節足動物の一群。ウミグモが陸上のクモと近い関係にあるのかどうかは、意見が分かれている。

ウミシダ類 うみしだるい[feather stars]
→ウミユリ類

ウミユリ類 うみゆりるい[crinoids]
茎のある棘皮動物で、枝分かれした腕を用いて濾過摂食を行う。種によっては茎を持たず、ウミシダと呼ばれる。→棘皮動物

エクマン効果 えくまんこうか[Ekman effect]
風や海流がその上下にある空気や水を、元の空気や水とは逆方向に動かす傾向。

地球の自転が原因で生じる。海面では通常、卓越風が風の向きと直交する水流を生み出す。→コリオリ力

エビ類 えびるい[shrimps]
一般に遊泳性の、様々な小型の甲殻類。本来のエビはカニ類やロブスター類と近い関係にある。

エルニーニョ えるにーにょ[El Niño]
太平洋東部の南米沖の水域で、4-7年ごとに水温が通常より高くなる現象。太平洋東部の水温が通常より低くなる反対の現象は、ラニーニャと呼ばれる。エルニーニョという言葉は「エルニーニョ南方振動」という、より大規模な現象を簡略化した言い方としても使われる。→ENSO

沿岸帯 えんがんたい[nearshore zone]
海岸部でも、通常の状態で波や潮の影響を受ける部分。前浜と、底が浅く波の作用によってかき回される部分。→前浜

塩性沼沢 えんせいしょうたく[salt marsh]
波から守られ、平らでぬかるんだ海岸線に発達する生態系で、干潟には耐塩性の陸生植物が生育する。→干潟

ENSO えんそ[El Niño-Southern Oscillation]
〈エルニーニョ南方振動〉の略語として用いられる。世界規模で起こる、地球気象の型と海洋循環の変動のことで、太平洋東部における温かい表層水の移動を伴うエルニーニョ現象は、その一部である。

鉛直回遊 えんちょくかいゆう[vertical migration]
垂直移動。外洋に見られる多くの動物、すなわちプランクトン類、魚類、イカなどが示す行動で、捕食動物を避けるために、夜は海面付近に上昇し、日中は深く沈むこと。

鉛直輸送 えんちょくゆそう[vertical transport]
海水が垂直方向へ大規模に流れること。

塩分濃度 えんぶんのうど[salinity]
塩分の濃度。

塩分躍層 えんぶんやくそう[halocline]
塩度が異なる海水の境界で、この部分を通ると塩分濃度が急激に変化していく。→密度躍層、→温度躍層

大潮 おおしお[spring tide]
約2週間周期で起こる、干満の差が最大となる潮汐。月と太陽の位置の関係で、両方の重力の影響が重なり合って最大となるために生じる。→潮、→小潮

オキアミ類 おきあみるい[krill]
エビのような遊泳性の甲殻類で、一般に体長2-6cmに成長する。動物プランクトンの大きな部分を占め、南大洋の食物連鎖を繋ぐ重要な要素である。

尾鰭 おびれ[fluke]
クジラ類、イルカ類、あるいはジュゴンの尾を形作る突出物。

音響測深 おんきょうそくしん[echo-sounding]
物体や海底の深さを測定するために、音響装置を使用すること。反響定位と同義に用いられることもある。→ソナー

温室効果ガス おんしつこうかがす[greenhouse gas]
水蒸気、二酸化炭素あるいはメタンガスなど、地球からの熱の放散を妨げる気

体で地表が温まる(地球温暖化)原因となる。温室効果ガスには、自然に放出されるものと、人間の活動によるものがある。

温度躍層 おんどやくそう[thermocline]
水温躍層。海のある深度や、大気のある高度において、平均温度が急激に変化する層。→密度躍層

カイアシ類 かいあしるい[copepods]
遊泳する小型の甲殻類で、通常は体長2mm以下である。動物(性)プランクトンの主要な部分を占める。寄生性の種や穴を掘る種が数多く存在する。→動物プランクトン

海岸 かいがん[coast]
→整合海岸、→堆積海岸、→不整合海岸、→沈水海岸、→離水海岸、→侵食海岸、→一次海岸、→二次海岸

海溝 かいこう[ocean trench]
海底の中でも、長く伸びる低地部分。海の中でもっとも深い部分である。→沈み込み

外骨格 がいこっかく[exoskeleton]
動物の体の外側にある骨格で、多くの場合、身を守る働きをする。外骨格は甲殻類や昆虫など節足動物に備わっている。→甲殻類、→節足動物

海山 かいざん[seamount]
海面下に沈んだ山で、通常は死火山。

海食洞 かいしょくどう[sea cave]
波の作用によって断崖の足元に形成される洞窟。

海草 かいそう[seagrasses]
とくに温かい海で、海岸沿いの浅い砂地の海底に根付き、そこで成長することができる様々な植物。実際には草ではないが、藻類に属する海藻とは異なり、いわゆる顕花植物である。

海藻 かいそう[seaweed]
大型藻類の主要3群に属するものの1つ。海藻は光合成によって自らの栄養分を作り出すことができるが、根をもたない。海藻の分類については意見が分かれており、緑藻は植物と近い関係にあるようだが、紅藻と褐藻は独立した2つの進化系統を示す。

海氷 かいひょう[sea-ice]
海面で形成される氷で、陸上に源を発する棚氷や氷山とは区別される。冬期に限って形成される海氷もあれば、半永久的なものもある。海氷は段階を踏んで形成され、発達する。→氷晶、→グリースアイス、→蓮葉氷

海盆 かいぼん[basin]
→海洋盆

海綿動物 かいめんどうぶつ[sponges]
海生動物の大きな一群(門)で、きわめて単純な構造をもち、体を通して水流を起こし、水中にある食物の小粒子を濾過して摂食する。筋肉や神経細胞をもたず、ときには対称でないこともある。

海洋地殻 かいようちかく[oceanic crust]
深海の底を形成する地殻の種類。主に玄武岩で構成され、大陸地殻より薄く密度が高く重い。

用語集　489

海洋底拡大 かいようていかくだい[sea-floor spreading]
中央海嶺においてマグマが上昇し、その結果海底が両側に拡大し、新たな海洋地殻が形成されること。→プレートテクトニクス

海洋盆 かいようぼん[ocean basin]
海洋地殻の低地部分で、その内部には深海(またはその一部)が含まれる。一般に、周囲は陸地や浅い海となっている。

海流 かいりゅう[current]
持続する水平方向の水の流れ。→吹送流、→表層海流、→熱塩循環、→混濁流、→西岸境界流

化学合成 かがくごうせい[chemosynthesis]
ある種の生物が、硫化水素など自然に発生する化学物質のエネルギーを用いて、自らの栄養分を作り出す過程。→光合成、→自家栄養生物、→一次生産者

拡大海嶺 かくだいかいれい[spreading ridge]
→大(海)洋中央海嶺

河口域 かこういき[estuary]
大きな河川が海に流れ込むところ。広義には、海水が淡水で薄められる湾や入江も含む。

カスプ かすぷ[cusp]
凹面を描く2本の曲線が1点で交わってできる形。浜辺では多くの場合、波の作用によってカスプ形をした砂の隆起が形成される。

火成岩 かせいがん[igneous rock]
マグマが冷えて生成された岩石一般。玄武岩や花崗岩など。

潟 かた[lagoon]
砂嘴(さし)やその他の障壁によって海からほぼ隔てられた海水域。潟湖は外海と切り離されてできた湖をさす。

滑降風 かっこうふう[katabatic wind]
氷床、氷河あるいは寒冷な谷から、一般には夜に吹き降ろす風。

褐虫藻 かっちゅうそう[zooxanthellae]
多くのサンゴ類の組織内に生息し、共生する微細藻類。→共生

カニ類 かにるい[crabs]
→甲殻類

環形動物 かんけいどうぶつ[segmented worms]
蠕虫の主要な一群(門)。体はユニット(分節)の繰り返しで構成されており、各ユニットに腎臓など同一の器官が備わっている。同門にはミミズの他、多くの海生の種が含まれるが、その大半は多毛類と呼ばれる下位群に属する。→蠕虫類

環礁 かんしょう[atoll]
低い環礁の島、あるいは円弧状の列島で、浅い礁湖の縁となる。沈下した火山の頂にサンゴ類が堆積して形成される。→礁湖

管棲虫類 かんせいちゅうるい[tube worms]
管の内部に付着し、守られて生活する蠕虫類。その管は分泌されたものや、砂粒のような素材で作られたものである。管棲虫類には、環形動物や、熱水噴出孔の周辺に生息する巨大な蠕虫類が含まれる。→環形動物、→多毛類

干拓 かんたく[reclamation]
かつて沿海部や湿地だった土地を、人工的に乾燥地へ変えること。

環流 かんりゅう[gyre]
大規模な表層海流の循環で、一般に海全体へ及ぶ。→渦

汽水性 きすいせい[brackish]
淡水より塩分を多く含むが、標準的な海水よりは塩分の少ない水質を言う。

擬態 ぎたい[mimicry]
ある種の動物が、無関係な他の動物に似た姿をとるよう進化する現象。

気団 きだん[air mass]
気温と圧力が比較的均一な空気の塊で、地表のある一定の地域上空に形成される。この地表の地域に由来する特徴を備え、周囲の気団とははっきり区別される。例として「熱帯海洋性気団」や「寒帯大陸性気団」がある。

共生 きょうせい[symbiosis]
2つの種の間で見られる、生態上の密接な関係。とくに、双方が利益を得る場合。→相利共生、→片利共生

強制波 きょうせい[forced wave]
海で、嵐の風によって起こされた波。強制波はうねりより高く、波長が短い。→うねり

ギョー ぎょー[guyot]
頂上の平坦な海山で、平頂海山とも呼ばれる。→海山

棘皮動物 きょくひどうぶつ[echinoderms]
海生無脊椎動物の主要な一群(門)で、ヒトデ類、クモヒトデ類、ウニ類、ウミユリ類、ナマコ類およびシャリンヒトデ類が含まれる。棘皮動物の体は車輪のスポーク(いわゆる放射対称)のように整えられている。皮膚の下には身を守るためのチョークの骨板をもち、移動や獲物の捕獲、あるいはその両方のために、「管足」という水圧を利用した独特のしくみを用いている。

裾礁 きょしょう[fringing reef]
すぐ沖合いのサンゴ礁で、岸との間に礁湖や水域がないもの。→堡礁

クシクラゲ類 くしくらげるい[comb jellies]
→有櫛動物

クジラひげ くじらひげ[baleen]
ある種のクジラの口中にある角状の板で、オキアミなどの食料を海水から濾すのに用いられる。

クダクラゲ類 くだくらげるい[siphonophores]
カツオノエボシなど、浮遊し、捕食性で群体を成す刺胞動物。群体を作る各個体は機能ごとに特化しているが、共に行動するため、群体が単一の動物のように機能する。→刺胞動物、→群体、→ポリプ、→個虫

屈折 くっせつ[refraction]
波が異なる媒体へ進入する際に方向を変えること。たとえば、光波が空気から水へ入る場合。海洋波も浅い水域に到達すると屈折する。

クモヒトデ類 くもひとでるい[brittlestars]
細く関節のある柔軟な腕を持つ棘皮動物で、ヒトデ類の仲間。→棘皮動物、→ヒトデ類

クラゲ類 くらげるい[jellyfish]
一般にプランクトンの間を漂い、刺胞をもつ触手を用いて獲物を捕らえる刺胞動物。いわゆるクラゲの体は傘形である。一見すると似たような形のカツオノエボシなどは、本来のクラゲ類ではなくクダクラゲ類である。→刺胞動物、→クダク

ラゲ類

グリースアイス ぐりーすあいす[grease ice]
海氷形成の過程で、氷晶が凝固し、どろどろした状態になっているもの。→氷晶、→海氷

群体 ぐんたい[colonial]
動物について、群れをなして生活するものを言う。群体は、スポンジシュリンプ(Sponge shrimps)のように、別々の個体で構成されることも、サンゴ類やコケムシ類など海生無脊椎動物の多くのように、糸状の生体組織によって結合された個体で構成されることもある。各個体が摂食、生殖、防御など異なる役割に特化する場合、群体は単独の動物のようにふるまう。コロニー。→コケムシ類、→刺胞動物、→個虫

珪藻 けいそう[diatoms]
植物に似た原生生物の一群で、藻類に含まれ、プランクトンの中でも主要な一次生産者である。単細胞だが、鎖のように連なったり群体を形成したりする。珪藻は、周囲にシリカ(珪酸)の複雑な覆いを分泌する。→藻類、→一次生産者、→原生生物

経度 けいど[longitude]
本初子午線と呼ばれる協定ラインに対し、東側または西側の角度を用いて表現される、地球上の位置。本初子午線は、英国ロンドンのグリニッジを通過し、北極から南極まで地球を周回する線。

原核生物 げんかくせいぶつ[prokaryotes]
バクテリアや古細菌など、動植物や原生生物より小さく、構造が単純な細胞をもつ生物。原核生物の細胞には核がない。→古細菌、→バクテリア

嫌気性 けんきせい[anaerobic]
無酸素状態で起こる過程や、酸素がなくても生きられる生物に対して言う。→無酸素

原生生物 げんせいせいぶつ[protists]
多くの場合は関係のない、微小な生物をひとまとめにしたもので、従来から1つの界に分類されてきた。大半は単細胞で、動物のような(かつて原生動物と呼ばれた)ものと、植物のような(多くは藻類と称される)ものとがいる。研究者によっては、大型の藻類(海藻)も原生生物に含める。原生生物の細胞には、動植物と同様に核が含まれ、この点でバクテリアとは異なる。

懸濁物摂食 けんだくぶつせっしょく[suspension feeding]
→濾過摂食

玄武岩 げんぶがん[basalt]
一般的に見られる火山岩で、溶岩が固まって生成される。海底の岩は、主に大洋中央海嶺から広がった玄武岩で構成される。

甲殻 こうかく[carapace]
カメ類の背にある甲(背甲)あるいはカニ類の甲殻など、ある種の動物が身を守るために備える外皮。

甲殻類 こうかくるい[crustaceans]
海でもっとも数が多く多様な節足動物の一群。カニ類、ロブスター類、エビ類、フジツボ類、オキアミ類、カイアシ類、等脚類、ヨコエビ類が含まれる。こうした動物たちの関節肢は、種によってハサミ、脚、遊泳器官あるいは濾過摂食の道具

など様々に進化している。→節足動物

降河性 こうかせい[catadromous]
隆流性。魚について、一生の大部分を淡水で過ごすが、繁殖のために海へ移動するものを言う。ウナギ類など。→遡可性

高気圧 こうきあつ[anticyclone]
大気中における空気循環の型の1つで、中心の気圧が高い。通常は安定した天気と結びつく。→サイクロン

光合成 こうごうせい[photosynthesis]
緑色植物、藻類、シアノバクテリアにおいて、太陽エネルギーを用い、二酸化炭素と水からエネルギーを含む栄養分子を作り出す過程。→化学合成、→クロロフィル

硬骨魚類 こうこつぎょるい[bony fish]
無顎類とサメおよびその他の軟骨魚類を除き、すべての魚類を含む生物群。→軟骨魚類

構造プレート こうぞうぷれーと[tectonic plate]
地殻とマントルの最上部を分割した、大きく硬い区画。プレートテクトニクスは、これらの相対的な動きに注目する。アフリカプレートや太平洋プレートなど。→プレートテクトニクス

護岸舗装 ごがんほそう[revetment]
間隔を置いた木材やコンクリートの梁による傾斜した構築物。海岸や低い断崖を侵食から保護するために建設される。

呼吸 こきゅう[respiration]
(1)ガス交換。(2)細胞呼吸とも呼ばれる。細胞内で行われる生化学的な過程で、分解された栄養分子が通常は酸素と結びつき、生物にエネルギーを供給する。→嫌気性

コケムシ類 こけむしるい[bryozoans]
濾過摂食を行う群体動物で、海藻の葉状部などの表面に付着して生活する。平らに広がるものと、房状で植物のような茂みを作るものがある。外肛類とも言う。

古細菌 こさいきん[archaea]
微小で単細胞の生物群。バクテリアと同様に細胞核を持たないが、別々に分類される。深海の穴など、きわめて厳しい環境に生息することが多い。→バクテリア

小潮 こしお[neap tide]
約2週間周期で起こる、干満の差が最小となる潮汐。月の影響で、太陽の重力が部分的に打ち消されることで生じる。→大潮、→潮

固着性 こちゃくせい[sessile]
動物について、何かの表面にずっと付着したままで、とりわけ茎がなく、動き回れないものを言う。→定住性

個虫 こちゅう[zooid]
コケムシ類など、相互に繋がって群体を形成する動物の各個体。この語は群体を作るサンゴ類には用いられず、その場合は「ポリプ」を使う。→ポリプ

コリオリ力 こりおりりょく[Coriolis effect]
地球の自転によって、赤道へ向かう、または赤道から離れる大気の流れや海流が、北半球では右に、南半球では左にふれる現象。この現象によって、卓越風の方向や旋回の存在が説明される。

コールドシープ こーるどしーぷ[cold seep]
冷湧水。原油やその他エネルギー源となる化学物質が、海底へ自然に滲出す

るもので、多くの場合、密度の高い海洋生物の生活を支えている。

混獲 こんかく[bycatch]
漁業において、捕獲したものに漁獲の対象外の種が混じること。

混合層 こんごうそう[mixed layer]
風や海流によって常に攪拌され、全体的に温度や化学的特性がほぼ一様である海水の上層。

混濁流 こんだくりゅう[turbidity current]
水中で起こる崩落や地滑りに似た現象で、堆積物を含む水が傾斜地を滑り落ちること。

コンチネンタルライズ こんちねんたるらいず
[continental rise]
海洋盆を囲むなだらかに傾斜した海底で、大陸斜面の底部へ続く。

サイクロン さいくろん[cyclone]
(1)低気圧とも呼ばれ、中心気圧が低い大気中の空気循環の型のこと。サイクロンは通常、熱帯外の海上で形成され、湿った強風を伴う。(2)→熱帯低気圧

鰓耙 さいは[gill rakers]
鰓篩(さいし)。ある種の魚において、エラの内側に見られる突起で、口に入る粒子をふるいにかける。

砕波帯 さいはたい[breaker zone]
浜辺やその他の海岸部において、波が打ち砕ける海域。

逆波 さかなみ[overfall]
潮流が風向きと反対に流れる際に起こる荒波。

砂丘 さきゅう[dune]
丘や隆線状になった砂地の地形で、風の作用によって海岸沿いや砂漠に形成される。海岸砂丘は通常、浜辺の後背部にある低地に形作られる。

砂嘴 さし[spit]
砂や礫、あるいはその両方でできた半島。一般に、海岸線が方角を変える地点に、漂砂によって形成される。→砂州、→漂砂、→トンボロ

砂州 さす[bar]
海岸線と平行して、堆積物が沖に細長く積もった部分。常に海中に沈んでいるものや、干潮時に現れるものがある。常に表面に出ているものは、堤浜島という。湾口を横切り、海岸に接するものは湾口砂州と言う。→堤浜島、→砂嘴

サルパ類 さるぱるい[salps]
円筒状の繊細な体をもつ被嚢動物で、プランクトンの間で濾過摂食を行い生活する。→被嚢動物

三角州 さんかくす[delta]
川によって運ばれてきた物質が河口域に堆積して形成される、多くの場合、扇形をした地形。デルタ。

サンゴ さんご[coral]
海底に付着して生活し、支えとなる骨格を分泌し、一般に群体をなす様々な刺胞動物。いわゆるサンゴは、体の外側に炭酸カルシウムの硬い骨格を蓄積し、これが最終的にはサンゴ礁を形成する。その他、ヤギ類もサンゴに含まれる。→刺胞動物、→ヤギ類、→褐虫藻

サンゴ礁 さんごしょう[coral reef]
浅い熱帯の海に見られる、多くの場合、隆線形をした、岩のような炭酸カルシウムの構造物で、サンゴ類が何世代もか

けて構築する。→堡礁、→裾礁

サンゴ状 さんごじょう[coralline]
サンゴに似たものを言う。主に、岩上やサンゴ礁内に硬い石灰の殻を形成する紅藻のことを指す。

サンゴ白化現象 さんごはっか[coral bleaching]
岩礁サンゴが微小な共生藻類(褐虫藻)を失う現象で、一般に環境へ負荷がかかると起こる。白化したサンゴは後に死滅することもある。→褐虫藻

シアノバクテリア しあのばくてりあ[cyanobacteria]
微小な単細胞生物群で、植物と同様に光合成を行うことができる。似たような構造を持つことから、バクテリアに分類される。他の藻類と近い関係にあるわけではないが、藍藻とも呼ばれる。→光合成

シーアーチ しーあーち[sea arch]
岩がちな海岸線に見られる天然のアーチで、一般に岬の両側にできた2つの海食洞が両側から侵食されて形成される。

潮 しお[tides]
地球の自転に太陽と月の引力が合わさって起こる、地球上の海水位の変動。外洋では約12時間ごとの潮周期で、小さな、しかし観測できるくらいの水面の上昇と下降が現れる。潮汐の影響は、海岸付近で遥かにはっきりしており、海水の上下動に加え、水平移動(潮流)が起こる。潮汐。

潮津波 しおつなみ[bore, tidal bore]
河口域などで、細い水路を通って潮が満ちる際に起こる、単独の大きな波。

潮波 しおなみ[tidal race]
潮汐による水流が、細い水路を移動する際に起こる激しい流れ。

潮の干満 しおのかんまん[tidal bulge or trough]
→潮

自家栄養生物 じかえいようせいぶつ[autotroph]
他の生物が生産した栄養分を摂食したり吸収したりするのではなく、植物をはじめとして、栄養分を自ら作り出すことができる生物。→光合成、→一次生産者

色素胞 しきそほう[chromatophore]
皮膚細胞の1つで、内部で有色色素の分布が変わると、動物の色が変化する。色の変化は、頭足類のように速い場合も、甲殻類やある種の魚類のように遅い場合もある。

沈み込み しずみこみ[subduction]
2つのプレートが衝突する際、構造プレートに属する海洋地殻がもう一方のプレートの下へ無理に入り込むこと。こうした沈み込み帯には海溝が見られる。

自生 じせい[authigenic]
堆積物について、他の場所から運ばれたのではなく、海中のその場で(とくに化学的な過程を経て)形成されたものを言う。→堆積物

刺胞 しほう[nematocyst]
クラゲ類やその他の刺胞動物がもつ、刺胞細胞内にあるコイル状の組織。これが飛び出し、矢のような先端から毒素を注射する。→刺胞動物

刺胞動物 しほうどうぶつ[cnidarians]
無脊椎動物の主要な生物群(門)で、単純な体にただ1つの開口部(口)を囲む触手を持つ。刺胞動物にはサンゴ類、イ

ソギンチャク類、クラゲ類が含まれ、群体をなすことが多い。代表的な形体(体制)は、ポリプとメドゥーサ(クラゲ)である。種によっては、生活史の中で両方の形体を経る。→群体、→サンゴ類、→クラゲ類、→ポリプ

蛇籠 じゃかご[gabion]
石を詰めた針金の籠。海岸線を侵食から人工的に保護するために用いられる。

終生プランクトン しゅうせいぷらんくとん
[holoplankton]
一生の大半をプランクトンとして過ごす、プランクトン様の生物。

雌雄同体 しゅうどうたい[hermaphrodite]
オスでもありメスでもある動物。同時に両性をもつ動物は同時雌雄同体と呼ばれる。その他には、初めオスとして生活し、その後メスになるもの、またはその逆の場合がある。種によっては性を繰り返し変える。

受精 じゅせい[fertilization]
有性生殖によって新たな生命体を生み出す第一段階として、雌雄の性細胞(動物における精子と卵子など)が結合すること。海生動物の種によっては、卵と精子が偶然に出会うよう海中へ放出する(体外受精)が、他の動物はオスが精子を直接メスの体内に送り込む(体内受精)。

礁 しょう[reef]
→サンゴ礁

礁湖 しょうこ[lagoon]
環礁内の浅い水域。

触鬚 しょくしゅ[barbel]
ある種の魚において、口の周りにある触覚を司る肉質の突起。対になっていることが多い。

植物(性)プランクトン しょくぶつ(せい)ぷらんくとん[phytoplankton]
微細藻類やシアノバクテリアなど、プランクトン様の生物で、光合成によって自ら養分を作り出すもの。

深海 しんかい[abyssal]
水深約2000mを超える海の深さを言う。深海平原は水深4000-6000mに位置する起伏のない平原で、大部分の海洋盆の海底は、この深海平原である。深海帯は、海底から水深2000mまでの開放水域と深海平原を指す。→漸深海、→超深海

侵食海岸 しんしょくかいがん[erosional coast]
波の作用で侵食された海岸。岩礁海岸は侵食地形の典型だが、ある種の低地、砂浜海岸も侵食を受けている。→堆積海岸

水管 すいかん[siphon]
軟体動物に見られる、肉質で体から管状に突き出した組織。酸素を含む海水を鰓に流し込んだり、ときには食物の粒子を濾過するために運ぶのを助けたりする。頭足類は水管をジェット推進に用いる。→頭足類

吹送距離 すいそうきょり[fetch]
外洋において風が吹き渡る距離、および風によって起こされた波が渡る距離。吹送距離が長いほど、波のうねりが大きくなる傾向にある。→うねり

水柱 すいちゅう[water column]
海面と海底の間の水全体を指す。

西岸境界流 せいがんきょうかいりゅう[western boundary current]
比較的細く動きの速い表層流で、海洋盆の西岸境界で生じ、一般に海流の環流の一部をなす。メキシコ湾流がその例。深層西岸境界流も存在する。

整合海岸 せいごうかいがん[concordant coast]
丘と谷が浜辺に対しておおよそ平行な海岸で、直線的な海岸線、あるいは岩がちな島が海岸線と平行に並ぶものになる。調和的海岸。→不整合海岸

生産性 せいさんせい[productivity]
生物の成長や生殖によって、生体を構成する物質が生産される割合。→一次生産者

性的二型性 せいてきにけいせい[sexual dimorphism]
1つの種において雌雄が、色、形、大きさなどの点で異なる様。

生物攪乱 せいぶつかくらん[bioturbation]
一般に、海底に穴を掘って棲む動物によって、海底堆積物がかき乱され、混ざること。

生物群系 せいぶつぐんけい[biome]
広範囲にわたる動植物の結びつきで、とくに特定の気候条件に依存するもの。マングローブ湿地や深海平原は深生の生物群系である。

生物多様性 せいぶつたようせい[biodiversity]
多種多様の生物が存在すること。たとえば、種の数や種の中の異変をもとに定められる。

生物発光 せいぶつはっこう[bioluminescence]
生物による発光現象。

生物量 せいぶつりょう[biomass]
バイオマス。一定面積における生物の全質量または全重量。

堰 せき[barrage]
荒海の氾濫から防護するための、河口域を横切る人口の構築物。

赤道無風帯 せきどうむふうたい[doldrums]
赤道付近の、風が非常に弱い地域。

石灰性 せっかいせい[calcareous]
炭酸カルシウムからなる、あるいは炭酸カルシウムを含むものを言う。

節足動物 せっそくどうぶつ[arthropods]
無脊椎動物の主要な一群(門)で、節のある脚と硬い外骨格を持つ。甲殻類(カニ類、エビ類とその仲間)、昆虫、クモ類が含まれる。→甲殻類、→外骨格

潜水艇 せんすいてい[submersible]
水面下で動作するよう建設された船。潜水艇によっては、深海を調査するため、高い圧力に耐えられるように設計されている。

前線 ぜんせん[front]
性質が異なる2つの空気や水の塊が接する部分の、垂直あるいは斜めになった領域。フロント。

蠕虫類 ぜんちゅうるい[worm]
通常は遊泳しない、様々な無脊椎動物で、細長く柔軟な体をもち、脚と殻を欠く。→扁形動物、→紐形動物、→環形動物、→管棲虫類

潜熱 せんねつ[latent heat]
気体から液体になるなど、物質の状態が変化する際に、吸収または放射される熱。水蒸気が液化する際に放射される熱は、ハリケーンの主要なエネルギー源となる。

繊毛 せんもう[cilia]
ある種の細胞表面にある、微小で振動する毛状の組織。小型の生物が移動するのを助けたり、水流を起こしたりするのに用いられる。

総排出腔 そうはいしゅつこう[cloaca]
多くの脊椎動物（魚類、鳥類など）やある種の無脊椎動物に見られる、消化、排泄、生殖のための共通開口部。

相利共生 そうりきょうせい[mutualism]
相互共生。2つの異なる種の間に見られる親密な関係で、双方が利益を得るもの。

藻類 そうるい[algae]
単純な植物あるいは植物に似た原生生物で、光合成を行う。その範囲は、海藻（大型藻類）から微小なプランクトン（微細藻類）にまで及ぶ。緑色微細藻類や緑藻など、種類によっては植物に分類されることが多いものもある。紅藻や褐藻も藻類だが、別個に分類されることが多い。→シアノバクテリア、→光合成、→原生生物、→海藻

ゾエア（幼生） ぞえあ(ようせい)[zoea]
カニ類など、ある種の甲殻類におけるプランクトン様の幼生段階。成長した形態とは構造が異なり、長いとげをもつ。

遡河性 そかせい[anadromous]
昇流性。魚について、一生の大半を海で過ごし、繁殖のために川を遡る性質を言う。サケ類などがあてはまる。→降河性

ソナー そなー[sonar]
音響を利用した測深方法。多くの場合、より広く反響定位の同義語として用いられる。→反響定位、→音響測深

堆 たい[bank]
周囲を深い海に囲まれた、海の浅い部分。豊かな漁場であることが多い。

大(海)洋中央海嶺 たい(かい)ようちゅうおうかいれい[mid-ocean ridge]
深海の海底のあちこちに並ぶ水中の山脈で、海洋底拡大が起こっている場所。拡大海嶺とも呼ばれる。→海洋底拡大

堆積海岸 たいせきかいがん[depositional coast]
川や海流がもたらす砂やその他の堆積物が積もるもので、沖へ向かって伸びる海岸。→離水海岸、→浸食海岸

堆積岩 たいせきがん[sedimentary rock]
堆積物が後に凝固し、硬化して生成された岩。砂岩など。

堆積物 たいせきぶつ[sediment]
水中にあった固形物の粒子が沈殿し、蓄積したもの。風など他の媒体によって積もるものも指す。

堆積物摂食 たいせきぶつせっしょく[deposit feeding]
泥やその他の堆積物から食物の小片を取り出して摂食する。→濾過摂食

台風 たいふう[typhoon]
→熱帯低気圧

大陸縁辺 たいりくえんぺん[continental margin]
海面下に位置する大陸の周縁部分で、大陸棚と大陸斜面が含まれる。

大陸斜面 たいりくしゃめん[continental slope]
大陸棚のうち、海側の端に位置する傾斜した海底。コンチネンタルライズに向かって比較的急な下り坂となる。

大陸棚 たいりくだな[continental shelf]
大部分の大陸の周縁部に見られる、なだらかに傾斜した海底。大陸地殻から

なり、平均して水深130m程度に位置する。

大陸地殻 たいりくちかく[continental crust]
地殻を構成する要素で、大陸縁辺を含めた大陸を形成する。海洋地殻より軽く厚みがある。

対流 たいりゅう[convection]
空気、水、高温岩体などの流動体における流れ。熱せられた部分は密度が低いために上昇するが、その後冷えて下降することによって生じる。

高潮 たかしお[storm surge]
暴風で海水が海岸に向かってあおられ、海面が急速に上昇すること。とりわけ大潮と同時に起こると、沿岸部が洪水によって大きな被害を受けることがある。

卓越風 たくえつふう[prevailing wind]
一定期間においてある決まった方向から吹く風。→貿易風、→偏西風

卓状 たくじょう[tabular]
板状。氷山について、広大で上部が平らなものを言う。

棚氷 たなごおり[ice shelf]
氷棚（ひょうほう）。氷床が海に突き出している部分。棚氷の陸地側の端は海底に繋ぎとめられているが、沖の方では海水に浮いている。

多年生 たねんせい[perennial]
植物について、3年以上生存するものを言う。

多毛類 たもうるい[polychaetes]
海でよく見られる環形動物の大きな下位群の1つで、多くの場合、体の下側に剛毛をもつ（英語の名称Polychaeteは「多くの剛毛」を意味する）。種によっては動き回ることができるが、管や穴の中に付着し、濾過摂食を行うものもある。→環形動物、→管棲虫類

炭化水素 たんかすいそ[hydrocarbon]
炭素と水素の原子のみで構成される化合物。

炭酸カルシウム たんさんかるしうむ[calcium carbonate]
化学物質CaCO₃。サンゴの骨格、軟体動物の貝殻、石灰岩およびチョークなどの主成分。

断層 だんそう[fault]
地殻の割れ目で、岩盤が水平または垂直に食い違った部分。

炭素循環 たんそじゅんかん[carbon cycle]
環境の中で炭素が循環すること。循環する間、炭素は生物の体内や、大気中や海水中の二酸化炭素に、また化石燃料や石灰岩などの岩石中に存在する。

タンパク質 たんぱくしつ[protein]
生物によって、アミノ酸という小さな分子から作られる大きな分子。体細胞の化学反応を促進する酵素から、ケラチン（毛髪・骨・爪を作る丈夫なタンパク質）などの構造物質まで、タンパク質の形態は幅広い。

中間海岸 ちゅうかんかいがん[intermediate coast]
一次海岸と二次海岸の中間の特徴を備える海岸。→一次海岸→二次海岸

中深海 ちゅうしんかい[bathyal]
漸深海。水深200-2000m程度の海の深さを言う。中深海帯は、この深さに位置する海底と水柱部分。→深海

潮下帯 ちょうかたい[sublittoral]
海岸の低潮線の下に見られる海洋環境を指す。

潮間帯 ちょうかんたい[littoral]
海岸部でも、満潮線と干潮線の間に位置する領域を言う。

潮衝 ちょうしょう[tide rip]
異なる潮流が出会うことで生じる波濤の広がり。

超深海 ちょうしんかい[hadal]
水深6000m以下で、海溝内に位置する海洋でもっとも深い領域を言う。深海帯より深い。→深海

潮流 ちょうりゅう[tidal current]
→潮

沈水海岸 ちんすいかいがん[drowned coast]
当初の状態に比べて、陸地が沈降した、または海面が上昇した海岸。ときとしてリアス式海岸やフィヨルドのような、特徴的な地形が見られる。→離水海岸、→フィヨルド、→リアス式海岸

津波 つなみ[tsunami]
時折生じる巨大な波で、通常は地震による海水の移動によって起こる。発生地点から数千キロ離れた海岸線でも、壊滅的な被害を受けることがある。

定期性プランクトン ていきせいぷらんくとん[meroplankton]
カニ類など、成長するとプランクトンではなくなる動物の、幼生時の一時的なプランクトン様の姿。

定在波 ていざいは[standing wave]
動かずに同じ位置に留まる波。潮波など、特殊な状況で見られる。

定住(着)性 ていじゅう(ちゃく)せい[sedentary]
蠕虫類のような動物について、常に一定の箇所にいるものを言う。→固着性

底生性 ていせいせい[demersal]
海底近くに生息する生物に対して言う。

底生生物 ていせいせいぶつ[benthos]
ベントス。海底表面や海底中に生息する生物。

汀段 ていだん[berm]
浜辺の高台に堆積物が形成する畝で、満潮の後に残されるもの。浜堤とも言う。

定着氷 ていちゃくひょう[fast ice]
連続した広がりを形成する海氷。→海氷

堤浜島 ていひんとう[barrier island]
防波島。海岸と平行に砂や礫で形成された沿岸州の中でも、常に表面に出ているもの。沿岸州はこれと似た地形だが、一端または両端が陸地につながっている。

堤防 ていぼう[levee]
川の周辺に見られる、自然に高くなった岸。また、川や河口周辺へ人工的に構築された土手。

等脚類 とうきゃくるい[isopods]
一般に扁平な体を持つ甲殻類の一群。主に海生生物で構成されるが、陸上に生息するワラジムシ類も含まれる。

島弧 とうこ[island arc]
弧状列島。一般に活火山を含む島の連なりで、2つの構造プレートに属する海洋地殻が衝突することによって形成され

る。一方のプレートがもう一方のプレートの下に沈みこみ、アーチの片側に溝を作る。→沈み込み、→海溝

透光層 とうこうそう[photic zone]
→有光層

頭足類 とうそくるい[cephalopods]
イカ類、タコ類およびオウムガイ類など、遊泳する軟体動物。脳が大きく、複雑な行動様式を見せる。→軟体動物

動物(性)プランクトン どうぶつ(せい)ぷらんくとん[zooplankton]
プランクトンに属する動物、あるいは動物に似た原生生物。→プランクトン

トランスフォーム断層 とらんすふぉーむだんそう[transform fault]
両側の岩盤が横ずれを起こす断層。数多くのトランスフォーム断層が、大洋中央海嶺と直角に生じている。→プレートテクトニクス

ドリフト どりふと[drift]
吹送流。幅広くゆっくりと動く表層水の流れ。北大西洋海流など。

トンボロ とんぼろ[tombolo]
陸繋砂州。島と陸地、またはある島と別の島を繋ぐ砂嘴（さし）。→砂嘴

内部波 ないぶは[internal wave]
同一の流動体において、表面ではなく異なる2つの層の境界部で発生する波。海水の2つの層の境界部で生じるものなど。

ナマコ類 なまこるい[holothurians]
柔らかい体をもち、ソーセージのような形をした棘皮動物で、主に泥や有機堆積物を飲み込んで栄養分を得る。放射相称だが、一見したところではそう見えないことも多い。→棘皮動物

波 なみ[wave]
エネルギーを移動させる動きや乱れ。外洋を渡る波の水は、波が通る際の上下動を別として、それほど大きくは動かない。波のもっとも高い部分は波頭、もっとも低い部分は谷である。波が海岸に打ち寄せる（砕波）と、海水の動きはより複雑で乱れたものになる。

南極圏 なんきょくけん[Antarctic Circle]
南半球で、それ以南では1日の日照が24時間の日と0時間の日が、年に最低少1日ずつある緯度の地点を結ぶ線。

軟骨魚類 なんこつぎょるい[cartilaginous fish]
サメ類、エイ類、ガンギエイ類、およびギンザメ類など、骨格が骨ではなく軟骨からなる魚。→硬骨魚類

軟体動物 なんたいどうぶつ[molluscs]
無脊椎動物の主要な一群（門）で、腹足類（ヘビ類やナメクジ類）、二枚貝（アサリなどの仲間）、頭足類（タコ類、イカ類、コウイカ類およびオウムガイ類）が含まれる。軟体動物は体が軟らかく、一般に硬い殻をもつが、下位群の中には進化の過程で殻を失ったものもある。

軟泥 なんでい[ooze]
深海の底に見られる堆積物で、有孔虫や放散虫などプランクトン様の生物に由来する骨格の遺骸が大きな部分を占める。

南方振動 なんぽうしんどう[Southern Oscillation]
→ENSO

二形性 にけいせい[dimorphism]
→性的二型

二次海岸 にじかいがん [secondary coast]
海食、サンゴなどの動物の活動、人間の介入、あるいはこの3つすべてによって、その特徴が著しい変化を被った海岸。→一次海岸

二枚貝類 にまいがいるい [bivalves]
アサリ、イガイやイシガイ、カキなどの軟体動物で、蝶番状の接合部がある2枚の貝を持つもの。大半の二枚貝類はゆっくりと移動するか、またはまったく動かず、濾過摂食を行う。→濾過摂食、→軟体動物

ネクトン ねくとん [nekton]
遊泳生物。開放水域に生息し、海流に翻弄されない程度に力強く泳げる動物。ネクトンにはイカ類、成魚、海洋哺乳類が含まれる。→プランクトン

熱塩循環 ねつえんじゅんかん [thermohaline circulation]
風ではなく水塊どうしの塩度や温度の違いによって、海水の循環が起こっている部分。熱塩循環は、大半の深層流やいくつかの表層流の原因となっている。→表層海流

熱水噴出孔 ねっすいふんしゅつこう [hydrothermal vent]
海底の火山活動が活発な地域に見られる割れ目で、そこから過熱した化学物質を含む水が噴出する。化学合成細菌や古細菌の活動を通して、化学物質がもつエネルギーによって豊かな生物群集が維持されている。→化学合成

熱帯 ねったい [tropical]
南北回帰線(それぞれ北緯および南緯23.5°)と赤道の間に挟まれた、地球上でも暑い地域を言う。両回帰線の北または南で起こることでも、こうした地域に特徴的な現象を指して、あいまいな使い方をすることがある。

熱帯収束帯 ねったいしゅうそくたい [intertropical convergence zone]
南北の貿易風が集まる、赤道付近の大気区分。

熱帯低気圧 ねったいていきあつ [tropical cyclone]
温帯域に見られる大規模な循環型の天気。世界のどこで発生するかにより、ハリケーンや台風など呼び名が変わる。熱帯低気圧は暴風と豪雨をもたらす。温暖な海から立ち上り、濃縮される水蒸気がそのエネルギーとなっている。同じ現象でも、これほど強力でないものは熱帯暴風(tropical storm)と呼ばれる。→サイクロン、→ハリケーン、→潜熱。

熱容量 ねつようりょう [heat capacity]
ある物質が一定の温度だけ上昇するために、吸収できる熱エネルギーの量。水は熱容量が大きいため、蓄熱の役割を果たす。

粘液 ねんえき [mucus]
動物が身を守り獲物を捕らえ移動を容易にするため、あるいは他の目的で分泌する、ネバネバ、ヌルヌルした物質。

背面 はいめん [dorsal]
動物の背中側または上の面を指す。→腹面

バクテリア ばくてりあ [bacteria]
あらゆる生態系に豊富に存在する、微小な単細胞の生物。バクテリアの細胞は動植物の細胞より遥かに小さく、核を持たない。→古細菌、→シアノバクテリア、

→原生生物

薄明層 はくめいそう [twilight zone]
水深200-1000m程度の水柱と海底からなる、垂直方向の領域で、ある程度の光は差し込むが、光合成を行うには不十分である。弱光層。

蓮葉氷 はすばごおり [pancake ice]
海氷形成の過程で、小さく平たい氷が広がった状態。氷塊が互いにぶつかり、縁が丸まっている。

パックアイス ぱっくあいす [pack ice]
一塊の海氷が嵐や波によって割れた際に形成される、モザイク状の浮氷。→定着氷、→海氷

発光器 はっこうき [photophore]
光を発する器官

ハドレー循環 はどれーじゅんかん [Hadley cell]
比較的温暖な地域に見られる、大規模な大気の循環。温められた空気が赤道付近で上昇し、中緯度地方を通り冷却されて下降し、貿易風として赤道へ戻ることによって生じる。

離れ岩 はなれいわ [sea stack]
周囲の陸地が侵食された後、岩礁海岸の沖に孤立して立つ柱状の岩。孤立岩。

浜面 はまおもて [beach face]
浜辺の中でも、汀段の下に位置する急勾配の部分。→汀段

腹鰭 はらびれ [pelvic fin]
大半の魚において、胸鰭よりかなり後方に位置する一対の鰭。→胸鰭

ハリケーン はりけーん [hurricane]
(1)熱帯低気圧の名称。とくに大西洋で発生するもの。→熱帯低気圧(2)時速116kmを超える風速の風。

反響定位 はんきょうていい [echolocation]
エコロケーション。超音波を発しその反響を読み取ることで、付近にある物体の位置を知り特徴をつかむ方法。イルカ類やコウモリ類、その他の動物が用いる。

干潟 ひがた [tidal flat]
満潮時に海水で覆われる、平坦でぬかるんだ土地。河口域など波から守られた地域でよく見られる。

引き波 ひきなみ [backwash]
波が浜辺に打ち寄せた後、海へ戻る水の流れ。

ピコプランクトン ぴこぷらんくとん [picoplankton]
プランクトン様の生物のうち最小のもので、直径0.0002-0.002mmのバクテリアなどがその典型。→微小プランクトン

微小プランクトン びしょうぷらんくとん [nanoplankton]
ナノプランクトン。直径0.002-0.2mmのプランクトン様の生物。ピコプランクトンほど小さくはない。→ピコプランクトン、→プランクトン

ヒトデ類 ひとでるい [starfish]
棘皮動物の一群で、5本以上の「腕」(体の突出部分)をもち、口と肛門が下側についている。ヒトデが丸ごと飲み込む獲物は、体の大きさに対してきわめて大型なことがある。→棘皮動物

ヒドロ虫類 ひどろちゅうるい [hydroids]
岩や海藻に付着するポリプが、小型で枝分かれした群体をなして育つ刺胞動物。各ポリプは摂食、生殖、ときには防衛に特化している。→刺胞動物、→ポリプ

被嚢類 ひのうるい [tunicates]
主に濾過摂食を行う海生無脊椎動物のグループで、背骨のある動物(脊椎動物)と近い関係にある。単性の種と群体をつくる種とがある。動かず固着した形態(ホヤ類)のものや、プランクトンの間を浮遊するものがある。→サルパ類

紐形動物 ひもがたどうぶつ [ribbon worms]
体が細長く分節のない、海生の蠕虫類の主要な一群(門)。種によっては体長50mに達する。

漂泳性 ひょうえいせい [pelagic]
海水に関して、または海洋に棲む動物に対して、海岸や海底と直接の接点をもたないことを言う。→底生

氷河 ひょうが [glacier]
長く伸びる圧縮された氷塊で、ゆっくりと下方へ流れる。海へ到達した氷河は氷山を形成する。

氷河期 ひょうがき [ice age]
氷期。地球の気温が現在より大幅に低くなり、氷がより広い範囲を覆った年代。とくに200万年前から断続的に見られるその年代を指すが、最後の氷河期は1万年前頃に終了した。

氷冠 ひょうかん [ice cap]
氷帽。氷床に似ているが、それより小規模な永久氷塊。

氷湖 ひょうこ [polynya]
とくに北極地域で、かつて氷で覆われていた海の開放水域。

漂砂 ひょうさ [longshore drift]
沿岸漂砂。海岸線に対して斜めに打ち寄せる波によって、海岸沿いに堆積物が運搬される過程。

氷山 ひょうざん [iceberg]
氷河や氷床の先端から分離した大きな氷塊で、海と接触しているもの。→氷山剥離

氷山剥離 ひょうざんはくり [calve]
氷山から氷塊が海にはがれ落ちること。→氷山

氷晶 ひょうしょう [frazil ice]
海面や海面付近に浮かぶ、小さな水晶のような形をした氷。海氷形成の第一段階の形である。→海氷

氷床 ひょうしょう [ice sheet]
陸地を覆う、きわめて広大な永久氷塊。南極氷床など。

表層海流 ひょうそうかいりゅう [surface current]
海の表層部を移動する流れ全般。メキシコ湾流など。表層海流は主に卓越風との摩擦によって生じる。→海流、→熱塩循環

表面張力 ひょうめんちょうりょく [surface tension]
水分子と水面との間に生じる引力。これによって丈夫な薄い膜が作られ、多少のたわみには耐えられるため、小さな昆虫などが水面を歩ける。

ファゾム ふぁぞむ [fathom]
尋(ひろ)。海の水深を測る伝統的な単位で、1.83mに相当する。

フィヨルド ふぃよるど [fiord]
かつて氷河が存在した場所に見られる、狭く急傾斜の深い入江。フィヨルドが外洋と交わる部分では比較的、海閾が浅い。→リアス式海岸

富栄養化 ふえいようか [eutrophication]
硝酸塩やリン酸塩など植物栄養素が加わって、水界生態系が変化すること。多

くの場合、人的要因が大きく、藻類による水の華を引き起こすなど、生態系を大きく変化させることがある。→ブルーム

フェレール循環 ふぇれーるじゅんかん [Ferrel cell]
温帯における大規模な大気の循環。北緯および南緯60°付近で上昇し高空で南方に流れ、次いで北緯および南緯30°付近で下降し、偏西風(西風)として北方に戻る空気の流れ。→ハドレー循環

フェロモン ふぇろもん [pheromone]
異性を惹きつけるなど、同種の別個体と意志伝達を行うために動物が発する匂い。

腹足類 ふくそくるい [gastropods]
カタツムリ類、ナメクジ類および翼足類を含む、軟体動物の一群。→軟体動物

腹面 ふくめん [ventral]
動物の体の下面や腹を言う。→背面

フジツボ類 ふじつぼるい [barnacles]
甲殻類の中でも、成長したものが岩などの表面に付着して生活する特殊なもの。硬い貝殻に似た板状の器官で身を守り、高度に特化した脚を用いて濾過摂食を行う。→甲殻類、→濾過摂食

不整合海岸 ふせいごうかいがん [discordant coast]
非調和的海岸。丘と谷が浜辺に対しておおよそ直角な海岸で、岬や湾の海岸線が複雑に入り組んでいる。→整合海岸

付着部 ふちゃくぶ [holdfast]
根に似た組織で、海藻を岩に繋ぎとめるが、本来の根のように養分を吸収することはない。

ブラックスモーカー ぶらっくすもーかー [black smoker]
暗色の鉱物によって、噴出する熱水が黒く見える熱水噴出孔。

プランクトン ぷらんくとん [plankton]
海水または淡水に見られる生物で、開放水域に生息し、力強く泳ぐことができずに水流とともに浮遊する。小さな生物形態が多いが、クラゲなど大型の生物もプランクトンである。→微小プランクトン、→植物プランクトン、→動物プランクトン

ブルーム ぶるーむ [bloom]
プランクトンの急激な発生のことで、多くの場合水が濁って緑がかった色になる。一般に、水中の養分が増えたことに対応して起こる。→植物プランクトン

プレート境界 ぷれーときょうかい [plate boundary]
2つの構造プレートの境界。収束型、発散型、トランスフォーム型がある。→トランスフォーム断層

プレート構造 ぷれーとこうぞう [plate, tectonic]
→構造プレート

プレートテクトニクス ぷれーとてくとにくす [plate tectonics]
地球の構造プレートの相対的な移動に関連する現象で、大陸移動、海洋底拡大、地震、造山運動が含まれる。また、こうした出来事を説明する理論も指す。

平頂海山 へいちょうかいざん [table seamount]
→ギョー

扁形動物 へんけいどうぶつ [flatworms]
単純で、通常は扁平な体をもった無脊椎動物の主要な一群(門)。自由生活性のものは肉食性である。サナダムシ類など多種の寄生虫も含まれる。

偏西風 へんせいふう[westerlies]
西から吹く卓越風。偏西風は、温帯でもっとも一般的に認められる風である。

変態 へんたい[metamorphosis]
若いとき(幼生)の形から、それとは大きく異なる大人の形へ姿を変える過程。海生無脊椎動物の場合によく見られ、たとえばヒトデ類の幼生はプランクトンとして生活するが、成長すると海底で生活する。

鞭毛 べんもう[flagellum(複数形はflagella)]
柔軟で微小な毛状組織で、ある種の単細胞生物が移動するために、あるいは海綿動物が水流を起こすために用いる。繊毛より長い。→繊毛、→海綿動物

片利共生 へんりきょうせい[commensal]
他種の生物と密接に結びついて生活すること。たとえば相手を助けたり、相手に害を加えたりすることなく、巣穴を共有するなど。→相利共生、→共生

貿易風 ぼうえきふう[trade winds]
亜熱帯および熱帯地方で、東から赤道に向かって吹く卓越風。

防砂堤 ぼうさてい[groyne]
漂砂による物質の移動を妨げるために、浜辺や海中に建設される人口の障壁。→漂砂

放散虫類 ほうさんちゅうるい[radiolarians]
単細胞の捕食性生物で、主にプランクトンとして生活し、多くの場合、穴のあいた繊細な球形の骨格をもつ。放散虫類の遺骸は、海の堆積物として重要な部分を占めることがある。

胞子 ほうし[spore]
(1)非顕花植物、菌類、ある種の原生生物が(通常は大量に)形成する微小な組織で、そこから新しい個体が成長する。胞子は種子よりかなり小さく、一般に無性生殖によって形成され、世代交代を伴う生活史の一部をなすこともある。
(2)ある種のバクテリアにおける、非活性で耐性のある形態。厳しい条件で生き延びるのに役立つ。→無性生殖

放射 ほうしゃ[radiation]
高エネルギーの粒子や波の放出。電磁放射は電磁波からなる。電磁波は長波から順に短波まで、電波、マイクロ波、赤外(熱)線、可視光線、紫外線、X線、γ線である。短波長の電磁放射が最も高エネルギーである。

放射照度 ほうしゃしょうど[irradiance]
一定の面積に降り注ぐ放射物の量。

防波堤 ぼうはてい[breakwater]
海中へ人工的に建設された障壁で、通常は波や荒海から防護するために港の近くに建設される。

暴風海浜 ぼうふうかいひん[storm beach]
砂浜の最上部にある堆積物の畝。一般に大潮と嵐が相まって形成される。→汀段、→大潮

堡礁 ほしょう[barrier reef]
海岸線からある程度離れ、かつ平行に位置するサンゴ礁。

北極圏 ほっきょくけん[Arctic Circle]
北半球で、それ以北では1日の日照が24時間の日と0時間の日が年に最低少し1日ずつある緯度の地点を結ぶ線。

ホットスポット ほっとすぽっと[hot spot]
地球でも、大規模なマグマの上昇が見られる個所。海洋地殻がホットスポット上

を移動するにつれ、ハワイ諸島のように、火山島の連なりが数百万年にわたって形成されることがある。

ホヤ類 ほやるい[sea-squirts]
→被嚢動物

ポリプ ぽりぷ[polyp]
刺胞動物の二大体制の1つ。イソギンチャク類やサンゴ類はポリプである。ポリプは一般に管状で基部表面に付着する。→刺胞動物、→クラゲ類

ホワイトスモーカー ほわいとすもーかー[white smoker]
中に浮かぶ明るい色の鉱物の粒子によって、噴出する熱水が白く見える深海の熱水噴出孔。

前浜 まえはま[foreshore]
海岸部のうち、平均満潮位と平均干潮位の間の部分。→潮

マグマ まぐま[magma]
地球の奥深くから上昇する溶解した岩石。

マングローブ まんぐろーぶ[mangrove]
熱帯地方のぬかるんだ浜辺に育つ様々な樹木一般。根と幹の下部が海水に沈んだ状態で生育できる。

マングローブ湿地 まんぐろーぶしっち[mangrove swamp]
潮の影響を受けるぬかるんだ土地や河口域に育つマングローブが形成する、森林のような生態系。マングローブ湿地は熱帯と亜熱帯地方にのみ見られる。

マントル まんとる[mantle]
地殻と地核の間に存在する岩石すべて。マントルは深さ2900kmの地点まで広がっている。

岬 みさき[headland]
海岸線沿いの崖で、通常は岩がちな高台となっており、海食作用を強く受けている。→侵食海岸

密度躍層 みつどようそう[pycnocline]
密度が急激に変化する、海水の境界部分。一般に温度と塩分濃度という、濃度を左右する要素の組み合わせによって生じる。→温度躍層

無顎類 むがくるい[jawless fish]
円口類。ヤツメウナギ類とメクラウナギ類という、原始的な魚の2つの群。顎が発達する以前に魚類進化の系統から分岐した。

無酸素性 むさんそせい[anoxic]
生息環境について、生物のための酸素がない状態を言う。

無性生殖 むせいせいしょく[asexual reproduction]
2つの個体(性)に由来する遺伝子の結合が見られない生殖。体が分割または分裂する、新たな個体が出芽する、あるいは胞子など特殊な組織を形成することで行われる。

無脊椎動物 むせきついどうぶつ[invertebrate]
脊柱を持たない動物全般で、扁形動物からクモ類までを含む。動物全体で約30ある主要な生物群(門)のうち、29群が無脊椎動物で構成される。

胸鰭 むなびれ[pectoral fin]
大半の魚と海洋哺乳類が体の前方に備える一対の鰭で、主に舵取りに用いられるが、推進手段として使われることもある。→腹鰭

門 もん[phylum]
動物界の分類における最上位群。各門

は特有の基本体制をもつ。軟体動物、節足動物、棘皮動物など。

ヤギ類 やぎるい[sea fans]
扇状のサンゴで八方サンゴ類に属する。サンゴ礁に生育することが多いが、それ自身がサンゴ礁を形成するわけではない。→サンゴ類

有機堆積物 ゆうきたいせきぶつ[detritus]
死んだ生物や有機廃棄物の小片で、多くの場合、堆積物と混じったり、海流に浮遊したりしている。腐食性動物は有機堆積物を摂食する動物のこと。

有光層 ゆうこうそう[sunlit zone]
海水の最上層で、光合成を行うのに十分な光が差し込む。透光層とも呼ばれ、海面から水深200mの部分にまで広がる。→暗黒層(無光層)、→薄明層

有孔虫類 ゆうこうちゅうるい[foraminiferans]
原生生物の一群で、その空洞になったチョークの骨格は深海の堆積物の大部分を占めることもある。動物のように他の生物を摂食し、プランクトンとして浮遊するものと海底に棲むものとがある。→原生生物

有櫛動物 ゆうしつどうぶつ[ctenophores]
透明でクラゲ類のような動物で、プランクトンを捕食する。数列並んだ、櫛板(くしいた)と呼ばれる毛状組織を振って遊泳する。クシクラゲ類とも呼ばれる。

湧昇 ゆうしょう[upwelling]
深海の海水が海面へ上昇する動き。ある程度の湧昇は、深層に存在する養分を再循環させることで、海の生産力を向上させる。

ユースタシー ゆーすたしー[eustasy]
海面の昇降が生じることを言う。氷床の融解などによって、世界規模で同時に起こる。→アイソスタシー

幼生 ようせい[larva]
動物の若い段階で、とくに大人と構造上まったく異なる形をとる場合。ヒトデ類など、多くの海生動物の幼生はプランクトンの仲間として生活する。→変態

葉緑素 ようりょくそ[chlorophyll]
植物と海藻に備わった緑色の色素で、これにより、太陽エネルギーを用いて自らの栄養分を作り出すことができる。クロロフィル。→光合成

翼足類 よくそくるい[pteropods]
プランクトン様で遊泳する、腹足類に属する軟体動物。ヘビに似た祖先が持っていた這い進むための足が進化し、筋肉のついた「翼」になると、これを用いて動き回るようになった。→腹足類、→プランクトン

裸鰓類 らさいるい[nudibranchs]
→ウミウシ類

ラニーニャ らにーにゃ[La nina]
→エルニーニョ

藍藻類 らんそうるい[blue-green algae]
→シアノバクテリア

卵胎生 らんたいせい[ovoviviparous]
メスの体内にいる間に孵化するよう、卵を保つことによって子を生むこと。

リアス式海岸 りあすしきかいがん[ria]
屈曲した海の入江で、かつて川の流域だった部分が海面下に沈んだもの。現在見られるリアス式海岸の大半は、最後の氷河期の終わりに海面が上昇して形成された。フィヨルドとは異なり、リアス

式海岸は氷河に覆われたことがない。

離岸流 りがんりゅう[rip current]
海岸線から離れる方向に向かう流れ。波によって海岸へ押し寄せた水を運ぶ。→潮衝

陸源性 りくげんせい[terrigenous]
海の堆積物について、陸地から運ばれたことを示す(たとえば、川によって海まで運ばれたもの)。

離水海岸 りすいかいがん[emergent coast]
当初の状態に比べ、陸地が上昇、または海面が沈降した海岸。→沈水海岸、→アイソスタシー

鱗甲 りんこう[scute]
カメ類の甲羅の外皮を形成する、角質の板。ある種の魚や他の動物などに見られる、似たような保護組織を指すこともある。

濾過摂食 ろかせっしょく[filter feeding]
周囲の環境から食物の小片を集め分離して摂食すること。食物の小片が水中に浮いているときは、懸濁物摂食とも呼ばれる。→堆積物摂食

割栗石 わりぐりいし[rip-rap]
侵食を防ぐ目的で、海岸へ積んだ大きめの砕石。

索引

あ

アイアカシオ	233
アイアンカタストロフィ	40
アイコンスター	308
アイサ類	381
アイスラフティング	195
アイスランド	381
アイスランド	430
アイスランドの氷山	195
アイスリード	199
アイゼンベック潟	150
IUCN	340
アイライトフィッシュ	352
アイリッシュ海	81
アイル	108
アウターバンクス	95
アオアシカツオドリ	391
青い泳ぐカニ	301
アオウミガメ	112, 146, 370
アオウミガメの幼体	370
アオコ	116
アオサ	246, 243
アオサギ	390
アオサ藻綱	246
アオサ属	246
アオザメ類	323
あおさんご	160
アオスジテンジクダイ	359
アオスジヒザラ	289
アオセンカサガイ	147
アオマダラウミヘビ	368, 374
アオリイカ	171
アカウミガメ	370
アカエイ	144
アカエイ類	334
アカガニの移動	303
アカギンザメ属	171
アカクロサギ	132
アカザエビ	316
赤潮	164
アカシュモクザメ	332
暁の偵察飛行	379
アカネアワビ	284
アカハシツカツクリ	135
アカハシネッタイチョウ	390
アカハララケットカワセミ	135
アカバ湾リーフ	158
アカボウクジラ	413
アカボウクジラ科	413
アカマンボウ	348
アカマンボウ目	348
アカミシキリ	312
アカメカモメ	396
アカモンガニ	300
アガラス海流	455
アキテーヌ海岸	110
アケーディアの海岸線	94
アゴアマダイ	338
アゴヒゲペンギン	383
アコールヒラムシ	271
アサガオクラゲ	262
アザラシ	61
アジア産ケルプ	150
アシカ	400
アシカ亜目	403
アシナガウミツバメ	389
足鰭	407
アシロ目	349
アシロ類	339
アストラ号	57
アスワンダム	97
アセノスフェア	48
アセンション島	184
アセンション島	442
アゾレス諸島	437
アタカマ海溝	479
アタカマ砂漠	392
アラビア半島	98
アッケシソウ	128, 250, 251
アサガオガイ	256
圧雪	194
アツバアサガオ	252
アップサイドダウンクラゲ	264
圧力	35
圧力室	35
後浜	106
アトランティス断裂帯	185
アトランティス・トランスフォーム断層	185
アトランティックギターフィッシュ	333
アトランティックフライングフィッシュ	352
アトランティックマッカレル	365
アドリア海	120
アバディーン港	99
アビ目	386
アビ類	380
アブラツノザメ	325
アブラヤシ	135
アフリカプレート	455
アフリカマナティー	418
アブ・レイ・チャウ	99
アホウドリ	201, 386
アホウドリ類	380
アマゾン川河口域	118
アマゾンの河口	442
アマノリ	245
アマモ	148, 250, 381
アマモ科	150
アマモ群落	148
アマルフィ海岸	97
アミコケムシ	305
アメフラシ	286
アメリカアカエイ	144, 334
アメリカカブトガニ	293
アメリカコアジサシ	126
アメリカショウジョウガイ	280
アメリカキコウ	132
アメリカナヌカザメ	147
アメリカマナティー	132, 401
アメリカマナティー	419
アメリカワニ	133, 369, 377
アメンボ	30
アラゴナイトの殻	180
アラスカ泥干潟	129
アラスカの餌場	417
アラスカのタラ漁	212
アラスカヒグマ	129
アラスカ湾	458, 459
アラビア海	448
アラフラオセ	327
アラフラ海	473
アリストテレスのちょうちん	307
アリバダ	371
ありふれたアザラシ	406
アリューシャン海溝	458
アルカションラグーン	110
アルガルヴェ西海岸	97
アルギン酸	151
歩くクジラ	228
アルダブラ環礁	158
アルダブラ・ラグーン	158
アルバート湖	121
アルバラード・マングローブ海岸	132
アルビン号	173, 188
アレクサンドリーナ湖	121
淡路島	83
阿波鳴門の風波	83
泡の筏	256
アングラー	351
アンコウ	222, 327
アンコウ目	339, 350, 351
暗黒層	168, 171
安山岩質溶岩	43
安全な眠り	402
アンタークティックイソギンチャク	267
アンダープレーティング	42
アンダマン海	450
アンダマン海リーフ	159
アンチョビ	479
アンデス火山	43
アンデュレイトレイ	333
アンドロス島	156
アンボディボナーラ河口	134
アンモシーテス	320
アンモナイト	288
アンモナイトの化石	229
アンモニア酸化菌	232

い

イアペタス海	44
イエズス会	117
イエロースプラッシュライケン	255
イエローブラフの潮衝	82
イオン	32
イガイ	307
イカナゴ	165
イキリス海峡陸橋	46
育児嚢	295, 307
イクチオサウルス	228
イーグル号	145
イシサンゴ	153, 156
イシノミ	304
イースター島	479
イーストアトランティックレッドガーナド	358
イセエビ	220
イソギンチャク	20, 187, 257
イソギンチャクエビ	296
イソギンチャクのマント	267
イソマツ目	252
板状サンゴゾーン	154
イタチザメ	332
イタチザメの歯	322
一次海岸	92
一次生産	164
一時性プランクトン	214
一年氷	198
イッカク	413
一角獣	413
イットウダイ	211
イットウダイ類	339
一夫一婦制	386
一方的な関係	271
移動	261
移動性動物	216
移動ルート	380
イトマキエイ	160
イトマキヒトデ	308
イネ目	251
イバラカンザシ	217, 275
イバラヒゲ	349
イバラモ目	251
疣足	274
イボウミウシ属	312
イボウミヘビ	374
イミテイティングヒラムシ	272
イモセミル	247
イライト	180
イリエワニ	135, 136, 368, 369, 377
色の暗号	277
イワシ	479
イワトビペンギン	383
岩の多い海底	142
インヴァースエスチュアリ	122
インカアジサシ	397
咽頭	271
咽頭歯	366
インドネシアシーラカンス	340
インドプレート	184, 455
インド洋	446, 448, 450, 451, 455
インド洋の海	446
インファントフィッシュ	161

う

ヴァンデ・グローブ	57
ヴィクトリアランド	485
ウィザム川	128
ウィップサンゴ	270
ウィルキンス氷湖	487
ウィルヘルム・フィルヒナー	484
ウェゲナー、アルフレッド	45
ウェスタンインテリアシーウェイ	45
ヴェストフィヨルド	80
ウェッデルアザラシ	199, 407
ウェッデルアザラシ	482
ウェッデル海	484
ウェービング	301
ウェランド川	128
ヴェルヌ、ジュール	80
ウォッシュ国立自然保護区	128
ウォッシュ湾	128
ヴォーリングフォッセン	119
ウォルッシュ、ドン	183
渦	79
ウーズ、カール	232
ウーズ川	119
渦潮	80
ウスマメホネナシサンゴ	267
渦虫綱	271, 272
歌川広重	83
打ち上げ波	106
内海	432
プチ・ピトン山	95
宇宙からの海洋学	187
ウツボ	217
ウナギ目	342, 343
ウナギ類	339
ウニ	142, 154
ウニ綱	310, 311
ウニの体の断面図	306
ウニ類	306
うねり	76
ウバウオ目	352
ウバウオ類	339
ウバザメ	170, 320, 328
海	66
ウミアイサ	381
ウミアメンボ	30
ウミイグアナ	368, 376
ウミイグアナ	478
ウミウシ	22, 247, 312
ウミウシ類	277
ウミウチワ	22, 311
ウミウチワ属	238
ウミエラの枝	144
ウミエラ目	266
ウミカタツムリ	125
ウミガメ	123
ウミガメ類	369
ウミガラス	12, 398
ウミガラスの潜水	378
ウミカラマツ	270
海から陸へ	303
ウミカワウソ	402
ウミキノコ	264
海草	149
ウミグモ亜門	293
ウミグモ類	292
ウミケムシ	144
ウミシダ	311
ウミシダ類	306
ウミショウブ	149
ウミスズメ	389
ウミスズメ類	380
ウミテング類	339
ウミトサカ	145
ウミトサカ類	142, 264
ウミトサカ類の群体	159
ウミネズミ	274
海のいちご	108
海のおがくず	233
海のカナリア	413
海の草	248
海の砂漠	219
海の色相	37
海のシンフォニー	257
海のスモーカー	189
海の清掃係	318
海の太陽魚	367
海の旅人	378
海の薔薇	287
海の放浪者	377
ウミヒルモ	251
海への回帰	228
海への階段	94
ウミヘビの世界分布	368
ウミヤツメ	321
ウミユリ	154, 223, 311
ウミユリ綱	311
ウミユリの腕	155
ウミユリ類	306
ウメボシイソギンチャク	266
ウルグアイ川	118
ウルフフィッシュ	361
鱗	336

え

エイ	19
英国王立協会	294
衛星海洋学	186
衛星写真	54
エイの体型	322
栄養分	33
エイ類	322, 323
液体	31
エクソン・バルディーズ号	459
エクマン、ヴァルフリート	58
エクマン・スパイラル	58
エクマン流	58, 60
エーゲ海	439
エコロケーション	400
エコロケーション	37
エソ科	177
エソ類	339
エディアカラ化石	226
エディアカラ動物群	226
エドアブラザメ	325
エトロフウミスズメ	399
エネルギーの流れ	212
エバーグレーズ国立公園	132
エビ	295
エビジャコ	189
エビトーク	274

索引 495

エビとの混獲	355
エビの養殖	296
エビ養殖	131
エブリエ潟湖	121
エボシガイ	294
エムラミノウミウシ	286
鰓	336
エラナシフサカツギ	314
鰓曳動物門	314
エラヒキムシ	314
エルクホーン珊瑚	71
エルニーニョ	34, 68, 456
エルニーニョ現象	479
エレソン海峡	432
エレファントフィッシュ	324
縁海	428, 432
沿岸汚染	141
沿岸種	378
沿岸潟湖	120
沿岸の渉禽類	378
沿岸漂流	93
沿岸風	55
塩水くさび	114
塩性湿地	93, 124
塩性湿地の保全	125
塩性沼沢	115, 130, 243
塩性沼沢と	120
円石藻	181
エンビサット	187
塩分	34
エンペラペンギン	191, 379, 383, 384
遠洋漁業	354
塩類腺	368

お

オイスタートードフィッシュ	349
オウギコケムシ	305
横断断層	428
オウムガイ	33, 288
オウム魚	361
オオイトヒキイワシ	223, 347
オオウミグモ	293
オオカイムシ	295
オオカモメ	396
大きな鼻のユニコーンフィッシュ	364
大きな目のジャック	362
オオキンヤギ	175
オオクチホシエソ	347
オオグンカンドリ	390
大潮	79
オオシカツノサンゴ	154
オオシャコガイ	281, 282
オオチョウザメ	340
オオシャコガイ	276
オオテンジクザメ	327
オオトウゾクカモメ	398
オオバアオサ	246
オオバロニア	247
オオフナガモ	381
オオフラミンゴ	133
オオフルマカモメ	388
オオブンブク	307
オオワニザメ	110
オオメブンブク	307, 311
オキアミ	269
オキアミの減少	291
オキクラゲ	225, 263
オキザヨリ	352
オキチョビー湖	132
オークニー州	142
オークランドベイブリッジ	123
オグロメジロザメ	229
オサガメ	113, 368, 371
オサガメ	469

オジカツノサンゴ	154
オーシャンエクスプローラ号	172
オシラトリア・ウィレイ	233
オジロワシ	435
オーストラリアアシカ	404
オーストラリアコウイカ	279
オーストラリアペリカン	121
オタマボヤ	319
オッデン氷舌	427
音	36
オトヒメエビ	217
オニアジサシ	397
オニイトマキエイ	469
オニカサゴ	216
オニカマス	365
オニキンメ	223, 353
オニキンメ科	171
オニダルマオコゼ	142, 357
オニハマダイコン	242
オニヒトデ	307, 309
オパーリン、アレクサンドル	226
オーヒゲモ	233
オビムシ	316
尾鰭	400
オホーツク海	460
泳ぎの達人	377
泳ぐホヤ	318
泳ぐ幼生	273
オリーブミナミウミヘビ	375
オルガノハロゲン	141
オールドソー	80
オールドハリーロックス	93
オルトマンワラエビ	179
オレゴン砂丘	113
オレンジシーペン	266
オレンジラフィー	175, 353
温室効果ガス	435
温帯海生植物	242
温度	34

か

カイアシ	170
海関	140
外温動物	368
海岸線	17
海岸砂丘	107
海岸植物	242
海岸段丘	103
海岸の植物	250, 243
海岸の地形	92
海岸の分類	92
海岸の防御	105
海丘	174
カイギュウ目	419
カイギュウ類	401
海溝	182
カイコウオオソコエビ	183
外肛動物門	305
海溝の生物	183
骸骨海岸	98
外骨格	290
海嶺	185
海山	174
海産顕花植物	146
過眼線	393, 399
塊状サンゴゾーン	155
海上風	54
海食	17, 97
海食崖	95, 242
海食洞	93
海食門	93
海水位の変化	88
海水温	218
海水交換	427
海水準	47
海水循環	193
海水の化学的性質	32

海生顕花植物	243
海生植物の多様性	242
海生動物の多様性	256
海生のヒモムシ	273
海生爬虫類	228, 368
海生哺乳類	400
海生哺乳動物の分類	401
海藻ゾーン	142
海藻の各部位	246
海藻の茂み	243
海藻胞子	143
海草藻場	146
海中生活への適応	369
海水中で生育する植物	250
海鳥	378
海鳥の分類	380
カイツブリ類	380
海底	446
海底ケーブル	431, 435
海底山脈	175
海底水圧感知器	49
海底地滑り	431
海底探査	173
海底二万里	80
海底の掃除人	223
回転イルカ	414
海難事故	197
回遊	165, 220, 417
回遊周期	220
回遊の種類	220
海洋岩石	43
海洋循環	34, 35, 424, 428, 430, 446, 456
外洋性海鳥	378
海洋生物	207
海洋生物の分布帯	218
海洋生物の歴史	226
海洋層	168
海洋地殻	42, 48, 430
海洋底	424, 428, 482
海洋底の堆積物	180
海洋の渦	58
海洋の進化	44
外洋のゾーン	168
海洋プレート	49, 183
ガイランゲルフィヨルド	115
海流	46
海流循環	46
海嶺	185
カオリナイト	180
過眼線	393, 399
カキの需要	279
カキへの挿核	277
拡大海嶺	44
隔膜糸	267
カグラザメ	325
カグラザメ目	325
カグラザメ類	323
カグレウオ	312
海水温	218
カクレガニの仲間	300
カクレクマノミ	20, 217, 360
河口域	114
河口域の環境	115

花崗岩の岬	109
下降流	60
仮根	249
カサガイ	183, 189, 278, 284
カサゴ目	357, 358
カサゴ類	339
カサノリ	247
火山海岸	92
火山活動地帯	184
火山島	49, 439
火山爆発	17
痂状地衣類	254
ガジ湾	149
河水流出	32
カスケーディア海盆	459
カスザメ目	326
カスザメ類	323
カスリハタ	358
化石燃料	435
化石の証拠	311, 340
家族の群れ	415
片親	257
カタクチイワシ	135
形の多様性	258
カタバ風	193
花虫綱	261
花虫類	261
ガチョウ足のヒトデ	308
カツオドリ	380, 391
カツオノエボシ	214
ガッケル海嶺	424
カッショクペリカン	214, 379, 380, 391
褐藻	244
褐藻界	238
カッテガット海域	435
褐虫藻	261, 281
カップサンゴ	269
荷電粒子	32
可動堰	119
カトマイ国立公園	129
カナリア海流	428
カナリア諸島	250, 437
カナリア諸島の海藻	216
カニクイアザラシ	407
カニダマシ	297
カニダマシ類	290
カーネーションサンゴ	265
ガバナーズ川	105
ガビアル	134
カフスボタンガイ	285
ガフトップセイルシーキャットフィッシュ	345
ガマアンコウ目	349
カマキリエビ類	290
カマス	256
カマスの群れ	365
カミソリガイ	281
カムフラージュ	36, 338
冠クラゲ目	262
カメガイ	286
カメガシラウミヘビ	375
カメ目	370, 371
カモの潟湖	117
カモメ類	380
カヤック	126
カライワシ目	341
カラシティ	408
ガラスの草	251
体の支持と浮力	256
体のつくり	234
ガラパゴスアホウドリ	257
ガラパゴス諸島	17, 66, 92
ガラパゴス諸島	478
ガラパゴス島	478
ガラパゴスハオリムシ	315

ガラパゴスペンギン	218
カラフトシシャモ	345
ガリ侵食	176
カリスフォート礁	156
カリフォルニアアシカ	403
カリフォルニア海流	59
カリフォルニアカスザメ	326
カリフォルニアコククジラ	469
カリフォルニアマイワシ	344
カリフォルニア湾	469
カリブ海	132, 440
カリブ海の宝箱	211
カルヴォエイロ	97
カルスト	102
カールスバーグ海嶺	185
ガルパーイール	343
ケルプイソギンチャク	147
カルンクラ	312
カレイ目	366
カレイ類	339
カロチノイド	233
ガロファリ	82
ガロファリの渦潮	82
ガロンヌ川	120
カワウ	393
カワウソ	135
カワゴンドウ	135
カワセミ類	380
カワツルモ	148
カサノリ綱	247
カワヤツメ	321
冠羽	399
ガンガゼ	310
ガンカモ目	380, 381
ガンギエイ目	333, 334, 335
ガンギエイ類	322
桿菌	233
岩窟都市	97
環形動物	274, 378
環形動物の体のつくり	274
環形動物の生殖	274
観光の脅威	149
ガンジス川	134
ガンジス川デルタ	452
間充ゲル	260
環礁	152
環礁都市	159
管状の鼻孔	388
管棲虫	313
岩石惑星	40
完全混合の河口域	114
岩柱群	99
カンテンナマコ	312
関東大震災	460
広東省	122
ガンビア川河口域	120
ガンビエル諸島	477
間氷期	46
カンブリア紀	44, 227
カンブリア爆発	227
ガンフリント層	226
緩歩動物門	313, 316
カンムリゴカイ	275
カンムリブダイ	361
かんらん岩	42
橄欖石	107
寒流	59, 66

き

気圧差	55
ギアナ海流	428
帰家行動	284
鰭脚	323
キクイタボヤ	319
キクザメ類	323

索引	
キクメハナガササンゴ	268
気候	187
気候帯	218
気候変動	435
キコリ川	135
気根	130, 135
キサンゴ	269
気象	46
鰭条	336
寄生	292
北アメリカプレート	103, 430
北海道海流	428
キタセミクジラ	408
キタゾウアザラシ	407, 334
北大西洋海流	427, 428, 430, 431, 432
北大西洋深層水	35
北大西洋西部	431
北大西洋の氷山	195
北太平洋渦	58
キタダイヤモンドガメ	126
キタトックリクジラ	413
ギターフィッシュ類	333
キタユウレイクラゲ	164
北ユトランドの砂丘	109
キナバタンガン・マングローブ	135
ギニア湾	443
気嚢	378
キバフル	75
ギブスランド湖群	112
ギボシムシ	314
ギボシムシ類	313
キマダラウロコウミウシ	286
キャナリーロウ(缶詰横丁)	469
キャビア	120
キャビア禁止令	340
キャロン湖	211
キャンディストライプヒラムシ	271
求愛	257
求愛の叫び	349
キュウリウオ目	345
キュウリウオ類	339
九龍半島	99
キューバフチア	133
キューバワニ	133
キュビエ器官	307
ギョー	174
莢	268
脅威と保護	401
脅威にさらされる海鳥	379
境界流	59
鋏角亜門	293
供給源	33
キョウジョシギ	395
共心円肋	281
共生	20
共有資源	296
魚眼	36
漁業	355
漁業と環境	355
漁具	355
キョクアジサシ	165, 220
棘条魚	336
極地の海洋循環	200
棘皮動物	306
棘皮動物の体のつくり	306
棘皮動物の摂食	307
棘皮動物の繁殖	307
棘皮動物の分類	306
棘皮動物の防御	307
裾礁	92, 152, 448
巨人の石道	95
ギョーの形成過程	174
ギョー、ヘンリー	174
魚類の時代	227

キラウエア火山	103
キラー海藻	247
キール	198
キール運河	432
キール川	127
キール・ワーム	143
菌界	254
近海水産業	140
ギンカクラゲ	262
ギンガハゼ	364
ギンガメアジ	360, 362
キンギョハナダイ	358
キングペンギン	380, 382
ギンザケ	220, 346
ギンザメ目	324
ギンザメ類	322, 323
菌糸	254
ギンダラ	176
キンメダイ目	352, 353

く

グアイバ河口	117
グアダルーブ海山	211
グアナイマナジロヒメウ	380
グアナイムナジロヒメウ	392
グアノ	250, 253
グアノ貿易	392
クイーンエンゼルフィッシュ	154, 359
紅海の礁	210
ククーラス	338, 361
クサアジ類	339
クサビライシ	261
クサビライシ属	269
クサリウツボ	342
クサリトラザメ	329
櫛鰓	277
クシクラゲ類	317
クシハダミドリイシ	268
クジラ	417
クジラジラミ	408
クジラの歌	409
クジラの死	183
クジラのブリーチング	417
クジラヒゲ	412
クジラ目	408, 409
クジラ目	412, 413, 414, 415, 418
クジラ類	401
クーズ川	113
クスコクイム川	129
グースフットスターフィッシュ	308
クセノフィオフィラ	183
黒潮続流	456
クダサンゴ	264
クチクラ	249
口のない虫	189
嘴の適応形態	378
クック海峡	79
クック、ジェームズ	123
クック諸島	477
掘穴性	217
クマノミ	218
クマムシ類	313
クモザル	132
クモの特徴	290
クモヒトデ	131
クモヒトデ綱	309
クモヒトデ類	307
クライストチャーチ	480
クライペダ海峡	119
クラゲ	260, 261
クラゲ型	260
クラゲ型の泳法	261
グラススクイッド	289
クラットソプ砂州	93
クラドグラム	206

クラビ海岸	99
グランドバンクス	431
クリスマス島	303
クリーニングステーション	361
クリヒゲヒメモムシ	273
クリーピングクシクラゲ	317
グリースアイス	198
グリーンアコールヒラムシ	271
グリーンサンドビーチ	470
グリーンストーン帯	43
グリーンパドルワーム	274
グリーンマウンテン	185
グリーンランド	25, 64, 90, 194, 201, 219
グリーンランドシャーク	326
グリーンランドの氷岸	94
グリーンランド氷床	46, 430
グルイナード湾	96
クルシュー潟	119
クルシュー砂州	119
グレイターウィーバー	364
グレイライケン	255
クレウス岬	96
グレージング	142
クレード	206
グレート・アイス・バリア	192
グレートウーズ川	128
グレートソルトマーシュ	126
グレートバリアリーフ	161, 162
グレートブルーホール	157
クレバス	193
クロアシアホウドリ	386
クロアジサシ	397
クロイボゴケ	255
クロカムリクラゲ	262
クロークイソギンチャク	267
クロサギ	390
クロサンゴ	270
黒潮暖流	456
クロチョウガイ	280
クロツノアンコウ	350
クロテナマコ	312
クロトウゾクカモメ	398
クロノスリ	133
クロハコフグ	366
クロハサミアジサシ	398
グローバルエクスプローラー号	173
グロ・ピトン山	95
クロムウェル海流	218
クロライト	180
クロロフィル	164, 246, 248, 242
クロロフィルa色素濃度	164
クーロン潟湖	121
グンカンドリ	379, 380
群居性	256

け

警告の模様	273
ケイ酸塩岩	41
珪藻	169
珪藻類	144
鯨蝋	412
ケシ目	252
桁網	223
血液凍結温度	361
月周期	79
ケープコッド塩性湿地	126
ケープペンギン	383
ケヤリムシ	127, 275
ケヤリムシ類	248
ゲラティノスメクラウオ	183
ケララの河口域	121
ゲランド塩性湿地	128
ケルゲレン列島	403
ケルプ	142

ケルプ群集	147
ケルプの森	146
ケルマデック海溝	480
ケワタガモの綿毛	381
顕花植物	250, 242
顕花植物の生体構造	250
原子惑星	40
原子惑星系円盤	40
原生生物	234
現代の海の生物	229
ケント川	127
玄武岩	48, 95
ケンプヒメウミガメ	371
ケンミジンコ	294
原油探査	460
権利の主張	177

こ

ゴア	111
コイボウミウシ	22, 272
コウイカ	277, 279
降雨量	187
高塩分	428, 432
黄海	464
紅海	257, 448
紅海沿岸	98
黄海乾燥地帯	46
紅海とアラビア海	448
紅海ミノカサゴ	158
紅海リーフ	158
降河回遊魚	220
甲殻亜門	293, 294, 295, 296, 297, 300, 301
甲殻類	223, 292
向岸風	55
光合成生物	43
硬骨海綿綱	259
硬骨魚	336
硬骨魚の体のつくり	336
硬骨魚の感覚機能	337
硬骨魚の骨格	336
硬骨魚の生殖	338
硬骨魚の分類	339
広州	122
鉱床	428
降水	65
合成開口レーダ	187
光生成	224
広節裂頭条虫	272
紅藻	244
紅藻界	245
構造プレート	184
高致死性の猛毒	264
荒天の40度台	54
抗毒素血清	264
高度好塩菌	233
好熱古細菌	232
コウノトリ	131
コウノトリ目	380, 390
溝腹類	279
コウミスズメ	399
コウモリダコ	289
香炉島	102
港湾都市	122
氷	31
氷の増減	192
氷の割れ目	199
ゴカイの糞	125
コガタウミアメンボ	304
小型の底生動物類	313
コガタペンギン	383
5月の魚	344
護岸堤防	105
呼吸根	130
コクガン	150, 381

コククジラ	123
コククジラ	408, 458, 460
国際自然保護連合	340
国際捕鯨委員会	401
国定レクリエーション地域	113
コケムシ類	305
コケムシ類の構造	305
コケムシ類の生息環境	305
コケ類	249
コケ類の生育環境	249
コケ類の生体構造	249
ゴーゴ	227
ココナッツミルク	253
ココヤシ	253
ココヤシの実	250
古細菌	232
コサギ	390
小潮	79
誇示行動	301
コシジロウミツバメ	389
ゴーストクラブ	301
古代のクジラの骨	228
固着種	216
固着性動物	145, 370
コチ類	339
黒海	439
骨格	227
骨魚	341
コックスバザール	111
コッコリス	180
コットンズシーウィード	245
骨片	260
固定砂丘	107
古テチス海	44
コパカバーナビーチ	108
コバンザメ	360
コフィンフィッシュ	351
コブシメ	277
コブダイ	310
コマチコシオリエビ	143, 175, 178
ゴマフアザラシ	400, 458
ゴマフエダイ	135
ゴマモンガラ	310, 366
ゴミをあさる	396
コモロ諸島沖	455
コモンウミウシ属	286
コモンシーファン	265
コモンシーラベンダー	252
コモンスケイト	333
コモンスターゲイザー	364
コモンソール	366
コモンブラックデビル	351
コモンヤドカリ	297
固有種	218
コラーリンカイメン	259
コーラルトライアングル	211
コリーヴェッカン	81
コリオリ力	54
ゴルゴニン	265
コルディレラ氷床	46
コルテス海	469
ゴールデンウミユリ	155
ゴールデンゲイト	67
ゴールデンジェリーフィッシュ	10
ゴールデンデューンモス	249, 243
ゴールデンバタフライフィッシュ	359
コールドアクリーション	40
コールドシープ	188
ゴルフボールサンゴ	155
コレーン川	134
殺し屋クジラ	415
コロニー	256, 380
コロニーで繁殖	401
コロンビア川	93
コロンビアベイ	112

子を守る親	366
コーンウォール州	148
コンガーイール	342
混合堆積物	144
コンゴ川	114
ゴンズイ	256, 345
混成コロニー	380
混濁流	431
コンチネンタルライズ	176
コンチネンタルライズ	428
昆虫亜門	304
ゴンドワナ大陸	44
ゴンドワナランド	455
コンブ林	205

さ

サイクロン	52, 70
細砂	106
ザイサノズーンヒラムシ	272
鰓室	303
採餌の最大深度	379
最終氷河期	88
最終氷期	46, 432
再循環	212
最初の礁	227
再生できる水管	217
最大深度点	169
砕氷船	424
砕氷棚	25
鰓裂	325
サウサンプトン	197
サウスカロライナ低地	127
サウスサンドイッチ海溝	183
サウスサンドウィッチ海溝	445
サウスジョージア海嶺	445
サウスジョージア島	403
魚の変装	216
砂岩の海岸	87
砂丘	98, 107
砂丘群	109
砂丘の海	113
叉棘	307
サギ類	380
索餌	223
サケ	220
サケの養殖	336, 346
サケ目	346
サケ類	339
ササウシノシタ科	177
さざ波	76
サザナミトサカハギ	364
サザンビーチモス	249
砂嘴	93, 106, 113
サージェントメージャー	360
砂質干潟	93
座礁	418
砂塵嵐	180
サスケハナ川	116
サスツルギ	193
砂堆	120, 432
サッカオ	228
ザトウクジラ	408, 409, 411, 416, 469
ザトウクジラの胸鰭	400
サナダムシ	272
ザ・ニードル	82
サバ州	135
ザパタ湿地	133
サバヒー	344
サバヒー類	339
サーペントスター	309
サーフィン	76
サーフカヤック	82
サーフスポット	110
サフル陸橋	46
サボテングサ	247

サボテングサ属	312
サーマルグライダー	187
寒さに打ち勝つ	376
サメ	376
サメの攻撃	329
サメの体形	322
サメの歯の適応形態	322
サメの鰭	322
サメの捕獲	322
サメ類	322
サヤハシチドリ	394
ザラカイメン	227
サラサバテイ	284
サラダノキ	253
サラワト山脈	98
ザルガイ	111
ザルガイ漁	127
サルガッソー海	440
サルダニャ湾	148
ジグル川	135
サルテーション	107
サルテンフィヨルド	81
サルトストラウメン	81
サルパ	318
サルパ類	223
サンアンドレアス断層	123
サンイグナシオ潟	123
三角波	76
酸欠海域	432
珊瑚海	473
サンゴ礁	102, 139, 152, 257
サンゴ礁の形成	153, 260
サンゴ礁の構成要素	154
サンゴ礁の重要性	155
サンゴ礁の種類	152
サンゴ礁の水路	161
珊瑚礁の漂白	68
サンゴ礁の分布	153
サンゴ島	152
珊瑚島	455
サンゴのアクセサリー	260
サンゴの王様	268
サンゴの断崖	160
サンゴの毒汚染	155
サンゴの白化現象	153
サンゴポリプ	260
サンゴモ	143, 245
サンショクキムネオオハシ	132
酸素原子	30
酸素濃度	33
サンタルシア山脈	103
サンテリア・ポジターノ	97
サンドイール	364
サンドクロッカス	242
サンドデューンモス	249
サンパブロ湾	123
サンビセンテ岬	97
サンフランシスコ湾	123
サンフランシスコ湾	469
三葉虫	227
産卵巣	369

し

シーアップル	312
シアノバクテリア	226, 233, 255, 319
シアン・カアン生物圏保存地域	132
シアン化物	155
シイラ	360
ジェイソン2衛星	187
ジェイムズ・ウェッデル	484
ジェイムズ・クラーク・ロス	485
シェシュタフィヨルド	81
シェトランド諸島	108
シェトランド島	254
ジェフリーズベイ	110
ジェームス島	120
ジェームズ島	120

シェルバンク	111
シェルビーチ	111
塩辛い海	32
シオグサ綱	247
シオグサ属	246
ジオチューブ	105
潮津波	115
潮波	79
潮の干満	78
塩の成分	32
潮を利用した繁殖	345
死火山	49
シガテラ中毒	365
シギウナギ	342
色素細胞	277
C-クエスター	173
シーグライダー	187
シクリッド	133
ジグル川	135
シーグレイプス	247
シーサイドモス	249
刺細胞	260
翅鞘	304
糸状体	254
始新世	45
沈込み現象	48
沈込み帯	44
シスロー川	113
歯舌	278
自然研究	65
七面鳥魚	357
シーチューリップ	319
櫛口目	305
湿地の植物相	250
シドニー・ホバート・ヨットレース	56
シナイ半島	98
シナウスイロイルカ	122
シナウスイロイルカ	414
子嚢菌門	255
子嚢盤	255
シーバンブー	148
シビレエイ類	335
シープの生物	189
シベリア氷床	46
シーペン	266
刺胞	20, 260
刺胞動物	256, 260
刺胞動物の体のつくり	260
刺胞動物の分類	261
シーマウス	274
シマウミヘビ	343
シーメイウィード	243
ジャイアンツ・コーズウェイ	95
ジャイアントクラドフォラ	247
ジャイアントケルプ	146, 151, 238, 241, 310
ジャイアントブレインサンゴ	269
ジャイアントリーフワーム	272
ジャクイ川	117
シャーク湾	111, 150
シャチ	415
ジャムシ	275
ジャワ海溝	183, 451
ジャンボ	127
集魚装置	215
集団移動	221
集団繁殖地	12
十二使徒	17, 99
収斂進化	327
縦肋	284
珠江河口域	122
ジュゴン	134, 146, 150, 251
ジュゴン	419
樹枝状地衣類	254
種多様性ホットスポット	211

種とは何か	206
シュモクザメ	323
ジュラ島	81
循環	60, 428, 432
浚渫	141
準絶滅危惧種	325, 326
楯鱗	322
ショアークリングフィッシュ	352
ショアブリストルテイル	304
ショアロックリング	349
昇河回遊魚	220
条鰭亜綱	339
蒸気霧	59
条鰭類	227
渉禽	394
渉禽類	127, 380
衝撃石英	116
礁原	154
礁湖	115
小歯	278
礁斜面	154
上昇流	43
小セネカ	65
衝突クレーター	116
衝突の危険	419
礁のゾーン	154
蒸発	65
晶氷	198
礁嶺	154
初期の地球	43
触手	20
触手の配列	260
植食	317
食肉目	402, 403, 406, 407
食肉類	401
植物	242
植物性プランクトン	201
植物プランクトン	33
食物エネルギーのピラミッド	212
食物網	212
食物連鎖	33, 427
食用のウニ	310
食用のナマコ	312
食料獲得競争	399
書鰓	293
ジョルダンヒレナガチョウチンアンコウ	350
ジョンソンシーリンク号	173
シラウオ類	159
シーラカンス	340
シーラカンス	455
シーラカンス目	340
シーラカンス類	339
シラサギ	115
シラサギ類	380
白保リーフ	160
シリー諸島	63
シル	140
ジルコン	42
シルト	126, 129, 180
シロアジサシ	397
シロイルカ	116
シロイルカの回遊	221
シロイルカの大群	413
シロイルカ(ベルーガ)	413
シロガシラトビ	393
シロカツオドリ	378, 380, 391
シロスジコガモ	134
シロナガスクジラ	183
シロナガスクジラ	412, 416
シロハラウミワシ	393
シロハラミズナギドリ	388
シロワニ	110
シロワニの歯	322
ジロンド川河口域	120

しんかい6500	173
シンカイエソ	177
深海生物の観測	223
深海層	168, 171
深海底	182
深海での生活	222
深海の巨大種	223
深海の堆積物	180
深海平原	176, 182
深海への適応	222
真核生物	226, 232, 273
シンガポール港	92
人工海岸	92
人工集魚装置	215
唇口目	305
真珠核	277
尋常海綿綱	258
侵食防止	105
真正細菌	232
深層循環	60
深層大循環	430
深度	34
人頭島	102
シントリキア・ルーラリフォルミス	249
シンビオンパンドラ	316
振幅	76
ジンベイザメ	256, 328
森林火災	69

す

水圧	222
水蒸気	31
水上竜巻	71
水上の宝石	120
水上歩行	30
水深帯	219
水生植物	243
吹送距離	76
吹送時間	76
水素結合	30, 31
水素原子	30
水柱	174, 214, 218
水中に沈むマングローブ	250
水中の音	37
水中飛行	173
垂直移動	221
水滴	30
水文循環	64
水力発電	435
スカーヴィグラス	252
スカヴェンジャー	320
スカゲラック海峡	33
スカンジナビア	96
スカンジナビア氷床	46
スキアトス島	439
スキン層	30
スークムチャック海峡の潮波	82
スクリップス海洋研究所	37
ズグロミズナギドリ	389
スケルト川河口域東部	119
スケルトン海岸	443
スケルトンコースト	98, 100
スコットランド	12, 96
スコーティア海	444
スジエビ	296
スズキ目	358, 359, 360, 361, 364, 365
スズキ類	339
スターサンゴ	154
スターチス	252
スターチスリモニューム	124
スティルト漁法	355
スティンギングハイドロイド	262
ステラーカイギュウ	419
ストレス	261

索引

ストロマトライト	150, 226	節足動物	290	空からの攻撃
スナガニ	301	節足動物の脚	290	空飛ぶダイバー

ストロマトライト 150, 226
スナガニ 301
スナザメ 328
砂地 144
砂干潟 124
スナヒトデ 308
スネークパイプフィッシュ 356
スパイニーロブスター 297
スパイホッピング 417
スーパーチューブス 110
スパルティナ 124, 126, 250
スピッツベルゲン諸島 31
スプリギナ 226
スプリットファンケルプ 148
スペインの踊り子 287
スペクタキュラーシーウィード 245
スペンサー湾北部 122
スポッティッドカスクイール 349
スポッティッドランタンフィッシュ 347
スポッティドラットフィッシュ 324
スモーカー 188
スモールジェリーウィード 244
スモールトゥーソーフィッシュ 333
スラウナモア潮波 81
スル海 160, 465
スルスエイ 185
スレンダーシーペン 266
スワネージ 93
スンダーバンス・マングローブ林 134
スンダ陸橋 46

せ
セイウチ 401, 403
製塩 128
生活環 279
星口動物門 314
生産性 213
生殖 257
静水柱 174
清掃動物 320
生体構造 244
生態的地位 227
セイタカクモガニ 300
セイタカシギ 394
正電荷 30
静電引力 30
性転換 338
生物起源の軟泥 181
生物擾乱 313
生物生産力 427
生物多様性ホットスポット 211
生物発光 224, 233, 236
生命の起源 226
セイヨウイタヤ 93
セイヨウカサガイ 279, 284
世界遺産 110, 119, 132, 150, 158
世界最小の脊椎動物 161
世界最大の海藻 147
世界最大の爬虫類 377
世界の海洋 422
赤外放射計 187
潟湖 114, 123
脊索 318
石炭紀 44
脊椎動物 256
石油 428, 432, 435
セグロアジサシ 184
セグロウミヘビ 374
セグロカモメ 396
セーシェル諸島 455
石灰海綿綱 259
石灰岩 102
石灰質海藻 144
石灰藻 312
摂食の軌跡 278

節足動物 290
節足動物の脚 290
節足動物の体のつくり 290
節足動物の生殖 292
節足動物の成長 291
節足動物の摂食 290
節足動物の祖先 227
節足動物の分類 292
節足動物のライフスタイル 292
絶滅危惧IA類 333
絶滅危惧種 340
絶滅寸前種 406
瀬戸内海 83
ゼニガタアザラシ 406
ゼニガタアザラシ 460, 469
セブンアームスターフィッシュ 308
セマングム湿地 129
セラティッドラック 243
ゼラティナスブリゾアン 305
浅海種 218
先カンブリア時代の生物 226
全球凍結 46
蘚綱 249
センコウカイメン 217
穿孔性 217
前礁 154
舟状海盆 432
扇状地 431
浅水域 45
潜水する哺乳動物 400
潜水性海鳥 378
潜水艇 173, 223
潜水艇アルビン号 171
浅堆 430, 431
線虫 314
蠕虫 14
線虫門 314
セントニニアンのトンボロ 108
セントヘレナ 185
セント・ヘレンズ山 184
セントラル湾 123
セントルシア 95
セントローレンス川河口域 116
セントローレンス湾 431
センナリスナギンチャク 270
繊毛 271
潜流 60

そ
ゾウアザラシ 35, 61, 469
ゾウアザラシ 469
総鰭類 227
ゾウゲカモメ 397
装甲車 267
掃除 217
ソウシハギ 366
造礁海綿 258
造礁サンゴ 268
草食動物 376
装飾屋のカニ 300
装備 57
相利共生 217
ゾエア幼生 214
ソコダラ科 339
底引き網 355
ソシエテ諸島 161
咀嚼器 317
ソトイワシ目 339
外浜 106
ソドワナ湾 176
SOFARチャネル 37
ソーフィッシュ 333
ソフトエンジニアリング 128
ソフトコーラル 156
ソフトコーラル類 313

空からの攻撃 391
空飛ぶダイバー 378
ソリッドステートクリープ 41
ソリハシセイタカシギ 119, 394
ソルカム=キングズブリッジ 96
ソルトマーシュモス 249
ソレント半島 97
ソロモン海 472

た
第一次生産者 212
対応力の高い海藻 246
大気汚染のバロメーター 255
大気大循環 54
タテゴトアザラシ 406
ダイコクミゾガイ 129
太古の微化石 226
ダイサギ 125
大西洋 35, 428, 430, 431, 432, 438, 439, 440, 442, 443, 444, 445
タイセイヨウアカウオ 117
タイセイヨウカライワシ 341
大西洋クロマグロ 365
タイセイヨウサケ 336, 346
大西洋循環 62
大西洋中央海嶺 185
大西洋中央水 35
大西洋中層水 35
タイセイヨウニシン 344
タイセイヨウマダラ 348
タイセイヨウヤマトシビレエイ 335
堆積海岸 93
堆積盆 47
ダイゼン 394
代替エネルギー源 435
タイタニック号 173, 431
タイタニック号の残骸 196
体内バランスの回復 302
台風 70
台風ハイエン 73, 465
大ブリテン島 119
太平洋 464, 465, 467, 468, 477, 478
太平洋プレート 103, 184
タイマイ 355, 370, 372
タイマイの背甲 368
大洋中央海嶺 182, 184
大洋底の年代 48
タイランド湾 465
大陸 46
大陸移動説 45
大陸岩石 43
大陸斜面 176
大陸棚 140, 176
大陸棚水産業 140
大陸棚堆積物 141
大陸棚の成り立ち 141
大陸地殻 43, 48
大陸プレート 49, 183
対流 41
対流セル 41
大量絶滅 228
タイワンガザミ 301
ダーウィン、チャールズ 294
ダウトフルサウンド 123
タカアシガニ 297
高潮 71
高潮対策 105
タカセガイ 284
タカのくちばしをもつカメ 370
舵鰭 367
多岐腸類 272
卓越風 54
卓状氷山 192
濁水 213
竹馬漁法 355, 446
タゲリ 115

タコノマクラ 310
タコノマクラ類 306
タコマ市 102
タスマン海 123
タスマン海 480
多節条虫亜綱 272
戦うオス 407
漂う家 215
ツノオトシゴ 135
タツノオトシゴ類 339
脱皮の順序 291
ダツ目 352
ダツ類 339
タテゴトアザラシ 406
多胴船 57
棚 192, 486, 487
棚氷内部 193
棚氷の下 193
棚氷の場所 192
多年氷 198
多年生種 244
タブ島 99
タフトサンゴ 178
ターボット 339
ターポン 341
ターポン類 339
卵のリボン 287
タマシキゴカイ 274
タマシキゴカイ類 313
タマハハキモク 239
タマリンド海岸 113
多毛類 274, 275
タラ 427
タラ目 348, 349
タラ類 339
ダリアイソギンチャク 211
ダリエン・マングローブ 135
ダリ、サルバドール 96
ダルマザメ 326
暖海種 218
端脚類 168, 295
ダンジネススピット 113
暖水サンゴ礁 153
断層運動 103
炭素の転化 67
タンニン 132
断熱効果の高い脂肪層 400
単板類 279
暖流 59, 66

ち
地衣類 254
地衣類の構造 254
地衣類の生息環境 254
地衣類の組成 254
チェサピーク湾 105, 116
チェジル海岸 109
チェジルバンク 109
地殻変動 89
地球温暖化 91
地球史年表 228
地球の誕生 40
地球の成り立ち 40
稚魚の姿 359
チグリス・ユーフラテス川デルタ地帯 99
地質学的起源 174
千島列島 460
地上の海嶺 184
地中海と黒海 438
地中海盆 47
チチュウカイモンクアザラ 406
チドリ目 380, 394, 395, 396, 397, 398, 399
チムニー 275

致命的な毒 374
チャゴス海台 455
チャツボボヤ 319
チャート 226
チャレンジャー海淵 173, 467
チャレンジャー号 171
中央アメリカ海溝 478
中央インド洋海嶺 455
中央海嶺 48
中央大西洋 442
中央大西洋海嶺 430, 442
中核体温 376
チュウシャクシギ 395
中深層の肉食魚 223
チューブ 76
チューブアイ類 339
チューブアネモネ 270
チューブカイメン 154, 259
チューブワーム 189
潮位差 431
潮間帯 243
潮間帯環境 130
潮間帯生物 78
潮型 78
長江河口域 122
腸鰓動物門 314
チョウザメ 120
チョウザメ目 340
チョウザメ類 339
チョウジガイ 269
潮衝 79
超深海層 168
潮汐 76, 78
潮汐作用 117
潮汐優勢 114
チョウチョウウオ科 338
チョウチョウコショウダイ 359
チョウチンアンコウ 339
潮流 79
潮力 428
鳥類 378
鳥類の体のつくり 378
鳥類の生息地 378
鳥類の摂食方法 379
鳥類の繁殖 380
チョーク 96
貯水器官 306
地理的分布帯 218
チリのフィヨルド地方 103
チンアナゴ 343
沈降 32
沈降現象 45
枕状溶岩 185
沈水海岸 88, 92

つ
つかむための装備 376
月の成り立ち 40
ツクシガモ 381
対馬海流 150
津波警報 49
津波の波動 49
ツノガイ類 279
ツノゲシ 252
ツノザメ目 325, 326
ツバハタ・リーフ 160
ツバル 91
ツブカラッパ 297

て
ティアバ集落 121
ディエゴ・ガルシア環礁 159
ティエラ・デル・フエゴ群島 103
ディスカバリー号 102
底生区 214

底生生物	216, 223
汀段	106, 107
ディノフィシス・アキュタ	236
ディバイディッドヒラムシ	272
ディープシーチャレンジャー号	173, 467
ディープフライトI号	173
ディープレッドカイメン	258
ティモール海	451
テイラーの柱	174
デカントラップ	455
適応	19
適応した卵の形	398
テキサス州	115
テクトニクス	48
テスト	306
デッドマンズフィンガーズ	264
テッポウウオ	131
テッポウエビ属	364
テヅルモヅル類	306
テトラセルミス・コンヴォルタ	248
デトリタス	294, 308, 311
テトロドトキシン	367
テナガエビ科	296
テーブルサンゴ	161, 268
デボン紀	44
デボン紀の動物群	227
デボンシャーカップサンゴ	269
デボン州	96
テマリカノコ	284
テムズ川	115
デューンスネイルビー	304
テリントン湿地	128
デルタプロジェクト	105
テルミノス潟	148
電荷の不均衡	30
テングギンザメ	324
テングザル	135
電子	30
テンジクザメ目	327, 328
テンジクザメ類	323
テンジクダイ	135
伝統的漁業	355
天然ガス	428, 432
天皇海山列	468
テンパウンダー類	339
デンマーク海峡	430

と

トゥアモトゥ諸島	477
闘鶏島	102
洞穴	143
トウゴロウイワシ類	339
頭索動物亜門	319
頭足綱	288, 289
頭足類	279
頭足類の体のつくり	276
動物	256
動物と海藻の協力関係	248
動物プランクトン	164, 169, 181
動物プランクトン類	317
トウブハコガメ	126
動吻動物門	316
東北地方太平洋沖地震	49, 460, 463
東北津波	462
トカゲ類	369
トゲカワムシ類	313
トガリムネエソ	347
トキワギョリュウ	253
毒	374
トクサバモクマオウ	253
毒針	20
トゲウオ類	339
トゲカワムシ	316
トゲクマムシ	316

トゲクモヒトデ	309
トースク	349
トチカガミ目	251
独居性	256
ドーバー海峡	433
ドーバーソール	177
ドーバーの白い崖	96, 180
トビエイ	205
飛び込み	379
トビムシ	304
ドラゴンフィッシュ	224
ドラゴンフィッシュ類	339
トラザメの卵	323
ドラド	360
トラフ	106, 432
トラフグ属	367
トラフザメ	327
トランスフォーム断層	175, 185
トランスフォーム断裂帯	455
トランペットフィッシュ	356
トリエステ号	183
トリコーム	233
トリスタン・ダ・クーニャ	49, 185
トルチュ島	269
ドルドーニュ川	120
トレント川	119
トロコフォア幼生	274, 279
泥干潟	124, 127
トロール網	179
トロール漁業	354
トンガ海溝	480
トンキン湾	102
トンボットブレニー	364
トンボラ	109
トンボロ	106, 108

な

内陸海	45
ナイル川デルタ地帯	97
内湾の浜	106
ナインティマイルビーチ	112
ナガスクジラ科	409
ナガヒカリボヤ	256
ナースシャーク	323
ナタージャックヒキガエル	125
ナタール海盆	455
ナデシコ目	251, 253
ナトリウムイオン	32
ナマコ綱	312
ナマコの摂食	181
ナマコ類	306
ナマズ目	345
ナマズ類	339
波	76
ナミイソカイメン	259
波エネルギー	93, 105
ナミトゲクサビライシ	269
波の性質	76
波の伝わり方	76
波の発生	76
波の発達	76
波乗り	77
ナメクジウオ	319
ナメクジウオの成	318
ナメクジウオ類	318
鳴門大橋	83
鳴門海峡	83
鳴門の渦潮	83
ナンカイニセツノヒラムシ	272
ナンキョクオキアミ	199, 295
ナンキョクオットセイ	403
南極海	484, 485
南極収束線	201
南極中層水	35
南極半島	484

南極氷床	46
軟骨魚	322
軟骨魚の感覚器	323
軟骨魚の繁殖	323
軟骨魚類の分類	323
南西太平洋海盆	480
ナンセン、フリチョフ	201
軟体動物	276, 378
軟体動物の移動	277
軟体動物の体のつくり	276
軟体動物の感覚器官	277
軟体動物の呼吸	277
軟体動物の生殖	279
軟体動物の摂食	278
軟体動物の分類	279
南大洋の循環	201
南大洋の氷山	195
軟泥	223
軟泥での摂食	181
南東オーストラリア	480
南東貿易風	58, 68
難破船	98, 145
ナンヨウショウビン	399

に

肉鰭亜綱	339
ニコバル諸島	159
ニジェールデルタ	443
二次海岸	92, 99
西ガーツ山脈	229
ニシキテグリ	337, 364
ニシキフウライウオ	356
ニシキュウリウオ	345
ニシサンマ	352
西地中海	438
ニシツノメドリ	399
ニシバショウカジキ	365
ニショウジウオ	146
ニシンダマシ	344
ニシン目	344
ニシン類	339
ニチリンヒトデ	142
日光浴	376
ニッチ	227
ニードルズの逆波	82
ニトロソモナス	232
日本海	150
日本海溝	460
日本海（東海）	460
二枚貝綱	280
二枚貝類の体のつくり	276
二枚貝目	281
二枚貝類	279
二枚貝類の殻	276
ニューギニア・マングローブ	135
ニュージーランド	480
ニュージーランドオットセイ	123
ニューファンドランド	42, 234, 235
ニュープロビデンス島	156
ニンガルーリーフ	328
人魚のハンドバッグ	329

ぬ

ヌサトゥンガラ	160
ヌタウナギ	321
ヌマネズミ	133

ね

ネクトン	170, 214
ネコザメ目	327
ネコザメ類	323
ネジレカラマツ	270
ネズミイルカ	418
ネズミギス目	344
ネズミザメ目	328, 329

ネズミの数を抑制	377
熱エネルギー	31
熱塩循環	427
熱水孔	32
熱水噴出孔	188
熱帯海生植物	242
ネッタイチョウ	380
熱の移動	31
熱容量	31
ネプチューングラス	251
ネプチューンズネックレス	239
ネマン川	119
ネマンデルタ	119
ネムリブカ	332
粘液の補助	277
ネン川	128
粘性の外皮	254

の

ノウサンゴ	155, 269
ノコギリザメ目	326
ノコギリザメ類	323
ノーチラス号	199
ノーサンバーランド州	79
ノッティドラック	239
喉のとげ	371
ノルウェー大西洋海流	432

は

ハイイロアザラシ	119, 404, 406
ハイイロアホウドリ	386
ハイイロチュウヒ	126
ハイイロヒレアシシギ	380, 395
バイオターベーション	313
バイオマスのピラミッド	212
ハイガシラアホウドリ	201
ハイギョ	340
肺呼吸	368
パイナップルフィッシュ	352
胚の成長	279
ハヴロック島	450
延縄漁	386
ハオコゼ類	150
ハオリムシ	216, 274
ハオリムシ門	315
白亜	96
白亜紀	45
白化現象	261
ハクジラ類	412
バクテリアマット	193, 232
薄明層	168, 170
はぐれ波	76
運ばれる生物	228
箱虫綱	264
ハサミアジサシ	379
ハサミムシ	175
バザルート諸島	158
ハシグロアビ	386
ハシナガイルカ	414
パシフィックハグフィッシュ	321
ハシボソミズナギドリ	389
波食	99
波食海岸	93
波食台作用	89
バス海峡	112
バス海峡	480
蓮葉氷	198
ハス、ハーリー	174
ハダカイワシ目	347
パタゴニア氷原	103
パタゴニア氷床	46
ハタタテダイ	160
ハタタテダイ	161
ハタハタ	339

破断	103
鉢虫綱	262
爬虫類	368
爬虫類の体のつくり	368
爬虫類の生殖	369
爬虫類の生息環境	368
爬虫類の分類	369
発芽種子	250
パックアイス	406
発光器	224
発光器官	295
発光器の種類	224
発光生物	289
発光有機体	36
発散型プレート境界	430
パッションフラワーフェザースター	311
ハダカイワシ類	339
パッチ礁	152
ハッテラス島	95
ハッテラス岬灯台	95
ハッポウサンゴ亜綱	175
パトス湖	117
ハドック	140
ハード島	249
パトラコイデス類	339
ハナオコゼ	170, 215, 351
ハナギンチャク	270
ハナゴンドウ	414
ハナシノブ目	252
ハナヒゲウツボ	342
パナマ運河	440
パナマ湾	135
ハナミノカサゴ	210, 357
花虫綱	264, 265, 266, 267, 268, 269, 270
ハネカクシ	304
ハネモ	246
ハネモ綱	247
バハマ	108
バハマバンク	156
パピレ	312
パプアカワアオツバメ	135
パプアクイナ	135, 158
パプアニューギニア	131
バフィン湾	426
バブルネットフィーディング	408, 417
パープルロブスター	231
ハマアザ	126
ハマガニ	214
ハマカラタチゴケ	255
ハマカンザシ	250, 243
ハマグリ	183, 189
ハマシギ	395
浜と砂丘	106
ハマトビムシ	295
浜の構成物	107
浜の構造	106
浜の種類	106
浜辺の昆虫	290
ハマベバエ	290, 304
ハマベンケイソウ	243
ハママツナ	128
バミューダ諸島	195
バミューダ・プラットフォーム	156
ハリンプール	150
バーラ海峡	148
バラクーダ	338
ボブ・バラード	197
パラナ川	118
バランラス	142
バリアアイランド	109
ハリケーン	70, 440
ハリネズミの皮	306
バリモア、トニー	57
バール	35

パルスサンゴ 265
ハルダンゲル湾 119
バルティカ 44
バルト海 119, 432
バルト海の風力発電 435
バルトチョウザメ 340
バルハン 119
パールフィッシュ 349
ハルマゲドン 229
バレルカイメン 258
バレンツ海 427, 432
バレン島 105
ハロスフェラ・ヴィリディス 248
ハロスフェラ属 248
ハロバクテリウム・サリナリウム 233
パロロ 274
ハロン湾 102
ハワイ 468
ハワイアンモンクアザラシ 355
ハワイ群島 161
ハワイ諸島 468
ハワイ天皇海山列 49
ハワイの溶岩 468
ハワイの溶岩海岸 103
パンガー湾 99
反響定位 37, 400
バンク礁 152
バンクーバー、ジョージ 102
バングラデシュ 91
パンゲア 44
反射型の浜 107
バーンステイブル 126
パンタラッサ海 44
バンダルギン 110
バンドウイルカ 123
バンドウイルカ 414, 469
万能ハンター 342
ハンバー川河口域 119
バンバラビーチ 79
板皮類 227

ひ

東グリーンランド海流 430
東シェルト川 104
東シナ海 464
東大西洋 437
東太平洋海膨 456, 478
東太平洋大海嶺 48
東地中海 438
干潟 115, 124
光 36
ヒカリニオガイ 281
光による偽装 224
光による情報伝達 224
光の操作 224
光の透過 36
ヒカリヒモムシ 273
ヒカリボヤ 318, 319
光る煙幕 224
光るクラゲ 225
光るプランクトン 225
光る誘惑装置 225
ビクトリア 112
ビクトリア港 99
ヒゲ板 412
ヒゲクジラ 228
ヒゲペンギン 383
鼻孔 19
尾腔類 279
皮骨 377
ピコプランクトン 164
微細藻類 248, 242
ヒザラガイ類 279, 289
ビスケー湾 437
ビスマルク海 472

ヒダベリイソギンチャク 267
ビーチカスプ 106
ビーチフェース 106
ピチャバラーム・マングローブ湿原 134
ビッグサー 103
ヒトスジエソ 347
ヒトツヒゲムシ 315
ヒトデ 115
ヒトデ綱 308
ヒトデヤドリエビ 308
ヒトデ類 306
ヒドロ虫綱 262
ヒドロ虫 261
ピトン 95
ピトン・ドゥ・ラ・フルネーズ 455
ビーナスズガードル 317
比熱容量 31
被嚢動物亜門 318, 319
被嚢類 318
被嚢類の幼生 318
火の環 184
ヒバリガイ 140, 145
ヒビミドロ 246
ビブリオ・フィシェリ 233
飛沫帯 254
ヒメウミガメ 371
ヒメクジラドリ 388
ヒメシオマネキ 301
ヒメヤマセミ 399
紐形動物 273
紐型動物の体のつくり 273
紐型動物の生殖 273
ピュージェット湾 102
ヒョウアザラシ 400, 407
漂泳区 214
漂泳区分帯 164
氷河 115
氷河期 46
氷崖 192
氷河期の海岸 47
氷河の後退 91
氷山 194, 428, 430, 431
氷山の成分比率 194
氷山の探知 195
氷山の特性 194
氷床 192, 432
表層 168
表層海流 58
表層水 432
表層風 428
表層流 35, 428
表面張力 30
表面張力波 76
ヒョウモンオトメエイ 333
氷量 187
氷礫土 112
ビラ砂丘 110
比率一定の法則 32
ピリディウム幼生 273
ヒル類 274
ヒレアシトウネン 126
ヒレナガゴンドウ 418
ヒレナガソトイワシ 341
ヒレナガソトイワシ類 339
ピレネー山脈 96
微惑星 40
ピンクサンドビーチ 108
ピンクレースブリョゾアン 305
貧乏人のアスパラガス 251

ふ

ファイアワーム 274
プアーナイツ諸島 150

ファビアン・フォン・ベリングスハウゼン 484
ファルマス湾 148
ファロ 97, 159
ファンディ湾 124, 126
フィーカルキャスト 312
フィジー海盆 473
フィヨルド 25, 31, 94, 103, 119, 140
フィリップ島 383
フィリピン海 467
フィルヒナー棚氷 484
プウ・オオ噴火口 103
風成海流 58
フウセンクラゲモドキ類 317
風速 187
風力エネルギー 435
風力発電 434, 435
フエダイ 211
ブエノスアイレス 118
フェルディナンド・マゼラン 456
フエルテヴェントゥーラ 242
プエルトリコ海溝 183
フェレ岬 110
フォークランド海流 59
フォトサイト 224
フォン半島 102
フカアナハマサンゴ 268
武漢橋 122
福島原子力発電所 463
腹足綱 284, 285, 286, 287
腹足類 279, 295
腹足類の体のつくり 276
腹足類の軟泥 180
腹板 374, 375
腹毛動物門 313, 316
フグ目 367
フグ類 339
フクレツノナシオハラエビ 189
クロウナギ類 339
フクロウニ 307
フクロノリ 238
フクロホシムシ 314
フジツボ 255
腐食動物 182
付属器 290
双子山 95
ブッシーブラックサンゴ 270
糞塚 312
沸点 31
フットボールジャージーワーム 273
ブッポウソウ目 399
負電荷 30
フトモモ目 252
ブートレイスワーム 273
フナクイムシ 280
フナフティ環礁 91
フナムシ 295
ブナルワ海岸 112
暴風雨関門 119
部分混合の河口域 114
不毛の極地海岸 219
浮遊 214
浮遊性生物の社会 215
冬の群れ 395
フライ川 135
フライフィッシング 117
ブラウンチューブカイメン 258
フラクチャー 199
プラシノ藻綱 248
ブラジル海流 59, 428
ブラックシーバス 334
ブラックスモーカー 188
ブラックタフティッドライケン 255
ブラックタールライケン 255
ブラックフィンアイスフィッシュ 361
ブラックマングローブ 135

プラヌラ幼生 261
ブラマプトラ川 134
フラム号 201
ブランカ山群 91
プランクトン 170, 214
プランクトンの周期 164
フランクリン、ベンジャミン 59
フランスダラ 348
ブラン・ネ岬 96
ブリックリーレッドフィッシュ 312
ブリティッシュコロンビア州 142
ブリモドキ 360
浮力 337
プリンストン大学 174
ブルーカイメン 259
ブルケルプ 150
ブルースケイト 333
ブルースポットスティングレイ 335
ブルーホール 157
フルマカモメ 388
ブルーム 248
ブレイザメルクリョークトル 195
プレシオサウルス 228
プレダタリークシクラゲ 317
プレート 423
プレート境界 48
プレートテクトニクス 44, 48
フレンチフリゲート瀬 161
プロクロロン 319
フロリダイソギンチャク 266
フロリダ・サンゴ礁域 156
フロント 164
分散種 380
分化 41
フンガハアパイ 480
分岐群 206
噴気孔のある頭蓋骨 228
分岐図 206
分岐論 206
分散 380
分子構造 30
噴出孔 188, 189
プンタパティーニョ自然保護区 135
糞塚 312
フンボルトイカ 277
フンボルト海流 397
分類 206
分類階層 206
分類の原則 206
分裂組織 233

へ

平均高潮線 106
平均低潮線 106
米国潜水艦 199
ヘイズ氷河 195
ベイブリッジ 116
米連邦緊急事態管理局 105
ペインティッドレイ 333
ベギアトア 232
ヘコアユ 357
鼈甲 370
ベニサンゴ 266
ベニボリガイ 286
ベニハナダイ 162
ベニヘラサギ 132
ベニマツカサ 352
ベネチアラグーン 438
ベネツィア 120
ヘビ 132
ヘビ類 369

ペプチドグリカン 232
ヘブリディーズ諸 89
ベラー川 134
ヘラクレスROV 173
ヘラシギ 129
ヘラチョウザメ類 339
ヘラヤガラ 338
ペリカン 121
ペリカン目 390, 391, 392, 393
ペリカン類 380
ペリジャー幼生 279
ベリーズ海岸マングローブ 133
ベリーズバリアリーフ 156
ベーリング 458
ベーリング海 458
ベーリング海峡 201
ベリングスハウゼン海 484
ベーリング陸橋 46
ペルー・アンデス 91
ペルー海流 66
ペルーカタクチイワシ 344
ベルーガ 199, 221
ベルゲン港 432
ペルシャ湾 448
ペルシャ湾乾燥地帯 46
ペルーチリ海溝 479
ベルックス5オーシャンズ 57
ペレスメジロザメ 229
ベロン、チャーリー 268
変異型イチイヅタ 247
変温層 34
ベンガル湾 450
ペンギン目 382, 383
ペンギン類 380
扁形動物 271
扁形動物の体のつくり 271
扁形動物の生殖 271
ベンゲラ海流 59, 428
変態 256
編隊飛行 395
ベンバナード湖 121
鞭毛 233, 258
片利共生 308

ほ

ボイラー 156
ボウイ海山 175
貿易風 54
方角の感知 221
ホウキムシ 313, 314
箒虫動物門 314
防砂柵 109
放散虫 248
胞子嚢 249
胞子の形成 249
放射相称 306
放射肋 281
ホウズキガイ 315
宝石イソギンチャク 267
防潮堤 104
ぼうはてい 105
防波島 95, 109
ホウライエソ 346
放卵 303
抱卵期間 387
ホエールウォッチング 123
ホエールウォッチング 417
ボーカパインフィッシュ 367
ホークス、グラハム 173
北西航路 426
北西大西洋 460
北西太平洋海盆 460
北東貿易風 58
北米プレート 184
捕鯨 408

ホシダカラ 285
ホシムシ類 313
堡礁 152
捕食 20
捕食動物 225
星を見る者 364
ボースカーノビーチ 109
ポステルシア 238
ポセドニア属 150
ホソソールデメニギス 345
ホタテガイ養殖 355
ホタルイカ 36, 224
北海 432
北海とバルト海 432
ホッキョクイワナ 346
北極海 20, 199, 424, 427
北極海深層循環 201
北極海表層循環 200
北極海盆 201
ホッキョククジラ 408
ホッキョクグマ 20, 91, 402
北極の海氷 424
北極の海氷分布 199
ボックスクラゲ 264
ホッコクアカエビ 296
ポッド 415
ホットスポット 49
ホットスポットの種類 211
ポッドとクラン 415
ホットマグマ 188
ポートジャクソンネコザメ 327
ポートツアー 132
ポートロックロイ 64
哺乳動物 400
哺乳動物の摂食 400
哺乳動物の繁殖 401
ホネガイ 284
ホネナシサンゴ 143
ホネナシサンゴ科 267
ボネリムシ 314
ホバート橋 88
ボーフォート海 199
ボーフォート海 426
ボーフォート環流 200
ホホジロザメ 329, 330
ホラガイ 285, 309
ポラック 337
ボラボラ島 88, 92
ポリネシア 477
ポリプ 153, 256, 260
ポリプ型 260
ポリプの発芽 261
ポルカドットバットフィッシュ 350
ボルドーワイン 120
ボルネオ島 135
ボルボ・オーシャン 57
ポロロッカサーフィン 118
ホワイトシーウィップ 265
ホワイトスモーカー 188
ホワイトゾーンシッド 270
ホンケワタガモ 381
香港港 99
香港島 99
ホンソメワケベラ 361
ポンペイワーム 275
ホーン岬 444
ホーンラック 305

ま
マイクロ波散乱計 187
マイルカ 414
マイワシ 344
マウナロア火山 112
マウントデザート島 94
前浜 106

前鰭 403
マカロニペンギン 383
巻貝 111
巻貝類の殻 276
巻き波 77
巻波 120
枕状溶岩 442, 456
マグロ 355
マーシャル諸島 161
マーシャル諸島 467
マジュロ環礁 161
マスカリン海台 455
マスカレ 120
マーセット、アレキサンダー 32
マゼラン海峡 444
マゼランペンギン 383
マダガスカルウミワシ 134
マダガスカル 455
マダガスカルサギ 134
マダガスカル・マングローブ 134
マタゴーダ湾 115
マダラトビエイ 335
マダラニセツノヒラムシ 272
マダラフサカサゴ 358
マッケンジー川 63
マッコウクジラ 222
マッコウクジラ 412
マッコーリー島 185
末端堆石 432
マット 251
マトウダイ 353
マトウダイ目 353
マトウダイ類 339
マートルビーチ沿岸 125
マドレ潟 117
まね上手 272
マメハチドリ 133
マヤンシクリッド 133
マユグロアホウドリ 185, 201, 378, 387
マラジョ島 118
マラッカ海峡 450
マラム 107, 109, 113, 251, 243
マリアナ海溝 168, 183, 467
マリアナ海溝 467
マリーニャビーチ 97
マリーバードランド 485
マレ 159
マレー川 121
マンガン団塊 182
マングローブ 132, 250, 242
マングローブオオトカゲ 377
マングローブカワセミ 399
マングローブ湿地 115, 130, 242
マングローブのサル 135
マングローブの根 133
マングローブの保育室 135
マングローブの迷路 134
マンドリンノウサンゴ 154
マントル 41, 42
マントル対流 48
マントルホットスポット 456
マンファリ 133
マンボウ 215, 338, 367
マンモスの歯 89

み
三日月型の砂丘 119
三日月形の浜 106
ミカドウミウシ 287
右利き 301
ミクロネシア 467
ミサゴ 393
ミシェル、ジャン＝ルイ 197

ミシシッピ川 141
ミシシッピ川河口域 116
ミジンコ 293
水ウサギ 324
ミズオオトカゲ 377
ミズクラゲ 262
ミスジアオイロウミウシ 286
水鳥 380
ミズダコ 288
ミズタマサンゴ 271
水循環 64
ミズナギドリ目 386, 387, 388, 389
ミズナギドリ類 380
水の三態 31
水の特性 30
水のねじれ 31
水の華 234
水分子 30
ミックリザメ 329
ミッシングリンク 227
密度 35
ミッドウェー 468
ミッドウェー諸島 468
ミツマタヤリウオ 347
ミツユビカモメ 397
ミドリガニ 300
緑の潮 248
緑の浜辺 248
ミドリヒモムシ 273
ミナス湾 126
港のイルカ 418
ミナミアメリカオットセイ 403
ミナミイセエビ 12
ミナミオオセグロカモメ 380
南カリフォルニア 31
南シナ海 465
ミナミズウアザラシ 407
南大西洋循環 428
南大洋 482
ミナミノコギリザメ 326
ミネフジツボ 294
ミノガイ 144, 145
ミミズ類 274
ミヤコドリ 378, 394
ミリム湖 117
ミル 243
ミルの森 246
ミレッドシードバタフライフィッシュ 161
ミンククジラ 409

む
無顎魚 227
無顎類 320
無顎類の体のつくり 320
無顎類の繁殖 320
無顎類の捕食 320
無針綱 273
無脊椎動物類 112
無節サンゴモ 245
ムチヤギ 154
ムチヤギ類 265
ムネエソ 224
霧峰 98
ムラサキイガイ 189, 280
ムラサキウニ 310
ムラサキガイ 183, 300
ムラサキハナギンチャク 270
ムラサキハマシギ 395
ムンク、ウォルター 37

め
明暗消去型隠蔽 329
メイオファウナ 313
メガマウスザメ 328
メガロパ幼生 303

メキシコ湾 116, 440
メキシコ湾とカリブ海 440
メキシコ湾流 31, 59, 431
メーグナ川 134
メクラウナギ ,182
メクラウナギ綱 321
メクラウナギの卵 320
メクラウナギ類 320
メジロザメ目 329, 332
メジロザメ類 323
珍しい繁殖周期 382
メタン固定バクテリア 189
メタン水和物 67
メッシーナ海峡 82
メディタレニアンバースカイメン 259
目の光 233
メラネシア 472
メリーランド州 105, 116
メーンランド島 108
メーン湾 431

も
モアイ 479
モアカム湾 127
毛顎動物門 317
猛禽類 376, 380
網膜 36
モエラキ海岸 112
木造船の残骸 98
モクマオウ 243
モクマオウ目 253
モグリウミツバメ 389
モザイクシースター 308
モササウル類 228
モザンビーク沿岸 158
モザンビーク海峡 455
モスケネスストラウメン 80
モスケネス島 80
モトウミウマ 356
モナコ沖 247
モモイロサルパ 319
モヨウフグ 367
モラトリアム 409
モーリシャス島とレユニオン島 455
モーリタニア海岸 110
モルディブ 159, 218
モルディブ 448
モーレア 161
モレットワニ 132
モロキニ島 49
門 227
モンガラカワハギ 337, 338, 366
モンガラカワハギ類 339
モンスーン 111
モンタージュ写真 186
モンテビデオ 118
モントレー湾 469
モントレー湾ケルプの森 151
モンハナシャコ 295
モンモリロナイト 180

や
ヤエヤマヒルギ 252
ヤギ 154, 356
夜光虫 236, 237
ヤコブスハン氷河 195
ヤシガニ 297
ヤシ目 253
谷津干潟 129
ヤツメウナギ 119
ヤツメウナギ綱 321
ヤツメウナギの口 320
ヤツメウナギ類 320
ヤドカリ 267
ヤハズツノマタ 245

ヤリイカ 460

ゆ
遊泳 214
遊泳脚 296
遊泳無脊椎動物 165
有殻翼足亜目 286
有機コラーゲン 258
有光層 168
有光層の海底 219
有光層の食物 169
有光層の生物 169
有孔虫 181
有孔虫貝 67
有櫛動物門 317
湧出域 188
湧昇 174
湧昇流 60, 213, 456
有針綱 273
優勢種 256
融点 31
有鬚動物門 315
有柄眼 296
遊離酸素 43
有輪動物門 316
有鱗目 374, 375, 376, 377
ユウレイボヤ 318
ユーカリア 273
ユキドリ 388
ユーコン川 129
油田 47
ユトランド半島 109
ユニコーン 413
ユノハナガニ 189
ユビエダハマサンゴ 154
ユムシ動物門 314
ユムシ類 144, 313
ユーラシアカワウソ 402
ユーラシアプレート 184, 430
ユレモ 233

よ
溶岩 17
溶岩丘 184
溶岩ドーム 95
溶剤 32
ヨウジウオ目 356
ヨウジウオ類 339
幼児キリスト 68
葉状体 254
葉状地衣類 254
養魚業 336
揚子江 122
妖精アジサシ 397
養浜 105
養分循環 212
葉緑素 187, 248, 242
翼鰓門 314
ヨーク岬 94
ヨコエソ 224
汚れた氷山 195
ヨシキリザメ 332
ヨスジフエダイ 161, 359
ヨットレース 57
ヨミノアシロ 183
ヨーロッパイチョウガニ 300
ヨーロッパウナギ 342
ヨーロッパオウニ 310
ヨーロッパザルガイ 281
ヨーロッパスナヤツメ 321
ヨーロッパタマキビ 285
ヨーロッパチヂミボラ 284
ヨーロッパヒラガイ 115
ヨーロッパホタテガイ 280
ヨーロッパヤリイカ 289

ヨーロピアンプレイス	366	流線型の甲羅	368	渡り	380, 381, 389	
ヨーロピアンロブスター	297	稜鱗	360	ワタリアホウドリ	387	

ら

		緑藻	246	渡り鳥	129
ライアテア島	88	緑藻の生育環境	246	ワデン海	127
ライトハウスリーフ	156	緑藻の生体構造	246	ワニトカゲギス目	339, 346, 347
ライトフィッシュ類	339	緑藻類	248, 242	ワニ目	377
ライミーペティコート	238	緑藻類の生育環境	248	ワニ類	369
ラウンドスティングレイ	334	緑藻類の生体構造	248	ワムシの捕食手段	317
ラグワーム	274	輪形動物門	317	ワームリーフ	275
裸鰓類	22, 277	燐光	225	ワモンアザラシ	406
ラジオビーコン	57	リンネ	206	ワライカモメ	397
ラスパウラス海洋国立公園	113	リンネ、カルロス	206	ワールドオーシャン・センサス	211
ラーセン棚氷	487	鱗板	370, 377	湾口砂州	93
ラ・チュルバル	128	鱗片状地衣類	254	腕足動物	227
ラッコ	151, 310, 402, 469			腕足動物門	315
ラッコの子	401	**る**			
ラッターリ山脈	97	ルシフェリン	224		
ラッパウニ	307, 310	ルソンヒトデ	317		
ラニーニャ	34, 68	ルーン川	127		
ラビットフィッシュ	324				
ラフィー問題	175	**れ**			
ラブカ	325	レイキャネス海嶺	430		
ラブカ類	323	冷血動物	368		
ラフティング	198	冷水ケルプ	146		
ラプラタ川	118	冷水サンゴ	153		
ラブラドル海流	116, 431	冷水サンゴ礁	179		
ラブラドル半島	195	レーガンズアングラー	351		
ラリドンバイト	111	礁	107		
ラルセン棚氷	192	レザーヒトデ	142		
ラロトンガ島	477	レースポイント	126		
乱獲	212, 348, 368	レックフィッシュ	358		
乱気流	435	レッドバンドフィッシュ	359		
ラングミュア循環	61	レッドマングローブ	130		
ランサローテ	242	レナ川	65		
藍色細菌	255	レナ川の河口	200		
ランズエンド	109	レーニア山	102		
ラルセンB棚氷	193	レプトセファルス	343		
藍藻	233, 319	レモンカイメン	259		
ランタンシャーク	326	レモンザメの出産	323		
ランドレディズウイッグ	238	連鎖体	233		
ランプサッカー	147, 358				
		ろ			
り		ロアルド・アムンゼン	485		
		濾過器官	14		
リアス式海岸	88	濾過摂食用の脚	290		
リアス式のデボン海岸	96	濾過摂食	14		
離岸風	55	濾過摂食動物	170, 328		
リクガメ類	369	六放海綿綱	258		
陸繋砂州	108	六放サンゴ	260		
陸上移動	303	ロス海	485		
陸鳥	378	ロス、サー・ジェームズ・クラーク	192		
陸軟風	55	ロス棚氷	192		
陸風	55	ロス棚氷	485		
離水海岸	89, 92	ロセラ基地	484		
リーズ島	119	ロックスプリングテイル	304		
リソスフェア	42	ロディニア	227		
リゾート地	111	ロドリゲス海嶺	455		
陸橋	430	ロフェリアサンゴ	269		
リッジング	198	ロフォーテン諸島	80		
立方クラゲ	261	ロブスター	295		
リトアニア	119	ロブスター類	290		
リバープレート	118	ローレンシア	44		
リーフィーシードラゴン	356	ローレンシアトラフ	431		
リーフサファリ	158	ローレンタイド氷床	46		
リーフスケールウミヘビ	375	ローレンタイド氷床	431		
リーフチェック	211	ロレンチニ瓶	323, 324, 329, 332		
リーベン川	127	ロングスパインドブルヘッド	357		
リボソーム	232	ロンネ棚氷	484		
リボンワーム	273	ロンネ・フィルヒナー棚氷	192		
リマン海流	150	ロンボク島	149		
隆起	89				
リュウキュウミシダ	311	**わ**			
琉球海溝	464	ワイア川	127		
琉球諸島	464	ワカメ	150		
リュウグウノツカイ	348	ワシタカ目	380, 393		

学名索引

A

Abudefduf saxatilis	360
Acanthaster planci	309
Acanthephyra pelagica	296
Acetabularia acetabulum	247
Acipenser sturio	340
Acropora hyacinthus	268
Actinia equina	266
Adamsia carciniopados	267
Adocia species	259
Aeoliscus strigatus	357
Aethia cristatella	399
Aethia pusilla	399
Aetobatus narinari	335
Aglaeophenia cupressina	262
Aipysurus foliosquama	375
Aipysurus laevis	375
Albula vulpes	341
Alcyonidium diaphanum	305
Alcyonium digitatum	264
Alosa alosa	344
Aluterus scriptus	366
Alvin submersible	168, 171
Alvinella pompejana	171, 275
Amblyrynchus cristatus	376
Ambulocetus	228
Ammodytes tobianus	364
Ammophila arenaria	109, 113, 251
Amphibolis antarctica	150
Amphiprion ocellaris	360
Anarhichus lupus	361
Anguilla anguilla	342
Anoplogaster cornuta	353
Anous stolidus	397
Anseropoda placenta	308
Antipathes pennacea	270
Anurida maritima	304
Aphrodita aculaeta	274
Aplysia punctata	286
Apogon aureus	359
Aptenodytes forsteri	383
Aptenodytes patagonicus	382
Arctocephalus australis	403
Arctocephalus gazella	403
Ardea cinerea	390
Arenaria interpres	395
Arenicola marina	274
Argyropelecus aculeatus	347
Arothron stellatus	367
Aspitrigla cuculus	358
Astrobranchion adhaerens	309
Aulostomus maculatus	356
Aurelia aurita	262

B

Bagre marinus	345
Balaena mysticetus	408
Balaenoptera acutorostrata	409
Balaenoptera musculus	412
Balistoides viridescens	366
Bathypterois grallator	347
Birgus latro	297
Bledius spectabilis	304
Bohadschia graffei	312
Bolbometopon muricatum	361
Bonellia viridis	314

Botryllus schlosseri	319
Branchiostoma lanceolatus	319
Branta bernicla	381
Brosme brosme	349
Bryopsis plumosa	246
Bufoceratias wedli	350
Bullina lineata	286

C

Calappa angusta	297
Calidris alpinus	395
Callorhinchus milii	324
Callorhinus ursinus	403
Calothrix crustacea	233
Cancer pagurus	300
Caranx sexfasciatus	360
Carapus acus	349
Carcharius taurus	328
Carcharodon carcharias	329
Carcinus maenas	300
Caretta caretta	370
Carpilius maculatus	300
Carpophyllum flexuosum	150
Caryophyllia smithii	269
Cassiopeia xamachana	264
Casuarina equisetifolia	253
Caulerpa racemosa	247
Caulerpa taxifolia	247
Caulophryn jordani	350
Cavolinia tridentata	286
Cepola macrophthalma	359
Cerastoderma edule	281
Cerianthus membranaceous	270
Ceryle rudis	399
Cestium veneris	317
Cetorhinus maximus	328
Chaenocephalus aceratus	361
Chaetoceros danicus	237
Chaetodon semilarvatus	359
Chanos chanos	344
Charonia tritonis	285, 309
Chauliodus sloani	346
Chaunax endeavouri	351
Cheilopogon heterurus	352
Chelonia mydas	370
Chilara taylori	349
Chimaera monstrosa	324
Chionis alba	394
Chironex fleckeri	264
Chlamydoselachus anguineus	325
Chondrus crispus	245
Chromodoris lochi	286
Ciona intestinalis	318
Cirrhipathes species	270
Cladococcus viminalis	237
Cladophora mirabilis	247
Cleidopus gloriamaris	352
Clupea harengus	344
Cochlearia officinalis	252
Cocos nucifera	253
Codium fragile	246
Codium tomentosum	247
Coelopa frigida	304
Coelopa astericola	317
Colossendeis australis	293
Colpomenia peregrina	238
Colpophyllia natans	269
Condylactis gigantea	266
Conger conger	342
Corallium rubrum	260, 266

Corynactis viridis	267
Coryphaena hippurus	360
Coryphaenoides acrolepis	349
Coscinodiscus granii	235
Creagrus furcatus	396
Crocodylus acutus	377
Crocodylus porosus	136-37, 377
Cryptocentrus cinctus	364
Cryptoclidus eurymerus	228
Culcita novaeguineae	308
Cyclopterus lumpus	358
Cyclozodion angustun	297
Cyerce nigricans	286
Cymbula compressa	148
Cyphoma gibbosum	285
Cypraea tigris	285

D

Dardanus megistos	297
Dasyatis americana	334-335
Deep Flight submersible	173
Deep Rover submersible	223
Delphinapterus leucas	413
Delphinus delphis	414
Dendronephthya species	265
Dendrophyllia species	269
Dermochelys coriacea	113, 371
Desmarestia aculeata	238
Diadema savignyi	310
Diadema setosum	310
Dictyocha fibula	237
Diodon histrix	367
Diomedea exulans	387
Diphyllobothrium latum	272
Dipterus batis	333
Dolicholaimus marioni	314
Drachiella spectabilis	245
Dugong dugon	419

E

Echeneis naucrates	360
Echidna catenata	342
Echiniscoides sigismundi	316
Echinoderes aquilonius	315
Echinodiscus auritus	310
Echinus esculentus	310
Echninocardium cordatum	311
Ecklonia maxima	148
Ecklonia radiata	150
Egretta garzetta	390
Egretta sacra	390
Elops saurus	341
Emiliania huxleyi	237
Emydocephalus annulatus	375
Engraulis ringens	344
Enhalus acoroides	149
Enhydra lutris	402
Enhydrina schistosa	374
Ensis directus	281
Entelurus aequoreus	356
Enteroctopus dofleini	288
Epinephelus tukula	358
Eptatretus burgeri	321
Eptatretus stouti	321
Eretmochelys imbricata	370
Eschrichtius robustus	408
Ethmodiscus rex	237
Etmopterus spinax	326
Eubalaena glacialis	408
Eucheuma cottonii	245

Eucrossorhinus dasypogon	327
Eudyptes chrysolophus	383
Eudyptula minor	383
Eulalia viridis	274
Euphausia superba	295
Eurythenes	223
Evadne nordmanni	293
Exxon Valdez oil spillage	4459

F

Foncia racing trimaran	57
Fragum erugatum	111
Fratercula arctica	399
Fregata minor	390
Fulmarus glacialis	388
Fungia scruposa	269

G

Gadus morhua	348
Gaidropsaurus mediterraneus	349
Galeocerdo cuvier	332
Gasterosteus aculeatus	357
Gavia immer	386
Gecarcoidea natalis, migration	
302, 303	
Gelidium foliaceum	244
Gigantocypris muelleri	295
Glaucium flavum	252
Globicephala melas	418
Glossobalanus samiensis	314
Glottidia albida	315
Goniocorella dumosa	179
Goniopora djiboutiensis	268
Gorgonia ventalina	265
Grampus griseus	414
Grimpoteuthis plena	288
Gygis alba	397
Gymnodinium pulchellum	236

H

Haematopus ostralegus	394
Haliaeetus leucogaster	393
Haliastur indus	393
Halichoerus grypus	406
Halichondria panicea	259
Haliclona fascigera	259
Haliclystus auricula	262
Halimeda opuntia	247
Haliotis rufescens	284
Halobacterium salinarium	233
Halobates	214, 292
Halobates sericeus	304
Halodule wrightii	148
Halophilia ovalis	251
Halosphaera viridis	248
Hapalochlaena maculosa	288
Haplophryne mollis	351
Hastigerina pelagica	237
Heliopora coerulea	160
Hennediella heimii	249
Heptranchias perlo	325
Hermissenda crassicorni	286
Heterochone calyx	258
Heteroconger hassi	343
Heterodontus portusjacksoni	327
Hexabranchus sanguineus	287
Hexanchus griseus	325
Himantopus himantopus	394
Himantura uarnak	333
Hippocampus bargibanti	357

Hippocampus hippocampus	356
Hirondella gigas	183
Histrio histrio	351
Holacanthus ciliaris	359
Holothuria edulis	312
Homarus gammarus	297
Homotrema rubrum	108
Hoplostethus atlanticus	353
Hormosira banksii	239
Huso huso	340
Hydrolagus colliei	324
Hydrurga leptonyx	407
Hyperoodon ampullatus	413

I

Iconaster longimanus	308
Idiacanthus antrostomus	347
Iodictyum phoneniceum	305
Ipomoea imperati	252
Isistius brasiliensis	326
Istiophorus albicans	365

J

Junceella fragilis	265

K

Kaburakia excelsa	272
Kathetostoma laeve	364

L

Labroides dimidiatus	361
Labrus mixtus	361
Labyrinthuloides species	254
Laetmogone violacea	312
Laminaria hyperborea	148
Laminaria ochroleuca	148
Laminaria pallida	148
Laminaria saccharina	148
Lampetra fluviatilis	321
Lampris guttatus	348
Larosterna inca	397
Larus argentatus	396
Larus atricilla	397
Larus marinus	396
Lasaea rubra, in Black Tufted	
Lichen	255
Laticauda colubrina	374
Latimeria chalumnae	340
Latimeria menadoensis	340
Lepadogaster purpurea	352
Lepidochelys kempi	371
Leptonychotes weddell	405
Lessonia variegata	150
Leucetta species	259
Lichina pygmae	255
Ligia oceanica	295
Limonium vulgare	252
Limulus polyphemus	293
Lineus longissimus	273
Littorina littorea	285
Lobodon carcinophagus	407
Loligo vulgaris	289
Lontra felina	402
Lophelia pertusa	153, 178, 179, 269
Lophius piscatorius	351
Luidia ciliaris	308
Lutjanus kasmira	359
Lutra lutra	402

M

Macrocheira kaempferi	297
Macrocystis pyrifera	238, 310
Macronectes giganteus	388
Macropodia rostrata	300
Madrepora oculata	179
Malacosteus niger	347
Mallotus villosus	345
Manta birostris	334
Mastocarpus stellatus	245
Megachasma pelagios	328
Megalops atlanticus	341
Megaptera novaeangliae	408
Melanocetus johnsonii	351
Mergus serrator	381
Metridium senile	267
Mirounga angustirostris	407
Mitsukurina owstoni	329
Mnemiopsis leidyi	317
Mola mola	367
Monachus monachus	406
Monodon monoceros	413
Morus bassanus	391
Muelleriella crassifolia	249
Murex pecten	284
Myctophum punctatum	347
Myrichthys colubrinus	343
Myripristis vittata	352
Mytilus edulis	280
Myxine glutinosa	321

N

Naso vlamingii	364
Natator depressus	371
Naucrates ductor	360
Nautilus pompilius	288
Nautilus, (US submarine)	199
Nebrius ferrugineus	327
Nemichthys scolopaceus	342
Neoceratium tripos	236
Neocrinus decorus	311
Nereocystis luetkeana	150
Nipponnemertes pulcher	273
Nitrosomonas	232
Noctiluca scintillans	236
Nucella lapillus	284
Numenius phaeopus	395

O

Obelia, bioluminescence	224
Oceanites oceanicus	389
Oceanodroma leucorhoa	389
Ocypode saratan	301
Odobenus rosmarus	403
Odontodactylus scyllarus	295
Ogcocephalus radiatus	350
Oikopleura labradoriensis	319
Oithona similis	294
Oncorhynchus kisutch	346
Ophiothrix fragilis	309
Opisthoproctus soleatus	345
Opsanus tau	349
Orchestia gammarella	295
Orcinus orca	415
Oscillatoria willei	233
Osmerus eperlanus	345
Osmia aurulenta	304
Ostracion meleagris	366
Oxycomanthus bennetti	311

P

Pachyptila turtur	388
Padina gymnospora	238
Paelopatides grisea	223
Pagodroma nivea	388
Pagophila eburnea	397
Pagophilus groenlandicus	406
Pagurus prideaux	267
Pakicetus	228
Palaemon serratus	296
Pandion haliaetus	393
Panulirus argus	297
Parablennius gattorugine	364
Parazoanthus anguicomus	270
Patella vulgata	284
Pecten maximus	280
Pegea confoederata	319
Pelagia noctiluca	263
Pelamis platurus	374
Pelecanoides urinatrix	389
Pelecanus occidentalis	391
Periclemenes brevicarpalis	296
Periclimenes soror	308
Periphylla periphylla	262
Petrobius maritimus	304
Petrolisthes lamarckii	297
Petromyzon marinus	321
Phaethon aethereus	390
Phalacrocorax bougainvillii	392
Phalacrocorax carbo	393
Phalaropus fulicarius	395
Phoca vitulina	406
Phocoena phocoena	418
Phoebastria albatrus	386
Phoebastria nigripes	386
Phoebetria palpebrata	386
Pholas dactylus	281
Phoronis hippocrepia	314
Photoblepharon palpebratum	352
Phycodurus eques	356
Phyllidiella pustulosa	22-23
Phyllospadix	151
Phymatolithon calcareum	245
Physeter macrocephalus	412
Pinctada margaritifera	280
Pinnothere pisum	300
Pisces IV submersible	173
Pisonia grandis	253
Plectaster decanus	308
Plectorhinchus chaetodontoides 359	
Pleuronectes platessa	366
Plotosus lineatus	345
Pluvialis squatarola	394
Pollicipes polymerus	294
Polyprion americanus	358
Porites lobata	268
Porphyra dioica	245
Porpita porpita	262
Portunus pelagicus	301
Posidonia australis	150
Posidonia oceanica	251
Postelsia palmaeformis	238
Priapulus caudatus	314
Prionace glauca	332
Pristiophorus cirratus	326
Pristis pectinata	333
Prosqualodon davidi	228
Prostheceraeus vittatus	271

Pseudanthias squamipinnis	358
Pseudobiceros bedfordi	272
Pseudobiotus magalonyx	316
Pseudoceros dimidiatus	272
Pseudoceros imitatus	272
Pseudocolochirus tricolor	312
Pterodroma hypoleuca	388
Pterois volitans	357
Ptilometra australis	311
Ptilosarcus gurneyi	266
Puffinus gravis	389
Puffinus tenuirostris	389
Puperita pupa	284
Pusa hispida	406
Pygoscelis antarctica	383
Pyrenocollema halodytes	255
Pyrosoma spinosum	319
Pyura spinifera	319

R

Raja undulata	333
Ramalina siliquosa	255
Recurvirostra avosetta	394
Regalecus glesne	348
Rhabdopleura compacta	314
Rhinobatos lentiginosus	333
Rhinochimaera pacifica	324
Rhinocodon typus	328
Rhinomuraena quaesita	342
Rhizophora stylosa	252
Rissa tridactyla	397
Ruppia maritima	148
Rynchops niger	398

S

Sabellaria alveolata	275
Sabellastarte magnifica	275
Saccopharynx lavenbergi	343
Saccorhiza polychides	148
Sacculina	217, 290
Salicornia europaea	251
Salmo salar	346
Salvelinus alpinus	346
Sarcophyton trocheliophorum	264
Sardinops sagax	344
Sargassum muticum	239
Sargassum natans	235
Schistidium maritimum	249
Scomber scombrus	365
Scomberesox saurus	352
Scorpaena plumieri	358
Scyliorhinus retifer	329
Semibalanus balanoides	294
Sepia apama	289
Shinkai submersible	168
Siphonaria compressa	148
Solea solea	366
Solenosmilia variabilis	179
Solenostomus paradoxus	356
Somateria mollissima	381
Somniosus microcephalus	326
Sousa chinensis	414
Spheniscus demersus	383
Spheniscus magellanicus	383
Sphyraena barracuda	365
Sphyrna lewini	332
Spirobranchus giganteus	275
Spondylus americanus	280
Spongia officinalis	259
Squalus acanthias	325

Squatina californica	326
Stegostoma fasciatum	327
Stenella longirostris	414
Stercorarius parasiticus	398
Stercorarius skua	398
Sterna caspia	397
Strombidium sulcatum	236
Strongylocentrotus purpuratus	310
Sula leucogaster	391
Sula nebouxii	391
Symbion americanus	313, 316
Symbion pandora	316
Synanceia verrucosa	357
Synchiropus splendidus	364
Synodus variegatus	347
Syntrichia ruraliformis	249
Syringodium filiforme	148

T

Tachyeres pteneres	381
Tadorna tadorna	381
Taeniura lymma	335
Taurulus bubalis	357
Tectus niloticus	284
Tephromela atra	255
Terebratulina septentrionalis	315
Teredo navalis	280
Tetraselmis convolutae	248
Teuthowenia pellucida	289
Thalassarche melanophrys	387
Thalassia testudinum	148
Thalassodendron ciliatum	149
Thelenota ananas	312
Thunnus thynnus	365
Thysanozoon nigropapillosum	272
Tiktaalik roseae	227
Titanic disaster	196, 197, 431
Todirhamphus chloris	399
Tonicella lineata	289
Torpedo nobiliana	335
Toxopneustes pileoulus	310
Trachinus draco	364
Triaenodon obesus	332
Trichechus manatus	419
Trichechus senegalensis	418
Trichodesmium erythraeum	233
Tridacna gigas	281
Trieste expedition	183, 467
Trisopterus luscus	348
Tubipora musica	264
Tubulanus annulatus	273
Turbanella species	316
Tursiops truncatus	414
Tylosaurus crocodiles	352

U

Uca vocans	301
Ulothrix flacca	246
Ulva lactuca	246
Uria aalge	398
Urolophus halleri	334
Ursus maritimus	402
Urticinopsis antarctica	267
USS *Nautilus*	199, 424

V

Vaceletia ospreyensis	259
Valonia ventricosa	247
Vampyroteuthis infernalis	289
Varanus indicus	377

Varanus salvator	377
Verrucaria maura	254, 255
Verrucaria serpuloides	254
Vibrio fischeri	233
Virgularia mirabilis	266

W

Waminoa species	271

X

Xanthoria parietina	255
Xenia elongata	265
Xestospongia testudinaria	258

Z

Zalophus californianus	403
Zeus faber	353
Ziphius cavirostris	413
Zostera capensis	148
Zostera marina	148, 150

地図索引

あ

アーネムランド	472
アーネム岬	472
アイスランド	423,425
アイスランド海盆	423,429,430,432
アイスランド海台	425,427,430
アイトゥタキ環礁	476
アイリッシュ海	432
アイルランド島	423
アイルランドトラフ	432
アウターベーリー	430,432
アウターベーリー海膨	430,432
アウターヘブリディーズ諸島	430,432
アガシー断裂帯	423,457
アガシー岬	484
アガッツ島	458
アガディール海谷	437
アカデミーナウク海膨	461
アカバ湾	448
アガラス海台	446
アガラス海盆	422,446
アガレーガ諸島	454
アクセルハイバーグ島	425,426
アクパトク島	426
アクリンズ島	441
朝陽海山	466
アジア	425
アストリッド海嶺	429
アセンション断裂帯	423,429,443
アセンション島	443
アゾフ海	439
アゾレスビスケー海膨	429,436
アゾレス海台	436
アゾレス諸島	423,436
アタフ環礁	476
アッツ島	458
アデア海山群	485
アデア岬	483,485
アティウ島	476
アデレード島	484
アデン湾	422,446,448
アトカ島	458
アドミラルティ島	459
アトランティス断裂帯	429,436
アドリア海盆	439
アドリア海	438
アナキシマンダー海嶺	439
アナディル湾	457,458
アニワ岬	461
アネガダ海峡	441
アネガダ海裂	441
アプリア海盆	439
アフリカーナ海山	446
アフリカの角	446
アブロリョスバンク	442
アベス海嶺	441
アホ岬	437
アマゾン河口	442
アマゾン海底扇状地	429,442
奄美大島	464,466
アマンドリングネス島	426
アミランテ海溝	454
アミランテ海盆	454
アミランテ海溝	454
アミランテ諸島	454
アムクタ海峡	458
アムステルダム断裂帯	447
アムステルダム島	447
アムチトカ海峡	458
アムチトカ島	458
アムンセントラフ	424,426
アムンセン海	423,457,483,484
アムンセン深海平原	423,457,483,485
アムンセン湾	424,426
アメリカ・南極海嶺	423,429,482
アラスカ深海平原	457,459
アラスカ半島	459
アラスカ湾	423,457,459
アラスカ湾海山地域	459
アラビア海	422,447,449
アラビア海盆	422,447,449
アラビア半島	422,446
アラフラ海	422,456,472
アラフラ棚	456,472
アリックス海山	455
アリューシャン海膨	458
アリューシャン海溝	422,457,458,459,461
アリューシャン海盆	422,457,458
アリューシャン列島	422,457,458
アルーラファルタックトラフ	449
アルー諸島	472
アルガルベ	437
アルコック海膨	430,432
アルゴ断裂帯	447,455
アルジェリア海盆	438
アルゼンチン海盆	423,429
アルタイル海山	436
アルダブラ諸島	454
アルバラド海嶺	479
アルバ裂	441
アルビナ岬	443
アルファ海嶺	425
アルフェッカ海山	469
アルボラン海	438
アレクサンダー諸島	459
アレクサンダー島	483,484
アレナス岬	444
アレビナ岬	461
アンガバ半島	426
アンガバ湾	426
アンカブア岬	454
アングリアバンク	449
アングルシー島	432
アンゴラ海盆	423,429,443
アンダマン海	422,447,450
アンダマン海盆	447,450
アンダマン諸島	447
アンタリヤ湾	439
アンタリヤ海盆	439
アンティアルタイル海山	436
アンティコスティ島	431
アンティポディーズ諸島	481
アンドリュー平頂海山	449
アンドルー海山	446
アンドレアノフ諸島	458
アンドロス島	441
アントンブルーン海嶺	454
アンノボン島(パガル島)	443
アンペア海山	437
アンベール島	484
イースター断裂帯	423,457,479
イースター島	457,479
イーストフォークランド島	444
イーストワード海丘	441
イースト岬	481
イェルチョ海谷	484
イェルマク海台	425,427
イエロ島	436
硫黄島海嶺	464,466
イオニア海	439
イオニア海盆	439
イオニア諸島	439
イギリス海峡	432,437
イクスーマ海谷	441
イクスーマ海峡	441
イサコフ海山	466
伊豆海脚	464,466
伊豆海溝	464,466
伊豆諸島	464,466
イスパニョーラ海盆	441
イスパニョーラ島	441
イズリン海山	485
イトリン海峡	458
イビサ島	438
イベリア深海平原	423,429,437
イマルシュアク海峡	429
イングリッシュコースト	484
インスティテュートオケアノロギー海膨	461
インダス海底扇状地	447,449
インドームド断裂帯	446
インド洋	446-47
インナーアイランズ	454
インナーヘブリディーズ諸島	432
インビジブルバンク	450
インベスティゲーター海嶺	422,447,451
ウィットサンデー諸島	472
ウィルクス海膨	454
ウィルショー海嶺	454
ウィンドワード海峡	441
ウィンドワード諸島	441
ウームナック島	458
ウェーク島	467,468
ウェストフォークランド島	444
ウェストフロリダ大陸斜面	441
ウェタル島	451,472
ウェッセル諸島	472
ウェッデル海	423,429,483,484
ウェッデル深海平原	423,429,482,484
ウェルカー海山	459
ウェルズリー諸島	472
ウェルバ	433
ウォーカー堆	433
ウォッシュ湾	433
ウォルグリーンコースト	484
ウォルビス海嶺	423,429
ウダ湾	461
ウディンツェフ断裂帯	423,457,483
ウナラスカ島	458
ウポル島	473,476
ウムナク海台	458
ウラストン半島	424,426
ウランゲル深海平原	425
ウランゲル島	424
ウリシ島	465,466
ウルグアイ海谷	484
ウルップ島	461
ウルム海台	458
ウンボイ島	472
エイツコースト	484
エイリク海嶺	429
エウヘニア岬	469
エーギル海嶺	430,432
エーゲリア断裂帯	447,455
エーゲ海	439
エーヤワーディ河口(イラワジ河口)	450
エクスプローラ海山	459
エクスマウス海台	447,451
エグモント岬	481
エシュピシェル岬	437
エスタドス島	444
エスピリトゥサント島	473
エドゲ島	425,427
択捉島	461
エドワード7世半島	485
エニウェトク環礁	467
エバラード岬	480
エバンズ海峡	426
エファテ島	473
エブロ海底扇状地	438
エボイア島	439
エラー平頂海山	449
エラトステネス海山	439
エリザベス岬	461
襟裳海山	461
エリューセラ島	441
エルズミア島	423,425,426
エルズワースランド	483,484
エルタニン断裂帯	423,457,483
エルペン海山	469
エレファント島	444,484
エレフリングネス島	426
エロマンゴ島	473,481
エンカン岬	461
エンダーバリ島	476
エンダービー深海平原	422,446,483
エンデュランス海嶺	445,484
エンデュランス海谷	484
エンデュランス断裂帯	444
エントラーダ岬	444
エンペラートラフ	468
オアフ島	468
オエノ島	477
オーエン断裂帯	446,449
オークニー海淵	445,484
オークニー諸島	432
オークランド諸島	481
オーシャノグラファー断裂帯	423,429,436
オーストラル諸島	476
オーストラル断裂帯	477
オーツバンク	485
オーブルチェフ海山	461
オーブルチェフ海膨	458,461
オーランド(アハペナンマー)	433
オーランド諸島	433
オーリピック海膨	466
小笠原海溝	456,464,466
小笠原海嶺	464,466
小笠原諸島	464,466
小笠原トラフ	464,466
隠岐海嶺	461,464
隠岐諸島	461,464
隠岐堆	461
沖大東海嶺	464,465,466
隠岐トラフ	461,464
沖縄島	464,466
沖縄トラフ	464,466
オクチャブリスコイレボリューツィ島	425
オゴルマン断裂帯	478
オシャリ海山	459
オステ島	444
オストロフノイ海山	461
オズボーン海山	476,481
オズボーン海台	447,451
オトウェー岬	480
オトラント海峡	439
オナ海溝	447
オビ海溝	447
オビ湾	425
オホーツク海	422,456,458
オホーツク海	461
オマーン海盆	449
オマーン湾	446,449
オランジェ岬	442
オランダ海岸	484
オリトルスキー岬	461
オリュトルスキー岬	458
オリュトルスキー湾	458,461
オリンパス海丘	435
オルカダス諸島海膨	429,445
オルカダス諸島海嶺	482
オルテガル岬	437
オルノス岬(ホーン岬)	423,444,457,482
オレロン島	437
オロスコ断裂帯	469,478
オロナ島	476
オンゲド海峡	431
オンズロー湾	441
オントンジャバ海膨	456,466,473

か

ガータ岬	438
カーティアワール半島	449
カーディガン湾	432
ガードナー尖礁	468
カーネギー海嶺	478
カーペンタリア湾	472
カーボベルデ諸島	423
カーボベルデ深海平原	429
カールスバーグ海嶺	422,447,449
ガイザーリーフ	454
ガイナス岬	441
海南島	465
海南島	456
海南島	465
カイヤーム海山	469,478
カイ諸島	472
カウアイ島	468
火山列島	464,466
カシェバロフ堆	461
カスケーディア海盆	457,459
ガスコイン岬	481
ガスコイン深海平原	447,451
カセイル岬	446,449
ガゼル海盆	481
ガダルカナル島	473
ガッケル海嶺	425
カッチ湾	449
カディス湾	437
カテガット海峡	433
カトチェ海舌	440
カナダ海盆	423,424,426
カナダ深海平原	424
カナベラル岬	441
カナリア諸島	423,437
カナリー海盆	436
カニステオ半島	484
カニン半島	427
ガベス湾	438
カボット海峡	431
ガボン海脚	432,437
カマグエイ諸島	441
カマル湾	449
カムチャツカ湾	458,461
カムチャツカ海盆	458,461
カムチャツカ深海平坦面	458
カムチャツカ半島	422,456,458,461
カモニス海山	449
カラギンスキー島	458
カラギンスキー島	461
カラギンスキー湾	461
カラギンスキー湾	458
カラ中央海台	425
カラバー海谷	443
ガラパゴス海膨	457,479
ガラパゴス諸島	423,457,478
ガラパゴス断裂帯	423,457,476
樺太	422,456,461
カラルカバンク	441
カラ海	422,425,427
カラ海峡	425,427
ガリェゴ海膨	457
ガリシア堆	437
カリフォルニア半島	469
カリフォルニア湾	457,469
カリブ海	423,428,440,441,478
カルガスカラホス堆	454
カルキディキ半島	439
カルキニト湾	439
カルドノ平頂海山	443
カルバトス島	439
カロリン海嶺	466
カロリン諸島	456,466
ガンジス河口	450
ガンジス海底扇状地	422,447,450
カンタベリー湾	481
カントン島	476
カンバート湾	449
カンバーランド湾	426
カンバーランド半島	426
ガンビア深海平原	429
ガンビエル諸島	477
カンペチェバンク	440
カンペチェ湾	440
カンペチェ海谷	440
カンペチェ海底崖	440
桓武海山	457,468
キーナイ半島	459
キール湾	433
キオス島(ヒオス島)	439
キクラデス諸島	439
ギジギンスカヤ湾	461
キスカ島	458
北隠岐堆	461,464
北オーストラリア海盆	447,451
北カニンバンク	427
北カニアバンク	454
北知床岬	461
北ニューヘブリディーズ海溝	473
北フィジー海盆	422,457,473,481
北マカッサル海盆	451,465
キティホーク海山	465
ギニア海盆	423,429,443
ギニア湾	429,443
ギブズ海山	441

ギブソン海山 459
キプロス海盆 439
喜望峰 423,482
キャンベル海台 422,457,481,483
キャンベル島 457,480,481
九州 456,460,464,466
九州パラオ海嶺 456,464,465,466
キュビエ海台 447,451
キュビエ海盆 447,451
キュラソー島 441
キリティマティ島 476
ギルバート海山 459
ギルバート海山列 457,459
ギルバート海嶺 467,473
キングウィリアム島 424,426
キングズトラフ 436
キングマンリーフ 476
キング島 480
キング半島 484
グアカナヤボ湾 441
グアダルーペ島 469
グアテマラ海盆 423,457,478
グアドループ海峡 441
グアフォ断裂帯 457
グアヤキル湾 478
グアンタナモ湾 441
クイーンエリザベス諸島 423,424,425,426
クイーンシャーロット海峡 459
クイーンシャーロット諸島 457,459
クイーンズランド海台 472
クイーンモード湾 424,426
ダイダン半島 425
クイン海山 459
クウェジェリン環礁 467
グールド海岸 485
クエスト断裂帯 444
グシナヤ堆 427
クスコクウィム湾 458
国後島 461
グダニスク湾(ダンチヒ湾) 433
クック海峡 481
クック湾 459
クビト島 425,427
クラーク海盆 441
グラシオザ島 436
クラリーバンク 485
クラリオン断裂帯 423,457,469
クラリオン島 469
クラレンス島 444
グランデ湾 444
グランドバハマ島 441
グランドバンクス 429
グラント島 485
クラ地峡 465
グリーンランド 423,425
グリーンランドアイスランド海膨 430
グリーンランド海 423,425,427
グリーンランド深海平原 425,427
グリーンランド断裂帯 425,427
クリスマス海域 457,476
クリスマス島 451
クリッパートン断裂帯 423,457,476
グリハルバ海嶺 478
クリミア海底崖 439
クリミア半島 439
クリル海盆 456,461
クリルギャップ 461
クルーザー海山 436
グレートアイランド島 472
クルシュスキー湾 433
クルス岬 441
クルチャトフ断裂帯 436
グレアムランド 484
グレーシャー湾 459
グレートアバコ海谷 441
グレートアバコ島 441
グレートイナグア島 441
グレートオーストラリア湾 422,447
グレートバハマバンク 441
グレートバハマ海谷 441
グレートバリアリーフ 422,456,472,480

グレートフィッシャーバンク 433
グレートブリテン島 423,425
グレートミーティアー平頂海山 429,436
グレー諸島 431
クレタ海 439
クレタトラフ 439
クレタ島 439
グレナダ海盆 441
クレ環礁 468
クローゼー海台 446
クローゼー海盆 422,446
クローゼー諸島 446,482
グロール海山 442
クロノツキー湾 458,461
グロリューズ諸島 454
クロンプリンセスマーサ海岸 484
ケイ・サル堆 441
ケイマン海嶺 441
ケイマン海溝 441
ケープブルトン島 431
ケープベルデ海台 429
ケープベルデ海盆 423,429
ケープ海盆 423,429
ケケルタルシュアク島(ディスコ島) 425,426
ケシム島 449
ゲティスバーグ海山 437
ゲバラ海山群 445
ケブラダ断裂帯 478
ケルキラ島 439
ケルゲレン海台 422,447,483
ケルゲレン島 447,483
ケルチ海峡 439
ケルト海 432,437
ケルト棚 429,432,437
ケルマデック海溝 422,457,476,481
ケルマデック海嶺 481
ケルマデック諸島 476,481
ケレット岬 424,426
紅海 422,446,45248
黄海 422,456,464,466
コーカサス海底崖 439
コーツ島 426
コートジュール 438
ゴーファー断裂帯 478
コーフ氷丘 484
ゴールウェー湾 432
ゴールドコースト 480
コールマン島 485
コーンウォリス島 424,426
ココス海盆 422,447,450,451
ココス海嶺 478
ココス諸島 451
ココデメール海山群 454
コスタブラバ 438
コスタブランカ 438
コスタベルデ 437
コスメル島 440
コスモレド諸島 454
コスラエ島 467
五大湖 423
コツェブー湾 458
コツェブー湾 424
黒海 422,429,439
コッド岬 431
コディアク海山群 459
コディアク島 457,459
コテリヌイ島 425
五島列島 464,466
ゴトランド海盆 433
ゴトランド島 433
ゴナブ湾 441
ゴフ断裂帯 423,429,482
コマンドルスキー諸島 458,461
コミッティー湾 424,426
コムソモレツ島 425
ゴメラ島 436
コモロ 446
コモロ海盆 446,454
コラディバパンク 449
ゴリンジ海嶺 437

コルグエフ島 427
コルス島 438
コルビル海嶺 481
コルベインセイ海嶺 425,430
コルボコレセスリーフ 449
コルボ島 436
コロネーション湾 424,426
コロン海嶺 457,478
コロンビア海溝 441
コロンビア海盆 441
コロンビア岬 425
コロ海 473,476,481
コンゴ海底扇状地 429,443
コンスタンチン岬 459
コンセプション堆 437

さ

サーエドワードペリュー諸島 472
サーストン島 483,484
サーズバンク 444
サーベイヤー海山 459
サーベイヤー断裂帯 457,468
サーレマー島 433
サイパン島 466
サイブル海岸 485
サウキラ湾 449
サウサンプトン島 426
サウスイースト岬 480
サウスオークニー諸島 445,482,484
サウスサンドウィッチ海溝 429,445,482,484
サウスサンドウィッチ諸島 445,484
サウスサンドウィッチ断裂帯 443
サウスサンドウィッチ断裂帯 482,484
サウスシェトランド 484
サウスシェトランドトラフ 444,484
サウスシェトランド諸島 444,482,484
サウスジョージア海膨 445
サウスジョージア海嶺 444
サウスジョージア島 423,445,482
サウスバンク 433
サウ海盆 451,472
サガルカンヤ海山 449
サザンクック諸島 457,476
佐渡海嶺 461,464
佐渡島 464
サバイ島 473,476
サバナ諸島 441
サハリン湾 461
サピオラ海嶺 429
サフル棚 447,451,472
サフルバンクス 451,472
サブ海 451,472
サマーセット島 424,426
サマル島 465,466
サムイ島 465
サモア 457
サモア海盆 457,476
サヤデマリャバンク 455
サライゴメス島 479
サライゴメス海嶺 457,479
サリナス岬 443
サルーム湾 439
サルガッソー海 423,429,441
サルズバーガー湾 485
サルディニアコルシカトラフ 438
サルデーニャ深海平坦面 438
サルデーニャ島 438
サルミエント海嶺 479
サンアグスティン岬 465,466
サンアンドレストラフ 441
サンギヘ諸島(サンギル諸島) 465,466
サンクリストバル島 473
珊瑚海 422,456,473,480
珊瑚海海盆 456,472
珊瑚海諸島 472,480
ザンジバル島 446,454
サンジョルジェ島 436
サンタイサベル島 473
サンタイネス島 444
サンタクルーズ海盆 473
サンタクルーズ諸島 473

サンタマリア島 436
サンタレン海峡 441
サントス海台 429
サントマリー岬 454
サントメ 443
サンビセンテ岬 437
サンフアン岬 443
ザンベジ海谷 454
サンペドロ・サンパウロ岩礁 442
サンポール島 447
サンマルティン海谷 484
サンマロ湾 432,437
サンミゲル島 436
サンルカス岬 469
サントケ岬 442
シータギャップ 485
シーラーク断裂帯 447,455
ジェイソン半島 484
ジェームズロス島 484
ジェーラ海盆 438
ジェノバ湾 438
シェラード岬 425,426
シェリコフ海峡 459
シェリホフ湾 461
シェラン島 433
シェリオス断裂帯 478
死海 439
シグズビー海底崖 440
シグズビー深海平原 440
シケイロス断裂帯 478
四国 456,461,464,466
四国海盆 456,464,466
シチェルバコフ海山 451
シチリア海峡 438
シチリア島 438
シネシュ岬 437
シブチー岬 461
シブチー岬 458
シベリア海山 461
シマダ海山 469
シムシル島 461
シャーク湾 451
ジャービス島 476
ジャガー海山 454
シャカル岬 448
シャクルトン海岸 485
シャクルトン断裂帯 444
ジャコミニ海山 459
シャツキー海膨 456,461
ジャマイカ海峡 441
シャルコー海山群 437
シャルコー島 484
シャルバタート岬 449
ジャワ海 422,451,456
ジャワ海溝 422,447,451
ジャワ海嶺 457,479
ジャワ島 422,447,451,456
シャンタルスキー諸島 461
シューマギン諸島 459
シューヤク島 459
ショアズール島 473
ジョインビル島 444,484
小アンティル諸島 445
小スンダ列島 455,472
ジョージ4世海峡 484
ジョージア海峡 459
ジョージブライバンク 430,432
ジョージ五世海岸 485
ジョーンズ海峡 424,426
ジョゼフボナパルト湾 472
ジョブ海嶺 459
ジョディーズバンク 485
ジョンストン環礁 468
白瀬海岸 485
シリー諸島 432,437
シリウスバンク 442
シリシアトラフ 439

シルショフ海嶺 458,461
シルテ海膨 439
司令岩礁(コモドアリーフ) 465
ジロー岬 454
シンプソン半島 424,426
スアード半島 424,458
スイバタヤアンナトラフ 425,427
スー海嶺 441
スーダンバンク 454
スエズ湾 448
スカイ島 432
スカゲラク海峡 433
スクリナ堆 433
スケルトン海岸 443
スコーティア海 423,429,445,482,484
スコット海岸 485
スコット海山群 485
スコット海谷 485
スコット島 485
スコット岬 459
済州海峡 464,466
済州島 460,464,466
スターバック島 476
スチュアート海山 446,467
スチュアート島 481
スティール島 484
ステファンソン島 424,426
ストックス海山 481
ストラブローク海山 481
ストラボン海溝 439
ストルフィヨーレンナ海谷 425,427
ストル堆 425,427
スネアズ諸島 481
スノーヒル島 484
スパーツ島 484
スピッツベルゲン断裂帯 425,427
スピッツベルゲン島 423,425,427
スベルドルプ諸島 424,425,426
ズボフ海山 443,467
スポラデス諸島 439
スマイリー島 484
スマトラ島 422,447,451,456,465
スメタニン海山 461
スラウェシ 422,451,456,465,466,472
スラ諸島 451,465,466,472
スリーキングズ海膨 481
スリーポインツ岬 443
スリーポイント海脚 443
スリランカ 422,447
スルセイ島 430
スルト湾 439
スル海 465,466
スル海盆 465
スル諸島 465
スワロー環礁 476
スワントラフ 440
スンダ棚 422,451,456,465
スンダ海溝 447,450,451
スンバ島 472
スンバ島 451
スンバワ島 451,472
セアラ海嶺 442
セアラ深海平原 429,442
セイロン深海平原 422,447,450,451
セウェル海膨 450
セーシェルバンク 446,454
セーシェル諸島 422,446
セーヌ海山 437
セーヌ深海平原 437
セーブル島 431
セーブル岬 431
セーベルナヤゼムリャ 422,425
瀬戸内海 464,466
セドロス海溝 457,69
セドロス島 469
ゼフィール礁 473
ゼフィール堆 476
セブ島 465,466
ゼムリャフランツァヨシファ 422,425,427
セラム海 465,466,472
セラム島 465,466,472
セルミリク海谷 430

セレベス海	422, 456, 465, 466	タフツ深海平原	457	ティモール島	447, 451, 456, 472	ドロニングモードランド	484	ニューヘブリディーズ海嶺	481

セレベス海　422, 456, 465, 466
セレベス海盆　465, 466
セレンディップ海山　449
センウセルト堆　449
尖閣諸島　464, 466
ゼンケビチ海膨　461
先島諸島　464, 466
セントエライアス岬　459
セントジェームズ岬　459
セントジョージズ海峡　432
セントピーター断裂帯　442
セントビンセント海峡　441
セントヘレナ断裂帯　429, 443
セントヘレナ島　443
セントポール断裂帯　429, 442
セントマシュー島　458
セントラルスロープ　440
セントルシア海峡　441
セントローレンス水路　431
セントローレンス島　458
セントローレンス湾　429, 431
宗谷海峡　461
ソーム深海平原　423, 429, 441
ソーリ海山　441
ソールズベリー島　426
ソーンダーズ海岸　485
ソグネフィヨルド　433
ソコトラ島　446, 449
ソサエティ海嶺　476
ソシエテ諸島　457, 476
ソチョソン湾　464
ソファラ湾　454
ソマリ海盆　422, 446, 449, 454
ソロモン海　422, 456, 472
ソロモン海盆　473
ソロモン諸島　456
ソロルトラフ　466
ソンミアニ湾　449

た
ダーウェントハンターギョー　481
ダークハーツ島　451
ダージン海山　459
ダーダネルス海峡　439
ダーラック諸島　448
ターラント湾　439
ターン島　468
ダーンリー岬　483
大アンティル諸島　423, 428, 441
タイゴノス岬　461
大西洋　428-29
大西洋インド洋海盆　422, 429, 446
大西洋インド洋海嶺　423, 429, 446, 482
大東海嶺　464, 466
太平洋　456-57
太平洋南極海嶺　422, 457, 483
タイミル半島　425
大揚子江堆　464, 466
タイランド湾　456, 465
台湾　422, 456
台湾海峡　422, 456, 464
台湾堆　464, 466
タウポ平頂海山　481
タガンログ湾　439
タコマリーフ　458
ダシア海山　437
タジュラ海溝　448
ダスティン島　484
タスマニア　422, 447, 456, 480
タスマン海　422, 456, 481
タスマン海台　447, 480
タスマン深海平原　456, 480
タスマン断裂帯　422, 456, 480
タタール海峡　461
タタールトラフ　461
タナガ島　458
タナ断裂帯　479
タナ島　473
タニンバル諸島　472
種子島　464, 466
タヒチ島　457, 476
タブアエラン島　476

タフツ深海平原　457
ダマル諸島　472
ダムシャフ深海平原　425, 427
タラウド諸島　465, 466
ダラスリーフ　465
タラワ　467
ダリエン湾　441
ダルマチア　438
タングオブジオーシャン海峡　441
タンタマール海脚　441
ダンディー島　444, 484
ダントルカストー諸島　472
ダンピア海山　443
チータム岬　485
チェーン海嶺　446, 449
チェーン断裂帯　429, 442, 443
チェサピーク湾　431
チェルバニアニ礁　449
千島カムチャツカ海溝（クリル海溝）　422, 456, 458, 461
千島列島（クリル諸島）　422, 456, 461
チチャゴフ島　459
地中海　422, 423, 429, 437, 439
地中海海嶺　439
チドリー岬　426
チヌークトラフ　468
チャーチル半島　484
チャーリーギッブズ断裂帯　423, 429, 436
チャゴス・ラカディブ海台　422, 447, 449, 455
チャゴスバンク　455
チャゴス海溝　447, 455
チャゴス諸島　447, 455
チャタム海膨　457, 481, 483
チャタム諸島　457, 481
チャップマン岬　424, 426
チャネル諸島　432, 437, 469
チャレンジャー海淵　456
チャレンジャー海台　481, 483
チャレンジャー断裂帯　423, 457
中央アメリカ海溝　423, 457, 469, 478
中央インド洋海盆　422, 447, 451, 455
中央インド洋海嶺　422, 447, 455
中央大西洋海嶺　423, 429, 436, 443, 482
チューク諸島　466
中部海盆トラフ　465, 466
中部太平洋海山群　422, 456
中部太平洋海山群　467
中部太平洋海山群　468
中部太平洋海盆　422, 457, 476
チュコト岬　458
チュコト海　422, 424, 458
チュコト海台　424
チュコト深海平原　424
チュコト半島　458
チュニジア海台　438
朝鮮海台　460, 464
チョーシ湾　427
チリコフ海盆　458
チリ海溝　444
チリ海膨　423, 457
チリ海盆　423, 457, 479
対馬　460, 464
対馬海峡　460, 464, 466
対馬海盆　460, 464
ディアマンティナ断裂帯　447
TINRO海膨　461
TINRO海盆　461
ディーン島　485
ディエゴガルシア島　455
ディキンズ海山　459
ティキ海盆　423, 457, 477
ディクソン海峡　459
ディスカバリー海山　429
ディスカバリー海盆　448
ディソートー海谷　440
テイトウ礁　465
ティナカ岬　465, 466
デイビー海嶺　446, 454
ティモールトラフ　451, 456, 472
ティモール海　422 451, 472

ティモール島　447, 451, 456, 472
ティレニア海盆　438
ティレニア海　438
鄭和海山　449
ティンブエ岬　454
テウェルチェ断裂帯　444-45
デービスコースト　444
デービス海　483
デービス海峡　423, 426, 429
デービス海山群　429
テキサス・ルイジアナ陸棚　440
テグス深海平原　437
デスペントゥラドス諸島　479
テニアン島　466
テネリフェ島　433
テネリフェ島　433
デビッドソン堆　454
デビルズホール　433
デボン大陸斜面　425, 426
デボン島　425, 426
デボン陸棚　425, 426
デメララ深海平原　423, 429
デュシー島　477
デュフェク海岸　485
デュモンデュルビル海　483
テライナ島　476
デラウェア湾　431
デリュギナ海盆　461
デルガダ海底扇状地　469
デルガド岬　446, 454
デルカノ海膨　446
テルセイラ島　436
テルペニヤ岬　461
テワンテペック海嶺　478
テワンテペック地峡　440
テワンテペック湾　478
デンソン海山　459
テンディグリー海峡　450
天皇海山列　422, 457, 458, 461, 468
デンマーク海峡　423, 425, 429, 430
ドイチュラント海谷　484
トゥアモツ諸島　423, 457, 476
トゥアモツ海嶺　457, 476
トゥアモツ断裂帯　457, 477
東海　422
東経九十度海嶺　422, 447, 450, 451
トゥトゥイラ島　476
トゥンガル諸島（ギルバート諸島）　467, 473
ドーチェスター岬　426
ドーバー海峡　433
トールイベルセン堆　425, 427
ドッガーバンク　433
ドデカニソス諸島　439
ドナウ海底扇状地　439
ドニゴール湾　432
トバゴ海盆　441
トバゴ島　441
ドベライ半島　465
ドベライ半島　465
ドベライ半島　466, 472
トマシェスカヤ海山　476
ドミニカ海峡　441
トミニ湾　451, 465, 472
トムソントラフ　481
富山海溝　461
とやま海山　461
トラキア海　439
トランスカイ海盆　446
トリニダード島　441
トリンデデ島　442
トルストイ岬　461
トルトゥガ島　441
ドルドラムス断裂帯　429
ドルフィン・ユニオン海峡　424, 426
ドルマン岬　484
ドレーク海峡　423, 429, 444, 457, 482
トレーナバンク　433
トレーナ海淵　433
トレス海峡　472
トレス海山　478
ドレッドノート堆　450
トレミー海山群　439

ドロニングモードランド　484
トロムラン島　454
トロンヘイムフィヨルド　433
トロ湾　451
トンガ　457
トンガタブ諸島　473, 476, 481
トンガ海溝　422, 457, 473, 476, 481
トンガ海嶺　473, 476, 481
トンキン湾　465

な
ナイル海底扇状地　439
ナオ岬　438
ナザレスバンク　454
ナスカ海嶺　423, 457, 479
ナタール海盆　422, 446, 454
ナチュラリスト海台　447
ナチュラリスト断裂帯　447
ナッシュビル海山　441
ナッソー島　476
ナトゥナ海　451, 467
ナトゥナ諸島　467
ナバリノ島　444
ナバリン岬　458
ナミビア深海平原　429
ナレス海峡（ネアズ海峡）　425, 426
ナレス深海平原　423, 429, 441
南海トラフ　464, 466
南極海谷　484
南極点　483
南極半島　423, 457, 483, 484
南沙群島（スプラトリー諸島）　465
南西インド洋海嶺　422, 446, 455
南西諸島海溝　422, 456, 464, 465, 466
南西太平洋海盆　423, 457, 476, 481, 483
ナンセン海盆　422, 425
南大洋（南極海）　482, 483
ナンタケット島　431
南島　457, 481, 483
南東インド洋海嶺　422, 447, 483
南東太平洋海盆　423, 457, 483
ニアス島　451
ニア諸島　458
ニカラグア海膨　441
ニコバル諸島　447
ニジェール海底扇状地　429, 443
西カロリン海盆　456, 465, 466
西カロリントラフ　466
西カロリン海膨　466
西黒海海底崖　439
西シバ海嶺　448
西沙群島（パラセル諸島）　465
西スコーティア海嶺　444
西チューリーン海膨　436
西ノーフォーク海嶺　481
西フロリダ陸棚　441
西マリアナ海盆　456, 465, 466
西マリアナ海嶺　466
ニホア島　470
ニポビチ海嶺　425, 427
ニポビチ海山　442
日本　422
日本海　456, 464, 466
日本海溝　422, 456, 461, 464
日本海盆　456, 461
ニューアイルランド島　466, 472
ニューイングランド海山群　429
ニューエンハム岬　458
ニューカレドニア　456
ニューカレドニアトラフ　473, 481
ニューカレドニア海盆　481
ニューギニア海溝　466, 472
ニューギニア島　422, 456, 465, 466, 472
ニュージーランド　422, 457, 483
ニュージョージア海峡　473
ニュージョージア諸島　473
ニューファンドランド海山群　436
ニューファンドランド海盆　423, 429, 436
ニューファンドランド島　423, 431
ニューブリテン海溝　472
ニューブリテン島　472
ニューヘブリディーズ海溝　457, 473, 481

ニューヘブリディーズ海嶺　481
ニューマン島　485
ヌアディブー岬　438
ヌーニバク島　458
ヌクノウ環礁　476
ヌクヒバ島　477
ヌシベ島（ベ島）　454
ヌティバラトラフ　441
ネグロス島　465, 466
ネッカー海嶺　468
ネッカー島　468
ネベリスコエ海山　461
ノーザンクック諸島　457, 476
ノースウィンド海嶺　424
ノースウィンド深海平原　424
ノースウェストスロープ　440
ノースウェスト岬　451
ノース海峡　432
ノースランド海台　481
ノース岬　431
ノートルダム湾　431
ノートン深海平原　458
ノートン湾　458
ノーフォーク海嶺　457, 481
ノーフォーク島　481
ノーベジア岬　482, 484
ノールカップ岬　425, 427
ノールアウストラント島　425, 427
ノールズ海谷　484
ノックス岬　459
ノッティンガム島　426
能登半島　461
ノバスコシア　431
ノバトラフ　457, 476
ノバヤシビリ島　424
ノバヤゼムリャ　422
ノバヤゼムリャ　425, 427
ノボシビルスク諸島　422, 425
ノルウェー海　423, 425, 427, 429, 430, 433
ノルウェー海溝　425, 433
ノルウェー海盆　423, 425, 427, 429, 433

は
バーカーバンクス　465
バーカー海山　459
バーキー平頂海山　481
バークス岬　485
バークナーバンク　484
バークナー島　483, 484
バーク島　484
バージン海峡　441
ハースト島　484
バース海盆　422, 447
バーディン海山　454
バーテー島　454
ハード・マクドナルド諸島　447, 483
バードウッドバンク　444
ハートグ海嶺　447
ハーフーン岬　449
パーマストン環礁　476
パーメイドバンク　433
バーティー海盆　484
バイア海山　442
バイア諸島　440
パイオニア断裂帯　469
バイカウントメルビル海峡　426
バイカウントメルビル海峡　424
バイキングトラフ　430, 432
バイキングバンク　433
バイダラツカヤ湾　425
ハイドラ海山　454
バイラムゴーアリーフ　449
パイロット島　425, 426
バウアーズバンク　458, 459
バウアーズ海山　458, 459
バウアーズ海盆　458
バウアーズ海嶺　458
バウアー海底崖　479
バウアー海盆　423, 457, 479
バウアー断裂帯　479
バウエル海盆　444, 484
ハウラキ湾　481

ハウランド島 476
バウンテイトラフ 481
バウンティ諸島 481
バクティス海岸 485
バサースト岬 426
バサースト島 424,426,472
バサースト岬 424,
バサスダインディア島 458
バサスデバドロ堆 453
バザルート島 454
バシー海峡 465,466
バス海峡 447,456,480
パタゴニア陸棚 444
バタバノ湾 441
バタビア海山 447,451
バタビー島 483
ハタラス海嶺 441
ハタラス深海平原 423,428,441
ハタラス岬 431,441
白海 427
ハッド岬 449
ハットン・ロッコール海盆 430
バットン海山 459
バットン海山群 459
バットン海底崖 469
ハットン海嶺 429,430
ハドソン岬 485
ハドソン海峡 426,428
ハドソン湾 423,426,428
パドリー島 440
バナイ島 465,466
バナス岬 448
バナバ島 467,473
パナマ運河 441
パナマ海盆 478
パナマ断裂帯 478
パナマ湾 478
パニッカル海山 449
バヌアツ 457
バヌアレブ島 473,476
パパウ諸島 473,476,481
バハマ海底崖 441
バハマ海盆 441
パビロフ海山 438
パプア海台 472
パプア湾 472
バフィン海盆 423,425,426,429
バフィン島 423,426
バフィン湾 423,425,426,428
ハブルトラフ 481
ババベルマンデブ海峡 448
バミューダ海膨 429,441
ハラーニーヤート湾 449
パラオ 456
パラオ海溝 465,466
パラクーダ海嶺 441
パラクーダ海嶺断裂帯 423,429
バラノフ島 459
バラバク海峡 465
バラムシル島 461
パラワントラフ 465
パラワン島 465
バリアリーフ 440
バリア湾 441
バリー諸島 424,425,426
ハリス海山 457
バリ海 451
バリ島 451
ハルクエルメンゼル堆 438
ハルダンゲルフィヨルド 433
バルト海 429,433
バルナイーバ海嶺 442
バルバドストラフ 441
パルマイラ環礁 476
バルマス岬 443
ハルマヘラ海 465,466,472
ハルマヘラ島 4675,4686,472
バルメイリーニャス岬 443
バレアレス海盆 438
バレアレス諸島 438
バレニー海山群 485
バレニー諸島 456,483,485

バレンシア海盆 438
バレンシアトラフ 438
バレンシア湾 438
バレンツ島 425,427
バレントラフ 425,427
バレンツ海 422,425,43127
バレンツ深海平原 425
バロー島 451
パロー岬 424
パロス岬 438
ハワイ島 457,468
ハワイトラフ 468
ハワイ海嶺 422,457,468
ハワイ諸島 423,457,468
バンカ島 451,465
バンクーバー島 423,457,459
バンクス海膨 424,426
バンクス島 423,424,426,473
バンクス半島 481
バンクス陸棚 424,426
バンザレ海山群 447,483
バンス海山群 449
ハンター海嶺 473
バンダ海 422,451,456,465,466,472
パンドラ堆 473
ヒイウマー島 433
ビーグル海峡 444
ピーコ断裂帯 436
ピーターズ海嶺 459
ビーチャジ海溝 473
ビール海峡 424,426
ヒーロー断裂帯 444,484
ピエール・ブラザ海山群 443
ビェルネイヤ島 425,427
ビェルネイヤ堆 425,427
ビオコ島 443
東アゾレス断裂帯 429,436
東インディアマン海嶺 447,451
東海 461
東カロリン海盆 456,464
東黒海底崖 439
東シナ海 422,456,464,466
東シバ海嶺 449
東シベリア海 422,424
東スコーティア海盆 429,445,482
東スコーティア海嶺 445
東太平洋海膨 423,457,469,478,479,483
東タスマン海台 480
東ノバヤゼムリャトラフ 425,427
東マリアナ海盆 456,466
東メキシコ陸棚 440
ビキニ環礁 467
ビクトリア海峡 424,426
ビクトリアランド 485
ビクトリア島 423,424,426
ヒクランギ海溝 481
ビスケー深海平原 429,437
ビスケー湾 437
ビスコー諸島 484
ビスマルク海 422,456,466,472
ビスマルク諸島 466
ビテイレブ島 473,476,481
ピトケアン島 457,477
ヒトラ島 437
ヒバオア島 477
ピョートル一世島 484
拓洋第一海山 461
ビラナンドラ岬 454
ヒラリーコースト 485
ヒラリー海谷 485
ビリキツキー海峡 425
ビリトン島 451,465
ビルベイリーズバンク 430,432
ビンセンズ湾 483
ファーノー諸島 480
ファイアル島 436
ファカオフォ環礁 476
ファクサ湾 430
ファラサン諸島 448

ファラデー断裂帯 436
ファルカー諸島 454
ファルスター島 433
ファルタック岬 449
ファンディ湾 431
ファンデフカ海峡 459
フアンフェルナンデス諸島 479
フィーベルリンク平頂海山 469
フィジー諸島 422,457
フィジー海台 473
フィスク岬 484
フィッシャー海峡 426
フィニステレ岬 437
フィフティファゾム浅水域 449
ブイメナ岬 454
フィヨルドランド 481
フィリピン 422,456
フィリピン海 422,456,464,465,466
フィリピン海溝 456,465,466
フィリピン海盆 422,456,465,466
フィルヒナー棚氷 484
フィンブル棚氷 484
フーグレイ堆 425,427
ブーゲンビル島 473
フーコック島 465
フーコック島 465
ブーシア半島 424,426
ブーシア湾 424,426
ブーテイル海底崖 441
フーナ湾 430
フェアウェル島 484
フェアウェル岬 481
フェア島 433
フエゴ島 444
フェニックス諸島 457
フェニックス諸島 476
フェニングメイネス海山群 451
フェラシュ海嶺 442
フェラ岬 438
フェリス海山 479
フエルテベントゥラ島 437
プエルトリコ海溝 429,441
フェルナンデノローニャ島 442
フェルナンドドノローニャ深海平原 442
フェローアイスランド海嶺 430,432
フェローギャップ 430,432
フェロー諸島 425
フェローバンク 430,432
フェロー陸棚 430,432
フォークランド(マルビナス)諸島 423,482
フォークランドトラフ 444
フォークランド海台 429,444
フォークランド海底崖 429
フォーゴ島 431
フォーチュンバンク 454
フォーノース断裂帯 442
フォーボー海峡 481
フォックス海峡 426
フォックス諸島 458
フォックス半島 426
フォックス湾 426,428
ブオルハヤ湾 425
フォルメンテラ島 438
ブカブカ環礁 476
ブカ島 473
フツナ島 473,476
フナフティ 473,476
ブバウンビ岬 454
フビー岬 437
フユン島 433
ブライアンコースト 484
ブラジル海盆 423,429,442
プラセンシア湾 431
ブラックコースト 484
ブラット海山 459
ブラバント島 484
フラム海盆 425
フランクリン島 485
ブランスフィールド海峡 444,484
ブラント棚氷 484

フリア岬 443
フリージア諸島 434
フリーラスト堆 434
ブリストル海峡 432,437
ブリストル湾 457,459
プリズ湾 447
プリニウス海溝 439
プリビロフ諸島 458
プリンシペ島 443
プリンスアルバート湾 424,426
プリンスアルバート半島 424,426
プリンスアルフレッド岬 424,426
プリンスウィリアム湾 459
プリンスエドワード島 431
プリンスエドワード諸島 446,482
プリンスエドワード断裂帯 446,482
プリンスオブウェールズ海峡 426
プリンスオブウェールズ島 424,426,459
プリンスチャールズ島 426
プリンスパトリック島 424,426
プリンスリージェント海峡 424,426
ブルース海嶺 445,484
ブルーリッジ海山 465
ブルドッグバンク 454
ブルンスウィック半島 444
ブル島 451,465,466,472
ブレイザ湾 430
ブレーク・バハマ海嶺 441
ブレーク海脚 441
ブレーク海台 428,441
ブレーク海底崖 441
ブレーク海盆 441
ブレーク深海平原 441
フレーザー島 480
プレストルードバンク 485
フレッシュフィールド岬 485
フレッド海山 446,454
フレミッシュキャップ 436
フレヤ堆 433
プレンティ湾 481
プロークン海嶺 422,447
プロクター海盆 444
プロデューア半島 424,426
プロビッシャー湾 426
プロビデンスリーフ 454
フロリダキーズ諸島 441
フロリダハタラス大陸斜面 441
フロリダ諸島 441
フロリダ海底崖 440
フロリダ深海平原 440
フロレス海 451,472
フロレス海盆 451,472
フロレス島 436,451,472
ベアタ海嶺 441
ベア半島 484
ヘイマエイ島 430
ベーカー島 476
ヘーズ断裂帯 436
ヘーゼルホームバンク 473
ベーリング海 422,424,457,458,461
ベーリング海 422,424,457,458
ベーリング海谷 458
ベーリング島 458
ベーリング島 461
ヘカテ海山 436
ヘカト海峡 459
ベストフィヨルド 425,427,433
ヘス海膨 468
ペドロバンク 441
ペドロ海底崖 441
ベナン湾 443
ベネズエラ海盆 441
ベネズエラ海盆 423,429,442
ベネツィア湾 438
ベハイム海山 484
ヘブリディーズ海山 432
ヘブリディーズ陸棚 430,432
ペマギャップ 441
ペマ断裂帯 429,447,455
ベーリングスハウゼン海 423,457,483,484
ベーリングスハウゼン深海平原 423,457,

483,484
ベルアイル島 437
ベルアイル海峡 431
ベルイ島 425
ペルーチリ海溝 423,457,478,479
ペルー海盆 423,457,479
ベルグラノバンク 484
ヘルゴラント湾 433
ベルジカバンク 425,427
ベル島 431
ペルシャ湾 446,449
ベルセ岩 431
ベルナンブコ海山群 442
ベルナンブコ海台 442
ベルナンブコ海盆 429,442
ベルベネッツ海谷 458
ヘレニックトラフ 439
ベレン海嶺 442
ベローナ海谷 481
ベローナ海台 473,481
ヘロドトス海盆 439
ヘロドトストラフ 439
ヘロドトス海山 439
ヘロドトス海膨 439
ペロポネソス半島 439
ベンガル湾 422,447,450
ベンジナ湾 461
ヘンダーソン島 477
ペンティコスト島 473,481
ベンネルバンク 485
ペンバ島 446,454
ペンハム海台 465,466
ヘンリー氷丘 484
ペンリン環礁 476
ペンリン海盆 457,476
ホイトスプール海山 429,454
ホイト深海丘 441
ポインセット岬 483
澎湖列島 464
ホエールズベイ海溝 485
ポーキュパイン海盆 437
ポーキュパイン深海平原 429,436
ポーキュパインバンク 432,437
ポーク海峡 450
北西太平洋海盆 422,456,458,461,466
北島 457,481,483
ホーク湾 481
ホースシュー海山群 429,437
ボーデベルデ断裂帯 429,442,443
ボーデン島 424,426
ボーデン半島 426
ポートロックバンク 459
ボーフォート島 485
ボーフォート陸棚 424
ボーフォート陸棚斜面 424
ボーフォート海 423,424,426
ホープガード断裂帯 425,427
ホーペン島 427
ホーム湾 426
ボーリング海台 425,427,429,433
ボールズピラミッド 481
ホールテンバンク 425,427,428
ボールド岬 431
ホール半島 426
ホール平頂海山 454
北西ジョージア海膨 445
北西大西洋中央海峡 423
北西大西洋中央海谷 429,436
北西ハワイ海嶺 468
ボクナフィヨルド 433
ポクリントントラフ 473
ボゴロフ海山 461
ボストーク島 476
ボスニア海 427,433
ボスポラス海峡 439
北 423,429,433
渤海 464
渤海 464
渤海海峡 464
北海道 422,456,461
渤海湾 464
北極海 424-25

北極海中央海嶺	425
北極海深海平原	425
北極点	425
ホッブズ海岸	485
ホッブズ堆	485
ボナパルト海山	443
ボニー湾（ビアフラ湾）	443
ボニ海盆	451,472
ボニ湾	451,472
ボネール海盆	441
ボネール島	441
ボホル島	465,466
ボラボラ島	476
ボリシェビク島	425
ボリショイリャーホフ島	425
ポリネシア	457,476
ボルカンバンク	441
ボルネオ島	422,451,456,465
ボルヒグレビンク海岸	485
ホルムズ海峡	449
ボルンホルム島	433
ボレアス	425,427
ボローニントラフ	425
ボロンズ平頂海山	457,481,483
ホワイトマーシュ海山	459
ホワイト島	485
ホワイト湾	431
本州	422,456,461,464,466
ポンペイ島	467
ポンメルン湾	433
ボン岬	438

ま

マーサズビンヤード島	431
マーシャル海山群	457,467
マーティン半島	484
マーレー海山	459
マーレー海嶺	447,449
マーレー断裂帯	423,457,468,469
マイケルソン海嶺	466
マイヨット島	454
マウイ島	468
マエウォ島	473
マカッサル海峡	451,456,463,472
マカロフ海山	456,466
マカロフ海盆	425
マクラーレン海岸	449
マクリントック海峡	424,426
マクルア海峡	424,426
マクルズフィールド堆	465
マシーラ湾	449
マシーラ島	449
マシマティシャンズ海山群	457,469
マジュロ環礁	467
マスアラ岬	454
マスカリン海台	422,446,454
マスカリン海底平原	446,454
マスカリン海盆	422,446,454
マスカリン諸島	454
マゼラン海峡	440
マゼラン海山群	456,466
マゼラン海膨	476
マダガスカル海台	422,446,454
マダガスカル海盆	422,446,454
マダガスカル島	422,446
マックウォーリー海嶺	456,481
マックウォーリー島	481
マックスウェル断裂帯	436
マッケンジーキング島	424,426
マッケンジー湾	423,483
マップメーカー海山群	423,456,467
マデイラ島	436
マデイラ海嶺	436
マデイラ深海平原	423,429,436
マドゥラカ岬	449
マドレーヌ諸島	431
マニヒキ海台	457,476
マニラ海溝	465
マヌス海溝	466,472
マヌス島	466,472
マハビス断裂帯	447
マバビス断裂帯	455
マフィア島	454
間宮海峡	461
マライラ島	473
マラウイ湖（ニアサ湖）	454
マラカイボ湖	441
マラカ島	442
マラジョ島	442
マラッカ海峡	447,450,465
マラニャン海山	442
マリアナ海溝	422,456,466
マリアナ海嶺	466
マリーセレステ断裂帯	447,455
マリーバードランド	485
マリー湾	432
マリョルカ海峡	438
マリョルカ島	438
マリン岬	432
マルガリータ島	441
マルガリート湾	484
マルキーズ諸島	423,457,477
マルク諸島	451,456,465,466,472
マルケサス断裂帯	423,457,477
マルシリ海山	438
マルタトラフ	438
マルタバン湾	450
マルタ海峡	438
マルタ海台	438
マルチニーク海峡	441
マルティンバス諸島	442
マルマラ海	439
マレー半島	447,465
マレクラ島	473
マロリーフ	468
マンガイア島	476
マンセル島	426
マンソン堆	485
マンナール湾	450
マン島	432
ミクロネシア	422,456,466
ミシシッピ・アラバマ陸棚	440
ミシシッピ海底扇状地	440
ミシシッピ大陸斜面	440
ミッドウェー諸島	457,468
南インド洋海盆	422,447,483,485
南オーストラリア海盆	422,447
南オーストラリア深海平原	422,447
南シナ海	422,456,465
南シナ海盆	422,456,465
南スコーティア海嶺	444
南ソロモン海溝	473
南大東海盆	464
南鳥島（マーカス島）	466
南フィジー海盆	422,457,473,476,481
南マカッサル海盆	451
ミュージシャンズ海山群	457,468
ミラー海山	459
ミルトア海	439
ミルン海山群	436
ミレニアム島	476
ミンダナオ海	465,466
ミンダナオ島	465,466
ミンチ海峡	432
ミンドロ島	465,466
ムーンレス海底山地	457,469
ムエルトラフ	441
武蔵堆	461
ムシュワール海峡	441
ムッサウ海溝	466
ムルマンスク海膨	427
ムワリ島	454
ムンタワイ海盆	451
ムンタワイトラフ	451
ムンタワイ海峡	451
ムンタワイ諸島	451
メイディングリー海膨	454
メードヌイ海山	458,461
メードヌイ島	458
メードヌイ島	461
メーン湾	431
メキシコ海盆	440
メキシコ湾	423,428,440
メクレンブルク湾	433
メタ・インコグニタ半島	426
メッシーナ海峡	438
メディナ堆	438
メナード断裂帯	423,457,483
メノルカ島	438
メラネシア	422,456,473
メラネシア海盆	422,456,467
メリタ堆	438
メリッシュ海山	468
メリッシュ海膨	473,480
メルギー海台	450
メルビルトラフ	424,426
メルビル島	424,426,472
メルビル半島	424,426
メンダーニャ断裂帯	423,457,479
メンデレーエフ深海平原	424
メンデレエフ海嶺	422,424
メンドーサ海膨	479
メンドシノ断裂帯	423,457,468,469
モード海盆	429
モーニントン深海平原	423,457,483
モーリシャス海溝	454
モーリシャス島	446
モールデン島	476
モーレア島	476
モーンズ海嶺	425
モザンビーク海底崖	446,482
モザンビーク海峡	422,446,454
モザンビーク海台	422,446,454
モスキートバンク	441
モスキト海岸	441
モナ海峡	441
モナ海谷	441
モナ海膨	441
モリスエサップ岬	425
モルッカ海	451,465,466,472
モルディブ	447
モロカイ島	468
モロカイ断裂帯	423,457,468,469
モロタイ島	465,466
モロ湾	465,466
モンデゴ岬	437
モンテレー海底扇状地	469

や

ヤーガン海盆	429,444
屋久島	464,466
ヤップ海溝	465,466
ヤップ島	465,466
山東半島	464
大和海盆	461,464
大和海嶺	461,464
ヤマル半島	425
ヤンマイエン海嶺	425
ヤンマイエン断裂帯	425,427
ヤンマイエン島	425,427
ユークシン深海平原	439
ユージヌイ岬	461
ユニマク島	458
ユカタン海盆	441
ユカタン半島	440
ユカタン海峡	440
ユカタン海底崖	440
ユトランド堆	433
ユトランド半島	433
ユニオン礁	465
ユパンキ海盆	423,457,479
ユローパ島	454
ヨーク岬	472
ヨーク岬半島	472
ヨーロッパ	425
ヨッスダルソ島（ドラク島）	472

ら

ライサン島	468
ライチョウ湾	464
ライフルマンバンク	465
ライラリーフ	466,473
ライラ海盆	466
ライン諸島	457,476
ラウクマラ平原	481
ラウ海盆	473,476,481
ラウ海嶺	473,476,481
ラウ諸島	473,476,481
ラクシャドウィープ諸島	447,449
ラザレフ海	429,482
ラシター海岸	484
ラス岬	430,432
ラタック列島	467
ラタディ島	484
ラット諸島	458
ラナイ島	468
ラパルマ島	436
ラプテフ海	422,425
ラフベントウ島	441
ラブラドル海	423,429
ラブラドル海盆	423,429
ラベルーズ海山	454
ラボワジエ島	484
ラマンギョ	449
ラリック列島	467
ラルセン棚氷	484
ラロトンガ島	476
ランカスタートラフ	426
ランカスター海峡	426
ランサローテ島	437
ランズエンド岬	432,437
ラ岬	437
リーセルラルセン棚氷	484
リードバンク（禮樂灘）	465
リーベンバンク	454
リール岬	437
リーワード諸島	441
リオグランデ海膨	423,429
リオグランデ断裂帯	423,429
リガ湾	433
リグリア海	438
リゲティ海嶺	445,484
リサーチャー海山	441
リシアンスキー島	468
リズバーン岬	424
リダン島	484
リチャードソン深海丘	441
リッチー堆	454
リトケトラフ	425,427
リドバーグ半島	484
リトル・バハマ堆	441
リトアニア海盆	485
リベラ断裂帯	469,478
リムノス島	439
琉球海嶺	464,466
琉球諸島	464,465,466
リューゲン島	433
リューリク海山	449
遼東湾	464
遼東湾	464
リンカン海	425
リンガ諸島	451,465
リンデスネス岬	433
ルイジアナ海台	473
ルイジアード諸島	473
ルイビル海嶺	422,457,476,481
ルーイトポルト海岸	484
ルーズベルト島	483,485
ルーパート海岸	485
ルーペ海岸	484
ルー海嶺	451
ルソン海嶺	465,466
ルソン島	465,466
ルックアウト岬	431
ルノー島	484
レイキャネス海盆	423,429,430
レイキャネス海嶺	423,429,430
レイテ島	465,466
レインガ岬	481
レインガ海嶺	481
レイ海峡	424,426
レース岬	431
レキシントン海山	465
レスト堆	425,427,433
レスボス島	439
レセー島	433
レゾリューション島	426
レナトラフ	425,427
レナ海山	446
レバント海盆	439
レビヤヒヘド諸島	469
レユニオン島	446,454
レンネル島	473
レ岬	437
ロイヤリストバンク	465
ロイヤルシャーロットバンク	442
ロイヤルビショップバンクス	465
ローズウェルカム海峡	426
ローズメリー堆	430,432
ロードス海盆	439
ロードス島	439
ロードハウ海山群	481
ロードハウ海膨	422,456,481
ロードハウ島	481
ローヌ海底扇状地	438
ローバンク	450
ロヒード島	424,426
ローリーショールズ	451,472
ローリー陸棚	447,451,472
ロカス環礁	442
ロカ岬	437
ロケス諸島	441
ロザリンドバンク	437
ロジェヴィーン海盆	423,457,479
ロジャーズ海山	442
ロシュボンヌ海台	437
ロスチャイルド島	484
ロストダッチメン海嶺	451
ロスロケス海盆	441
ロス海	422,457,483,485
ロス堆	485
ロス棚氷	422,457,483,485
ロス島	485
ロッコールトラフ	432
ロッコールバンク	429,430,432
ロッコール堆	430,432
ロドリゲス海嶺	455
ロドリゲス島	447,455
ロバートソン島	484
ロビー海嶺	476
ロペス岬	443
ロマンシュ断裂帯	429,442
ロモノソフ海嶺	425
ロラン島	433
ロワイヨーテ諸島	473,481
ロングアイランド島	431,441
ロング海峡	424
ロング湾	441
ロンドンデリー岬	451,472
ロンドンフォース	465
ロンネ海盆	484
ロンネ棚氷	423,483,484
ロンボク海盆	451

わ

ワートン海盆	422,447,451
ワームレイ海山	454
ワイスバンク	433
ワイト島	432,437
ワイビルトムソン海嶺	430,432
若狭湾	461
ワラビー海台	447,451
ワリス諸島	473,476
ワンデル海	425
ンジャジャ島	454
ンズワニ島	454

写真提供者一覧

省略記号：
（a-上; b-下; c-中央; f-端; l-左; r-右; t-最上）

SIDEBAR IMAGES
Corbis: David Keaton (*Atlas of the Oceans*); Jeffrey L. Rotman (*Ocean Environments*). Getty Images: National Geographic/Raul Touzon (*Ocean Life*); Photonica/Anna Grossman (*Introduction*).

1 Getty Images: Taxi/Peter Scoones. 2–3 Getty Images: Stone/Warren Bolster. 4 Corbis: (tc); Lawson Wood (bc). 4–5 Getty Images: National Geographic/Brian Skerry. 5 Getty Images: Image Bank/Mike Kelly (tc). NASA: Jacques Descloitres, MODIS Rapid Response Team, NASA/GSFC (cra). 6–7 FLPA: Minden Pictures/Norbert Wu (*Background*). 8–9 FLPA: Minden Pictures/Chris Newbert, Carrie Vonderhaar. 10–11 Getty Images: Michele Westmorland. 12–13 Oceanwide Images: Gary Bell. 14–15 Getty Images: Caroline Warren. 16–17 David Hall (www.seaphotos.com). 18–19 Marine Wildlife: Paul Kay. 20 Getty Images: Iconica/John W. Banagan. 21 FLPA: Minden Pictures/Frans Lanting. 22–23 Getty Images: Visuals Unlimited, Inc. / Reinhard Dirscherl. 24–25 Corbis: NASA. 26–27 Corbis. 28–29 Getty Images: Taxi/Jason Childs. 30 Alamy Images: Pictor International/ImageState (bc). DK Images: Frank Greenaway (bl). 30–31 Alamy Images: Hawkeye (c). 31 Alamy Images: Bryan & Cherry Alexander Photography (br). DK Images: (fbl); Brian Cosgrove (bc); Zena Holloway (bl). NASA: GSFC/MODIS Rapid Response Team, Jacques Descloitres (tl); Liam Gumley, MODIS Atmosphere Team, University of Wisconsin-Madison Cooperative Institute for Meteorological Satellite Studies (ca).
32 Alamy Images: David Wall (br). Science & Society Picture Library: Science Museum, London (bl). 33 Alamy Images: PHOTOTAKE Inc./Carolina Biological Supply Company (bc); Stephen Frink Collection/James D. Watt (ca); Visual&Written SL/Kike Calvo (cra). NASA: Provided by the SeaWiFS Project, Goddard Space Flight Center, and ORBIMAGE (br). 34 NASA: MODIS Instrument Team, NASA Goddard Space Flight Center, (c); The U.S.-French TOPEX/Poseidon mission is managed by JPL for NASA's Earth Science Enterprise, Washington, D.C. JPL is a division of the California Institute of Technology in Pasadena (tr). NASA's Earth Observatory: Jesse Allen, using JASON-2 data provided courtesy of Akiko Hayashi (NASA/JPL) (tr). 35 Alamy Images: Roger Cracknell (cl); Chris A Crumley (tr). DK Images: Frank Greenaway/Courtesy of the University Marine Biological Station, Millport, Scotland (crb). SeaPics.com: Bob Cranston (ca). 36 Alamy Images: Brandon Cole Marine Photography (cla); Reinhard Dirscherl (cb). Dive Gallery/Jeffrey Jeffords (www.divegallery.com): (bc). Image Quest Marine: Y. Kito (bl). 36–37 Alamy Images: Visual&Written SL/Takaji Ochi (c). 37 AguaSonic Acoustics: Mark Fischer (crb). Alamy Images: Sue Cunningham Photographic (cra); James Davis Photography (cr); Dinodia Images/Ashvin Mehta (tr). Science Photo Library: (cb). 38–39 Corbis: Brenda Tharp. 42 Alamy Images: Danita Delimont (c). Corbis: Raymond Gehman (bc). DK Images: Harry Taylor (cra). 43 NASA: JPL (br). Science Photo Library: Bill Bachman (tr).
45 Corbis: Bettmann (tc); David Lawrence (cra).
46 Alamy Images: Norman Price (tr). Planetary Visions (bl). 46–47 Alamy Images: Nordicphotos/Sigurgeir Sigurjonsson (b). 47 Planetary Visions (tr). 48 DK Images: Colin Keates/Courtesy of the Natural History Museum, London (tr). 49 Alamy Images: Douglas Peebles Photography (br). Woods Hole Oceanographic Instititution: Jayne Doucette (tr). 50–51 Getty Images: AFP/Lothar Slabon. 52–53 Corbis: Image by Digital image © 1996 CORBIS; Original image courtesy of NASA. NASA: Jesse Allen, Earth Observatory. Image interpretation provided by Dave Santek and Jeff Key, University of Wisconsin-Madison. 54 ESA: Eumetsat (cr).
55 Alamy Images: Kos Picture Source (t). DK Images: Peter Wilson (bl). 56 Action Images: Reuters/Carlo Borlenghi. 57 Alamy Images: Kos Picture Source (br). Corbis: Emmanuelle Thiercelin (cr). Getty Images: AFP/Marcel Mochet (tr); Clive Mason (cra). Rex Features: RAAF-AUSTRAL/Corbis Sygma (crb). Clipper Round the World Yacht Race: Clipper Ventures Plc (cr). 58–59 NASA: Image courtesy the SeaWiFS Project, NASA/Goddard Space Flight Center, and ORBIMAGE (c). 59 Alamy Images: Chris Linder (br). Corbis: Bettmann (tr). NASA: (cr); Image processed by Robert Simmon based on data from the SeaWiFS project and the Goddard DAAC (c). 60 SeaPics.com: Doug Perrine (bl). 61 S.M.R.U.: Simon Moss (bl). Courtesy of Andreas M. Thurnherr: (br).
62 Getty Images: Nordic Photos/Kristjan Fridriksson. 63 Alamy Images: Bryan & Cherry Alexander Photography (tr); Apex News and Pictures Agency/Tim Cuff (br). Corbis: Lowell Georgia (crb). FLPA: Minden Pictures/Flip Nicklen (c). 64 Alamy Images: Danita Delimont (bl). 65 Corbis: Bettmann (cla); Sygma/Gyori Antoine (bl). Getty Images: Photographer's Choice/Kerrick James (tr). NASA: Image courtesy Jacques Descloitres, MODIS Land Rapid Response Team at NASA GSFC (clb). NOAA: Michael Van Woert, NOAA NESDIS, ORA (br). NASA: LANCE/EOSDIS MODIS Rapid Response Team at NASA GSFC (clb). TopFoto.co.uk: RIA Novosti / Sergey Mamontov (bl). 66 Alamy Images: Aflo Foto Agency (tr); Boating Images Photo Library/Keith Pritchard (cra); Michael J. Kronmal (br); Tribaleye Images/J Marshall (bl). Corbis: Image by Digital image © 1996 CORBIS; Original image courtesy of NASA (clb). 67 Alamy Images: Mark Lewis (b); PHOTOTAKE Inc./Dennis Kunkel (tc). Getty Images: Photographer's Choice/Malcolm Fife (tr). Courtesy of US Navy: Photo courtesy of Ian R. MacDonald, Texas A&M Univ. Corpus Christi (cla). 68 Alamy Images: Bill Brooks (cb); Images&Stories (br). Courtesy of Chris Baisan, University of Arizona: (bl). NASA: JPL (cl). NASA: JPL Ocean Surface Topography Team (cl, clb). 69 Corbis: Jonathan Blair (ca); EPA/Josue Fernandez (b). NOAA: Lieutenant Mark Boland, NOAA Corps (cla). Corbis: National Geographic Society / Robb Kendrick (c). Reuters: Reuters Photographer (b).
70 NASA: Image by Jesse Allen, NASA Earth Observatory; data provided by the MODIS Land Rapid Response Team, NASA GSFC (cl); Jacques Descloitres, MODIS Land Rapid Response Team, NASA/GSFC (cr); Jeff Schmaltz, MODIS Rapid Response Team, NASA/GSFC (c). NOAA: Aircraft Operations Center (br). NASA: Jeff Schmaltz, LANCE MODIS Rapid Response Team at NASA GSFC (cl); Lance Modis Rapid Response Team (c). NASA's Earth Observatory: Jesse Allen (cr). 71 Corbis: EPA/Alejandro Ernesto (bl). OSF/photolibrary: Warren Faidley (t). SeaPics.com: Doug Perrine (cr). Still Pictures: Michel Gunther (br). 72–73 Corbis: Reuters/Erik De Castro.
73 Corbis: Bryan Denton (crb); Demotix/Herman Lumanog (cra/Typhoon); EPA/Dennis M. Sabangan (cra/Typhoon Haiyan aftermath, cr, br); Reuters/ Erik De Castro (fcrb, crb/Food Drop). NASA: NASA Goddard MODIS Rapid Response Team (cb/Haiyan 8th Nov, cb/Haiyan 11th Nov). Planetary Visions Limited: (cra/Eye of the Storm). 74–75 Getty Images: Lonely Planet Images/Karl Lehmann.
76 Alamy Images: David Gregs (cr); ImagePix (bc). iStockphoto.com: Dan Brandenburg (cra). NOAA: Captain Andy Chase (bl). OSF/photolibrary: Pacific Stock (crb). 77 Alamy Images: Michael Diggin (clb). Getty Images: Taxi/Helena Vallis (t). iStockphoto.com: Paul Topp (crb). 78 Alamy Images: Mooch Images (clb). 78–79 Getty Images: Robert Harding World Imagery/Lee Frost (b).
80 Alamy Images: Mary Evans Picture Library (br); Ian Simpson (bl). Don Dunbar (www.easternmaineimages.com): (tl) (c). 81 Alamy Images: Malcolm Fife (cb); Peter L. Hardy (bc). Still Pictures: Markus Dlouhy (tr). www.uwphoto.no: Erling Svensen (cl). 82 Alamy Images: Shaughn F. Clements (b); phototramp.com/Maciej Tomczak (cr). 83 Corbis: Dave Bartruff (l); Christie's Images (br). 84–85 Corbis: Lawson Wood. 86–87 Getty Images: Photonica/Photolibrary.com. 88 Corbis: Yann Arthus-Bertrand (br). NASA: (clb). 89 Corbis: Michael Busselle (bc); Lloyd Cluff (t); Ecoscene/John Wilkinson (clb). DK Images: Colin Keates/Courtesy of the Natural History Museum, London (crb).
90 Rex Features: Sipa Press (SIPA). 91 Alamy Images: Louise Murray (br). Corbis: Matthieu Paley (c); Sygma/Kapoor Baldev (crb). Still Pictures: Bryan Lynas (tc); Mark Lynas (tr) (cr). 92 Alamy Images: Michael Howell (b). Corbis: Yann Arthus-Bertrand (cra); Jack Fields (c); Frans Lanting (tr).
93 Alamy Images: FLPA (clb); geogphotos (fcla). Corbis: Jim Sugar (bc). iStockphoto.com: Andrew Dorey (ca); Gregor Erdmann (cla). 94 Alamy Images: Jack Stephens (cl). Rob Havemeyer Acadia National Park ME: (tr). 94–95 Steven Russell (www.pbase.com/nodfather): (b).
95 Alamy Images: Eric Nathan (cr). Corbis: Kevin Fleming (tc). DK Images: Jon Spaull (tr).
96 Alamy Images: Atmosphere Picture Library/Bob Croxford (tr). Corbis: Ric Ergenbright (bl). DK Images: Rough Guides/Ian Aitken (crb). www.undiscoveredscotland.co.uk: (cla). 97 Alamy Images: Sean Burke (t); CuboImages srl/Marco Casiraghi (bl). NASA: Johnson Space Center - Earth Sciences and Image Analysis (br). 98 Corbis: Peter Johnson (c); Richard T. Nowitz (br). Wombat Pitts: (cra). 99 Alamy Images: Simon Reddy (cr). Getty Images: Robert Harding World Imagery/Neil Emmerson (b). Mark Kitching: (cl). NASA: Image courtesy Jacques Descloitres, MODIS Land Rapid Response Team at NASA GSFC (tc). 100–101 Corbis: Digital image © 1996 CORBIS; Original image courtesy of NASA. Andy Biggs. 102 Alamy Images: Danita Delimont (bc). Corbis: Bettmann (br). Still Pictures: Christoph Papsch (t). Dr Sandy Tudhope, Institute of Geology and Geophysics, Edinburgh University: (bl). 103 Alamy Images: Danita Delimont (b). Getty Images: Stone/James Randklev (cl). Marco Nero: (cr). 104 WaterLand Neeltje Jans: RWS MD afd. Multimedia. 105 Alamy Images: Florida Images (cr); geogphotos (cra); Rodger Tamblyn (tc). Corbis: Lowell Georgia (bl). Natural Visions: Heather Angel (c). NOAA: NOAA Restoration Center, Chris Doley (cb). Sky Pictures luchtfotografie (www.skypictures.nl): (br). 106 Alamy Images: Patrick Mallette (cl). Getty Images: Altrendo/altrendo nature (tr); Lonely Planet Images/Bethune Carmichael (clb). 106–107 Corbis: Martin Harvey (b). 107 Alamy Images: Guillen Photography (cra); Wildscape (c). DK Images: Shaen Adey (tr); James Stevenson (tl). 108 Alamy Images: Danita Delimont (tc); Peter Lewis (b). Paul Yung: (cr). 109 Alamy Images: Atmosphere Picture Library/Bob Croxford (bl); imagebroker/Harald Theissen (cla). Corbis: Jason Hawkes (r). DK Images: Geoff Dann (br). 110 Alamy Images: Mark Boulton (tl).
Corbis: Tony Arruza (bl); Yann Arthus-Bertrand (cr). 111 Alamy Images: Simon Reddy (tc); Laurie Wilson (b). Corbis: (cr). 112 Alamy Images: Ian Dagnall (tr); Danita Delimont (bc). Corbis: Douglas Peebles (br). DK Images: Lloyd Park (cl). 113 Alamy Images: Jon Arnold Images (crb). Corbis: Neil Rabinowitz (bl). Getty Images: National Geographic/Skip Brown (t). iStockphoto.com: Judi Ashlock (tr). 114 Corbis: Post-Houserstock/Dave G. Houser (cl). 114–115 Alamy Images: Jon Arnold Images/Doug Pearson (c). 115 Alamy Images: Tim Graham (ca). Corbis: (bc). DK Images: Dave King (tr). OSF/photolibrary: Richard Herrmann (cra). 116 Getty Images: Stone/Paul Souders (bl); Stone/Tom Bean (cr). US Geological Survey: (bc).
116–117 Still Pictures: Guy Boily (t). 117 Corbis: Dale C. Spartas (bl). NASA: Jacques Descloitres, MODIS Rapid Response Team, NASA/GSFC (br). 118 Corbis: Reuters/Sergio Moraes (cr). NASA: Jacques Descloitres, MODIS Rapid Response Team, NASA/GSFC (b). Still Pictures: Jacques Jangoux (t). 119 Alamy Images: JL Images (tr). Corbis: Sygma/Annebicque Bernard (bc). Courtesy of Clive Griffin (www.pbase.com/clivegriffin): (clb). Still Pictures: Christiane Eisler (cla). 120 Alamy Images: Jack Sullivan (cr). Pierre-Yves Lagrée, LMM CNRS Université Paris VI: (t). NASA: Earth Sciences and Image Analysis Laboratory at Johnson Space Center (b). 121 Alamy Images: Karsten Wrobel (tr). Corbis: (clb); Yann Arthus-Bertrand (cla). DK Images: Rob Reichenfeld (crb). 122 Alamy Images: Eddie Gerald (b). Corbis: Carl & Ann Purcell (cr). NASA: Provided by the SeaWiFS Project, NASA/Goddard Space Flight Center, and ORBIMAGE (tl); Imaginechina (bl). 123 Alamy Images: Tibor Bognar (cl). Corbis: Peter Guttman (br); Galen Rowell (b); Michael S. Yamashita (tr). 124 Alamy Images: Florida Images (crb); Renee Morris (bc). FLPA: Skylight (cl). 125 Corbis: James L. Amos (bc); Carol Havens (t). DK Images: Mike Linley (cr). Getty Images: Photographer's Choice/Cameron Davidson (bl). Natural Visions: Heather Angel (br). 126 Alamy Images: Jon Sparks (t). Corbis: Rob Howard (bl). Still Pictures: Cal Vornberger (cr).
127 Alamy Images: David Poole (br); J. Schwanke (tr). Corbis: Annie Griffiths Belt (cla); Reuters/Darren Staples (crb). 128 Alamy Images: Mark Boulton (cb); Rod Edwards (ca); Robert Harding Picture Library Ltd (br). 129 Corbis: Natalie Fobes (b); Steve Kaufman (br). Nial Moores/Birds Korea (www.birdskorea.org): (tc); Mr. Jeon Shi-Jin (cla). 130 Alamy Images: David Hosking (br). Getty Images: National Geographic/Tim Laman (tr). SeaPics.com: Jeremy Stafford-Deitsch (bc). 130–131 Oceanwide Images: Bob Halstead (c). 131 Alamy Images: Danita Delimont (ca); Reinhard Dirscherl (tr). Corbis: Michael S. Yamashita (br). SeaPics.com: D.R. Schrichte (ca). 132 DK Images: Rough Guides/Demetrio Carrasco (br); Peter Wilson (ca). 132–133 SeaPics.com: Masa Ushioda (t).
133 Alamy Images: Mireille Vautier (clb). Corbis: Stephen Frink (br). US Geological Survey: (cra). 134 Alamy Images: Tim Graham (bc). Corbis: (crb); Yann Arthus-Bertrand (ca). 135 Corbis: Arne Hodalic (cl). Getty Images: National Geographic/Timothy Laman (tr). SeaPics.com: Jeremy Stafford-Dietsch (bc). Still Pictures: Alan Watson (br).
136–137 naturepl.com: Jurgen Freund. 138–139 naturepl.com: Aflo. Alamy Images: WaterFrame. 140 Alamy Images: Aqua Image (cla). DK Images: Frank Greenaway/Courtesy of the Natural History Museum, London (crb). iStockphoto.com: Ingvald Kaldhussæter (ca). Sue Scott: (bl). SeaPics.com: Mark Conlin (c). 141 British Marine Aggregate Producers Association (www.bmapa.org): (br). Getty Images: Image Bank/Astromujoff (t). OSF/photolibrary: Michael Brooke (bc). 142 DK Images: Frank Greenaway/Courtesy of the Weymouth Sea Life Centre (bc); Jerry Young (cr). Sue Scott: (cl). SeaPics.com: Mark Conlin (bl). 142–143 David Hall (www.seaphotos.com): (c). 143 Image Quest Marine: Jim Greenfield (crb). Marine Wildlife: Paul Kay (tr). NOAA: Dr. James P. McVey, NOAA Sea Grant Program (bc). Sue Scott: (c).
144 DK Images: Frank Greenaway (ca). Sue Scott: (cl) (bl) (br). 144–145 Getty Images: National Geographic/Bill Curtsinger (t). 145 Alamy Images: Guillen Photography (bl). Sue Scott: (crb) (cra). 146 Alamy Images: Fabrice Bettex (bc); Gavin Parsons (cr). DK Images: Tim Ridley (tl). Marine Wildlife: Paul Kay (cla). Sue Scott: (clb). 147 Corbis: Ralph A. Clevenger (b). OSF/photolibrary: Tobias Bernhard (tc). Sue Scott: (cla) (cra). 148 Corbis: (tl). Sue Scott: (crb) (bl). SeaPics.com: Doug Perrine (crb). 149 Alamy Images: Mark Lewis (b); PNR Photography (crb). Dr. Alberto V. Borges/Chemical Oceanography Unit from the University of Liège, Belgium: (tr). 150 Alamy Images: Ross Armstrong (tr); Joel Day (clb); Andre Seale (cla). Sue Scott: (bc). US Fish and Wildlife Service National Image Library: Chris Dau (br). 151 SeaPics.com: Phillip Colla. 152 Alamy Images: Danita Delimont (c); Nick Hanna (cl). Corbis: Yann Arthus-Bertrand (cr). 152–153 OSF/photolibrary: Pacific Stock (c). 153 Dive Gallery/Jeffrey Jeffords (www.divegallery.com): (tc). JM Roberts, Scottish Association for Marine Science: (crb). SeaPics.com: Clay Bryce (br); James D. Watt (cra). 154 Alamy Images: Michael Patrick O'Neill (bl); Sylvia Cordaiy Photo Library Ltd (tc). DK Images: Jerry Young (clb). 155 Alamy Images: Stephen Frink Collection (cra); Karen & Ian Stewart (c). Dive Gallery/Jeffrey Jeffords (www.divegallery.com): (br). SeaPics.com: Andrew J. Martinez (tl); James D. Watt (bl). 156 Alamy Images: Stephen Frink Collection (bl). Corbis: Stephen Frink (c); Lawson Wood (tc). 157 Corbis: Bob Krist (b). SeaPics.com: Rodger Klein (tr). 158 Alamy Images: Nick Hanna (tr); Martin Harvey (bl); Zute Lightfoot (br). 159 Alamy Images: Steve Allen Travel Photography (tr); Slick Shoots (cr). Corbis: Cordaiy Photo Library Ltd/John Parker (cla). SeaPics.com: Marc Bernardi (b). 160 Alamy Images: Aqua Image (cla). SeaPics.com: James D. Watt (b). Still Pictures: Lynn Funkhouser (cra). 161 Alamy Images: Robert Harding Picture Library Ltd (crb); Andre Seale (clb). Corbis: Reuters/Handout (cra). Brian McMorrow: (tr). SeaPics.com: James D. Watt (br). 162–163 Oceanwide Images: Gary Bell. 164 DK Images: Frank Greenaway (clb). NASA: Image and animations provided by the SeaWiFS Project and the NASA GSFC Scientific Visualization Studio (cra). Sue Scott: (tl) (bc) (br). 165 Alamy Images: Jeremy Inglis (br); Andre Seale (bl).
Image Quest Marine: Scott Tuason (t).
166–167 Getty Images: Stone/Kim Westerskov.
168 Science Photo Library: Alexis Rosenfeld (bc). 169 DeepSeaPhotography.Com: Kim Westerskov (tc). Image Quest Marine: Peter Parks (br).
Science Photo Library: Susumu Nishinaga (cb). SeaPics.com: Ingrid Visser (c). 170 OSF/photolibrary: (cla); Howard Hall (b). SeaPics.com: Peter Parks/iq3-d (tc). 171 ExploreTheAbyss.Com: Peter Batson (cr) (clb) (bl) (br). Image Quest Marine: Peter Herring (tr). NOAA: Archival Photography by Steve Nicklas, NOS, NGS (c). OSF/photolibrary: Pacific Stock (tc). 172 Getty Images: National Geographic/Paul Nicklen. 173 Alamy Images: epa european pressphoto agency b.v. (br). DeepFlight: (cra/Deepflight Super Falcon).
NOAA: (cr, crb). www.uboatworx.com: David Pearlman (fcra). 174 Science Photo Library: (tr). 175 DeepSeaPhotography.Com: Kim Westerskov (br).
NOAA: Image Courtesy of the Deep Atlantic Stepping Stones Science Party, IFE , URI-IAO, and NOAA (bc); Office of Ocean Exploration (cb). Science Photo Library: Dr Ken MacDonald (t). SeaPics.com: Mark Conlin (bl). 176 NOAA: Commander John Bortniak, NOAA Corps (bl); Fisheries Collection (br). Dr. P. J. Ramsay/African Coelacanth EcoSystem Programme: (cl). 177 Alamy Images: Ron Scott (br). ExploreTheAbyss.Com: Peter Batson (bc). NASA: Image provided by the USGS EROS Data Center Satellite Systems Branch (tr). NOAA: OAR/National Undersea Research Program (NURP); University of Connecticut (ca); Ocean Explorer (cb). 178 www.uwphoto.no: Erling Svensen. 179 ExploreTheAbyss.Com: Peter Batson (cra). FLPA: D. P. Wilson (c). Jason Hall-Spencer/Marine Conservation Society: (crb). JM Roberts, Scottish Association for Marine Science: (bc); AWI & Ifremer 2003 (tc) (br). 180 Alamy Images: Travelpix (clb). NASA: Jacques Descloitres, MODIS Rapid Response Team, NASA/GSFC (br). NOAA: National Geophysical Data Center (cla). SeaPics.com: David Wrobel (bl). 181 Alamy Images: Phototake Inc./Dennis Kunkel (bc). Image Quest Marine: Peter Parks (t). Science Photo Library: Steve Gschmeissner (cb). SeaPics.com: D.R. Schrichte (br). 182 Alamy Images: Blickwinkel (cb). ExploreTheAbyss.Com: Peter Batson (cla). SeaPics.com: Doug Perrine (bl). Craig Smith & Mike Degruy: (br). 182–183 NOAA: OAR/National Undersea Research Program (NURP) (c). 183 naturepl.com: David Shale (bl). Naval Historical Foundation, Washington, D.C.: (br). Science Photo Library: US Geological Survey (tr). 184 Alamy Images: Fabrice Bettex (tr). Corbis: The Oregonian/Doug Beghtel (bl). 184–185 Corbis: Yann Arthus-Bertrand (tc). 185 Alamy Images: David Tipling (c). Corbis: Cordaiy Photo Library Ltd/John Farmar (ca); Ralph White (tl). Planetary Visions: Lamont-Doherty Earth Observatory (br). 186 Planetary Visions. 187 European Space Agency: Denmann Production (clb). NASA: Canadian Space Agency/National Snow and Ice Data Centre (crb); GSFC (tr) (ca) (cra); JPL (c); JPL-Caltech (cb). Science Photo Library: David Vaughan (br). University College London: (cb). 188 Image courtesy of Karen L. Von Damm. Image obtained from the DSV Alvin, with funding provided by the U.S. National Science Foundation: (tr). Science Photo Library: Southampton Oceanography Centre/B. Murton (bl). 188–189 Woods Hole Oceanographic Instititution: (c). 189 ExploreTheAbyss.Com: Peter Batson (tc) (c) (br). Richard T. Lutz: (cr). NOAA: Ocean Explorer (bl). 190–191 FLPA: Minden Pictures/Norbert Wu. 192 Bridgeman Art Library: Royal Geographical Society, London, UK (tr). Corbis: Ecoscene/Graham Neden (cb). 193 Alamy Images: Rosemary Calvert (b); John Digby (tl). SeaPics.com: Franco Banfi (tr). 194 Alamy Images: Blickwinkel (br); Eric Ghost (fbr); K-Photos (tc). M.A. Felton: (bc). NOAA: Michael Van Woert, NOAA NESDIS, ORA (crb). 194–195 Getty Images: Photographer's Choice/Siegfried Layda (c). 195 Alamy Images: Giles Angel (crb); Nordicphotos/Kristjan Fridriksson (tr). 196 Corbis: Sygma. Science Photo Library: NOAA. 197 Corbis: Bettmann (ca) (cra); Hulton-Deutsch Collection (tr); Ralph White (crb) (cb) (br). Henning Pfeifer: (clb). Rex Features: ITV (ITV/TPC) (c). Science Photo Library: NOAA. 198 Alamy Images: Bryan & Cherry Alexander Photography (fbl) (br). NOAA: Michael Van Woert, NOAA NESDIS, ORA (bl). Courtesy of Don Perovich: (fbr). 198–199 Bryan and Cherry Alexander Photography: (t). 199 Corbis: Bettmann (cra). DK Images: Harry Taylor (crb). NOAA: Michael Van Woert, NOAA NESDIS, ORA (bc) (br). SeaPics.com: John KB Ford/Ursus (c). 200 NASA: Jacques Descloitres, MODIS Land Rapid Response

写真提供者一覧

Team, NASA/GSFC (cl). 200–201 Alamy Images: Brandon Cole Marine Photography (b). 201 Alamy Images: Popperfoto (br). Corbis: Paul A. Souders (tc). SeaPics.com: Bryan & Cherry Alexander (c); iq3-d/Peter Parks (cra). 202–203 Getty Images: Image Bank/Mike Kelly. 204–205 DeepSeaPhotography.Com: Kim Westerskov. 206 Alamy Images: Bruce Coleman/Tom Brakefield (cl/*Kingdom*); Norma Joseph (c); Visual&Written SL/Kike Calvo (cl/*Genus*). Corbis: Brandon D. Cole (b/*Hagfish*). DK Images: (cl/*Domain*); Martin Camm (cl/*Phyllum*) (cl/*Order*) (cl/*Family*) (cl/*Species*); Geoff Dann (b/*Lamprey*) (b/*Ray-Finned Fish*); Frank Greenaway (b/*Cartilaginous Fish*); David Peart (cl/*Class*). SeaPics.com: Mark V. Erdmann (b/*Lobe-Finned Fish*). 207 DK Images: (*Fungi*); Neil Fletcher (*Plants*); Dave King (*Red Seaweeds*); Jane Miller (*Animals*); Karl Shone (*Brown Seaweeds*). SeaPics.com: iq3-d/Peter Parks (*Protists*). 208 DK Images: (*Echinoderms*); Frank Greenaway (*Molluscs*); Dave King (*Arthropods*). 209 DK Images: Jerry Young (*Chordates*). 210 FLPA: Minden Pictures/Chris Newbert. 211 Conservation International: Robert Thacker (ca); Jeffrey T. Williams/Smithsonian Institution (c). FLPA: Minden Pictures/Norbert Wu (crb). Dr J. Frederick Grassle, Rutgers University: (br). Sue Scott: (tr) (cra). SeaPics.com: Phillip Colla (cb). 212 Still Pictures: Steven Kazlowski (crb). 213 iStockphoto.com: Dan Schmitt (cla). SeaPics.com: Doug Perrine (b). Still Pictures: Bob Evans (tc). 214 DeepSea-Photography.Com: Kim Westerskov (clb). FLPA: D. P. Wilson (cla). OSF/photolibrary: Mark Jones (br). Sue Scott: (cra) (cr) (bc). 215 M. Boyer/edge-of-reef.com: (bc). OSF/photolibrary: Richard Herrmann (t). SeaPics.com: Masa Ushioda (br). 216 iStockphoto.com: Dan Schmitt (bl). Sue Scott: (tr) (cl) (ca). 216–217 SeaPics.com: Espen Rekdal (b). 217 Dive Gallery/Jeffrey Jeffords (www.divegallery.com): (br). Marine Wildlife: Paul Kay (cr). Sue Scott: (tr). 218 FLPA: Linda Lewis (cra). Still Pictures: Secret Sea Visions (br); Gunter Ziesler (bl). 218–219 FLPA: Minden Pictures/Norbert Wu (c). 219 Alamy Images: Danita Delimont (bl). 220 Alamy Images: SCPhotos/Tom & Pat Leeson (bl); Bruce Coleman/Patrice Ricard (fbr). iStockphoto.com: Steffen Foerster (cl). SeaPics.com: Mark Conlin (cra) (clb); Chris Huss (fbl) (br). 221 Getty Images: National Geographic/Brian J. Skerry (t). OSF/photolibrary: Doug Allan (bl). 222 Alamy Images: Brandon Cole Marine Photography (bc). FLPA: Minden Pictures/Norbert Wu (c). 223 ExploreTheAbyss.Com: Peter Batson (ca) (bl). Charles G. Messing/Nova Southeastern University, Florida: (br). NOAA: OAR/National Undersea Research Program (NURP); Univ. of Hawaii (cra). OSF/photolibrary: Norbert Wu (cla). 224 DK Images: (bl). Image Quest Marine: (c); Y. Kito (br). 224–225 ExploreTheAbyss.Com: Peter Batson (t). 225 ExploreTheAbyss.Com: Peter Batson (cl). OSF/photolibrary: (br). SeaPics.com: iq3d/Peter Parks (cr). 226 DK Images: Colin Keates (bl/*above*) (bl). Science Photo Library: Ria Novosti (cra); Sinclair Stammers (cl). 226–227 FLPA: Minden Pictures/Fred Bavendam (b). 227 The Academy of Natural Sciences: Ted Daeschler (cl). DK Images: Colin Keates (cla) (tr) (cra); Harry Taylor/Courtesy of the Royal Museum of Scotland, Edinburgh (c). SeaPics.com: Doug Perrine (tl). 228 Alamy Images: Natural Visions/Heather Angel (tc). Bridgeman Art Library: Private Collection (cra). DK Images: Harry Taylor/Courtesy of the Hunterian Museum (University of Glasgow) (c); Harry Taylor/Courtesy of the Natural History Museum, London (bc). OSF/photolibrary: Karen Gowlett-Holmes (br). Science Photo Library: David Parker (clb). 229 Alamy Images: David Fleetham (tc); Stephen Frink Collection/James D. Watt (cra). DK Images: (c/*Terrestrial Mammal*) (c/*Jawless Fish*); Bedrock Studios (c/*Armoured Fish*) (c/*Turtle*); Robin Carter (c/*Placodont*); Neil Fletcher (c/*Penguin*); Giuliano Fornari (c/*Ichthyosaurus*) (c/*Plesiosaur*); Jon Hughes (c/*Whale*); Colin Keates (bl) (c/*Cambrian*) (c/*Ediacaran*) (c/*Ammonite*); Harry Taylor/Courtesy of the Natural History Museum, London (c/*Shark*); Harry Taylor/Courtesy of the Royal Museum of Scotland, Edinburgh (c/*Lobe-Finned*). Getty Images: Science Faction/G. Brad Lewis (br). 230–231 Getty Images: Taxi/Gary Bell. 232 MicroScope/Woods Hole: D. J. Patterson (cb). NOAA: OAR/National Undersea Research Program (NURP); Lousiana Univ. Marine Consortium (cr). Oceanwide Images: Gary Bell (b). OSF/photolibrary: Phototake Inc/Dennis Kunkel (ca). University of Illinois at Urbana-Champaign: (cra). 233 DK Images: M.I. Walker (tc). Image Quest Marine: Peter Parks (cl). Oceanwide Images: Rudie Kuiter (bc). Still Pictures: Tom E. Adams (cr). Laura K. Sycuro, Fred Hutchinson Cancer Research Center, Seattle: (bl). 234-235 Science Photo Library: Mint Images/Frans Lanting (c). 238 Algaebase.org: M.D. Guiry (cr) (br); John Huisman (cl). Sue Scott: (bl). 239 Alamy Images: Bob Gibbons (t). Algaebase.org: M.D. Guiry (bl). Natural Visions: Heather Angel (br). Sue Scott: (cr). 240–241 Corbis: Ralph A. Clevenger. SuperStock: National Geographic/Mauricio Handler. 242 Sue Scott: (cra). 242–243 Image Quest Marine: Roger Steene (c). 243 Rob Houston: (bc). Sue Scott: (tc) (cr). 244 naturepl.com: Sue Daly (cr). 246 Algaebase.org: Ignacio Bárbara (cra); Coastal Imageworks/Colin Bates (bc); M.D. Guiry (tr). Sue Scott: (cl) (cr) (br). 247 Alamy Images: Olivier Digoit (cra); Sami Sarkis (br); Kevin Schafer (tl). Algaebase.org: John Huisman (clb). SeaPics.com: Andrew J. Martinez (crb). 248 Natural Visions: Heather Angel (cra) (bc). Charles J. OKelly: (tc). Science Photo Library: Alexis Rosenfeld (c). 249 Natural Visions: Heather Angel (cl). Jonathan Sleath: (bl) (crb); Dr David Holyoak (cra). 250 Alamy Images: Andrew Woodley (cl). Sue Scott: (bl) (cr) (br). SeaPics.com: Jeremy Stafford-Deitsch (ca). 251 Alamy Images: Nature Picture Library/Jose B. Ruiz (cl); Wildscape/Jason Smalley (cr). Sue Scott: (cla) (b). 252 Alamy Images: Roger Eritja (tr); Marilyn Shenton (tl). OSF/photolibrary: Kathie Atkinson (br). Sue Scott: (bl). US Geological Survey: Forest & Kim Starr (cl). 253 Corbis: FLPA/Peter Reynolds (tc). DK Images: Richard Watson (bl). FLPA: Minden Pictures/Tui De Roy (tl). OSF/photolibrary: (br). 254 Getty Images: Lonely Planet Images/Grant Dixon (r). MicroScope/Woods Hole: David Patterson, Linda Amaral Zettler, Mike Peglar and Tom Nerad (fcl). Natural Visions: Heather Angel (bc). OSF/photolibrary: Phototake Inc. (cl). 255 MicroScope/Woods Hole: David Patterson & Aimlee Laderman (br). Einar Timdal/University of Oslo: (cl) (tr) (cb) (bl). 256 Alamy Images: Brandon Cole Marine Photography (cr); Robert Fried (cla). FLPA: Minden Pictures/Fred Bavendam (bc). Andy Murch/Elasmodiver.com: (br). OSF/photolibrary: (clb). SeaPics.com: Mark Conlin (crb); Doug Perrine (tr). 257 Alamy Images: Dave and Sigrun Tollerton (cla). FLPA: Minden Pictures/Birgitte Wilms (b). SeaPics.com: Phillip Colla (tc). 258 Alamy Images: Andre Seale (cr). Dr. Frances Dipper: (fcl) (cl) (br). Natural Resources Canda: The Sponge Reef Project (clb). 259 Alamy Images: Wolfgang Pölzer (bl). Dr. Frances Dipper: (tr) (ca) (cb). Keith Hiscock: (tl). Prof. Dr. Joachim Reitner/Universität Göttingen: (br). Dreamstime.com: Nanisub (c). 260 Alamy Images: Tribaleye Images/J. Marshall (cra). OSF/photolibrary: Pacific Stock/David Fleetham (bl). SeaPics.com: Mark Conlin (c); Doug Perrine (cla). 260–261 Getty Images: National Geographic/Paul Nicklen (b). 261 Dr. Frances Dipper: (bc). DK Images: Frank Greenaway (cla). OSF/photolibrary: (cr). SeaPics.com: David Wrobel (cla). 262 Alamy Images: Reinhard Dirscherl (crb). Dr. Frances Dipper: (cb). Sue Scott: (bl). SeaPics.com: iq3-d/Chris Parks (t); David Wrobel (c). 263 Richard L. Lord. 264 Marine Wildlife: Paul Kay (br). SeaPics.com: Jeremy Stafford-Deitsch (c); Steven Wolper (bc). Still Pictures: Kelvin Aitken (ca). 265 Alamy Images: Andre Seale (clb). Dr. Frances Dipper: (br). NOAA: Mr. Mohammed Al Momany, Aqaba, Jordan (t). SeaPics.com: Doug Perrine (bc). 266 Alamy Images: Michael Patrick O'Neill (cr) (bl); Wolfgang Pölzer (tc). Sue Scott: (c) (crb). 267 Sue Scott: (cl) (tc) (c) (br). SeaPics.com: Franco Banfi (cr). 268 Alamy Images: Aqua Image (cl). OSF/photolibrary: Tobias Bernhard (b). SeaPics.com: Masa Ushioda (cra). Dr. Charlie Veron/Australian Institute of Marine Science: Photo by Mary Stafford-Smith (c). 269 Alamy Images: Mark Morgan (cl). Dr. Frances Dipper: (crb). Marine Wildlife: Paul Kay (clb). SeaPics.com: Doug Perrine (tr). NOAA: Lophelia II 2012 Expedition, NOAA-OER/BOEM (br). 270 Alamy Images: Nature Picture Library/Jose B. Ruiz (b). Dr. Frances Dipper: (ca). Sue Scott: (t). SeaPics.com: Doug Perrine (cr). 271 Alamy Images: FLPA (c). M. Boyer/edge-of-reef.com: (cr) (bl). OSF/photolibrary: Tobias Bernhard (tr). Sue Scott: (br). 272 M. Boyer/edge-of-reef.com: (cl) (cla) (bl). Courtesy of John J. Holleman: (crb). Michael D. Miller: (tr) (cr). 273 Image Quest Marine: Peter Parks (cr); Roger Steene (cl). Marine Wildlife: Paul Kay (bl). Kåre Telnes/Seawater.no: (br). 274 Corbis: Lawson Wood (tr). Keith Hiscock: (cb). Image Quest Marine: Roger Steene (ca). Marine Wildlife: Paul Kay (crb). SeaPics.com: Larry Madrigal (cra). 275 Dive Gallery/Jeffrey Jeffords (www.divegallery.com): (c). DK Images: Steve Gorton (cla). ExploreTheAbyss.Com: Peter Batson (br). Dr. Dieter Fiege: (tc) (cra). Image Quest Marine: Jim Greenfield (bl). 276 DK Images: Matthew Ward (c) (clb). SeaPics.com: Clay Bryce (ca). 276–277 Getty Images: Image Bank/Mike Severns (c). 277 Alamy Images: Robert Harding Picture Library Ltd/Sylvain Grandadam (tr). Dive Gallery/Jeffrey Jeffords (www.divegallery.com): (cr) (br). DK Images: Andreas Von Einsiedel (cra). OSF/photolibrary: Karen Gowlett-Holmes (cla) (ca). SeaPics.com: Doc White (c). 278 Alamy Images: Daniel L. Geiger/SNAP (c); Wildscape/Jason Smalley (tr). SeaPics.com: Mark Strickland (b). 279 Alamy Images: Nature Picture Library/Jose B. Ruiz (ca). Keith Hiscock: (tr). Image Quest Marine: Peter Parks (cra); Scott Tuason (cr). SeaPics.com: John C. Lewis (tl). Alamy Images: age fotostock (cla). 280 Marine Wildlife: Paul Kay (t). SeaPics.com: Marilyn & Maris Kazmers (bc); Espen Rekdal (cl). 281 DK Images: Andreas von Einsiedel (cra). FLPA: Minden Pictures/AUSCA/D. Parer & E. Parer-Cook (crb). Jon Moore/Coastal Assessment Liaison & Monitoring, Pembroke: (tl). SeaPics.com: D. R. Schrichte (b). 282–283 Getty Images: Taxi/Pete Atkinson. 284 Alamy Images: Natural Visions/Heather Angel (cl). DK Images: Dave King (tc); Frank Greenaway/Courtesy of the Natural History Museum, London (bc). FLPA: Minden Pictures/Norbert Wu (cra). Image Quest Marine: Roger Steene (crb) (br). Alamy Images: Juniors Bildarchiv GmbH (bc). 285 Alamy Images: Liquid-Light Underwater Photography (br). Oceanwide Images: Gary Bell (t). SeaPics.com: James D. Watt (clb). 286 Alamy Images: Carol Buchanan (tl). Dive Gallery/Jeffrey Jeffords (www.divegallery.com): (c). Marine Wildlife: Lucy Kay (ca). NOAA: National Estuarine Research Reserve Collection (br). 287 Alamy Images: Andre Seale (br). FLPA: Minden Pictures/Norbert Wu (t). 288 Corbis: Jeffrey L. Rotman (b). Image Quest Marine: Peter Batson (ca). Oceanwide Images: Gary Bell (cra). SeaPics.com: Doug Perrine (tl); Jeff Rotman (crb). 289 Alamy Images: f1 online (bl). Image Quest Marine: Peter Batson (bc). Oceanwide Images: Gary Bell (t). SeaPics.com: Marc Chamberlain (br). 290 Alamy Images: Daniel L. Geiger/SNAP (cla). DK Images: Colin Keates/Courtesy of the Natural History Museum, London (cra). NHPA: Ken Griffiths (bl). OSF/photolibrary: Barrie Watts (clb). SeaPics.com: Espen Rekdal (tr). 291 Dive Gallery/Jeffrey Jeffords (www.divegallery.com): (b). Image Quest Marine: Jez Tryner (cla) (ca) (cra). NOAA: Jamie Hall (tr). 292 DK Images: Frank Greenaway/Courtesy of the Natural History Museum, London (cra). Image Quest Marine: Roger Steene (tl). naturepl.com: Christophe Courteau (cl). NOAA: Dr. Bradley Stevens (crb). Still Pictures: Fred Bavendam (tr). 293 FLPA: Minden Pictures/Fred Bavendam (r). NOAA: Hopcroft (bl). SeaPics.com: Franco Banfi (cl). 294 Photo Biopix.dk: (bl). iStockphoto.com: Ian Campbell (br). SeaPics.com: Marli Wakeling (tr). 295 Dive Gallery/Jeffrey Jeffords (www.divegallery.com): (cr). Ifremer (www.ifremer.fr): A. Le Magueresse (clb). Natural Visions: Heather Angel (cl). Still Pictures: Everson (br). 296 Dive Gallery/Jeffrey Jeffords (www.divegallery.com): (b). DK Images: Frank Greenaway (cr). OSF/photolibrary: (cl). Still Pictures: Lynda Richardson (tr). 297 DK Images: Jane Burton (c); Andreas von Einsiedel (bc); Dave King (cra). Image Quest Marine: Masa Ushioda (crb). David Kusner: (tc). OSF/photolibrary: Green Cape Pty Ltd (bl). 298–299 Steve Smithson. 300 DK Images: Jane Burton (bl). Marine Wildlife: Paul Kay (cl) (br). SeaPics.com: Masa Ushioda (cr). 301 Alamy Images: Maximilian Weinzierl (tr). DK Images: Kim Taylor & Jane Burton (cr). Oceanwide Images: Gary Bell (tl). SeaPics.com: David B. Fleetham (b). 302 naturepl.com: Jurgen Freund. 303 Corbis: Roger Garwood & Trish Ainslie (tr). SeaPics.com: Ralf Kiefner (c) (crb). 304 Laurent Dabouineau/University U.C.O. Bretagne Nord, France: (cl). FLPA: Foto Natura/Jef Meul (ca). Nature Portfolio (www.natureportfolio.co.uk): Bob Ford (br). 305 Alamy Images: SNAP/Daniel L. Geiger (cl). Karen Gowlett-Holmes: (crb). Marine Wildlife: Lucy Kay (cra). Sue Scott: (bl) (bc). Kåre Telnes/Seawater.no: (tr). 306 SeaPics.com: Phillip Colla (cl). 306–307 Getty Images: Lonely Planet Images/Michael Aw (c). 307 Alamy Images: David Fleetham (tr). Corbis: FLPA/Douglas P. Wilson (tc). Sue Scott: (br). SeaPics.com: Marli Wakeling (bl). Still Pictures: P. Danna (cr). 308 Alamy Images: David Fleetham (clb). M. Boyer/edge-of-reef.com: (tr). Marine Wildlife: Paul Kay (crb). Oceanwide Images: Gary Bell (br). Sue Scott: (cla). SeaPics.com: D.R. Schrichte (bl). 309 Dive Gallery/Jeffrey Jeffords (www.divegallery.com): (t). OSF/photolibrary: Tobias Bernhard (bl). Sue Scott: (br). 310 M. Boyer/edge-of-reef.com: (tr) (cl). Marine Wildlife: Paul Kay (cr). SeaPics.com: David Wrobel (bl). 311 Dr. Frances Dipper: (bl). DK Images: Frank Greenaway (cl); Colin Keates (cr). Richard Ling: (crb). Charles G. Messing/Nova Southeastern University, Florida: (tr). 312 Alamy Images: F. Jack Jackson (clb). Australian Institute of Marine Science: (t). Dr. Jacob Dafni: Dr. A. Diamant (bc). Image Quest Marine: Peter Herring (br); Roger Steene (cra). Corbis: Visuals Unlimited / David Wrobel (br). 313 Alamy Images: Lawrence Stepanowicz (cra). ExploreTheAbyss.Com: Peter Batson (br). OSF/photolibrary: Stephen Foote (bl). SeaPics.com: Andrew J. Martinez (cl). Peter Funch, University of Aarhus: (crb). Science Photo Library: Andrew J. Martinez (br). 314 Corbis: Lawson Wood (clb). FLPA: D. P. Wilson (c). www.uwphoto.no: Erling Svensen (tl) (cra) (br). 315 ExploreTheAbyss.Com: Peter Batson (ca). NOAA: OAR/National Undersea Research Program (NURP); College of William & Mary (tr). SeaPics.com: Scott Leslie (b). Getty Images: Visuals Unlimited / Richard Herrmann (tr). 316 FLPA: Foto Natura/Jan Van Arkel (t). Peter Funch, University of Aarhus: (bl). M. Antonio Todaro, University of Modena e Reggio Emilia: (br). FLPA: Minden/FN/Jan Van Arkel (cla). 317 Alamy Images: David Fleetham (br). M. Boyer/edge-of-reef.com: (c). ExploreTheAbyss.Com: Peter Batson (tr). Image Quest Marine: Peter Parks (tc). Lyubomir Klissurov: (bl). Still Pictures: Roland Birke (cla). 318 M. Boyer/edge-of-reef.com: (c). ExploreTheAbyss.Com: Peter Batson (cl). Sue Scott: (bc). SeaPics.com: Espen Rekdal (br). 319 M. Boyer/edge-of-reef.com: (cla). Dr. Frances Dipper: (bc). Photo by Per R. Flood © Bathybiologica.no: (bc). Natural Visions: Heather Angel (br). Sue Scott: (ca). SeaPics.com: David Wrobel (clb). 320 Corbis: Brandon D. Cole (crb). ExploreTheAbyss.Com: Peter Batson (tr) (bl). SeaPics.com: Jonathan Bird (br). 321 Corbis: Brandon D. Cole (crb). OSF/photolibrary: (tr); Zig Leszczynski (cla). www.uwphoto.no: Erling Svensen (bl). 322 Alamy Images: Brandon Cole Marine Photography (cra). DK Images: Frank Greenaway (cl); James Stevenson (ca). 322–323 Corbis: Denis Scott (b). 323 DK Images: Frank Greenaway (br); Dave King (tc). SeaPics.com: Doug Perrine (cl) (bc). 324 Janna Nichols: (clb). SeaPics.com: Doug Perrine (tl) (ca). www.uwphoto.no: Erling Svensen (br). 325 Andy Murch/Elasmodiver.com: (cra). OSF/photolibrary: Paul Kay (bl). Still Pictures: Kelvin Aitken (cla) (crb). 326 Alamy Images: Stephen Frink Collection/Marty Snyderman (br). OSF/photolibrary: Gerard Soury (bl). SeaPics.com: Saul Gonor (cra); Espen Rekdal (cla). 327 Alan Chow: (bc). Dr. Frances Dipper: (br). DK Images: Frank Greenaway (bl). Andy Murch/Elasmodiver.com: (t). 328 Andy Murch/Elasmodiver.com: (t) (br) (bc). naturepl.com: Bruce Rasner/Jeff Rotman (cl). 329 Alamy Images: Jeff Rotman (cla). DK Images: Harry Taylor/Courtesy of the Natural History Museum, London (cl). John A. Scarlett: (tr). SeaPics.com: Scott Michael (br); David Shen (clb). 330–331 Steve Bloom Images. OceanwideImages.com: C & M Fallows. 332 OSF/photolibrary: Pacific Stock (br). Powder River Photography/Todd Mintz: (cl). SeaPics.com: Richard Herrmann (tl). 333 Alamy Images: David Fleetham (br); Michael Patrick O'Neill (tl). DK Images: Frank Greenaway (bc). naturepl.com: Jeff Rotman (cr). SeaPics.com: Doug Perrine (crb). 334 Andy Murch/Elasmodiver.com: (br). SeaPics.com: Randy Morse (cl). 334–335 Marine Wildlife: Alexander Mustard (t). 335 Alamy Images: M. Timothy O'Keefe (c). Image Quest Marine: Carlos Villoch (br). SeaPics.com: Doug Perrine (clb); Tim Rock (br). 336 Alamy Images: WorldFoto (cra). DK Images: Colin Keates/Courtesy of the Natural History Museum, London (clb). 336–337 Alamy Images: Reinhard Dirscherl (c). 337 Alamy Images: Mark Boulton (br). Dive Gallery/Jeffrey Jeffords (www.divegallery.com): (cb). OSF/photolibrary: David Fleetham (tr). 338 Alamy Images: Reinhard Dirscherl (bl); Stephen Frink Collection (cl); Images&Stories (tr). DK Images: Frank Greenaway (cla). Naoko Kouchi: (cla/*Background*). SeaPics.com: Doug Perrine (br). 339 Alamy Images: Blickwinkel (bc). FLPA: Minden Pictures/Fred Bavendam (cl). OSF/photolibrary: Dr. F. Ehrenstrom & L. Beyer (ca) (crb). 340 DK Images: Steve Gorton (clb); Colin Keates/Courtesy of the Natural History Museum, London (tc). Getty Images: Taxi/Peter Scoones (cl). Image Quest Marine: Masa Ushioda (crb). SeaPics.com: Mark V. Erdmann (crb). Andreas Svensson/Norwegian University of Science and Technology: (bl). 341 Marine Wildlife: Alexander Mustard (t). Robert A. Patzner, University of Salzburg, Austria: (br). 342 Ardea: Pat Morris (cb). Rick J. Coleman: (bl). DK Images: (cla). Marine Wildlife: Alexander Mustard (tr). Dr. Volker Neumann: (br). 343 DK Images: (clb). FLPA: Minden Pictures/Norbert Wu (crb). Marine Wildlife: Alexander Mustard (t). 344 Corbis: Paul A. Souders (bl). OSF/photolibrary: Sue Scott (tl). SeaPics.com: Mark Conlin (c); Jeff Jaskolski (br). 345 Alamy Images: FLPA/S. Jonasson (bl); Andre Seale (tl). SeaPics.com: Shedd Aquar/Ceisel (cr). 346 Alamy Images: Wolfgang Pölzer (b). Getty Images: National Geographic/Paul Nicklen (t). 347 FLPA: Minden Pictures/Norbert Wu (cla). Getty Images: National Geographic/Wolcott Henry (bc). Image Quest Marine: Peter Herring (tr). OSF/photolibrary: Paulo De Oliveira (bl). 348 DK Images: Frank Greenaway (cr). Keith Hiscock: (cra). OSF/photolibrary: Doug Allan (b). SeaPics.com: Hideyuki Utsunomiya (ca). 349 Peter Ajtai: (clb). SeaPics.com: Marilyn & Maris Kazmers (br). www.uwphoto.no: Erling Svensen (cla) (tc). 350 Image Quest Marine: Peter Herring (t); Justin Marshall (br). SeaPics.com: James D. Watt (clb). 351 FLPA: Minden Pictures/Norbert Wu (cr). marinethemes.com: Kelvin Aitken (tc). Natural Visions: Peter David (clb). OSF/photolibrary: Neil Bromhall (br); Rodger Jackman (ca). FLPA: Biosphoto/Bruno Guenard (clb). 352 Dr. Frances Dipper: (clb). FLPA: D. P. Wilson (cla). Oceanwide Images: Gary Bell (bc); Rudie Kuiter (cb). OSF/photolibrary: Richard Herrmann (tr). Alamy Images: WaterFrame (ca). 353 DK Images: Dave King (br). FLPA: Minden Pictures/Norbert Wu (l). New Zealand Seafood Industry Council Ltd: (cr). 354 Magnum Photos: Harry Gruyaert . 355 Alamy Images: Charles Bowman (bl); Jeff Rotman (crb). FLPA: Minden Pictures/Norbert Wu (ca). naturepl.com: Michael Pitts (cr). OSF/photolibrary: Sue Scott (cb). Sue Scott: (cra). SeaPics.com: Richard Herrmann (fbr). 356 Dive Gallery/Jeffrey Jeffords (www.divegallery.com): (br). NHPA: A.N.T. Photo Library (t). Robert A. Patzner, University of Salzburg, Austria: (cb). 357 Alamy Images: Papilio/Steve Jones (crb); Wolfgang Pölzer (tl). Dive Gallery/Jeffrey Jeffords (www.divegallery.com): (cl) (bl). 358 Alamy Images: Blickwinkel (cr); Reinhard Dirscherl (b). Marine Wildlife: Paul Kay (cla). SeaPics.com: Doug Perrine (cl). 359 Dr. Frances Dipper: (bc). DK Images: Jerry Young (tr). OSF/photolibrary: David Fleetham (tl); Pacific Stock (crb). Robert A. Patzner, University of Salzburg, Austria: (clb). SeaPics.com: V&W/Hal Beral (cra). 360 Dr. Frances Dipper: (cla) (br). Dive Gallery/Jeffrey Jeffords (www.divegallery.com): (cb). DK Images: Frank Greenaway (cra). SeaPics.com: Masa Ushioda (bl). 361 DK Images: Jerry Young (c). Marine Wildlife: Paul Kay (tc). OSF/photo library: Doug Allan (br). SeaPics.com: Jonathan Bird (cl); Jeremy Stafford-Deitsch (cra). 362–363 FLPA: Minden Pictures/Chris Newbert. 364 Alamy Images: Blickwinkel (br); Wolfgang Pölzer (ca) (bl). DK Images: Jane Burton (cb). SeaPics.com: Doug Perrine (cla). 365 Alamy Images: Reinhard Dirscherl (tl). DK Images: Geoff Dann (clb); Colin Keates/Courtesy of the Natural History Museum, London (cr). OSF/photolibrary: Richard Herrmann (bc); Pacific Stock (br). 366 Alamy Images: Reinhard Dirscherl (tc); Sami Sarkis (c). Dive Gallery/Jeffrey Jeffords (www.divegallery.com): (crb). Marine Wildlife: Alexander Mustard (cra). SeaPics.com: Doug Perrine (bl). 367 DK Images: Dave King (bl). OSF/photolibrary: Richard Herrmann (br). SeaPics.com: Jez Tryner (tl). 368 Corbis: Staffan Widstrand (cra). DK Images: Dave King (ca). FLPA: Minden Pictures/J. H. Editorial/Cyril Ruoso (cl); Minden Pictures/Tui De Roy (crb). Oceanwide Images: Gary Bell (bc). 369 Getty Images: Image Bank/Tobias Bernhard (b). OSF/photolibrary: Olivier Grunewald (cla). 370 Getty Images: Image Bank/Pete Atkinson (t). Brook Mathews, Sydney: (br). Ilan Ben Tov, Israel: (bl). 371 FLPA: Peter Reynolds (cra); S. A. Team/Foto Natura (tc). Getty Images: National Geographic/Bill Curtsinger (bl). SeaPics.com: Doug Perrine (br). 372–373 Harald Slauschek/UnderwaterVisions.net. 374 Dick Bartlett: (cra). naturepl.com: Constantinos Petrinos (l). Queensland Museum, Australia (www.Qmuseum.qld.gov.au): (br). 375 Getty Images: Taxi/Gary Bell (r). SeaPics.com: Gary Bell (cla); Steve Drogin (clb). 376 Alamy Images: Pep Roig (t). Kraig Haver Photography: (bl). Still Pictures: Michael Fairchild (br). 377 FLPA: Minden Pictures/Mike Parry (c). Adam Slavický: (bl). Scott Solar/Amazon Reptile Center: (tl). Dr. Adam P. Summers: (br). Frank Bambang Yuwono: (tr). 378 DK Images: Ken Findlay (clb/*Albatross*); Chris Gomersall (clb/*Curlew*); Frank Greenaway/Courtesy of The National Birds of Prey Centre, Gloucestershire (clb/*Sea Eagle*); Rob Reichenfeld (clb/*Pelican*). iStockphoto.com: Hans F. Meier (cla). OSF/photolibrary: Survival Anglia (crb). Still Pictures: Woodfall Wild Images/Everson (bc). 379 Alamy Images: PhotoStockFile/Paul Wayne Wilson (bc). OSF/photolibrary: Doug Allan (t). SeaPics.com: Richard Herrmann (br). 380 Alamy Images: Petr Svarc (cla); WorldFoto (cra). DK Images: (crb); Frank Greenaway (bl). 381 Alamy Images: Malcolm Schuyl (br); David Tipling (bl). DK Images: Steve Gorton (clb); Dave King (cr). Neil Fletcher: Tomi Muukonen (cla). Dr. Paul Hofmann: (c). 382 Alamy Images: Bryan & Cherry Alexander Photography (l). DK Images: Neil Fletcher (br). 383 Alamy Images: Kim Westerskov (bl). Neil Fletcher: Barry Hughes (cra). OSF/photolibrary: Konrad Wothe (clb). SeaPics.com: Hiroya Minakuchi (ca); Kevin Schafer (bc). 384–385 FLPA: Fritz Polking. Getty Images: National Geographic/ Paul Nicklen. 386 Alamy Images: INFOCUS Photos/Malie Rich-Griffith (bc). naturepl.com: Peter Reese (cr). OSF/photolibrary: Daniel Cox (tr) (tl). 387 Alamy Images: ImageState/Pete

Oxford (bl). Neil Fletcher: Hanne & Jens Eriksen (tr). **388** Alamy Images: George McCallum Photography (ca); INFOCUS Photos/Malie Rich-Griffith (cb). Neil Fletcher: Hanne & Jens Eriksen (bl); Jonathan Grey (cla); Just Birds (br). **389** Alamy Images: Nature Photographers Ltd/Paul Sterry (crb). Neil Fletcher: George Reszeter (t). SeaPics.com: Doug Perrine (clb). **390** Alamy Images: Barry Bland (tr); Chris Mercer (cl). DK Images: Kim Taylor (fcl). Neil Fletcher: Just Birds (clb). SeaPics.com: Robert Shallenberger (br). **391** Alamy Images: Robert E. Barber (cr); fl online/Pölzer (bc). Neil Fletcher: Joe Fuhrman (tl); Mike Read (tr). SeaPics.com: Phillip Colla (b). **392** Alamy Images: Blickwinkel (b). FLPA: Minden Pictures/Tui De Roy (ca) (tr). **393** Alamy Images: WoodyStock/Ingo Schulz (cra); Neil Fletcher: Ian Montgomery (tc); Mike Read (cla). Still Pictures: Fritz Polking (br). **394** Alamy Images: Mike Lane (bl); PhotoStockFile/Paul Wayne Wilson (br). DK Images: Cyril Laubscher (cr); Frank Greenaway/Courtesy of the Natural History Museum, London (bl). Neil Fletcher: Barry Hughes (cb). **395** Alamy Images: Bryan & Cherry Alexander Photography (cr); R. & M. Thomas (b). SeaPics.com: Richard Herrmann (cb). Still Pictures: Steve Kaufman (cb); Tom Vezo (tr). **396** Alamy Images: George McCallum Photography (br); The Photolibrary Wales (bl). Neil Fletcher: Just Birds (cl). SeaPics.com: Scott Leslie (tr). **397** Alamy Images: Robert E. Barber (bc); Scott Camazine (tl). DK Images: Cyril Laubscher (br). Neil Fletcher: Joe Fuhrman (bl); George Reszeter (cl). **398** Alamy Images: Blickwinkel (br). DK Images: Harry Taylor/Courtesy of the Natural History Museum, London (bc). Neil Fletcher: Dudley Edmonson (cra); Barry Hughes (tc). Getty Images: Image Bank/Roine Magnusson (c). **399** Alamy Images: Kevin Schafer (bl). DK Images: Irv Beckman (crb). OSF/photolibrary: David Tipling (t). Still Pictures: Mark Edwards (cra). **400** Alamy Images: Brandon Cole Marine Photography (cl). DK Images: Philip Dowell (cr). Marine Wildlife: Doug Allan (bl). Still Pictures: Steven Kazlowski (clb). **400–401** OSF/photolibrary: Mark Jones (c). **401** Alamy Images: Steven J. Kazlowski (ca). DK Images: James Stevenson & Tina Chambers/Courtesy of the National Maritime Museum, London (crb). OSF/photolibrary: Pacific Stock (tr). **402** DK Images: Jerry Young (tl). FLPA: Foto Natura/Wil Meinderts (br). Howard Hall Productions (b). Still Pictures: Norbert Wu (cb). **403** FLPA: Minden Pictures/Tui De Roy (bc). Getty Images: Image Bank/Joseph Van Os (tr). Brian Lockett (www.air-and-space.com) (r). Marine Wildlife: Paul Kay (cla). NOAA: Captain Budd Christman, NOAA Corps (crb). **404–405** Getty Images: National Geographic / David Doubilet. **406–407** Steve Smithson. **408** Ardea: Francois Gohier (tr). Corbis: The Mariners' Museum (cl). FLPA: Minden Pictures/Flip Nicklin (br). SeaPics.com: Howard Hall (bc). **409** Alamy Images: Brandon Cole Marine Photography (t); Stephen Frink Collection/ James D. Watt (b). **410–411** Marine Wildlife: Sue Flood. **412** DK Images: Frank Greenaway (tr). naturepl.com: Doc White (ca). SeaPics.com: Doug Perrine (b). **413** Alamy Images: Andre Seale (cla). FLPA: Minden Pictures/Flip Nicklin (crb). Getty Images: National Geographic/Brian Skerry (tr). SeaPics.com: John K. B. Ford/Ursus (bl). **414** FLPA: Minden Pictures/Flip Nicklin (tr). SeaPics.com: Thomas Jefferson (cl); Robert L. Pitman (br). Getty Images: Gerard Soury (bc). **415** Alamy Images: Stock Connection Blue/Tom Brakefield. **416** Marine Wildlife: Sue Flood. **417** FLPA: Minden Pictures/Michio Hoshino (ca); Minden Pictures/Flip Nicklin (cra). Minden Pictures/Norbert Wu (b). naturepl.com: Todd Pusser (crb). Mike Scott: (cb). SeaPics.com: Phillip Colla (c). **418** FLPA: Minden Pictures/Flip Nicklin (b). Image Quest Marine: Masa Ushioda (br). SeaPics.com: Florian Graner (cl). **419** DK Images: Peter Visscher (br). FLPA: Minden Pictures/Chris Newbert (b). Getty Images: Photographer's Choice/Pete Atkinson (b). Still Pictures: Douglas Faulkner (c). **420–421** NASA: Jacques Descloitres, MODIS Rapid Response Team, NASA/GSFC. **424** Alamy Images: Bryan & Cherry Alexander Photography (cla); LOOK Die Bildagentur der Fotografen GmbH (cb). **426** Alamy Images: Jack Stephens (cla). Corbis: Lowell Georgia (tc). **427** Alamy Images: Nordicphotos/Kristjan Fridriksson (br). **428** Alamy Images: Greenshoots Communications (c); David Sanger Photography (cla). Corbis: Ralph White (bl). **430** Alamy Images: FLPA (br). **431** Alamy Images: David Lyons (cl). NASA: Jacques Descloitres, MODIS Land Rapid Response Team, NASA/GSFC (ca). **432** Alamy Images: Ace Stock Ltd (bc); allOver photography (clb). DK Images: Linda Whitwam (ca). **433** Alamy Images: Nick Hanna (br). **434** Mads Eskesen. **435** Alamy Images: Mike Lane (br). Mads Eskesen: (tr) (cra). Horns Rev Havmøllepark (www.hornsrev.dk): Medvind Fotografi/Bent Sørensen (bc). Nysted Havmøllepark (www.nystedhavmoellepark.dk): (crb). Photos: E.ON: (crb/Rodsand). **437** Alamy Images: Wild Places Photography/Chris Howes (br). Corbis: Sygma/Bernard Annebicque (cr). **438** DK Images: Christopher & Sally Gable (tl); John Heseltine (br). **439** Alamy Images: Vehbi Koca (crb); Rob Rayworth (bl). NASA: Image courtesy NASA/GSFC/MITI/ERSDAC/JAROS, and U.S./Japan ASTER Science Team (c). **440** Corbis: (tr) (bl); Sygma/Harford Chloe (cb). NASA: Jacques Descloitres, MODIS Land Rapid Response Team, NASA/GSFC (br). **442** Corbis: Cordaiy Photo Library Ltd/John Farmar (tr). NASA: GSFC/JPL, MISR Team (bl). Science Photo Library: Southampton Oceanography Centre/B. Murton (cla). **443** Alamy Images: Wild Places Photography/Chris Howes (cra). Corbis: (ca). **444** FLPA: Colin Monteath (br). iStockphoto.com: Patrick Roherty (bc). **445** Alamy Images: Bryan & Cherry Alexander Photography (bl). NASA: Jesse Allen, NASA Earth Observatory and the HIGP Thermal Alerts Team (cr). NOAA: Lieutenant Philip Hall, NOAA Corps (br). **446** Corbis: Yann Arthus-Bertrand (bl); Reuters/Supri (cla). Still Pictures: Friedrich Stark (c). **448** Alamy Images: Blickwinkel (bc); Tor Eigeland (tr). Corbis: Jonathan Blair (cl). **449** Alamy Images: Images of Africa Photobank/Peter Williams (tr). **450** Alamy Images: Neil McAllister (cra). **451** Alamy Images: Julio Etchart (cra). **452–453** Photoshot: Planet Observe. **455** iStockphoto.com: Wesley Drake (cra). OSF/photolibrary: Michael Brooke (br). **456** Alamy Images: Danita Delimont (cla). Corbis: Ralph White (bc). NOAA: Commander Richard Behn, NOAA Corps (cl). **458** NASA: George Riggs, NASA GSFC (cra). US Fish and Wildlife Service National Image Library: Alaska Maritime National Wildlife Refuge/Kevin Bell (cla). **459** Corbis: Neil Rabinowitz (tc). **460** Alamy Images: FocusRussia (cra); Iain Masterton (cl). Corbis: Michael S. Yamashita (crb). **462–463** Corbis: Nippon News/Aflo/Newspaper/Mainichi/ Mainichi. **463** Kevin Jaako: www. jaako.com (cra/Signboard). Reuters: Yomiuri Yomiuri (cra). **464** Alamy Images: Chris Willson (br). **465** Still Pictures: Henning Christoph (cra). **467** Alamy Images: Andre Seale (br). Corbis: Douglas Faulkner (cra); Reuters/Alex De La Rosa (tr). **468** Still Pictures: Richard J. Wainscoat (cra). **469** Alamy Images: Dennis Hallinan (cra). **470–471** Getty Images: Tom Benedict. **472** OSF/photolibrary: Tammy Peluso (tr). **473** iStockphoto.com: Angela Bell (cla). SeaPics.com: Gary Bell (tc). **474** Getty Images: AFP/Tarik Tinazay. **475** Alamy Images: Nick Hanna (bl); Images&Stories (cra). Corbis: Stephen Frink (br); Jeffrey L. Rotman (br); Lawson Wood (crb). Getty Images: Image Bank/Zac Macaulay (tr). OSF/photolibrary: David Fleetham (ca). **477** Alamy Images: Danita Delimont (cra); INTERFOTO Pressebildagentur (cb). **478** OSF/photolibrary: Mike Hill (br). **479** iStockphoto.com: Michal Wozniak (tr). **480** Alamy Images: LOOK Die Bildagentur der Fotografen GmbH (cl); Bruce Percy (br). Corbis: Paul A. Souders (cra). **482** Alamy Images: Bryan & Cherry Alexander (cl). Still Pictures: Norbert Wu (bl). **484** Corbis: Eye Ubiquitous/C. M. Leask (cra). NOAA: Commander John Bortniak, NOAA Corps (cla). **485** Alamy Images: Blickwinkel (bl); Kim Westerskov (br). **486** Ardea: Edwin Mickleburgh. Dreamstime.com: Staphy. Back Endpapers: Getty Images: David Doubilet **487** Alamy Images: Graphic Science (tr); Steve Morgan (ca). NASA: MODIS Land Science Team (cra); Jacques Descloitres, MODIS Land Science Team (bry); NASA/GSFC/JPL, MISR Team (crb). JACKET IMAGES: Front: Dreamstime.com: Digitalbalance; Back: Dreamstime.com: Digitalbalance; Spine: Dreamstime.com: Digitalbalance.

Data for the bathymetric maps in the Atlas of the Oceans chapter provided by Planetary Visions based on ETOPO2 global relief data, SRTM30 land elevation data, and the Generalised Bathymetric Chart of the Ocean. ETOPO2 published by the U.S. Department of Commerce, National Oceanic and Atmospheric Administration, National Geophysical Data Center, 2001. SRTM30 published by NASA and the National Geospatial Intelligence Agency, 2005, distributed by the U.S. Geological Survey. GEBCO One Minute Grid reproduced from the GEBCO Digital Atlas published by the British Oceanographic Data Centre on behalf of the Intergovernmental Oceanographic Commission of UNESCO and the International Hydrographic Organisation, 2003.

All other images © Dorling Kindersley
For further information see: www.dkimages.com

AMERICAN MUSEUM ᵒᶠ NATURAL HISTORY
www.amnh.org

The American Museum of Natural History in New York City is one of the world's preeminent scientific, educational, and cultural institutions. Since its founding in 1869, the Museum has advanced its global mission to explore and interpret human cultures and the natural world through a wide-reaching program of scientific research, education, and exhibitions. The institution houses 45 permanent exhibition halls, state-of-the-art research laboratories, one of the largest natural history libraries in the Western Hemisphere, the Rose Center for Earth and Space featuring the Hayden Planetarium, and a permanent collection of more than 30 million specimens and cultural artifacts. With a scientific staff of more than 200, the Museum supports research divisions in Anthropology, Paleontology, Invertebrate and Vertebrate Zoology, and the Physical Sciences.

Visit www.amnh.org to explore the Museum's extensive collections, exhibitions, and online educational resources

---

翻　　　訳：吉村明彦、株式会社エス・プロジェクト
装　　　丁：飯田武伸［NITRO DESIGN］
カバー写真：Paul A.Souders/CORBIS
編　　　集：西崎孝雄、服部行則、澤近十九一［株式会社エス・プロジェクト］
Ｄ Ｔ Ｐ：安達東一、中山直美

改訂新版　海洋大図鑑
2018年8月1日　初版　第1刷発行

日本語版総監修：内田至
発　行　人：中西一雄
発　行　所：株式会社 ネコ・パブリッシング
　　　　　　〒141-8201
　　　　　　東京都品川区上大崎3-1-1 目黒セントラルスクエア
　　　　　　電話 04-2944-4071（カスタマーセンター）
　　　　　　http://www.neko.co.jp

※乱丁・落丁の場合は送料小社負担でお取り替え致します。
※定価はカバーに表示してあります。
※本書の無断複写、複製、転載を禁じます。
日本語版Ⓒネコ・パブリッシング
ISBN978-4-7770-5425-1　　Printed in Malaysia